de Gruyter Lehrbuch

Ballif/Dibble · Anschauliche Physik

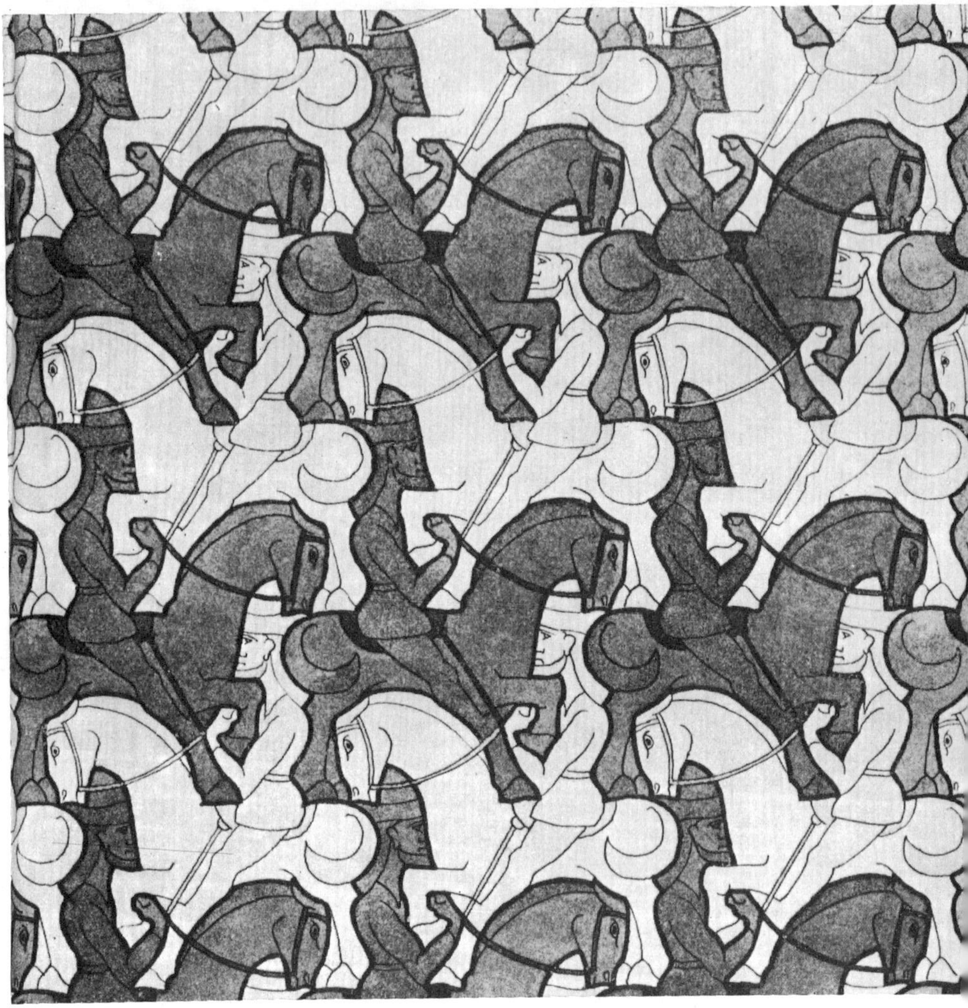

„Reiter als Symmetriezeichnung" von M. C. Escher. Wegen der Beziehung dieses Bildes zur Physik der Elementarteilchen siehe Seite 593.

ANSCHAULICHE PHYSIK

Für Studierende der Ingenieurwissenschaften, Naturwissenschaften und Medizin sowie zum Selbststudium

von

Jae R. Ballif – William E. Dibble

ins Deutsche übertragen von M. Lambeck

mit 406 Abbildungen und einer Tabelle

W DE G

Walter de Gruyter · Berlin · New York · 1973

Titel der Originalausgabe: „Conceptual Physics“ erschienen bei John Wiley & Sons, New York, Copyright © 1969

Übersetzt und bearbeitet von:

Prof. Dr.-Ing. Martin Lambeck

Technische Universität Berlin

ISBN 3 11 003633 9

Satz: Walter de Gruyter, Berlin, Druck: Mercedes-Druck, Berlin. Printed in Germany.

Vorwort des Übersetzers

Für die Natur- und Ingenieurwissenschaften und auch für die moderne Medizin liefert unter anderem *die Physik* unentbehrliches Grundwissen. Ohne Kenntnis gewisser *Grundlagen* ist es deshalb unmöglich, Sachverhalte, die durch die Gesetze der Physik beschrieben werden, zu verstehen. Oft aber stellen die Physik-Vorlesungen eine schwierige Hürde dar, weil sie in den beiden ersten Semestern gehört werden müssen, um als Grundlage für weiterführende Kurse der Hauptfächer zu dienen. Zu Beginn des Studiums sind erfahrungsgemäß die mathematischen Kenntnisse der Studenten noch gering, so daß der mathematische Formalismus vieler Vorlesungen und Bücher den Zugang zum Verständnis des Stoffs oft verhindert, dessen physikalischer Inhalt selbst aber durchaus erfaßt werden könnte. Außerdem sieht sich der Student vielfach mit apparativen Einzelheiten von Versuchsanordnungen konfrontiert, die die eigentliche Aussage des Experiments überdecken.
Die Autoren Ballif und Dibble legen in erster Linie Wert auf das Verständnis physikalischer Erscheinungen und der Vorstellungen, die zu ihrer Erklärung entwickelt wurden. Sämtliche Begriffe werden zunächst anhand anschaulicher Beispiele qualitativ eingeführt und erst später in ihrer quantitativen Form dargestellt. Trotz des Verzichts auf mathematischen Formalismus ist die Behandlung nicht oberflächlich, vielmehr werden auch schwierige Fragen wie die der Entropiezunahme, der Konstanz der Lichtgeschwindigkeit, der Unschärferelation und der Kernkräfte ausführlich diskutiert. Die Betonung liegt auf der Beschreibung der Vorgänge durch das atomistische Bild bewegter Materie, durch Bewegungsgesetze und fundamentale Wechselwirkungen sowie durch Felder und Wellen. Die überragende Bedeutung der Erhaltungssätze und Symmetrieprinzipien als gemeinsamer Grundlage „klassischer“ und „moderner“ Physik wird besonders intensiv herausgearbeitet. Hierdurch wird dem Studenten die Einheit und der innere Aufbau der Physik vor Augen geführt. Diese Konzentration auf das Wesentliche ermöglicht dem Leser, später hinzutretende neue Erscheinungen des ständig steigenden Wissensstoffs in

die grundlegenden Prinzipien einzuordnen. Das Buch wird daher auch dem angehenden Physiker bis zum Vordiplom nützlich sein.

Am Schluß jedes Kapitels werden zahlreiche Übungsaufgaben gestellt und ihre Lösung, bis in einzelne Denk- und Rechenschritte aufgegliedert, angegeben. Es schließen sich weitere Fragen und Aufgaben an, die Anregungen für Tutoren-Gruppen, Arbeitsgemeinschaften und zum Selbststudium geben. Mathematische Begriffe der Vektor-, Differential- und Integralrechnung werden in gesonderten Abschnitten erläutert.

Die Autoren sehen die Physik nicht als isolierte Einzelwissenschaft, sondern in ihrer Verbindung zu den anderen Naturwissenschaften und zur Technik; sie schildern die Auswirkungen auf die Philosophie der Zeit, in der sich die Neuerungen der Physik von Galilei und Newton bis zur Kopenhagener Deutung der Quantenphysik vollzogen haben. Die Darstellung der historischen Entwicklung macht deutlich, daß heute als selbstverständlich geltende Begriffe einst Gegenstand erbitterter Auseinandersetzungen waren und hält so den Blick für weitere Entwicklungen offen.

Es wird ausschließlich das jetzt gesetzlich festgelegte Maßsystem (SI) verwendet, so daß dem Leser nach Abschluß des Studiums, wenn die Fristen zur Ablösung der herkömmlichen Einheiten verstrichen sind, Übergangsschwierigkeiten erspart bleiben. Zur Anpassung an den üblichen Prüfungsstoff wurden vom Übersetzer einige Abschnitte z. B. über die elektrische Leistung und das Auflösungsvermögen des Mikroskops hinzugefügt.

M. Lambeck

Inhaltsverzeichnis

Vorwort des Übersetzers V

1. Kapitel
Das erste Bewegungsgesetz und das spezielle Relativitätsprinzip 1

Größen und Messungen 3
Die Einheit und der Standard der Länge 4
Die Einheit und der Standard der Zeitdauer 6
Zählen und Messen: Das Diskrete und das Stetige 6
Abgeleitete Größen 8
Geschwindigkeitsbetrag und Geschwindigkeit 10
Das erste Bewegungsgesetz 11
Formulierung des ersten Bewegungsgesetzes 11
Reibung 12
Beispiele zum ersten Bewegungsgesetz 13
Galileis Beweisführung 16
Das spezielle Relativitätsprinzip 18
Bezugssysteme 18
Das spezielle Relativitätsprinzip 22
Die Bewegung der Erde 28
Weitere Symmetrieprinzipien 31
Symmetrie 32
Die Symmetrie der Lage 34
Die Symmetrie der Richtung 35
Die Symmetrie der Zeit 36
Die Symmetrie der Zeitumkehr 37
Die Spiegelsymmetrie 38
Die neue Astronomie 39
Der Konflikt mit der Theologie 46
Der Konflikt mit der Autorität 49
Aufgaben und Lösungen 52
Die Umrechnung von Einheiten 52
Gleichförmige Bewegung 54
Relativbewegung 61
Aufgaben 69
Schwierigere Fragen und Aufgaben 70

2. Kapitel
Das zweite Bewegungsgesetz 72

Beschleunigung 72
Masse 74
Ein Standard und die Einheit der Masse 75
Die Messung der Masse 76
Die Erhaltung der Masse 77
Kraft 78
Das zweite Bewegungsgesetz 81

Vektoren . . . 83
Vektoren und Skalare . . . 83
Entfernung und Verschiebung (Weg) . . . 84
Die Addition von Vektoren . . . 86
Die resultierende Kraft und das zweite Bewegungsgesetz . . . 90
Weitere Vektoroperationen . . . 93
Vektorkomponenten . . . 95
Aufgaben und Lösungen . . . 99
Das zweite Bewegungsgesetz . . . 99
Aufgaben mit Vektoroperationen . . . 102
Zusammenfassung . . . 107
Fragen . . . 108
Aufgaben . . . 110

3. Kapitel
Das dritte Bewegungsgesetz . . . 113

Wechselwirkungen . . . 113
Das dritte Bewegungsgesetz . . . 114
Impuls . . . 118
Die Erhaltung des Impulses . . . 119
Die Impulserhaltung und die Bewegungsgesetze . . . 121
Aufgaben und Lösungen . . . 122
Berechnung des Impulses . . . 123
Erhaltung des Impulses . . . 126
Zusammenfassung . . . 132
Fragen . . . 132
Aufgaben . . . 133
Schwierigere Fragen und Aufgaben . . . 134

4. Kapitel
Gravitationswechselwirkung . . . 138

Das Gravitationsgesetz . . . 139
Die Gravitationskonstante *G* . . . 140
Das Gewicht . . . 142
Gibt es zwei Arten der Masse oder nur eine? . . . 145
Das Gravitationsgesetz und das „Weltsystem" . . . 149
Die gleichförmige Kreisbewegung . . . 149
Das Planetenmodell . . . 151
Künstliche Satelliten und Gewichtslosigkeit . . . 154
Das Newtonsche Modell . . . 155
Rotation . . . 157
Drehimpuls . . . 157
Spin und Bahndrehimpuls . . . 160
Drehmoment . . . 161
Beispiele für die Erhaltung des Drehimpulses . . . 163
Pseudovektoren und Spiegelungen . . . 166
Die Philosophie der experimentellen Wissenschaft . . . 167
Die Wirkung der Newtonschen Synthese . . . 168
Newtons „Regeln zur Erforschung der Natur" . . . 176
Newton . . . 182
Aufgaben und Lösungen . . . 184
Zusammenfassung . . . 193
Fragen . . . 194
Aufgaben . . . 199

5. Kapitel
Weitere Anwendungen der Bewegungs- und Kraftgesetze . . . 202

Kräfte auf Objekte . . . 202
Die für die Bewegung verantwortliche resultierende Kraft . . . 202
Gleichgewicht . . . 206
Das Paradoxon vom Elch und dem Baumstamm . . . 208
Kräfte in Flüssigkeiten . . . 210
Flüssigkeiten in Ruhe . . . 210
Der Druck in bewegten Flüssigkeiten . . . 219
Die Beziehung zwischen dem Weg, der Geschwindigkeit und der Zeit für bewegte Objekte . . . 222
Bewegung bei fehlender Kraft . . . 222
Geradlinige Bewegung unter dem Einfluß einer konstanten Kraft . . . 224
Wurfbewegung unter konstanter Kraft . . . 234
Bewegung unter dem Einfluß veränderlicher Kräfte . . . 238
Aufgaben und Lösungen . . . 241
Ermittlung der resultierenden Kraft . . . 241
Drücke und Kräfte in Flüssigkeiten . . . 246
Konstante Beschleunigung . . . 250
Aufgaben mit Bahnberechnungen . . . 257
Zusammenfassung . . . 262
Fragen . . . 263
Aufgaben . . . 268
Schwierigere Fragen und Aufgaben . . . 269

6. Kapitel
Die Erhaltung der Energie . . . 272

Die Erhaltung der Energie . . . 274
Die potentielle Energie im Schwerefeld . . . 275
Kinetische Energie . . . 276
Die Einheit der Energie . . . 277
Die Gesamtenergie . . . 277
Ableitung der Energieformen und der Erhaltung . . . 279
Die innere Energie . . . 281
Umwandlungen der Energie . . . 283
Der Wärmefluß . . . 283
Arbeit . . . 283
Arbeit von Kräften, die nicht in der Richtung der Bewegung wirken . . . 286
Leistung . . . 287
Anwendungen . . . 288
Bindungsenergie . . . 288
Das Perpetuum mobile . . . 289
Einfache Maschinen – der Hebel . . . 291
Aufgaben und Lösungen . . . 293
Zusammenfassung . . . 302
Fragen . . . 303
Aufgaben . . . 306
Schwierigere Fragen und Aufgaben . . . 308

7. Kapitel
Die Ordnung und Unordnung der Moleküle . . . 314

Die kinetische Theorie der Materie . . . 314
Moleküle und Atome . . . 314
Festkörper, Flüssigkeiten und Gase . . . 315

Die Beschreibung der Gase durch das Bild bewegter Moleküle 316
Verdampfen und Schmelzen 320
Beweise für die kinetische Theorie 323
Das Gesetz der Entropiezunahme 324
Zeitlich umkehrbare Prozesse 325
Zeitlich nicht umkehrbare Prozesse 325
Entropie als Unordnung 327
Entropie als Wahrscheinlichkeit 329
Das Perpetuum mobile zweiter Art 333
Die freie Energie und der Wärmetod 334
Entropie als Mangel an Information 335
Definition der Entropie-Änderungen durch Wärme und Temperatur 338
Der Carnot-Prozeß und die Definition der Temperatur 340
Zusammenfassung 346
Fragen und Aufgaben 347

8. Kapitel
Elektrische Ladungen und Felder 352

Elektrizität 353
Die elektrische Ladung 355
Zwei Elementarteilchen 355
Die Erhaltung der Ladung 356
Die Einheit der Ladung 356
Das Gesetz der elektrischen Kraft für ruhende Ladungen 357
Elektrische Ströme 358
Der Begriff des Feldes 359
Gravitationsfelder 359
Das elektrische Feld 361
Die potentielle elektrische Energie 363
Das Ohmsche Gesetz und die elektrische Arbeit 364
Illustration einiger Wirkungen der elektrischen Kräfte und Felder 366
Das Elektroskop 367
Die Ladung des Elektrons 369
Die elektrischen Verhältnisse in Leitern 371
Der Van de Graaff Generator 373
Magnetische Kräfte und Felder 374
Das magnetische Feld in der Umgebung von Magneten und Strömen 376
Die magnetische Kraft auf bewegte Ladungen 382
Anwendungen der magnetischen Kräfte 384
Richtungen und Größen der magnetischen Kräfte und Felder 387
Induzierte elektrische Ströme 390
Das Induktionsgesetz 390
Der elektrische Generator 392
Die Richtung der induzierten Ströme 393
Die elektromagnetische Wechselwirkung 393
Zusammenfassung 394
Fragen 396
Schwierigere Fragen und Aufgaben 400

9. Kapitel
Wellen 403

Beschreibung der Wellen 405
Eigenschaften der Wellen 405
Arten von Wellen 407
Wellen – Erscheinungen 408

Schallwellen 413
Die Natur des Schalls 413
Interferenz von Schallwellen 416
Der Doppler-Effekt 423
Licht als Welle 425
Die Lichtgeschwindigkeit 427
Interferenz und Beugung des Lichtes 428
Das Auflösungsvermögen des Mikroskops 436
Polarisation 437
Licht als elektromagnetische Welle 440
Elektromagnetische Wellen 440
Die Energie in einer elektromagnetischen Welle 441
Der Äther 442
Zusammenfassung 443
Fragen und Aufgaben 444
Schwierigere Fragen und Aufgaben 447

10. Kapitel
Moderne Relativität 449

Einsteins spezielle Relativitätstheorie 449
Der Äther und das Feld 449
Die zwei Postulate Einsteins 454
Einige Konsequenzen der beiden Einsteinschen Postulate 458
Weitere Folgen der Einsteinschen speziellen Relativitätstheorie 469
Die allgemeine Relativitätstheorie 479
Das allgemeine Prinzip der Relativität 479
Das Äquivalenzprinzip 482
Der gekrümmte Raum 486
Einsteins allgemeine Relativitätstheorie 493
Experimentelle Beweise für die allgemeine Relativitätstheorie 493
Das Machsche Prinzip 496
Aufgaben und Lösungen 498
Zusammenfassung 504
Fragen 505
Aufgaben 509
Schwierigere Fragen und Aufgaben 510

11. Kapitel
Quantenphysik 513

Lichtteilchen 513
Die Plancksche Konstante 513
Der Photoelektrische Effekt 513
Der Compton-Effekt 518
Wellen des Feldes als Teilchen: Photonen 519
Materiewellen 520
Das Bohrsche Atommodell 520
De Broglie Wellen 525
Das Materie-Feld 528
Die Bedeutung der Quantenphysik 529
Der unbeobachtete Zustand 529
Die Kopenhagener Deutung der Quantenphysik 532
Die Unschärferelation 534
Die Unschärferelation und die Energie 537
Die Information und die Plancksche Konstante 538

Die Nullpunktsenergie eines Oszillators . . . 539
Das gefangene Elektron . . . 540
Eine Veranschaulichung der Unschärferelation . . . 541
Messungen in der Quantenphysik und die Symmetrie der Zeitumkehr . . . 547
Die philosophische Haltung der modernen Physik . . . 549
Der Laser: Eine Anwendung der Quantenphysik . . . 551
Aufgaben und Lösungen . . . 553
Zusammenfassung . . . 561
Fragen . . . 562
Aufgaben . . . 564
Schwierigere Fragen und Aufgaben . . . 565

12. Kapitel
Die Kernkräfte . . . 567

Radioaktivität . . . 567
Wahrscheinlichkeit . . . 568
Die Entdeckung des Kerns . . . 570
Teilchendetektoren . . . 571
Die Kernstruktur . . . 573
Die starke Wechselwirkung . . . 576
Nukleare Bindungsenergien . . . 577
Die Freisetzung der Kernenergie . . . 579
Kernspaltung: die Atombombe . . . 580
Kernspaltung: der Kernreaktor . . . 583
Fusion (Verschmelzung) . . . 584
Antimaterie . . . 585
Die Entdeckung der Antimaterie . . . 585
Die Vernichtung von Materie (Annihilation) . . . 587
Teilchen-Antiteilchen Symmetrie . . . 588
Die schwache Wechselwirkung . . . 588
Das Neutrino . . . 588
Die Elektronen- und Myonen-Familienzahlen . . . 590
Verletzung der Spiegelsymmetrie und der Teilchen-Antiteilchen-Symmetrie . . . 592
Weitere Behandlung der starken Wechselwirkung . . . 593
Erhaltung der Baryonen-Familienzahl . . . 593
Alpha-Emission . . . 594
Anwendungen: Radioaktive Zeitbestimmung . . . 596
Datierung durch Spaltspuren . . . 597
Radiokohlenstoff-Datierung . . . 599
Aufgaben und Lösungen . . . 600
Zusammenfassung . . . 603
Fragen . . . 605
Aufgaben . . . 608
Schwierigere Fragen und Aufgaben . . . 610

13. Kapitel
Das moderne Weltbild der Physik . . . 612

Der Mikrokosmos . . . 612
Die Elementarteilchen . . . 612
Elementare Wechselwirkungen . . . 620
Naturkonstanten . . . 634
SIC Physik: Tabus . . . 635
Das Raum-Zeit Kontinuum . . . 637

Leben, Geist, Information; Chemie 638
Atome kombinieren zu Molekülen: Chemie 639
Struktur: DNA und RNA 645
Mutation 648
Gedächtnis 649
Der Makrokosmos 650
Teilchen im Raum 651
Objekte im Raum 657
Die Philosophie und Methodologie der Wissenschaft 663
Aufgaben und Lösungen 665
Zusammenfassung 667
Fragen 668
Schwierigere Fragen und Aufgaben 673

14. Kapitel
Anhang 676

Einheitensysteme 676
Einige mathematische Begriffe 677
Signifikante Zahlen 677
Die wissenschaftliche Schreibweise der Zahlen 680
Die Proportionalität 685
Der Satz des Pythagoras 691
Ähnliche Dreiecke 694
Die mathematische Ableitung der Formeln der speziellen Relativitätstheorie 695
Die Lorentz-Transformation 697
Die Transformation der Geschwindigkeiten 701
Die Formel für die Zunahme der Masse mit der Geschwindigkeit 702
Die relativistische Energie 705
Das Raum-Zeit-Kontinuum 707
Die Hoffnung der Pythagoräer 708
Ein Paradoxon des Zeno 710
Die Momentangeschwindigkeit: Die Differentialrechnung 712
Die Integralrechnung 717
Fragen im Zusammenhang mit dem Kontinuum 720
Die gegenwärtige Ansicht über das Kontinuum 721

Zusammenstellung der zitierten deutschen Literatur 723

Register 724

Erstes Kapitel

Das erste Bewegungsgesetz und das spezielle Relativitätsprinzip

Galileo Galilei (1564–1642), der italienische Mathematiker, Philosoph und Physiker wird bei unserer Diskussion der Anfänge der modernen Naturwissenschaft einen hervorragenden Platz einnehmen. Galilei trug dazu bei, eine neue Haltung gegenüber der Natur und gegenüber der Wahrheit zu entwickeln und zu festigen; eine Haltung, die auch heute noch ein Teil unseres wissenschaftlichen Weltbildes ist. Eine vollständige historische Studie über die Anfänge der modernen Naturwissenschaft würde auch eine Diskussion über Galileis Zeitgenossen sowie seine Vorgänger in der Renaissance und im Mittelalter erfordern. Sie würde ebenso einer Diskussion über eine Anzahl antiker griechischer Philosophen und Mathematiker bedürfen, insbesondere des „göttlichen" Archimedes und der geheimnisvollen Bruderschaft der Pythagoräer. (Der Ausdruck „göttlicher Archimedes" stammt von Galilei).

Bei ihren Studien der Antike gingen Galilei und seine Zeitgenossen nicht nur auf den griechischen Philosophen Aristoteles (384–322 v. Chr.), sondern auch auf Plato und andere zurück. Ihre Arbeit war aber nicht einfach nur eine Wiederbelebung der antiken Gelehrsamkeit, und es war auch nicht einfach ein Angriff auf die in ihrer eigenen Zeit vertretenen Ideen. Galilei repräsentiert diejenigen, die eine neue Philosophie entwickelten, die Philosophie, die wir heute „Wisschenschaft" (Naturwissenschaft) nennen.

In dieser neuen Philosophie flossen viele der Aktivitäten und Ideen zusammen, die sich aus der antiken und mittelalterlichen Medizin, der Philosophie, der Astronomie, der Alchemie, der zivilen und militärischen Technik, der Kunst, dem Handwerk und selbst der Theologie entwickelt hatten. Diese neue und sich wandelnde Philosophie ist charakterisiert worden als „Suche nach der Einheit in der wilden Vielfalt der Natur" und „Schaffung von Begriffen und ihrer Prüfung an den Tatsachen . . .. Wahrheit ist die treibende Kraft der Wissenschaft; sie (die Wissenschaft) muß der Wahrheit verpflichtet sein, nicht als einem Dogma, sondern als einem Prozess". Diese „Wahrheit" ist etwas, das auf Vorgänge und Handlungen in der wirklichen Welt angewendet werden kann, nicht etwas, das nur in einer logisch abgeschlossenen geistigen Welt existiert. Daher betrachten wir es nicht als Zufall, daß der Aufbruch der neuen Philosophie, der Naturwissenschaft, mit steigender Macht und zunehmendem Wohlstand der Gesellschaften verbunden war, in denen er stattfand. Der Italiener Galilei, sein deutscher Zeitgenosse Johannes Kepler (1571–1630) und der Engländer Isaac Newton (1642–1727) waren führend unter denjenigen, die die neue Philosophie entwickelten und wirkungsvoll anwandten.

Die meisten Philosophen glauben, daß es in der Welt der erfahrenen Wirklichkeit eine Ordnung, einen Sinn oder eine Einheit geben müsse. Daher interessieren sie sich für die Grundsubstanz, aus der alles besteht, und die grundlegenden Begriffe, mit denen die Welt der Erfahrung erklärt werden könnte. Insbesondere nehmen die Physiker an dieser Suche nach Erkenntnis teil, soweit sie sich auf Raum, Zeit und Materie bezieht. In der Tat kann die Physik als das Studium der Eigenschaften der Zeit, des Raumes und der Materie angesehen werden.

Die meisten Physiker glauben, daß die Materie aus bestimmten Elementarteilchen besteht und daß sich unsere experimentelle Erfahrung teilweise oder sogar vollständig durch die Bewegung und die Wechselwirkung dieser Teilchen erklären lasse, die zusammenhalten oder aneinander abprallen, während sie sich durch einen im übrigen leeren Raum bewegen. Andere Physiker, die nicht an die Existenz des Nichts – d. h. des leeren Raumes – glauben wollten, bevorzugten die Annahme eines „Äthers". Dieser „Äther", ein kontinuierliches, vielleicht flüssiges Medium, sollte den gesamten Raum erfüllen, seine Wirbel oder Strudel könnten uns als gewöhnliche Materie erscheinen. Andere glaubten, die Materie selbst bestehe aus einer stetigen, kontinuierlichen Substanz, also nicht aus Teilchen. Wieder andere, gewöhnlich nicht Wissenschaftler, betonen die Wichtigkeit der Beobachtung; sie behaupten, das Wesentliche sei der Geist und die Materie existiere nur dann, wenn sie von einem Geist gedacht oder beobachtet werde. Alle diese Ideen haben einen Einfluß auf die Wissenschaft gehabt.

Wenn wir uns mit dieser philosophischen und wissenschaftlichen Tradition beschäftigen, dann interessieren wir uns am meisten für bestimmte elementare Größen und Prinzipien, für die Elemente, aus denen unsere Welt besteht, sowie die grundlegenden Ideen, mit denen wir das Verhalten dieser Elemente erklären und beschreiben können. Die Teilchen, Prinzipien, Kräfte, Gesetze und Größen, aus denen andere konstruiert oder abgeleitet werden können, betrachten wir als grundlegend. Natürlich liegt es bis zu einem gewissen Grade in unserem Belieben, was wir als fundamental ansehen.

In diesem Kapitel diskutieren wir zwei grundlegende Größen, die Entfernung und die Zeitdauer, die wir durch die Messung des Raumes und der Zeit erhalten. Wir diskutieren auch die Standards und die Einheiten dieser Größen. Danach beschreiben wir die Geschwindigkeit als abgeleitete Größe. Ferner stellen wir zwei der grundlegenden Prinzipien der Physik dar, die teilweise bereits von Galilei entwickelt wurden: Das erste Bewegungsgesetz und das spezielle Relativitätsprinzip. Das spezielle Relativitätsprinzip ist unser erstes Beispiel eines Symmetrieprinzips der Natur. Darüberhinaus diskutieren wir fünf weitere Symmetrieprinzipien. Schließlich werfen wir einen kurzen historischen Blick auf die „neue Philosophie".

Größen und Messungen

Eine *Größe* kann grob definiert werden als eine beobachtbare Eigenschaft oder ein beobachtbarer Vorgang in der Natur, denen eine Zahl zugeordnet werden kann. Diese Zahl wird durch die Operation der *Messung* erhalten, die in einfachen Fällen aus dem Vorgang des bloßen Zählens besteht. Die Zahl kann direkt durch eine einzelne Messung erhalten werden oder indirekt, z. B. durch die Multiplikation zweier Zahlen, die in getrennten Meß-Operationen erhalten werden. In diesem Abschnitt wollen wir uns zuerst mit den Größen *Länge* und *Zeitdauer* beschäftigen. Wir erhalten Längen durch die Messung des Raumes. Wir erhalten Zeitdauern durch Messungen der Zeit. Fast jeder hat praktische Erfahrung mit der Längenmessung unter Verwendung von Maßstäben und der Messung der Zeitdauer mit Uhren. Die Begriffe des Raumes und der Zeit werden später noch eingehend diskutiert.

Grundgrößen sind jene, die wir *nicht* mit Hilfe anderer Größen ausdrücken wollen. Beispielsweise wählen wir die Entfernung und die Zeitdauer als Grundgrößen, denn Raum und Zeit scheinen uns fundamental zu sein. Andere Größen, die wir mit Hilfe der Grundgrößen definieren können, werden *abgeleitete* Größen genannt.

Skalare Größen können durch die Angabe einer einzigen Zahl bestimmt werden. Beispielsweise ist die Länge eines Seils eine skalare Größe. Manche Größen können jedoch nur durch die Angabe einer Zahl und einer Richtung vollständig beschrieben werden. Beispielsweise können wir die Bewegung eines Objektes nicht vollständig kennzeichnen, ohne die Richtung seiner Bewegung anzugeben. Eine Größe, die sowohl eine Zahl als auch eine Richtung hat, wird *Vektor*-Größe genannt. Wir müssen zwischen skalaren und vektoriellen Größen unterscheiden, weil sie verschiedenen Rechenregeln unterliegen, wir wir in Kapitel 2 sehen werden.

Die Einheit und der Standard der Länge

Wir messen Längen (Entfernungen) durch die Angabe einer anderen Länge. Wir sagen beispielsweise, daß die Entfernung von Chikago nach New York 713 Meilen beträgt. Die Zahl 713 allein genügt nicht; wir brauchen den ganzen Ausdruck 713 *Meilen,* um die Entfernung korrekt anzugeben. Die *Meile*, die selbst eine Länge darstellt, ist die Einheit, in der wir gewöhnlich die Entfernung von Chikago nach New York messen. Wir können so eine *Einheits*-Entfernung definieren, mit der wir alle anderen Entfernungen messen. Wir können natürlich jede beliebige Entfernung als Einheit wählen: Eine Meile, ein Fuß, ein Zoll. Tatsächlich wollen wir die Einheit wählen, die gewöhnlich in wissenschaftlichen Arbeiten verwendet wird – das Meter.

Um das Meter (oder irgendeine andere Einheits-Entfernung) zu definieren, brauchen wir eine Standard-Entfernung, auf die wir uns verlassen können. Wir brauchen ein materielles Objekt, das uns die Länge angibt, auf die wir uns beziehen können. Dieses materielle Objekt ist das *Normal (Standard)* der Länge. Lange Zeit galt als Längenstandard ein Stab, der aus korrosionsbeständigem Material hergestellt worden war und in einer kontrollierten Umgebung bei konstanter Temperatur und konstantem Druck aufbewahrt wurde (Abb. 1.1). Dieser Stab hatte nahe jedem Ende eine dünn eingeritzte Marke. Der Abstand zwischen diesen Marken wurde als Meter definiert. Durch Vergleiche mit diesem Stab wurden weitere Metermaßstäbe hergestellt, die zur Messung anderer Entfernungen dienten.

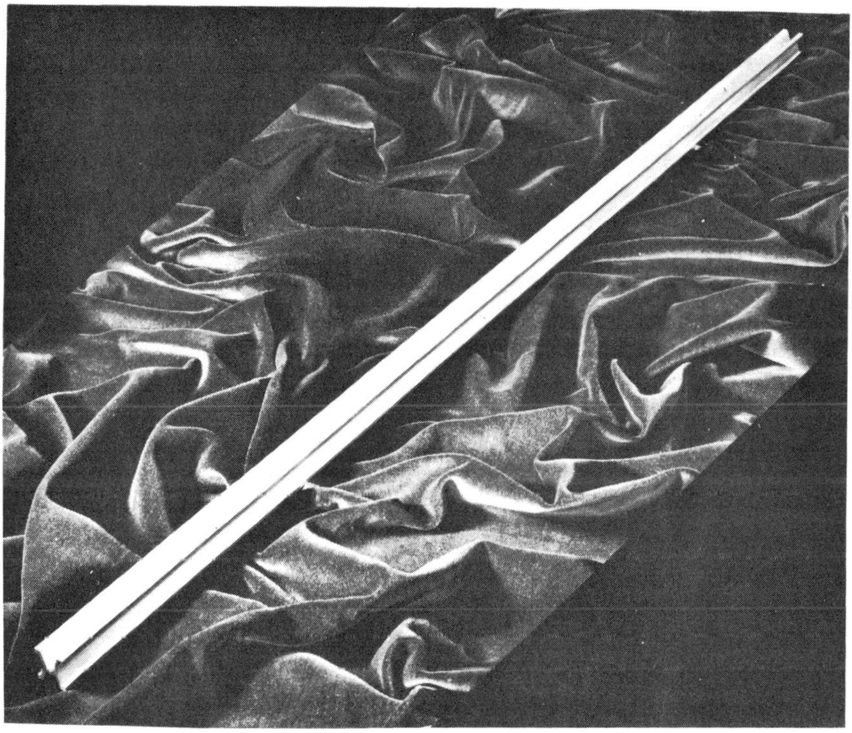

Abb. 1.1 Meterstab als Längenstandard

Dieser Metallstab ist durch andere Längenstandards abgelöst worden. Er illustriert jedoch die Verwendung von Einheiten und Standards in der Physik: Größen werden durch den Vergleich mit Einheiten gemessen. Diese Einheiten können durch geeignete materielle Objekte oder Prozesse als Standards definiert werden.

Die Einheit und der Standard der Zeitdauer

Als unsere Einheit der Zeitdauer wollen wir die *Sekunde* wählen. Es gibt natürlich keine direkte Möglichkeit, eine Sekunde der Zeit, die vor zwanzig Jahren ablief, mit einer heutigen Sekunde zu vergleichen. Also besteht das Problem darin, zu entscheiden, was eine Sekunde der Zeit genannt werden soll. Die Lösung besteht darin, einen Prozeß zu betrachten, der immer wieder in derselben Weise abläuft, wie etwa das Schwingen eines Pendels oder die Rotation der Erde. Wir vereinbaren dann, daß offensichtlich gleiche Prozesse die gleiche Zeit erfordern. Für unsere Zwecke können wir annehmen, daß die Erde für jede Umdrehung die gleiche Zeit braucht (was in sehr guter Näherung richtig ist) und erhalten so die Sekunde als unsere Zeiteinheit durch die Definition: Die Sekunde ist der 86 400 te Teil der täglichen Erdumdrehung. Anders ausgedrückt: Der Tag hat 86 400 Sekunden. (Eine Minute hat 60 Sekunden, eine Stunde hat 60 Minuten, und ein Tag hat 24 Stunden; 60 x 60 x 24 = 86 400).

Wenn wir ein tieferes Verständnis der physikalischen Gesetze gewonnen haben werden, können wir unsere Standards der Entfernung und der Zeit genauer und bequemer wählen.

Zählen und Messen: Das Diskrete und das Stetige

Die meisten Instrumente, mit denen wir Information über die physikalische Welt erhalten, sind so konstruiert, daß sie entweder eine *Entfernung messen* oder *zählen*. Abb. 1.2 zeigt schematisch das Beispiel einer Zähl-Messung. Die Staubteilchen werden einzeln gezählt, wenn sie auf den Detektor des Raumschiffes treffen. Ein Beispiel der anderen Instrumentenart ist der Geschwindigkeitsmesser des Autos (Abb. 1.3). Die Strecke, die der Zeiger auf der Skala zurücklegt, gibt die Geschwindigkeit an. In gleicher Weise zeigt eine gewöhnliche Uhr die abgelaufene Zeit durch die Strecke an, die die Zeiger auf dem Zifferblatt zurücklegen. In diesen beiden Beispielen messen wir eine Größe – Geschwindigkeit oder abgelaufene Zeit – indem wir die Entfernung messen, die der Endpunkt eines Zeigers auf einer Skala zurücklegt.

Eine Ansammlung getrennter Gegenstände, die gezählt werden können, wird als eine diskrete Ansammlung (Menge) bezeichnet. Beispielsweise stellt ein Korb voller Eier eine diskrete Menge von Eiern dar. Wir können diese Menge in immer kleinere Mengen teilen. Wir kommen aber schließlich an einen Punkt, an dem wir diese Menge nicht mehr teilen und dabei dennoch ganze Eier haben können. Ein halbes Ei ist etwas ganz anderes als ein Ei und auch die Heinzelmännchen können nicht zwei Hälften eines Eies zusammensetzen und daraus das ursprüngliche Ei erhalten. Außerdem würde man die zwei Hälften nie mit zwei kleinen Eiern verwechseln. Wir sagen, daß die Menge

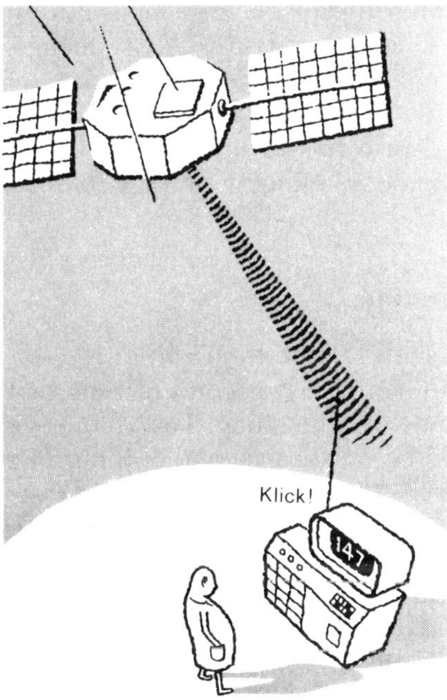

Abb. 1.2

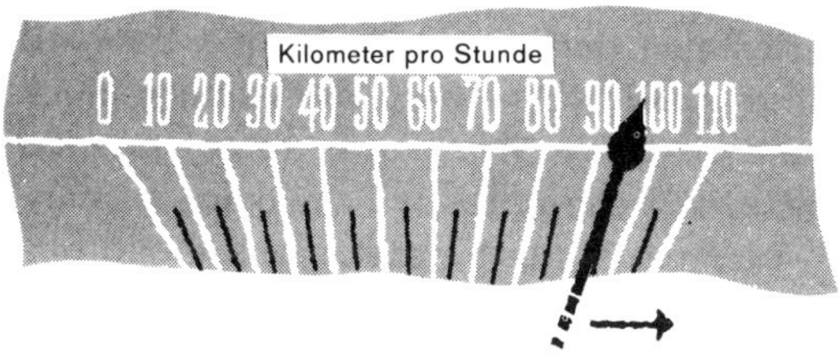

Abb. 1.3

der Eier eine diskrete Menge ist, die aus individuellen Einheiten oder Teilchen besteht, die Eier genannt werden. Eine Menge, die aus getrennten, zählbaren Einheiten besteht, heißt diskret.

Dagegen ist eine Entfernung ihrem Wesen nach etwas ganz anderes als ein Ei. Wenn wir eine Entfernung halbieren, erhalten wir zwei andere Entfernungen, die der ursprünglichen Entfernung sehr ähnlich sehen, mit Ausnahme der Tatsache, daß sie kleiner sind. Es scheint, daß wir Entfernungen immer weiter halbieren können und dabei immer kleinere Entfernungen erhalten, ohne an ein Ende zu kommen oder etwas zu erhalten, das nicht mehr als eine Entfernung bezeichnet werden könnte. Da Entfernungen im Gegensatz zu Eiern diese Eigenschaft haben, schließen wir, daß der Raum nicht diskret ist; daher nennen wir ihn *stetig.* Die Messung der Entfernung ist kein einfacher Zählvorgang, sondern ein anderer Prozeß. Eine Folge dieses Unterschiedes besteht darin, daß das Zählen eine exakte ganze Zahl ergeben kann, während die Entfernungsmessung immer einen Fehler oder eine Näherung einschließt.

Wir wollen nicht alle Eigenschaften kontinuierlicher Größen diskutieren, wir wollen uns mit der Aussage begnügen, daß sie stetig sind und beliebig geteilt werden können, ohne ihr Wesen zu ändern. Raum und Zeit werden gewöhnlich als stetig betrachtet; daher werden Entfernungen und Zeitdauern als kontinuierliche Größen angesehen.

Wissenschaftler und Philosophen haben lange diskutiert, ob die Materie stetig (kontinuierlich) oder diskret ist, d. h. aus Teilchen besteht. Wir wollen diese Frage später erörtern, zunächst wollen wir einfach annehmen, daß die Materie aus kleinen, unsichtbaren Teilchen besteht. Zwar sieht ein Stoff wie Wasser zweifellos stetig aus, aber wir nehmen an, daß es in Wirklichkeit aus Teilchen besteht und nur stetig erscheint, weil die Teilchen so klein sind. Selbst der Sand des Meeresstrandes sieht stetig aus, wenn man ihn von weitem sieht. Aus der Nähe betrachtet, werden die einzelnen Sandkörner sichtbar, so daß der Sand ein dirkretes, körniges Aussehen annimmt (Abb. 1.4).

Abgeleitete Größen

Für unsere Untersuchung der bewegten Materie werden wir viele weitere Größen definieren müssen. Wir brauchen aber die meisten

Abb. 1.4 Stetige und diskrete Größen

dieser Größen nicht als Grundgrößen zu betrachten, weil sie aus anderen Größen abgeleitet werden können. Fläche, Geschwindigkeit und Geschwindigkeitsbetrag sind Beispiele solcher abgeleiteter Größen. (Im Englischen wird unterschieden zwischen speed = Betrag der Geschwindigkeit als Skalar und velocity = Geschwindigkeit als Vektor. Anm. d. Übers.)

Fläche. Wenn wir ein rechteckiges Gebiet haben, das sechs Meter lang und drei Meter breit ist, erhalten wir die Fläche des Gebietes, indem wir die beiden Strecken miteinander multiplizieren:

$$\begin{aligned}6 \text{ Meter} \times 3 \text{ Meter} &= 18 \times (\text{Meter}) \times (\text{Meter}) = 18 \text{ Meter}^2 \\ &= 18 \text{ Quadratmeter}\end{aligned}$$

Beachten Sie, daß wir die Einheiten miteinander multiplizieren, als ob sie Zahlen wären. Wir multiplizieren Meter mal Meter und erhalten quadrierte Meter, oder wie wir sagen „Quadratmeter". Die Einheit der Fläche ist das Quadratmeter oder Meter^2.

Ebenso wie wir eine Fläche erhalten, indem wir zwei Strecken miteinander multiplizieren, so können wir ein Volumen berechnen, indem wir drei Strecken miteinander multiplizieren. Um das Volumen eines quaderförmigen Gegenstandes – z. B. eines Ziegelsteines – zu erhalten, multiplizieren wir seine Länge, Höhe und Breite. Die Einheit des Volumens ist das Kubikmeter oder Meter^3.

Geschwindigkeitsbetrag und Geschwindigkeit

Eine nützliche Größe, die mit der Bewegung eines Gegenstandes verbunden ist, ist sein *Geschwindigkeitsbetrag.* Der Geschwindigkeitsbetrag wird bestimmt durch den Betrag der Entfernung, den das Objekt in einem gegebenen Zeitintervall zurücklegt. Um den Geschwindigkeitsbetrag als abgeleitete Größe zu bilden, dividieren wir die Grundgröße Entfernung durch die Grundgröße Zeitdauer. Wir nehmen beispielsweise an, daß ein Objekt in zwei Sekunden zehn Meter zurücklegt. Wir dividieren zehn Meter durch zwei Sekunden und erhalten einen Geschwindigkeitsbetrag von fünf Meter pro Sekunde.

$$\frac{10\ \text{Meter}}{2\ \text{Sekunden}} = 5\ \frac{\text{Meter}}{\text{Sekunde}} = 5\ \text{Meter pro Sekunde}$$

(In diesem Beispiel haben wir angenommen, daß sich der Geschwindigkeitsbetrag in diesen zwei Sekunden nicht ändert.) Im allgemeinen erhalten wir den Geschwindigkeitsbetrag eines bewegten Objektes, indem wir die zurückgelegte Entfernung durch die Zeitdauer dividieren. Die Einheit der Geschwindigkeit ist

$$\text{Meter pro Sekunde} = \frac{\text{Meter}}{\text{Sekunde}}$$

Diese Einheit ergibt sich, indem die Einheit der Entfernung durch die Einheit der Zeitdauer dividiert wird.

Der Geschwindigkeitsbetrag allein beschreibt die Bewegung eines Objektes noch nicht vollständig. Wir müssen auch die Richtung kennen, in der sich das Objekt bewegt. Daher ist es zweckmäßig, eine neue Größe zu definieren, die sowohl den Geschwindigkeitsbetrag als auch die Richtung des bewegten Objektes beinhaltet. Diese Größe wird als *Geschwindigkeit* bezeichnet. Um die Geschwindigkeit eines Objektes anzugeben, müssen wir sowohl den Geschwindigkeitsbetrag als auch die Richtung der Bewegung kennen. Weil sie die Richtung einschließt, ist die Geschwindigkeit eine Vektorgröße. Dagegen ist der Geschwindigkeitsbetrag nur eine skalare Größe, da er die Richtung außer acht läßt.

Das erste Bewegungsgesetz

Galilei interessierte sich insbesondere für die Bewegung der Objekte. Einige seiner Zeitgenossen erklärten die Bewegungen so, wie die Griechen es getan hatten, durch eine Reihe von Regeln für himmlische Objekte und eine andere Reihe von Regeln für Objekte in der Nähe der Erde. Galileis Forschungsmethode, seine Erkenntnisse und seine Persönlichkeit brachten ihn schnell in Konflikt mit den eingewurzelten Prinzipien der Antike. Durch seine Studien gelangte Galilei sehr nahe an das Verständnis dessen, was wir heute als das erste Bewegungsgesetz bezeichnen.

Formulierung des ersten Bewegungsgesetzes

Sir Isaac Newton formulierte das erste Bewegungsgesetz folgendermaßen:

Jeder Körper beharrt in seinem Zustand der Ruhe oder gleichförmigen, geradlinigen Bewegung, wenn er nicht durch einwirkende Kräfte gezwungen wird, seinen Zustand zu ändern.

Newton schreibt schon Galilei die Anwendung dieses Gesetzes zu; jedoch hatte Galilei es offenbar noch nicht vollständig verstanden.

1 Isaac Newton „Mathematische Prinzipien der Naturlehre" (Herausgegeben von J. Ph. Wolfers); Darmstadt, Wissenschaftliche Buchgesellschaft. 1963. Seite 32.

Betrachten wir den ersten Teil des Gesetzes: Wenn ein Gegenstand in Ruhe ist, wird er in Ruhe bleiben, bis er durch etwas in Bewegung gesetzt wird. Um das Objekt in Bewegung zu setzen, muß eine Kraft angewendet werden, – das heißt, es muß gezogen oder gestoßen werden. (Die Kraft wird im nächsten Kapitel genauer diskutiert.) Es ist unmöglich, das Objekt ohne Anwendung einer Kraft in Bewegung zu setzen. Dies gilt auch, wenn das Objekt nicht befestigt oder in irgendeiner Weise gehalten wird. Die Kraft kann sehr klein sein, aber *etwas* Kraft ist erforderlich.

Der zweite Teil des Gesetzes scheint auch einfach zu sein, aber er war Jahrtausende unbekannt. Ein bewegtes Objekt wird sich ständig mit derselben Geschwindigkeit und in derselben Richtung bewegen, solange keine Kraft auf das Objekt wirkt. Beispielsweise stellen wir uns ein bewegtes Objekt weit draußen im Raum vor, so weit von irgendeinem Planeten oder Stern entfernt, daß wir deren Einfluß auf das Objekt vernachlässigen können. Dann wird sich nach dem ersten Bewegungsgesetz das Objekt immer weiter bewegen und niemals die Größe oder die Richtung seiner Geschwindigkeit ändern. Es gab Zeiten, in denen Philosophen (wie Aristoteles) anders dachten. Sie glaubten, es sei eine Kraft erforderlich, um ein Objekt in Bewegung zu halten. Das ist falsch. Tatsächlich wird eine auf das Objekt wirkende Kraft die Größe oder die Richtung seiner Geschwindigkeit oder beides verändern.

Galilei machte sich lustig über einige Anhänger des Aristoteles, die behaupteten, daß ein Pfeil, nachdem er die Bogensehne verlassen hat, sich nur deshalb vorwärts bewegt, weil die von der Sehne mitgerissene Luft den Pfeil vorwärts treibt. Galilei wies darauf hin, daß, wenn das wahr wäre, der Pfeil mit den Federn voran fliegen müßte, wie ein Pfeil, der vom Wind fortgeweht wird. In Wirklichkeit übt die Luft eine hemmende Kraft aus, die als Reibung bezeichnet wird.

Reibung

Es gibt fast immer Kräfte, die bewirken, daß ein bewegtes Objekt langsamer wird und zum Stillstand kommt. Das ist der Grund, weshalb das erste Bewegungsgesetz nicht schon früher entdeckt wurde. Objekte, die gleiten, schwimmen oder fliegen, reiben gegen etwas –

eine feste Fläche, das Wasser oder die Luft. Dieses Reiben bewirkt eine Kraft, die das Objekt verlangsamt und schließlich zum Stillstand bringt. Diese hemmenden Kräfte heißen Reibungskräfte.

Beispiele zum ersten Bewegungsgesetz

Unsere Erfahrung mit Autos liefert uns viele Beispiele des ersten Bewegungsgesetzes. Wenn ein Wagen einmal rollt, ist eine Kraft erforderlich, um ihn anzuhalten. Wenn wir lange genug warten, bringt die Reibung ihn zum Stillstand; wenn wir nicht so lange warten wollen, erhöhen wir die Reibung, indem wir auf die Bremse treten. Wenn wir kräftig auf die Bremse treten, bringt die Reibungskraft den Wagen schnell zum Stillstand. Aber die Bremsen wirken nicht direkt auf die Personen im Wagen. Daher setzen sie in Übereinstimmung mit dem ersten Bewegungsgesetz ihre Vorwärtsbewegung fort – direkt durch die Windschutzscheibe, wenn sie nicht daran gehindert werden. Das ist der Zweck der Sicherheitsgurte. Wenn der Wagen plötzlich eine Kurve fährt, setzen die Insassen die Bewegung in der ursprünglichen Richtung fort und rutschen daher über die Sitze, wenn sie nicht durch die Reibung gehindert werden.

Das erste Bewegungsgesetz erklärt auch die Ursache der „Rückschlag"-Unfälle beim Auffahren. Wenn ein Wagen von hinten getroffen wird, stößt der Sitz, der fest mit dem Wagen verbunden ist, den Körper des

Abb. 1.5

Insassen nach vorne. Aber sein Kopf, der nicht starr mit dem Körper oder dem Wagensitz verbunden ist, ist bestrebt, zu bleiben wo er war. Der Fahrer erleidet daher eine Verletzung der Wirbelsäule an der Stelle, an der der Kopf mit dem Rumpf verbunden ist. Diese Situation ist in Abb. 1.5 dargestellt. Der überraschte Fahrer verliert sozusagen seinen Kopf.

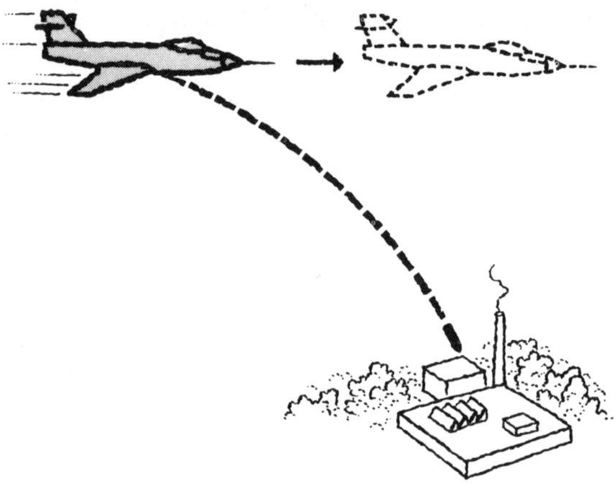

Abb. 1.6

Die aus einem Flugzeug fallende Bombe stellt ein anderes Beispiel des ersten Bewegungsgesetzes dar. Die Bombe fällt nicht direkt nach unten; sie hat beim Ausklinken dieselbe Vorwärtsgeschwindigkeit wie das Flugzeug, und sie behält diese Vorwärtsgeschwindigkeit – etwas vermindert durch die Reibung – während des Fallens bei (Abb. 1.6). Der Bombenschütze muß diese Vorwärtsbewegung berücksichtigen, wenn er den Zeitpunkt des Abwurfs bestimmt.

Es gibt viele Möglichkeiten, die Reibung zu vermindern, um das erste Bewegungsgesetz deutlicher werden zu lassen. Eine Methode ist in Abb. 1.7 dargestellt. Weil durch das Loch im Boden des Behälters Gas ausströmt, bildet sich eine dünne Luftschicht zwischen dem Behälter und der ebenen Fläche, auf der er sich bewegt. Daher hat der Behälter keinen direkten Kontakt mit der Oberfläche; die einzige Reibung ist die zwischen den beiden Oberflächen und dem ausströmendem Gas, die die Anordnung nur geringfügig bremst. Der

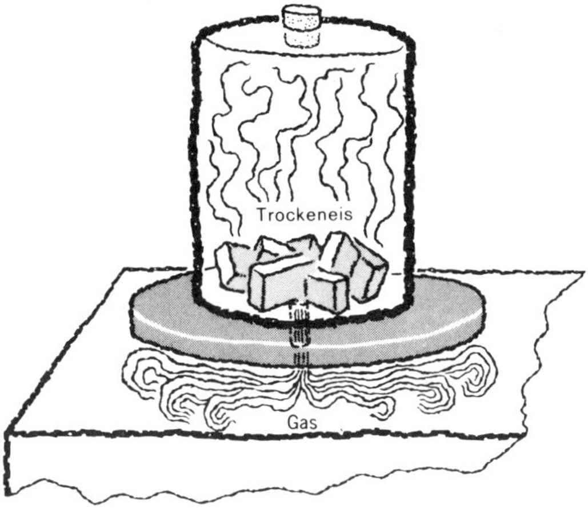

Abb. 1.7

Abb. 1.8 Gehversuche auf einer mit „Hydrolube“ geschmierten Fläche

moderne Hovercraft (Luftkissenfahrzeug) arbeitet nach demselben Prinzip: Er wird durch einen starken nach unten gerichteten Luftstrom über die Oberfläche des Wassers oder des Bodens gehoben.

Die Schwierigkeit, zum Halten zu kommen, wenn man auf Eis oder einer Bananenschale ausrutscht, illustriert ebenfalls das erste Bewegungsgesetz. Kürzlich sind Chemikalien („Hydrolube") entwickelt worden, die die Reibung auf einer Oberfläche sehr stark vermindern können (Abb. 1.8).

Aus diesen Beispielen sehen wir, daß Reibungskräfte sehr wichtig sind, um unsere geregelte physische Bewegung zu ermöglichen. Ohne sie würden wir ständig ausgleiten.

Galileis Beweisführung

Bei den meisten physikalischen Prinzipien ist die Geschichte der Entdeckung entweder unbekannt oder wegen ihrer mathematischen Schwierigkeiten für den Leser unzugänglich. Galilei aber stellte die Entwicklung seiner Ideen oft auf eine „elegante" und einfache Weise dar.

Betrachten wir die geneigte Ebene in Abb. 1.9a. Wir lassen eine Kugel die Ebene hinauf und hinunter rollen. Sie bemerken, daß wir die Ecken, an denen die Ebenen die Horizontale treffen, abgerundet haben; dies geschieht, damit die Kugel stetig rollt. Wenn die Kugel eine Ecke träfe, könnte sie daran abprallen.

Wir lassen die Kugel auf der linken Ebene los, so daß sie diese Ebene hinunter, über die Horizontale und dann die andere schiefe Ebene hinauf läuft. Wie weit wird sie auf der anderen Ebene kommen? Wir antworten intuitiv: Auf dieselbe Höhe über der Horizontalen, die sie hatte, als sie von der linken Ebene startete. Dann denken wir etwas sorgfältiger; wenn es Reibung gibt, wird sie wahrscheinlich ihre Anfangshöhe nicht ganz erreichen. Also idealisieren wir das betrachtete Experiment. Praktisch können wir die

[2] Galileo Galilei: „Nachricht von neuen Sternen, Dialog über die Weltsysteme (Auswahl), Vermessung der Hölle Dantes, Marginalien zu Tasso" (Herausgegeben von Hans Blumenberg)", Frankfurt am Main: Insel Verlag 1965. Seite 180.

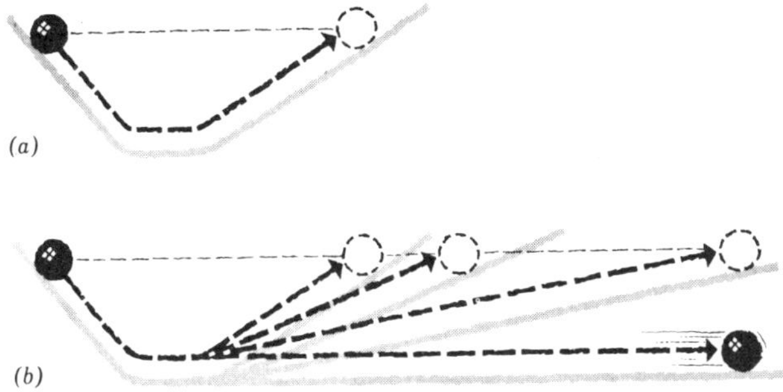

Abb. 1.9

Reibung nicht ganz beseitigen. Je glatter und harter aber die Oberfläche und die Kugel sind, desto weniger Reibung wird es geben und desto mehr wird sich die Kugel der Anfangshöhe nähern.

Jetzt senken wir die rechte Ebene und wiederholen das Experiment (Abb. 1.9b). Die Kugel sollte immer noch auf dieselbe Höhe kommen, aber mit abnehmender Steigung der Ebene bringt dieselbe Höhe die Kugel immer weiter nach rechts. Im Grenzfall, wenn die rechte Ebene horizontal ist, sollte die Kugel immer weiterlaufen. So sind wir zu dem ersten Bewegungsgesetz gelangt: Die Kugel, die weder verzögert noch durch irgendeine Kraft vorwärtsgetrieben wird, bewegt sich ständig gleichförmig weiter.

In den vorangegangenen Abschnitten haben wir das durchgeführt, was manchmal als „Gedankenexperiment" bezeichnet wird. Wir „dachten" ein Experiment, ohne es wirklich auszuführen. (Manche beschuldigen Galilei, dies zu oft getan zu haben.) Wir nahmen bestimmte ideale Bedingungen an, die in Wirklichkeit nicht auftreten würden. – z. B. die Abwesenheit aller Reibungsvorgänge. Diese Art des Denkens konzentriert unsere Aufmerksamkeit auf bestimmte Ideen und hilft uns, ihre Konsequenzen herauszuarbeiten. Auf diese Weise gelangten wir zum ersten Bewegungsgesetz, das angibt, welches Verhalten von Objekten zu erwarten ist, auf die keine Kräfte wirken. Tatsächlich scheint es natürlich keine solchen kräfte-freien Objekte zu geben – es scheinen immer Kräfte da zu sein, die auf ein Objekt wirken. Also beschreibt das erste Bewegungsgesetz einen idealisierten Zustand, der nie auftritt. Dennoch sind wir nach dieser Idealisierung in der Lage, reale Prozesse besser zu verstehen, als wenn wir nur detaillierte Beobachtungen der realen Prozesse selbst durchgeführt hätten. Die experimentelle Wissenschaft abstrahiert von der Erfahrung und idealisiert sie, um zu Prozessen zu gelangen, die eine Art Modell der Realität bilden. Es ist erstaunlich, wie genau dieses abstrakte Modell der Realität das Verhalten realer Objekte voraussagen kann.

Natürlich werden Prinzipien wie das erste Bewegungsgesetz nicht allein auf Gedankenexperimente ohne reale Beobachtungen gegründet. Galilei wies deutlich darauf hin, daß wir, weil wir über das Experiment nur nachgedacht haben, die daraus gezogenen Schlußfolgerungen mit tatsächlich durchgeführten Experimenten prüfen müssen. Außerdem ging etwas aus unserer Erfahrung in die Diskussion des Gedankenexperiments ein. Wir waren wirklich davon überzeugt, daß die Kugel keinen höheren Punkt als den Ausgangspunkt erreichen könnte, weil wir die allgemeine Erfahrung haben, daß Kugeln nicht von selbst den Berg hinauf laufen.

Später werden wir unsere Aufmerksamkeit auf die interessante Tatsache lenken, daß die Kugel dieselbe Höhe erreicht, von der sie ausgegangen ist. Dies legt den Gedanken nahe, daß irgendetwas konstant oder erhalten bleibt, wenn sich die Kugel auf den schiefen Ebenen bewegt.

Das spezielle Relativitätsprinzip

Bezugssysteme

Jeder, der einmal eine Landkarte verwendet hat, um seinen Weg von einem Ort zum anderen zu finden, hat das benutzt, was wir ein *Bezugssystem* nennen. Sie können eine solche Reise nicht beginnen, bevor Sie sich „orientiert" haben. Diese Orientierung läuft darauf hinaus, ein Bezugssystem einzurichten. Sie müssen Ihre gegenwärtige Position im Bezug auf ein Objekt (z. B. einen Felsen, einen Baum oder eine Stadt) kennen und in der Lage sein, die Richtung im Bezug auf Ihr Ziel anzugeben. Um die Richtung auf einer Landkarte anzugeben, stellen wir uns zwei sich kreuzende Linien vor, von denen eine nach

Norden und die andere nach Osten zeigt. Die erste kann mit einer Kompaßnadel festgelegt werden und die zweite verläuft rechtwinklig dazu. Diese imaginären Linien geben uns ein Beispiel eines Bezugssystems. Jetzt haben die Informationen über den Weg einen Sinn. Beispielsweise können wir von dem Felsen aus 8000 Meter nach Norden gehen, 10000 Meter nach Osten und nochmal 16000 Meter nach Norden, dann finden wir den Schatz (Abb. 1.10).

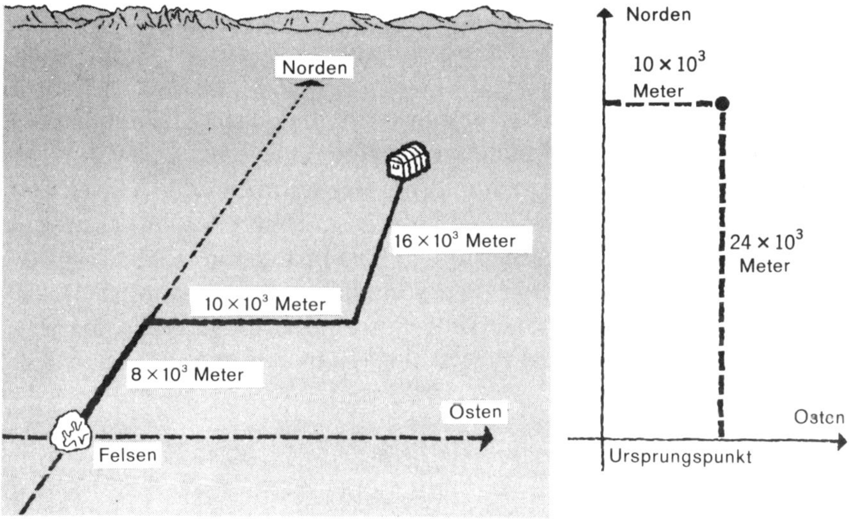

(a) (b)

Abb. 1.10

Die zwei imaginären Linien, die sich rechtwinklig schneiden und so unser Bezugssystem bilden, werden *Achsen* genannt. Der Punkt, an dem sich die Achsen schneiden, heißt der *Ursprungspunkt*. In unserem Beispiel schneiden sich die Achsen an dem Felsen. Der Felsen ist dann unser Ursprungspunkt.

Man könnte die Information über den Weg, der uns schließlich von dem Felsen zu dem Schatz bringt, auf viele verschiedene Weisen zusammenstellen. Nachdem wir einmal das Bezugssystem eingerichtet haben, würde die einfachste Information nur zwei Feststellungen erfordern. Um von dem Ursprungspunkt (Felsen) zu dem Schatz zu gelangen, brauchen wir tatsächlich nur folgende Informationen:

a) Gehen Sie 10000 Meter nach Osten, parallel zur Ost-West-Achse.

b) Gehen Sie 24000 Meter nach Norden, parallel zur Nord-Süd-Achse.

Die Reihenfolge, in der wir diese Instruktionen ausführen, spielt keine Rolle, wir kommen in jedem Fall zum selben Punkt (Abb. 1.10b).

Wenn wir in unserem Bezugssystem nur zwei Linien verwenden, nehmen wir an, daß wir uns auf einer Oberfläche befinden. Wäre der Schatz vergraben oder in einer alten Eiche versteckt, brauchten wir noch eine weitere Information, um ihn zu finden. Diese Information würde uns sagen, wie weit wir über oder unter die Oberfläche gehen müssen, um zu dem Schatz zu gelangen. Dieses Beispiel führt uns zu dem Schluß, daß wir zur Lokalisierung eines Objektes im gewöhnlichen Raum ein Bezugssystem mit drei Bezugslinien oder Achsen brauchen, die sich alle im selben Punkt (dem Ursprungspunkt) so schneiden, daß jede senkrecht auf den beiden anderen steht (Abb. 1.11). Um einen Punkt im gewöhnlichen Raum zu lokalisieren, sind drei Informationen oder Bestimmungsstücke erforderlich. Daher bezeichnen wir den gewöhnlichen Raum als dreidimensional.

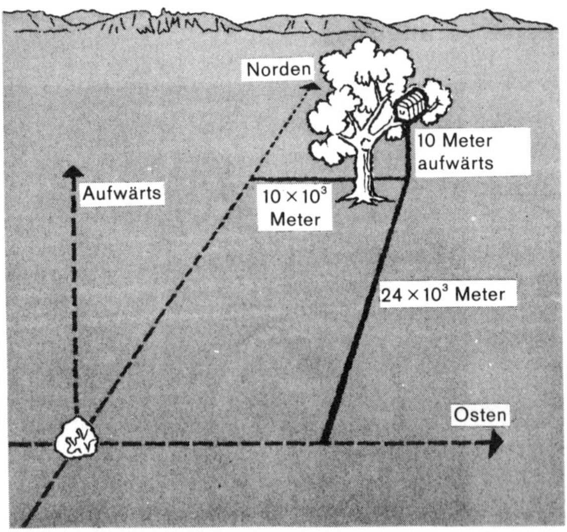

Abb. 1.11

Wir haben gesehen, daß wir ein Bezugssystem brauchen, wenn wir mit Hilfe der gegebenen Informationen einen Punkt im Raum lokalisieren wollen. Man braucht auch ein Bezugssystem, um die Bewegung eines Objektes zu beschreiben. Die Geschwindigkeit eines Objektes muß im Bezug auf etwas anderes angegeben werden. Meist entspricht das Bezugssystem dem, das oben für die Lokalisierung eines Punktes beschrieben wurde. Beispielsweise bewegt sich der Zug in Abb. 1.12a mit einer Geschwindigkeit von 30 Meter/Sekunde nach Nordosten.

Wir sind so daran gewöhnt, für unser Bezugssystem die Richtungen zu verwenden, die auf der Erde mit dem Kompaß festgelegt werden, daß wir vielleicht nicht daran denken, daß Bezugssysteme, die auf andere Gegenstände bezogen und in anderer Weise orientiert sind, ebenso gültig und manchmal sogar nützlicher sein können. Abb. 1.12b zeigt

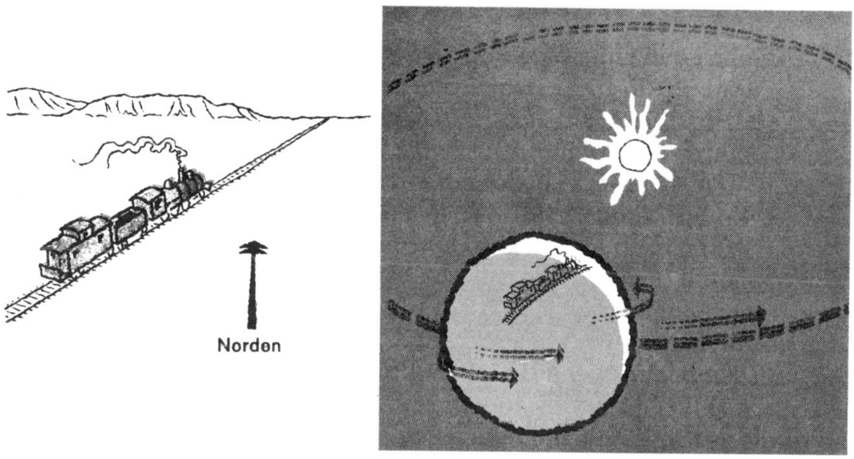

(a) (b)

Abb. 1.12

denselben Zug, der sich auf der Erdoberfläche bewegt, von einem anderen Standpunkt aus. Die Erde, auf der sich der Zug bewegt, rotiert selbst und bewegt sich außerdem um die Sonne. Was ist dann – so könnten wir fragen – die „wirkliche" Bewegung des Zuges – seine Bewegung auf der Erdoberfläche oder seine Bewegung, die die Bewegung der Erde um die Sonne einschließt? Tatsächlich ist jede Bewegung „wirklich"; der Unterschied beruht auf dem Bezugssystem, in dem die Bewegung betrachtet wird. Im ersten Fall verwenden wir das übliche, mit der Erde verbundene Bezugssystem, und beschreiben die Bewegung des Zuges so, wie sie von der Erde aus beobachtet wird. Im letzten Fall betrachten wir die Bewegung so, als ob wir auf der Sonne säßen, und beziehen sie auf ein Bezugssystem, dessen Mittelpunkt die Sonne ist und dessen Achsen auf bestimmte ausgewählte Sterne weisen. Die Bewegung sieht von verschiedenen Bezugssystemen aus betrachtet sehr verschieden aus, es ist jedoch immer diesselbe physikalische Situation, die beobachtet und beschrieben wird.

Die Bewegung einer Stewardess in einem Flugzeug stellt ein weiteres Beispiel für die Tatsache dar, daß eine Bewegung mit gleicher Berechtigung von verschiedenen Bezugssystemen aus beschrieben werden kann. Für die Passagiere scheint sich die Stewardess ganz normal zu bewegen, obwohl das Flugzeug eine Geschwindigkeit von 600 Meilen pro Stunde haben mag. Das heißt, daß ihre Bewegung relativ zu einem mit dem Flugzeug verbundenen Bezugssystem nicht schneller erscheint, als ob sie auf dem Boden liefe. Relativ zu einem mit der Erde verbundenen Bezugssystem saust sie jedoch mit ungefähr 600 Meilen pro Stunde dahin. Da also dieselbe Bewegung von verschiedenen Bezugssystemen aus verschieden erscheint, können wir eine Geschwindigkeit nicht vollständig beschreiben, ohne das von uns verwendete Bezugssystem anzugeben.

Das spezielle Relativitätsprinzip

In Galileis Tagen glaubten die meisten Menschen, daß sich die Erde bewegungslos im Mittelpunkt des Universums befinde, und daß sich die Sonne und andere Himmelskörper um sie herum bewegten. Andererseits war Galilei davon überzeugt, daß sich die Erde um die Sonne bewege, auch wenn diese Bewegung für die Menschen auf der Erde nicht unmittelbar sichtbar ist. Da er keinen direkten Beweis dafür hatte, daß sich die Erde mit einer Geschwindigkeit von ungefähr 30 Kilometer pro Sekunde durch den Raum bewegt, mußte er seine Gegner dadurch überzeugen, daß er erklärte, weshalb die Erde als ruhend erscheinen kann, obwohl sie sich in Wirklichkeit bewegt. Seine Gegner argumentierten, daß eine solch schnelle Bewegung der Erde die Luft zurücklassen müßte. Wegen der Bewegung der Erde müßte selbst ein auf einem Zweig sitzender Vogel im Raum zurückbleiben, sobald er den Zweig losließe – so ähnlich wurde argumentiert (Abb. 1.13). Galilei entgegenete mit dem Hinweis, daß sich

Abb. 1.13

der auf dem Zweig sitzende Vogel *mit* der Erde bewegt und diese Bewegung auch beibehält, wenn er den Zweig losgelassen hat. Also wäre die Bewegung des Vogels im Bezug auf den Baum dieselbe, als wenn die Erde ruhte. Nach Galilei kommt es auf die Relativbewegung an. Diese Behauptung war ein erster Schritt zum *speziellen Relativitätsprinzip.* Wir wollen dieses Prinzip in den etwas geänderten Worten von Albert Einstein (1879–1955) ausdrücken, der es rund dreihundert Jahre nach Galilei hervorhob:

In allen gleichförmig gegeneinander bewegten Systemen gelten durchweg die gleichen Naturgesetze[3].

Die Bewegung der Objekte wird als gleichförmig bezeichnet, wenn sie sich mit konstanter Geschwindigkeit geradlinig bewegen.

Das spezielle Relativitätsprinzip sagt uns, daß unter bestimmten eingeschränkten Bedingungen die Gesetze der Physik in verschiedenen Bezugssystemen gleich erscheinen. Die Einschränkung besteht darin, daß die Bezugssysteme sich entweder in Ruhe oder geradlinig gleichförmiger Bewegung befinden müssen, jedoch nicht rotieren dürfen.

[3] Albert Einstein und Leopold Infeld: „Die Evolution der Physik", Hamburg: Rowohlt 1956. Seite 120.

Anders ausgedrückt, sie müssen sich so bewegen, wie sich nach dem ersten Bewegungsgesetz ein nicht-rotierender Körper bewegt, wenn keine Kräfte auf ihn wirken. Unter diesen Bedingungen scheint jedes Bezugssystem von einem anderen aus betrachtet in gleichförmig geradliniger, nicht-rotierender Bewegung zu sein. Dieses Prinzip wollen wir mit Hilfe eines Beispiels verstehen.

Angenommen, wir befinden uns in einem Eisenbahnwagen; der Zug ist noch nicht abgefahren. Er befindet sich noch auf dem Bahnhof (Abb. 1.14a). Wenn wir einen Ball fallen lassen, fällt er direkt nach unten. Nehmen wir nun an, daß wir den Bahnhof verlassen haben und der Zug sich jetzt mit einer Geschwindigkeit von hundert Kilometer pro Stunde auf einer geraden Strecke bewegt. Nun lassen wir wieder den Ball fallen (Abb. 1.14b). Was geschieht? Für uns im Zug

(a) (b)

Abb. 1.14

sieht es so aus, als fiele der Ball direkt nach unten. Anders gesagt, das Ergebnis sieht für uns im Zug genau so aus, wie es aussah, als sich der Zug relativ zum Boden in Ruhe befand. Für einen Beobachter außerhalb des Zuges bewegt sich jedoch der Ball während des Falls mit dem Zuge vorwärts.

Wir können diese Erscheinung erklären, indem wir das erste Bewegungsgesetz anwenden: Da sich der Ball mit dem Zug bewegte, *bevor* er fiel, setzt er seine Vorwärtsbewegung mit dem Zuge fort, *wenn* er fällt. Aber ein Beobachter im Zuge bewegt sich ebenfalls mit dem Zuge vorwärts. Also scheint für ihn der Ball direkt zur Erde zu fallen. In der Tat: Müßten wir im Zuge ein physikalisches Laboratorium einrichten und alle bekannten Gesetze der Physik nachprüfen, dann würden wir zu genau denselben Ergebnissen gelangen wie in einem ruhenden Laboratorium. Die Tatsache, daß die Gesetze in einem mit dem Zug verbundenen Bezugssystem geprüft werden, bewirkt überhaupt keinen Unterschied. Wir sagen, daß die Gesetze der Physik *invariant* gegen eine geradlinig gleichförmige Bewegung des Bezugssystems sind. Dies ist eine weitere Möglichkeit, das spezielle Relativitätsprinzip auszudrücken. Invariant bedeutet unverändert. Die Naturgesetze werden nicht geändert, wenn man ein anderes, geradlinig, gleichförmig bewegtes Bezugssystem verwendet.

Wenn in einem bewegten System alle Gesetze gleich denen in einem ruhenden System sind, dann gibt es keine Möglichkeit, die Bewegung des Systems festzustellen, wenn man nicht irgendetwas außerhalb des Systems sehen kann. Im Zuge müssen wir nach außen sehen, um die Bäume und Häuser vorbeirasen zu sehen; dann wissen wir, daß wir uns relativ zu ihnen bewegen. Es gibt keine Möglichkeit zu entscheiden, wer sich „wirklich" bewegt, der Zug oder die Bäume. Gleichförmige Bewegung ist relativ. Das heißt, gleichförmige Bewegung hat nur eine Bedeutung als Beziehung zwischen zwei Bezugssystemen oder zwei Gegenständen. Da alle Gesetze der Physik von einer gleichförmigen Bewegung unbeeinflußt bleiben, gibt es keine Möglichkeit, die „absolute" oder „reale" Bewegung irgendeines bestimmten Bezugssystems festzustellen. Wir können nur Relativbewegungen im Bezug auf andere Gegenstände oder Bezugssysteme messen.

Bei all diesen Überlegungen sprechen wir natürlich nur über geradlinig, gleichförmig bewegte Bezugssysteme. Wenn ein Bezugssystem sich in ungleichförmiger Bewegung befindet, dann können wir das feststellen. Wenn wir uns drehen, beschleunigen oder unsere Bewegung auf andere Weise ändern, dann können wir das fühlen oder nachweisen, ohne aus unserem System hinauszusehen. Wenn der Zug vibriert oder eine Kurve fährt, dann können wir das auch ohne einen Blick aus dem Fenster feststellen. Tatsächlich bewegt sich natürlich der Zug auf der Erde, die ihrerseits rotiert und sich um die Sonne bewegt. Die Wirkungen dieser ungleichförmigen Bewegung sind so klein, daß wir sie nicht fühlen können, sie können aber mit Hilfe von Instrumenten nachgewiesen werden. Wir können die Vibrationen eines bewegten Zuges oder Autos fühlen, nicht jedoch ihre gleichförmige Bewegung.

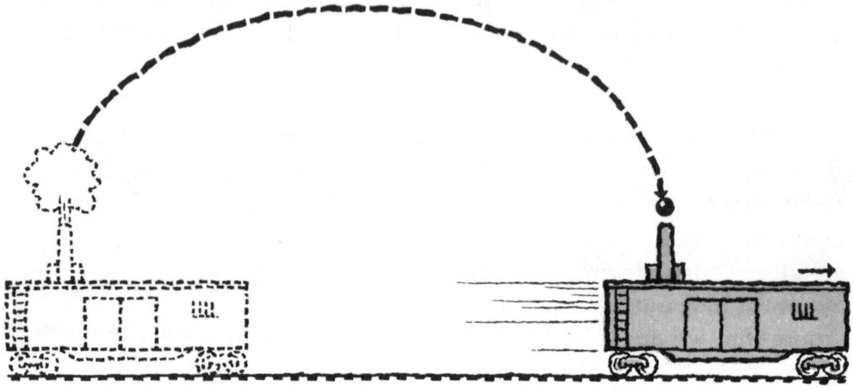

Abb. 1.15

Das bekannte, in Abb. 1.15 dargestellte Laboratoriumsspielzeug vermittelt uns ein weiteres Beispiel für das spezielle Relativitätsprinzip. Die „Kanone“ feuert eine Kugel direkt nach oben, während sich die Kanone selbst nach rechts bewegt. Wohin wird die Kugel fallen? Angenommen, daß wir die Reibung vernachlässigen können, und daß die Kanone ihre Geschwindigkeit nicht ändert, wird die Kugel wieder in die Mündung der Kanone zurückfallen. Das heißt, sie fällt genau dorthin, wohin sie auch fallen würde, wenn die Kanone sich nicht bewegte. Von der Kanone aus betrachtet, bewirkt ihre gleichförmige Bewegung überhaupt keinen Unterschied.

Ein amüsantes Beispiel dieser Tatsache wird in Galileis Dialog angegeben. Der Dialog beschreibt die imaginäre Unterhaltung dreier Männer, von denen einer, der Simplicio genannt wird, gegen die Vorstellung von der Erdbewegung opponiert. Im Verlauf der Diskussion behauptet Simplicio, die Seeleute mäßen die Geschwindigkeit des Schiffes, indem sie einen Stein vom Mast fallen ließen. Wenn sich das Schiff bewegt, so behauptet er irrtümlich, dann bewegt sich das Schiff an dem Stein vorbei, während dieser fällt, und daher fällt der Stein in einiger Entfernung vom Fuß des Mastes auf das Deck. Je schneller sich das Schiff bewegt, so behauptet er, desto größer ist diese Entfernung. Tatsächlich funktioniert diese Methode jedoch nicht (Abb. 1.16). Galilei kritisiert Simplicio und die „Autoritäten“, die solche Behauptungen aufstellen, weil sie sich nur gegenseitig zitieren und

Abb. 1.16

. . . sich nämlich auf ihre Vorgänger verlassen, ohne daß man jemals auf einen käme, der den Versuch wirklich angestellt hätte. Denn jeder, der das tut, wird finden, daß sich gerade das Gegenteil von dem ergibt, was man geschrieben liest. Man wird nämlich zum Ergebnis kommen, daß der Stein stets an derselben Stelle des Schiffes niederfällt, mag dieses feststehen oder sich mit beliebiger Geschwindigkeit bewegen[4].

Bei der Anwendung des Relativitätsprinzips muß man vorsichtig sein. Abb. 1.17 illustriert zwei Möglichkeiten, in einem fahrenden Zug Federball zu spielen. Wenn der Zug geschlossen ist, verläuft das Federballspiel genau so, als ob der Zug in Ruhe wäre. Wird jedoch das Spiel auf einem offenen Wagen ausgetragen, dann kann der durch die Bewegung des Zuges hervorgerufene „Wind" das Spiel

Abb. 1.17

[4] Galilei: „Nachricht . . ." Seite 178

verderben. Das Relativitätsprinzip garantiert nicht, daß die physikalische Situation in einem bewegten Bezugssystem dieselbe ist wie in einem ruhenden. Aber es garantiert, daß in zwei gleichförmig bewegten Bezugssystem die physikalischen Grundgesetze und Prinzipien gleich sind.

Die Bewegung der Erde

Das Foucault-Pendel. Wir haben gesagt, daß man die gleichförmig geradlinige Bewegung eines Systems nicht durch Messungen innerhalb dieses Systems feststellen kann, sondern aus diesem System hinaussehen muß. Die Erde bewegt sich jedoch nicht auf einer Geraden, sie dreht sich um sich selbst und läuft ungefähr auf einer Kreisbahn um die Sonne. Diese Kreisbahn ist sehr groß, so daß der Weg für kurze Zeiten einer Geraden sehr nahe kommt. Dennoch sollte es sehr kleine Effekte geben, und es gibt sie auch. Es gibt wirklich Möglichkeiten, die Erdbewegung nachzuweisen, ohne die Bewegung der Sterne zu beobachten.

Eine dieser Methoden beruht auf der Anwendung des Foucault-Pendels, mit dem die Drehung der Erde nachgewiesen werden kann. In Abb. 1.18 zeigen wir ein solches Pendel, das am Nordpol aufgebaut ist. Die Pendelkugel hat keinen starren Kontakt mit der Erde, weil sie mit der Erde nur durch den Pendelfaden und dessen Halterung verbunden ist. Wenn das Pendel in Schwingungen versetzt wird, tendiert es in Übereinstimmung mit dem ersten Bewegungsgesetz

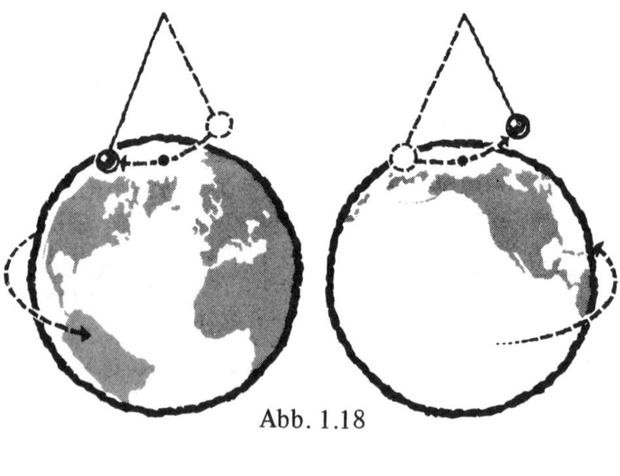

Abb. 1.18

dazu, sich möglichst auf einer Geraden zu bewegen. Während sich die Erde unter dem Pendel dreht, versucht die Pendelkugel ihre Vorwärts- und Rückwärtsschwingung in derselben Richtung des Raumes auszuführen – das heißt, im Bezug auf die Sterne immer in derselben Richtung zu schwingen. Für einen Beobachter auf der Erde scheint sich geheimnisvollerweise die Schwingungsrichtung des Pendels zu ändern. In Wirklichkeit ist es die Erde, die sich bewegt, indem sie sich unter dem Pendel hinwegdreht. Wenn sich das Pendel nicht am Nordpol befindet, bewegt sich die Schwingungsrichtung des Pendels langsamer. Dieser Effekt wurde von J. L. Foucault im Jahre 1851 entdeckt.

Selbst wenn die Erde ständig mit Wolken bedeckt wäre, so daß wir den Himmel nicht sehen könnten, könnten wir dennoch die Rotation der Erde mit Hilfe eines solchen Pendels messen.

Die Aberration des Sternlichts. Durch die Aberration des Sternlichts läßt sich die Bahnbewegung der Erde mit Hilfe von Sternbeobachtungen nachweisen. Diese Erscheinung wurde im Jahre 1725 von James Bradley und Samuel Molyneux beobachtet und später korrekt gedeutet. Um diese Erscheinung zu verstehen, stellen wir uns vor, daß wir in einem Zug sitzen, während draußen der Regen senkrecht nach unten fällt. Wenn unter diesen Umständen der Regen auf dem Fenster Streifen hinterläßt, verlaufen diese Streifen auch senkrecht nach unten (Abb. 1.19a). Wenn sich der Zug bewegt, werden die Streifen jedoch geneigt sein (Abb. 1.19b), weil sich das

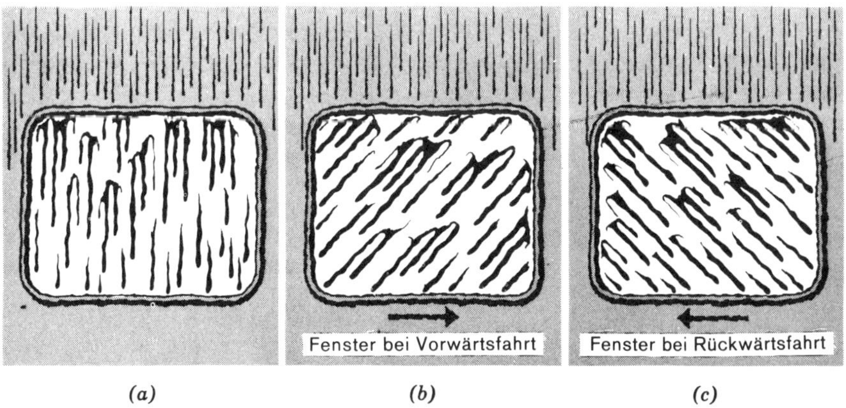

Abb. 1.19

Fenster vorwärts bewegt, während der Regen am Fenster nach unten läuft. Also scheint während der Bewegung des Zuges der Regen aus einer anderen Richtung zu kommen. Wenn sich der Zug vorwärts und rückwärts bewegt, scheinen sich die Richtungen des Regens periodisch zu ändern. Wie in Abb. 1.19 dargestellt, scheint der Regen zuerst von rechts und danach von links zu kommen.

Während der Bewegung der Erde um die Sonne ändert sich in gleicher Weise die scheinbare Richtung des eintreffenden Sternlichts, und daher scheint sich die Position des Sterns zu ändern (Abb. 1.20). Die Änderung ist sehr gering, weil die Geschwindigkeit des von den Sternen kommenden Lichtes verglichen mit der Geschwindigkeit der Erde sehr groß ist, aber zu Bradleys Zeit waren die Instrumente bereits empfindlich genug, um diese kleine Änderung nachzuweisen.

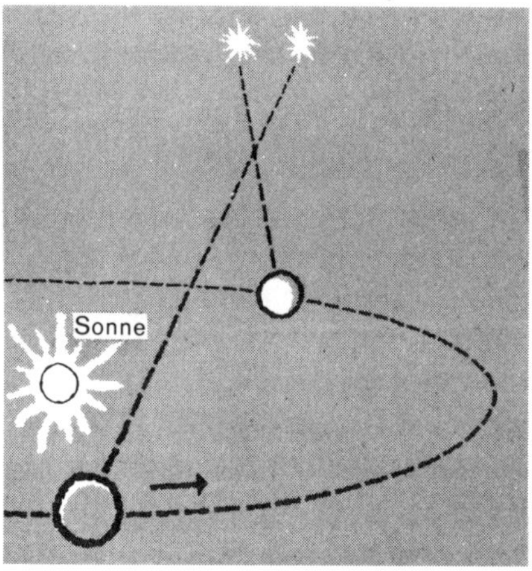

Abb. 1.20

Sternparallaxe. Im Jahre 1838 gelang es F. W. Bessel, einen lange erwarteten Beweis für die Bewegung der Erde durchzuführen: Die Parallaxe der Sterne. Der Begriff der Parallaxe wird durch Abb. 1.21 illustriert. Auf gegenüberliegenden Punkten ihrer Bahn um die Sonne befindet sich die Erde an verschiedenen Punkten des Raumes. Daher sollte die relative Position der Sterne etwas verschieden sein, wenn sie von diesen verschiedenen Punkten aus beobachtet wird. Wegen der großen Entfernung der Sterne ist dieser Effekt sehr klein, aber Bessel gelang es schließlich, ihn zu beobachten.

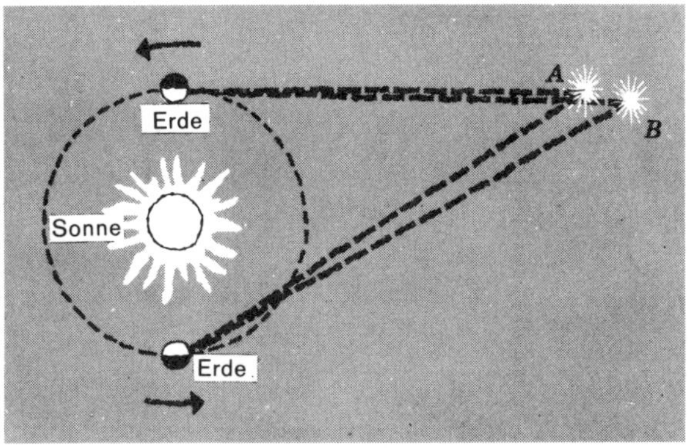

Abb. 1.21

Diese Parallaxe wird ebenso wie die Aberration durch die Beobachtung der Sterne festgestellt. Man könnte natürlich gegen diese von der Aberration und Parallaxe gelieferten Beweise der Erdbewegung argumentieren, in Wirklichkeit bewegten sich gerade die Sterne genau so, daß sie diese kleinen regelmäßigen Schwankungen ihrer Position hervorriefen. Tatsächlich müßte dazu die Bewegung der Sterne sogar noch komplizierter sein, weil die Erde nicht nur um ihre Achse rotiert und sich um die Sonne bewegt, sondern auch noch Schwankungen ihrer Rotationsachse aufweist. Wenn wir keine Bewegung der Erde annehmen wollten, müßte diese Schwankung der Sonne, dem Mond, den Planeten und den extrem weit entfernten Sternen zugeschrieben werden. Es ist bei weitem einfacher, sie der Bewegung der Erde zuzuschreiben.

Weitere Symmetrieprinzipien

Das spezielle Relativitätsprinzip sagt uns, daß in allen geradlinig, gleichförmig bewegten Bezugssystemen dieselben physikalischen Gesetze gelten. Das heißt, die Gesetze der Physik sind invariant gegen einen Wechsel zwischen diesen Bezugssystemen. Es gibt viele andere Prinzipien, die uns sagen, daß wir das Bezugssystem ändern können, ohne die Form zu ändern, in der wir die Gesetze der Physik ausdrücken. Diese Prinzipien werden *Symmetrieprinzipien* genannt. Bevor wir sie beschreiben, wollen wir zunächst genauer erklären, weshalb sie Symmetrieprinzipien heißen.

Symmetrie

Abb. 1.22a zeigt ein Quadrat, dessen Ecken zur Vereinfachung gekennzeichnet worden sind. Wir tun so, als ob die Buchstaben in Wirklichkeit nicht da wären, sondern daß wir sie uns nur vostellen, um den Weg der Ecken verfolgen zu können. Jetzt nehmen wir an, das Quadrat sei um eine Vierteldrehung entgegen dem Uhrzeigersinn gedreht worden, so daß es wie in Abb. 1.22b aussieht. Wenn Sie die Buchstaben nicht sehen, können Sie nicht erkennen, daß es gedreht worden ist. Es sieht in seiner neuen Lage genauso aus wie in seiner alten. Das Quadrat ist eine symmetrische Figur – wir können bestimmte Veränderungen mit ihm durchführen, ohne sein Aussehen zu verändern.

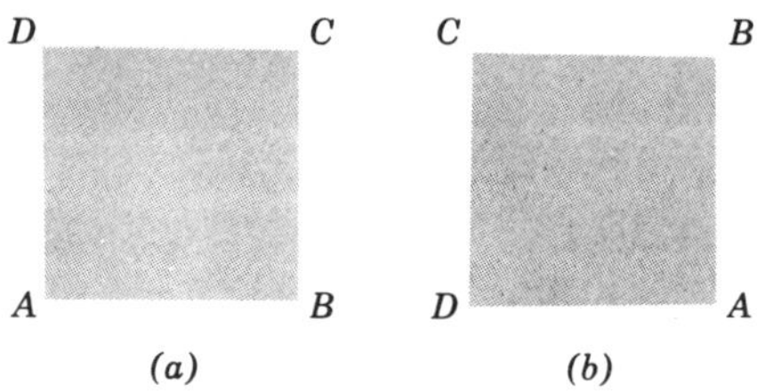

Abb. 1.22

Ein Gegenstand heißt symmetrisch, wenn er so geändert werden kann, daß sein neuer Zustand sich nicht wahrnehmbar von seinem ursprünglichen Zustand unterscheidet. Jede Operation, die eine solche Änderung durchführt, heißt *Symmetrieoperation.* Die Operation, die das Quadrat um ein Viertel einer vollen Umdrehung rotieren läßt, ist eine der Symmetrieoperationen des Quadrats. Es gibt natürlich noch weitere.

Wir können die Symmetrie des Quadrats auch studieren, wenn wir nicht die Lage des Quadrats, sondern die des Beobachters verändern. Beispielsweise haben wir in Abb. 1.23 vier Beobachter, die das

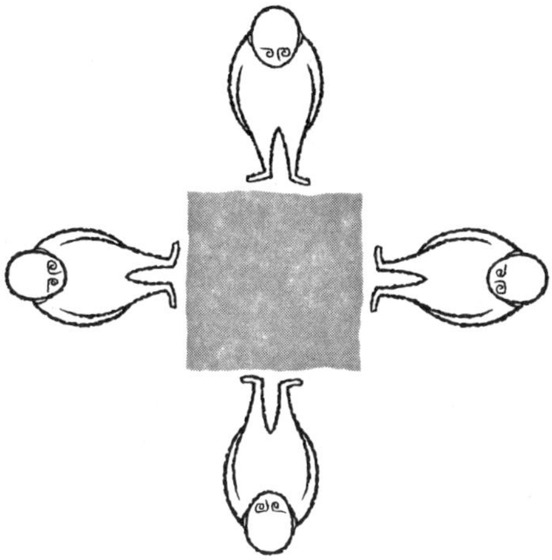

Abb. 1.23

Quadrat von vier verschiedenen Plätzen aus betrachten, dennoch sieht für jeden von ihnen das Quadrat gleich aus. Es gibt also bestimmte, verschiedene Möglichkeiten, das Quadrat so zu betrachten, daß es gleich aussieht.

Wir sind an den Gesetzen der Physik interessiert. Wenn wir sie untersuchen, verwenden wir ein bestimmtes Bezugssystem, in dem wir das Universum studieren. Es gibt bestimmte Möglichkeiten, zu neuen Bezugssystemen überzugehen, in denen die Gesetze der Physik unverändert bleiben. Das heißt, es gibt bestimmte Symmetrieoperationen, die unser Bezugssystem ändern, ohne daß dabei die Gesetze der Physik geändert werden. Beispielsweise können wir auf Grund des speziellen Relativitätsprinzips zu einem gleichförmig bewegten Bezugssystem übergehen, ohne die Gesetze der Physik zu ändern. Daher betrachten wir das spezielle Relativitätsprinzip als ein Symmetrieprinzip.

Von einem praktischen Standpunkt aus betrachtet, sind Symmetrieprinzipien oft nützlich bei der Analyse von Situationen, in denen wir die anzuwendenden Gesetze nicht genau kennen. Darüberhinaus haben sie eine gewisse Eleganz und Einfachheit, die das ästhetische Gefühl anspricht, und einige von ihnen scheinen auch philosophisch zu befriedigen. Mit ihnen können wir unserem Glauben Ausdruck verleihen, daß das Universum für alle Beobachter das gleiche ist, auch wenn es jeder von einem anderen Standpunkt aus sieht. Ein Gesetz, das sich in verschiedenen Bezugssystemen auf die gleiche Weise ausdrücken läßt, scheint der Ausdruck einer wirklichen äußeren Realität zu sein, etwas, das nicht völlig von der Situation des beobachtenden, individuellen Geistes abhängt.

Die Symmetrie der Lage

Die Gesetze der Physik hängen nicht von der Lage des Ursprungspunktes des Bezugssystems ab. Das heißt, daß die Gesetze nicht von der räumlichen Lage abhängen, in der wir unsere Experimente durchführen. Die Gesetze erweisen sich als die gleichen, ob wir nun unsere

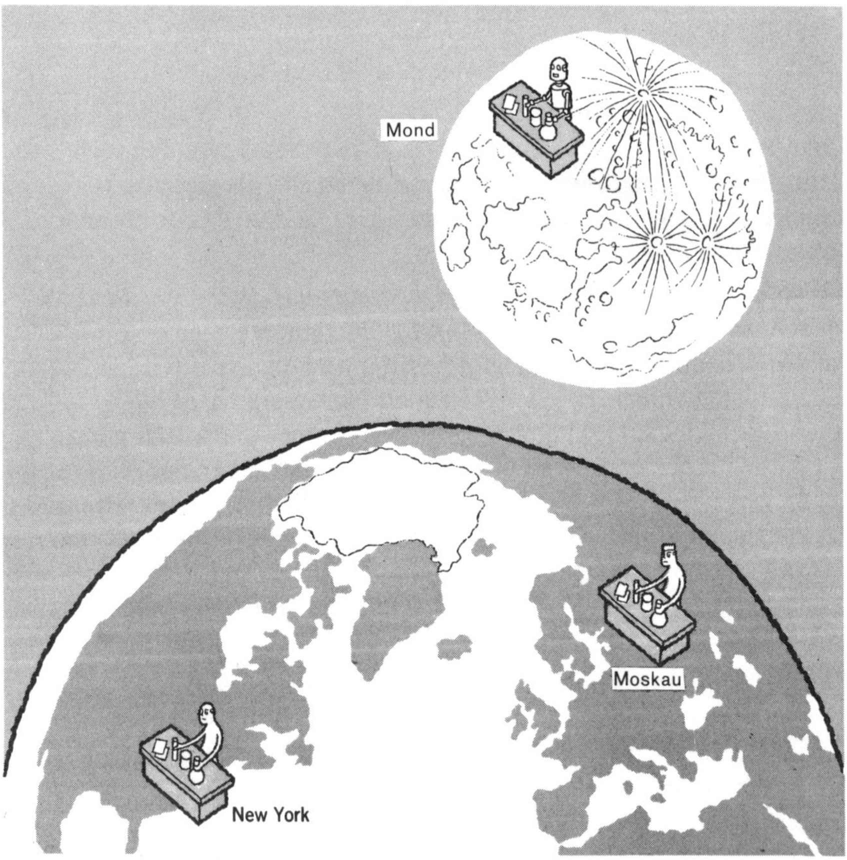

Abb. 1.24

Experimente in New York, London, Moskau oder auf dem Mond durchführen (Abb. 1.24). In Galileis Tagen wurde angenommen, auf der Erde gälten andere Gesetze als auf dem Mond oder darüber hinaus. Man nahm an, der Himmel unterschiede sich von der Erde und befolge andere Gesetze. Galileis Arbeit trug dazu bei, diese Idee zu ändern.

Die Symmetrie der Richtung

Die Gesetze der Physik hängen nicht von der Richtung der Achsen des Bezugssystems ab. (Wir nehmen aber weiterhin an, daß die Achsen senkrecht aufeinander stehen. Es ist dann gleichgültig, wie das ganze Bezugssystem im Raum orientiert ist.) So weit es die Gesetze der Physik betrifft, könnten unsere Achsen sowohl nach Chikago als auch nach Miami ausgerichtet sein, ohne daß es die Resultate beeinflussen würde (Abb. 1.25). In Galileis Tagen wurde jedoch angenommen, die Richtung zum Mittelpunkt der Erde sei wesentlich verschieden von den anderen Richtungen, weil schwere Körper natürlich in diese Richtung fallen. Nachdem man erkannt hatte, daß die Erde sich bewegt, indem sie rotiert und sich um die Sonne bewegt, mußte diese Idee geändert werden. Was zu einer bestimmten Zeit „oben" und „unten" ist, mag zu einer anderen Zeit nicht mehr „oben" und „unten" sein, weil die Erde sich gedreht hat. Der Erdmittelpunkt

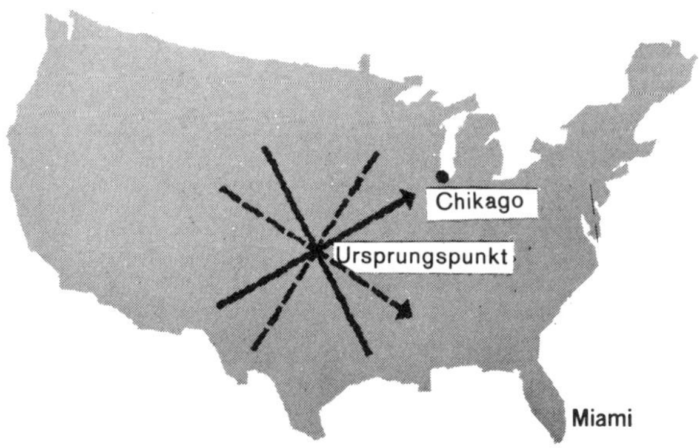

Abb. 1.25

bewegt sich, daher kann die Richtung zu diesem Punkt nicht immer dieselbe sein.

Wir können uns vorstellen, wie die philosophischen Ansichten der Zeitgenossen Galileis erschüttert wurden, als die „neue Physik“, die diese Prinzipien implizit enthält, allgemein bekannt wurde. Die Erde, die sie ruhend geglaubt hatten, sollte sich jetzt durch den Raum bewegen. „Auf zum Himmel“ und „nieder zur Erde“ waren jetzt nur noch relative Begriffe. Himmel und Erde befolgten dieselben Gesetze. Die Erde war nur noch ein beliebiger Planet, der sich in einer beliebigen Richtung durch einen beliebigen Raum bewegte. Wir können sie nicht dafür tadeln, daß sie sich „im Raum verloren“ fühlten.

Die Symmetrie der Zeit

Wir können für die Zeit ein ähnliches Bezugssystem einführen wie für den Raum. Ein Punkt in der Zeit, der einem bestimmten Ereignis entspricht, wird als Ursprungs- oder Bezugspunkt der Zeit gewählt,

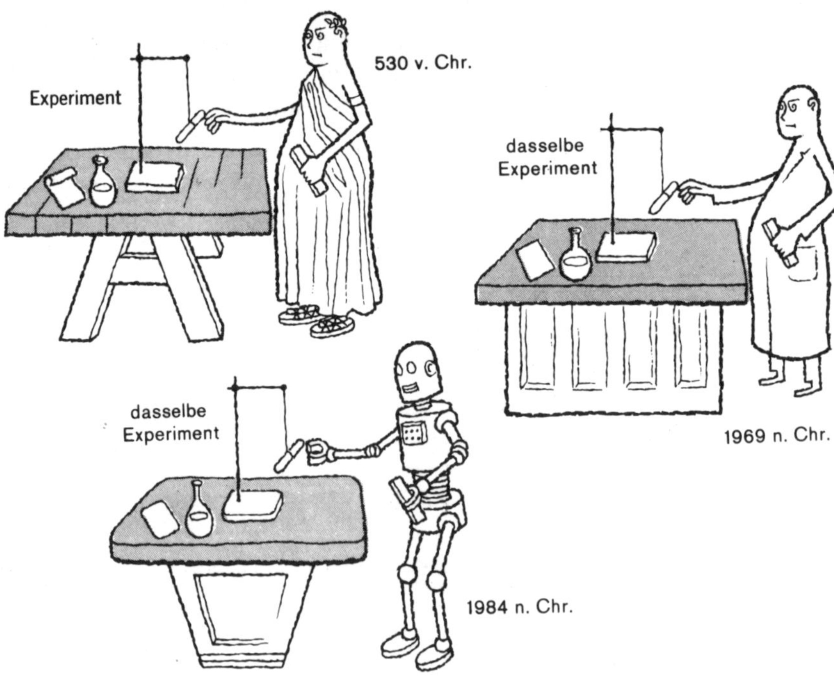

Abb. 1.26

und die anderen Ereignisse werden relativ zu diesem Bezugspunkt vorwärts und rückwärts datiert. Unsere gewöhnliche Bezeichnungsweise der Ereignisse durch die Angaben v. Chr. bzw. n. Chr. verwendet die Geburt Christi als einen solchen Bezugspunkt der Zeit. So weit wir wissen, ist es gleichgültig, welcher Zeitpunkt als Bezugspunkt gewählt wird. Hierdurch erhalten wir ein weiteres Symmetrieprinzip: Die Gesetze der Physik hängen nicht von unserer Wahl des zeitlichen Bezugspunktes ab. Daher können diese Gesetze allein uns keinen Grund dafür angeben, einen bestimmten Bezugspunkt irgendeinem anderen vorzuziehen. Es spielt keine Rolle, ob unsere Experimente heute, gestern oder morgen durchgeführt werden; wenn wir korrekt arbeiten, sollten sich dieselben Gesetze ergeben (Abb. 1.26). Wir könnten natürlich feststellen, daß wir uns geirrt haben, daß unsere heutige Kenntnis der Gesetze unrichtig ist, aber wir glauben, daß gültige Gesetze unabhängig von der Zeit sein sollten.

Die Symmetrie der Zeitumkehr

Die Gesetze der Physik sollten gleich sein, ob nun die Zeit vorwärts läuft, oder ob sie umgekehrt wird, um rückwärts zu laufen. Diese Behauptung mag seltsam klingen, da wir die Zeit nicht wirklich rückwärts ablaufen lassen können. Wir verstehen dieses Prinzip am leichtesten, wenn wir annehmen, daß wir von all unseren wissenschaftlichen Experimente Filme herstellen. Dann ermitteln wir die Gesetze der Physik aus dem, was wir sehen, wenn der Film rückwärts abläuft. Wenn sich dabei dieselben Gesetze ergeben, dann sagen wir, daß die Gesetze der Physik zeitumkehrbar sind, oder daß sie *Zeitumkehrsymmetrie* haben. Zwar sind viele Gesetze der Physik in diesem Sinne reversibel (umkehrbar), es ist heute aber noch nicht bekannt, ob alle Gesetze reversibel sind oder nicht. Beispielsweise sind Menschen *nicht* reversibel. Falls wir einen Film drehen, wenn ein Mann in ein Schwimmbad springt, und dann diesen Film rückwärts ablaufen lassen, dann sehen wir den Mann aus dem Wasser herauskommen und wieder auf dem Sprungbrett landen (Abb. 1.27). Dieser umgekehrte Prozess kommt im wirklichen Leben nicht vor. Das Wachsen eines Kindes ist ein weiteres Beispiel für einen Vorgang, der niemals rückwärts abläuft. Daher scheinen einige Prozesse in dieser Welt nicht zeitumkehrbar zu sein. Wir werden solche scheinbaren Verletzungen dieses Symmetrieprinzips in Kapitel sieben diskutieren.

Abb. 1.27

Die Spiegelsymmetrie

Wir erwarten, daß die Gesetze der Physik unverändert bleiben, auch wenn wir sie dadurch gewinnen, daß wir unsere Experimente im Spiegel betrachten. Das heißt, daß wir dieselben Gesetze erhalten würden, wenn wir das Universum in einem Spiegel betrachteten (Abb. 1.28). Also hätten wir, soweit es die Gesetze der Physik betrifft, keine Möglichkeit, das wirkliche Universum von seinem Spiegelbild zu unterscheiden. Das bedeutet auch, daß, falls ein bestimm-

Abb. 1.28

ter Prozeß ablaufen kann, das Spiegelbild dieses Prozesses ebenfalls ablaufen kann. So weit wir heute wissen, wird dieses Symmetrieprinzip in bestimmten Situationen verletzt. Wir werden eine solche Situation in Kapitel zwölf beschreiben.

Die neue Astronomie

In Galileis Zeit stand die Physik des Aristoteles und die Astronomie des Ptolomäus (2. Jahrh. v. Chr.) in hohem Ansehen. Diese alte Astronomie und Physik war zwar nicht unangefochten gewesen, sie war aber durch die sogenannte scholastische Philosophie des Thomas von Aquin (1225–1274) in Übereinstimmung mit der christlichen Theologie gebracht worden. Daher genoß sie sowohl aus philosophischen als auch aus theologischen Gründen große Autorität.

Die alte Physik und Astronomie teilte den Weltraum in zwei Regionen ein. In diesen beiden Reichen sollten die Eigenschaften der Dinge sowie ihre Bewegungen völlig verschieden sein. Alle Objekte jenseits des Mondes wurden dem himmlischen Reich zugerechnet. Dort sollten alle Objekte leichte, unveränderliche, vollkommen glatte und makellose Kugeln sein. Viele nahmen an, daß auch der Mond vollkommen glatt und kugelförmig sei. Ferner wurde angenommen, daß sich diese himmlischen Kugeln auf vollkommenen Kreisbahnen bewegten. Im Gegensatz dazu standen die irdischen Objekte unterhalb des Mondes, die schwer, unvollkommen und veränderlich waren und deren natürliche Bewegung zum Erdmittelpunkt gerichtet sein sollte. Objekte wie Pfeile und Kanonenkugeln könnten auch eine anders gerichtete, unnatürliche Bewegung haben, wenn sie ständig vorwärtsgetrieben würden.

Nach der Lehre von Aristoteles und Ptolomäus befand sich die Erde selbst bewegungslos im Mittelpunkt des Universums. Das Himmelsgewölbe drehte sich einmal am Tag um die Erde, wodurch sich der Sonnenaufgang, der Sonnenuntergang und die nächtliche Bewegung der Sterne ergab. Die Bewegung von Objekten innerhalb des Sonnensystems war in diesem Schema schwierig zu erklären, weil diese Objekte ihre Lage im Bezug auf die Sphäre der Sterne zu verändern scheinen.

Insbesondere stellte die Erklärung der Planetenbewegung ein ungeheures Problem dar. Betrachtet man die Planeten an vielen aufeinanderfolgenden Nächten jeweils zur gleichen Stunde vor dem Hintergrund des Sternenhimmels, dann stellt man fest, daß ihre Bewegung nach Osten gerichtet ist. Dabei gibt es jedoch gelegentlich rückläufige Bewegungen in westlicher Richtung, wie es in Abb. 1.29 dargestellt ist.

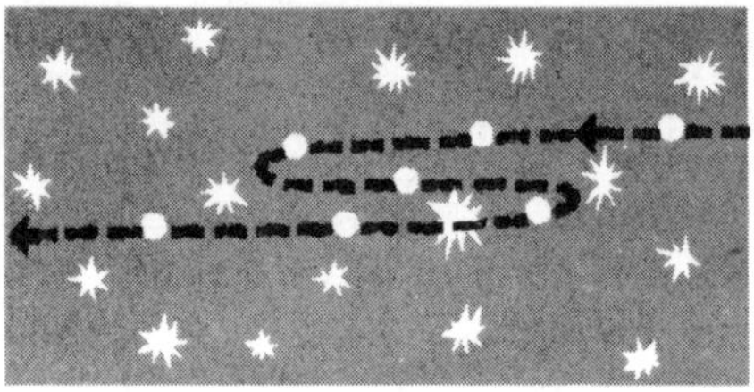

Abb. 1.29

Es galt als unabdingbar, daß sich alle Himmelskörper auf Kreisbahnen bewegten, denn dies wurde als die natürliche Bewegung der vollkommenen himmlischen Körper angesehen. Da sich die Planeten nicht in dieser einfachen Weise zu bewegen schienen, mußte man ein System oder einen Trick erfinden, um die Theorie zu retten. Ptolomäus (und einige andere) verwendeten ein System mit Epizyklen. Zur Erklärung eines Epizykels stellen wir uns einen bestimmten Punkt vor, der sich auf einem vollkommenen Kreis um die Erde bewegt (Abb. 1.30). Dieser Punkt soll jedoch nicht einen Planeten darstellen, sondern das bewegte Zentrum eines weiteren Kreises. Um dieses bewegte Zentrum soll sich der Planet bewegen. Gewissermaßen ist ein Epizykel ein Kreis auf einem anderen Kreis. Falls erforderlich, konnten weitere Epizykel hinzugefügt werden, bis das theoretische Modell zu den beobachteten Bewegungen paßte – d. h. bis die berechnete Bewegung mit den aufgezeichneten Beobachtungen übereinstimmte und so „die Erscheinungen rettete". In der Tat waren Dutzende von Epizyklen und weitere Tricks erforderlich, um das ganze System mit den beobachteten Erscheinungen in Einklang zu bringen.

Kopernikus (1473–1543) schlug vor, die Sonne stehe im Zentrum des Universums, während sich die Planeten einschließlich der Erde geordnet um die Sonne bewegten (Abb. 1.31). Er schlug weiter vor, daß

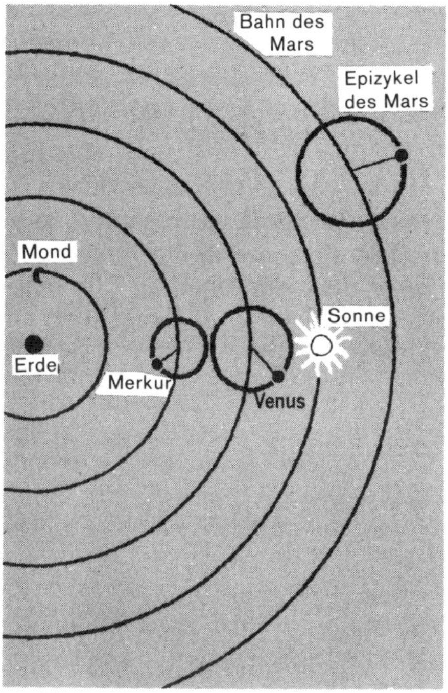

Planeten auf ihren Bahnen mit Epizykeln

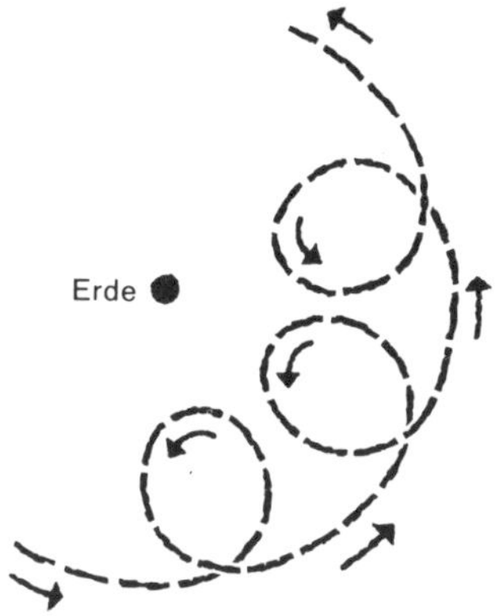

Bewegung, die sich aus einer Bahn und einem Epizykel ergibt

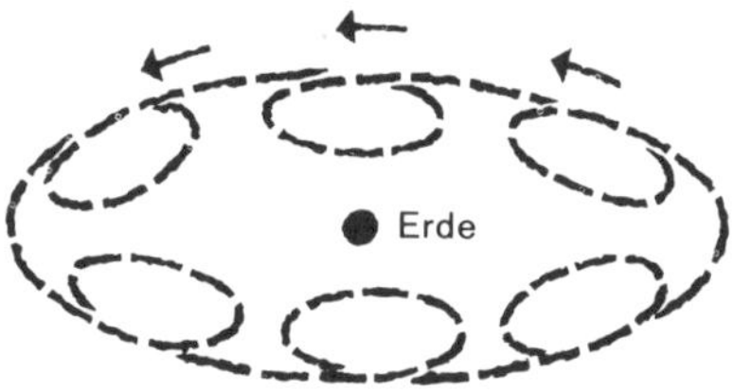

Abb. 1.30

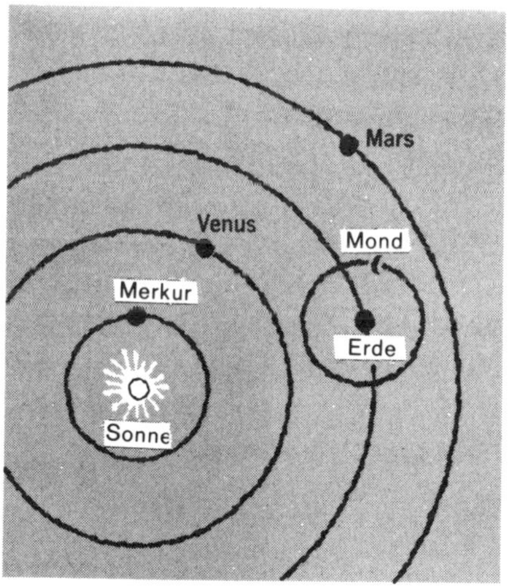

(a)

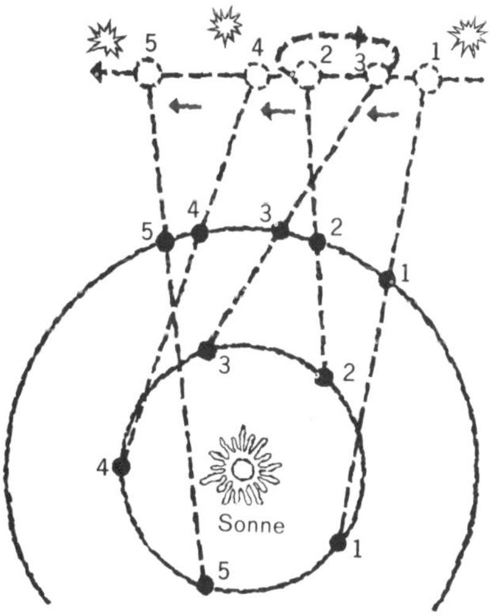

(b)

Abb. 1.31

die Erde einmal am Tag um ihre eigene Achse rotiere, wodurch sich der Himmel um die Erde zu drehen scheint. Auf diese Weise konnte er die zeitweilig rückläufige Bewegung der Planeten erklären. Wenn sich beispielsweise die schnell laufende Erde in der Nähe des langsamer laufenden Mars befindet, dann bewegt sich der Mars auf seiner Bahn scheinbar rückwärts (Abb. 1.31b). Da sich die Planeten nicht auf vollkommenen Kreisen um die Sonne bewegen, mußte auch Kopernikus Epizyklen verwenden, um so die beobachtete Planetenbewegung zu erklären und die Erscheinungen zu retten.

Kopernikus wußte, daß er mit seiner Theorie von der Bewegung der Erde die Lehren des Aristarch und anderer antiker griechischer Philosophen und Astronomen wiederbelebte. Diese Lehren waren jedoch lange Zeit verpönt gewesen. In einem nicht unterzeichneten Vorwort zu Kopernikus' Hauptwerk versuchte Osiander die Lehre einigen Lesern schmackhafter zu machen, indem er betonte, es handele sich nur um ein mathematisches Verfahren, um die Erscheinungen zu retten. Johannes Kepler, der von der Realität des heliozentrischen Systems (System mit der Sonne als Mittelpunkt) überzeugt war, sagte von diesem Vorwort, es sei „geschrieben von einem Esel für andere Esel".

Tycho Brahe (1586–1601), der dänische Astronom, der wegen seiner sehr exakten Positionsbestimmungen der Sterne und Planeten berühmt war, konstruierte ein Kompromiß-System, das als tychonisches System bekannt wurde. Er meinte, eine Bewegung der Erde widerspräche den Gesetzen der Physik. Daher schlug er ein modifiziertes System vor, in dem sich alle Planeten mit Ausnahme der Erde um die Sonne bewegten, während sich das ganze System einschließlich der Sonne um die Erde bewegte. Somit konnte ein korrekt konstruiertes tychonisches System alle Beobachtungen in gleicher Weise beschreiben wie das kopernikanische System. Die Erscheinungen waren gerettet. Die herkömmliche Physik war auch gerettet. Leider war die herkömmliche Physik falsch.

Es war Kepler, der schließlich entdeckte, daß sich die Planeten nicht auf vollkommenen Kreisbahnen, sondern auf *Ellipsen* bewegten. Eine Ellipse ist eine ovale Kurve, die einem Kreis mehr oder weniger ähnlich sein kann. Abb. 1.32 zeigt, daß sich eine Ellipse ergibt, wenn man einen Faden um zwei Nägel schlingt und dann einen Bleistift in dieser Schlinge herumführt. Die Ellipse kann einem Kreis sehr ähn-

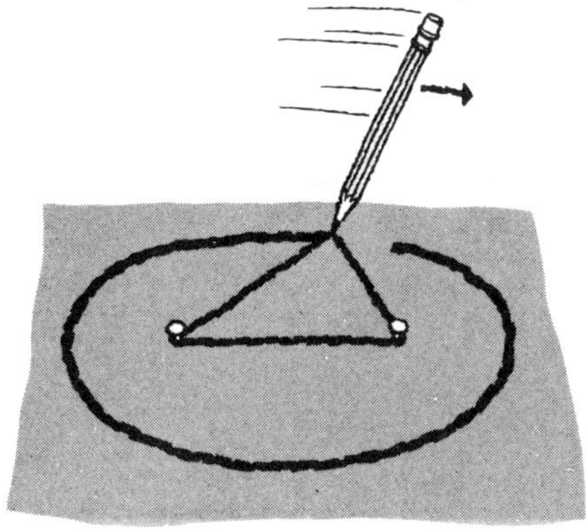

Abb. 1.32

lich sein, wenn die beiden Nägel eng benachbart sind. Die Position der Nägel gibt die Lage der Brennpunkte der Ellipse an. Wenn die beiden Brennpunkte zusammenfallen, ist die Ellipse natürlich ein vollkommener Kreis. Die Planeten bewegen sich um die Sonne auf Ellipsen, die Kreisen sehr nahekommen.

Kepler arbeitet lange und mühevoll an den genauen Daten der Marsbahn, die Tycho Brahe beobachtet hatte. Gleichgültig, welche Theorie er verwendete, gelang es ihm nicht, aus vollkommenen Kreisen eine Bahn zusammenzusetzen, die zu der beobachteten Marsbahn paßte. Stets blieb eine kleine Winkelabweichung gegenüber den Beobachtungen bestehen. Er stellte jedoch fest, daß die Beobachtungen innerhalb ihrer Genauigkeit durch eine einzige Ellipse wiedergegeben werden konnten.

„Doch uns, denen dank Gottes Güte ein genauer Beobachter wie Tycho Brahe gegeben wurde, uns ziemt es, diese göttliche Gabe anzuerkennen und sie zu brauchen .... Von nun an werde ich den Weg zum Ziel einschlagen, den mir meine eigenen Gedanken weisen. Hätte ich nämlich geglaubt, daß wir diese acht Minuten (ein sehr kleiner Winkel) vernachlässigen können, hätte ich meine Hypothese dementsprechend zusammengestückelt. Doch da es nicht anging, sie zu vernachlässigen, zeigen diese acht Minuten den Weg zu einer völligen Umgestaltung der Astronomie: Sie wurden zum Baumaterial für einen großen Teil dieses Werkes ...“)[5]

5 Johannes Kepler: „Astronomia Nova, II, Kap. 19. zitiert nach Arthur Koestler: „Die Nachtwandler“, Bern und Stuttgart: Alfred Scherz Verlag 1959. Seite 325

Und darüber hinaus zu vielem mehr, könnten wir hinzufügen.

Kepler gelangte durch seine Analyse von Tycho Brahes Daten zu seinen drei berühmten Gesetzen der Planetenbewegung.

1. Der Planet beschreibt eine Ellipse, in deren einen Brennpunkt die Sonne steht (Abb. 1.33).

2. Die Verbindungsgerade (der Radiusvektor) von der Sonne zu dem Planeten überstreicht in gleichen Zeiten gleiche Flächen. (Abb. 1.34).

3. Das Quadrat der Umlaufzeit des Planeten um die Sonne ist proportional zum Kubus (der dritten Potenz) der mittleren Entfernung von der Sonne (Abb. 1.35).

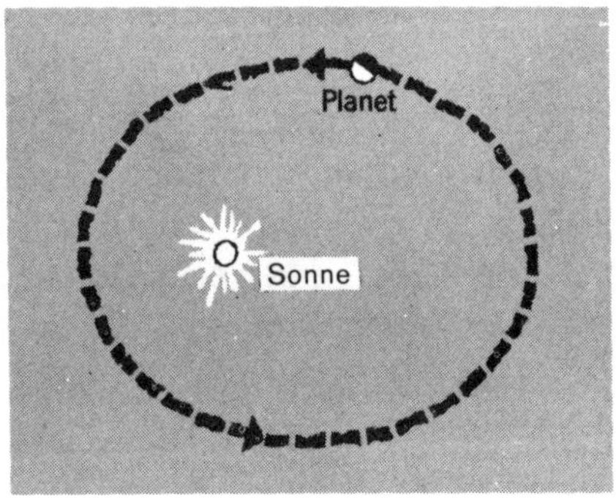

Abb. 1.33

Wir wollen hier diese Gesetze nicht im einzelnen erklären, es genügt hervorzuheben, daß sie eine präzise mathematische Beschreibung der Planetenbahnen ergaben. Wenn Galilei die Keplerschen Gesetze gekannt und akzeptiert hätte, dann wäre es für ihn leichter gewesen, die Bewegung der Erde zu verteidigen. Keplers Buch *Astronomia Nova* (Die neue Astronomie), das die ersten beiden Gesetze enthielt, könnte vielleicht sogar unbeachtet auf Galileis Bücherbrett gestanden haben. Galilei verbesserte das Fernrohr, das gerade erfunden worden war, und machte viele astronomische Entdeckungen, die alte Ideen umstießen. Er sah den Planeten Jupiter mit seinen Monden, die sich in seiner Nähe hin und her bewegten und schloß, daß sich die Monde um den Planeten herumbewegten. Hier war ein Sonnensystem im Kleinen, das jeder sehen konnte. Er beobachtete, daß der Planet Venus ähnliche Veränderungen zeigte wie der Mond, indem er sich

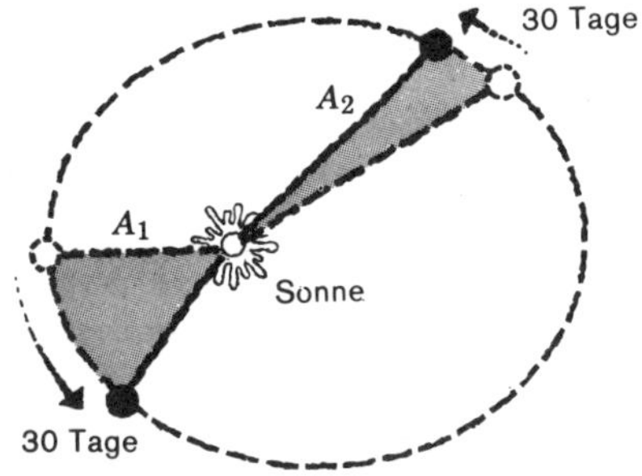

Abb. 1.34 Das zweite Keplersche Gesetz: Die Verbindungsgerade zwischen Sonne und Planet überstreicht in gleichen Zeiten gleiche Flächen. $A_1 = A_2$. (Der Planet bewegt sich langsamer, wenn er eine größere Entfernung von der Sonne hat).

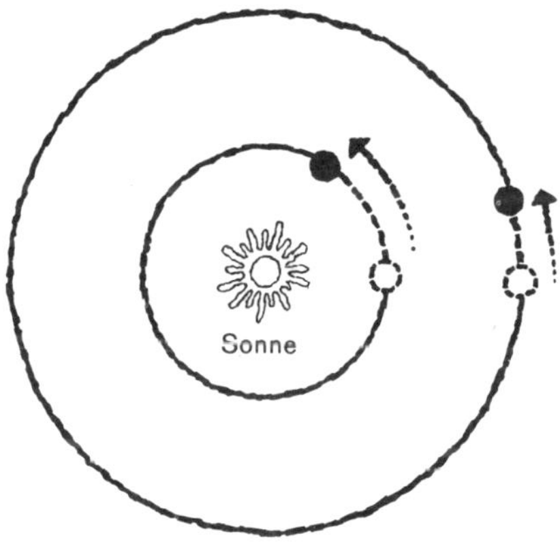

Abb. 1.35 Aus dem dritten Keplerschen Gesetz folgt, daß ein Planet mit größerer Entfernung von der Sonne eine längere Umlaufzeit benötigt als ein Planet mit kleinerer Entfernung von der Sonne.

zu verschiedenen Zeit voll, halb oder als Sichel zeigte, was nach dem ptolomäischen System nicht möglich war. Dann sah er Berge und Täler auf dem Mond – einem vermeintlich glatten himmlischen Körper. Er sah Flecken auf der Sonne, einem vermeintlich fleckenlosen himmlischen Körper. Dies waren nicht die ersten Beobachtungen, die die alte Astronomie angriffen. Bereits vorher, in den Jahren 1572 und 1604 waren zwei neue Sterne, die sehr seltenen

Supernovae, an dem vermeintlich unveränderlichen Himmel gesehen worden. Tycho Brahe bewies, daß sie sehr viel weiter entfernt sein mußten als der Mond, weil sie keine meßbare Parallaxe zeigten.

Der Konflikt mit der Theologie

Die traditionellen Philosophen und konservativen Theologen wurden durch die neue Astronomie beunruhigt. Mindestens ein aristotelischer Philosoph weigerte sich, durch das Fernrohr zu sehen. Ein anderer behauptete, „alle Geometrie stamme vom Teufel“, und daß „die Mathematiker als die Urheber der Ketzerei in Bann getan werden sollten“. Ein anderer argwöhnte, daß „um die Satelliten des Jupiter zu sehen, die Menschen ein Instrument bauen mußten, das sie selbst hervorbringen würde“.

Auch vor Galileis Zeit waren führende Geistliche in Sorge, weil sie glaubten, die Astronomie des Kopernikus stünde im Widerspruch zu den heiligen Schriften. Johannes Calvin (1509–1564) rief aus: „Wer will es wagen, die Autorität des Kopernikus über die des Heiligen Geistes zu stellen?“ Martin Luther (1483–1546) schrieb:

„Aber es gehet jetzt also: wer da klug sein will, der muß ihm etwas eigenes machen, das muß das allerbeste sein, wie ers machet! Der Narr will die ganze Kunst Astronomiae umkehren! Aber wie die heilige Schrift anzeigt, so hieß JOSUA die Sonne still stehen und nicht das Erdreich!

In Galileis Tagen schrieb St. Robert Bellarmine:

... Zu sagen, daß durch die Annahme der Bewegung der Erde und des Stillstandes der Sonne die Himmelserscheinungen besser erklärt werden als durch die Theorie der Exzenter und Epizyklen, bedeutet, mit scharfsinnigem Verstande zu sprechen und keinerlei Risiko einzugehen. Eine solche Sprechweise ziemt einem Mathematiker. Aber glauben machen zu wollen, daß sich die Sonne wirklich und wahrhaftig im Mittelpunkt des Universums befindet und nur um ihre eigene Achse rotiert, ohne von Osten nach Westen zu gehen, ist eine sehr gefährliche Haltung und darauf angelegt, nicht nur alle scholastischen Philosophen und Theologen gegen sich aufzubringen, sondern auch unseren heiligen Glauben zu beleidigen, indem sie der Heiligen Schrift widerspricht ...

Wenn es einen wirklichen Beweis gäbe, daß sich die Sonne im Mittelpunkt des Universums und die Erde im dritten Himmel (in der dritten Umlaufbahn) befänden, und daß sich die Sonne nicht um die Erde, sondern die Erde um die Sonne bewegte, dann sollten wir mit äußerster Vorsicht darangehen,

Schriftstellen auszulegen, die die das Gegenteil zu lehren scheinen, und lieber zugeben, daß wir sie nicht verstehen, als eine Meinung als falsch zu bezeichnen, deren Wahrheit erwiesen ist . . .

Galilei konnte nicht beweisen, daß sich die Erde bewegt, sondern nur, daß die Argumente gegen ihre Bewegung nicht stichhaltig waren. Nach Beratung mit seinem offensichtlichen Bewunderer, dem kürzlich gewählten Papst Urban VIII, veröffentlichte Galilei seinen *Dialog über die beiden hauptäschlichen Weltsysteme,* der offensichtlich ein starkes Argument für das Kopernikanische Weltsystem darstellte. Galileis Vorwort, das sich „An den kritischen Leser“ wendet, enthüllt listig seine Absicht beim Schreiben des Buches.

In den letzten Jahren erließ man in Rom ein heilsames Edikt, welches den gefährlichen Ärgernissen der Gegenwart begegnen sollte und der pythagoreischen Ansicht, daß die Erde sich bewege, rechtzeitiges Schweigen auferlegte. Es fehlte nicht an Stimmen, welche in den Tag hinein behaupteten, jener Beschluß verdanke seine Entstehung nicht einer sachverständigen Prüfung, sondern sei hervorgegangen aus Parteileidenschaft, der nicht genügende Kenntnisse zur Seite stünden. Es wurden Klagen laut, daß Konsultoren, welche mit dem Stand der astronomischen Wissenschaft völlig unbekannt seien, durch ein plötzliches Verbot den forschenden Geistern die Flügel nicht hätten stutzen sollen.

Unmöglich konnte mein Eifer beim Anhören so leichtfertiger Beschwerden stille bleiben. Wohlvertraut mit jenem so weisen Beschlusse, entschied ich mich dafür, auf der Schaubühne der Welt als Zeuge aufrichtiger Wahrheit aufzutreten . . .

Zu diesem Zwecke habe ich im Laufe der Unterredung die Partei des Kopernikus ergriffen, und als rein mathematische Hypothese versuche ich, mit Hilfe aller möglichen Kunstgriffe nachzuweisen, daß dieses System dem von der Unbewegtheit der Erde zwar nicht schlechthin überlegen ist wohl aber in Ansehung der Gegengründe, die von einigen vorgebracht werden, die sich Peripatetiker nennen, aber nur den Namen übernehmen und, ohne selbst umherzuwandeln, sich zufriedengeben, Gespenster zu verehren. Sie suchen nicht, vermöge eigenen Nachdenkens die Wahrheit zu erforschen, sondern einzig und allein mittels der Erinnerung an vier mißverstandene Prinzipien[6] . . .. (Die Schüler des Aristoteles werden als Peripatetiker bezeichnet, weil sie beim Diskutieren in einem Wandelgang, (griechisch peripatos) auf und ab zu gehen pflegten. Anm. d. Übers.)

In dem Buch diskutierte Galilei nur das ptolomeische und das kopernikanische System und ließ den Kompromiß des Tycho Brahe unerwähnt. Er versuchte, seine Argumentation durch eine Erklärung der Gezeiten zu stützen, die nicht richtig war.

[6] Galilei: „Nachricht . . .“ Seite 136

Offensichtlich war Galileis Argumentation stärker als der Papst erwartet hatte, und das Buch wurde trotz seiner Popularität verboten. Galilei wurde vor ein Inquisitionsgericht gestellt, der Ketzerei für schuldig befunden und zum Widerruf seiner Theorie gezwungen. Obwohl sich drei Kardinäle weigerten, die Verdammung zu unterzeichnen (das Urteil wurde nur von sieben der zehn Richter unterschrieben. Anm. d. Übers.) und die Lehre des Kopernikus niemals förmlich als ketzerisch erklärt worden war, wurde Galilei von der Inquisition zu Gefängnis verurteilt. Der Richterspruch enthielt die folgenden Punkte.

Die Behauptung, die Sonne befinde sich unbeweglich im Mittelpunkt der Welt, ist philosophisch absurd und falsch sowie formal ketzerisch, weil sie ausdrücklich der Heiligen Schrift widerspricht.

Die Behauptung, die Erde befinde sich nicht unbeweglich im Mittelpunkt der Welt, sondern sie bewege sich und drehe sich täglich um sich selbst, ist gleichermaßen philosophisch absurd und falsch und theologisch betrachtet zumindest irrig im Glauben.

Welches waren die Schriftstellen, denen die neue Wissenschaft vermeintlich widersprach?

Damals redete Josua mit dem Herrn an dem Tage, da der Herr die Amoriter vor den Kindern Israel dahingab, und er sprach in Gegenwart Israels: Sonne, steh still zu Gibeon, und Mond, im Tal Ajalon! (Josua 10, 12).

... Er hat den Erdkreis gegründet, daß er nicht wankt (Psalm 93,1)

Galilei selbst meinte, es gebe keinen Konflikt, wenn die Schrift richtig ausgelegt würde, aber er fürchtete, unwissende und wissenschaftsfeindliche Theologen könnten die Schrift in Verruf bringen. Im Jahre 1615 schrieb er in einem berühmten Brief an die Großherzogin Christina, niemand würde es verstanden haben, wenn die Bibel offen von der Erdbewegung gesprochen hätte, und wies darauf hin, daß selbst die Kopernikaner vom Sonnenaufgang und Sonnenuntergang sprechen, obwohl sie dieser Täuschung nicht unterliegen. Er forderte, die sogenannten wissenschaftlichen Widersprüche zur Schrift sollten ebenso vorsichtig behandelt werden wie die Fälle, in denen verschiedene Schriftstellen sich selbst zu widersprechen scheinen. Ferner führte er aus:

Ich meine, bei der Diskussion physikalischer Probleme sollten wir nicht von der Autorität der Schriftstellen ausgehen, sondern von den Erfahrungen der Sinne und den erforderlichen Demonstrationen, denn die heilige Bibel und die Erscheinungen der Natur gehen gleichermaßen aus dem göttlichen Wort hervor .... Die

Bibel muß, um von jedermann verstanden zu werden, manches sagen, das dem bloßen Wortlaut nach von der absoluten Wahrheit abzuweichen scheint. Andererseits ist die Natur unerbittlich und unwandelbar, sie überschreitet niemals die ihr vorgezeichneten Grenzen, und sie kümmert sich nicht darum, ob ihre geheimnisvollen Gründe und Handlungsweisen den Menschen verständlich sind. Aus diesem Grunde scheint es, daß nichts Physikalisches, das uns durch die Erfahrung der Sinne vor Augen kommt oder durch die notwendigen Demonstrationen bewiesen wird, auf Grund von Bibelstellen in Frage gestellt (oder sogar verdammt) werden sollte, da in diesen selbst die Worte verschiedene Bedeutungen haben könnten.

Niemand bezweifelt, daß im Bezug auf diese Meinung und andere, die nicht direkt Glaubensfragen betreffen, der Papst immer die absolute Macht hat, zu billigen oder zu verdammen; aber es steht nicht in der Macht irgendeines geschaffenen Wesens, die Dinge selbst richtig oder falsch sein zu lassen, denn dies ist durch ihre eigene Natur und durch die Tatsachen begründet.

Der Konflikt mit der Autorität

Im Mittelpunkt der neuen Wissenschaft stand die Bedeutung der „Erfahrung der Sinne" und der erforderlichen verstandesmäßigen Beweisführung, insbesondere der mathematischen Beweisführung. Dies bedeutet, daß Dinge nicht auf Grund einer Autorität angenommen werden dürfen, sondern durch die Beobachtung und Berechnung geprüft werden müssen. Galilei betonte, daß wir tatsächlich nur sehr wenig wissen und daher, zumindest zum gegenwärtigen Zeitpunkt, nicht alle Fragen beantworten können. Er machte sich über diejenigen lustig, die sich nur auf die Autorität berufen, und zitierte die Erfahrung eines bestimmten Experten der Anatomie.

Als nun der Anatom zeigte, wie sich der Hauptstamm der Nerven, vom Gehirn ausgehend, den Nacken entlangzieht, sich durch das Rückgrat erstreckt und durch den ganzen Körper verzweigt, und wie nur ein ganz feiner Faden von Zwirnsdicke zum Herzen gelangt, wendete er sich an einen Edelmann, der ihm als Peripatetiker bekannt war, und um dessentwillen er mit außerordentlicher Sorgfalt alles bloßgelegt und gezeigt hatte, mit der Frage, ob er nun zufrieden sei und sich überzeugt habe, daß die Nerven im Gehirn ihren Ursprung nehmen und nicht im Herzen. Worauf unser Philosoph, nachdem er ein Weilchen in Gedanken dagestanden, erwiderte: Ihr habt mir das alles so klar, so augenfällig gezeigt – stünde nicht der Text des Aristoteles entgegen, der deutlich besagt, der Ursprung der Nerven liege im Herzen, so sähe man sich zu dem Zugeständnis gezwungen, daß Ihr recht habt.[7]

[7] Galilei: „Nachricht ...", Seite 160

. . . Was kann es Schmählicheres geben, als zu sehen, wie bei öffentlichen Disputationen, wo es sich um beweisbare Behauptungen handelt, urplötzlich jemand ein Zitat vorbringt, das oft auf einen ganz anderen Gegenstand sich bezieht, und mit diesem dem Gegner den Mund stopft? Wenn Ihr aber durchaus fortfahren wollt, auf diese Weise zu studieren, nennt Euch fernerhin nicht Philosophen, nennt Euch Historiker oder Doktoren der Auswendiglernerei; denn wer niemals philosophiert, der darf den Ehrentitel eines Philosophen nicht beanspruchen.[8]

. . . So tragt Argumente und Demonstrationen vor, Simplicio – entweder Eure oder die des Aristoteles – aber nicht nur Texte und bloße Autoritäten, denn unsere Unterredung muß sich auf die Welt beziehen, die mit den Sinnen erfahrbar ist und nicht auf eine, die nur auf dem Papier steht.

Galilei lehnte zwar die staatliche und religiöse Autorität der staatlichen und religiösen Führer nicht ab, er wies aber jeden Anspruch auf Autorität zurück, wenn es sich um die wissenschaftliche Wahrheit handelte. In der Tat ließ er keinen Zweifel daran, daß die Wahrheit keiner Autorität unterliegt. Stattdessen vertrat er den Standpunkt, der heute gewöhnlich als Merkmal der wissenschaftlichen Methodik angesehen wird. Dies geht aus den folgenden Auszügen seiner Erwiderung an „Sarsi" (Pseudonym des bekannten jesuitischen Astronomen Horatio Grassi) hervor.

Bei Sarsi glaube ich die feste Überzeugung zu erkennen, daß man sich beim Philosophieren auf die Meinung eines berühmten Autors stützen müsse, so als ob unser Geist völlig steril und unbeweglich bleiben solle, solange er sich nicht an den Verstand einer anderen Person anlehnen kann. Wahrscheinlich denkt er, die Wissenschaft sei das erfundene Werk eines Dichters wie die *Ilias* oder *Orlando Furioso,* also Kunstwerke, bei denen es am wenigsten darauf ankommt, ob das Geschriebene wahr ist. Nun Sarsi, so stehen die Dinge nicht. Die Wissenschaft ist in diesem Buch, dem Universum, geschrieben, das uns ständig offen vor Augen steht. Aber dieses Buch kann man nur verstehen, wenn man zuerst seine Sprache lernt und die Zeichen erkennt, in denen es geschrieben ist. Es ist in der Sprache der Mathematik geschrieben; seine Buchstaben sind Dreiecke, Kreise und andere geometrische Figuren. Es ist nicht möglich, ohne diese Zeichen ein einziges Wort dieses Buches zu verstehen; ohne sie irrt man in einem dunklen Labyrinth umher.

Sarsi scheint zu glauben, unser Verstand müsse an den eines anderen Menschen gekettet sein . . .

Ich könnte nur staunen, wenn Sarsi weiterhin darauf beharren sollte, irgendetwas durch Berufung auf Autoritäten zu beweisen, das ich jederzeit selbst durch Experimente erkennen kann . . .

[8] Galilei: „Nachricht . . ." Seite 161

Galilei verstand die Natur der Kometen, die den Gegenstand der Diskussion bildeten, nicht, aber er hatte keine Schwierigkeiten mit Sarsi.

Wenn Sarsi will, ich sollte wie Suidas glauben, die Babylonier hätten Eier gekocht, indem sie diese in einer Schleuder rasch durch die Luft wirbelten, werde ich es tun. Doch muß ich sagen, daß die Ursache dieser Wirkung eine ganz andere war, als er annimmt. Um diese wahre Ursache zu finden, sage ich mir folgendes: „Gelingt uns eine Wirkung nicht, die anderen früher gelang, dann muß bei unserem Vorgehen etwas fehlen, das deren Erfolg hervorbrachte. Und wenn das ein einziges Ding ist, dann muß das die wahre Ursache sein. Nun fehlen uns weder Eier noch Schleudern und kräftige Burschen, um diese herumzuwirbeln; dennoch kochen unsere Eier nicht, sondern werden bloß rascher kalt, falls sie zufällig heiß sind. Da uns nun nichts fehlt, außer Babylonier zu sein, so ist das Babylonier-Sein die Ursache, warum die Eier hart werden, und nicht die Reibung der Luft.[9]

Galilei ist auch heute noch eine umstrittene Gestalt. Sein Biograph Santillana behauptet, Galilei habe versucht, die Autoritäten davon abzuhalten, sich selbst und die Kirche zum Narren zu machen, denn er habe vorausgesehen, daß „die drei Kräfte der Mathematik, Physik und Astronomie schnell zu einer unbesiegbaren Einheit zusammenwachsen werden". Arthur Koestler kritisiert Galilei wegen seines Streits mit den Jesuiten und beschuldigt ihn, er habe durch seine Arroganz die Trennung zwischen der wissenschaftlichen und geistigen Seite unserer Kultur erleichtert. Im allgemeinen sehen die Wissenschaftler Galilei als den Vorkämpfer für die Freiheit der wissenschaftlichen Forschung an.

Wir sind keine Historiker, aber wir finden in Galileis Schriften dieselbe wissenschaftliche Haltung, die wir heute einzunehmen pflegen. Zwar hat sich unsere Haltung im Bezug auf die unwandelbare mathematische Wahrheit der Natur seit Galileis Zeit etwas geändert. Dennoch entspricht die Kombination des Praktischen und Durchführbaren mit dem Geistigen und Mathematischen sehr genau dem wissenschaftlichen Standpunkt der heutigen Zeit. Betrachten wir das Beispiel des Steins, der vom Mast eines fahrenden Schiffes fällt.

Einigen der antiken Philosophen waren Anwendungen unwichtig. Solche Philosophen können nichts mit der Handhabung von Schiffen zu tun gehabt haben. Wären die Seeleute ebenso unwissend gewesen

9 zitiert nach Koestler: „Nachtwandler" Seite 477

wie die Philosophen, wären sie ertrunken. In der „Neuen Wissenschaft“ sind wir jedoch gezwungen, in praktischen Dingen ebenso exakt zu sein wie in der Logik. Man kann sich tatsächlich auf den Standpunkt stellen, daß es die Möglichkeit der praktischen Anwendung ist, die über den Wahrheitsgehalt entscheidet.

Aufgaben und Lösungen

Die in diesem Kapitel diskutierten Begriffe führen von selbst zu drei Gruppen von Aufgaben, die a) die Umrechnung von Einheiten, b) die gleichförmige Bewegung und c) die Relativbewegung beinhalten. Einige Aufgaben sind Kombinationen dieser drei Gruppen.

Die Umrechnung von Einheiten

Die Gleichungen der Physik werden mit Hilfe physikalischer Größen wie Entfernung, Zeitdauer und Geschwindigkeit angegeben. Jede der Größen in diesen Gleichungen kann in einer Vielzahl von Einheiten ausgedrückt werden. Beispielsweise sind Yard, Meter, Meile, Kilometer, Zoll usw. Einheiten der Entfernung. Eine Größe, die mit Hilfe einer dieser Einheiten (oder einer Menge von Einheiten, falls es eine abgeleitete Größe ist) angegeben worden ist, kann leicht in eine andere Einheit (oder Menge von Einheiten) umgerechnet werden. Dazu brauchen wir einen Ausdruck oder eine Gleichung, die eine Einheit bzw. eine Menge von Einheiten durch die andere ausdrückt. Wir wollen drei Beispiele dieser Methode geben.

Beispiel 1

Geben Sie eine Entfernung von 6,0 Meter in Inch an.

Lösung: Wir brauchen eine Gleichung, die Meter und Inch in Beziehung zueinander setzt. Diese Gleichung ist

$$1 \text{ Meter} = 39{,}37 \text{ Inch}$$

Da ein Meter 39,37 Inch enthält, enthält die betrachtete Strecke sechs Inch. Um die Antwort zu erhalten, setzen wir in dem Ausdruck 6,0 Meter für *Meter* einfach 39,37 Inch ein und erhalten so:

$$\begin{aligned} 6{,}0 \text{ Meter} = 6{,}0 \text{ (Meter)} &= 6{,}0 \text{ (39,37 Inch)} \\ &= (6{,}0 \times 39{,}37) \text{ Inch} \\ &= 236{,}2 \text{ Inch} \\ &= 240 \text{ Inch} \end{aligned}$$

Da die mit der geringsten Genauigkeit angegebene Zahl (6,0) nur zwei signifikante Stellen enthält, wird auch das Resultat nur mit zwei signifikanten Stellen (240 statt 236,2) angegeben (siehe Anhang II-A).

Beispiel 2

Ein Gegenstand hat eine Geschwindigkeit von 30,0 Inch pro Sekunde. Wie groß ist seine Geschwindigkeit in Meter pro Sekunde?

Lösung: Wir beginnen wieder damit, daß wir die gegebene Einheit durch die gesuchte Einheit ausdrücken:

$$\text{Meter} = 39{,}37 \text{ Inch}$$

Wir dividieren beide Seiten der Gleichung durch 39,37 und erhalten

$$\frac{\text{Meter}}{39{,}37} = \text{Inch}$$

Wir setzen diesen Ausdruck für Inch folgendermaßen in den gegebenen Ausdruck ein:

$$30{,}0 \frac{\text{Inch}}{\text{Sekunde}} = 30{,}0 \frac{\text{Meter}/39{,}37}{\text{Sekunde}} = \frac{30{,}0}{39{,}37} \frac{\text{Meter}}{\text{Sekunde}}$$

$$= 0{,}762 \frac{\text{Meter}}{\text{Sekunde}}$$

Beispiel 3

Ein Gegenstand hat eine Geschwindigkeit von 5,0 Inch pro Minute. Wie groß ist seine Geschwindigkeit in Meter pro Sekunde?

Lösung: Wir brauchen eine Gleichung, die Inch und Meter, und eine weitere, die Sekunde und Minute miteinander verbindet:

$$1 \text{ Meter} = 39{,}37 \text{ Inch}$$
$$1 \text{ Minute} = 60 \text{ Sekunden}$$

Diese Gleichungen gestatten uns, die alten Einheiten durch die neuen Einheiten auszudrücken, die wir verwenden wollen. Wir gehen folgendermaßen vor:

$$\text{Inch} = \frac{1}{39{,}37} \text{ Meter}$$

Wenn wir die entsprechenden Ausdrücke für Inch und Minute einsetzen, erhalten wir

$$5 \cdot \frac{\text{Inch}}{\text{Minute}} = 5 \cdot \left(\frac{(1/39{,}37) \text{ Meter}}{60 \text{ Sekunden}}\right)$$

$$= 5 \left(\frac{1}{39{,}37}\right)\left(\frac{1}{60}\right) \frac{\text{Meter}}{\text{Sekunde}}$$

$$= 0{,}0021 \frac{\text{Meter}}{\text{Sekunde}} = 2{,}1 \times 10^{-3} \frac{\text{Meter}}{\text{Sekunde}}$$

Beachten Sie, daß wir in der Antwort nur die beiden ersten Ziffern beibehalten haben.[10]

Gleichförmige Bewegung

In diesem Abschnitt behandeln wir nur die gleichförmige Bewegung, d. h. eine Bewegung, bei der sowohl der Betrag als auch die Richtung der Geschwindigkeit konstant bleiben. In diesem Bewegungszustand bewegen sich die Gegenstände auf Geraden und legen in jedem Zeitintervall die gleiche Strecke zurück.

Die gleichförmige Bewegung kann durch die Gleichung

$$s = vt \qquad (1)$$

[10] Wegen der Verwendung der Zehnerpotenzen siehe Anhang II-B

beschrieben werden. Darin bedeuten

s die zurückgelegte Entfernung

v die Geschwindigkeit

t die Zeit der Reise

Diese Formel ist nützlich für ein einzelnes Objekt in gleichförmiger Bewegung.

Insbesondere bei komplizierteren Problemen ist es zweckmäßig, ein Bezugssystem zu verwenden, in dem eine Achse in der Bewegungsrichtung des Gegenstandes liegt. In einem solchen Bezugssystem wird die gleichförmige Bewegung nicht durch Gleichung 1 beschrieben, sondern durch

$$s = s_0 + vt \tag{2}$$

In dieser Gleichung stellt s nicht die von dem Gegenstand zurückgelegte Strecke, sondern die längs der Achse gemessene Entfernung vom Ursprung des Bezugssystems zum Zeitpunkt t dar. Das Symbol s_0 bezeichnet die Entfernung des Objekts vom Ursprungspunkt zum Zeitpunkt $t = 0$. Wie zuvor ist v die Geschwindigkeit des Gegenstandes. Wenn s_0 gleich null ist, ist Gleichung 2 gleich Gleichung 1. Man betrachtet eine Richtung der Achse bzw. Bewegungsgeraden als positiv und die entgegengesetzte Richtung als negativ. Ein Vektor, z. B. die Geschwindigkeit, der längs der Bewegungsgeraden verläuft, wird als positiv oder negativ bezeichnet, je nachdem, ob er in die positive oder negative Richtung weist. Die Entfernung s oder s_0 des Gegenstandes vom Ursprungspunkt wird als positiv oder negativ bezeichnet, je nachdem ob der Gegenstand sich vom Ursprungspunkt aus gesehen in positiver oder negativer Richtung befindet. Der Nutzen eines Bezugssystems für die Behandlung der gleichförmigen Bewegung wird durch das schrittweise Vorgehen in den nächsten Beispielen deutlich werden.

Beispiel 4

Ein Flugzeug startet in Chikago und fliegt 20 Minuten lang nach Osten. Wie schnell muß es sein, damit es in dieser Zeit bei konstanter Geschwindigkeit 5000 Meter zurücklegt? Geben Sie die Antwort in Meter pro Sekunde an.

Lösung: Schritt 1. Zeichnen Sie eine Skizze und ein Bezugssystem. In Abb. 1.36 b zeigen die Pfeile die positiven Richtungen längs jeder der Achsen des Bezugssystems an. Wir bezeichnen gewöhnlich eine Achse als x-Achse und die andere als y-Achse.

Wegen unserer Symmetrieprinzipien spielt es keine Rolle, wohin wir den Ursprungspunkt des Bezugssystems legen und wohin wir die Achsen weisen lassen, solange sie senkrecht aufeinander stehen. Also können wir das Bezugssystem so wählen, wie es für uns am einfachsten ist.

Für diese Aufgabe ist es am einfachsten, den Ursprungspunkt nach Chikago zu legen, wo die Reise beginnt, und eine der Achsen in die Bewegungsrichtung, also nach Osten, zu legen. In diesem Bezugssystem verläuft die ganze Bewegung entlang der x-Achse (Abb. 1.36).

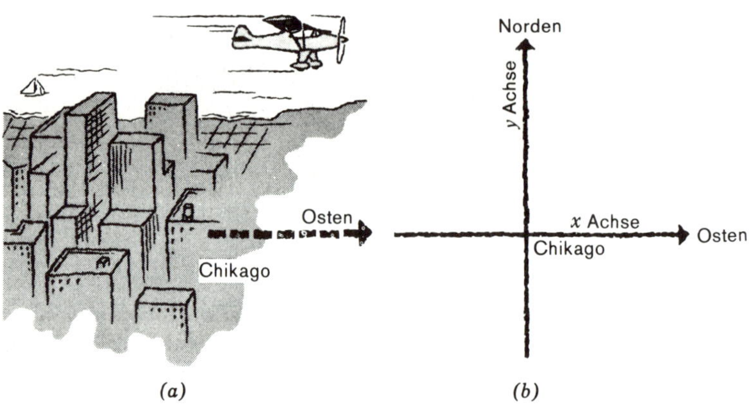

Abb. 1.36

Schritt 2. Stellen Sie die gegebenen und die unbekannten Größen zusammen. In dieser Aufgabe haben wir:

$s = 5000$ Meter

$t = 20$ Minuten

$s_0 = 0$, weil wir im Ursprungspunkt starten

$v = ?$

Schritt 3. Wir schreiben die Gleichungen auf, die die gegebenen und die gesuchten Größen miteinander verbinden. Da wir es hier mit einer gleichförmigen Bewegung zu tun haben, lautet die Gleichung

$$s = s_0 + vt$$

(Diese drei Schritte kann man auch in einer anderen Reihenfolge ausführen. Bei sehr einfachen Aufgaben kann es leichter sein, zuerst die anzuwendenden Gleichungen zu bestimmen und danach die in diesen Gleichungen auftretenden gegebenen und unbekannten Größen zusammenzustellen.)

Schritt 4. Setzen Sie die gegebenen Größen aus dem Schritt 2 in die Gleichungen des Schrittes 3 ein, und lösen Sie die Gleichungen nach den unbekannten Größen auf.

$$(5000 \text{ Meter}) = 0 + v\,(20 \text{ Minuten})$$

$$\frac{5000 \text{ Meter}}{20 \text{ Minuten}} = v$$

$$v = \frac{5000}{20}\,\frac{\text{Meter}}{\text{Minute}} = 250\,\frac{\text{Meter}}{\text{Minute}}$$

Nun ist 1 Minute = 60 Sekunden, daher wird

$$v = 250\,\frac{\text{Meter}}{\text{Minute}} = \frac{250}{60}\,\frac{\text{Meter}}{\text{Sekunde}} = 4{,}2 \text{ Meter pro Sekunde}$$

Beispiel 5

Ein Mann steht an einer Straßenecke. Ein Wagen nähert sich aus einer Entfernung von 1000 Meter mit einer Geschwindigkeit von 20 Meter pro Sekunde. Nach welcher Zeit wird der Wagen den Mann erreichen?

Lösung: Schritt 1. Siehe Abb. 1.37

Schritt 2. $s = 0$

$v = -20$ Meter pro Sekunde

$t = ?$

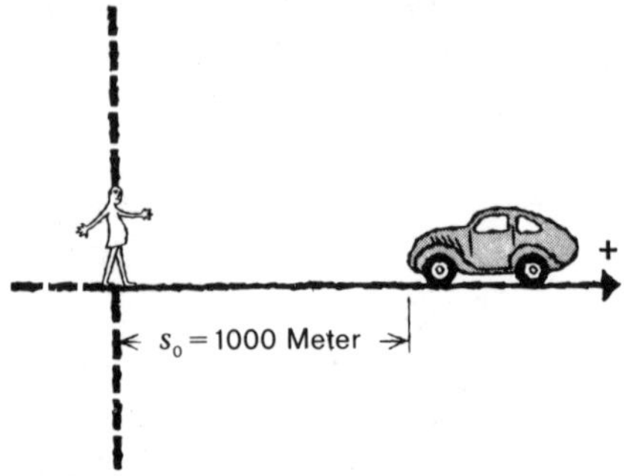

Abb. 1.37

Beachten Sie, daß das Bezugssystem so eingerichtet wurde, daß sich die Person im Mittelpunkt befindet. Das bedeutet, daß der Wagen aus einer Entfernung von s_0 = 1000 Metern startet und sich zum Ursprungspunkt hinbewegt, wo $s = 0$ Meter ist. Die Bewegung des Wagens erfolgt in Richtung auf den Ursprung, daher ist v negativ.

Schritt 3. Wir haben wieder eine gleichförmige Bewegung.

$$s = s_0 + vt$$

Schritt 4 $0 = (1000 \text{ Meter}) + (\frac{-20 \text{ Meter}}{\text{Sekunde}})\, t$

Addieren Sie $(\frac{20 \text{ Meter}}{\text{Sekunde}})\, t$ auf beiden Seiten:

$$(\frac{20 \text{ Meter}}{\text{Sekunde}})\, t = 1000$$

$$t = \frac{1000 \text{ Meter}}{20 \text{ Meter/Sekunde}}$$

$$= 50 \text{ Sekunden}$$

Man könnte die Aufgabe auch dadurch lösen, daß man den Ursprungspunkt des Bezugssystems in den Startpunkt des Wagens legt, wie es Abb. 1.38 zeigt. Mit diesem neuen Bezugssystem sieht Schritt 2 folgendermaßen aus:

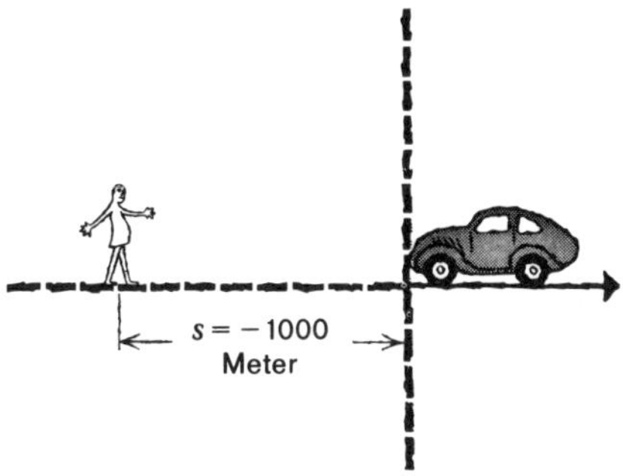

Abb. 1.38

s = − 1000 Meter

s_0 = 0

v = − 20 Meter/Sekunde

t = ?

Jetzt ist s der Endpunkt bei *minus* 1000 Metern, weil er in der negativen Richtung des Bezugssystems liegt.

Also sind die Schritte 3 und 4

$$s = s_0 + vt$$

$$-1000 = 0 + \left(-20 \frac{\text{Meter}}{\text{Sekunde}}\right) t$$

Wir dividieren beide Seiten durch − 20 Meter/Sekunde und erhalten

$$\frac{-1000 \text{ Meter}}{-20 \text{ Meter/Sekunde}} = t$$

und t = 50 Sekunden

Natürlich ist die Lösung unabhängig davon, wie wir das Bezugssystem einrichten.

Beispiel 6

Betrachten wir wieder Beispiel 5. Diesmal soll sich jedoch der Beobachter nicht an einer Straßenecke befinden, sondern auch in einem

Wagen sitzen, der sich mit einer Geschwindigkeit von 30 Meter pro Sekunde auf den anderen zubewegt. Nach welcher Zeit treffen sie sich?

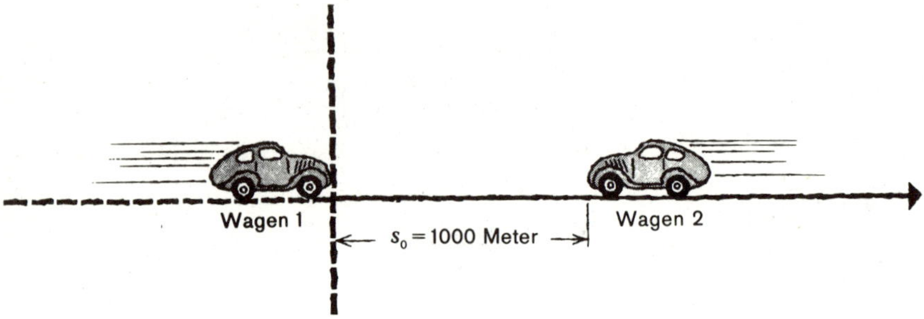

Abb. 1.39

Schritt 1. Siehe Abb. 1.39

Schritte 1 und 2. Wir brauchen zwei Gleichungen, eine für jeden Wagen. Diesmal schreiben wir zuerst die Gleichungen auf (Schritt 3) und führen dann den Schritt 2 durch:

$$s_1 = s_{01} + v_1 t_1 \tag{3}$$

$$s_2 = s_{02} + v_2 t_2 \tag{4}$$

Schritt 2 sieht folgendermaßen aus:

s_1 = Ort des Wagens 1 beim Treffen = ?

s_{01} = Ort des Wagens 1 beim Start = 0

v_1 = Geschwindigkeit des Wagens 1 = 30 Meter pro Sekunde

t_1 = Zeit bis zum Treffen für Wagen 1 = ?

s_2 = Ort des Wagens 2 beim Treffen = ?

s_{02} = Ort des Wagens 2 beim Start = 1000 Meter

v_2 = Geschwindigkeit des Wagens 2 = – 20 Meter pro Sekunde

t_2 = Zeit bis zum Treffen für Wagen 2 = ?

Schließlich müssen die Wagen zur selben Zeit am selben Platz sein, sonst können sie sich nicht treffen. Also gilt

$$s_1 = s_2 \text{; wir wollen es } s \text{ nennen} \tag{5}$$

$$t_1 = t_2 \text{; wir wollen es } t \text{ nennen} \tag{6}$$

Die Gleichungen 5 und 6 sind zusätzliche Bedingungen oder Einschränkungen, die sich auf die gegebenen und die unbekannten Größen beziehen. Wir brauchen sie, um die Aufgabe zu lösen. Es gibt oft zusätzlich zu den allgemeinen Gleichungen des Problems derartige Zusatzbedingungen, die sich auf das spezielle Problem beziehen.

Schritt 4. Jetzt haben wir

$$s = 0 + (30 \frac{\text{Meter}}{\text{Sekunde}})\, t$$

und

$$s = (1000 \text{ Meter}) + (-20 \frac{\text{Meter}}{\text{Sekunde}})\, t$$

Wenn zwei Größen einer dritten Größe (in diesem Fall s) gleich sind, müssen sie einander gleich sein.

$$(30 \frac{\text{Meter}}{\text{Sekunde}})\, t = 1000 \text{ Meter} - (20 \frac{\text{Meter}}{\text{Sekunde}})\, t$$

Wir addieren (20 Meter/Sekunde) t auf beiden Seiten der Gleichung und erhalten

$$(50 \frac{\text{Meter}}{\text{Sekunde}})\, t = 1000 \text{ Meter}$$

und schließlich

$$t = \frac{1000 \text{ Meter}}{50 \text{ Meter/Sekunde}} - 10 \text{ Sekunden}$$

Relativbewegung

Beispiel 7

Ein Flugzeugträger bewegt sich mit einer Geschwindigkeit von 10 Meter pro Sekunde in eine gegebene Richtung. Ein Flugzeug startet vom Deck des Flugzeugträgers in dieselbe Richtung. Es hat, gemessen vom Flugzeugträger, eine Geschwindigkeit von 50 Meter pro Sekunde. Wie schnell bewegt sich das Flugzeug im Bezug auf das Wasser (Abb. 1.40)?

Abb. 1.40

Lösung. Um die Geschwindigkeit des Flugzeugs relativ zum Wasser zu erhalten, addieren wir die Geschwindigkeit des Flugzeugs im Bezug auf das Schiff zu der Geschwindigkeit des Schiffes im Bezug auf das Wasser. Also

$$50\,\frac{\text{Meter}}{\text{Sekunde}} + 10\,\frac{\text{Meter}}{\text{Sekunde}} = 60\,\frac{\text{Meter}}{\text{Sekunde}}, \text{ oder } 60 \text{ Meter/Sekunde}$$

Wäre das Flugzeug in der entgegengesetzten Richtung gestartet, hätten wir die Geschwindigkeit des Flugzeugs im Bezug auf das Schiff von der Geschwindigkeit des Schiffes im Bezug auf das Wasser *abziehen* müssen. Dies scheint eine für den gesunden Menschenverstand selbstverständliche Überlegung zu sein, wir werden aber in Kapitel zehn sehen, daß diese Regel nicht ganz korrekt ist. Wir wollen sie jedoch für die jetzt vorliegenden Aufgaben anwenden.

Beispiel 8

Bearbeiten Sie das Beispiel 6 (Seite 59) nochmal, wobei Sie jetzt das Relativitätsprinzip anwenden.

Lösung: Wir zeichnen die Situation erneut, um ein bewegtes Bezugssystem zu erhalten. (Abb. 1.41).

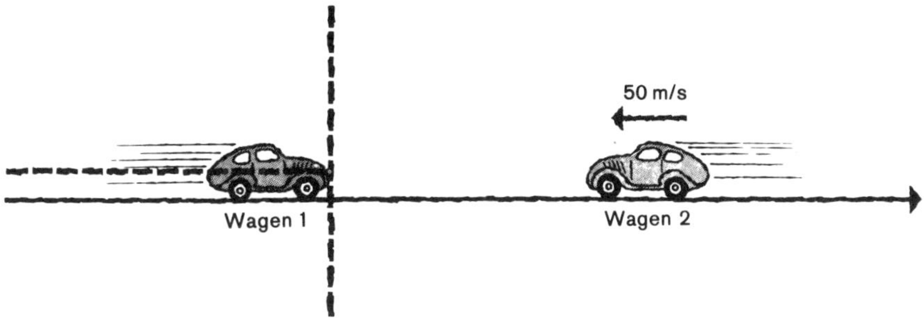

Abb. 1.41

Auf Grund des speziellen Relativitätsprinzips wissen wir, daß die Gesetze der Physik in diesem bewegten Bezugssystem unverändert sind, vorausgesetzt, daß es sich geradlinig, gleichförmig bewegt. Also können wir zur Lösung des Problems dieselben Prinzipien anwenden wie bei einem ruhenden Bezugssystem. In diesem Beispiel ist es zweckmäßig, unser Bezugssystem mit einem der beiden Wagen zu verbinden. Wir wollen unser Bezugssystem in den Wagen 1 legen und alle Bewegungen hierauf beziehen. In diesem Bezugssystem ist die Geschwindigkeit des Wagens 1 gleich null; anders ausgedrückt, *in diesem Bezugssystem* bewegt er sich überhaupt nicht. Der zweite Wagen scheint sich schnell über die 1000-Meter-Entfernung zu bewegen und den Wagen 1 zu treffen, während Wagen 1 in Ruhe ist. Außerdem scheint sich Wagen 2 in diesem Bezugssystem mit seiner eigenen Geschwindigkeit (20 Meter/Sekunde) und einer zusätzlichen Geschwindigkeit (30 Meter/Sekunde) zu bewegen, die er durch die Umrechnung auf das bewegte Bezugssystem erhält. Also scheint sich der Wagen 2 mit einer Geschwindigkeit von 50 Meter/Sekunde zu nähern. Daher brauchen wir zur Lösung der Aufgabe nur die einzelne Gleichung für den Wagen 2 aufzuschreiben.

$s = s_0 + vt$

$s = 0$

$s_0 = 1000$ Meter

$v = -50$ Meter/Sekunde

$t = ?$

Beachten Sie, daß wir wieder die Reihenfolge der Schritte 2 und 3 vertauscht haben.

Schritt 4:

$$0 = 1000 \text{ Meter} + (-50)\ \frac{\text{Meter}}{\text{Sekunde}}\ t$$

$$50\ \frac{\text{Meter}}{\text{Sekunde}}\ t = 1000 \text{ Meter}$$

$$t = \frac{1000 \text{ Meter}}{50 \text{ Meter/Sekunde}} = 10 \text{ Sekunden}$$

Dieses Beispiel illustriert die Tatsache, daß wir auf Grund des speziellen Relativitätsprinzips manchmal die Probleme vereinfachen können, indem wir zu einem bewegten Bezugssystem übergehen.

Zusammenfassung

I. Grundlegende Gesetze und Prinzipien

A. Das erste Bewegungsgesetz. Jeder Körper beharrt in seinem Zustand der Ruhe oder gleichförmigen geradlinigen Bewegung, wenn er nicht durch einwirkende Kräfte gezwungen wird, seinen Zustand zu ändern.

B. Das spezielle Relativitätsprinzip. Die Naturgesetze sind in allen gleichförmig geradlinig bewegten Bezugssystemen gleich.

C. Weitere Symmetrieprinzipien. Die Naturgesetze bleiben unverändert:

1. Wenn wir die Natur von einem anderen Punkt des Raumes aus beobachten.
2. Wenn wir die Wahl unseres Zeitnullpunktes ändern.
3. Wenn wir unsere Orientierung (Richtung) im Raum ändern.
4. Wenn wir die Welt in einem Spiegel beobachten*
5. Wenn wir die Richtung des Zeitablaufs umkehren*

II. Größen. Sie werden durch Messungen oder durch Kombinationen anderer Größen erhalten, die ihrerseits durch Messungen gewonnen worden sind.

* Es gibt mögliche Ausnahmen von den Prinzipien 4 und 5.

A. Grundgrößen

1. Entfernung (Abstand), ein Skalar
2. Zeitdauer, ein Skalar

B. Abgeleitete Größen

1. Fläche, ein Skalar[11]
2. Volumen, ein Skalar
3. Geschwindigkeitsbetrag, ein Skalar
4. Geschwindigkeit, ein Vektor

III. Anwendungen

A. Reibung

B. Nachweis der Erdbewegung

1. Foucault-Pendel
2. Aberration des Sternlichts
3. Parallaxe der Sterne

IV. Methoden der Wissenschaft. Wir diskutieren Galilei, Kepler und andere Wissenschaftler sowie den Platz, den folgende Begriffe im wissenschaftlichen Denken einnehmen:

A. Vernunft: Insbesondere in der Mathematik und Gedankenexperimenten

B. Experiment: Erforderlich zur Prüfung der aufgestellten Gesetze und Prinzipien

C. Autorität: Nicht akzeptabel als Beweis wissenschaftlicher Ideen

V. Aufgaben und Lösungen. Der Gebrauch von Bezugssystemen

A. Umrechnung von Einheiten

B. Anwendung der Formeln für die gleichförmige Bewegung

C. Berechnung von Relativgeschwindigkeiten und Anwendung des Relativitätsprinzips

[11] (Einer Fläche kann ein Vektor zugeordnet werden, der senkrecht auf ihr steht. Sein Betrag ist proportional zur Größe der Fläche. Anm. d. Übers.)

Fragen

1. Gibt es eine prinzipielle Grenze für die Zahl der abgeleiteten Größen? Gibt es eine praktische Grenze?
2. Sind alle Grundgrößen Vektorgrößen?
3. Was ist der Unterschied zwischen einem Standard und einer Einheit?
4. Welche der folgenden Dinge sind kontinuierlich und welche sind diskret?
   a) Fläche
   b) Geschwindigkeitsbetrag
   c) Löffel
   d) Steine
   e) Der Stoff, aus dem Löffel und Steine bestehen
5. Kann wirklich irgendein Gegenstand seine Bewegung ständig beibehalten, ohne „gestoßen" zu werden?
6. Eine Elefant und eine Ameise bewegen sich mit verschiedenen Geschwindigkeiten auf einer horizontalen, reibungsfreien Fläche (Abb. 1.42). Wer kommt zuerst zum Stillstand?
7. Wenn die Physik eine experimentelle Wissenschaft ist, warum verwenden wir dann allgemeine Prinzipien, wie das erste Bewegungsgesetz, die Experimente beschreiben, die niemals ausgeführt werden können?

Abb. 1.42

8. Warum landen und starten Flugzeuge gegen den Wind?
9. Würden Sie erwarten, daß sich die gleichen Gesetze der Physik ergäben, wenn Sie Ihre Experimente auf dem Mars ausführten? In einem Flugzeug, das einen Sturzflug ausführt? In einer Rakete, die mit zunehmender Geschwindigkeit nach oben getrieben wird? In einem Laboratorium, das auf dem Kopf steht und an der Decke ihres Raumes befestigt ist? In einem Flugzeug, das ruhig horizontal fliegt? Wenn Sie die Resultate der Experimente im Spiegel betrachteten? Wenn die Resultate in zwei Spiegeln reflektiert würden? In drei Spiegeln?
10. Warum würde eine von einem Flugzeug im Horizontalflug abgeworfene Bombe während des Falls direkt unter dem Flugzeug bleiben? Was könnte die Bombe daran hindern, direkt unter dem Flugzeug zu bleiben?
11. Galilei betrachtete das in Abb. 1.43 dargestellte Gedankenexperiment. Wohin wird die Pendelkugel schwingen, wenn wir den Stift einsetzen?
12. Nennen Sie die Symmetrien eines gleichseitigen Dreiecks. (Ein gleichseitiges Dreieck hat drei Seiten gleicher Länge). Das heißt, nennen Sie alle Möglichkeiten, das starre Dreieck so zu drehen oder zu wenden, daß es nach Ausführung dieser Operationen wieder so aussieht wie vorher (Abb. 1.44).
13. Wären die Gesetze der Physik unverändert, wenn Sie Ihr Laboratorium auf einem Karussel einrichten würden? Was würde aus dem ersten Bewegungsgesetz werden?

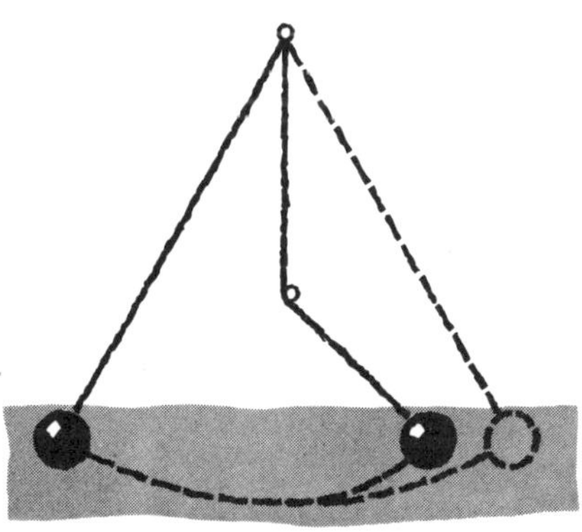

Abb. 1.43

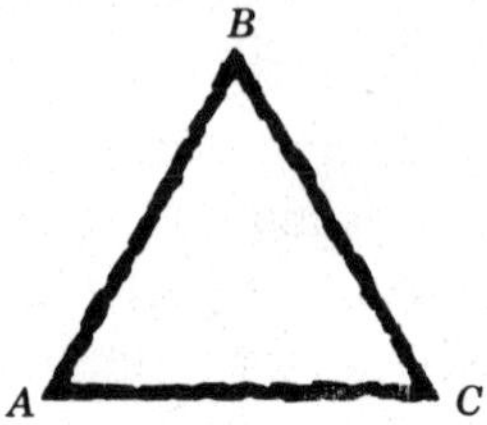

Abb. 1.44

14. Wie sieht ein rechter Handschuh aus, wenn er in einem Spiegel betrachtet wird?

15. Nennen Sie einige Tätigkeiten, die unmöglich oder sehr schwierig wären, wenn es keine Reibung gäbe. Nennen Sie einige, die möglich wären.

16. Sie sind plötzlich auf einen neuen Planeten transportiert worden, der in Wolken eingehüllt ist. Wie würden Sie seine Rotationsgeschwindigkeit bestimmen?

17. Nennen Sie einige Prozesse, die zeitlich nicht umkehrbar sind. Nennen Sie einige, die Sie als zeitlich umkehrbar ansehen.

18. Würde das erste Bewegungsgesetz auch in einer Welt gelten, in der die Zeit rückwärts abläuft?

19. Führen Sie möglichst gute Gründe für und gegen die Bewegung der Erde an.

20. Ein Ball fällt aus einer Höhe von einigen Metern zu Boden. Skizzieren Sie seine Bewegung in einem Bezugssystem, a) das mit der Erde verbunden ist, b) das mit einem Eisenbahnwagen verbunden ist, der mit konstanter Geschwindigkeit vorbeifährt, c) das mit der Sonne verbunden ist.

21. Ein Ball liegt auf einem Brett, das auf einer reibungsfreien Fläche ruht. Was geschieht mit dem Ball, wenn wir das Brett plötzlich bewegen? Der Ball und das Brett bewegen sich auf der Fläche, wie in Abb. 1.45 dargestellt. Was geschieht mit dem Ball, wenn das Brett auf einen Pfosten trifft?

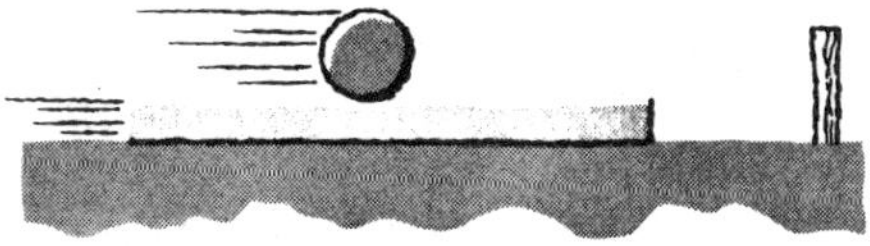

Abb. 1.45

Aufgaben

1. Ein Gebäude befindet sich 300 Inch von mir entfernt. Wie groß ist diese Entfernung in Meter?
2. Wenn ich in einer Sekunde 100 Inch weit laufen kann, wie groß ist dann meine Geschwindigkeit in Meter pro Sekunde?
3. Wenn ich in einer Minute 100 Inch weit laufen kann, wie groß ist dann meine Geschwindigkeit in Meter pro Sekunde?
4. Ein Junge wächst in einem Jahr zwei Inch. Wie groß ist sein Längenwachstum in Meter pro Sekunde?
5. Wieviel Meter enthält eine Meile?
6. Wieviel Meilen enthält ein Meter?
7. Die Schallgeschwindigkeit beträgt rund 1100 Fuß pro Sekunde. Wie groß ist die Geschwindigkeit in Meter pro Sekunde?
8. Um die Erde zu verlassen, muß eine Rakete die sogenannte Fluchtgeschwindigkeit von rund sieben Meilen pro Sekunde haben. Wie groß ist diese Geschwindigkeit in Meter pro Sekunde?
9. Die höchste Geschwindigkeit, mit der Information übertragen werden kann, ist die Lichtgeschwindigkeit im Vakuum, die 186 000 Meilen pro Sekunde beträgt. Wie groß ist diese Geschwindigkeit in Meter pro Sekunde?
10. Berechnen Sie im Beispiel 6 (Seite 59) den Punkt, an dem sich die beiden Wagen treffen.
11. Ein Flugzeug legt in 15 Minuten 60 000 Meter zurück. Wie groß ist die Geschwindigkeit?
12. Ein Wagen legt in drei Sekunden 100 Meter zurück. Wie groß ist seine Geschwindigkeit?

13. Wie lange würde der Wagen von Aufgabe 12 brauchen, um 620 Meter zurückzulegen?

14. Wie lang ist ein Lichtjahr, gemessen in Meter? (Ein Lichtjahr ist die Strecke, die das Licht in einem Jahr zurücklegt.)

15. Ein Wagen fährt mit einer Geschwindigkeit von 30 Meter pro Sekunde an einem zweiten Wagen vorbei, der mit einer Geschwindigkeit von 40 Meter pro Sekunde in die entgegengesetzte Richtung fährt. Nach welcher Zeit haben die Wagen einen Abstand von 350 Meter?

16. Ein Wagen legt die Hälfte einer 10 000-Meter-Strecke mit einer Geschwindigkeit von 30 Meter pro Sekunde zurück. Wie schnell muß er auf der zweiten Hälfte der Strecke fahren, wenn er die ganze Strecke in 22 Sekunden zurücklegen soll?

17. Ein Motorboot fährt mit einer Geschwindigkeit von 15 Meilen pro Stunde in Bezug auf das Wasser stromabwärts. Das Wasser fließt mit einer Geschwindigkeit von 25 Meilen pro Stunde im Bezug auf das Ufer. Wie groß ist die Geschwindigkeit des Bootes in Bezug auf das Ufer? Was geschieht, wenn das Boot stromaufwärts fährt?

Schwierigere Fragen und Aufgaben

1. Ein Mann geht mittags mit einer Geschwindigkeit von zwei Meter pro Sekunde nach Westen. Wie groß ist seine Geschwindigkeit im Bezug auf die Sonne? (Die Entfernung der Sonne von der Erde beträgt 93 000 000 Meilen. Der Drehsinn der Erdrotation ist gleich dem Umlaufsinn um die Sonne.)

2. Ein Flugzeug landet auf einem Flugzeugträger, der mit einer Geschwindigkeit von 10 Meter pro Sekunde im Bezug auf das Wasser gegen den Wind fährt. Der Wind weht mit einer Geschwindigkeit von 20 Meter pro Sekunde. Das Flugzeug benötigt eine Landegeschwindigkeit von 50 Meter/Sekunde im Bezug auf die Luft und bei ruhiger Luft eine Landebahn von 800 Meter.

   a) Wie groß ist die Landegeschwindigkeit des Flugzeugs im Bezug auf den Flugzeugträger und im Bezug auf das Wasser, wenn das Flugzeug gegen den Wind landet?

b) Wie lang muß der Flugzeugträger sein, um eine sichere Landung zu ermöglichen?

3. Warum vertauscht ein Spiegel links und rechts, aber nicht oben und unten?
4. Ein Klumpen Kitt gleitet mit der Geschwindigkeit v auf einer reibungsfreien Fläche, trifft auf einen ruhenden, gleich großen Klumpen Kitt und bleibt an diesem kleben. Wie groß ist die Geschwindigkeit des entstandenen Klumpens und warum?
5. Warum kann das erste Bewegungsgesetz als eine Regel für die Zeitmessung betrachtet werden?
6. Bewegung kann in jedem Bezugssystem (auch einem unregelmäßig bewegten) korrekt beschrieben werden. Wie kann dann das erste Bewegungsgesetz gültig sein?

Zweites Kapitel

Das zweite Bewegungsgesetz

Die Formulierung der Gesetze der Bewegung und der Gravitation wird zu den höchsten geistigen Errungenschaften der Menschheit gerechnet. Zugegebenermaßen stand Newton „auf den Schultern von Giganten", so daß er auf dem Werk seiner Vorgänger aufbauen konnte. Nichtsdestoweniger war er es, der erfolgreich die Bewegungsgesetze aufstellte. Als er sein Werk vollendet hatte, war eine neue Physik entstanden. Die Bewegung der Materie, insbesondere die der fallenden Körper und der Planeten konnte mit Hilfe von drei Bewegungsgesetzen und einem Gesetz der Gravitationskraft beschrieben werden.

Das erste dieser grundlegenden Bewegungsgesetze, das sich aus den früheren Untersuchungen Galileis entwickelte, wurde in Kapitel eins diskutiert. In diesem Kapitel wollen wir das zweite Bewegungsgesetz einführen. Ferner wollen wir eine weitere Grundgröße, die Masse, und zwei weitere abgeleitete Größen, die Kraft und die Beschleunigung, diskutieren. Außerdem werden wir eine Arithmetik für Vektorgrößen angeben. In den Kapiteln drei und vier wollen wir das dritte Bewegungsgesetz und das Gesetz der Gravitationskraft diskutieren.

Beschleunigung

Im Kapitel eins definierten wir die *Geschwindigkeit* als die Vektorgröße, die den Geschwindigkeitsbetrag und die Bewegungsrichtung eines Gegenstandes angibt. Die Einheit der Geschwindigkeit ist

Meter pro Sekunde (Meter/Sekunde). Die Geschwindigkeit eines Objektes bleibt konstant, wenn keine äußeren Einflüsse auf das Objekt ausgeübt werden. Äußere Einflüsse können bewirken, daß der Betrag oder die Richtung der Geschwindigkeit oder auch beide Größen geändert werden. Die Größe, die eine solche Änderung beschreibt, heißt *Beschleunigung.* Die Beschleunigung ist das Maß für die zeitliche Änderung der Geschwindigkeit.

Betrachten wir zunächst die Bewegung auf einer Geraden. Wir wollen annehmen, daß sich ein bestimmter Gegenstand – z. B. ein Wagen – auf einer geraden Straße bewegt (Abb. 2.1). Er kann beschleunigen,

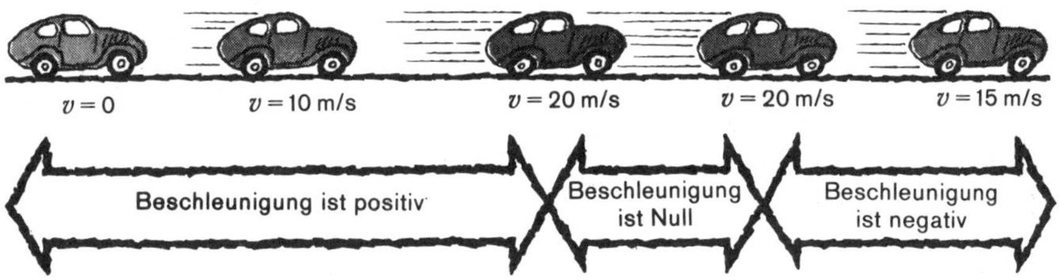

Abb. 2.1

anhalten, bremsen oder rückwärts fahren. Im Moment wollen wir jedoch noch keine Kurvenfahrten zulassen. Wegen unserer Erfahrung mit Autos ist uns der Begriff der Beschleunigung vertraut. Wir sagen, ein Wagen habe eine hohe Beschleunigung, wenn er eine hohe Geschwindigkeit schnell erreicht. Das heißt, er hat eine hohe zeitliche Änderung der Geschwindigkeit. Die meisten Leute betrachten das Bremsen nicht als eine Beschleunigung, tatsächlich ist es aber eine Beschleunigung. Es ist immer eine Beschleunigung vorhanden, wenn die Geschwindigkeit eines Wagens geändert wird. Die Beschleunigung bringt die zeitliche Änderung der Geschwindigkeit zum Ausdruck.

Jetzt wollen wir annehmen, daß der Geschwindigkeitsbetrag des Wagens konstant bleiben soll, aber die Richtung seiner Bewegung geändert wird. Ist das eine Beschleunigung? Nach unserer Definition, ja. Wir haben die Beschleunigung als die zeitliche Änderung der Geschwindigkeit definiert, und die Geschwindigkeit ist eine gerichtete Größe. Also tritt eine Beschleunigung auf, wenn die Richtung der Geschwindigkeit geändert wird. Oft ändert sich die Bewegung eines

Objektes gleichzeitig sowohl hinsichtlich des Geschwindigkeitsbetrages als auch der Richtung.

Die Einheit der Beschleunigung ist *Meter pro Sekunde pro Sekunde*. Das zweifache Auftreten des Ausdrucks „pro Sekunde" verlangt eine Erklärung. Betrachten wir wieder den Spezialfall der Bewegung auf einer Geraden, wie er in Abb. 2.1 dargestellt ist. Nehmen wir an, daß ein anfangs ruhender Wagen nach einer Sekunde eine Geschwindigkeit von drei Meter pro Sekunde angenommen hat. Wenn er im gleichen Maße weiter beschleunigt, – das heißt, seine Geschwindigkeit erhöht – dann wird er nach zwei Sekunden mit einer Geschwindigkeit von sechs Meter pro Sekunde fahren, nach drei Sekunden mit einer Geschwindigkeit von neun Meter pro Sekunde und so fort. In diesem Beispiel ändert sich die Geschwindigkeit in *jeder Sekunde* um drei Meter pro Sekunde. Wir drücken dies dadurch aus, daß wir sagen, die Beschleunigung betrage „drei Meter pro Sekunde pro Sekunde". So lange die Beschleunigung diesen Wert hat, wissen wir, daß, gleichgültig wie hoch die Geschwindigkeit zu einem gegebenen Zeitpunkt ist, die Geschwindigkeit eine Sekunde später drei Meter pro Sekunde höher sein wird. Die Größe Beschleunigung beschreibt, um wie viel sich die Größe Geschwindigkeit (die schon die Zeit enthält) in einer bestimmten Zeitdauer ändert. Daher muß in der Einheit der Beschleunigung die Zeit zweimal auftreten. Bei unserer Diskussion der Einheit der Geschwindigkeit sahen wir, daß der Begriff „Meter pro Sekunde" mathematisch als Meter/Sekunde ausgedrückt wird. Dann kann die Einheit der Beschleunigung mathematisch folgendermaßen ausgedrückt werden:

$$\text{Meter pro Sekunde pro Sekunde} = \frac{\text{Meter/Sekunde}}{\text{Sekunde}}$$

Nach den mathematischen Regeln der Bruchrechnung ist dies gleich

$$\frac{\text{Meter}}{\text{Sekunde}} \cdot \frac{1}{\text{Sekunde}} = \frac{\text{Meter}}{(\text{Sekunde})^2}$$

Masse

Die Grundgröße *Masse* läßt sich grob definieren als der Betrag von Materie, den das Objekt enthält. Präziser ausgedrückt, ist diese Größe ein Maß für die Reaktion eines Objektes auf eine Wechselwirkung mit

Abb. 2.2

einem anderen Objekt oder einem System von Objekten. Abb. 2.2 illustriert die Erfahrung, die ein junger Mann macht, wenn er auf der Straße Blechbüchsen fortstößt. Ihm ist unbekannt, daß eine der Büchsen mit Blei gefüllt ist. Die Wechselwirkung seines Fußes mit dieser bleigefüllten Büchse ist sehr verschieden von der mit den „leeren“ (d. h. luftgefüllten) Büchsen. Die Tatsache, daß die bleigefüllte Büchse bei dem gleichen Tritt weniger Reaktion zeigt, beweist, daß sie mehr Materie enthält. Daher sagen wir, daß die bleigefüllte Büchse mehr von der Größe Masse hat als die anderen.

Ein Standard und die Einheit der Masse

Um die Größe Masse exakt definieren zu können, müssen wir zunächst ein Objekt als Standard wählen, eine Maßeinheit einführen und dann eine Methode ersinnen, um die Masse anderer Objekte mit der des Standards zu vergleichen. Als Standard der Masse wählen wir die Masse eines bestimmten Volumens reinen Wassers. Als Volumen wählen wir ein Tausendstel eines Kubikmeters. Das ist z. B. das Volumen eines Würfels mit einer Kantenlänge von einem zehntel Meter (Abb. 2.3). Wir nennen diesen Standard der Masse ein *Kilogramm* und wählen das Kilogramm als unser Massenstandard. Die Masse ist eine skalare Größe. (Um den Standard exakt zu definieren, müssen wir nicht nur das Volumen, sondern auch die Temperatur und den Druck des Wassers angeben. Temperatur und Druck werden in späteren Kapiteln diskutiert werden.

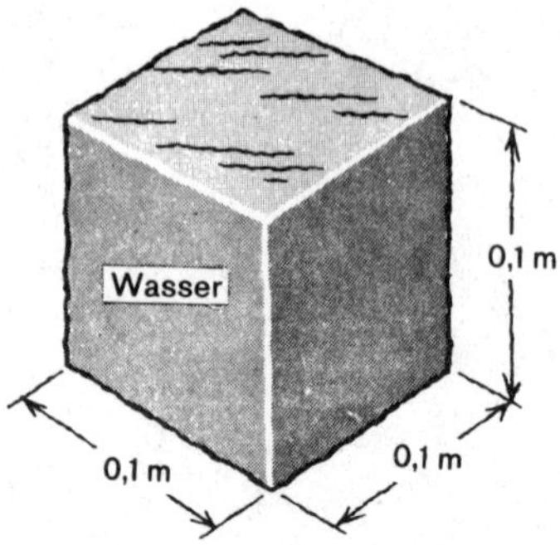

Abb. 2.3

Die Messung der Masse

Es gibt mehrere Verfahren, um die Masse eines Objektes mit der Masse des Standards zu vergleichen. Die Methode, die wir jetzt beschreiben wollen, ist nicht so praktisch wie andere, aber sie ist besonders geeignet, den Begriff der Masse klar werden zu lassen.

Wir stellen uns ein Kilogramm Wasser in einem sehr dünnwandigen, rechteckigen Behälter vor. Wir nehmen an, daß die Masse des Behälters verglichen mit der Masse des Wassers so gering ist, daß wir sie vernachlässigen können. Der Behälter ruht auf einer vollkommen glatten, reibungsfreien Fläche. An dem Behälter ist ein Faden befestigt, so daß wir daran ziehen können, wie es in Abb. 2.4 skizziert ist. Wir wollen an dem Behälter so ziehen, daß wir auch während

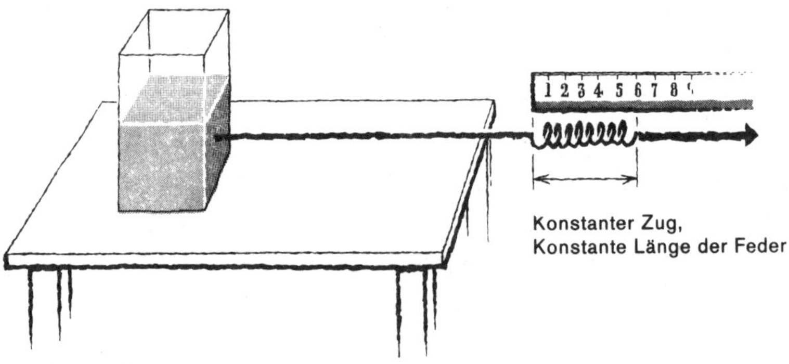

Abb. 2.4

der Bewegung des Behälters immer genau den gleichen Zug ausüben können. Die exakte Konstruktion des Gerätes, mit dem wir einen solchen konstanten Zug ausüben können, ist nicht wichtig. Um jedoch zu zeigen, daß es durchführbar ist, haben wir eine Methode gezeichnet, mit der es ausgeführt werden könnte. Wir haben in den Faden eine Feder eingefügt. Wir ziehen an dem Faden immer so, daß die Feder auch während der Bewegung des Blocks auf die gleiche Länge gedehnt bleibt. Wir arbeiten grundsätzlich so, daß wir auf den Klotz einen *konstanten* Zug ausüben. Das Ergebnis dieses konstanten Zuges besteht darin, daß der Klotz beschleunigt wird.

So lange der Zug an dem Klotz konstant bleibt, bleibt auch die Beschleunigung konstant. Wenn wir jedoch die Masse des Objektes ändern, indem wir Wasser in den Behälter gießen, ist die Beschleunigung nicht mehr dieselbe. Tatsächlich wird sie kleiner. Je mehr Masse (Materie) ein Objekt enthält, desto geringer ist die Beschleunigung bei gleichem Zug. Anders gesagt, die Masse ist umgekehrt proportional zur Beschleunigung. Ein Zwei-Kilogramm-Block Wasser (oder der gleiche Betrag von Materie in irgendeiner anderen Form) erfährt nur die halbe Beschleunigung wie unser Standard, die Ein-Kilogramm-Masse. Ein Objekt mit einer Masse von 1/3 Kilogramm hat die dreifache Beschleunigung wie der Standard usw. Also kann man die Masse eines Objektes messen, indem man seine Beschleunigung mit der Beschleunigung der Standardmasse vergleicht. Alle Objekte, die die gleiche Masse haben, erfahren durch denselben Zug dieselbe Beschleunigung.

Wir wollen es völlig klar machen, daß die Masse eines Objektes nicht allein von seinem Volumen abhängt, sondern auch von der Art des Materials, aus dem der Gegenstand besteht. Wenn wir nur mit einer Art von Materie arbeiten, wie dem Wasser in dem vorigen Beispiel, dann können wir die Masse erhöhen, indem wir das verwendete Volumen vergrößern. Gleiche Volumina verschiedener Materialarten können jedoch sehr verschiedene Massen haben. Beispielsweise ist die Masse eines Kubikmeters Blei mehr als elfmal so groß wie die eines Kubikmeters Wasser.

Die Erhaltung der Masse

Die Masse wird als eine der grundlegenden Realitäten des Universums betrachtet. Masse kann weder erzeugt noch zerstört werden. Zwar kann Materie von einer Form in eine andere umgewandelt werden, der Gesamtbetrag der Masse ändert sich jedoch nicht. Nach allen bekannten diesbezüglichen Experimenten gibt es nach jeder Änderung oder Umwandlung ebensoviel Masse wie vorher. Wir drücken diese Tatsache aus, indem wir sagen, daß die *Masse erhalten bleibt.* (vergleiche jedoch Kap. 10 u. 12. Anm. d. Übers.)

Wenn wir beispielsweise das Wasser in einem Kessel verdampfen, könnte es so scheinen, als ob die Masse des Wassers verschwunden sei. Wenn wir all den Dampf, der aus dem Kessel gekommen ist, sammeln würden, würden wir feststellen, daß er dieselbe Masse hat wie das fehlende Wasser. Obwohl die Form der Materie geändert werden kann, bleibt die Masse gleich. Masse ist eine der Größen in der Physik, die erhalten bleiben.

Kraft

Wenn wir ein Objekt ziehen oder stoßen, üben wir auf das Objekt das aus, was man eine *Kraft* nennt. Wie wir sehen werden, gibt es außer der menschlichen Muskelkraft noch andere Kraftquellen. In diesem Abschnitt wollen wir den Begriff entwickeln, daß die auf ein Objekt ausgeübte Kraft die Ursache seiner Beschleunigung ist. Die Kraft ist eine abgeleitete Größe. Da sie eine Richtung hat, ist auch sie eine Vektorgröße.

Im vorigen Abschnitt beschrieben wir ein System, mit dem ein konstanter Zug oder eine konstante Kraft auf einen Wasserbehälter ausgeübt werden konnte. Diese Kraft war für die Beschleunigung des Wassers verantwortlich. Indem wir dieselbe Kraft auf verschiedene Objekte wirken ließen und die dadurch hervorgerufene Beschleunigung beobachteten, führten wir eine Möglichkeit zur Messung der Masse ein. Jetzt wollen wir die Beschleunigungen vergleichen, die verschiedene Kräfte an demselben Objekt hervorrufen.

Wir untersuchen wieder einen Wasserbehälter, der auf einer horizontalen, reibungsfreien Fläche ruht (Abb. 2.5). In allen drei Teilen der Abbildung ist die Masse des Wassers gleich. Jeder der dargestellten Fäden zieht mit der gleichen Kraft F. Das heißt, daß die Kraft jedes

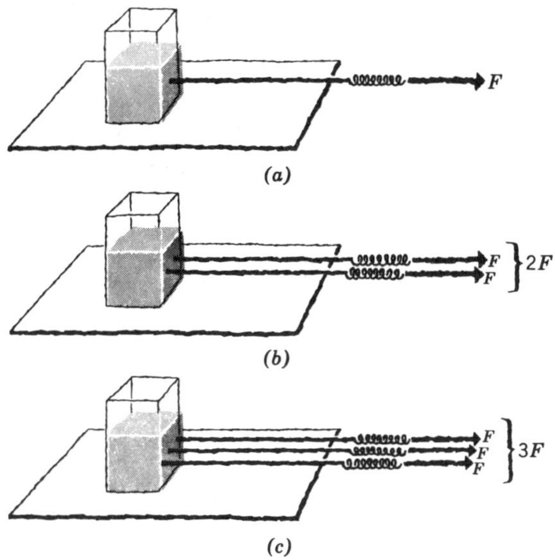

Abb. 2.5

Fadens, wenn sie allein wirkt, dieselbe Beschleunigung hervorruft wie die Kraft in jedem anderen Faden, wenn sie allein wirkt. Wir beobachten, daß eine Verdoppelung der Kraft, wie in Abb. 2.5 b, auch die Beschleunigung verdoppelt. Eine Verdreifachung der Kraft, wie in Abb. 2.5 c, verdreifacht die Beschleunigung. Tatsächlich ist die Beschleunigung proportional zur angreifenden Kraft. (Wegen einer Diskussion der Proportionalität siehe Anhang II-C). Also besteht eine Möglichkeit, Kräfte zu messen, darin, die Beschleunigung zu messen, die die betreffende Kraft einem Objekt mit der Standardmasse erteilt.

Die Einheit der Kraft ist ein *Newton.* Sie ist definiert als die Kraft, die erforderlich ist, um einer Masse von einem Kilogramm eine Beschleunigung von einem Meter pro Sekunde pro Sekunde (Meter/Sekunde^2) zu erteilen. Eine Kraft von zwei Newton gibt der Ein-Kilogramm-Masse eine Beschleunigung von zwei Meter/Sekunde^2 und so fort.

Auf den vorangegangenen Seiten haben wir zwei Beziehungen zwischen der auf ein Objekt ausgeübten Kraft, seiner Masse und seiner Beschleunigung gefunden. Wir untersuchten zunächst, was geschieht, wenn in verschiedenen Experimenten die Kraft konstant gehalten wird, während Masse und Beschleunigung verändert werden (Abb. 2.4). Bei der Diskussion der Kraft hielten wir (in den drei in Abb. 2.5 dargestellten Experimenten) die Masse konstant, variierten aber die Kraft und die Beschleunigung. Es gibt eine dritte Beziehung, die aussagt was geschieht, wenn die Kräfte und die Massen sorgfältig so gewählt werden, daß sich in verschiedenen Experimenten dieselbe Beschleunigung ergibt. Drei derartige Experimente sind in Abb. 2.6 dargestellt. In solchen Experimenten stellen wir fest, daß eine Kraft von ein Newton, die auf ein Ein-Kilogramm-Objekt wirkt, dieselbe Beschleunigung hervorruft wie eine Kraft von zwei Newton, die auf ein Zwei-Kilogramm-Objekt wirkt und so fort. Daher muß, wenn die Beschleunigung konstant bleiben soll, die Kraft direkt proportional zur Masse des Objektes sein. Hierdurch erhalten wir drei Beziehungen zwischen der Kraft, der Beschleunigung und der Masse, die sich aus den experimentell festgestellten Tatsachen ergeben.

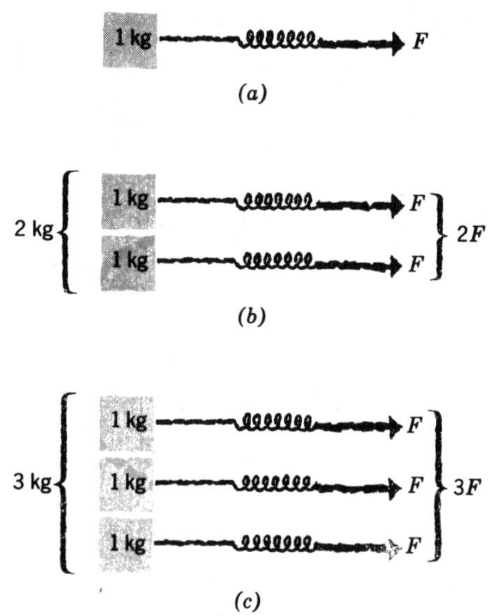

Abb. 2.6

Das zweite Bewegungsgesetz

Die drei Beziehungen zwischen der Masse, der Beschleunigung und der Kraft, die wir soeben diskutiert haben, sind alle in einem umfassenden Gesetz enthalten: Newtons zweitem Bewegungsgesetz. In den Größen und Einheiten, die wir diskutiert haben, läßt sich dieses Gesetz folgendermaßen ausdrücken.

Die Kraft auf ein Objekt ist gleich seiner Masse multipliziert mit seiner Beschleunigung.

(Hierbei wird vorausgesetzt, daß sich die Masse des Objektes während der Bewegung nicht ändert.)

Beachten Sie, daß sowohl die Kraft als auch die Beschleunigung Vektorgrößen sind, und daß die Beschleunigung in der Richtung der einwirkenden Kraft erfolgt. Wir können das zweite Bewegungsgesetz als Gleichung folgendermaßen schreiben:

$$F = ma \tag{1}$$

Darin bedeuten

F	die Kraft auf das Objekt
m	die Masse des Objektes
a	die Beschleunigung des Objektes

Das zweite Bewegungsgesetz sagt aus, daß eine Kraft die Beschleunigung eines Objektes bewirkt. Jedesmal, wenn sich die Bewegung eines Objektes ändert, ist eine Kraft, die als Zug oder Stoß von einer äußeren Quelle ausgeht, dafür verantwortlich. Wenn keine Kräfte auf das Objekt wirken, dann gibt es auch keine Beschleunigung.

Das Gesetz sagt auch aus, daß die Richtung der Beschleunigung gleich der Richtung der angreifenden Kraft ist. Wenn die Kraft in Richtung der Bewegung wirkt, erfolgt auch die Beschleunigung in dieser Richtung, und wir beobachten die Beschleunigung als Änderung des Geschwindigkeitsbetrages. Liegt die Kraft nicht in der Bewegungsrichtung, dann bewegt sich das Objekt auf einer gekrümmten Bahn, wobei der Geschwindigkeitsbetrag konstant bleiben oder sich ändern kann. In jedem Fall erfolgt die *Änderung* der Bewegung in der Richtung der Kraft, unabhängig davon, ob die neue Bewegung in der Richtung der Kraft erfolgt oder nicht. Beispielsweise bewegte sich das in Abb. 2.7 dargestellte Objekt nach Osten. Nachdem ein Zug nach Süden ausgeübt worden ist, bewegt es sich etwas nach Süden. Seine neue Bewegung ist nach Südosten gerichtet. Also erfolgte die *Änderung* der Bewegung in der Richtung der Kraft.

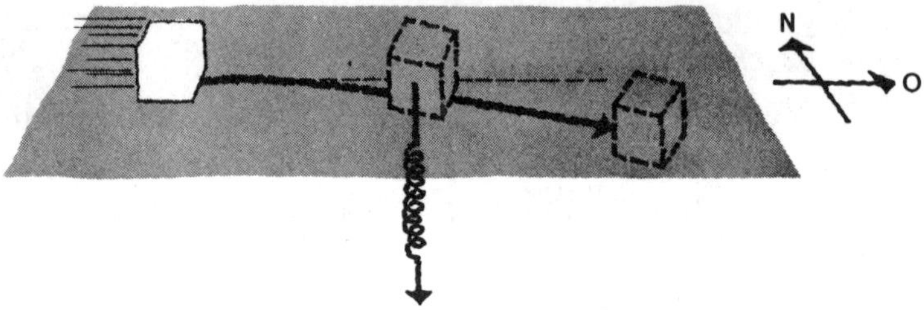

Abb. 2.7

Wir können das zweite Bewegungsgesetz heranziehen, um die Einheit der Kraft durch die Einheiten der Masse, Länge und Zeit auszudrücken. Aus dem letzten Abschnitt erinnern wir uns, daß eine Kraft von ein Newton einer Masse von ein Kilogramm eine Beschleunigung von ein Meter pro Sekunde pro Sekunde erteilt. Wir setzen einfach diese Werte für die Kraft, Masse und Beschleunigung folgendermaßen in das zweite Bewegungsgesetz ein:

$$\text{Kraft} = \text{Masse} \times \text{Beschleunigung}$$

$$\text{Newton} = (\text{Kilogramm}) \times (\text{Meter/Sekunde}^2)$$

Also gilt

$$\text{Newton} = \frac{\text{Kilogramm Meter}}{\text{Sekunde}^2}$$

Da wir auf diese Weise die Einheit der Kraft aus dem zweiten Bewegungsgesetz erhalten haben, können wir die Kraft als eine abgeleitete Größe betrachten. Wir haben sie mit Hilfe des zweiten Bewegungsgesetzes aus den Grundgrößen Masse, Länge und Zeit abgeleitet.

Wir können an Hand der Gleichung 1, die das zweite Bewegungsgesetz ausdrückt, zeigen, daß es tatsächlich die drei Beziehungen enthält, die wir in diesem Kapitel diskutiert haben.

$$F = ma$$

Da diese Gleichung in allen Fällen richtig sein muß, können wir nicht eine Seite ändern, ohne auch die andere Seite zu ändern. Wenn beispielsweise die Beschleunigung konstant ist (wie in Abb. 2.6), dann müssen sich die Kraft und die Masse proportional zueinander ändern, um die Gleichheit zu erhalten. Wird in diesem Fall die eine erhöht, muß die andere auch erhöht werden. Wird andererseits die Masse konstant gehalten, müssen sich die Kraft und die Masse proportional zueinander ändern. Wird schließlich (wie in Abb. 2.4) die Kraft konstant gehalten, kann sich die linke Seite der Gleichung nicht ändern. Daher darf sich die rechte Seite der Gleichung auch nicht ändern, daher müssen sich die Masse und die Beschleunigung umgekehrt proportional zueinander ändern. Das heißt, wenn die eine Größe zunimmt, muß die andere abnehmen.

Vektoren

Vektoren und Skalare

Wir haben schon zwischen dem Geschwindigkeitsbetrag (einem Skalar) und der Geschwindigkeit (einem Vektor) unterschieden. Sie erinnern sich, daß die Geschwindigkeit als Vektorgröße nicht ohne die Angabe einer Richtung definiert werden konnte, während die skalare Größe nur die Angabe einer Zahl erforderte. Diese Zahl wird mit ihren Einheiten als der *Betrag* einer Größe bezeichnet. Also hat die Geschwindigkeit notwendigerweise einen Betrag und eine Richtung, während der Geschwindigkeitsbetrag nur einen Betrag hat. Tatsächlich ist der skalare Geschwindigkeitsbetrag einfach der Betrag des Geschwindigkeits-Vektors. Viele, aber nicht alle, skalare Größen sind Beträge von Vektorgrößen. Allgemein definieren wir hier eine Vektorgröße als eine Größe, die sowohl einen *Betrag* als auch eine *Richtung* hat und bestimmten Rechenregeln folgt, die später diskutiert werden. Eine *skalare* Größe wird hier definiert als eine Größe, die nur einen Betrag hat und den gewöhnlichen Rechenregeln folgt.

Entfernung und Verschiebung (Weg)

Wir definieren und diskutieren jetzt die Vektorgröße, die wir Verschiebung (Weg) nennen. Diese Größe ist ein Maß für den Unterschied der räumlichen Positionen zweier Punkte oder Orte. Der Betrag dieser Vektorgröße ist die gradlinige Entfernung zwischen diesen beiden Punkten. Die Richtung des Weges ist die Richtung von einem Punkt (der gewöhnlich zuerst genannt wird) zum anderen. Beispielsweise sind in Abb. 2.8 zwei Punkte P und Q gezeichnet, die eine bestimmte Entfernung haben. Wir zeichnen eine Gerade von P nach Q. Danach zeichnen wir eine Pfeilspitze, so daß die Gerade nach Q weist. Die Länge der Geraden von P nach Q ergibt den Betrag der Verschiebung, der natürlich gleich der gewöhnlichen (geradlinigen) Entfernung zwischen den Punkten P und Q ist. Die Richtung des Pfeils ist die Richtung des Weges von P nach Q. Hätten wir die entgegengesetzte Richtung gewählt – d. h. die Richtung von Q nach P – dann hätten wir nicht denselben Vektor erhalten. Der Betrag wäre derselbe, die Richtung nicht. Der Weg von P nach Q ist nicht gleich dem Weg von Q nach P, auch wenn die Entfernung dieselbe ist, weil die Richtung eine andere ist. Wir können dieses Prinzip folgendermaßen verallgemeinern: Zwei Vektoren sind dann und nur dann gleich, wenn sie den gleichen Betrag und die gleiche Richtung haben.

Alle in Abb. 2.9 dargestellten Wege sind untereinander gleich; sie haben die gleiche Länge, und sie weisen in die gleiche Richtung. Da-

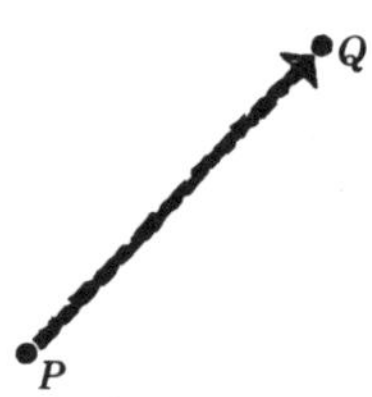

Abb. 2.8

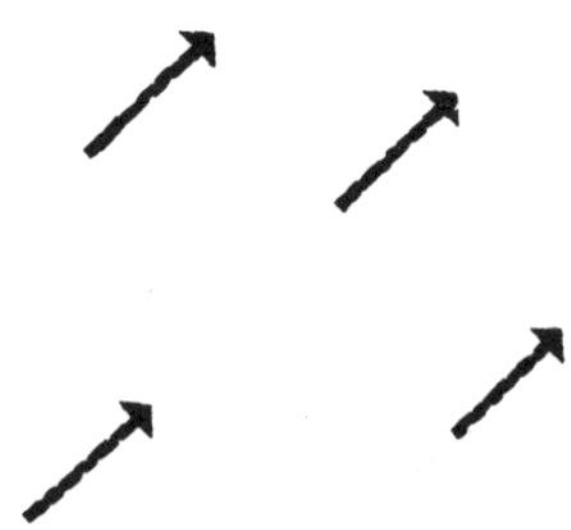

Abb. 2.9

mit die Richtung zweier Vektoren gleich ist, brauchen sie nicht notwendigerweise auf derselben Geraden zu liegen, es genügt, daß sie auf parallelen Geraden liegen und ihre Pfeile in dieselbe Richtung weisen. (Die angegebene Definition der Gleichheit von Vektoren gilt nur im mathematischen Sinne. Wenn Vektoren beispielsweise Kräfte darstellen, die Drehbewegungen hervorrufen können, sind Vektoren auf parallelen Geraden nicht mehr gleichwertig. Vergleiche Abb. 4.15 u. 4.16. Anm. d. Übers.)

Abb. 2.10, die den Flug eines Schmetterlings dem einer Biene gegenüberstellt, illustriert den Weg – Vektor und gestattet uns einen Vergleich zwischen der Entfernung und dem Weg. Beide Insekten verlassen die Blume P und fliegen zur Blume Q. Der Schmetterling, der vom Wind und seinen Launen abhängt, kann hierfür eine sehr lange Reise benötigen. Außerdem könnte er viele Flüge mit der gleichen Länge zurücklegen und dennoch jedesmal zu einem anderen Punkt gelangen, vielleicht sogar zurück zum Ausgangspunkt. Die zurückgelegte „Entfernung", die gesamte Länge des Weges, ist ein Skalar; für sich allein genommen bestimmt sie den Endpunkt einer Reise nicht.

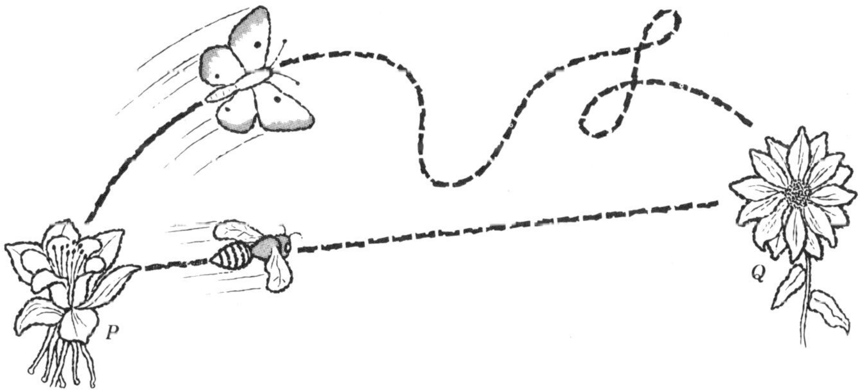

Abb. 2.10

Andererseits ist die Biene es ihrem Rufe schuldig, „bienenfleißig" zu sein, indem sie die kürzeste Strecke zwischen den beiden Blumen wählt. Diese gerichtete Größe, eine Entfernung in einer bestimmten Richtung, ist der Weg von P nach Q. Wir stellen wieder den Weg von

P nach *Q* durch einen Pfeil dar, der in der Richtung der Verbindungsgeraden der beiden Punkte gezogen wird und dessen Länge gleich der Strecke des Bienenfluges ist. Indem sie auf dieser Geraden fliegt, legt die Biene eine viel kürzere Strecke zurück als der Schmetterling. Nichtsdestoweniger ist der in dem Diagramm gezeichnete Weg für beide Insekten gleich, weil sie beide am selben Punkt starten und am selben Punkt ankommen. Der Weg hängt nur von der Richtung und der geradlinig gemessenen Entfernung zwischen zwei Punkten ab – d. h. von der insgesamt eingetretenen Ortsveränderung. Die dazwischen tatsächlich zurückgelegte Strecke ist für die Betrachtung des Weges unwesentlich. Aus diesem Grund können wir den Weg – Vektor als geraden Pfeil zwischen zwei Punkten darstellen, der in die richtige Richtung weist.

Die Addition von Vektoren

Für Vektoren gelten andere Rechenregeln als für skalare Größen. Die Skalare befolgen die gewöhnlichen Regeln der Addition und Subtraktion, Vektoren nicht. Wir illustrieren die Regeln für die Addition zweier Vektoren in Abb. 2.11, die die drei Weg-Vektoren **A**, **B** und **C**

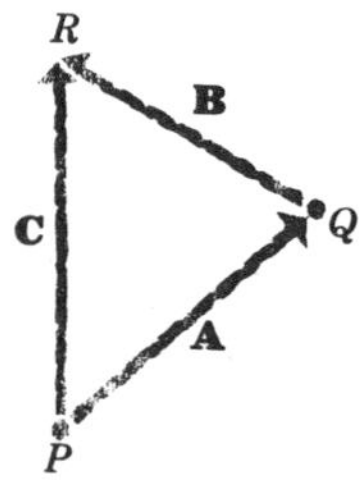

Abb. 2.11

zeigt. **A** ist der Weg von *P* nach *Q*, **B** ist der Weg von *Q* nach *R*, und **C** ist der Weg von *P* nach *R*. Natürlich kann man den Weg **C** erhalten, indem man direkt von *P* nach *R* geht. Wir können aber auch von *P* nach *R* gelangen, indem wir zuerst von *P* nach *Q* und dann von *Q* nach *R* gehen. Das Ergebnis, das wir durch die Vereinigung der Wege **A** und **B** erhalten, ist genau dasselbe, als wenn wir nur den Weg **C** beschritten hätten. In jedem Falle gehen wir von P aus und gelangen nach R. Da die Ortsveränderung nur vom Ausgangs- und Endpunkt abhängt, haben wir dieselbe Ortsveränderung auf zwei verschiedene Arten erreicht. Wir sagen dann, daß der Weg **C** die Summe der Wege **A** und **B** ist, oder

$$\mathbf{C} = \mathbf{A} + \mathbf{B}$$

Wir geben jetzt die Regel für die Addition zweier Vektoren. (Wir illustrieren diese Addition am Beispiel der Wege, aber diese Regel kann leicht auf Vektoren im allgemeinen angewendet werden.) Betrachten wir die beiden Vektoren **A** und **B** in der Abb. 2.12. Wir wollen die Summe **A** + **B** erhalten. Der erste Schritt besteht darin, einen Vektor zu konstruieren, der gleich **B** ist und an der Pfeilspitze des Vektors **A** beginnt, wie es in Abb. 2.12b dargestellt ist. Dieser Schritt wird manchmal als die Bewegung des Vektors **B** zum Vektor **A** bezeichnet.

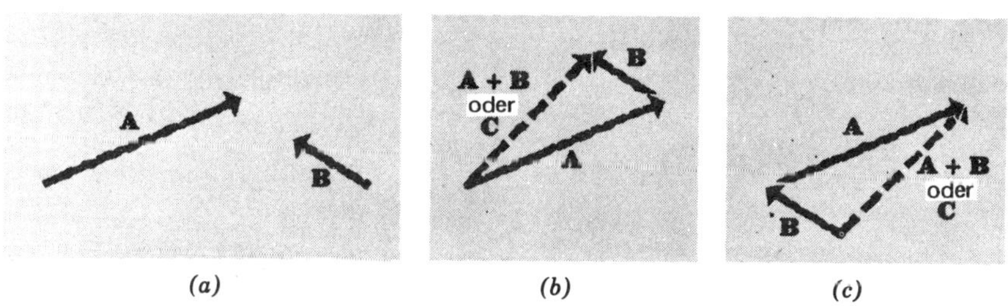

Abb. 2.12

Es ist darauf zu achten, daß die Richtung von **B** nach der Verschiebung dieselbe ist wie vorher. Als nächstes verbinden wir den Anfangspunkt von **A** mit dem Endpunkt von **B** in seiner neuen Lage durch eine Gerade. Wir zeichnen die Pfeilspitze dieser neuen Geraden wie angegeben. Durch diese Konstruktion kommt die Pfeilspitze von **C** an denselben Punkt wie die Pfeilspitze des zweiten Vektors **B**, und der Anfangspunkt von **C** kommt an denselben Punkt wie der Anfangspunkt des ersten Vektors **A**. Diese neue Gerade mit ihrer neuen Pfeilspitze stellt einen neuen Vektor dar. Dieser neue Vektor **C** heißt die *Resultierende* oder die *Summe* von **A** und **B**.

Bei dieser Konstruktion brachten wir den Anfangspunkt von **B** an die Pfeilspitze von **A**. Hätten wir stattdessen den Anfangspunkt von **A** an die Pfeilspitze von **B** gebracht, wie es in Abb. 2.12c dargestellt ist, und daraus unseren neuen Vektor ermittelt, dann hätten wir dieselbe Resultierende erhalten. Es spielt keine Rolle, in welcher Reihenfolge die beiden Vektoren addiert werden. Anders ausgedrückt, gilt die bekannte Tatsache,

$$\mathbf{A} + \mathbf{B} = \mathbf{B} + \mathbf{A}$$

Wenn wir Vektoren addieren, ist der Betrag der Resultierenden nicht notwendigerweise gleich der Summe der Beträge der einzelnen Vektoren, deren Resultierende wir gebildet haben. Abb. 2.13 stellt einige Beispiele dieser Tatsache dar. In Abb. 2.13a hat die Resultierende einen Betrag, der sogar kleiner ist als der Betrag von **A** und **B** allein. In Abb. 2.13b ist die Resultierende gleich Null, obwohl weder **A** noch **B** den Betrag Null haben. In Abb. 2.13c weisen **A** und **B** in genau dieselbe Richtung; nur in diesem Fall hat die Resultierende einen Betrag, der gleich der Summe der Beträge von **A** und **B** ist.

Abb. 2.14 zeigt, wie wir mehr als zwei Vektoren addieren können. Um beispielsweise drei Vektoren zu addieren, wie es in Abb. 2.14a geschieht, addieren wir zunächst zwei Vektoren, danach addieren wir

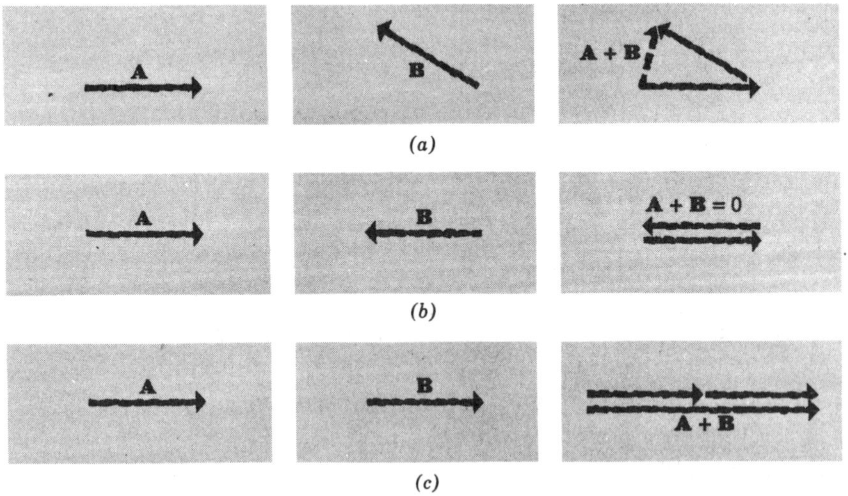

Abb. 2.13

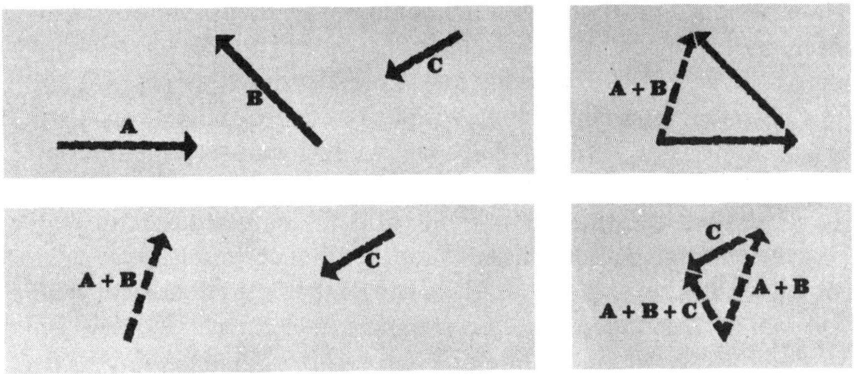

(a)

(b)

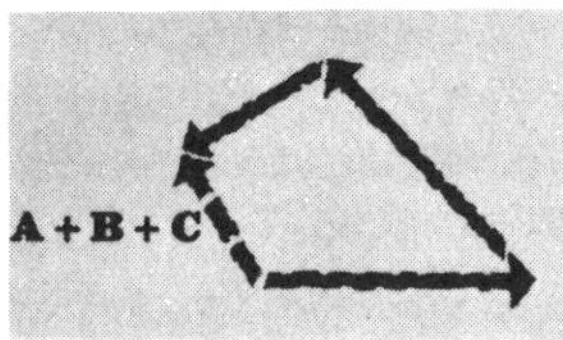

Abb. 2.14

den dritten zur Resultierenden der beiden ersten. Das läuft einfach darauf hinaus, alle Vektoren in der Reihenfolge Anfangspunkt–Spitze–Anfangspunkt–Spitze usw. zu verbinden, wie es in der Abb. 2.14b dargestellt ist. Dieselbe Regel gilt für jede beliebige Zahl von Vektoren; Abb. 2.15 stellt die Addition von fünf Vektoren dar. Auf diese Weise können alle Vektorgrößen addiert werden. Beispielsweise können auch Geschwindigkeiten in einem Vektordiagramm dargestellt werden (Abb. 2.16). Wir stellen einfach die Einheit der Geschwindigkeit, ein Meter pro Sekunde, durch eine geeignete Länge dar, die in dem Diagramm durch eine Maßstabsskala angegeben wird. Dann zeichnen wir die Pfeile, die die zu addierenden

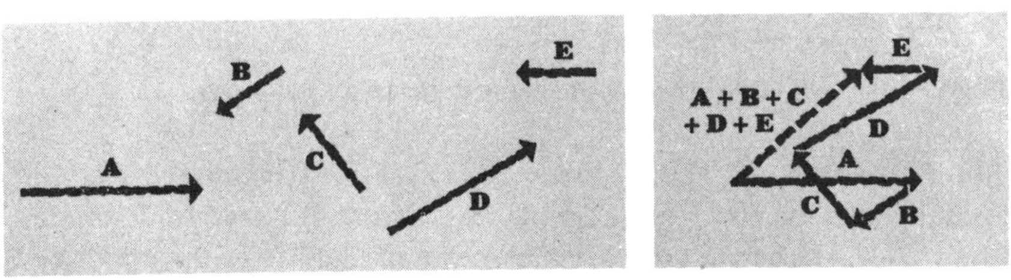

Abb. 2.15

Geschwindigkeiten darstellen. Die Länge jedes Pfeils richtet sich nach der Maßstabsskala des Diagramms; daher ist sie proportional zum Betrag des Geschwindigkeitsvektors, der durch den Pfeil repräsentiert wird. Danach addieren wir die Vektoren auf die übliche Weise und erhalten so die resultierende Geschwindigkeit. Wir erhalten den Betrag der resultierenden Geschwindigkeit, indem wir die Länge des resultierenden Pfeils mit Hilfe der Maßstabsskala in Meter pro Sekunde umrechnen. Die Richtung der resultierenden Geschwindigkeit ist gleich der Richtung der Resultierenden in dem Diagramm. Durch derartige maßstäbliche Zeichnungen können wir auch die Resultierenden anderer Vektorgrößen finden.

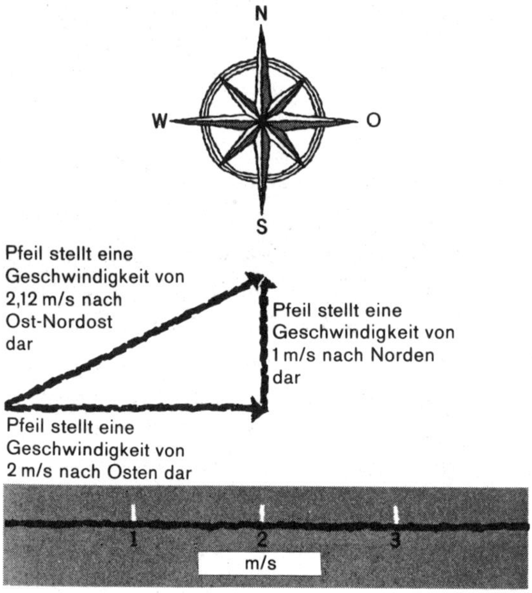

Abb. 2.16

Die resultierende Kraft und das zweite Bewegungsgesetz

In unseren früheren Diskussionen des zweiten Bewegungsgesetzes wiesen wir darauf hin, daß es die Kraft ist, die die Beschleunigung eines Objektes bewirkt, und wir bemerkten, daß sowohl die Kraft als auch die Beschleunigung Vektorgrößen sind. Wir beschrieben das zweite Bewegungsgesetz für den Fall, daß an dem Objekt eine einzelne Kraft angreift. Wir wollen jetzt das zweite Bewegungsgesetz auf den Fall anwenden, daß gleichzeitig mehr als eine Kraft angreift. Dann wird die Beschleunigung des Objektes durch die *Resultierende* aller an dem Objekt angreifenden Kräfte bewirkt, und diese resultierende Kraft (F) ist nach der beschriebenen Methode der Vektoraddition zu finden.

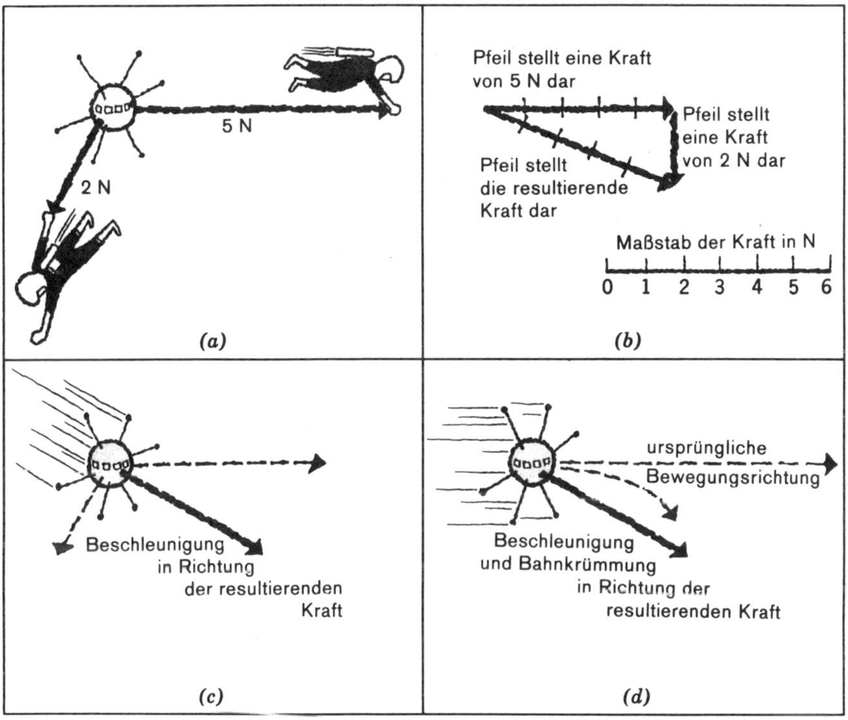

Abb. 2.17

Nehmen wir zum Beispiel an, daß zwei Astronauten im Weltraum mit Seilen einen Gegenstand ziehen, wie es in Abb. 2.17 dargestellt ist. Um die resultierende Kraft und die sich daraus ergebende Beschleunigung zu finden, gehen wir folgendermaßen vor.

1. Wir zeichnen ein Diagramm mit einem geeignet gewählten Maßstab, in dem alle an dem Objekt angreifenden Kräfte durch Pfeile dargestellt sind.

2. Wir addieren die Vektoren und erhalten so die resultierende Kraft auf das Objekt.

3. Wir wenden das zweite Bewegungsgesetz an, um aus der resultierenden Kraft die Beschleunigung zu erhalten. Das Objekt wird in der Richtung dieser resultierenden Kraft beschleunigt.

Die Schritte 1 und 2 sind in der Abb. 2.17b ausgeführt worden. Schritt 3 kann erfolgen, wenn wir die Masse des Objektes kennen. Der Betrag der Beschleunigung ist gleich dem Betrag der resultierenden Kraft dividiert durch die Masse. Das heißt

$$a = \frac{F}{m}$$

Diese Gleichung ergibt sich aus der Gleichung 1, wenn beide Seiten durch die Masse m dividiert werden. Daher ist es leicht, die Beschleunigung zu finden, wenn wir erst einmal die resultierende Kraft ermittelt haben. Die Richtung der Beschleunigung ist dieselbe wie die der resultierenden Kraft. Falls das in Abb. 2.17 dargestellte Objekt anfangs in Ruhe war, beschleunigt es, wie in Abb. 2.17c gezeigt. Falls es sich während der Einwirkung der Kräfte bewegte, ändert es seine Bewegung in Richtung der resultierenden Kraft, wie es in Abb. 2.17d gezeichnet ist.

Wenn die Resultierende aller äußeren auf den Körper wirkenden Kräfte Null ist, gibt es keine Beschleunigung, und daher sagt man, das Objekt befinde sich im *dynamischen Gleichgewicht.* Dieser Zustand wird im Kapitel fünf weiter diskutiert.

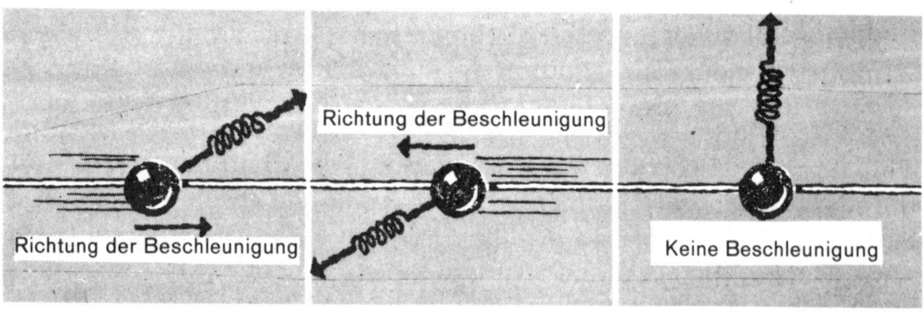

(a) *(b)* *(c)*

Abb. 2.18

Wir wollen noch einen weiteren Begriff diskutieren. Abb. 2.18 zeigt eine Kugel, die auf einem starren, reibungsfreien Stab gleiten kann. Wenn sie durch den Faden gezogen wird, wird sie sich wie gezeichnet in der einen oder anderen Richtung längs des Stabes bewegen. Der Stab übt Kräfte aus, die bewirken, daß sich die Kugel nur längs des Stabes bewegen kann. Nehmen wir an, daß wir mit dem Faden genau senkrecht zum Stab ziehen. Wohin wird sich jetzt die Kugel bewegen? Intuitiv erraten wir, daß sich die Kugel überhaupt nicht bewegen wird, da sie sich ebenso gut nach rechts wie nach links bewegen könnte. Die Symmetrie dieser Situation weist darauf hin, daß sich keine Bewegung ergeben wird. Dieser Schluß erweist sich als korrekt und illustriert ein wichtiges Prinzip: Eine Kraft hat in einer Richtung, die senkrecht zu dieser Kraft liegt, keinen direkten Einfluß auf eine Bewegung.

Weitere Vektoroperationen

Der negative Wert eines Vektors. Den negativen Wert eines Vektors erhält man einfach, indem man den Vektor umkehrt, so daß die Pfeilspitze am anderen Ende des Vektors ist (Abb. 2.19). Der negative Vektor ist also ein Vektor, der denselben Betrag aber die entgegengesetzte Richtung wie der ursprüngliche Vektor hat.

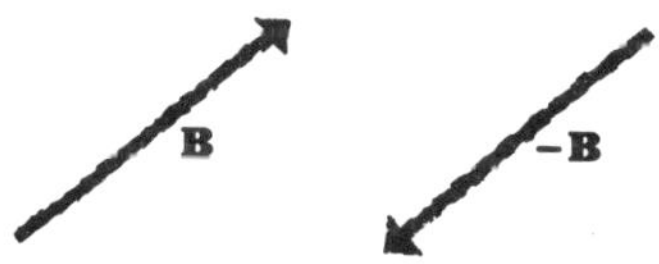

Abb. 2.19

Subtraktion eines Vektors von einem anderen. Wir haben einen Weg beschrieben, um die Summe zweier Vektoren zu finden:

$$\mathbf{A} + \mathbf{B}$$

Nehmen wir an, daß wir die Differenz dieser beiden Vektoren finden wollen:

$$\mathbf{A} - \mathbf{B}$$

Dazu kehren wir einfach den zweiten Vektor **B** um, so daß wir seinen negativen Wert erhalten und addieren diesen zu **A** (Abb. 2.20):

$$\mathbf{A} - \mathbf{B} = \mathbf{A} + (-\mathbf{B})$$

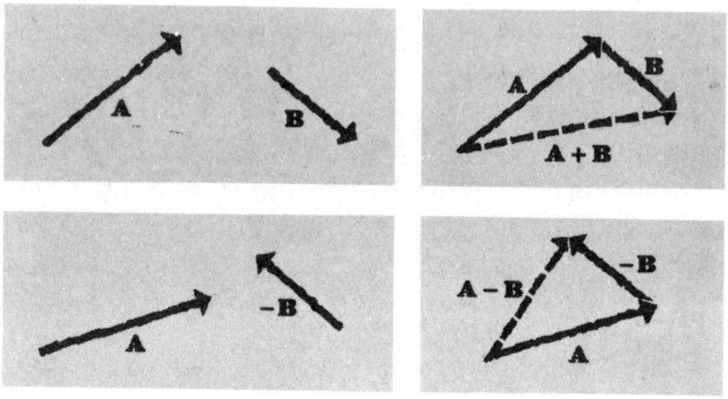

Abb. 2.20

Die Multiplikation eines Vektors mit einer Zahl oder einem Skalar. Abb. 2.21 zeigt, daß wir einen Vektor auch mit einer Zahl oder einer skalaren Größe multiplizieren können. Wenn wir den Vektor mit einer positiven Zahl multiplizieren, brauchen wir nur die Länge oder den Betrag mit dieser Zahl zu multiplizieren und die Richtung unverändert zu lassen. Wenn wir beispielsweise einen Vektor mit 3 multiplizieren, erhalten wir einen Vektor mit der dreifachen Länge in *derselben* Richtung. Wenn wir dagegen einen Vektor mit einer negativen Zahl multiplizieren, dann multiplizieren wir die Länge oder

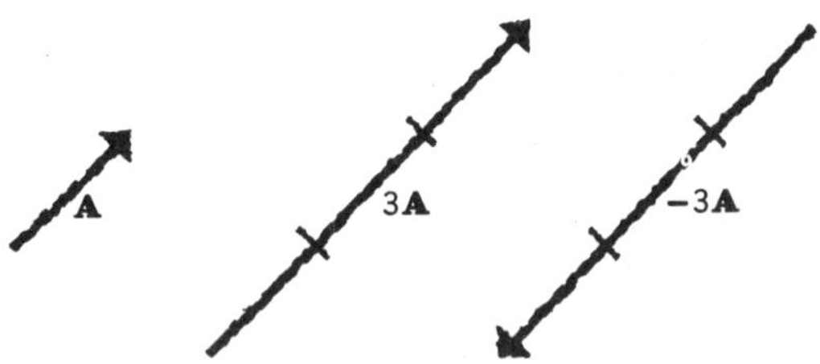

Abb. 2.21

den Betrag mit dieser Zahl und kehren dabei die Richtung um. Multiplizieren wir beispielsweise einen Vektor mit *minus* 3, dann erhalten wir einen Vektor mit der dreifachen Länge in der *entgegengesetzten* Richtung.

Vektorkomponenten

Wir haben schon beschrieben, wie man zwei Vektoren addiert, um einen dritten zu erhalten. Ein Vektor kann auch in zwei andere Vektoren „zerlegt" werden, die senkrecht aufeinander stehen, und durch ihre Addition den ursprünglichen Vektor ergeben. Das heißt, wenn der Vektor **C** gegeben ist, dann können wir zwei senkrecht zueinander stehende Vektoren **A** und **B** finden, so daß **A** + **B** = **C** ist. In diesem Fall werden **A** und **B** als *Komponenten* von **C** bezeichnet (Abb. 2.22).

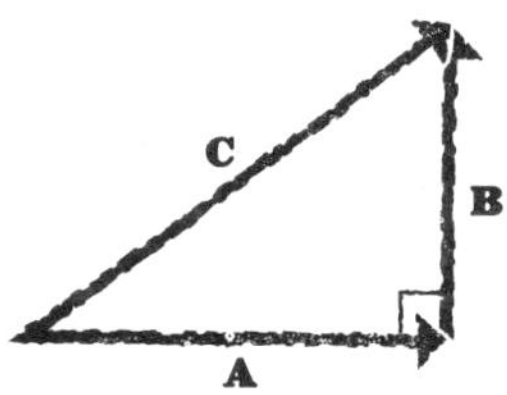

Abb. 2.22

Abb. 2.23 zeigt, wie wir die Komponenten eines Vektors erhalten und wozu wir sie anwenden können. In dieser Abbildung haben wir ein Bezugssystem mit zwei Achsen gezeichnet, die von Norden nach Süden bzw. von Osten nach Westen verlaufen. Wir haben auch einen Vektor **C** eingezeichnet, der im Mittelpunkt oder Ursprungspunkt des Bezugssystems beginnt. Wir nennen die Nord-Süd Achse die y-Achse und die Ost-West Achse die x-Achse.

Nehmen wir an, daß wir uns nicht für die gesamte Ortsveränderung, sondern nur für die Verschiebung nach Osten interessieren. Das heißt, wir wollen nicht die gesamte Entfernung wissen, die wir von O nach P zurücklegen müssen, sondern wir wollen nur wissen, wie weit wir vom Ursprungspunkt nach Osten gehen müssen, um den Punkt P zu erreichen. Der nach Osten gerichtete Vektor **A** (von O nach X) ist zur Beantwortung jeder Frage nach der Ost-West Verschiebung ebenso

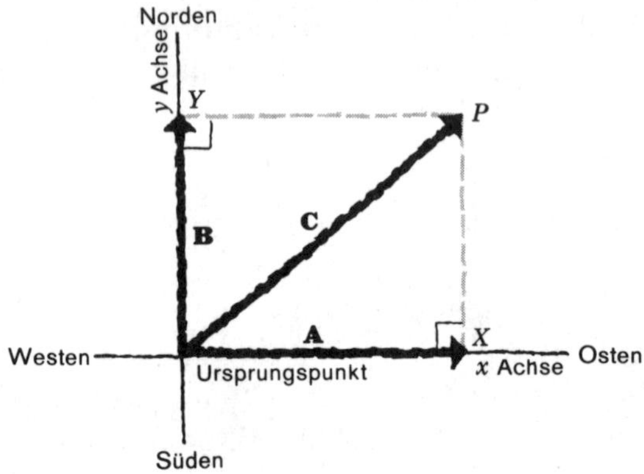

Abb. 2.23

geeignet wie der Vektor **C**. In gleicher Weise ist der nach Norden gerichtete Vektor **B** (von O nach Y) zur Beantwortung jeder Frage nach der Nord-Süd Verschiebung ebenso gut geeignet wie der Vektor **C**. Der Vektor **A** wird als Komponente des Vektors **C** in Bezug auf die x-Achse oder x-Richtung bezeichnet. Der Vektor B wird als Komponente des Vektors **C** im Bezug auf die y-Achse oder y-Richtung bezeichnet. Die zwei Vektoren **A** und **B** sind die Komponenten des Vektors **C** in diesem Bezugssystem. Sie stehen senkrecht aufeinander. Wenn wir sie addieren, erhalten wir **C**:

$$\mathbf{A} + \mathbf{B} = \mathbf{C}$$

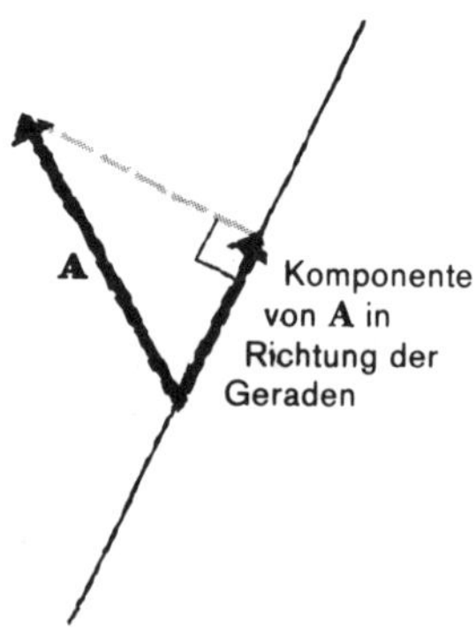

Abb. 2.24

Man erhält die Vektorkomponente **A**, indem man von der Spitze des Vektors **C** ein Lot auf die x-Achse fällt. Die Komponente **B** wird in gleicher Weise ermittelt, indem man ein Lot auf die y-Achse fällt. In dieser Weise kann man die Komponenten jedes Vektors im Bezug auf jede Achse finden. Beispielsweise wollen wir in der Abb. 2.24 die Komponente eines Vektors **A** im Bezug auf eine gegebene Richtung finden. Hierzu zeichnen wir eine Gerade mit dieser Richtung durch einen Endpunkt des Vektors. Dann fällen wir vom anderen Endpunkt des Vektors das Lot auf diese Gerade, um die gewünschte Komponente zu erhalten. Mit dieser Konstruktion können wir die Komponente eines gegebenen Vektors im Bezug auf jede Richtung finden.

In jedem Bezugssystem können wir die Komponenten eines gegebenen Vektors im Bezug auf die Achsen finden, die aufeinander senkrecht stehen. Wenn wir dann die Vektorsumme dieser Komponenten bilden, erhalten wir wieder den ursprünglichen Vektor. Ein Vektor ist gleich der Summe seiner Komponenten im Bezug auf die senkrechten Achsen eines Bezugssystems. Diese Tatsache ist oft nützlich. Wenn wir es aus irgendeinem Grunde vorziehen, nicht mit einem gegebenen Vektor zu arbeiten, können wir ein geeignetes Bezugssystem wählen, die Komponenten des Vektors in diesem Bezugssystem ermitteln und diese Komponenten anstelle des ursprünglichen Vektors verwenden.

Falls wir uns nur mit einer Richtung beschäftigen, können wir die Komponente unseres Vektors im Bezug auf diese Richtung verwenden und die anderen Komponenten ignorieren. Beispielsweise haben wir in Abb. 2.25 wieder eine Kugel, die sich (ohne Reibung) längs eines Stabes bewegen kann. Die Kugel wird wie angegeben von einem Faden gezogen, der einen Winkel mit dem Stab bildet. Wir wollen die Beschleunigung der Kugel wissen, deren Masse wir kennen. Da wir wissen, daß die Kugel sich nur längs des Stabes bewegen kann, interessieren wir uns nur für die Richtung längs des Stabes. Daher sind wir nur an der Komponente der Kraft in dem Faden interessiert, die

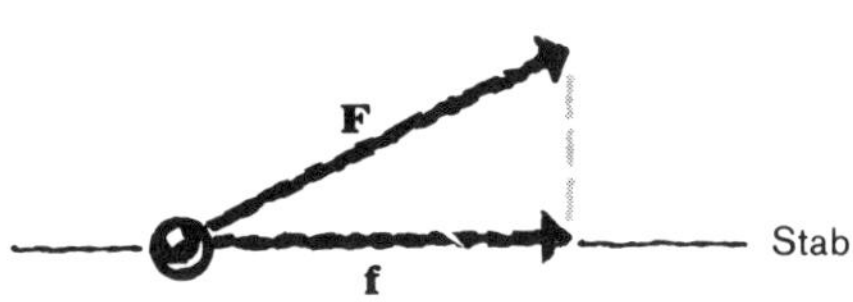

Abb. 2.25

in der Richtung des Stabes wirkt. Wir verwenden *nicht* die Kraft F in dem Faden, um die Beschleunigung der Kugel zu ermitteln. Vielmehr ist es die Kraft f, also die Komponente der Kraft F im Bezug auf die Richtung des Stabes. Also ist $f = ma$, und die Beschleunigung ergibt sich zu $a = f/m$. In der Physik muß jede Gleichung, die zwischen Vektoren gilt, auch zwischen den Komponenten dieser Vektoren im Bezug auf jede beliebige Richtung oder Achse gelten. Wir wollen das in Abb. 2.26 dargestellte Bezugssystem verwenden und die Gleichung $F = ma$ für jede Achse angeben:

$$F_x = ma_x$$
$$F_y = ma_y$$

Die kleinen x und y werden als Index an den Buchstaben F und a angebracht, um anzuzeigen, daß wir uns auf die Komponenten der Kräfte und Beschleunigungen im Bezug auf die x- bzw. y-Achse beziehen. Diese Ausdrücke sagen uns, daß die Komponente der Beschleunigung in der x-Richtung durch die Komponente der Kraft in der x-Richtung und die Komponente der Beschleunigung in der y-Richtung durch die Komponente der Kraft in der y-Richtung hervorgerufen wird.

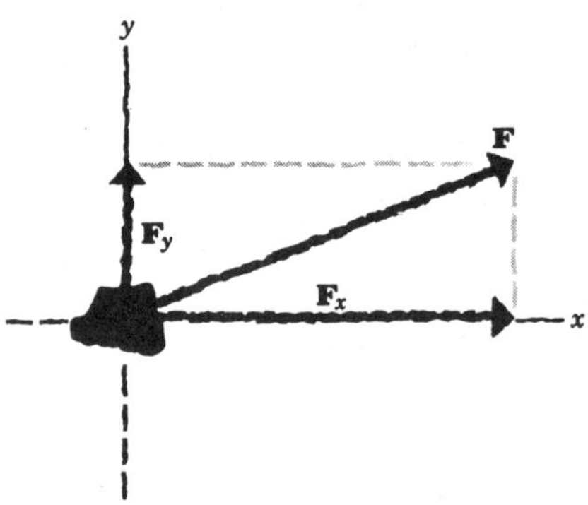

Abb. 2.26

Wenn wir uns nicht nur mit einer flachen Oberfläche, sondern mit dem ganzen Raum beschäftigen, hätten wir eine weitere Gleichung für die z-Richtung, wie in Abb. 2.27 angegeben. Daher können wir

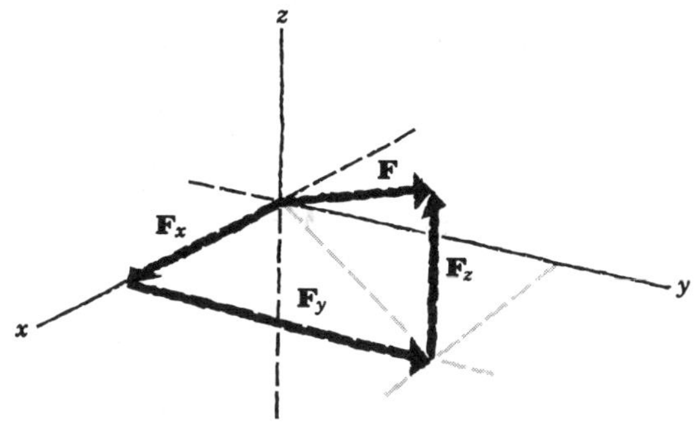

Abb. 2.27

uns eine Vektorgleichung als drei *unabhängige* Gleichungen vorstellen, die gleichzeitig geschrieben worden sind. Da unser Bezugssystem in jeder von uns gewünschten Richtung orientiert werden kann, folgt daraus, daß die Komponente der Kraft im Bezug auf *jede* Richtung gleich der Masse mal der Komponente der Beschleunigung im Bezug auf diese Richtung ist.

Aufgaben und Lösungen

Die in diesem Kapitel eingeführten Prinzipien sind nützlich, um Aufgaben zu lösen, die a) Kraft, Masse, Beschleunigung und das zweite Bewegungsgesetz sowie b) Vektoroperationen betreffen.

Das zweite Bewegungsgesetz

Beispiel 1

Welche Kraft ist erforderlich, um einer Masse von 5 Kilogramm eine Beschleunigung von 30 Meter/Sekunde^2 zu erteilen?

Lösung: Wir wenden die in Kapitel eins eingeführten Schritte an. Für dieses einfache Problem brauchen wir weder eine Zeichnung noch ein Bezugssystem. Daher entspricht hier der Schritt 1 dem Schritt 2 in Kapitel eins.

Schritt 1. Stellen Sie die gegebenen und die unbekannten Größen zusammen:

m = Masse = 5 Kilogramm

a = Betrag der Beschleunigung = 30 Meter/Sekunde^2

F = Betrag der Kraft = ?

Schritt 2. Schreiben Sie die anzuwendenden physikalischen Gesetze auf, möglichst in Form einer Gleichung. Da dieses Beispiel von Kraft, Masse und Beschleunigung handelt, erwarten wir, daß das zweite Bewegungsgesetz nützlich sein wird.

$$F = ma$$

Schritt 3. Setzen Sie die gegebene Information von Schritt 1 in die Gleichung des 2. Schrittes ein und lösen Sie nach den unbekannten Größen auf:

$$F = (5 \text{ Kilogramm})\,(30 \text{ Meter/Sekunde}^2)$$

$$F = 5 \text{ Kilogramm } \frac{30 \text{ Meter}}{\text{Sekunde}^2}$$

$$= 150 \, \frac{\text{Kilogramm Meter}}{\text{Sekunde}^2} = 150 \text{ Newton}$$

Beispiel 2

Welche Beschleunigung würde die in Beispiel 1 berechnete Kraft einer Masse von nur einem Kilogramm erteilen?

Lösung: Schritt 1.

F = Betrag der Kraft = 150 Newton (vom Ergebnis des Beispiels 1)

m = Masse = 1 Kilogramm

a = Beschleunigung = ?

Schritt 2.

$$F = ma$$

Schritt 3.

$$150 \text{ Newton} = (1 \text{ Kilogramm})\, a$$

$$\frac{150 \text{ Newton}}{1 \text{ Kilogramm}} = a$$

$$a = \frac{150 \text{ Newton}}{1 \text{ Kilogramm}} = \frac{150 \text{ Kilogramm Meter/Sekunde}^2}{\text{Kilogramm}}$$

$$a = 150 \text{ Meter/Sekunde}^2$$

(Beachten Sie, daß wir die Größe *Newton* als Kilogramm Meter/Sekunde^2 ausgedrückt haben, um die Beschleunigung a in Meter/Sekunde^2 zu erhalten. Es ist oft angebracht, alle Einheiten durch die Grundgrößen Masse, Länge und Zeit auszudrücken, um die Antworten zu vereinfachen.)

Das in Beispiel 2 dargestellte Problem läßt sich noch schneller und einfacher lösen, wenn man sich an das Prinzip erinnert, daß bei konstanter Kraft die Beschleunigung umgekehrt proportional zur Masse sein muß. Die Kraft ist in den Beispielen 1 und 2 gleich. Daher muß, weil die Masse in Beispiel 2 ein Fünftel der Masse im Beispiel 1 beträgt, die Beschleunigung fünf mal größer sein als im ersten Beispiel. Fünf mal 30 Meter/Sekunde^2 gibt uns die gesuchte Beschleunigung von 150 Meter/Sekunde^2.

Diese Methode ist offensichtlich weniger mühsam als die oben gezeigte Berechnung. Durch Geschicklichkeit oder die Anwendung einfacherer Prinzipien kann man die Lösung eines Problem oft schneller und leichter erhalten als durch das sklavische Befolgen der Schritte. Die angegebenen Schritte sind aber nützlich, wenn es sich um kompliziertere Probleme handelt.

Beispiel 3

Ein Wagen, der mit einer Geschwindigkeit von 20 Meter pro Sekunde auf einer ebenen Straße fährt, beginnt eine konstante Beschleunigung, bis er eine Geschwindigkeit von 32 Meter pro Sekunde erreicht hat. Wie groß ist der Betrag der Beschleunigung, wenn der Beschleunigungsvorgang 4 Sekunden dauert?

Lösung: Bei der Bewegung auf einer Geraden können wir die Beschleunigung bestimmen, indem wir die zeitliche Änderung der Geschwindigkeit ermitteln. Durch Subtraktion der ersten Geschwindigkeit von der zweiten erhalten wir die eingetretene Änderung der Geschwindigkeit, nämlich 12 Meter pro Sekunde. Diese Änderung erfolgte in 4 Sekunden, also ist der Betrag der Beschleunigung

$$\frac{12\ \text{Meter/Sekunde}}{4\ \text{Sekunde}} = \frac{12}{4}\ \frac{\text{Meter}}{\text{Sekunde Sekunde}}$$

$$= 3\ \frac{\text{Meter}}{\text{Sekunde}^2}$$

Aufgaben mit Vektoroperationen

Addition unter Verwendung von Diagrammen

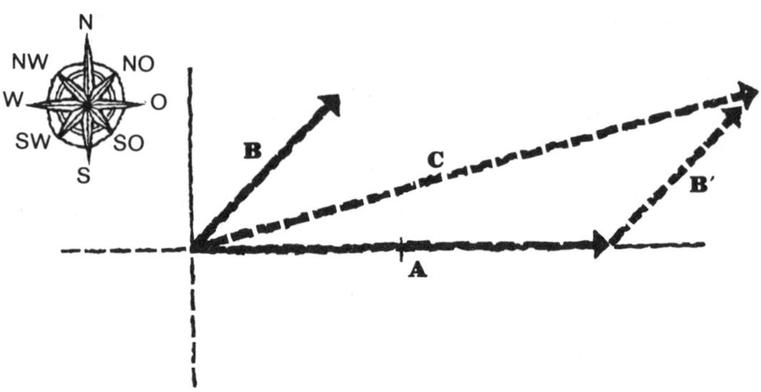

Abb. 2.28

Beispiel 4

Finden Sie unter Verwendung eines Diagramms die Resultierende einer Verschiebung von zwei Meter nach Osten und einer Verschiebung von einem Meter nach Nordosten.

Lösung: Abb. 2.28 zeigt die beiden Vektoren, die in einem Bezugssystem vom selben Ursprungspunkt aus gezogen worden sind. Wir haben jeden Vektor in der richtigen Länge und mit der richtigen Richtung gezeichnet. Wir nennen den zwei-Meter-Vektor **A** und den ein-Meter-Vektor **B**. Nun zeichnen wir den ein-Meter-Vektor **B**′, so daß sein Anfangspunkt an der Spitze des Vektors **A** liegt. So erhalten wir die richtige Reihenfolge der Vektoren, um sie in dem Diagramm addieren zu können. Wir achten darauf, daß der Vektor **B**′ mit dem Vektor **B** hinsichtlich des Betrages und der Richtung übereinstimmt. Jetzt zeichnen wir einen Vektor vom Anfangspunkt des Vektors **A** zur Spitze des Vektors **B**′. Dieser Vektor **C** ist die Resultierende von **A** und **B**′ und daher auch die Resultierende von **A** und **B**, weil **B** gleich **B**′ ist. Wir messen **C** mit einem Maßstab und finden seinen Betrag zu rund 2,8 Meter. Die Richtung ist ungefähr Ost-Nordost.

Beispiel 5

Auf ein Objekt wirken zwei Kräfte. Eine Kraft von 3 Newton ist nach Osten, die andere Kraft von 2 Newton ist nach Nordwesten gerichtet. Wie groß ist der Vektor der gesamten auf das Objekt wirkenden Kraft?

Lösung: Da wir die Vektoren zeichnen wollen, müssen wir zuerst einen Maßstab wählen. (Der Vektor ist eine Kraft, aber wir können nur Verschiebungen zeichnen.) Wir wählen einen Maßstab von einem Newton pro cm, d. h. ein cm auf dem Papier entspricht einer Kraft von einem Newton. Dann zeichnen wir beide Vektoren wie in Abb. 2.29 dargestellt, wobei wir den 3-Newton-Vektor **A** und den 2-Newton-Vektor **B** nennen. Um sie zu addieren, müssen wir den Anfangspunkt des einen an die Spitze des anderen bringen. Wir bringen den Anfangspunkt von **B** an die Spitze von **A**.

Um die Resultierende **C** zu erhalten, zeichnen wir den Vektor vom Anfangspunkt von **A** zur Spitze von **B**. Der Betrag des Vektors kann durch Vergleich mit derselben Maßstabsskala bestimmt werden.

Der gezeichnete Vektor hat eine Länge von 2,2 cm. Daher hat die resultierende Kraft einen Betrag von 2,2 Newton. Die Richtung weist ungefähr nach Nordosten. (Da wir nach einer Kraft gefragt wurden, die ein Vektor ist, müssen wir sowohl den Betrag als auch die Richtung angeben.)

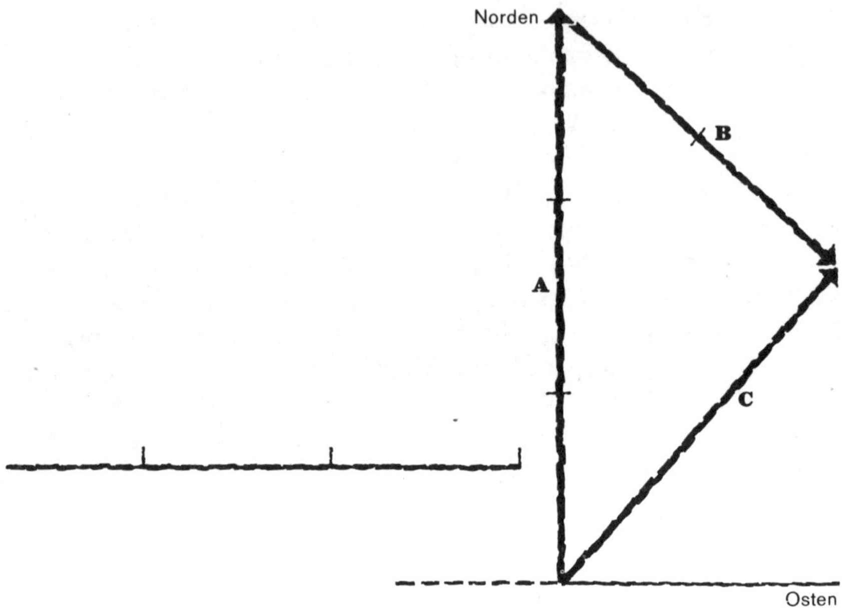

Abb. 2.29

Beispiel 6

Die beiden in Abb. 2.30 dargestellten Jungen laufen am Ufer eines gefrorenen Flusses und ziehen mit Seilen gleicher Länge einen Schlitten hinter sich her. Die Jungen laufen so, daß sie sich immer an genau gegenüberliegenden Punkten der Ufer befinden, und daß die Seile am Schlitten einen rechten Winkel bilden. Der Schlitten hat eine Masse von 100 Kilogramm. Zu einem bestimmten Zeitpunkt zieht jeder Junge an seinem Seil mit einer Kraft von 20 Newton. Wie groß ist die Beschleunigung des Schlittens, wenn von der Reibung zwischen dem Schlitten und dem Eis abgesehen wird?

Lösung: In Problemen dieser Art, in denen mehr als eine Kraft auf das Objekt wirkt, können wir Verwirrung vermeiden, wenn wir das betrachtete Objekt losgelöst von seiner Umgebung zeichnen. Dies ist in Abb. 2.30b geschehen. Dann zeichnen wir in diesem Diagramm Pfeile, die jede Kraft auf das Objekt nach Betrag und Richtung darstellen. Wir machen uns die Mühe, dieses getrennte Diagramm zu zeichnen, um sicher zu sein, daß wir wirklich alle an dem Objekt

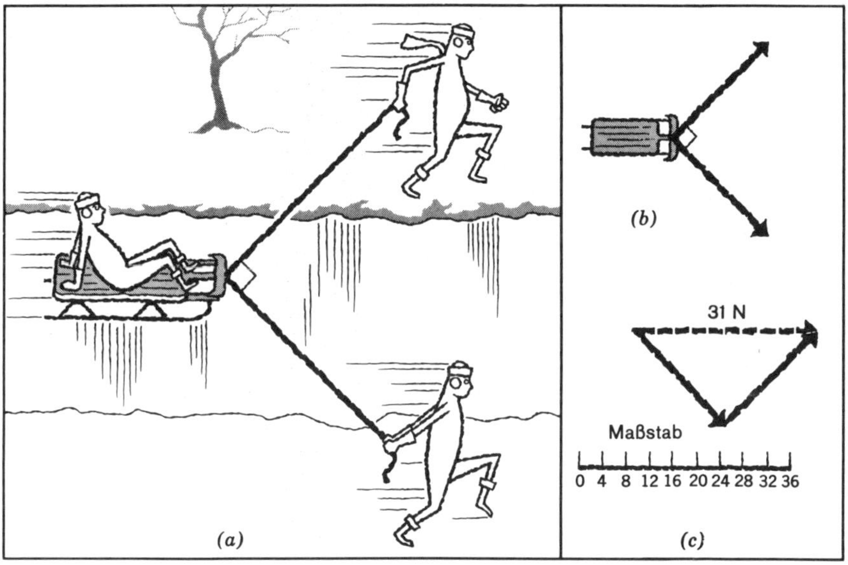

Abb. 2.30

angreifenden Kräfte erfassen und andererseits ebenso sicher zu sein, daß wir keine Kräfte einzeichnen, die nicht auf das Objekt, sondern nur auf seine Umgebung wirken. In diesem Beispiel gibt es nur zwei Kräfte, die berücksichtigt werden müssen – die Kräfte, mit denen die beiden Seile an dem Schlitten ziehen. (Es gibt noch eine Reibungskraft, die von dem Eis auf den Schlitten ausgeübt wird, aber wir haben gesagt, daß sie klein genug ist, um in diesem Problem vernachlässigt werden zu können. Um ganz genau zu sein, müssen wir zugeben, daß auf den Schlitten noch weitere Kräfte wirken: Die Gravitation, die den Schlitten auf das Eis drückt, und der Druck zwischen dem Schlitten und dem Eis – Kräfte, die wir später genauer betrachten werden. Diese Kräfte wirken jedoch senkrecht zur Bewegungsrichtung und können daher in diesem Beispiel ignoriert werden. Tatsächlich stellt sich heraus, daß sich die Wirkungen dieser Kräfte gegenseitig aufheben.) Jetzt können wir das Problem in den folgenden Schritten betrachten:

Schritt 1. Zeichnen Sie das Objekt getrennt heraus und geben Sie die auf das Objekt wirkenden Kräfte durch maßstäblich gezeichnete

Pfeile an (Abb. 2.30b). In manchen Fällen kann die Entscheidung, welches Objekt isoliert werden darf, der schwierigste Teil des Problems sein.

Schritt 2. Addieren Sie die auf das Objekt wirkenden Kräfte vektoriell, um die Resultierende zu erhalten (Abb. 2.30c). Dann messen Sie die Resultierende, um ihren Betrag zu ermitteln, der sich hier zu 31 Newton ergibt.

Schritt 3. Lösen Sie die Gleichung $F = ma$, wie wir es in den vorangegangenen Beispielen getan haben, wobei Sie in diesem Fall eine Kraft von 31 Newton und eine Masse von 100 Kilogramm einsetzen:

$$F = m \cdot a$$

$$31 \text{ Newton} = 100 \text{ Kilogramm} \cdot a$$

$$\frac{31 \text{ Newton}}{100 \text{ Kilogramm}} = a$$

$$a = 0{,}31 \text{ Newton/Kilogramm} = 0{,}31 \text{ Meter/Sekunde}^2$$

Ermittlung der Komponenten eines Vektors durch Diagramme

Beispiel 7

Ein Geschwindigkeitsvektor ist 3 Meter pro Sekunde nach Nordosten. Finden Sie seine Komponente in Bezug auf die Nord-Süd Richtung.

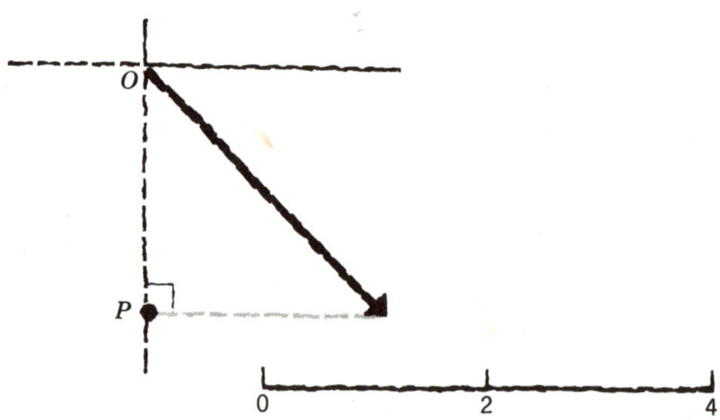

Abb. 2.31

Lösung: Siehe Abb. 2.31. Zuerst zeichnen wir die Nord-Süd Achse. Danach tragen wir den Vektor ein, so daß sein Anfangspunkt auf der Nord-Süd Achse liegt.

Wir haben eine Skala gewählt, bei der ein Zoll einer Geschwindigkeit von zwei Meter pro Sekunde entspricht. Daher zeichnen wir den Vektor anderthalb Zoll lang. Nun fällen wir ein Lot von der Spitze des Vektors auf die Achse. Es ist wichtig, daß dieses Lot die Achse senkrecht trifft, aber es ist nicht notwendigerweise rechtwinklig zu dem Vektor. Dann zeichnen wir die gesuchte Komponente *OP*. Wir messen ihre Länge zu 1,05 Zoll. Also hat die gesuchte Geschwindigkeitskomponente einen Betrag von 2,1 Meter pro Sekunde. Wir stellen auch die Richtung unserer Komponente fest: Süden

Zusammenfassung

I. Grundlegende Gesetze und Prinzipien

A. Das zweite Bewegungsgesetz. Dieses Gesetz umfaßt die drei im Text angegebenen Proportionalitäten, die im Zusammenhang mit der Definition oder Diskussion der Masse, der Kraft und der Beschleunigung entwickelt wurden. $F = ma$

B. Das Gesetz der Erhaltung der Masse

II. Größen

A. Grundgrößen

1. Masse, ein Skalar. Die Einheit der Masse ist das Kilogramm.
2. Verschiebung (Weg), ein Vektor. Der Betrag dieses Vektors ist die Entfernung (Distanz).

B. Abgeleitete Größen

1. Beschleunigung, ein Vektor. Die Einheit der Beschleunigung ist Meter/Sekunde^2. Beschleunigung ist die zeitliche Änderung der Geschwindigkeit eines Gegenstandes.
2. Kraft, ein Vektor. Die Einheit der Kraft ist das Newton, das ist ein Kilogramm Meter/Sekunde^2.

C. Vektoroperationen

1. Vektoraddition
2. Weitere Vektoroperationen: Das Negative eines Vektors, Subtraktion, Multiplikation eines Vektors mit einem Skalar, Zerlegung eines Vektors in seine Komponenten.

Fragen

1. Ein Wagen befindet sich auf einer nach Osten führenden Straße. Beschreiben Sie seine Bewegung für jede der folgenden Bedingungen. In dieser Frage werden nach Osten gerichtete Vektoren als positiv, nach Westen gerichtete Vektoren als negativ bezeichnet.

   a) Beschleunigung ist Null; Geschwindigkeit ist positiv.
   b) Beschleunigung ist Null; Geschwindigkeit ist negativ.
   c) Beschleunigung ist Null; Geschwindigkeit ist Null.
   d) Beschleunigung ist positiv; Geschwindigkeit ist Null.
   e) Beschleunigung ist negativ; Geschwindigkeit ist positiv.
   f) Beschleunigung ist positiv; Geschwindigkeit ist negativ.

2. Ein Objekt wird durch eine einzige Kraft beschleunigt, bis es eine Geschwindigkeit von 20 Meter pro Sekunde erreicht hat. Dann hört die Wirkung der Kraft auf. Welches Verhalten des Objektes erwarten Sie danach?

3. Hat die Masse eines Objektes eine Beziehung zu seiner Größe? Erklären Sie Ihre Antwort.

4. Beschreiben Sie eine Möglichkeit, die Masse eines Objektes zu bestimmen. Zeigen Sie, daß diese Methode korrekt ist.

5. Angenommen, Sie hätten keine Definition der Masse durch ein Standard. Auf welche Weise würden Sie die Kraft definieren?

6. Man sagt oft, daß die „Bewegungskrankheit" schuld daran sei, daß man seekrank werden kann. Ist der Ausdruck „Bewegungskrankheit" wirklich korrekt? Können Sie einen besseren Ausdruck finden? Hat dies einen Zusammenhang mit dem Relativitätsprinzip?

7. Ein bestimmter Wagen kann aus dem Stillstand in einer Minute eine Geschwindigkeit von 100 Kilometer pro Stunde erreichen,

wenn er einen Anhänger gleicher Masse zieht. Welche Zeit braucht der Wagen, um diese Geschwindigkeit zu erreichen, wenn er den Anhänger nicht zieht? Dabei werde angenommen, daß der Wagen unabhängig von der Geschwindigkeit und dem Anhänger eine konstante Kraft ausübt. Erklären Sie Ihre Antwort.

8. Im Weltraum läßt sich eine Rakete während ihrer Reise immer leichter beschleunigen. Warum? (*Hinweis:* Das gleiche gilt für Automobile auf ebener Straße zwischen den Aufenthalten für das Tanken, wenn auch der Effekt weniger ausgeprägt ist.)

9. Warum ist die Beschleunigung eine Vektorgröße?

10. Warum ist es möglich, daß sich zwei Vektoren zu Null addieren können, obwohl keiner von ihnen Null ist?

11. Nehmen Sie für den Moment einmal an, alle Materie bestünde aus gleichen Teilchen. Wie würden Sie dann die Tatsache erklären, daß ein Gegenstand aus Blei mehr Masse hat als ein gleichgroßer Gegenstand aus Holz?

12. Nennen Sie alle Ihnen bekannten Möglichkeiten, eine Kraft auf ein Objekt auszuüben.

13. Die Masse bleibt erhalten. Nennen Sie einige Prozesse, in denen Masse zu verschwinden scheint, wenn Materie verschwindet oder ihre Form ändert. Können Sie solche Situationen erklären?

14. Wie unterscheidet sich die Verschiebung (der Weg) zwischen zwei Orten von ihrer Entfernung?

15. Können wir eine einzelne Kraft auf ein Objekt ausüben, ohne seine Geschwindigkeit zu ändern? Nennen Sie ein Beispiel, in dem dies (annähernd) geschieht. Beweist dieses Beispiel die Ungültigkeit des zweiten Bewegungsgesetzes?

16. Beweisen Sie das Prinzip, daß eine Kraft in einer Richtung, die senkrecht zu dieser Kraft liegt, keinen direkten Einfluß auf eine Bewegung hat, indem Sie die über die Vektorkomponenten gegebenen Informationen benutzen.

17. Nehmen Sie an, daß die in dem Beispiel 6 auf Seite 104 genannten Jungen zwar immer noch mit Seilen gleicher Länge ziehen, daß sie sich jedoch nicht mehr an gegenüberliegenden Punkten

des Ufers befinden, so daß der Schlitten nicht mehr in der Mitte des gefrorenen Stromes ist. Welcher Junge zieht mit größerer Kraft und warum?

Aufgaben

1. Ein Flugzeug setzt mit einer Geschwindigkeit von 6 Meter pro Sekunde auf der Landebahn auf. Eine halbe Minute später kommt es zum Stillstand. Wie groß ist die mittlere Beschleunigung des Flugzeuges?
2. Der Fahrer eines Wagens, der eine Geschwindigkeit von 60 000 Meter pro Stunde hat, hört eine Polizeisirene. Drei Minuten später erreicht er die erlaubte Geschwindigkeit von 30 000 Meter pro Stunde. Wie hoch war die Beschleunigung?
3. Ein Objekt der Masse m erfährt eine Beschleunigung a, wenn eine Kraft F angreift. Wie groß ist die Beschleunigung eines Objektes mit der Masse $3m$, wenn es derselben Kraft unterliegt?
4. Ein Objekt mit einer Masse von 0,25 Kilogramm unterliegt einer Kraft von 0,50 Newton. Wie groß ist seine Beschleunigung?
5. Ein Objekt mit einer Masse von 7 Kilogramm hat eine Beschleunigung von 3/7 Meter/Sekunde^2. Wie groß ist die angreifende Kraft?
6. Ermitteln Sie graphisch die Summe folgender Vektoren.
   a) Ein Vektor nach Südwesten mit einem Betrag von 6 Zoll.
   Ein Vektor nach Nordwesten mit einem Betrag von 7 Zoll.
   b) Eine Verschiebung nach Norden mit einem Betrag von 10 Meter.
   Eine Verschiebung nach Osten mit einem Betrag von 5 Meter.
   c) Eine Kraft von 10 Newton nach Norden.
   Eine Kraft von 5 Newton nach Norden.
   d) Eine Geschwindigkeit von 9 Meter pro Sekunde nach Osten.
   Eine Geschwindigkeit von 5 Meter pro Sekunde nach Norden.
   Eine Geschwindigkeit von 7 Meter pro Sekunde nach Nordwesten.

e) Eine Kraft von 10 Newton nach Norden.
Eine Kraft von 10 Newton 30 Grad Süd nach West (ein Drittel des Weges von Westen nach Süden).
Eine Kraft von 10 Newton 30 Grad Süd nach Ost (ein Drittel des Weges von Osten nach Süden).

f) Eine Kraft von 5 Newton 30 Grad Süd nach Ost
Eine Kraft von 7 Newton nach Nordwesten

7. Ein Objekt unterliegt drei Kräften: Einer Kraft F nach Osten, einer Kraft $2\,F$ nach Norden und einer unbekannten Kraft. Unter der Einwirkung dieser Kräfte verändert das Objekt seine Bewegung nicht. Zeichnen Sie ein maßstäbliches Diagramm, um den Betrag und die Richtung der dritten Kraft zu finden.

8. Abb. 2.32 zeigt die Addition der Vektoren in einem Parallelogramm. Beweisen Sie, daß diese Art der Addition mit der im Text angegebenen Dreieckskonstruktion gleichwertig ist.

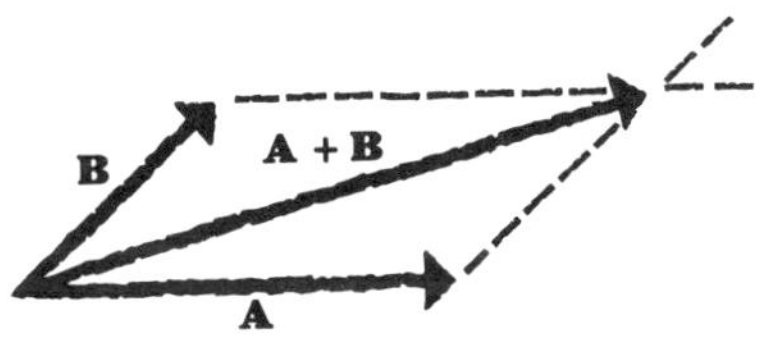

Abb. 2.32

9. Nehmen Sie an, daß jeder der im Beispiel 6 auf Seite 104 genannten Jungen mit einer Kraft von 30 Newton zieht, und daß es zusätzlich eine Reibungskraft von 5 Newton zwischen dem Schlitten und dem Eis gibt, die die Bewegung des Schlittens hemmt. Wie groß ist die Beschleunigung des Schlittens unter diesen Umständen?

10. Wie ändert sich die Beschleunigung eines Objektes, wenn wir seine Masse verdoppeln und die angreifende Kraft verdreifachen?

11. Ermitteln Sie graphisch die Komponenten der folgenden Vektoren im Bezug auf die Nord-Süd Richtung. Norden ist positiv und Süden ist negativ.
a) Zehn Newton nach Nordwesten
b) Sieben Newton nach Osten
c) Sechs Newton nach Süden
d) Zehn Newton nach Südwesten

12. Ermitteln Sie für das Beispiel 6 auf Seite 104 und die obige Aufgabe 9 die Komponenten der Kräfte in den entscheidenden Richtungen.

13. Bestimmen Sie die Beschleunigung der Kugel, die in Abb. 2.25 auf Seite 97 dargestellt ist, wenn die Masse der Kugel 2 Kilogramm beträgt und eine Kraft von 4 Newton unter 45° zu dem Stab wirkt. Sie können das Problem graphisch lösen. (Der Winkel von 45° wird im Anhang II-D diskutiert).

14. Zeigen Sie, daß die Beschleunigung eines Objektes in allen Bezugssystemen, die sich mit konstanter Geschwindigkeit relativ zueinander bewegen, gleich ist. (Nehmen Sie an, daß sich das Objekt in einem Bezugssystem und daher auch in allen anderen auf einer Geraden bewegt).

Drittes Kapitel

Das dritte Bewegungsgesetz

Wechselwirkungen

Wenn ein Objekt die Bewegung eines anderen Objektes beeinflußt, wird es stets auch selbst beeinflußt. Die *Aktion* eines Objektes auf ein anderes ist immer von der *Reaktion* des zweiten Objektes auf das erste begleitet; daher haben wir eine *Wechselwirkung* zwischen den beiden Objekten, so daß beide beeinflußt werden. Aktion und Reaktion treten gleichzeitig auf; wir sprechen nur zur Vereinfachung vom „ersten" und „zweiten" Objekt. In diesem Kapitel wollen wir das dritte Bewegungsgesetz studieren, das solche Wechselwirkungen beherrscht.

Wer einmal mit der Faust gegen eine Steinwand geschlagen hat, tut es kein zweites Mal. Die Aktion der Faust gegen die Wand mag der

Abb. 3.1

Wand Schaden zufügen oder auch nicht, aber die Reaktion der Wand auf die Faust wird uns mit Sicherheit einiges Unbehagen bereiten (Abb. 3.1). Wenn wir auf eine Wand oder ein anderes Objekt schlagen, dann schlägt die Wand oder das Objekt auf uns zurück. Betrachten wir als ein anderes Beispiel unseren Büchsentretenden Freund, der in Abb. 2.2 auf Seite 75 dargestellt war. Er kann die Büchsen nicht treten, ohne daß sein Fuß eine Reaktion erführe. Wenn die Büchse massiv ist und er kräftig tritt, kann er seinen Fuß verletzen oder zumindest den Zeh stoßen. Er kann nicht mit seinem Fuß die Büchse beeinflussen, ohne daß dafür die Büchse den Fuß beeinflußt.

Als weiteres Beispiel betrachten wir zwei Kugeln, die sich auf einer glatten (reibungsfreien) Oberfläche bewegen (Abb. 3.2). Die Kugeln würden sich ständig auf Geraden bewegen, wenn sie nicht zusammenstoßen würden. Wenn die Kugeln zusammenstoßen, ändert sich jedoch die Bewegung beider Kugeln, nicht nur die Bewegung einer einzelnen. Die Bewegung jeder Kugel ändert sich infolge einer Kraft, die von der anderen Kugel ausgeübt wird. Daher muß es bei jeder Wechselwirkung mindestens zwei Kräfte geben.

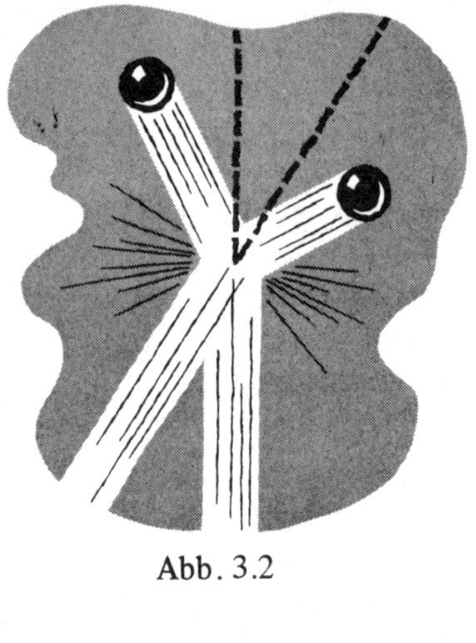

Abb. 3.2

Das dritte Bewegungsgesetz

Newtons drittes Bewegungsgesetz sagt uns genau, wie die Kräfte bei einer Wechselwirkung miteinander zusammenhängen. Er spricht dieses Gesetz folgendermaßen aus.

Die Wirkung ist stets der Gegenwirkung gleich, oder die Wirkungen zweier Körper aufeinander sind stets gleich und von entgegengesetzter Richtung[1].

Dieses Gesetz sagt uns, daß die Kräfte, die zwei Körper bei der Wechselwirkung aufeinander ausüben, exakt gleich groß und einander entgegengerichtet sind. Bei einer Wechselwirkung treten die Kräfte niemals allein, sondern immer in Paaren auf. Wir nennen diese Paare *Aktions-Reaktions-Kräftepaare*. Es ist wichtig zu verstehen, daß wir bei der Betrachtung der Wechselwirkungskräfte zwischen zwei Objekten niemals finden, daß beide Kräfte des Aktion-Reaktion-Paares nur auf eins der beiden Objekte wirken. Eine der Kräfte wirkt auf das eine Objekt und die andere Kraft auf das andere. Wenn wir uns mit der gesamten Wechselwirkung beschäftigen, spielt es keine Rolle, welche der beiden Kräfte wir als Aktions- und welche wir als Reaktionskraft bezeichnen.

Damit zwei Kräfte ein Aktion-Reaktion-Paar bilden können, müssen sie insgesamt folgende Bedingungen erfüllen:

a) Die beiden Kräfte müssen durch dieselbe Wechselwirkung entstehen.
b) Die beiden Kräfte müssen denselben Betrag haben.
c) Die beiden Kräfte müssen in entgegengesetzten Richtungen wirken.
d) Die beiden Kräfte müssen bei der Wechselwirkung auf verschiedene Objekte wirken.

Abb. 3.3 illustriert diese Begriffe an der Wechselwirkung zwischen zwei Booten, in denen jeweils eine Person sitzt. In diesem Fall ist

(a) *(b)*

Abb. 3.3

[1] Newton: „Mathematische Prinzipien . . .“ Seite 32

jedes der wechselwirkenden Objekte ein System, das aus einem Boot und der Person besteht. Die Boote in unserem Bild haben gleiche Massen. In dem einen Boot sitzt ein Mann, in dem anderen ein Mädchen, das die gleiche Masse hat. Also haben beide Objekte oder Systeme die gleiche Masse. Nehmen wir an, daß der Mann seinen Arm ausstreckt und das andere Boot abstößt. Hierdurch entsteht eine Wechselwirkung zwischen den beiden Booten. Als Ergebnis dieser Wechselwirkung bewegt sich nicht nur das Boot des Mädchens, sondern auch das des Mannes. Die Boote bewegen sich mit dem gleichen Geschwindigkeitsbetrag, aber in entgegengesetzter Richtung. Dadurch, daß der Mann eine Kraft anwendet, um das Boot des Mädchens in Bewegung zu setzen, ruft er automatisch eine zusätzliche Kraft hervor, die gleichzeitig sein Boot in Bewegung setzt. Da die Boote in entgegengesetzte Richtungen beschleunigt werden, können wir sagen, daß die Kräfte entgegengesetzt gerichtet sind. Daher erfüllen diese Kräfte die Bedingungen eines Aktion-Reaktion-Paares. Sie entstehen durch dieselbe Wechselwirkung, sie haben denselben Betrag, sie sind entgegengesetzt gerichtet und sie wirken auf verschiedene Objekte.

Nehmen wir an, daß ein junger Mann Pakete aus einem Boot wirft, wie es in Abb. 3.4 dargestellt ist. Hierdurch entsteht natürlich eine Wechselwirkung zwischen dem Mann und dem Paket. Vorausgesetzt, daß der junge Mann nicht das Gleichgewicht verliert und über Bord fällt, können wir den Mann und das Boot als ein Objekt (System) und das Paket als ein anderes Objekt betrachten. Um das Paket auf

(a) *(b)*

Abb. 3.4

den Steg zu werfen, muß der Mann eine Kraft auf das Paket ausüben und hierdurch eine Wechselwirkung hervorrufen. In dieser Wechselwirkung muß seine Kraft auf das Paket eine der zwei Kräfte eines Aktions-Reaktions-Paares sein. Also muß es eine weitere Kraft geben, mit der ihn das Paket beim Wurf zurückstößt. Er fühlt diese Kraft in seiner Hand, wenn er das Paket wirft, und diese Kraft bewirkt, daß er (und das Boot) sich vom Steg entfernt. Wie es bei

Abb. 3.5

jedem Aktion-Reaktion-Paar der Fall ist, wirken die beiden Kräfte auf verschiedene Objekte und in entgegengesetzter Richtung. Ebenso gilt, daß die Beträge der beiden Kräfte gleich sind. Der Grund dafür, daß sich die Bewegung des Paketes mehr ändert als die des Mannes und des Bootes, liegt darin, daß das Paket viel weniger Masse hat.

Durch dasselbe Prinzip kann man die Wirkungsweise einer Rakete erklären. Die Rakete wirft natürlich keine Pakete hinaus. Sie läßt jedoch große Mengen Gas durch die Düse ausströmen (Abb. 3.5). Um das Gas auszustoßen, muß die Rakete eine Kraft auf das Gas ausüben. Da diese Kraft Teil eines Kräftepaares sein muß, übt das Gas eine gleiche Kraft auf die Rakete aus, die die Rakete in die entgegengesetzte Richtung wie das Gas treibt. Wir haben wieder eine typische Situation. Eine Kraft wird von der Rakete auf das Gas ausgeübt, um das Gas auszustoßen. Die andere Kraft gleicher Größe und entgegengesetzter Richtung wird von dem Gas auf die Rakete ausgeübt.

Impuls

Wir definieren jetzt eine neue, abgeleitete Vektorgröße, die als *Impuls* bezeichnet wird. Der Impuls eines Objektes ist seine Masse multipliziert mit seiner Geschwindigkeit. Der Betrag des Impulses eines Objektes ist die Masse multipliziert mit dem Betrag der Geschwindigkeit. Die Richtung des Impulses ist gleich der Richtung der Geschwindigkeit.

Gewöhnlich wird der Buchstabe **p** verwendet, um den Impuls eines Objektes darzustellen. Wenn wir die Masse eines Objektes mit m und seine Geschwindigkeit mit **v** bezeichnen, können wir schreiben

$$\text{Impuls} = \mathbf{p} = m\mathbf{v}$$

Der Impuls ist eng mit der Geschwindigkeit verbunden, aber er ist in manchen Situationen nützlicher. Abb. 3.6 illustriert einen Fall, in dem der Impuls eines Objektes wichtiger ist als seine Geschwindigkeit allein. Ein kleiner Wagen steht kurz vor dem Zusammenstoß mit einem Sattelschlepper. (Ein Zusammenstoß ist eine Form der

Wechselwirkung). In beiden dargestellten Fällen ist die Geschwindigkeit des Lastwagens gleich. Im zweiten Fall wird jedoch noch eine Last von zehn Tonnen Stahl mitgeführt. Wir erkennen, daß dieser Fall weit gefährlicher als der erste ist. Dies veranschaulicht, daß der Impuls, Masse mal Geschwindigkeit, bei Stoßvorgängen eine wichtige Rolle spielt.

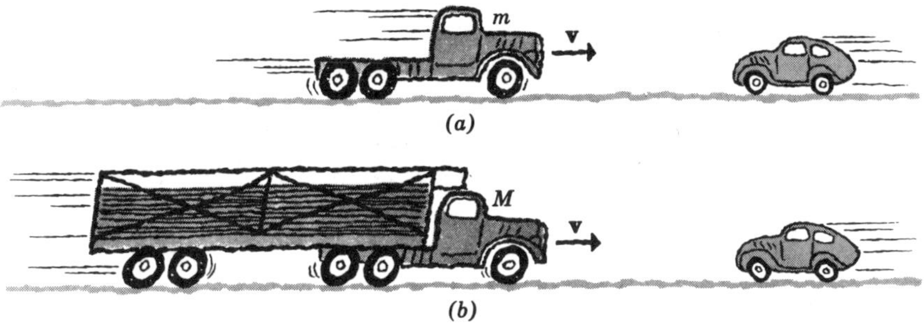

Abb. 3.6

Die Erhaltung des Impulses

Wenn wir die Impulse aller Objekte, die an einer Wechselwirkung teilnehmen, addieren, dann stellen wir fest, daß diese Summe vor, während und nach der Wechselwirkung gleich ist. Der *Gesamtimpuls* eines Systems von Objekten bleibt bei einer Wechselwirkung *erhalten*. Um dieses Prinzip zu veranschaulichen, betrachten wir wieder Abb. 3.3. Bevor der Mann das Boot des Mädchens abstößt, lagen beide Boote bewegungslos im Wasser. In diesem Zustand hat jedes Boot den Impuls Null, weil die Geschwindigkeit Null ist. Der Gesamtimpuls des Systems, das aus den Booten und den Personen besteht, ist auch Null, weil er durch die Addition der Impulse der beiden Systeme entsteht. Nach der Wechselwirkung bewegt sich jedes Boot und hat daher einen von Null verschiedenen Impuls. Da die beiden Systeme die gleiche Masse und den gleichen Geschwindigkeitsbetrag haben, haben ihre Impulse den gleichen Betrag. Da sich die beiden Boote in entgegengesetzter Richtung bewegen, ist der resultierende Gesamtimpuls Null. Daher bleibt in diesem einfachen Beispiel der Impuls erhalten.

Wir könnten natürlich das gleiche Experiment mit verschiedenen Massen durchführen und auch dann würde der Impuls erhalten bleiben. Nehmen wir beispielsweise an, daß die Masse des Mädchens in dem zweiten Boot größer als die des Mannes sei. Wenn dann der Mann das Boot abstößt und dabei während der gleichen Zeit die gleiche Kraft wie im ersten Fall wirken läßt, dann wird sich sein Boot mit derselben Geschwindigkeit bewegen wie zuvor; das andere Boot wird jedoch, da es mehr Masse hat, auf eine kleinere Geschwindigkeit beschleunigt werden. Nichtsdestoweniger wird der Betrag des Impulses gleich dem des Bootes sein, in dem der Mann sitzt. Die Masse ist größer, aber die Geschwindigkeit ist im selben Verhältnis kleiner, so daß der Impuls, Masse mal Geschwindigkeit, wieder dieselbe Größe hat. Also addieren sich die Impulse des gesamten Systems wieder zu Null. In diesem Spezialfall hatten die beiden in Wechselwirkung stehenden Objekte zu Anfang die Geschwindigkeit Null und daher auch den Impuls Null. Hätten sich die Boote bewegt, bevor sie voneinander abgestoßen wurden, hätten sie zu Anfang vielleicht einen Gesamtimpuls gehabt. In diesem Fall würde sich der Gesamtimpuls nach der Wechselwirkung nicht zu Null addieren, sondern denselben Gesamtimpuls ergeben, den die Boote zu Beginn hatten. Bei einer Wechselwirkung bleibt der Gesamtimpuls erhalten.

Dieses Prinzip der Impulserhaltung erlaubt uns, Massen in einer direkteren Weise zu vergleichen als bisher. Abb. 3.7 illustriert eine

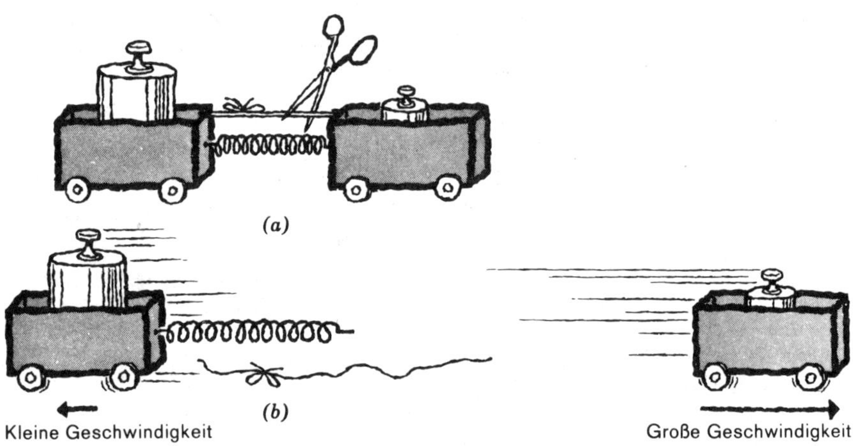

Abb. 3.7

Möglichkeit, dies zu tun. Zwei Wagen, auf denen sich verschiedene Massen befinden, werden durch einen Faden zusammengehalten. Wenn der Faden durchgeschnitten wird, übt die Feder eine Kraft auf die beiden Wagen aus und stößt sie in entgegengesetzte Richtungen. Nach der Trennung messen wir die Geschwindigkeit jedes Wagens. Da der Gesamtimpuls zu Anfang Null war, muß er auch Null sein, nachdem die Wagen in Bewegung gesetzt worden sind. Das bedeutet, daß die Impulse der beiden Wagen den gleichen Betrag und die entgegengesetzte Richtung haben müssen. Wenn wir die Richtungen außer acht lassen, können wir die Gleichung aufschreiben, die zwischen den Beträgen der beiden Impulse gilt.

Masse × Geschwindigkeitsbetrag des linken Wagens =

Masse × Geschwindigkeitsbetrag des rechten Wagens

Wenn wir die Masse und den Geschwindigkeitsbetrag des linken Wagens durch die Buchstaben M und V, die Masse und den Geschwindigkeitsbetrag des rechten Wagens durch m und v kennzeichnen, können wir die obige Gleichung folgendermaßen schreiben:

$$MV = mv$$

oder, wenn wir durch V dividieren,

$$M = m(v/V)$$

Wir wollen annehmen, daß wir m kennen. Vielleicht ist es unser Massenstandard. Dann können wir die unbekannte Masse M finden, indem wir v und V messen. Später wird eine noch genauere Methode zur Messung von Massen erklärt werden.

Die Impulserhaltung und die Bewegungsgesetze

Newton formulierte ursprünglich das zweite Bewegungsgesetz nicht im Bezug auf die Beschleunigung, sondern im Bezug auf den Impuls. Das Gesetz lautet folgendermaßen

Die Änderung des Impulses ist proportional zur angreifenden Kraft und erfolgt in der Richtung dieser Kraft.

Das bedeutet, daß die Kraft auf ein Objekt proportional (in unserem Maßsystem *gleich*) zur zeitlichen Änderung des Impulses des Objektes ist. Nennen wir die Kraft F, die Masse m und die Geschwindigkeit $\mathbf{v}$, dann können wir das Gesetz formulieren als

$$F = \text{zeitliche Änderung von } (m\mathbf{v})$$

In den meisten Fällen, die wir diskutiert haben, ändert sich die Masse sehr wenig, wenn überhaupt. Daher hatten wir es nur mit Änderungen der Geschwindigkeit zu tun. In diesen Fällen haben wir, da die zeitliche Änderung der Geschwindigkeit gerade die Beschleunigung ist,

$$\text{zeitliche Änderung von } (m\mathbf{v}) = m \times \text{zeitliche Änderung von } \mathbf{v}$$
$$= m\mathbf{a}$$

Daher erhalten wir wieder das Gesetz in der üblicherweise angegebenen Form: $F = m\mathbf{a}$.

Man kann leicht nachweisen, daß bei Wechselwirkungen der Impuls erhalten bleiben muß, wenn Newtons Gesetze gelten. Das dritte Bewegungsgesetz sagt uns, daß Wechselwirkungskräfte immer in Paaren auftreten. Die beiden Kräfte eines solchen Paares haben den gleichen Betrag und die entgegengesetzte Richtung. Nach dem zweiten Gesetz ist jede dieser Kräfte gleich der zeitlichen Änderung des Impulses des betreffenden Objekts. Da die Kräfte eines Paares den gleichen Betrag haben, müssen sie den gleichen Betrag der Impulsänderung an den Objekten hervorrufen, auf die sie wirken. Die Kräfte eines Paares sind aber entgegengesetzt gerichtet. Also ist die Impulsänderung, die von einer Kraft hervorgerufen wird, entgegengesetzt gerichtet zu der Impulsänderung, die von der anderen Kraft hervorgerufen wird. Daher beinhalten Newtons Gesetze auch die Aussage, daß bei Wechselwirkungen der Impuls erhalten bleibt.

Aufgaben und Lösungen

In diesem Abschnitt illustrieren wir die Lösung von Aufgaben durch die Berechnung des Impulses von Objekten und Systemen sowie Aufgaben, die mit der Erhaltung des Impulses zu tun haben.

Berechnung des Impulses

Beispiel 1

Ein Wagen mit einer Masse von 1500 Kilogramm bewegt sich mit einer Geschwindigkeit von 32 Meter pro Sekunde nach Norden. Berechnen Sie seinen Impuls.

Lösung: Der Impuls eines Objektes ist gleich seiner Masse mal seiner Geschwindigkeit mv. Um den Betrag des Impulses zu finden, multiplizieren wir die Masse des Wagens, 1500 Kilogramm mit seiner Geschwindigkeit 32 Meter/Sekunde:

$$\text{Impuls} = (1500\ \text{Kilogramm})\left(32\ \frac{\text{Meter}}{\text{Sekunde}}\right)$$
$$= 1500 \cdot 32\ \frac{\text{Kilogramm Meter}}{\text{Sekunde}}$$
$$= 48\,000\ \frac{\text{Kilogramm Meter}}{\text{Sekunde}}$$

Der Impuls des Wagens beträgt 48 000 Kilogramm Meter/Sekunde und ist nach Norden gerichtet.

Beispiel 2

Drei Motorboote fahren ein Rennen, wie es in Abb. 3.8 dargestellt ist. Ein Boot hat die Boje schon passiert und fährt zurück. Die Boote haben folgende Massen und Geschwindigkeiten

	Masse in Kilogramm	Geschwindigkeit in Meter pro Sekunde
Boot 1	$9{,}00 \times 10^2$	43,0
Boot 2	$7{,}50 \times 10^2$	41,0
Boot 3	$8{,}00 \times 10^2$	40,0

Berechnen Sie den Gesamtimpuls des Systems, das aus den drei Motorbooten gebildet wird.

Lösung: Der erste Schritt ist, den Betrag des Impulses jedes Bootes zu finden. Hierzu multiplizieren wir die Masse jedes Bootes mit seiner Geschwindigkeit.

Abb. 3.8

Boot 1 900 Kilogramm × 43,0 Meter/Sekunde =
= 38 700 Kilogramm Meter/Sekunde

Boot 2 750 Kilogramm × 41,0 Meter/Sekunde =
30 800 Kilogramm Meter/Sekunde

Boot 3 800 Kilogramm × 40,0 Meter/Sekunde =
= 32 000 Kilogramm Meter/Sekunde

(Da die angegebenen Daten nur drei wesentliche Ziffern enthielten; haben wir auch im Ergebnis nur drei wesentliche Ziffern behalten.)

Nachdem wir den Betrag des Impulses jedes Bootes gefunden haben, müssen wir die Richtungen angeben. Aus der Abb. 3.8 ersehen wir, daß das Rennen in Ost-West Richtung verläuft. Wir bezeichnen die Ostrichtung als positiv, die Westrichtung also als negativ. Daher haben die Boote 2 und 3 einen positiven, Boot 1 einen negativen Impuls. Schließlich erhalten wir den Gesamtimpuls des Systems, indem wir die Impulse der drei Boote addieren. Die Addition der Impulse von Boot 2 und 3 ergibt

$$(30\,800 + 32\,000)\ \frac{\text{Kilogramm Meter}}{\text{Sekunde}} = 62\,800\ \frac{\text{Kilogramm Meter}}{\text{Sekunde}}$$

Zu dieser Summe addieren wir den Impuls des Bootes 1. Dieser *vermindert* den Gesamtimpuls, da der Impuls des Bootes 1 negativ ist:

$$(62\,800 - 38\,700)\,\frac{\text{Kilogramm Meter}}{\text{Sekunde}} = 24\,100\,\frac{\text{Kilogramm Meter}}{\text{Sekunde}}$$

Also ist der Gesamtimpuls 24 100 Kilogramm Meter/Sekunde nach Osten.

Beispiel 3

Abb. 3.9 zeigt zwei Flugzeuge, von denen eines nach Norden und das andere nach Westen fliegt. Das nach Norden fliegende Flugzeug hat einen Impuls von 50 000 Kilogramm Meter/Sekunde, das nach Westen fliegende Flugzeug hat einen Impuls von 87 000 Kilogramm Meter/Sekunde. Finden Sie graphisch den Gesamtimpuls des Systems, das aus den beiden Flugzeugen besteht.

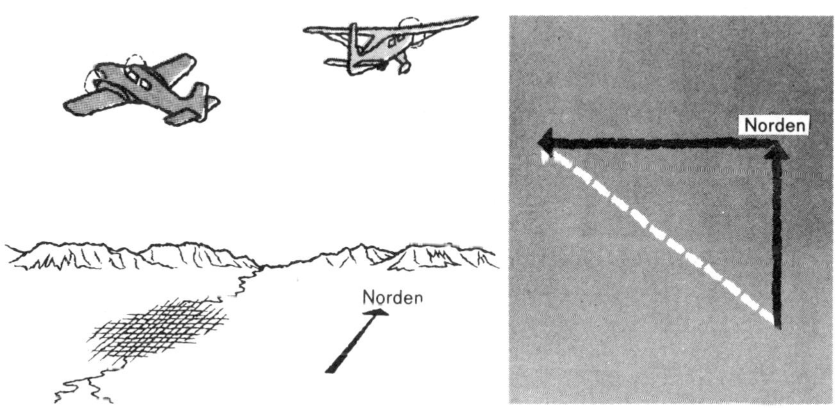

(a) (b)

Abb. 3.9

Lösung: Dieses Problem erfordert die Addition zweier Vektoren. In Abb. 3.9 b haben wir den Impuls jedes Flugzeuges durch einen maßstäblich gezeichneten Pfeil dargestellt. Mit der in Kapitel 2 beschriebene Methode, Vektoren durch Aneinanderlegen der Anfangspunkte und Spitzen zu verbinden, erhalten wir die Resultierende. Aus der Länge des resultierenden Pfeils ermitteln wir den Betrag des Gesamtimpulses zu 100 000 Kilogramm Meter/Sekunde. Die Richtung des Impulses ist ungefähr West-Nordwest. Wenn wir genauer mit einem Winkelmesser arbeiten, stellen wir fest, daß die Richtung fast genau 60 Grad westlich der Nordrichtung liegt.

Erhaltung des Impulses

Die wesentliche Arbeit bei der Lösung von Aufgaben, in denen der Impulserhaltungssatz eine Rolle spielt, besteht darin, den Gesamtimpuls eines Systems von Objekten vor einer Wechselwirkung gleich dem Gesamtimpuls desselben Systems nach der Wechselwirkung zu setzen. Diese Arbeit kann auf die folgenden Schritte aufgeteilt werden.

Schritt 1. Zeichnen Sie ein Diagramm mit einem Bezugssystem, das die Zustände der Objekte vor und nach der Wechselwirkung zeigt.

Wir müssen zwei Zustände (1) und (2) wählen, die die Zuständen „vorher" und „nachher" darstellen. Gewöhnlich ist der zweite Zustand derjenige, den wir berechnen wollen. Die erste Situation enthält meistens, aber nicht immer, die angegebenen Daten.

Schritt 2. Schreiben Sie den Impulserhaltungssatz in Gleichungsform, so daß er alle an der Wechselwirkung teilnehmenden Objekte einschließt. Gewöhnlich gibt eine Seite der Gleichung den Gesamtimpuls des Systems vor der Wechselwirkung, die andere Seite den Gesamtimpuls des Systems nach der Wechselwirkung an. Das heißt

Gesamtimpuls vorher = Gesamtimpuls nachher

Schritt 3. Stellen Sie die bekannten und die unbekannten Größen zusammen.

Schritt 4. Setzen Sie bekannten Größen des Schrittes 3 in die durch Schritt 2 erhaltene Gleichung ein und lösen Sie die Gleichung nach den unbekannten Größen auf.

Beispiel 4

Ein Objekt mit einer Masse von 5 Kilogramm bewegt sich auf einer horizontalen Fläche mit einer Geschwindigkeit von 10 Meter/Sekunde nach rechts. Dieses Objekt trifft auf ein ruhendes Objekt mit einer Masse von 20 Kilogramm. Die erste Masse prallt mit einer Geschwindigkeit von 2 Meter/Sekunde zurück. Wie groß ist die Geschwindigkeit der zweiten Masse? (Vernachlässigen Sie die Reibung zwischen den Körpern und der Oberfläche.)

Lösung: Schritt 1. Siehe Abb. 3.10. Wir zählen die Richtung nach rechts positiv. Die Bewegungsrichtungen der Objekte sind durch Pfeile gekennzeichnet. Die beiden Zeichnungen entsprechen den Zuständen vor und nach dem Zusammenstoß.

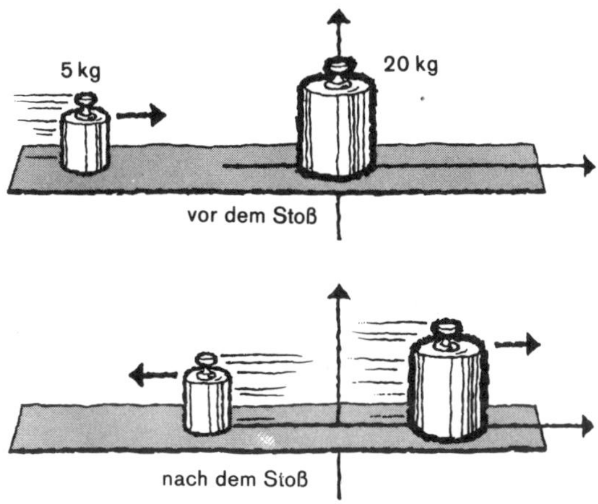

Abb. 3.10

Schritt 2. Wir haben es nur mit Bewegungen nach rechts und links zu tun. Da es keine Reibung gibt, sind die einzigen Kräfte (oder Komponenten von Kräften) in diesen Richtungen die Kräfte, die zwischen diesen Körpern während des Stoßes auftreten. Daher gibt es in Bezug auf die rechts-links Richtung nur eine Wechselwirkung und sie betrifft nur diese beiden Objekte. Wir können dann den Impulserhaltungssatz folgendermaßen schreiben:

$$m_1 v_1 + M_1 V_1 = m_2 v_2 + M_2 V_2$$

Die kleinen Buchstaben beziehen sich auf das erste Objekt, die großen auf das zweite. Der Index 1 bezieht sich auf Zustände vor dem Stoß, der Index 2 auf Zustände danach.

In diesem Problem und in vielen anderen bleiben die Massen der Objekte vor und nach dem Stoß unverändert, daher können wir die Gleichung einfacher schreiben:

$$mv_1 + MV_1 = mv_2 + MV_2$$

Für das Aufstellen dieser Gleichung ist wesentlich, daß keins der betrachteten Objekte in der uns interessierenden Richtung eine Wechselwirkungskraft (oder eine Komponente einer solchen Kraft) mit irgendeinem Objekt hat, das nicht in die Gleichung eingeschlossen ist.

Schritt 3. Wir stellen die bekannten und unbekannten Größen in der Gleichung des Schrittes 2 zusammen.

$$m = 5 \text{ Kilogramm}$$
$$M = 20 \text{ Kilogramm}$$
$$v_1 = 10 \text{ Meter/Sekunde}$$
$$v_2 = -2 \text{ Meter/Sekunde}$$
$$V_1 = 0$$
$$V_2 = ?$$

Beachten Sie, daß v_2 negativ ist, weil das Objekt nach links zurückprallt.

Schritt 4. Wir setzen diese Werte in die Gleichung ein und lösen nach V_2 auf:

$$(5 \text{ Kilogramm})\left(10\ \frac{\text{Meter}}{\text{Sekunde}}\right) + (20 \text{ Kilogramm})\,(0) =$$

$$(5 \text{ Kilogramm})\left(\frac{-2 \text{ Meter}}{\text{Sekunde}}\right) + (20 \text{ Kilogramm})\, V_2$$

$$-10 \text{ Kilogramm}\ \frac{\text{Meter}}{\text{Sekunde}} + 20\ V_2 \text{ Kilogramm} =$$

$$= 50 \text{ Kilogramm}\ \frac{\text{Meter}}{\text{Sekunde}} + 0$$

$$20V_2 = 50\ \frac{\text{Meter}}{\text{Sekunde}} + 10\ \frac{\text{Meter}}{\text{Sekunde}} = 60\ \frac{\text{Meter}}{\text{Sekunde}}$$

$$V_2 = \frac{60\ \text{Meter}}{20\ \text{Sekunde}} = 3\ \text{Meter/Sekunde}$$

Beispiel 5

Eine Masse $3m$ trifft mit einer Geschwindigkeit von 100 Meter/Sekunde auf eine ruhende Masse m und bleibt an ihr haften; beide bewegen sich gemeinsam weiter. Es besteht keine Reibung an der Oberfläche, auf der sie gleiten. Wie groß ist die Geschwindigkeit der vereinigten Masse nach dem Stoß?

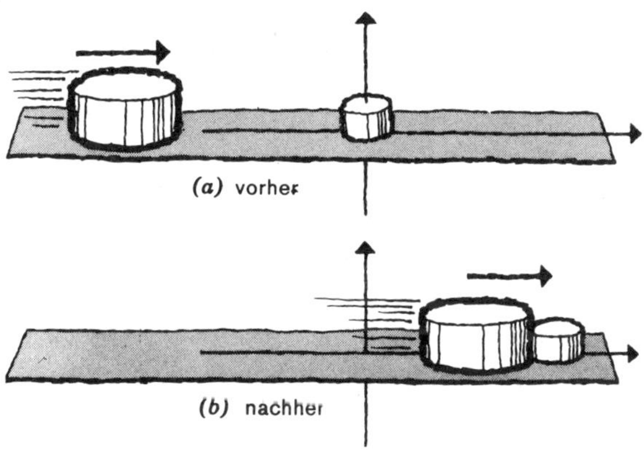

Abb. 3.11

Lösung: Schritt 1. Siehe Abb. 3.11

Schritt 2. Die einzige Wechselwirkung dieser Objekte in der rechts-links Richtung ist der Stoß. Daher bleibt für das aus diesen beiden Objekten bestehende System der Impuls bezüglich der rechts-links Bewegung erhalten. Wir erhalten folgende Gleichung:

$$m_1 v_1 + M_1 V_1 = m^0 v^0$$

Hier wirkt die vereinigte Masse als ein neues Teilchen. Also braucht im zweiten Zustand nur ein Objekt betrachtet zu werden (Abb. 3.11b). Wir bezeichnen die Masse und Geschwindigkeit dieses neuen Objekts mit m^0 bzw. v^0.

Schritt 3. $m_1 = 3m$

$$M_1 = m$$

$$m^0 = 3m + m = 4m$$

$$v_1 = 100 \text{ Meter/Sekunde}$$

$$V_1 = 0$$

$$v^0 = ?$$

Schritt 4. Wir setzen diese Werte in die Gleichung ein und lösen nach v^0 auf:

$$(3m)\ 100\ \frac{\text{Meter}}{\text{Sekunde}} + m\ (0) = 4mv^0$$

$$4mv^0 = 300\,m\ \frac{\text{Meter}}{\text{Sekunde}}$$

$$v^0 = \frac{300 \text{ Meter}}{4 \text{ Sekunde}} = 75 \text{ Meter/Sekunde}$$

Beispiel 6

Zwei Eisenbahnwagen stoßen zusammen. Der linke Wagen, der sich zunächst mit der Geschwindigkeit v bewegt, trifft auf den zweiten Wagen, der sich in Ruhe befindet. Durch den Stoß rutscht vom ersten Wagen die Ladung mit der Masse m auf den zweiten Wagen. Der zweite Wagen bewegt sich dann einschließlich dieser Last mit der Geschwindigkeit V. Wie groß ist die Geschwindigkeit des ersten Wagens nach dem Stoß? Beide Wagen haben ohne Last die gleiche Masse m.

Lösung: Schritt 1. Siehe Abb. 3.12

Schritt 2. Wenn wir die Reibung auf den Schienen vernachlässigen, gibt es bezüglich der Bewegungsrichtung keine äußeren Kräfte auf das System, das aus den beiden Wagen und der Last besteht. Also bleibt der Impuls dieses Systems in dieser Richtung erhalten.

Wir können entweder das Gesamtsystem als drei Objekte behandeln, die ihre Masse nicht ändern (die zwei Wagen und die Last), oder als

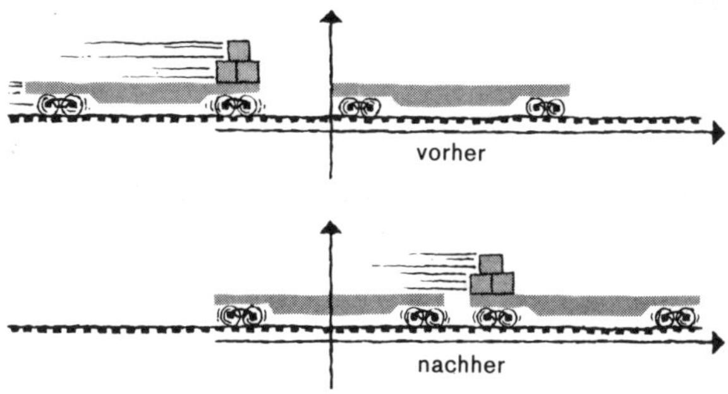

Abb. 3.12

zwei Objekte, deren Masse sich ändert. Wir entscheiden uns für den zweiten Weg. Daher erhalten wir

$$m_1 v_1 + M_1 V_1 = m_2 v_2 + M_2 V_2$$

Schritt 3.

$m_1 = m + M$ = Masse des ersten Wagens mit Last

$m_2 = m$ = Masse des ersten Wagens ohne Last

$M_1 = m$ = Masse des zweiten Wagens ohne Last

$M_2 = m + M$ = Masse des zweiten Wagens mit Last

$v_1 = v$ = Geschwindigkeit des ersten Wagens vor dem Stoß

$V_1 = 0$ = Geschwindigkeit des zweiten Wagens vor dem Stoß

$V_2 = V$ = Geschwindigkeit des zweiten Wagens nach dem Stoß

$v_2 = ?$ = Geschwindigkeit des ersten Wagens nach dem Stoß

Schritt 4. Wenn wir die gegebenen Werte einsetzen und nach v_2 auflösen, erhalten wir

$$(m + M)\, v + m(0) = mv_2 + (m + M)V$$

$$mv_2 + (m + M)V = (m + M)v$$

$$mv_2 = (m + M)v - (m + M)V$$

$$mv_2 = (m + \mathrm{M})\,(v - V)$$

$$v_2 = \frac{(m + M)\,(v - V)}{m}$$

Zusammenfassung

I. Grundlegende Gesetze und Prinzipien

A. Das dritte Bewegungsgesetz. In einer Wechselwirkung treten die Kräfte paarweise auf. Die Kräfte eines Paares haben den gleichen Betrag und entgegengesetzte Richtungen. Sie wirken auf verschiedene Objekte.

B. Erhaltung des Impulses

II. Größen

A. Impuls; eine abgeleitete Vektorgröße, gleich Masse mal Geschwindigkeit.

III. Aufgaben und Lösungen

A. Berechnung des Impulses

B. Erhaltung des Impulses

Fragen

1. Warum kann ich meinen Fuß verletzen, wenn ich einen Stein fortstoße?
2. Warum hat eine Kanone einen Rückstoß?
3. Erklären Sie die Wirkungsweise einer Rakete.
4. In dem durch Abb. 3.4 illustrierten Beispiel wirft ein Mann ein Paket aus einem Boot. Erklären Sie, welche Kräfte hierbei entstehen und wie sie zusammenhängen.
5. Zeigen Sie, daß bei einer Wechselwirkung zwischen zwei Objekten der Gesamtimpuls nicht notwendigerweise konstant bleiben müßte, wenn das dritte Bewegungsgesetz nicht gälte.
6. Angenommen, daß der in Abb. 3.3 dargestellte Mann das andere Boot sehr schnell abstoßen könnte, könnte er dann eine größere Kraft auf das Boot ausüben als das Boot auf ihn ausübt? Erklären Sie Ihre Antwort.

7. Ein vollständig angezogener Mann steht in der Mitte einer reibungsfreien Eisfläche. Wie kann er vom Eis herunterkommen?
8. Erwarten Sie, daß eine Rakete innerhalb oder außerhalb der Atmosphäre besser funktioniert? Warum?
9. Warum kann eine Rakete nicht das ausgeströmte und zur Ruhe gekommene Gas mit einem Gerät auffangen und wieder verwenden, um Treibstoff zu sparen?
10. Ein im Weltraum schwebender Astronaut hat ein Bleigewicht, das an einem Seil befestigt ist. Kann er sich durch den Raum bewegen, indem er das Gewicht fortwirft und dann mit dem Seil wieder einholt? Erklären Sie Ihre Antwort.
11. Ein Mann behauptet, ein Gerät erfunden zu haben, das sich mit Hilfe innerer Batterien vom Boden erheben, schweben und umher bewegen kann. Das Gerät ist völlig abgeschlossen, es geht nichts hinein oder hinaus und es übt keine Kräfte auf die Umgebung aus. Wäre es weise, Geld in diese Erfindung zu investieren? Erklären Sie Ihre Antwort.
12. Eine Gewehrkugel trifft auf einen Holzklotz, der sich auf einer reibungsfreien Oberfläche befindet. In welchem der folgenden Fälle erhält der Klotz die größte, in welchem Fall die kleinste Geschwindigkeit und warum? (Nehmen Sie an, daß sich die Kugel anfänglich horizontal bewegt.)
    a) Die Kugel schlägt durch den Klotz hindurch.
    b) Die Kugel bleibt in dem Klotz stecken.
    c) Die Kugel prallt an dem Klotz ab.
13. In welchen Fällen bleibt der Impuls eines Systems erhalten?
14. Wenn ein Schneeball auf eine Wand trifft, scheint er bewegungslos liegen zu bleiben, so daß er seine Geschwindigkeit und daher auch seinen Impuls verliert. Bedeutet das, daß der Impuls des Schneeballs nicht erhalten bleibt?

Aufgaben

1. Berechnen Sie den Impuls einer Gewehrkugel mit einer Masse von 0,010 Kilogramm, die sich mit einer Geschwindigkeit von 400 Meter pro Sekunde bewegt.

2. Berechnen Sie den Impuls eines Autos mit einer Masse von 1200 Kilogramm, das sich mit einer Geschwindigkeit von 30 Meter pro Sekunde bewegt.
3. Ein Auto mit einer Masse von 1300 Kilogramm bewegt sich mit einer Geschwindigkeit von 20 Meter pro Sekunde. Es trifft frontal auf einen anderen Wagen, der eine Masse von 1500 Kilogramm und eine Geschwindigkeit von 15 Meter pro Sekunde hat. Wie groß ist der Gesamtimpuls des aus diesen beiden Wagen bestehenden Systems?
4. Nehmen Sie an, daß die beiden Wagen der Aufgabe 3 ineinander stecken bleiben. Welcher Wagen bewegt sich in seiner ursprünglichen Richtung weiter?
5. Wenn bei dem in Abb. 3.3 dargestellten Beispiel der Mann das Boot des Mädchens mit einer Kraft von 10 Newton nach Nordosten stößt, welche andere Kraft muß dann noch in der Wechselwirkung auftreten und worauf wirkt sie?
6. Eine Bombe zerplatzt in vier Stücke gleicher Masse. Daraufhin bewegen sie sich mit gleicher Geschwindigkeit in die vier Himmelsrichtungen Norden, Süden, Westen und Osten. Wie groß ist der Gesamtimpuls des Systems, wenn jedes Stück die Masse m und die Geschwindigkeit v hat?

Schwierigere Fragen und Aufgaben

1. Eine Masse bewegt sich mit der Geschwindigkeit v auf einer reibungsfreien Fläche. Sie trifft auf eine gleiche Masse und bleibt an ihr haften. Welche Geschwindigkeit haben die beiden Massen?
2. Wie groß ist die Geschwindigkeit der kombinierten Massen in Aufgabe 1, wenn das zweite Objekt doppelt so viel Masse wie das erste hat?
3. Lösen Sie die Aufgabe 1 für ein beliebiges Verhältnis der Massen m/M.
4. Eine ruhende Bombe zerplatzt in drei gleiche Massen. Ein Stück bewegt sich mit der Geschwindigkeit v nach Norden, ein anderes Stück mit der Geschwindigkeit v nach Osten. In welche Richtung und mit welcher Geschwindigkeit bewegt sich das dritte Stück?

5. Ein Mann mit der Masse m steht auf einer reibungsfreien Eisscholle. Er fängt ein Mädchen der Masse M, das mit der Geschwindigkeit v auf ihn zu gleitet. Er schleudert sie mit derselben Geschwindigkeit, mit der sie ankam, in die Richtung, aus der sie kam. Welche Geschwindigkeit hat er danach?

6. Ein Klotz mit der Masse m trifft mit der Geschwindigkeit V auf einen ruhenden Klotz der Masse M. Durch diesen Stoß erhält der erste Klotz eine Geschwindigkeit $V/2$ in die entgegengesetzte Richtung. Welche Geschwindigkeit erhält der Klotz mit der Masse M? Die beiden Klötze bewegen sich reibungsfrei auf einer horizontalen Oberfläche.

7. Ein Körper mit einer Masse von 10 Kilogramm bewegt sich mit einer Geschwindigkeit von 20 Meter pro Sekunde nach rechts und trifft auf einen zweiten ruhenden Körper mit einer Masse von 40 Kilogramm. Die erste Masse prallt mit einer Geschwindigkeit von 4 Meter/Sekunde zurück. Welche Geschwindigkeit erhält die zweite Masse? Vernachlässigen Sie die Reibung.

8. Ein geladenes Gewehr liegt auf einer reibungsfreien Eisfläche in der Nähe eines Holzklotzes mit einer Masse von 3 Kilogramm. Das Gewehr feuert von selbst, die Kugel bleibt in dem Holzklotz stecken. Die Kugel hat eine Masse von 0,03 Kilogramm und verläßt das Gewehr mit einer Geschwindigkeit von 600 Meter pro Sekunde. Das Gewehr hat eine Masse von 4 Kilogramm. Wie groß ist die Endgeschwindigkeit jedes Gegenstandes? (Vernachlässigen Sie den Impuls des heißen Pulverrauchs.)

9. Ein von seinem Raumschiff getrennter Astronaut sieht, daß sich das Raumschiff mit einer Geschwindigkeit von 0,1 Meter pro Sekunde von ihm entfernt. Mit welcher Geschwindigkeit muß er einen Schraubenschlüssel mit einer Masse von 1 Kilogramm fortwerfen, um sein Raumschiff wieder zu erreichen? In welche Richtung muß er werfen? Der Austronaut hat mit seinem Raumanzug eine Masse von 110 Kilogramm.

10. Die in Abb. 3.13 gezeichnete Kanone feuert eine Kugel mit der Geschwindigkeit V. Die Kanone hat die Masse M, die Kugel die Masse m. Wie groß ist die Rückstoßgeschwindigkeit der Kanone?

Abb. 3.13

11. Zwei Kugeln können reibungsfrei auf einem Draht gleiten (Abb. 3.14). Die Masse m beträgt 10, die Masse M 20 Kilogramm. Die kleinere Masse hat eine Geschwindigkeit von 14 Meter pro Sekunde nach rechts, die andere Masse hat eine Geschwindigkeit von 7 Meter pro Sekunde nach links. Beim Zusammenstoß bleiben die Massen aneinander haften. Wie groß ist die resultierenden Geschwindigkeit der vereinigten Kugeln?

Abb. 3.14

12. Zwei Objekte stoßen mit dem gleichen Geschwindigkeitsbetrag zusammen. Das eine Objekt hat die dreifache Masse des anderen. Durch den Stoß wird die Geschwindigkeit des Objektes mit der kleineren Masse verdoppelt. Finden Sie die Geschwindigkeit der größeren Masse nach dem Stoß.
13. Die in Abb. 3.15 dargestellte Kanone mit der Masse M wird unter einem Winkel von 45° gegen die Horizontale abgefeuert. Die Kanonenkugel mit der Masse m hat die Geschwindigkeit v. Wie groß ist die Rückstoßgeschwindigkeit der Kanone?
14. Nehmen Sie an, daß eine Kraft f während der Zeit t auf ein freies Objekt wirkt. Wieviel Impuls erhält das Objekt?
15. Zeigen Sie, daß die Bewegungsgesetze in der angegebenen Form die Spiegelsymmetrie wahren.

Abb. 3.15

16. Zeigen Sie, daß die Bewegungsgesetze in der angegebenen Form die Orts- und Richtungssymmetrie wahren.
17. Zeigen Sie, daß die Bewegungsgesetze in der angegebenen Form das spezielle Relativitätsprinzip wahren.

Viertes Kapitel

Gravitationswechselwirkung

> Newton war das größte Genie, das je gelebt hat. Er war auch am meisten vom Glück begünstigt, denn es gibt nur ein Weltsystem, das man gründen kann.
> *(Joseph LaGrange)*

Es sind verschiedene grundlegende Gesetze entdeckt worden, die beschreiben, wie Objekte oder Materieteilchen miteinander in Wechselwirkung treten. Eins dieser grundlegenden Gesetze ist Newtons Gravitationsgesetz, das die Kräfte beschreibt, die durch die Massen der Objekte entstehen. Vermöge dieser Gravitationskräfte zieht jedes Materieteilchen jedes andere Materieteilchen an. Die Bewegungsgesetze, die wir in den letzten drei Kapiteln dargestellt haben, gestatten uns, die Bewegung eines Objektes vorauszusagen, wenn die auf das Objekt wirkenden Kräfte bekannt sind. Das Gravitationsgesetz beschreibt einige dieser Kräfte. Die Gravitationskräfte halten die Himmelskörper wie z. B. die Planeten auf ihrer Bahn und beeinflussen ebenso die Objekte, die von den Menschen auf der Erde geworfen oder geschossen werden. Das Verhalten dieser Objekte kann mit großer Genauigkeit vorausgesagt werden, wenn man das Gravitationsgesetz zusammen mit den Bewegungsgesetzen anwendet.

In diesem Kapitel wollen wir das Gesetz der Gravitationswechselwirkung diskutieren. Wir wollen auch die Kreisbewegung mit konstantem Geschwindigkeitsbetrag diskutieren. Dies ist annähernd die Bewegung der Planeten um die Sonne und des Mondes um die Erde. Hierdurch gelangen wir zu Newtons „Weltsystem“.

Das Gravitationsgesetz

Nach Newtons Gesetz der Gravitationswechselwirkung zieht jedes materielle Objekt jedes andere materielle Objekt an und wird seinerseits von diesem angezogen. In Abb. 4.1 haben wir zwei Objekte gezeichnet, von denen jedes das andere mit der Gravitationskraft anzieht. Wir betonen, daß die Beträge dieser Kräfte für beide Körper exakt gleich sind. Die Sonne zieht die Erde an, und die Erde zieht ihrerseits die Sonne mit einer Kraft an, die genau den gleichen Betrag hat. Die Erde zieht die Felsen und die Menschen nach unten, und die Felsen und Menschen ziehen die Erde nach oben. Sie werden vielleicht nicht glauben, daß ein Kieselstein die Erde ebenso stark anzieht wie die Erde den Kieselstein, aber es ist so. Natürlich hat die Kraft auf den Kiesel einen größeren Einfluß auf seine Bewegung als seine auf die Erde ausgeübte Kraft auf *ihre* Bewegung, weil die Masse des Kiesels so viel kleiner als die der Erde ist. Die Kraft auf jedes in Abb. 4.1 dargestelltes Objekt ist direkt auf das andere Objekt gerichtet. Tatsächlich stellen die beiden Kräfte, eine auf ein Objekt und eine auf das andere Objekt, ein Aktions-Reaktions Kräftepaar dar. Sie bilden zusammen die Gravitationswechselwirkung der zwei Objekte.

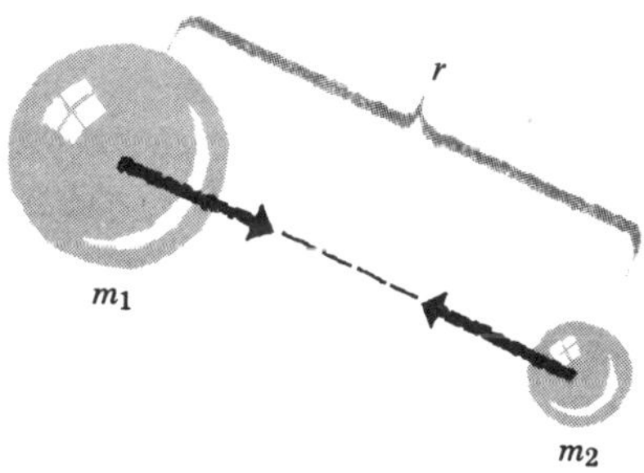

Beide Kräfte haben den Betrag F_g

Abb. 4.1

Verschiedene Faktoren beeinflussen die Stärke der Gravitationswechselwirkung. Zu diesen Faktoren gehören die Massen der beiden Objekte und die Entfernung zwischen ihnen. Wenn wir die Masse eines Objektes erhöhen, *erhöhen* wir die Anziehungskraft auf beide Objekte.

Wenn wir beispielsweise eine der Massen verdreifachen, verdreifachen wir die Kraft auf beide Objekte. Daher ist die Kraft proportional zu jeder der beiden Massen. Wenn wir die Entfernung zwischen den beiden vergrößern, *vermindern* wir die anziehende Kraft auf beide Massen. Tatsächlich nimmt die Kraft zwischen beiden Massen sehr schnell ab, wenn wir die Entfernung zwischen ihnen vergrößern. Wenn wir beispielsweise die Entfernung zwischen den zwei Objekten verdreifachen, stellen wir fest, daß die Kraft *nicht* 1/3 des ursprünglichen Wertes beträgt, sie ist vielmehr auf $(1/3)^2$ oder 1/9 ihres früheren Wertes abgefallen.

Diese Beziehungen zwischen der Kraft, der Masse und der Entfernung können in einer einzigen Gleichung zusammengefaßt werden:

$$F_g = \frac{G m_1 m_2}{r^2} \tag{1}$$

(Die Größe G, gleich $6{,}67 \times 10^{-11}$ Newton Meter^2/Kilogramm^2 wird im nächsten Abschnitt diskutiert.) Diese Gleichung gibt den Betrag der Gravitationskraft auf jedes Objekt an. Mit dieser Formel können wir die Gravitationskraft zwischen zwei beliebigen Objekten berechnen, wenn wir die Masse von beiden und die Entfernung zwischen ihnen kennen.

Um diese Formel auf große Himmelskörper wie die Erde und die Sonne anzuwenden, mußte Newton zeigen, daß als Entfernung r die Entfernung zwischen ihren Mittelpunkten einzusetzen ist. Das ist möglich, wenn man es mit kugelförmigen Objekten zu tun hat, deren Masse gleichmäßig um den Mittelpunkt verteilt ist. In dem ungewöhnlichen Fall, daß sich ein Körper innerhalb eines anderen befindet, kann man nicht so vorgehen.

Die Gravitationskonstante G

Im Gegensatz zu den übrigen Größen in Gl. 1, die in verschiedenen Fällen unterschiedliche Werte haben können, hat die Größe G immer denselben Wert. Größen, die immer denselben Wert haben, heißen konstante Größen oder Konstanten; daher wird G als Gravitationskonstante bezeichnet. Diese Größe ist die erste von mehreren *fundamentalen Konstanten (Naturkonstanten)* die wir einführen werden.

Die Bedeutung der Naturkonstante G wird durch eine Prüfung der Gl. 1 verständlich, die den Betrag der Gravitationskräfte angibt. Nehmen wir einmal an, die Konstante G wäre zweimal so groß, wie sie tatsächlich ist. Dann hätten nach der Gl. 1 die Gravitationskräfte den doppelten Betrag, den sie wirklich haben. Hieraus sehen wir, daß in einem gegebenen Fall der Wert der Konstante G den Betrag der Kräfte in der Gravitationswechselwirkung festlegt. Wir können uns ein anderes Universum vorstellen, in dem diese Konstante und daher auch alle Gravitationskräfte anders sein könnten. In unserem Universum ist dagegen die Gravitationskonstante immer dieselbe, soweit unsere Experimente dies nachprüfen können. Später werden wir uns mit anderen Wechselwirkungen und Kraftgesetzen beschäftigen, deren Stärke durch andere Naturkonstanten bestimmt wird. Wir werden feststellen, daß die Gravitation die schwächste Wechselwirkung darstellt, die bisher beobachtet wurde.

Die Gravitationskraft ist so schwach, daß wir sie für die meisten praktischen Fälle vernachlässigen können, wenn nicht eines der Objekte in der Wechselwirkung eine sehr große Masse hat, wie die Erde, der Mond oder andere Himmelskörper. Mit Hilfe eines sehr empfindlichen Gerätes können wir jedoch die Gravitationskräfte zwischen Objekten messen, die so klein sind, daß wir sie in der Hand halten können. Auf diese Weise können wir auch den Wert der Gravitationskonstante G bestimmen.

Ein solches Gerät, das als Cavendish-Waage bezeichnet wird, ist in Abb. 4.2 dargestellt. Die Massen A und B sind an den Enden eines

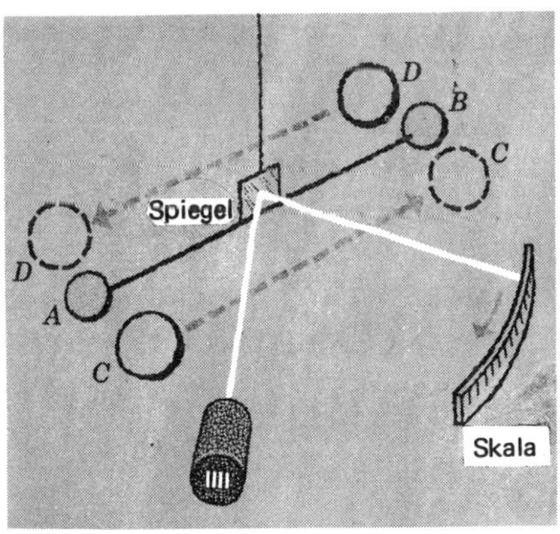

Abb. 4.2

dünnen, steifen Stabes befestigt, der an einem dünnen Draht hängt. Wenn die beiden zusätzlichen Massen C und D in die Nähe der Massen A und B gebracht werden, üben sie infolge der Gravitationskräfte einen Zug auf diese Massen aus. Hierdurch werden sich die Massen A und B ein wenig bewegen, so daß der Draht tordiert (verdrillt) wird. Die Massen C und D werden zunächst so hingelegt, daß sich der Draht in einer bestimmten Richtung dreht.

Danach werden die Massen in die andere Lage gebracht, die in der Zeichnung gestrichelt dargestellt ist. Hierdurch wird der Draht in die entgegengesetzte Richtung gedreht. Um diese sehr kleine Drehung messen zu können, ist an dem Draht ein Spiegel befestigt. Bei einer Drehung des Drahtes rotiert der Spiegel mit. Wenn sich der Spiegel dreht, bewegt sich ein von dem Spiegel reflektierter Lichtstrahl auf einer Skala. Hierdurch können wir die durch die Gravitationskraft hervorgerufene Drehung des Drahtes beobachten und messen. Aus dieser Drehung berechnen wir schließlich die Gravitationskraft, da wir aus Vorversuchen die Kraft kennen, die erforderlich ist, um den Faden zu drehen. Da wir die Gravitationskraft, die Massen der Kugeln und die Entfernung zwischen ihnen kennen, können wir mit Hilfe der Gleichung 1 die Gravitationskonstante G berechnen.

Das Gewicht

Wir definieren das Gewicht eines Körpers durch die Gravitationskraft, die auf den Körper wirkt. Bei einem Objekt an der Erdoberfläche ist das Gewicht im wesentlichen die Gravitationsanziehung, die die Erde auf das Objekt ausübt. Auf dem Mond ist jedoch das Gewicht im wesentlichen die Gravitationsanziehung, die der Mond auf das Objekt ausübt. Da diese Gravitationsanziehungen nicht gleich sind, hat dasselbe Objekt auf dem Mond ein anderes (kleineres) Gewicht als auf der Erde. Beachten Sie, daß das Gewicht eines Körpers *keine* unveränderliche Eigenschaft dieses Objektes ist. Das Gewicht eines Objektes ist an verschiedenen Punkten des Universums verschieden und hängt von seiner Lage im Bezug auf andere Objekte ab. Tatsächlich ist das Gewicht eines Körpers sogar an verschiedenen Punkten der Erdoberfläche etwas unterschiedlich (Abb. 4.3).

Die Masse eines Objektes ist etwas anderes als sein Gewicht. Die Masse eines Gegenstandes ist unabhängig davon, wo sich der Gegen-

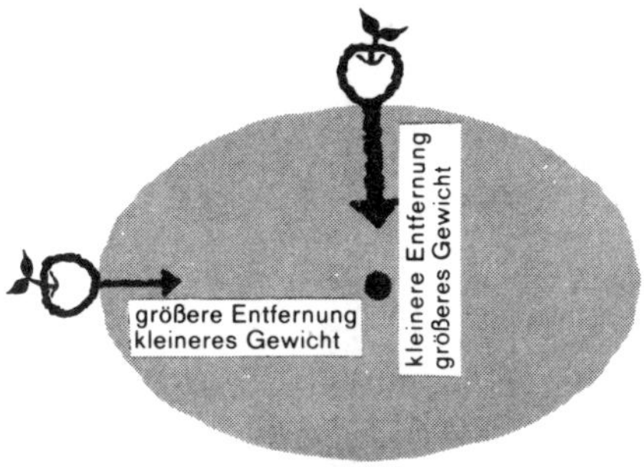

Abb. 4.3

stand befindet. Deshalb betonen wir, daß Masse und Gewicht völlig verschiedene Größen sind. Das Gewicht eines Objektes ist eine Kraft, nämlich die Gravitationskraft, die auf das Objekt wirkt. Dagegen ist die Masse eine Grundgröße. Die Masse eines Objektes bestimmt die Beschleunigung, die von einer Kraft hervorgerufen wird, unabhängig davon, ob dies eine Gravitationskraft oder eine andere Kraft ist (siehe Kap. 2. Seite 74–78).

Wenn auch Masse und Gewicht verschiedene Größen sind, so sind sie doch bei praktischen Anwendungen eng miteinander verbunden. Die einfachste (und genaueste) Methode der Massenbestimmung ist das „Wägen" (Wiegen). Bei diesem Vorgang ermitteln wir normalerweise die Masse eines Objektes, indem wir in Wirklichkeit sein Gewicht feststellen. Dieses Vorgehen ist gerechtfertigt, weil an einem bestimmten Ort die Masse eines gegebenen Gegenstandes proportional zu seinem Gewicht ist. Am selben Ort hat ein Objekt mit doppelter Masse auch das doppelte Gewicht usw.

Wir wollen den Vorgang des Wägens an der in Abb. 4.4 dargestellten Waage diskutieren. Derartige Waagen werden bei wissenschaftlichen Arbeiten verwendet, um Massen mit einer Genauigkeit von einem zehnmillionstel Kilogramm zu wägen.

Der Balken mit seinen zwei Schalen ruht auf einer Schneide. Die an dem Balken hängenden Schalen haben gleiche Abstände von der Schneide. Beim Wägen wird die unbekannte Masse auf eine Schale gelegt. Auf die andere Schale werden so viele bekannte Massen gelegt, bis der Balken wieder ausbalanciert ist, d. h. wieder horizontal steht. Dies ist der Fall, wenn die Gravitationskraft auf die unbekannte

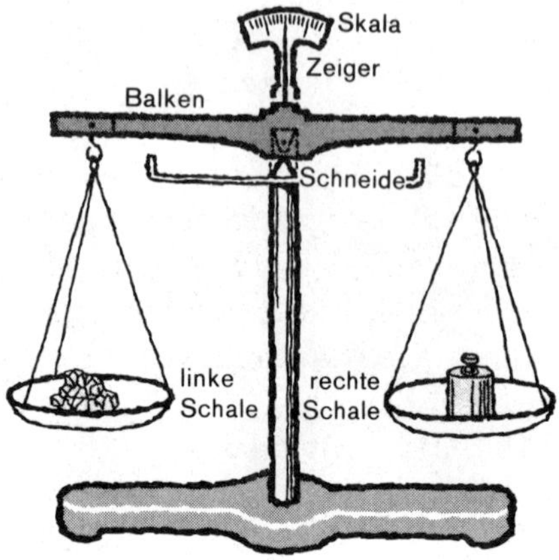

Abb. 4.4

Masse gleich der Gravitationskraft auf die bekannte Masse ist. Bei diesem Vorgang des Wägens vergleichen wir also das Gewicht (die Gravitationskraft) der bekannten Masse mit dem Gewicht (der Gravitationskraft) der unbekannten Masse. Da an einem gegebenen Ort die Masse proportional zum Gewicht ist, sind die Massen gleich, wenn die Gewichte gleich sind.

Wir können leicht zeigen, daß das Gewicht eines Körpers proportional zu seiner Masse ist, wenn wir uns Gleichung 1 ansehen, die die Kräfte bei der Gravitationswechselwirkung beschreibt. Wir schreiben die Gleichung so, daß die erste Masse die Erdmasse m_e, die zweite Masse die Masse des Objekts m_{ob} darstellt. Wie verwenden unsere Waage an der Erdoberfläche, also ist die Entfernung r der Erdradius R – die Entfernung des Erdmittelpunktes von der Erdoberfläche. Somit ergibt sich für die Gravitationskraft auf das Objekt der Ausdruck

$$F_g = \frac{G m_e m_{ob}}{R^2} = (\frac{G m_e}{R^2})\, m_{ob} \qquad (2)$$

In diesem letzten Ausdruck sind alle Größen innerhalb der Klammer konstant, solange wir unseren Ort auf der Erdoberfläche nicht verändern. Solange wir an diesem Platz bleiben, ist daher das Gewicht F_g des Objektes gleich der Konstanten $G \cdot m_e/R^2$ mal der Masse des Objektes m_{ob}. Das bedeutet, daß das Gewicht F_g proportional zur Masse m_{ob} ist.

Gibt es zwei Arten der Masse oder nur eine?

Im vorangegangenen Abschnitt lernten wir eine weitere praktische Methode der Massenbestimmung kennen, das Wägen. Diese Methode basiert auf dem Gesetz der Gravitationswechselwirkung und hat scheinbar nichts mit den Bewegungsgesetzen zu tun. Andererseits sind die in den Kapiteln 2 und 3 beschriebenen Methoden der Massenbestimmung eng mit der Entwicklung und den Ergebnissen der Bewegungsgesetze verbunden; sie scheinen vom Gravitationsgesetz völlig unabhängig zu sein. Wir scheinen also zwei völlig verschiedene und voneinander unabhängige Methoden zu haben, um experimentell Massen zu bestimmen. Es ist sehr wichtig festzustellen, ob diese beiden Meßmethoden dieselben Resultate ergeben. Tun sie es nicht, dann muß es zwei verschiedene Arten der Masse geben, eine Gravitations-Masse (schwere Masse), die man durch Wägen feststellt, und die gewöhnliche Masse (träge Masse), die man mit anderen Methoden ermittelt. In der Tat stellt sich durch sehr genaue Experimente heraus, daß die träge Masse eines Objektes immer gleich seiner schweren Masse ist. Daher sagen wir, daß innerhalb der Genauigkeitsgrenzen unserer Experimente diese beiden Arten der Masse wirklich dasselbe sind. (Wir haben dies tatsächlich schon angenommen, als wir das Gravitationsgesetz formulierten, und wir wollen es in diesem Buch auch weiterhin annehmen.)

Abb. 4.5

Die Tatsache, daß träge und schwere Masse gleich sind, hat folgende interessante Konsequenz: Alle Objekte erfahren (in der gleichen Position im Bezug auf die Erde) *unabhängig von ihrer Masse* durch die Gravitationsanziehung der Erde die gleiche Beschleunigung. Das bedeutet, daß bei Abwesenheit der Luftreibung und anderer störender Einflüsse eine Feder und ein Elefant, die gleichzeitig aus derselben Höhe fallen, gleichzeitig auf den Boden aufschlagen (Abb. 4.5). Falls wir dieses Experiment tatsächlich ausführen würden, würde natürlich der Elefant lange vor der Feder am Boden ankommen, weil die verzögernde Wirkung der Luftreibung bei der Feder stärker ist als bei dem Elefanten. Der verzögernde Einfluß der Luft ist auch wichtig für die Sinkzeit der beiden in Abb. 4.6 gezeichneten fallenden Männer. Wenn in Abwesenheit der Luft nur die Gravitation wirkt, dann fallen Artisten, Fallschirmspringer, Federn und Elefanten gemeinsam mit derselben Beschleunigung. Diese Beschleunigung heißt Gravitationsbeschleunigung (Fallbeschleunigung). An der Erdoberfläche beträgt die Fallbeschleunigung rund 9,8 Meter/Sekunde^2. Für diese Größe verwenden wir das Zeichen g.

$$g = 9{,}8\ \frac{\text{Meter}}{\text{Sekunde}^2}$$

Abb. 4.6

Der Luftwiderstand ist oft vernachlässigbar für Gegenstände wie Murmeln, Billardkugeln, Elefanten und andere Dinge, die viel massiver als Federn sind (d. h. eine große Dichte haben), wenn sie mit geringer Geschwindigkeit kurze Strecken durchfallen. Daher kann man diese Objekte benutzen, um zu demonstrieren, daß Objekte mit verschiedener Masse mit derselben Beschleunigung fallen. Das kann man jedoch noch besser tun, indem man den in Abb. 4.7

Abb. 4.7

dargestellten Apparat verwendet. Mit einer Luftpumpe läßt sich aus der großen durchsichtigen Röhre praktisch alle Luft entfernen. Nach Entfernung der Luft können wir beobachten, daß die Münze und die Feder in der Röhre tatsächlich Seite an Seite fallen. Durch das Studium der Physik gelangten schon Galilei und andere zu dem Schluß, daß in einem Vakuum dieses Verhalten auftreten müsse, obwohl damals noch keine Luftpumpen erfunden worden waren, mit denen ein solches Vakuum hätte erzeugt werden können.

Die Fallbeschleunigung g läßt sich aus den Bewegungsgesetzen und dem Gravitationsgesetz ermitteln. Wir schreiben wieder wie zuvor das Gesetz der Gravitationskraft für einen fallenden Gegenstand in der Nähe der Erdoberfläche (siehe Gl. 2). Die Gravitationskraft auf ein solches Objekt ist

$$F_g = \left(\frac{G m_e}{R^2}\right) m_{ob} \tag{3}$$

Diese Kraft ist die Ursache der beobachteten Beschleunigung des fallenden Gegenstandes. Ein fallender Gegenstand fällt natürlich mit der Fallbeschleunigung g. Nach dem zweiten Bewegungsgesetz ($F = ma$) müssen die Kraft und die Beschleunigung folgender Gleichung genügen

$$F_g = m_{ob} \cdot g \tag{4}$$

Da in den beiden Gleichungen dieselbe Kraft auftritt, und da Größen, die einer anderen Größe gleich sind, auch untereinander gleich sein müssen, können wir schreiben

$$m_{ob} \cdot g = \left(\frac{G m_e}{R^2}\right) m_{ob} \tag{5}$$

Dividieren wir beide Seiten durch m_{ob}, dann erhalten wir

$$\frac{m_{ob}\, g}{m_{ob}} = \left(\frac{G m_e}{R^2}\right) \frac{m_{ob}}{m_{ob}}$$

$$g = \left(\frac{G m_e}{R^2}\right) \tag{7}$$

Also verschwindet die Masse des fallenden Gegenstandes völlig aus der Gleichung; die Beschleunigung hängt nur von den Größen auf der rechten Seite der Gleichung ab, nicht von der Masse des fallenden Gegenstandes. Daher ist unabhängig von der Masse die Beschleunigung aller Objekte gleich.

Falls es einen Unterschied zwischen der schweren und der trägen Masse gäbe, hätten wir die Masse m_{ob} nicht kürzen dürfen, denn das Symbol hätte sich auf den beiden Seiten der Gl. 5 auf verschiedene Größen bezogen. Das würde bedeuten, daß wir nicht voraussagen könnten, daß verschiedene Gegenstände mit derselben Beschleunigung fallen. Da unsere Experimente beweisen, daß sie sich so verhalten, wird hierdurch unsere Überzeugung gestützt, daß die beiden Arten der Masse wirklich gleich sind.

Das Gravitationsgesetz und das „Weltsystem"

Nachdem Newton seine Bewegungsgesetze und sein Gravitationsgesetz entwickelt hatte, wendete er sie auf sein „Weltsystem" an. Bevor wir die Planetenbewegung in diesem System diskutieren, wollen wir die Kreisbewegung betrachten.

Die gleichförmige Kreisbewegung

Im Kapitel 2 wiesen wir darauf hin, daß wir eine Kraft ausüben müssen, wenn wir die Bewegungsrichtung eines Objektes ändern wollen. Um die Richtung zu ändern, ist eine Kraft erforderlich, selbst wenn der Betrag der Geschwindigkeit gleich bleibt. In diesem Abschnitt wollen wir einen sehr speziellen Fall der beschleunigten Bewegung diskutieren: Die gleichförmige Kreisbewegung.

Abb. 4.8

In Abb. 4.8 ist ein Mann dargestellt, der ein Ende eines Seiles hält, während sein Sohn, der in einer Schüssel sitzt, das andere Ende hält. Wir nehmen an, daß das Eis so glatt ist, daß die Reibung die Bewegung des Jungen nicht verzögert. Wenn sich der Junge so auf einem Kreis bewegt, bleibt der Betrag seiner Geschwindigkeit konstant. Die Richtung seiner Geschwindigkeit ändert sich natürlich ständig – d. h. solange der Mann und der Junge das Seil festhalten. Die Kraft, die die Änderung der Richtung bewirkt, ist die Kraft, die durch das Seil auf den Jungen ausgeübt wird. Diese Kraft verläuft in der Richtung des Seiles und ist zum Mittelpunkt des Kreises gerichtet. Der Junge würde sich nicht auf einer Kreisbahn bewegen, wenn diese Kraft nicht aufrecht erhalten werden würde. Wenn beispielsweise entweder der Vater oder der Sohn das Seil losließe, dann würde der Junge den Kreis verlassen und sich auf einer Geraden bewegen, die so gerichtet ist wie seine Bewegung in dem Zeitpunkt, als das Seil losgelassen wurde.

Wenn sich ein Objekt gleichförmig auf einem Kreis bewegt, dann ändert es ständig die Richtung seiner Bewegung, und daher ist ständig eine Kraft erforderlich, um diese Art der beschleunigten Bewegung aufrechtzuerhalten. Diese Kraft muß zum Mittelpunkt des Kreises gerichtet sein. Wenn eine Kraft diese Art der Bewegung hervorruft, wird sie *Zentripetalkraft* genannt. Die Zentripetalkraft ist die Kraft, die tatsächlich auf ein Objekt ausgeübt wird, wenn es eine Kreisbewegung vollführt. Im vorigen Beispiel ist die Zentripetalkraft die Kraft, die auf den Jungen wirkt. Es ist *nicht* die Kraft, die auf seinen Vater wirkt. Wie wir gesagt haben, weist die Zentripetalkraft immer auf den Mittelpunkt des Kreises hin. Das bedeutet, daß sie senkrecht auf der Geschwindigkeit steht. Daher ändert bei einer Kreisbewegung auch die Zentripetalkraft ständig ihre Richtung (Abb. 4.9). Der Betrag der Zentripetalkraft ändert sich jedoch nicht, solange wir ein Objekt haben, das sich mit derselben Masse und demselben Geschwindigkeitsbetrag auf demselben Kreis bewegt. Sie hängt aber von der Masse m, dem Geschwindigkeitsbetrag v des Objektes und dem Radius r der Bahn ab. Die folgende Gleichung gibt den Betrag der Zentripetalkraft F an:

$$F = \frac{mv^2}{r} \tag{8}$$

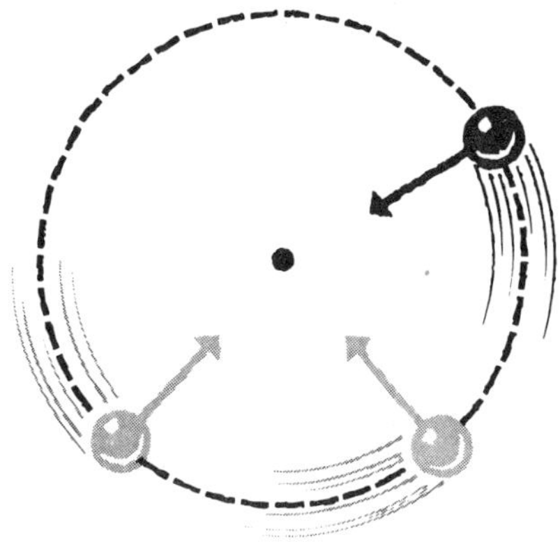

Abb. 4.9

Eine Kraft dieser Größe ist erforderlich, um die Kreisbewegung aufrecht zu erhalten, gleichgültig, ob diese Kraft durch die Gravitation, durch den Zug eines Mannes an einem Seil oder durch irgendeine andere Ursache zustande kommt.

Das Planetenmodell

Zur Zeit Newtons begannen die Menschen daran zu glauben, daß sich die Erde und die Planeten um die Sonne bewegen. Die Bahnen dieser Planeten sind keine vollkommenen Kreise, sondern Ellipsen. Sie kommen jedoch der Kreisbahn so nahe, daß wir sie als solche ansehen können, um die wesentlichen Züge der Planetenbewegung zu erklären.

Abb. 4.10 zeigt, wie sich die Planeten auf fast vollkommenen Kreisen um die Sonne bewegen. Wie wir gesagt haben, ist eine Kraft erforderlich, um diese Bewegung aufrecht zu erhalten. Welche Wechselwirkung, die über Millionen Kilometer durch den Weltraum wirkt, kann diese Kraft auf die Planeten ausüben, um sie zur Sonne zu ziehen? Newton erkannte, daß hierfür die Gravitation verantwortlich sein muß. Dieselbe Kraft, die die Bewegung fallender Körper beherrscht, beherrscht auch die Bewegung der Planeten und sogar der Sterne.

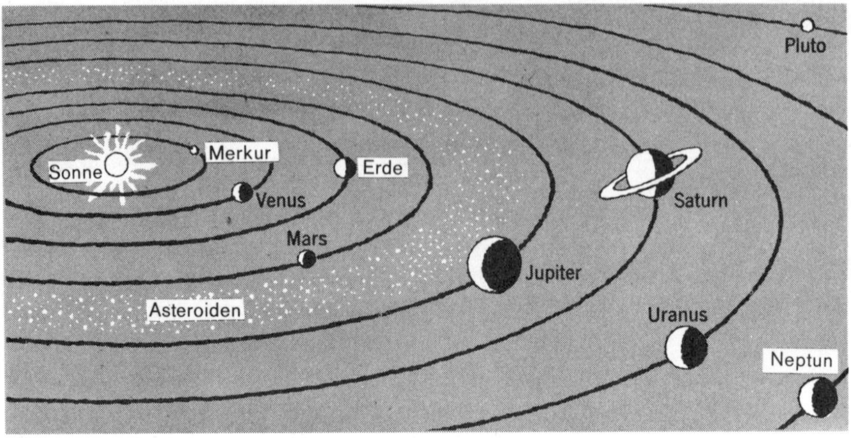

Abb. 4.10

Es besteht eine Gravitationswechselwirkung zwischen jedem Planeten und der Sonne. Hierdurch entsteht eine Gravitationskraft auf jeden Planeten, die ihn zur Sonne zieht. Die Gravitationskraft ist die Zentripetalkraft, die die annähernd kreisförmige Bewegung der Planeten aufrecht erhält.

Natürlich üben auch die Planeten eine Gravitationskraft auf die Sonne aus, die den gleichen Betrag hat wie die Kraft, die die Sonne auf die Planeten ausübt. Die Masse der Sonne ist jedoch so groß, daß der Einfluß dieser Kraft auf die Bewegung der Sonne gering ist.

Der Mond, der von der Gravitation der Erde angezogen wird, bewegt sich auf einer fast kreisförmigen Bahn um die Erde, ebenso wie sich die Planeten um die Sonne bewegen. Andere Planeten haben auch Monde oder natürliche Satelliten, die sich um sie herumbewegen. In noch größeren Maßstab bilden die Sonne und Milliarden anderer Sterne ein System, das als Milchstraßensystem (Galaxis) bezeichnet wird. Die Sterne bewegen sich um den Mittelpunkt der Galaxis. Die Sonne befindet sich ungefähr 35 000 Lichtjahre, rund zwei Drittel des Milchstraßenradius, vom Mittelpunkt entfernt. (Ein Lichtjahr ist die Strecke, die das Licht, das eine Geschwindigkeit von 300 000 km/s hat, in einem Jahr zurücklegt.) Die Galaxien treten ihrerseits in Gruppen auf. Man nimmt an, daß die nächste Galaxis unserer Gruppe eine Entfernung von ungefähr zwei Millionen Lichtjahren hat. Das moderne Bild des Universums ist also das Bild eines Systems von Systemen von Systemen, die durch die Gravitationskräfte zusammengehalten werden, und sich durch die „Unermeßlichkeit des Raumes“ bewegen. (Der an astronomischen Fragen interessierte Leser sei hingewiesen auf O. Struve „Astronomie, Einführung in ihre Grundlagen“ de Gruyter, Berlin 1967. Anm. d. Übers.)

Newton machte bei seinem Gravitationsgesetz keinen Versuch zu erklären, warum die Erde und andere Massenobjekte eine Gravitationskraft ausüben können. Nichtsdestoweniger können wir vermöge dieses Gesetzes die Beschleunigungen des Mondes und der Planeten mit größter Präzision berechnen. Beispielsweise zeigte der Planet Uranus Abweichungen seiner Bahn, die nicht auf die Gravitationskräfte der anderen bekannten Planeten zurückgeführt werden konnten. Daher konnte mit Hilfe des Gravitationsgesetzes die Existenz einer unbekannten Masse, eines Planeten, vorausgesagt werden, der von der Sonne noch weiter als Uranus entfernt und für die Abweichungen verantwortlich sein mußte. Der Glaube an die Voraussagbarkeit spornte Leverrier an, die Bahn des neuen Planeten zu berechnen, und Galle, den Planeten an der angegebenen Stelle des Himmels zu suchen. Der Planet wurde wie vorausgesagt gefunden und erhielt den Namen Neptun. Viel später wurde der Planet Pluto auf die gleiche Weise entdeckt. Ebenso beobachtete man, daß der helle Stern Sirius Abweichungen seiner Bahnbewegung im Bezug auf die anderen Sterne des Himmels hatte. Bessels Glauben an die Gültigkeit des Gravitationsgesetzes führte ihn dazu, die Existenz eines unsichtbaren Sternes vorauszusagen, den er „kleiner Hund“ nannte. Später wurde der Stern an der angegebenen Position gefunden, obwohl er sehr schwer nachweisbar ist.

Die Liste der erfolgreichen Voraussagen, die auf der Grundlage der Newtonschen Bewegungsgesetze und seines Gravitationsgesetzes durchgeführt werden konnten, ist eindrucksvoll. Schließlich kam jedoch eine Zeit, in der ein Planet vorausgesagt und nicht gefunden wurde. Um sehr kleine Abweichungen der Bahn des Merkurs zu erklären, wurde die Existenz des Planeten Vulkan vorausgesagt, der jedoch nie beobachtet werden konnte. Heute verwenden wir eine neue, von Albert Einstein ersonnene Gravitationstheorie, um diese kleinen Abweichungen zu erklären (siehe Kapitel 10).

Künstliche Satelliten und Gewichtslosigkeit

Im Verlauf seiner Diskussion der Planetenbewegung zeigte Newton die Möglichkeit künstlicher Satelliten[1]. Hierbei verwendete er eine Zeichnung ähnlich der Abb. 4.11. Wir stellen uns einen Berg vor, der so hoch ist, daß auf seinem Gipfel der Luftwiderstand keine Rolle mehr spielt. Ein Objekt, das von diesem hohen Berg horizontal weggeworfen wird, muß auf einer gekrümmten Bahn zu Erde fallen. Je schneller es geworfen wird, desto weiter bewegt es sich, bevor es zu Boden fällt. Tatsächlich wird es, wenn die Geschwindigkeit hoch genug ist, auf einer fast kreisförmigen Bahn frei um die Erde herumfallen. (Es *fällt* frei um die Erde.) Hierzu muß das Objekt eine Geschwindigkeit von rund 7700 Meter/Sekunde haben. Wenn die Geschwindigkeit noch größer ist, wird das Objekt die Erde auf einer elliptischen Bahn umlaufen. Erhält das Objekt eine Geschwindigkeit von mehr als rund 11000 Meter/Sekunde, dann verläßt es die Erde ohne zurückzukehren.

Die Technik, einen Satelliten auf die Umlaufbahn zu bringen, besteht darin, ihn zunächst so hoch zu schicken, daß der Luftwiderstand gering wird, ihn dann in eine fast horizontale Richtung zu

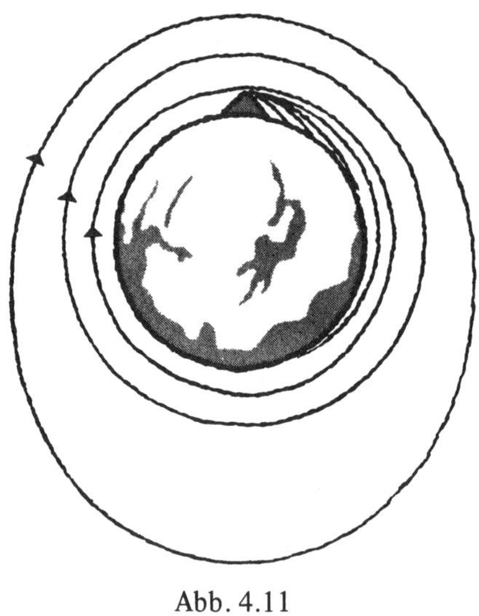

Abb. 4.11

[1] Newton: „Mathematische Prinzipien . . .“ Seite 515

bringen und schließlich auf mindestens 7700 Meter/Sekunde zu beschleunigen. Für künstliche Satelliten ist es ebenso wie beim Mond die Gravitationskraft der Erde, die als Zentripetalkraft wirkt, um den Satelliten auf einer fast kreisförmigen Bahn zu halten, wenn er erst einmal die richtige Geschwindigkeit in einer fast horizontalen Richtung erreicht hat.

Diese Bahngeschwindigkeit von 7700 m/s ist unabhängig von der Masse des umlaufenden Satelliten. (Wir erkennen die Richtigkeit dieser Behauptung, indem wir den Ausdruck für die Gravitationskraft (Gl. 1) und den Ausdruck für die Zentripetalkraft (Gl. 8) einander gleichsetzen. Es handelt sich im Grunde wieder um das Prinzip, daß die Beschleunigung eines Objektes, die es durch die Gravitation erfährt, nicht von seiner Masse abhängt. Siehe Beispiel 3, Seite 187)

Da die Umlaufgeschwindigkeit für alle Objekte, die sich auf derselben Bahn um die Erde befinden, gleich ist, erscheint es einem Astronauten so, als ob er und die anderen Gegenstände in seiner Kapsel „gewichtslos" seien. Der Astronaut bemerkt kein Bestreben irgendeines Gegenstandes, zu „fallen" oder sich von ihm fortzubewegen, da sich die Gegenstände und er mit praktisch derselben Geschwindigkeit auf praktisch derselben Bahn bewegen. Tatsächlich sind diese Objekte natürlich nicht gewichtslos, denn es ist ihr Gewicht (die Gravitationskraft), das sie auf ihrer Bahn hält. Ihr Gewicht bewirkt die Zentripetalkraft, die sie auf ihrer Bahn hält. Eine Person (oder irgendein Gegenstand) auf der Umlaufbahn befindet sich schon im freien Fall, gleichgültig, ob die Bahn kreisförmig oder elliptisch ist, weil die Gravitation die einzige Kraft ist, die auf sie wirkt (siehe wieder Abb. 4.11). Daher kann sie einen Bleistift oder eine Tasse nicht fallen lassen, weil diese Gegenstände schon mit ihr fallen. Der Effekt ist im wesentlichen der gleiche, als ob ein von einem Gebäude fallender Mann versuchen würde, einen Stein fallen zu lassen. Wenn er den Stein losläßt, fällt der Stein mit ihm weiter.

Das Newtonsche Modell

Wir haben jetzt unsere Diskussion der ersten umfassenden mathematischen Theorie des Universums beendet. Es besteht aus den folgenden Prinzipien und ihren Folgerungen:

I. Die drei Bewegungsgesetze

II. Das Gesetz der Gravitationswechselwirkung

$$F_g = GmM/r^2$$

Wenn wir die Positionen und Geschwindigkeiten der verschiedenen Objekte des Universums zu einem gegebenen Zeitpunkt kennen, und wenn die Gravitationswechselwirkung die einzige zwischen ihnen wirkende Kraft darstellt, dann können wir (im Prinzip) das Verhalten dieser Objekte in der Zukunft (und der Vergangenheit) berechnen. Hierzu lösen wir die Gleichungen, die die obigen Gesetze ausdrücken. (Es kann sehr schwierig sein, die Lösungen dieser Gleichungen zu erhalten.) Da die Himmelsobjekte – die Erde, die Sterne, die Sonne und die Planeten – miteinander hauptsächlich durch die Gravitation in Wechselwirkung treten, können wir ihr Verhalten mit erstaunlicher Genauigkeit voraussagen. Da wir sie jetzt kennen, können wir den Anblick des Himmels für viele tausend Jahre in der Vergangenheit und Zukunft berechnen, ausgenommen unbekannte Objekte wie vorher nicht beobachtete Kometen. Daher können wir in vielen Fällen die Beobachtung durch die mathematische Berechnung und Voraussage ersetzen. Wir können Informationen über das Universum durch das Studium der Gleichungen erhalten, anstatt das Universum selbst zu beobachten.

Heute bezeichnen wir die newtonsche mathematische Theorie des Universums als das Newtonsche *Modell* des Universums. Warum, so können wir fragen, sollten wir wissenschaftliche Theorien als Modell bezeichnen?

Wenn wir ein maßstäbliches Modell eines Flugzeugs haben, dann können wir Information über das Flugzeug erhalten, wenn wir anstelle des Flugzeugs das Modell untersuchen. Das Modell wird vielleicht nicht exakt oder vollständig sein – es wird einige Unterschiede zwischen dem Modell und dem wirklichen Flugzeug geben. Für einige Zwecke wird das Modell völlig zufriedenstellend sein, für andere Zwecke mag es nur annähernde Gültigkeit besitzen. In gleicher Weise ermöglichen uns unsere wissenschaftlichen Theorien, etwas über das Universum zu lernen, indem wir die Theorie anstelle des wirklichen Universums untersuchen. Aus den mathematischen Gesetzen der Bewegung und der Gravitation, die das Newtonsche Modell des Universums aufbauen, können wir viel über das Universum lernen.

Wie die meisten Modelle ist jedoch auch dieses nicht vollkommen. Wie wir später sehen werden, ist das Modell in mancher Beziehung nicht angemessen. Nichtsdestoweniger ist es in vieler Hinsicht so genau, daß lange Zeit die meisten Wissenschaftler glaubten, es sei in jedem Detail exakt richtig. Dieses mathematische Modell ist eine der erfolgreichsten geistigen Leistungen der Menschheit. Es ist auch heute noch ausreichend für die meisten Bewegungen der Himmelskörper und für normale Bewegungen auf der Erde, deren Geschwindigkeit sich nicht der Lichtgeschwindigkeit nähert.

Zu den vielen bemerkenswerten Eigenschaften des Newtonschen Modells gehört die Tatsache, daß es die Zeitumkehr-Symmetrie wahrt (siehe Kapitel 1, Seite 37). Das bedeutet, daß nach diesem Modell dieselben Bewegungsgesetze und dasselbe Gravitationsgesetz gelten würden, wenn die Zeit rückwärts abliefe. Falls Newton in einer Welt gelebt hätte, in der die Zeit rückwärts läuft, hätte er dieselben Gesetze entdeckt.

Rotation

Drehimpuls

Bei der Diskussion der Planeten und anderer Objekte der Natur beschreiben wir oft die Bewegung von Objekten, die rotieren oder eine kreisförmige Bewegung auf einer Bahn beschreiben. Die Erde rotiert um ihre Achse, während sie gleichzeitig eine Bahn um die Sonne beschreibt. Auf der Erde haben wir es oft mit den rotierenden Rädern der Autos und anderer Maschinen zu tun.

Es gibt eine Erhaltungsgröße, die eng mit den Umdrehungen bzw. Bahnumläufen der Objekte verbunden ist. Diese Größe heißt *Drehimpuls.* Wir können die Erhaltung des Drehimpulses ganz grob als Erhaltung der Drehung oder Rotation der Objekte und Objektsysteme betrachten. Wenn ein Kreisel sich erst einmal dreht, ist er bestrebt, sich immer weiter zu drehen, solange er nicht durch die Reibung abgebremst wird. Die Erde rotiert ständig weiter, die Planeten setzen ihren Umlauf um die Sonne ständig fort usw.

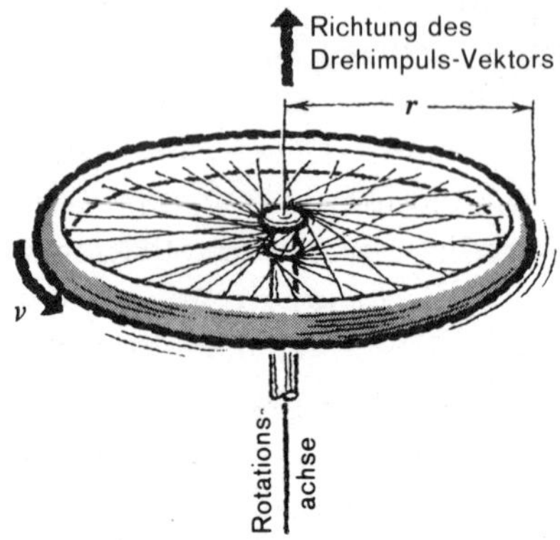

Abb. 4.12

Betrachten wir das Verhalten eines rotierenden Gegenstandes, z. B. des in Abb. 4.12 dargestellten Fahrradreifens. Das Rad rotiert um eine feste Achse. Bei diesem speziellen Rad befindet sich die meiste Masse in der Felge, da die Speichen relativ wenig Masse haben. Für unsere Diskussion wollen wir daher annehmen, daß sich die gesamte Masse auf der Felge im Abstand r von der Achse befindet. Im Bezug auf die Rotation dieses Rades sind drei Größen wichtig: Seine Masse m, die Geschwindigkeit der rotierenden Felge v und der Radius r. Die abgeleitete Größe, der Drehimpuls, hat einen Betrag, der folgendermaßen definiert ist

$$\text{Betrag des Drehimpulses} = mvr \tag{9}$$

Der Drehimpuls ist eine Vektorgröße; wir müssen daher nicht nur seinen Betrag, sondern auch seine Richtung definieren. Die Richtung ist durch die Drehachse gegeben; wir brauchen uns nur noch für die Richtung längs der Achse zu entscheiden. Die übliche Definition lautet: Wenn sich, längs der Drehachse betrachtet, das Objekt entgegen dem Uhrzeigersinn um seine Achse zu drehen scheint, dann weist der Vektor des Drehimpulses auf den Beobachter. Wenn sich das so betrachtete Objekt im Uhrzeigersinn dreht, dann weist der Vektor des Drehimpulses vom Beobachter fort. Beachten Sie, daß der Drehimpulsvektor senkrecht auf der Ebene steht, in der sich das Rad dreht (Abb. 4.12).

Der Begriff des Drehimpulses kann auch auf die Objekte ausgedehnt werden, die sich nicht wirklich um eine bestimmte Achse drehen. Wir können den Drehimpuls jedes Objektes im Bezug auf jede gerade Linie finden, wenn diese als Achse gewählt wird. Der Einfachheit halber wollen wir uns auf Situationen beschränken, in denen die Achse senkrecht zu der Ebene steht, in der sich das Objekt bewegt (Abb. 4.13). In Abb. 4.13 bewegt sich das Objekt in der Zeichenebene; die Stelle, an der die Achse die Seite senkrecht durchstößt, ist mit einem dicken Punkt gekennzeichnet. Der Drehimpuls dieses speziellen Objektes im Bezug auf diese spezielle Achse ist einfach mvr. Die Größe m ist wieder die Masse des Objektes und die Größe v ist wieder der Geschwindigkeitsbetrag. Die Größe r ist jedoch nicht die Entfernung des Objektes von der Achse, sondern der senkrechte Abstand der Bahn von der Achse. Würde sich das Objekt auf einem Kreis um die Achse bewegen, wären die beiden Entfernungen gleich. Der Drehimpuls dieses Objektes ist im Bezug auf verschiedene Achsen verschieden, weil die Entfernung r verschieden ist.

Obwohl wir den Drehimpuls im Bezug auf jede Achse ermitteln können, wird es oft eine bestimmte Achse geben, die in einer bestimmten Situation am besten geeignet ist. Für den soeben betrachteten Fahrradreifen und ähnliche Objekte ist es am besten, die Achse durch den Mittelpunkt zu wählen.

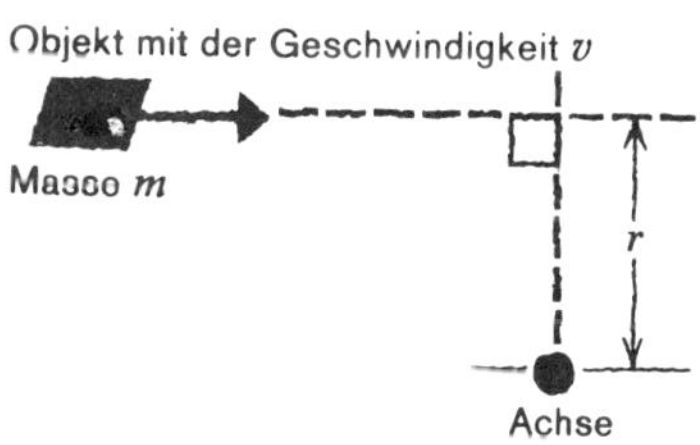

Abb. 4.13

Um den *Gesamtdrehimpuls* einer Gruppe oder eines Systems von Objekten im Bezug auf eine bestimmte Achse zu ermitteln, berechnen wir einfach den Drehimpuls jedes einzelnen Objekts im Bezug auf diese Achse und addieren dann diese Werte als Vektoren. Bei einem rotierenden Objekt wie der in Abb. 4.14 dargestellten Scheibe befindet sich nicht die gesamte Masse im selben Abstand von der Achse.

Abb. 4.14

Außerdem bewegen sich verschiedene Teile der Scheibe mit verschiedener Geschwindigkeit. Um den Drehimpuls der Scheibe zu finden, müssen wir alle Beiträge *mvr* aller kleinen Teile der Scheibe addieren. Dies erklärt natürlich, weshalb wir zu Beginn unserer Diskussion den Fahrradreifen wählten – fast die gesamte Masse hat denselben Abstand von der Achse und bewegt sich mit fast derselben Geschwindigkeit. Für jedes System, das keine Wechselwirkung mit Objekten außerhalb des Systems hat, bleibt der Gesamtdrehimpuls *erhalten*. (Tatsächlich können wir eine noch stärkere Aussage treffen, weil Kräfte an einem System so angreifen können, daß sie seinen Drehimpuls nicht ändern.)

Spin und Bahndrehimpuls

Wenn sich das in Abb. 4.13 dargestellte Objekt während seiner Bewegung auch noch um sich selbst dreht, dann ist mit dieser Drehung ein zusätzlicher Drehimpuls verbunden. Dieser durch die Eigenrotation hervorgerufene Spindrehimpuls ist im Bezug auf alle ruhenden Achsen, die parallel zueinander verlaufen, derselbe. Zusätzlich zu dem Spindrehimpuls gibt es natürlich noch den im vorigen Abschnitt diskutierten Drehimpuls. Dieser Drehimpuls *mvr* wird oft als *Bahndrehimpuls* des Objektes bezeichnet. Der Gesamtdrehimpuls eines Objektes im Bezug auf eine Achse kann in diese beiden Teile zerlegt werden – den Spindrehimpuls und den Bahndrehimpuls.

Den Unterschied zwischen diesen beiden Teilen des Drehimpulses eines Objektes können wir wieder am Beispiel der Erde erkennen. Der Bahndrehimpuls der Erde ist mit ihrem jährlichen Umlauf um die Sonne verbunden. Ihr Spindrehimpuls entsteht durch ihre tägliche Umdrehung um die eigene Achse. Der Drehimpuls der Erde um die Sonne schließt sowohl den Bahndrehimpuls als auch den Spindrehimpuls ein, die vektoriell addiert werden. Der Drehimpuls der Erde um ihre eigene Rotationsachse enthält nur den Spindrehimpuls. Der vorher diskutierte Fahrradreifen hat nur einen Spindrehimpuls. Wenn sich der Reifen wirklich an einem Fahrrad befände, so daß er sich von Ort zu Ort bewegte, dann hätte er, abhängig von der gewählten Achse, vielleicht auch einen Bahndrehimpuls.

Drehmoment

Wir müssen jetzt die Art der Wechselwirkung diskutieren, die den Drehimpuls eines Objektes im Bezug auf eine Achse ändert. Es ist natürlich erforderlich, eine Kraft auszuüben, aber die Kraft allein bestimmt die Änderung des Drehimpulses noch nicht. In Abb. 4.15 illustrieren wir verschiedene Versuche, den Drehimpuls eines Rades zu ändern, indem wir eine Kraft in verschiedenen Entfernungen von der Drehachse angreifen lassen. In Abb. 4.15a und b lassen wir die Kraft längs einer Geraden angreifen, die direkt durch die Drehachse geht. Hierdurch kann keine Rotation des Rades hervorgerufen werden. (Dies ist ein Spezialfall, weil das Rad durch seine Achse gehalten wird, die sich nicht bewegen kann.) Allgemein gilt für jedes Objekt der Satz, daß eine Kraft, die direkt auf eine Achse hinweist oder von ihr fortgerichtet ist, den Drehimpuls eines Objektes im Bezug auf diese Achse nicht ändern kann.

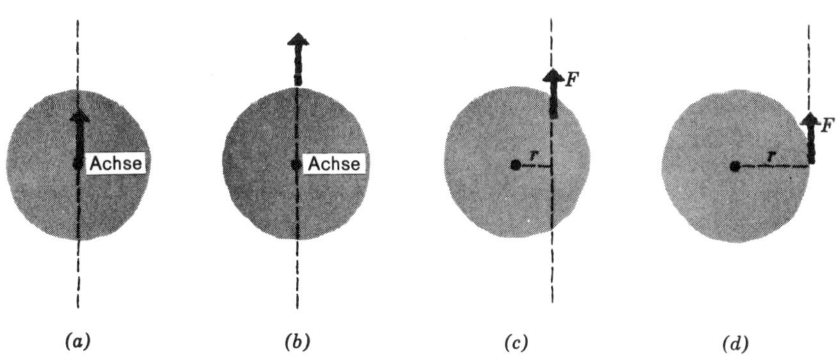

Abb. 4.15

In den nächsten Teilen der Abb. 4.15 lassen wir dieselbe Kraft in verschiedenen Abständen von der Achse angreifen. Jetzt erreichen wir tatsächlich, daß das Objekt sich zu drehen beginnt. Je größer der senkrechte Abstand r von der Achse zu der Geraden ist, längs der die Kraft angreift, desto wirkungsvoller setzt die Kraft das Rad in Rotation. Also ist die Kraft in Abb. 4.15d wirkungsvoller als die Kraft in Abb. 4.15c. Wir können mit Hilfe der Kraft F und des senkrechten Abstandes r eine neue Vektorgröße, das *Drehmoment,* definieren. Sein Betrag ist:

$$\text{Betrag des Drehmoments} = Fr \qquad (10)$$

Der Abstand r wird oft als Hebelarm der Kraft F bezeichnet. (Das Drehmoment ist wichtig für die Theorie des Hebels und anderer einfacher Maschinen.) Je größer der Abstand r ist, desto wirkungsvoller kann eine gegebene Kraft eine Drehung hervorrufen. Hierdurch wird verständlich, weshalb man eine festsitzende Mutter mit einem längeren Schraubenschlüssel leichter lösen kann (Abb. 4.16). Bezüglich der Drehung ist dieselbe Kraft wirkungsvoller, wenn sie in einem größeren Abstand von der Drehachse angreift.

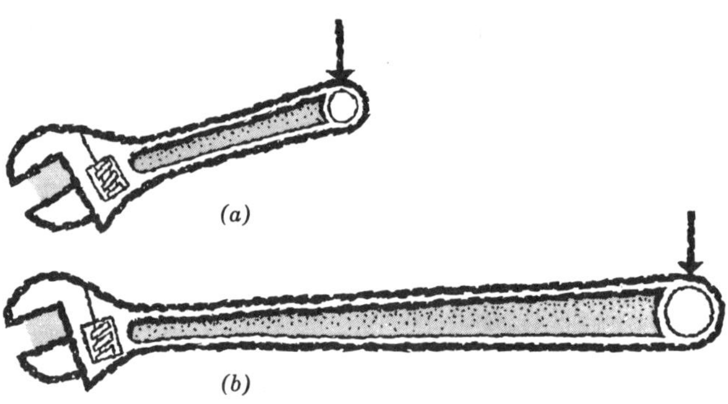

Abb. 4.16

Die Definition des Drehmoments ist in mancher Hinsicht ähnlich der Definition des Drehimpulses. Erstens wird der senkrechte Abstand r auf gleiche Weise bestimmt. Zweitens wird auch die Richtung des Drehmoment-Vektors in gleicher Weise festgelegt. Die Richtung des Drehmoments liegt in der Achse. Eine Drehung im Uhrzeigersinn bedeutet, daß das Drehmoment vom Beobachter weggerichtet ist; bei einer Drehung entgegen dem Uhrzeigersinn weist das Drehmoment auf den Beobachter zu. Das Drehmoment in der Abb. 4.17a ist der negative Wert des Drehmoments in der Abb. 4.17b, obwohl in beiden Fällen gleiche Kräfte verwendet werden.

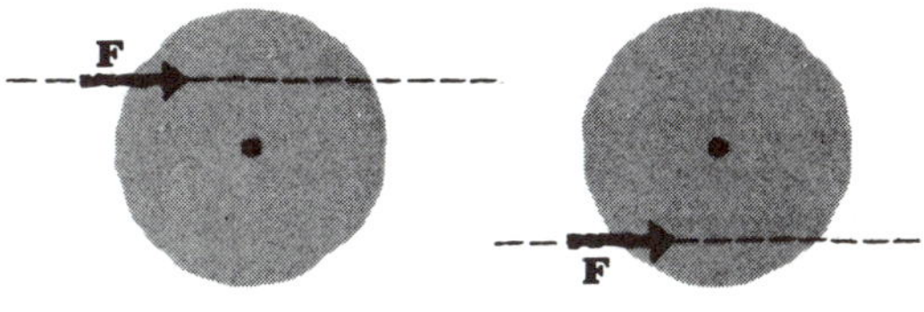

Abb. 4.17

Wird auf einen Körper ein Drehmoment ausgeübt, dann ändert sich sein Drehimpuls. Der Drehimpuls eines Objektes oder eines Systems von Objekten im Bezug auf eine bestimmte Achse kann sich nur dann ändern, wenn an dem Objekt oder System ein Drehmoment in Bezug auf diese Achse angreift. Die Situation ist sehr ähnlich der Beziehung zwischen der Kraft und dem Impuls. Ebenso wie eine Kraft erforderlich ist, um den Impuls eines Systems zu ändern, so ist ein Drehmoment in Bezug auf eine Achse erforderlich, um den Drehimpuls in Bezug auf diese Achse zu ändern. Daher gilt:

Die Kraft (F) ändert den Impuls (Betrag mv)

Das Drehmoment (Fr) ändert den Drehimpuls (Betrag mvr)

Beispiele für die Erhaltung des Drehimpulses

Das Gesetz der Erhaltung des Drehimpulses läßt sich leicht nachweisen. In Abb. 4.18 sehen wir einen Mann auf einem Drehschemel sitzen. Dieser Schemel ist so konstruiert, daß der Sitz frei um eine vertikale Achse rotieren kann. Wenn der Sitz rotiert, gibt es natürlich eine gewisse Reibung, die ein Drehmoment ausübt, das die Drehung verlangsamt. Wir wollen aber annehmen, daß die Reibung so gering ist, daß sie vernachlässigt werden kann. Wir nehmen also

Abb. 4.18

an, daß es keine Drehmomente in Bezug auf die vertikale Achse gibt.

In unserem ersten Experiment sitzt ein Mann auf dem rotierenden Sitz. In jeder ausgestreckten Hand hält er eine große Masse. Was geschieht, wenn er die Hände anzieht? Wir stellen fest, daß er sich schneller dreht. Das Gesetz der Drehimpulserhaltung gibt den Grund dafür an.

Der Drehimpuls mvr muß erhalten bleiben. Wenn der Mann die Hände anzieht, wird der Wert von r (der Abstand der Massen von der Achse) verkleinert. Damit die Größe mvr erhalten bleibt, muß etwas anderes in der Formel zunehmen. Da die Masse konstant ist, muß die Geschwindigkeit v zunehmen. Also muß die Drehgeschwindigkeit des ganzen Systems zunehmen. (Tatsächlich muß der Drehimpuls des gesamten rotierenden Systems erhalten bleiben, nicht nur der Drehimpuls der rotierenden Massen allein. Der Gesamteffekt ist, daß die Zahl der Umdrehungen pro Sekunde zunimmt.)

Betrachten wir jetzt einen zweiten Versuch. Ein Mann steht auf demselben Stuhl still und hält den Fahrradreifen wie einen Regenschirm über sich (Abb. 4.19). Zunächst dreht sich weder das Rad noch der Mann auf dem Stuhl. Dann greift der Mann nach oben und versetzt das Rad in Umdrehung. Was geschieht? Da der Drehimpuls des Systems unverändert bleiben muß, muß die Rotation des Rades durch eine entgegengesetzte Rotation an einer anderen Stelle des Systems ausgeglichen werden. Wenn der Mann das Rad dreht, beginnt er sich mit dem Sitz des Schemels in die entgegengesetzte Richtung zu drehen.

Abb. 4.19

Ein dritter Versuch (Abb. 4.20) beginnt ebenso wie der zweite, abgesehen davon, daß das Rad sich schon dreht. (Der Mann und der Schemel befinden sich in Ruhe.) Dann dreht der Mann das Rad in der angegebenen Weise um, so daß es jetzt in Bezug auf den Schemel in der entgegengesetzten Richtung rotiert. Was geschieht in diesem Fall? Durch die Wendung des Rades ist der Drehimpuls des Rades umgekehrt worden, und daher muß diese Änderung seines Drehimpulses durch eine Änderung des Drehimpulses des Mannes auf dem Schemel ausgeglichen werden. Der Mann beginnt, sich mit dem Sitz in derselben Richtung zu drehen, in der sich ursprünglich das

Abb. 4.20

Rad drehte. Der Mann und der Sitz müssen schließlich den doppelten Drehimpuls haben, den anfangs das Rad hatte, weil sie nicht nur den ursprünglichen Drehimpuls des Rades, sondern auch den umgekehrten Drehimpuls des Rades nach seiner Wendung kompensieren müssen.

Pseudovektoren und Spiegelungen

In Kapitel 1 wiesen wir darauf hin, daß die Gesetze der Physik, von gewissen Ausnahmen abgesehen, unverändert bleiben müssen, wenn unsere Experimente im Spiegel beobachtet werden würden. Der Vorgang der Spiegelung demonstriert einen seltsamen Unterschied zwischen der Art von Vektoren, die die Geschwindigkeit darstellen, und denen, die dem soeben diskutierten Drehimpuls zugeordnet sind.

Wir illustrieren diesen Unterschied durch Abb. 4.21, die ein bewegtes Teilchen zeigt, dessen Geschwindigkeitsvektor nach rechts zum Spiegel weist. Die Abbildung zeigt auch einen rotierenden Ball, dessen Drehimpulsvektor ebenfalls nach rechts zum Spiegel hin gerichtet ist. Wenn wir in den Spiegel sehen, um die gespiegelten Bilder dieser beiden Objekte zu betrachten, dann gibt das auf den Spiegel zufliegende Teilchen ein Bild, das sich in die entgegengesetzte Richtung zu bewegen scheint – d. h. nach links. Das Bild des rotierenden Balls scheint jedoch in derselben Richtung zu rotieren wie der Ball selbst. Also muß auch der Drehimpulsvektor des gespiegelten Balls in dieselbe Richtung weisen – nach rechts. Natürlich wird das Bild des Balls selbst durch die Spiegelung wie gewöhnlich umgekehrt,

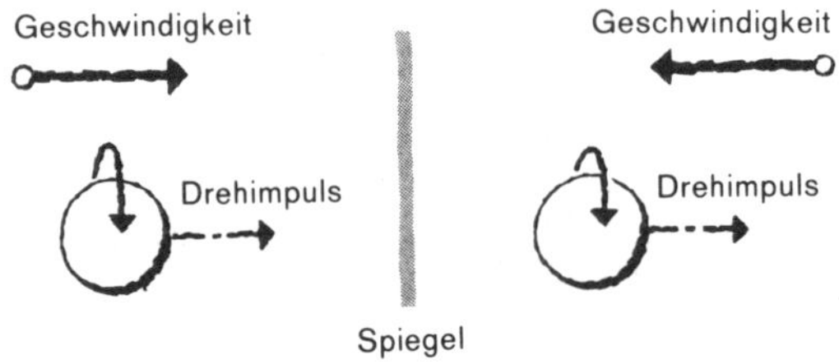

Abb. 4.21

seine Drehrichtung jedoch nicht. Auf diese Weise erhalten wir ein seltsames Ergebnis: Der Geschwindigkeitsvektor wird durch den Spiegel umgekehrt, der Drehimpulsvektor nicht.

Tatsächlich hängt dieses Resultat von der Orientierung des Spiegels ab: Es ist möglich, den Spiegel so zu stellen, daß durch die Spiegelung der Drehimpulsvektor umgekehrt wird, während der Geschwindigkeitsvektor unverändert bleibt. Das Wesentliche ist, daß die beiden Vektoren in verschiedener Weise reflektiert werden. Es gibt also zwei Arten von Vektoren. Diejenigen, die wie Geschwindigkeitsvektoren reflektiert werden, heißen *wahre Vektoren.* Diejenigen, die wie der Drehimpulsvektor reflektiert werden, heißen *Pseudovektoren.* (Diese Bezeichnungsweise bedeutet natürlich keine moralische Minderwertigkeit der Pseudovektoren, die völlig respektable physikalische Größen darstellen.) Manchmal werden die Pseudovektoren auch als *axiale* Vektoren bezeichnet, weil sie mit einer Achse verbunden sind.

Die Philosophie der experimentellen Wissenschaft

Die Alten hielten (nach Pappus' Angabe) die Mechanik für sehr wichtig bei der Erforschung der Natur, und die Neuern haben, nachdem sie die Lehre von den substantiellen Formen und den verborgenen Eigenschaften aufgegeben, angefangen, die Erscheinungen der Natur auf mathematische Gesetze zurückzuführen. Es erschien daher zweckmäßig, im vorliegenden Werk die Mathematik so weit auszuführen, als sie sich auf die Physik bezieht . . .

. . . Alle Schwierigkeit der Physik besteht nämlich dem Anschein nach darin, aus den Erscheinungen der Bewegung die Kräfte der Natur zu erforschen und hierauf durch diese Kräfte die übrigen Erscheinungen zu erklären. Hierzu dienen die allgemeinen Sätze, welche im ersten und zweiten Buche behandelt werden. Im dritten Buch haben wir, zur Anwendung derselben, das Weltsystem erklärt. Dort wird nämlich aus den Erscheinungen am Himmel, vermittelst der in den ersten Büchern mathematisch bewiesenen Sätze, die Kraft der Schwere abgeleitet, vermöge welcher die Körper sich bestreben, der Sonne und den einzelnen Planeten sich zu nähern. Aus derselben Kraft werden dann, gleichfalls vermittelst mathematischer Sätze, die Bewegungen der Planeten, Kometen, des Mondes und des Meeres abgeleitet.

Möchte es gestattet sein, die übrigen Erscheinungen der Natur auf dieselbe Weise aus mechanischen* Prinzipien abzuleiten! Viele Beweggründe bringen mich zu der Vermutung, daß diese Erscheinungen alle von gewissen Kräften abhängen könnten. Durch diese werden die Teilchen der Körper nämlich, aus noch nicht bekannten Ursachen, entweder gegeneinander getrieben und hängen alsdann als reguläre Körper zusammen, oder sie weichen voneinander zurück und fliehen sich gegenseitig. Bis jetzt haben die Physiker es vergebens versucht, die Natur durch diese unbekannten Kräfte zu erklären; ich hoffe jedoch, daß die hier aufgestellten Prinzipien entweder über diese, oder irgendeine richtigere Verfahrensweise Licht verbreiten werden. (Isaac Newton).[2]

Die Wirkung der Newtonschen Synthese

Newton wußte, daß die Keplerschen Gesetze der Planetenbewegung die Erfahrung richtig wiedergaben. Er wußte auch, daß Galileis Gesetze für fallende Körper in der Nähe der Erde experimentell korrekt waren. Er legte seine drei Bewegungsgesetze als Axiome oder Annahmen zu Grunde und erhielt dann sein Gravitationsgesetz durch Schlußfolgerungen aus diesen Gesetzen und experimentellen Ergebnissen. Er zeigte, daß das beobachtete Verhalten fallender Gegenstände ebenso wie das der Kometen, Planeten und anderer Himmelskörper aus diesen drei Bewegungsgesetzen und dem Gravitationsgesetz exakt vorausberechnet werden konnte. Auf diese Weise verband er seine Resultate mit denen seiner Vorgänger zu einem einfachen, in sich geschlossenen System – der berühmten „Newtonschen Synthese". Sie galt und gilt als eine der wichtigsten Leistungen des menschlichen Geistes. Sie ergänzte das geometrische System des Euklid, der die Eigenschaften des Raumes aus einfachen Annahmen abgeleitet hatte, die man oft als „selbstverständlich" betrachtete. Aus einfachen Annahmen leitete Newton die Eigenschaften und das Verhalten bewegter Materie ab. Das Ergebnis war eine erfolgreiche theoretische Behandlung der Mechanik – des Verhaltens der Materie, die sich unter dem Einfluß von Kräften bewegt.

Die Aufklärer des achtzehnten Jahrhunderts hatten allen Grund, von der neuen Physik beeindruckt zu sein. Wann hatte die Welt eine solche

* (Wolfers übersetzt „mathematischen". Nach dem hier vorliegenden englischen Text sowie der lateinischen Originalausgabe „Philosophiae Naturalis Principia Mathematica" muß es jedoch „mechanischen" heißen. Anm. d. Übers.)

2 Newton: „Mathematische Prinzipien . . ." Seite 1

Großtat erlebt? Das Universum, sowohl der Himmel als auch die Erde, bewegte sich nach denselben exakten mathematischen Gesetzen. Alles, was man zu wissen brauchte, waren die Lage und die Geschwindigkeit der Materieteilchen und die Kräfte zwischen ihnen. Dann konnte man, zumindest im Prinzip, exakt voraussagen, was mit diesen Teilchen zu beliebigen Zeiten in der Zukunft geschehen würde – oder bestimmen, was mit ihnen in der Vergangenheit geschehen war. Daher können unsere modernen Planetarien den Anblick des Himmels, die Positionen der Planeten und der Fixsterne für jeden Tag der Vergangenheit und der Zukunft darstellen. Es gibt natürlich immer Meßfehler bei der Bestimmung der Anfangslage und -geschwindigkeit der Teilchen, und es gibt zu viele Teilchen im Universum, als daß man die Spur eines jeden einzelnen verfolgen könnte. Im Prinzip aber sollte es für jedes Teilchen eine exakte Position und Geschwindigkeit geben, und die Bewegungsgesetze sollten das Verhalten der Teilchen exakt bestimmen.

Diese Art der Physik förderte fast unvermeidlich eine mechanistische Naturphilosophie, in der alles auf Materieteilchen zurückgeführt wurde, die sich nach exakten und unabänderlichen mathematischen Gesetzen auf vorausberechenbaren Bahnen bewegten. Sie förderte auch eine deterministische Form der Philosophie, in der die Zukunft prinzipiell vorhersehbar und damit „alles Verhalten determiniert ist". Nach dieser Philosophie sind auf Grund der unveränderlichen und berechenbaren Wirkungen der Naturgesetze alle Zustände in der Zukunft unabänderlich durch die Bedingungen der Gegenwart determiniert.

Also erschien das Universum als eine „Weltmaschine", in der sich jedes Teil in einer völlig vorhersehbaren und determinierten Weise bewegte. Newton hatte geglaubt, daß die Gravitationswirkung der Planeten untereinander das ganze Sonnensystem instabil werden lassen könnte, so daß Gott stabilisierend eingreifen müßte. Pierre Simon LaPlace (1749–1827) arbeitete die Konsequenzen der Newtonschen Physik weiter aus und gelangte zu dem Schluß, ein solcher Eingriff sei nicht nötig, die Maschine könne aus sich selbst heraus bestehen. (Diese Frage wird auch heute noch diskutiert.)

Newton hatte auch bemerkt, daß die Planeten und alle zu jener Zeit bekannten Satelliten denselben Umlaufsinn haben. (Seitdem sind auch Satelliten mit entgegengesetztem Verhalten entdeckt worden.)

Er glaubte, daß diese Ordnung durch den Schöpfer eingeprägt worden sein müsse. LaPlace entwickelte die Nebelhypothese, um diese Tatsache zu erklären. (Diese Theorie gilt jetzt als überholt.) Als Napoleon bemerkte, daß es in dem LaPlaceschen Weltsystem keinen Platz für den Schöpfer gebe, soll LaPlace geantwortet haben: „Je n'avait pas besoin de cette hypothese-là". (Eine solche Hypothese hatte ich nicht nötig.) Das Naturgesetz war die höchste Instanz.

Eine solche Naturphilosophie hatte unvermeidlich weitverzweigte Auswirkungen außerhalb der Physik: Sie schuf die Grundlagen für eine Leugnung des freien Willens und anderer geistiger Werte. In einer Welt, in der die Maschinen im Produktionsprozeß immer wichtiger wurden, begann man auch die Welt selbst als eine Maschine zu betrachten. Ein solches Weltbild mußte die anderen Natur- und Geisteswissenschaften, die Religion und die allgemeine Kultur beeinflussen. Über diesen Einfluß schrieb C. C. Gillispie:

„Ihr werdet die Wahrheit erkennen, und die Wahrheit wird Euch frei machen" – dies ist eins der großen Themen der Aufklärung (es handelt sich um ein Bibelzitat; Joh. 8, 32. Anm. d. Übers.) Aber für die meisten Menschen war Emanzipation nicht genug, und sie war es nie. Sie sind nicht damit zufrieden, die Wissenschaft als das anzusehen, was sie ist – intellektuell, eine Schöpfung des Geistes, eine Beschreibung des physikalischen Ablaufs der Welt, schön und bewundernswert in sich selbst, aber entleert von Moral und Lehren. Sie wollen im Aufbau der Natur die Natur Gottes bestätigt sehen, und daß Er mit Seiner liebenden Hand ihre Unvollkommenheiten heilt. Sie wollen in der Evolutionstheorie eine Erlaubnis für krassen Individualismus sehen. Sie wollen aus der Unbestimmtheit der Elektronenbahn einen Brosamen des Trostes für den freien Willen machen. Kurzum, sie wollen, daß die Wissenschaft uns eine Welt gibt, der wir uns einfügen können, wie es die griechische Wissenschaft tat, und nicht nur eine Welt, die wir wie ein äußeres Objekt erst messen und dann zerstören können.

In Zeiten der Entmutigung ist man daher zu daher zu der Annahme geneigt, die Geschichte des Einflusses der Wissenschaft auf die Kultur sei auf die Geschichte des Mißverstehens beschränkt, in der sich nur die Art und Weise ändert, in der die Bedeutung der Wissenschaft mißverstanden wird. Aber dies wäre wohl ein zu pessimistischer Standpunkt . . .

Obwohl wir nicht mit allen Gedanken dieser Äußerung übereinstimmen, könnte einen wirklich die Art, in der die Newtonsche Synthese die allgemeine Kultur beeinflußte, je nach Temperament erschrecken oder amüsieren.

Man könnte versucht sein, den Philosophen der Aufklärung die Schuld an der Französischen Revolution zu geben: „Es ist die

Schuld von Rousseau", „Es ist die Schuld von Voltaire". Könnte Newton irgendetwas damit zu tun haben? Voltaire war ein begeisterter Anhänger Newtons, er hielt es sogar der Mühe wert, ein Buch über Newtons Philosophie zu schreiben. Im Zeitalter der Vernunft wurde Newton offensichtlich als ein Apostel der Vernunft betrachtet, und daher hatten seine Ideen einen starken Einfluß auf die Philosophen.

Maximilian de Robespierre, eine führende Persönlichkeit in der Schreckenszeit der Französischen Revolution, sagte: „Woraus läuft diese geheimnisvolle Wissenschaft des Regierens und der Gesetzgebung hinaus? Die aus den Werken der Philosophen herausgesuchten moralischen Erkenntnisse in Gesetzesform zu bringen". Die exakten Naturgesetze, die in der Physik zum Ausdruck kommen, legten offensichtlich den Gedanken nahe, daß man auch exakte Gesetze der Ethik, Psychologie, Politik usw. finden könnte. Wenn diese Gesetze streng befolgt (und streng aufgezwungen) würden, dann könnte die ideale Gesellschaft geschaffen werden. Es gab, leider oder glücklicherweise, einige Schwierigkeiten, dies in der Praxis auszuführen.

Und wie steht es mit der Amerikanischen Revolution? Manche haben einen geschichtlichen Ablauf mit folgenden Elementen zu erkennen geglaubt. Die psychologischen und politischen Lehren des englischen Philosophen John Locke (1632–1704) waren offensichtlich nach dem Modell der erfolgreichen Newtonschen Naturphilosophie konstruiert. Newton sprach von der „Philosophie der experimentellen Wissenschaft"; Locke schuf ein philosophisches System, in dem die Erfahrung die Quelle des Wissens bildete. Diese Theorien beeinflußten die britischen Whigs (Befürworter einer Stärkung des Parlaments gegenüber der Krone, Vorläufer der jetzigen liberalen Partei, Anm. d. Übers.), deren Politik von dem französischen Juristen und Philosophen Montesquieu analysiert wurde, der seinerseits die Führer der Amerikanischen Revolution beeinflußte. Woodrow Wilson bemerkte:

Das Regierungssystem der Vereinigten Staaten wurde konstruiert nach der von den Whigs stammenden Theorie der politischen Dynamik, die eine Art unbewußter Kopie der Newtonschen Theorie des Universums war. Wenn wir heute die Entwicklung der Natur oder der Gesellschaft diskutieren, folgen wir bewußt oder unbewußt Herrn Darwin; aber vor Herrn Darwin folgte man Newton. . .

Die Väter unserer Bundesverfassung folgten dem Schema, das Montesquieu vorgezeichnet hatte, folgten ihm mit echtem wissenschaftlichen Enthusiasmus ... Unter seiner Berührung verwandelte sich Politik in Mechanik.

Die Schwierigkeit mit der Theorie liegt darin, daß die Regierung (das Regierungssystem) keine Maschine ist, sondern ein lebendes Wesen ... Sie folgt Darwin, nicht Newton ... Lebende politische Verfassungen müssen in ihrer Struktur und ihrer Wirklichkeit darwinistisch sein.

So geht das Spiel weiter. Wir erkennen vielleicht einige bekannte Begriffe der Naturgesetze, der natürlichen Rechte, von Ursache und Notwendigkeit in den folgenden Zeilen der Unabhängigkeitserklärung, die hauptsächlich von Thomas Jefferson verfaßt wurde.

Wenn es im Lauf der menschlichen Geschichte für ein Volk notwendig wird, die politischen Bande zu lösen, die es mit einem anderen verbunden haben, und unter den Mächten der Erde den selbständigen und gleichberechtigten Rang einzunehmen, zu dem die Gesetze der Natur und des Gottes der Natur* es berechtigen, so erfordert eine geziemende Rücksichtnahme auf die Meinung der Menschheit, daß es die Gründe darlegt, die es zur Trennung drängen.

Wir erachten folgende Wahrheiten als selbstverständlich: Daß alle Menschen gleich geschaffen sind; daß sie von ihrem Schöpfer mit bestimmten unveräußerlichen Rechten ausgestattet sind; daß dazu Leben, Freiheit und das Streben nach Glück gehören; daß zur Sicherung dieser Rechte Regierungen unter den Menschen eingesetzt werden, die ihre rechtmäßige Macht aus der Zustimmung der Regierten herleiten; daß, wenn immer irgendeine Regierungsform sich als diesen Zielen abträglich erweist, es Recht des Volkes ist, sie zu ändern oder abzuschaffen und eine neue Regierung einzusetzen und diese auf solchen Grundsätzen aufzubauen und ihre Gewalten in solcher Form zu organisieren, wie es ihm zur Gewährleistung seiner Sicherheit und seines Glückes geboten zu sein scheint.

Wir wollen sicher nicht behaupten, daß die ethischen und politischen Prinzipien, die in der Aufklärung entstanden, von Newtons Mechanik abhingen. Es ist aber interessant zu sehen, wie das „Naturgesetz" die Formulierung und Rechtfertigung dieser Prinzipien beeinflußte.

In der „Gegenbewegung der Romantik", die auf das „Zeitalter der Vernunft" folgte, und auch zu anderen Zeiten wurde Newton und sein mechanistisches Weltbild einer Kritik unterzogen. Auf wissenschaftli-

* (Die Formulierung „Laws of Nature and of Nature's God" wird gewöhnlich mit „Naturrecht und göttliches Gesetz" übersetzt. Hier wurde die rein wörtliche Übersetzung gewählt, um die Verbindung mit dem Naturgesetz hervorzuheben. Bezüglich des Zusammenhanges zwischen Naturgesetz und Naturrecht siehe H. J. Störig „Kleine Weltgeschichte der Wissenschaft" Verlag W. Kohlhammer, Stuttgart 1957, Seite 328 ff. Anm. d. Übers.)

chem Gebiet erlebte jedoch das neunzehnte Jahrhundert eine Festigung des mechanistischen Standpunkts und des fast vollständig erscheinenden Triumphs der exakten mathematischen Gesetze. Lord Kelvin, einer der prominentesten Wissenschaftler seiner Zeit, schrieb im Jahre 1884:

> Ich bin niemals zufrieden, bevor ich ein mechanisches Modell des Gegenstandes konstruiert habe, den ich untersuche. Wenn ich ein solches Modell machen kann, dann verstehe ich den Gegenstand, andernfalls nicht. Daher kann ich mir die elektromagnetische Theorie des Lichtes nicht vorstellen. Ich will das Licht so vollständig wie möglich verstehen, ohne Begriffe einzuführen, die ich noch weniger verstehe.

Wie wir sehen werden, war die von James Clerk Maxwell entwickelte „elektromagnetische Theorie des Lichtes" hinsichtlich ihrer Fähigkeit zu mathematisch präzisen Voraussagen die passende Ergänzung der Newtonschen Gesetze.

Ein weiteres Beispiel mechanistischer Ideen war die Entwicklungstheorie der Lebewesen, die von Charles Darwin (1809–1882) und Alfred Wallace (1823–1913) vorgeschlagen wurde. Sie nahm einen Mechanismus an, durch den sich im Lauf der Generationen Tiere und Pflanzen ändern und neue Arten hervorbringen sollten. Innerhalb einer Art existieren viele Variationen der Individuen, die untereinander verschieden sind. Da nicht alle Pflanzen- und Tierindividuen überleben, bis sie sich fortpflanzen, gibt es eine von der Natur automatisch durchgeführte Auswahl zwischen den Variationen, die sich fortpflanzen, und denen, die dazu nicht lange genug leben. Wenn sich die Lebensumstände ändern oder Populationen sich in andere Umgebungen begeben, dann ändert sich die Art der Individuen, die am besten überleben und sich fortpflanzen kann. Diese „natürliche Auslese" war ein Mechanismus, der den Wechsel der Arten erklären konnte. Diese Theorie war natürlich nicht mathematisch im Newtonschen Sinne; präzise Berechnung oder Voraussage der Zukunft gehörte nicht zu ihren charakteristischen Merkmalen. Sie erlaubte aber, sich den Wechsel der Arten mechanistisch vorzustellen, d. h. als Manifestation der Materie, die sich nach Gesetzen bewegt.

Die Kombination der Newtonschen und Darwinschen Theorie hatte in den folgenden Jahrzehnten des neunzehnten und zwanzigsten Jahrhunderts einen starken Einfluß auf die Philosophie und die Ansichten gebildeter Menschen. Man konnte sich die Entwicklung (Evolution) als eine Art des Fortschritts vorstellen; ihre mechanistischen Merkmale konnten aber auch zu anderen Folgerungen führen. Beispielsweise schrieb Mark Twain eine Satire über die Idee, eine Maschine ebenso wie einen Menschen moralisch verantwortlich zu machen. Ein weiteres Beispiel findet man in den Worten des Anwalts Clarence Darrow über die Bestrafung von Kriminellen aus dem Jahre 1922.

Daß der Mensch das Produkt der Erbmasse und der Umwelt ist, und daß er genau so handelt, wie seine Maschine auf die Reize der Umwelt reagiert, scheint durch die Entwicklung und Geschichte des Menschen vollständig bewiesen zu sein. Aber ganz abgesehen davon, müssen auch die Logik und die Philosophie zu denselben Schlüssen führen. Wir befinden uns nicht in einem Universum, in dem Handlungen durch Zufall entstehen. Überall herrscht das Gesetz. Jeder Vorgang der Natur und des Lebens ist eine ständige Folge von Ursache und Wirkung . . . Zufälle, Chancen und Launen sind aus der physischen Welt verbannt.

. . . Jede Handlung des Menschen wird durch Motive verursacht . . .. Wenn zwei oder mehr Motive in entgegengesetzte Richtungen ziehen, dann kann er nicht der schwächsten folgen, sondern muß der stärksten gehorchen.

. . . Man sollte dem Verbrechen gegenüber eine wissenschaftliche Betrachtungsweise einnehmen.

Wir können nicht alle mechanistischen, materialistischen oder deterministischen Theorien des neunzehnten und zwanzigsten Jahrhunderts diskutieren, und wir wollen auch nicht behaupten, daß sie alle von der Newtonschen Physik abhingen. Der beispiellose Erfolg der mechanistischen und deterministischen Physik im neunzehnten Jahrhundert muß jedoch diese Philosophie gestützt und ihre Verbreitung gefördert haben.

Mechanistische Ideen gehören wahrscheinlich auch heute noch zu den wichtigsten und einflußreichsten Wirkungen der Physik auf die allgemeine Kultur, obwohl sie in der Physik selbst nicht mehr vorherrschend sind. Es gibt z. B. Evolutionstheorien, die weniger mechanistisch sind als Darwins Theorie, sie werden aber nicht allgemein als wissenschaftlich anerkannt. Es ist zweifelhaft, daß die außersinnliche Wahrnehmung als völlig respektabel angesehen werden wird, so lange man keinen Mechanismus kennt, der die ihr zugeschriebenen Effekte erklärt. Man könnte auch der Freudschen Psychologie ihren Mangel eines materiellen Mechanismus vorwerfen – manchen erscheint die Verhaltenspsychologie (Behaviorismus) ,,wissenschaftlicher". Es fällt manchen Wissenschaftlern schwer, beispielsweise ein Tier zu sehen, das aus Materieteilchen zu bestehen scheint, und nicht zu glauben, daß seine Eigenschaften und sein Verhalten durch diese Teilchen erklärt werden können. Die Wissenschaft der Molekularbiologie versucht, dies so weit wie möglich zu tun und hat bei der Erforschung des Mechanismus, mit dem molekulare Teilchen die Natur und die Vererbung der lebenden Zelle bestimmen, erstaunliche Erfolge erzielt. Dies verstärkt wieder die Tendenz, alles, einschließlich des Menschen, durch Materie und Bewegung zu erklären. Ein Wissenschaftler, Kendon Smith, schrieb:

Lebewesen bestehen nicht aus einem geheimnisvollen „Lebensstoff". Das Protoplasma besteht aus Molekülen, Moleküle bestehen aus Atomen, und Atome bestehen aus subatomaren Elementarteilchen. Ein Lebewesen ist dann genau das, was Demokrit von ihm sagt: Eine Ansammlung von Teilchen im Raum. Dies ist die Botschaft der modernen Biochemie, und diese Botschaft wird umfassend bestätigt durch die Vielzahl sachlicher Informationen über den zufälligen Beginn, die mühevolle Geschichte und den gegenwärtigen Zustand des Lebens im Kosmos.

Obwohl es keinen vernünftigen Grund gibt, an dem Bestehen eines vollständigen Determinismus zu zweifeln, haben dennoch hervorragende Männer sich gedrängt gefühlt, ihn zu bestreiten . . . (Smith erwähnt dann unter denen, die den Determinismus bestritten haben, die hervorragenden Physiker Niels Bohr, Max Planck und Erwin Schrödinger.)

Also ist der Determinismus immer noch unter uns. Nach Jacques Barzun haben die Menschen in den letzten dreißig Jahren „geschrieen gegen die Tyrannei des wissenschaftlichen Denkens, die Bedrückung durch die Maschinenwelt, die Vorherrschaft der Dinge und die Entmenschlichung durch das Übergewicht der Zahlen und Größen."

Der strenge Determinismus der Newtonschen Gesetze ist heute aus der Physik verschwunden. Das gleiche gilt für die strenge Voraussagbarkeit, obwohl die Voraussage heute in der Physik eher noch wichtiger ist als jemals zuvor. Heute machen die Physiker jedoch *angenäherte* Voraussagen, indem sie statt einer Gewißheit eine Wahrscheinlichkeit berechnen. Die Kenntnis der Zukunft ist von großer praktischer Bedeutung, da wir nur die Zukunft ändern können, nicht jedoch die Vergangenheit oder die Gegenwart. Die Modelle des Universums, die in unsere wissenschaftlichen Theorien eingehen, können uns dabei helfen.

Newtons „Regeln zur Erforschung der Natur"

1. Regel: An Ursachen zur Erklärung natürlicher Dinge nicht mehr zulassen, als wahr sind und zur Erklärung jener Erscheinungen ausreichen.

Die Physiker sagen: Die Natur tut nichts vergebens, und vergeblich ist dasjenige, was durch vieles geschieht und durch weniger ausgeführt werden kann. Die Natur ist nämlich einfach, und schwelgt nicht in überflüssigen Ursachen der Dinge.

4. Regel: In der Experimentalphysik muß man die, aus den Erscheinungen durch Induktion geschlossenen Sätze, wenn nicht entgegengesetzte Voraussetzungen vorhanden sind, entweder genau oder sehr nahe für wahr halten, bis andere Erscheinungen eintreten, durch welche sie entweder größere Genauigkeit erlangen, oder Ausnahmen unterworfen werden.

Dies muß geschehen, damit nicht das Argument der Induktion durch Hypothesen aufgehoben werde.[3]

Diese Sätze enthalten mehrere charakteristische Merkmale der Newtonschen Philosophie der experimentellen Wissenschaft.

1. Einfachheit. Die erste Regel rät uns, bei wissenschaftlichen Erklärungen überflüssigen Ballast abzuwerfen. Es werden nur diejenigen Ursachen betrachtet, die erforderlich sind, um die experimentell beobachteten Erscheinungen zu erklären, und zwar nur jene, die sowohl notwendig als auch wahr sind. Dieses Prinzip ist in der Philosophie natürlich wohlbekannt.

Der Kommentar zur ersten Regel behauptet, daß auch die Natur selbst einfach sei. In einem Kommentar zu einer dritten Regel fügt Newton hinzu, daß „die Natur mit sich übereinstimmend zu sein pflegt". Hierdurch wird die Idee von der Einheit der Natur zum Ausdruck gebracht, die erst die Entdeckung von Gesetzen ermöglicht. Wenn alle Ereignisse in der Natur voneinander verschieden wären, dann würde es uns äußerst schwer fallen, durch Experimente und durch die Erfahrung zu lernen. In der Tat wäre sehr zu bezweifeln, daß man überhaupt irgendein nützliches Gesetz oder Prinzip entdecken oder

[3] Newton: „Mathematische Prinzipien . . ." Seite 380

kennen könnte. Die Tatsache, daß gleichartige Prozesse immer wieder in der gleichen Weise ablaufen, ermöglicht uns, Gesetze zu entdecken.

2. Keine absolute Wahrheit. Die vierte Regel hebt hervor, daß die in dieser Wissenschaft verwendeten Prinzipien nur als angenähert korrekt zu betrachten sind und der Revision unterliegen. Durch die experimentelle Wissenschaft erhält man keine absolut exakte und sichere Wahrheit.

3. Wissen stammt aus Experimenten. Die vierte Regel macht klar, daß die Aussagen, die wir in dieser Wissenschaft machen, aus der Erfahrung oder aus Experimenten abgeleitet sein müssen, und nicht aus „eitlen Fiktionen der eigenen Erfindung“.

4. Hypothesen werden abgelehnt. Der Begriff Hypothese wird von Newton in einer etwas anderen Weise verwendet als es heute üblich ist.

Das Wort „Hypothese“ wird von mir nur dann verwendet, wenn es sich weder um eine Erscheinung noch um eine Folgerung aus einer Erscheinung handelt, sondern um eine Behauptung, die ohne experimentellen Beweis vorgetragen wird.

Nach dieser Definition ist eine Hypothese eine Aussage, die sich nicht auf die experimentelle Erfahrung stützt, und daher abgelehnt wird.

5. Induktion. Induktion ist der Vorgang des induktiven logischen Schließens. Wir unterscheiden gewöhnlich zwei Arten der logischen Schlußweise, die deduktive und die induktive. Wir geben zunächst ein Beispiel für einen deduktiven Schluß.

A. Alle Schwäne sind weiß.

B. Hans ist ein Schwan

Daraus folgt: Hans ist weiß.

Wir betrachten hier nicht die Frage, ob diese Sätze wahr sind oder nicht (Satz A ist nicht wahr). Wir nehmen vielmehr an, die beiden ersten Sätze seien wahr und fragen dann, ob die Wahrheit der letzten Aussage daraus folgt. Hier ist das der Fall, und daher ist die Deduktion zulässig. Wenn die beiden ersten Aussagen wahr sind, dann ist es auch die dritte.

Das obige Beispiel besteht in der Anwendung einer allgemeinen Aussage A auf einen speziellen Fall (Hans). Eine andere Art der zulässigen Deduktion erlaubt uns, aus experimentellen Resultaten begrenzte Aussagen abzuleiten.

A. Ich habe fünfundzwanzig Schwäne gesehen.

B. Der erste Schwan war weiß.
Der zweite Schwan war weiß.
Der dritte Schwan war weiß.
Der vierte Schwan war weiß.
. . .
Der fünfundzwanzigste Schwan war weiß

Daraus folgt: Alle Schwäne, die ich gesehen habe, sind weiß.

Auch dies ist eine vollkommen zulässige Deduktion, denn der Schluß folgt notwendig aus den beiden Voraussetzungen A und B. Der Schluß sagt uns aber nichts, was nicht schon in den Annahmen enthalten gewesen wäre. Dies ist eine allgemeine Eigenschaft der Deduktionen. Unser Beispiel hilft uns zu verstehen, was Newton meinte, wenn er von der Deduktion der Prinzipien aus den Erscheinungen sprach. Der Satz A sagt, daß ich einige Schwäne beobachtet habe. Der Satz B gibt die Daten an, die ich über diese Schwäne gesammelt habe. Also vermitteln die Sätze A und B zusammen die Information, die ich über diese Schwäne habe. Der letzte Satz, der Schluß, ist dann aus dieser Information deduziert worden.

Betrachten wir nun ein Beispiel eines induktiven Schlusses.

A. Alle Schwäne, die ich gesehen habe, sind weiß.

Daraus folgt: Alle Schwäne sind weiß. (Oder, etwas vorsichtiger: Der nächste Schwan, den ich sehen werde, wird weiß sein.)

Vom deduktiven Standpunkt aus ist diese Schlußweise offensichtlich falsch. Es ist nicht notwendigerweise wahr, daß alle Schwäne weiß sind, nur weil die Schwäne, die ich gesehen habe, weiß sind. Vom deduktiven Standpunkt aus ist dies ein logischer Trugschluß. Vom induktiven Standpunkt ist es jedoch eine korrekte und zulässige Induktion. Beim induktiven Schließen suchen wir eine Schlußfolgerung, die nicht notwendigerweise aus den Annahmen folgt – wir suchen etwas Neues. Bei der induktiven Schlußweise wollen wir, daß die Schlußfolgerung mehr Information enthält als die Voraussetzungen. Wenn wir aus der Erfahrung brauchbares Wissen ableiten wollen, dann muß unser Wissen über diese Erfahrung hinaus gehen. Beispielsweise wollen wir Wissen über die Zukunft erlangen, um vernünftige Entscheidungen treffen zu können. Der Preis, den wir für diese nützlichen Voraussagen zahlen, ist Unsicherheit. Wir erwarten, daß wir uns in einigen Fällen irren werden. Wir erwarten aber, daß wir die Wahrscheinlichkeit auf unserer Seite haben; wenn etwas sehr oft in derselben Weise abgelaufen ist, dann können wir vernünftigerweise erwarten, daß es wahrscheinlich wieder in derselben Weise ablaufen wird. Wir machen also eine vernünftige Schätzung. Auf diese Weise erhalten wir ein Wissen über eine Wahrscheinlichkeit. Dieses Wissen wird umso sicherer, je weiter unsere Erfahrung reicht; es wird aber niemals zur vollkommenen Gewißheit.

. . . Denn Hypothesen werden in der experimentellen Naturforschung nicht betrachtet. Wenn auch die durch Induktion aus den Experimenten und Beobachtungen gewonnenen Resultate nicht als Beweise allgemeiner Schlüsse gelten können, so ist es doch der beste Weg, Schlüsse zu ziehen, den die Natur der Dinge zuläßt, und der Schluß muß für umso strenger gelten, je allgemeiner die Induktion ist. Wenn bei den Erscheinungen keine Ausnahme mit unterläuft, so kann der Schluß allgemein ausgesprochen werden. Wenn aber einmal später durch die Experimente sich eine Ausnahme ergibt, so muß der Schluß unter Angabe der Ausnahmen ausgesprochen werden. Auf diese Weise können wir in der Analyse vom Zusammengesetzten zum Einfachen, von den Bewegungen zu den sie erzeugenden Kräften fortschreiten, überhaupt von den Wirkungen zu ihren Ursachen, von den besonderen Ursachen zu den allgemeineren, bis der Beweis mit der allgemeinsten Ursache endigt. Dies ist die Methode der Analyse; die Synthese dagegen besteht darin, daß die entdeckten Ursachen als Prinzipien angenommen werden, von denen ausgehend die Erscheinungen erklärt und die Erklärungen bewiesen werden.[4]

Wenn wir einmal unsere Prinzipien durch Induktion entdeckt haben, dann können wir diese Prinzipien als Voraussetzungen verwenden, aus denen wir deduktiv die Erscheinungen ableiten. Nachdem Newton induktiv zu allgemeinen Prinzipien gelangt war, errichtete er auf diesen Prinzipien ein deduktives System, dessen Aufbau der gewöhnlichen Euklidischen Geometrie ähnlich ist. Es ist interessant, in dem obigen Zitat zu bemerken, daß Newton das Gesetz für die

4 Isaac Newton: „Optik“, Leipzig: Verlag von Wilhelm Engelmann 1898 (Ostwald's Klassiker Nr. 97) Seite 146

zwischen Objekten wirkenden Kräfte erhielt, indem er das Verhalten bewegter Materie beobachtete. Dann wurde das Kraftgesetz angenommen und verwendet, um zu zeigen, welche Bewegungen auftreten sollten.

Wir haben erklärt, daß das Lernen aus der Erfahrung durch den Vorgang der Induktion ein wahrscheinliches, aber nicht ein sicheres Wissen ergibt. Der schottische Philosoph David Hume (1711–1776) fragte, warum wir eigentlich irgendeine Erwartung, und sei es auch nur eine Wahrscheinlichkeitserwartung, haben sollten, daß unsere Kenntnis der Vergangenheit irgend etwas mit den zukünftigen Ereignissen zu tun haben könnte. Schließlich sind ja Vergangenheit und Zukunft verschieden. Zu sagen, daß diese Erwartung in der Vergangenheit gerechtfertigt worden sei, bedeutet, von einer falschen Voraussetzung auszugehen, denn es ist ja gerade die Beziehung der Vergangenheit zur Zukunft, die zur Debatte steht. Für die Gültigkeit der experimentellen Wissenschaft einen experimentellen Grund anzugeben, würde zwar konsequent erscheinen, hieße aber doch, die Frage von vornherein als entschieden anzusehen.

Wir haben hier eine Frage angeschnitten, die von vielen als ein ungelöstes Problem der Philosophie angesehen wird. In der Wissenschaft verwenden wir die induktive Schlußweise, und sei es auch nur aus dem Grunde, daß wir kaum eine andere Wahl haben. Wir setzen eine Art von Einheit der Natur voraus und suchen gleichzeitig nach ihr.

Es ist interessant zu sehen, wie Newtons „Regeln zur Erforschung der Natur" und seine Philosophie ihn zwei schwierige Probleme anpacken ließen. Das erste Problem besteht in der Wirkung über eine Entfernung (Fernwirkung). Die Gravitationskräfte der Planeten und der Sonne wirken über sehr große Entfernungen aufeinander ein. Wie kann der Einfluß der Gravitation diese riesigen Entfernungen überbrücken, wenn es keine Materie zwischen den Himmelskörpern gibt? Wie kann die Gravitationskraft momentan über diese Entfernungen wirken? (Heute wird angenommen, daß sich der Einfluß der Gravitation mit Lichtgeschwindigkeit ausbreitet.) Newton gab zu, daß dies ein Problem ist.

Daß die Gravitation der Materie natürlich, innewohnend und wesentlich sein soll, so daß ein Körper auf einen anderen wirken kann, auf die Entfernung durch ein Vakuum, ohne Vermittlung von sonst irgendwas, von dem und durch das ihre wirkende Kraft und Gewalt von einem zum anderen übertragen wird, ist für mich eine derartige Absurdität, daß ich glaube, kein Mensch, der in philosophischen Fragen ein sachkundiges Denkvermögen besitzt, könne je auf sie verfallen. Die Gravitation muß durch ein Mittel verursacht werden, das ständig, bestimmten Gesetzen entsprechend, einwirkt; doch ob dieses Mittel materiell oder immateriell ist, überlasse ich der Überlegung meiner Leser. (zitiert nach Koestler „Nachtwandler" S. 512)

Aber er sagte auch:

Ich habe noch nicht dahin gelangen können, aus den Erscheinungen den Grund dieser Eigenschaften der Schwere abzuleiten, und Hypothesen erdenke ich nicht. Alles nämlich, was nicht aus den Erscheinungen folgt, ist eine Hypothese, und Hypothesen, seien sie nun metaphysische oder physische, mechanische oder diejenigen der verborgenen Eigenschaften, dürfen nicht in die Experimentalphysik aufgenommen werden. In dieser leitet man die Sätze aus den Erscheinungen ab und verallgemeinert sie durch Induktion. Auf diese Weise haben wir die Undurchdringlichkeit, die Beweglichkeit, den Stoß der Körper, die Gesetze der Bewegung und der Schwere kennen gelernt. Es genügt, daß die Schwere existiere, daß sie nach den von uns dargelegten Gesetzen wirke, und daß sie alle Bewegungen der Himmelskörper und des Meeres zu erklären im Stande sei.[5]

Die mathematischen Gesetze sagen das tatsächliche Verhalten voraus. Wir stellen keine Mutmaßungen über hypothetische Ursachen an und räumen ihnen nicht dieselbe Stellung wie den Gesetzen ein.

Das zweite Problem betrifft das spezielle Relativitätsprinzip. Newton akzeptierte dieses Prinzip nicht, obwohl er wußte, daß seine Gesetze es befolgten. Er wußte, daß die gewöhnliche Zeit und der gewöhnliche Raum, wie sie experimentell gemessen werden, Beziehungen zwischen einem Objekt und einem anderen oder zwischen einem Ereignis und einem anderen einschließen. Er glaubte jedoch offenbar, daß die relative Zeit und der relative Raum in Wirklichkeit auf einer absoluten Zeit und einem absoluten Raum beruhten. Eine Bewegung, die sich in einem absoluten Raum in einer absoluten Zeit vollzöge, wäre auch selbst eine absolute Bewegung. Er wußte, daß dieser Begriff seiner Naturlehre widersprach, weil die absolute Zeit, der absolute Raum und die absolute geradlinig gleichförmige Bewegung experimentell nicht beobachtbar waren. Er schrieb jedoch „die Sache ist nicht gänzlich hoffnungslos"[6], weil die beschleunigte Bewegung, die durch eine Kraft verursacht wird, absolut sei. Beispielsweise fühlt

5 Newton: „Mathematische Prinzipien . . ." Seite 511
6 Newton: „Mathematische Prinzipien . . ." Seite 30

eine sich schnell drehende Person den schwindelerregenden Effekt der Zentripetalkraft. Wahrscheinlich würde sie diesen Effekt nicht fühlen, wenn sie sich in Ruhe befände, während sich das Universum um sie drehte.

Der irische Philosoph George Berkeley (1685–1753) lehrte „Sein ist Wahrgenommenwerden". In einem religiös motivierten Angriff auf die neue mathematische Naturlehre fragte er: „Sind nicht die Begriffe der absoluten Zeit, des absoluten Raumes und der absoluten Bewegung höchst abstrakt und metaphysisch? Ist es für uns möglich, sie zu messen, zu berechnen oder zu kennen?" Newton scheint jedoch theologische Gründe für seine Lehre von Raum und Zeit gehabt zu haben.

> ... Er ist weder die Ewigkeit noch die Unendlichkeit, aber ist ewig und unendlich; er ist weder die Dauer noch der Raum, aber er währt fort und ist überall gegenwärtig, er existiert stets und überall, er macht den Raum und die Dauer aus. Da jedes Teilchen des Raumes *beständig* existiert, und jeder unteilbare Moment der Dauer *überall* fortwährt; so kann man nicht behaupten, daß derjenige, welcher der Herr und Verfertiger aller Dinge ist, *nie* und *nirgends* existiere.[7]

Die antiken Materialisten – Demokrit, Epikur und Lucretius – die offensichtlich glaubten, daß alles, was existiert, Materie, und alles, was geschieht, Bewegung sei, hinterließen bestimmte ungelöste Probleme. Wie kann man sagen, daß das Leere, das nichts ist, existiert? Newton spekulierte, daß die Körper ebenso wie das Leere von einer „geistigen Substanz" erfüllt seien, die elektrische und andere Impulse übertragen könne.[8]

Newton

Der englische Astronom Edmund Halley fragte Newton im Jahre 1684, ob das erste Keplersche Gesetz aus der inzwischen bekannten Entfernungsabhängigkeit der Gravitationskraft folgen würde. Newton antwortete, daß sei in der Tat der Fall, er habe aber die Berechnung verloren. Dazu bemerkt C. C. Gillispie treffend: „Während andere nach dem Gravitationsgesetz suchten, hatte Newton es verloren".

[7] Newton: „Mathematische Prinzipien ..." Seite 509
[8] Newton: „Mathematische Prinzipien ..." Seite 511

Offensichtlich hatte er mit niemandem über diese Entdeckung gesprochen. Newton schien mehr an seinen privaten Forschungen als an der Veröffentlichung ihrer Resultate interessiert zu sein, die zu Streitigkeiten führen konnten.

Newton führte auch wichtige Forschungen über das Wesen und das Verhalten des Lichtes durch, die er auf Anraten Halleys in den *Opticks* veröffentlichte. Darüberhinaus ist er verantwortlich für einen der großen Fortschritte der Mathematik – die Differential- und Integralrechnung. Das ist die Form der Mathematik, die wir für die Behandlung von Größen brauchen, die sich ungleichmäßig ändern. (Diese Rechenverfahren wurden unabhängig auch von dem deutschen Philosophen und Mathematiker G. W. von Leibniz (1646–1716) entdeckt, woraus sich ein Prioritätsstreit ergab.) Newtons Konzentrationsfähigkeit war offensichtlich sehr groß; als er einmal gefragt wurde, wie er seine Entdeckungen mache, antwortete er „Indem ich immer daran denke".

Im Jahre 1696 verließ Newton die Universität Cambridge, um den Posten des Vorstehers (später Direktors) der staatlichen Münze anzunehmen. Derek Price berichtet, dieser Posten sei als Sinekure (einträglicher Ruheposten) gedacht gewesen, aber Newton „leistete diese Arbeit so ernst und gewissenhaft, daß man einen großen Teil der späteren wirtschaftlichen Stärke und Sicherheit Englands seinen wirkungsvollen Reformen und Verwaltungsmaßnahmen zuschreiben muß". Selbst in Cambridge beschäftigte sich Newton mit nichtwissenschaftlichen Studien; in der Tat scheinen seine Arbeiten auf dem Gebiet der Physik und Mathematik das Resultat der Entdeckungen zu sein, die er sehr früh, nämlich in den Jahren 1665–1666 gemacht hatte. Er war von der geheimnisvollen Lehre der Alchemie fasziniert. Er wurde als sehr fähiger Theologe angesehen und schrieb einen Kommentar zur Apokalypse des Johannes und zum Propheten Daniel. Anscheinend stimmte er mit der allgemeinen Lehre von der Dreieinigkeit nicht überein, mußte dies jedoch geheim halten.

Über Newtons nichtwissenschaftliche Interessen schrieb der Wirtschaftswissenschaftler John Maynard Keynes:

Im achtzehnten Jahrhundert und der darauffolgenden Zeit wurde Newton als der erste und größte Wissenschaftler der Neuzeit angesehen, als Rationalist, als ein Mann, der uns lehrte, mit kalter und klarer Vernunft zu denken.

Ich sehe ihn nicht in diesem Licht. Ich glaube nicht, daß irgendjemand ihn so sehen kann, wenn er den Inhalt des Kastens ausschüttet, den Newton zusammenpackte, als er im Jahre 1696 Cambridge schließlich verließ. Newton war nicht der Erste des Zeitalters der Vernunft. Er war der letzte der Magier, der letzte der Babylonier und Sumerer, das letzte Genie, das unsere sichtbare und geistige Welt mit denselben Augen betrachtete wie diejenigen, die vor weniger als 10 000 Jahren unser geistiges Erbe zu bauen begannen. Isaac Newton, das Kind, das nach dem Tode seines Vaters am Weihnachtstage des Jahres 1642 geboren wurde, war das letzte Wunderkind, dem die Weisen ehrfürchtige Huldigung darbringen könnten.

Wir können Newton als einen der größten Mathematiker der Welt ansehen, oder vielleicht als den größten Physiker aller Zeiten; als einen Magier „Kopernikus und Faust in einer Person", wie Keynes sagt; oder als den Rationalisten des achtzehnten Jahrhunderts, den Mechanisten des neunzehnten Jahrhunderts, oder sogar fast als den Positivisten und Empiristen unseres eigenen Jahrhunderts. Er selbst sagte:

Ich weiß nicht, wie ich der Welt erscheinen werde; mir selbst scheint es, ich sei nur wie ein Junge gewesen, der am Meeresstrand spielt, und es erfreute mich, dann und wann einen glatteren Kiesel oder eine hübschere Muschel als gewöhnlich zu finden, während der große Ozean der Wahrheit gänzlich unerschlossen vor mir lag.

Ein Teil jenes „Ozeans der Wahrheit", den Newton unentdeckt ließ, wird uns in späteren Kapiteln beschäftigen.

Aufgaben und Lösungen

Die Aufgaben dieses Kapitels sollen ein Verständnis für die Formeln der Gravitations- und Zentripetalkraft entwickeln. Die Lösungsmethode für die leichteren Probleme besteht im wesentlichen darin, die richtigen Formeln zu suchen, die bekannten und unbekannten Größen zu identifizieren und nach den unbekannten aufzulösen.

Beispiel 1

Ein Junge und ein Mädchen sitzen in einem Abstand von einem Meter auf einem Sofa. Ihre Massen betragen 50 bzw. 100 Kilogramm.

a) Welche Gravitationskraft übt das Mädchen auf den Jungen aus?

b) Welche Gravitationskraft übt der Junge auf das Mädchen aus?

c) Wie groß ist die durch die Gravitationskraft hervorgerufene Beschleunigung der Person mit der geringeren Masse, wenn das Sofa reibungslos ist?

Lösung: Teil a. Die Formel für die Gravitationskraft ist

$$F_g = \frac{G\, m_1\, m_2}{r^2}$$

Die bekannten und unbekannten Größen sind:

m_1 = Masse des Jungen = 50 Kilogramm

m_2 = Masse des Mädchens = 100 Kilogramm

r = Entfernung zwischen dem Mädchen und dem Jungen = 1 Meter

G = Gravitationskonstante = $6{,}67 \times 10^{-11}$ Newton Meter²/Kilogramm²

F_g = Gravitationskraft = ?

Durch Einsetzen der bekannten Werte in die Gleichung erhalten wir

$$F_g = \frac{6{,}67 \times 10^{-11} \times 50 \times 100}{(1)^2} \frac{\text{Newton Meter}^2\ \text{Kilogramm Kilogramm}}{\text{Kilogramm}^2\ \text{Meter}^2}$$

$$F_g = 3{,}3 \times 10^{-7}\ \text{Newton}$$

Diese Kraft auf den Jungen ist auf das Mädchen zu gerichtet.

Lösung: Teil b. Die Kraft auf das Mädchen hat denselben Betrag wie die Kraft auf den Jungen, aber die entgegengesetzte Richtung, d. h. sie ist auf den Jungen zu gerichtet.

Lösung: Teil c. Um die durch eine Kraft hervorgerufene Beschleunigung zu finden, verwenden wir die Formel

$$F = ma$$

Die bekannten und unbekannten Größen sind:

F = Gravitationskraft (durch Teil a gefunden) = $3{,}3 \times 10^{-7}$ Newton

m = die kleinere Masse (die des Jungen) = 50 Kilogramm

a = die Beschleunigung des Jungen = ?

Durch Einsetzen dieser Werte in die Gleichung erhalten wir

$$3{,}3 \times 10^{-7}\ \text{Newton} = (50\ \text{Kilogramm}) \cdot a$$

Auflösung nach a:

$$\frac{3{,}3 \times 10^{-7}\ \text{Newton}}{50\ \text{Kilogramm}} = a$$

$$a = 6{,}6 \times 10^{-9}\ \frac{\text{Meter}}{\text{Sekunde}^2}$$

Beispiel 2

Der in Abb. 4.8 gezeichnete Junge hat eine Masse von 25 Kilogramm (einschließlich der Masse der Schüssel), das Seil ist 3 Meter lang, und der Junge hat eine Geschwindigkeit von 3 Meter/Sekunde. Wie groß ist der Betrag der Kraft in dem Seil?

Lösung: Der Junge wird durch die Kraft in dem Seil auf einer Kreisbahn gehalten. Die Kraft wirkt also als Zentripetalkraft. Die Formel für die Zentripetalkraft ist

$$F = \frac{m v^2}{r}$$

Die bekannten und unbekannten Größen sind

F = Kraft in dem Seil = ?

m = Masse des Jungen = 25 Kilogramm

v = Geschwindigkeit des Jungen = 3 Meter/Sekunde

r = Länge des Seils = 3 Meter

Durch Einsetzen dieser Werte in die obige Gleichung 11 erhalten wir

$$F = \frac{25\,(3)^2}{3} \cdot \frac{\text{Kilogramm}}{\text{Meter}} \left(\frac{\text{Meter}}{\text{Sekunde}}\right)^2$$

$$= 75\,\frac{\text{Kilogramm Meter}}{\text{Sekunde}^2}$$

$$= 75 \text{ Newton}$$

Beispiel 3

Nehmen Sie an, daß sich der Mond in einer Entfernung von 400 Millionen Metern auf einer völlig kreisförmigen Bahn um die Erde bewege. Die Masse der Erde beträgt rund 6×10^{24} Kilogramm.

a) Mit welcher Geschwindigkeit würde sich der Mond bewegen?

b) Wie groß wäre seine Beschleunigung?

Lösung: Teil a. Der Mond wird durch die Gravitationsanziehung auf seiner Bahn gehalten. Diese Gravitationsanziehung wirkt daher als eine Zentripetalkraft. Die Formeln für die Gravitationsanziehung bzw. für die Zentripetalkraft sind:

$$F = \frac{G\,m_1\,m_2}{r^2} \tag{12}$$

$$F = \frac{m_1\,v^2}{r} \tag{13}$$

In diesen Formeln sind m_1 und m_2 die Massen des Mondes bzw. der Erde, und r ist die Entfernung des Erdmittelpunktes vom Mondmittelpunkt.

Es ist sinnvoll, die mathematische Umformung durchzuführen, bevor man die Zahlen einsetzt. Da in diesem Fall die beiden Kräfte identisch sind, können wir sie gleichsetzen:

$$\frac{G\,m_1\,m_2}{r^2} = \frac{m_1\,v^2}{r}$$

Wir dividieren beide Seiten durch m_1 und multiplizieren mit r:

$$\frac{G\,m^2}{r} = v^2$$

oder

$$v = \sqrt{\frac{G\,m_2}{r}} \qquad (14)$$

Diese Formel gibt die Geschwindigkeit des Mondes oder irgendeines anderen Satelliten an, der sich auf einer Kreisbahn mit dem Radius r um einen Planeten mit der Masse m_2 bewegt. Wenn wir beispielsweise die Geschwindigkeit eines künstlichen Satelliten in Erdnähe wissen wollten, dann wäre r annähernd der Erdradius. Die Gleichung enthält nicht die Masse des Satelliten, sondern nur die der Erde. Daher hängt die Geschwindigkeit eines Satelliten nicht von seiner Masse ab.

Um die Geschwindigkeit des Mondes zu finden, stellen wir die bekannten und unbekannten Größen folgendermaßen zusammen:

G = Gravitationskonstante = $6{,}67 \times 10^{-11}$ Newton Meter²/Kilogramm²

r = Entfernung des Erdmittelpunktes vom Mondmittelpunkt = 4×10^8 Meter

m_2 = Masse der Erde = 6×10^{24} Kilogramm

v = ?

Durch Einsetzen der bekannten Werte in Gl. 14 erhalten wir

$$v = \sqrt{\frac{6{,}67 \times 10^{-11}\ \text{Newton Meter}^2/\text{Kilogramm}^2 \times 6 \times 10^{24}\ \text{Kilogramm}}{4 \times 10^8\ \text{Meter}}}$$

$$= 10^3\ \frac{\text{Meter}}{\text{Sekunde}}$$

Lösung: Teil b. Die von einer Kraft hervorgerufene Beschleunigung ist gegeben durch die Formel

$$F = m_1\,a$$

Wir haben die Masse m_1 verwendet, weil wir an der Beschleunigung des Mondes interessiert sind. Die Kraft ist die Kraft, die auf den Mond wirkt, sie ist dieselbe wie F in den Gl. 12 und 13. Wir können jede dieser Gleichungen mit Gl. 15 verbinden, um die Beschleunigung des Mondes zu berechnen. Wir wählen Gl. 13 und stellen das Einsetzen der Zahlen zurück, bis wir fast fertig sind. Wir verwenden also folgende Gleichungen

$$F = m_1 a$$

$$F = \frac{m_1 v^2}{r}$$

Da die F-Werte untereinander identisch sind, setzen wir die ihnen entsprechenden Ausdrücke gleich:

$$m_1 a = \frac{m_1 v^2}{r}$$

Die Masse des Mondes fällt wieder heraus; wir erhalten daher eine Formel für die Beschleunigung durch eine Zentripetalkraft, die für jedes Objekt gilt, das sich mit konstanter Geschwindigkeit auf einer Kreisbahn bewegt:

$$a = v^2/r \qquad (16)$$

Jetzt setzen wir die Werte von v und r ein, um a zu finden:

$$a = \frac{10^6}{4 \times 10^8 \text{ Meter}} \cdot \frac{\text{Meter}^2}{\text{Sekunde}^2}$$

$$= 2{,}5 \times 10^{-3} \frac{\text{Meter}}{\text{Sekunde}^2}$$

Beispiel 4

Das dritte Keplersche Gesetz gibt eine Beziehung zwischen der Entfernung eines Planeten von der Sonne und seiner Umlaufzeit um die Sonne an. Nehmen Sie an, daß sich der Planet auf einer Kreisbahn um die Sonne bewegt und leiten Sie dann das dritte Keplersche Gesetz aus den Gesetzen der Bewegung und der Gravitation ab.

Lösung: Wieder wirkt die Gravitationskraft als Zentripetalkraft auf einen Planeten, um ihn auf einer Kreisbahn zu halten. Die Gleichungen für die Gravitations- und Zentrifugalkraft sind wieder

$$F = \frac{G\, m_s m_p}{r^2} \tag{17}$$

$$F = \frac{m_p v^2}{r} \tag{18}$$

Die Größen bedeuten:

F = Gravitationskraft der Sonne auf den Planeten, die als Zentripetalkraft wirkt

m_s = Masse der Sonne

m_p = Masse des Planeten

G = Gravitationskonstante

r = Entfernung des Planeten von der Sonne

v = Geschwindigkeit des Planeten

Aus den Gleichungen 17 und 18 erhalten wir

$$\frac{m_p v^2}{r} = \frac{G\, m_s m_p}{r^2} \tag{19}$$

Wir kürzen die Masse des Planeten heraus und multiplizieren beide Seiten mit r

$$v^2 = G\, m_s / r \tag{20}$$

Dies ist eine Beziehung zwischen der Geschwindigkeit v des Planeten und seinem Abstand r von der Sonne. Wir möchten aber anstelle der Geschwindigkeit v die Umlaufzeit T einbeziehen. Wir können die Zeit T, die der Planet für einen Umlauf um die Sonne braucht, leicht finden, weil wir den Radius r der Bahn und die Geschwindigkeit v des Planeten kennen. Der Umfang der Bahn mit dem Radius r ist $2\pi r$.

Diese Entfernung wird mit der Geschwindigkeit v zurückgelegt. Es gilt

$$\text{Entfernung} = \text{Geschwindigkeit} \cdot \text{Zeit}$$

$$2\pi r = v\,T$$

$$2\pi r/T = v$$

Wenn wir diesen Wert für v in Gl. 20 einsetzen, erhalten wir

$$(2\pi r/T)^2 = G\,m_s/r$$

Also ist $$\frac{4\pi^2 r^2}{T^2} = \frac{G\,m_s}{d}$$

$$\frac{r^3}{T^2} = \frac{G\,m_s}{4\pi^2}$$

$$\frac{T^2}{r^3} = \frac{4\pi^2}{G\,m_s} \qquad (21)$$

Die rechte Seite der Gleichung 21 ist konstant. Daher können wir schreiben

$$T^2/r^3 = \text{const} \qquad (22)$$

$$T^2 = (\text{const.}) \cdot r^3 \qquad (23)$$

Das heißt: Das Quadrat der Umlaufzeit ist proportional dem Kubus (der dritten Potenz) des Radius der Planetenbahn.

Beispiel 5

Berechnen Sie den Drehimpuls des Jungen im Beispiel 2 in Bezug auf eine Achse, die durch seinen Vater geht und senkrecht auf dem Eis steht.

Lösung: Die Formel für den Drehimpuls ist

$$\text{Betrag des Drehimpulses} = m\,v\,r$$

Hier ist m = Masse des Jungen = 25 Kilogramm

v = Geschwindigkeit des Jungen = 3 Meter/Sekunde

r = Abstand von der Achse = 3 Meter

Wenn wir diese Werte in die Formel einsetzen, erhalten wir

$$\text{Betrag des Drehimpulses}$$

$$= 25 \times 3 \times 3 \text{ Kilogramm } \frac{\text{Meter}}{\text{Sekunde}} \text{ Meter}$$

$$= 225 \text{ Kilogramm } \frac{\text{Meter}^2}{\text{Sekunde}}$$

Beispiel 6

Nehmen Sie an, daß der Mann im Beispiel 5 an dem Seil zieht und hierdurch die Entfernung zwischen ihm und dem Jungen auf zwei Meter verkürzt. Welche Geschwindigkeit nimmt der Junge hierdurch an?

Lösung: Dies ist ein Beispiel für die Erhaltung des Drehimpulses. Wenn der Mann das Seil heranzieht, übt er eine zusätzliche Kraft auf den Jungen aus, aber diese Kraft ist zur Achse gerichtet und ändert daher den Drehimpuls um diese Achse nicht. Also ist der Drehimpuls des Jungen nach dem Anziehen des Seils mvr gleich dem Drehimpuls vor dem Anziehen des Seils, also 225 Kilogramm Meter^2/Sekunde;

$$mvr = 225 \text{ Kilogramm Meter}^2/\text{Sekunde}$$

In dieser Formel bedeuten

m = Masse des Jungen = 25 Kilogramm

v = neue Geschwindigkeit des Jungen = ?

r = neuer Abstand von der Achse = 2 Meter

Wir setzen diese Werte in die Gleichung ein

$$25 \text{ Kilogramm} \times v \times 2 \text{ Meter} = 225 \text{ Kilogramm Meter}^2/\text{Sekunde}$$

Durch Auflösen nach v erhalten wir

$$v \times 50 \text{ Kilogramm Meter} = \frac{225 \text{ Kilogramm (Meter)}^2}{\text{Sekunde}}$$

$$v = \frac{225}{50} \frac{\text{Kilogramm Meter}^2}{\text{Kilogramm Meter Sekunde}}$$

$$= 4{,}5 \text{ Meter/Sekunde}$$

Beispiel 7

Zeigen Sie, daß die Gravitationskraft F_g auf ein Objekt durch die Gleichung $F_g = m \cdot g$ gegeben ist.

Lösung: Die Kraft F auf irgendein Objekt wird durch seine Masse m und die Beschleunigung a nach der Gleichung $F = ma$ gegeben. Wenn die Gravitationskraft F_g die einzige auf das Objekt wirkende Kraft ist, dann ist die Beschleunigung a gleich der Fallbeschleunigung (Gravitationsbeschleunigung) g. Also ist die auf ein Objekt wirkende Gravitationskraft (sein Gewicht) gegeben durch:

$$\text{Gewicht} = F_g = m \cdot g$$

Zusammenfassung

I. Fundamentale Gesetze oder Prinzipien

A. Das Gesetz der Gravitationswechselwirkung. Zwei Objekte ziehen sich mit einer Kraft an, deren Größe durch die Gleichung $F_g = G\, m_1\, m_2/r^2$ gegeben ist. Die in dieser Gleichung auftretenden schweren Massen (Gravitationsmassen) m_1 und m_2 stellen innerhalb der Grenzen der Meßgenauigkeit dieselben Größen dar wie die gewöhnlichen (trägen) Massen in der Gleichung $F = ma$.

B. Erhaltung des Drehimpulses

II. Größen

A. Abgeleitete Größen

1. Drehimpuls, eine Vektorgröße (genauer gesagt ein Pseudovektor)

2. Drehmoment, eine Vektorgröße (genauer gesagt ein Pseudovektor)

B. Naturkonstanten

1. Die Gravitationskonstante $G = 6{,}67 \times 10^{-11}\ \frac{\text{Newton Meter}^2}{\text{Kilogramm}^2}$

III. Anwendungen

A. Gewicht

B. Gravitationsbeschleunigung (Fallbeschleunigung) g, an einem gegebenen Ort für alle Objekte gleich.

C. Kreisbewegung und Zentripetalkraft

D. „Weltsystem“

E. Satelliten und „Gewichtslosigkeit“

IV. Methoden der Wissenschaft

A. Modelle – Das Newtonsche Modell

B. Die Philosophie der experimentellen Wissenschaft

Fragen

1. Ein Objekt bewegt sich mit einem konstanten Geschwindigkeitsbetrag auf einer Kreisbahn. Was bleibt außer dem Geschwindigkeitsbetrag noch konstant? Was bleibt nicht konstant?
2. Nehmen Sie an, daß jedes der folgenden Objekte eine Kreisbewegung ausführt: a) Ein Stein in einer Wurfschleuder, b) Wasser in einem rotierenden Eimer, c) Ein Flugzeug in einer horizontalen Kurve, d) Ein Wagen auf einer kreisförmigen Rennbahn. Wodurch kommt in jedem dieser Fälle die Zentripetalkraft zustande?
3. In welcher Einheit wird das Gewicht gemessen?
4. Was ist der Unterschied zwischen Gewicht und Masse?

5. Wußte Newton, wie man ein Raumschiff auf eine Umlaufbahn bringt?
6. Beschreiben Sie die Bewegung eines Astronauten, der seine Kapsel zu einem „Spaziergang“ im Raum verläßt. Ist er masselos? Ist er gewichtslos? Warum fällt er nicht auf die Erde?
7. Übt ein Apfel eine Gravitationskraft auf die Erde aus? In welchem Verhältnis steht diese Kraft zu der Kraft, die die Erde auf den Apfel ausübt?
8. Man läßt eine Kanonenkugel und eine Briefmarke im Vakuum fallen. Sie werden gleichzeitig in derselben Höhe losgelassen. Beschreiben Sie die Bewegung jedes Gegenstandes. Wie groß ist die Beschleunigung jedes Gegenstandes? Sind die Kräfte auf die beiden Gegenstände während des Falls gleich? Warum gibt es keinen Widerspruch zwischen den Antworten auf die beiden letzten Fragen?
9. Angenommen, Sie würden plötzlich auf einen anderen Planeten transportiert. Wie könnten Sie seine Masse bestimmen?
10. Wir stellen uns gewöhnlich vor, daß die Sonne ruht und die Erde sich um die Sonne bewegt. Tatsächlich würden, falls die Erde der einzige Planet wäre, sich die Sonne und die Erde um ein gemeinsames Zentrum bewegen, das sich innerhalb der Sonne in der Nähe ihres Mittelpunktes befindet. Woher wissen wir, daß sich sowohl die Erde als auch die Sonne bewegen? (Nehmen Sie an, daß Newton Bewegungsgesetze und das Gravitationsgesetz korrekt sind.)
11. Wird sich das in Abb. 4.22 dargestellte System bewegen, wenn keine Reibung auftritt, aber M eine sehr viel größere Masse als m hat?

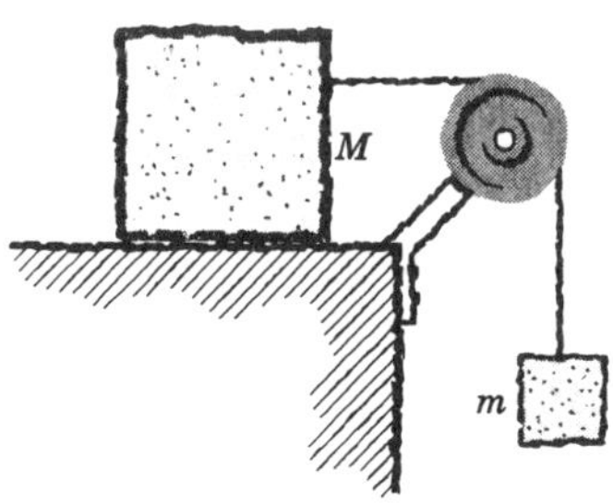

Abb. 4.22

12. Warum wird ein Schwungrad in Stücken auseinander fliegen, wenn es sich zu schnell dreht?
13. Warum ist es schwierig, einen Wagen zu lenken, wenn er auf einer vereisten Straße fährt?
14. In Abb. 4.23 haben der Affe und die Last dieselbe Masse. Was geschieht, wenn der Affe anfängt, an dem Seil emporzuklettern? (Vernachlässigen Sie die Reibung an der Rolle.)

Abb. 4.23

15. Angenommen, der in Abb. 4.23 dargestellte Affe habe eine größere Masse als die Last. Ist es möglich, daß der Affe die Last hebt, indem er an seinem Ende des Seils emporklettert?
16. Eine Kugel wird am Ende einer Schnur auf einem horizontalen Kreis herumgeschwungen. In der Schnur gibt es eine Kraft, die den Ball ständig zum Zentrum des Kreises zieht; dennoch bewegt sich die Kugel immer mit demselben Geschwindigkeitsbetrag. Wie verträgt sich diese Tatsache mit dem zweiten Newtonschen Bewegungsgesetz, wonach eine Kraft eine Beschleunigung hervorruft?
17. In welcher Weise unterscheidet sich die Gravitationsmasse (schwere Masse) von der gewöhnlichen (trägen) Masse?

18. In welcher Hinsicht ist die schwere Masse dasselbe wie die träge Masse?

19. Abb. 4.24 zeigt zwei Möglichkeiten, eine Schaukel aufzuhängen. In beiden Fällen wird das gleiche Seil verwendet. Welche Schaukel kann ein größeres Gewicht tragen und warum?

Abb. 4.24

20. Das Seil, mit dem ein Ballon befestigt ist, ist gerade stark genug, um ihn bei Windstille zu halten. Was geschieht, wenn ein horizontaler Wind zu wehen beginnt und warum?

21. Können wir eine biegsame Wäscheleine jemals so fest ziehen, daß sie völlig gerade wird?

22. Abb. 4.25 zeigt zwei Möglichkeiten, dasselbe Bild aufzuhängen. In welchem Fall hat die Schnur weniger Spannung und warum?

23. Erklären Sie, weshalb durch das Wägen eine genaue Massenbestimmung durchgeführt werden kann.

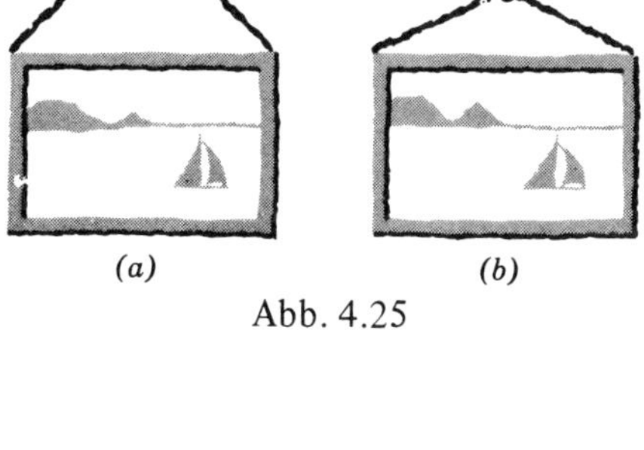

(a) (b)

Abb. 4.25

24. Würde der Vorgang des Wägens auf dem Mond dasselbe Resultat ergeben wie auf der Erde?

25. Ist die Fallbeschleunigung immer und überall gleich? Erklären Sie Ihre Antwort.

26. Der Luftwiderstand auf ein bewegtes Objekt nimmt mit steigender Geschwindigkeit zu. Wie könnte dies die Tatsache erklären, daß fallende Objekte im allgemeinen eine maximale Geschwindigkeit erreichen, wenn sie tief genug fallen?

27. Warum bewegt sich ein Komet auf seiner Bahn am schnellsten, wenn er sich der Sonne am nächsten befindet?

28. Nehmen Sie an, daß eine rotierende Kugel aus heißem Gas sich abkühlt und kontrahiert. Was geschieht mit ihrer Rotationsgeschwindigkeit? Was geschieht mit ihrem Drehimpuls?

29. Hat ein Wagen, der auf einer geraden Straße fährt, einen Drehimpuls im Bezug auf eine Achse, die durch einen in der Nähe befindlichen Telephonmast definiert wird? Erklären Sie Ihre Antwort.

30. Nehmen Sie an, daß er in Abb. 4.20 dargestellte Mann das Rad soweit neigt, bis dessen Achse horizontal steht. Welche resultierende Bewegung des Systems ergibt sich, verglichen mit dem Experiment, in dem das Rad vollständig nach unten geschwenkt wurde?

31. Welche Kräfte werden von dem rotierenden Rad auf die Hände des Mannes ausgeübt, wenn er es nach unten schwenkt?

32. Welche der folgenden Vektoren sind wahre Vektoren und welche sind Pseudovektoren? Kraft, Verschiebung, Impuls, Beschleunigung, Drehmoment.

33. Ermitteln Sie eine Position des Spiegels in Abb. 4.21, die den Drehimpulsvektor, aber nicht den Geschwindigkeitsvektor umkehrt.

34. Könnte auf der einen Seite einer Gleichung, die ein physikalisches Gesetz ausdrückt, eine Vektorgröße, auf der anderen Seite eine Pseudovektorgröße stehen? Erklären Sie Ihre Antwort.

35. Welche Effekte würden Sie erwarten, wenn die Gravitationskonstante zehn mal größer wäre als sie tatsächlich ist?

36. Wie groß ist die Geschwindigkeit eines senkrecht nach oben geworfenen Balles im höchsten Punkt? Welche Beschleunigung hat er in diesem Punkt?
37. Welche Kraft wirkt auf den Ball der Frage 36, wenn er sich im höchsten Punkt befindet?
38. In welchem Sinn kann Newtons Weltsystem als ein Modell betrachtet werden?
39. Der in Abb. 4.8 dargestellte Mann zieht das Seil an oder gibt nach und verändert auf diese Weise die Entfernung, in der sein Sohn um ihn herumschwingt. Bleibt bei diesem Vorgang der Drehimpuls erhalten? Angenommen, er verkürzt die Entfernung einfach dadurch, daß er stillsteht und zuläßt, daß sich das Seil um seinen Körper wickelt; bleibt dann der Drehimpuls des Jungen noch erhalten?
40. Der in Abb. 4.19 dargestellte Mann greift nach oben und versetzt das Rad in Rotation. Dann schwenkt er das Rad nach unten, ohne dessen Rotation zu unterbrechen. Was geschieht mit seiner eigenen Rotation?
41. Das Gravitationsgesetz ist in Gleichung 1 ohne Angabe eines Bezugssystems ausgedrückt worden. Ist das ein Fehler?

Aufgaben

1. Wie groß ist das Gewicht eines 50-Kilogramm-Jungen?
2. Wie groß ist das Gewicht eines 50-Kilogramm-Jungen auf dem Mond? (Der Mond hat eine Masse von $6{,}7 \times 10^{22}$ Kilogramm und einen Radius von $1{,}74 \times 10^{6}$ Meter.)
3. Wie groß ist die Fallbeschleunigung auf dem Mond? (Siehe die obige Aufgabe 2.)
4. Ein Objekt mit einer Masse von sechs Kilogramm bewegt sich mit einer Geschwindigkeit von zehn Meter/Sekunde auf einem Kreis mit einem Radius von fünf Meter. Berechnen Sie die Zentripetalkraft und die Beschleunigung des Objekts.
5. Ich will ein Objekt mit einer Masse von 500 kg, das eine Geschwindigkeit von 5 km/s besitzt, auf einer Kreisbahn mit einem Radius von 10 000 km halten. Welche Kraft muß ich ausüben? (1 km = 1000 m).

6. Wie groß ist die anziehende Gravitationskraft zwischen zwei Astronauten im Weltraum, die beide eine Masse von 80 kg haben und 40 m voneinander entfernt sind? Welche Beschleunigung ergibt sich durch diese Anziehung?
7. Wie groß ist die anziehende Gravitationskraft zwischen zwei Atomen im Weltraum, die beide eine Masse von 2×10^{-27} kg haben und 10^{-7} m voneinander entfernt sind? Welche Beschleunigung ergibt sich durch diese Anziehung?
8. Wie groß ist die Masse eines Jungen, der 600 N wiegt?
9. Eine Rakete mit einer Masse von 20 kg wird nach oben geschossen. Ihr Motor hat einen Schub von 600 Newton. Wie groß ist ihre Beschleunigung?
10. Nehmen Sie an, daß in dem Beispiel 2 auf Seite 186 die Kraft im Seil 100 N beträgt, während die Masse des Jungen und der Abstand von seinem Vater unverändert bleiben. Wie groß müßte dann die Geschwindigkeit des Jungen sein? Wie groß wäre seine Beschleunigung?
11. Der Planet Mars bewegt sich in einem Abstand von rund $2{,}3 \times 10^{11}$ m auf einer fast kreisförmigen Bahn um die Sonne. Ein Umlauf dauert 1,88 Jahre. Wie groß ist die Masse der Sonne?
12. Auf dem Mond beträgt die Fallbeschleunigung ungefähr ein Sechstel des Wertes auf der Erde. Der Radius des Mondes ist 0,27 mal so groß wie der der Erde. Wie verhält sich die Masse des Mondes zu der der Erde?
13. Die Fallbeschleunigung auf dem Jupiter beträgt $25{,}9\ m/s^2$, der Radius des Jupiters ist 7×10^7 m. Wie groß ist die Masse des Jupiters?
14. Nehmen Sie an, daß in dem Beispiel 6 auf Seite 192 der Vater das Seil um 1 m nachläßt. Welche Geschwindigkeit des Jungen ergibt sich daraus?
15. Berechnen Sie annähernd die Geschwindigkeit eines Satelliten, der sich in der Nähe der Erdoberfläche um die Erde bewegt.
16. Berechnen Sie in der Aufgabe 15 den Drehimpuls pro kg des Satelliten im Bezug auf eine Achse, die durch den Erdmittelpunkt geht und senkrecht auf der Bahnebene des Satelliten steht.

17. Berechnen Sie den Drehimpuls eines Reifens mit der Masse m und dem Radius r, der mit einer Geschwindigkeit v auf dem Boden rollt. Wählen Sie die Achse auf dem Boden senkrecht zum Reifen.

18. Abb. 4.26 zeigt vier Männer, die eine Mühle drehen. Jeder Mann übt in einem Abstand von 3 m von der Achse eine Kraft von 300 N aus. Welches Drehmoment übt jeder Mann aus? Wie groß ist das Drehmoment, das die vier Männer insgesamt auf die Mühle ausüben? Wie groß ist die Kraft, die die vier Männer insgesamt auf die Mühle ausüben?

19. Zeigen Sie, daß das zweite Keplersche Gesetz (Seite 44) das Gesetz der Erhaltung des Drehimpulses für Planeten ist.

20. Zeigen Sie, daß das Gesetz der Gravitationswechselwirkung in der angegebenen Form die Symmetrien der Lage, der Orientierung und der Spiegelung wahrt.

Abb. 4.26

Fünftes Kapitel

Weitere Anwendungen der Bewegungs- und Kraftgesetze

Kräfte auf Objekte

Die für die Bewegung verantwortliche resultierende Kraft

Wir interessieren uns oft für die Bewegung eines Objektes, das mehr als einer Kraft unterliegt. Um die Bewegungsgesetze auf ein solches Objekt anwenden und seine Beschleunigung berechnen zu können, müssen alle angreifenden Kräfte als Vektoren addiert werden. Es ist diese Vektorsumme, also die resultierende Kraft, die die Beschleunigung des Objektes bestimmt. Wenn wir die Resultierende ermitteln, müssen wir sicher sein, daß wir wirklich alle an dem Objekt angreifenden Kräfte in Rechnung stellen.

Um alle auf das Objekt einwirkenden Kräfte zu finden, untersuchen wir zunächst alle Wechselwirkungen, an denen das Objekt teilnimmt. Alle Wechselwirkungen, die wir bis jetzt diskutiert haben, waren das Ergebnis eines direkten Kontakts des betrachteten Objekts mit anderen Objekten (durch Berührung, Stäbe, Seile oder dergleichen) oder der Gravitationswechselwirkung. Später werden wir noch andere Arten der Wechselwirkung diskutieren. Jede der Wechselwirkungen, die das Objekt mit einem anderen Objekt hat, wird *eine Kraft* auf das Objekt hervorrufen. (Jede Wechselwirkung ruft auch eine Kraft auf das andere Objekt hervor, aber da diese Kraft die Bewegung des Objektes, für das wir uns interessieren, nicht ändert, können wir sie hier ignorieren.) Die verschiedenen Teile eines Objektes können untereinander Wechselwirkungen haben, aber diese Wechselwirkungen brauchen nicht betrachtet zu werden, wenn wir die Bewegung des Objekts als Ganzes untersuchen.

Um sicher zu sein, daß wirklich alle Kräfte berücksichtigt werden, ist es nützlich, das Objekt allein, getrennt von seiner Umgebung, zu skizzieren. Der nächste Schritt besteht darin, jede Kraft, die auf das Objekt wirkt, als Pfeil in die Skizze einzuzeichnen. Die Resultierende dieser Kräfte ergibt sich dann durch die in Kapitel 2 beschriebenen Methode der Vektoraddition. Diese resultierende Kraft ist für die Beschleunigung des Objektes verantwortlich.

Bevor wir ein Beispiel betrachten, wollen wir den Vorgang, die resultierende Kraft und die Beschleunigung zu finden, übersichtlich aufgliedern. Dieser Vorgang besteht aus folgenden Schritten:

1. Wählen Sie das Objekt, an dessen Bewegung Sie interessiert sind.
2. Stellen Sie alle Wechselwirkungen auf, die dieses Objekt mit anderen Objekten oder Körpern haben kann.
3. Zeichnen Sie eine Skizze, in der das Objekt isoliert ist und tragen Sie jede auf das Objekt wirkende Kraft als Pfeil in die Skizze ein.
4. Ermitteln Sie die resultierende Kraft durch vektorielle Addition.
5. Berechnen Sie die Beschleunigung aus der Masse des Objektes und der resultierenden Kraft nach der Gleichung $F = ma$.

Als Beispiel dieses Vorgangs wollen wir die resultierende Kraft auf ein Boot finden, das von zwei Jungen stromaufwärts gezogen wird (Abb. 5.1). Entsprechend dem ersten oben angegebenen Schritt haben wir das Boot als das Objekt ausgewählt, für dessen Bewegung wir uns interessieren. Der zweite Schritt besteht darin, alle Wechselwirkungen aufzustellen, die das Boot mit anderen Objekten oder Körpern hat. Da wir wissen, daß die Beschleunigung des Bootes in horizontaler Richtung erfolgt, wissen wir auch, daß die resultierende Kraft horizontal gerichtet sein muß. Daher ignorieren wir alle vertikalen Kräfte, die durch die Wechselwirkung des Bootes mit seiner Umgebung hervorgerufen werden. Beispielsweise ignorieren wir die Gravitationskraft der Erde, die das Boot nach unten zieht. Wir werden später zeigen, daß wir berechtigt sind, diese vertikalen Kräfte zu ignorieren, wenn wir die Bewegung auf einer horizontalen Ebene behandeln. Wir stellen fest, daß es genau drei Wechselwirkungen gibt, die horizontale Kräfte auf das Boot hervorrufen. Wir stellen diese Wechselwirkungen folgendermaßen zusammen:

a) Die Wechselwirkung mit dem Seil, das von dem Jungen am rechten Ufer gezogen wird.

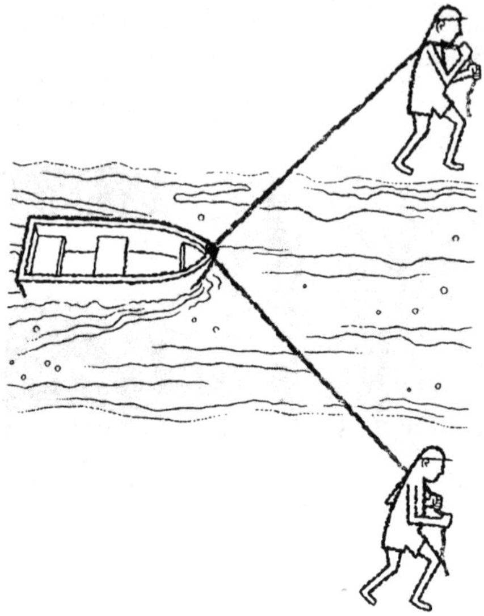

Abb. 5.1

b) Die Wechselwirkung mit dem Seil, das von dem Jungen am linken Ufer gezogen wird.

c) Die Wechselwirkung mit dem Wasser, die durch die verzögernde Reibung des am Boot vorbeiströmenden Wassers hervorgerufen wird.

Als dritten Schritt skizzieren wir das isolierte Objekt und die Pfeile, die die angreifenden Kräfte darstellen. Da es drei Wechselwirkungen gibt, gibt es auch drei Kräfte, die auf das Boot einwirken. Dieser Schritt wird durch Abb. 5.2a verdeutlicht. Wir nehmen an, daß die Beträge und Richtungen der Kräfte bekannt sind, so daß die Kräfte maßstäblich eingetragen werden können, wie es in der Abbildung

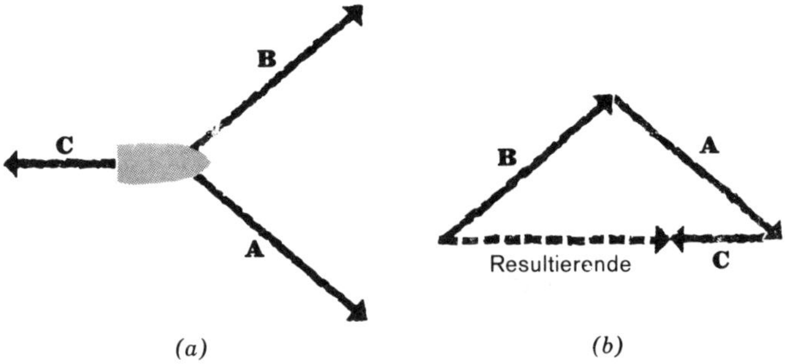

Abb. 5.2

geschehen ist. Der vierte Schritt, die Ermittlung der resultierenden Kraft, ist in Abb. 5.2b dargestellt. (Wir wenden die auf Seite 86 diskutierte Methode der Vektoraddition an, indem wir sie in der Reihenfolge Anfangspunkt-Spitze-Anfangspunkt-Spitze zusammensetzen.) Wenn wir noch den fünften Schritt durchführten, würden wir natürlich feststellen, daß die Beschleunigung in derselben Richtung wie diese resultierende Kraft erfolgt.

In dem gewählten Beispiel erwies sich die resultierende Kraft als stromaufwärts gerichtet. Wenn die drei Kräfte, die von den Jungen und dem Wasser ausgeübt werden, anders sind, kann die resultierende Kraft jedoch auch stromabwärts oder seitlich gerichtet sein; es kann sich auch der Wert Null ergeben. Diese Möglichkeiten sind in Abb. 5.3 dargestellt.

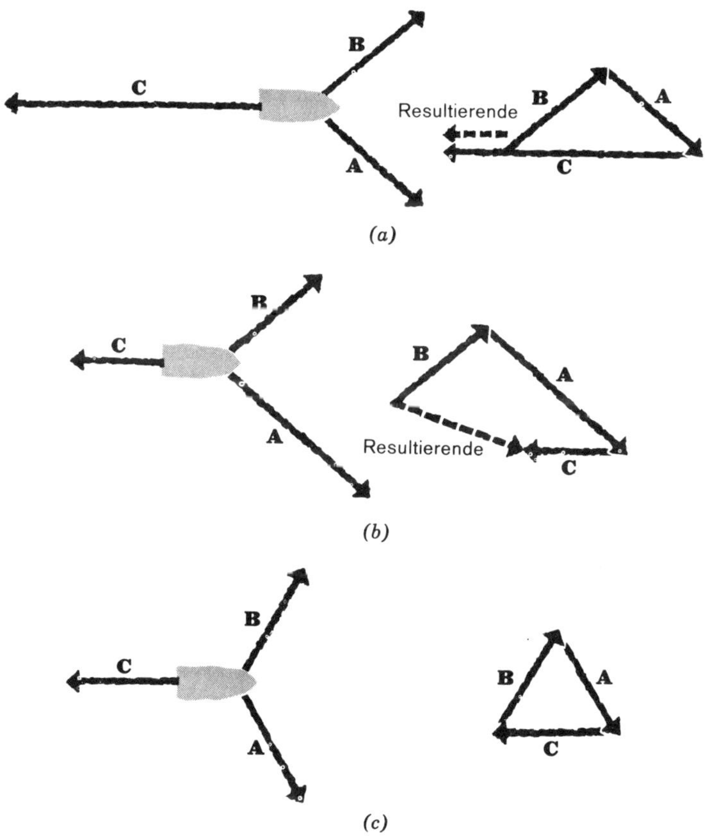

Abb. 5.3

Gleichgewicht

Ein Objekt befindet sich im *Gleichgewicht,* wenn sich alle angreifenden Kräfte zu Null addieren. Wenn diese resultierende Kraft Null ist, ist die Beschleunigung auch Null. Umgekehrt befindet sich jedes Objekt, das sich nicht beschleunigt bewegt, im Gleichgewicht, und die angreifenden Kräfte müssen sich zu Null addieren. Da sich ein Objekt auch ohne Beschleunigung bewegen kann, braucht ein im Gleichgewicht befindliches Objekt nicht in Ruhe zu sein. Es kann entweder in Ruhe sein oder sich mit konstanter Geschwindigkeit bewegen. Wenn die Vektoren der Kräfte, die auf ein im Gleichgewicht befindliches Objekt wirken, addiert werden, dann fällt die Spitze des letzten Vektors mit dem Anfangspunkt des ersten Vektors zusammen, so daß eine geschlossene Figur entsteht (Abb. 5.3c).

Ein einfaches Beispiel eines ruhenden Objektes ist der in Abb. 5.4 dargestellte bewegungslose Elch. Wir folgen den oben angegebenen Schritten und identifizieren zunächst das interessierende Objekt – nämlich den Elch. Danach stellen wir die Wechselwirkungen zwischen dem Elch und den anderen Objekten zusammen.

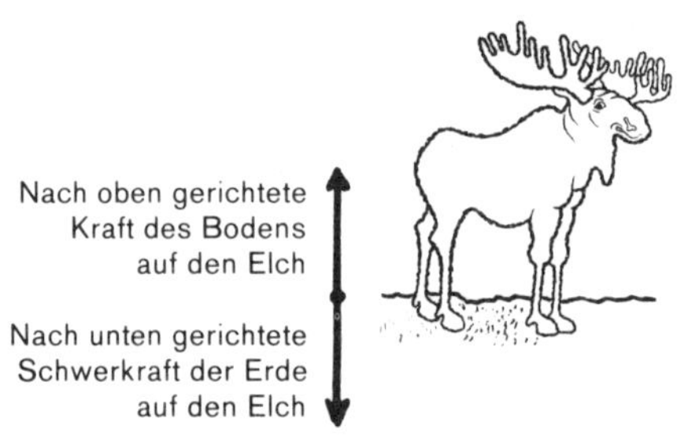

Abb. 5.4

a) Die Gravitationswechselwirkung zwischen der Erde und dem Elch.

b) Die Wechselwirkung der direkten Berührung zwischen dem Körper des Elchs und dem Boden.

Diese zweite Wechselwirkung besteht aus einem Kräftepaar. Eine dieser Kräfte wird von dem Elch ausgeübt, der nach unten auf den Boden drückt, und die andere Kraft wird von dem Boden ausgeübt, der den Elch nach oben drückt. Die Kraft des Bodens, die den Elch nach oben drückt, ist verantwortlich für den Unterschied zwischen der Bewegung des Elchs in Abb. 5.4 und seiner Bewegung in Abb. 5.5, wo der Boden entfernt worden ist. In Abb. 5.5 nimmt der Elch nur an einer Wechselwirkung teil, nämlich der Gravitation, und daher wird er beschleunigt. Der Elch in Abb. 5.4 befindet sich in Ruhe; die Kraft des Bodens, die ihn nach oben drückt, ist erforderlich, um ihn vor dem Fall zu bewahren.

Abb. 5.5

Als nächstes zeichenen wir eine Skizze, in der wir den Elch isolieren und die beiden auf ihn wirkenden Kräfte durch Pfeile darstellen (Abb. 5.6). Da der Elch in Ruhe bleibt, befindet er sich im Gleichgewicht, und die Resultierende der beiden auf ihn wirkenden Kräfte muß Null sein. Die Kraft des Bodens, die nach oben drückt, muß

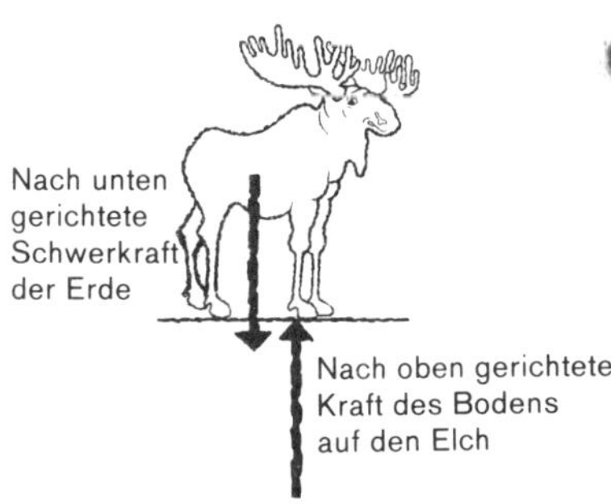

Abb. 5.6

denselben Betrag haben wie die Gravitationskraft der Erde, die ihn nach unten zieht. Dieselbe Analyse kann auf jedes Objekt auf der Erde angewendet werden, das keine vertikale Beschleunigung erfährt. Hierdurch wird erklärt, weshalb wir bei der Diskussion des in Abb. 5.1 dargestellten Beispiels alle vertikal gerichteten Kräfte eliminieren konnten. Die Gravitationskraft, die das Boot nach unten zieht, steht im Gleichgewicht mit der Kraft des Wassers, die das Boot nach oben drückt.

Das Paradoxon vom Elch und dem Baumstamm

Wir spannen jetzt den Elch vor einen Baumstamm und bitten ihn, den Stamm für uns zu ziehen (Abb. 5.7). Der gebildete Elch weigert sich aber und zitiert Isaac Newton.

> Zieht ein Pferd einen an einem Seil befestigten Stein fort, so wird das erstere gleich stark gegen den letzteren zurückgezogen, denn das nach beiden Seiten gespannte Seil wird durch dasselbe Bestreben schlaff zu werden, das Pferd gegen den Stein und diesen gegen jenes drängen; es wird eben so stark das Fortschreiten des einen verhindern, als das Fortrücken des andern befördern.[1]

Der Elch interpretiert die Erkenntnis Newtons richtig, wenn er schließt, daß, wie kräftig er auch den Stamm ziehen möge, der Stamm ihn immer mit der gleichen Kraft zurückzieht. „Also“, sagt

Abb. 5.7

[1] Newton: „Mathematische Prinzipien . . .“ Seite 32

er, „ist es völlig nutzlos, daß ich versuche, den Stamm zu ziehen (oder auch irgendeinen anderen Gegenstand), denn jede Kraft, die ich auf den Baumstamm ausübe, um ihn zu bewegen, wird genau ausgeglichen durch die Kraft, mit der der Stamm zurückzieht".

Um den Trugschluß, der von diesem faulen Biest vorgetragen wird, aufzuklären, wollen wir die auf den Baumstamm wirkenden Kräfte analysieren, wenn der Elch zu ziehen anfängt. Wir wählen den Stamm als Gegenstand unseres Interesses. Da die Bewegung des Stammes horizontal erfolgt, werden wir alle vertikalen Kräfte ignorieren. Also brauchen wir nur zwei Wechselwirkungen zu berücksichtigen: Die Wechselwirkung zwischen dem Stamm und dem Elch und die Wechselwirkung zwischen dem Stamm und dem Boden. Die zweite Wechselwirkung besteht aus den Reibungskräften, die auftreten, wenn der Stamm über den Boden gezogen wird. Wenn wir den Stamm isolieren, brauchen wir also nur zwei Kräfte zu betrachten (Abb. 5.8). Es gibt die nach rechts gerichtete Kraft, die von dem Elch auf den Stamm ausgeübt wird und die nach links gerichtete auf den Stamm wirkende Reibungskraft. Um den Stamm in Bewegung zu setzen, ist es nur erforderlich, daß der Elch auf den Stamm eine Kraft ausübt, die größer als die Reibungskraft ist. In diesem Fall gibt es eine nach rechts gerichtete resultierende Kraft, so daß der Stamm in die Richtung des Elches beschleunigt wird. Wenn der Elch den Stamm mit konstanter Geschwindigkeit ziehen will, nachdem er einmal in Bewegung ist, muß er auf den Stamm eine Kraft ausüben, deren Betrag gleich dem Betrag der Reibungskraft auf den Stamm ist. In diesem Fall ist die resultierende Kraft auf den Stamm Null, und daher befindet sich der Stamm im Gleichgewicht. Er wird sich im Gleichgewicht ständig mit konstanter Geschwindigkeit weiterbewegen, solange die resultierende Kraft Null ist.

Beachten Sie, daß wir bei dieser Analyse die Kraft des Stammes auf den Elch nicht erwähnt haben. Diese Kraft wirkt nicht auf den Stamm; sie beeinflußt zwar die Bewegung des Elches, aber nicht die

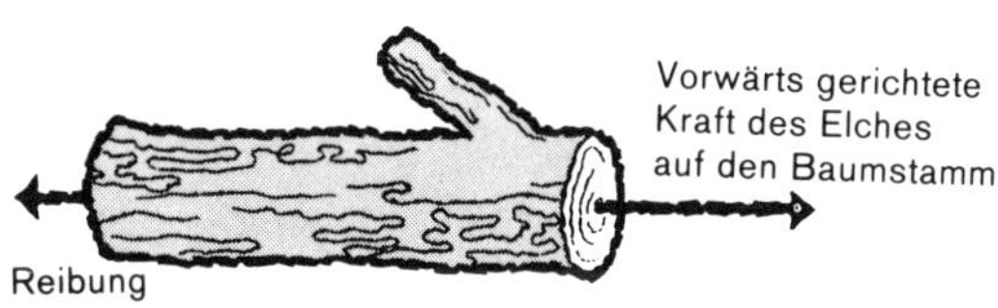

Abb. 5.8

Bewegung des Stammes. Der Trugschluß in der Behauptung des Elches entsteht durch die Tatsache, daß eine der Kräfte, von denen er sprach, überhaupt nicht auf das Objekt wirkt, das er bewegen sollte. Die Wechselwirkung zwischen dem Elch und dem Stamm schließt tatsächlich die beiden Kräfte ein, die er beschrieb, aber nur eine von ihnen wirkt auf den Stamm.

Kräfte in Flüssigkeiten

Flüssigkeiten in Ruhe

Dieser Abschnitt handelt von Substanzen, die fließen können. Man unterscheidet zwischen tropfbaren Flüssigkeiten, die ausgegossen werden können (z. B. Wasser), und Gasen (z. B. Luft), die jeden zur Verfügung stehenden Behälter vollständig erfüllen. Zwei abgeleitete Größen, die Dichte und der Druck, sind besonders nützlich, um die Eigenschaften dieser Stoffe zu beschreiben.

Dichte. Die *Dichte* einer Flüssigkeit (und auch jeder anderen Substanz) ist gleich der Masse, die sie pro Einheitsvolumen hat. Beispielsweise hat Wasser eine größere Dichte als Luft, weil ein gegebenes Volumen Wasser mehr Masse hat als das gleiche Volumen Luft – ein Eimer voll Wasser enthält mehr Masse als derselbe Eimer voll Luft. Da die Dichte einer Substanz gleich der Masse pro Einheitsvolumen ist, können wir sie durch folgende Formel ausdrücken:

$$\rho = m/V \tag{1}$$

V ist das Volumen einer bestimmten Menge an Materie, m ist die Masse dieser Materie und ρ ist ihre Dichte. Nehmen Sie beispielsweise an, daß wir die Dichte des Wassers bestimmen wollen. Wir wissen zufällig, daß drei Kubikmeter Wasser eine Masse von 3000 Kilogramm haben. Wenn in drei m^3 3000 kg enthalten sind, dann müssen in 1 m^3 1000 kg enthalten sein. Also ist die Dichte des Wassers 1000 kg/m^3.

Druck. Wenn eine Kraft auf eine Fläche nicht nur an einem einzelnen Punkt angreift, sondern über die ganze Fläche verteilt ist (wie es bei Flüssigkeiten oft geschieht), dann ist es zweckmäßig, den *Druck* als neue abgeleitete Größe einzuführen. Der Druck auf ein Gebiet einer Oberfläche ist gleich der gesamten Kraft auf dieses Gebiet dividiert durch die Fläche dieses Gebietes. Das heißt, der Druck p ist gleich der Kraft F dividiert durch die Fläche A.

$$p = F/A \tag{2}$$

Um zu zeigen, daß bei einigen physikalischen Effekten nicht die Kraft, sondern der Druck die entscheidende Rolle spielt, betrachten wir die Tänzerin in Abb. 5.9. Wenn sie 506 N wiegt, (d. h. eine Masse von 51,5 kg hat), dann übt sie auf den Fußboden eine Kraft von 506 N aus, gleichgültig, ob sie auf dem Boden steht oder sitzt. Dagegen ist der Druck in diesen beiden Fällen sehr unterschiedlich. Wenn sie sitzt, verteilt sich die Kraft über eine weitaus größere Fläche, als wenn sie sich beim Tanzen auf einen einzelnen Absatz stützt. Wenn die Spitze ihres Absatzes eine sehr kleine Fläche hat, kann sie sogar den Fußboden zerkratzen. Die Kraft von 506 N übt einen viel größeren Druck aus, wenn sie auf eine kleinere Fläche wirkt.

Abb. 5.9

Druck in Flüssigkeiten. Der Philosoph und Mathematiker Blaise Pascal (1623–1662) untersuchte ruhende Flüssigkeiten und gelangte zu mehreren Prinzipien, die den Druck in Flüssigkeiten beschreiben. Beispielsweise fand er, daß der Druck in Flüssigkeiten immer senkrecht auf jeder Oberfläche steht, die Kontakt mit der Flüssigkeit hat. Tatsächlich kann man feststellen, daß der Druck senkrecht auf jeder gewählten Fläche in der Flüssigkeit selbst steht, wie auch ihre Lage oder Orientierung sein mag. Darüberhinaus hat an jedem Punkt der Flüssigkeit der Druck in allen Richtungen dieselbe Größe. Abb. 5.10 veranschaulicht diese Tatsachen. Bei jeder Orientierung wirkt auf den Kolben derselbe Druck. In jedem Fall wirkt der Druck senkrecht auf die Fläche des Kolbens.

Abb. 5.10

Pascal fand auch, daß der Druck in einer Flüssigkeit mit der Tiefe zunimmt und nicht vom Gesamtvolumen der Flüssigkeit abhängt. Beispielsweise ist in den verbundenen Gefäßen, die in Abb. 5.11 dargestellt sind, der Druck an allen Punkten desselben Niveaus gleich, z. B. an den Punkten P_1, P_2, P_3, P_4 und P_5. Diese Gleichheit gilt, obwohl sich die Gefäße selbst in Form und Größe stark unterscheiden. Da der Druck an allen Punkten eines Niveaus gleich ist, ist auch das Niveau der Oberfläche in allen drei Gefäßen gleich. (Bei sehr engen Röhrchen gibt es Ausnahmen von dieser Regel.) Wäre auf einem bestimmten Niveau der Druck nicht in allen Gefäßen gleich, dann würde so lange Wasser von einem Gefäß in das andere fließen, bis der Druck ausgeglichen wäre. In den verbundenen Gefäßen ist natürlich der Druck auf jedem gegebenen Niveau größer als auf den darüberliegenden Niveaus, weil jede Wasserschicht eines bestimmten Niveaus das Gewicht des Wassers in allen darüberliegenden Schichten tragen muß.

Der Druck in einer Flüssigkeit hängt auch von der Dichte der Flüssigkeit ab. Da beispielsweise Quecksilber 13,6 mal dichter ist als Wasser,

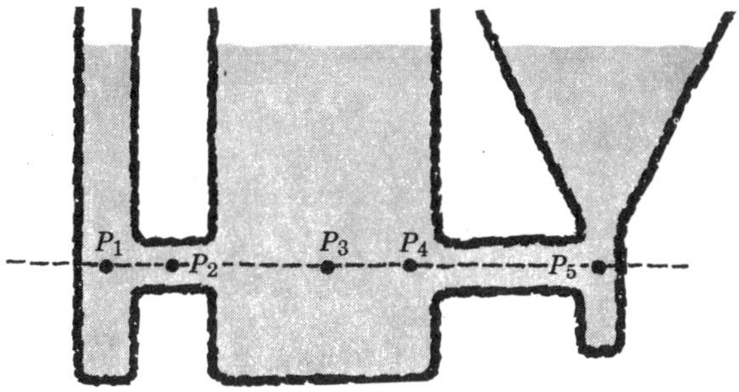

Abb. 5.11

ist der Druck in einem Gefäß, das mit Quecksilber gefüllt ist, in einer bestimmten Tiefe 13,6 mal größer als in einem mit Wasser gefüllten Gefäß in derselben Tiefe.

Die gesamte Atmosphäre ist ein See von Gas, der uns alle bedeckt, wobei er an der Erdoberfläche einen Druck von 100 000 N/m^2 auf alle Gegenstände ausübt. Dieser Atmosphärendruck entsteht durch das Gewicht der Luft. Da die Atmosphäre allmählich in den Weltraum übergeht, ist ihre „Oberfläche" schwer zu definieren. Die Dichte in den oberen Regionen ist aber so gering, daß das Gewicht der Luft oberhalb von 5×10^4 m weniger als 1% zum Gesamtgewicht der Atmosphäre beiträgt.

Wir messen den atmosphärischen Druck mit einem Instrument, das als Barometer bezeichnet wird. Abb. 5.12 zeigt, wie man eine Barometerart herstellt – nämlich ein Quecksilberbarometer. Eine Glasröhre mit einer Länge von ungefähr 1 m wird mit Quecksilber gefüllt. Dann wird das offene Ende der Röhre verschlossen, (um kein Quecksilber zu verlieren) und in ein Gefäß mit Quecksilber eingetaucht. Dabei muß darauf geachtet werden, daß keine Luft in die Röhre gelangt. Wird das offene Ende wieder freigegeben, fließt etwas Quecksilber in das Gefäß, während eine Quecksilbersäule in der Röhre zurückbleibt. (Abb. 5.12d). In dem Raum darüber bildet sich ein fast vollständiges Vakuum aus; der Druck in diesem Raum ist praktisch Null. Daher stammt der Druck am Punkt P nur von dem Gewicht der darüber befindlichen Quecksilbersäule. Im Punkt Q an der Oberfläche des Quecksilbers in der Schale außerhalb der Röhre stammt der Druck nur von dem Atmosphärendruck. Da diese beiden Punkte auf demselben Niveau liegen und durch flüssiges Queck-

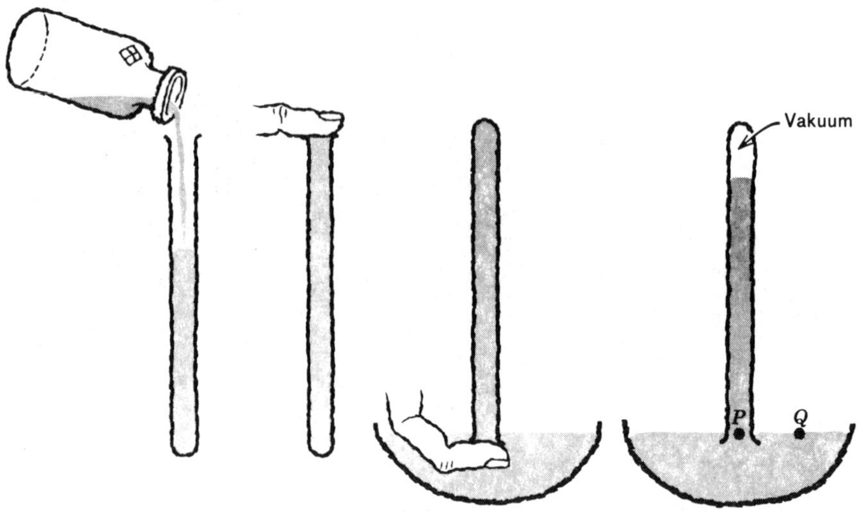

Abb. 5.12

silber verbunden sind, muß der Druck an diesen beiden Punkten gleich sein; d. h. der Druck, der durch die Höhe der Quecksilbersäule dargestellt wird, ist gleich dem Druck der Atmosphäre im Außenraum. Wenn der Atmosphärendruck steigt, steigt auch das Quecksilber in der Röhre höher. Wenn der Atmosphärendruck abnimmt, sinkt das Quecksilber in der Röhre. Daher kann die Quecksilbersäule verwendet werden, um den Luftdruck zu messen. Die Messungen der Luftdruckänderungen dienen zur Wettervorhersage. Da der Luftdruck sich auch mit der Höhe ändert, kann man mit dem Barometer auch die Höhe messen.

Das einfache, in Abb. 5.13 dargestellte Modell der menschlichen Atmungsorgane zeigt, daß der Luftdruck uns auch beim Atmen hilft. Zunächst ist alles im Gleichgewicht und alle Drücke sind gleich dem Atmosphärendruck. Dann ziehen die Atemmuskeln das Zwerchfell herunter, um das Volumen innerhalb des Brustraums zu vergrößern. Hierdurch vermindert sich der Druck auf die Außenseiten der Lungen, die in dem Modell als zwei kleine Ballons dargestellt sind. Der Druck innerhalb der Lungen ist immer noch gleich dem Atmosphärendruck,

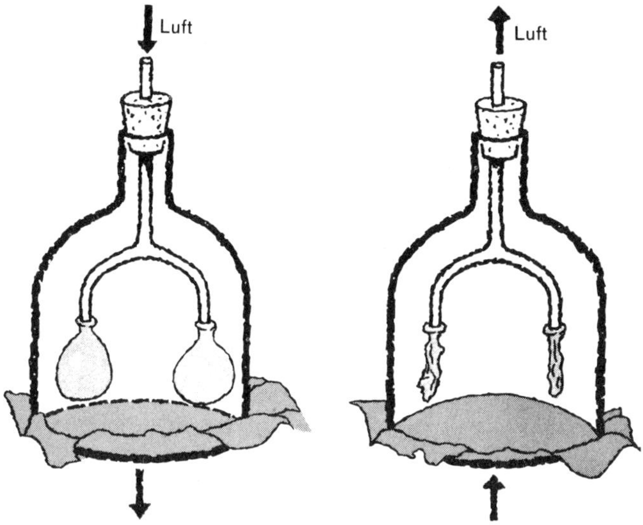

(a) (b)

Abb. 5.13

so daß sich die Lungen ausdehnen und mit Luft füllen. Anschließend vermindert das Zwerchfell das Volumen, das die Lungen umgibt; der Druck im Brustraum übersteigt den Atmosphärendruck, so daß sich die Lungen zusammenziehen und die Luft hinauspressen.

Auftrieb. Wenn Sie jemals versucht haben, einen großen Stein aus einem Teich zu holen, dann werden Sie bemerkt haben, daß es leicht ist, den Stein zu heben, solange er im Wasser ist. Es ist aber wesentlich schwerer, ihn aus dem Wasser herauszuheben und ans Ufer zu bringen. Also ist eine Flüssigkeit irgendwie in der Lage, eine Kraft auszuüben, die uns hilft, Steine oder andere eingetauchte Objekte herauszuheben. Diese Kraft heißt *Auftriebskraft.*

Da die wichtigste Wechselwirkung zwischen dem Wasser und dem Stein durch den direkten Kontakt zwischen der Flüssigkeit und dem Stein zustande kommt, muß die Auftriebskraft durch den Druck hervorgerufen worden sein, den das Wasser auf den Stein ausübt. Um zu erkennen, wie der Druck in einer Flüssigkeit eine Auftriebskraft hervorrufen kann, betrachten wir zunächst die Kräfte auf einen kleinen Teil der Flüssigkeit selbst.

Abb. 5.14a zeigt die Kräfte, die auf ein kleines Flüssigkeitsvolumen wirken, das in ein Gefäß mit derselben Flüssigkeit eingetaucht ist. Die Drücke wirken senkrecht auf die Oberfläche dieses Volumens. Die einzige andere Kraft auf die Flüssigkeit innerhalb dieses Volumens ist die Gravitationskraft, die mit einer Kraft nach unten zieht, die gleich dem Gewicht ist. Damit dieses Flüssigkeitsvolumen in Ruhe – in der Gesamtflüssigkeit eingetaucht – bleibt, muß die Resultierende aller Kräfte, die durch den Druck auf die Oberfläche entstehen, diesem Zug durch die Gravitationskraft das Gleichgewicht halten. Also muß der Druck eine resultierende aufwärts gerichtete Kraft auf das Flüssigkeitsvolumen ausüben, deren Betrag gleich dem Betrag ihres Gewichtes ist. Dies ist die Auftriebskraft. Wir können verstehen, daß eine solche Kraft existieren muß; da in einer Flüssigkeit der Druck mit der Tiefe zunimmt, ist der nach oben gerichtete Druck an der Unterseite dieses kleinen Volumens größer als der nach unten gerichtete Druck an der Oberseite. Aus dem von allen Richtungen wirkenden Druck ergibt sich insgesamt eine nach oben gerichtete Kraft – die Auftriebskraft.

Wir haben die Richtung und den Betrag der Auftriebskraft gefunden, die ein bestimmtes, in eine Flüssigkeit eingetauchtes Volumen nach oben drückt. Die Kraft ist nach oben gerichtet und ihr Betrag ist gleich dem Betrag des Gewichts desselben Flüssigkeitsvolumens. Nehmen wir nun an, daß dasselbe, in Abb. 5.14a dargestellte Volumen nicht mit Wasser, sondern mit Holz gefüllt ist, wie es Abb. 5.14b zeigt. Durch die Tatsache, daß das Volumen mit Holz statt mit Wasser gefüllt ist, ändert sich der Druck der Flüssigkeit nicht, denn an jedem Punkt der Oberfläche des Volumens ist die Tiefe immer noch dieselbe. Also ist auch die Auftriebskraft, die durch den Druck der

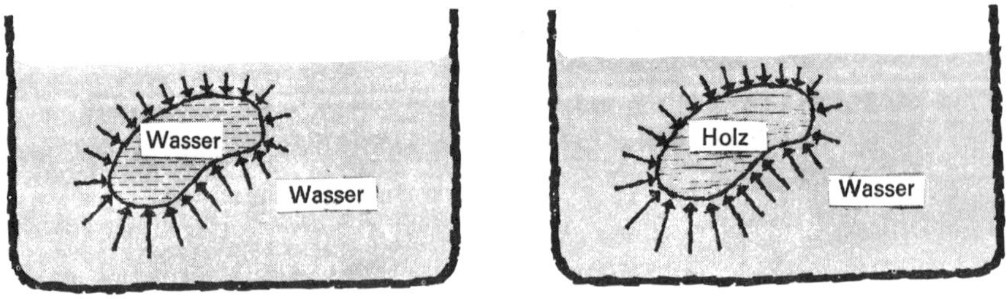

(a) (b)

Abb. 5.14

umgebenden Flüssigkeit hervorgerufen wird, immer noch dieselbe. Die Auftriebskraft hängt von dem Volumen des Objekts, aber nicht von seinem Material ab.

Mit Hilfe dieses Prinzips wollen wir jetzt erklären, weshalb einige Objekte untersinken, während andere an der Oberfläche schwimmen. Abb. 5.15 stellt drei Objekte dar, die in das Wasser eingetaucht worden sind. Eins von ihnen besteht aus Holz, eins aus Stein und eins ist ein kleines Volumen des Wassers selbst. Alle diese Objekte haben das gleiche Volumen und daher übt das umgebende Wasser auf alle die gleiche Auftriebskraft aus. Sie haben aber nicht alle das gleiche Gewicht. Das Holz hat weniger Gewicht als das gleiche Volumen Wasser, und der Stein hat ein noch größeres Gewicht. Das Wasser hat selbstverständlich dasselbe Gewicht wie das gleiche Volumen Wasser. Die auf das kleine Wasservolumen wirkende Auftriebskraft ist genau gleich dem Gewicht des Wassers; daher ist dieses Wasservolumen im Gleichgewicht. Das Gewicht des Holzes ist jedoch kleiner als die Auftriebskraft, und daher drückt die Resultierende dieser beiden Kräfte das Holz nach oben. Das Gewicht des Steins ist größer als die Auftriebskraft, daher zieht die resultierende Kraft den Stein nach unten, so daß er versinkt.

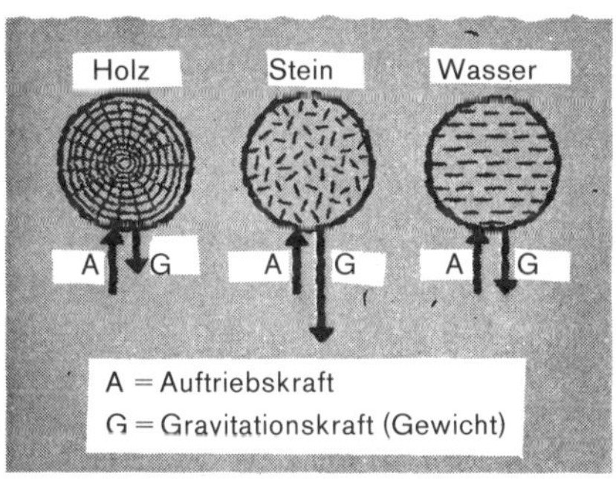

Abb. 5.15

Statt die Gewichte des Holzes und des Steins zu vergleichen, hätten wir auch ihre Massen vergleichen können, da ihre Massen proportional zu ihren Gewichten sind. Wenn wir so vorgehen, dann ist es bei gegebenen Volumen die Masse, die bestimmt, ob ein Objekt oben schwimmen oder untersinken wird. Da hier nicht einfach die

Masse allein, sondern die Masse bei gegebenen Volumen entscheidend ist, ist es tatsächlich die Dichte, die bestimmt, ob ein Objekt oben schwimmen oder untergehen wird. Objekte, die dichter sind als das Wasser, gehen im Wasser unter. Objekte, die eine geringere Dichte als das Wasser haben, schwimmen im Wasser oben. Für das Gleichgewicht schwimmender Körper sind also die vom Gewicht und dem Auftrieb hervorgerufenen Kräfte maßgebend. Ein oben schwimmender Körper sinkt teilweise in das Wasser ein und nimmt daher ein bestimmtes Volumen unterhalb der Oberfläche der Flüssigkeit in Anspruch (Abb. 5.16). Das Gewicht dieses Flüssigkeitsvolumens ist gleich dem Gewicht des schwimmenden Körpers. Dies folgt aus der Tatsache, daß die Auftriebskräfte auf dieses Volumen in der Lage sein müssen, das gleiche Flüssigkeitsvolumen zu tragen.

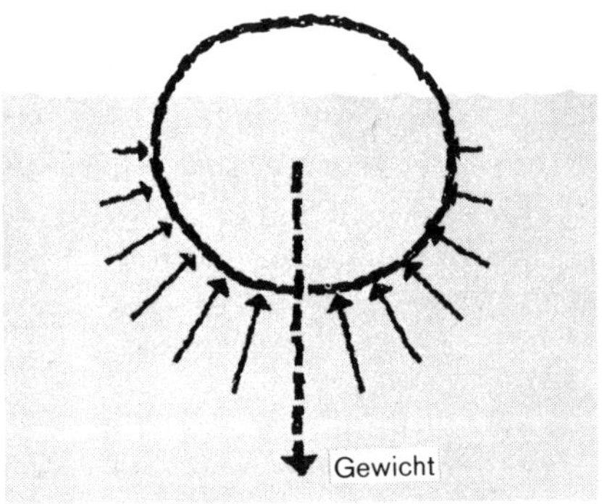

Abb. 5.16

Die Theorie der Auftriebskräfte wurde zuerst von Archimedes von Syrakus (287–212 v. Chr.) entwickelt. Er war einer der größten Mathematiker aller Zeiten; seine Studien über das Gleichgewicht inspirierten Galilei. Es wird berichtet, daß Archimedes in einem öffentlichen Bade ruhte, als er über ein Problem nachdachte, daß ihm Hiero, der König von Syrakus, gestellt hatte. Der König hatte den Verdacht, daß das Gold in einer Krone mit einem weniger dichten Metall verdünnt worden sei. Die Masse der Krone ließ sich leicht durch Wägen bestimmen, aber die Ermittlung der Dichte würde auch eine sehr genaue Messung des Volumens erfordern. Man konnte das Volumen natürlich feststellen, wenn man die Krone einschmolz, aber das war kaum eine zufriedenstellende Lösung. Archimedes erkannte, daß sein eigener Gewichtsverlust im Wasser seines Bades von seinem Volumen abhing und sah hierin die Lösung im Streitfall um die Krone des Königs. Hingerissen von seiner Entdeckung (so wird erzählt) sprang Archimedes aus seinem Bad und rannte nach Hause mit dem Ruf „Heureka!" (Ich habe es gefunden!).

Der Druck in bewegten Flüssigkeiten

In diesem Abschnitt wollen wir einen Effekt diskutieren, der zuerst von Daniel Bernoulli (1700–1782) entdeckt wurde, einem Mitglied einer berühmten schweizer Familie von Wissenschaftlern. Dieser Effekt besteht darin, daß in einer bewegten Flüssigkeit der Druck in den Gebieten mit kleiner Geschwindigkeit höher ist als in den Gebieten mit großer Geschwindigkeit. Innerhalb der Strömung ist daher der Druck umso niedriger, je größer die Geschwindigkeit ist. Das könnte ziemlich paradox erscheinen, ist aber richtig. (Die Druckeffekte durch größere Tiefe und andere Einflüsse können diesen Effekt überdecken.)

Abb. 5.17 zeigt, wie Wasser glatt durch eine Röhre strömt. Im mittleren Abschnitt ist die Röhre enger als an den beiden Enden, und daher muß die Flüssigkeit in diesem Gebiet schneller fließen. (Wenn dieselbe Flüssigkeitsmenge durch denselben Kanal fließen muß, ohne komprimiert zu werden, dann muß sie sich schneller bewegen.) Der von Bernoulli entdeckte Effekt besagt, daß der Druck in diesem Abschnitt geringer sein muß als an den beiden Seiten. Wir können die Richtigkeit dieses Satzes erkennen, wenn wir das zweite Bewegungsgesetz anwenden. Betrachten wir ein kleines Flüssigkeitsvolumen, das gerade in das enge Gebiet der Röhre eintritt. Da es in ein

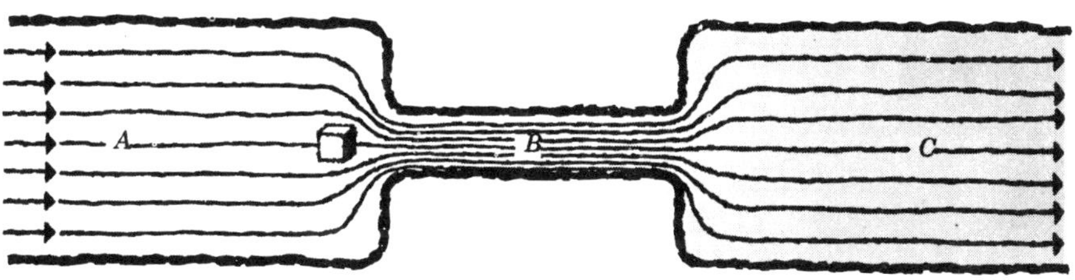

Abb. 5.17

Gebiet mit hoher Geschwindigkeit eintritt, muß es beschleunigt werden. Die einzigen Kräfte auf dieses Flüssigkeitsvolumen stammen von dem Druck der umgebenden Flüssigkeit. Der Druck muß hinter ihm größer sein als vor ihm, denn sonst gäbe es keine resultierende Kraft, die die Beschleunigung hervorrufen kann. Wenn die Röhre weiter wird, ist die Situation umgekehrt.

Abb. 5.18 zeigt ein weiteres Beispiel dieses Effekts, nämlich einen Tischtennisball, der von einem Luftstrom in der Schwebe gehalten wird. Wir wollen hier nicht untersuchen, was den Ball nach oben treibt (die Kraft der von unten gegen den Ball strömenden Luft ist gleich seinem Gewicht). Die eigentliche Frage ist, warum der Ball auch dann nicht seitlich aus dem Luftstrom herausfällt, wenn der Strahl bewegt oder geneigt wird. Bernoullis Effekt hilft uns zu erklären, weshalb der Ball in dem Strahl bleibt. Nehmen wir an, der Ball befinde sich am Rande des Strahls, so daß er aus dem Strahl herauszufallen droht. Auf der dem Strahl zugewandten Seite des Balles bewegt sich die Luft schneller als auf der Außenseite. Die schneller bewegte Luft hat einen geringeren Druck, daher wird der Ball in den Strahl hineingezogen.

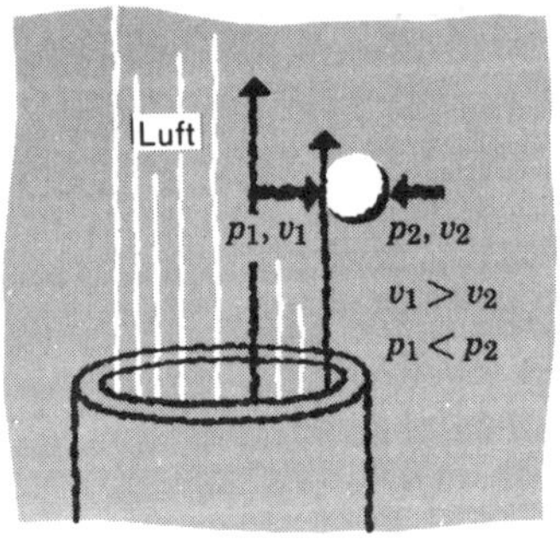

Abb. 5.18

Ein weiteres Beispiel ist in Abb. 5.19 dargestellt. Bläst man durch die mittlere Bohrung der Garnrolle, so wird ein Stück dünne Pappe an den Boden der Spule herangezogen, statt fortgeweht zu werden. Nach Bernoullis Effekt hat die zwischen dem Boden der Spule und der Pappe fließende Luft einen geringeren Druck als die ruhende Luft

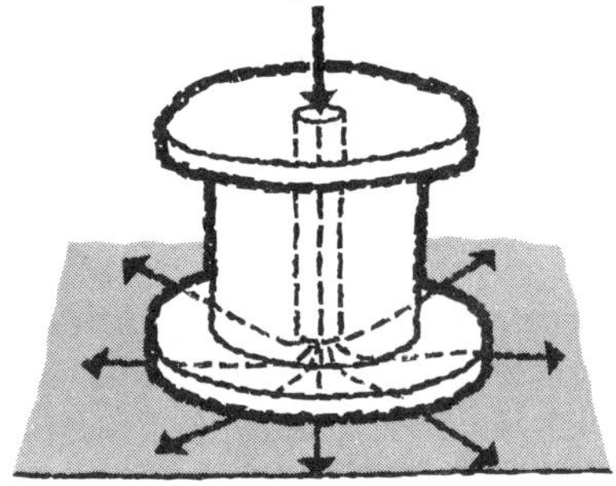

Abb. 5.19

auf der anderen Seite der Pappe. Dieser Druckunterschied gleicht das Gewicht der Pappe aus.

Bernoullis Effekt erklärt auch die Auftriebskraft an den Tragflächen der Flugzeuge. Abb. 5.20 zeigt den Querschnitt eines Tragflügels, der oben und unten von Luft umströmt wird. Der Flügel ist so konstruiert, daß die oberhalb und unterhalb des Flügels verlaufenden Luftströme sich an der Hinterkante wieder glatt zusammenfügen. Daher legt die oberhalb des Flügels strömende Luft in der gleichen Zeit einen weiteren Weg zurück als die Luft unterhalb des Flügels; also bewegt sich die obere Luft mit größerer Geschwindigkeit. Durch die höhere Geschwindigkeit entsteht oberhalb des Flügels ein geringerer Druck, so daß hierdurch eine aufwärts gerichtete Kraft zustande kommt.

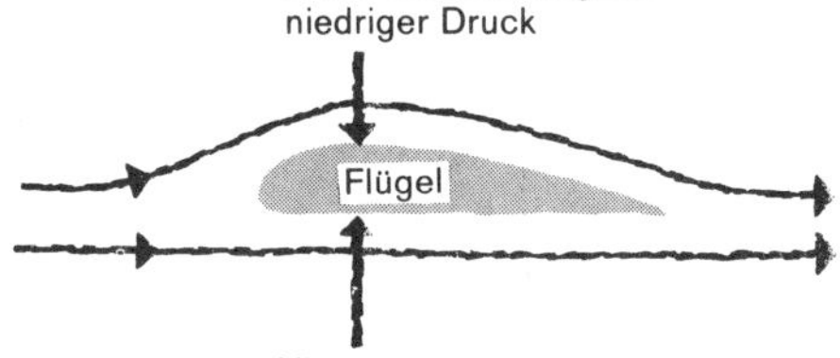

Abb. 5.20

Die Beziehung zwischen dem Weg, der Geschwindigkeit und der Zeit für bewegte Objekte

Bewegung bei fehlender Kraft

Wenn ein Objekt keiner Wechselwirkung unterliegt, oder wenn die Resultierende aller angreifender Kräfte Null ist, dann befindet sich das Objekt im Gleichgewicht, und seine Geschwindigkeit ist konstant. Nach dem ersten Bewegungsgesetz bewegt es sich ständig mit konstanter Geschwindigkeit auf einer Geraden. Die Anwendung des zweiten Bewegungsgesetzes $F = ma$ führt zum selben Resultat. Wenn die Kraft auf ein Objekt mit der Masse m gleich Null ist, dann muß auch die Beschleunigung Null sein. Das bedeutet, daß sich die Geschwindigkeit des Objekts nicht ändern kann, so daß das Objekt entweder in Ruhe bleiben oder sich gleichförmig (mit konstanter Geschwindigkeit auf einer Geraden) bewegen muß.

Der Weg, den ein gleichförmig bewegtes Objekt zurücklegt, ist proportional zu der Zeit, während der die Bewegung erfolgt. Diese Beziehung läßt sich leicht durch die folgende Gleichung ausdrücken:

$$s = vt \tag{3}$$

Hierin bedeuten s, v und t den Weg, die Geschwindigkeit und die Zeit.

Es kann zweckmäßig sein, ein Bezugssystem zu verwenden, in dem der bewegte Körper zum Zeitpunkt $t = 0$ bereits eine Entfernung s_o vom Ursprungspunkt des Bezugssystems hat. In diesem Fall ergibt sich für die geradlinig gleichförmige Bewegung die Gleichung

$$s = s_o + vt \tag{4}$$

In dem Spezialfall, daß $s_o = 0$ ist, ist die Gleichung 4 dieselbe wie die Gleichung 3. Diese Gleichungen wurden schon im Kapitel 1 auf Seite eingeführt. Hier wollen wir hervorheben, daß die Geschwindigkeit v in diesen Gleichungen konstant ist.

Wir können diese Gleichungen verwenden, um eine Zeichnung anzufertigen, die den Weg und die Zeit zueinander in Beziehung setzt (Abb. 5.21). Da Gl. 3 die Tatsache ausdrückt, daß der Weg propor-

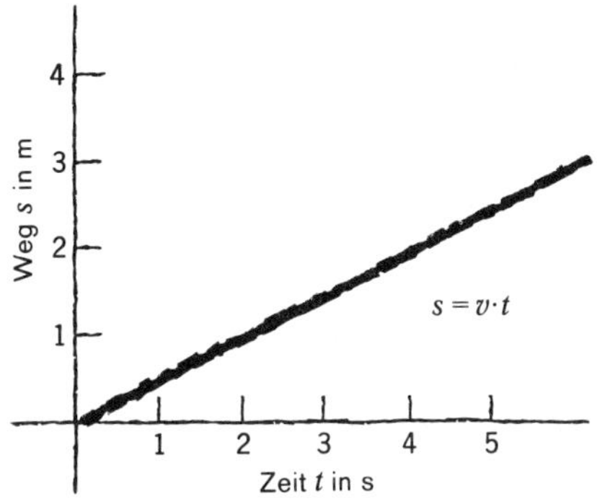

Abb. 5.21

tional zur Zeit ist, ist die Zeichnung die einfache Darstellung, die wir für Größen erwarten, die einander proportional sind (siehe Anhang II-C). Die gerade Linie geht durch den Ursprungspunkt des Koordinatensystems. Die Gleichung 4 läßt sich graphisch ebenso einfach darstellen, aber die Gerade geht nicht mehr durch den Ursprungspunkt (Abb. 5.22). Wir können die Gerade der Abb. 5.22 erhalten, indem wir die Gerade der Abb. 5.21 um die Strecke s_o nach oben schieben.

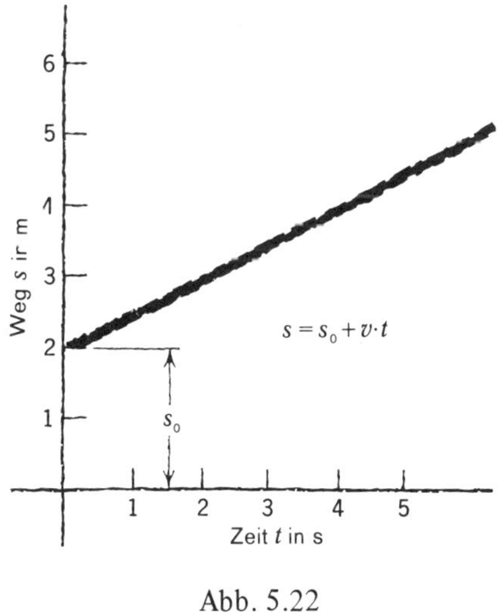

Abb. 5.22

Geradlinige Bewegung unter dem Einfluß einer konstanten Kraft

In diesem Abschnitt wollen wir eine von Null verschiedene resultierende Kraft auf das Objekt wirken lassen, jedoch die Einschränkung machen, daß sich weder die Masse des Objekts noch die an ihm angreifende Kraft im Lauf der Zeit ändern. Unter diesen Bedingungen ist die Beschleunigung nicht Null, aber sie ändert sich auch nicht mit der Zeit; tatsächlich sind in der Gleichung $F = ma$ alle Größen konstant. Wir wollen noch die weitere Einschränkung machen, daß die Bewegung auf einer Geraden erfolgen soll. Das bedeutet, daß auch die Kraft, die Geschwindigkeit und die Beschleunigung auf dieser Geraden liegen müssen.

Die Bedeutung der konstanten Beschleunigung. Während die Beschleunigung als die zeitliche Änderung der Geschwindigkeit definiert ist, kann die Beschleunigung selbst zeitlich unverändert, also konstant sein. Wenn die Masse eines Objektes und die angreifende Kraft konstant sind, dann *muß* die Beschleunigung konstant sein.

Nehmen wir an, daß wir uns in einem Wagen befinden, der vor einem Haltesignal steht. Wir starten aus dem Ruhezustand und gewinnen in der ersten Sekunde eine Geschwindigkeit von 5 m/s. In der zweiten Sekunde gewinnen wir eine zusätzliche Geschwindigkeit von 5 m/s, so daß wir eine Geschwindigkeit von 10 m/s haben. Wir wollen annehmen, daß wir in der dritten Sekunde abermals eine Geschwindigkeit von 5 m/s hinzugewinnen, so daß wir eine Gesamtgeschwindigkeit von 15 m/s haben. Während die Geschwindigkeit ständig und stetig zunimmt, ändert sie sich in jeder Sekunde um denselben Betrag. Unter diesen Verhältnissen sagen wir, daß während dieser drei Sekunden die zeitliche Änderung der Geschwindigkeit konstant ist. Die zeitliche Änderung der Geschwindigkeit ist die Beschleunigung. Wenn wir von einer konstanten Beschleunigung sprechen, dann meinen wir also, daß sich die Geschwindigkeit in jedem der gleichen Zeitintervalle um den gleichen Betrag ändert. Wenn wir, wie in unserem Beispiel, aus der Ruhe starten, dann bedeutet das, daß die erreichte Geschwindigkeit proportional zu der seit dem Start vergangenen Zeit ist. Nach der doppelten Zeit haben wir die doppelte Geschwindigkeit usw. Wegen dieser Proportionalität können wir für eine konstante Beschleunigung den Zusammenhang zwischen der Geschwindigkeit v und der Zeit t folgendermaßen angeben:

$$v = at \qquad (5)$$

Es kann sein, daß unser Wagen nicht von der Ruhe aus startete, sondern bereits eine Geschwindigkeit v_0 hatte. In diesem Fall addieren wir einfach die Startgeschwindigkeit v_0 zur rechten Seite der Gleichung und erhalten

$$v = v_0 + at \qquad (6)$$

Die Gleichungen 5 und 6 sind den Gleichungen 3 und 4 ähnlich. Wir sollten aber festhalten, daß die Gleichungen für verschiedene Situationen gelten. Die Gleichungen 3 und 4 gelten, wenn die Geschwindigkeit *konstant* ist. Die Gleichungen 5 und 6 gelten, wenn sich die Geschwindigkeit bei konstanter Beschleunigung *ändert.* Natürlich gelten die Gleichungen 5 und 6 auch noch, wenn die Beschleunigung Null ist, aber dann werden sie ziemlich trivial.

Wir können eine Zeichnung anfertigen, die die einfache, durch Gl. 5 gegebene Proportionalität zwischen Geschwindigkeit und Zeit zum Ausdruck bringt (Abb. 5.23). Die Gerade geht durch den Ursprungspunkt, wie es von der Proportionalität gefordert wird. Auch die Gl. 6 kann graphisch dargestellt werden, wie es in Abb. 5.24 geschehen ist. In dieser Zeichnung ist die Gerade um einen Betrag v_0 angehoben, um der Anfangsgeschwindigkeit v_0 Rechnung zu tragen. Diese Darstellungen der Geschwindigkeit und Zeit durch Geraden sind charakteristisch für die konstante Beschleunigung. Wäre die Beschleunigung nicht konstant, dann wären die graphischen Darstellungen nicht einfache Geraden, sondern andersartige Kurven.

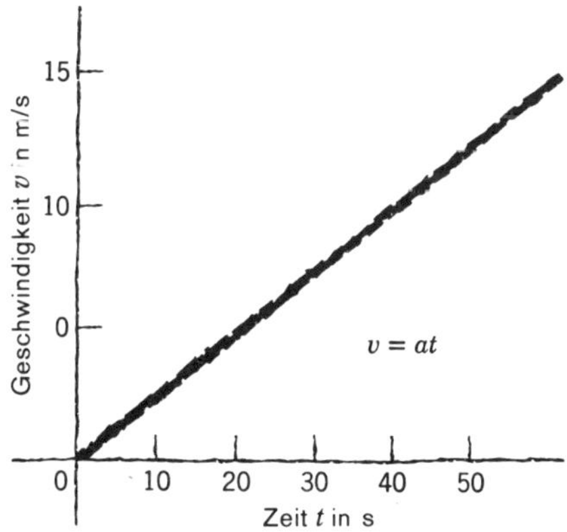

Abb. 5.23

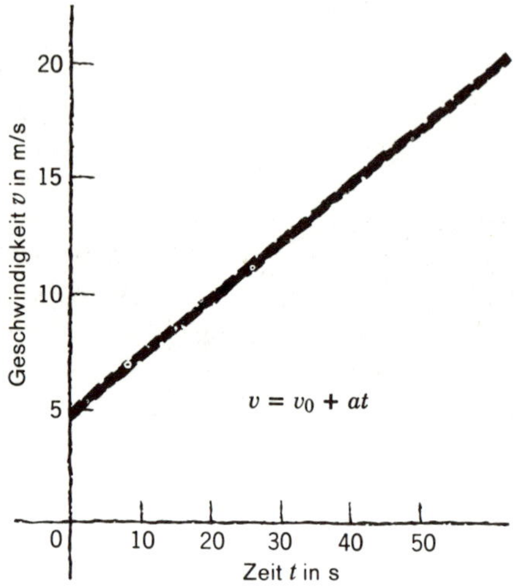

Abb. 5.24

Konstante Beschleunigung in der Natur. Wo kann man Bewegung mit konstanter Beschleunigung in der Natur finden? Fallende Körper in der Nähe der Erdoberfläche führen ungefähr diese Bewegung aus. Der Student könnte sich darüber wundern, denn er weiß ja, daß sich die Erdanziehung mit der Entfernung ändert, und zwar nach der Formel

$$F = \frac{G m_1 m_2}{r^2} \tag{7}$$

Wie kann die Beschleunigung konstant sein, wenn sich die Kraft beim Fall des Objekts ändert? Wir haben es üblicherweise mit Objekten zu tun, deren Fallstrecke im Verhältnis zum Erdradius sehr klein ist. Daher bleibt ihre Entfernung vom Erdmittelpunkt in sehr guter Näherung konstant, so daß während ihres Falles auch die Gravitationskraft in sehr guter Näherung konstant bleibt. Diese praktisch konstante Kraft bewirkt, daß die Objekte eine praktisch konstante Beschleunigung erfahren. Auch die Luftreibung wird den Fall dieser Objekte beeinflussen. Wenn die Objekte genügend schwer und dicht sind und nicht zu schnell fallen, dann ist die Luftreibung jedoch gering. (Wir könnten die Luftreibung aber nicht ignorieren, wenn wir fallende Federn oder Satelliten beim Wiedereintritt in die Atmosphäre behandeln.) Wir ignorieren auch die kleinen Änderungen der Gravitationskraft, die sich an unterschiedlichen Orten der Erdoberfläche ergeben, und Effekte nach Art des „Foucault-Pendels", die durch die Erddrehung entstehen. Wenn wir all diese Bedingungen erfüllen und diese Näherungen zulassen, dann können wir die Beschleunigung fallender Körper als konstant ansehen. Es war diese Art der Bewegung, die Galilei so eingehend und erfolgreich studiert hat.

Weg-Zeit Beziehungen in der gleichförmig beschleunigten Bewegung. Die Gleichungen 5 und 6 geben uns die Beziehungen zwischen der Geschwindigkeit und der Zeit für Bewegungen an, die mit konstanter Beschleunigung erfolgen. Wir wollen jetzt für diese Bewegungen die Beziehung finden, die den Weg mit der Zeit verbindet. Hierzu verwenden wir eine Methode, die den Wissenschaftlern des Mittelalters bekannt war und von Galilei benutzt wurde.

Wir wollen die Bewegung des Objekts vom Ruhezustand aus beginnen lassen, so daß die Beziehung $v = at$ gilt. Wenn wir wüßten, daß es keine Beschleunigung gäbe, dann könnten wir die Gl. 3 ($s = vt$) verwenden. Leider gibt es jedoch eine Beschleunigung, und zwar eine konstante Beschleunigung. Also gilt die Gleichung $s = vt$ *nicht*.

Wenn wir aber in der Lage wären, die Geschwindigkeit über die gesamte Zeitdauer t zu mitteln, dann könnten wir erwarten, daß die folgende Gleichung, die die mittlere Geschwindigkeit verwendet, korrekt wäre:

$$s = (\text{mittleres } v) \cdot t \tag{8}$$

Wir können die mittlere Geschwindigkeit aus dem in Abb. 5.25 dargestellten Geschwindigkeits-Zeit Diagramm finden. Wir interessieren uns für die mittlere Geschwindigkeit im Zeitintervall T, wie es in der Abbildung angegeben ist. Aus der Zeichnung sieht man, daß der Mittelwert von v im Zeitintervall T gleich der Höhe der horizontalen Geraden sein muß, die wir durch den Mittelpunkt des Diagramms gezogen haben. Für jeden Punkt in der zweiten Hälfte des Diagramms, an dem die Geschwindigkeit um einen bestimmten Betrag höher als der Mittelwert ist, gibt es in der ersten Hälfte des Diagramm einen symmetrisch gelegenen Punkt, an dem die Geschwindigkeit um den gleichen Betrag niedriger ist. Diese in der Mitte des Diagramms liegende

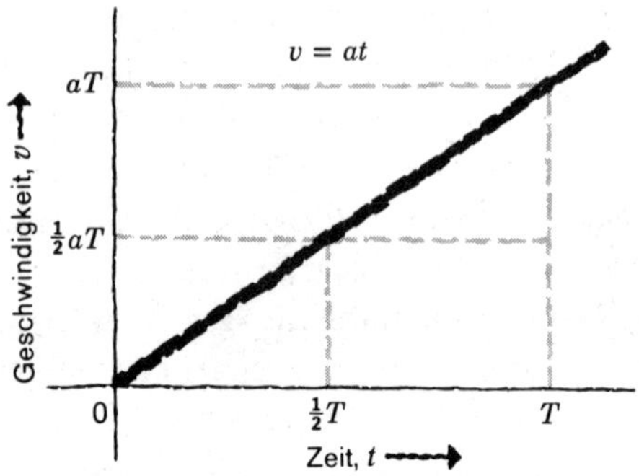

Abb. 5.25

mittlere Geschwindigkeit ist gerade die Hälfte der Geschwindigkeit, die zur Zeit T erreicht wird. Nach der Gleichung $v = at$ ist die Geschwindigkeit zur Zeit T gleich at. Also ist die mittlere Geschwindigkeit

$$(\text{mittleres } v) = aT/2 \tag{9}$$

Zur Zeit T ist also der durch Gl. 8 gegebene Weg:

$$s = (\text{mittleres } v) \cdot T \tag{10}$$

$$s = aTT/2 \tag{11}$$

$$s = aT^2/2 \tag{12}$$

Es ist jetzt zweckmäßig, wieder das Symbol t anstelle von T zu verwenden (d. h. den allgemeinen Zeitbegriff anstelle eines speziellen Zeitintervalls). Wir können dann sagen, daß ein im Ruhezustand startendes Objekt unter dem Einfluß einer konstanten Beschleunigung a nach der Zeit t eine bestimmte Strecke s zurückgelegt haben wird. Diese Strecke s wird gegeben durch die Gleichung

$$s = \frac{at^2}{2} \tag{13}$$

Die Tatsache, daß in dieser Gleichung die Zeit im Quadrat auftritt, bedeutet, daß die zurückgelegte Strecke nicht proportional zur Zeit, sondern zum *Quadrat* der Zeit ist. Nach zwei Sekunden hat sich das

Objekt (zwei)^2 (also vier) mal so weit bewegt wie in der ersten Sekunde. Nach drei Sekunden hat es sich neunmal so weit bewegt usw.

Demonstration der Weg-Zeit Beziehung für fallende Körper. Theoretische Resultate müssen an der Wirklichkeit geprüft werden, damit man erkennen kann, ob sie wirklich gelten. Es ist ziemlich schwierig, die Weg-Zeit Beziehungen für fallende Körper zu prüfen, wenn man Maßstäbe und Stoppuhren verwendet. Glücklicherweise gibt es jedoch ein Gerät, das die Demonstration dieser Beziehungen ziemlich einfach macht. Dieses Gerät wird als Stroboskop bezeichnet.

Das Stroboskop erzeugt Lichtblitze. Diese Lichtblitze dauern nur eine sehr kurze Zeit, so daß sich ein fallendes Objekt während eines einzelnen Blitzes nur sehr wenig bewegt. Der Lichtblitz ist so kurz, daß es dem Betrachter so erscheint, als hielte der Blitz das Objekt in seiner Bewegung fest (Abb. 5.26). Die Blitze des Stroboskops werden in gleichen, bekannten Zeitintervallen wiederholt, und daher scheinen die Blitze das Objekt an aufeinanderfolgenden Positionen seines Weges festzuhalten. Wenn man eine Photographie wie die Abb. 5.26 aufnimmt, und dann die Entfernung von einem Bild zum nächsten mißt, dann kann man auf diese Weise die Weg-Zeit Beziehung fallender Körper prüfen.

Galileis Prüfung seines Fallgesetzes. Galilei hatte natürlich kein Stroboskop, aber dank seines Einfallsreichtums war er dennoch fähig, das Fallgesetz zu ermitteln und zu prüfen. Da fallende Körper zu schnell fallen, als daß er sie hätte messen können, verwendete er Kugeln, die eine schiefe Ebene herab rollen, wie es in Abb. 5.27 dargestellt ist. (Er mußte harte Kugeln und glatte Bahnen verwenden, damit die Ergebnisse durch die Reibung nicht wesentlich beeinflußt wurden.) Indem er die Neigung der schiefen Ebene sehr gering machte, ließ er die Kugeln so langsam rollen, daß er die Zeit messen konnte, die sie für verschiedene Strecken benötigten. Das heißt, daß er die Weg-Zeit Beziehungen prüfen konnte. Eigentlich wollte er die Geschwindigkeit-Zeit Beziehung prüfen, aber er konnte die veränderliche Geschwindigkeit nicht genau genug messen. Daher verwendete er die von uns diskutierte Technik der zeichnerischen Darstellung, um die Weg-Zeit Beziehungen, die er prüfen *konnte,* aus den Geschwindigkeit-Zeit Beziehungen abzuleiten, die er *nicht* prüfen konnte.

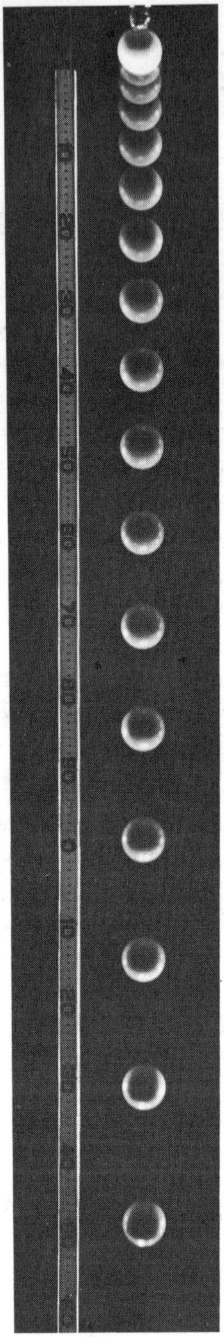

Abb. 5.26

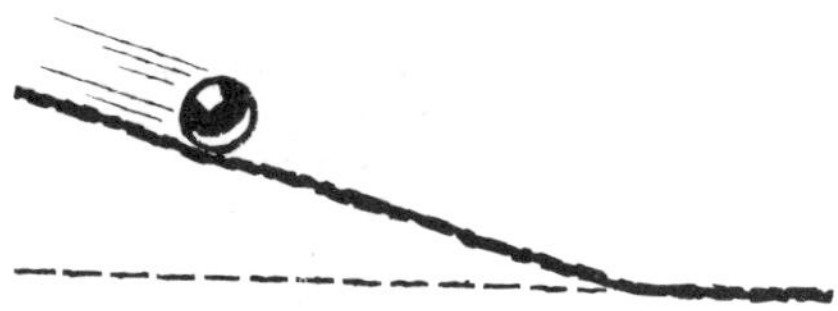

Abb. 5.27

Da es auch keine Stoppuhren gab, verwendete er eine Wasseruhr. Die Wasseruhr besteht aus einem Behälter, der so konstruiert ist, daß das Wasser mit konstanter Geschwindigkeit herausfließt (Abb. 5.28). Galilei maß die Zeitintervalle dadurch, daß er das Wasser wog, das aus seiner Wasseruhr herausfloß.

Galilei mußte noch ein weiteres Problem lösen, bevor er seiner Ergebnisse sicher sein konnte. Er mußte sicher sein, daß eine auf der schiefen Ebene rollende Kugel dieselbe Art der Bewegung ausführte wie die viel schnellere Bewegung eines frei fallenden Körpers. Er argumentierte, daß die Geschwindigkeit einer auf einer schiefen Ebene herabrollenden Kugel nur von der durchfallenden Höhe, nicht jedoch von der Neigung der Ebene abhinge. Dieser Schluß läßt sich rechtfertigen, wenn man die Abb. 1.9 (Seite 17) umgekehrt verwendet (Abb. 5.29). Wir lassen die Kugeln auf den verschiedenen schiefen Ebenen auf der linken Seite herunter und auf der schiefen Ebene rechts hinauf rollen. Wenn sie auf den linken Ebenen vom selben Niveau aus starten, dann müssen sie auf der rechten Ebene wieder dasselbe Niveau erreichen. Das bedeutet, daß sie unten auf

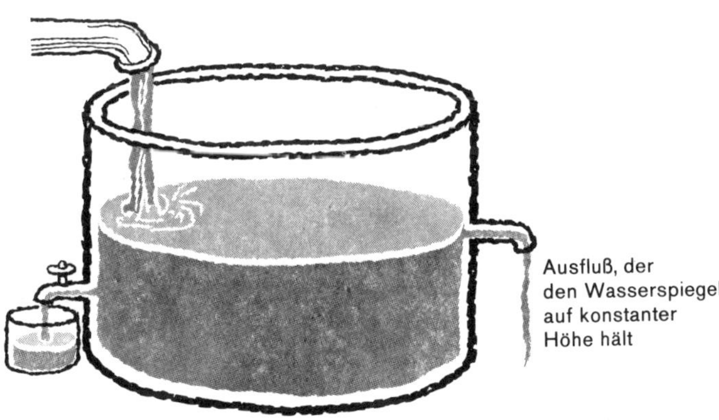

Abb. 5.28

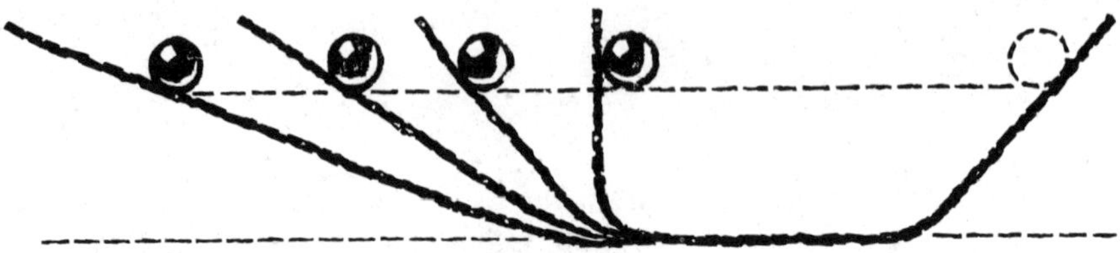

Abb. 5.29

der Horizontalen die gleiche Geschwindigkeit gehabt haben müssen; andernfalls würden sie rechts auf verschiedene Höhen gelangen. Also hängt die Geschwindigkeit nur von der vertikal durchfallenen Höhe und nicht von der Neigung der Ebenen ab.

Im Grenzfall, wenn die Ebene vertikal steht, ist die Bewegung praktisch ein freier Fall. (Die rollende Kugel dreht sich, die fallende nicht. Idealerweise müßten wir ein Objekt betrachten, das auf der schiefen Ebene nicht rollt, sondern gleitet.) Auf diese Weise konnte Galilei schließen, daß ein frei fallendes Objekt dieselbe Geschwindigkeit haben würde wie ein Objekt auf der schiefen Ebene nach dem Durchlaufen derselben Höhe. Hierdurch konnte er die Anwendung der schiefen Ebene beim Studium fallender Körper rechtfertigen. In jedem Fall unterliegen die Objekte einer konstanten Beschleunigung.

Gallileis Untersuchungen über die fallenden Körper erforderten einen schöpferischen Einfallsreichtum, klare Schlußfolgerungen sowie Experimente, und zwar nicht nur einen dieser Punkte allein. Diese Resultate wurden nicht durch Träumen erhalten, nicht durch strenges Schließen von einleuchtenden Prinzipien und auch nicht durch das Messen aller erkennbaren Vorgänge – obwohl alle diese Tätigkeiten einen bestimmten Teil der Wissenschaft ausmachen mögen. Galileis Denkmethode maß Experiment und Vernunft die gleiche Bedeutung zu.

Gleichungen für allgemeinere Situationen mit konstanter Beschleunigung. Wir erhalten die folgenden Gleichungen für die Bewegung unter konstanter Beschleunigung, wenn die Startgeschwindigkeit und der Abstand des Startpunktes vom Ursprungspunkt Null sind:

$$v = at \tag{14}$$

$$s = \frac{at^2}{2} \tag{15}$$

Aus diesen Gleichungen erhalten wir durch einfache Rechnung

$$v^2 = 2as \tag{16}$$

Wenn der Abstand des Startpunktes vom Ursprungspunkt s_0 und die Startgeschwindigkeit v_0 sind, dann lauten die allgemeinen Gleichungen für die Bewegung mit konstanter Geschwindigkeit

$$v = v_0 + at \tag{17}$$

$$s = s_0 + v_0 t + at^2/2 \tag{18}$$

Die erste dieser Gleichungen war schon als Gl. 6 gegeben worden. Durch Umformung dieser beiden Gleichungen erhält man eine weitere Gleichung:

$$v^2 = v_0^2 + 2a(s - s_0) \tag{19}$$

Gl. 19 ist in den Fällen sehr nützlich, in denen man die Zeit weder kennt, noch zu wissen braucht. In den Gl. 14–19 stellen die Buchstaben folgende Eigenschaften bewegter Objekte dar:

s = Entfernung des Objektes vom Ursprungspunkt des Bezugssystems zur Zeit t.

s_0 = Entfernung des Objektes vom Ursprung des Bezugssystems zum Zeitpunkt $t = 0$. Dies ist die sogenannte Startentfernung (Anfangslage).

v = Geschwindigkeit des Objektes zur Zeit t.

v_0 = Geschwindigkeit des Objektes zum Zeitpunkt $t = 0$. Dies ist die sogenannte Startgeschwindigkeit.

a = Beschleunigung. Diese Gleichungen gelten nur, wenn die Beschleunigung konstant ist.

t = abgelaufene Zeit

Obwohl die Gl. 14–19, wenn sie richtig definiert werden, als Vektorgleichungen angesehen werden können, wollen wir dies hier nicht tun. Da die Bewegung auf eine gerade Linie (oder Achse) begrenzt wurde, können wir die Größen v, v_0, a, s und s_0 als positive oder negative skalare Größen anstelle von Vektoren betrachten. Diese Größen werden, wenn sie in Richtung der positiven Achse verlaufen, als positiv, in der Gegenrichtung als negativ gerechnet. Die Größe v^2 ist dann einfach das Quadrat der Geschwindigkeit.

Wurfbewegung unter konstanter Kraft

In diesem Abschnitt wollen wir solche Arten der Bewegungen studieren, die durch Dinge wie Fußbälle oder Kanonenkugeln illustriert werden. Genauer gesagt, wollen wir uns mit Objekten beschäftigen, die in der Nähe der Erdoberfläche fallen oder geworfen werden, und auf die nur die im wesentlichen konstante, vertikal gerichtete Gravitationskraft wirkt. Im letzten Abschnitt beschäftigten wir uns mit der Bewegung auf einer Geraden. Die Prinzipien und die daraus abgeleiteten Gleichungen waren ausreichend, um zu beschreiben, was geschieht, wenn ein Objekt fällt oder senkrecht nach oben bzw. unten geworfen wird. Jetzt wollen wir die Bewegung nicht mehr auf eine Gerade beschränken, sondern zulassen, daß sich die Objekte in der Nähe der Erde in allen Richtungen bewegen.

Die Bewegung horizontal geworfener Objekte. Betrachten wir die Bewegung, die eine aus einem Flugzeug fallende Bombe ausführt. Wir nehmen an, daß das Flugzeug gleichmäßig horizontal fliegt und keine Kunststücke ausführt (Abb. 5.30). Die Bombe wird aus-

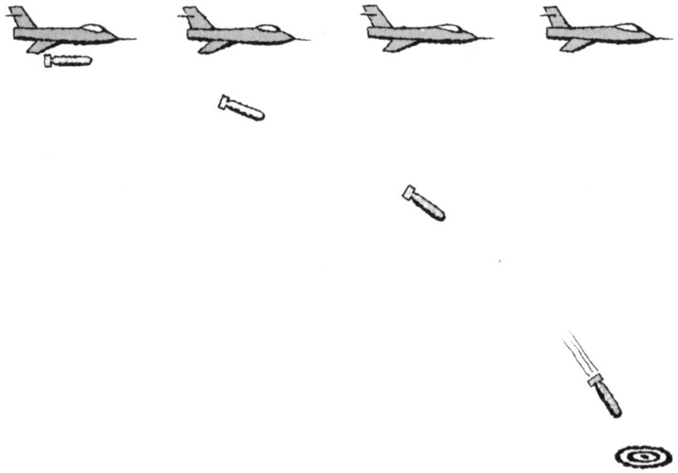

Abb. 5.30

geklinkt, während sie sich horizontal mit dem Flugzeug bewegt; daher verhält sie sich als ein Objekt, das eine Startgeschwindigkeit in horizontaler Richtung hat.

Eine Möglichkeit, die Bewegung der Bombe zu analysieren, besteht darin, das Relativitätsprinzip zu verwenden (Kapitel 1, Seite 22). Von dem mit dem Flugzeug verbundenen, gleichförmig bewegten Bezugssystem aus betrachtet, fällt die Bombe senkrecht nach unten und befindet sich beim Aufschlag direkt unter dem Flugzeug. In dem mit der Erde verbundenen Bezugssystem bewegt sich die Bombe jedoch ständig mit derselben Geschwindigkeit, mit der sie startete, horizontal weiter (in unserer Abbildung nach rechts). Gleichzeitig erhält sie infolge der Beschleunigung durch die Gravitationskraft eine nach unten gerichtete Geschwindigkeit. Ihre vektorielle Geschwindigkeit ist daher die Resultierende zweier vektorieller Geschwindigkeiten – einer Geschwindigkeit nach rechts, (die während der ganzen Zeit konstant bleibt) und einer senkrecht nach unten gerichteten Geschwindigkeit (die durch die Erdanziehung ständig zunimmt und den Gl. 14–19 gehorcht). Eine der Konsequenzen dieser Tatsache ist, daß die Bombe bis zum Aufschlag dieselbe Zeit braucht, wie wenn sie ohne Vorwärtsbewegung aus einem in derselben Höhe ruhenden Ballon gefallen wäre.

Die Situation kann auch mit Hilfe der in diesem Kapitel diskutierten Prinzipien analysiert werden. Die auf die Bombe wirkende Gravitationskraft ist vertikal gerichtet und hat daher keinen Einfluß auf die horizontale Bewegung. Da es keine anderen Kräfte auf die Bombe gibt, kann sich während des Falls die Horizontalgeschwindigkeit nicht ändern. Abb. 5.31 zeigt, was mit den Geschwindigkeitsvektoren zweier Bomben geschieht, von denen eine aus einem Flugzeug, die andere aus einem ruhenden Ballon fällt. Beachten Sie, daß sich während der Fallzeit die nach rechts gerichtete Geschwindigkeit bei beiden Bomben nicht ändert. Sie ist für die aus dem Ballon fallende Bombe gleich Null und für die aus dem Flugzeug fallende Bombe gleich der Geschwindigkeit des Flugzeugs.

Wir können diese Situation mit Hilfe der Vektorkomponenten beschreiben, die in Kapitel 2 (Seite 95) eingeführt wurden. Es gibt keine Kraftkomponente in der horizontalen Richtung. Also gibt es auch keine Beschleunigung in dieser Richtung, und die Horizontalkomponente der Geschwindigkeit bleibt konstant. Es *gibt* aber eine nach

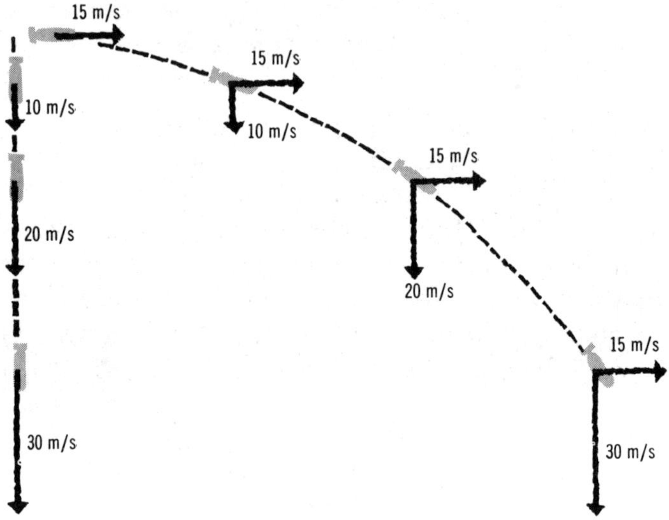

Abb. 5.31

unten gerichtete Kraft, und daher ändert sich die Geschwindigkeitskomponente in dieser Richtung. Für die Bewegung in der horizontalen Richtung gilt die Gleichung der gleichförmigen Bewegung (konstante Geschwindigkeit). Für die vertikale Komponente der Geschwindigkeit gelten die Gleichungen der gleichförmig beschleunigten Bewegung. Um die resultierende Gesamtgeschwindigkeit der Bombe in einem beliebigen Punkt zu finden, müssen wir diese beiden Komponenten vektoriell addieren.

Der schiefe Wurf. Wird ein Objekt weder horizontal noch senkrecht nach oben, sondern unter einem Winkel geworfen, entsteht eine kompliziertere Situation. Praktisch werden die meisten Geschosse auf diese Weise abgefeuert. Beispielsweise wirft ein Kugelstoßer die Kugel „hoch und weg", so daß sie nach oben fliegt, während sie sich von ihm entfernt.

Um die Bewegung solcher Objekte zu verstehen, betrachten wir das bekannte, in Abb. 5.32 dargestellte Rätsel. Ein Jäger zielt auf einen Affen, der am Ast eines Baumes hängt. Er richtet sein Gewehr so auf den Affen, daß der Lauf geradewegs auf den Affen weist – wenn er durch den Lauf sähe, würde er den Affen sehen. (Wir haben hier einen sehr naiven Jäger, der nicht erkannt hat, daß die Gravitation die Kugel unter seine Sichtlinie zieht.) Genau in dem Moment, in dem der Jäger den Abzug durchzieht, läßt der Affe den Ast los und fällt zu Boden. Also fliegt die Kugel in Richtung auf den Affen, während der Affe zu Boden fällt. Sowohl die Kugel als auch der Affe unterliegen der Erdanziehung. *Frage:* Wird die Kugel den Affen treffen?

Wir können diese Frage mit Hilfe des Relativitätsprinzips beantworten. Nehmen wir an, daß wir auf der Kugel säßen, wenn sie aus dem Lauf kommt, daß wir aber im Gegensatz zu der Kugel nicht von der Erdanziehung beeinflußt würden. Mit anderen Worten, unser Bezugssystem folgt dem geradlinigen Weg, den die Kugel genommen hätte, wenn es keine Gravitation gäbe. Der Ursprung unseres Bezugssystems bewegt sich auf der in Abb. 5.32 gestrichelt eingezeichneten Geraden. (Wie Sie sich erinnern, müssen wir ein Bezugssystem verwenden, das sich mit gleichbleibender Geschwindigkeit auf einer Geraden bewegt. Dies ist ein Grund dafür, daß wir kein Bezugssystem wählen, das mit der Kugel verbunden ist, da die Kugel der Gravitation unterliegt und nicht einer Geraden folgt.)

Wenn die Kugel aus dem Lauf kommt, scheint sie im Mittelpunkt unseres Bezugssystems zu ruhen, aber sie fühlt die Gravitationsanziehung und beginnt, senkrecht nach unten zu fallen. Wenn unser Bezugssystem den Ast erreicht, wird daher die Kugel eine bestimmte Strecke unter den Mittelpunkt unseres Bezugssystems gefallen sein. Wie weit

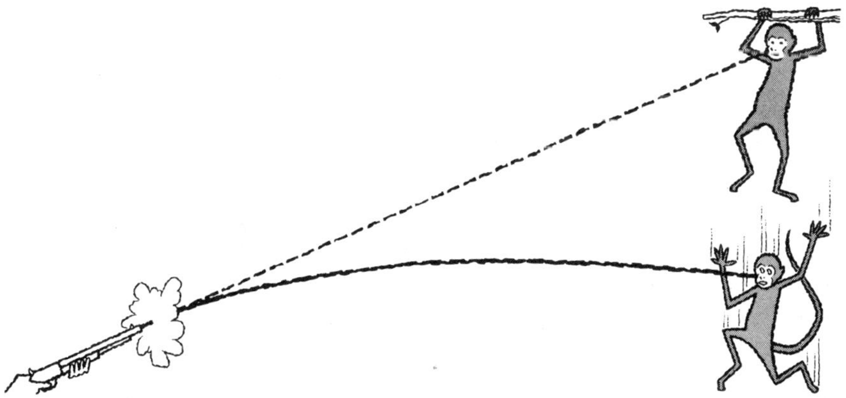

Abb. 5.32

wird das sein? Es wird dieselbe Strecke sein, die jedes zum Zeitpunkt des Abschusses ruhende Objekt in der seither vergangenen Zeit durchfallen hätte. Da dies genau dieselbe Zeit ist, während der der anfänglich ruhende Affe vom Baum fällt, wird er sich auch in derselben Entfernung unter dem Ast befinden. Daher gelangen die Kugel und der Affe gleichzeitig an dieselbe Stelle unter dem Ast. Also trifft die Kugel tatsächlich den Affen.

Man erhält dasselbe Ergebnis, wenn man die Gleichungen der beschleunigten Bewegung auf die Vektorkomponenten anwendet, aber wir wollen das hier nicht tun. Das allgemeine Resultat ist, daß die Kugel von dem Weg, den sie ohne den Einfluß der Gravitation genommen hätte, ebenso schnell nach unten fallend abweicht, wie wenn sie vom Ruhezustand aus gefallen wäre.

Bewegung unter dem Einfluß veränderlicher Kräfte

Kometenbahnen. Wir haben schon einen Fall der Bewegung unter dem Einfluß einer variablen Kraft betrachtet, nämlich die Kreisbewegung mit konstanter Geschwindigkeit (Kapitel 4, Seite 149). Zwar bleibt bei einer solchen Bewegung der *Betrag* der Zentripetalkraft konstant, jedoch muß die Kraft immer zum Zentrum hinweisen. Das bedeutet, daß sich während der Bewegung des Objektes die Richtung der Kraft ständig ändert.

Als weiteres Beispiel eines Objektes, dessen Bewegung durch eine veränderliche Kraft hervorgerufen wird, betrachten wir die Bewegung eines Kometen auf seiner Bahn um die Sonne. Wir wählen einen Kometen, weil seine Bewegung auch nicht angenähert kreisförmig ist, so daß sie sich von den bisher untersuchten Bewegungen unterscheidet.

Abb. 5.33 zeigt einen Kometen an verschiedenen Punkten seiner Bahn. Während dieses Umlaufs um die Sonne ändert sich die Entfernung des Kometen von der Sonne beträchtlich. Daher ändert die von der Sonne auf den Kometen ausgeübte Gravitationskraft sowohl ihren Betrag als auch ihre Richtung. Wegen dieser veränderlichen Kraft erfährt der Komet eine veränderliche Beschleunigung. Die Kraft auf den Kometen ist am größten, wenn er der Sonne am nächsten ist; sie ist am kleinsten, wenn er von der Sonne am weitesten entfernt ist.

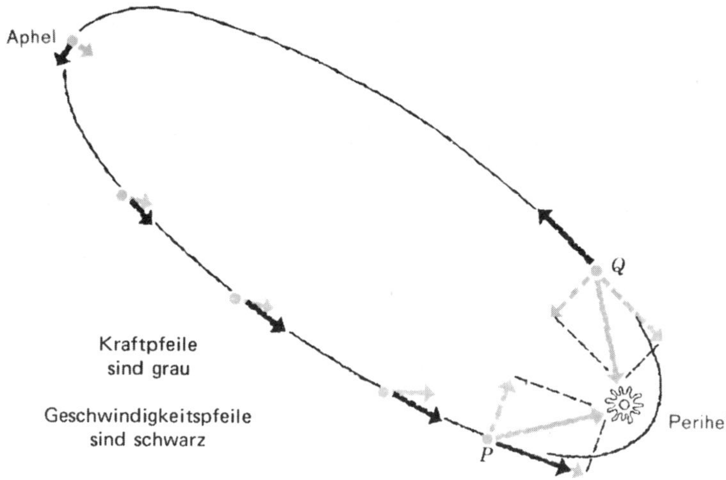

Abb. 5.33

In Abb. 5.33 stellen die Pfeile an den verschiedenen Punkten der Bahn die Vektoren der auf den Kometen wirkenden Kraft bzw. seiner Geschwindigkeit dar. Alle Geschwindigkeitsvektoren verlaufen tangential zur Bahn; dies gilt für jedes Objekt, das sich auf einer stetigen Bahn bewegt. Alle Kraftvektoren weisen zur Sonne, weil die an dem Kometen angreifende Gravitationsanziehung der Sonne in der Richtung zur Sonne liegt. An dem Punkt, der der Sonne am nächsten liegt (Perihel), und dem Punkt, der die größte Entfernung von der Sonne hat (Aphel), steht die Kraft auf den Kometen genau senkrecht auf seiner Geschwindigkeit. An diesen Punkten erhöht die Kraft nicht die Geschwindigkeit des Kometen, sondern sie dient nur dazu, seine Richtung zu ändern. Der Kraftvektor hat an keinem Punkt der Bahn dieselbe Richtung wie der Geschwindigkeitsvektor. Dennoch ändert die Kraft sowohl die Richtung als auch den Geschwindigkeitsbetrag des Kometen, da sie mit Ausnahme der beiden angegebenen Punkte nicht senkrecht auf der Geschwindigkeit steht.

Zentripetalkraft. Wenn wir die Komponente der Kraft in Bezug auf die Richtung der Geschwindigkeit ermitteln, erkennen wir, warum die Gravitationskraft den Geschwindigkeitsbetrag des Kometen ändern kann. Beispielsweise hat im Punkt P die Kraft eine Komponente in derselben Richtung wie die Geschwindigkeit. Diese Kraft erhöht die

Geschwindigkeit, wenn sich der Komet der Sonne nähert. Andererseits ist im Punkt Q die Kraftkomponente entgegengesetzt zur Geschwindigkeit gerichtet. Diese Kraftkomponente verlangsamt den Kometen, wenn er sich von der Sonne entfernt. Die Komponente der Kraft im Bezug auf die Geschwindigkeit ist die Kraft, die den Geschwindigkeitsbetrag des Kometen ändert. Daher können wir sagen:

(Kraftkomponente in Bezug auf die Richtung der Geschwindigkeit) = (Masse) × (zeitliche Änderung des Geschwindigkeitsbetrages) (20)

Diese Gleichung ähnelt dem zweiten Bewegungsgesetz. Diese Gleichung behandelt statt der Kraft eine bestimmte Komponente der Kraft und statt der zeitlichen Änderung des Geschwindigkeitsvektors (also der Beschleunigung) die zeitliche Änderung des Geschwindigkeitsbetrages.

Es gibt eine weitere interessante Beziehung, die die Komponente der Kraft senkrecht zur Geschwindigkeit enthält (Abb. 5.34). Von dieser Kraftkomponente können wir sagen:

$$\textit{(Kraftkomponente senkrecht zur Geschwindigkeit)} = \frac{\textit{(Masse)} \times \textit{(Geschwindigkeitsbetrag)}^2}{\textit{(Krümmungsradius)}} \qquad (21)$$

Der einzige ungewohnte Ausdruck in dieser Gleichung ist der Begriff „Krümmungsradius“. Wenn sich das Objekt auf einem Kreis bewegt, dann ist der Krümmungsradius einfach der Radius des Kreises. Der Komet bewegt sich jedoch nicht auf einem Kreis, und es erfordert

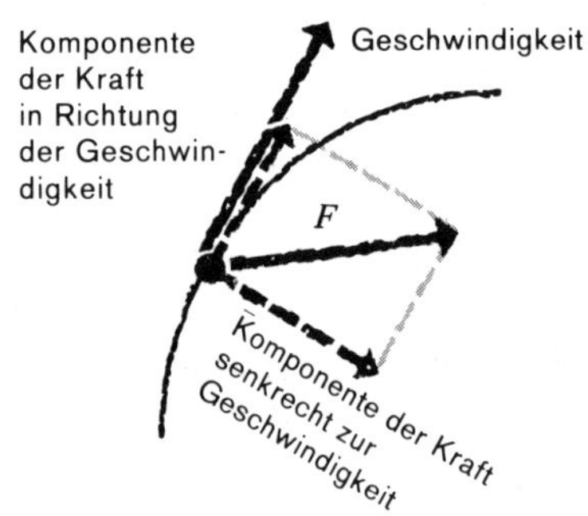

Abb. 5.34

mehr Mathematik, als wir hier einführen wollen, um den Krümmungsradius für nichtkreisförmige Bahnen zu definieren. Wir können aber sagen, daß die stärker gekrümmten Teile einer Bahn einen kleineren Krümmungsradius haben als die weniger stark gekrümmten. Gleichung 21 sagt uns, daß die senkrecht auf der Geschwindigkeit stehende Komponente der Kraft für die Richtungsänderung des Kometen verantwortlich ist.

Die Gleichungen 20 und 21 gelten nicht nur für Kometen, sondern für jedes Objekt, das sich auf einer stetigen Bahn bewegt.

Aufgaben und Lösungen

In diesem Abschnitt wollen wir das Lösen folgender Probleme diskutieren: a) Die Ermittlung der resultierenden Kraft auf ein Objekt im Fall des Gleichgewichts und des Ungleichgewichts. b) Der Druck in Flüssigkeiten. c) Anwendung der Beziehungen zwischen Entfernung, Geschwindigkeit und Zeit auf Objekte, die sich mit konstanter Beschleunigung bewegen. d) Bahnberechnungen.

Ermittlung der resultierenden Kraft

Die Behandlung von Problemen dieser Art wurde schon auf den Seiten 202 bis 208 dargestellt. Einfache Beispiele der Vektoraddition und Anwendungen der Formel $F = ma$ wurden am Ende des Kapitels 2 gegeben. Hier wollen wir ein paar schwierigere Beispiele betrachten.

Beispiel 1

Nehmen Sie an, daß der auf Seite 104 behandelte Schlitten nicht beschleunigt wird, sondern sich infolge der von den beiden Jungen ausgeübten Kraft mit konstanter Geschwindigkeit bewegt. Wie groß ist unter diesen Umständen die Kraft, die das Eis auf den Schlitten ausübt?

Lösung: Abb. 5.35 zeigt, wie das Objekt (der Schlitten) isoliert wird und wie die Wechselwirkungen und Kräfte identifiziert werden. Dieser Vorgang ähnelt dem, der in Abb. 5.2 auf Seite 204 dargestellt wurde. Die beiden Kräfte, die von den Jungen ausgeübt werden, addieren sich auch jetzt zu 31 N in der Bewegungsrichtung des Schlittens, aber jetzt muß die Resultierende aller Kräfte einschließlich der Reibung am Eis gleich Null sein. Daher muß das Eis eine rückwärts gerichtete Kraft von genau 31 N ausüben.

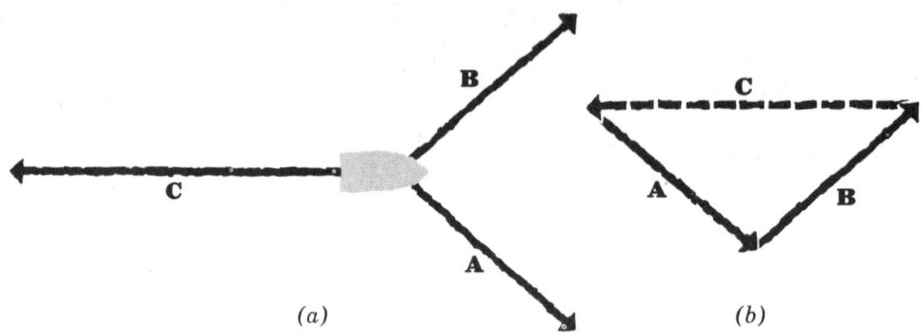

Abb. 5.35

Beispiel 2

Wie groß ist der Betrag der Gesamtkraft, der vom Boden auf den in Abb. 5.36 dargestellten Pfahl ausgeübt wird?

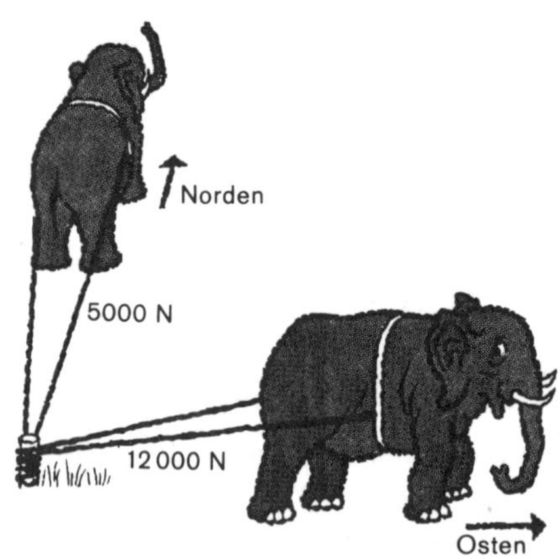

Abb. 5.36

Lösung: Es gibt drei Wechselwirkungen mit dem Pfahl, die horizontal gerichtet sind.

1. Die Wechselwirkung mit dem Seil, das von dem größeren Elefanten gezogen wird.
2. Die Wechselwirkung mit dem Seil, das von dem kleineren Elefanten gezogen wird.
3. Die Wechselwirkung mit dem Boden.

In Abb. 5.37 haben wir den Pfahl isoliert und die auf ihn wirkenden Kräfte angegeben. Da sich der Pfahl im Gleichgewicht befindet, muß der Boden eine Kraft aufbringen, die die Resultierende der beiden

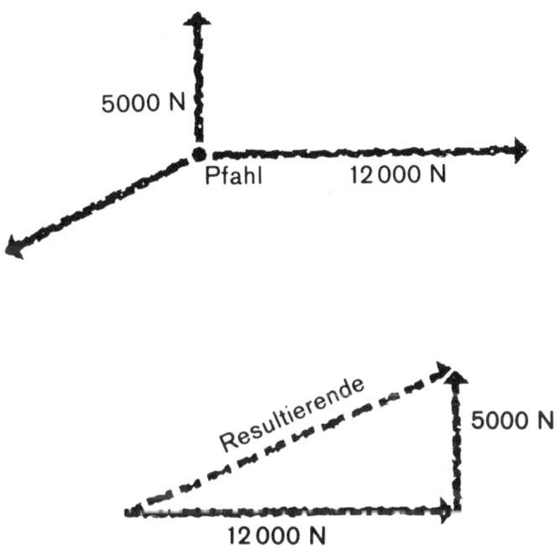

Abb. 5.37

anderen Kräfte ausgleicht. Es ist also nur erforderlich, den Betrag der Resultierenden der beiden anderen Kräfte zu finden. Dies kann bei einem einfachen Problem zeichnerisch durchgeführt werden, indem man die beiden Kräfte maßstäblich zeichnet und die Resultierende mißt. Hier berechnen wir den Betrag der Resultierenden. Da die beiden Kräfte einen rechten Winkel miteinander bilden, ist ihre Resultierende die Hypotenuse eines rechtwinkligen Dreiecks, dessen Katheten die beiden gegebenen Kräfte sind. Wir bezeichnen den Betrag der unbekannten Kraft mit h und wenden den Satz des Pythagoras (siehe Anhang II D) folgendermaßen an:

$$(5000)^2 + (12\,000)^2 = h^2$$
$$25\,000\,000 + 144\,000\,000 = h^2$$
$$169\,000\,000 = h^2$$
$$h = 13\,000 \text{ N}$$

Beispiel 3

Betrachten Sie die schiefe Ebene in Abb. 5.38a. Wir legen eine Masse m auf die Ebene und lassen sie unter dem Einfluß der Schwerkraft reibungsfrei auf der Ebene hinuntergleiten. Wie groß ist die Beschleunigung der Masse?

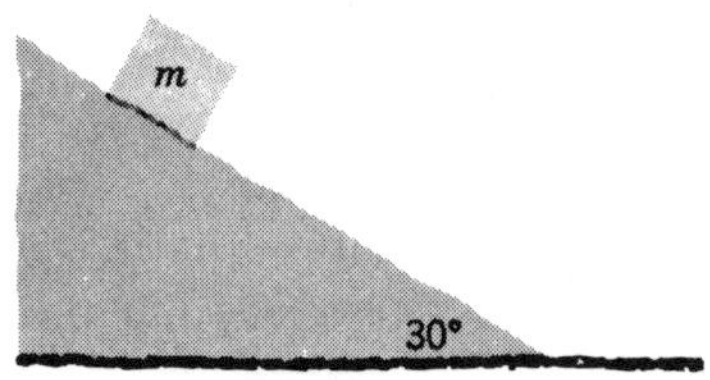

(a)

Abb. 5.38a

Lösung: In Abb. 5.38b haben wir die Masse isoliert und in den Mittelpunkt eines Bezugssystems gebracht. Wir wissen auf Grund des Symmetrieprinzips, das sich auf die Raumrichtungen bezieht, daß wir unsere Achsen in jede Richtung legen können. Da wir wissen, daß die Masse auf der Ebene hinuntergleiten wird, ist es zweckmäßig, unser Bezugssystem so zu neigen, daß eine der Achsen entlang der Ebene verläuft. Es ist meist zweckmäßig, eine der Achsen in die Richtung zu legen, in die sich nach unserer Kenntnis das Objekt bewegen wird.

Als nächstes zeichnen wir die Vektoren, die die auf das Objekt wirkenden Kräfte darstellen. Infolge der Gravitation übt die Kraft mg einen nach unten gerichteten Zug aus. (Siehe Beispiel 7, Kapitel 4, Seite 193). Ferner gibt es die Kraft, die durch den Berührungsdruck zwischen der Ebene und dem Objekt entsteht. Jetzt sehen wir einen Grund dafür, weshalb unsere Wahl des Bezugssystems zweckmäßig

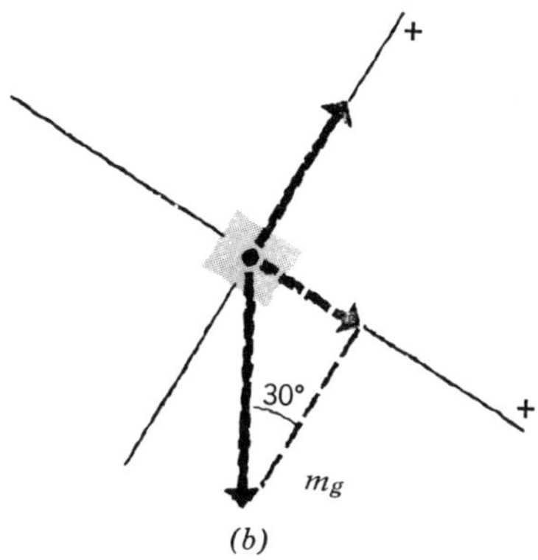

Abb. 5.38b

war. Da die unbekannte Berührungskraft, die von der Ebene auf das Objekt ausgeübt wird, senkrecht auf der Bewegung des Objektes steht, hat sie keine Komponente in der Bewegungsrichtung. Daher können wir sie ignorieren. Nur die Gravitationskraft hat eine wirksame Komponente. Wir müssen also die Komponente der Gravitationskraft längs der Ebene finden.

In Abb. 5.38b haben wir ein Dreieck gezeichnet, das die Kraft mg enthält. Die gesuchte Komponente ist einfach eine Kathete dieses rechtwinkligen Dreiecks, und die Kraft mg ist die Hypotenuse. Wegen des eingezeichneten Winkels von 30° ist die gesuchte Komponente gleich der Hälfte der Kraft mg (siehe Anhang II-D). Das heißt, die längs der Ebene wirkende Kraft ist

$$F = mg/2$$

Andererseits ist

$$F = ma$$

Also haben wir

$$ma = mg/2$$

und

$$a = g/2 = (9{,}8/2)\ \mathrm{m/s^2} = 4{,}9\ \mathrm{m/s^2}$$

Drücke und Kräfte in Flüssigkeiten

Beispiel 4

Wie groß ist die gesamte Kraft, die durch den Luftdruck auf die Außenfläche einer Fernsehröhre entsteht, die ein Quadrat mit einer Seitenlänge von einem halben Meter ist? (Bei normalen atmosphärischen Bedingungen beträgt der Luftdruck rund $1{,}0 \times 10^5\ \mathrm{N/m^2}$).

Lösung: Die Kraft ist definiert durch die Gleichung $F = pA$.

Darin bedeuten

p = Luftdruck = $1{,}0 \times 10^5\ \mathrm{N/m^2}$

A = Fläche = ?

F = Kraft auf die Fläche = ?

Wir wissen, daß die quadratische Außenfläche der Röhre eine Seitenlänge von einem halben Meter hat. Die Fläche ist also $(0{,}5\ \mathrm{m})^2 = 0{,}25\ \mathrm{m}^2$ Wir setzen die Werte für p und A in die Gleichung $F = pA$ ein:

$$F = (1{,}0 \times 10^5)\ \frac{\mathrm{N}}{m^2}\ (0{,}25)\ \mathrm{m}^2$$

$$F = 2{,}5 \times 10^4\ \mathrm{N}$$

Beispiel 5

Der in Abb. 5.39a dargestellte Kolben kann sich reibungsfrei in dem Zylinder bewegen. Der Druck im Zylinder beträgt $2{,}5 \times 10^5\ \mathrm{N/m^2}$.

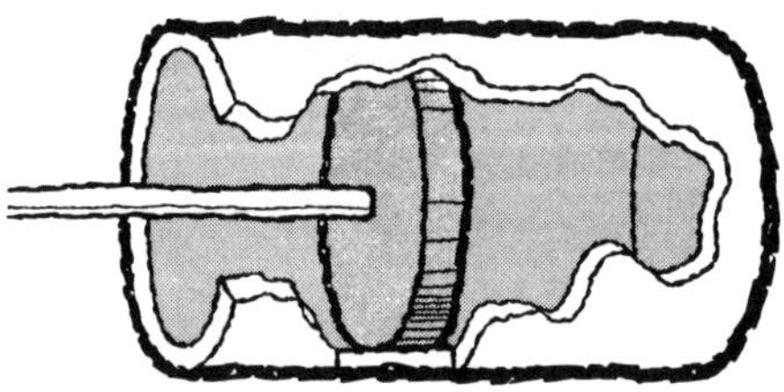

(a)

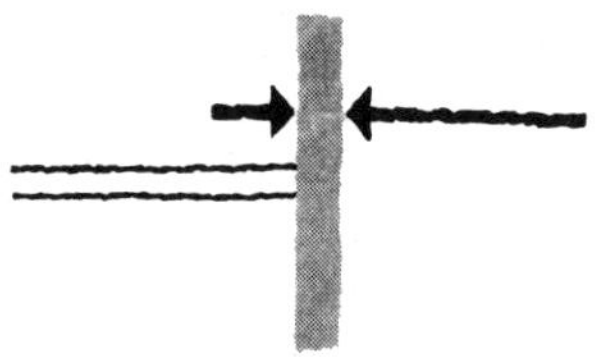

(b)

Abb. 5.39

Auf der anderen Seite des Kolbens wirkt der Luftdruck. Der Kolben hat eine Masse von 2,0 kg und eine Fläche von 0,12 m^2. Ermitteln Sie die Beschleunigung des Kolbens.

Lösung: Zunächst fertigen wir eine Skizze an, in der der Kolben isoliert dargestellt wird (Abb. 5.39b). Dann zählen wir die Wechselwirkungen auf, an denen der Kolben teilnimmt. Wir können die Gravitationskräfte und den Druck zwischen dem Kolben und seinem Zylinder ignorieren, weil sie senkrecht zur horizontalen Bewegung des Kolbens gerichtet sind. Das bedeutet, daß nur zwei Wechselwirkungen des Kolbens berücksichtigt zu werden brauchen.

1. Die Wechselwirkung zwischen dem Kolben und dem Gas im Innern des Kolbens.
2. Die Wechselwirkung zwischen dem Kolben und der äußeren Luft.

Also müssen zwei Kräfte berücksichtigt werden. Aus dem Druck innerhalb des Zylinders berechnen wir folgendermaßen die Kraft, die von dem Gas innerhalb des Zylinders ausgeübt wird:

$$F_1 = p_1 A = (2{,}5)\,(10^5)\,\frac{\mathrm{N}}{\mathrm{m}^2}\,(0{,}12\ \mathrm{m}^2) = 3{,}0 \times 10^4\ \mathrm{N}$$

Die von der Luft verursachte Kraft wird aus dem Luftdruck berechnet:

$$F_2 = p_2 A = (1{,}0)\,(10^5)\,\frac{\mathrm{N}}{\mathrm{m}^2}\,(0{,}12\ \mathrm{m}^2) = 1{,}2 \times 10^4\ \mathrm{N}$$

Da die nach links gerichtete Kraft größer ist als die nach rechts gerichtete, wird der Kolben nach links beschleunigt. Die resultierende Kraft auf den Kolben ergibt sich wie folgt:

$$F = F_1 - F_2 = (3{,}0 \times 10^4\ \mathrm{N}) - (1{,}2 \times 10^4\ \mathrm{N}) = 1{,}8 \times 10^4\ \mathrm{N}\ \text{nach links}$$

Um die durch diese Kraft hervorgerufene Beschleunigung zu finden, verwenden wir die Gleichung

$$F = ma$$

Darin sind:

$$F = 1{,}8 \times 10^4\ \text{N}$$
$$m = 2{,}0\ \text{kg}$$
$$a = ?$$

Wenn wir diese Werte in die Gleichung einsetzen, erhalten wir:

$$1{,}8 \times 10^4\ \text{N} = (2{,}0\ \text{kg}) \cdot a$$

$$\frac{1{,}8 \times 10^4\ \text{N}}{2{,}0\ \text{kg}} = a$$

$$a = \frac{0{,}90 \times 10^4}{\text{kg}}\ \text{kg}\ \frac{\text{m}}{\text{s}^2}$$

$$= 9{,}0 \times 10^3\ \frac{\text{m}}{\text{s}^2} \qquad \text{nach links}$$

Beispiel 6

Ein Stück Holz mit einem Volumen von $1{,}0 \times 10^{-3}\ \text{m}^3$ hat ein Gewicht von 7,0 N. Berechnen Sie a) die an dem Holz angreifende Auftriebskraft, wenn es völlig in das Wasser eingetaucht ist; b) die in diesem Fall an dem Holz angreifende Gesamtkraft; c) die an dem Holz angreifende Auftriebskraft, wenn es an der Oberfläche schwimmt.

Lösung: Teil a: Wir haben gesehen, daß die an einem untergetauchten Objekt angreifende Auftriebskraft gleich dem Gewicht der Flüssigkeit ist, die das Volumen des untergetauchten Körpers einnehmen würde. In diesem Beispiel hat das untergetauchte Holz ein Volumen von $1{,}0 \times 10^{-3}\ \text{m}^3$. Das Wasser in diesem Volumen hat eine Masse von 1 kg (siehe Seite 210 bis 211). Eine Masse von 1 kg wiegt 9,8 N. Also beträgt die Auftriebskraft 9,8 N.

Lösung: Teil b. In Abb. 5.40 haben wir das Holz isoliert gezeichnet und die Pfeile eingetragen, die die beiden angreifenden Kräfte darstellen – das Gewicht und die Auftriebskraft. Die Auftriebskraft wurde im Teil a zu 9,8 N ermittelt. Sie ist größer als das Gewicht

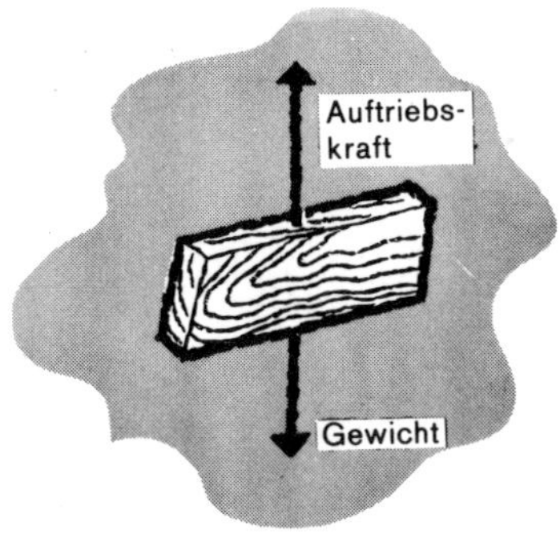

Abb. 5.40

von 7,0 N. Also ist die Resultierende aufwärts gerichtet und hat einen Betrag von

$$F = 9{,}8\ \mathrm{N} - 7{,}0\ \mathrm{N} = 2{,}8\ \mathrm{N}$$

Lösung: Teil c. Wenn ein Objekt an der Oberfläche schwimmt, muß die Auftriebskraft denselben Betrag haben wie das Gewicht des Objektes, weil sich das Objekt im Gleichgewicht befindet und die beiden Kräfte sich aufheben. Also ist die Auftriebskraft nach oben gerichtet und hat einen Betrag von 7,0 N.

Beispiel 7

Wie groß ist die Dichte des Holzes im Beispiel 6?

Lösung: Die Dichte ist definiert durch die Gleichung

$$\rho = m/V \qquad (22)$$

Darin bedeuten

ρ = Dichte = ?

m = Masse des Holzes = ?

V = Volumen des Holzes = $1{,}0 \times 10^{-3}\ \mathrm{m}^3$

Um die Dichte zu finden, müssen wir zunächst aus dem Gewicht des Holzes seine Masse bestimmen. Die Masse und das Gewicht eines Objektes sind verbunden durch die Gleichung:

$$G = mg$$

Darin bedeuten

G = Gewicht des Holzes = 7,0 N
g = Fallbeschleunigung = 9,8 m/s²

Wenn wir diese Werte in unsere Gleichung einsetzen, erhalten wir

$$7{,}0\ \mathrm{N} = m\ (9{,}8\ \mathrm{m/s^2})$$

$$7{,}0\ \frac{\mathrm{kg\ m/s^2}}{9{,}8\ \mathrm{m/s^2}} = m$$

$$m = \frac{7{,}0}{9{,}8}\ \mathrm{kg} = 0{,}71\ \mathrm{kg}$$

Jetzt können wir diese Werte für m und V in die Gl. 22 einsetzen, um die Dichte zu ermitteln:

$$\rho = \frac{0{,}71\ \mathrm{kg}}{1{,}0 \times 10^{-3}\ \mathrm{m^3}}$$

$$= 0{,}71 \times 10^{3}\ \frac{\mathrm{kg}}{\mathrm{m^3}}$$

$$= 7{,}1 \times 10^{2}\ \frac{\mathrm{kg}}{\mathrm{m^3}}$$

Konstante Beschleunigung

Im Kapitel 1 diskutierten wir die Lösung von Aufgaben, die sich auf die gleichförmige Beschleunigung beziehen. Jetzt wollen wir etwas kompliziertere Aufgaben behandeln, aber das Vorgehen wird sehr ähnlich sein und die folgenden Schritte umfassen

1. Zeichnen Sie ein Diagramm mit einem geeigneten Bezugssystem. (Die Symmetrieprinzipien erlauben die Einführung verschiedener Bezugssysteme.) Der Lösungsgang kann davon abhängen, wie geschickt das Bezugssystem gewählt wurde, denn hierdurch werden die Entfernungen sowie die Komponenten der Geschwindigkeiten, Beschleunigungen und Kräfte bestimmt.
2. Stellen Sie die gegebenen und gesuchten Informationen der Aufgabe zusammen.
3. Schreiben Sie alle Gleichungen auf, die die in Schritt 2 vorkommenden Größen enthalten sowie alle zusätzlichen Größen, die durch diese Gleichungen eingeführt wurden. Beachten Sie alle anderen Beziehungen, die durch die Natur des Problems gegeben sind, auch wenn sie nicht die Form einer Gleichung haben.
4. Setzen Sie die in Schritt 2 gegebenen Informationen in die Gleichungen des Schrittes 3 ein. Dann lösen Sie das Problem nach den Regeln der Algebra und der Logik.

Dieses Vorgehen wird sehr oft angebracht und nützlich sein. Die Gleichungen vermitteln uns die Beziehungen zwischen dem, was wir wissen und dem, was wir wissen wollen. Wenn wir die Werte aller Größen schon wüßten, brauchten wir keine der Gleichungen, die die physikalischen Gesetze zum Ausdruck bringen.

Wir können eine Aufgabe als ein System von Eingangs- und Ausgangsgrößen ansehen. Die gegebene Information ist die Eingangsgröße. Die gesuchte Information ist die Ausgangsgröße – die Antwort. Die Gleichungen und die übrigen Beziehungen wirken als Maschine, die uns hilft, die Ausgangsgrößen aus den Eingangsgrößen zu ermitteln.

Wenn das Verfahren nicht funktioniert, kann man nach mehreren Fehlermöglichkeiten suchen.

1. Wir vergaßen, einen Teil der gegebenen Information zu verwenden – eine unzureichende Eingangsgröße.
2. Wir vernachlässigten eine Gleichung oder eine andere Beziehung, die in der Situation anwendbar ist – eine zu schwache Maschine.

3. Wir begingen einen logischen oder mathematischen Fehler – d. h. wir drückten auf den falschen Knopf der Maschine. Wenn man nicht genau das Richtige tut, bekommt man nicht die richtige Antwort, es sei denn, durch Zufall.

4. Das Problem war unslöbar oder widersprüchlich – es wurde nicht genug Information gegeben, um es lösen zu können, oder es wurde so viel gegeben, daß zwei Antworten möglich werden, die miteinander nicht verträglich sind. Dies kommt vor. Bei interessanteren Fragen müssen Sie manchmal ein paar vernünftige Annahmen machen. Bei Routine-Rechenaufgaben ist dies gewöhnlich weder erforderlich noch erlaubt.

Im allgemeinen brauchen wir zwei Gleichungen, um zwei Unbekannte zu berechnen, drei Gleichungen für drei Unbekannte usw. Beispielsweise haben wir bei Aufgaben, die von konstanter Beschleunigung handeln, die Gleichungen 17 und 18 (oder manchmal 14 und 15). Wenn uns vier der sechs Größen s, s_0, v, v_0, a und t gegeben sind, können wir daher mit diesen Gleichungen die beiden anderen Größen berechnen. Jede unabhängige Gleichung gibt uns eine Beziehung, mit der wir eine weitere Unbekannte berechnen können. Aber achten Sie auf das Wort *unabhängig.* Beispielsweise kann die Gl. 19 nicht zusammen mit den Gl. 17 und 18 verwendet werden, um drei Unbekannte zu berechnen, weil sie aus den beiden letzteren Gleichungen algebraisch abgeleitet wurde; also ist sie von diesen nicht unabhängig und kann uns daher keine Information geben, die nicht auch aus den beiden anderen gemeinsam gewonnen werden könnte. Nichtsdestoweniger ist es eine zweckmäßige Formel, die die Lösung der Aufgabe in manchen Fällen erleichtern kann. Wir können jedoch oft auch dann, wenn wir weniger Gleichungen als unbekannte Größen haben, einige der gesuchten Größen oder Beziehungen zwischen ihnen ermitteln.

Beispiel 8

Ein Ball fällt in einen Brunnen. Nach fünf Sekunden schlägt er auf dem Boden auf. Wie tief ist der Brunnen und welche Geschwindigkeit hat der Ball beim Aufschlag?

Lösung: Schritt 1. Abb. 5.41 stellt die Zeichnung und das gewählte Bezugssystem dar. Beachten Sie, daß die Startgeschwindigkeit Null

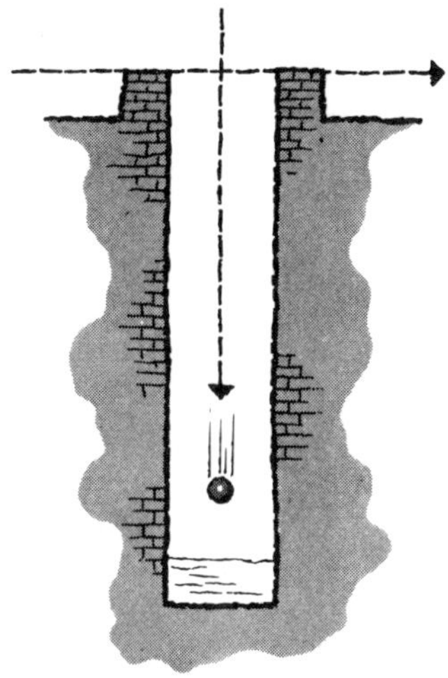

Abb. 5.41

ist, weil der Ball nicht geworfen wurde, sondern einfach vom Ruhezustand ausgehend fiel. Daher können wir die einfachen Gleichungen 14 und 15 verwenden, wenn wir den Ursprungspunkt unseres Bezugssystems in den Anfangspunkt der Bewegung legen. Wir haben eine Achse in die Bewegungsrichtung gelegt. Zweckmäßigerweise zeigt sie nach unten.

Schritt 2

$s = ?$

$t = 5\,\mathrm{s}$

$a = 9{,}8\,\mathrm{m/s^2}$

$v = ?$

Schritt 3

$s = at^2/2$

$v = at$

Da wir zwei Unbekannte und zwei Gleichungen haben, haben wir genug Gleichungen, um die Unbekannten zu finden. Wir setzen die bekannten Werte der Größen folgendermaßen in die Gleichungen ein.

Schritt 4

$$s = \frac{9{,}8\,(5)^2}{2}\ \mathrm{m} = 4{,}9 \times 25\ \mathrm{m} = 120\ \mathrm{m}$$

$$v = 9{,}8\,(5)\ \frac{\mathrm{m}}{\mathrm{s}} = 49\ \frac{\mathrm{m}}{\mathrm{s}}$$

Beispiel 9

Ein Ball wird mit einer Geschwindigkeit von 100 m/s senkrecht nach oben in die Luft geworfen. Welche Höhe wird er erreichen und nach welcher Zeit schlägt er auf dem Boden auf?

Lösung: Schritt 1. Wir fertigen ein Zeichnung an und legen das Bezugssystem so wie in Abb. 5.42 dargestellt. Wir legen wieder eine Achse in die Bewegungsrichtung. Da wir eine Anfangsgeschwindigkeit haben, müssen wir die Gl. 17 und 18 verwenden. Es ist zweckmäßig, den Ursprungspunkt des Bezugssystems in den Startpunkt des Balles zu legen, so daß $s_0 = 0$ wird.

Schritt 2. Da wir die gesamte Flugzeit wissen wollen, sind Start- und Endpunkt gleich.

$$\begin{aligned}
v_0 &= 100\ \mathrm{m/s}\\
a &= -g = -9{,}8\ \mathrm{m/s^2}\\
h &= \text{maximale Höhe} = ?\\
s_0 &= 0\\
s &= 0\\
v &= ?\\
t &= ?
\end{aligned}$$

Beachten Sie, daß s und s_0 Null sind, weil sich beide auf den Ursprungspunkt unseres Bezugssystems beziehen. Die Tatsache, daß sich der Ball bewegt hat, spielt keine Rolle, weil sich s und s_0 nicht auf Weglängen beziehen. Beachten Sie auch, daß a negativ ist, weil die Schwerkraft nach unten zieht, während unser Bezugssystem nach oben gerichtet ist.

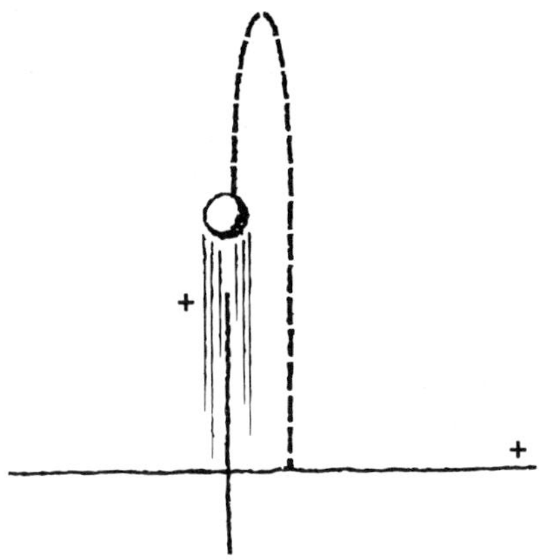

Abb. 5.42

Schritt 3. Wir verwenden die Gl. 17 und 18. Es wird zweckmäßig sein, auch Gl. 19 zu benutzen:

$$v = v_0 + at$$
$$s = s_0 + v_0 t + at^2/2$$
$$v^2 = v_0^2 + 2a(s - s_0)$$

Schritt 4. Wir setzen die gegebenen Größen in die Gleichungen ein und erhalten:

$$v = 100\,\frac{\mathrm{m}}{\mathrm{s}} - 9{,}8\,\frac{\mathrm{m}}{\mathrm{s}^2}\,(t)$$

$$0 = 0 + 100\,\frac{\mathrm{m}}{\mathrm{s}}\,(t) - 1/2\,(9{,}8\,\frac{\mathrm{m}}{\mathrm{s}^2})\,(t)^2$$

$$v^2 = (100\,\frac{\mathrm{m}}{\mathrm{s}})^2 + 0$$

Aus der letzten Gleichung erkennen wir sofort, daß die abwärts gerichtete Endgeschwindigkeit 100 m/s beträgt. Das bedeutet, daß v gleich − 100 m/s sein muß, da es in der negativen Richtung liegt.

Da wir jetzt v kennen, können wir leicht die erste Gleichung nach t auflösen.

$$-100\,\frac{\text{m}}{\text{s}} = v = 100\,\frac{\text{m}}{\text{s}} - 9{,}8\,\frac{\text{m}}{\text{s}^2}\,(t)$$

$$0 = 200\,\frac{\text{m}}{\text{s}} - 9{,}8\,t\,\frac{\text{m}}{\text{s} \times \text{s}}$$

$$9{,}8\,t\,\frac{\text{m}}{\text{s}^2} = 200\,\frac{\text{m}}{\text{s}}$$

$$t\,\frac{9{,}8}{\text{s}} = 200$$

$$t = \frac{200}{9{,}8}\,\text{s} = 20\,\text{s}$$

Um die Höhe zu finden, müssen wir die Rechnung erneut durchführen, wobei der Höhepunkt der Bahn jetzt die Endlage der Bewegung darstellt. Schritt 1 ist derselbe wie zuvor.

Schritt 2 $s_0 = 0$

$s = h = ?$

$a = -g = -9{,}8\ \text{m/s}^2$

$t = ?$

$v = 0$

$v_0 = 100\ \text{m/s}$

Die einzigen hier geänderten Größen sind die Geschwindigkeit v (die am Höhepunkt der Bahn Null ist) und der Weg s, der jetzt die Höhe darstellt.

Schritt 3. Wir brauchen nur diese Gleichung

$$v^2 = v_0^2 + 2a\,(s - s_0)$$

Schritt 4

$$0 = (100)^2\ \frac{m^2}{s^2} - 2\ \frac{9{,}8\ m}{s^2}\ (h)$$

$$\frac{(2 \times 9{,}8 \times m)\ h}{s \times s} = (100)^2\ \frac{m \times m}{s \times s}$$

$$h = \frac{(100)^2\ m}{2 \times 9{,}8} \approx \frac{(100)^2\ m}{2 \times 10} = \frac{100}{20}\ m$$

$$h = 500\ m$$

Nachdem wir festgestellt hatten, daß die Endgeschwindigkeit des Balles beim Aufschlag 100 m/s beträgt, hätten wir auch anders vorgehen können, wenn wir gewollt hätten. Die Tatsache, daß dies die gleiche Geschwindigkeit ist, mit der der Ball emporgeworfen wurde, ist ein starker Hinweis darauf, daß der Weg nach oben die gleiche Zeit braucht wie der Fall. Das ist richtig, – der Rückweg ist einfach die Wiederholung des Hinweges, jedoch in umgekehrter zeitlicher Reihenfolge, weil die Gesetze der Physik bei umgekehrtem Zeitablauf die gleichen sind. Daher müssen die Zeiten für den Hin- und Rückweg gleich sein. Die gleiche Schlußfolgerung zeigt, daß alle Eigenschaften der Bewegung beim Aufstieg und Fall die gleichen Beträge (nicht notwendig die gleichen Richtungen) haben. Das kann man zeigen, indem man die Formeln ausrechnet. Daher können wir sicher sein, daß die Bahn eines geworfenen Körpers räumlich und zeitlich symmetrisch zum Höhepunkt der Bahn verläuft.

Aufgaben mit Bahnberechnungen

Beispiel 10

Ein Flugzeug fliegt in einer Höhe von 490 m horizontal mit einer Geschwindigkeit von 100 m/s. Wenn es sich direkt über einer Straßenkreuzung befindet, wird eine Bombe ausgeklinkt. a) Nach welcher Zeit schlägt die Bombe auf dem Boden auf? b) Wie groß ist die Entfernung des Aufschlagpunktes von der Straßenkreuzung?

Lösung: Teil a. Da die Bombe beim Ausklinken keine Vertikalbewegung hatte, braucht sie für die Zeit des Falles bis zum Boden dieselbe Zeit, die sie für den Fall vom Ruhezustand aus gebraucht hätte.

Schritt 1. Wir haben unser Bezugssystem mit dem bewegten Flugzeug verbunden (Abb. 5.43). In diesem Bezugssystem fällt die Bombe einfach senkrecht nach unten. Zweckmäßigerweise haben wir die positive Richtung nach unten gewählt.

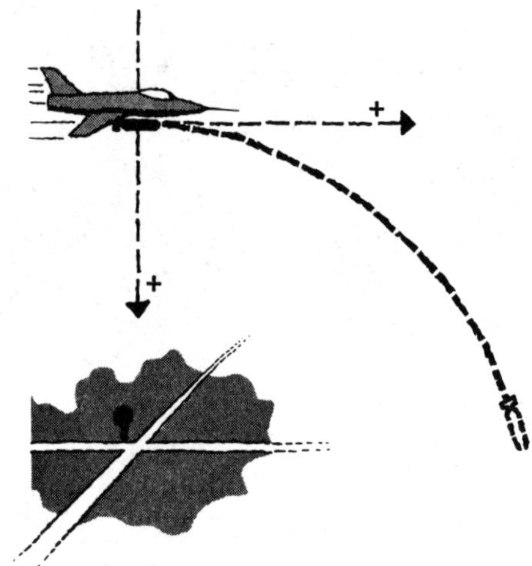

Abb. 5.43

Schritt 2. $v_0 = 0$

$s_0 = 0$

$a = g = 9{,}8\ \mathrm{m/s^2}$

$v = ?$ (nicht gefragt)

$t = ?$

$s = 490\ \mathrm{m}$

Schritt 3. Die Gleichung, die die Größen verbindet, ist

$$s = s_0 + v_0 t + at^2/2$$

Schritt 4. Durch Einsetzen der gegebenen Größen in die Gleichung erhalten wir:

$$490\ \mathrm{m} = 0 + 0 + \left(9{,}8\ \frac{\mathrm{m}}{\mathrm{s^2}}\right) t^2/2$$

$$490\ \text{m} = 4{,}9\ \frac{\text{m}}{\text{s}^2}\ t^2$$

$$100 = \frac{t^2}{\text{s}^2}$$

$$t = 10\ \text{s}$$

Lösung: Teil b. Während ihres Falles bewegt sich die Bombe 10 Sekunden lang horizontal mit einer Geschwindigkeit von 100 m/s.

$$s = v\,t$$

$$s = 100\ \frac{\text{m}}{\text{s}} \times 10\ \text{s}$$

$$s = 1000\ \text{m}$$

Beispiel 11

Eine Kanonenkugel wird mit einer Geschwindigkeit V unter einem Winkel von 45° aus einer Kanone geschossen. In welcher Entfernung von der Kanone wird die Kugel aufschlagen?

Lösung: Dieses Problem wird durch die Tatsache kompliziert, daß während des Fluges der Kugel in zwei verschiedenen Richtungen zwei verschiedene Dinge geschehen. In der vertikalen Richtung haben wir

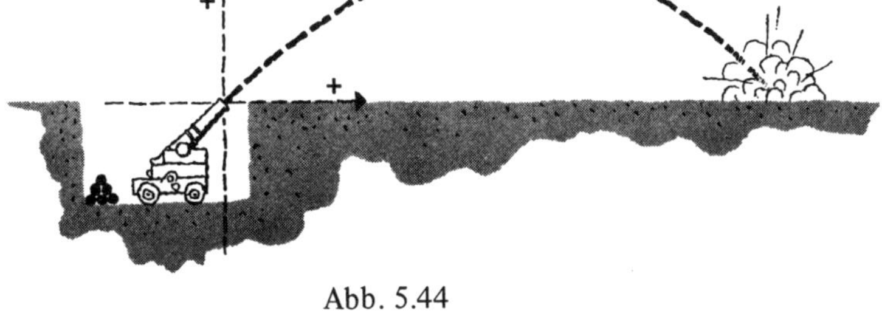

Abb. 5.44

eine beschleunigte Bewegung. Es gibt keine horizontale Kraft; daher ist die Bewegung in der horizontalen Richtung gleichförmig.

Schritt 1. Der Geschwindigkeitsvektor der aus der Kanone geschossenen Kugel bildet die Hypotenuse eines rechtwinkligen Dreiecks, dessen übrige Winkel 45° betragen. Wir müssen die Komponenten dieses Vektors im Bezug auf die Achsen unseres Bezugssystems berechnen. Wir haben das Bezugssystem in der in Abb. 5.44 dargestellten Art gewählt, weil die Schwerkraft nach unten gerichtet ist. Also liegt eine Achse in der Richtung der Kraft und nur die Komponente der Geschwindigkeit im Bezug auf diese Achse wird durch diese Kraft beeinflußt. In der horizontalen Richtung gibt es keine Änderung der Geschwindigkeit, weil die Schwerkraft keine Komponente in dieser Richtung hat. Um die Komponenten der Anfangsgeschwindigkeit zu ermitteln, verwenden wir die Information über das rechtwinklige 45°-Dreieck aus dem Anhang II-D. Sowohl die aufwärts gerichtete als auch die horizontale Komponente der Anfangsgeschwindigkeit sind gleich $V/\sqrt{2}$. Wir bezeichnen diese Komponenten mit dem Buchstaben v_0.

Schritt 2. Wir betrachten zunächst die vertikale Bewegung. Dies ist eine beschleunigte Bewegung unter dem Einfluß der Schwerkraft. Daher gilt für die vertikalen Komponenten:

$s_0 = 0$

$s = 0$ (wenn wir den zweiten Punkt als Aufschlagspunkt wählen)

$v_0 = V/\sqrt{2}$

$v = - V/\sqrt{2}$

$t = ?$

$a = - g = - 9{,}8 \text{ m/s}^2$

Nun ein Wort über das zweckmäßige Vorgehen. Wir wissen, daß sich die nach rechts gerichtete Geschwindigkeit nicht ändern wird, und daß sie gleich $V/\sqrt{2}$ sein muß. Wenn wir die gesamte Flugzeit der Kanonenkugel kennen, können wir die horizontale Distanz D leicht aus der Beziehung $D = v_0 t$ berechnen. Daher wollen wir die Flugzeit wissen. Nun ist s_0 gleich Null, weil der Start im Ursprungspunkt des Bezugssystems erfolgt. Aber s ist auch Null, weil für die Auf- und

Ab-Bewegung nur die Vertikalkomponenten eine Rolle spielen. Die Größen in unseren Gleichungen für die gleichmäßig beschleunigte Bewegung können als die Komponenten in der Richtung der Kraft betrachtet werden. Wir wollen jetzt die Zeit t ermitteln.

Schritt 3.

$$s = s_0 + v_0 t + a t^2/2$$
$$v = v_0 + a t$$
$$v^2 = v_0^2 + 2a(s - s_0)$$

Schritt 4.

$$0 = 0 + Vt/\sqrt{2} - gt^2/2$$
$$-V/\sqrt{2} = V/\sqrt{2} - gt$$
$$V^2/2 = V^2/2 - 2g(0-0)$$

Aus der ersten Gleichung erhalten wir:

$$0 = Vt/\sqrt{2} - gt^2/2 \qquad (23)$$
$$gt^2/2 = Vt/\sqrt{2}$$
$$t = 2V/g\sqrt{2} = V\sqrt{2}/g$$

Die Kugel befindet sich während der Zeit $V\sqrt{2}/g$ in der Luft. Während dieser Zeit bewegt sie sich gleichförmig mit der Geschwindigkeit $V/\sqrt{2}$ nach rechts. Da für die gleichförmige Bewegung die Beziehung $D = v_0 t$ gilt, erhalten wir

$$D = Vt/\sqrt{2} = V(V\sqrt{2})/g\sqrt{2} = V^2/g$$

Also schlägt die Kugel in einer Entfernung von V^2/g von der Kanone auf, wenn die Luftreibung vernachlässigt werden kann.

Beachten Sie noch eine merkwürdige Tatsache. Die Gleichung 23, also die Gleichung für die Entfernung vom Startpunkt in der vertikalen Richtung, ist auch erfüllt, wenn t gleich Null ist. Was bedeutet das? Die Kugel hat zweimal die vertikale Entfernung Null – einmal beim Abschuß und einmal beim Aufschlag. Die Gleichung 23 gibt uns beide Antworten. Die Gleichung „weiß“ nicht, welche Antwort wir haben wollen, sie weiß nur, daß wir diese Entfernung gleich Null setzen. Es kommt oft vor, daß die mathematischen Gleichungen eines Problems zwei Ergebnisse dieser Art liefern. Der Student muß entscheiden, welche Antwort verwendet werden kann, indem er die physikalische Situation der Aufgabe untersucht.

Zusammenfassung

I. Abgeleitete Größen

   A. Dichte: Ein Skalar, Masse pro Volumen

   B. Druck: Ein Vektor, Kraft pro Fläche

II. Anwendungen

   A. Kräfte auf Objekte, die Ermittlung der resultierenden Kraft: Im Fall des Gleichgewichts und des Nichtgleichgewichts

   B. Kräfte in Flüssigkeiten

      1. Druck in Flüssigkeiten; Der Druck steht senkrecht auf jeder Fläche, ist in allen Richtungen gleich groß und nimmt mit der Tiefe zu.
      2. Barometer
      3. Auftriebskräfte
      4. Bernoullis Effekt in bewegten Flüssigkeiten

   C. Beziehungen zwischen der Entfernung, der Geschwindigkeit und der Zeit für bewegte Objekte. Wir erhielten die folgenden Gleichungen für die Bewegung mit konstanter Beschleunigung.

      1. $v = v_0 + at$
      2. $s = s_0 + v_0 t + at^2/2$
      3. $v^2 = v_0^2 + 2a(s - s_0)$

   D. Wurfbewegung

III. Methoden der Wissenschaft. Galileis Anwendung der schiefen Ebene beim Studium der Bewegung.

IV. Aufgaben

A. Die resultierende Kraft auf ein Objekt

B. Druck, Dichte und Auftrieb in Flüssigkeiten

C. Beziehungen zwischen Entfernung, Geschwindigkeit und Zeit bei konstanter Beschleunigung.

Fragen

1. Kann die Zahl der Kräfte, die auf ein Objekt wirken, die Zahl der Wechselwirkungen überschreiten, an denen das Objekt teilnimmt?
2. Kann ein Objekt im Gleichgewicht sein, wenn es nur an einer einzigen Wechselwirkung teilnimmt? An drei Wechselwirkungen? Begründen Sie Ihre Antwort.
3. Warum ist es erforderlich, die resultierende Kraft auf ein Objekt zu ermitteln, wenn man seine Beschleunigung berechnen will? Gibt es irgendwelche Ausnahmen oder scheinbare Ausnahmen von dieser Regel?
4. Stellen Sie die Wechselwirkungen zusammen, an denen die folgenden Objekte teilnehmen. Zeichnen Sie das Objekt isoliert von seiner Umgebung, stellen Sie die angreifenden Kräfte durch Pfeile dar und schätzen Sie den Betrag und die Richtung jeder Kraft. Schätzen Sie die resultierende Kraft und ihre Richtung.

   a) Ein Flugzeug im horizontalen Flug
   b) Ein künstlicher Satellit auf der Umlaufbahn
   c) Ein Anker, der im Wasser hochgezogen wird.
   d) Ein Buch, das auf dem Tisch liegt.
   e) Ein Mann, der durch ein Zimmer geht.
   f) Ein Baum im Sturm.
   g) Ein Wagen, der vor einer Ampel bremst.
   h) Ein Skifahrer, der einen Berg hinab fährt.
   i) Ein schwingendes Pendel

5. Schätzen Sie die Beträge und Richtungen der Kräfte, die die in Frage 4 genannten Objekte auf ihre Umgebung ausüben.
6. Abb. 5.45 zeigt ein Seilziehen. Ermitteln Sie alle Wechselwirkungen sowie die Kräfte auf das Seil, jede Mannschaft und die Umgebung für folgende Situationen:

   a) Keine Bewegung.

   b) Eine Mannschaft zieht die andere mit konstanter Geschwindigkeit.

   c) Eine Mannschaft zieht die andere immer schneller.

   Welche Mannschaft übt in jedem dieser Fälle die größere Kraft auf die andere aus?

Abb. 5.45

7. Betrachten Sie in Frage 6 das Seil und beide Mannschaften zusammen als ein einziges Objekt. Ermitteln Sie alle Kräfte und Wechselwirkungen für dieses Objekt.
8. Was bedeutet der Satz, daß schwere Objekte sinken? Ist der Satz richtig, falsch oder unvollständig? Erklären Sie Ihre Antwort.
9. Warum verwenden wir in einem Barometer nicht Wasser sondern Quecksilber?
10. Ist es möglich, daß ein kleiner Junge den ganzen atlantischen Ozean zurückhält, indem er seinen Finger in ein Loch eines Deiches steckt? Erklären Sie Ihre Antwort (siehe Abb. 5.46).

Abb. 5.46

11. In welchem der in Abb. 5.47 dargestellten Fälle ist die Kraft auf den Damm größer?
12. Hängt die an einem Objekt angreifende Auftriebskraft von seiner Dichte ab? Erklären Sie Ihre Antwort.
13. Hängt die an einem Objekt angreifende Auftriebskraft von seiner Tiefe in der Flüssigkeit ab? (Beachten Sie, daß das Objekt und die Flüssigkeit durch den Druck in verschiedenen Maße komprimiert werden können).
14. Warum hängt der Druck in einer Flüssigkeit bei gegebener Tiefe von der Dichte der Flüssigkeit ab?
15. Warum hat die Atmosphäre am Erdboden eine größere Dichte als in der Höhe?
16. Was hält das Quecksilber im Barometer?
17. Wovon hängt es ab, ob ein Objekt an der Oberfläche schwimmt oder untergeht?
18. Erklären Sie, warum der in Abb. 5.18 dargestellte Tischtennisball im Luftstrom bleibt.

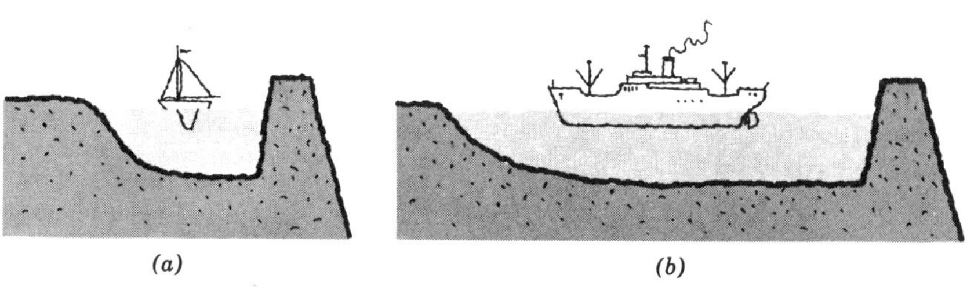

(a) (b)

Abb. 5.47

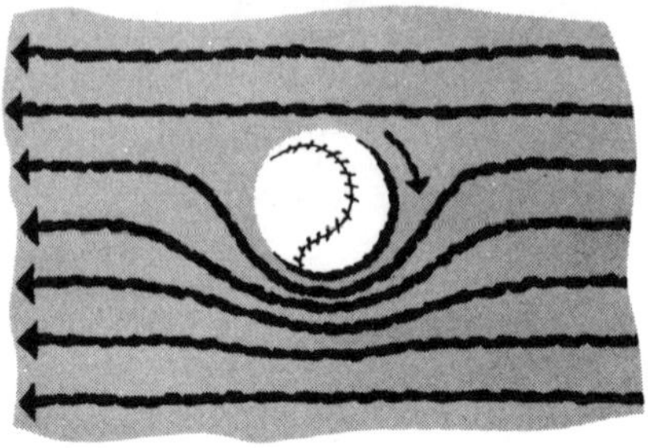

Abb. 5.48

19. Abb. 5.48 zeigt, wie die Luft um einen geworfenen, rotierenden Baseball fließt. Wird der Ball infolge dieser Strömung sinken oder steigen? Warum?
20. Erklären Sie den Auftrieb an einem Flugzeugflügel.
21. Aus welchem Grunde fällt eine Bombe aus einem bewegten Flugzeug nicht senkrecht nach unten?
22. Woher wissen Sie, daß Eis eine geringere Dichte als Wasser hat?
23. Ist es möglich, daß ein Objekt an der Trennfläche zweier Flüssigkeiten in einem Behälter schwimmt, wie es in Abb. 5.49 dargestellt ist? Erklären Sie Ihre Antwort.
24. Für welche Orientierung des in Abb. 5.50 dargestellten Bleistifts ist die Auftriebskraft größer?

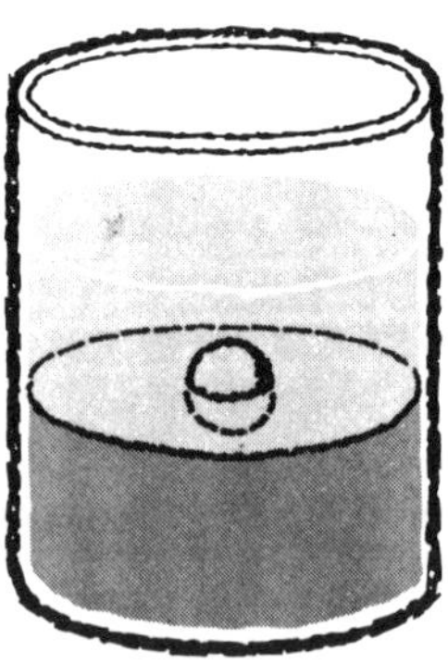

Abb. 5.49

Abb. 5.50

25. Das in Abb. 5.51 dargestellte Barometer wird geneigt. Welche der beiden durch gestrichelte Linien angedeuteten Möglichkeiten gibt das Verhalten des Quecksilbers richtig wieder? Warum?
26. Wie würden Sie mit Hilfe eines Barometers die Höhe eines Gebäudes bestimmen?
27. Wie erhöht die an einem Objekt angreifende Kraft seine Geschwindigkeit? Wie ändert sie seine Bewegungsrichtung?
28. Die Masse an der Rolle kommt in der Mitte der Wäscheleine ins Gleichgewicht (Abb. 5.52). Erklären Sie den Grund hierfür.

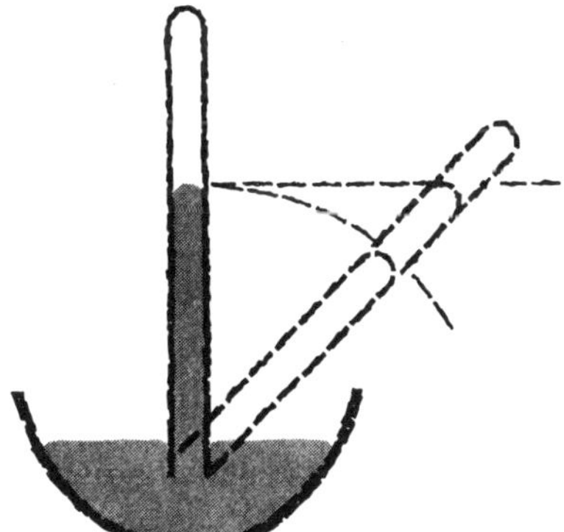

Abb. 5.51

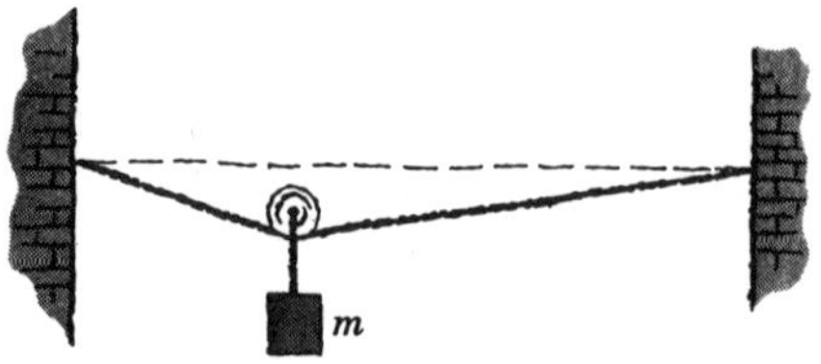

Abb. 5.52

Aufgaben

1. Nehmen Sie an, daß wir ein Barometer mit Wasser anstelle von Quecksilber füllen. Wie hoch würde das Wasser in der Röhre stehen, wenn oberhalb der Wassersäule ein perfektes Vakuum besteht? Tatsächlich verdampft etwas Wasser, so daß sich oberhalb des Wassers Wasserdampf bildet. Wie würde diese Tatsache die Höhe der Wassersäule beeinflussen?
2. Nehmen Sie an, daß im Beispiel 1 (Seite 241) der Schlitten von einem Zweig aufgehalten wird, so daß er sich nicht bewegen kann, während die Jungen ebenso ziehen wie zuvor. Wie groß ist die Kraft, die von dem Zweig auf den Schlitten ausgeübt wird?
3. Der in Abb. 5.53 dargestellte Kolben kann sich reibungsfrei in dem Zylinder bewegen. Außerhalb des Kolbens steht der Zylinder unter Luftdruck. Der Kolben hat eine Masse von 15 kg und eine Fläche von $1{,}3 \times 10^{-3}$ m². Wie groß ist der Druck in dem Zylinder?
4. Wie groß ist die Auftriebskraft auf ein Unterseeboot mit einem Volumen von $1{,}2 \times 10^5$ m³? Nehmen Sie an, daß sich das Unterseeboot in Süßwasser befindet. Salzwasser hat eine höhere Dichte als Süßwasser; wie würde hierdurch die Auftriebskraft geändert?
5. Berechnen Sie den Druck, den die auf Seite 211 erwähnte junge Dame auf den Fußboden ausübt, wenn sie auf einem Absatz steht. Nehmen Sie an, daß die Fläche des Absatzes $1{,}5 \times 10^{-4}$ m² beträgt. Wäre es möglich, daß sie mit derselben im Kontakt mit dem Fußboden stehenden Absatzfläche einen noch größeren Druck ausübt?
6. Leiten Sie aus den Gleichungen $v = at$ und $s = at^2/2$ die Gleichung $v^2 = 2as$ ab.

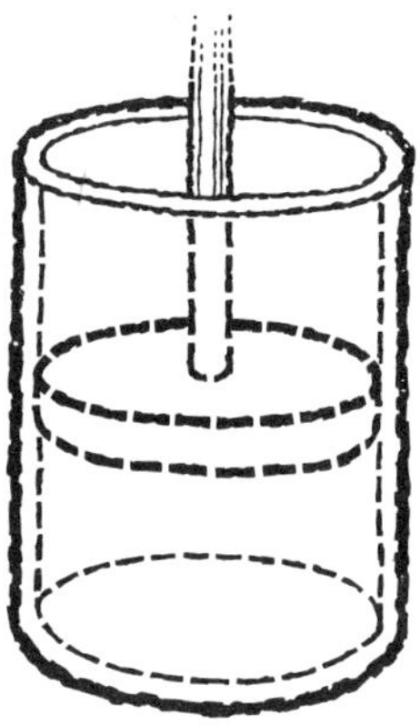

Abb. 5.53

Schwierigere Fragen und Aufgaben

1. Ein Boot, das in ruhigem Wasser eine Geschwindigkeit v besitzt, fährt eine Strecke s stromaufwärts und stromabwärts, während das Wasser mit der Geschwindigkeit V fließt. Danach fährt es eine Strecke s quer zum Strom hin und zurück. Wieviel Zeit braucht es jeweils für eine Hin- und Rückfahrt? Welche Fahrt erfordert insgesamt weniger Zeit?
2. Eine Masse m wird von einer Kraft f über eine Entfernung s bewegt. Wie lange braucht die Masse, um diese Strecke zurückzulegen, wenn sie anfangs ruhte?
3. Ermitteln Sie die Beschleunigung der in Abb. 4.22 (Seite 195) dargestellten Massen, wenn $M = 30$ kg und $m = 10$ kg ist.
4. Wie beeinflußt die Rotation eines Tischtennisballes das Spiel?
5. Finden Sie die Gleichung, die den Druck einer Flüssigkeit als Funktion der Tiefe, der Dichte und der Fallbeschleunigung g angibt. Nehmen Sie an, daß die Flüssigkeit inkompressibel ist. (Hinweis: Wie groß ist der Druck am Boden eines vertikalen, mit Wasser gefüllten Zylinders?)
6. Die beiden in Abb. 5.54 dargestellten Gefäße haben die gleiche Bodenfläche und sind gleich hoch mit Wasser gefüllt. Also muß

Abb. 5.54

in beiden Gefäßen die gleiche Gesamtkraft auf den Boden wirken. Ihre Gewichte sind jedoch nicht gleich, da ein Gefäß weniger Flüssigkeit enthält als das andere. Wie können die Kräfte auf den Boden gleich sein, wenn die Gewichte verschieden sind?

7. Warum bewegt sich ein Komet schneller, wenn er sich der Sonne nähert?
8. Warum können wir die Wechselwirkungen zwischen verschiedenen Teilen desselben Objekts außer Acht lassen, wenn wir die resultierende Kraft auf das Objekt berechnen wollen?
9. Warum sind runde Räder besser als quadratische?
10. Befindet sich ein rotierender Kreisel im Gleichgewicht?
11. Wie groß ist die Geschwindigkeit eines Balles, der vom Boden aus senkrecht nach oben geworfen wurde, wenn sich der Ball im höchsten Punkt seiner Bahn befindet? Ist er im Gleichgewicht?
12. Wir haben gesagt, daß für den Fall, daß die Resultierende aller an einem Objekt angreifenden Kräfte gleich Null ist, sich das Objekt im Gleichgewicht befindet, soweit es die Beschleunigung des ganzen Objekts betrifft. Bedeutet das, daß sich das Objekt überhaupt nicht bewegen kann? Erklären Sie Ihre Antwort. Bedeutet das, daß es überhaupt nicht beschleunigen kann?
13. Leiten Sie die Gleichung $v^2 = v_0^2 + 2a\,(s - s_0)$ aus den Gleichungen $v = v_0 + at$ und $s = s_0 + v_0 t + at^2/2$ ab.
14. Wie groß ist die Geschwindigkeit des Objekts, dessen Weg in Abb. 5.21 dargestellt ist?

15. Wie groß ist die Beschleunigung des Objekts, dessen Geschwindigkeit in Abb. 5.23 dargestellt ist?

16. Was bedeutet die Größe s_0 für das Objekt, dessen Weg in Abb. 5.22 dargestellt ist?

17. Was bedeutet die Größe v_0 für das Objekt, dessen Geschwindigkeit in den Abb. 5.23 und 5.24 dargestellt ist?

18. Der Maßstab in Abb. 5.26 ist in cm angegeben. Wie groß ist die Zeit zwischen den Lichtblitzen des Stroboskops?

19. Woher wissen wir, daß das in Abb. 1.9 auf Seite 17 dargestellte Experiment umgekehrt werden kann, so daß sich daraus das Experiment ergibt, das in Abb. 5.29 auf Seite 232 gezeichnet ist?

20. Zeigen Sie durch Anwendung von Symmetrieprinzipien, daß die Resultierende der Vektoren in Abb. 5.55 Null sein muß. Zeigen Sie, daß das für jede Zahl von Vektoren mit gleichen Beträgen gilt, die auf diese Weise symmetrisch angeordnet sind, ausgenommen natürlich einen einzelnen Vektor. Warum gilt die Argumentation nicht für einen einzelnen Vektor?

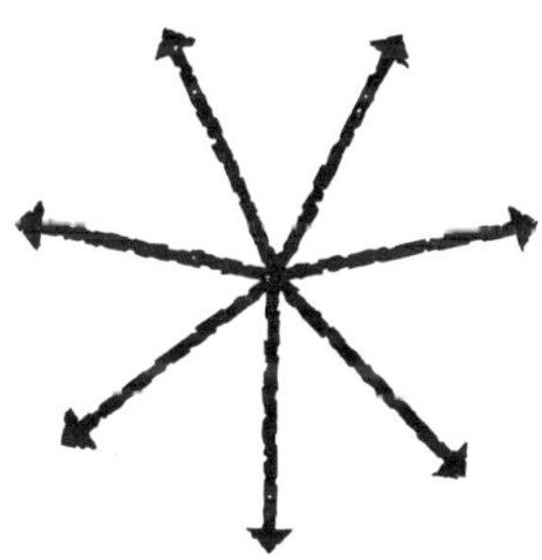

Abb. 5.55

Sechstes Kapitel

Die Erhaltung der Energie

In Kapitel 1 beschrieben wir ein Gedankenexperiment, in dem Galilei Kugeln betrachtete, die eine schiefe Ebene hinunter rollen. Wir wiesen darauf hin, daß eine Kugel, die in einer bestimmten Höhe auf eine Ebene gelegt wird, dann diese Ebene hinunter und eine andere Ebene hinauf läuft, kein höheres Niveau erreichen kann, als das, von dem sie ausgegangen war (Abb. 6.1).

Abb. 6.1

Galilei wußte, daß er denselben Effekt auch mit einem Pendel zeigen konnte (Abb. 6.2). Die Kugel eines Pendels, die auf einem bestimmten Niveau ruhend losgelassen wird, erreicht kein höheres Niveau als das Ausgangsniveau, sondern schwingt unterhalb dieses Niveaus hin und her. Der Experimentator in Abb. 6.2 kann daher ganz sicher sein: Wenn er die Kugel in der gezeichneten Stellung losläßt, wird ihm die Kugel bei ihrer Rückkehr nicht ins Gesicht fliegen, vorausgesetzt, daß er sich nicht bewegt. Dies gilt auch dann noch, wenn die Bewegung des Pendels durch einen Stift gehindert wird, wie es in Abb. 6.3 dargestellt ist.

Natürlich verhindert die Reibung, daß die rollende Kugel oder das schwingende Pendel die Ausgangslage ganz erreichen. Sie kommen aber dem Ausgangsniveau um so näher, je geringer die Reibung ist.

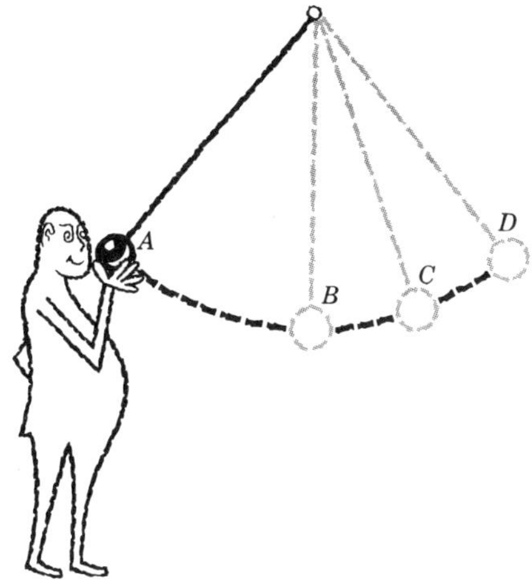

Abb. 6.2

Im Idealfall, d. h. ohne Reibung, würde das Pendel ewig hin und her schwingen, wobei es bei jeder Schwingung zu seinem Ausgangsniveau zurückkehrt.

Während jeder Schwingung ist nicht nur die maximale Höhe der Kugel oder des Pendels immer wieder dieselbe, sondern auch die maximale Geschwindigkeit. Die Geschwindigkeit der Kugel am Fuß der schiefen Ebene hängt von der durchfallenen Höhe ab, nicht von der Neigung der Ebene. Dasselbe gilt für das Pendel. Da die Pendelkugel bei jeder Schwingung dieselbe Höhe durchfällt, muß auch die Geschwindigkeit im niedrigsten Punkt bei jeder Schwingung dieselbe sein. So-

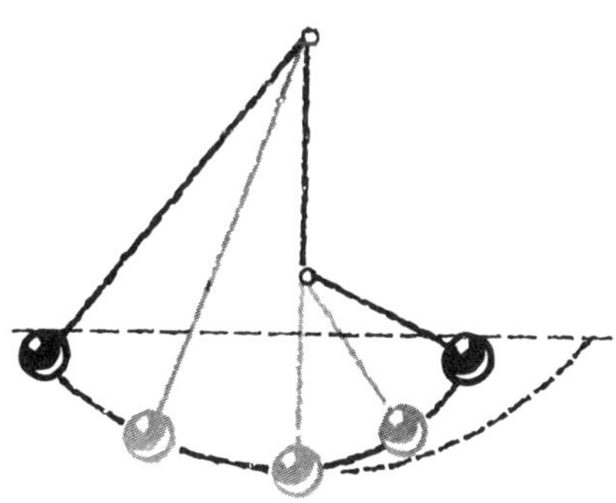

Abb. 6.3

wohl bei der Kugel auf der schiefen Ebene als auch bei der Pendelkugel sind die maximale Höhe und die maximale Geschwindigkeit miteinander verbunden. Diese maximale Höhe und die maximale Geschwindigkeit wechseln sich im Lauf der Zeit ständig ab. Wenn die Kugel oder das Pendel ihre maximale Höhe erreicht haben, ist die Geschwindigkeit Null. Wenn die Geschwindigkeit maximal ist, befinden sich die Kugel und das Pendel an ihrem tiefsten Punkt. Wenn die Geschwindigkeit zunimmt, nimmt die Höhe ab und umkehrt.

Es ist sehr seltsam, daß immer wieder dieselben Höhen und Geschwindigkeiten wiederkehren. Man würde also vermuten, daß es irgendeine mit dem System zusammenhängende Größe geben muß, die nicht geändert wird, also erhalten bleibt. Eine solche Größe gibt es wirklich. Es ist eine skalare Größe; wir nennen sie *Energie.* Diese Erhaltungsgröße, die Energie, kann nicht mit der Höhe oder der Geschwindigkeit allein zusammenhängen, da sich beide Größen während jeder Schwingung ändern. Tatsächlich tritt die Energie in mehr als einer Form auf. Eine Form, die sogenannte kinetische Energie, hängt von der Geschwindigkeit eines Gegenstandes ab. Eine weitere Form, die sogenannte potentielle Energie (im Schwerefeld) hängt von der Höhe des Objektes über der Erdoberfläche ab. Bei der beschriebenen Bewegung der Kugel und des Pendels bleibt keine dieser Energien einzeln erhalten, wohl aber die *Summe.* Dies ist einer der Gründe dafür, weshalb der Begriff der Energie so wichtig und nützlich ist.

In diesem Kapitel wollen wir die kinetische Energie, die potentielle Energie (im Schwerefeld) und die innere Energie beschreiben. Wir wollen diskutieren, wie die Energie von einer Form in eine andere übergeht und wie die Energie von einem Objekt oder System auf ein anderes übertragen werden kann.

Die Erhaltung der Energie

Die vorangegangene Diskussion legt den Gedanken nahe, daß sowohl die Geschwindigkeit v als auch die Höhe h mit einer Form der Erhaltungsgröße Energie verbunden sein müssen. Wir wollen jetzt genau wissen, wie die Formen der Energie von diesen beiden Größen abhängen. Diese Frage wurde von den Physikern sowohl theoretisch als auch experimentell beantwortet. Einige Ergebnisse ihrer Untersuchungen, durch die sich die Energie als eine skalare Erhaltungsgröße erwies, sollen in diesem Abschnitt diskutiert werden.

Die potentielle Energie im Schwerefeld

Die Form der Energie, die mit der Höhe eines Objektes verbunden ist, wird als *potentielle Energie im Schwerefeld* bezeichnet. Man stellt fest, daß ein Objekt einen Betrag potentieller Energie besitzt, der gleich dem Gewicht G mal der Höhe h ist:

$$\text{Potentielle Energie im Schwerefeld} = Gh \qquad (1)$$

Das Gewicht eines Objektes ist einfach seine Masse m multipliziert mit der Fallbeschleunigung g, also ist die

$$\text{Potentielle Energie im Schwerefeld} = mgh \qquad (2)$$

Meistens wird die Formel mgh verwendet. Aus beiden Formeln sehen wir, daß ein Objekt um so mehr von dieser Energie besitzt, je höher es sich befindet.

Die *gesamte potentielle Energie im Schwerefeld* einer Ansammlung von Objekten ergibt sich einfach als Summe der betreffenden Energien der einzelnen Objekte. Beispielsweise hat eine Ansammlung von drei Objekten im Schwerefeld insgesamt eine potentielle Energie von

$$m_1 g h_1 + m_2 g h_2 + m_3 g h_3 \qquad (3)$$

In dieser Diskussion haben wir von der Höhe h gesprochen, ohne ein bestimmtes Bezugssystem anzugeben; daher haben wir bis jetzt noch keine Möglichkeit, den Wert von h zu bestimmen. Wir brauchen ein Bezugsniveau, auf das wir unsere Höhenmessung beziehen. Tatsächlich spielt es keine Rolle, wohin wir unser Bezugsniveau legen, da alle unsere Anwendungen nur *Änderungen* der potentiellen Energie im Schwerefeld betreffen werden. Diese Änderungen hängen nicht von der Wahl des Bezugsniveaus ab. Wenn ich beispielsweise von einer

300 Meter hohen Klippe falle, dann falle ich 300 Meter tief; es ist gleichgültig, ob ich diese Höhenänderung relativ zu einem Bezugsniveau an der Spitze der Klippe, am Fuß der Klippe oder einer mittleren Höhe messe. Die physikalischen Effekte werden von der gesamten *Änderung* der Höhe bestimmt. Es steht uns bei jeder Anwendung frei, das zweckmäßigste Bezugsniveau zu wählen. In unserer Definition ist die Höhe also einfach die Entfernung oberhalb oder unterhalb dieses Bezugsniveaus. Entfernungen oberhalb des Bezugsniveaus werden positiv, unterhalb negativ gezählt. In diesem Abschnitt bezieht sich die Diskussion der potentiellen Energie im Schwerefeld auf gewöhnliche Bewegungen gewöhnlicher Objekte in der Nähe der Erdoberfläche.

Kinetische Energie

Die Form der Energie, die mit der Bewegung eines Objektes verbunden ist, wird als *kinetische Energie* bezeichnet. Es wurde festgestellt, daß ein Objekt mit der Masse m und der Geschwindigkeit v eine

$$\text{kinetische Energie} = mv^2/2 \tag{4}$$

besitzt. Aus dieser Gleichung sehen wir, daß die kinetische Energie mit steigender Geschwindigkeit zunimmt. Tatsächlich nimmt sie sehr stark zu, weil in der Formel nicht nur die Geschwindigkeit selbst, sondern das Quadrat der Geschwindigkeit auftritt.

Die gesamte kinetische Energie einer Ansammlung von Objekten ist einfach die Summe der kinetischen Energien der einzelnen Objekte. Beispielsweise hat eine Ansammlung von drei Objekten insgesamt die folgende kinetische Energie

$$\frac{m_1 v_1^2}{2} + \frac{m_2 v_2^2}{2} + \frac{m_3 v_3^2}{2} \tag{5}$$

Der Ausdruck kinetische Energie wurde gewählt, um die Form der Energie zu bezeichnen, die mit der Geschwindigkeit verbunden ist. (Das Wort kinetisch ist von dem griechischen Wort für Bewegung abgeleitet.) Der Ausdruck potentielle Energie bezieht sich auf die Art der Energie, die ein Objekt auf Grund seiner Lage besitzt. Das

Objekt, das nur potentielle Energie besitzt, bewegt sich nicht, hat aber die „potentielle" Möglichkeit, sich zu bewegen. (Wenn sich ein Objekt schon in Bewegung befindet, dann stellt seine potentielle Energie die potentielle Möglichkeit dar, sich noch schneller zu bewegen.) Die potentielle Energie im Schwerefeld bezieht sich auf die potentielle Energie, die ein Objekt auf Grund der angreifenden Schwerkraft besitzt. Wie wir sehen werden, ist dies nicht die einzige Form der potentiellen Energie.

Die Einheit der Energie

Die Einheit, in der die Energie gemessen wird, ergibt sich aus jeder der Formeln, die eine Form der Energie beschreiben. Wir können die Formel mgh (für die potentielle Energie) verwenden, indem wir einfach das Symbol jeder Größe durch die Einheit ersetzen, in der sie gemessen wird. So erhalten wir

$$mgh = (\mathrm{kg})\,(\mathrm{m/s^2})\,(\mathrm{m}) = \frac{\mathrm{kg\,m^2}}{\mathrm{s^2}} \tag{6}$$

Nach dem englischen Physiker James Prescott Joule (1818–1889) heißt diese abgeleitete Größe ein *Joule*.

$$\mathrm{Joule} = \frac{\mathrm{kg\,m^2}}{\mathrm{s^2}} \tag{7}$$

Die Gesamtenergie

Der gesamte Energiebetrag, den ein Objekt besitzt, kann ermittelt werden, indem man die Beträge der verschiedenen Energiearten, die das Objekt besitzt, addiert. Bis jetzt haben wir zwei Arten der Energie diskutiert. In den Fällen, in denen sie die beiden einzigen wichtigen Arten sind, können wir die Gesamtenergie erhalten, indem wir die potentielle Energie im Schwerefeld zu der kinetischen Energie addieren:

$$E = \text{Gesamtenergie} = \left(\begin{matrix}\text{potentielle Energie}\\ \text{im Schwerefeld}\end{matrix}\right) + \left(\begin{matrix}\text{kinetische}\\ \text{Energie}\end{matrix}\right) \tag{8}$$

Wenn nur diese beiden Formen der Energie wichtig sind, dann bleibt die durch Gl. 8 gegebene Gesamtenergie erhalten. Für ein einzelnes Objekt mit der Masse m ist diese Gesamtenergie

$$E = mgh + \frac{mv^2}{2} \tag{9}$$

Diese Gleichung gilt für die in den Abb. 6.1, 6.2 und 6.3 dargestellten Objekte, wenn die Reibung vernachlässigt werden kann. Beispielsweise ändert sich die Gesamtenergie der schwingenden Pendelkugel im Lauf der Zeit nicht. Sowohl die kinetische als auch die potentielle Energie der Kugel *ändern* sich im Lauf der Zeit; tatsächlich kann man sich den gesamten Schwingungsvorgang als einen ständigen Wechsel zwischen diesen beiden Energieformen vorstellen. Wenn die Pendelkugel ihre Höhe vermindert, wird ihre potentielle Energie in kinetische Energie überführt. Wenn sie steigt, wird ihre kinetische Energie in potentielle Energie umgewandelt. Während dieses Vorgangs bleibt die Gesamtenergie jedoch unverändert.

Unser Verständnis vieler Vorgänge in der Natur wird vertieft, wenn wir erkennen, wie die Energie von einer Form in die andere umgewandelt wird. Diese Betrachtungsweise ergänzt unsere Diskussion der Vorgänge, die auf den Begriffen der Kraft und der Beschleunigung aufgebaut war. Viele, wenn nicht sogar die meisten der modernen Physiker betrachten die Energie als „realer" als die Kraft. Tatsächlich scheint die Energie, obwohl sie formal eine abgeleitete Größe ist, eine der elementarsten und wichtigsten „Realitäten" zu sein, die wir in der Physik studieren können. Wir haben schon gesehen, daß auch die Masse zu den elementarsten und wichtigsten „Realitäten" der Physik gehört. Es ist ein sehr verlockendes Bild, die Masse als Maß der Materie, die Energie als Maß ihrer reellen oder potentiellen Bewegung zu betrachten.

Ein weiterer Grund dafür, die Masse und die Energie als wichtige „Realitäten" anzusehen, besteht darin, daß beide Größen erhalten bleiben. Sie können beide in vielfältigen Formen auftreten. Mit bestimmten Einschränkungen können sie ineinander umgewandelt werden, aber ihr Gesamtbetrag bleibt unverändert. In einem späteren Kapitel wollen wir einige überraschende Beziehungen zwischen diesen beiden Größen diskutieren.

Der Begriff der Erhaltungsgröße wird in der modernen Physik als äußerst wichtig angesehen, und zwar sowohl als aus praktischen als auch aus ästhetischen und philosophischen Gründen. Wir interessieren uns oft für eine Wechselwirkung oder einen Prozeß, der so kompliziert ist oder so schnell abläuft, daß wir ihn nicht im Einzelnen untersuchen können. Oft kennen wir nicht einmal das Gesetz, nach dem die Wechselwirkung abläuft. Wir müssen uns darauf beschränken, die Zustände vor und nach der Wechselwirkung zu untersuchen. Glücklicherweise stellen wir fest, daß es in der Natur meßbare Größen wie die Masse, die Energie und den Impuls gibt, die im Verlauf einer Wechselwirkung unverändert bleiben. Von jeder dieser Größen gibt es nachher genau so viel wie vorher. Diese Tatsache erlaubt uns, Voraussagen über die Zustände nach der Wechselwirkung zu machen.

Ableitung der Energieformen und der Erhaltung

Wir können die oben angegebenen Formeln für die kinetische und potentielle Energie ableiten und zeigen, daß bei der reibungsfreien Bewegung von Dingen wie Geschossen, Pendeln und Objekten auf der schiefen Ebene die Gesamtenergie erhalten bleibt. Hierzu verwenden wir die Gleichungen 16 und 19 aus dem Kapitel 5.

Betrachten wir zunächst das spezielle Beispiel eines Körpers, der ausgehend vom Ruhezustand die Höhe h durchfällt. Die Beschleunigung ist konstant, und wir können die Gl. 16 vom Kapitel 5 anwenden:

$$v^2 = 2as \tag{10}$$

Hier ist die Entfernung s gleich der gesamten Höhe h; die Beschleunigung a ist gleich der Fallbeschleunigung g; und v^2 ist gleich dem Quadrat der Geschwindigkeit beim Aufschlag. Daraus ergibt sich

$$v^2 = 2gh \tag{11}$$

Diese Gleichung gilt tatsächlich für die reibungsfreie Bewegung fallender Körper, Pendel und Objekten auf der schiefen Ebene, wenn sie vom Ruhezustand ausgeht. In diesen Fällen hängt die Geschwindigkeit

v am Boden, wie wir in diesem Kapitel schon bemerkt haben, nur von der vertikalen Höhe h ab, die das Objekt durchfallen hat.

Wenn wir beide Seiten der Gl. 11 mit m/2 multiplizieren, erhalten wir

$$\frac{mv_2^2}{2} = mgh_1 \tag{12}$$

In dieser Gleichung haben wir an den Buchstaben v und h die Indizes 2 und 1 angebracht, um darauf hinzuweisen, daß wir uns auf zwei verschiedene Punkte der Bahn des Objektes beziehen; h_1 ist die Höhe des Objektes zu Beginn seiner Bewegung, v_2 ist die spätere Geschwindigkeit des Objektes, wenn es die Höhe h durchfallen hat. Die Gleichung 12 sagt aus, daß die kinetische Energie am Boden (linke Seite der Gleichung) gleich der potentiellen Energie im höchsten Punkt der Bahn ist (rechte Seite der Gleichung). In diesem speziellen Beispiel ist anfänglich die kinetische Energie und am Ende die potentielle Energie gleich Null.

Wir können das Gesetz der Energieerhaltung für den allgemeineren Fall finden, daß die Bewegung des Objektes in einer Höhe h_1 mit einer bestimmten Geschwindigkeit v_1 beginnt und später in der Höhe

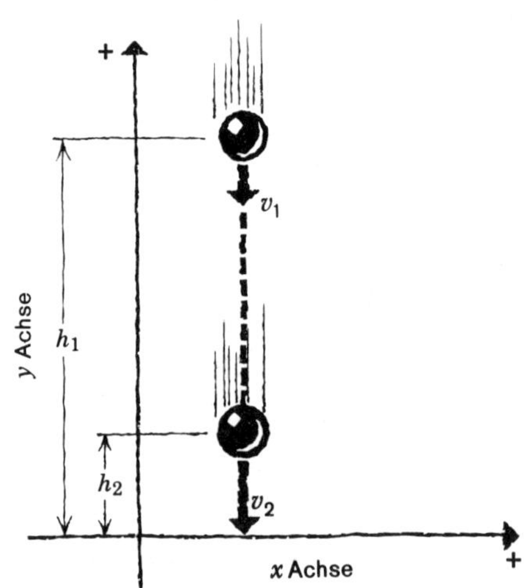

Abb. 6.4

h_2 eine Geschwindigkeit v_2 besitzt (Abb. 6.4) In diesem Fall können wir die Gl. 19 aus dem Kapitel 5 anwenden:

$$v^2 = v_0^2 + 2a(s - s_0) \tag{13}$$

Wenn wir das in Abb. 6.4 dargestellte Bezugssystem verwenden, ist die Beschleunigung a gleich *minus* g, weil die Schwerkraft das Objekt nach unten zieht. Die Entfernungen s und s_0 werden die Höhen h_2 bzw. h_1. Daraus ergibt sich

$$v_2^2 = v_1^2 - 2g(h_2 - h_1) \tag{14}$$

$$v_2^2 = v_1^2 - 2gh_2 + 2gh_1 \tag{15}$$

Wenn wir auf beiden Seiten der Gleichung $2gh$ addieren, erhalten wir

$$v_2^2 + 2gh_2 = v_1^2 + 2gh_1 \tag{16}$$

Nun multiplizieren wir beide Seiten mit $m/2$

$$mv_2^2/2 + mgh_2 = mv_1^2/2 + mgh_1 \tag{17}$$

Diese letzte Gleichung ist gerade das Gesetz der Energieerhaltung für das betrachtete Objekt. Wir haben es aus dem in früheren Kapiteln diskutierten Wissensstoff erhalten, ohne irgendwelche neuen Gesetze oder Prinzipien anzunehmen. Gleichung 17 gilt für die reibungsfreie Bewegung fallender Körper, Pendelkugeln und Objekte, die auf schiefen Ebenen oder anderen ruhenden Flächen gleiten.

Die innere Energie

Die Existenz der Reibung überzeugt uns davon, daß es noch mehr Formen der Energie gibt, als wir bisher diskutiert haben. Betrachten wir beispielsweise einen realen Fall, in dem Reibung auftritt (Abb. 6.5). Ein Klotz, der auf einem horizontalen Brett rutscht, kommt schließlich zum Stillstand. Das Brett liegt horizontal, also hat sich die potentielle Energie des Klotzes nicht geändert. Nichtsdestoweniger verliert der Klotz kinetische Energie, wenn er zum

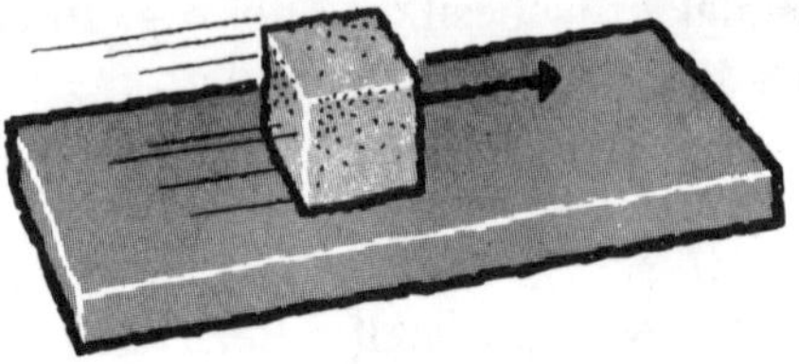

Abb. 6.5

Stillstand kommt. Kann die Energie dieser Bewegung wirklich vollkommen verschwinden, wie es den Anschein hat? Wohin könnte die Energie gehen, wenn sie nicht verloren ist? Offenbar besteht die einzige Möglichkeit darin, daß sie irgendwie in dem Brett, in dem Klotz oder in beiden verschwindet. Gibt es irgendeine beobachtbare Veränderung in diesen Objekten, die die Vorstellung rechtfertigen würde, daß die Energie innerhalb dieser Objekte zugenommen habe? Gibt es irgendeinen Grund für die Annahme, es gäbe eine Zunahme dessen, was wir als ihre *innere Energie* bezeichnen könnten? Ja, es gibt tatsächlich eine beobachtbare Änderung: Als Folge der Reibung werden beide Gegenstände wärmer. Die kinetische Energie, die infolge der Reibung verloren geht, wird ein Teil der inneren Energie des Klotzes und des Brettes. Diese Änderung der inneren Energie bewirkt, daß die Temperatur des Klotzes und des Brettes steigt. Ganz allgemein geht, wenn zwei Objekte aneinander gerieben werden, der größte Teil der Energie scheinbar verloren, weil er infolge der Reibung in innere Energie umgewandelt wird, die gewöhnlich eine Erwärmung der Objekte bewirkt. Diese zusätzliche innere Energie verläßt die Objekte, wenn sie abgekühlt werden.

Die Änderungen der inneren Energie können neben der Temperaturänderung auch andere Änderungen hervorrufen – beispielsweise das Schmelzen und das Sieden. Genaue Experimente bestätigen diesen Begriff der inneren Energie. Es gibt auch andere Möglichkeiten, den Objekten innere Energie zuzuführen. Beispielsweise nimmt bei Stößen die innere Energie gewöhnlich zu.

Wenn wir diese Energieform, die innere Energie, in Rechnung stellen, gewinnen wir ein besseres Verständnis für das Verhalten der Objekte, wenn Reibung im Spiel ist. Wir können jetzt bei den Bewegungen des Pendels und der Objekte auf der schiefen Ebene, mit denen wir dieses Kapitel begannen, das Auftreten der Reibung zulassen. Die Gesamtenergie dieser Systeme muß die innere Energie einschließen.

$$\begin{pmatrix}\text{gesamte}\\ \text{Energie}\end{pmatrix} = \begin{pmatrix}\text{potentielle Energie}\\ \text{im Schwerefeld}\end{pmatrix} + \begin{pmatrix}\text{kinetische}\\ \text{Energie}\end{pmatrix} + \begin{pmatrix}\text{innere}\\ \text{Energie}\end{pmatrix} \qquad (18)$$

Es ist die *gesamte* Energie, die erhalten bleibt, wenn auch die Beträge jeder einzelnen Energieform sich ändern mögen. Tatsächlich gibt es noch weitere Formen der Energie, die wir bis jetzt noch nicht diskutiert haben. Beispielsweise sind auch der Schall, das Licht und die Elektrizität mit Energie verbunden.

Umwandlungen der Energie

In diesem Abschnitt wollen wir zwei Möglichkeiten diskutieren, Energie von einem Objekt auf ein anderes zu *übertragen* oder von einer Form in eine andere *umzuwandeln.* (Es ist möglich, daß in einem Vorgang die Energie sowohl übertragen als auch umgewandelt wird.)

Der Wärmefluß

Wenn wir einen warmen Gegenstand mit einem kalten in Kontakt bringen, dann stellen wir fest, daß das kalte Objekt wärmer und das kalte Objekt wärmer wird (Abb. 6.6). Das bedeutet, daß ein Teil der inneren Energie des wärmeren Objekts in das kältere Objekt fließt. Ein Energieübergang dieser Art wird als *Wärmefluß* bezeichnet. Wir reservieren den Ausdruck „Wärme" für diese Art der Energieübertragung. Wir sagen nicht, daß ein Objekt „Wärme enthält"; wir wollen lieber sagen, daß es „innere Energie enthält".

Arbeit

Energie kann übertragen oder bezüglich ihrer Form geändert werden, wenn sich ein Objekt über eine bestimmte Entfernung bewegt und dabei eine Kraft auf das Objekt wirkt bzw. von diesem ausgeübt wird.

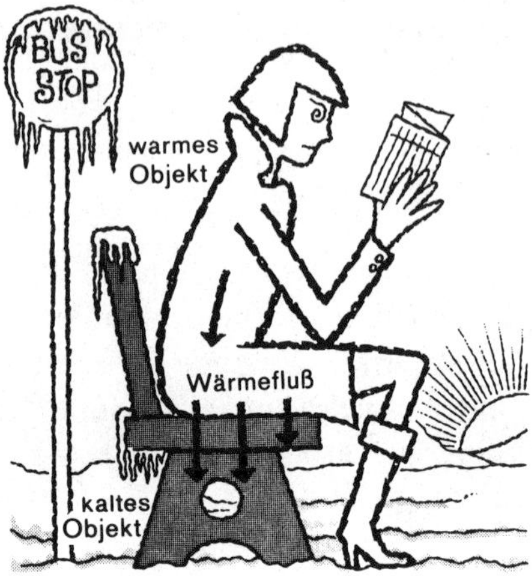

Abb. 6.6

Diese Art der Energieübertragung oder -umwandlung wird als die Verrichtung von „Arbeit" bezeichnet. Die Arbeit erfordert sowohl eine Kraft als auch eine Entfernung (einen Weg). In diesem Abschnitt wollen wir annehmen, daß die Kraft entweder in der Richtung der Bewegung oder in der entgegengesetzten Richtung wirkt.

Abb. 6.7a zeigt, wie einem Objekt Energie zugeführt wird, wenn man eine Arbeit an ihm vollbringt. Der Klotz befindet sich zunächst auf einer reibungsfreien Fläche in Ruhe, dann wird er von einer Kraft mit dem Betrage F gestoßen. Diese Kraft greift an dem Klotz an, bis er die Entfernung s zurückgelegt hat. Wir definieren den Betrag der von der Kraft vollbrachten Arbeit als

$$\text{Arbeit} = F \cdot s \qquad (19)$$

Dies ist eine allgemeine Gleichung für die Arbeit, wenn die Kraft in der Richtung der Bewegung liegt. Daher ist die Arbeit gleich dem Betrag der Kraft multipliziert mit dem Weg, auf dem sie gewirkt hat. In diesem Beispiel ist die Arbeit gleich der Energie, die dem Klotz zugeführt worden ist. Die dem Klotz zugeführte Arbeit nimmt die Form der kinetischen Energie an: Die Änderung der kinetischen Energie ist gleich der zugeführten Arbeit.

In Abb. 6.7b sehen wir ein ähnliches Beispiel, jedoch soll sich jetzt der Klotz schon in einer Richtung bewegen und die Kraft in der

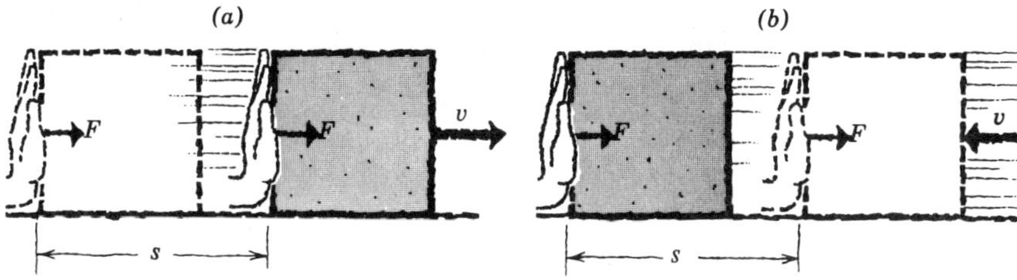

Abb. 6.7

entgegengesetzten Richtung angreifen. Diese Kraft verlangsamt den Klotz und vermindert daher seine kinetische Energie. In einem solchen Fall, in dem die angreifende Kraft der Bewegung des Objektes entgegengesetzt ist, wird dem Objekt Energie entnommen. Die entnommene Energie ist gerade gleich der Arbeit. Das heißt, in einem solchen Fall ist die Arbeit gleich der nach *außen* übertragenen Energie. Auch in diesem Fall ist die Arbeit gleich der Kraft multipliziert mit dem Weg, und diese Arbeit ist gleich der übertragenen (abgegebenen) Energie.

Ein weiteres Beispiel für die Möglichkeit, einem Objekt durch Arbeit Energie zuzuführen, ist in Abb. 6.8 dargestellt. Um ein Objekt zu

Abb. 6.8

heben, müssen wir auf das Objekt eine Kraft ausüben, die gleich seinem Gewicht ist. (Natürlich ist eine etwas größere Kraft erforderlich, um es in Bewegung zu setzen, aber wenn es sich einmal mit konstanter Geschwindigkeit erhebt, genügt eine Kraft, die gleich seinem Gewicht ist, um es weiter steigen zu lassen.) Wenn wir es insgesamt auf die Höhe h heben, dann haben wir an ihm Arbeit geleistet, da wir auf dem Weg h die Kraft G ausgeübt haben, die gleich seinem Gewicht ist. Die zugeführte Arbeit ist

$$\text{Arbeit} = G \cdot h = \text{übertragene Energie} \qquad (20)$$

Diese Arbeit ist gleich der potentiellen Energie, die das Objekt im Schwerefeld gewinnt, indem es auf diese Höhe gehoben wird. Daher erscheint die dem Objekt durch Arbeit zugeführte Energie in diesem Beispiel als Erhöhung seiner potentiellen Energie im Schwerefeld.

Mit Hilfe der Arbeit kann die Energie sowohl umgewandelt als auch übertragen werden. Beispielsweise brauchen wir nur das Objekt, das wir soeben auf die Höhe h gehoben haben, frei fallen zu lassen. Die angreifende konstante Gravitationskraft bewirkt, daß es beim Fall kinetische Energie erhält. Die Arbeit, die von der Schwerkraft an diesem fallenden Objekt geleistet wird, verwandelt die potentielle Energie des Schwerefeldes in kinetische Energie.

Arbeit von Kräften, die nicht in der Richtung der Bewegung wirken

In diesem Abschnitt erklären wir, wie man die Arbeit berechnet, wenn die Richtung der Kraft nicht parallel zur Bewegungsrichtung ist. Wenn diese Situation auftritt, dann verwenden wir nicht die Kraft selbst, sondern die Komponente der Kraft im Bezug auf die Richtung der Bewegung:

$$\text{Arbeit} = \left(\begin{array}{c}\text{Betrag der Komponente der Kraft}\\ \text{im Bezug auf die Bewegungsrichtung}\end{array}\right) \times (\text{Weg}) \qquad (21)$$

Abb. 6.9 zeigt ein Beispiel dieser Situation. Der Klotz kann sich frei auf einer reibungsfreien Oberfläche bewegen, aber er wird durch eine Kraft gezogen, die mit der Bewegungsrichtung des Klotzes einen Winkel einschließt. Diese Kraft wirkt, während der Klotz sich um

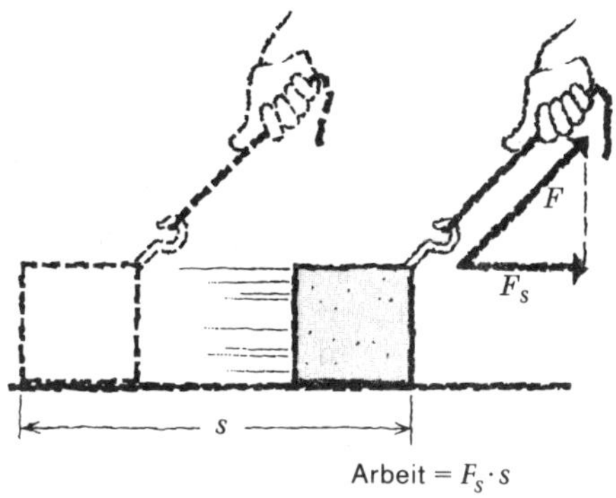

Abb. 6.9

die Strecke s bewegt. Um die Arbeit zu berechnen, verwenden wir nicht die Kraft F, sondern den Betrag F_s ihrer Komponente im Bezug auf die Bewegung.

$$\text{Arbeit} = F_s \cdot s \tag{22}$$

Die Gleichung 22 beinhaltet die richtige Aussage, daß eine Kraft, die senkrecht zur Bewegung eines Objektes angreift, an diesem Objekt keine Arbeit leistet.

Leistung

Bei praktischen Anwendungen interessieren sich die Ingenieure nicht nur für die insgesamt vollbrachte Arbeit, sondern auch für Zeit, in der sie geleistet wird. Daher führen wir als abgeleitete Größe die *Leistung* cin. Sic ist definiert als

Leistung = die pro Zeiteinheit geleistete Arbeit

Wird pro Zeiteinheit immer die gleiche Arbeit geleistet, dann findet man die Leistung einfach als den Quotienten Arbeit/Zeit; man dividiert also die Arbeit durch die Zeit, in der sie vollbracht wurde.

$$\text{Leistung} = \frac{\text{Arbeit}}{\text{Zeit}} \tag{23}$$

Nach James Watt, der zur Entwicklung der Dampfmaschine beitrug, wird in unserem Einheitensystem die Einheit der Leistung als ein *Watt* bezeichnet. Das Watt kann auch durch das Joule und die Sekunde ausgedrückt werden, wenn man die Einheiten der Leistung, der Arbeit und der Zeit in die Gl. 23 einsetzt. Die Einheit der Arbeit ist dieselbe wie die Einheit der Energie (das Joule) und daher gilt

$$\text{Watt} = \frac{\text{Joule}}{\text{Sekunde}} \tag{24}$$

Die vielfach noch verwendete Einheit Pferdestärke (PS) entspricht ungefähr 746 Watt.

Anwendungen

Bindungsenergie

Zwei Objekte, die durch eine Kraft zusammengehalten werden, können durch eine Kraft getrennt werden. Bei der Trennung dieser beiden Objekte muß eine Arbeit vollbracht werden, da die Kraft längs eines Weges wirken muß. Das bedeutet, daß den Objekten Energie zugeführt werden muß, wenn sie getrennt werden sollen. Der Energiebetrag, der erforderlich ist, um die Objekte vollständig zu trennen, wird als ihre *Bindungsenergie* bezeichnet. Wegen dieser Bindungsenergie besitzen die getrennten Objekte tatsächlich eine höhere Energie als im gebundenen Zustand.

Als Beispiel der Bindungsenergie betrachten wir den in Abb. 6.10 dargestellten Stein, der durch die Schwerkraft der Erde auf ihrer Oberfläche festgehalten wird. Wenn wir diesen Stein von der Erde entfernen wollen, dann müssen wir an dem Stein eine Arbeit vollbringen, damit wir ihn so weit von der Erde entfernen, daß die verbleibende Anziehungskraft vernachlässigbar klein wird. Die Energie, die bei diesem Vorgang zugeführt werden muß, ist gleich der Bindungsenergie. Diese Energie, die zum Heben des Steins aufgebracht wurde, vermehrt die potentielle Gravitationsenergie,

(a) (b)

Abb. 6.10

so daß das System im getrennten Zustand tatsächlich mehr Energie besitzt als zuvor.

Im Kapitel 4 erwähnten wir, daß ein Objekt die Erde verlassen (von ihr fliehen) kann, wenn seine Geschwindigkeit hoch genug ist. Jetzt können wir diese „Fluchtgeschwindigkeit" verstehen. Um einen Gegenstand von der Erde zu entfernen, müssen wir ihm eine Energie zuführen, die gleich der Bindungsenergie ist. Ein Objekt, dessen Geschwindigkeit gleich der Fluchtgeschwindigkeit oder größer ist, besitzt diese erforderliche Zusatzenergie in Form der kinetischen Energie und kann daher die Erde verlassen.

Das Perpetuum mobile

Es wird oft gesagt, daß Perpetuum mobile-Maschinen unmöglich sind. Hier wollen wir ein Perpetuum mobile diskutieren – ein Gerät, das fähig wäre, Energie abzugeben, ohne Energie zu verbrauchen. (Abb. 6.11). Viele derartige Geräte sind ersonnen worden; einige von ihnen sind, so weit man das nach den veröffentlichten Zeichnungen beurteilen kann, Wunderwerke der Ingenieurkunst und der Kompliziertheit ihres Bewegungsablaufs. Leider konnte bisher trotz des offensichtlichen Einfallsreichtums und der Bemühungen, die zu ihrer „Erfindung" verwandt wurden, bisher keines dieser Geräte funktionierend vorgeführt werden.

Welches Prinzip hindert eine Maschine daran, ständig Energie abzugeben, ohne jemals Energie aufzunehmen? Das Prinzip ist natürlich das Gesetz der Energieerhaltung. Energie kann nicht durch irgendeine Maschine oder irgendein Gerät geschaffen (oder zerstört) werden. Natürlich kann die Energie in einem Gerät gespeichert werden, aber dieser Vorrat wird schließlich einmal aufgezehrt sein, wenn er nicht

Abb. 6.11 „Wasserfall“ von M. C. Escher

von außen ergänzt wird. Daher sind Maschinen, die eine unerschöpfliche Wärmequelle darstellen oder ständig Arbeit leisten, ohne jemals Energie aufzunehmen, nach dem Gesetz der Energieerhaltung unmöglich. Falls ein funktionierendes Perpetuum mobile wirklich gebaut werden könnte, müßten wir das Gesetz der Energieerhaltung als ungültig ansehen. Da dieses Gesetz für so viele Erscheinungen bestätigt wurde, und da bisher alle vorgeschlagenen Perpetuum mobile versagt haben, sind die Physiker sehr skeptisch, wenn eine neue Perpetuum mobile-Konstruktion erfunden wird. Wir sprechen das Gesetz der Energieerhaltung manchmal in der Form aus, daß wir sagen, ein Perpetuum mobile der hier diskutierten Art sei unmöglich.

Einfache Maschinen – der Hebel

Eine Maschine ist ein Gerät, dem wir Energie zuführen und entnehmen. Die eingebrachten und entnommenen Energien können gleiche oder verschiedene Formen haben. Die Abb. 6.12 illustriert die Wirkungsweise einer einfachen Maschine – eines Hebels. Um mit dem Hebel zu arbeiten, drücken wir eine Seite des Hebels nach unten, so daß wir der Maschine durch unsere Arbeit Energie zuführen. Das andere Ende des Hebels vollbringt Arbeit, indem es den Stein hebt, so daß die Maschine dem Stein Energie zuführt. Mit Hilfe der Maschine fließt die Energie von uns in den Stein. Angenommen, der Stein habe ein Gewicht G; wieviel Kraft müssen wir dann anwenden, um mittels der Maschine den Stein zu heben? (Wir wollen die Reibung in der Maschine vernachlässigen; sie verwandelt einen Teil der Energie von nutzbringender Arbeit in innere Energie (Wärme)).

Wir drücken zunächst den Hebel mit einer Kraft F nach unten und bewegen ihn dabei um die Strecke s_1. Also haben wir eine Energie zugeführt, die gleich der Arbeit $F s_1$ ist. Das andere Ende des Hebels

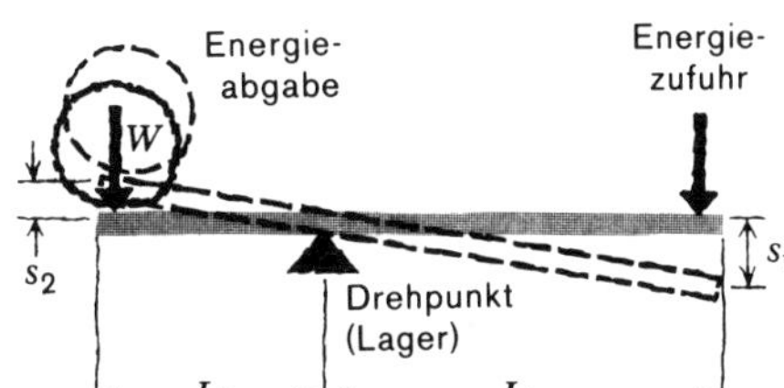

Abb. 6.12

hebt dann den Stein um die Strecke s_2. (Die Strecken s_1 und s_2 verlaufen annähernd vertikal.) Also ist die abgegebene Arbeit gleich der Arbeit $G s_2$. Wenn wir die Reibung vernachlässigen, dann muß die zugeführte Energie gleich der abgegebenen Energie sein:

$$F s_1 = G s_2 \tag{25}$$

Nach Division beider Seiten durch s_1 erhalten wir

$$F = G\,(s_2/s_1) \tag{26}$$

Je größer der Abstand eines Hebelendes vom Drehpunkt ist, desto weiter bewegt sich dieses Ende, wenn sich der Hebel um den Drehpunkt dreht. Tatsächlich ist die Strecke, die jedes Ende des Hebels bei seiner Bewegung zurücklegt, proportional zum Abstand dieses Endes vom Drehpunkt. Wenn wir die Abstände der Hebelenden vom Drehpunkt mit L_1 und L_2 bezeichnen, können wir diese Proportionalität folgendermaßen ausdrücken:

$$(s_2/s_1) = (L_2/L_1) \tag{27}$$

Daher ist die Kraft, die wir beim Heben des Steins anwenden müssen

$$F = G\,(s_2/s_1) = G\,(L_2/L_1) \tag{28}$$

Wenn die Länge der Ausgangsseite des Hebels (der Lastarm) L_2 kleiner ist als die Länge der Eingangsseite des Hebels (der Kraftarm) L_1, dann können wir durch den Hebel den Stein mit einer Kraft heben, die kleiner als das Gewicht des Steins ist. Dies zeigt eine Anwendungsmöglichkeit der Maschinen – die Kraft zu vergrößern, mit der wir an einem Objekt angreifen können. Eine kleine Kraft am Kraftarm wird mit Hilfe der Maschine in eine große Kraft am Lastarm umgewandelt. Jedoch ist die Strecke, längs deren wir unsere Kraft wirken lassen müssen, größer als die, um die der Stein gehoben wird. Also müssen wir die gleiche Arbeit vollbringen wie wenn wir den Stein selbst ohne die Hilfe der Maschine gehoben hätten. Maschinen können keine Energie schaffen, aber sie ermöglichen uns, sie wirkungsvoller einzusetzen.

Aufgaben und Lösungen

Die meisten der Aufgaben, die wir jetzt besprechen, behandeln drei Formen der Energie und ihre wechselseitige Umwandlung: Die kinetische Energie, die potentielle Energie des Schwerefeldes und die innere Energie. Für die Lösung der Energieerhaltungs-Aufgaben ist das grundlegende Prinzip anzuwenden, daß die Energie eines Systems vor der Wechselwirkung gleich der Energie nach der Wechselwirkung sein muß.

$$\text{Energie vorher} = \text{Energie nachher} \tag{29}$$

Allgemeiner gesagt, gilt während eines Vorgangs

$$\text{Energie zu einer Zeit} = \text{Energie zu einer anderen Zeit} \tag{30}$$

Wir müssen sicher sein, daß wir bei beiden Zeitpunkten alle wichtigen Formen der Energie berücksichtigen. Sehr oft werden wir Situationen begegnen, in denen es nur die folgenden zwei Energieformen gibt:

Kinetische Energie: $mv^2/2$ für jedes Objekt

Potentielle Energie im Schwerefeld: mgh für jedes Objekt

Diese beiden Formen der Energie sind gewöhnlich die einzig wichtigen, wenn wir Objekte betrachten, die fallen oder reibungsfrei auf glatten ruhenden Flächen gleiten, wobei sie nur dem Druck der Oberflächen und der Schwerkraft unterliegen. Falls es Reibung zwischen dem Objekt und der Oberfläche gibt, wird ein Teil der Energie in innere Energie umgewandelt. Auch bei einem Stoß kann ein Teil der Energie in innere Energie umgewandelt werden. Beispielsweise erfährt der in Abb. 6.13a dargestellte Ball einen Stoß, wenn er den Fuß der schiefen Ebene erreicht, weil die Oberfläche eine plötzliche Richtungsänderung des Balles erzwingt. Dieser Stoß könnte bewirken, daß der Ball kinetische Energie verliert und dafür innere Energie gewinnt. Am Fuß der in Abb. 6.13b dargestellten Ebene tritt ein solcher Stoß nicht auf, weil die Bahn sanft gekrümmt ist, so daß der Ball nicht auf eine Ecke trifft. Stöße, die im Idealfall keine Zunahme der inneren Energie bewirken, werden als *elastische* Stöße bezeichnet.

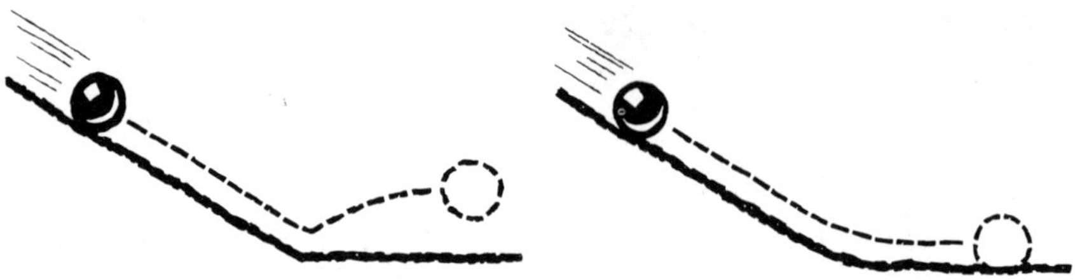

(a) (b)

Abb. 6.13

Bei Aufgaben, die die Energie oder ihre Erhaltung behandeln, müssen wir beachten, auf welche Weise die Energie eines Systems von Objekten geändert werden kann. Eine Kraft, die durch die Wechselwirkung mit einem Objekt außerhalb des Systems hervorgerufen wird, kann die Energie des Systems ändern, wenn sie längs eines Weges auf Gegenstände oder Substanzen innerhalb des Systems wirkt. Gegenstände, die reibungsfrei auf ruhenden Oberflächen gleiten, unterliegen einer Kraft, die von der Oberfläche ausgeübt wird, aber diese Kraft ändert ihre Energie nicht, weil sie senkrecht zur Bewegungsrichtung angreift. Im Gegensatz dazu wird eine Reibungskraft das Objekt verlangsamen und seine Energie ändern. Auch die Wärme, die aus dem System in ein äußeres Objekt fließt oder von diesem Objekt an das System abgegeben wird, kann die Energie des Systems ändern. Eine solche Änderung tritt beispielsweise dann auf, wenn ein Teil des Systems Kontakt zu einem äußeren Objekt hat, das eine andere Temperatur als das System besitzt.

Wir können die Lösung von Aufgaben über die Energieerhaltung in einzelne Schritte zerlegen, die denen ähnlich sind, die wir bei Aufgaben über andere Erhaltungsgrößen anwandten (siehe Kapitel 3, Seite 126).

Schritt 1. Zeichnen Sie ein Diagramm mit einem Bezugssystem, das den Zustand des Objektes oder der Objekte vor und nach der Wechselwirkung darstellt. Entscheiden Sie, auf welche Objekte sich der Erhaltungsprozeß bezieht, den Sie beschreiben wollen. Wählen Sie die Situationen (1 und 2), die die Zustände „vorher“ und „nachher“ darstellen. Meistens enthält die zweite Situation die Größen, die Sie wissen wollen. In der folgenden Gl. 31 werden die Indizes 1 und 2 verwendet, um die beiden Situationen zu kennzeichnen.

Schritt 2. Schreiben Sie die Gleichung für die Energieerhaltung auf, wobei Sie jedes Objekt, dessen Energie sich ändert und alle Formen der Energie, die für das Problem wichtig sind, berücksichtigen müssen. Wir werden es oft mit der Bewegung unter dem Einfluß der Schwerkraft in der Nähe der Erdoberfläche zu tun haben, wobei es keine Reibung und keine unelastischen Stöße geben soll. Für ein einzelnes Objekt ergibt sich hieraus folgende Gleichung:

$$mv_1^2/2 + mgh_1 = mv_2^2/2 + mgh_2 \qquad (31)$$

Beachten Sie, daß in dieser Gleichung g eine positive Größe ist. Wenn es mehr als ein Objekt gibt, müssen wir auf jeder Seite der Gleichung für jedes Objekt und für jede Energieform zusätzliche Terme berücksichtigen. Wenn das Problem die potentielle Energie im Schwerefeld einschließt, müssen wir entscheiden, auf welchem Niveau wir die potentielle Energie gleich Null setzen wollen. (Gewöhnlich ist dies das tiefste Niveau, das von der Bahn eines Objektes berührt wird.)

Schritt 3. Stellen Sie die bekannten und unbekannten Größen auf, die in den Gleichungen des Schrittes 2 auftreten.

Schritt 4. Setzen Sie die in Schritt 3 vorkommenden bekannten Größen in die Gleichung(en) des Schrittes 2 ein und lösen Sie nach den unbekannten Größen auf. Sofern das nicht möglich ist, ist eine weitere Information oder ein anderes Prinzip erforderlich. Es kann nötig werden, ein weiteres Erhaltungsgesetz anzuwenden, um weitere Beziehungen zwischen den Größen zu erhalten. In einigen der schwierigeren Probleme sind sowohl der Energieerhaltungssatz als auch der Impulserhaltungssatz erforderlich, um die Lösung zu ermöglichen.

Beispiel 1

Ein Blumentopf mit einer Masse von 5 kg fällt vom Dach eines Hauses, das 30 m hoch ist. Eine Frau sieht aus dem Fenster und stellt fest, daß der Topf mit einer Geschwindigkeit von 20 m/s an ihr vorbeifällt. Wie hoch liegt das Fenster?

Lösung: Schritt 1. Abb. 6.14 zeigt die Situation und unser Bezugssystem. Da der Blumentopf unter dem Einfluß der Schwerkraft frei fällt, bleibt seine Energie erhalten, wenn wir die Luftreibung ver-

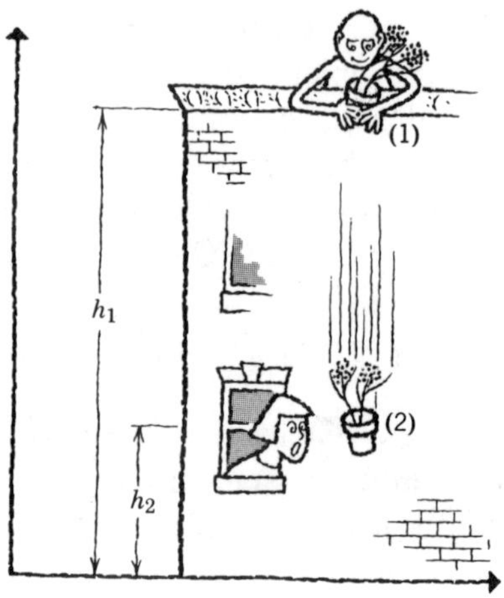

Abb. 6.14

nachlässigen. Die beiden Situationen sind 1) die Situation in dem Moment, in dem der Topf zu fallen beginnt, und 2) die Situation, in der er an dem Fenster vorbeifällt.

Schritt 2. Wir wählen den Erdboden als Niveau, auf dem die potentielle Energie gleich Null ist. Es gibt nur ein Objekt, keine Reibung und (noch) keinen Zusammenstoß, also können wir die Gl. 31 anwenden:

$$mv_1^2/2 + mgh_1 = mv_2^2/2 + mgh_2$$

Schritt 3 $m = 5$ kg

$v_1 = 0$

$v_2 = 20$ m/s

h_1 = Höhe des Hauses = 30 m

h_2 = Höhe des Fensters = ?

$g = 9{,}8$ m/s^2

Schritt 4. Wir bemerken, daß sich die Masse herauskürzt, also brauchen wir ihren Wert nicht in die Gleichung einzusetzen. Die anderen Werte setzen wir folgendermaßen ein:

$$\frac{m}{2}(0)^2 + m\,(9{,}8\text{ m/s}^2)\,(30\text{ m}) = \frac{m}{2}(20)^2\text{ m}^2/\text{s}^2 + m\,(9{,}8\text{ m/s}^2)\,h_2$$

$$294\text{ m}^2/\text{s}^2 = 200\text{ m}^2/\text{s}^2 + 9{,}8\text{ m/s}^2\;h_2$$

$$94\text{ m}^2 = (9{,}8\text{ m})\,h_2$$

$$h_2 = \frac{94}{9{,}8}\cdot\frac{\text{m}^2}{\text{m}} = 9{,}6\text{ m}$$

Beispiel 2

Ein Skiläufer gleitet, ausgehend vom Ruhezustand, reibungsfrei einen Abhang hinab, der eine Höhe von 10 m hat. Wie groß ist seine Geschwindigkeit am Fuß des Abhangs?

Lösung: Schritt 1. Siehe Abb. 6.15. Da es keinen Stoß und keine Reibung gibt, brauchen wir nur zwei Formen der Energie zu berücksichtigen: Die kinetische Energie und die potentielle Energie im Schwerefeld. Wir bezeichnen die Ausgangssituation mit 1 und die Situation am Fuß des Abhangs mit 2.

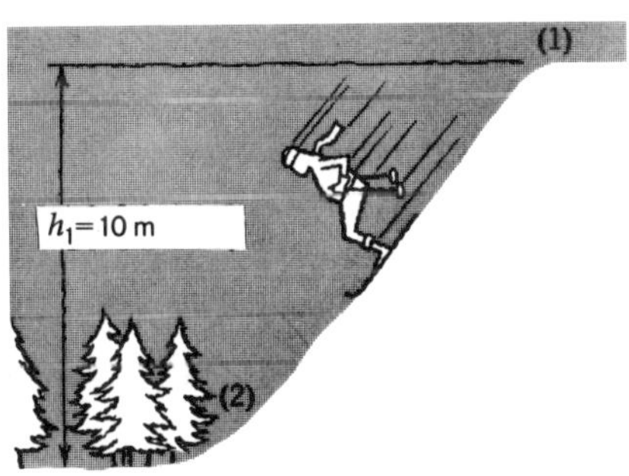

Abb. 6.15

Schritt 2. Wir schreiben dieselbe Gleichung wie zuvor

$$mv_1^2/2 + mgh_1 = mv_2^2/2 + mgh_2$$

Schritt 3. m = unbekannt und unwichtig

v_1 = 0, da sich der Skifahrer oben in Ruhe befindet

v_2 = ?

g = 9,8 m/s^2

h_1 = 10 m

h_2 = 0

Schritt 4. Wir setzen diese Werte in die Gleichung des Schrittes 2 ein:

$$m\,(0)^2/2 + m\;9{,}8\,\frac{\mathrm{m}}{\mathrm{s}^2}\;(10\ \mathrm{m}) = m v_2^2/2 + m\;9{,}8\,\frac{\mathrm{m}}{\mathrm{s}^2}\;(0\ \mathrm{m})$$

$$(9{,}8 \times 10)\,\frac{\mathrm{m}^2}{\mathrm{s}^2} = v_2^2/2$$

$$v_2^2 = 2\,(9{,}8 \times 10)\,\frac{\mathrm{m}^2}{\mathrm{s}^2}$$

$$v_2 = \sqrt{2} \times \sqrt{9{,}8 \times 10} \times \frac{\mathrm{m}}{\mathrm{s}}$$

$$v_2 = 10\sqrt{2}\,\frac{\mathrm{m}}{\mathrm{s}}\ \text{(rund)}$$

$$v_2 = \text{rund } 14\ \mathrm{m/s}$$

Beispiel 3

Ein Skifahrer nähert sich mit einer Geschwindigkeit von 40 m/s einem Hügel. Welche Höhe wird er erreicht haben, wenn seine Geschwindigkeit auf 20 m/s gesunken ist? Vernachlässigen Sie die Reibung.

Lösung: Schritt 1. Siehe Abb. 6.16. Wir haben es wieder nur mit der kinetischen Energie und der potentiellen Energie im Schwerefeld zu tun. Wir bezeichnen die Situation des Skifahrers am Fuß des Hügels mit 1 und die Situation, in der die Geschwindigkeit auf 20 m/s gesunken ist, mit 2.

Abb. 6.16

Schritt 2. Es gilt wieder

$$mv_1^2/2 + mgh_1 = mv_2^2/2 + mgh_2$$

Wir setzen am Fuß des Hügels die Höhe $h = 0$.

Schritt 3. m = unbekannt und unwichtig

$v_1 = 40$ m/s

$v_2 = 20$ m/s

$g = 9{,}8$ m/s^2 ≈ 10 m/s^2

$h_1 = 0$

$h_2 = ?$

Schritt 4. Die Masse kürzt sich wieder heraus und wir erhalten

$$\frac{m}{2}(40\text{ m/s})^2 + m\,(10\text{ m/s}^2)\,(0) = \frac{m}{2}(20\text{ m/s})^2 + m\,(10\text{ m/s}^2)\cdot h_2$$

$$\frac{1600}{2}\text{ m}^2/\text{s}^2 = \frac{400}{2}\text{ m}^2/\text{s}^2 + 10\text{ m/s}^2\cdot h_2$$

$$10\,h_2 + 200\text{ m} = 800\text{ m}$$

$$10\,h_2 = 600\text{ m}$$

$$h_2 = \frac{600\text{ m}}{10} = 60\text{ m}$$

Beispiel 4

Eine Masse von 15 kg gleitet reibungsbehaftet mit einer Geschwindigkeit von 10 m/s eine schiefe Ebene hinunter und kommt am Fuß der schiefen Ebene zum Stillstand. Der höchste Punkt der schiefen Ebene liegt 2 m hoch. Um wieviel hat die innere Energie der Masse und der schiefen Ebene insgesamt zugenommen, wenn die Masse zum Stillstand gekommen ist?

Lösung: Schritt 1. Siehe Abb. 6.17. Die Energie bleibt erhalten, wenn wir die innere Energie U in Rechnung stellen. Die erste Situation besteht darin, daß sich das Objekt am höchsten Punkt der schiefen

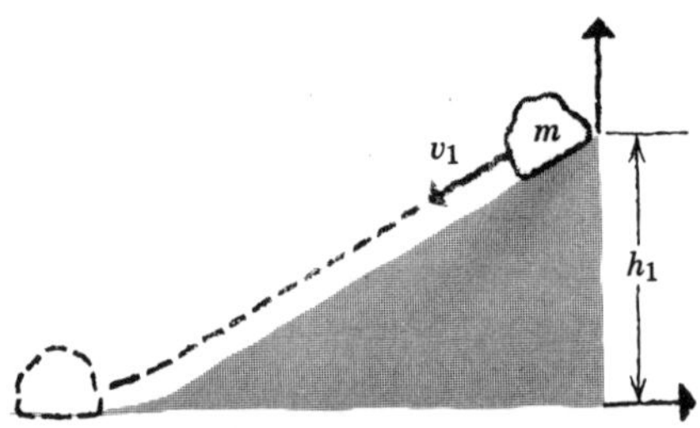

Abb. 6.17

Ebene befindet. In der zweiten Situation ruht das Objekt am Fuß der schiefen Ebene.

Schritt 2. $U_1 + mv_1^2/2 + mgh_1 = U_2 + mv_2^2/2 + mgh_2$

Wir wählen am Fuß der schiefen Ebene $h = 0$

Schritt 3. $U_1 = ?$

$U_2 = ?$

$m = 15$ kg

$v_1 = 10$ m/s

$v_2 = 0$

$h_1 = 2$ m

$h_2 = 0$

$g = 9{,}8\ \text{m/s}^2 \approx 10\ \text{m/s}^2$

Schritt 4.

$$U_1 + \frac{15\ \text{kg}}{2}(10\ \text{m/s})^2 + (15\ \text{kg})(10\ \text{m/s}^2)(2\text{m}) =$$

$$U_2 + \frac{15\ \text{kg}}{2}(0) + (15\ \text{kg})(10\ \text{m/s}^2)\,0$$

$$U_1 + (1/2 \times 15 \times 100)\ \text{m}^2\ \text{kg/s}^2 + (15 \times 10 \times 2)\ \text{m}^2\ \text{kg/s}^2 = U_2$$

Daraus folgt

$$U_2 - U_1 = 750\ \text{m}^2\ \text{kg/s}^2 + 300\ \text{m}^2\ \text{kg/s}^2$$

$$U_2 - U_1 = 1050\ \text{m}^2\ \text{kg/s}^2 = 1050\ \text{J}$$

Die Gleichungen liefern uns weder den Wert von U_1 noch von U_2, aber $U_2 - U_1$, die Zunahme der inneren Energie, ist genau die Information, die wir gesucht haben.

Beispiel 5

Auf den in Abb. 6.7a dargestellten Klotz wirkt eine konstante Kraft F, während er sich, ausgehend vom Ruhezustand, um die Strecke s bewegt. Zeigen Sie mathematisch, daß die geleistete Arbeit gleich der Änderung der kinetischen Energie des Klotzes ist.

Lösung: Die insgesamt geleistete Arbeit ist gleich der Kraft mal der zurückgelegten Strecke, $F \cdot s$. Durch die folgenden Gleichungen ist die Kraft mit der Beschleunigung und die Beschleunigung mit der zurückgelegten Strecke verbunden:

$$F = ma \qquad (32)$$

$$v^2 = 2as \qquad (33)$$

Wir können die Gl. 33 verwenden, weil die Kraft auf den Klotz und damit auch die Beschleunigung konstant ist, und weil die Startgeschwindigkeit Null ist. Dividieren wir die Gleichung durch $2a$, dann erhalten wir den Weg s:

$$\frac{v^2}{2a} = s \qquad (34)$$

Wenn wir F und s aus den Gl. 32 und 33 einsetzen, können wir die Arbeit $F \cdot s$ folgendermaßen schreiben:

$$F \cdot s = (ma) \frac{v^2}{2a} = mv^2/2$$

Dies zeigt, daß die Arbeit Fs gleich der kinetischen Energie $mv^2/2$ ist. Da der Klotz im Ruhezustand startete, ist die Änderung der kinetischen Energie gleich der gesamten kinetischen Energie.

Zusammenfassung

I. Grundlegende Gesetze und Prinzipien

A. Die Erhaltung der Energie

II. Größen

A. Die Energie: eine abgeleitete skalare Größe. Die Einheit der Energie ist das Joule = 1 kg m^2/s^2. Wir haben drei Formen der Energie eingeführt:

1. Potentielle Energie im Schwerefeld: mgh
2. Kinetische Energie: $mv^2/2$
3. Innere Energie

B. Größen, die bei der Energieübertragung und -umwandlung eine Rolle spielen.

1. Wärmefluß
2. Arbeit = $F_s \cdot s$

III. Anwendungen

A. Energie-Beziehungen; Schiefe Ebenen und Pendel

B. Bindungsenergie

C. Perpetuum mobile

D. Der Hebel als einfache Maschine

IV. Aufgaben und Lösungen

A. Aufgaben über drei Formen der Energie und die Erhaltung der Gesamtenergie

Fragen

1. Weshalb kann die Energie zweier Objekte, die durch eine Kraft zusammengehalten werden, im getrennten Zustand größer als im gebundenen sein?
2. Was ist „Wärmefluß"?
3. Was ist „Arbeit"?
4. Warum glauben wir, daß es mehr als eine Form der Energie gibt?
5. Welche Arten der Energieumwandlungen erwarten Sie beim Auftreten von Reibung?
6. Wenn eine Feder gespannt wird, dann sagen wir, daß sie potentielle Energie besitzt. Es handelt sich nicht um die potentielle Energie im Schwerefeld, sondern um eine andere Art. Warum sagen wir das?
7. Hängt die kinetische Energie eines Objektes von der Richtung seiner Geschwindigkeit ab?
8. Wäre es möglich, einen Schneeball mit einer so großen Geschwindigkeit gegen eine Wand zu werfen, daß er beim Aufschlag völlig schmilzt? Erklären Sie Ihre Antwort.
9. Ein Professor führte den in Abb. 6.2 dargestellten Pendelversuch durch. Bei der Vorführung vor Studenten geriet er in solche Begeisterung, daß er der Kugel, als er sie vor seiner Nase losließ, einen Stoß gab. Was geschah dann und aus welchem Grunde?
10. Warum kommt ein schwingendes Pendel schließlich zum Stillstand? Wohin geht in diesem Falle die Energie?
11. Warum muß ein Auto ständig Treibstoff verbrauchen, auch wenn es sich nur mit konstanter Geschwindigkeit bewegt? Was geschieht mit der Energie, die von dem verbrauchten Treibstoff geliefert wurde?

12. Angenommen, Sie hätten die Aufgabe, zu beweisen, daß „innere Energie" wirklich existiert. Welche Art von Experiment würden Sie durchführen?

13. Woher wissen wir, daß vermittels der Arbeit die Energie von einer Form in eine andere überführt werden kann?

14. Woher wissen wir, daß vermittels der Arbeit die Energie von einem Objekt auf ein anderes überführt werden kann?

15. Woher wissen wir, daß vermittels eines Wärmeflusses die Energie von einem Objekt auf ein anderes überführt werden kann?

16. Abb. 6.18 zeigt zwei Arten von Wasserrädern. Woher kommt in jedem Falle die Energie, um das Rad in Bewegung zu halten?

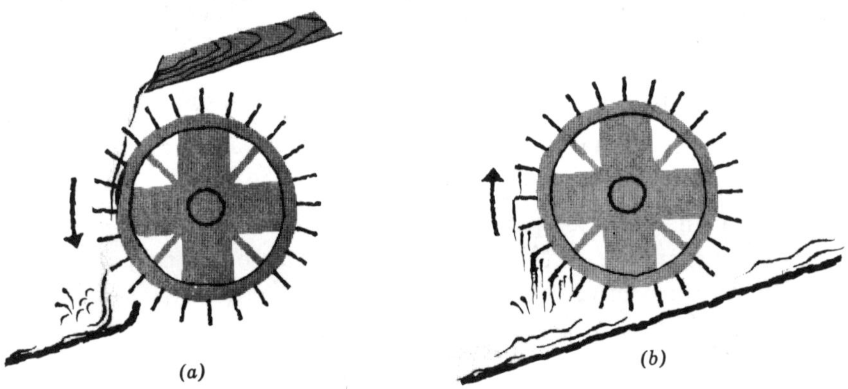

Abb. 6.18

17. Warum ist die Energie eine wichtige Größe?

18. Geben Sie Beispiele an, in denen die verschiedenen Formen der Energie in andere Formen umgewandelt oder aus anderen Formen erhalten werden.

19. Enthält ein gespanntes Gummiband Energie? Erklären Sie Ihre Antwort.

20. Man muß Arbeit aufwenden, wenn man eine Suppenschüssel umrühren will. Was geschieht nach Ihrer Meinung mit der auf diese Weise zugeführten Energie?

21. Warum wird ein Messer heiß, wenn man es auf einem Schleifstein schärft?

22. Abb. 6.19 zeigt eine vorgeschlagene Konstruktion zum Antrieb eines Schleifsteins. Der Elektromotor treibt einen elektrischen Generator an, der genug Elektrizität erzeugt, um den Motor und den Schleifstein anzutreiben. Woraus würden Sie auch ohne genauere Kenntnis der Wirkungsweise elektrischer Motoren und Generatoren schließen, daß diese Anlage nicht funktionieren kann?

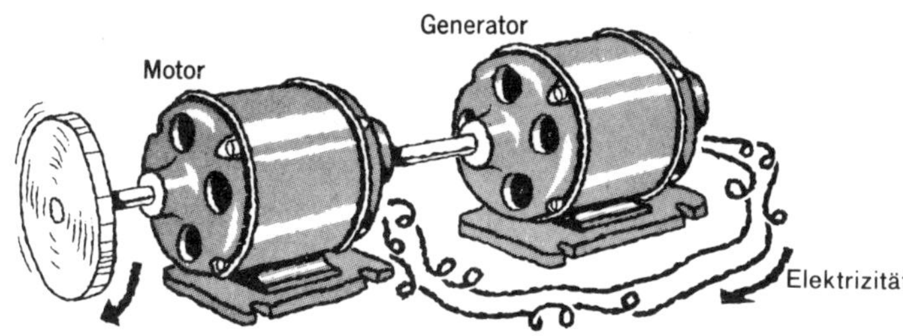

Abb. 6.19

23. Viele künstliche Satelliten bleiben eine lange Zeit auf ihrer Umlaufbahn, fallen aber danach auf die Erde hinunter. Warum stürzen sie schließlich ab?

24. Warum werden die Bremsen eines Wagens heiß, wenn er zum Halten gebracht wird?

25. Abb. 6.20 zeigt ein Gerät, das durch den ausströmenden Dampf in Drehung versetzt wird. Woher kommt die erforderliche Energie? Verfolgen Sie die Energieumwandlungen, die diesen Vorgang ermöglichen.

26. Was geschieht mit der kinetischen Energie eines fallenden Körpers, wenn er auf dem Boden aufschlägt?

27. Was bedeutet der Begriff „Erhaltung"?

28. Unter welchen Umständen bleibt die Gesamtenergie eines Systems von Objekten erhalten? Unter welchen Umständen bleiben verschiedene Arten der Energie für ein System von Objekten erhalten?

29. Erklären Sie vom energetischen Standpunkt, weshalb ein Komet seine größte Geschwindigkeit besitzt, wenn sein Abstand zur Sonne am geringsten ist.

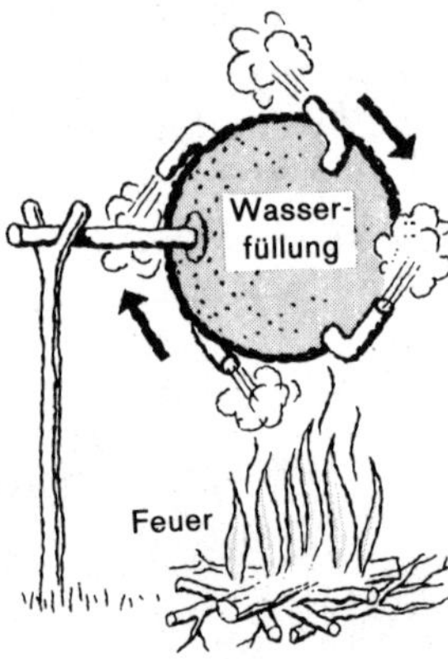

Abb. 6.20

30. Haben die Erde und der Mond heute mehr oder weniger Energie als in dem Fall, daß der Mond direkt auf der Oberfläche der Erde läge? Nehmen Sie an, daß alle übrigen Eigenschaften unverändert wären. Erklären Sie Ihre Antwort.
31. Können Sie eine Erklärung für die Verlangsamung der Erdrotation geben?
32. Ein hartgekochtes und ein rohes Ei rollen auf einer harten Oberfläche anfänglich mit gleicher Geschwindigkeit. Welches Ei rollt länger? Erklären Sie Ihre Antwort.
33. Was würde Sie von der Aussage überzeugen, daß der Schall eine Form der Energie darstellt?
34. Warum ist es möglich, durch Reibung Feuer zu erzeugen?

Aufgaben

1. Ein Skifahrer nähert sich mit einer Geschwindigkeit von 10 m/s einem Berg. Wie weit kommt er auf den Berg hinauf, bevor er wieder zurückgleitet? (Vernachlässigen Sie die Reibung.)
2. Ein Skifahrer bewegt sich mit einer Geschwindigkeit von 15 m/s und kommt (ohne zusätzlichen Antrieb) über einen Hügel mit einer Höhe von 5 m hinweg. Wie hoch ist seine Geschwindigkeit auf der Spitze des Hügels?

3. Ein Bleiklotz mit einer Masse von 0,5 kg fällt aus einem 30 m hoch gelegenen Fenster und durchschlägt das Dach eines Wagens. Um welchen Betrag erhöht sich die innere Energie des Wagens?
4. Ein Mann hebt ein 10 kg-Gewicht einen Meter über den Boden, hält es so 10 Stunden lang und setzt es dann sanft wieder auf den Boden. Welche Arbeit hat er vollbracht?
5. Ein Mann hebt ein 10 kg-Gewicht einen Meter über den Boden und hält es so 10 Stunden lang. Welche Arbeit hat er vollbracht?
6. Ein Skifahrer hat in der Höhe h eine Geschwindigkeit v. Wie groß ist seine Geschwindigkeit auf der Höhe Null, wenn die Reibung vernachlässigt werden kann?
7. Eine Kugel mit einer Masse von 10 kg wird mit einer Geschwindigkeit von 20 m/s geworfen. Wie groß ist ihre kinetische Energie?
8. Eine mit Zement gefüllte Schubkarre wird längs einer Rampe bis auf eine Höhe von 15 m geschoben. Um welchen Betrag steigt hierdurch die potentielle Energie der Schubkarre, wenn sie gefüllt eine Masse von 100 kg hat?
9. Ich schieße eine Kanonenkugel senkrecht hoch. Wie hoch steigt sie im Vergleich zu einer anderen Kanonenkugel, die mit der halben Energie abgeschossen wird?
10. Auf einer reibungsfreien Oberfläche trifft ein Körper mit der Masse $2m$ und der Geschwindigkeit v auf einen ruhenden Körper mit der Masse m. Nach dem Stoß bewegen sich beide Körper gemeinsam weiter. Wieviel kinetische Energie geht verloren?
11. Es wird ein Pendel hergestellt, indem eine Masse von 2 kg an einem Seil mit einer Länge von 1 m befestigt wird. Die Masse wird hochgehoben, so daß das Seil horizontal ist und dann losgelassen. Welche maximale Geschwindigkeit erreicht die Masse?
12. Wie groß ist die Geschwindigkeit des im Beispiel 1 auf Seite 295 erwähnten Blumentopfes beim Aufschlag auf dem Boden? Was geschieht dann mit der Energie?
13. Wieviel Energie wird verbraucht, wenn eine 60 Watt-Lampe 12 Stunden lang brennt?

Schwierigere Fragen und Aufgaben

1. Wenn ich ein bestimmtes Gewicht aus einer Höhe h in einen mit Sirup gefüllten Eimer fallen lasse, steigt die Temperatur des Sirups um ein Grad. Was geschieht, wenn ich das Gewicht aus einer Höhe $2h$ fallen lasse? Welche Annahmen machen Sie über die Energie, die Temperatur und den Sirup?
2. Wenn ich ein Objekt mit der Geschwindigkeit v in einen mit Sirup gefüllten Eimer werfe, steigt die Temperatur um zwei Grad. Was geschieht, wenn ich das Objekt mit der doppelten Geschwindigkeit werfe?
3. Angenommen, ich wollte die Arbeit, die ein Körper beim Stoß an einem anderen leistet, sowie die dabei übertragene oder umgewandelte Energie bestimmen, müßte ich dann die Kraft über die Zeit oder über den Weg mitteln? Warum? Angenommen, ich wollte den Impuls bestimmen, der beim Stoß übertragen wird, wie müßte ich den Mittelwert dann bilden?
4. Zeigen Sie, daß das Produkt Ft, die Kraft mal der Zeit (der sogenannte Kraftstoß), mit der Impulsübertragung zusammenhängt.
5. Ein Körper wird durch eine Kraft F, die längs eines Weges s wirkt, in Bewegung gesetzt. Der Körper wird dann durch eine Kraft, die den gleichen Betrag wie F, jedoch die entgegengesetzte Richtung hat und während der Zeit t wirkt, zum Stillstand gebracht. Wie groß ist die maximale Geschwindigkeit des Körpers, wenn er die Masse m hat?
6. Zeigen Sie mit Hilfe der Abb. 6.21, daß sich die Regeln der Komponentenzerlegung von Kräften aus der Betrachtung der Arbeit und Energie ableiten lassen. Nehmen Sie an, daß die Oberflächen reibungsfrei sind, und daß die Massen sich im Gleichgewicht befinden. Dann bewegen Sie eine Masse und betrachten die dabei der Maschine zugeführte Arbeit.
7. Wenn ein Gewehr abgefeuert wird, haben die Impulse des Gewehres und der Kugel ungefähr den gleichen Betrag. Warum ist es dann nicht ebenso gefährlich, vom Gewehr anstelle der Kugel getroffen zu werden?

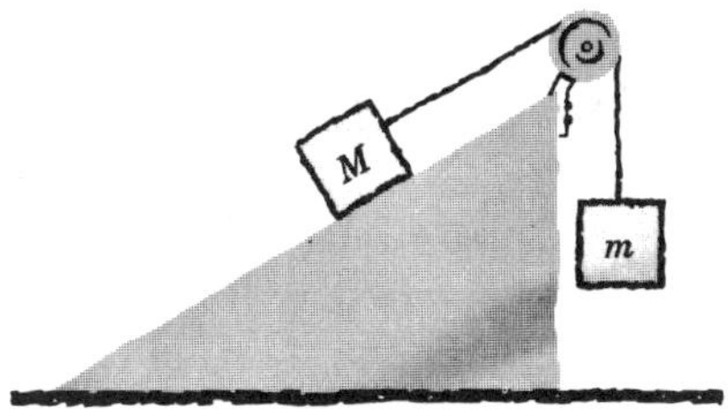

Abb. 6.21

8. Ich schieße zwei Kanonenkugeln senkrecht nach oben, von denen eine doppelt so viel Energie hat wie die andere. In welchem Verhältnis stehen ihre Flugzeiten?

9. Der in Abb. 6.22 dargestellte Wagen mit der Masse m beginnt auf dem linken oberen Punkt der Bahn reibungsfrei zu rollen. Wie groß ist seine Geschwindigkeit im höchsten Punkt der Schleife?

10. Wie groß ist in Aufgabe 9 die Kraft, die im höchsten Punkt der Schleife durch den Druck des Wagens auf die Bahn entsteht?

11. Ermitteln Sie für die Aufgabe 9 den Radius der Schleifenbahn, für den der in Aufgabe 10 berechnete Druck gleich Null wird.

12. Wie groß ist in Aufgabe 9 die Kraft zwischen dem Wagen und der Bahn im Punkt A?

13. Eine anfänglich ruhende Kugel rollt eine schiefe Ebene hinab und prallt an ihrem Fuß ab, wie es in Abb. 6.23 dargestellt ist. Der Stoß ist vollkommen elastisch. Erreicht die Kugel nach dem Abprallen wieder ihre ursprüngliche Höhe? Erklären Sie Ihre Antwort.

14. Eine Masse m bewegt sich mit der Geschwindigkeit v, trifft eine ruhende Masse $2m$ und bleibt an ihr haften. Danach gleiten die

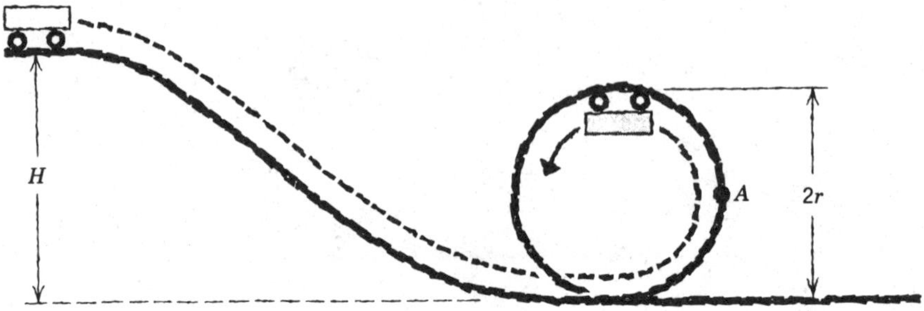

Abb. 6.22

beiden Massen gemeinsam die schiefe Ebene hinauf, wie es in Abb. 6.24 dargestellt ist. Welche Höhe erreicht die kombinierte Masse, wenn die Oberfläche reibungsfrei ist?

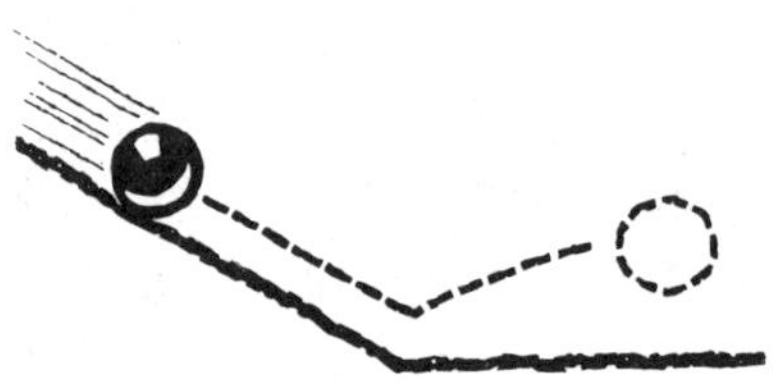

Abb. 6.23

15. Welche Kraft F ist erforderlich, um den in Abb. 6.25 dargestellten Flaschenzug im Gleichgewicht zu halten? (Vernachlässigen Sie die Massen der Rollen und des Seils.)

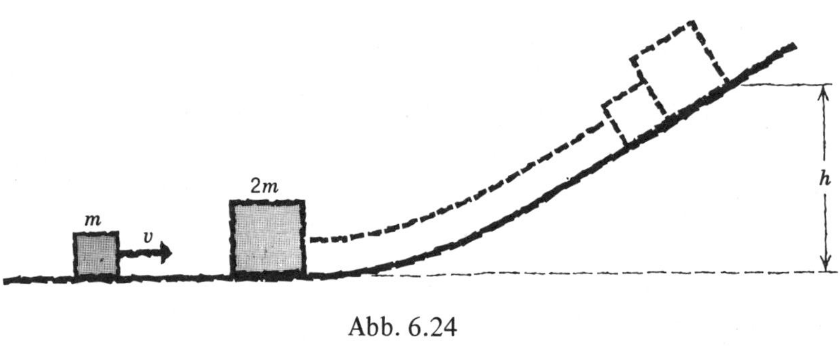

Abb. 6.24

16. Zwei gleiche Massen können reibungsfrei auf einer Oberfläche gleiten. Die erste bewegt sich ursprünglich mit der Geschwindigkeit v. Sie trifft auf eine zweite (die ursprünglich ruht) und bringt zwischen ihnen eine Zündkapsel zur Explosion. Danach bewegt sie sich mit der Geschwindigkeit V in die entgegengesetzte Richtung. Ermitteln Sie die Geschwindigkeit der zweiten Masse und die Energie, die beide Massen durch die explodierende Zündkapsel erhalten haben. Betrachten Sie die Massen als bekannt.

17. Eine Kugel wird mit einer Geschwindigkeit v am Ende einer Schnur herumgeschwungen, wie es in Abb. 6.26 dargestellt ist. Wir vernachlässigen die Wirkung der Schwerkraft. Wie groß ist die Geschwindigkeit der Kugel, wenn die Schnur auf die Hälfte verkürzt wird? Woher kommt die neue Energie?

18. Nehmen Sie in der Aufgabe 17 an, daß die Schnur fest am Ende eines Stabes befestigt ist (Abb. 6.27). Wenn die Kugel herumschwingt, wickelt sich die Schnur auf den Stab auf. Wie groß ist die Geschwindigkeit der Kugel, wenn sich die Hälfte der anfänglich vorhandenen Schnur aufgewickelt hat? Warum unterscheidet sie sich von dem Ergebnis der Aufgabe 17? Wie wurde der Drehimpuls geändert?

19. Abb. 6.28 zeigt drei gleiche Massen. Die gleitende Masse A trifft auf die Massen B und C, die ruhend in der Bewegungslinie von A liegen und sich berühren. Nehmen Sie an, daß die Massen vollkommen elastisch sind, so daß sowohl der Impuls als auch die Energie erhalten bleiben. Zeigen Sie, warum sich nach dem Stoß nur eine der Massen B und C bewegen wird.

20. Auf den in Abb. 6.7a dargestellten Klotz wirkt eine konstante Kraft F, während er sich um die Strecke s bewegt. Der Klotz hat anfänglich die Geschwindigkeit v_0. Zeigen Sie mathematisch, daß die zugeführte Arbeit gleich der Änderung der kinetischen Energie des Klotzes ist.

21. Bei dem in Abb. 6.29 dargestellten System beträgt die Fläche des großen Kolbens A und die des kleinen Kolbens a. Ermitteln Sie die Kraft F, die von der Flüssigkeit auf den großen Kolben ausgeübt wird, wenn auf den kleinen Kolben die Kraft f wirkt. (Modell der hydraulischen Presse. Anm. d. Übers.)

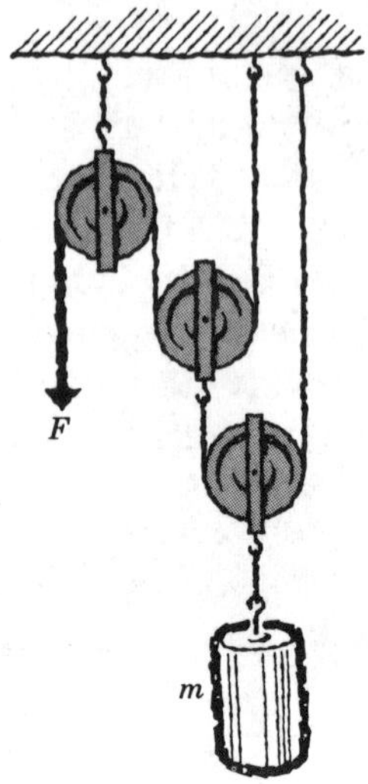

Abb. 6.25

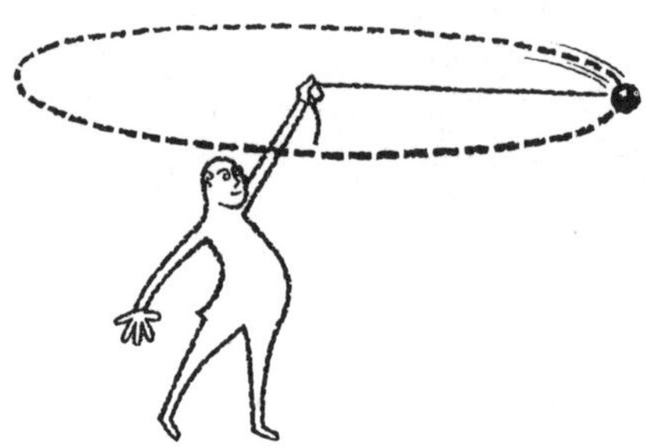

Abb. 6.26

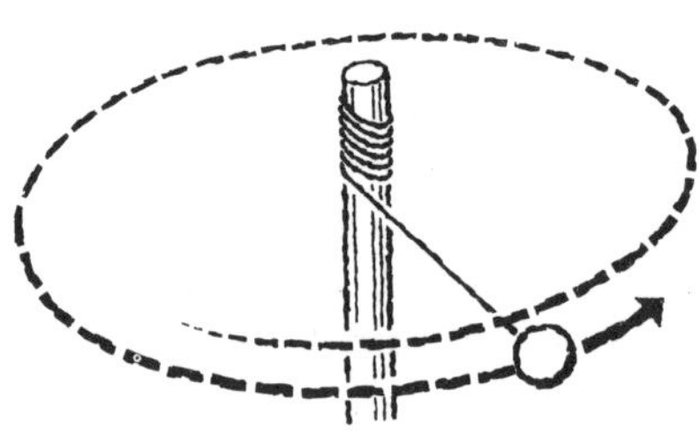

Abb. 6.27

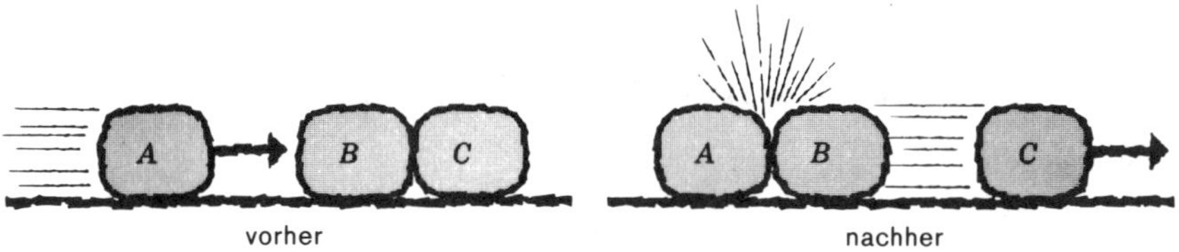

Abb. 6.28

22. Zeigen Sie, daß in einer ruhenden Flüssigkeit an einem Punkt die Drücke in entgegengesetzten Richtungen gleich sein müssen. (Was geschieht, wenn die Kräfte auf den beiden Seiten der in Abb. 6.30 dargestellten Scheibe nicht gleich sind?)
23. Zeigen Sie, daß in einer ruhenden Flüssigkeit die Kraft auf eine Oberfläche senkrecht auf dieser Oberfläche stehen muß. (Was geschieht mit dem in Abb. 6.31 dargestellten kleinen schleifenförmigen Band, wenn die Kräfte nicht senkrecht auf der Oberfläche stehen?)

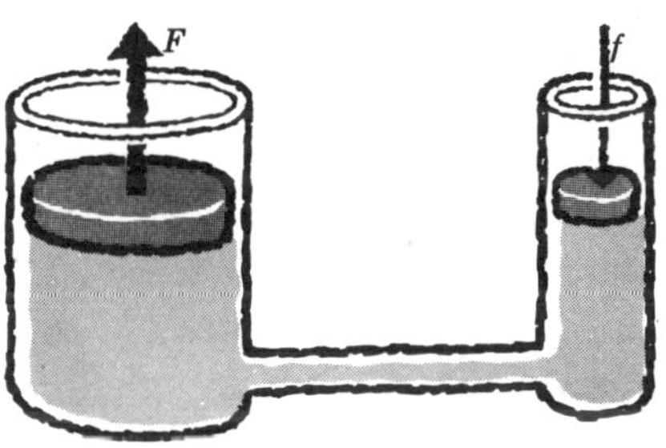

Abb. 6.29

Abb. 6.30

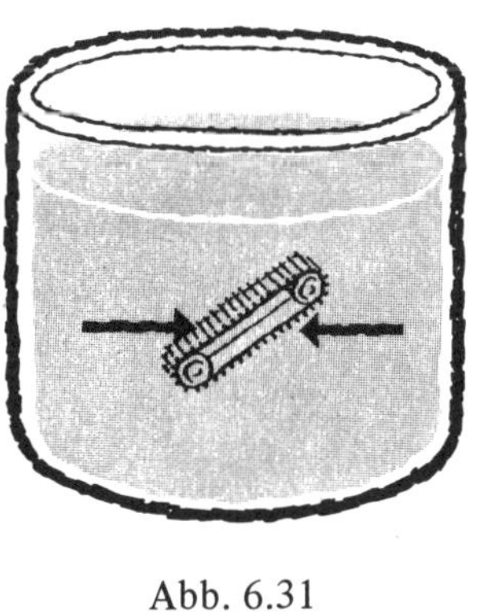

Abb. 6.31

Siebentes Kapitel

Die Ordnung und Unordnung der Moleküle

In den vorangegangenen Kapiteln haben wir das Newtonsche Modell der Welt dargestellt. Wir illustrierten die Gesetze, die den Rahmen dieses Modells bilden, indem wir das Verhalten bewegter Materie beschrieben. Wir haben zunächst einmal angenommen, daß die Materie nicht kontinuierlich sondern diskret ist – d. h. daß sie aus sehr kleinen Teilchen besteht. Um das Newtonsche Modell auf einen größeren Bereich der Naturerscheinungen anzuwenden, ist es darüberhinaus zweckmäßig anzunehmen, daß sich im allgemeinen diese Teilchen in Bewegung befinden und dabei den Bewegungsgesetzen gehorchen, die wir diskutiert haben. Die Teilchen sind zwar viel zu klein, um direkt beobachtet werden zu können; wir können aber diese Annahme dadurch rechtfertigen, daß sie zur Erklärung der Eigenschaften der Materie beiträgt. Die Theorie, daß die Materie aus kleinen bewegten Teilchen besteht, heißt *kinetische Theorie*. In diesem Kapitel wollen wir versuchen, das Verhalten der Materie mit dieser Theorie zu erklären. Da dieses Verhalten oft schwierig ist, wollen wir einige grundlegende Ideen und Tatschen herausarbeiten, ohne eine vollständige Erklärung aller Einzelheiten und Spezialfälle zu geben. Wir wollen uns insbesondere mit der Irreversibilität und dem Gesetz der zunehmenden Entropie beschäftigen.

Die kinetische Theorie der Materie

Moleküle und Atome

Die Teilchen, an denen wir in diesem Kapitel interessiert sind, werden *Moleküle* genannt. Die Moleküle bestehen aus einem oder mehreren Teilchen, die als *Atome* bezeichnet werden. Beispielsweise besteht jedes Molekül des Gases Wasserstoff aus zwei Wasserstoffatomen (Abb. 7.1). Jedes Molekül des Gases Helium besteht jedoch aus einem einzigen Heliumatom. Jedes Molekül des Wassers besteht aus einem Sauerstoffatom und zwei Wasserstoffatomen. Die verschiedenen Arten der Atome entsprechen den verschiedenen chemischen Elementen. Die Gesetze der chemischen Bindung, nach denen Atome zu Molekülen zusammentreten, werden in Kapitel 13 diskutiert.

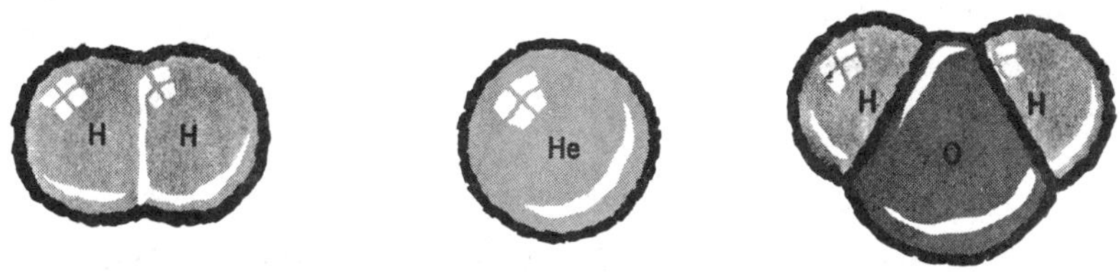

Wasserstoffmolekül (2 Wasserstoffatome) — Heliummolekül (1 Heliumatom) — Wassermolekül (1 Sauerstoffatom, 2 Wasserstoffatome)

Abb. 7.1

Obwohl Moleküle in verschiedenen Formen und Größen auftreten können, sind sie alle außerordentlich klein, wirklich so klein, daß es schwierig ist, sich ihre Größe vorzustellen. Beispielsweise bedeutet die Angabe, daß ein Heliumatom einen Durchmesser von ungefähr 10^{-10} m hat, sehr wenig, wenn wir keine Erfahrung mit derartig kleinen Dingen haben. Wir können uns auch schwer vorstellen, daß ein Fingerhut voll Luft 10^{19} Moleküle enthält – diese Größe ist mehr als die Zahl aller Menschen auf der Erde mal einer Milliarde. Später werden wir in anderen Kapiteln Teilchen behandeln, die noch kleiner als Atome sind.

Festkörper, Flüssigkeiten und Gase

Wir sind mit drei Formen der Materie vertraut: Festkörpern, Flüssigkeiten und Gasen. Da Gase gewöhnlich leicht komprimiert werden können, stellen wir uns die Gasmoleküle so weit voneinander entfernt vor, daß sie leicht näher zusammengedrückt werden können (Abb. 7.2). Da Flüssigkeiten nicht leicht zusammengedrückt werden können, stellen wir uns vor, daß sie aus Molekülen bestehen, die sich gegenseitig fast berühren, aber die Möglichkeit haben, aneinander vorbei zu gleiten, so daß die Flüssigkeit fließen kann. Festkörper sind dagegen relativ starr, daher stellen wir uns vor, daß sie aus Molekülen bestehen, die durch eine Kraft fester zusammen gehalten werden. Diese Moleküle können zwar manchmal aneinander vorbei gleiten, meistens schwingen sie aber nur um ihre Plätze herum. Da kristalline Festkörper in regelmäßigen Formen auftreten, nehmen wir an, daß die Moleküle dieser Substanzen in regelmäßiger Weise angeordnet sind, z. B. so wie die Apfelsinen in einer Ausstellungskiste.

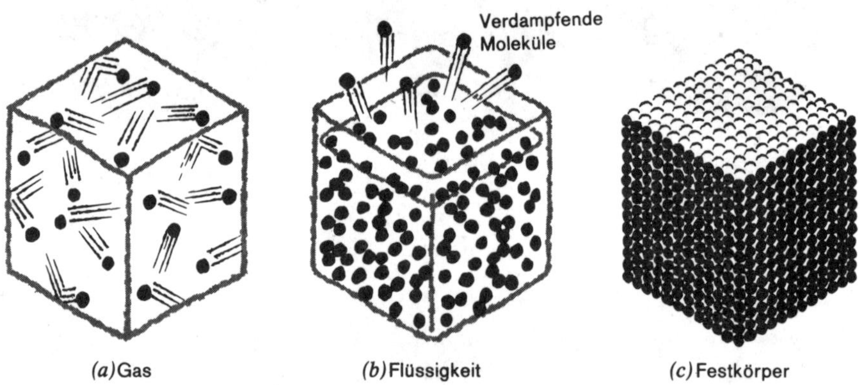

Abb. 7.2

Die Beschreibung der Gase durch das Bild bewegter Moleküle

Viele beobachtete Eigenschaften der Materie lassen sich durch die kinetische Theorie erklären. Um dies zu illustrieren, wollen wir die innere Energie, die Temperatur und den Druck eines Gases sowie einige einfache Aspekte des Verhaltens von Flüssigkeiten und Gasen diskutieren.

Nach der kinetischen Theorie machen wir uns von einem Gas grundsätzlich das Bild bewegter Moleküle, die aufeinander und gegen die Wände des Gefäßes stoßen. Diese häufigen Stöße ändern ständig die Geschwindigkeit der individuellen Moleküle nach Größe und Richtung. Als Ergebnis dieser Stöße haben die Moleküle einen weiten Bereich der Geschwindigkeiten und es fliegen ungefähr gleich viel Moleküle in jeder Richtung.

Der Druck. Die kinetische Theorie erklärt auch den Druck, den ein Gas auf die Wände seines Behälters ausübt (Abb. 7.3). Wenn ein bewegtes Molekül auf die Wand des Behälters trifft, wird auf die Wand während des Stoßes eine Kraft ausgeübt. Dieser ununterbrochene Hagel der bewegten Teilchen bewirkt ständig Stoßkräfte auf die Wände des Behälters und macht so den Gasdruck verständlich.

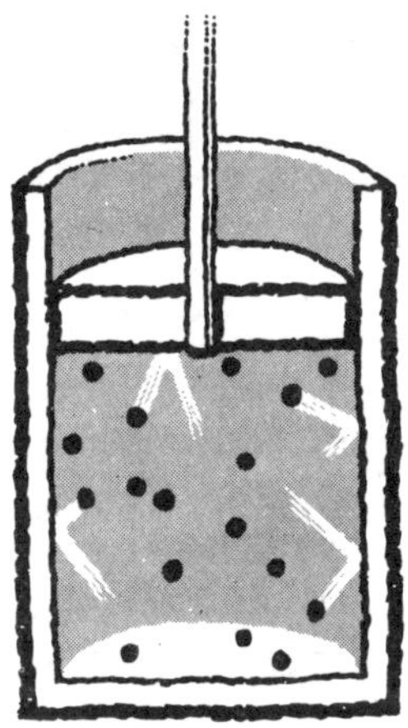

Abb. 7.3

Die innere Energie. Die innere Energie einer Gasmenge ist die gesamte Energie aller Moleküle in ihr. Im einfachsten Fall ist dies annähernd gleich der Summe der kinetischen Energien aller Moleküle. In Flüssigkeiten und Festkörpern, in geringerem Maße auch in Gasen haben die Moleküle auch eine potentielle Energie, die von den Kräften (keine Gravitationskräfte) zwischen den Molekülen herrührt. In diesen Fällen ist die innere Energie gleich der Summe der gesamten kinetischen und potentiellen Energie aller Moleküle. Wenn ein bewegtes Objekt durch die Reibung abgebremst wird, geht die Energie des Objekts nicht verloren, sondern tritt als erhöhte Energie der einzelnen Moleküle des Objekts und seiner Umgebung in Erscheinung.

Die Temperatur. Wir alle haben ein intuitives Gefühl für die Temperatur, das sich aus unserem Gefühlssinn entwickelt hat. Unser Gefühlssinn ist jedoch nicht in der Lage, zwischen sehr hohen und sehr tiefen Temperaturen zu unterscheiden, wie durch einen bekannten

Ulk demonstriert werden kann (Abb. 7.4). Das Opfer sieht zuerst einen Topf mit kochendem Wasser auf dem Herd, anschließend werden ihm die Augen verbunden. Danach taucht man seine Hand in eine Schüssel mit Eiswasser. Sein Entsetzen dabei rührt von seiner Unfähigkeit, zwischen der Siede- und Gefriertemperatur des Wassers zu unterscheiden.

Abb. 7.4

Natürlich können wir ein gewöhnliches Quecksilberthermometer verwenden, um die Temperatur viel genauer als mit den Händen zu messen. Mit zunehmender Temperatur dehnt sich das Quecksilber im Thermometer aus und steigt daher in der Glasröhre empor. Tatsächlich dehnen sich die meisten Substanzen bei Erwärmung aus. Wir möchten aber wissen, was die Temperatur im Bild bewegter Moleküle bedeutet.

Nach der kinetischen Theorie steht die Temperatur im Zusammenhang mit der *mittleren* kinetischen Energie der Moleküle. In einem einfachen Gas, in dem die kinetische Energie der Moleküle die einzige wesentliche Energieform ist, ist die Temperatur proportional zu dieser mittleren kinetischen Energie. Wenn wir ein Gas erwärmen, nimmt die innere Energie zu. Die Moleküle beginnen, sich mit größerer Geschwindigkeit zu bewegen. Ihre mittlere kinetische Energie nimmt zu und wir beobachten eine höhere Temperatur. Wenn das Gas nicht durch einen starren Behälter begrenzt ist, wird es sich mit zunehmender Temperatur ausdehnen. Die schneller bewegten Moleküle stoßen im Mittel schneller und mit größerem Impuls aufeinander und auf die Wände des Gefäßes. Hierdurch entsteht ein größerer Druck auf die Wände, der die Expansion bewirkt.

Wenn die kinetische Energie der Moleküle nicht die einzige Energieform darstellt, wie in Festkörpern, Flüssigkeiten und Gasen unter bestimmten Bedingungen, gilt die einfache Proportionalität zwischen der Temperatur und der mittleren kinetischen Energie nicht mehr. Doch ist die Temperatur immer noch eng mit der mittleren kinetischen Energie der Moleküle verbunden und nimmt generell zu, wenn ihre mittlere Geschwindigkeit steigt.

Die kinetische Theorie führt uns auch zu einem Verständnis des Wärmeflusses. Abb. 7.5 zeigt ein kaltes Thermometer in warmer Luft. Weil die Luft warm ist, haben ihre Moleküle hohe kinetische Energien. Einige dieser Moleküle stoßen auf die langsam bewegten Moleküle des kalten Thermometerglases. Im Lauf der Zeit beginnen die Glasmoleküle, sich infolge dieser Stöße schneller zu bewegen, und die Temperatur des Glases nimmt zu. Die schnell bewegten Glasmoleküle bringen dann durch Stöße die Quecksilbermoleküle auf höhere Geschwindigkeit, so daß sich die Temperatur des Quecksilbers erhöht. Schließlich haben Glas und Quecksilber die Temperatur der Luft. Es hat ein Wärmefluß in das Thermometer stattgefunden. So erklärt die kinetische Theorie den Wärmefluß als Ergebnis molekularer Stöße.

Wie gesagt, dehnen sich die meisten Substanzen aus, wenn ihre Temperatur steigt. Das gilt sowohl für das Quecksilber als auch für das

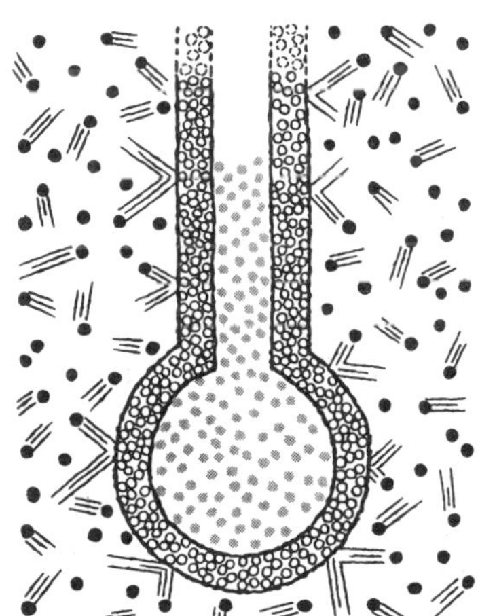

Abb. 7.5

Glas des Thermometers. Das Quecksilber dehnt sich jedoch stärker aus als das Glas und daher steigt das Quecksilber in der Thermometerröhre.

Der absolute Nullpunkt der Temperatur. Wenn die Temperatur eng mit der mittleren kinetischen Energie der Moleküle zusammenhängt, dann sollte es eine tiefstmögliche Temperatur geben, wenn alle Moleküle ihre kinetische Energie verloren haben. Es gibt offenbar eine solche Temperatur, die als der *absolute Nullpunkt* bezeichnet wird. Tatsächlich haben sogar am absoluten Nullpunkt die Moleküle noch einen geringen Betrag kinetischer Energie, die sogenannte Nullpunktsenergie. (Das Auftreten dieser geringen Nullpunktsenergie kann durch die moderne Quantentheorie erklärt werden). Wir wollen die Nullpunktsenergie hier nicht erklären, sondern nur feststellen, daß der absolute Nullpunkt die Temperatur ist, bei der die Moleküle ihre minimale kinetische Energie haben.

Auf der Celsius-Skala wird der Gefrierpunkt des Wassers willkürlich als Null Grad und der Siedepunkt als 100 Grad bezeichnet. Der absolute Nullpunkt der Temperatur entspricht einer Temperatur von rund 273 Grad *unter* dem Nullpunkt der Celsius-Skala. Wir sehen also, daß der absolute Nullpunkt weit unter den normalen Temperaturen unserer Umgebung liegt. Die Physiker konnten jedoch kürzlich im Laboratorium dem absoluten Nullpunkt bis auf 0,0001 Grad nahe kommen.

Verdampfen und Schmelzen

Nach der kinetischen Theorie besteht die Materie aus bewegten Molekülen. Wegen dieser Bewegung neigen die Moleküle eines kleinen Probekörpers dazu, die Probe als bewegte Moleküle zu verlassen, wenn sie nicht daran gehindert werden. In einem Gas werden die Moleküle durch die Wände des Behälters am Entweichen gehindert. In einer Flüssigkeit oder einem Festkörper gibt es Kräfte (die stärker als die Gravitationskräfte sind), die die Moleküle zusammenhalten können. Dennoch können die Moleküle der Festkörper und Flüssigkeiten beim Vorgang des Verdampfens entweichen.

Wir wollen uns den Vorgang des Verdampfens einer Flüssigkeit – z. B. Wasser – näher ansehen. (Das Verdampfen eines Festkörpers verläuft ähnlich). Durch die ständigen Stöße der Moleküle untereinander, die im Wasser auftreten, erhalten einige Moleküle mehr Energie als andere. Für einige dieser Moleküle wird die so erhaltene Energie größer als die Energie, die sie an die anderen Moleküle bindet. Wenn diese hochenergetischen Moleküle in der Nähe der Oberfläche sind und sich auf diese zubewegen, werden sie die Flüssigkeit verlassen und das darüber liegende Gas bilden oder in ein bereits vorhandenes Gas eintreten (Abb. 7.6). Auf diese Weise kann eine Wassermenge vollständig verdampfen und so „verschwinden". Jedoch können auch Wassermoleküle aus dem darüber befindlichen Gas wieder in die Flüssigkeit eintreten. Wenn im zeitlichen Mittel dieselbe Zahl von Molekülen ein- und austritt, bleibt die Menge des Wassers konstant.

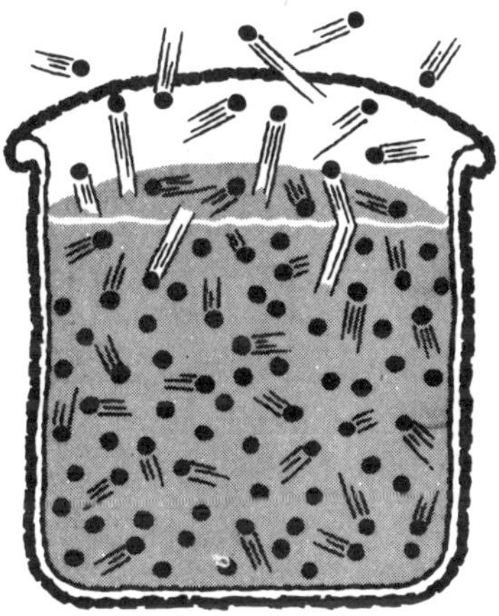

Abb. 7.6

Unter geeigneten Bedingungen kann die Verdampfung auch innerhalb einer Flüssigkeit stattfinden, so daß sich Gasblasen bilden, die innerhalb der Flüssigkeit aufsteigen. Diesen Vorgang bezeichnet man als Sieden. Der Druck der Flüssigkeit versucht jedoch, die Gasblase zusammenzupressen und somit ihr Entstehen zu verhindern. Daher bilden sie sich erst, wenn genug verdampfende Moleküle schnell genug zusammentreten und so einen Druck schaffen, der den Druck der Umgebung überwindet. Wenn die Temperatur der Flüssigkeit zunimmt, steigt der Druck, der von den verdampfenden Molekülen ausgeübt werden kann, weil es in der Flüssigkeit mehr Moleküle mit hoher Geschwindigkeit gibt. Schließlich wird eine Temperatur erreicht, bei der sich Blasen bilden können. Diese Temperatur ist der Siedepunkt.

Wir können die Siedetemperatur verändern, wenn wir den Druck auf die Flüssigkeit ändern. Beispielsweise steigt in einem Druck-Kochtopf der Druck über den Atmosphärendruck. Damit auch unter diesem hohen Druck Blasen entstehen, also die Flüssigkeit kochen kann, muß die Temperatur höher als die gewöhnliche Siedetemperatur sein. Das bedeutet, daß das Wasser in dem Topf auf eine höhere Temperatur gebracht werden kann, ohne zu kochen. Durch diese höhere Temperatur wird das Essen schneller gar.

Wir haben gesehen, daß die verdampfenden Moleküle im Mittel mehr Energie haben als die in der Flüssigkeit zurückbleibenden. Durch den Verlust dieser hochenergetischen Moleküle wird die Flüssigkeit kälter als zuvor. Also kühlt sich die Flüssigkeit durch Verdampfung ab. Dies erklärt, weshalb sich eine nasse Hand kälter anfühlt als eine trockene. Die Flüssigkeit auf der nassen Hand wird durch Verdunstung abgekühlt. Einige verdampfende Moleküle werden in die Flüssigkeit zurückfallen. Wenn man die nasse Hand schüttelt, so daß diese Moleküle fortgeführt werden und nicht zurückkehren können, geschieht die Verdunstung schneller, so daß sich die Hand noch kälter anfühlt.

Nehmen wir an, daß wir die innere Energie eines Stücks Eis erhöhen, indem wir Wärme hineinfließen lassen. Durch die Zuführung der Energie steigt die Temperatur, bis sie einen Punkt erreicht, an dem das Eis schmilzt. Um das Eis zu schmelzen, müssen wir genügend Energie zuführen, um den Teil der Bindungsenergie zu überwinden, der die Moleküle des Festkörpers starr zusammenhält und daran hindert, aneinander vorbei zu gleiten. Selbst wenn wir viel Energie zuführen, wird die Temperatur nicht weiter ansteigen, bevor alles Eis geschmolzen ist, denn alle zugeführte Energie wird dazu verbraucht, das Eis zu schmelzen. Wenn alles Eis in Wasser umgewandelt worden ist, dann erhöht die zugeführte Energie die Temperatur des Wassers, bis der Siedepunkt erreicht ist. Bei dieser Temperatur wird die zugeführte Energie verbraucht, um die Bindungsenergie der Moleküle in der Flüssigkeit zu überwinden. Auch hier ändert sich wieder die Temperatur trotz ständig zugeführter Energie nicht, bevor alle Flüssigkeit in den Gaszustand überführt worden ist. Danach steigt die Temperatur wieder an.

Beweise für die kinetische Theorie

Der Beweis für die kinetische Theorie der Materie liegt in ihrem Erfolg bei der genauen Erklärung der Materie-Eigenschaften. Wir haben einige dieser Erklärungen kurz erwähnt, und wir werden im Rest dieses Kapitels weitere darstellen. Es gibt einige Erscheinungen, die man ohne die kinetische Theorie nur schwer deuten könnte. Wir wollen hier zwei davon erklären – die Diffusion der Gase und die Brownsche Bewegung.

Die Gasdiffusion ist in Abb. 7.7 dargestellt, die zwei Zylinder bei gleicher Temperatur und gleichem Druck zeigt, die durch eine poröse Wand getrennt sind. Diese Wand enthält winzige Löcher, die Moleküle hindurchtreten lassen. Wir beginnen mit Helium-Gas auf der rechten und einem schweren Gas wie Sauerstoff auf der linken Seite. (Sauerstoffmoleküle haben achtmal mehr Masse als Heliummoleküle). Die Gase haben die gleiche Temperatur und daher ist die mittlere kinetische Energie der Moleküle in beiden Gasen dieselbe. Weil die Heliummoleküle weniger Masse als die Sauerstoffmoleküle haben, müssen sie im Mittel eine größere Geschwindigkeit haben, um die gleiche Energie zu besitzen. Aus diesem Grunde bewegen sich die Heliummoleküle schneller durch die kleinen Löcher in der porösen Wand in den Sauerstoff-Zylinder als die Sauerstoffmoleküle in den Helium-Zylinder. Folglich steigt der Druck in dem Sauerstoff-Zylinder an. Nach vollständig abgelaufener Diffusion wird die Hälfte des Heliums in den Sauerstoff-Zylinder und die Hälfte des Sauerstoffs in den Helium-Zylinder diffundiert sein. Zu diesem Zeitpunkt ist der Druck in den Zylindern gleich geworden und bleibt auch weiterhin gleich. Zusammengefaßt:

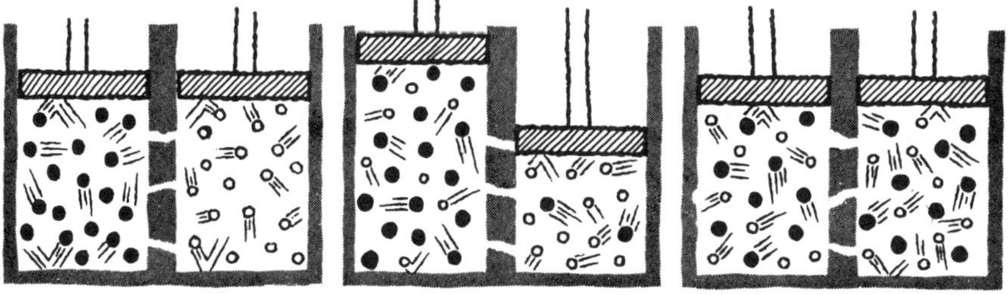

Abb. 7.7

Zuerst steigt der Druck links an, danach werden beide Drucke gleich. Dieser Effekt wird experimentell beobachtet und stützt daher die kinetische Theorie.

Die *Brownsche Bewegung*, die im Jahre 1827 von Robert Brown entdeckt wurde, stellt einen noch direkteren Beweis für die kinetische Theorie dar. Ein Teilchen in einer Flüssigkeit oder in einem Gas wird von einzelnen Molekülen gestoßen. Die Wirkung dieses molekularen Bombardements ist für große Teilchen vernachlässigbar: Die Masse des Teilchens ist so viel größer als die Masse der individuellen Moleküle, daß die Wirkung jedes einzelnen Stoßes klein ist, und die Stöße erfolgen auf allen Seiten des Teilchens so zahlreich, daß sich der Effekt im Mittel aufhebt. Jedoch kann man beobachten, daß mikroskopisch kleine Teilchen infolge der molekularen Stöße hin und her zittern (Abb. 7.8). Im Jahre 1905 berechnete Albert Einstein die zu erwartende Driftgeschwindigkeit solcher Teilchen, die infolge der Brownschen Bewegung hin und her wimmeln. Diese Rechnung stimmte so gut mit der beobachteten Driftgeschwindigkeit überein, daß sie den bekannten Chemiker Wilhelm Ostwald von der realen Existenz der Atome und Moleküle überzeugte.

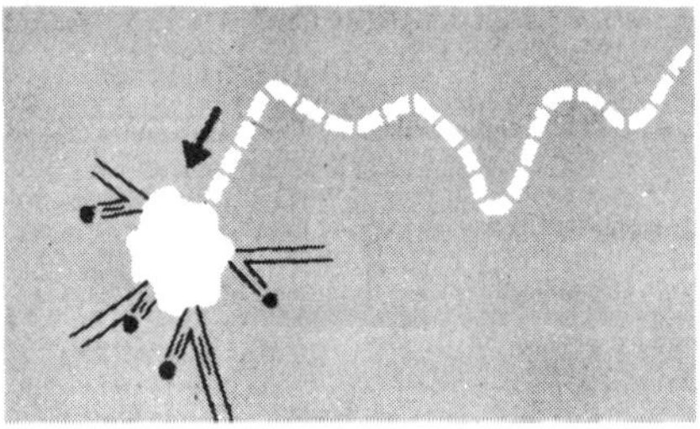

Abb. 7.8

Das Gesetz der Entropiezunahme

In diesem Abschnitt wollen wir zeitlich irreversible Prozesse diskutieren sowie die Probleme, die auftreten, wenn wir sie im Bild bewegte Moleküle erklären wollen. Wir werden eine skalare Größe, die *Entropie* einführen, die in reversiblen Prozessen erhalten bleibt, in irreversiblen Prozessen aber immer zunimmt.

Zeitlich umkehrbare Prozesse

Alle grundlegenden Gesetze, die wir bis jetzt dargestellt haben, sind zeitlich reversibel, natürlich einschließlich jener Gesetze, die wir auf das Verhalten der Moleküle angewendet haben. Wir haben die Zeitumkehrbarkeit in Kapitel 1 als ein Symmetrieprinzip eingeführt. Das Newtonsche Modell wahrt diese Zeitsymmetrie, d. h. es gilt in der Zeit rückwärts ebenso wie vorwärts. Beispielsweise zeigt ein Film die Gesetze des Steinwurfs unabhängig davon, ob er vorwärts oder rückwärts abläuft. Die umgekehrte Bewegung ist eine mögliche Bewegung des Steins. Das Prinzip der Zeitumkehrbarkeit ist für bestimmte Elementarteilchen kürzlich in Frage gestellt worden, in diesem Abschnitt wollen wir aber annehmen, daß das Prinzip der Zeitumkehrbarkeit für Moleküle wirklich gilt.

Zeitlich nicht umkehrbare Prozesse

Trotz der Tatsache, daß das Verhalten der Moleküle zeitlich reversibel zu sein scheint, gibt es zweifellos in der Natur Prozesse, die zeitlich nicht umkehrbar sind. Wir geben hier einige Vorgänge an, die nicht rückwärts ablaufen.

1. Wenn zwei Gegenstände mit unterschiedlicher Temperatur zusammengepreßt werden, fließt der Wärmestrom von dem heißen Gegenstand in den kälteren und nie umgekehrt. Sie werden sich nicht auf einen Eisklotz setzen, um sich zu wärmen.

2. Ein reifer Pfirsich verfault. Sie haben noch nie gesehen, daß ein zerfallener Pfirsich wieder ganz und eßbar wurde.

3. Wenn ein Mann in ein Schwimmbad springt, entstehen Wellen, die sich ausbreiten und schließlich verschwinden. Man hat noch nie gehört, daß sich in einem Schwimmbad von selbst Wellen gebildet, bei einem Schwimmer vereinigt und ihn aus dem Wasser auf das Sprungbrett gehoben hätten.

4. Ein Holzklotz gleitet mit Reibung auf einer schiefen Ebene hinunter und kommt unten zum Stillstand. Durch die Reibung werden der Klotz und die schiefe Ebene warm. Wir haben noch nie gesehen, daß sich Klotz und Ebene von selbst abkühlen und den Klotz wieder nach oben treiben.

5. Ein Gas strömt unter hohem Druck aus einer kleinen Flasche aus und füllt einen großen Kasten (Abb. 7.9). Niemand hat je beobachtet, daß sich das Gas wie ein Flaschenteufel von selbst sammelt, in die Flasche zurückströmt und dabei einen hohen Druck aufbaut.

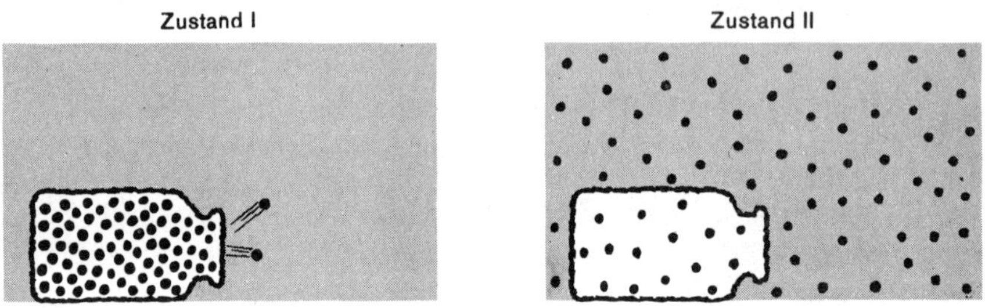

Abb. 7.9

6. In einer Flasche wird eine Lage schwarzen Sandes sorgfältig auf eine Schicht weißen Sandes gestreut. Durch kräftiges Schütteln vermischen sich die schwarzen und weißen Sandkörner. Man hat noch nie gesehen, daß sich durch kräftiges Schütteln die schwarzen und die weißen Körner von selbst wieder in zwei Schichten trennen (Abb. 7.10).

Abb. 7.10

Alle diese Prozesse sind nicht umkehrbar; jeder von ihnen stellt eine zeitliche Folge von Zuständen dar, die nicht umgekehrt werden kann. Tatsächlich sind die meisten gewöhnlich beobachteten Prozesse irreversibel. Reversible Vorgänge (z. B. reibungslose Bewegung) sind gewöhnlich Idealisierungen tatsächlich irreversibler Prozesse.

Die Existenz irreversibler Prozesse stellt uns vor zwei Probleme.

1. Die Gegenstände bestehen aus bewegten Molekülen, die nur reversible Gesetze befolgen. Wie können sie dann irreversiblen Veränderungen unterliegen? Dies ist eins der lange erörterten Probleme der Physik. Wir wollen diese Frage später behandeln.

2. Welches einzelne Gesetz oder Prinzip kann aufgestellt werden, um allen diesen irreversiblen Änderungen Rechnung zu tragen? Im Rest des Kapitels werden wir nach einem solchen Prinzip suchen. Wir werden eine skalare Größe finden, die gewöhnlich im Lauf der Zeit zunimmt und niemals abnimmt. Diese Größe heißt Entropie. Entropie bleibt in reversiblen Vorgängen erhalten, in irreversiblen Prozessen jedoch *nicht*. Nachdem ein irreversibler Prozeß abgelaufen ist, gibt es immer mehr Entropie als vorher. Das Prinzip, das uns die Behandlung irreversibler Prozesse erlaubt, ist daher das Gesetz der *Entropie-Zunahme.*[1]

Die gesamte Entropie der Objekte, die an einem Prozeß beteiligt sind, nimmt niemals ab. In irreversiblen Prozessen nimmt die gesamte Entropie zu.

Die Entropie eines einzelnen Gegenstandes oder Systems kann sehr wohl abnehmen. Betrachten wir aber *alle* Gegenstände und Systeme, die an dem Prozeß beteiligt sind, stellt sich immer heraus, daß die gesamte Entropie konstant bleibt oder abnimmt. In späteren Abschnitten wollen wir versuchen, die Größe Entropie zu erklären, damit das Gesetz der Entropie-Zunahme einen Inhalt erhält.

Entropie als Unordnung

Um eine erste Vorstellung vom Wesen der Entropie zu bekommen, wollen wir wieder das Beispiel der weißen und schwarzen Sandkörner betrachten. Was ändert sich beim Mischen? Die Anordnung des Sandes, mit der wir anfingen, war geordnet, indem die schwarzen und

[1] Das Gesetz der Entropie-Zunahme wird meist als der zweite Hauptsatz der Thermodynamik bezeichnet. Der erste Hauptsatz der Thermodynamik ist die Erhaltung der Energie.

weißen Körner getrennt waren. Beim Mischen ging die Ordnung verloren. Also hat die *Unordnung* zugenommen. Vermutlich hat auch die Entropie zugenommen. Vielleicht ist diese Unordnung die Entropie, die wir suchen. In der Tat, sie ist es. Der Zuwachs der Größe Entropie entspricht einer Zunahme der Unordnung der Moleküle, aus denen materielle Objekte bestehen. Wir können diese Deutung prüfen, indem wir die Beispiele des letzten Abschnitts in dieser Hinsicht untersuchen.

Der Zerfall des Pfirsichs ist ein offensichtliches Beispiel zunehmender Unordnung. Es ist ein Zusammenbruch der ungewöhnlichen Organisation der Moleküle in den lebenden Zellen. Die Wellen, die von dem Taucher ausgehen, zeigen eine geordnete Bewegung der Wassermoleküle, die aufgehoben wird, wenn die Wellen am Rand des Beckens zurückgeworfen und zerstreut werden. Auf diese Weise geht die einheitliche Bewegung der Moleküle in einer Welle schließlich in die normale ungeordnete Bewegung der Moleküle über. Im vierten Beispiel wird die geordnete Bewegung des ganzen, auf der schiefen Ebene hinabgleitenden Klotzes durch Reibung auf die ungeordnete Bewegung der Moleküle in dem Klotz und der Ebene reduziert. Die Moleküle des expandierenden Gases waren zunächst auf ein kleines Volumen beschränkt, nach der Expansion sind sie beliebig auf den ganzen Raum des Kastens verteilt. Jeden dieser irreversiblen Prozesse kann man sich als eine Zunahme der Unordnung vorstellen.

Diese Beispiele legen den Gedanken nahe, daß wir das Gesetz der Entropie-Zunahme durch die Unordnung beschreiben können.

Der Gesamtbetrag der Unordnung nimmt niemals ab; in irreversiblen Prozessen nimmt er zu.

Tatsächlich gibt dieser Satz eine gute Vorstellung vom Begriff der Entropie-Zunahme.

Das erste Beispiel des letzten Abschnitts betraf den Wärmefluß von einem heißen Gegenstand zu einem kälteren. Auch diesen Vorgang kann man als Zunahme der Unordnung verstehen. Die Temperatur eines Objekts steht im Zusammenhang mit der durchschnittlichen kinetischen Energie seiner Moleküle. Die Moleküle des heißen Objekts haben im Mittel mehr kinetische Energie als die des kälteren. Im Anfang haben wir daher eine Trennung zwischen zwei Klassen von Molekülen – denen der hohen und denen der geringeren kinetischen

Energie. Nachdem die Wärme von einem Objekt zum anderen geflossen ist und die Temperatur der beiden Objekte einander gleich gemacht hat, ist die geordnete Aufteilung der Moleküle auf diese beiden Klassen verloren gegangen. Die hochenergetischen Moleküle sind jetzt mit den niederenergetischen gemischt. Auch hier hat also die Unordnung zugenommen. Das Beispiel gestattet uns, das Gesetz der Entropie-Zunahme so zu formulieren, wie es zuerst ausgesprochen worden ist.

Es gibt keinen Prozeß, der insgesamt einen Wärmefluß von einem kälteren Gegenstand zu einem wärmeren zur Folge hat. Auch die kompliziertesten und am geschicktesten konstruierten Maschinen können nicht bewirken, daß die Wärme „aufwärts", also zu höheren Temperaturen fließt – solange nicht gleichzeitig ein anderer Vorgang abläuft. Zum Beispiel kann ein Kühlschrank dem Kühlgut Wärme entziehen und sie in einen Bereich höherer Temperatur bringen. Hierzu braucht der Kühlschrank jedoch elektrische Energie oder die Energie eines Heizgases. Er kann die Wärme nicht bergauf fließen lassen, ohne andere Energie zu verwenden.

Entropie als Wahrscheinlichkeit

Um zu erklären, warum die Unordnung zunimmt, führen wir den Begriff der *Wahrscheinlichkeit* ein. Nehmen wir an, daß wir eine große Zahl von Münzen werfen. Würden wir erwarten, daß sie alle entweder die Zahl oder den Adler zeigen? Nein, wir würden erwarten, daß wir sie in einem uneinheitlichen, weniger geordneten Zustand finden, etwa gleich viele Zahlen und Adler. Der wahrscheinlichste Zustand der Münzen ist nicht der geordnete Zustand, in dem sie alle die Zahl oder den Adler zeigen, sondern vielmehr der ungeordnete Zustand. Tatsächlich ist für die meisten Systeme der ungeordnete Zustand der wahrscheinlichste.

Das Mischen von Sand stellt ein anderes Beispiel dar. Der erste Zustand, in dem die weißen und schwarzen Sandkörner getrennt sind, ist natürlich möglich. Es ist sogar möglich, daß nach dem Mischen des Sandes durch das Schütteln der Flasche die Körner wieder in die schwarze und weiße Gruppe getrennt werden. Dieses Ereignis ist jedoch derart unwahrscheinlich, daß Sie niemandem glauben würden, wenn er behauptete, er habe es gesehen. Ein Zustand, in dem alle weißen und schwarzen Körner gemischt sind, ist so viel wahrscheinlicher, daß wir nach einem willkürlichen Schütteln ihn als einzigen erwarten. Wenn also ein System von Gegenständen durcheinander geschüttelt wird, dann wird es mit großer Wahrscheinlichkeit seine Ordnung verlieren. Die Moleküle der Materie sind ununterbrochen in Bewegung, wobei sie ständig durcheinander geschüttelt werden. Daher ist es nicht überraschend, daß bei irreversiblen Zustandsänderungen ihre Unordnung zunimmt. Die weniger wahrscheinlichen Zustände werden durch die wahrscheinlicheren, ungeordneten Zustände ersetzt. Wir können daher das Gesetz der Entropie-Zunahme formulieren.

In einem irreversiblen Prozeß geht das System in einen wahrscheinlicheren Zustand über.

Diese Feststellung gibt eine gute Vorstellung davon, was mit dem Gesetz der Entropie-Zunahme gemeint ist.

Wenn wir wieder an das Münzenwerfen denken, können wir außerdem erklären, warum die wahrscheinlicheren Zustände gewöhnlich die Zustände mit geringerer Ordnung sind. Wenn wir zwei Münzen werfen, gibt es vier Möglichkeiten. Wir können diese vier Möglichkeiten in einer Tabelle aufschreiben, wobei Z Zahl und A Adler bedeutet (Abb. 7.11). Zwei Zustände könnte man geordnet nennen. Das sind die Zustände, in denen beide Münzen Zahl oder Adler zeigen. Die beiden anderen Zustände mit jeweils einer Münze, die Zahl oder Adler zeigt, könnten wir gemischte oder ungeordnete Zustände nennen. Wenn wir die Zahl der Münzen erhöhen, erhöhen wir die Zahl der möglichen ungeordneten Zustände.

	Münze 1	Münze 2
1.	A	A
2.	A	Z
3.	Z	A
4.	Z	Z

Abb. 7.11

Abb. 7.12 zeigt die Möglichkeiten für verschiedene Zahlen von Münzen. Wenn wir eine große Zahl von Münzen werfen, wird die überwältigende Mehrheit der Möglichkeiten gemischt oder ungeordnet sein. Relativ wenige wären völlig geordnet (alle Adler oder Zahl) oder fast geordnet. Wenn wir eine Ansammlung von Münzen willkürlich stören, dann werden wir viel wahrscheinlicher einen der vielen ungeordneten als einen der wenigen geordneten Zustände hervorrufen. Jeder dieser Zustände muß als gleich wahrscheinlich angesehen werden, weil wir keine Information haben, nach der wir einen von ihnen auswählen könnten. Die ungeordneten Zustände sind so zahlreich, daß wir am wahrscheinlichsten einen von ihnen treffen. Auf der Basis der Wahrscheinlichkeit können wir daher erklären, warum wir normalerweise sehen, daß ein geordneter Zustand in einen ungeordneten übergeht und nicht umgekehrt. Selbst ein Fingerhut voll Gas enthält noch 10^{19} Moleküle. Wenn so viele Moleküle im Spiel sind, sind die geordneten Zustände außerordentlich selten im Vergleich zu den ungeordneten. Im Prinzip kann das Gesetz der Entropie-Zunahme zwar verletzt werden – man könnte zufällig einen Zustand höherer Ordnung erhalten. Die Wahrscheinlichkeit hierfür ist jedoch lächerlich gering.

Die Beziehung der Entropie zur Wahrscheinlichkeit macht uns verständlich, weshalb offensichtlich irreversible Vorgänge stattfinden können, obwohl alle an dem Vorgang beteiligten Moleküle reversiblen Gesetzen folgen. Die Prozesse, die wir als irreversible bezeichnet haben, sind streng genommen nicht irreversibel. Der umgekehrte Prozeß ist nicht unmöglich, er ist nur extrem unwahrscheinlich. Tatsächlich ist er so unwahrscheinlich, daß er für praktische Zwecke und auch für die meisten theoretischen Betrachtungen vernachlässigt werden kann.

In dieser Diskussion haben wir nicht versucht, die Ordnung oder die Wahrscheinlichkeit präzise zu definieren und wir haben nicht die Wirkung einer Kraft auf die Unordnung diskutiert. Die Anwesenheit von Kräften kann bewirken, daß die Ordnung in einem Prozeß nicht abnimmt, sondern zunimmt. In der Tat, wann immer wir eine Ordnung im Verhalten von Teilchen erkennen, nehmen wir normalerweise an, daß eine Kraft wirkt und suchen sie zu entdecken. Außerdem ist unser Gebrauch des Wortes Ordnung in dieser Diskussion etwas seltsam. Gleichgültig, wie die Münzen fallen, wenn wir sie werfen, sie haben immer irgendeine Art von Ordnung. Ebenso haben die Gasmoleküle,

Fall	Münze 5	Münze 4	Münze 3	Münze 2	Münze 1	
1	A	A	A	A	A	
2	A	A	A	A	Z	1 Münze
3	A	A	A	Z	A	
4	A	A	A	Z	Z	2 Münzen
5	A	A	Z	A	A	
6	A	A	Z	A	Z	
7	A	A	Z	Z	A	
8	A	A	Z	Z	Z	3 Münzen
9	A	Z	A	A	A	
10	A	Z	A	A	Z	
11	A	Z	A	Z	A	
12	A	Z	A	Z	Z	
13	A	Z	Z	A	A	
14	A	Z	Z	A	Z	
15	A	Z	Z	Z	A	
16	A	Z	Z	Z	Z	4 Münzen
17	Z	A	A	A	A	
18	Z	A	A	A	Z	
19	Z	A	A	Z	A	
20	Z	A	A	Z	Z	
21	Z	A	Z	A	A	
22	Z	A	Z	A	Z	
23	Z	A	Z	Z	A	
24	Z	A	Z	Z	Z	
25	Z	Z	A	A	A	
26	Z	Z	A	A	Z	
27	Z	Z	A	Z	A	
28	Z	Z	A	Z	Z	
29	Z	Z	Z	A	A	
30	Z	Z	Z	A	Z	
31	Z	Z	Z	Z	A	
32	Z	Z	Z	Z	Z	5 Münzen

Abb. 7.12

die aus der Flasche in Kasten ausströmen (Abb. 7.9) eine bestimmte Ordnung, ob sie nun in der Flasche eingesperrt sind oder sich in dem Kasten herumbewegen. Warum sollten wir die eine Anordnung als geordnet, die andere als ungeordnet bezeichnen? Die Antwort ist offenbar, diejenige Anordnung als geordnet zu betrachten, die uns etwas bedeutet, die uns eine Information vermittelt. Wir haben mehr Information über die Lokalisierung der individuellen Gasmoleküle, wenn sie auf ein kleines Volumen beschränkt sind als wenn sie sich in einem großen Raum bewegen können. Also betrachten wir den letzteren Zustand als weniger geordnet. Aber selbst in der kleinen Flasche bewegen sich die Moleküle so wenig geordnet, wie es unter den gegebenen Umständen möglich ist. Das Verhalten der Moleküle erscheint chaotisch.

Das Perpetuum mobile zweiter Art

In Kapitel 6 diskutierten wir die Unmöglichkeit eines Perpetuum mobile, das Energie erzeugen und daher das Gesetz der Energieerhaltung verletzen würde. Diese Art von Maschine heißt Perpetuum mobile erster Art. In diesem Abschnitt wollen wir eine andere Art einer unmöglichen Maschine diskutieren – ein Perpetuum mobile zweiter Art. Ein Perpetuum mobile zweiter Art verletzt das Gesetz der Entropiezunahme. Als Beispiel stellen wir uns eine Maschine vor, die durch einen Wärmezufluß Energie aufnehmen und vollständig in von der Maschine geleistete Arbeit verwandeln kann, wobei die Maschine in ihrem ursprünglichen Zustand verbleibt. Dieser Prozeß würde das Gesetz der Entropiezunahme verletzen; tatsächlich bestand eine der ersten Formulierungen dieses Gesetzes in der Aussage, daß ein solcher Prozeß unmöglich sei.

Es gibt keinen Vorgang, dessen Gesamtwirkung darin besteht, einem Material durch Wärmefluß innere Energie zu entziehen und diese Energie vollständig in von diesem Prozeß geleistete Arbeit zu verwandeln.

Wir können sehen, weshalb ein solcher Prozeß das Gesetz der Entropiezunahme verletzen würde, wenn wir wieder das Beispiel des Klotzes betrachten, der mit Reibung eine schiefe Ebene hinuntergleitet (siehe Seite 325, 328). Wenn der Klotz zur Ruhe kommt, wird die Energie in innere Energie umgewandelt, wodurch, wie wir gesehen haben, die Unordnung der Moleküle zunimmt. Falls der Prozeß rückwärts abliefe, müßte die Unordnung der Moleküle abnehmen, so daß das Gesetz der Entropiezunahme verletzt würde. Aber das ist gerade ein Beispiel des oben beschriebenen, verbotenen Prozesses: Innere Energie fließt aus dem Klotz und der Ebene und wird in die Arbeit verwandelt, die erforderlich ist, um den Klotz wieder hinaufzuheben, wobei keine andere Änderung des Systems auftritt.

Das Gesetz der Entropiezunahme kann folgendermaßen als Unmöglichkeitsprinzip formuliert werden:

Das Perpetuum mobile zweiter Art ist unmöglich

Wir haben schon den Energieerhaltungssatz als Unmöglichkeitsprinzip ausgesprochen – als Satz von der Unmöglichkeit des Perpetuum mobile erster Art. Es wird oft als elegant angesehen, physikalische Prinzipien als Unmöglichkeitsprinzipien zu formulieren.

Wenn ein Perpetuum mobile zweiter Art möglich wäre, könnte man viele angenehme Maschinen bauen. Beispielsweise wäre es theoretisch möglich, eine Maschine herzustellen, die dem Meerwasser innere Energie entzieht, wobei die Temperatur des Wassers sinkt, und mit der so erhaltenen Energie ein Schiff antreibt. Solange das Gesetz der Entropiezunahme gilt, ist eine solche Maschine jedoch unmöglich.

Die Energie eines Wärmeflusses kann teilweise in Arbeit umgewandelt werden, wie es z. B. in einer Dampfmaschine geschieht. Es gibt jedoch einen Wärmefluß aus der Maschine in die Umgebung, die sich auf niedrigerer Temperatur befindet als die Quelle, aus der die Wärme in die Maschine einströmt. Die Dampfmaschine kann nur arbeiten, wenn sich die Umgebung auf niedrigerer Temperatur befindet als der Kessel (die Wärmequelle). Jede Maschine, die einen Teil der einströmenden Wärme in Arbeit umwandelt, arbeitet zwischen mindestens zwei Temperaturen und läßt Wärme bei tieferer Temperatur ausfließen.

Die freie Energie und der Wärmetod

Die Tatsache, daß Energie, die als Wärmefluß zugeführt wird, nicht vollständig in Arbeit umgewandelt werden kann, hat einige interessante Konsequenzen. Energie, die in irreversiblen Prozessen in innere Energie umgewandelt wird, z. B. durch Reibung oder auf irgendeine andere Weise, kann nie vollständig zurückgewonnen und zur Arbeitsleistung verwendet werden. Wo es Temperaturdifferenzen gibt oder die Mittel, um sie herzustellen, können wir einen *Teil* davon verwenden, Arbeit zu leisten, aber nicht den ganzen Betrag. Etwas davon fließt in Materie auf niedrigerer Temperatur, so daß sich die Temperaturdifferenz vermindert. Wir können daher erwarten, daß im Lauf der Zeit immer mehr Energie irreversibel in ungeordnete innere Energie verwandelt wird und immer weniger für die Arbeitsleistung zur Verfügung steht. Obwohl die Energie erhalten bleibt, sagen wir, daß die *freie Energie* abnimmt (Die *freie Energie* kann grob definiert werden als die Energie, die in Arbeit umgewandelt werden kann.) Man kann das Gesetz der Entropiezunahme also auch so formulieren:

Die freie Energie nimmt niemals zu, in irreversiblen Prozessen nimmt sie ab.

Die ständige Zunahme der Entropie bzw. die ständige Abnahme der freien Energie in einem System kann dazu führen, daß es in dem System schließlich gar keine freie Energie mehr gibt. In diesem Zustand gibt es, falls keine weitere freie Energie von außen zugeführt wird, in dem System nur noch eine ungeordnete Bewegung der Moleküle. Betrachten wir das ganze Universum als abgeschlossenes System, dann können wir uns einen Zeitpunkt in der Zukunft vorstellen, in dem die freie Energie völlig verschwunden ist und das ganze Universum dieselbe Temperatur erreicht hat. In einem solchen Zustand, der oft als „Wärmetod" des Universums bezeichnet wird, kann keine Arbeit geleistet werden. (Die Folgerung des „Wärmetodes" ergibt sich aus dem Gesetz der Entropiezunahme, das die auf der Erde gesammelten Erfahrungen zusammenfaßt. Ob die Übertragung dieser Kenntnisse auf das Weltall zulässig ist, bzw. ob es dort bisher unbekannte Prozesse gibt, die eine Entropieabnahme bewirken könnten, ist umstritten. Anm. d. Übers.)

Entropie als Mangel an Information

Ein modernerer Gesichtspunkt betrachtet das Gesetz der Entropiezunahme als Gesetz der abnehmenden verfügbaren Information. Betrachten wir wieder die Ausdehnung eines Gases aus einer kleinen

Flasche in einen großen Kasten (Abb. 7.9). Wir nennen die Situation, in der sich das Gas in der Flasche kurz vor dem Ausströmen befindet, den Fall I. Wir bezeichnen die Situation des Gases, nachdem es ausgeströmt ist und den Kasten erfüllt hat, als Fall II. Der irreversible Prozeß läßt sich also darstellen als

$$I \to II$$

Der hypothetische Umkehrprozeß ist

$$II \to I$$

Wir möchten wissen, warum der letztgenannte Prozeß nie beobachtet wird. Da die Gesetze der molekularen Wechselwirkung als zeitumkehrbar gelten, sollte der Vorgang II → I möglich sein.

Betrachten wir zunächst, was wir tun müssen, um den Vorgang umzukehren. Wenn wir in der Lage wären, alle Teilchen im Zustand II zu nehmen und gleichzeitig ihre Geschwindigkeiten umzukehren, dann würden wir erwarten, daß alle Teilchen auf ihrem Weg zurücklaufen und wieder in die Flasche zurückkehren. Es wäre jedoch sehr schwer, dies für 10^{22} Moleküle zu tun; es könnte in der Tat unmöglich sein, den Weg auch nur eines Teilchens exakt umzukehren, ohne alle übrigen zu stören. Wir können natürlich eine Situation herstellen, die der Situation II sehr ähnlich ist. Das heißt, wir können die gleiche Gasmenge, bei demselben Druck und derselben Temperatur in den Raum bringen. Wir können aber nicht erwarten, daß alle Moleküle im richtigen Zeitpunkt zur richtigen Stelle sind und sich mit der richtigen Geschwindigkeit in der richtigen Richtung bewegen, um den Übergang zum Zustand I zu bewirken. „Situation II" ist eine allgemeine Bezeichnung für eine große Zahl möglicher Zustände, die wie Situation II aussehen. Nur ein extrem kleiner Teil von ihnen hat die richtigen molekularen Bewegungszustände, um zu Situation I zurückzukehren.

Aber das eigentliche Problem ist nicht die Schwierigkeit der Präparation. Angenommen, wir hätten eine Gasmenge präpariert oder auf andere Weise erhalten, die sich im Fall II befindet, so daß sich gerade alle Moleküle in genau der richtigen Weise verhalten, um eine Umkehr zu ermöglichen. Woher können wir wissen, daß wir ein solches System haben? Das heißt, woher können wir das wissen, bevor es selbst zu Fall I zurückkehrt und sich auflöst? Wir müßten die Geschwindigkeit und die Richtung aller Moleküle messen, und das können wir schwerlich tun, ohne sie hoffnungslos zu stören. Es gibt offenbar keinen Weg, um im Voraus festzustellen, wann wir den richtigen Fall II haben. Wir erhalten nicht genug Information über die Molekülbewegungen einer solchen Gasmenge, um die Frage zu beantworten.

Das wirkliche Problem liegt also in der Information. Wir können nicht genug Information bekommen, um zu entscheiden, welcher der Fälle, die wie Fall II aussehen, der richtige Fall ist, der umgekehrt werden kann. Wir *haben* genug Information, um zu sagen, welcher der Fälle, die wie Fall I aussehen, in Fall II übergehen werden, denn – praktisch gesprochen – werden es alle tun. Wir können daher jederzeit den Übergang I → II erhalten, aber nur durch den geheimnisvollsten unwahrscheinlichsten Zufall könnten wir jemals den Übergang II → I erhalten. Unsere Kenntnis der Temperatur, des Drucks und des Volumens gibt uns im Fall I mehr Information über die Zustände der Moleküle als die gleichartige Information im Fall II. Beispielsweise sagt uns die Information im Fall I, daß sich die Position eines jeden Moleküls innerhalb der Flasche befinden muß. Das ist eine genauere Information als im Fall II, in dem wir nur sagen können, daß sich jedes Molekül innerhalb des größeren Volumens des Kastens befindet.

Insgesamt verhindert die ungenauere Information, die wir im Fall II besitzen, daß wir die wenigen Fälle II, die in Fall I umgekehrt werden könnten, erkennen oder auswählen könnten. Obwohl praktisch alle Fälle I in den Zustand II übergehen, werden nur extrem wenige der scheinbar identischen Fälle II zu Fall I zurückkehren. Dieses unterschiedliche Verhalten definiert eine Zeitrichtung und hilft so, die zeitliche Irreversibilität zu erklären.

Dies führt zu folgender Formulierung des Gesetzes der Entropiezunahme.

In einem irreversiblen Prozeß nimmt die Information über die Moleküle ab. (Dies bezieht sich auf die Information, die aus dem System selbst erhalten werden kann, nicht auf seine Geschichte.)

Die Einschränkung des Satzes ist notwendig, weil wir aus der Kenntnis, daß ein bestimmter Fall II aus einem Fall I entstanden ist, eine zusätzliche Information über die früheren Zustände (die Geschichte) der Moleküle erhalten können. Nach den Newtonschen Gesetzen folgt der gegenwärtige Zustand exakt aus den früheren Zuständen; daher gibt uns die Geschichte auch etwas Information über den gegenwärtigen Zustand. Aber selbst wenn wir diese historische Information haben, geht sie im allgemeinen verloren, weil die meisten Systeme in unbekannter Weise dem Bombardement der Moleküle von außen unterliegen. Daher nimmt selbst diese Information über die Vorgeschichte ab, weil wir die Lage und Geschwindigkeit dieser störenden Moleküle nicht kennen.

Die Verbindung zwischen dem Gesetz der Entropiezunahme und der Information hat auch Anwendungen auf Gebieten außerhalb der Physik gefunden, z. B. in der Theorie der Informationsübertragung im Telefon und im Radio.

Definition der Entropie-Änderungen durch Wärme und Temperatur

Wir suchen nach einer Größe, die sich ändert, wenn die Wärme von einem heißen Objekt zu einem kälteren übergeht, also eine Größe, die wir mit der Entropie identifizieren können (Abb. 7.13). Bei diesem Wärmefluß könnte uns die übertragene Energie als die realste Größe erscheinen. Aber der Betrag der Energie, der den heißen Gegenstand verläßt, ist gleich dem Betrag der Energie, die in den kälteren Körper eintritt. Da in diesem Prozeß der Betrag der Energie nicht geändert wird, kann er nicht die Größe sein, die wir suchen. Aber der *Zustand* der Energie hat sich geändert. Zunächst existierte sie in einem Zustand hoher Temperatur, danach in einem Zustand tieferer Temperatur. Wir müssen also eine Größe einführen, deren

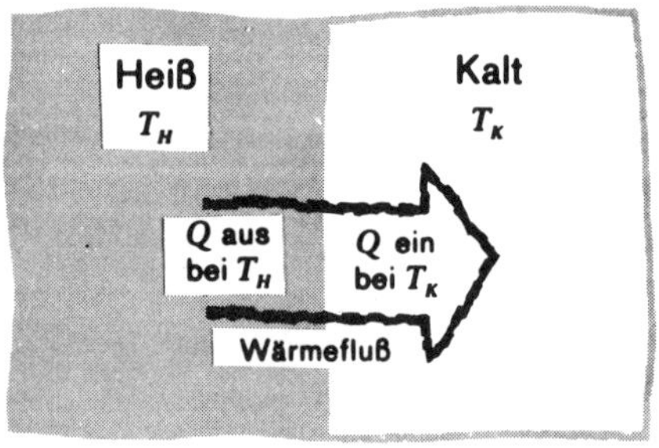

Abb. 7.13

Änderung sowohl von der Energie als auch von der Temperatur abhängt. Das können wir erreichen, wenn wir den Betrag der übertragenen Energie Q durch die Temperatur T dividieren. Dies gibt uns eine Größe, die wir mit der *Änderung der Entropie* identifizieren wollen.

$$\text{Änderung der Entropie} = Q/T$$

(Auf diese Weise wurde die Entropie definiert, bevor man ihre Beziehung zur Unordnung verstand).

Wir können jetzt die Entropie-Änderung finden, die auftritt, wenn die Wärmemenge Q zwischen den Objekten der Abb. 7.13 fließt. Das linke Objekt hat eine Temperatur T_h, das rechte die Temperatur T_k. Die Wärme, die in den Gegenstand mit niedrigerer Temperatur fließt, bewirkt eine Entropieänderung Q/T_k dieses Objekts. Die Wärme, die aus dem Objekt mit höherer Temperatur hinausfließt, bewirkt eine Entropieänderung von *minus* Q/T_h. (Die Entropieänderung dieses Objekts ist negativ, weil die Wärme *hinaus* fließt.) Die gesamte Entropieänderung des Systems ist die Summe der Entropieänderungen der beiden Objekte

$$\text{Gesamte Entropieänderung} = Q/T_k - Q/T_h$$

Da das heißere Objekt eine höhere Temperatur als das kältere hat, ist die gesamte Entropieänderung größer als Null. Also nimmt die Entropie zu. Daraus schließen wir, daß wir wirklich die richtige Größe für die Entropie gewählt haben. Eine sorgfältigere Analyse würde bestätigen, daß dies die richtige Wahl der Entropie für Systeme von Objekten ist, in denen Wärme und Temperatur eine Rolle spielen.

Dieser Ausdruck der Entropieänderung als Funktion der Wärmemenge und Temperatur läßt das Problem der Reversibilität und Irreversibilität, das wir schon diskutiert haben, besonders deutlich hervortreten. Das Gesetz der zunehmenden Entropie ist offensichtlich nicht zeitlich umkehrbar. Falls die Zeit rückwärts liefe, würde dies ein Gesetz abnehmender Entropie sein, und das ist völlig verschieden von dem, was wir in der realen Welt vorfinden. Dennoch können nach der kinetischen Theorie sowohl die Wärme als auch die Temperatur, die ihrerseits die Entropie definieren, durch das Verhalten bewegter Moleküle erklärt werden. Diese Moleküle gehorchen den zeitlich umkehrbaren Gesetzen der Physik.

Der Carnot-Prozeß und die Definition der Temperatur

Ein junger französicher Ingenieur, Sadi Carnot (1796–1832), legte die Grundlagen für die Gesetze, die den Wärmeaustausch und die Temperatur beschreiben. Bei seinem Studium der Maschinen, die innere Energie in Arbeit umwandeln, entwickelte er den sogenannten Carnot-Prozeß, der zur exakten Temperaturdefinition verwendet werden kann. Um den Carnot-Prozeß zu illustrieren, wollen wir mit zwei Wärmequellen anfangen. Wir bezeichnen sie als den heißen Ofen mit der Temperatur T_1 und den kälteren Ofen mit der niedrigeren Temperatur T_2. Wir haben Gas in einem Zylinder mit einem Kolben, wie er in Abb. 7.18 dargestellt ist. Das Gas hat zunächst dieselbe Temperatur wie der heiße Ofen.

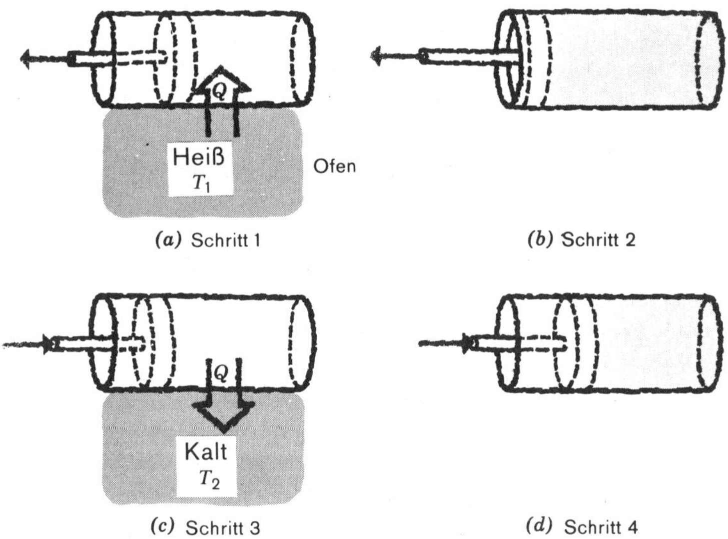

Abb. 7.14 Der Carnot-Kreisprozeß

Im Carnot-Prozeß gibt es vier Schritte

1. Wir setzen den Zylinder auf den heißen Ofen und lassen ihn bei dieser Temperatur durch Wärmefluß Energie aufnehmen. Wenn die Energie einströmt, expandiert das Gas und leistet Arbeit.

2. Nach einiger Zeit nehmen wir den Zylinder vom Ofen, und lassen das Gas weiter expandieren, wobei es immer noch Arbeit leistet. Da Arbeit geleistet wird, gibt das Gas Energie ab. Also muß die innere Energie abnehmen und das bewirkt, daß die Temperatur auch abnimmt.

3. Sobald sich die Temperatur des Gases auf die des „kalten" Ofens vermindert hat, setzen wir den Zylinder auf den kalten Ofen. Wir komprimieren jetzt das Gas, leisten also Arbeit an ihm und führen ihm so Energie zu. Dabei wollen wir das Gas auf fast genau derselben Temperatur halten, die der kalte Ofen hat, also fließt Wärme vom Gas in den kalten Ofen.

4. Nach einiger Zeit nehmen wir den Zylinder vom kalten Ofen, komprimieren aber das Gas noch weiter. Während dieser Kompression leisten wir natürlich Arbeit an dem Gas, so daß es Energie aufnimmt. Das bedeutet, daß die innere Energie und daher auch die Temperatur des Gases steigen müssen. Wir lassen die Temperatur des Gases so lange steigen, bis es wieder die Temperatur des heißen Ofens hat. Wenn wir jeden Prozeß gerade weit genug geführt haben, ist das Gas jetzt wieder genau im Ausgangszustand und wir können daher den Vorgang ständig wiederholen.

Wir stellen fest, daß das Gas bei den Schritten 1 und 2 Arbeit an der Umgebung geleistet hat. In den Schritten 3 und 4 leisten wir Arbeit an dem Gas. Es zeigt sich, daß die in den Schritten 1 und 2 von dem Gas geleistete Arbeit größer ist als diejenige, die dem Gas in den Schritten 3 und 4 zugeführt wird. Im Schritt 1 fließt Wärme in den Zylinder hinein, im Schritt 3 hinaus. Die geleistete Arbeit stammt aus der zugeführten Wärme, und im ersten Schritt wird mehr Wärme zugeführt als im dritten abgegeben. (Übrigens hat die Zunahme der Entropie des Gases in Schritt 1 dieselbe Größe wie die Abnahme der Entropie in Schritt 3.) Der Gesamteffekt dieses Kreisprozesses besteht darin, daß ein Teil der zugeführten Wärme als Arbeit abgegeben wird. Also verwandelt der Kreisprozeß innere Energie teilweise in Arbeit.

Der Carnot-Prozeß ist reversibel. Diese Behauptung erscheint überraschend, weil der Kreisprozeß einen Wärmefluß zwischen dem Ofen und dem Gas enthält und wir gesehen haben, daß der Wärmefluß von einem heißen zu einem kalten Gegenstand irreversibel ist. Beim Carnot-Prozeß nehmen wir jedoch an, daß der Ofen und der Gaszylinder bei ihrem Kontakt fast dieselbe Temperatur haben. Daher ist der Wärmefluß in sehr guter Näherung reversibel, weil die Wärme das eine Objekt bei fast derselben Temperatur verläßt, mit der sie in das andere eintritt. Zwar können die beiden Objekte nicht exakt dieselbe Temperatur haben, weil dann der Wärmefluß aufhören würde, aber wir können die Temperaturdifferenzen zwischen den beiden Objekten so klein halten wie wir wollen. Daher ist der Carnot-Prozeß in einem idealisierten Sinne reversibel, oder vielleicht besser gesagt „so reversibel wie wir wollen".

Carnot bewies, daß der Wirkungsgrad einer reversiblen Maschine, die den idealen reversiblen Kreisprozeß verwendet, der höchste ist, mit dem eine Wärmekraftmaschine überhaupt zwischen den beiden Temperaturen arbeiten kann. Das heißt, keine andere Maschine könnte einen größeren Teil innerer Energie in Arbeit umwandeln, und eine reale Maschine könnte es natürlich erst recht nicht. (Abb. 7.15). Gäbe es eine andere Maschine, die besser arbeitet, dann könnten wir sie dazu verwenden, die Carnot-Maschine rückwärts zu betreiben. (Rückwärts laufend wirkt die Maschine wie ein Kühlschrank – wir führen Arbeit zu und pumpen Wärme aus dem kalten Ofen in den warmen.) Weil die bessere Maschine weniger innere Energie brauchen würde als die Carnot-Maschine, würde die rückwärts laufende Carnot-Maschine mehr Wärme zum heißen Ofen fließen lassen als die vorwärts laufende bessere Maschine braucht. Also bestünde der Gesamteffekt

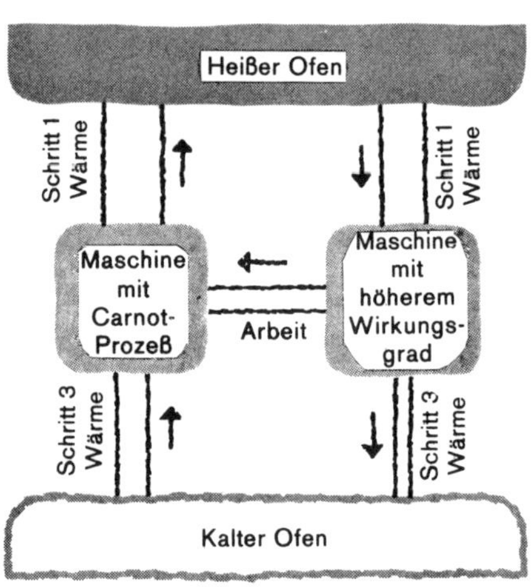

Abb. 7.15

in einem Wärmefluß von der niedrigeren Temperatur zur höheren. Das ist unmöglich, weil es das Gesetz der Entropiezunahme verletzen würde. Tatsächlich ist das Gesetz der Entropiezunahme gleichbedeutend mit der Feststellung, daß der Wirkungsgrad des Carnot-Prozesses der höchste ist, der von einer Wärmekraftmaschine erreicht werden kann, wenn sie zwischen zwei gegebenen Temperaturen arbeitet.

Lord Kelvin (1824–1907) trug viel dazu bei, die Gesetze der Wärme und Temperatur in ihre moderne Form zu bringen. Er verwendete den Carnot-Prozeß, um eine exakte Definition der absoluten Temperatur zu geben. Wir haben schon gesagt, daß der Carnot-Prozeß die Maschine mit dem höchsten Wirkungsgrad ist, die zwischen zwei Temperaturen arbeitet. Durch dieselbe Schlußweise wie zuvor folgt, daß alle Carnot-Kreisprozesse, die zwischen denselben Temperaturen ablaufen, den gleichen Wirkungsgrad haben müssen. Tatsächlich müssen beim Arbeiten zwischen denselben Temperaturen alle *reversiblen* Kreisprozesse denselben Wirkungsgrad haben. Andernfalls könnten wir die eine Maschine benutzen, um die andere rückwärts laufen zu lassen, wie wir schon diskutiert haben, und damit das Gesetz der Entropiezunahme verletzen. Der Wirkungsgrad einer reversiblen Maschine hängt daher nur von den Temperaturen ab, zwischen denen sie arbeitet. Diese Tatsache ermöglicht uns, mit Hilfe des Wirkungsgrades eines Carnot-Prozesses die Temperatur zu definieren. Das können wir quantitativ folgendermaßen zeigen.
Da der Carnot-Prozeß reversibel ist, kann die gesamte Entropie in dem Prozeß weder zu- noch abnehmen. Das Gas muß daher an den kalten Ofen ebensoviel Entropie abgeben wie es aus dem heißen Ofen erhält. Ist Q_1 die Wärmemenge, die das Gas aus dem heißen Ofen aufnimmt und Q_2 die Wärmemenge, die es an den kalten Ofen abgibt, dann gilt

$$\frac{Q_1}{T_1} = \frac{Q_2}{T_2} \tag{3}$$

(Gl. 3 sagt aus, daß die Wärmemengen proportional zu den Temperaturen sind, bei denen sie aufgenommen bzw. abgegeben werden. Die durch die betreffenden Temperaturen dividierten Wärmemengen heißen „reduzierte Wärmemengen". Zählt man Q_2 negativ, da diese Wärmemenge vom System abgegeben wird, dann drückt Gl. 3

auch die Tatsache aus, daß beim Carnot-Kreisprozeß die Summe der reduzierten Wärmemengen gleich Null ist. Anm. d. Übers.)

Multiplizieren wir beide Seiten der Gleichung mit T_2 und dividieren wir beide Seiten durch Q_1, dann erhalten wir

$$\frac{T_2}{T_1} = \frac{Q_2}{Q_1} \tag{4}$$

Indem wir auf beiden Seiten mit -1 multiplizieren und 1 addieren, ergibt sich

$$\frac{T_1}{T_1} - \frac{T_2}{T_1} = \frac{Q_1}{Q_1} - \frac{Q_2}{Q_1} \tag{5}$$

oder

$$\frac{T_1 - T_2}{T_1} = \frac{Q_1 - Q_2}{Q_1}$$

Q_1 ist die insgesamt zugeführte Energie; $Q_1 - Q_2$ ist gleich der insgesamt geleisteten Arbeit, denn dies ist die Netto-Energie, die durch den Wärmefluß geliefert wurde. Also gilt:

$$\text{Wirkungsgrad } \eta = \frac{\text{geleistete Arbeit}}{\text{zugeführte Energie}} = \frac{Q_1 - Q_2}{Q_1} = \frac{T_1 - T_2}{T_1} \tag{7}$$

(Gl. 7 stellt den höchstmöglichen Wirkungsgrad einer Wärmekraftmaschine dar; er hängt nur von den Temperaturen ab, zwischen denen die Maschine arbeitet. Die Temperatur T_2 des Kühlmittels kann praktisch nicht unter der Umgebungstemperatur von rund 300 K liegen, daher ergibt sich aus der Forderung nach hohem Wirkungsgrad die Notwendigkeit, T_1 möglichst hoch zu wählen. Hieraus folgt die Tendenz, Wärmekraftwerke mit immer höherer Temperatur zu betreiben, woraus die Forderungen an die Werkstoffe entstehen, die bei diesen hohen Temperaturen noch funktionsfähig bleiben müssen. Anm. d. Übers.)

$T_1 - T_2$ ist die Temperaturdifferenz, damit wird

$$\frac{\text{Temperaturdifferenz}}{T_1} = \text{Wirkungsgrad} \tag{8}$$

und

$$T_1 = \frac{\text{Temperaturdifferenz}}{\text{Wirkungsgrad}} \tag{9}$$

Die Gleichung definiert die absolute Temperatur T_1 durch die Temperaturdifferenz und den Wirkungsgrad des idealen Carnot-Kreisprozesses.

Um die durch den Carnot-Prozeß definierte Temperatur mit der Temperatur bekannter Erscheinungen wie dem Sieden und Gefrieren des Wassers zu verbinden, können wir folgendermaßen vorgehen. Nehmen wir an, wir haben einen Carnot-Prozeß, der zwischen dem Siede- und dem Gefrierpunkt des Wassers arbeitet. Wir können diese Temperaturdifferenz willkürlich gleich 100 Grad setzen. Dann können wir die Gleichung 9 verwenden, um die obere Temperatur T_1 (den Siedepunkt) durch diese Temperaturdifferenz und den Wirkungsgrad des Carnotprozesses auszudrücken. T_2 liegt einfach 100 Grad tiefer. Der Rest der Temperaturskala kann gefunden werden, indem man Carnot-Prozesse zwischen einer dieser beiden Temperaturen und der anderen Temperatur arbeiten läßt. Nehmen wir beispielsweise an, daß wir einen Carnot-Prozeß zwischen der bekannten Temperatur T_1 und einer unbekannten Temperatur arbeiten lassen. Da wir T_1 und den Wirkungsgrad des Carnot-Prozesses kennen, können wir nach Gl. 9 die Temperaturdifferenz zwischen T_1 und der unbekannten Temperatur und daraus diese selbst finden. Es zeigt sich, daß der absolute Nullpunkt der Temperatur rund 273 Grad unter dem Gefrierpunkt des Wassers liegt. Nach Lord Kelvin heißt die auf diese Weise definierte Temperaturskala *Kelvin*skala. Ihr Nullpunkt ist der absolute Nullpunkt und die Größe der Grade wird dadurch bestimmt, daß es 100 Grade zwischen dem Siede- und Gefrierpunkt des Wassers gibt.

Es wäre praktisch sehr schwierig, den Carnot-Prozeß zur Temperaturmessung zu verwenden; er gibt uns aber eine präzise Temperaturdefinition, die von einem theoretischen Standpunkt sehr befriedigend ist. Es ist nicht ganz befriedigend, die Temperatur durch die Ausdehnung einer bestimmten Substanz zu definieren, weil sich verschiedene Substanzen verschieden ausdehnen. Dagegen hängt der

Wirkungsgrad des Carnot-Prozesses nicht von dem verwendeten Gas ab, tatsächlich braucht die verwendete Substanz nicht einmal ein Gas zu sein. Also hängt die mit Hilfe des Carnot-Prozesses definierte Temperatur nicht von den Eigenschaften einer bestimmten Substanz ab.

Zusammenfassung

I. Grundlegende Gesetze und Prinzipien

A. Das Gesetz der Entropiezunahme. Entropie nimmt niemals ab, und in irreversiblen Prozessen nimmt sie zu.
oder: Wärme fließt niemals von einem kälteren zu einem wärmeren Gegenstand
oder: Perpetuum mobile Maschinen der zweiten Art sind unmöglich

II. Größen

A. Entropie, eine abgeleitete skalare Größe

1. Entropie als Unordnung
2. Entropie als Wahrscheinlichkeit
3. Entropie als Mangel an Information
4. Entropie, ausgedrückt durch Wärme und Temperatur

B. Temperatur. Vom Standpunkt der kinetischen Theorie aus können wir die Temperatur als abgeleitete Größe betrachten. Ursprünglich hielt man sie für eine Grundgröße.

1. Die Temperatur ist mit der mittleren kinetischen Energie der Moleküle verbunden
2. Der absolute Nullpunkt der Temperatur
3. Die Temperaturdefinition durch den Carnotprozeß

III. Modelle

A. Die kinetische Theorie. Sie nimmt an, daß die Materie aus Teilchen besteht, die den Bewegungsgesetzen folgen. Sie erklärt

1. Die Temperatur eines Gases
2. Den Druck eines Gases
3. Die innere Energie
4. Den Wärmefluß
5. Verdampfen und Schmelzen
6. Irreversible Prozesse als Folge reversibler molekularer Bewegungen

B. Beweise für die kinetische Theorie

1. Erfolgreiche Erklärung der in III-A, 1–6 oben angegebenen Punkte.
2. Diffusionserscheinungen
3. Die Brownsche Bewegung

IV. Teilchen

A. Atome

B. Moleküle

Fragen und Aufgaben

1. Warum steigt der Druck eines in einem festen Behälter eingeschlossenen Gases, wenn die Temperatur zunimmt?
2. Warum braucht man auf dem Gipfel eines Berges längere Zeit, um ein Ei zu kochen, als auf Meereshöhe?
3. Warum sind die Erhaltungssätze nicht geeignet, irreversible Prozesse zu erklären?
4. Warum bleibt die Temperatur des kochenden Wassers gleich, solange das Kochen anhält?

5. Wäre es theoretisch möglich, daß Wasser bei einer Temperatur siedet und gefriert?
6. Warum glauben wir, daß die Materie aus kleinen bewegten Teilchen besteht?
7. Unterscheiden Sie zwischen Atomen und Molekülen.
8. Wie erklärt die kinetische Theorie die Temperatur und den Druck eines Gases?
9. Wie erklärt die kinetische Theorie den Wärmefluß?
10. Erklären Sie den absoluten Nullpunkt der Temperatur.
11. Wodurch entsteht Verdunstung?
12. Warum bewirkt Verdunstung Abkühlung?
13. Wodurch entsteht die Brownsche Bewegung?
14. Nennen Sie ein Beispiel eines zeitlich reversiblen Prozesses.
15. Nennen Sie ein Beispiel eines zeitlich irreversiblen Prozesses.
16. Woher wissen Sie, daß die in Frage 15 erwähnten Prozesse nicht zeitlich reversibel sind?
17. Warum halten wir manchmal einen nassen Finger hoch, um die Windrichtung festzustellen?
18. Angenommen, unsere Diskussion des Verdampfens und Schmelzens (Seite 320–322) hätte den Titel „Kondensieren und Gefrieren" erhalten. Wie wäre die Diskussion dadurch geändert worden?
19. Man bringt etwas Wasser in eine Flasche, pumpt die Luft aus der Flasche heraus und verschließt die Flasche. Man kann dann beobachten, daß das Wasser in der Flasche eine Zeitlang siedet. Warum?
20. Nennen Sie einige im Text nicht erwähnte Beispiele, in denen irreversible Prozesse eine zunehmende Unordnung verursachen.
21. Warum sind manche Kombinationen in einem Kartenspiel weniger wahrscheinlich als andere?
22. Hat es einen Sinn, sich in einem abgeschlossenen Raum mit einem elektrischen Ventilator kühlen zu wollen? Erklären Sie Ihre Antwort.

23. Schreiben Sie alle Resultate auf, die bei dem Experiment, vier Münzen zu werfen, möglich sind.

24. Nennen Sie ein Beispiel eines Vorgangs, in dem ein System durch die Anwendung einer Kraft einen Zustand höherer Ordnung erhält, so daß das Gesetz der Entropievermehrung scheinbar verletzt wird.

25. Angenommen, ein Astronaut auf der Umlaufbahn hielte ein gewöhnliches Thermometer aus der Luke seines Raumschiffes hinaus; würde es die Temperatur anzeigen? Erklären Sie Ihre Antwort.

26. Die Größe Entropie wird manchmal als „Zeitpfeil" bezeichnet. Können Sie sich vorstellen, warum?

27. Ein Wassermolekül hat eine Masse von ungefähr 3×10^{-27} Kilogramm. Wie viele Wassermoleküle sind in einem Fingerhut enthalten? (Wasser hat eine Dichte von 1000 Kilogramm pro Kubikmeter.) Schätzen Sie ab, wieviele erforderlich sind, um den Ozean zu füllen.

28. Stellen Sie sich vor, Sie schütteten den Fingerhut voll Wasser in den Ozean, mischten völlig durch und nähmen dann wieder einen Fingerhut voll heraus. Schätzen Sie unter Verwendung der Antwort auf Frage 27 ab, wieviele der ursprünglichen Moleküle Sie dann wieder in dem Fingerhut haben.

29. Schätzen Sie aus der Information der Frage 27 die Größe eines Wassermoleküls ab. Angenommen, die Information wäre für ein Gas gegeben worden. Könnten Sie daraus die Größe der Gasmoleküle abschätzen?

30. Erklären Sie die Entropie durch die Begriffe Ordnung und Wahrscheinlichkeit.

31. Warum kann eine Maschine nicht Meerwasser aufnehmen, das Meerwasser mit einer geringeren Temperatur abgeben und mit der so gewonnenen Energie Arbeit leisten?

32. Formulieren Sie die anderen Erhaltungssätze und Symmetrieprinzipien als Unmöglichkeitsaussagen.

33. Nehmen Sie an, jemand behauptet, daß die Lebensprozesse nicht dem Gesetz der Entropievermehrung unterlägen, weil die Lebewesen wachsen, sich fortpflanzen und so die Menge

geordneten Materials vermehren. Kommentieren Sie diese Behauptung.

34. Nehmen Sie an, ein anderer behaupte, die Evolution sei unmöglich, weil das Auftreten höherer Lebensformen eine Verminderung der Entropie bedeute, wodurch das Gesetz der Entropievermehrung verletzt würde. Kommentieren Sie diese Behauptung.

35. Weshalb scheint die kinetische Theorie der Vorstellung von irreversiblen Prozessen zu widersprechen?

36. Unterscheiden Sie zwischen den zwei Arten des Perpetuum mobile.

37. Welchen Nutzen hätte man von einem Perpetuum mobile zweiter Art?

38. Was versteht man unter dem „Wärmetod" des Universums und was würde ihn verursachen?

39. In welchem Sinne kann man sagen, daß die Temperatur von der Energie der Moleküle, der Druck von ihrem Impuls verursacht wird?

40. Befolgt eine Dampfmaschine das Gesetz der Entropiezunahme? Erklären Sie Ihre Antwort.

41. Geben Sie möglichst viele Gründe dafür an, weshalb die Wärme von einem warmen zu einem kalten Körper fließt und nicht umgekehrt.

42. Warum befolgt die in Frage 31 erwähnte Maschine, die Wasser mit einer tieferen Temperatur abgibt, nicht das Gesetz der Entropiezunahme?

43. Kann die Entropie eines materiellen Systems abnehmen? Erklären Sie Ihre Antwort.

44. Kann die Entropie eines isolierten materiellen Systems abnehmen? Erklären Sie Ihre Antwort.

45. Warum würde das Blut eines Astronauten kochen, wenn er ohne seinen Raumanzug aus der Kapsel treten würde?

46. Zeigen Sie, wie man einen Kühlschrank konstruieren könnte, indem man den Carnot-Prozeß rückwärts laufen ließe.

47. Welchen Vorteil gewinnt man dadurch, daß man den Carnot-Prozeß zur Temperaturdefinition heranzieht?

48. Was hat die Information mit der Irreversibilität zu tun? Wie kann die Frage, was wir von einem Prozeß wissen, etwas damit zu tun haben, ob er reversibel ist oder nicht?

49. Warum wissen wir über den Zustand I des in Abb. 7.9 dargestellten Prozesses mehr als über den Zustand II?

50. Glauben Sie, wir könnten Information über einen Zustand bekommen, ohne die Möglichkeit aufzugeben, Information über einen anderen Zustand zu haben oder zu erhalten? Erklären Sie Ihre Antwort.

51. Warum würde der Wirkungsgrad einer Maschine, die den Carnot-Prozeß verwendet, mindestens ebenso hoch sein wie der Wirkungsgrad jeder anderen Wärmekraftmaschine, die zwischen denselben zwei Temperaturen arbeitet?

52. Zeigen Sie, daß alle Maschinen, die zwischen denselben zwei Temperaturen arbeiten und dabei den Carnot-Prozeß verwenden, denselben Wirkungsgrad haben müssen.

53. Zeigen Sie, daß alle reversiblen Maschinen, die zwischen denselben zwei Temperaturen arbeiten, denselben Wirkungsgrad haben müssen.

Achtes Kapitel

Elektrische Ladungen und Felder

Im Jahre 1600 veröffentlichte Sir William Gilbert (1540–1603), ein Zeitgenosse Galileis, sein berühmtes Buch *De Magnete.* Dieses Buch, eine Zusammenfassung seines Lebenswerkes, machte durch seine Genauigkeit das Studium der Elektrizität und des Magnetismus zu einem Teil der modernen Wissenschaft. Die praktische Anwendung des magnetischen Kompasses in der Navigation veranlaßte ihn zu umfangreichen Untersuchungen über das Wesen des Magnetismus, die nicht ohne Ergebnisse blieben. Beispielsweise stellte er Kugeln aus Magnetit (einem magnetischen Eisenerz) her und untersuchte den Raum in ihrer Nähe mit einem Kompaß. Hieraus zog er den richtigen Analogieschluß, daß auch die Erde selbst ein großer Magnet sei. Dennoch sahen auch lange nach Gilbert viele Menschen die elektrischen und magnetischen Erscheinungen als Manifestationen übernatürlicher Mächte an. Beispielsweise bezeichnete John Wesley die Elektrizität als „Seele des Universums".

Benjamin Franklin vertrieb diesen Aberglauben mit einem Schlage, indem er die Elektrizität eines Blitzes mit einer Drachenschnur sammelte und zeigte, daß es sich hierbei um die gleiche Erscheinung handelt wie bei den Funken, die durch das Reibung von Schuhen auf dem Teppich entstehen. (Übrigens raten wir unseren Lesern nicht, eine Wiederholung von Franklins Versuchen zu riskieren.) Schneer beschreibt die Wirkung der Versuche folgendermaßen:

Franklins Entdeckung wirkte förmlich elektrisierend auf die Öffentlichkeit. Seine Identifizierung des Blitzes und des Donners, die allgemein als übernatürliche Kräfte angesehen worden waren, mit physischen, mechanischen und elektrischen Erscheinungen, hatte selbst den Charakter einer wunderbaren Offenbarung. Franklin erschien als ein Weiser aus einer edleren Welt, der die Ängste der Menschheit besänftigte. Für die Philosophen des Zeitalters der Vernunft war es ein weiterer Schlag, vielleicht der größte Schlag, gegen die Kräfte der Unwissenheit und des Aberglaubens, die sie als ihren Feind betrachteten. Zwar fanden die Rationalisten in der Newtonschen Mechanik ein geordnetes Weltsystem, das ihren Ideen entsprach, aber die *Principia* (Mathematische Prinzipien der Naturlehre) waren schließlich ein entlegenes und abweisendes Territorium strenger Lehrsätze und unerbittlicher Geometrie. Franklins Blitz stand unmittelbar vor Augen. Franklin hatte nicht nur eine rationale Erklärung des Blitzes gegeben, durch seine Erfindung des Blitzableiters hatte er dem Blitz auch seine Macht genommen. Die Gebildeten im Lager der Kirche beklagten Franklins Gottlosigkeit, die Antiklerikalen umjubelten den hinterwäldlerischen Gelehrten. Beiden erschien es, als habe Franklin die Gottheit entwaffnet und die ehrfurchtgebietende Heimsuchung göttlicher Strafe in ein ohnmächtiges wenn auch dramatisches Schauspiel frustrierter Wut verwandelt. In Frankreich sorgte Buffon, der bereits gezwungen worden war, seine naturalistische Theorie über den Ursprung der Erde zurückzuziehen, für die Übersetzung von Franklins Veröffentlichungen, während der Priester Nollet, der die Kartäusermönche mit seiner Leydener Flasche gequält hatte, empört schrieb, er ziehe Kirchenglocken den Blitzableitern vor. (Leydener Flaschen sind Kondensatoren, die elektrische Ladungen speichern und elektrische Schläge austeilen können. Anm. d. Übers.)

Im Lauf der Jahre entdeckten die Wissenschaftler viele Tatsachen und Prinzipien auf dem Gebiet der Elektrizität und des Magnetismus. Der schottische Physiker James Clerk Maxwell (1831–1879) faßte diese Tatsachen und Prinzipien in wenigen mathematischen Gesetzen zusammen. Die Maxwellschen Gleichungen leisten auf dem Gebiet der Elektrizität und des Magnetismus das gleiche wie die Newtonschen Gesetze für die Bewegung und die Gravitation. Sie geben uns einige wenige präzise Gesetze, die einen weiten Bereich elektrischer und magnetischer Erscheinungen beschreiben.
In diesem Kapitel wollen wir einige dieser Tatsachen und Prinzipien diskutieren.

Elektrizität

Die meisten Menschen kennen die elektrischen Effekte, die in alltäglichen Situationen durch Reibung verursacht werden. Wenn Sie mit Ihren Schuhen über bestimmte Fußbodenbeläge laufen und dann zur Türklinke greifen, können Sie manchmal einen Funken zwischen Ihren Fingern und der Türklinke sehen oder fühlen. Wenn Sie Ihre Haare kräftig kämmen oder bürsten, hören Sie manchmal die Funken knistern. Ebenso können Sie Funken verursachen, wenn Sie über den Plastikbezug eines Autositzes rutschen und dann den Türgriff anfassen. Derartige elektrische Effekte sind schon seit langer Zeit bekannt.

Es ist schon lange bekannt, daß die elektrischen Effekte mit einem Glasstab demonstriert werden können, wenn man ihn mit Seide (oder Plastikmaterial) reibt. Abb. 8.1 zeigt einen Stab, der mit Seide gerieben und an einem Faden aufgehängt wurde. Wird ein zweiter Stab ebenfalls mit Seide gerieben und in die Nähe des ersten gebracht, so wird dieser abgestoßen. Die Elektrizität der beiden Stäbe bewirkt eine abstoßende Kraft. Die Elektrizität kann auch anziehende Kräfte hervorrufen. In einem zweiten Versuch verwenden wir einen Hartgummistab, der mit einem Fell gerieben wurde. Wird dieser Stab in die Nähe des mit Seide geriebenen Glasstabes gebracht, dann werden die beiden Stäbe nicht abgestoßen, sondern angezogen.

Drei wesentliche Tatsachen lassen sich schon bei diesen einfachen Versuchen feststellen. Erstens treten die anziehenden und abstoßenden Kräfte auf, obwohl die Stäbe einander nicht berühren. Zweitens ist die Kraft außerordentlich groß verglichen mit der Gravitationskraft zwischen denselben Gegenständen. Drittens gibt es einen wesentlichen Unterschied zwischen einem Gummistab (gerieben mit Fell)

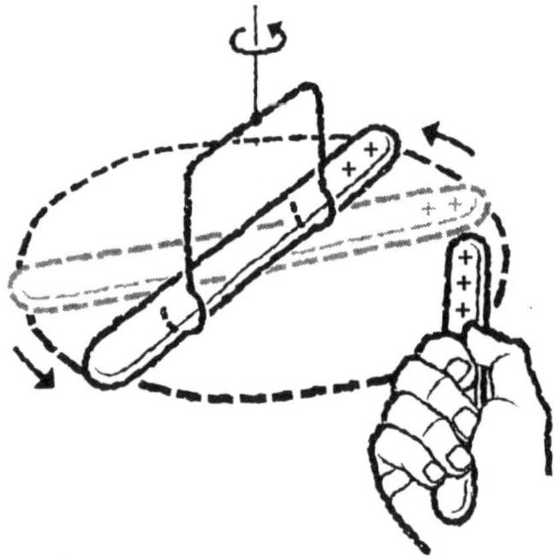

Abb. 8.1

und einem Glasstab (gerieben mit Seide), da sie sich in der Gegenwart eines mit Seide geriebenen frei hängenden Glasstabes verschieden verhalten.

Die elektrische Ladung

Wir können die soeben diskutierten elektrischen Effekte erklären, indem wir eine grundlegend neue, skalare Größe einführen: die *elektrische Ladung*. Stäbe und andere Gegenstände können durch Reibung eine elektrische Ladung erlangen. Da wir mit dem Gummistab und mit dem Glasstab verschiedene Resultate erhielten, muß es zwei Arten von elektrischer Ladung geben. Die elektrische Ladung, die wir mit dem Glasstab erhielten, nennt man willkürlich positive Ladung und die elektrische Ladung des Gummistabes wird als negative Ladung bezeichnet. In dem beschriebenen Experiment rief die positive Ladung des Glasstabes eine abstoßenden Kraft hervor, wenn sie in die Nähe eines gleichartig geladenen Stabes gebracht wurde. Die negative Ladung des Gummistabes rief eine anziehende Kraft hervor, wenn sie in die Nähe des positiv geladenen Stabes gebracht wurde. Diese zwei Beispiele stellen ein allgemeines Prinzip dar:

Gleiche Ladungen stoßen einander ab, ungleiche Ladungen ziehen einander an.

Zwei Elementarteilchen

Die Tatsache, daß Gegenstände durch Reibung eine elektrische Ladung erlangen können, legt den Gedanken nahe, daß die Materie selbst elektrische Eigenschaften hat. Tatsächlich nehmen wir heute an, daß die Atome aus Teilchen mit elektrischen Eigenschaften bestehen. Zwei der *Elementarteilchen,* die das Atom aufbauen, sind das *Elektron* und das *Proton.* Zum Beispiel besteht jedes Wasserstoffatom aus einem Elektron und einem Proton. Das Elektron hat eine Masse von $9{,}1 \cdot 10^{-31}$ Kilogramm. Das Proton hat eine Masse von $1{,}7 \cdot 10^{-27}$ Kilogramm. Diese zwei Massen sind Naturkonstanten, weil sie die Massen von Elementarteilchen sind. Das Proton trägt am meisten zur Masse des Wasserstoffatoms bei, weil es etwa 1840 mal mehr Masse hat als das Elektron. Andere Atome enthalten unterschiedliche Zahlen von Elementarteilchen.

Obwohl Elektron und Proton verschiedene Masse haben, haben sie exakt denselben Betrag von elektrischer Ladung. Ihre Ladungen sind jedoch nicht von derselben Art. Das Elektron hat eine negative Ladung und das Proton hat eine positive Ladung. Die meisten Gegenstände sind elektrisch neutral: Das heißt, daß sie die gleiche Zahl von Protonen und Elektronen enthalten, so daß sie keine Netto-Ladungen, d. h. keinen Überschuß einer Ladungsart haben. Gegenstände sind *geladen*, wenn sie nicht die gleiche Zahl von Elektronen und Protonen enthalten.

Ein solches Ungleichgewicht entsteht gewöhnlich dadurch, daß der Gegenstand Elektronen aufnimmt oder verliert. Wenn zwei Gegenstände aneinander gerieben werden, erlangen sie die elektrische Ladung dadurch, daß Elektronen von einem Gegenstand auf den anderen übergehen.

Die Erhaltung der Ladung

Die Ladung ist eine Erhaltungsgröße, das heißt, sie kann nicht erzeugt oder vernichtet werden. Wenn ein Gegenstand Ladung verliert, so bedeutet das, daß die Ladung an eine andere Stelle gebracht worden ist. Beispielsweise können wir dem Glasstab eine positive Ladung erteilen, indem wir ihn mit Seide reiben. Zugleich erhält jedoch die Seide eine negative Ladung vom selben Betrage. Es gehen einfach einige der Elektronen des Glases vom Glas zur Seide, wobei sie ihre negative Ladung mit sich führen.

Die Einheit der Ladung

Eine Ladung kann gemessen werden durch die elektrische Kraft, die sie auf eine andere Ladung ausübt. Nach dem französischen Physiker Charles Augustus Coulomb (1736–1806) wird die Einheit der Ladung als ein *Coulomb* bezeichnet. Dieser Betrag der Ladung kann folgendermaßen definiert werden:

Ein Coulomb ist die Ladungsmenge, die auf eine gleichgroße Ladung in einer Entfernung von einem Meter eine Kraft von $8{,}99 \cdot 10^9$ Newton ausübt.

Die Richtung der Kraft hängt natürlich davon ab, ob die Ladungen gleiches oder ungleiches Vorzeichen haben, die Größe der Kraft hängt aber nicht davon ab. Weil $8{,}99 \cdot 10^9$ Newton eine sehr große Kraft darstellen, ist das Coulomb eine sehr große Ladungsmenge verglichen mit den Ladungen, die wir normalerweise auf Glasstäben und dergleichen vorfinden.

Das Gesetz der elektrischen Kraft für ruhende Ladungen

Coulomb entdeckte das genaue Gesetz, das die Größe der Kraft zwischen zwei ruhenden geladenen Gegenständen angibt. Dieses Gesetz kann folgendermaßen ausgedrückt werden:

$$F_e = K_e \frac{q_1 q_2}{r^2} \qquad (1)$$

In dieser Gleichung ist q_1 die Ladung des einen Gegenstandes, q_2 die Ladung des anderen, r ist die Entfernung zwischen beiden Gegenständen und F_e ist die Größe der elektrischen Kraft, die sie aufeinander ausüben. Die elektrische Kraft hängt von den Ladungen in derselben Weise ab wie die Gravitationskraft von den Massen, auch die Abhängigkeit von der Entfernung ist in beiden Fällen dieselbe. Die Größe K_e ist eine Naturkonstante, die durch die Stärke der elektrischen Kraft festgelegt ist. K_e hat den Wert von $8{,}99 \cdot 10^9$ Newton Meter^2/Coulomb^2. Dieser Wert ist sehr groß verglichen mit dem der Gravitationskonstanten G. Die elektrischen Kräfte zwischen Elektronen und Protonen sind sehr viel größer als die Gravitationskräfte zwischen ihnen. Die Richtung der elektrischen Kraft, deren Größe durch Gl. 1 gegeben ist, ist die Verbindungsgerade zwischen den beiden Ladungen. Zwischen gleichartigen Ladungen wirkt die Kraft abstoßend, zwischen ungleichartigen anziehend.

Anm. d. Übers.:
In den Gleichungen, die elektrische und magnetische Vorgänge beschreiben, treten Konstanten auf, deren Zahlenwert vom Maßsystem abhängt. Innerhalb des hier verwendeten Maßsystems sind verschiedene Schreibweisen der Gleichungen und daher auch verschiedene Definitionen der einzelnen Konstanten üblich.

Die Gleichung 1, die die elektrostatische Wechselwirkung zweier Ladungen beschreibt, kann in der angegebenen Weise formuliert werden, deren Gestalt an das Gravitationsgesetz erinnert. Vielfach wird auch die Darstellung

$$F = \frac{1}{4\pi\epsilon_0} \cdot \frac{q_1 q_2}{r^2}$$

verwendet, also ist $K_e = 1/4\pi\epsilon_0$. Ebenso sind für die Gleichungen der magnetischen Erscheinungen zwei verschiedene Schreibweisen mit den Konstanten K_m bzw. μ_0 gebräuchlich.

Diese Konstanten sind nicht unabhängig voneinander, vielmehr besteht zwischen ihnen der aus der Theorie der Elektrodynamik folgende Zusammenhang mit der Lichtgeschwindigkeit c:

$$\frac{K_e}{K_m} = \frac{1}{\mu_0 \epsilon_0} = c^2$$

Daher werden durch die Wahl einer Konstanten die drei anderen festgelegt. Im hier verwendeten Maßsystem wird der Zahlenwert von μ_0 definitionsgemäß auf $4\pi \cdot 10^{-7}$ festgesetzt. Damit ergibt sich

Induktionskonstante	μ_0	$= 4\pi \cdot 10^{-7}\,\text{m kg/s}^2\,\text{A}^2$
		$= 4\pi \cdot 10^{-7}\,\text{V s/A m}$
Influenzkonstante	ϵ_0	$= 8{,}8544 \cdot 10^{-12}\,\text{N}^{-1}\,\text{m}^{-2}\,\text{A}^2\,\text{s}^2$
		$= 8{,}8544 \cdot 10^{-12}\,\text{A s/V m}$
magnetische Konstante	K_m	$= 1{,}0000 \cdot 10^{-7}\,\text{m kg s}^{-2}\,\text{A}^{-2}$
Coulomb Konstante	K_e	$= 8{,}9874 \cdot 10^{9}\,\text{N m}^2\,\text{s}^{-2}\,\text{A}^{-2} = K_m c^2$

Elektrische Ströme

In manchen Stoffen, wie z. B. den meisten Metallen, sind die Elektronen frei beweglich, so daß sie sich in diesen Stoffen hin und her bewegen können. Diese Stoffe heißen elektrische *Leiter*. In anderen Stoffen können sich die Elektronen nicht frei bewegen, diese Substanzen heißen *Isolatoren.* Die vorhin erwähnten Glas- und Gummistäbe sind Isolatoren. Daher bleiben die durch Reibung erzeugten Ladungen auf ihnen haften, da sie sich nicht bewegen können.

Hätten wir stattdessen Metallstäbe verwendet, dann hätten die Elektronen aus dem Stab heraus in unsere Hände und vielleicht in den Erdboden fließen können. (Der Elektronenfluß hätte auch in umgekehrter Richtung erfolgen können).

Das Fließen elektrischer Ladungen wird als elektrischer Strom bezeichnet. Gewöhnlich fließen dabei Elektronen durch einen Leiter. Die Stärke des Stromes in einem Leiter, z. B. einem Kupferdraht, wird durch die Geschwindigkeit bestimmt, mit der die Ladungen hindurchfließen. Die Einheit des Stromes ist das *Ampere.* Ein Strom hat die Stärke von einem Ampere, wenn er in einer Sekunde die Ladung von einem Coulomb transportiert.

Der Begriff des Feldes

Es könnte seltsam erscheinen, daß ein geladener Gegenstand die elektrische Kraft eines anderen geladenen Gegenstandes fühlt, obwohl sie sich nicht berühren. Unser früheres Studium der Gravitation hat uns jedoch schon ein Beispiel davon gegeben, daß ein Objekt ein anderes beeinflussen kann ohne es zu berühren. Der fallende Apfel hält nicht an, um nach dem Weg zu fragen; er zielt geradewegs zum Erdmittelpunkt. Es ist oft zweckmäßig anzunehmen, daß sich der Apfel in einem *Feld* eines Einflusses befindet, das in der Umgebung der Erde existiert, und daß er fällt, weil er sich in diesem Feld befindet. Wir können uns vorstellen, daß die Erde infolge ihrer Masse ein Gravitationskraftfeld um sich herum erzeugt. Der Apfel wird *durch* dieses Kraftfeld auf die Erde zu beschleunigt, weil er sich *in* diesem Kraftfeld befindet. In diesem Abschnitt werden wir Gravitationsfelder diskutieren (die durch Massen erzeugt werden) sowie elektrische Felder (die durch Ladungen erzeugt werden).

Gravitationsfelder

Wir wollen uns die Kräfte, die durch die Gravitation der Erde ausgeübt werden, in einem Bild darstellen. Dieses Bild soll die Kraft anzeigen, die auf einen beliebigen Gegenstand in beliebiger Entfernung von der Erde wirkt. Dieses Bild soll das Gravitationsfeld der Erde darstellen, denn es wird uns ermöglichen, die Wirkung der Erde auf andere Objekte zu beschreiben.

Wir zeichnen das Bild des Gravitationsfeldes der Erde, indem wir an verschiedenen Punkten in der Umgebung der Erde Pfeile eintragen. Die Pfeile stellen die Gravitationskraft dar, die auf einen Gegenstand wirken würde, wenn er sich an diesem Punkt befände. Da auf verschiedene Massen verschiedene Kräfte wirken würden, vereinbaren wir, ein Objekt mit einer Masse von einem Kilogramm zu nehmen. Die Pfeile stellen dann die Kraft dar, die auf eine Masse von einem Kilogramm wirken würde. Diese Masse wird in der Nähe der Erde stärker angezogen als in größerer Entfernung. Aus diesem Grunde sind die Pfeile in der Nähe der Erde am längsten und werden um so kürzer, je weiter wir in den Raum hinaus gehen. Die Länge der Pfeile stellt die Größe der Kraft dar und die Richtung der Pfeile gibt die Richtung der Kraft an. Die Pfeile zielen auf den Erdmittelpunkt hin, weil die Gravitation jeden Gegenstand in diese Richtung zieht. Wir können uns vorstellen, daß wir in jedem Punkt des Raumes einen solchen Pfeil zeichnen. Die Gesamtheit dieser Pfeile beschreibt das Gravitationsfeld der Erde, denn sie gibt in jedem Punkt die Kraft an, die auf eine Masse von einem Kilogramm ausgeübt wird.

Wollen wir die Kraft auf ein anderes Objekt wissen, brauchen wir nur die Masse dieses Objektes mit der Kraft auf das Ein-Kilogramm-Objekt zu multiplizieren. So finden wir die Kraft auf ein beliebiges Objekt an einem beliebigen Punkt im Gravitationsfeld der Erde.

Es ist bequemer, das Gravitationsfeld durch Linien als durch Pfeile darzustellen. Abb. 8.2 zeigt ein Bild derartiger Linien. Jede Linie

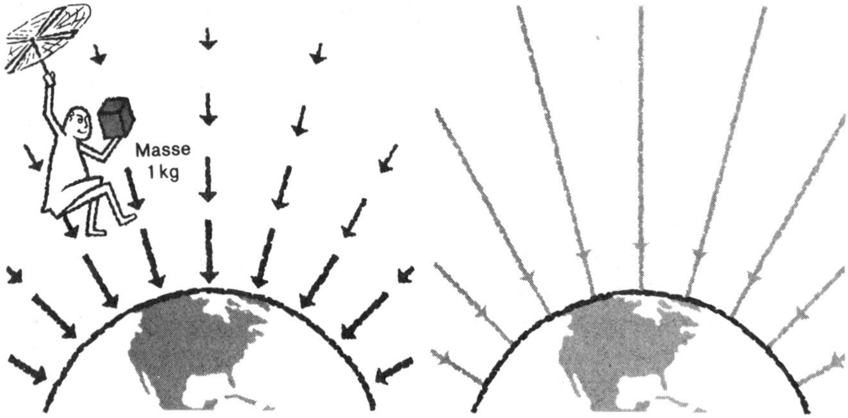

(a) (b)

Abb. 8.2

folgt den Pfeilen von Punkt zu Punkt. Daher haben die Linien in jedem Punkt dieselbe Richtung wie die Pfeile, die in diesem Punkt zu zeichnen sind. Wo die Kraft am größten ist, laufen die Linien am engsten zusammen. Wo die Kraft gering ist, sind die Linien weit voneinander entfernt. Diese Linien, die man als Kraftlinien bezeichnet, geben uns das gewünschte Bild. Die Linien des Kraftfeldes können nur an einer Masse enden. (Das folgt zwar nicht unmittelbar aus dem Gesagten, ist aber richtig. Das gleiche gilt für die später zu besprechenden elektrischen Feldlinien).

Das elektrische Feld

Wir können das elektrische Feld in der Umgebung einer Ladung ebenso veranschaulichen wie das Gravitationsfeld in der Umgebung der Erde. Die Abb. 8.3 a und 8.3 b zeigen die an verschiedenen Punkten gezeichneten Pfeile bzw. Feldlinien. Die Pfeile in einem gegebenen Punkt stellen die Kraft dar, die auf eine positive Ladung von einem Coulomb in diesem Punkt wirken würde. (Wir verwenden hier eine Ein-Coulomb-Ladung anstelle der Ein-Kilogramm-Masse, weil die Gravitation auf Massen wirkt, die elektrische Kraft jedoch auf Ladungen.) Die Richtung der Feldlinien (oder Pfeile) ist die Richtung der Kraft, die auf eine positive Ladung wirken würde. Die Kraft auf eine negative Ladung wäre entgegengesetzt gerichtet. Es gilt wieder, daß die Kraft um so stärker ist, je enger die Kraftlinien verlaufen.

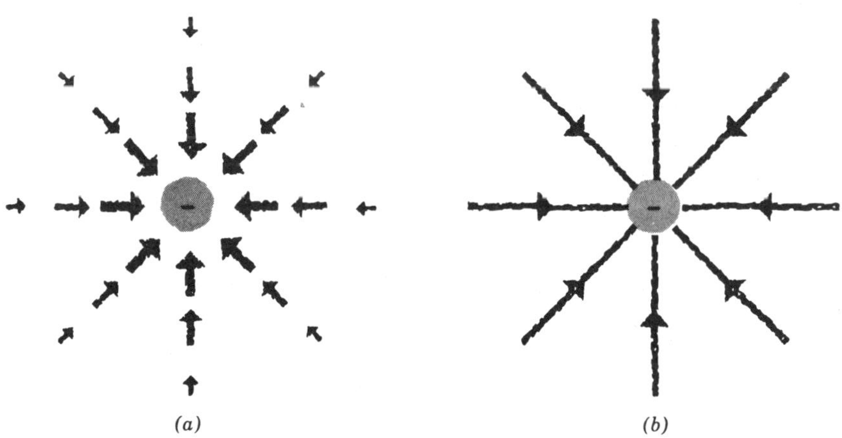

(a) (b)

Abb. 8.3

In Abb. 8.4 zeichnen wir die Feldlinien für verschiedene Anordnungen geladener Objekte. In jedem Fall würde eine kleine positive Ladung in Richtung der Feldlinien gezogen werden. Eine kleine negative Ladung, z. B. ein Elektron würde in die entgegengesetzte Richtung gezogen. Die elektrischen Feldlinien können nur einer positiven Ladung entspringen und können nur an einer negativen Ladung enden.

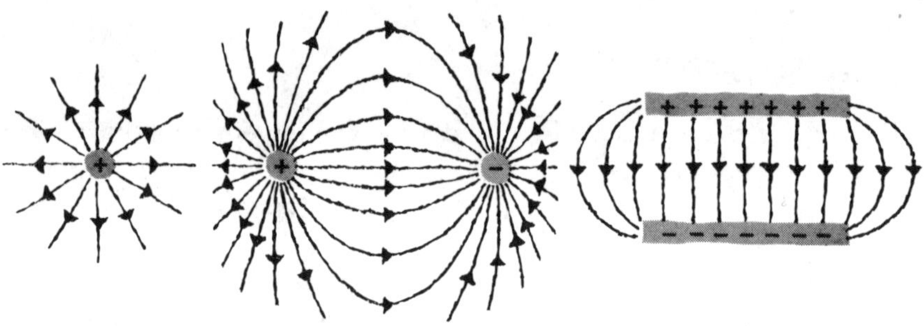

Abb. 8.4

Ginge man nur nach dieser Diskussion, so könnte der Begriff des Feldes als ein überflüssiges Gedankenspiel erscheinen. Tatsächlich haben wir bis jetzt ja die Kräfte zwischen Objekten nur in verschiedener Weise betrachtet. Anstatt anzunehmen, daß die Objekte in gewisser Entfernung Kräfte aufeinander ausüben, haben wir die Ausdrucksweise geändert, indem wir sagten, jedes Objekt erzeuge ein Feld, das die Kraft auf das andere Objekt ausübt. Soweit gibt es also außer der Bequemlichkeit keinen Grund, die eine Darstellungsweise vor der anderen zu bevorzugen. Im Kapitel 9 werden wir jedoch Gründe dafür finden, weshalb wir dem Feld selbst eine wirkliche Existenz zuschreiben.

Der englische Physiker Michael Faraday (1791–1867) verwendete den Begriff der Feldlinien bei seinen Untersuchungen der elektrischen und magnetischen Erscheinungen. Obwohl erst Maxwell später diese Ideen in eine elegantere mathematische Form kleidete, gelangen Faraday bahnbrechende Entdeckungen, indem er den Begriff der Feldlinien verwendete.

Die potentielle elektrische Energie

In Kapitel 6 haben wir gesehen, daß ein Objekt auf Grund seiner Lage in einem Gravitationsfeld eine bestimmte potentielle Energie hat. Ebenso kann ein *geladenes* Objekt auf Grund seiner Lage in einem elektrischen Feld potentielle Energie haben. Das folgt daraus, daß in einem elektrischen Feld auf ein geladenes Objekt eine Kraft ausgeübt wird. Wird das Objekt losgelassen, wird es unter dem Einfluß der Kraft beschleunigt, so daß es kinetische Energie erhält. Diese Energie muß irgendwo herkommen. Tatsächlich stammt sie von der *potentiellen elektrischen Energie,* die das geladene Objekt in der Ausgangslage besaß.

Eine andere Möglichkeit, die Existenz der elektrischen potentiellen Energie zu erkennen, besteht darin, das geladene Objekt im elektrischen Feld zu bewegen. Wir erinnern uns, daß wir eine Kraft ausüben mußten, um eine Masse im Gravitationsfeld hochzuheben. Dadurch übertrugen wir dem Objekt Energie, indem wir Arbeit leisten mußten. Die potentielle Gravitationsenergie des Objekts wurde erhöht, indem wir es gegen die Gravitationskraft hochhoben. In derselben Weise erhöhen wir die potentielle elektrische Energie, wenn wir es gegen die Wirkung der elektrischen Kraft bewegen. Der Mann in Abb. 8.5a leistet Arbeit gegen die elektrische Kraft und erhöht daher die potentielle elektrische Energie des geladenen Objekts. Wird das Objekt losgelassen (Abb. 8.5b), dann wird die potentielle Energie in kinetische Energie verwandelt, indem es im elektrischen Feld durch die elektrische Kraft beschleunigt wird.

(a) *(b)*

Abb. 8.5

Als wir die potentielle Gravitationsenergie diskutierten, stellten wir fest, daß nicht die potentielle Energie selbst wichtig ist, sondern die Änderung der potentiellen Energie des Objekts, wenn es von einem Punkt zum anderen bewegt wird. Daher interessierte uns nur die Differenz der potentiellen Energien an zwei verschiedenen Punkten des Gravitationsfeldes. Ebenso interessieren wir uns hier für die Differenz der potentiellen Energie geladener Objekte in zwei Punkten des elektrischen Feldes. Wir können willkürlich einem Punkt die potentielle Energie Null zuschreiben und dann diesen Punkt als Bezugspunkt für die potentielle Energie anderer Punkte benutzen. Da in einem elektrischen Feld die Kraft auf eine negative Ladung entgegengesetzt zu der auf eine positive Ladung ist, haben beide Ladungsarten im selben Punkt des Feldes verschiedene potentielle Energien. Die potentielle Energie einer negativen Ladung ist das negative der potentiellen Energie, die eine positive Ladung desselben Betrages im selben Punkt des Feldes haben würde.

Bei der Betrachtung eines Gegenstandes in einem elektrischen Feld sprechen wir oft von seinem *elektrischen Potential* anstelle seiner elektrischen potentiellen Energie. Das elektrische Potential eines geladenen Objektes ist einfach seine elektrische potentielle Energie dividiert durch seine elektrische Ladung. Die gebräuchliche Einheit des elektrischen Potentials ist das *Volt,* das folgendermaßen definiert ist:

$$\text{Volt} = \frac{\text{Joule}}{\text{Coulomb}}$$

Das Ohmsche Gesetz und die elektrische Arbeit

(vom Übersetzer eingeschobenes Kapitel)

Der auf Seite 359 erwähnte elektrische Strom wird durch eine Potentialdifferenz (Spannung) hervorgerufen, da die elektrischen Ladungen vom höheren zum niedrigeren Potential fließen. Die pro Zeiteinheit durch einen Leiterquerschnitt fließende Ladungsmenge, also die Stärke des Stromes I, ist proportional zur Potentialdifferenz (Spannung U) und umgekehrt proportional zum *Widerstand* R des Leiters, in dem der Strom fließt. Daher lautet das *Ohmsche Gesetz*

$$\text{Strom} = \frac{\text{Spannung}}{\text{Widerstand}} \qquad J = \frac{U}{R}$$

Die Einheit des Widerstandes ist das *Ohm* (Kurzzeichen Ω), also gilt für die Einheiten $A = V/\Omega$. Beispielsweise fließt durch einen Widerstand von 100 Ω ein Strom von 2,2 A, wenn an seinen Enden eine Spannung von 220 V liegt.

Der Widerstand eines drahtförmigen Leiters ist proportional zu seiner Länge l und umgekehrt proportional zu seiner Querschnittsfläche q.

$$R = \rho \frac{l}{q}$$

Der spezifische Widerstand ρ hängt vom Material und von der Temperatur ab; bei Metallen nimmt ρ mit steigender Temperatur zu. Die Zahlenwerte können Tabellen entnommen werden.

Das Ohmsche Gesetz legt einen Vergleich mit der Strömung von Flüssigkeiten nahe: Die fließenden elektrischen Ladungen entsprechen der strömenden Flüssigkeit, die elektrische Potentialdifferenz (Spannung) entspricht der Differenz der potentiellen Energien im Gravitationsfeld (Höhendifferenz, Gefälle), der elektrische Widerstand dem Strömungswiderstand der Leitung.

Die elektrische Arbeit. Soll eine elektrische Ladung gegen die Wirkung des elektrischen Feldes verschoben werden, so ist hierzu Arbeit aufzuwenden (vgl. Abb. 8.5). Beträgt die Ladung 1 Coulomb und die Potentialdifferenz 1 Volt, dann ist die erforderliche Arbeit 1 Joule.

Wenn die Ladungen wieder zum niedrigeren Potential zurückfließen, wird diese Arbeit frei und kann beispielsweise zur Verrichtung mechanischer Arbeit oder zur Erwärmung des Leiters dienen.

$$\text{elektrische Arbeit} = \text{Spannung} \cdot \text{Ladung}$$

Meist interessiert man sich für die Leistung P, also die Arbeit pro Zeiteinheit. Die pro Zeiteinheit fließende Ladung ist der Strom, also gilt

$$\text{elektrische Leistung} = \text{Spannung} \cdot \text{Strom}$$

Die Einheit der Leistung ist Joule/Sekunde = Watt (W). Damit gilt für die Einheiten $W = V \cdot A$.

Durch Kombination mit dem Ohmschen Gesetz ergeben sich die viel verwendeten Formeln

$$P = UI = J^2 R = \frac{U^2}{R}$$

Beispielsweise habe ein elektrischer Ofen, der an einer Spannung von 220 V betrieben wird, eine Leistung von 2200 W. Somit beträgt der Strom 10 A und der Widerstand 22 Ω. Steht nur eine mit 16 A gesicherte Leitung zur Verfügung, dann dürfen nicht zwei dieser Öfen gleichzeitig betrieben werden, da sonst mit 20 A die zulässige Belastung überschritten wird.

Illustration einiger Wirkungen der elektrischen Kräfte und Felder

Influenz. In dem in Abb. 8.6 dargestellten Experiment hängt an einem Faden eine leichte Kugel aus Baumwolle, die in eine Stanniolfolie eingewickelt ist. Der Faden dient als Isolator, damit die elektrische Ladung aus der Kugel nicht „herausläuft". Zu Anfang ist die Kugel elektrisch neutral, das heißt, sie ist nicht geladen. Jetzt laden wir einen Glasstab, indem wir ihn mit Seide reiben. Wenn wir den Glasstab der Kugel nähern, wird die Kugel angezogen, obwohl die Kugel insgesamt keine Ladung hat (Abb. 8.6 b). Wenn die Kugel den Stab berührt, springt sie plötzlich weg. Danach wird die Kugel von dem Stab abgestoßen. (Abb. 8.6 c). Wie können wir dieses Verhalten erklären?

Zunächst müssen wir erklären, warum die Kugel von dem positiv geladenen Stab angezogen werden kann, obwohl die Kugel insgesamt keine Ladung hat. Der Grund ist, daß die positive Ladung des Stabes ein elektrisches Feld erzeugt. In diesem Feld werden die negativen Ladungen zu dem positiven Stab hingezogen. Diese Anziehung bewirkt, daß viele der Elektronen in der Stanniolfolie auf die Seite der Kugel gehen, die dem Stab am nächsten liegt. Dadurch entsteht auf dieser Seite der Kugel eine negative Ladung, während auf der

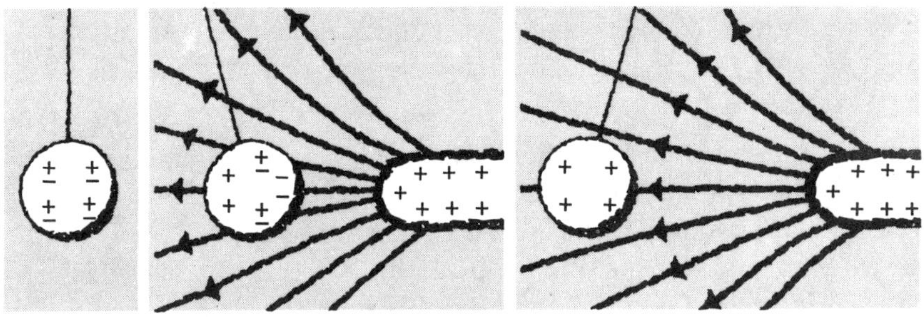

(a) (b) (c)

Abb. 8.6

anderen Seite eine gleich große positive Ladung zurückbleibt. Also wird eine Seite der Kugel von dem Stab angezogen, die andere abgestoßen.

Beide Ladungen auf der Kugel haben dieselbe Größe, aber sie befinden sich in verschiedener Entfernung von dem Stab. Das elektrische Feld des Stabes ist in der Nähe des Stabes am stärksten. Also überwiegt die Anziehung der negativen Ladung der Kugel die Abstoßung der positiven, so daß die Kugel von dem Stab angezogen wird. Man sagt, daß das elektrische Feld in dem Metall, das die Kugel bedeckt, eine Trennung der Ladungen *influenziert.* Hierdurch entsteht eine influenzierte negative Ladung auf einer Seite der Kugel und eine influenzierte positive Ladung auf der anderen Seite.

Wenn der Stab schließlich die Kugel berührt, fließen einige der Elektronen zum Glasstab ab, weil sie von seiner positiven Ladung angezogen werden. Da der Stab ein Isolator ist, vermögen die Elektronen der Kugel die positive Ladung des Stabes nur an der Stelle der Berührung zu neutralisieren. Daher behält der Stab immer noch einen Teil seiner positiven Ladung. Durch den Verlust dieser Elektronen ist aber jetzt die Kugel *selbst* positiv geladen. Daher wird jetzt die positiv geladene Kugel von dem positiv geladenen Stab abgestoßen.

Das Elektroskop

Auch das Verhalten eines Elektroskops läßt sich durch den Begriff der influenzierten Ladungen verstehen. Das Elektroskop dient zum

Nachweis von Ladungen (Abb. 8.7). Wenn das Elektroskop eine Ladung enthält, entsteht eine Abstoßung zwischen den Metallblättchen, so daß sie auseinander gehalten werden. Ohne diese Kraft fallen die Blättchen zusammen.

In Abb. 8.7a sind die Blättchen des Elektroskops zusammen und zeigen damit an, daß das Elektroskop ungeladen ist. Wenn wir einen geladenen Glasstab in die Nähe der Elektroskopkugel bringen, ohne sie jedoch zu berühren (Abb. 8.7b), zieht die positive Ladung des Stabes einige der Elektronen aus den Blättchen in die Kugel auf der Spitze. Auf den Blättchen bleibt eine positive Ladung zurück.

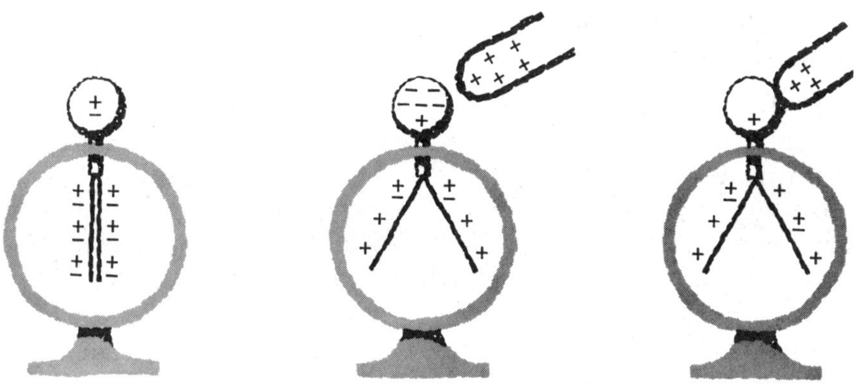

(a) *(b)* *(c)*

Abb. 8.7

Wegen dieser Ladung spreizen sich die Blätter auseinander, weil die gleichnamigen Ladungen einander abstoßen. Wird der Stab entfernt, kehren die Elektronen auf die Blättchen zurück, so daß sie wieder zusammenfallen. Wenn wir jedoch mit dem Stab die Spitze des Elektroskops berühren, werden einige der Elektronen in den geladenen Glasstab gezogen (Abb. 8.7c). Wird in diesem Fall der Stab entfernt, so bleiben die Blättchen gespreizt, weil das Elektroskop jetzt eine positive Ladung hat. Verwenden wir einen geriebenen Gummistab (mit negativer Ladung), so verhält sich das Elektroskop in gleicher Weise.

Die Ladung des Elektrons

Obwohl das Elektron außerordentlich klein ist, kann seine Ladung mit einem ziemlich direkten Experiment gemessen werden, das von Robert Andrews Millikan (1868–1953) und seinen Schülern erdacht und ausgeführt wurde. Dieses Experiment wird „Öltröpfchen-Experiment" genannt, weil es die Ladung auf kleinen Öltröpfchen mißt. Der experimentelle Aufbau ist in Abb. 8.8 skizziert. Man läßt Öltröpfchen aus einem Zerstäuber in das elektrische Feld zwischen zwei geladenen Platten fallen. Die aus dem Zerstäuber kommenden Tröpfchen sind z. B. durch Reibung geladen. Durch die Beleuchtung mit einer starken Lichtquelle kann man mit einem Mikroskop jedes einzelne Tröpfchen als winziges leuchtendes Pünktchen sehen.

Wie in der Zeichnung angedeutet, gibt es eine positive Ladung auf der oberen Platte und eine negative Ladung auf der unteren. Hierdurch entsteht ein elektrisches Feld, das negativ geladene Teilchen nach oben zieht. Man kann das Feld verändern oder umkehren, indem man die Ladung auf den Platten verändert, und man kann das Feld ganz ausschalten, indem man die Platten entlädt.

Nehmen wir z. B. an, daß wir ein negativ geladenes Tröpfchen haben. Wir können das Feld so einstellen, daß die elektrische Kraft, die das

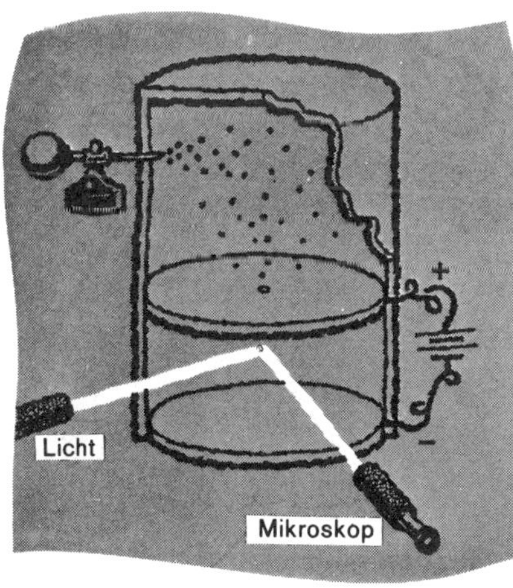

Abb. 8.8

Tröpfchen nach oben zieht, gerade dem nach unten wirkenden Gewicht des Tröpfchens die Waage hält. Wenn wir das Gewicht des Tröpfchens kennen, können wir die elektrische Kraft berechnen und daraus die Ladung bestimmen.

Tatsächlich wird das Gewicht des Tröpfchens dadurch bestimmt, daß man mißt, wie schnell es unter der Wirkung der Luftreibung fällt, wenn das elektrische Feld ausgeschaltet ist. Wir setzen dann diese Geschwindigkeit in Beziehung zu der Geschwindigkeit, mit der es in einem bekannten elektrischen Feld aufsteigt. Diese Methode ist bequemer als der Versuch, das Tröpfchen vollständig im Gleichgewicht zu halten, aber das Prinzip ist dasselbe: Wir vergleichen die Gravitationskraft mit der elektrischen Kraft auf denselben Tropfen. Die elektrische Kraft hängt von der Ladung auf dem Tröpfchen ab und erlaubt daher, diese Ladung zu messen.

Auf diese Weise wurden die positiven und negativen Ladungen vieler Tröpfchen gemessen. Die kleinste Ladungsmenge, die je gemessen wurde, war $1{,}60 \cdot 10^{-19}$ Coulomb. Jede andere beobachtete Ladung ist ein ganzzahliges Vielfaches dieser kleinsten Ladung – jeweils zwei, drei, vier usw. mal $1{,}60 \cdot 10^{-19}$ Coulomb. Die Ladungen treten also in diskreten „Klumpen" auf. Jedes Elektron hat einen solchen „Klumpen" von negativer Ladung. Ein Tröpfchen kann Elektronen aufnehmen oder verlieren und auf diese Weise eine negative oder positive Ladung aufweisen. Die Ladung entspricht immer dem Gewinn oder dem Verlust einer ganzen Zahl von Elektronen.

Die Ladung eines Protons hat denselben Betrag wie die des Elektrons, die Ladung des Protons ist jedoch nicht negativ, sondern positiv. Also ist die Ladung des Protons *plus* $1{,}60 \cdot 10^{-19}$ Coulomb. Diese Ladung wird durch den Buchstaben e gekennzeichnet. Wo auch immer man Ladungen findet, treten sie in diskreten „Klumpen" des Betrages

$$e = 1{,}60 \cdot 10^{-19} \text{ Coulomb}$$

auf; daher gehört die Größe e zu den grundlegenden Konstanten der Natur. (In jüngster Zeit gibt es Spekulationen darüber, daß Teilchen mit einer Ladung von einem Drittel oder zwei Drittel dieses Betrages existieren könnten, diese Überlegungen sind aber noch nicht experimentell bestätigt.)

Die elektrischen Verhältnisse in Leitern

Wir wollen jetzt einige Tatsachen des Verhaltens fester Leiter diskutieren, in denen sich ruhende Ladungen befinden. Diese Tatsachen beziehen sich auf das Vollmaterial des Leiters, nicht notwendig auf Löcher im Material. Falls Ströme fließen, sind einige dieser Bedingungen nicht ganz erfüllt. Wir können folgende Tatsachen feststellen.

1. In einem Leiter gibt es kein elektrisches Feld.
2. Der Ladungsüberschuß eines Leiters befindet sich auf seiner Oberfläche.
3. Die Ladungskonzentration an der Oberfläche eines Leiters ist besonders groß, wenn die Oberfläche nach außen gekrümmt oder spitz ist. Das Feld direkt über der Oberfläche ist in diesen Gebieten besonders groß. In diesen Gebieten können Ladungen den Leiter am leichtesten verlassen oder in ihn eintreten.

Die erstgenannte Tatsache läßt sich folgendermaßen erklären. Wenn es in einem Leiter ein elektrisches Feld gäbe, dann würde das elektrische Feld die Elektronen in Bewegung setzen. Die Elektronen würden sich solange umordnen, bis das Feld verschwände.

Weil es in einem Leiter kein Feld gibt, kann es dort auch keine Netto Ladung geben. Eine Ladung, wie z. B. die einzelne Ladung in Abb. 8.9, würde Feldlinien aussenden (oder auf sich enden lassen). Diese Feldlinien würden innerhalb des Leiters ein Feld aufbauen, was unmöglich ist. Man könnte denken, daß andere Ladungen in der Nähe Feldlinien erzeugen könnten, die dieses Feld neutralisieren würden, aber dies geschieht nicht. Wir können hier nicht die mathematischen Einzelheiten des Beweises nennen, sondern nur die wichtigen Tatsachen schildern.

Alle Feldlinien müssen von positiven Ladungen ausgehen und auf negativen Ladungen enden, sofern sie überhaupt entspringen oder enden. Entsprechend müssen auf allen geladenen Elementarteilchen Feldlinien beginnen oder enden; tatsächlich gilt dies für jede Ladung. Wir können das verstehen, wenn wir die elektrische Kraft sehr nahe an einem geladenen Teilchen untersuchen. Nach Gl. 1 nimmt die elektrische Kraft sehr stark zu, wenn wir uns dem Teilchen nähern und nimmt sehr stark ab, wenn wir uns von der Ladung entfernen. Also gibt es einen kleinen Bereich in der Umgebung eines kleinen geladenen Teilchens, in dem die von ihm verursachte elektrische Kraft sehr viel stärker als die Kraft irgendeiner anderen Ladung ist. Jedes kleine Teilchen ist von einer Ansammlung von Feldlinien umgeben, die von dem Teilchen ausgehen, wenn es positiv ist, und die auf ihm enden, wenn es negativ ist, wie z. B. dem kleinen Teilchen in Abb. 8.9. Deshalb müßte jedes geladene Teilchen im Innern eines Leiters dort ein Feld erzeugen, welches, wie wir gesehen haben, nicht existiert. Dieses Feld kann eliminiert werden, indem die Ladung entfernt wird, oder indem sie sich mit einer entgegengesetzten Ladung gleicher Größe zusammenschließt. In jedem Fall gibt es keine überschüssige Ladung im Innern eines Leiters. (Tatsächlich besteht natürlich das Material des Leiters aus positiven und negativen Ladungen, die nicht exakt zusammenfallen, die jedoch in geringer Entfernung voneinander so angeordnet sind, daß das hier gegebene Argument gültig bleibt.)

Weil eine Ladung nicht im Innern eines Leiters bleiben kann, bewegt sie sich nach außen und bleibt dort. Diese Ladung ist besonders stark in den Gebieten konzentriert, die spitz oder nach außen gekrümmt (konvex) sind. Die Gebiete, die nach innen gekrümmt sind, sind am *wenigsten* geladen. Die von den Ladungen hervorgerufenen Feldlinien sind am stärksten gebündelt, wo die Ladungen am stärksten konzentriert sind. Also ist das Feld direkt an der Oberfläche am stärksten, wo die Ladungskonzentration am größten ist. Wo das Feld am größten ist, haben die Ladungen das stärkste Bestreben, den Leiter zu verlassen, bzw. entgegengesetzte Ladungen das stärkste Bestreben, in ihn einzutreten. Wir wollen diese Tatsachen nicht alle im einzelnen beweisen, aber wir wollen wenigstens plausibel machen, warum Ladungen an diesen gekrümmten Gebieten den Leiter verlassen oder in ihn eintreten.

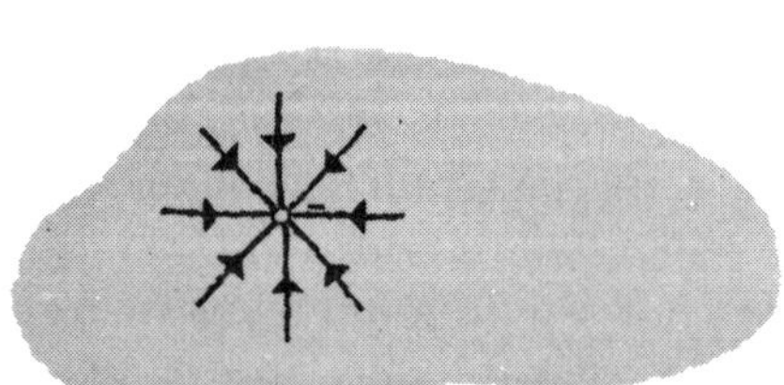

Abb. 8.9

An einer ebenen Oberfläche ist die Kraft, die auf eine gegebene Ladung von ihren Nachbarladungen ausgeübt wird, parallel zur Oberfläche gerichtet, so daß sie die Ladung nicht aus der Oberfläche hinausstößt (Abb. 8.10a). Ist jedoch die Oberfläche nach außen gekrümmt, sind die Kräfte der Nachbarladungen nicht entgegengesetzt gerichtet. Sie haben eine Resultierende, die die Ladung aus der Oberfläche hinaustreibt (Abb. 8.10b). Je stärker die Oberfläche gekrümmt ist, desto deutlicher tritt dieser Effekt in Erscheinung.

Ein Blitzableiter wirkt als leitender Punkt auf der Oberfläche der leitenden Erde. Die elektrischen Ladungen des Gewitters treten dann eher in diese hohen leitenden Punkte ein als in die nahegelegenen Gebäude, zu deren Schutz der Blitzableiter gebaut wurde.

Während des amerikansichen Unabhängigkeitskrieges stellte König Georg III unmißverständlich fest, daß die von dem rebellischen Benjamin Franklin erfundenen spitzen Blitzableiter weitaus weniger wirksam seien als die stumpfen Stäbe, die von einem treuen britischen Untertan angepriesen wurden. Er ließ daher die spitzen Stäbe vom Pulvermagazin und Palast entfernen. Soweit wir feststellen können, wurden die Gesetze der Elektrizität und des Magnetismus durch diese königliche Entscheidung nicht beeinflußt. Der berühmte amerikanische Wissenschaftler und Staatsmann nahm diese Entscheidung mit Humor. Er meinte, er bedauere nur, daß der König die Blitzableiter nicht ganz abgeschafft habe.

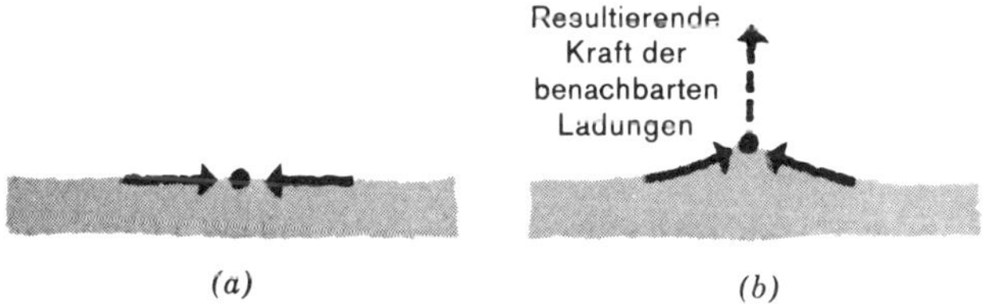

Abb. 8.10

Der Van de Graaff Generator

Der Van de Graaf Generator dient im Laboratorium dazu, Ladungen mit sehr hoher elektrischer potentieller Energie auf einer Kugel zu sammeln. Diese potentielle Energie kann bei verschiedenen Experimenten dazu dienen, geladene Teilchen auf hohe kinetische Energien zu beschleunigen. Wie wir gesehen haben, gibt es im Innern eines Leiters weder ein Feld noch freie Ladungen, daher bleiben die Ladungen an der Oberfläche. Diese Situation ändert sich auch nicht, wenn ein Teil des Materials aus dem Innern entfernt wird, so daß ein Hohlraum entsteht, denn in dem entfernten Material befanden sich ja keine freien Ladungen. In diesem Hohlraum gibt es weder ein Feld noch eine Ladung, so lange nicht eine Ladung von außen hineingebracht wird. Selbst wenn es eine kleine Öffnung gibt, die von außen in den Hohlraum führt, wird das Feld im Innern sehr klein sein.

An der Spitze des Van de Graaff Generators (Abb. 8.11b) befindet sich eine große Hohlkugel aus leitendem Material, in die durch eine Öffnung von unten Ladung hineingebracht werden kann. Da das Feld im Innern der Kugel sehr gering ist, wird die Ladung leicht auf die Innenseite der Kugel abgegeben. Die Ladung bleibt nicht dort, sondern fließt auf die Außenseite der Kugel. Indem wir immer mehr Ladung hineinbringen, können wir eine große Ladung auf der Außenseite der Kugel aufbauen. Das könnten wir nicht tun, falls wir die Ladung direkt auf die Außenseite der Kugel brächten, weil sich dort ein hohes elektrisches Feld bildet, wenn die Ladung erhöht wird. Die Ladung würde von der Kugel abfließen, anstatt sich auf ihr zu sammeln.

Die Ladung wird durch ein Band aus isolierendem Material in die Kugel gebracht. Sie wird oben von spitzen Nadeln abgenommen, die innen mit der leitenden Hohlkugel verbunden sind. Unten kann die Ladung in verschiedener Weise auf das Band gebracht werden – z. B. durch Reibung.

Magnetische Kräfte und Felder

Magnetische Kräfte wurden zuerst an Permanentmagneten studiert. Magnete werden im allgemeinen aus Legierungen von Eisen und

(a)

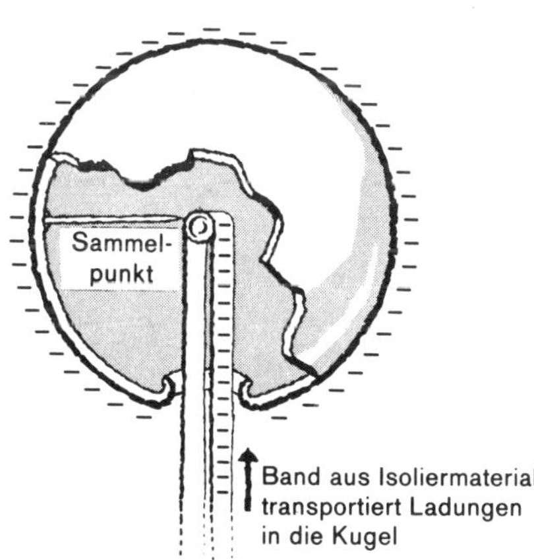
Sammel-
punkt
Band aus Isoliermaterial
transportiert Ladungen
in die Kugel

(b)

Abb. 8.11

Nickel hergestellt. Sie üben untereinander sowie auf andere Gegenstände aus Eisen, Nickel und bestimmten anderen Metallen anziehende Kräfte aus. An bestimmten Stellen des Magneten, die *Pole* genannt werden, sind die magnetischen Kräfte besonders stark. Die Erde ist selbst ein Magnet, dessen Pole in der Nähe des geographischen Nord- bzw. Südpols liegen. Die zwei Pole eines Magneten sind nicht gleich. Wird ein Magnet drehbar an einem Faden aufgehängt, dann richtet sich ein Pol nach Norden und der andere nach Süden. Eine Kompaßnadel ist solch ein Magnet. Der Pol, der sich nach Norden wendet, heißt Nordpol des Magneten. Der andere wird als Südpol bezeichnet. Alle magnetischen Nordpole stoßen einander ab. Alle magnetischen Südpole stoßen einander ab. Alle magnetischen Nordpole ziehen alle magnetischen Südpole an und umgekehrt. In anderen Worten, gleiche Pole stoßen sich ab, ungleiche ziehen sich an.

Durch das Zerbrechen eines Magneten entstehen keine freien (isolierten) Nord- oder Südpole (siehe Abb. 8.12). Wenn wir dieses Experiment ausführen, dann stellen wir fest, daß in jeder Hälfte automatisch der andere Pol entsteht, so daß jedes Stück wieder ein vollständiger Magnet mit zwei Polen ist. Es gibt keine freien Magnetpole – magnetische Pole treten immer paarweise auf.

Abb. 8.12

Das magnetische Feld in der Umgebung von Magneten und Strömen

Den Einfluß eines Magneten auf seine Umgebung beschreiben wir mit dem Begriff des magnetischen Feldes. Wir können eine Magnetnadel verwenden, um die Feldlinien zu verfolgen und aufzuzeichnen

(Abb. 8.13). Der Nordpol der Kompaßnadel zeigt die Richtung der magnetischen Kraft, die auf ihn wirkt. Die Kraft auf den Südpol weist in die entgegengesetzte Richtung. Ebenso wie das elektrische Feld ist auch das magnetische Feld am stärksten, wo die Feldlinien eng zusammenlaufen und es wird schwächer, wenn sich die Feldlinien voneinander entfernen.

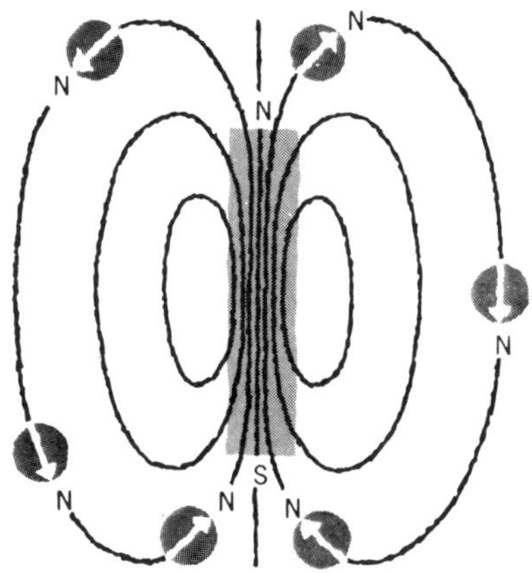

Abb. 8.13

Während einer Vorlesung entdeckte der dänische Physiker Hans Christian Oersted (1771–1851) eine bemerkenswerte Verbindung zwischen Elektrizität und Magnetismus. Als zufällig ein Kompaß in der Nähe eines Drahtes stand, bemerkte er zu seiner Überraschung, daß sich die Nadel bewegte, wenn ein elektrischer Strom durch den Draht floß. Obwohl die Kompaßnadel nicht geladen ist, stellt sie sich senkrecht zum Draht, wenn ein Strom durch den Draht fließt und kehrt ihre Richtung um, wenn der Strom in entgegengesetzter Richtung fließt (siehe Abb. 8.14). Das bedeutet, daß der elektrische Strom (allgemeiner gesagt jede bewegte elektrische Ladung) ein magnetisches Feld erzeugt. Ebenso wie im Fall des Permanentmagneten können wir auch hier das Feld mit einem Kompaß messen. Abb. 8.15a zeigt das Magnetfeld in der Umgebung eines stromdurchflossenen geraden Drahtes, Abb. 8.15b in der Umgebung einer Stromschleife. Je mehr Strom fließt, desto stärker ist das magnetische Feld. Tatsächlich ist das magnetische Feld in jedem Punkt des Raumes pro-

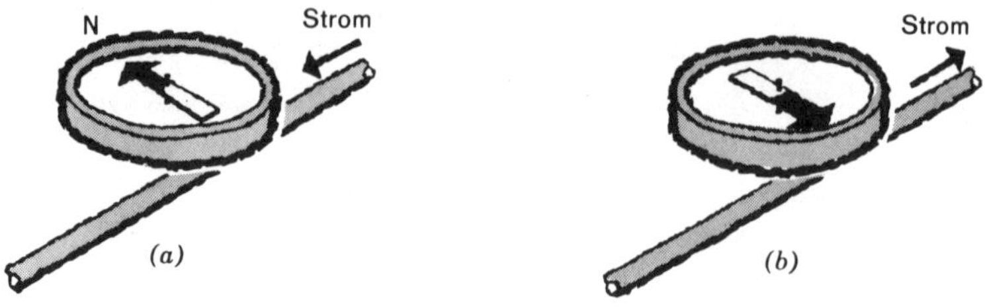

Abb. 8.14

portional zu dem Strom, der es hervorruft. Die magnetischen Feldlinien enden nirgendwo. Wenn es so etwas wie einen freien Magnetpol gäbe, so wie es freie elektrische Ladungen gibt, dann könnten die magnetischen Feldlinien an den Polen enden. Bisher sind jedoch noch nie freie Magnetpole beobachtet worden*.

Das magnetische Feld der Stromschleife in Abb. 8.15b ähnelt sehr dem Feld des Magneten in Abb. 8.13 (siehe auch Abb. 8.16). Eine Seite der Schleife ist ein Nordpol, die andere Seite ist ein Südpol.

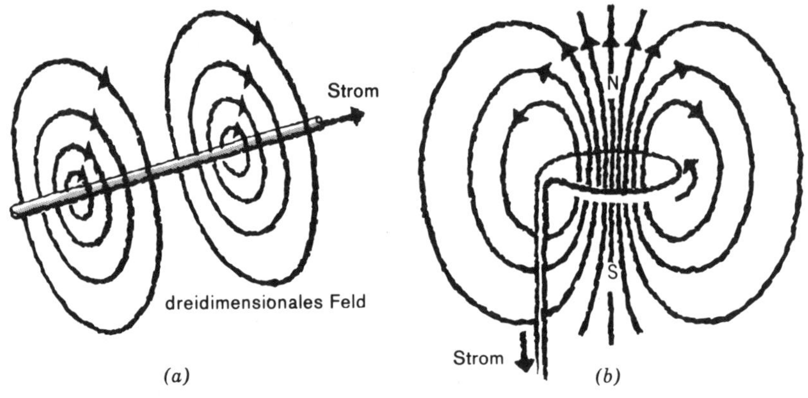

Abb. 8.15

* In Gravitationsfeldern sowie in elektrischen und magnetischen Feldern kann es im Raum Punkte geben, in denen das Feld die Größe Null hat. In solchen Punkten können sich Feldlinien sich scheinbar kreuzen oder enden, ohne an einer Masse oder Ladung zu enden. Diese Punkte sind erlaubte Ausnahmen von der allgemeinen Regel, daß Feldlinien sich nicht kreuzen, daß Gravitationsfeldlinien nur an Massen enden, daß elektrische Feldlinien nur an positiven Ladungen beginnen und nur an negativen Ladungen enden sowie daß magnetische Feldlinien nirgendwo beginnen oder enden.

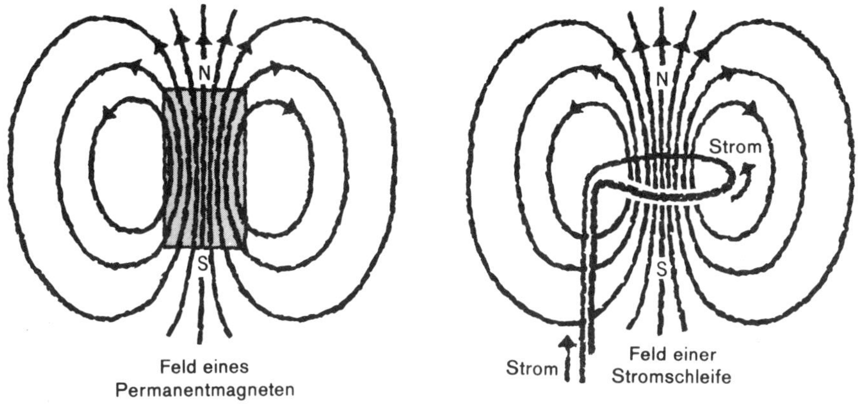

Abb. 8.16

Lassen wir den Strom in der Schleife in entgegengesetzter Richtung fließen, kehren sich die Pole um. Feldlinien sind imaginäre Linien, die im Raum gezeichnet werden, um die Richtung und Größe des Feldes anzugeben. Wie wir gesehen haben, ist die Richtung des Feldes durch die Richtung der Feldlinien gegeben. Die Abbildungen 8–17a und b zeigen, wie die Größe des Feldes mit dem Abstand der Feldlinien zusammenhängt. Das kleine Quadrat ist ein Flächenstück senkrecht zu den Feldlinien. In einem starken Feld (Abb. 8–17a) gehen viele Feldlinien durch das Quadrat. In einem schwachen Feld gehen weniger Feldlinien hindurch. Die Stärke des Feldes ist proportional zur Zahl der Feldlinien, die durch ein gegebenes kleines Flächenstück (z. B. das Quadrat) gehen, das senkrecht zu den Feldlinien steht. (Wir nehmen an, daß das Flächenstück so klein ist, daß die Stärke des Feldes sich von einem Teil des Flächenstücks zum anderen nicht wesentlich ändert).

Die Abbildungen 8–17c und d zeigen, was mit den magnetischen Feldlinien geschieht, wenn der Strom durch die Schleife erhöht wird. Wenn der Strom verdoppelt wird, wird auch die Zahl der Feldlinien, die durch die Schleife hindurchgehen, verdoppelt. Tatsächlich wird die von der Schleife hervorgerufene Feldstärke überall im Raum auf den doppelten Wert erhöht.

Die Wissenschaftler sind heute zu dem Schluß gelangt, daß die Eigenschaften der Materie auf die elektrischen Ströme innerhalb der Atome zurückzuführen sind. Die Atome enthalten geladene Elektronen, die

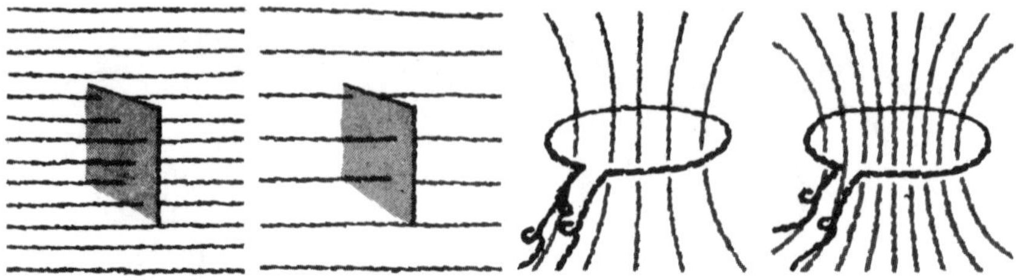

Abb. 8.17

sich auf Kreisbahnen bewegen bzw. um sich selbst drehen, so daß sie winzige Stromschleifen darstellen, die entweder einzeln oder in Gruppen als kleine Magnete wirken und magnetische Felder erzeugen. In manchen Elementen, z. B. Eisen, bewirken die winzigen Stromschleifen insgesamt, daß sich das ganze Atom wie ein kleiner Magnet verhält. In unmagnetisiertem Eisen sind diese Magnete ungeordnet und wirken in verschiedenen Richtungen. Ihre magnetischen Kräfte heben sich daher gegenseitig auf. In magnetisiertem Eisen sind diese kleinen Magnete einheitlich ausgerichtet, so daß ihr Zusammenwirken ein starkes Magnetfeld ergibt.

Die kleinen Magnete in einem Eisenstab können durch die Wirkung des magnetischen Feldes eines Permanentmagneten ausgerichtet werden, ebenso wie in Abb. 8.13 die Kompaßnadeln durch das magnetische Feld ausgerichtet wurden. Dieser Vorgang wird als Magnetisierung bezeichnet. Unter der Wirkung dieses Feldes verhält sich der Stab selbst als Magnet und wird daher von dem Permanentmagneten angezogen. (Abb. 8.18). Auf diese Weise können Permanentmagnete andere Gegenstände aus magnetisierbarem Material anziehen. Der Gegenstand wird selbst ein induzierter Magnet mit eigenem Nord- und Südpol, so daß Anziehung auftritt.

Wird ein magnetisierter Stab dem Einfluß des Permanentmagneten entzogen, dann behält er seine Magnetisierung bis zu einem gewissen Grade. Die magnetischen Materialien unterscheiden sich sehr stark, sowohl in ihrer Fähigkeit, in Gegenwart eines anderen Magneten magnetisiert zu werden, als auch in ihrer Fähigkeit, diese Magnetisierung zu behalten, nachdem der andere Magnet entfernt worden ist.

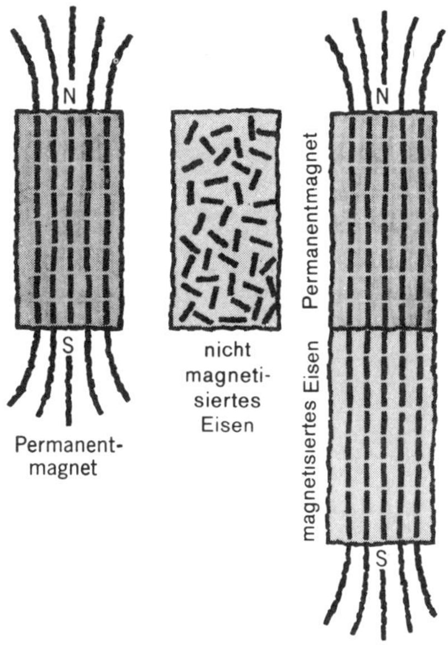

Abb. 8.18

Das in Abb. 8.19 skizzierte Experiment zeigt, daß die einheitliche Ausrichtung der kleinen Magnete für die magnetischen Erscheinungen verantwortlich ist. Der beweglich aufgehängte Eisenklotz wird von dem Permanentmagneten angezogen. Wird der Klotz mit einem Brenner geheizt, hört schließlich die Anziehung durch den Permanentmagneten auf, so daß der Klotz abfällt. Nach der Abkühlung wird er wieder angezogen. Die Wärme erhöht die innere Energie des Metallklotzcs und damit die ungeordnete Bewegung der Moleküle und Elektronen. Diese heftige ungeordnete Bewegung zerstört die Ausrichtung der kleinen Magnete in dem Klotz, die durch das magnetische Feld des Permanentmagneten hervorgerufen worden war. Ohne diese Ordnung kann der Klotz nicht als Magnet wirken und von dem Permantmagneten nicht angezogen werden.

Ein Elektromagnet wird aus einem Eisenkern und einer stromführenden Wicklung aus Drahtschleifen hergestellt. Wenn Strom durch den Draht fließt, wirken die Drahtschleifen als Magnet, indem sie ein magnetisches Feld erzeugen. Dieses Feld richtet die kleinen Magnete in dem Eisenkern aus, der dann das Gesamtfeld stark erhöht. Wird der Strom abgeschaltet, kehren die kleinen Magnete wieder in den

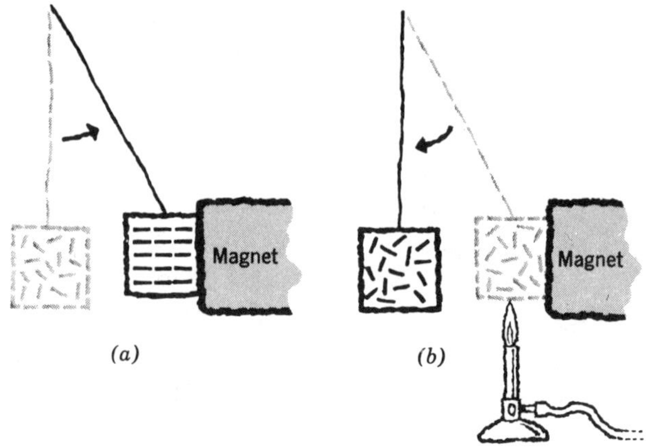

Abb. 8.19

ungeordneten Zustand zurück. Für Elektromagnete macht man den Kern aus einem Material, das sich durch ein magnetisches Feld leicht magnetisieren läßt, aber nur wenig von der Magnetisierung zurückbehält, wenn das Feld abgeschaltet wird.

In diesem Abschnitt haben wir das Prinzip erläutert, daß *alle* magnetischen Felder von bewegten Ladungen hervorgerufen werden, seien es die bekannten elektrischen Ströme in Drähten oder die verborgenen elektrischen Ströme in den Atomen. Die magnetischen Kräfte entstehen tatsächlich durch die Wechselwirkung zwischen bewegten Ladungen. Wo immer es bewegte Ladungen gibt, gibt es auch magnetische Effekte.

Die magnetische Kraft auf bewegte Ladungen

Alle magnetischen Erscheinungen sind im Grunde elektrischer Natur. Ein magnetisches Feld ist nicht dasselbe wie das elektrische Feld, das von einer ruhenden Ladung hervorgerufen wird, sondern es ist ein *zusätzliches* Feld, das entsteht, wenn sich die Ladung bewegt. Wir haben schon darauf hingewiesen, daß eine Stromschleife und ein Stabmagnet von gleichen magnetischen Feldern umgeben sind. In beiden Fällen läßt sich die von dem magnetischen Feld hervorgerufene Kraft durch die Anziehung und Abstoßung magnetischer Pole beschreiben. Meistens sind wir jedoch daran interessiert, die

Kräfte zu berechnen, die auf Ströme geladener Teilchen oder auf stromdurchflossene Leiter verschiedener Gestalt ausgeübt werden. In diesen Fällen hilft uns der Begriff des magnetischen Pols nicht viel weiter.

Die allgemeine Form des magnetischen Kraftgesetzes ist kompliziert. Zwei einfache Tatsachen, die sich aus diesem Gesetz ableiten lassen, sind, daß Ströme, die in derselben Richtung fließen, einander anziehen, während Ströme entgegengesetzter Richtung einander abstoßen. Wir bekommen ein besseres Verständnis für diese Kräfte, wenn wir uns ansehen, wie Ströme (bewegte Ladungen) magnetische Felder erzeugen und dann untersuchen, welche Wirkung magnetische Felder auf das Verhalten anderer Ströme (bewegter Ladungen) haben. Dementsprechend beschreiben wir das Verhalten magnetischer Kräfte wie folgt:

Abgesehen von einer Ausnahme erfährt jede Ladung, die sich in einem äußeren Magnetfeld bewegt, eine Kraft, die sowohl senkrecht zu ihrer Bewegung als auch senkrecht zum Magnetfeld gerichtet ist. Das heißt, eine bewegte Ladung (oder ein Strom, der aus vielen bewegten Ladungen in einem Leiter besteht) erzeugt ein Magnetfeld. Wenn diese bewegte Ladung sich durch das Magnetfeld eines anderen Systems bewegt, erfährt sie eine ablenkende Kraft senkrecht zu ihrer Bewegung. Die Ausnahme bezieht sich auf den Fall, daß die Ladung sich parallel zur Richtung des magnetischen Feldes bewegt. In diesem Fall gibt es keine ablenkende Kraft.

Wir können diese einfache Beschreibung der magnetischen Kraft in verschiedener Weise illustrieren. Stellen wir uns z. B. einen Strahl von

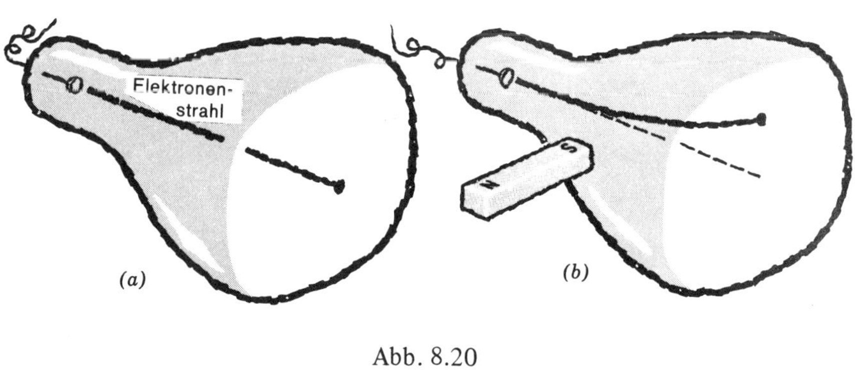

Abb. 8.20

Elektronen vor, der sich auf einer Geraden bewegt (Abb. 8.20). Die Elektronen durchlaufen eine Röhre und treffen dann auf einen Leuchtschirm, wie er im Fernsehgerät verwendet wird. Beim Auftreffen erzeugen die Elektronen auf dem Leuchtschirm einen hellen Fleck. Bringen wir einen Magneten in die Nähe, dann werden die Elektronen abgelenkt, so daß sie auf einem anderen Punkt auftreffen.

Die Bewegung eines Elektrons oder eines anderen geladenen Teilchens in einem zeitlich konstanten Magnetfeld ist ziemlich merkwürdig. (Wir nehmen an, daß keine zusätzlichen elektrischen oder Gravitationsfelder wirken). Das Teilchen bewegt sich auf gekrümmten Bahnen um die Feldlinien, wobei es seine Richtung, aber nicht den Betrag der Geschwindigkeit ändert (siehe Abb. 8.21 a). Das magnetische Feld kann den Betrag der Geschwindigkeit eines bewegten geladenen Teilchens nicht erhöhen, weil die Kraft einen rechten Winkel mit der Geschwindigkeit bildet. Eine besonders einfache Bewegung entsteht, wenn sich ein Teilchen in einem konstanten homogenen Magnetfeld senkrecht zu den Feldlinien bewegt. Ein solches Feld ändert sich nicht mit der Zeit und es hat im ganzen uns interessierenden Raum dieselbe Größe und Richtung. In diesem Fall bewegt sich das Teilchen auf einem Kreis (Abb. 8.21 b). Die magnetische Kraft erzeugt die Zentripetalkraft, die diese Kreisbewegung aufrecht erhält.

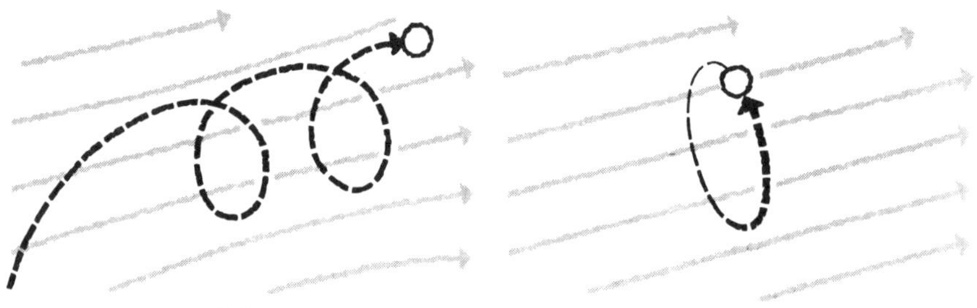

Abb. 8.21

Anwendungen der magnetischen Kräfte

Der Elektromotor. Man kann die magnetischen Kräfte benutzen, um einen stromführenden Draht zu bewegen oder zu beschleunigen.

Abb. 8.22 zeigt einen einfachen Draht, der auf einen Rahmen gewickelt und mit einer Batterie verbunden ist. (Wir brauchen jetzt nur zu wissen, daß die Batterie einen Strom durch den Draht fließen läßt.) Der Draht verläuft zwischen den Polen des Magneten und befindet sich daher in einem magnetischen Feld. Wenn der Schalter geschlossen wird, so daß ein Strom durch den Draht fließt, bewegt sich der Draht. Je nach der Richtung des Stromes erfolgt die Bewegung nach oben oder nach unten. Die durch den Draht fließenden Elektronen werden rechtwinklig zu ihrer Bewegung abgelenkt. Dadurch bewegt sich der ganze Draht senkrecht zu den magnetischen Feldlinien und seiner eigenen Längsrichtung.

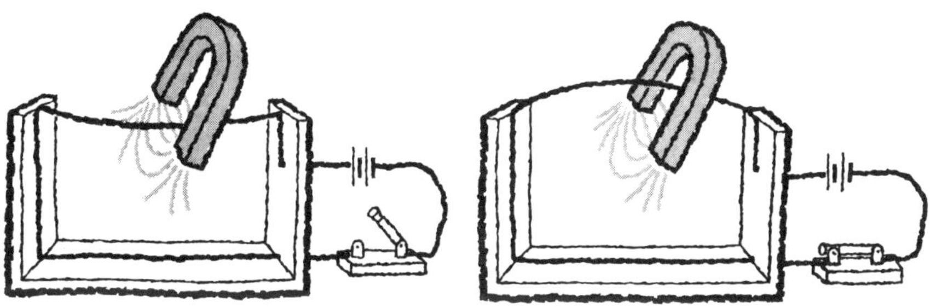

Abb. 8.22

Die in diesem Experiment auftretende Kraft kann dazu dienen, einen Elektromotor zu betreiben. Abb. 8.23 zeigt einen Elektromotor, in dem Elektronen durch eine Drahtschleife oder -spule fließen, die sich in einem magnetischen Feld befindet. Die Kraft auf die in der Spule fließenden Elektronen bewirkt die Drehung der Spule und damit des Motors. Mit einer an der Spule befestigten Welle kann man dann einen Mixquirl, ein Mühlrad, eine Vakuumpumpe oder viele andere Geräte antreiben.

Wenn die Fläche der Stromschleife senkrecht zu den magnetischen Feldlinien steht, sind die Kräfte antiparallel gerichtet, so daß die Bewegung zum Stillstand kommt. Um eine fortdauernde Drehung zu erzielen, sind die Anschlüsse der Stromschleife mit zwei voneinander isolierten schalenförmigen Kontakten (dem Kommutator) verbunden. Durch die Drehung des Kommutators wird die Stromrichtung in der Schleife im richtigen Moment umgepolt, so daß sie eine weitere halbe

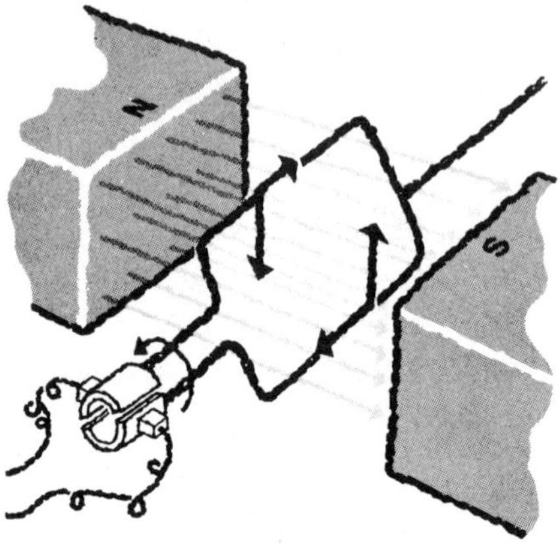

Abb. 8.23

Umdrehung ausführt. Technisch verwendete Maschinen haben natürlich mehrere Wicklungen, um einen gleichmäßigen Lauf zu erreichen.

Das Zyklotron. Der amerikanische Physiker Ernest O. Lawrence (1902–1958) erfand ein Gerät, mit dem geladene Teilchen, z. B. Protonen, durch eine Kombination magnetischer und elektrischer Felder beschleunigt werden können. Dieses als Zyklotron bezeichnete Gerät ist in Abb. 8.24 skizziert. Zwei hohle D-förmige Leiter sind entgegengesetzt geladen, so daß zwischen ihnen ein elektrisches Feld entsteht. Ein magnetisches Feld durchdringt die beiden D senkrecht zu ihnen und zum elektrischen Feld. Das Proton startet etwa in der Mitte des Raumes zwischen den beiden Leitern und wird durch das elektrische Feld von einem D zum anderen beschleunigt. Innerhalb eines leitenden D ist das elektrische Feld schwach. Infolge der Wirkung des magnetischen Feldes beschreibt das Proton einen Halbkreis und tritt wieder in den Raum zwischen den beiden D hinaus. Wenn es in diesen Raum eintritt, hat sich inzwischen die Richtung des elektrischen Feldes umgekehrt. Also wird es wieder beschleunigt, tritt in das andere D ein, und beschreibt wieder eine gekrümmte Bahn. Diesmal hat es aber eine höhere Geschwindigkeit und bewegt sich daher auf einem größeren Kreis. Dieser Vorgang wiederholt sich ständig, wobei das elektrische Feld die Geschwindigkeit des Teilchens immer weiter erhöht und das Magnetfeld das Teilchen auf der gekrümmten Bahn hält, damit es das Zyklotron nicht verläßt. Wenn das Teilchen den äußeren Rand eines D erreicht, wird es abgelenkt und verläßt das Zyklotron mit seiner hohen Energie (Abb. 8.24 b). Eine große Vielfalt ähnlicher Beschleuniger ist konstruiert worden, um hochenergetische Teilchen für die Forschung und industrielle Anwendungen zu liefern. Diese Geräte verwenden magnetische Felder, um die Teilchen genau oder annähernd auf einer Kreisbahn zu halten, so daß die Energie der Teilchen durch die ständig wiederholte Einwirkung elektrischer Felder erhöht werden kann.

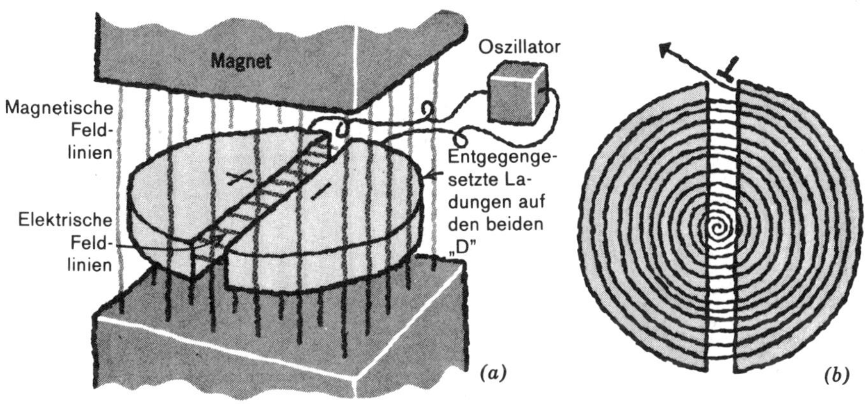

Abb. 8.24

Richtungen und Größen der magnetischen Kräfte und Felder

Abb. 8.25 a illustriert eine „Rechte-Hand-Regel" zur Bestimmung der Richtung des Magnetfeldes in der Umgebung eines elektrischen Stromes oder einer bewegten Ladung. Wenn der Daumen der rechten Hand in die Richtung des Stromes weist, dann zeigen die gebogenen Finger der rechten Hand die Richtung des Magnetfeldes an. Die Richtung des Stromes ist die Richtung, in der sich die (positive) Ladung bewegt. Wird der Strom durch die Bewegung negativer Ladungen, z. B. Elektronen, verursacht, dann ist die Stromrichtung entgegengesetzt zur Bewegungsrichtung der negativen Ladungen (siehe Abb. 8.25 b und c).

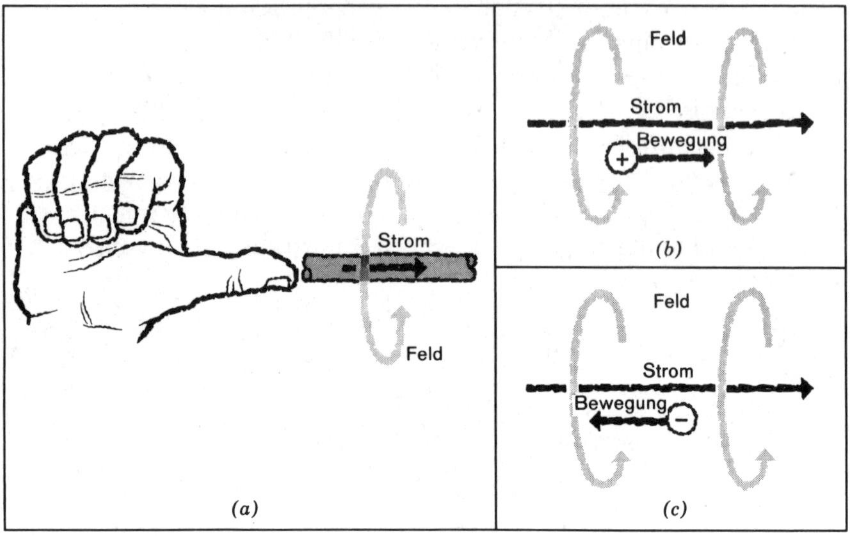

Abb. 8.25

Mit dieser Regel kann man auch die Richtung des Feldes einer Stromschleife finden. In diesem Spezialfall können wir aber auch eine andere, bequemere Regel verwenden (Abb. 8.26). Die Finger der rechten Hand stellen die Richtung des Stromes in der Schleife dar, und die magnetischen Feldlinien in der Mitte der Schleife liegen in der Richtung des Daumens. Der magnetische Nordpol dieser Stromschleife liegt in der Richtung des Daumens.

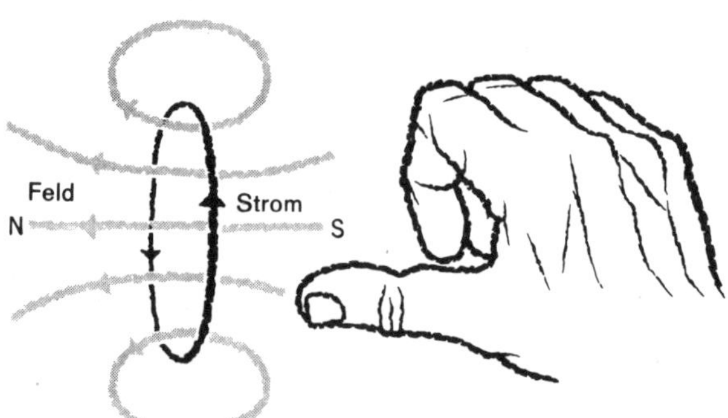

Abb. 8.26

Die nächste Regel gibt uns die Kraft auf eine im Magnetfeld bewegte Ladung. Wir wollen eine bewegte positive Ladung betrachten; die Kraft auf eine bewegte negative Ladung hat die entgegengesetzte Richtung. Abb. 8.27 zeigt die Beziehung zwischen den Richtungen. Wir weisen mit dem Daumen der rechten Hand in die Bewegungsrichtung der positiven Ladung. Wir legen den Zeigefinger in die Richtung der magnetischen Feldlinien. Dann weist der Mittelfinger in die Richtung der Kraft, die auf die Ladung wirkt. Für eine negative Ladung kann man die linke Hand nehmen.

Es könnte scheinen, die einfachste Art des Stromes sei eine einzelne bewegte Ladung. Das Magnetfeld in der Umgebung einer solchen Ladung ist jedoch nicht sehr einfach. Die Richtung der magnetischen Feldlinien in der Umgebung einer bewegten Ladung ist in den Abb. 8.25a und b dargestellt. Die magnetischen Feldlinien verlaufen in Ebenen senkrecht zur Bewegungsrichtung. Sie bilden geschlossene Kreise, deren Mittelpunkte auf der Bahn des Teilchens liegen. Die magnetischen Feldlinien einer bewegten Ladung stehen senkrecht auf den elektrischen Feldlinien derselben Ladung. Ebenso wie der Betrag des elektrischen Feldes einer einzelnen Ladung fällt auch der Betrag des magnetischen Feldes einer bewegten Ladung mit der Entfernung ab, und zwar umgekehrt proportional zum Quadrat des Abstandes von der Ladung. Im Gegensatz zum elektrischen Feld einer ruhenden Ladung hängt jedoch das magnetische Feld einer bewegten Ladung in einem gegebenen Punkt des Raumes sowohl von der Entfernung als auch von der Richtung des Punktes

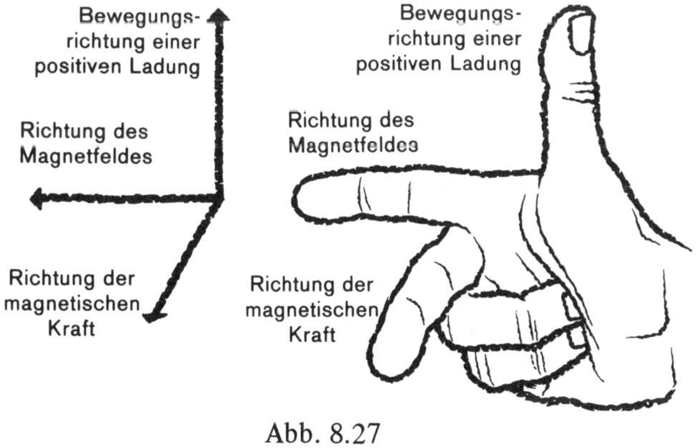

Abb. 8.27

im Bezug auf die Ladung ab. Auf der Bahn des Teilchens ist das magnetische Feld direkt vor und hinter dem Teilchen praktisch Null.

Der Betrag B des Magnetfeldes, das von dem Strom in einem langen Draht hervorgerufen wird, ist durch eine einfache Gleichung gegeben

$$B = \frac{2K_e I}{c^2 r} = \frac{\mu_0 I}{2\pi r}. \tag{3}$$

(siehe Abb. 8.25a). Die Konstante K_e in dieser Gleichung ist dieselbe Konstante, die in dem Gesetz der elektrischen Kraft (Gl. 1) erscheint; c ist die Lichtgeschwindigkeit, $2{,}99793 \times 10^8$ Meter pro Sekunde, I ist der Strom in dem Draht; und r ist der Abstand vom Draht zu dem Punkt, an dem das Magnetfeld den Betrag B hat. Diese Gleichung gilt theoretisch für einen geraden, unendlich langen Draht, gilt aber auch sehr genau für lange Drähte und selbst für gekrümmte Drähte dicht am Draht. Sie beschreibt das elektrische Feld außerhalb (nicht innerhalb) des Drahtes. (wegen der Konstanten siehe Seite 357).

Der Betrag F der Kraft auf eine Ladung, die sich in einem Magnetfeld senkrecht zur Richtung des Feldes bewegt, ist gegeben durch die Gleichung

$$F = qvB \tag{4}$$

Diese Gleichung beschreibt die Kraft auf eine Ladung q, die sich mit der Geschwindigkeit v in einem Magnetfeld der Größe B bewegt (Abb. 8.21b). Wenn die Bewegung nicht senkrecht zum Feld erfolgt, ist für v in dieser Gleichung die Geschwindigkeitskomponente des Teilchens senkrecht zum Magnetfeld einzusetzen. (Diese Kraft wird als Lorentz-Kraft bezeichnet. Anm. d. Übers.)

Induzierte elektrische Ströme

Das Induktionsgesetz

Wir haben gesehen, daß ein elektrischer Strom ein Magnetfeld erzeugt. Der englische Physiker Michael Faraday (1791–1867) und seine Zeitgenossen glaubten, daß ein Magnetfeld seinerseits in der Lage sein sollte, in einem Leiter einen elektrischen Strom hervorzurufen. Verschiedene Wissenschaftler führten Versuche aus, indem sie verschiedene Spulen in verschiedenen Lagen in verschiedene Magnetfelder setzten. Faraday, der von der Symmetrie der Natur überzeugt war, entdeckte schließlich, daß er einen solchen Strom erhalten konnte, vorausgesetzt, daß sich das Magnetfeld änderte oder daß der Leiter in bestimmter Weise im Magnetfeld bewegt wurde. Diese Ströme werden *induzierte* Ströme genannt.

Abb. 8.28 zeigt eine Anordnung, in der die Bewegung eines Leiters in einem Magnetfeld einen elektrischen Strom hervorrufen kann. Der Draht der Spule ist mit der Glühlampe verbunden, so daß der Strom in der Spule auch durch die Glühlampe fließen muß. Ein Magnet wird in die Spule gebracht und dann schnell herausgezogen. Wenn sich der Magnet und die Spule relativ zueinander bewegen, leuchtet die Lampe auf und beweist damit, daß in der Spule ein Strom fließt. Wenn die Relativbewegung aufhört, erlischt die Lampe. Je schneller die Relativbewegung erfolgt, desto heller leuchtet das Licht. Damit ist gezeigt, daß der in der Spule induzierte Strom um so größer ist, je schneller die Bewegung stattfindet. Jedesmal, wenn sich die Gesamtzahl der durch eine Spule tretenden magnetischen Feldlinien ändert, wird in der Spule ein Strom induziert. Der induzierte Strom ist proportional zu der Geschwindigkeit, mit der diese Änderung der Feldlinienzahl erfolgt.

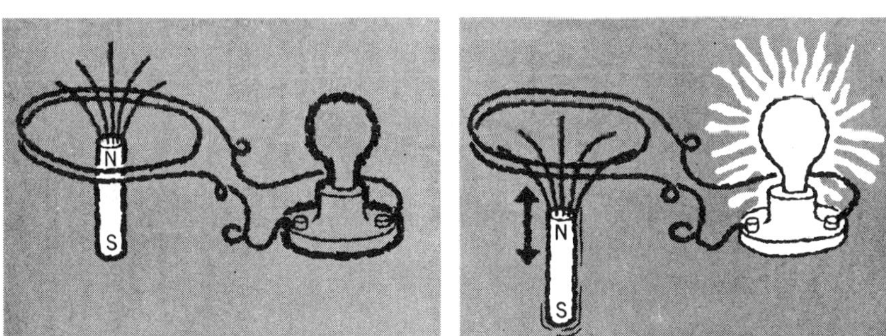

(a) (b)

Abb. 8.28

Der elektrische Generator

Nach dieser Diskussion der induzierten Ströme können wir die Wirkungsweise eines elektrischen Generators erklären. Abb. 8.29 stellt die Skizze einer solchen Anordnung dar. Durch die Drehung des Wasserrades dreht sich die Spule in dem Magnetfeld. Hierdurch ändert sich die Gesamtzahl der magnetischen Feldlinien durch die Spule. Diese Änderung erzeugt einen Induktionsstrom in der Spule, der durch die Anschlüsse hinaus fließt und die Lampe zum Glühen bringt. Dies ist ein einfaches Gerät, um durch mechanische Bewegung einen elektrischen Strom zu erzeugen. Es ist sehr ähnlich dem Elektromotor, in dem der elektrische Strom eine mechanische Bewegung erzeugt. Dies sind entgegengesetzte Prozesse, aber die Geräte, die sie durchführen, sind einander sehr ähnlich.

Wir wissen, daß elektrische Maschinen Arbeit leisten können. Daher ist mit den elektrischen Strömen Energie verbunden. Der Motor und der Generator sind Geräte, die dazu verwendet werden können, elektrische Energie in andere Formen der Energie zu überführen oder aus ihnen zu erhalten. Die Energie wird mit Hilfe der Arbeit transformiert, die entweder an dem Generator oder von dem Motor verrichtet wird.

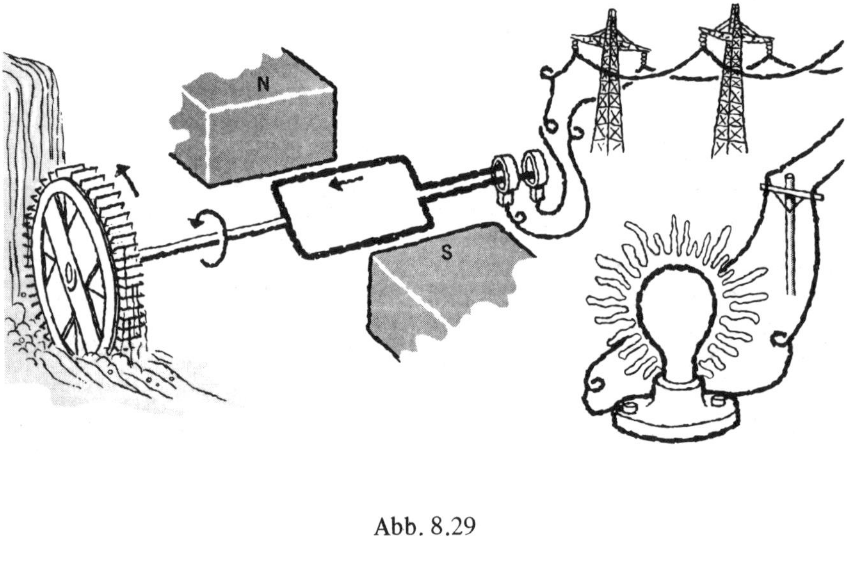

Abb. 8.29

Die Richtung der induzierten Ströme

Ein induzierter Strom hat selbst ein Magnetfeld. Dieses Feld wirkt der jeweiligen Änderung entgegen, die den Strom zunächst hervorrief. Wenn es die Bewegung eines Leiters war, die die Änderung hervorrief, dann ist der induzierte Strom so gerichtet, daß die auf ihn wirkende Kraft der Bewegung entgegengerichtet ist. Demnach können wir ein allgemeines Gesetz formulieren, das die Richtung der induzierten Ströme angibt. (Lenz'sche Regel).

Der induzierte Strom ist so gerichtet, daß er der Änderung entgegenwirkt, die ihn hervorgerufen hat.

Die elektromagnetische Wechselwirkung

Obwohl wir in diesem Kapitel elektrische und magnetische Kräfte getrennt diskutiert haben, haben wir gesehen, daß diese beiden Arten der Kraft sehr eng miteinander verbunden sind. Tatsächlich bewirken sie gemeinsam die Wechselwirkung zwischen zwei geladenen Objekten, die auf ihre Ladung zurückzuführen ist. Daher sollten wir, anstatt die Kräfte getrennt zu betrachten, besser von der *elektromagnetischen Wechselwirkung* sprechen, die beide Kräfte einschließt. Wenn die beiden geladenen Gegenstände in Ruhe sind, dann sind die magnetischen Kräfte Null, so daß nur die elektrischen Kräfte betrachtet zu werden brauchen. Sind jedoch die geladenen Objekte in Bewegung, dann müssen sowohl die elektrischen als auch die magnetischen Kräfte berücksichtigt werden.

Da die elektrischen und magnetischen Kräfte eng miteinander verbunden sind, sind auch ihre Felder eng miteinander verbunden, so daß wir korrekt von dem *elektromagnetischen Feld* sprechen müssen. Eine ruhende Ladung erzeugt ein elektromagnetisches Feld, das nur das elektrische Feld enthält. Eine bewegte Ladung erzeugt ein elektromagnetisches Feld, das sowohl ein elektrisches als auch ein magnetisches Feld enthält. Nach dem speziellen Prinzip der Relativität kann eine Ladung je nach dem verwendeten Bezugssystem entweder als ruhend oder als bewegt betrachtet werden, ungeachtet der Tatsache, daß die Felder in den beiden Fällen verschieden sind. Daher sind die beiden Teile des elektromagnetischen Feldes wirklich sehr eng miteinander verbunden.

Bis jetzt haben wir zwei Arten der Wechselwirkung und ihrer Felder eingeführt: Die Gravitationswechselwirkung und die elektromagnetische Wechselwirkung. Diese beiden Wechselwirkungen erklären fast alle Kräfte, denen wir im täglichen Leben begegnen. Die Gravitationswechselwirkung hält uns auf der Erde. Fast alle anderen Kräfte, die wir bemerken, entstehen (direkt oder indirekt) durch die elektromagnetische Wechselwirkung. Wir wissen natürlich, daß viele unserer Maschinen und Geräte elektrisch betrieben werden. Aber selbst die gewöhnlichen Kräfte und Stöße der Objekte untereinander beinhalten elektrische Kräfte. Die Atome werden durch die elektrische Anziehung zwischen den positiven Protonen und den negativen Elektronen zusammen gehalten. Ein Verständnis dieser Kräfte im atomaren Maßstab ist jedoch unmöglich, wenn man nur die in diesem Kapitel diskutierten Gesetze anwendet. Die Prinzipien der Quantenphysik, die in Kap. 11 diskutiert werden, werden uns ein besseres Verständnis dafür ermöglichen, wie die elektrischen Kräfte das Atom zusammenhalten.

Zusammenfassung

I. Grundlegende Gesetze und Prinzipien

A. Das Gesetz der elektrischen Kraft. Die Größe der Kraft ist durch die Formel $F = K_e q_1 q_2/r^2$ gegeben. Die Kraft liegt in der Verbindungsgeraden der beiden Ladungen; ihre Richtung ist dadurch bestimmt, daß gleiche Ladungen sich abstoßen und ungleiche Ladungen sich anziehen. Die elektrische Kraft und die weiter unten erwähnte magnetische Kraft stellen gemeinsam die elektromagnetische Wechselwirkung dar, die zweite fundamentale Wechselwirkung, die wir diskutiert haben.

B. Es gibt keine freien Magnetpole

C. Zwischen bewegten Ladungen existieren magnetische Kräfte. Wir geben hier nicht das exakte Gesetz, sondern diskutieren den Ursprung und die Wirkung der magnetischen Felder.

1. Das von bewegten Ladungen hervorgerufene Magnetfeld
   a. Der Strom im geraden Leiter
   b. Die Stromschleife
2. Die magnetischen Kräfte auf bewegte Ladungen

D. Das Gesetz der induzierten elektrischen Ströme

E. Die Erhaltung der Ladung

II. Größen

A. Fundamentale Größen

1. Die Ladung, ein Skalar. Zwei Arten, positive und negative. Die Einheit der Ladung ist das Coulomb

B. Abgeleitete Größen

1. Der Strom. Der Betrag der Ladung, die pro Sekunde fließt. Die Einheit ist das Ampere, das ist ein Coulomb pro Sekunde.
2. Die Spannung. Die elektrische potentielle Energie pro Ladung, gemessen in Volt oder Joule pro Coulomb.

III. Elementarteilchen

A. Das Elektron. Negativ geladen, $1{,}6 \times 10^{-19}$ Coulomb. Masse $9{,}1 \times 10^{-31}$ Kilogramm

B. Das Proton. Positiv geladen, $1{,}6 \times 10^{-19}$ Coulomb. Masse $1{,}7 \times 10^{-27}$ Kilogramm

IV. Naturkonstanten

A. Elementarladung. Der Betrag der Ladung des Protons: $e = 1{,}6 \times 10^{-19}$ Coulomb

B. Masse des Protons: $m_p = 1{,}7 \times 10^{-27}$ Kilogramm

C. Masse des Elektrons: $m_e = 9{,}1 \times 10^{-31}$ Kilogramm

D. Die elektrische Kraftkonstante: $K_e = 8{,}99 \times 10^9$ Newton Meter²/Coulomb²

V. Felder

A. Das Gravitationsfeld

B. Das elektromagnetische Feld: Es umfaßt das elektrische und das magnetische Feld

VI. Anwendungen

A. Anwendungen der elektrischen Kraft und des elektrischen Feldes

1. Influenzierte Ladungen
2. Das Elektroskop
3. Das Öltröpfchenexperiment
4. Elektrische Verhältnisse in Leitern: Beziehungen zwischen Ladungs- und Feldverteilungen in Leitern, Blitzableiter
5. Der Van de Graaff-Generator

B. Anwendungen der magnetischen Kräfte und Felder

1. Modell. Erklärung des Verhaltens von Permanentmagneten durch die magnetischen Kräfte zwischen Strömen
2. Der Elektromotor
3. Das Zyklotron

C. Anwendungen der Induktionsströme

1. Der elektrische Generator

Fragen

1. Woher wissen wir, daß es nur eine Art der Masse gibt, aber zwei Arten der Elektrizität?
2. „Erinnert" sich ein in Metallfolie gewickelter Baumwollball daran, ob er ein geladenes Objekt berührt hat oder nicht? Erklären Sie Ihre Antwort.

3. Was ist ein „Feld“. Woher wissen wir, daß ein Feld existiert?
4. Was wurde in dem Öltröpfchenexperiment gemessen? Wie wurden diese Resultate interpretiert?
5. Ist ein Draht, in dem ein Strom fließt, notwendigerweise „geladen“?
6. Gibt es auf einem Permanentmagneten eine Gesamtladung?
7. Gibt es irgendeinen nachweisbaren Unterschied zwischen den Magnetfeldern eines Permanentmagneten und denen bewegter Ladungen?
8. Können Sie die Existenz eines Permanentmagneten durch bewegte Ladungen erklären?
9. Was ist der Unterschied zwischen einem elektrischen und einem magnetischen Feld?
10. Was ist der Unterschied zwischen einem Elektromotor und einem elektrischen Generator?
11. Was ist der Unterschied zwischen der elektrischen Kraft und der magnetischen Kraft?
12. Sagen Sie, was in jedem der folgenden Versuche geschieht und erklären Sie es aus den grundlegenden Prinzipien
    a) Eine Spule, die mit einer Glühlampe verbunden ist, wird durch ein Magnetfeld bewegt.
    b) Ein elektrischer Mixquirl wird an die Steckdose angeschlossen.
    c) Ein Magnet wird in die Nähe eines Elektronenstrahls gebracht.
    d) Ein Proton wird in ein Zyklotron gebracht.
13. Mit einem Magneten kann man ein Fernsehbild stören. Was können sie aus dieser Tatsache schließen?
14. Was ist Ladung?
15. Warum könnte der Magnetismus in einem Eisenstab vermindert werden, wenn der Stab erhitzt wird?
16. Konstruieren Sie ein Gerät, mit dem man durch die Drehung einer Kurbel elektrische Energie erhalten kann.
17. Konstruieren Sie einen Elektromotor.

18. Eine negative Ladung wird in Richtung auf einen stromdurchflossenen Draht bewegt, auf dessen gegenüberliegender Seite sich eine positive Ladung befindet. Welche Arten von Feldern wirken und welche Bewegung ist von der negativen Ladung zu erwarten?

19. Durch den unteren der in Abb. 8.30 dargestellten Drähte fließt ein Strom. Welche Effekte erwarten Sie in Bezug auf elektrische und magnetische Felder im Raum sowie Ströme in Drähten und was geschieht mit der Kompaßnadel?

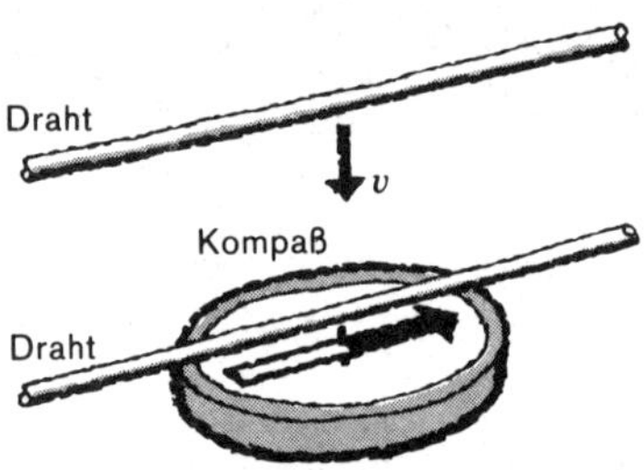

Abb. 8.30

20. Wie kann man mit elektrischen und magnetischen Kräften Gegenstände in Bewegung setzen?

21. Wie kann man Elektrizität erhalten?

22. Sie sind auf einer entlegenen Insel gestrandet, auf der es Wälder, Flüsse, Wasserfälle, zu Tage tretende Vorkommen von Magnetit (magnetisches Eisenerz), gediegenes Kupfer usw. gibt. Wie würden Sie eine moderne technisch-industrielle Zivilisation aufbauen?

23. Wie arbeitet ein Van de Graaff-Generator?

24. Wie arbeitet ein Zyklotron?

25. Was geschieht, wenn ich ein Stück Pelz auf die Spitze eines Van de Graaff-Generators lege, während er geladen wird? Wird es schwerer oder leichter werden, die Maschine zu laden? (Hinweis: Betrachten Sie den Pelz in diesen hohen Feldern als Leiter.)

26. Was würde mit einem Elektroskop geschehen, wenn das auf den Seiten 367–368 beschriebene Experiment mit einem negativ geladenen Stab wiederholt würde? Beschreiben Sie, was bei jedem Schritt mit der Ladung auf den verschiedenen Teilen des Elektroskops geschieht.

27. Woher wissen wir, daß das Fell, das zum Reiben des Hartgummistabes verwendet wurde, eine positive Ladung angenommen hat?

28. Wie groß ist die elektrische Kraft zwischen einem Elektron und einem Proton in einem Abstand von einem Meter?

29. Wie groß ist die Gravitationskraft zwischen einem Elektron und einem Proton in einem Abstand von einem Meter?

30. In einem Draht fließt ein Strom von zwei Ampere. Wieviele Elektronen treten pro Sekunde durch einen bestimmten Querschnitt des Drahtes hindurch?

31. Kann eine Ladung von $2{,}9 \times 10^{-19}$ Coulomb existieren?

32. Kann man sagen, die Masse sei eine Gravitationsladung? Erklären Sie Ihre Antwort.

33. Welches sind die Quellen des Gravitations- und des elektromagnetischen Feldes?

34. Nennen und erklären Sie alle Ihnen bekannten Verbindungen, die es rechtfertigen, die elektrischen und magnetischen Kräfte zur elektromagnetischen Wechselwirkung sowie die elektrischen und magnetischen Felder zum elektromagnetischen Feld zusammenzufassen.

35. Liegt der magnetische Nordpol der Erde in der Nähe des Nordpols?

36. Warum verwendet man in Elektromagneten einen Kern aus magnetischem Material?

37. Warum findet man die Nordlichterscheinungen in der Nähe des Nord- und Südpols, wenn sie durch geladene Teilchen von der Sonne verursacht werden?

38. Wir haben drei gleiche Eisenstäbe. Zwei von ihnen sind magnetisiert, so daß sie an den Enden Pole haben. Wie können Sie feststellen, welcher nicht magnetisiert ist, ohne irgendein anderes Objekt zu benutzen?

39. Beantworten Sie Frage 38 für den Fall, daß nur einer der Stäbe magnetisiert ist.

Schwierigere Fragen und Aufgaben

1. In welchem Sinne verhält sich das elektrische Feld wie fließendes Wasser?

2. Abb. 8.31 zeigt ein merkwürdiges Gerät, das als „die Maschine mit dem fliegenden Ring" bezeichnet wird. Der Ring besteht aus einem elektrisch gut leitenden Material. Wenn wir den Schalter in der Spule des Elektromagneten schließen, fliegt der Ring nach oben weg. Warum? Wenn der Ring wie in der Zeichnung angegeben aufgeschnitten wird, fliegt er nicht weg. Erklären Sie den Vorgang.

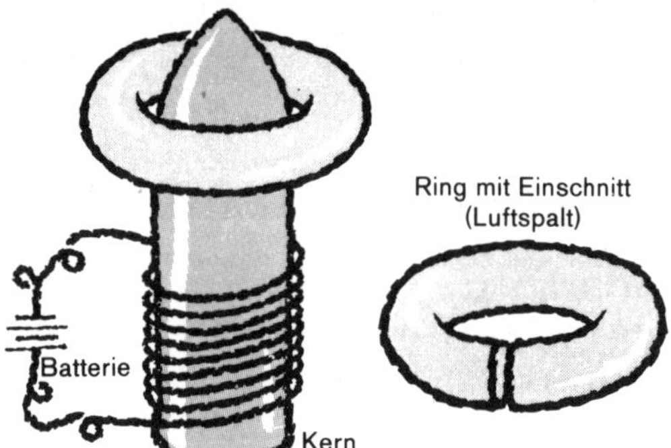

Abb. 8.31

3. Ich lasse ein Pendel zwischen den Polen des in Abb. 8.32 dargestellten Magneten schwingen. Wenn ich ein massives Pendel verwende, kommt es zwischen den Polen zum Stillstand. Verwende ich ein Pendel mit Schlitzen, schwingt es frei hindurch. Beide Pendel bestehen aus einem nichtmagnetischen, elektrisch gut leitenden Material. Erklären Sie das Verhalten der beiden Pendel.

Abb. 8.32

4. Der in Abb. 8.33 dargestellte, leitende Stab wird zwischen die Pole eines Magneten gebracht. Welche Kräfte wirken auf die Elektronen in dem Stab?
5. Woher wissen wir, daß das Feld außerhalb eines Leiters senkrecht auf seiner Oberfläche steht?
6. Zeigen Sie, daß die Regel für die Richtung der induzierten Ströme notwendig daraus folgt, daß die Energie erhalten bleibt. (Nehmen Sie an, die Regel gelte nicht, und stellen Sie fest, was geschieht.)
7. Zeigen Sie unter Verwendung der Information über die Kräfte auf bewegte Ladungen in Magnetfeldern, daß sich gleichgerichtete Ströme anziehen und entgegengesetzt gerichtete Ströme abstoßen.

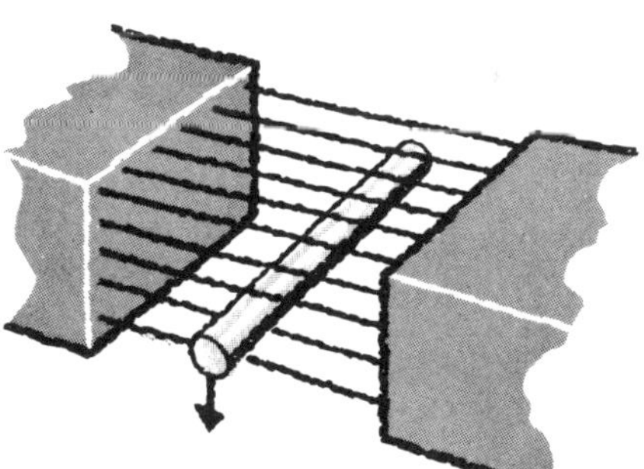

Abb. 8.33

8. Zeigen Sie, daß die in Frage 7 erwähnten Kräfte zwischen Strömen die Anziehung und Abstoßung magnetischer Pole erklären.

9. Zwei positive Ladungen bewegen sich auf Geraden parallel zueinander. Welche Kräfte wirken zwischen ihnen? Zeigen Sie, daß die Anziehungskräfte zwischen ihnen niemals die elektrische Abstoßung überwinden können, wie schnell auch die Bewegung erfolgen möge.

10. Elektrische und magnetische Felder befolgen das sogenannte Superpositionsprinzip. Nach diesem Prinzip ist das von einer Anzahl von Ladungen an einem gegebenen Punkt hervorgerufene Feld gleich der Summe der Felder, die von jeder Ladung einzeln hervorgerufen werden. Da das Feld an jedem Punkt einen Betrag und eine bestimmte Richtung hat, müssen die Felder als Vektoren addiert werden. Zeigen Sie, daß ein Feld der in Abb. 8.4 gezeigten Form in der Umgebung zweier entgegengesetzter Ladungen (gleicher Größe) mit geringem Abstand dadurch erhalten werden kann, daß man die Felder jeder einzelnen Ladung addiert. Wie würde das Feld aussehen, wenn die Ladungen gleich wären?

11. Welches sind die Einheiten des elektrischen Feldes?

12. Welches sind die Einheiten des magnetischen Feldes?

13. Wie groß ist der Radius der Kreisbahn, den ein Elektron beschreibt, wenn es sich mit der Geschwindigkeit v senkrecht zu einem Magnetfeld der Stärke B bewegt?

14. Ermitteln Sie mit Hilfe der Gleichung 4 die Kraft auf ein kurzes Drahtstück der Länge L, das in einem magnetischen Feld den Strom I trägt.

15. Ermitteln Sie mit Hilfe der Gleichungen 3 und 4 die Kraft zwischen zwei Drähten der Länge L, die eine Entfernung r haben und die Ströme i und I tragen. (Nehmen Sie an, daß r sehr viel kleiner als L ist.)

16. Erklären Sie, weshalb Feldlinien sich niemals kreuzen können.

Neuntes Kapitel

Wellen

Jeder kennt Wellen im Wasser und anderen Substanzen. Wird ein Stein ins Wasser geworfen, so bewirkt der Stein beim Aufschlag eine Störung. Diese Störung bleibt aber nicht an ihrem Ort, sondern breitet sich in Form von Wellen aus. In diesem Kapitel wollen wir das Verhalten von Wellen in der Materie und im elektromagnetischen Feld diskutieren.

Am einfachsten beginnen wir mit den Wellen in einer langen Spiralfeder (Abb. 9.1). Ein Ende der Feder ist an einer Halterung befestigt, das andere Ende hält ein Mann in der Hand. Wenn der Mann die Hand auf und ab bewegt, stört er die Feder. Die Störung bleibt nicht an ihrem Ort, sondern läuft von seiner Hand bis zum anderen Ende der Feder und wird zurück reflektiert. Natürlich bewegt sich das Metall in den verschiedenen Teilen der Feder nicht von einem Ende der Feder zum anderen; es nimmt nur Teil an der Bewegung der Welle, wenn die Welle vorbeiläuft und kehrt dann in die Ruhelage zurück. Die Welle ist eine Störung mit bestimmter Form, die sich entlang der Feder bewegt. In diesem Beispiel erfolgt die Bewegung eines jeden kleinen Teils der Feder in einer anderen Richtung als die Bewegung der Welle. Die Welle läuft horizontal an der Feder entlang, aber jedes Teilchen der Feder bewegt sich im Wesentlichen

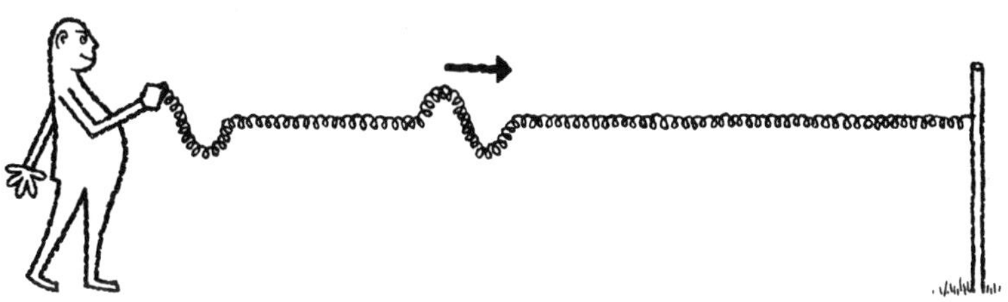

Abb. 9.1

auf und ab, wenn die Welle vorüberläuft. Dieses Verhalten ähnelt dem Verhalten des Wassers (oder schwimmender Gegenstände) wenn Wasserwellen vorüberziehen. Wenn eine kleine Welle im Wasser läuft, bewegen sich schwimmende Gegenstände auf und ab, bleiben aber mehr oder weniger an ihrem Platz.

Diese Beispiele illustrieren das Verhalten der Wellen. Erstens haben wir ein Medium wie das Wasser oder die Feder. Zweitens haben wir einen Eingriff, der in diesem Medium eine Störung hervorruft, wie der Stein, der das Wasser trifft oder die Hand, die die Feder bewegt. Diese Störung kann einmalig wirken, wodurch ein oder zwei Pulse ausgesandt werden, oder sie kann in einer mehr oder weniger regelmäßigen Weise ständig wirken. Die Quelle der Störung wird, insbesondere, wenn sie ständig wirkt, als *Oszillator* bezeichnet. Beispielsweise können wir die Hand des Mannes in Abb. 9.2 als Oszillator bezeichnen.

Wenn er seine Hand ständig auf und ab bewegt, sendet er nicht nur ein oder zwei Wellen aus, sondern eine ganze Folge von Wellen entlang der Feder. Eine solche Folge von Wellen nennen wir einen *Wellenzug*. Die von dem Oszillator hervorgerufene Störung bleibt nicht an dem Oszillator stehen, sondern bewegt sich in Form von Wellen durch das Medium. Wenn die Welle vorbeiläuft, bewegen sich die Materieteilchen, aus denen das Medium besteht, in ihrer Umgebung hin und her, so daß sie die Störung weitertragen.

Die Wellenstörung enthält Energie, weil sie überall die Materie des Mediums bewegt. Die Welle erhält diese Energie von dem Oszillator und transportiert diese Energie durch das Medium. Diese Energie wird von der Welle an einem anderen Ort abgegeben oder sie verzehrt sich langsam durch die Reibung in dem Medium.

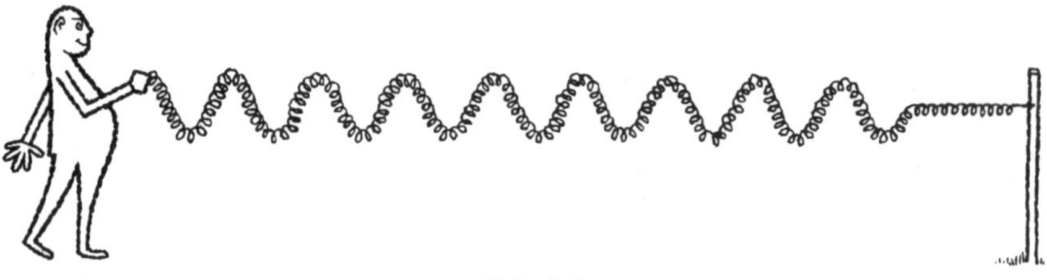

Abb. 9.2

Beschreibung der Wellen

Eigenschaften der Wellen

Die Form und Bewegung einfacher Wellen kann durch die Angabe ihrer Geschwindigkeit, Frequenz, Wellenlänge und Amplitude beschrieben werden.

Jede Vibration, jede Hin- und Herbewegung des Oszillators sendet entlang der Feder eine Welle aus. Die Geschwindigkeit, mit der sich die Welle längs der Feder bewegt, ist die *Geschwindigkeit* v der Welle.

Die Folge der Wellen in Abb. 9.3 besteht aus aufeinanderfolgenden Wellen, die alle dieselbe Form haben. Die Länge jeder dieser aufeinanderfolgenden Wellenformen heißt die *Wellenlänge* λ. Die Wellenlänge ist die Entfernung zwischen gleichartigen Punkten einander folgender Wellen. Innerhalb jeder Wellenlänge gibt es bei diesen einfachen Wellen einen aufwärts gerichteten Puls (Wellenberg) und einen abwärts gerichteten Puls (Wellental). Jede vollständige Schwingung des Oszillators sendet eine Welle, eine Wellenlänge lang, auf die Feder.

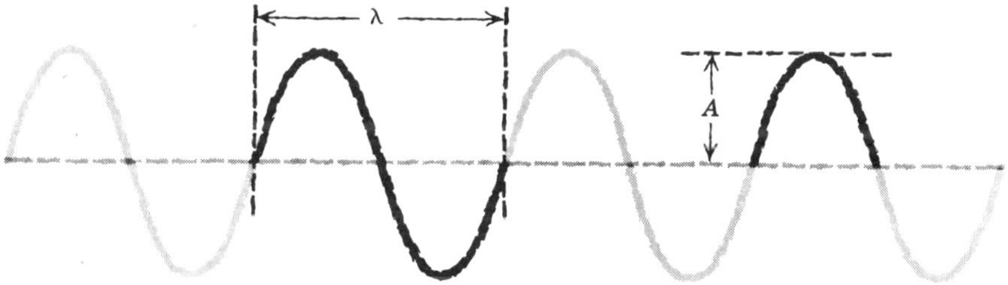

Abb. 9.3

Die *Frequenz* f einer Wellenfolge ist die Zahl der vollständigen Wellen, die pro Sekunde an einem festen Punkt vorbeilaufen. Der Oszillator hat auch eine Frequenz, das ist die Zahl von vollständigen Schwingungen, die der Oszillator in jeder Sekunde ausführt. Wenn sich die Lage des Oszillators nicht ändert, ist seine Frequenz dieselbe wie die der Welle.

In Abb. 9.4 ist eine sehr einfache Beziehung dargestellt, die zwischen der Frequenz, der Geschwindigkeit und der Wellenlänge einer Wellenfolge besteht. Da die Frequenz gleich der Zahl der Wellen ist, die in einer Sekunde einen festen Punkt passieren, ist sie auch gleich der Zahl der Wellenlängen, die eine Welle in einer Sekunde längs der Feder zurücklegt. Beispielsweise beträgt in Abb. 9.4 die Frequenz der Welle drei Schwingungen pro Sekunde. Das heißt, daß in einer Sekunde drei vollständige Schwingungen an dem Punkt vorbeilaufen. Wenn die Welle im Punkt A startet, (Abb. 9.4a), dann werden eine Sekunde später drei Wellen vorbeigezogen sein. (Abb. 9.4b). Während dieser Sekunde hat sich der Anfang des Wellenzuges um drei Wellenlängen nach rechts bewegt. Daher ist wie gesagt die Zahl der Wellenlängen, die die Welle in einer Sekunde zurücklegt, gleich der Zahl der Schwingungen pro Sekunde, also gleich der Frequenz. Also gibt uns die Frequenz die Geschwindigkeit der Welle in Wellenlängen pro Sekunde. Um die Geschwindigkeit in Metern pro Sekunde zu erhalten, multiplizieren wir einfach die Frequenz mit der Zahl der Meter pro Wellenlänge, also der Wellenlänge selbst:

$$\text{Geschwindigkeit} = \text{Frequenz mal Wellenlänge} \tag{1}$$

In Zeichen heißt das $v = f \cdot \lambda$ (2)

(Zur Beachtung: Die Frequenz kann durch den lateinischen Buchstaben f oder den griechischen Buchstaben ν bezeichnet werden. In der Technik wird meist f, in der Physik meist ν verwendet. Hier wird die Frequenz einheitlich mit f bezeichnet, um eine Verwechslung des griechischen ν (für Frequenz) mit dem kursiv gesetzten lateinischen v (für Geschwindigkeit) zu vermeiden. Anm. d. Übers.)

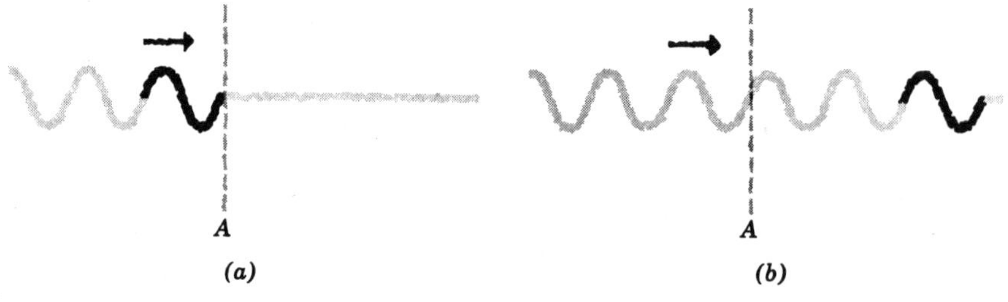

Abb. 9.4

Die einfachen Wellen, die wir in diesem Abschnitt diskutiert haben, sind periodisch – d.h. die Wellenform kehrt ständig wieder. Natürlich kann eine Wellenform auch sehr unregelmäßig sein. In solchen Fällen läßt sich die Vorstellung einer einzigen Frequenz und einer einzigen Wellenlänge nicht anwenden.

Die *Amplitude A* einer Welle ist die maximale Strecke, um die das Material des Mediums aus der Ruhelage ausgelenkt wird. Abb. 9.3 zeigt die Amplitude der Welle auf der Feder. Die maximale Höhe, auf die die Feder gelangt, wenn jeder Teil der Welle vorbeiläuft, also der Höhepunkt der Welle, ist die Amplitude. Natürlich könnte die Amplitude ebenso gut aus der maximalen Auslenkung der Feder nach unten bestimmt werden. Die Energie einer Welle ist im allgemeinen proportional zum Quadrat der Amplitude.

Arten von Wellen

Es gibt zwei Arten von Wellen, die wir beschreiben wollen: *Transversale* und *longitudinale* Wellen. Wir haben schon eine Art von transversalen Wellen beschrieben, die Wellen auf der Feder in Abb. 9.1 und 9.2. Wir haben gesehen, daß sich die einzelnen Teile der Feder auf und ab bewegen, wenn die Welle horizontal hindurchläuft; solche Wellen heißen transversal. Die Bewegung des Mediums erfolgt senkrecht zur Ausbreitungsrichtung der Welle.

Bei einer longitudinalen Welle geschieht die Bewegung des Mediums in derselben Richtung, in der sich die Welle ausbreitet. Abb. 9.5 zeigt eine longitudinale Welle, wobei dieselbe Feder wie zuvor verwendet wird. Diesmal setzen wir die Welle in Bewegung, indem wir die Feder in ihrer eigenen Richtung stoßen und ziehen. Der Stoß bewirkt in der Feder ein kleines Kompressionsgebiet, das sich längs der Feder als Welle fortpflanzt. Der Zug dehnt ein kleines Gebiet,

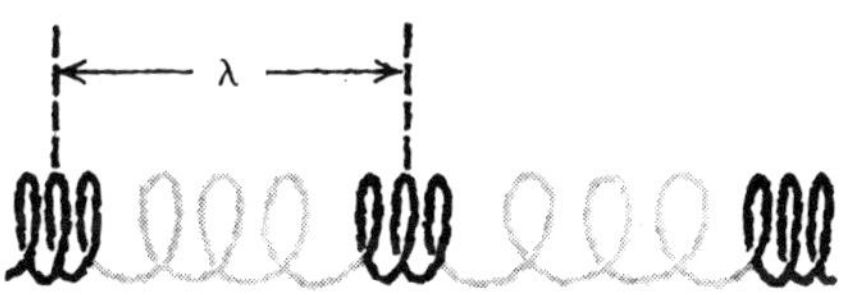

Abb. 9.5

und so breitet sich ein Gebiet der „Dehnung“ längs der Feder aus. In dieser Art der Wellen erfolgt die Bewegung des Federmetalls hin und zurück in Richtung der Feder. Also bewegen sich die Wellen und das Material der Feder längs derselben Linie und wir haben eine Longitudinalwelle (Längswelle). Auch bei der longitudinalen Welle ist die Amplitude gegeben durch die maximale Entfernung, um die jeder Teil der Feder durch die Wellenbewegung aus der Ruhelage ausgelenkt wird. In diesem Fall ist jedoch die Entfernung längs der Feder zu messen.

Manche Wellen, z.B. Wasserwellen, sind teilweise transversal und teilweise longitudinal. In einer großen Wasserwelle bewegen sich die Wassermoleküle nicht nur auf und ab, sondern auch in Ausbreitungsrichtung der Welle vor und zurück.

Wellen – Erscheinungen

Es gibt bestimmte charakteristische Verhaltensweisen, die fast allen Wellenarten gemeinsam sind. Da Schall und Licht dieses Verhalten zeigen, haben die Forscher den Schluß gezogen, daß der Schall als Welle in der Luft und anderen Substanzen übertragen wird, und daß sich das Licht als Welle des elektromagnetischen Feldes ausbreitet. Licht und Schall werden im einzelnen später diskutiert; wir geben zunächst einige Beispiele der typischen Welleneigenschaften.

Reflexion. Wenn eine Welle die Oberfläche des übertragenden Mediums erreicht oder an eine Stelle gelangt, an der sich das Medium plötzlich stark ändert, wird die gesamte Welle oder ein Teil von ihr reflektiert. Wir haben schon gesehen, daß die Welle auf einer Feder am Ende der Feder zurück reflektiert wird. Die reflektierte Schallwelle kann man als Echo hören. Reflektierte Lichtwellen sind dafür verantwortlich, daß man sich im Spiegel sehen kann.

Brechung. Wenn eine Welle aus einem Medium in ein anderes übergeht, in dem sie eine andere Geschwindigkeit hat, tritt Brechung auf. Die Welle läuft dann langsamer (oder schneller) und sie verändert im allgemeinen ihre Ausbreitungsrichtung. Wenn es eine scharf definierte Grenze zwischen den beiden Medien gibt, ändert sich die Ausbreitungsrichtung an dieser Grenze, sofern die Ausbreitungsrichtung nicht senkrecht auf dieser Grenze steht. In diesem und in anderen

Abb. 9.6

Fällen entsteht eine Welle, die von der Grenze reflektiert wird und zusätzlich eine, die an der Grenzfläche gebrochen wird und in das neue Medium eintritt. Ein Beispiel der Brechung von Lichtwellen ist in Abb. 9.6 dargestellt. Lichtwellen von dem teilweise eingetauchten Bleistift werden beim Austritt aus dem Wasser gebrochen. Daher scheint der Bleistift selbst gebrochen zu sein.

Beugung. Eine sehr wichtige Eigenschaft der Wellen besteht darin, daß sie um Ecken herum gebeugt werden. Im Fall des Schalls ist das offensichtlich, denn wir können um Ecken herum hören (Abb. 9.7).

Abb. 9.7

Für Wasserwellen ist diese Eigenschaft in Abb. 9.8 dargestellt. Die Wellen biegen teilweise um die Kanten des Hindernisses herum. Beachten Sie, daß diese Beugung (das Herumbiegen um Ecken) in Abb. 9.8a weniger deutlich erscheint, weil dort die Öffnung in der Barriere viel größer als die Wellenlänge des Wassers ist. Wenn die Öffnung nicht viel größer als die Wellenlänge ist, wie in Abb. 9.8b und 9.8c, werden die Beugungserscheinungen sehr wichtig. Wir können die Beugungserscheinungen deutlicher hervortreten lassen, indem wir entweder wie in Abb. 9.8c die Wellenlänge vergrößern oder wie in Abb. 9.8b die Öffnung verkleinern, durch die sich die Wellen hindurchbewegen.

(a) *(b)* *(c)*

Abb. 9.8

Interferenz. Was geschieht, wenn sich in einem Medium mehr als eine Welle bewegt? Um diese Frage zu untersuchen, erzeugen wir im Wasser zwei Wellenzüge, die sich durch überkreuzende Kanäle bewegen (Abb. 9.9). Im mittleren Gebiet, in dem die beiden Wellen gleichzeitig existieren, scheint das Wellenbild unterbrochen zu sein. Nach dem Durchlaufen dieses Gebietes erscheinen die Wellen wieder in ihrer ursprünglichen Form. Wir schließen daraus, daß Wellen sich gegenseitig durchdringen können, ohne daß eine Störung zurückbleibt.

Was geschieht in dem Gebiet, in dem sich die Wellen durchdringen? Obwohl beide Wellenzüge anwesend sind, können wir keinen von ihnen einzeln erkennen. Wir beobachten nur den Gesamteffekt des Zusammenwirkens der kombinierten oder superponierten Wellen. Wir nennen das Wellenbild in diesem Gebiet ein *Interferenzsystem*, das von den zwei Wellenzügen erzeugt wird. (Man könnte es auch als

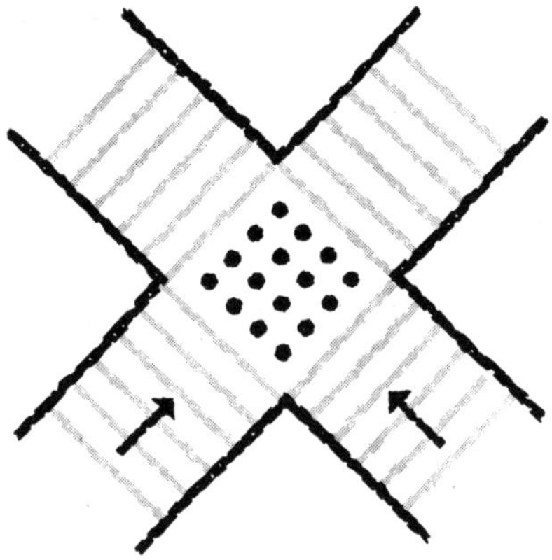

Abb. 9.9

ein *kooperatives* System bezeichnen.) In Abb. 9.10a sehen wir das Zustandekommen der Interferenz von zwei Wellen. Diese Abb. zeigt zwei Pulse, die längs einer Feder aufeinander zu laufen. Wenn sich die Pulse treffen, addieren sie sich zeitweise zu einem großen Puls; danach erscheint jeder Puls außerhalb dieses Gebietes wieder in seiner ursprünglichen Form. Wir nennen dieses Verhalten *Interferenz-Verstärkung*, weil sich die zwei kleinen Pulse zu einem großen verstärken.

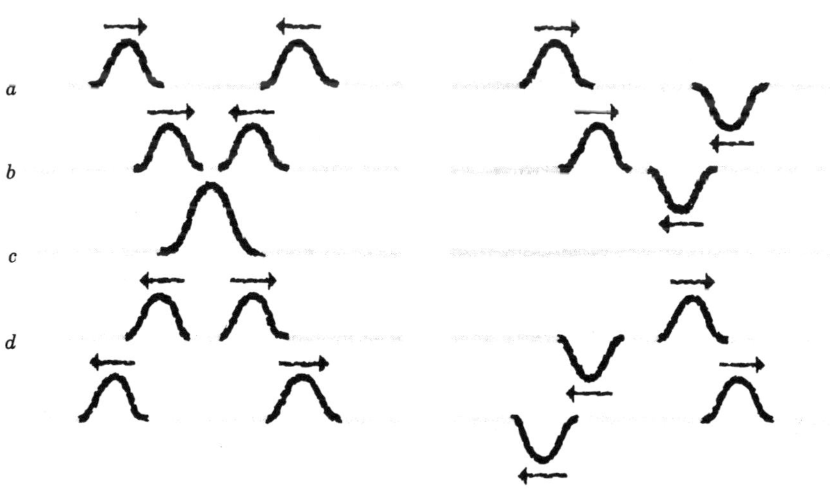

(a) Verstärkung durch Interferenz *(b)* Auslöschung durch Interferenz

Abb. 9.10

Ebenso erzeugen zwei nach unten gerichtete Pulse beim Zusammentreffen einen großen Puls nach unten; auch dies wird als Verstärkung durch Interferenz bezeichnet.
Abb. 9.10b zeigt, was geschieht, wenn ein nach oben gerichteter Puls auf einen nach unten gerichteten trifft. Bei ihrer Begegnung löschen sich die Pulse zeitweise aus. Wenn die Pulse nicht die gleiche Größe haben, löschen sie sich nur teilweise aus. Diese Art der Interferenz heißt *Interferenz-Auslöschung*.

Wir können zusammenfassend sagen, daß man an jedem Punkt, in dem sich zwei Wellen treffen, die resultierende Störung einfach dadurch finden kann, daß man die von einer Welle verursachte Störung zu der der anderen addiert. In dem Gebiet, in dem die beiden Wellenzüge der Abb. 9.9 zusammenkommen, besteht daher das Interferenzsystem aus einer Kombination von verstärkenden und auslöschenden Interferenzen, die an verschiedenen Punkten auftreten.
Ein sehr wichtiges Interferenzsystem entsteht durch zwei Oszillatoren, die einfache Wellen mit gleicher Frequenz und gleicher Amplitude

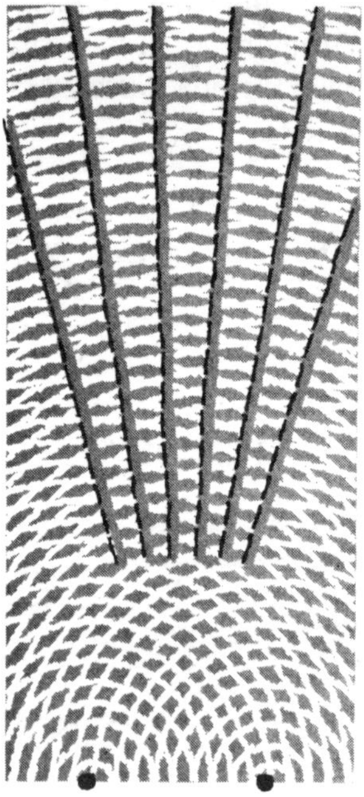

Abb. 9.11a

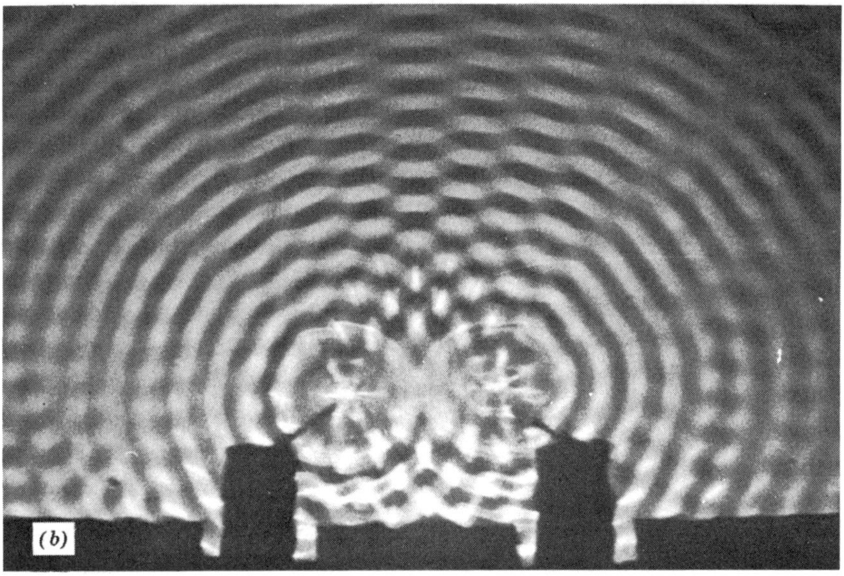

Abb. 9.11b Zwei Stäbe tauchen periodisch in eine Wasseroberfläche ein. Die hierdurch von zwei Quellen ausgehenden Wasserwellen ergeben durch Überlagerung das dargestellte Interferenzbild.

aussenden (Abb. 9.11). In der Nachbarschaft bestimmter Linien, die in die Abbildung eingezeichnet sind, besteht zu jeder Zeit Interferenz-Auslöschung. An diesen Stellen löschen sich die Wellen der beiden Oszillatoren immer aus. Zwischen diesen Linien laufen die Wellen nach außen.

Schallwellen

Die Natur des Schalls

Schallwellen breiten sich in Festkörpern, Flüssigkeiten und Gasen aus. In diesem Abschnitt interessieren wir uns für Schallwellen in der Luft. Dies sind longitudinale Wellen, die so ähnlich erzeugt werden wie die longitudinalen Wellen auf der Feder (vgl. Abb. 9.5). Abb. 9.12 zeigt, wie eine schwingende Stimmgabel Schallwellen in der Luft erzeugen kann. Wenn sich der Zinken der Gabel bewegt, komprimiert er kurzzeitig die Luft vor sich, so daß ein kleines Gebiet hohen Drucks entsteht. Durch diese Kompression bewegt sich ein kleiner Puls hohen Drucks als eine Welle nach außen. Wenn sich der Zinken der Gabel zurück bewegt, läßt er ein Gebiet verdünnter Luft zurück, so daß ein Puls niedrigen Druckes in einer Welle nach außen läuft. Auf diese Weise erhalten wir eine Folge von Pulsen verdichteter und verdünnter Luft.

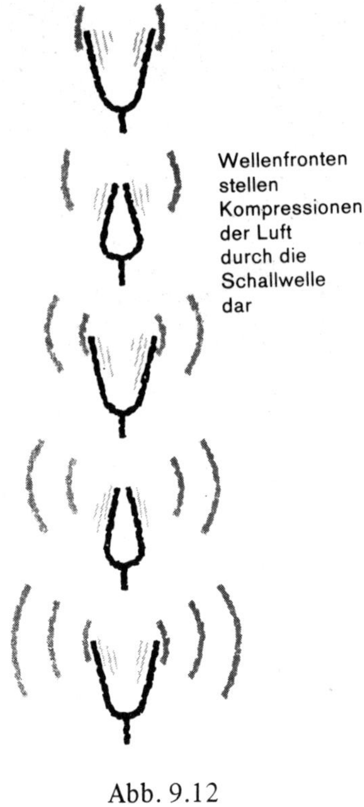

Abb. 9.12

Schallwellen bewegen sich in der Luft mit einer Geschwindigkeit von 331 m/s, wenn die Lufttemperatur gleich dem Gefrierpunkt des Wassers ist. Diese Geschwindigkeit nimmt mit der Temperatur zu, ändert sich aber nicht sehr stark mit der Luftdichte. Sie ist für alle hörbaren Frequenzen fast gleich. (Sie können sich vorstellen, wie ein

Orchester in der letzten Reihe des Saales klingen würde, wenn das nicht so wäre: Die verschiedenen Frequenzen würden unser Ohr mit verschiedenen Verzögerungen erreichen.)
Daß der Schall tatsächlich aus Druckwellen besteht, wird durch das einfache Experiment mit einer Lochscheibe in Abb. 9.13 nachgewiesen. Während die Scheibe rotiert, bläst ein Luftstrahl auf die Scheibe und durch die vorbeifliegenden Löcher. Jedesmal, wenn ein Loch vor dem Luftstrahl steht, bewirkt die durch das Loch strömende Luft einen Druck-Puls in der Luft auf der anderen Seite der Scheibe. Wenn die Löcher gleiche Abstände haben, erhalten wir eine Welle mit einer definierten Frequenz, die sich für uns wie ein musikalischer Ton mit einer bestimmten Tonhöhe anhört. Wenn wir die Frequenz der Welle erhöhen, indem wir das Rad schneller laufen lassen oder einen geringeren Abstand der Löcher wählen, hören wir einen höheren Ton. Die Tonhöhe einer Schallwelle hängt von ihrer Frequenz ab. Je höher die Frequenz, desto höher der Ton. Wenn die Löcher auf dem Rad ungleichmäßige Abstände haben, hören wir keine definierte musikalische Note mehr, sondern nur noch ein Geräusch.

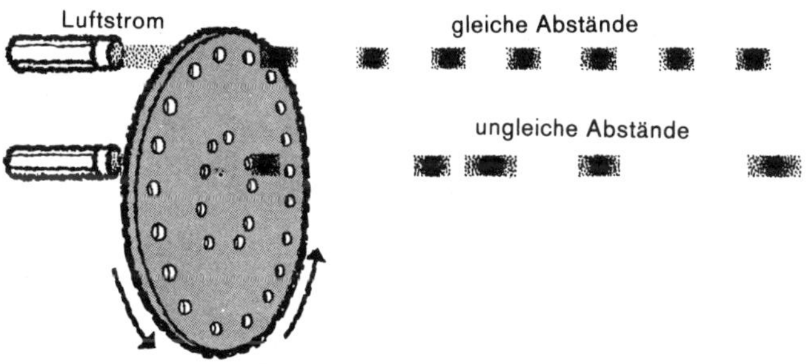

Abb. 9.13

Musikinstrumente sind Oszillatoren, die so gebaut sind, daß sie nicht Geräusche, sondern musikalische Töne erzeugen. Insbesondere ist die Stimmgabel so konstruiert, daß sie eine einfache Welle definierter Frequenz hervorbringt. Die Zungen der Holzblasinstrumente, die Luftsäulen der Flöten und Orgelpfeifen sowie die Saiten der Klaviere und Geigen sind Oszillatoren, die auf kompliziertere Weise schwingen.

Interferenz von Schallwellen

Schwebungen. Wenn zwei Töne mit fast gleicher Höhe gleichzeitig erklingen, hört man *Schwebungen*. Man kann die Schwebungen als rhythmische Verstärkungen und Verminderungen der Lautstärke wahrnehmen. Wenn der Frequenzunterschied der beiden Töne groß genug ist, treten die Schwebungen in so rascher Folge auf, daß man sie nicht mehr einzeln, sondern als einen zusätzlichen Ton hört. Abb. 9.14 zeigt, wie diese Schwebungen zustande kommen. Schallwellen sind zwar longitudinal, aber wir haben sie transversal gezeichnet, um den Effekt deutlicher zu zeigen. Diese Wellen können von zwei Stimmgabeln herrühren, die gleichzeitig mit etwas unterschiedlicher Frequenz schwingen. Abb. 9.14a zeigt zwei Wellen mit etwas verschiedenen Frequenzen. Ihre Wellenlängen sind auch etwas verschieden, weil beide Wellen dieselbe Geschwindigkeit haben. Die Welle, die wir tatsächlich hören, ist die Summe der zwei Wellen (Abb. 9.14b). Wenn die beiden Wellen sich verstärken, wird der Ton lauter. Wenn sie sich auslöschen, wird der Ton leiser. Wenn die in Abb. 9.14b gezeichnete Welle auf das Ohr trifft, hören wir abwechselnd laute und leise Töne, d.h. Schwebungen.

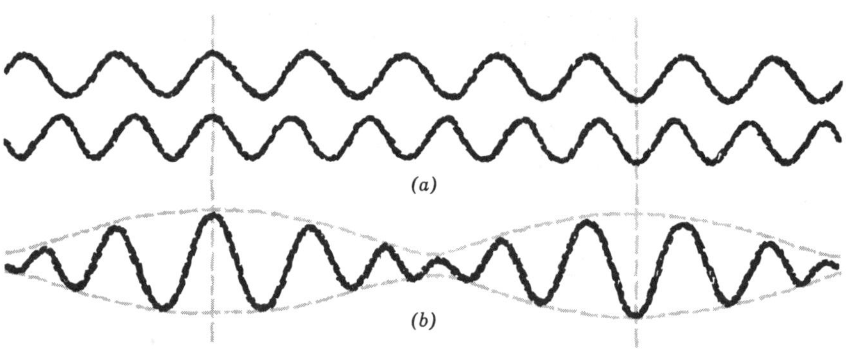

Abb. 9.14

Stehende Wellen. Das Prinzip der Welleninterferenz erklärt uns auch, weshalb Musikinstrumente (als Oszillatoren) musikalische Töne und nicht Geräusche erzeugen, wenn sie gezupft, angeschlagen, angeblasen oder mit einem Bogen gestrichen werden. Wir wollen unsere Diskussion auf die Töne beschränken, die von einer gespannten Saite und einer Metallplatte erzeugt werden, aber die Prinzipien sind generell anwendbar.

Abb. 9.15a zeigt einen Teil einer gespannten Saite unendlicher Länge. Auf dieser Saite laufen zwei Züge transversaler Wellen mit gleicher Amplitude, gleicher Frequenz, gleicher Wellenlänge und gleicher Geschwindigkeit in entgegengesetzten Richtungen aufeinander zu. Abb. 9.15b zeigt die entstehende Schwingungsform, wenn die beiden Züge zusammentreffen und interferieren. Die Wellen scheinen auf der Stelle zu schwingen. Daher werden sie *stehende Wellen* genannt. An bestimmten Stellen, den *Knoten*, bewegt sich die Saite überhaupt nicht auf und ab. Zwischen diesen Knoten schwingt die Saite mit derselben Frequenz wie die ursprüngliche Welle. Man sieht, daß der Abstand zwischen den Knoten eine halbe Wellenlänge beträgt.

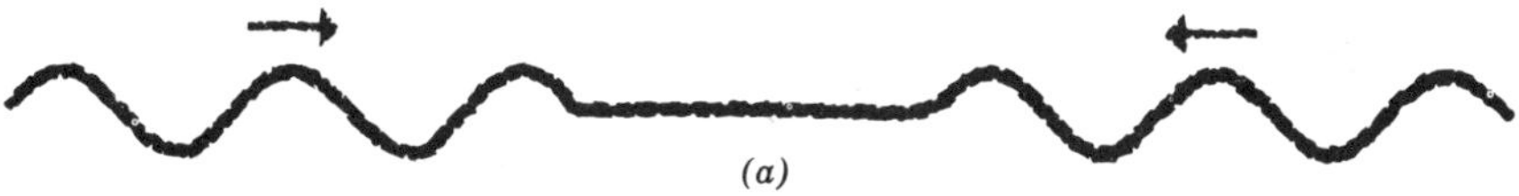

(a)

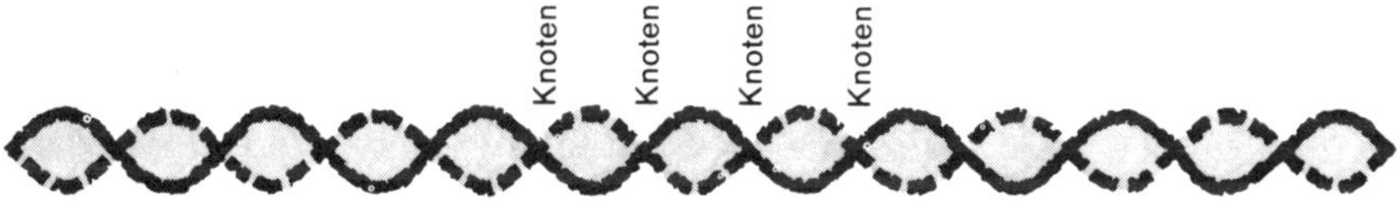

(b)

Abb. 9.15

Die Saiten in Musikinstrumenten sind nicht unendlich lang, daher wollen wir diskutieren, was geschieht, wenn die gespannte Saite eine bestimmte Länge hat und an den Enden eingespannt ist (Abb. 9.16). Da jede auf der Saite laufende Welle an den Enden reflektiert wird, wird eine Störung schließlich Wellen erzeugen, die in beiden Richtungen laufen. Daher ist es möglich, auf einer solchen Saite stehende Wellen zu erzeugen. Wir werden jedoch sehen, daß sich auf einer gegebenen gespannten Saite nicht bei allen Frequenzen stehende Wellen erzeugen lassen. Vielmehr hat eine bestimmte gespannte Saite stehende Wellen mit bestimmten charakteristischen Frequenzen.

Damit sich auf einer gespannten Saite stehende Wellen ausbilden können, muß an jedem Ende der Saite ein Knoten sein, weil jedes Ende eingespannt ist und sich nicht bewegen kann. Auf der übrigen

Länge der Saite können Knoten vorhanden sein oder auch nicht. Da die Knoten, wie wir gesehen haben, immer eine halbe Wellenlänge voneinander entfernt sind, müssen sie auf der Saite gleiche Abstände haben. Die Abbildungen 9.16a-c zeigen einige Möglichkeiten. Zusätzlich zu den beiden Knoten an den Enden der Saite kann es auf der Saite keinen, einen, zwei, drei oder jede andere Zahl von Knoten geben, die untereinander gleiche Abstände haben. Andererseits zeigt Abb. 9.16d eine Welle, die *nicht* auftreten kann. Die Wellenlänge dieser Welle ist zu lang, um (zusätzlich zu den Knoten an den Endpunkten der Saite) zwei Knoten zu bilden und zu kurz, um nur einen zu erzeugen. Mit einer solchen Wellenlänge können unmöglich Knoten gebildet werden, die entlang der Feder *gleiche* Abstände haben. Daher können stehende Wellen auf einer bestimmten gespannten Saite nur ganz bestimmte Wellenlängen haben. Da die Wellenlänge durch Gl. 2 mit der Frequenz der Welle verbunden ist, gibt es entsprechend den erlaubten Wellenlängen auch nur bestimmte erlaubte Frequenzen. (Wellen mit verschiedener Wellenlänge haben auf der Saite fast genau dieselbe Geschwindigkeit. Man kann die Geschwindigkeit ändern, indem man z.B. beim Stimmen einer Gitarre oder einer Geige die Saite mehr oder weniger fest spannt.)

Diese erlaubten Frequenzen sind die Frequenzen, die man hört, wenn z.B. Gitarren-Saiten gezupft werden. Sie heißen die *Eigenfrequenzen* der gespannten Saite und sie enthalten die Grundschwingung sowie verschiedene *Oberschwingungen* (Obertöne). Man hört die Grundschwingung, wenn die Saite als Ganzes schwingt wie in Abb. 9.16a. Schwingt die Saite wie in Abb. 9.16b, dann erklingt der erste *Oberton*. Der zweite Oberton ist zu hören, wenn die Saite wie in Abb. 9.16c schwingt. Allgemein entspricht die Zahl, die den Oberton kennzeichnet (erster, zweiter usw.) der Zahl der Knoten auf der schwingenden Saite, die den Oberton erzeugt, wobei die Knoten an den Enden nicht mitgezählt werden. Z.B. entsteht der siebente Oberton durch eine schwingende Saite, die außer den Knoten an den Enden sieben Knoten hat und so fort. Die Saite kann so schwingen, daß sie gleichzeitig mehr als einen Oberton erzeugt. Beispielsweise zeigt Abb. 9.16e eine Saite, die gleichzeitig die Grundschwingung und den ersten Oberton hervorruft.

Die schwingende Saite ist ein Oszillator, der Schallwellen in der Luft hervorbringt. Die Wellenlänge der stehenden Welle auf der Saite ist jedoch nicht notwendig gleich der Wellenlänge der Schallwelle, die

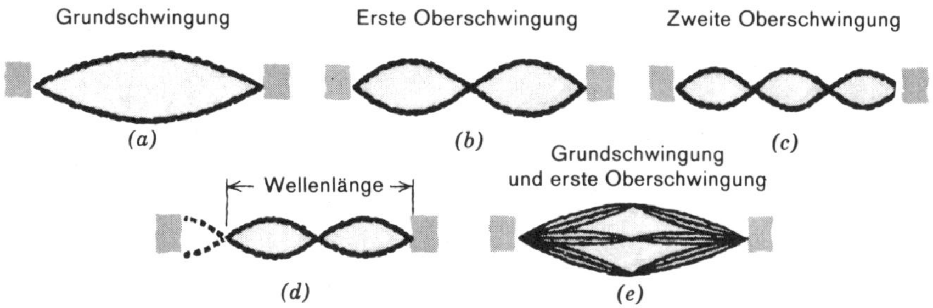

Abb. 9.16

sie hervorruft, weil die Geschwindigkeit der Welle auf der Saite nicht notwendig gleich der Geschwindigkeit der Schallwelle in der Luft ist. Aber die Frequenz der stehenden Welle ist dieselbe wie die der von ihr erzeugten Schallwelle, weil jede vollständige Schwingung der Saite eine vollständige Welle in der Luft hervorruft. Wir haben schon erwähnt, daß die Frequenz einer Welle gleich der Frequenz des Oszillators ist, der sie erzeugt, vorausgesetzt, daß die Lage des Oszillators sich nicht ändert.

Wir können leicht feststellen, welche Beziehung zwischen den verschiedenen Eigenfrequenzen einer gespannten Saite mit der Länge d besteht, indem wir zunächst die Wellenlänge λ auf der Saite ermitteln. Diese Wellenlängen können leicht festgestellt werden, wenn wir uns daran erinnern, daß der Abstand zwischen den Knoten eine halbe Wellenlänge beträgt:

Grundschwingung	$\lambda = 2d = 1 \times (2d)$	(Weil d eine halbe Wellenlänge ist, vgl. Abb. 9.16a)
Erste Oberschwingung	$\lambda = d \;\; = 1/2 \times 2d$	(Weil d zwei halbe Wellenlängen umfaßt, vgl. Abb. 9.16b)
Zweite Oberschwingung	$\lambda = (1/3)\, 2d$	(vgl. Abb. 9.16c)
Dritte Oberschwingung	$\lambda = (1/4)\, 2d$	

Daraus erkennen wir folgende Reihe: 1, 1/2, 1/3, 1/4, 1/5, 1/6, 1/7 usw. Um aus den Frequenzen die Wellenlängen zu berechnen, wenden wir Gleichung 2 an:

$$v = f\lambda$$

Wenn wir beide Seiten dieser Gleichung durch λ dividieren, erhalten wir

$$f = v/\lambda$$

Wir setzen jetzt die oben gefundenen Werte von λ ein und erhalten so die Werte für f.

Grundschwingung	$f = v/2d$
Erste Oberschwingung	$f = v/d = 2v/2d$
Zweite Oberschwingung	$f = 3v/2d$
Dritte Oberschwingung	$f = 4v/2d$
Vierte Oberschwingung	$f = 5v/2d$

Die Frequenz der ersten Oberschwingung ist daher doppelt so hoch wie die der Grundschwingung. Die Frequenz der zweiten Oberschwingung ist dreimal so hoch wie die der Grundschwingung usw. Die Frequenzen verhalten sich daher zueinander wie 1 : 2 : 3 : 4 usw.

Stehende Wellen gibt es auch in Orgelpfeifen, auf Trommelfellen und anderen Gegenständen. Abb. 9.17 zeigt stehende Wellen in einer

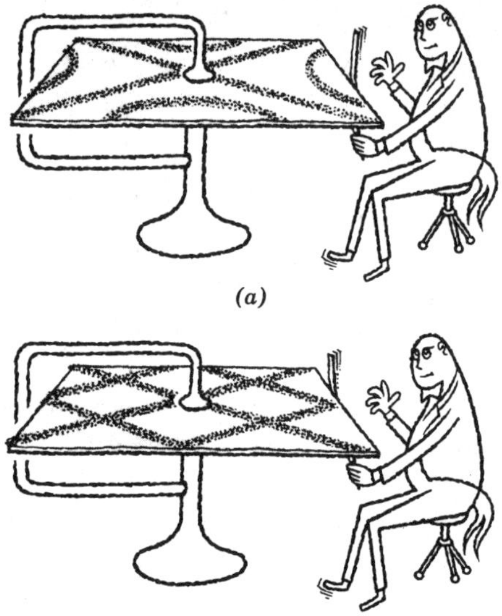

(a) (b)

Abb. 9.17

Metallplatte. Die Platte wird durch eine Klemmschraube in der Mitte festgehalten und mit einem Violinbogen in Schwingungen versetzt. Die von dem Bogen verursachten Wellen breiten sich über die Platte aus, werden an den Seiten und in der Mitte reflektiert und überlagern sich zu einem Muster stehender Wellen. In der Abbildung sind die stehenden Wellen für zwei Eigenfrequenzen der Platte eingezeichnet. Auf einer Oberfläche wie dieser Platte sind die Knoten, an denen keine Schwingung auftritt, nicht Punkte wie auf der Saite sondern *Knotenlinien*. Um die Lage der Knoten zu erkennen, wurde Salz auf die Platte gestreut. Durch die Schwingung der Platte wird das Salz abgeschüttelt, nur an den Knoten bleibt es liegen.

Die zahlenmäßig einfachen Beziehungen zwischen den Eigenfrequenzen der Saite bewirken, daß das gleichzeitige Erklingen mehrerer Frequenzen für das Ohr angenehm ist. Zwischen den Eigenfrequenzen einer Platte gibt es jedoch nicht so einfache Beziehungen und daher klingt es nicht „harmonisch", wenn man mehr als einen Oberton gleichzeitig hört. Dieses mißtönende Fehlen der Harmonie bemerkt man auch beim Klirren der Becken.

Es kommt oft vor, daß Wellen oder andere Störungen auf einen Oszillator treffen und ihn in Bewegung setzen. Ein Teil der Energie der Welle wird auf den Oszillator übertragen, so daß er zu schwingen beginnt. Der Oszillator nimmt die Energie aus der Welle besonders leicht auf, wenn die Frequenz der Welle der des Oszillators gleich oder sehr eng benachbart ist. Beispielsweise beginnt eine Geigensaite zu schwingen, wenn sie von Schallwellen getroffen wird, deren Frequenz gleich einer ihrer Eigenschwingungen ist. Auf diese Weise neigt jeder Oszillator dazu, Schwingungen mit bestimmter Frequenz „aufzugreifen". Diesen Effekt kann man an zwei Stimmgabeln beobachten (s. Abb. 9.18). Wird eine der Stimmgabeln in Schwingung versetzt, erzeugt sie Schallwellen, die zu der anderen Stimmgabel laufen

Abb. 9.18

und diese schwingen lassen. Bei Stimmgabeln verschiedener Tonhöhe ist dieser Effekt kaum wahrnehmbar; für Stimmgabeln mit gleicher Tonhöhe (Frequenz) ist er jedoch stark ausgeprägt.

Der Grund dafür, daß ein Oszillator Schwingungen seiner eigenen Frequenz besser aufnehmen kann als andere, wird durch den Vergleich mit einer Schaukel deutlich (Abb. 9.19). Die Schaukel ist ein Pendel, ein sehr einfacher Oszillator mit einer Eigenfrequenz. Wird die Schaukel in Bewegung gesetzt, schwingt sie mit dieser Eigenfrequenz hin und her. (Wenn sich der Winkel, um den die Schaukel schwingt, ändert, ändert sich auch die Eigenfrequenz, diese Frequenzänderung ist aber so klein, daß wir sie hier vernachlässigen können.)

(a)

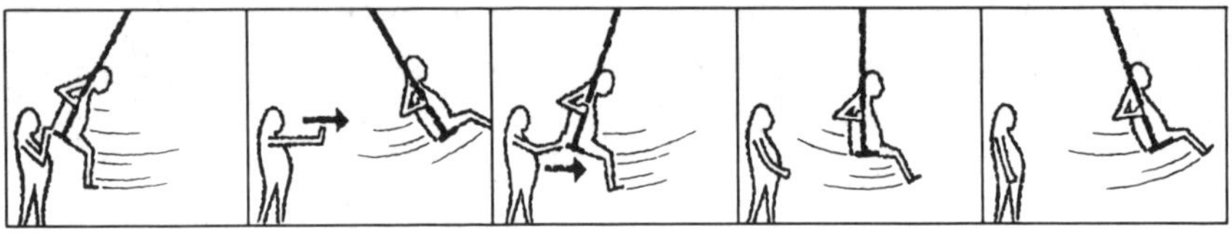

(b)

Abb. 9.19

Der Mann in Abb. 9.19a gibt der Schaukel immer dann einen Stoß, wenn sie zu seinem Standort zurückgekommen ist. Er stößt die Schaukel gleich nachdem sie begonnen hat, sich wieder nach unten zu bewegen, er stößt sie also in die Richtung, in die sie sich bewegt. So bringt er durch seine Stöße Energie in die Schaukel, daher schwingt die Schaukel immer höher. Der entscheidende Punkt ist, daß die Stöße mit einer Frequenz erfolgen, die gleich der Eigenfrequenz der Schaukel ist. Jedesmal, wenn die Schaukel eine Hin- und Rückbewegung durchlaufen hat, erhält sie einen Stoß. Außerdem kommen die Stöße genau im richtigen Zeitpunkt, so daß sie der Bewegung nicht entgegenwirken, sondern sie verstärken.

Nehmen wir aber einmal an, die Stöße hätten eine höhere Frequenz als die Eigenfrequenz der Schaukel (Abb. 9.19b). Dann würde ein Stoß die Geschwindigkeit der Schaukel manchmal erhöhen und manchmal vermindern. Manchmal würde der Stoß Energie auf die Schaukel übertragen, manchmal würde er ihr aber auch Energie entziehen. Daher würden die Stöße die Bewegung mit gleicher Wahrscheinlichkeit fördern und hemmen. Der wirkungsvollste Weg, der Schaukel Energie zuzuführen, besteht darin, die Stöße mit gleicher Frequenz wie die Schwingungen der Schaukel auszuführen.

Falls die Stöße bei jeder zweiten oder dritten Schwingung erfolgen, wird auf die Schaukel natürlich auch Energie übertragen, wenn auch nicht so schnell. Der Oszillator spricht also auch auf Frequenzen an, die die Hälfte, ein Drittel, ein Viertel usw. seiner Eigenfrequenz betragen.

Durch eine Folge von Stößen mit der Eigenfrequenz der Schaukel kann man ihr ihre Energie auch sehr wirkungsvoll *entziehen*. Wenn der Mann die Schaukel nicht stößt, wenn sie sich von ihm wegbewegt, sondern wenn sie auf ihn zukommt, wird der Schaukel jedesmal Energie entnommen.

Das Beispiel der Schaukel illustriert die Tatsache, daß ein Oszillator die Energie einer äußeren Störung am wirkungsvollsten dann aufnehmen kann, wenn die Störung eine der Eigenfrequenzen des Oszillators besitzt. Die Energie von Störungen mit anderen Frequenzen wird nicht so wirksam angenommen. Falls die Störung mehrere Frequenzen enthält, wird daher der Oszillator am kräftigsten auf seine Eigenfrequenz ansprechen, so daß er diese Frequenz von den anderen aussondert. (Das starke Mitschwingen eines Oszillators, der von außen mit seiner Eigenfrequenz erregt wird, wird als *Resonanz* bezeichnet. Anm. d. Übers.)

Der Doppler-Effekt

Der Schall eines tieffliegenden Düsenflugzeugs ändert seine Tonhöhe, wenn es über uns hinwegfliegt. Diese Änderung kann nicht durch die Änderung der Entfernung des Flugzeugs erklärt werden, und sie zeigt auch keine Veränderung im Arbeiten der Triebwerke an. Andere Schallquellen wie Rennwagen und pfeifende Züge ergeben denselben

Effekt. Wenn sich die Schallquelle uns nähert, ist der Ton höher als wenn sie ruht. Wenn sie sich von uns entfernt, ist der Ton niedriger als wenn sie ruht. Je größer die Geschwindigkeit ist, mit der sich die Quelle auf uns zu oder von uns fortbewegt, desto größer ist die Änderung der Tonhöhe. Ähnliche Änderungen der Tonhöhe treten auf, wenn sich nicht die Quelle sondern der Beobachter bewegt. Wenn sich Quelle und Beobachter einander nähern, wird der Ton höher. Wenn sie sich von einander entfernen, wird der Ton tiefer. Diese Erscheinung wird nach dem österreichischen Physiker, der sie beschrieb, als Doppler-Effekt bezeichnet.

Wir können die Änderung der Tonhöhe (Frequenz) durch den Doppler-Effekt analog zu der in Abb. 9.20 gezeichneten Situation erklären. Statt einer Quelle, die Wellen in die Luft entsendet, haben wir eine Quelle von Kuchen, die sich an einem Förderband entlang bewegt. Der Mann auf der linken Seite stellt mit einer bestimmten Frequenz die Kuchen auf das Band, sagen wir alle fünf Sekunden einen. Der Mann auf der rechten Seite versucht, sie mit derselben

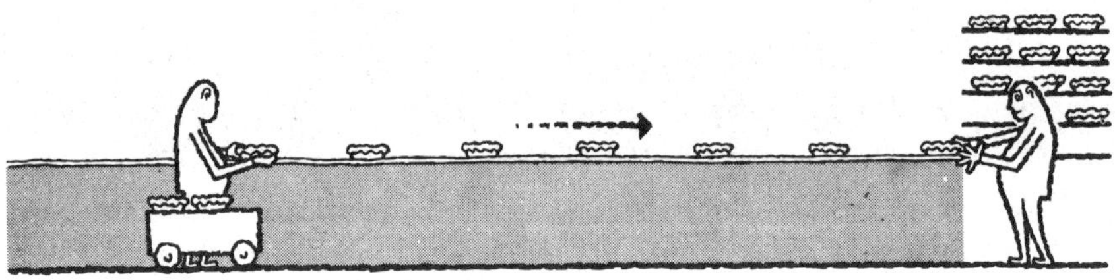

(a)

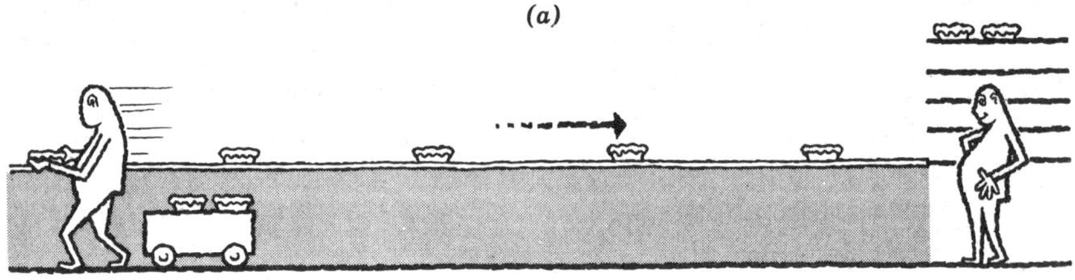

(b)

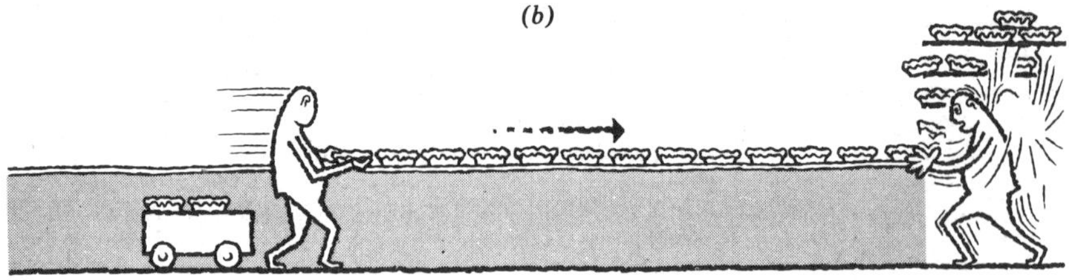

(c)

Abb. 9.20

Frequenz herunter zu nehmen. Wenn der erste Mann sich beim Aufsetzen der Kuchen nach links bewegt, haben die Kuchen auf dem Band größere Abstände, so daß der Mann am anderen Ende sie mit geringerer Frequenz erhält. (Die Geschwindigkeit der Kuchen hat sich natürlich nicht geändert.) Läuft der Mann auf der linken Seite in die entgegengesetzte Richtung, (Abb. 9.20c), wobei er die Kuchen immer noch mit derselben Frequenz aufsetzt, dann liegen die Kuchen auf dem Fließband dichter zusammen, so daß der Empfänger sie mit einer höheren Frequenz erhält. Beim Doppler-Effekt werden Wellen statt Kuchen ausgesandt und empfangen, aber das Prinzip ist dasselbe. Der Doppler-Effekt tritt auch für Lichtwellen auf, wenn auch die Theorie etwas unterschiedlich ist.

Wir haben früher in diesem Kapitel darauf hingewiesen, daß ein Oszillator und die von ihm ausgesandten Wellen dieselbe Frequenz haben, wenn der Oszillator ortsfest ist. Wenn sich der Oszillator bewegt, wird wegen des Doppler-Effekts die Frequenz der Wellen nicht dieselbe wie die des Oszillators sein. Falls sich die Person, die die Wellen beobachtet, mit derselben Geschwindigkeit und in derselben Richtung bewegt wie der Oszillator, wird sie Wellen mit der Oszillatorfrequenz empfangen. Gibt es jedoch eine Relativbewegung zwischen dem Oszillator und dem Beobachter, dann ist die Frequenz, mit der die Wellen im Bezugssystem des Beobachters empfangen werden, verschieden von der Frequenz, mit der sie in dem Bezugssystem ausgesandt werden, in dem der Oszillator zwar schwingt, aber keine resultierende Geschwindigkeit hat.

Licht als Welle

Das Wesen des Lichtes hat schon lange ein fundamentales Problem für die Physiker dargestellt. Unter dem Einfluß von Newton stellten sich viele Physiker das Licht als einen Strom winziger Teilchen vor. Der holländische Physiker Christian Huygens, ein Zeitgenosse Newtons, vertrat mit Nachdruck die Idee, das Licht sei im wesentlichen eine Wellenerscheinung.

Ein italienischer Jesuit, Francesco Maria Grimaldi (1618–1663) hatte schon ein wichtiges Experiment durchgeführt (Abb. 9.21). Er

Abb. 9.21

machte ein winziges Loch in einen Fensterladen, der von der Sonne beschienen wurde und ließ das durchtretende Licht auf einen zweiten Schirm fallen, der auch ein kleines Loch hatte. Dahinter stellte er ein Stück weißes Papier. Er fand, daß das auf dem weißen Papier beleuchtete Gebiet größer war als das zweite Loch. Tatsächlich war das auf dem Papier beleuchtete Gebiet um so größer, je kleiner das zweite Loch war. In einem zweiten Experiment entfernte Grimaldi den zweiten Schirm und brachte einen kleinen Gegenstand in den Lichtstrahl, der durch das Loch des ersten Schirmes kam. Er stellte fest, daß der von diesem Objekt geworfene Schatten kleiner war als das Objekt selbst. Diese Versuche zeigten, daß sich das Licht nicht auf geraden Linien bewegt und scharfe Schatten wirft, sondern gebeugt wird, d.h. sich um Ecken herum bewegt.

Obwohl Newton von diesem Experiment wußte, glaubte er nicht, daß es notwendigerweise seine eigene Theorie der Lichtteilchen widerlegte. Huygens konnte, obwohl er an die Wellennatur des Lichtes glaubte, die Beugung nicht erklären, weil seine Theorie Irrtümer enthielt, und daher akzeptierte er Grimaldis Resultate nicht. Später, nachdem Thomas Young (1773–1829) sowohl Beugungs- als auch Interferenzversuche durchgeführt hatte, wurde die Wellentheorie der Lichtausbreitung allgemein anerkannt.

Die Lichtgeschwindigkeit

Galilei versuchte, die Lichtgeschwindigkeit durch ein Experiment zu messen, das mit Laternen auf zwei Berggipfeln ausgeführt wurde (Abb. 9.22). Galilei entfernte zuerst die Abdeckung seiner Laterne. Sobald sein Helfer auf dem nahegelegenen Berg das Licht sah, öffnete auch er seine Laterne. Die Zeit zwischen dem Signal und seiner Rückkehr wurde festgestellt. Tatsächlich bewegt sich das Licht, wie Galilei erkannte, so schnell, daß auf diese Weise nur die Reaktionszeit des Beobachters gemessen wurde. Nichtsdestoweniger lenkte dieses Experiment Aufmerksamkeit auf die Idee, daß das Licht eine endliche Geschwindigkeit habe. Ein dänischer Astronom, Olaf Roemer, erhielt im Jahre 1676 einen Wert der Lichtgeschwindigkeit aus astronomischen Daten. In späteren Experimenten wurden direktere Methoden verwendet, ähnlich der in Abb. 9.23 dargestellten.

Abb. 9.22

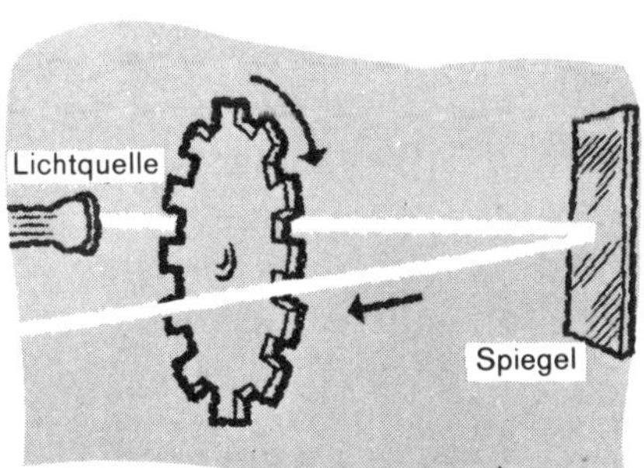

Abb. 9.23

Wie die Abbildung zeigt, geht ein Lichtstrahl durch eine Lücke des Zahnrades und kehrt durch eine andere Lücke zurück, wenn sich das Rad in Ruhe befindet. Dreht sich das Rad, so kann das Licht, das durch die erste Lücke ausgesandt wurde, bei der Rückkehr blockiert werden, weil sich die zweite Lücke weiter bewegt hat. Da man weiß, wie schnell sich das Rad drehen mußte, um das rückkehrende Licht durchzulassen oder zu blockieren, kann man die Gesamtzeit finden, die der Lichtpuls für den Hin- und Rückweg braucht. Hieraus und aus der Gesamtentfernung können wir die Lichtgeschwindigkeit bestimmen.

Die Lichtgeschwindigkeit im Vakuum ist eine der fundamentalen Naturkonstanten. Sie wird gewöhnlich durch den Buchstaben c bezeichnet und hat den Wert

$$c = 2{,}99793 \cdot 10^8 \ \mathrm{m/s}$$

Dies ist eine sehr hohe Geschwindigkeit, und es ist kein Wunder, daß Galilei sie mit den einfachen Instrumenten, die ihm zur Verfügung standen, nicht messen konnte. So weit wir wissen, kann sich kein materieller Gegenstand, keine Energie und keine Information schneller als mit dieser Geschwindigkeit bewegen.

Interferenz und Beugung des Lichtes

Das Doppelspalt-Experiment: Im Jahre 1798 führte ein englischer Physiker, Thomas Young, das in Abb. 9.24 skizzierte Experiment durch. Young verwendete zwei kleine Löcher in einem Kartenblatt, aber wir wollen zwei Spalten betrachten, die sehr nahe beieinanderliegen. Das durch die Spalte tretende Licht fällt auf einen Schirm. Wenn das auf die beiden Spalte fallende Licht aus sehr kleinen Teilchen bestünde, dann würden wir einfach zwei beleuchtete Gebiete erwarten, wo die durch die Spalte kommenden Teilchen auf den Schirm aufschlagen. Tatsächlich ist jedoch das beobachtete Bild sehr ähnlich dem Interferenzsystem, das wir in Abb. 9.11 gesehen haben. Der Leser erinnert sich, daß dieses Muster dadurch entstand, daß Wasserwellen gleichzeitig von zwei Oszillatoren mit derselben Frequenz ausgesandt wurden.

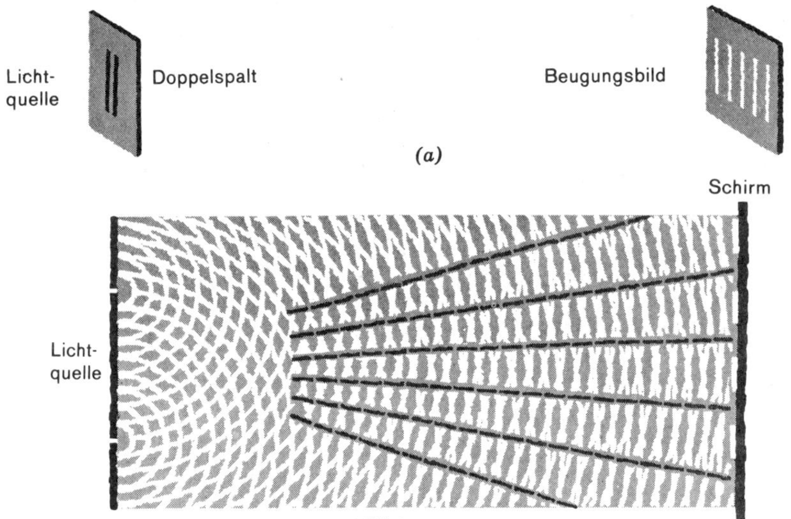

(b) Ansicht von oben

Abb. 9.24

Natürlich sehen wir bei diesem Zweispalt-Experiment nicht den ganzen Wellenvorgang im Raum, sondern nur die Beleuchtung, die diese Wellen beim Auftreffen auf den Schirm hervorrufen. Wir sehen auf dem Schirm eine Folge heller und dunkler Streifen. Die hellsten Teile des Musters auf dem Schirm liegen ungefähr in der Mitte der hellen Streifen. Dies sind die Gebiete maximaler Intensität. Die dunkelsten Gebiete liegen ungefähr in der Mitte der dunklen Streifen. Dies sind die Gebiete minimaler Intensität. Die Beugungsfigur besteht aus einer abwechselnden Folge dieser Minima und Maxima. Je enger die Spalte zusammen liegen, desto größer ist der Abstand zwischen aufeinanderfolgenden Maxima und Minima. Dies gilt allgemein für diese Art von Beugungsfiguren.

Abb. 9.24a gestattet uns einen Vergleich zwischen dem Muster der Wasserwellen-Interferenz aus der Abb. 9.11 mit dem Muster der Lichtwellen-Interferenz, das von dem durch zwei Spalte tretenden Licht verursacht wird. In dem früheren Experiment bemerkten wir, daß es in dem Wellenfeld Linien gab, auf denen immer Auslöschung stattfand. In Abb. 9.24b sehen wir, daß dunkle Gebiete entstehen, wenn diese Linien den Schirm erreichen. Zwischen ihnen fließen die Wellen nach außen. Diese Wellen erzeugen beim Auftreffen auf den

Schirm die hellen Maxima. Diese Ähnlichkeit zwischen dem Verhalten der Licht- und Wasserwellen ist ein starker Hinweis darauf, daß das Licht sich wirklich als Welle ausbreitet. Zumindest kann man mit Gewißheit sagen, daß es Welleneigenschaften zeigt. Wie wir sehen werden, erscheint das Licht mit verschiedenen Frequenzen (oder Wellenlängen) dem Auge als Licht verschiedener Farbe. Die Wellenlängen des sichtbaren Lichtes reichen von ungefähr $7{,}4 \cdot 10^{-7}$ m für rotes Licht bis etwa $4{,}1 \cdot 10^{-7}$ m für violettes Licht.

Wenn wir die Abstände der Maxima und Minima auf dem Schirm, den Abstand zwischen den Spalten und die Entfernung zum Schirm kennen, können wir die Wellenlänge des Lichtes bestimmen. Abb. 9.25 illustriert dieses Verfahren. Das Licht von den beiden Spalten muß in jedem Maximum auf dem Schirm eine Interferenz-Verstärkung erfahren. Wir wollen eins dieser Maxima in der Nähe des zentralen Maximums auf dem Schirm diskutieren.

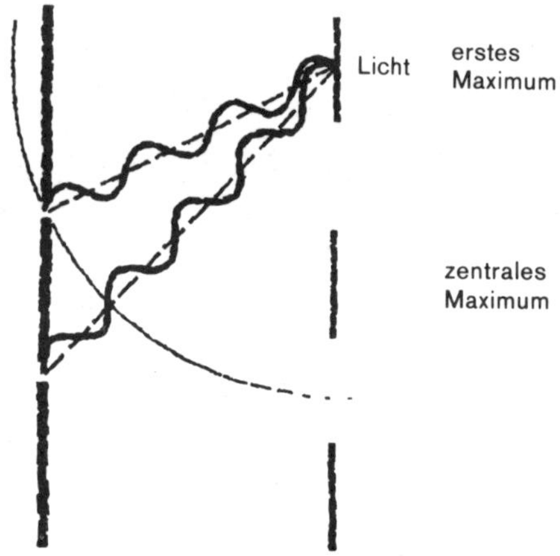

Abb. 9.25

Damit in diesem Maximum Interferenz-Verstärkung auftritt, muß das Licht des einen Spaltes einen Weg zurückgelegt haben, der eine Wellenlänge weiter ist als der Weg des Lichtes von dem anderen Spalt. Dann ist gesichert, daß die beiden Lichtwellen sich an diesem Punkt des Schirms so überlagern, daß sie ein Maximum und nicht ein Minimum oder einen Zwischenwert erzeugen. Also kann man die Lichtwellenlänge aus dem Unterschied dieser beiden Weglängen finden.

Diese Wegdifferenz ist schwer meßbar, weil das Licht eine sehr kleine Wellenlänge hat, aber man kann sie aus den anderen zuvor erwähnten Größen berechnen.

Die Tatsache, daß die Wellenlänge des Lichtes aus der Lage des ersten Maximums in einem Zweispalt Experiment berechnet werden kann, bedeutet, daß die Lage dieses Maximums von der Wellenlänge abhängt. Verschiedene Wellenlängen (Farben) des Lichts haben ihre Interferenz-Maxima an verschiedenen Stellen des Schirms. Diese Tatsache ermöglicht uns, die Wellenlängen (Farben) eines Lichtstrahls zu trennen. Tatsächlich ist die Zweistrahl-Anordnung für diesen Zweck nicht sehr gut geeignet, wir benutzen gewöhnlich ein *Beugungsgitter*, eine Platte mit etwa 1000 Spalten pro mm. Die Interferenzfigur dieses Gerätes ist der der Zweispalt-Anordnung sehr ähnlich, die zusätzlichen Spalte lassen jedoch viel mehr Licht hindurch und erzeugen sehr viel schärfere Maxima. Weil diese Maxima so scharf sind, können wir die von den verschiedenen Wellenlängen hervorgerufenen Maxima viel leichter trennen. Diese getrennten Maxima erscheinen auf dem Schirm in verschiedenen Farben.

Das Beugungsgitter ist ein sehr nützliches Instrument, weil es die Bestimmung der Wellenlängen (Farben) ermöglicht, die in einem Lichtstrahl enthalten sind. Abb. 9.26 illustriert die Anwendung eines solchen Gitters zur Analyse des Lichts, das von einer gewöhnlichen Glühlampe ausgesandt wird. Das zentrale Maximum der Interferenzfigur trennt die Farben nicht, weil es unabhängig von der Wellenlänge an derselben Stelle liegt. Das erste Maximum zu beiden Seiten des

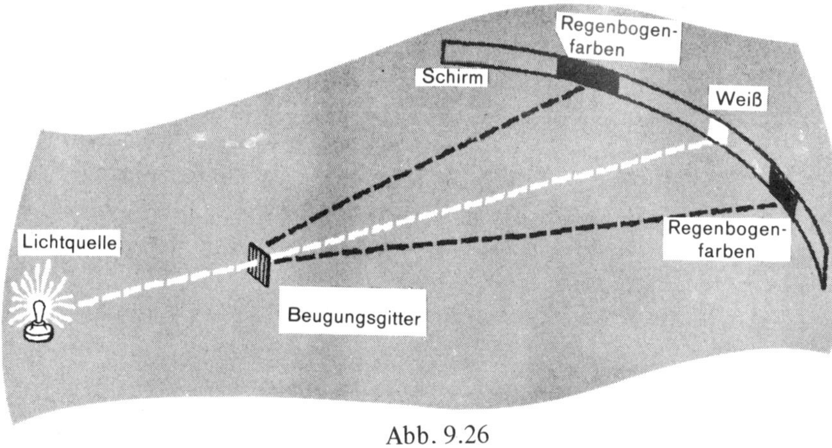

Abb. 9.26

Zentrums ist jedoch so aufgespreizt, daß es wie ein Regenbogen aussieht. Da die Lage dieses Maximums für verschiedene Farben unterschiedlich ist, trifft das Licht jeder Farbe den Schirm an einer anderen Stelle. Dieser Regenbogen wird als *Spektrum* bezeichnet. Die Tatsache, daß das Spektrum des Glühlampenlichts einem Regenbogen gleicht, beweist, daß das Licht der Lampe alle sichtbaren Farben enthält. In späteren Kapiteln werden wir Gelegenheit haben, Licht zu diskutieren, das nicht alle Farben enthält und daher ein Spektrum hat, in dem bestimmte Farben fehlen. (Das zentrale Maximum wird auch als nulltes Maximum bezeichnet. Anm. d. Übers.)

Unsere Diskussion hat sich auf das erste Maximum außerhalb des Zentrums der Interferenzfigur konzentriert. Die weiter vom Zentrum entfernten Maxima erzeugen ebenfalls Spektren.

Das Einspalt-Experiment: In Abb. 9.8 sahen wir, daß Beugung auftritt, wenn eine Wasserwelle durch eine Öffnung zwischen zwei Barrieren hindurchläuft. Wir können ein ähnliches Experiment mit Licht durchführen. Wir nehmen einfach nur einen Spalt anstelle der vorher verwendeten zwei. Abb. 9.27 zeigt die Beugungsfigur, die wir erhalten, wenn das Licht durch einen Einzelspalt hindurchgeht. Das Auftreten der Maxima und Minima in dieser Figur beweist, daß wir Interferenzeffekte des Lichts erhalten, das durch verschiedene Teile desselben Spaltes gegangen ist. Wir wollen diese Interferenzeffekte nicht weiter diskutieren, sondern nur feststellen, daß sie existieren. Wenn der Spalt enger gemacht wird, behält das Lichtmuster auf dem Schirm die gleiche Form, wird aber breiter. Dies ist eine allgemeine Eigenschaft der Beugungsfiguren. Je kleiner der Gegenstand oder die Öffnung ist, die die Beugung bewirken, desto größer ist die Beugungsfigur. Diese Regel wird bedeutungslos, wenn die Öffnung so groß ist, daß die Beugung unwichtig geworden ist. Ein sechs Meter breiter

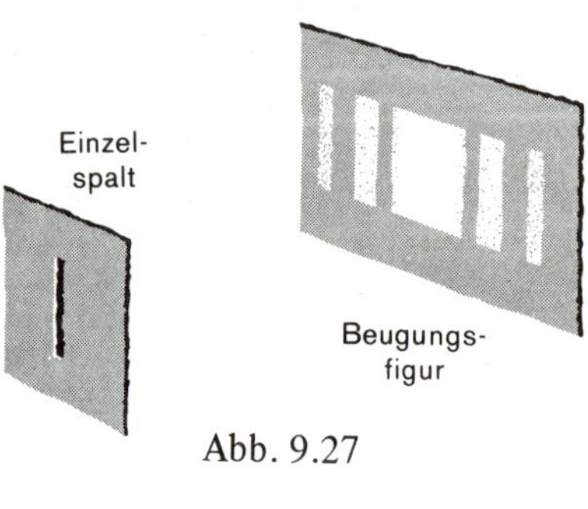

Abb. 9.27

Spalt läßt einen breiteren Lichtstrahl hindurch als ein Spalt, der einen halben Meter breit ist, aber für so breite Spalte ist die Beugung keine entscheidende Größe mehr.

Bei unserer Diskussion haben wir einen Punkt außer acht gelassen. Im Zweispalt-Experiment tritt ebenso wie im Einspalt-Experiment sowohl Beugung als auch Interferenz auf. Tatsächlich muß das Licht beider Spalte gebeugt werden – d.h. um Ecken herum gehen – damit es außerhalb des Zentrums der Beugungsfigur auftreten kann. Das Licht jedes einzelnen Spalts würde eine eigene Einspalt-Beugungsfigur ergeben. Da die beiden Spalte gewöhnlich sehr nahe beieinander sind, liegen die beiden Beugungsfiguren fast übereinander und können zusammen als das Einspalt-Beugungsbild in Abb. 9.28 dargestellt werden. Die Zweispalt-Interferenzfigur kann nur auftreten, wo Licht von beiden Spalten auf den Schirm trifft und das ist nur in den Maxima der Einspalt-Beugungsfigur der Fall. Daher erscheint die tatsächliche Zweispalt-Beugungsfigur so wie in Abb. 9.28 unten gezeigt. Die Zweispalt-Interferenzmaxima treten nur in den breiteren Gebieten auf, wo die Einspalt-Beugungsfigur ihre Maxima hat.

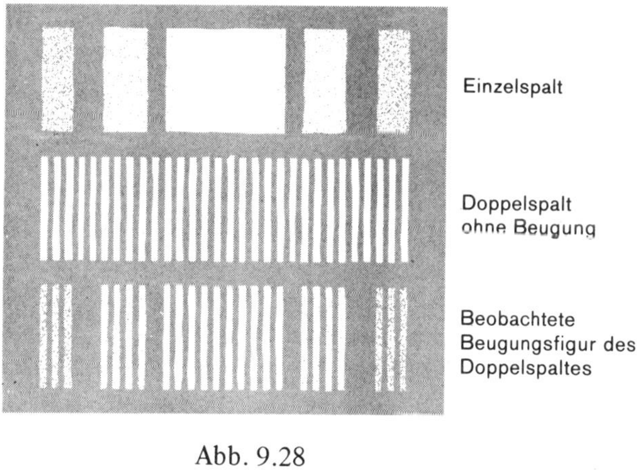

Abb. 9.28

Das Einspalt-Beugungsbild mit seiner Folge abwechselnd heller und dunkler Gebiete ähnelt den Beugungsfiguren, die auftreten, wenn das Licht durch kleine Löcher hindurch oder um kleine Objekte herum geht. Als Beispiel zeigt Abb. 9.29 die Figur, die Grimaldi (vgl. Abb. 9.21) erhalten haben muß, als er das Licht in geradem Strahl durch

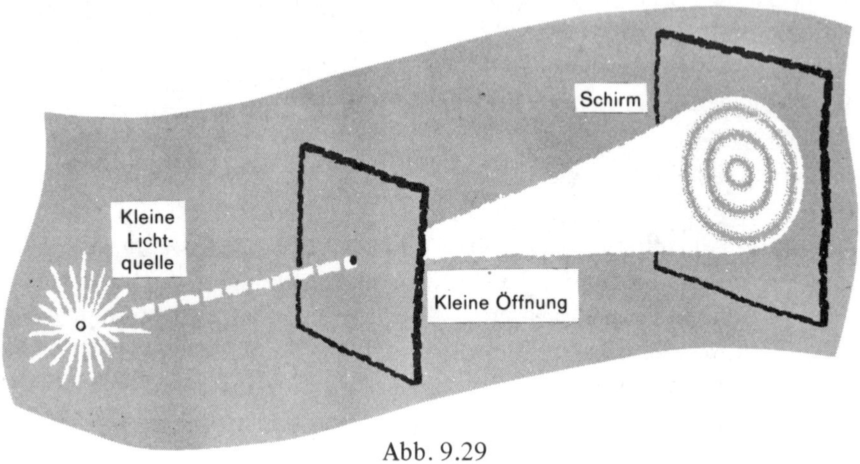

Abb. 9.29

eine kleine runde Öffnung treten ließ. Hier haben wir wieder das helle zentrale Maximum, das, wie Grimaldi bemerkte, tatsächlich größer ist als das Loch, durch das das Licht hindurchtrat. Zusätzlich gibt es jedoch noch eine Reihe konzentrischer Maxima und Minima, die wahrscheinlich für ihn zu lichtschwach waren, als daß er sie hätte entdecken können.

Das Michelson-Interferometer: Das Prinzip der Lichtinterferenz wird in einem Präzisionsinstrument, dem Michelson-Interferometer, verwendet, um entweder Entfernungen oder Wellenlängen zu messen. Das Instrument ist in Abb. 9.30a skizziert. Der Lichtstrahl wird mit einem teilweise durchlässigen Spiegel aufgespalten. Eine Hälfte des Strahls setzt ihren Weg durch den Spiegel fort, die andere Hälfte wird reflektiert. Beide Strahlen werden zu dem teilweise durchlässigen Spiegel zurück reflektiert, und ein Teil von jedem dieser reflektierten Strahlen gelangt zum Punkt A. Das Instrument nimmt also einen Lichtstrahl aus einer einzigen Lichtquelle, teilt ihn in zwei Teile, sendet jeden dieser Teile auf einen anderen Weg und vereinigt dann einen Teil jeder dieser beiden Strahlen. Wenn diese getrennten Strahlen die gleiche Strecke mit der gleichen Geschwindigkeit zurückgelegt haben, dann werden sie sich bei ihrem Zusammentreffen durch Interferenz verstärken, so daß im Zentrum des in A angebrachten Okulars ein heller Punkt erscheint (Abb. 9.30b). Das gleiche geschieht, wenn eine Welle mit einer Wegdifferenz von ein, zwei oder auch mehreren ganzen Wellenlängen hinter der anderen Welle zurückkehrt. Nehmen wir aber einmal an, daß die beiden Strahlen infolge ihres unterschiedlichen Weges einen Gangunterschied von einer halben Wellenlänge haben. Dann werden sich die Wellen durch Interferenz auslöschen, so daß im Zentrum des Okulars in *A* ein dunkler Fleck erscheint (Abb. 9.30b). Das gleiche gilt, wenn eine Welle um 3/2, 5/2, 7/2 usw. Wellenlängen hinter der anderen zurückkehrt.

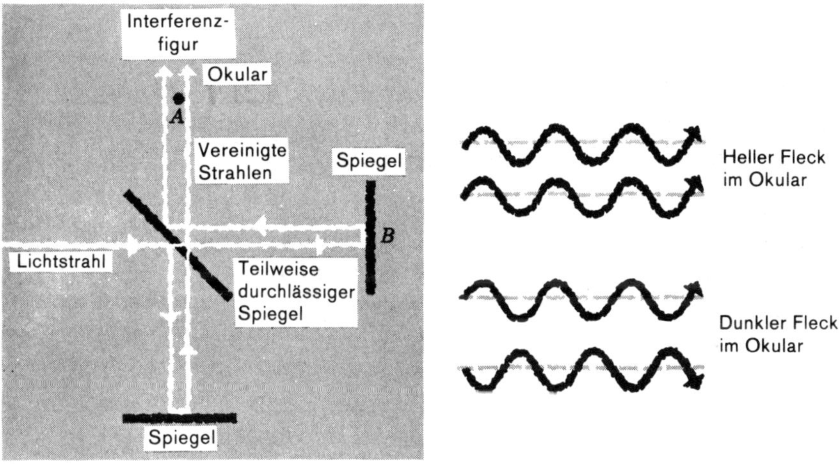

(*a*) (*b*)

Abb. 9.30

Wenn wir den Spiegel in *B* bewegen, ändern wir die Entfernung, die einer der beiden Strahlen zurücklegt. Wenn wir das Okular in *A* beobachten, während der Spiegel in *B* langsam bewegt wird, sehen wir im Mittelpunkt des Okulars abwechselnd helle und dunkle Flecken erscheinen. Wenn wir diese Änderungen zählen, können wir feststellen, um wie viele Wellenlängen wir die Weglänge geändert haben. Mit diesem Interferometer können wir die Wellenlänge in Verbindung setzen mit der Strecke, um die der Spiegel bewegt wurde. Wenn wir eine dieser beiden Längen kennen, können wir die andere bestimmen.

Das Auflösungsvermögen des Mikroskops*

Wie auf Seite 410 erwähnt, machen sich Beugungserscheinungen um so stärker bemerkbar, je größer die Wellenlänge des Lichts bzw. des Schalls ist, und je kleiner die Öffnungen sind, durch die die Wellen hindurchtreten. Daher ist der Beugungswinkel ϑ, um den das Licht vom geradlinigen Verlauf abweicht, um so größer, je kleiner die Gitterkonstante d (der Abstand der Gitterstäbe, vgl. Seite 429 und Abb. 9.26) und je größer die Wellenlänge λ ist. Für kleine Beugungswinkel gilt die häufig verwendete Formel

$$\text{Beugungswinkel} = \frac{\text{Wellenlänge}}{\text{Gitterkonstante}} \qquad \vartheta = \frac{\lambda}{d}$$

Diese Beziehung gilt nicht nur für periodische Gitter, sondern (abgesehen von einem prinzipiell unwesentlichen Zahlenfaktor) auch für einzelne Objekte mit dem Durchmesser d (vgl. Abb. 9.8). Diese Tatsache ist entscheidend für die Leistungsfähigkeit des Mikroskops.

Oft wird irrtümlich die *Vergrößerung* eines Mikroskops als Maß seiner Güte betrachtet. Tatsächlich ist jedoch nicht entscheidend, wie groß der Gegenstand mit Hilfe des Mikroskops erscheint, sondern wie viele Einzelheiten des Objekts noch sicher erkannt, also *aufgelöst* werden können. Man kann das vom Mikroskop erzeugte Bild des Gegenstandes durch Projektion beliebig vergrößern, stellt jedoch fest, daß oberhalb einer bestimmten „förderlichen Vergrößerung" das Bild keine zusätzlichen Einzelheiten erkennen läßt. Oberhalb einer bestimmten Vergrößerung wächst nur noch die Größe des Bildes, jedoch nicht die Information über den untersuchten Gegenstand.

Diese prinzipielle Leistungsgrenze des Mikroskops wird durch die Wellennatur des Lichts verursacht. Im Mikroskop kann ein Objekt nur dadurch wahrgenommen werden, daß es die Ausbreitung des Lichts verändert, also Beugung verursacht. Gelangt nur das nullte Maximum des durch ein Gitter gegangenen Lichts (vgl. Abb. 9.26) in das Mikroskopobjektiv, dann kann das Mikroskop die einzelnen Gitterstäbe nicht auflösen, d. h. getrennt darstellen, denn es hat die „Botschaft" des Gitters, seine Beugungserscheinung, ja gar nicht

* vom Übersetzer eingefügter Abschnitt

empfangen. Das Mikroskopobjektiv muß also mindestens zwei Beugungsmaxima, z. B. das nullte und das erste, als Information über das Gitter aufnehmen, um diese Information durch die Abbildung der Gitterstäbe wiedergeben zu können.

Daher werden vom Mikroskop nur solche Einzelheiten des Objekts aufgelöst, deren Beugungserscheinungen noch vom Objektiv aufgenommen werden. Um ein hohes Auflösungsvermögen zu erzielen, d. h. zwei Objektstrukturen mit geringem Abstand getrennt darzustellen, muß man erstens ein Objektiv verwenden, das auch die unter großen Winkeln abgebeugten Strahlen erfaßt. Dieser Winkel steigt mit der „Apertur", deren Wert auf dem Objektiv angegeben ist. Zweitens verwendet man Licht mit kurzer Wellenlänge (also blaues Licht), da hierdurch der Beugungswinkel vermindert, bei gegebener Apertur also auch das von kleineren Objekten abgebeugte Licht noch erfaßt wird.

Das Auflösungsvermögen steigt also durch Vergrößerung der Apertur und Verkleinerung der Wellenlänge. Eine genauere Rechnung zeigt, daß die kleinste auflösbare Objektstruktur ungefähr gleich der Wellenlänge dividiert durch die Apertur ist. Das entspricht der obigen Formel $d = \lambda/\vartheta$, wenn für d der kleinste aufgelöste Objektabstand und für ϑ die Objektivapertur eingesetzt wird. Daher beträgt bei einem Objektiv hoher Apertur (1,3) und der kürzesten Wellenlänge des sichtbaren Lichts (rund $0{,}4 \cdot 10^{-3}$ mm) das Auflösungsvermögen rund $0{,}3 \cdot 10^{-3}$ mm. Da diese Grenze prinzipiell durch die Natur des Lichts bedingt ist, kann sie auch durch konstruktive Verbesserungen des Mikroskops nicht unterschritten werden.

Ein wesentlich höheres Auflösungsvermögen läßt sich erreichen, wenn das Objekt nicht mit Licht, sondern mit schnellen Elektronen durchstrahlt wird, da auch bewegten Elektronen ein Wellenvorgang zugeordnet ist (vgl. Seite 525). Im Elektronenmikroskop konnte ein Auflösungsvermögen von $0{,}0002 \cdot 10^{-3}$ mm erreicht werden; dieser Wert ist nicht durch die „Wellenlänge" der Elektronen bedingt, sondern durch die geringe Apertur der Elektronenlinsen, die heute noch nicht mit so hoher Apertur gebaut werden können wie optische Linsen.

Polarisation

Ein Grund für die Annahme, daß Lichtwellen transversal sind, ist die Tatsache, daß sie polarisiert werden können. Um zu erklären, was Polarisation bedeutet, wollen wir uns transversale Wellen genauer ansehen. Abbildung 9.31 zeigt transversale Wellen in zwei Federn. In Abb. 9.31a bewegt sich die Feder beim Fortschreiten der Welle auf und ab. Dagegen bewegt sie sich in Abb. 9.31b beim Fortschreiten der Welle horizontal hin und her. Beide Wellen sind transversal, aber sie sind nicht gleich. Man sagt, die erste ist in einer vertikalen, die zweite in einer horizontalen Ebene polarisiert. Transversale Wellen können auch in anderen Ebenen polarisiert sein, weil die Schwingung, die die Welle hervorruft, in jeder beliebigen Richtung liegen kann. „Gewöhnliches" Licht (von der Sonne und gewöhnlichen Lampen) kann man sich aus vielen Wellen zusammengesetzt denken, die in verschiedenen Ebenen polarisiert sind.

Abb. 9.31

Licht, das in nur einer Ebene polarisiert ist, kann man aus gewöhnlichem Licht erhalten, indem man ein Polarisationsfilter verwendet (Abb. 9.32). Das Material des Polarisationsfilters absorbiert das Licht, das in einer bestimmten Ebene polarisiert ist, läßt jedoch das Licht hindurch, das in einer dazu senkrechten Ebene polarisiert ist. Beispielsweise läßt das Polarisationsfilter auf der linken Seite der Abb. 9.23 das in der vertikalen Ebene polarisierte Licht hindurch, hält jedoch das in der horizontalen Ebene polarisierte Licht zurück. Daher ist das von diesem Polarisationsfilter ausgehende Licht geschwächt, weil ein Teil des Lichtes absorbiert worden ist. Durch das zweite Polarisationsfilter wird das Licht nicht wesentlich geschwächt, weil das Licht schon in der richtigen Ebene polarisiert ist, um durch dieses Filter hindurchzutreten. Wird das zweite Polarisationsfilter um 90° gedreht, wie in Abb. 9.32b, dann wird das von dem ersten Filter kommende Licht nicht hindurchgelassen. Wir können also die Wirkung der Polarisationsfilter durch die Annahme verstehen, daß das Licht aus transversalen Wellen besteht. Mit rein longitudinalen Wellen ließe sich dieser Effekt nicht erklären.

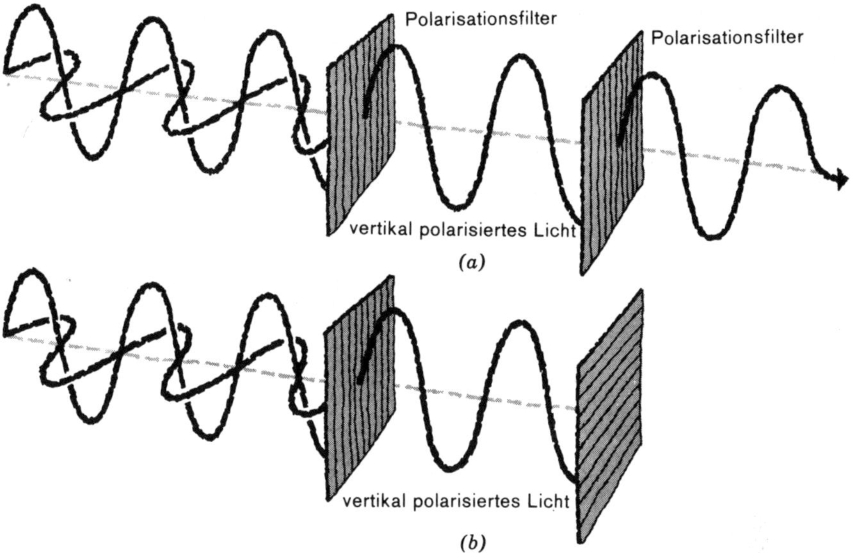

Abb. 9.32

Licht kann auch durch andere Methoden polarisiert werden. Das von einer Oberfläche reflektierte Licht ist oftmals stark polarisiert. Polarisationsfilter werden manchmal in Sonnenbrillen verwendet und so orientiert, daß sie viel von diesem polarisierten Spiegelungs-Glanz absorbieren.

Eine grobe Analogie zu der Wirkung eines Polarisationsfilters beim Polarisieren eines Lichtstrahls ist in Abb. 9.33 dargestellt. Die Abbil-

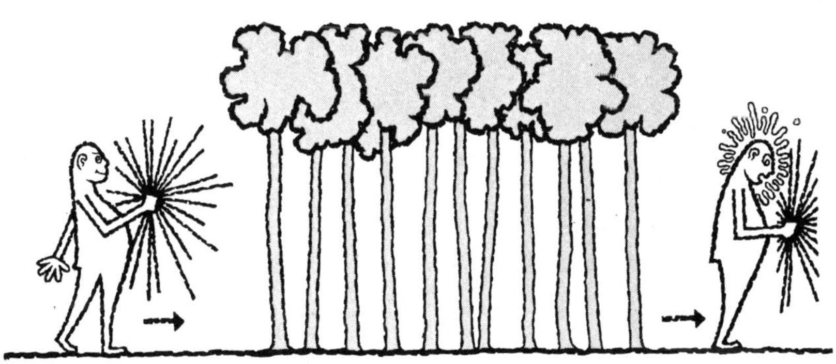

Abb. 9.33

dung zeigt einen Holzsammler, der durch einen Wald mit großen geraden Bäumen geht. Die langen zerbrechlichen Reisigstangen, die er in der Hand hält, weisen in alle Richtungen. Wenn die Bäume dicht stehen und keine niedrigen Äste haben, wird alles Reisig, das er trägt, abgebrochen (absorbiert), bis auf die Zweige, die vertikal gerichtet sind. Wenn er aus dem Wald herauskommt, hat er tatsächlich ein polarisiertes Reisigbündel.

Licht als elektromagnetische Welle

Elektromagnetische Wellen

Ausgehend von seiner Formulierung der Gesetze der Elektrizität und des Magnetismus sagte Maxwell die Existenz von Wellen im elektromagnetischen Feld voraus. Außerdem sollte die vorausgesagte Geschwindigkeit dieser Wellen gleich der schon bekannten Lichtgeschwindigkeit sein. Daher schien es evident, daß das Licht selbst eine Welle des elektromagnetischen Feldes sein müsse. Die Theorie des Lichtes wurde so ein Teil der Theorie der Elektrizität und des Magnetismus. Lichtstrahlen, ultraviolette Wellen, infrarote Wellen, Röntgenstrahlen, Radiowellen, Radarwellen und andere sind insgesamt Wellen des elektromagnetischen Feldes mit verschiedenen Frequenzen (Abb. 9.34). Es war in der Tat eine eindrucksvolle geistige Leistung, einen so weiten Bereich der Naturerscheinungen in einer einzigen geschlossenen Theorie zusammenzufassen.

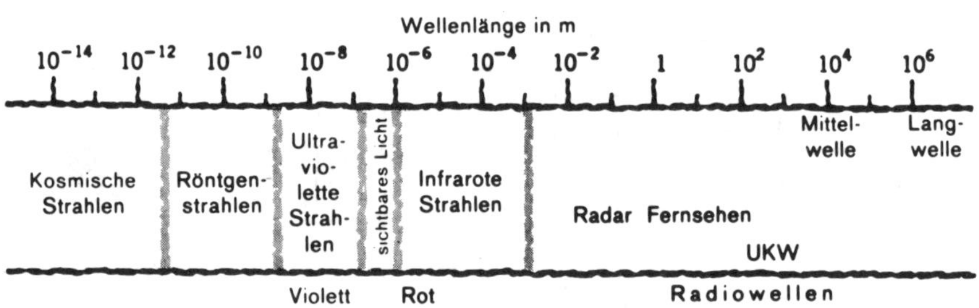

Abb. 9.34

Elektromagnetische Wellen wie das Licht beruhen auf dem Zusammenwirken des elektrischen und des magnetischen Feldes. Das sehen wir, wenn wir fragen, wie eine elektromagnetische Welle entsteht. Angenommen, wir haben ein Elektron oder eine andere Ladung, die im Raume ruht. Wir wollen dieses Elektron als Oszillator verwenden. Das bedeutet, daß wir das Elektron hin und her bewegen müssen. Wenn es sich bewegt, bewegt sich auch sein elektrisches Feld. Also haben wir eine Störung des elektrischen Feldes hervorgerufen. Die Bewegung des Elektrons stellt auch einen Strom dar, der ein Magnetfeld erzeugt. Wenn das Elektron beschleunigt wird, ändert sich seine Geschwindigkeit, also ändert sich auch der Strom und damit das magnetische Feld. Durch diese schwingende Ladung haben wir Störungen sowohl des elektrischen als auch des magnetischen Feldes hervorgerufen. Diese Störung erzeugt elektromagnetische Wellen, die sich mit Lichtgeschwindigkeit nach außen bewegen. All dies ist in Übereinstimmung mit den Gesetzen der Elektrizität und des Magnetismus, die aussagen, daß eine *beschleunigte* elektrische Ladung elektromagnetische Wellen aussenden sollte, eine ruhende oder gleichförmig bewegte jedoch nicht. Diese Strahlung tritt in vielen Situationen auf. Der Oszillator kann aus den Elektronen bestehen, die sich in einer Rundfunksender-Antenne hin und her bewegen, so daß Radiowellen emittiert werden. Oder der Oszillator kann ein Elektron in einem Atom sein, das Licht und andere Wellen aussendet. Oder es kann ein Elektron sein, das beim Auftreffen auf das Metall in einer Röntgenröhre beschleunigt (abgebremst) wird und so Röntgenstrahlen erzeugt.

Was geschieht, wenn diese elektromagnetischen Wellen auf ein anderes geladenes Teilchen, z.B. ein Elektron treffen? Das Elektron könnte in einer Radio-Antenne, in einem Atom oder anderswo sein. Das Elektron fühlt die beschleunigenden Wirkungen der schwingenden elektrischen und magnetischen Felder in der Welle. Daher wird es durch die einfallende Welle selbst zu Schwingungen angeregt.

Die Energie in einer elektromagnetischen Welle

Wir haben gesehen, daß eine beschleunigte Ladung eine elektromagnetische Welle, z.B. Licht aussenden kann, und daß diese Welle eine andere Ladung in einiger Entfernung beschleunigen kann. Das bedeutet, daß bei diesem Vorgang Energie übertragen wird. Die nächstliegende Annahme ist, daß die Energie durch die Welle übertragen wird. Es gibt natürlich eine Verzögerung, während der die Welle von einer Ladung zur anderen läuft. In manchen Fällen kann die Verzögerung beträchtlich sein; das Licht der Sonne braucht acht Minuten, um die Erde zu erreichen. Wo ist die Energie während dieser acht Minuten? Offensichtlich ist die Energie unterwegs, indem sie von der Lichtwelle mitgeführt wird. Die Welle hat auch einen Impuls. Licht kann Druck auf einen Gegenstand ausüben und ihn in Bewegung setzen.

Diese Schlüsse könnten leicht akzeptabel erscheinen. Dennoch müssen wir uns daran erinnern, daß das Licht eine Welle des Feldes ist – des Feldes, das eingeführt wurde, um elektrische und magnetische Effekte zu erklären. Das Feld selbst schien nicht stofflich zu sein. Nun finden wir, daß es Wellen übertragen kann, und daß es Energie und Impuls enthält. Das läßt es ein wenig realer erscheinen. Felder scheinen ebenso fundamentale Realitäten zu sein wie Teilchen.

Der Äther

Viele Leute glaubten, daß ein stoffliches Medium erforderlich sei, um das Feld und seine Wellen aufrecht zu erhalten. Schließlich, wer hatte jemals von einer Welle gehört ohne ein Medium, in dem die Welle schwingen könnte? Was schwingt denn, wenn es kein Medium gibt? Daher wurde der „Äther“ eingeführt, um das Feld und seine Wellen zu tragen. Dieser Äther hat natürlich nichts mit dem Äther der Mediziner zu tun, vielmehr stellte man sich ihn als ein stoffliches Medium vor, das den ganzen Raum erfüllte. Die Planeten sollten sich in ihm ohne merklichen Widerstand bewegen. Außerdem müßte er transversale Wellen verschiedener Frequenzen übertragen können. Der Äther konnte schwerlich eine normale Flüssigkeit oder ein Gas sein und dabei transversale Wellen übertragen. Tatsächlich ist nicht einmal Stahl hart genug, um eine transversale Welle mit Lichtgeschwindigkeit zu übertragen. Daher führte der Äther, obwohl er zur Übertragung elektromagnetischer Wellen scheinbar erforderlich war, zu mehreren Schwierigkeiten. Wir werden einige davon in Kapitel 10 untersuchen.

Zusammenfassung

I. Die Natur der Wellen

A. Eigenschaften der Wellen

1. Wellenlänge λ
2. Frequenz f
3. Geschwindigkeit $v = f \cdot \lambda$
4. Amplitude

B. Arten von Wellen

1. Transversal
2. Longitudinal

C. Verhalten der Wellen

1. Reflektion
2. Brechung
3. Beugung
4. Interferenz
   a. Einspalt
   b. Zweispalt
   c. Stehende Wellen
   d. Schwebungen
5. Polarisation transversaler Wellen
6. Doppler-Effekt

II. Naturkonstante

A. Die Geschwindigkeit c des Lichtes und jeder elektromagnetischen Schwingung im Vakuum
$c = 2{,}99793 \times 10^8$ m/s

III. Felder

A. Wellen des elektromagnetischen Feldes, einschließlich Licht

B. Energie im elektromagnetischen Feld

C. Äther als Träger des elektromagnetischen Feldes und der in ihm fortschreitenden Wellen

IV. Anwendungen: Das Wellenmodell erklärt das Verhalten von:

A. Schall

B. Licht

C. Wellen in Federn, Wasser und gespannten Saiten

Fragen und Aufgaben

1. Würden Sie überrascht sein, wenn Sie einen polarisierten Strahl von Schallwellen finden würden? Warum, oder warum nicht?
2. Warum hat eine Geigensaite bestimmte Eigentöne und nicht andere? In welcher Beziehung stehen die Eigenfrequenzen zueinander?
3. Aus welchen Gründen glauben wir an die Existenz von Lichtwellen? Wie unterscheiden sich diese Gründe von den Gründen für die Annahme von der Existenz anderer Arten von Wellen?
4. Warum glauben wir, daß Schallwellen existieren?
5. Was ist ein Oszillator?
6. Was ist der Unterschied zwischen einer transversalen Welle und einer longitudinalen Welle? Welche Art würden Sie in Festkörpern, Flüssigkeiten und Gasen erwarten? Erklären Sie Ihre Antwort.
7. Woher wissen wir, daß Wellen Energie übertragen?
8. Warum ist die Frequenz eines Oszillators gleich der Frequenz der Wellen, die er emittiert? Gibt es scheinbare Ausnahmen?

9. Warum gibt es in der einfachen Welle der Abb. 9.2 in jeder Wellenlänge einen nach oben und einen nach unten gerichteten Puls? Warum gibt es nicht auf einer Wellenlänge einen nach oben und auf der nächsten Wellenlänge einen nach unten gerichteten Puls?

10. Welches ist die Frequenz einer elektromagnetischen Welle, die im Vakuum eine Wellenlänge von (a) $1{,}54 \times 10^{-10}$ Meter (Röntgenstrahl); (b) 3×10^{-2} Meter (Radar) hat?

11. Welches ist die Wellenlänge einer Schallwelle mit einer Frequenz von 256 Schwingungen pro Sekunde (mittleres C)?

12. Aus der in Abb. 9.35 dargestellten Glasglocke wird die Luft evakuiert, während die Glocke läutet. Warum können wir die Glocke nicht mehr hören, nachdem die Luft ausgepumpt worden ist?

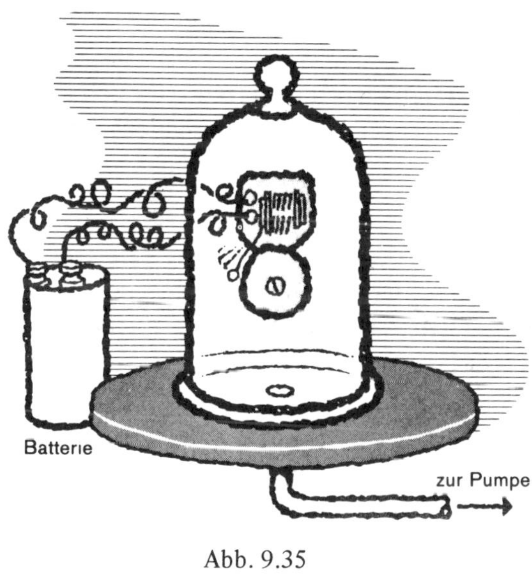

Abb. 9.35

13. Erklären Sie mit Ihren eigenen Worten die Bedeutung der Begriffe Reflektion, Brechung, Beugung und Interferenz.

14. Wie könnten Sie jemand davon überzeugen, daß das Licht eine transversale Welle ist?

15. Was bedeutet der Begriff Polarisation?
16. Aus welchem Grunde entstehen die dunklen Gebiete im Zweispalt-Interferenzbild?
17. Nennen Sie einen Grund für die Annahme, daß das elektromagnetische Feld Energie enthalten kann.
18. Was ist eine Welle?
19. Warum wurde der Äther eingeführt?
20. Welche Schwierigkeiten entstehen durch die Einführung des Äthers?
21. Erklären Sie das Auftreten des Doppler-Effekts, wenn die Quelle der Wellen fest steht und der Hörer (Empfänger) sich bewegt.
22. Tritt der Doppler-Effekt auch für Wasserwellen auf? Erklären Sie Ihre Antwort.
23. Warum können wir ein Musikinstrument als Oszillator bezeichnen?
24. Zwei Wellenformen einer Feder bewegen sich aufeinander zu, wie in Abb. 9.36 gezeichnet. Was geschieht, wenn sie sich treffen?

Abb. 9.36

25. Warum haben die Knoten auf einer schwingenden Saite einen Abstand von einer halben Wellenlänge?
26. Warum sprechen wir von Licht*strahlen*, wenn das Licht doch ein Wellenvorgang ist?
27. Warum schlug Galileis Versuch, die Lichtgeschwindigkeit zu messen, fehl? Was wurde mit diesem Experiment erreicht?
28. Wieviele Obertöne hat eine gespannte Saite?
29. Warum braucht ein Radio oder ein Fernsehgerät eine Antenne?

30. Die beiden in Abb. 9.10b dargestellten Pulse löschen einander aus. Was geschieht mit ihrer Energie?
31. Beschreiben Sie die Interferenz- und Beugungsbilder, die für Ein- und Zweispaltversuche charakteristisch sind.
32. Warum gibt es in der Abb. 9.11 Linien, auf denen keine Wellen zu sein scheinen, obwohl Wellen von beiden Oszillatoren kommen?
33. Warum nehmen wir an, daß die beiden in Abb. 9.10a dargestellten Pulse tatsächlich durcheinander hindurchgehen und nicht einfach aneinander abprallen?
34. Was ist ein Schatten?
35. Warum nimmt die Schallgeschwindigkeit in Luft mit der Temperatur zu?
36. Warum hängt im Bereich normaler Druckänderungen die Schallgeschwindigkeit in Luft *nicht* stark vom Druck ab?
37. Warum hört eine Stimmgabel zu schwingen auf?
38. Wenn ich den Griff einer Stimmgabel fest auf einen Tisch aufsetze, wird der Ton der Stimmgabel lauter. Warum? Wie beeinflußt dies die Länge der Zeit, während der die Stimmgabel schwingt? Erklären Sie Ihre Antwort.
39. Wie kann das Ergebnis von Grimaldis Experiment durch die Wellentheorie des Lichtes erklärt werden?
40. Nennen Sie einen Grund für die Annahme, daß elektromagnetische Wellen sowohl elektrische als auch magnetische Felder beinhalten.
41. Welche Information müssen wir haben, um eine Welle vollständig zu beschreiben?

Schwierigere Fragen und Aufgaben

1. Durch welche Kombination experimenteller Resultate und Schlußfolgerungen können wir zeigen, daß die Farbe des Lichtes von seiner Frequenz abhängt?
2. Skizzieren Sie ein Zweispalt-Interferenzbild und die Lage des ersten Minimums in ungefähr natürlicher Größe. Die Spalte

haben eine Entfernung von 1 cm, die Entfernung zum Schirm beträgt 3 cm, die Wellenlänge der Wellen 1 cm.

3. Mit welcher Methode bzw. welchem Gerät kann man einen Strahl weißen Lichts in seine Farben zerlegen?

4. Wie groß ist beim Zweispalt-Experiment die Wegdifferenz von jedem Spalt bis zum zweiten Maximum, ausgedrückt in Wellenlängen? Wie groß bis zum dritten Maximum?

5. Wie groß ist beim Zweispalt-Experiment die Wegdifferenz von den beiden Spalten bis zum ersten Minimum, ausgedrückt in Wellenlängen? Wie groß bis zum zweiten Minimum?

6. Zeigen Sie, daß beim gleichzeitigen Erklingen zweier Töne eine Schwebung auftritt, deren Frequenz gleich der Differenzfrequenz der beiden Töne ist.

7. Warum enthält eine Geige mehr Holz als erforderlich ist, um die Saite gespannt zu halten?

8. In manchen Konzertsälen gibt es Gebiete, in denen die Musik kaum zu hören ist, obwohl die Musik in benachbarten Gebieten sehr gut wahrgenommen werden kann. Erklären Sie diese Erscheinung.

9. Ich bewege den in Abb. 9.30 dargestellten Spiegel bei B um eine Strecke von $1{,}5 \times 10^{-5}$ Meter und beobachte, daß der helle Fleck in der Mitte des Okulars bei A 100 mal dunkel und wieder hell wird. Welche Wellenlänge hat das Licht, das ich verwende?

10. Angenommen, ein Oszillator emittiere Schallwellen der Frequenz f und der Wellenlänge λ. Ich nähere mich dem Oszillator mit der Geschwindigkeit v. Welche Frequenzänderung höre ich als Folge des Doppler-Effekts?

11. Im Text erwähnten wir, daß die Lage des ersten Maximums außerhalb des Zentralmaximums für verschiedene Farben verschieden ist. Gilt dies auch für das nächste Maximum? Für das darauffolgende Maximum? Für das zentrale Maximum? Erklären Sie Ihre Antwort.

12. Wir wissen, daß Lichtwellen transversal sind und daß sie elektrische und magnetische Felder beinhalten, die beide senkrecht zur Ausbreitungsrichtung der Welle stehen. Können Sie daraus einen Lichtdruck erklären?

Zehntes Kapitel

Moderne Relativität

Der Lichtäther, das ist die einzige Substanz, auf die wir uns in der Dynamik verlassen können . . .. Es gibt etwas, dessen wir ganz sicher sind, das ist die Realität des Lichtäthers als Substanz . . .. Sie können die Existenz des Lichtäthers als wissenschaftlich gesichert betrachten.

Lord Kelvin [1]

Einsteins spezielle Relativitätstheorie

Der Äther und das Feld

Die Existenz des elektromagnetischen Feldes warf in der Physik interessante Probleme auf. Das Feld wurde ebenso zur Beschreibung der physischen Welt gebraucht wie die Bewegung der Materieteilchen. Es war ganz natürlich anzunehmen, daß die Wellen des Feldes, z.B. das Licht, eine bestimmte Art materiellen Mediums brauchten, in dem sie sich bewegen, und daß dementsprechend das Feld selbst irgendeine materielle Basis haben müsse. So wurde die Idee des Äthers eingeführt, einer unbeobachtbaren Substanz, die den gesamten Raum erfüllt. Man stellte sich den Äther als eine Art der Materie vor, die vielleicht aus Teilchen zusammengesetzt sein könnte. Man nahm an, daß die Lichtwellen, die von den weit entfernten Sternen kommen, sich durch den Äther bewegten. Der Äther füllte das Leere.

Diese Konzeption des Äthers warf mindestens zwei Probleme auf. Erstens schien eine transversale Welle wie das Licht für ihre Ausbrei-

[1] Lord Kelvin, Popular Lectures and Addresses (1891), Vol I, pp 317, 334, 354.

tung eine feste Substanz zu erfordern. Offensichtlich bewegten sich jedoch die Erde und die Planeten in diesem Äther ohne den geringsten Widerstand.

Das zweite Problem betraf die spezielle Theorie der Relativität. Die Bewegungen gewöhnlicher Objekte können verschieden erscheinen, wenn sie von Bezugssystemen aus betrachtet werden, die sich relativ zu ihnen bewegen. Beispielsweise haben wir in Kapitel 1 darauf hingewiesen, daß die Stewardess, die den Gang eines Flugzeuges entlanggeht, sich scheinbar mit ganz verschiedenen Geschwindigkeiten bewegt, je nachdem, ob man sie vom Boden oder von einem Sitz im Flugzeug aus betrachtet. Natürlich wurde angenommen, daß die Geschwindigkeit eines Lichtstrahls im Vakuum von verschiedenen Bezugssystemen aus betrachtet ebenso verschieden sein würde. Die Maxwellschen Gleichungen der Elektrodynamik sagten jedoch für die Vakuumlichtgeschwindigkeit einen einzigen bestimmten Wert voraus; wenn diese Geschwindigkeit in verschiedenen Bezugssystemen tatsächlich verschieden wäre, dann müßten auch die Maxwellschen Gleichungen in verschiedenen Bezugssystemen verschieden sein. Dieser Schluß schien natürlich das spezielle Prinzip der Relativität zu verletzen. Genau genommen, ließe sich das Problem – wenn auch etwas gezwungen – lösen, wenn man die Existenz eines materiellen Äthers annahm. Dann könnte die Lichtgeschwindigkeit, die von den Gesetzen der Elektrodynamik vorausgesagt wurde, die Geschwindigkeit sein, die man in einem System beobachtete, das in bezug auf den Äther ruht. Diese und andere Erwägungen überzeugten viele Wissenschaftler von der Existenz des Äthers und mögen die heute überholte Ansicht erklären, die in Lord Kelvins Zitat am Anfang dieses Kapitels zum Ausdruck kam.

Wenn der Äther wirklich existierte, dann sollte sich die Erde mit einer bestimmten Geschwindigkeit durch ihn hindurchbewegen. Die amerikanischen Wissenschaftler A. A. Michelson und E. W. Morley versuchten im Jahre 1887, diese Geschwindigkeit zu messen, indem sie das Michelson-Interferometer (siehe Seite 434) verwendeten. Wenn sich die Erde durch den Äther bewegt, dann sollte, von der Erde aus gesehen, der Äther in Bewegung sein. Das ist das gleiche Prinzip, nach dem wir an einem windstillen Tag im offenen Wagen den Fahrtwind an uns vorbeistreichen fühlen. Tatsächlich „bewegt" sich der Wagen, nicht die Luft, aber wir spüren die Relativbewegung als Wind. In gleicher Weise sollte der „Ätherwind“ an der Erde vorbeistreichen. Michelson und Morley versuchten, diesen „Wind“ nachzuweisen.

Um das Prinzip des Michelson-Morley-Experiments zu verstehen, betrachten wir ein Bootsrennen (Abb. 10.1).

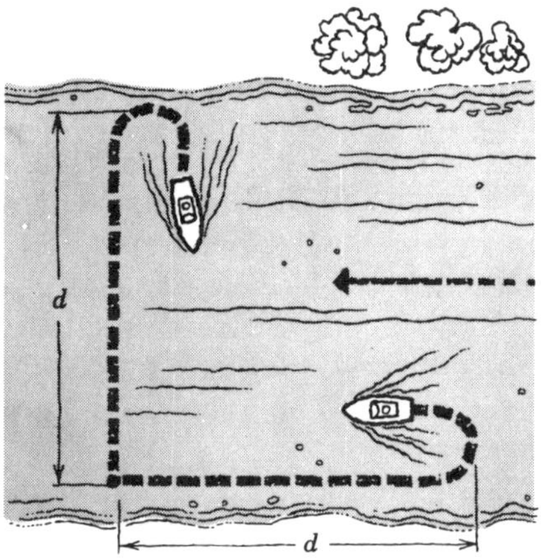

Abb. 10.1

Die Boote sollen in Bezug auf das Ufer dieselbe Gesamtdistanz zurücklegen, jedoch unter unterschiedlichen Bedingungen. Ein Boot fährt eine bestimmte Strecke stromaufwärts und dann stromabwärts zurück zum Ausgangspunkt. Das andere Boot fährt die gleiche Strecke hin und zurück quer zum Strom. Beide Boote bewegen sich in bezug auf das Wasser mit derselben Geschwindigkeit. Sie haben jedoch verschiedene Geschwindigkeiten in bezug auf das Flußufer. Die Geschwindigkeit des ersten Bootes wird stromaufwärts durch die Bewegung des Wassers vermindert und stromabwärts erhöht. Das zweite Boot, das quer zum Strom hin und zurück fährt, wird in beiden Richtungen verzögert, weil es etwas gegen den Strom halten muß, damit die Strömung es nicht vom Kurs abbringt. Es stellt sich heraus, daß das Boot, das quer zum Strom fährt, jedesmal gewinnt. Das Gesamtergebnis der Geschwindigkeitsänderung durch das bewegte Wasser besteht darin, daß die Zeit für die Fahrt quer zum Strom kürzer ist.

Das Michelson-Morley-Experiment ist in Abb. 10.2 skizziert. Hier haben wir eine ähnliche Situation wie bei dem Bootsrennen. An

Stelle der Boote haben wir die Wellen in zwei Lichtstrahlen, die durch die Aufspaltung eines Lichtstrahls an einem halbdurchlässigen Spiegel entstanden sind. Einer dieser Lichtstrahlen bewegt sich quer zum Äther, der andere in Richtung und in Gegenrichtung des Ätherwindes. Wenn der Äther wirklich vorbeiströmt und die Geschwindigkeit des Lichtes in bezug auf den Äther konstant ist, dann müssen die Wellen, die hin und zurück quer zum Strom laufen, früher zurück kommen als die Wellen, die in Richtung und Gegenrichtung des Ätherwindes gelaufen sind. Daher sollten die Wellen im Strahl *B* vor den Wellen im Strahl *A* zurückkehren.

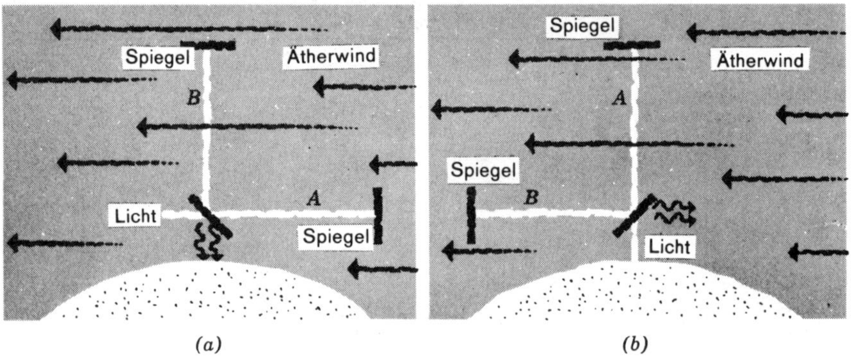

Abb. 10.2

Wie kann man entscheiden, ob eine Welle vor der anderen zurückkehrt? Wir wissen, daß beim Zusammentreffen zweier Wellen Interferenzerscheinungen entstehen. Es entsteht ein bestimmtes Interferenzbild, ob es nun einen Äther gibt oder nicht; z.B. sei die Mitte des Gesichtsfeldes hell. Wir drehen jetzt das Instrument in die Lage, die in Abb. 10.2b gezeichnet ist. In dieser Situation läuft jetzt der Strahl *A* quer zum Strom und der Strahl *B* stromaufwärts und zurück. Also werden jetzt die Wellen des Strahls *A* vor den Wellen des Strahls *B* zurückkehren. Wegen dieser Änderung sollte das Interferenzbild bei einer Drehung des Instruments wechseln. Der helle Fleck im Gesichtsfeld sollte dunkel und vielleicht wieder hell werden. Dieses Resultat würde beweisen, daß der „Ätherwind" wirklich existiert.

Tatsächlich wurde kein solches Ergebnis beobachtet, und hierdurch entstand natürlich ein Problem. Falls die Erde nicht bewegungslos im

Äther säße, hätte doch ein Effekt auftreten müssen. Vielleicht bewegte sich die Erde gerade zufällig an diesem bestimmten Tag genau so wie der Äther, so daß es gerade zeitweise keine Relativbewegung zwischen der Erde und dem Äther gab. Aber die Erde ändert bei ihrer Reise um die Sonne ständig ihre Bewegungsrichtung. Sechs Monate später würde die Erde in der entgegengesetzten Richtung laufen und sollte dann eine Relativbewegung zum Äther haben. Es wurden Experimente durchgeführt, um diese Möglichkeit zu prüfen, aber es gab wieder keinen Effekt.

Vielleicht führte die Erde auf ihrer Reise durch den Raum den Äther mit, so daß der Äther in der Nähe der Erde in bezug auf die Erde in Ruhe war. Aber wie konnte man dann die Aberration des Sternenlichtes erklären? Die in Kap. 1 (Seite 29) gegebene Erklärung nahm an, daß sich das Licht von den Sternen bis zur Erde auf Geraden bewegte. Wenn die Erde den Äther mitführte, dann würde das Sternenlicht von einem ruhenden Äther ausgehen und dann in den bewegten Äther in der Nähe der Erde eintreten. Es wäre, als ob eine Wasserwelle von einem ruhigen Teich ausginge und sich dann in einen fliessenden Strom hineinbewegte. Die Welle würde verzerrt werden und ihre Bewegungsrichtung würde sich ändern.

Vielleicht könnten wir als Notlösung annehmen, daß sich das Licht zwar nicht in bezug auf den Äther mit seiner charakteristischen Geschwindigkeit bewegt, wohl aber in bezug auf die Quelle, die es ausgesandt hat. Dann müßte sich das Licht, das von einem bewegten Objekt nach vorne emittiert wird, schneller bewegen als das in Rückwärtsrichtung ausgesandte. Diese Möglichkeit stand im Widerspruch zu bestimmten astronomischen Beobachtungen. Am Himmel gibt es viele Doppelsterne, die einander umkreisen. Wenn das Licht des Sternes, der sich auf die Erde zubewegt, schneller liefe als das Licht des Sternes, der sich von der Erde fortbewegt, dann würden wir das feststellen können. Die gemeinsame Bewegung dieser Sterne würde dann nicht die beobachtete Gleichmäßigkeit aufweisen. Aus diesem und anderen Gründen wurde die genannte Erklärung fallen gelassen.

Es wurde noch eine andere Erklärung vorgeschlagen: Der Arm des Interferometers in Richtung des Ätherwindes sollte infolge der Bewegung durch den Äther irgendwie automatisch verkürzt werden, so daß der Strahl, der sich stromauf und -ab bewegt, tatsächlich eine kürzere Strecke zurückzulegen hätte. Selbst falls diese Kontraktion groß wäre, könnte sie nicht mit einem Maßstab gemessen werden, weil sich der Maßstab ebenfalls verkürzen würde. Nach dieser Annahme sollte sich jedoch ein positives Resultat ergeben, wenn die Arme des Interferometers unterschiedliche Länge hätten. Ein solches Experiment wurde durchgeführt, aber es ergab sich wieder kein positives Resultat. Dies könnte erklärt werden, wenn man annahm, daß in einem bewegten System auch die Zeit etwas geändert würde. Tatsächlich gelangte H. A. Lorentz (1853–1928) mit dieser Annahme zu korrekten Gleichungen.

Niemand war in der Lage, die Geschwindigkeit irgendeines Bezugssystems relativ zu diesem angenommenen Äther zu messen, und die gemessene Lichtgeschwindigkeit schien auch in keiner Weise durch den Äther beeinflußt zu werden. In dieser Situation schlug Albert Einstein eine Lösung vor.

Die zwei Postulate Einsteins

Als Albert Einstein (1879–1955) ein Junge war, sagte ihm einer seiner Lehrer, daß er es nie zu etwas bringen würde. Über das Lernen für Prüfungen sagte Einstein selbst:

> Es hatte eine so abschreckende Wirkung auf mich, daß mir nach dem Abschlußexamen jede Beschäftigung mit einem wissenschaftlichen Problem für ein ganzes Jahr verleidet war.

Etwa fünf Jahre später, nachdem es ihm gelungen war, eine ständige Anstellung als Patentbearbeiter zu erhalten, veröffentlichte er eine Reihe wissenschaftlicher Arbeiten. Eine – über die Relativitätstheorie – schuf die Grundlagen einer modernen Betrachtungsweise. Eine andere – über die Brownsche Molekularbewegung – haben wir schon in Kap. 7 erwähnt. Die dritte, die wir im nächsten Kapitel diskutieren werden, half, die Grundlagen der Quantenphysik zu schaffen.

Wir haben gesehen, wie das spezielle Prinzip der Relativität durch die Gesetze des elektromagnetischen Feldes auf die Probe gestellt wurde. Andererseits war es unmöglich, die Geschwindigkeit der Erde relativ zum Äther zu messen, und es war auch nicht möglich, für die Vakuumlichtgeschwindigkeit irgendeinen anderen Wert zu finden als den, der aus der Maxwellschen Theorie des Elektromagnetismus folgte.

Einstein entschloß sich, den Tatsachen ins Gesicht zu sehen; warum sollte man nicht die Tatsachen als wahr ansehen, anstatt zu versuchen, sie durch irgendwelche Theorien wegzuerklären? Die eigentliche Realität waren die beobachteten Erscheinungen; die Theorie sollte nur dazu dienen, die Dinge einfacher zu erklären oder leichter berechenbar zu machen. Einstein wählte daher die folgenden Postulate zur Grundlage seiner speziellen Relativitätstheorie (zitiert nach Albert Einstein und Leopold Infeld „Die Evolution der Physik". Hamburg, Rowohlt 1956. Seite 120):

1. *Die Lichtgeschwindigkeit im Vakuum ist für alle gleichförmig gegeneinander bewegten Systeme gleich groß.*
2. *In allen gleichförmig gegeneinander bewegten Systemen gelten durchweg die gleichen Naturgesetze.*

(Man beachte, daß die spezielle Relativitäts*theorie* nicht dasselbe ist wie das spezielle *Prinzip* der Relativität. Die spezielle Relativitäts*theorie* enthält zwei Postulate; *eins* davon ist das spezielle *Prinzip* der Relativität (siehe Kapitel 1 Seite 22–28.); das andere Postulat betrifft die Konstanz der Vakuumlichtgeschwindigkeit.)

Diese beiden Postulate erkennen die ständigen Fehlschläge bestimmter Experimente an und erheben diese negativen Resultate zum Prinzip. Niemand hatte eine Geschwindigkeit relativ zu irgendeinem „ausgezeichneten" Bezugssystem, dem Äther oder einem anderen, messen können, also mußte das spezielle Prinzip der Relativität richtig sein. Also ist das zweite Postulat gerade das spezielle Prinzip der Relativität. Man hatte – unabhängig vom Bezugssystem – nur einen Wert der Vakuumlichtgeschwindigkeit gefunden, also stellte das erste Postulat fest, daß diese Geschwindigkeit immer dieselbe ist. Die Bezugssysteme, die in Einsteins zwei Postulaten erwähnt werden, schließen keine beschleunigten Bezugssysteme ein, z.B. wäre das Bezugssystem eines Karussels ausgeschlossen. Weil diese Theorie derartige Bezugssysteme ausschließt, heißt sie *spezielle* und nicht *allgemeine* Relativitätstheorie. Die Postulate der speziellen Relativitätstheorie beziehen sich nur auf Bezugssysteme, die in Ruhe oder in geradlinig-gleichförmiger Bewegung sind. Nach dem speziellen Prinzip der Relativität sind Gesetze der Physik in allen solchen Bezugssystemen gleich. In beschleunigten Bezugssystemen können die physikalischen Gesetze jedoch eine andere Form annehmen.

Das erste Bewegungsgesetz, das durch Einsteins spezielle Relativitätstheorie nicht geändert wird, gestattet zu prüfen, ob ein gegebenes Bezugssystem beschleunigt ist oder nicht. Das erste Bewegungsgesetz ist in allen nichtbeschleunigten Bezugssystemen gleich, wie es nach dem speziellen Prinzip der Relativität sein muß. In einem beschleunigten Bezugssystem wird jedoch das erste Bewegungsgesetz verletzt erscheinen. Beispielsweise gehorcht ein Mann, der still steht und dabei ein Karussell betrachtet, dem ersten Bewegungsgesetz. Betrachten wir ihn jedoch vom Karussell aus, scheint er sich hin und her zu bewegen, ohne daß eine Zentripetalkraft zu erkennen wäre. Also verletzt er scheinbar das erste Bewegungsgesetz. In Wirklichkeit ergibt sich diese scheinbare Verletzung natürlich nur aus unserer Wahl eines beschleunigten Bezugssystems. Es ist unser Bezugssystem, das sich herumbewegt, nicht der Mann (in der speziellen Relativitätstheorie).

Einsteins zwei Postulate scheinen sehr harmlos zu sein, aber sie haben sehr überraschende Konsequenzen. Stellen wir uns z.B. eine Raumstation vor, die sehr weit von allen anderen Objekten entfernt ist (Abb. 10.3a).

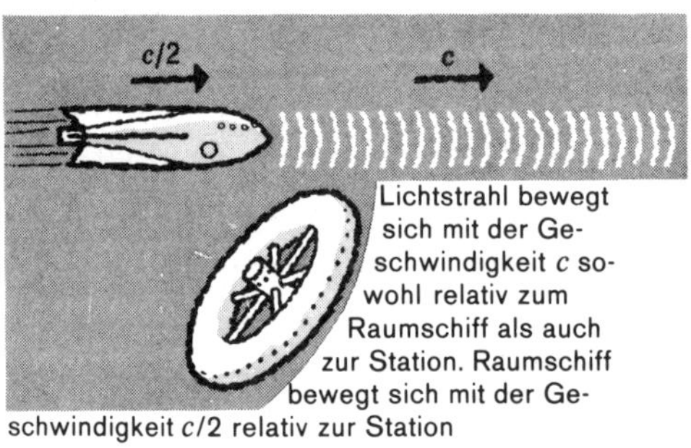

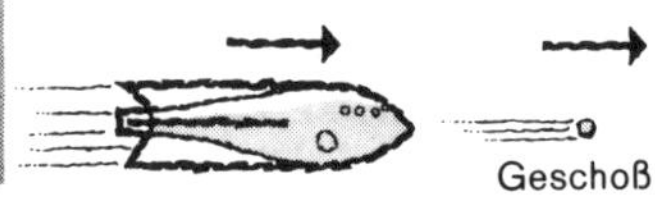

Abb. 10.3

Wenn wir wollen, können wir sie als ruhend ansehen. Nehmen wir an, daß eine Rakete mit der halben Lichtgeschwindigkeit – d.h. $1{,}5 \cdot 10^8$ m/s – an der Station vorbeifliegt und in Vorwärtsrichtung ein Lichtsignal aussendet. In bezug auf die Rakete haben die Lichtwellen die Lichtgeschwindigkeit, also $3 \cdot 10^8$ m/s. Welche Geschwindigkeit haben sie vom Raumschiff aus gesehen? Man könnte denken, die Antwort sei die Summe der beiden Geschwindigkeiten, also $4{,}5 \cdot 10^8$ m/s, aber so ist es nicht. Sie ist $3 \cdot 10^8$ m/s, also dieselbe Geschwindigkeit, als ob die Wellen von der Station und nicht von der Rakete ausgesandt worden wären. Das ist eins der seltsamen Ergebnisse der modernen Relativitätstheorie.

Dieses Beispiel ist ein Spezialfall der allgemeinen Situation, die in Abb. 10.3b dargestellt ist. Hier feuert die Rakete ein Geschoß in Vorwärtsrichtung mit einer Geschwindigkeit, die kleiner als die Lichtgeschwindigkeit ist. Normalerweise würden wir die Geschwindigkeit des Geschosses in bezug auf die Station finden, indem wir einfach die Geschwindigkeit der Rakete in bezug auf die Station zur Geschwindigkeit des Geschosses in bezug auf die Rakete addieren. Wir wollen z.B. annehmen, die Rakete bewege sich mit 4 m/s relativ zur Station und das Geschoß mit 30 m/s relativ zur Rakete. Dann ist nach unserer Regel die Geschwindigkeit des Geschosses relativ zur Station die Summe der beiden Geschwindigkeiten, d.h. 34 m/s. Nach der speziellen Relativitätstheorie gibt unsere Regel jedoch *nicht* die richtige Antwort. Tatsächlich fliegt das Geschoß um einen winzigen Betrag langsamer als 34 m/s. Für so geringe Geschwindigkeiten ist unsere Regel fast ganz richtig, aber sie wird mehr und mehr ungenau, wenn die Geschwindigkeiten sich der Lichtgeschwindigkeit nähern. Falls das Geschoß die Lichtgeschwindigkeit erreichen könnte, hätten wir die Situation, die wir in Abb. 10.3a dargestellt haben. Das Geschoß hätte dann in jedem Bezugssystem die Lichtgeschwindigkeit. Die Lichtgeschwindigkeit stellt eine natürliche Grenzgeschwindigkeit für alle materiellen Objekte dar. Tatsächlich ist, soweit wir wissen, die Vakuumlichtgeschwindigkeit die höchste Geschwindigkeit, mit der Materie, Energie oder Information von einem Ort zum anderen übertragen werden können.

Wie wir dargestellt haben, können wir für keinen Gegenstand eine Relativgeschwindigkeit erhalten, die höher als die Lichtgeschwindigkeit ist, indem wir Relativgeschwindigkeiten addieren, die kleiner oder gleich der Lichtgeschwindigkeit sind. Wenn das wahr ist – und wir nehmen an, daß es wahr ist – dann muß beim Vergleich zweier relativ zueinander bewegter Systeme etwas mit den gewöhnlichen Raum- und Zeitmessungen geschehen. Wie wir jetzt sehen werden, geschieht *wirklich* etwas.

Einige Konsequenzen der beiden Einsteinschen Postulate

Zeitdilatation. Raum und Zeit sind abstrakte Begriffe. Unser Verständnis dieser Größen hängt von unseren Messungen des Raumes und der Zeit ab. Einstein konzentrierte sich daher auf das Verhalten von Uhren und Maßstäben. Wir werden sehen, daß Einsteins Postulate uns zu erstaunlichen Schlüssen führen, wenn wir das Verhalten von Uhren in bewegten Systemen untersuchen.

Wir wollen zuerst ein Gedankenexperiment durchführen, um zu sehen, wie eine Uhr geht, wenn sie sich mit hoher Geschwindigkeit an uns vorbeibewegt. Wir wollen eine sehr einfache, wenn auch unpraktische Uhr wählen, die sogenannte „Lichtuhr" (Abb. 10.4a). In dieser Uhr brauchen wir uns nicht wie bei gewöhnlichen Uhren um Federn,

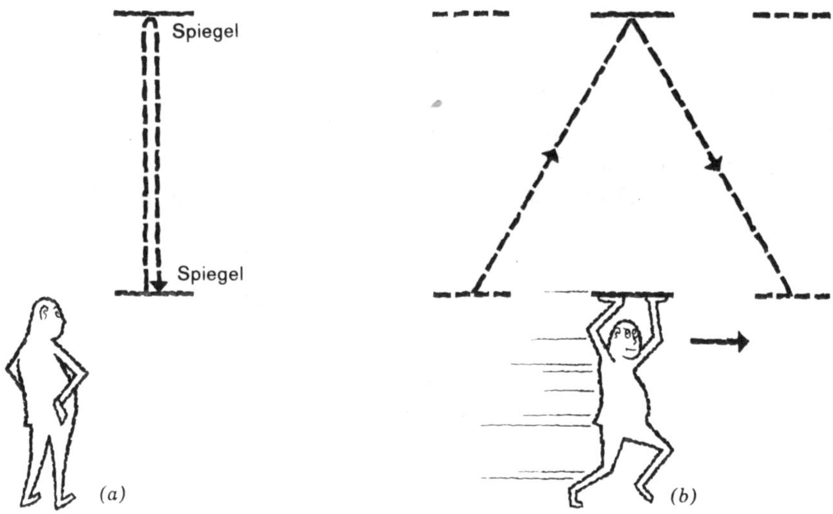

Abb. 10.4

Räder usw. zu kümmern. Die Lichtuhr besteht nur aus zwei Spiegeln, zwischen denen ein Lichtsignal hin und her läuft. Wir wollen uns vorstellen, daß jede Reflexion des Lichtsignals an einem Spiegel einem „Tick" der Uhr entspricht.

Jetzt geben wir die Lichtuhr jemand anders und lassen ihn mit hoher Geschwindigkeit an uns vorbeirasen. (Da es nur ein Gedankenexperiment ist, können wir ihn ohne weiteres mit halber Lichtgeschwindigkeit laufen lassen.) Beim Vorbeirennen hält er die Uhr wie in Abb. 10.4b gezeichnet. Von ihm aus gesehen, d.h. in seinem Bezugssystem, verhält sich die Uhr ganz normal. Der Lichtstrahl läuft geradewegs zwischen den Spiegeln hin und her. Für ihn sieht die Uhr genauso aus wie für uns, bevor wir sie ihm gaben. Er denkt, daß die Uhr vollkommen richtig geht, und in seinem Bezugssystem stimmt das auch.

Für uns sehen die Dinge jedoch anders aus. Wir beobachten, daß der Lichtstrahl nicht vertikal, sondern längs der Diagonalen läuft (Abb. 10.4b). Von uns aus gesehen bewegen sich die Spiegel nach rechts, also muß sich der Lichtstrahl auch nach rechts bewegen, um mit den Spiegeln mitzukommen. In unserem Bezugssystem muß der Lichtstrahl zwischen den Spiegeln eine größere Strecke zurücklegen als in dem des Läufers. Also braucht der Lichtstrahl in unserem Bezugssystem auch eine längere Zeit als in seinem, da die Lichtgeschwindigkeit in beiden Systemen gleich ist. Von uns aus betrachtet vergeht zwischen den einzelnen „Tick" der Uhr beim Laufen eine längere Zeit als beim Stillstand. Also scheint die bewegte Uhr nachzugehen. Diese Erscheinung bezeichnet man als *Zeitdilatation* (Zeitdehnung). Bewegte Uhren gehen nach. Je schneller sie sich bewegen, desto langsamer gehen sie. Wenn es möglich wäre, eine Uhr auf Lichtgeschwindigkeit zu beschleunigen, würde sie ganz still zu stehen scheinen.

Der Läufer, der sich mit der Uhr bewegt, bemerkt jedoch überhaupt keine Verlangsamung der Uhr. Im Gegenteil, er glaubt, daß seine Uhr völlig normal geht. In seinem Bezugssystem ruht die Uhr, und der Lichtstrahl läuft einfach zwischen den Spiegeln hin und her mit einer Geschwindigkeit, *die für alle Bezugssysteme dieselbe ist.* Würde er jedoch eine Uhr in unserem Bezugssystem prüfen, würde er feststellen, daß unsere Uhr nachgeht.

Obwohl dies nur ein Gedankenexperiment war, beschreibt es korrekt das Verhalten von Uhren aller Art – soweit wir wissen, gehen alle bewegten Uhren nach. Diese seltsame Tatsache ist natürlich die Folge der Annahme, daß die Lichtgeschwindigkeit in allen Systemen denselben Wert hat. Wir wurden zu dieser Annahme geführt, weil alle Experimente denselben Wert der Vakuumlichtgeschwindigkeit ergeben hatten.

Aus Abb. 10.4 können wir leicht die Beziehung ableiten zwischen der Zeit t_0, die die bewegte Uhr anzeigt und der Zeit t, die sie nach unserer Meinung hätte anzeigen sollen. (Siehe Beispiel 4, Seite 502) Das Resultat ist:

$$t = \frac{t_0}{\sqrt{1 - \frac{v^2}{c^2}}} \tag{1}$$

Darin bedeutet v die Geschwindigkeit der bewegten Uhr, gemessen in unserem Bezugssystem und c die Vakuumlichtgeschwindigkeit. Die Gleichung zeigt, daß t größer ist als t_0, wie zu erwarten ist, wenn die bewegte Uhr nachgeht.

Es sind mehrere Experimente durchgeführt worden, um die Zeitdilatation zu zeigen, die von der Einsteinschen Relativitätstheorie vorausgesagt wird; wir wollen eins dieser Experimente diskutieren. Der Faktor $1 - v^2/c^2$ ist sehr klein, wenn die Geschwindigkeit viel kleiner als die Lichtgeschwindigkeit ist, daher ist die Zeitdilatation an gewöhnlichen Objekten kaum zu beobachten. Wir haben es normalerweise nicht mit Uhren zu tun, die mit halber Lichtgeschwindigkeit durch das Laboratorium sausen. Es gibt jedoch viele kleine Teilchen, die sich mit Geschwindigkeiten bewegen, die mit der Lichtgeschwindigkeit vergleichbar sind. Wir haben schon zwei solcher Teilchen erwähnt, das Elektron und das Proton. Es gibt ein weiteres Elementarteilchen, das sogenannte Myon, das fast gleich dem Elektron ist, jedoch eine größere Masse hat. Myonen entstehen hoch über der Erdoberfläche, wenn die kosmischen Strahlen (hochenergetische Protonen und andere Teilchen) auf die Atmosphäre treffen. Daher werden diese Myonen ständig in der hohen Atmosphäre gebildet. Sie fliegen dann fast mit Lichtgeschwindigkeit zur Erdoberfläche hinab. Während sie hinabfliegen, verwandeln sich einige von ihnen in andere Teilchen. Man kann nicht sagen, wie lange ein individuelles Myon lebt, bevor es zerfällt. Für eine große Zahl von Myonen läßt sich jedoch eine wohldefinierte mittlere Lebenszeit angeben, die charakteristisch für die Myonen ist. Durch die Untersuchung dieser mittleren Lebenszeit erhielten Bruno Rossi und seine Mitarbeiter den ersten experimentellen Beweis für die Zeitdilatation.

Rossis Myonen-Experiment kann mit den in Abb. 10.5 skizzierten Geräten durchgeführt werden, die auf dem Gipfel eines Berges installiert sind.

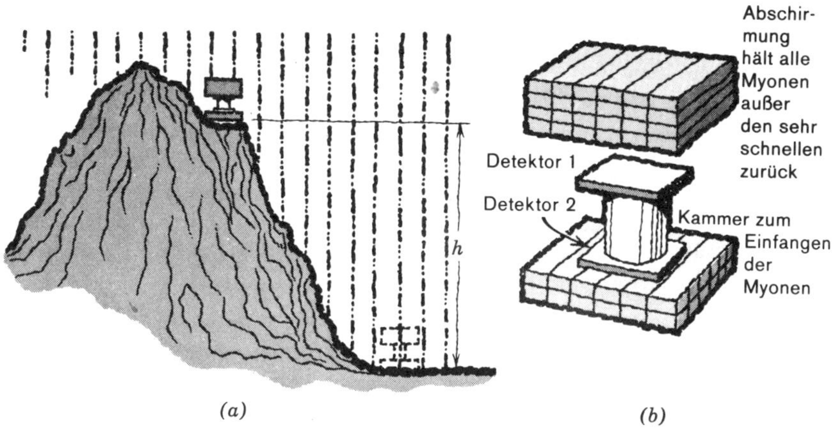

Abb. 10.5

Die in der Abb. gezeichnete Abschirmung ist so konstruiert, daß nur Myonen, deren Geschwindigkeit 95 % der Lichtgeschwindigkeit übersteigt, hindurchgelassen werden. Alle anderen werden absorbiert. Der Detektor 1 zählt alle Myonen, die in die Kammer eintreten. Myonen, deren Geschwindigkeit 95 % der Lichtgeschwindigkeit überschreitet, werden in der Kammer nicht steckenbleiben, sie werden vom Detektor 2 gezählt. Die Differenz der von den beiden Zählern registrierten Myonenzahlen sagt uns genau, wie viele Myonen von der Kammer eingefangen wurden, deren Geschwindigkeit fast genau 95 % der Lichtgeschwindigkeit betrug. Ein dritter, nicht eingezeichneter Detektor mißt die Zeit zwischen dem Eintritt eines Myons in die Kammer und seinem Zerfall in andere Teilchen. Auf diese Weise können wir die Lebensdauer der Myonen bestimmen. Aus der so gemessenen Lebensdauer können wir berechnen, wie viele Myonen lange genug gelebt hätten, um am Fuß des Berges anzukommen. Diese Lebensdauer ist so kurz, daß wir am Meeresspiegel nur sehr wenige Myonen erwarten.

Als nächstes tragen wir unsere Geräte zum Meeresspiegel hinunter und korrigieren die Abschirmung entsprechend der Tatsache, daß die zusätzliche Luftschicht zwischen dem Meeresspiegel und dem Berggipfel einige der Myonen absorbiert haben muß. Wir wiederholen unser Experiment und zählen die Myonen, die auf dem Berggipfel 95 % der Lichtgeschwindigkeit gehabt haben würden. Wir stellen fest, daß wir fast die gleiche Anzahl wie zuvor beobachten. Mit anderen

Worten, die Myonen lebten im Fluge länger als im Ruhezustand im Laboratorium. Wenn wir messen, wie viel länger sie leben, erhalten wir einen Wert, der mit der Zeitdilatation-Formel gemäß den Einsteinschen Postulaten übereinstimmt. Es scheint also, daß Einsteins Theorie richtig oder zumindest auf dem richtigen Wege ist.

Das scheinbare Zwillingsparadoxon. Die von der speziellen Relativitätstheorie vorausgesagte Zeitdilatation hat zu einem Paradoxon geführt, das von den Physikern heute noch diskutiert wird. Es scheint paradox, daß jeder der beiden Beobachter, die sich relativ zueinander bewegen, behauptet, die Uhr des anderen gehe nach. Es tritt jedoch kein Widerspruch auf, solange jeder seine Geschwindigkeit beibehält, denn sie begegnen sich höchstens einmal, um sich dann für immer voneinander zu entfernen. Aber was würde geschehen, wenn sie auf irgendeine Weise wieder zusammentreffen würden? Wessen Uhr würde dann wirklich nachgehen?

Um dieses Paradoxon in seiner üblicherweise diskutierten Form darzustellen, betrachten wir zwei Zwillinge. Einer von ihnen bleibt zu Hause, während der andere mit hoher Geschwindigkeit zu einem Stern reist. (Abb. 10.6). Nachdem er den Stern fast erreicht hat, kehrt der reisende Zwilling seine Fahrtrichtung um und kommt zur Erde zurück. Von seinem seßhaften Bruder aus betrachtet, ist seine Uhr bei der Hinreise ebenso nachgegangen wie bei der Rückreise. Da diese Verlangsamung sich auf alle Vorgänge, auch biologische Prozesse, erstreckt hat, wird der Reisende weniger gealtert sein als sein

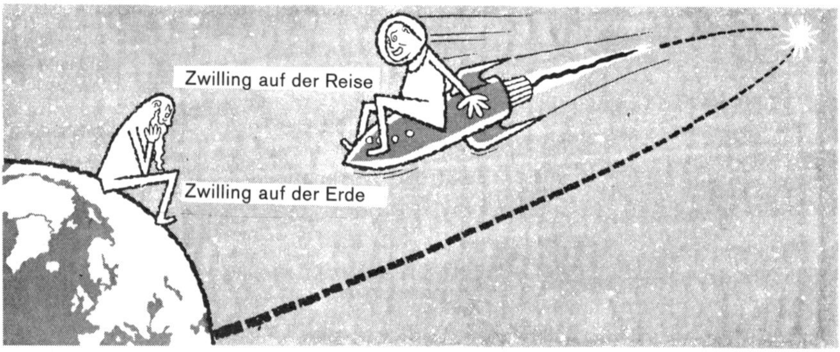

Abb. 10.6

Bruder. Daher sollte er bei der Rückkehr der jüngere von beiden sein, obwohl sie bei der Abreise gleich alt waren. Das ist ein erstaunliches Ergebnis, aber in sich widerspruchsfrei.

Wir könnten uns den Vorgang aber auch von dem Reisenden aus ansehen. Da er in seinem eigenen Bezugssystem in Ruhe bleibt, bemerkt er kein Nachgehen seiner Uhr. Stattdessen scheinen für ihn die Erde und sein Bruder in Bewegung zu sein, er stellt also fest, daß die Uhr seines Bruders nachgeht. Wenn er zur Erde zurückkehrt, wird er schließen, er sei der Ältere und sein Bruder sei weniger gealtert. Dieses Ergebnis steht im direkten Widerspruch zu dem, was wir vom Bezugssystem des anderen Bruders aus erhalten hatten. Also haben wir das Paradoxon – welcher Zwilling wird wirklich der Ältere sein?

Der Reisende kann sich natürlich nicht während der ganzen Fahrt mit geradlinig gleichförmiger Geschwindigkeit bewegt haben. Also gehört sein Bezugssystem nicht zu denjenigen, auf die sich die Postulate der speziellen Relativitätstheorie beziehen. Das Bezugssystem des zu Hause gebliebenen Zwillings ist nicht beschleunigt worden und ist daher akzeptabel, das System des Reisenden ist (für die spezielle Relativitätstheorie) nicht akzeptabel. Der Reisende mußte beschleunigt werden, um seine Reise zu beginnen, er mußte für den Rückflug beschleunigt werden, und er mußte (negativ) beschleunigt werden, um bei seiner Landung zum Stillstand zu kommen. Nach der speziellen Relativitätstheorie brauchen die Gesetze der Physik in beschleunigten Bezugssystemen nicht gleich zu sein. Daher brauchen wir dem Standpunkt des Reisenden nicht dieselbe Bedeutung beizumessen wie dem seines Bruders, so daß der zuletzt erwähnte Widerspruch nicht korrekt zustande gekommen ist.

Wir müssen aber selbst dann einen möglichen Effekt der Beschleunigung auf die Uhr des Reisenden berücksichtigen, wenn wir uns auf das Bezugssystem des zu Hause gebliebenen Zwillings beschränken. Die hierfür benötigte Theorie würde über den Rahmen dieses Buches hinausgehen, wir können jedenfalls sagen, daß nach der heute allgemein akzeptierten Theorie die Beschleunigung den Effekt der Zeitdilatation nicht aufhebt. Der reisende Zwilling wäre bei der Rückkehr wirklich jünger als sein Bruder. Darüberhinaus scheint ein kürzlich durchgeführtes Experiment diesen Schluß zu stützen.

Wegen der kinetischen Energie, die mit der Temperatur eines Kristalls verbunden ist, sind die Atome des Kristalls in ständiger Bewegung.

Messungen an kleinen Teilchen innerhalb dieser Atome zeigen, daß bei ihrem Hin- und Herschwingen die Formel der Zeitdilatation unabhängig von ihrer Beschleunigung gilt. Also stellt der Reisende trotz seiner Beschleunigung bei seiner Rückkehr fest, daß er weniger gealtert ist als sein Bruder. Man kann erwarten, daß die Physiker (und andere) weiter über dieses Thema diskutieren werden. Es ist wirklich seltsam, daß der seßhafte Zwilling mehr Zeit braucht, um die Reise zu beobachten, als der Reisende braucht, um sie zu unternehmen.

Die Lorentz-Kontraktion. Kehren wir zu dem auf Seite 460 diskutierten Problem der Myonen zurück. Nach dem speziellen Prinzip der Relativität sollten wir den ganzen Vorgang ebensogut vom Bezugssystem des Myons aus betrachten können wie von unserem eigenen. In unserem Bezugssystem bewegt sich das Myon mit einer bestimmten Geschwindigkeit zur Erde hinab. Das Myon sieht von seinem eigenen Bezugssystem aus die Erde zu sich hinaufkommen. Wir haben schon gesehen, daß die „normale" Lebensdauer der Myonen so kurz ist, daß nicht viele von ihnen den Höhenunterschied vom Berggipfel zum Meeresspiegel zurücklegen können, obwohl sie sich fast mit Lichtgeschwindigkeit bewegen. Wir haben aber auch gesehen, daß die Myonen diese Strecke tatsächlich *doch* zurücklegen. Wir lösten dieses Problem in unserem Bezugssystem durch die Annahme, daß die Lebensdauer der Myonen durch die Zeitdilatation verlängert wird. Diese Lösung gilt jedoch nicht in dem Bezugssystem des Myons.

Das Myon ist in seinem eigenen Bezugssystem in Ruhe und beobachtet keine Zeitdilatation. Also überlebt das Myon die Reise zum Meeresspiegel nicht, wenn es die volle Distanz zurücklegen muß. Die einzige Lösung ist, daß das Myon die Strecke vom Berggipfel zum Meeresspiegel kürzer sieht als wir. Es muß die Entfernung in genau demselben Verhältnis verkürzt sehen, in dem wir die Zeit verlängert finden:

$$L_0 = \frac{L}{\sqrt{1 - \frac{v^2}{c^2}}} \qquad (2)$$

In dieser Formel ist L die Höhe des Berges, die das Myon sieht, und L_0 ist die Berghöhe, die wir sehen. Die Myonen sehen eine kontrahierte (verkürzte) Länge; diese Länge ist in der Bewegungsrichtung kürzer als die Länge, die wir sehen. Diese Verkürzung, die sogenannte *Lorentz-Kontraktion,* ist ein weiteres Resultat der beiden Einsteinschen Postulate. Die Länge eines jeden Objekts verkürzt sich in seiner Bewegungsrichtung. Je schneller sich das Objekt bewegt, desto kürzer wird es. Falls das Objekt auf Lichtgeschwindigkeit beschleunigt werden könnte, würde seine Länge in Bewegungsrichtung auf Null zusammenschrumpfen.

Zur Verdeutlichung der Lorentz-Kontraktion betrachten wir Abb. 10.7. Hier haben wir zwei Maßstäbe, die sich mit hoher

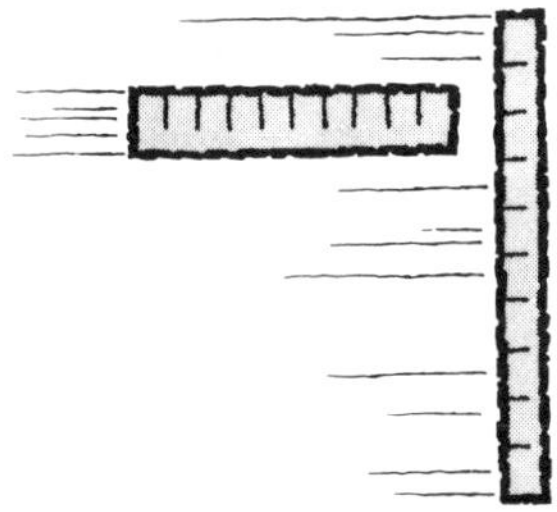

Abb. 10.7 Lorentz-Kontraktion

Geschwindigkeit bewegen. Der eine, der parallel zur Bewegungsrichtung liegt, wird durch die Lorentz-Kontraktion verkürzt. Der andere, der sich seitwärts bewegt, wird von dieser Kontraktion nicht betroffen. Er wird aber *dünner*. Die Lorentz-Kontraktion ändert die Länge parallel zur Bewegungsrichtung, aber nicht senkrecht dazu. Natürlich würde jemand, der sich mit dem Stab bewegt, keine Verkürzung des Stabes bemerken, weil der Stab für ihn in Ruhe ist. Stattdessen würde er denken, der Maßstab in *unserem* System sei durch diese Kontraktion verkürzt.

Bei gewöhnlichen Geschwindigkeiten sind die Lorentz-Kontraktion und die Zeitdilatation sehr gering. Daher können sie für die meisten Zwecke des täglichen Lebens vernachlässigt werden. Sie werden jedoch sehr wichtig für Gegenstände, die sich fast mit Lichtgeschwindigkeit bewegen.

Unsere Diskussion hat sich auf das Verhalten von Uhren und Maßstäben konzentriert. Dennoch haben wir von der Zeit und von Entfernungen gesprochen. Weil die Zeitdilatation und die Lorentz-Kontraktion alle Uhren und alle Maßstäbe nach denselben Prinzipien beeinflussen, betrachten wir diese Prinzipien als Eigenschaften von Raum und Zeit und nicht nur als Eigenschaften bestimmter Gegenstände. Schließlich hängt in der Physik unsere genaue Kenntnis von Raum und Zeit von den Geräten ab, mit denen wir sie messen. Aus diesem Grund behaupten einige Physiker, daß die Eigenschaften von Raum und Zeit die Eigenschaften unserer Meßinstrumente seien.

Die Zunahme der Masse mit der Geschwindigkeit. Als wir das Beispiel der Rakete und der Raumstation diskutierten, stellten wir fest, daß selbst eine Lichtwelle, die von der Spitze der Rakete emittiert wird, nicht schneller läuft als das Licht im Bezugssystem der Raumstation. Das ist ein allgemeines Prinzip. Wir können kein Objekt so stark beschleunigen, daß es die Lichtgeschwindigkeit erreicht. Wir können natürlich während einer sehr langen Zeit eine Kraft auf das Objekt wirken lassen. Die Kraft bewirkt, daß das Objekt ständig beschleunigt wird. Das heißt, die Geschwindigkeit wird zunehmen, solange die Kraft wirkt. Dennoch kann diese Zunahme, oder selbst eine wiederholte Folge solcher Zunahmen, nicht bewirken, daß das Objekt die Lichtgeschwindigkeit erreicht.

Was kann ein Objekt daran hindern, die Lichtgeschwindigkeit zu erreichen, obwohl eine konstante Kraft auf das Objekt wirkt? Würde die Geschwindigkeit ständig zunehmen, würde sie schließlich die Lichtgeschwindigkeit erreichen und sogar übertreffen. Die Beschleunigung eines Gegenstandes hängt aber nicht nur von der Kraft ab, sondern auch von der Masse. Wenn die Masse mit der Geschwindigkeit zunimmt, dann erzielt die Kraft mit zunehmender Geschwindigkeit immer weniger Wirkung. Und tatsächlich tritt nach der Relativitätstheorie genau dieser Effekt ein. Die Masse hängt wirklich von der Geschwindigkeit ab und zwar nach der Formel

$$m = \frac{m_0}{\sqrt{1 - \frac{v^2}{c^2}}} \qquad (3)$$

In dieser Gleichung bedeutet m die Masse eines bestimmten Objekts bei der beliebigen Geschwindigkeit v; m_0 stellt die Masse des Objekts dar, die es im Ruhezustand haben würde, die sogenannte *Ruhemasse.*

Bei niedrigen Geschwindigkeiten ist die Zunahme der Masse mit der Geschwindigkeit nicht wichtig. Sie ist jedoch wichtig für die Elektronen in einem Zyklotron. Mit steigender Geschwindigkeit nimmt die Masse der Elektronen zu, so daß sich die Bahn der Elektronen im Zyklotron ändert und die Wirkungsweise des Gerätes beeinträchtigt wird. Daher müssen andere Geräte konstruiert werden, um Elektronen auf sehr hohe Energien zu beschleunigen. Diese Erscheinung ist zwar lästig beim Betrieb der Beschleuniger, stellt aber eine weitere experimentelle Bestätigung der Einsteinschen Theorie dar.

Auch nach der Speziellen Relativitätstheorie ist der Impuls eines bewegten Teilchens gleich der Masse des Teilchens m multipliziert mit der Geschwindigkeit v. Die Masse ist jetzt jedoch die Masse, die durch Gleichung 3 gegeben ist. Also wird der Impuls p beschrieben durch die Gleichung

$$p = mv = \frac{m_0 v}{\sqrt{1 - \frac{v^2}{c^2}}} \tag{4}$$

$E = mc^2$. Die Resultate des letzten Abschnitts haben eine weitere Konsequenz. Wenn wir versuchen, ein sehr schnelles Teilchen bis zur Lichtgeschwindigkeit zu beschleunigen, lassen wir eine Kraft auf das Teilchen einwirken, während es sich durch den Raum bewegt. Wir lassen also eine Kraft längs eines Weges wirken, d.h. wir leisten Arbeit; also muß die Energie des Teilchens zunehmen. Die Geschwindigkeit kann aber nicht mehr zunehmen, weil sich das Teilchen nicht schneller als das Licht bewegen kann. Die Energie muß sich in anderer Weise bemerkbar machen. Wir wissen aber auch, daß gleichzeitig die Masse zunimmt. Daher vermuten wir, daß die Masse selbst Energie darstellt, und diese Vermutung erweist sich als richtig. Tatsächlich ist die Gesamtenergie des Teilchens

$$E = mc^2 \tag{5}$$

Das Teilchen hat auch Masse, wenn es in Ruhe ist, – seine Ruhemasse. Wenn Gleichung 5 richtig ist, sollte das Teilchen auf Grund seiner Ruhemasse auch im Stillstand Energie besitzen. Diese Energie sollte

$$E_0 = m_0 c^2 \tag{6}$$

sein. Diese Form der Energie, die Ruheenergie, ist zur Zeit bei den meisten Objekten unzugänglich. In der Atombombe und ähnlichen Prozessen kann jedoch die Ruheenergie in „nützliche" Formen überführt werden. Solche Prozesse stellen daher einen experimentellen Beweis dafür dar, daß die Ruheenergie wirklich existiert.

Tatsächlich scheint nach allen bisher durchgeführten Experimenten die Gleichung $E = mc^2$ für alle Formen der Energie und Masse zu gelten. Energie, in welcher Form sie auch auftritt, hat Masse. Masse, wo sie auch sein mag, stellt Energie dar. Es scheint, daß Masse und Energie wirklich dasselbe sind, aber als verschiedene Quantitäten in verschiedenen Einheiten gemessen werden. Daher ist es nicht korrekt, zu sagen, Masse sei eine Form der Energie. Vielmehr beziehen sich die Ausdrücke „Masse" und „Energie" auf dieselbe Realität, die manchmal „Masse-Energie" genannt wird. Es stellt sich somit heraus, daß sich die beiden grundlegenden Begriffe der Physik des neunzehnten Jahrhunderts auf dieselbe grundlegende Realität beziehen. Diese Tatsache wird oft als „Äquivalenz von Masse und Energie" bezeichnet. Die Masse-Energie-Äquivalenz kombiniert zwei der großen Erhaltungssätze. Masse und Energie bleiben erhalten. Da sie im Grunde dasselbe darstellen, sprechen wir jedoch oft von einem Erhaltungssatz, der Erhaltung der Masse-Energie.

Eine Energie, die wir üblicherweise als sehr groß ansehen, hat nicht viel Masse. Das erklärt, weshalb die Äquivalenz von Masse und Energie nicht früher entdeckt wurde. Nach Gl. 5 ist die Energie gleich der Masse multipliziert mit c^2, und c^2 ist sehr groß. Selbst eine kleine Masse, multipliziert mit dem sehr großen c^2, kann einen riesigen Betrag von Energie enthalten. Beispielsweise setzt in der Atombombe und anderen Prozessen eine ziemlich kleine Änderung der Ruhemasse ungeheure Beträge an Energie frei.

Es ist wohl selbstverständlich, daß die theoretischen und experimentellen Resultate der Relativitätstheorie unsere Vorstellungen stark verändert haben. Da der Äther keine beobachtbaren Eigenschaften hat, ließ man die Idee von der Existenz des Äthers fallen. Wellenfelder bewegen sich auch ohne seine Hilfe durch den Raum. Wegen der Äquivalenz von Masse und Energie müssen auch das elektromagnetische Feld und seine Wellen, deren Energie wir ja kennen, Masse enthalten. Wir haben also zwei Arten von bewegter „Materie" – die Elementarteilchen und das Feld mit seinen Wellen. Masse-Energie und Impuls bleiben erhalten. Die Masse eines Gegenstandes ändert sich mit seiner Geschwindigkeit. Unsere Ideen von Raum, Zeit und Materie und daher auch fast die ganze übrige Physik sind grundlegend geändert worden. Nach all diesen Änderungen stellt sich heraus, daß die Maxwellschen Gleichungen in ihrer ursprünglichen Form noch immer korrekt sind. Dagegen muß das Newtonsche Gravitationsgesetz modifiziert und das zweite Bewegungsgesetz neu formuliert werden.

Weitere Folgen der Einsteinschen speziellen Relativitätstheorie

Lichtgeschwindigkeit, Information, Ursache und Wirkung. Wir haben schon darauf hingewiesen, daß die Naturkonstante c, die Vakuumlichtgeschwindigkeit, die natürliche Grenzgeschwindigkeit für die Übertragung von Energie, Information und Kausalzusammenhängen darstellt. Das heißt, daß nach unserer Kenntnis materielle Objekte sich nicht schneller als mit dieser Geschwindigkeit bewegen können. Nehmen wir an, es gibt eine Explosion auf der Sonne und danach eine Störung der Kompaßnadeln auf der Erde. Kann die Sonnen-Explosion die Ursache der Kompaß-Ablenkung sein? Sie kann es nur dann sein, wenn die Zeit zwischen diesen Ereignissen mindestens so lang ist wie die Zeit, die das Licht von der Sonne zur Erde braucht. Wenn die Zeit kürzer ist, kann die Sonnen-Explosion nicht die Ursache der Kompaß-Ablenkung sein. Eine „Ursache" kann sich nicht schneller als mit Lichtgeschwindigkeit durch den Raum ausbreiten. Selbst die „Nachricht" von der Sonnen-Explosion kann nicht schneller als das Licht auf die Erde gelangen. Nach Einsteins spezieller Relativitätstheorie ist die Vakuumlichtgeschwindigkeit die maximale Übertragungsgeschwindigkeit für Signale, Ursachen, Information, Energie und materielle Objekte.

Die vierte Dimension. Die Relativitätstheorie wird fast immer mit der sogenannten „vierten Dimension" in Verbindung gebracht, als die die *Zeit* angesehen wird. In der Physik ist die Zahl der Dimensionen die Zahl der Bestimmungsstücke, die erforderlich ist, um eine Lage, eine Bedingung oder ein Ereignis zu charakterisieren. In Kap. 1 wiesen wir darauf hin, daß drei Bestimmungsstücke erforderlich sind, um die räumliche Lage in einem Bezugssystem zu beschreiben. Daher betrachten wir einen Punkt im Raum als eine dreidimensionale Realität.

Der Einfachheit halber bezieht sich die folgende Diskussion auf Punkte einer Oberfläche, die zweidimensionale Realitäten darstellen. Wir brauchen nur zwei Bestimmungsstücke, um einen Punkt im Bezugssystem einer Oberfläche zu lokalisieren (Abb. 10.8a). Der Punkt kann definiert werden, indem man seine senkrechten Abstände von jeder der Achsen des Bezugssystems angibt – die x und y Abstände der Abb. 10.8a. Diese zwei Informationen definieren den Punkt. (Das ist nicht die einzige Möglichkeit, den Punkt zu definieren, aber andere Methoden erfordern auch zwei Bestimmungsstücke). Um ein bestimmtes Objekt vor Augen zu haben, nehmen wir an, daß ein Maßstab zwischen dem Ursprung des Bezugssystems und dem Punkt P liegt. Richtung und Länge des Maßstabs sind durch Angabe der Endpunkte eindeutig definiert.

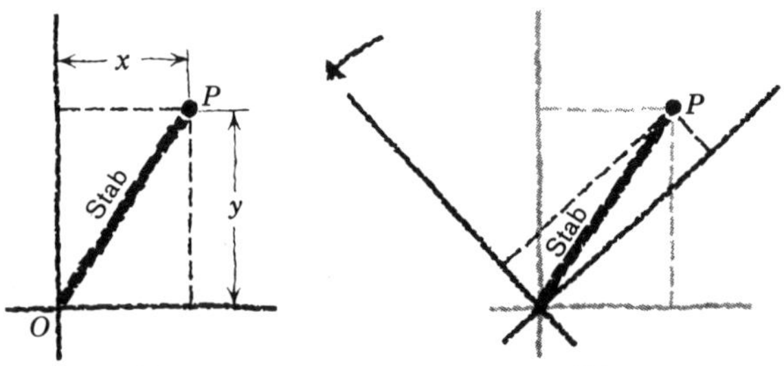

(a) (b)

Abb. 10.8

In Abb. 10.8b sehen wir, was bei einer Drehung des Bezugssystems geschieht. Seine Richtung und seine Länge sind noch dieselben, weil er nicht bewegt worden ist. Wie man aus den Abbildungen erkennt, erhalten wir jedoch neue Abstände von den neuen Achsen des neuen Bezugssystems. Der Stab hat sich nicht geändert, wohl aber die Bestimmungsstücke, die ihn charakterisieren. Durch eine einzige Änderung des Bezugssystems werden gleichzeitig beide Bestimmungsstücke geändert. Beide Stücke ändern sich gemeinsam in gesetzmäßiger Weise. Diese miteinander verbundenen Abstände, die die Lage des Stabes angeben, hängen vom Bezugssystem ab; und wie wir auf Grund eines unserer Symmetrieprinzipien schon wissen, können wir dem Bezugssystem jede beliebige Lage geben. In diesem Paragraphen haben wir unsere Diskussion auf eine Oberfläche beschränkt. Derselbe Vorgang geschieht aber auch im dreidimensionalen Raum. Die drei Abstände, die die Lage eines Punktes im dreidimensionalen Raum angeben, verhalten sich auch untereinander gleich und ändern sich gesetzmäßig gemeinsam, wenn das Bezugssystem gedreht wird.

Es ist leicht, eine neue Dimension hinzuzufügen. Falls wir beispielsweise an der Temperatur eines gegebenen Punktes im Raum interessiert sind, hätten wir es mit einer vierdimensionalen Realität zu tun. Es wären vier Informationen erforderlich, drei, um den Punkt im Raum zu lokalisieren und eine, um die Temperatur anzugeben. Die Temperatur eines Punktes hängt jedoch in keiner Weise von der Orientierung des Bezugssystems ab, während die drei anderen Bestimmungsstücke sehr wohl davon abhängen. Wie wir gesehen haben, verhalten sich diese drei Bestimmungsstücke untereinander gleich. Bei einer Drehung des Bezugssystems werden sie gemeinsam geändert. Aber hierdurch würde die Temperatur nicht verändert. Daher ist die Temperatur in gewissem Sinne unabhängig von den drei Abständen.

Ein Ereignis kann bezeichnet werden, indem man den Ort im Raum angibt, an dem es geschah, und die Zeit, zu der es ablief. Daher ist ein Ereignis eine vierdimensionale Realität. Es sind drei Informationen erforderlich, um die Lage im Raum anzugeben, und eine weitere, um die Zeit zu bestimmen. Vor Einstein wurde angenommen, daß die Zeit ebenso unabhängig von den drei Raumdimensionen sei wie die Temperatur, und daß wir die Bezugssysteme nach Belieben wechseln könnten, ohne daß die Zeitmessung davon beeinflußt würde.

Nehmen wir jetzt aber den Stab der Abb. 10.8 und setzen wir ihn mit einer Uhr in ein bewegtes Bezugssystem (Abb. 10.9). Jetzt wird nicht nur die Zeitdilatation die Zeitmessung, sondern auch die Lorentz-Kontraktion die Länge des Stabes ändern. Sowohl Zeit- als auch Längenmessungen werden geändert, wenn wir von einem ruhenden zu einem bewegten Bezugssystem übergehen. Wir haben also einen Weg gefunden, das Bezugssystem so zu ändern, daß die Bestimmungsstücke für Raum und Zeit gemeinsam geändert werden. Es gibt keine Möglichkeit, diese Änderungen getrennt durchzuführen; sowohl die Zeitdilatation als auch die Lorentz-Kontraktion sind unvermeidliche Konsequenzen der Bewegung des Bezugssystems. Die Zeitangabe, die ein Ereignis charakterisiert, ist nicht unabhängig von den Koordinaten, die seine Lage im Raum beschreiben, weil sie sich gemeinsam mit einer oder mehreren ändert, wenn wir zu einem

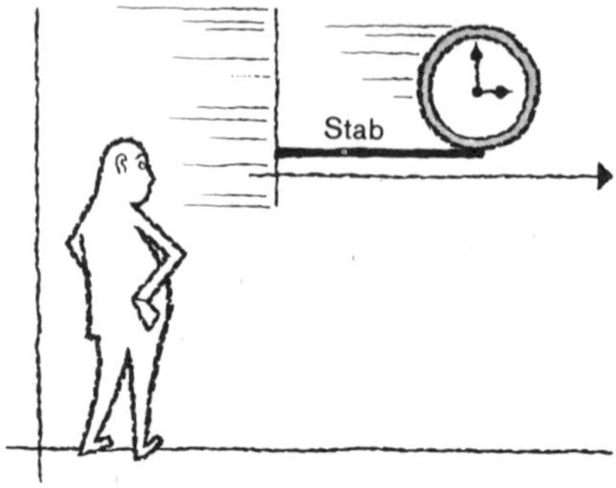

Abb. 10.9

Bezugssystem mit einer anderen gleichförmigen Geschwindigkeit übergehen.

Zeitmessungen sind unabhängig von einer Änderung der Lage oder der Orientierung des Bezugssystems. Gehen wir jedoch zu einem Bezugssystem über, das sich relativ zu dem ersten bewegt, dann ändern sich sowohl Raum- als auch Zeitmessungen. Weil sich Raum- und Zeitmessungen gemeinsam ändern, wenn das Bezugssystem gewechselt wird, sprechen wir von einer vierdimensionalen Raum-Zeit statt von einem dreidimensionalen Raum und einer eindimensionalen Zeit, wie man es vor Einstein annahm. Bei einer Änderung der Bewegung des Bezugssystems ändern sich Raum und Zeit in ähnlicher (aber nicht gleicher) Weise wie die räumlichen Bestimmungsstücke bei einer räumlichen Drehung des Bezugssystems (Abb. 10.8b). Diese Änderungen der Zeitmessungen können tatsächlich in bestimmten Fällen die Reihenfolge von Ereignissen ändern, wie wir im nächsten Abschnitt sehen werden. Das bedeutet, daß die Zeitfolge gemeinsam mit der Raumrichtungen in einer ähnlichen (aber nicht derselben) Weise geändert werden kann wie die Richtungen des Bezugssystems in Abb. 10.8b.

Wir wollen aber betonen, daß nach der Relativitätstheorie den Änderungen der Raum- und Zeitmessungen strenge Grenzen gesetzt sind. Keine Änderung der Bewegung eines Beobachters kann bewirken, daß die Zeit für ihn rückwärts läuft. Keine derartige Änderung kann die Lichtgeschwindigkeit oder die Gesetze der Physik verändern. Ebenso können die Beziehungen zwischen Ursache und Wirkung nicht umgekehrt werden; durch die Bewegung eines Beobachters kann nicht aus der Wirkung eine Ursache werden oder umgekehrt. Die Idee der Zeit als vierter Dimension wird also durch die Relativitätstheorie vernunftgemäßen Begrenzungen unterworfen. Dennoch beeindruckte die „Mischung" von Raum und Zeit H. Minkowski (der diesen Aspekt der Einsteinschen Theorie besonders hervorhob) so stark, daß er sagte (Physikalische Zeitschrift *10*, 104 (1909)):

Die Anschauungen über Raum und Zeit, die ich Ihnen entwickeln möchte, sind auf experimentell-physikalischem Boden erwachsen. Darin liegt ihre Stärke. Ihre Tendenz ist eine radikale. Von Stund an sollen Raum für sich und Zeit für sich völlig zu Schatten herabsinken und nur noch eine Art Union der beiden soll Selbständigkeit bewahren.

Die Relativitätstheorie verursacht eine Revolution unserer Ideen von Zeit und Raum, eine Revolution, die auf theoretischen Erkenntnissen und den Ergebnissen sorgfältiger Experimente beruht. Die realen Auswirkungen der Relativitätstheorie sind bei den gewöhnlichen Bewegungen des täglichen Lebens extrem gering. In dieser Hinsicht gleichen sie den Beweisen für die Bewegung und Drehung der Erde – sie sind gering für die meisten praktischen Anwendungen, aber von tiefer philosophischer Bedeutung.

Im ersten Kapitel dieses Buches zeigten wir, wie sich das Prinzip der Relativität in der wissenschaftlichen Revolution des siebzehnten Jahrhunderts auswirkte, obwohl es noch nicht vollständig verstanden worden war. Die neue Newtonsche Physik mit ihren Bewegungsgesetzen und Gravitationskräften genügte diesem Prinzip. Am Beginn des zwanzigsten Jahrhunderts, in einer neuen Revolution der Physik, finden wir das spezielle Prinzip der Relativität erneut und noch tiefer in den Umsturz unseres Weltbildes einbezogen. Diesmal ist es die elektromagnetische Wechselwirkung mit ihrer endlichen Lichtgeschwindigkeit, die mit dem Prinzip in Einklang gebracht werden muß.

Wir können uns ein Bild von der Bedeutung der Einsteinschen Theorie machen, wenn wir uns vergegenwärtigen, welche geistige Revolution durch die Entdeckung hervorgerufen wurde, daß die Erde nicht stillsteht, sondern sich dreht und bewegt. Solange man glaubte, die Erde ruhe im Mittelpunkt des Universums, waren die Richtungen „oben" und „unten" völlig verschieden von jeder seitlichen Richtung. „Unten" war die Richtung, in der die Gegenstände zum Erdmittelpunkt gezogen wurden, der auch der Mittelpunkt des Universums war.

Bewegte sich jedoch die Erde, dann lag das, was zu einer bestimmten Zeit oben oder unten war, nicht mehr in derselben Richtung, nachdem die Erde sich gedreht und bewegt hatte. Also gab es kein absolutes „oben" und „unten" mehr; die Richtung war relativ zur Lage auf der Erde. Unter geeigneten Umständen könnte jede Richtung oben oder unten sein. So wurde der Unterschied zwischen den drei Dimensionen des Raumes aufgehoben, als man die Vorstellung einer ruhenden Erde zugunsten der bewegten Erde verließ. In ähnlicher Weise wurde der Unterschied zwischen den drei Dimensionen des Raumes und der einen Dimension der Zeit teilweise aufgehoben, als man die Vorstellung des ruhenden Äthers verließ. Diese und spätere Entwicklungen waren so revolutionär, daß wir heute, wenn wir von moderner Physik sprechen, üblicherweise die Relativitäts- und Quantentheorie meinen und nicht Galilei, Kepler und Newton.

Gleichzeitige Ereignisse. Zwei Ereignisse, die von einem Bezugssystem aus gesehen gleichzeitig erfolgen, sind nicht notwendig gleichzeitig, wenn sie von einem anderen Bezugssystem aus betrachtet werden, das sich relativ zum ersten bewegt. Wir zeigen an einem Beispiel, das einem der Bücher Einsteins entnommen wurde, wie dies aus den Einsteinschen Postulaten folgt.

Stellen wir uns einen Beobachter vor, der vom Bahndamm aus einen Zug vorbeifahren sieht (Abb. 10.10). In dem Moment, in dem die Hälfte des Zuges den Beobachter passiert hat, wird der Zug an beiden Enden vom Blitz getroffen. Das Licht jedes Blitzes läuft auf den Beobachter zu, so daß er beide Blitze gleichzeitig sieht. Da er weiß,

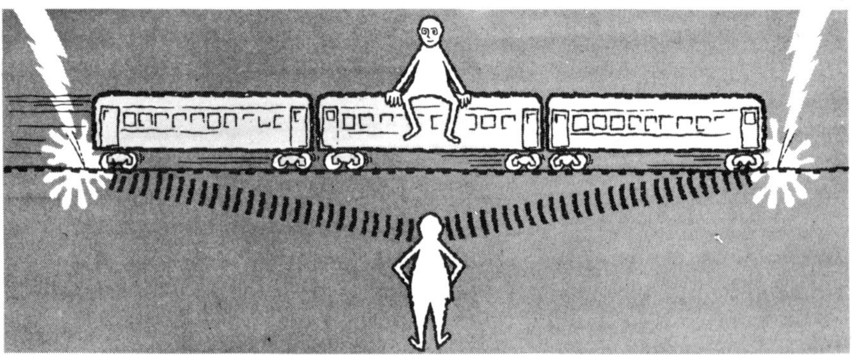

Abb. 10.10

daß die Entfernungen zu den beiden Blitzen gleich sind, schließt er, daß beide Blitze zur gleichen Zeit einschlugen.

Jetzt stellen wir uns einen Reisenden vor, der in der Mitte des Zuges sitzt. Er würde die Blitze nicht zur selben Zeit sehen. Er würde den Lichtblitz von der Spitze des Zuges eine kurze Zeit früher sehen als den Blitz vom Ende des Zuges, denn er bewegt sich auf die Lichtwelle des Blitzes an der Spitze des Zuges zu, während er sich von der Lichtwelle des anderen Blitzes fortbewegt. Also erreicht ihn die Lichtwelle des Blitzes an der Spitze des Zuges zuerst, so daß er diesen zuerst sieht.

Was wird der Reisende über die Blitze aussagen, die er von seinem, mit dem Zug verbundenen Bezugssystem aus beobachtet? Er wird schließen, daß der Blitz, den er zuerst sah, zuerst einschlug. Selbst wenn er die Zeit, die das Licht braucht, um ihn zu erreichen, in Rechung stellt, wird er entscheiden, daß der Blitz, den er als ersten sah, als erster einschlug. Schließlich haben ja beide Enden des Zuges dieselbe Entfernung von ihm und Einsteins erstes Postulat sagt ihm, daß die Lichtgeschwindigkeit in seinem Bezugssystem dieselbe ist wie in anderen. Also wird er schließen, daß die Lichtwellen der beiden Blitze dieselbe Zeit brauchen, um ihn zu erreichen. Also hat der Blitz, den er zuerst sah, zuerst eingeschlagen.

Das Beispiel zeigt, daß zwei Ereignisse, die für den Beobachter am Bahndamm gleichzeitig erfolgten, für den Beobachter im Zug nicht gleichzeitig waren. Die Idee der Gleichzeitigkeit hängt in gewissem Grade vom Bezugssystem ab. Das ist sehr verwirrend, wir möchten uns lieber zwei Ereignisse als gleichzeitig oder als nicht gleichzeitig in einem absoluten Sinne vorstellen. Die Tatsache, daß wir dies nicht können, ohne ein bestimmtes Bezugssystem ins Auge zu fassen, ist eine Konsequenz der Einsteinschen Relativitätstheorie. Natürlich können wir, wenn wir alle Ereignisse von demselben Bezugssystem aus betrachten, jede Diskussion über Unterschiede der Gleichzeitigkeit vermeiden. Aber wir haben keine Berechtigung, ein bestimmtes Bezugssystem auszuzeichnen. Welches Bezugssystem sollten wir wählen? Einsteins zweites Postulat ist das spezielle Prinzip der Relativität. Nach diesem Prinzip ist kein Bezugssystem besser als ein anderes, das sich geradlinig gleichförmig bewegt. Solange kein Grund gefunden wird, eins dieser Bezugssysteme vor anderen auszuzeichnen, und das spezielle Prinzip der Relativität zu verlassen, muß angenommen werden, daß die Gleichzeitigkeit vom Bezugssystem abhängt.

Die Ergebnisse der vorangegangenen Abschnitte mögen verwirrend erscheinen, aber sie widersprechen dem gesunden Menschenverstand nicht so sehr, wie es auf den ersten Blick erscheint. Wenn z.B. zwei Ereignisse zur selben Zeit und am selben Ort stattfinden, werden sie in allen Bezugssystemen als gleichzeitig beobachtet werden. Ein Zeitintervall zwischen „gleichzeitigen" Ereignissen gibt es nur dann, wenn sie räumlich voneinander entfernt sind. In diesem Fall kann der Beobachter nur bei einem der Ereignisse sein und muß die Information über das andere durch ein Signal erhalten. Licht ist das schnellste Signal, und dennoch braucht es Zeit, um von einem Ort zum anderen zu gelangen. Beobachter, die sich relativ zueinander bewegen, gelangen zu unterschiedlichen Messergebnissen hinsichtlich der räumlichen Entfernung zwischen den Ereignissen und daher auch hinsichtlich der Zeit, die das Licht zwischen ihnen benötigt.

Weitere Analyse der gleichzeitigen Ereignisse. Um zu verstehen, was mit Gleichzeitigkeit gemeint ist, ist eine weitere Analyse erforderlich. Wie können wir feststellen, ob zwei Ereignisse, die zur selben Zeit an verschiedenen Orten stattfinden, wirklich gleichzeitig sind oder nicht? In dem obigen Zugbeispiel empfingen wir Lichtsignale von den beiden Ereignissen und benutzten die bekannte Lichtgeschwindigkeit, um auszurechnen, wie lange die beiden Signale unterwegs waren. Eine andere Methode würde darin bestehen, an jedem der beiden Plätze Uhren anzubringen. Die beiden Uhren müßten synchronisiert werden, dann könnten wir mit jeder Uhr feststellen, wann die Ereignisse an den betreffenden Orten stattfanden. Obwohl diese Methoden (die Verwendung von Signalen oder Uhren) verschieden zu sein scheinen, sind sie tatsächlich eng miteinander verbunden, wie wir sehen werden.

Stellen wir uns vor, wir befänden uns auf einer langen Schiene weit draußen im Weltraum und wir hätten eine Uhr an jedem Ende der Schiene. (Abb. 10.11). Wir wollen die Uhren so stellen, daß sie beide

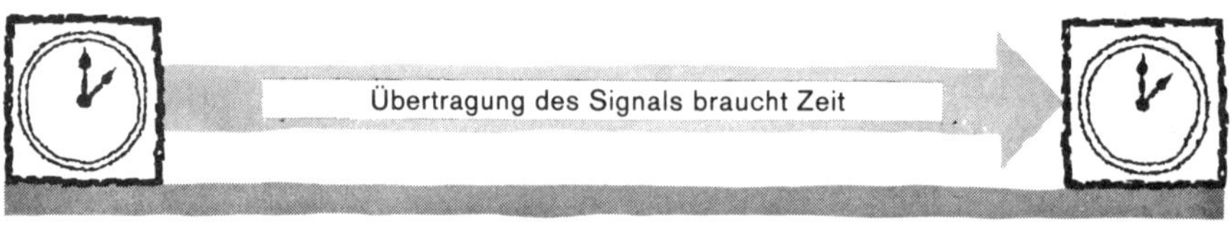

Abb. 10.11

die gleiche Zeit anzeigen. Wir nehmen an, daß sie beide schon mit derselben Geschwindigkeit gehen, und daß wir nur noch die eine nach der anderen zu stellen brauchen. Wir nehmen auch an, daß wir nicht wissen, wie der Gang der Uhr gestört wird, wenn wir sie beschleunigen. Daher bewegen wir eine bereits gestellte Uhr nicht von einem Ende der Schiene zum anderen. Also besteht die einzige Möglichkeit, die Uhren zu stellen darin, ein Signal zu verwenden, das die Information über die Anzeige der ersten Uhr zur zweiten überträgt. Wir können z.B. einen Läufer beauftragen, die Information hin und zurück zu tragen. Wir lassen ihn starten, wenn die erste Uhr 12 Uhr zeigt. Wenn er zur zweiten Uhr kommt, kann er sie nicht einfach auf 12 Uhr stellen; er muß die Zeit seines Laufes zwischen den beiden Uhren berücksichtigen. Um das zu können, muß er wissen, wie lange er von einer Uhr zur anderen brauchte; er muß also seine Geschwindigkeit kennen. Um seine Geschwindigkeit zu messen, muß er eine Uhr am Start haben, die ihm sagt, wann er loslief, und eine zweite Uhr an der Ziellinie, die ihm sagt, wann er ankam (Abb. 10.12). Er müßte also zwei Uhren haben, die voneinander entfernt sind und bereits gestellt sind. Aber das ist gerade das Problem, das wir lösen wollten. Wir sind also in einem Dilemma. Wir können nicht die Ein-Weg Geschwindigkeit unseres Signals kennen, solange die Uhren nicht gestellt sind, und wir können die Uhren nicht stellen, solange wir nicht die Ein-Weg Geschwindigkeit unseres Signals kennen. Was können wir tun?

Nichts hindert uns daran, die Zwei-Weg Geschwindigkeit des Signals zu messen. Wir können die Laufzeit unseres Boten für den Hin- und Rückweg längs der Schiene mit nur einer Uhr messen und so seine mittlere Geschwindigkeit für die ganze Zwei-Weg Reise ermitteln.

Zur Messung der Ein-Weg-Geschwindigkeit des Signals brauchen wir zwei Uhren

Abb. 10.12

Aber diese Methode gibt uns nicht seine Ein-Weg Geschwindigkeit. Wir können das Verfahren verbessern, indem wir das schnellste Signal verwenden, das uns zur Verfügung steht, um die Laufzeit des Signals zu vermindern. Keine Information kann schneller reisen als das Licht, also verwenden wir ein Lichtsignal statt eines Läufers. Aber selbst Lichtsignale brauchen Zeit für den Weg zwischen den Uhren, also stehen wir wieder vor dem ursprünglichen Problem: Wir können die Ein-Weg Geschwindigkeit unseres Lichtsignals nicht messen, wenn die Uhren nicht schon gestellt sind. Da es offenbar kein Mittel gibt, die Ein-Weg Geschwindigkeit des Lichtes zu messen, wollen wir sie durch eine Definition festsetzen. Wir *definieren*, daß die Ein-Weg Geschwindigkeit des Lichts gleich der gemessenen Zwei-Weg Geschwindigkeit sei. In gewissem Sinne haben wir so die Ein-Weg Geschwindigkeit des Lichtes durch unsere Definition *geschaffen*. Die Zwei-Weg Geschwindigkeit kann durch eine physikalische Messung festgestellt werden; die Ein-Weg Geschwindigkeit erfordert eine Definition. Wir könnten sie auch anders definieren, aber die von uns gewählte Definition wahrt die Symmetrie der beiden Richtungen. Tatsächlich definieren wir, daß die Lichtgeschwindigkeit (im Vakuum) in allen Richtungen gleich ist.

Durch diese Definition der Lichtgeschwindigkeit haben wir auch schon definiert, was wir unter Gleichzeitigkeit verstehen. Wenn wir die Ein-Weg Geschwindigkeit des Lichtes kennen, können wir daran gehen, die Uhr zu stellen. Zwei Ereignisse sind dann gleichzeitig, wenn die Uhren in der Nähe der Ereignisse beim Ablauf der Ereignisse die gleiche Zeit anzeigen. Innerhalb der Grenzen, die durch die Laufdauer des Lichts längs der Schiene gegeben sind, können wir unsere Uhren stellen, wie wir wollen. Wir haben uns entschlossen, die Differenz aufzuteilen – d.h. wir nehmen an, daß das Lichtsignal für den Hin- und Rückweg dieselbe Zeit braucht.

In unserem früheren Beispiel des vom Blitz getroffenen Zuges (Seite 474) verwendeten wir diese Definition der Gleichzeitigkeit, als wir annahmen, daß das Licht in beiden Bezugssystemen in beiden Richtungen dieselbe Geschwindigkeit habe. Wir haben aber gesehen, daß diese Definition dazu führt, daß die beiden Beobachter eine unterschiedliche zeitliche Reihenfolge der Ereignisse feststellten – Ereignisse, die für einen Beobachter gleichzeitig erschienen, waren für den anderen Beobachter nicht gleichzeitig. Obwohl die Definition in einem Bezugssystem widerspruchsfrei ist, führt sie zu unterschiedlichen Ergebnissen zweier Beobachter, die sich relativ zueinander bewegen. Die unterschiedlichen Ergebnisse entstehen, weil jeder definiert, daß in seinem Bezugssystem die Lichtgeschwindigkeit in jeder Richtung dieselbe ist.

Wie kann diese Schwierigkeit behoben werden? Wenn es irgendeine experimentelle Möglichkeit gäbe, um zu zeigen, daß es ein ganz spezielles Bezugssystem gäbe, in dem die Lichtgeschwindigkeit in allen Richtungen denselben Wert hätte, dann könnten wir in diesem speziellen Bezugssystem alle Uhren stellen. Dieses spezielle Bezugssystem wäre aber genau das spezielle, im Äther ruhende Bezugssystem, das mit dem Michelson-Morley-Versuch vergeblich gesucht wurde. Dieses Experiment wurde ja gerade veranlaßt durch die Annahme, das Licht hätte bei einer Reise „quer zum Strom" eine andere Geschwindigkeit als bei der Reise „stromauf und stromab". Das Fehlschlagen dieses und anderer Experimente führte zur Annahme der beiden Einsteinschen Postulate. Wenn diese Postulate richtig sind, dann gibt es keinen Grund, die Uhreneinstellung des Reisenden im Zug derjenigen des Beobachters am Bahndamm vorzuziehen oder umgekehrt. Daher gibt es keine absolute Antwort auf die Frage, welcher Blitz zuerst einschlug. Beide Bezugssysteme sind gleichwertig und beide Zeitmessungen auch.

Die allgemeine Relativitätstheorie

Das allgemeine Prinzip der Relativität

Die spezielle Relativitätstheorie sagt aus, daß die Gesetze der Physik in allen nicht beschleunigten Bezugssystemen gleich sein sollen. Wir sind natürlich versucht, dieses Prinzip zu verallgemeinern, damit es für alle Bezugssysteme anwendbar wird, ob sie sich nun gleichförmig oder beschleunigt bewegen. Wir möchten ein *allgemeines* Relativitätsprinzip konstatieren.

Die Gesetze der Physik sind in allen Bezugssystemen gleich.

Einsteins allgemeine Relativitätstheorie ist ein Versuch, dieses Prinzip zu verwirklichen. Warum sollte sich schließlich die Natur darum kümmern, welches Bezugssystem wir verwenden? Es ist immer dasselbe Universum, gleichgültig, von welchem Bezugssystem aus wir es betrachten; daher sollten wir in der Lage sein, die Gesetze der Physik so zu formulieren, daß sie in allen Bezugssystemen gleich sind.

In unserer Diskussion dieses Relativitätsprinzips wollen wir zwei bestimmte beschleunigte Bezugssysteme verwenden. Das erste bezieht sich auf eine große rotierende Scheibe (Abb. 10.13). Wir setzen ein Labor auf die Scheibe und versuchen, die Gesetze der Physik zu entdecken. Das zweite Bezugssystem bezieht sich auf einen Aufzug, der ständig beschleunigt wird, weil am Boden des Aufzugs eine konstante äußere Kraft angreift (Abb. 10.14). Auch in diesem Aufzug richten wir ein Laboratorium ein und versuchen, die Gesetze der Physik zu bestimmen. Nach unserem neuen Prinzip wünschen wir, daß die Gesetze der Physik gleich sind, selbst wenn sie in diesen seltsam beschleunigten Bezugssystemen ermittelt werden.

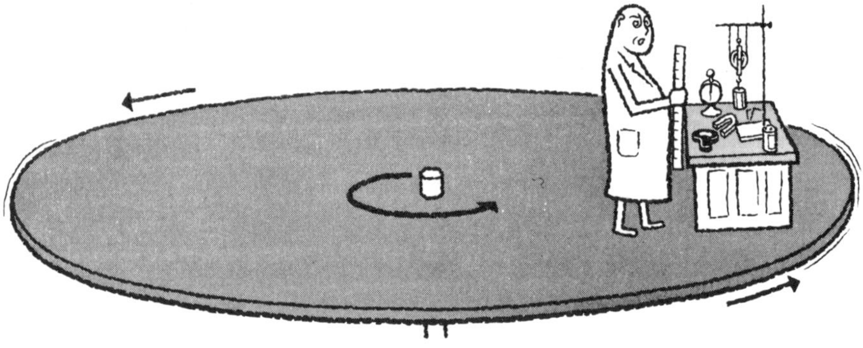

Abb. 10.13

Wir wollen diskutieren, weshalb diese beschleunigten Bezugssysteme zuvor ausgeschlossen worden waren. Wenn wir auf der rotierenden Scheibe stehen und einen Gegenstand loslassen, fliegt er von der Scheibe hinunter (Abb. 10.15). Der Gegenstand wird die Scheibe verlassen, wenn keine Zentripetalkraft wirkt, die ihn auf der Scheibe hält. Für uns auf der Scheibe erscheint es, als geschähen die Bewegungen und Beschleunigungen der Objekte ohne irgendeine Kraft.

Tatsächlich ist eine Zentripetalkraft erforderlich, um das Objekt auf der Scheibe zu *halten,* wenn sie rotiert. Ohne diese Kraft fangen die Dinge an, sich relativ zur Scheibe zu bewegen. Also gelten auf der Scheibe die Newtonschen Bewegungsgesetze scheinbar nicht. Wenn wir am selben Ort und zur selben Zeit einen Elefanten und eine Feder loslassen, werden sie beide auf demselben Wege davonfliegen. Vom Standpunkt eines äußeren Beobachters bewegen sie sich einfach auf einer Geraden. Von der Scheibe aus gesehen, scheinen sie von einer unbekannten Kraft davongezogen worden zu sein. Für die Beobachter auf der Scheibe scheint diese Beschleunigung ohne Kraft die Newtonschen Gesetze zu verletzen.

Abb. 10.14

Sehen wir uns jetzt das Bezugssystem des Aufzugs an. Wenn wir im Aufzug einen Gegenstand losließen, würde er auf den Boden des Aufzugs zu fallen scheinen (Abb. 10.16a). Obwohl das Objekt sich ständig mit konstanter Geschwindigkeit bewegt, werden der Aufzug und wir mit ihm immer weiter beschleunigt. Also wird der Boden des Aufzugs den losgelassenen Gegenstand einholen, so daß es so aussieht, als ob der Gegenstand zu Boden gefallen sei. Würden der Elefant und die Feder im Aufzug gleichzeitig losgelassen werden, würden sie gemeinsam zu fallen scheinen, weil der Boden sie einholt. Also haben wir auch in diesem Bezugssystem scheinbar Beschleunigung ohne Kraft, im Widerspruch zu den Bewegungsgesetzen. Das erklärt, weshalb wir früher keine beschleunigten Bezugssysteme zugelassen haben. Die Bewegungsgesetze sind so, wie wir sie angegeben haben, in beschleunigten Bezugssystemen nicht gültig.

Abb. 10.15

Um das allgemeine Relativitätsprinzip durchzuführen, müssen wir dieser scheinbaren Beschleunigung ohne Kraft irgendwie Rechnung tragen. Wir müssen eine Kraft erfinden, um diese Art der Beschleunigung zu berücksichtigen, die die Objekte so beeinflußt, daß sich Gegenstände mit verschiedener Masse auf denselben Bahnen bewegen. Wir müssen eine Kraft erfinden, die den Elefanten und die Feder in gleicher Weise von der rotierenden Scheibe „fliegen" läßt. Wir brauchen eine Kraft, die einen Elefanten und eine Feder gemeinsam fallen läßt, wie es im Aufzug geschieht. Aber genau diese Kraft ist schon erforscht worden – es ist die Gravitationskraft.

Das Äquivalenzprinzip

Wir wollen noch einen weiteren Aufzug verwenden, ähnlich wie in Abb. 10.16a, der jetzt jedoch auf der Erde ruht (Abb. 10.16b). Ein Ball fällt in diesem Aufzug ebenso wie er in dem beschleunigten Aufzug zu fallen schien. Aber jetzt können wir diesen Fall als Folge der Gravitationskraft beschreiben. Wenn der Mann nicht aus dem Aufzug der Abb. 10.16b hinaussehen kann, dann kann er nicht wissen, ob der

Aufzug auf einem Planeten ruht und sich daher in einem Gravitationsfeld befindet oder ob er im Weltraum durch eine konstante Kraft beschleunigt wird. Die Wirkung der Beschleunigung scheint der Wirkung des Gravitationsfeldes *äquivalent* zu sein. Die Gleichwertigkeit dieser beiden Wirkungen heißt *Äquivalenzprinzip*.

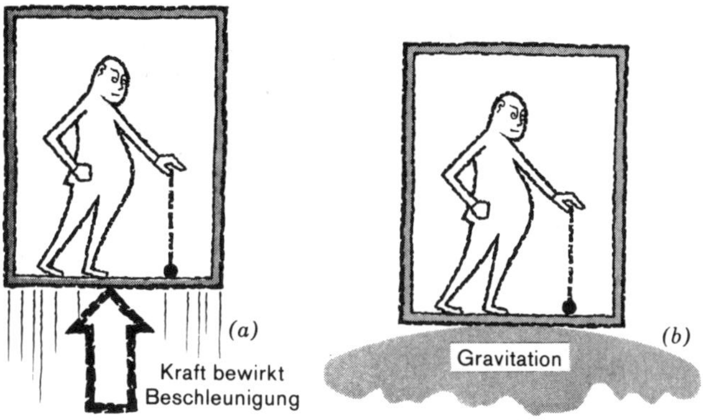

Abb. 10.16

Das Gravitationsfeld scheint einer Beschleunigung des Bezugssystems gleichwertig zu sein, weil in einem Gravitationsfeld alle Gegenstände mit derselben Beschleunigung fallen. Wie wir in Kap. 4 gesehen haben, hängt diese Gleichheit von der Gleichheit der Gravitations-Masse (schweren Masse) und der gewöhnlichen Masse (trägen Masse) ab. Man kann also sagen, daß das Äquivalenzprinzip auf der Gleichheit dieser beiden Arten von Masse beruht. Falls die schwere Masse von der trägen Masse verschieden wäre, würden in einem Gravitationsfeld die verschiedenen Gegenstände nicht in gleicher Weise fallen und das Äquivalenzprinzip würde nicht gelten.

Es scheint ein bemerkenswerter Zufall zu sein, daß schwere und träge Masse exakt gleich sind; es scheint zunächst keinen Grund dafür zu geben. Also erscheint auch das Äquivalenzprinzip als großartiger Zufall. Immer, wenn wir in der Physik eine präzise Übereinstimmung feststellen, versuchen wir, die Gesetze der Physik so einzurichten, daß die „zufällige Übereinstimmung" sich von selbst aus grundlegenden Prinzipien ergibt. Das Äquivalenzprinzip ist eins der grundlegenden Prinzipien der allgemeinen Relativitätstheorie.

Wir können das Äquivalenzprinzip in präziserer Form ausdrücken.

Es gibt keinen lokal meßbaren Unterschied zwischen den Wirkungen eines Gravitationsfeldes und den Wirkungen, die sich aus der Beschleunigung des Bezugssystems ergeben.

Man beachte die Einschränkung in dieser Feststellung – wir beschränken die Äquivalenz zwischen Gravitations- und Beschleunigungseffekten auf *lokale* Wirkungen. Der Grund für diese Einschränkung ergibt sich aus Abb. 10.17. Dort sehen wir, daß in einem beschleunigten Aufzug die Kugeln parallel zueinander zu fallen scheinen. In dem anderen Aufzug dagegen werden die Kugeln von der Gravitation zum Erdmittelpunkt gezogen; also sind ihre Bahnen nicht parallel, sondern schneiden sich im Erdmittelpunkt. Wenn wir uns auf ein kleines Gebiet beschränken, sind die Bahnen in sehr guter Näherung parallel. Also sprechen wir von der lokalen Äquivalenz, die sich auf kleine Gebiete bezieht.

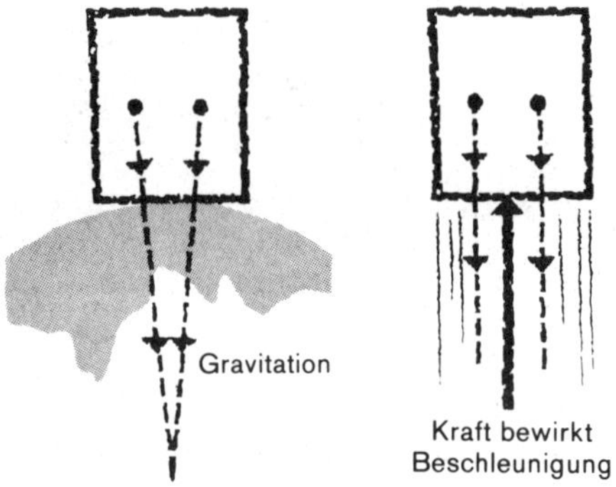

Abb. 10.17

Die Kräfte auf der Scheibe, die nach außen zu ziehen scheinen und die Kräfte, die im beschleunigten Aufzug nach unten zu ziehen scheinen, können als „Scheinkräfte" bezeichnet werden. Sie entstehen nur dadurch, daß wir vorgeben, unser Bezugssystem sei nicht beschleunigt. Nichtsdestoweniger wirken sie lokal ebenso wie Gravitationskräfte. Könnte dann vielleicht auch die Gravitation eine „Scheinkraft" sein, die durch die Natur des Raumes und der Zeit in unserem Bezugssystem entsteht? Fühlen wir denn wirklich die Gravitation als einen Druck oder Zug? Etwas Nachdenken sagt uns, daß wir sie nicht fühlen. Wenn wir auf der Erde stehen, fühlen wir den Druck zwischen unseren Füßen und dem Boden, aber es ist der Boden, der uns drückt. Wenn wir vom Sprungbrett springen, fühlen wir diesen Druck nicht mehr; praktisch spüren wir keine Kraft, bis wir auf das Wasser auftreffen. Der Astronaut in seinem Satellit befindet sich unter dem Einfluß der Gravitationskraft, aber er empfindet Gewichtslosigkeit.

Warum glauben wir dann an die Gravitationskraft, die wir nicht fühlen können? Wir brauchen die Gravitationskraft, um die Gravitationsbeschleunigung zu erklären, die wir in der Bewegung fallender Körper, Geschosse und umlaufender Satelliten beobachten. Wo es eine Beschleunigung gibt, muß es nach dem zweiten Bewegungsgesetz eine Kraft geben, die die Beschleunigung *bewirkt*. Wo keine Kraft wirkt, haben wir nach dem ersten Bewegungsgesetz eine geradlinig gleichförmige Bewegung. Wenn wir auf die Gravitation als Kraft verzichten, müssen wir auch auf die Bewegungsgesetze in ihrer gegenwärtigen Form verzichten. Wir müßten kräftefreie Bewegungen auf gekrümmten Bahnen zulassen, und es müßte außer den Kräften etwas Zusätzliches geben, das die Bahn bestimmt, auf der sich ein Körper bewegt.

Falls sich die Gravitationskraft wirklich so verhält wie die „Scheinkräfte", die wir diskutiert haben, dann sollte auch sie von unserem Bezugssystem abhängen. Tatsächlich können wir durch geeignete Wahl unseres Bezugssystems erreichen, daß die Schwerebeschleunigung lokal – dh. in kleinen Gebieten – verschwindet. Betrachten wir wieder den Satelliten in seiner Umlaufbahn. Im Bezugssystem der Erde erfährt er die Beschleunigung durch die Schwerkraft. Wir sehen normalerweise die Schwerebeschleunigung als Folge der Gravitationskraft an. Betrachten wir aber einmal das Bezugssystem, das mit dem Astronauten verbunden ist und mit ihm beschleunigt wird. Der Astronaut erfährt in diesem Bezugssystem keine Beschleunigung, er bewegt sich ja nicht einmal in ihm. Er fühlt auch keine Gravitationskraft – er fühlt sich gewichtslos. Diesen Effekt betrachten wir aber als lokal. Obwohl diese Wahl des Bezugssystems die Bewegung des Astronauten stark vereinfacht, vereinfacht sie zweifellos nicht die Bewegung der Erde, des Mondes, der Satelliten in anderen Bahnen oder der meisten fallenden Objekte. Man müßte andere „Scheinkräfte" annehmen oder entdecken, um die Beschleunigung dieser anderen Objekte zu erklären.

Diese Diskussion gibt uns einen Hinweis darauf, wie die allgemeine Relativitätstheorie die Kräfte behandeln sollte, die in beschleunigten Bezugssystemen aufzutreten scheinen. Sie müßte sie als „Gravitationskräfte" behandeln. Auf der rotierenden Scheibe müßten wir also annehmen, daß die Scheibe ruhe und daß es eine „Gravitations"-Kraft gebe, die die Gegenstände nach außen zieht. Funktioniert dieser Trick? Das kann man nur feststellen, indem man die Konsequenzen mathematisch herausarbeitet und dann diese Konsequenzen mit dem Experiment vergleicht. Einstein und andere haben dies erfolgreich getan.

Wegen des Äquivalenzprinzips kann die allgemeine Relativitätstheorie die in beschleunigten Systemen erscheinenden Kräfte als „Gravitations"-Kräfte behandeln und andererseits die Gravitationskräfte in gewissem Sinne als Scheinkräfte beschreiben. Daher ist die allgemeine Gravitationstheorie auch eine neue Gravitationstheorie, die die Newtonsche Theorie ersetzt.

Der gekrümmte Raum

Die vorige Diskussion hat eine interessante Folgerung: Die allgemeine Relativitätstheorie führt uns zu dem Schluß, daß der Raum (und die Raum-Zeit) gekrümmt sind. Es ist schwierig, sich eine Krümmung des dreidimensionalen Raumes vorzustellen, in dem wir leben, aber man kann leicht die Krümmung einer Oberfläche vor Augen haben. Wir wollen also zunächst eine gekrümmte Oberfläche betrachten, – die Oberfläche einer Kugel.

Abb. 10.18 zeigt einen Gegenstand, der sich reibungsfrei auf der Innenseite einer ruhenden Kugel bewegen, diese aber nicht verlassen kann. Wir stellen uns die Kugel weit draußen im Weltraum vor, so daß die Gravitationskräfte auf sie und den Gegenstand vernachlässigt werden können. Wird der Gegenstand auf der Kugel einmal in Bewegung gesetzt, wird sich das Objekt ständig weiter bewegen, ohne jemals zur Ruhe zu kommen, weil es keine Reibung gibt. Seine Bewegung wird jedoch nicht geradlinig sein, weil er die Kugel nicht verlassen kann. Seine Bahn ist ein sogenannter *Großkreis*. Ein Großkreis ist ein Kreis auf einer Kugel, dessen Mittelpunkt mit dem der Kugel übereinstimmt. Zum Beispiel verlaufen die Längengrade (Meridiane)

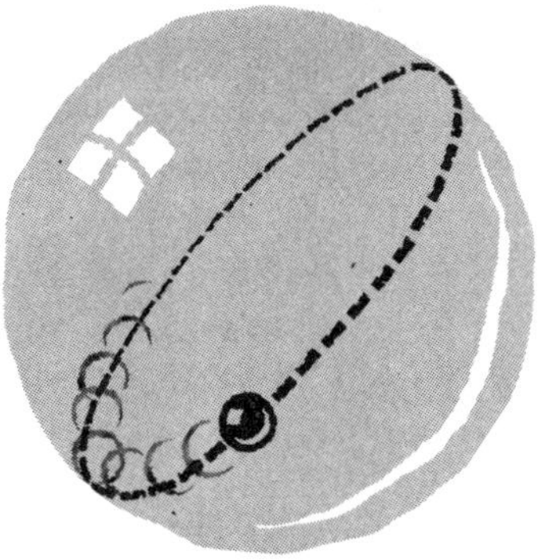

Abb. 10.18

und der Äquator auf Großkreisen der Erde. Die Breitengrade sind, abgesehen vom Äquator, keine Großkreise. Das Objekt muß sich auf einem Großkreis bewegen, weil bei Abwesenheit von Reibung die einzigen auf das Objekt wirkenden Kräfte senkrecht auf der Oberfläche der Kugel stehen und daher auf das Objekt als Zentripetalkräfte wirken. Der Mittelpunkt der Bahn des Objekts muß der Punkt sein, auf den diese Zentripetalkräfte gerichtet sind – der Mittelpunkt der Kugel.

Großkreise haben auf der Kugel Eigenschaften, die denen der Geraden in einer ebenen Oberfläche sehr ähnlich sind. Wäre in dem vorigen Beispiel die Oberfläche eben statt kugelförmig gewesen, dann hätte sich das Objekt längs einer Geraden statt eines Großkreises bewegt. Die kürzeste Verbindung zwischen zwei Punkten auf einer Ebene ist die Gerade. Der kürzeste Weg zwischen zwei Punkten auf einer Kugel liegt auf dem Großkreis – solange der Weg auf der Kugel bleibt. Daher reisen Schiffe und Flugzeuge auf der Erde längs Großkreisen – vorausgesetzt, daß das Wetter, natürliche Hindernisse und unfreundliche Nationen es erlauben.

Der kürzeste Weg zwischen zwei Punkten auf einer beliebigen Oberfläche heißt *geodätische Linie*. Die Gerade ist dann die geodätische Linie in einer Ebene und ein Großkreis ist die geodätische Linie auf einer Kugel. Andere Oberflächen haben auch geodätische Linien. Abb. 10.19 zeigt, wie man sich die geodätische Linie auf einer Oberfläche anschaulich machen kann. Wir stellen uns ein reibungsloses Gummiband vor, das zwischen zwei Punkten ausgespannt wird.

Dabei ist es gezwungen, auf der Oberfläche zu bleiben, kann sich aber im übrigen frei bewegen, um die Lage geringster Länge einzunehmen. Dieses Gummiband liegt dann auf der geodätischen Linie zwischen den beiden Punkten. Im dreidimensionalen Raum haben geodätische Linien dieselbe Eigenschaft wie auf einer Fläche: Sie sind die kürzeste Verbindung zwischen zwei Punkten. Gewöhnlich denken wir, die kürzeste Verbindung zwischen zwei Punkten seien Geraden; ist jedoch der Raum gekrümmt, dann ist der kürzeste Weg zwischen zwei Punkten nicht notwendigerweise eine Gerade.

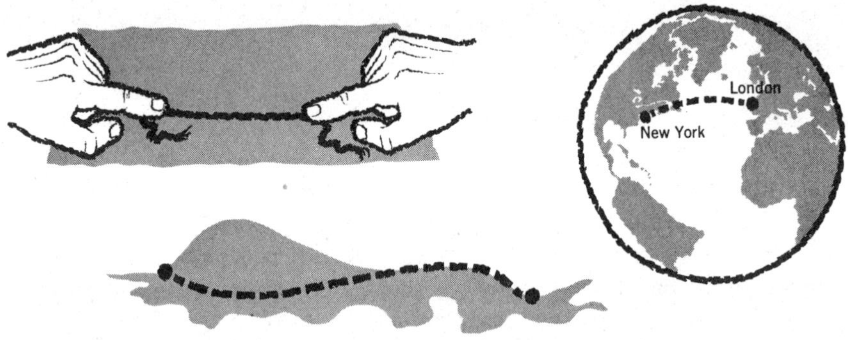

Die Zentrifugalkräfte sind die einzigen Kräfte, die auf das Objekt in Abb. 10.18 wirken, und sie haben keine Komponente parallel zur Oberfläche der Kugel. Wir wollen jetzt annehmen, die Oberfläche der Kugel sei der einzige Raum, den es gibt, daß wir auf der Kugel leben, und daß nur die Oberfläche der Kugel unserer Beobachtung zugänglich sei. Dann wären diese Zentripetalkräfte für uns unsichtbar oder unzugänglich. Wir würden einfach beobachten, daß sich das Objekt auf der kürzest möglichen Bahn (einem Großkreis) bewegt und würden wahrscheinlich nicht auf die Idee kommen, nach irgendeiner Kraft zu fragen.

Dieses Beispiel macht es durch einen Analogieschluß verständlich, wie ein gekrümmter Raum einen Gegenstand veranlassen könnte, sich ohne eine offensichtlich wirkende Kraft „natürlich" auf einer gekrümmten Bahn zu bewegen. Wir können diese Analogie weiter verfolgen, um zu zeigen, daß in einem gekrümmten Raum Gegenstände aufeinander zu beschleunigt werden können, ohne daß eine Anziehungskraft zwischen ihnen wirkt. Stellen wir uns vor, daß sich zwei Objekte reibungslos auf einer Kugel bewegen. Wenn sie sich anfangs parallel zueinander bewegen (Abb. 10.20), werden sie sich schließlich am Schnittpunkt der beiden Großkreise treffen. Einem Beobachter auf der Kugel müßte es jedoch scheinen, als unterlägen die beiden Objekte einer Anziehungskraft, die sie aufeinander zutreibt.

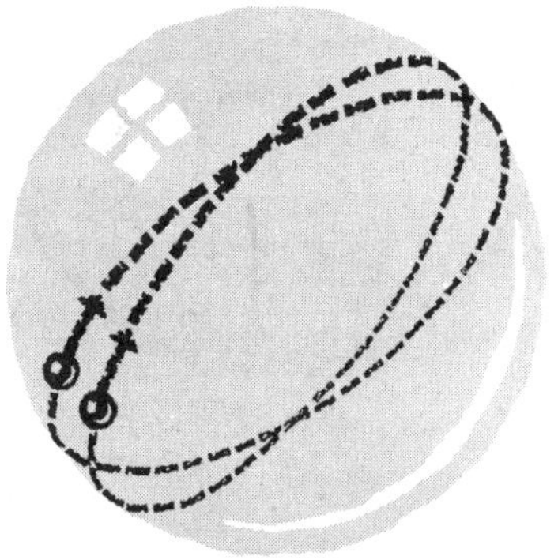

Abb. 10.20

Unsere Analogien sind viel zu einfach, aber sie zeigen doch, daß die Effekte einer allgemeinen Relativitätstheorie durch einen geeignet gekrümmten Raum beschrieben werden können. In der allgemeinen Relativitätstheorie spielt nicht nur die Krümmung einer Oberfläche sondern auch die Krümmung des dreidimensionalen Raums der Raum-Zeit selbst eine Rolle. Nach der allgemeinen Relativitätstheorie gibt es eine Raumkrümmung in der Umgebung der Objekte, die Masse haben. Diese Krümmung vermittelt die Gravitationsanziehung, die diesen Objekten zugeschrieben wird. Die Objekte, die in Wirklichkeit geodätischen Linien folgen, scheinen sich anzuziehen.

Bis jetzt haben wir Bezugssysteme mit geradlinigen Koordinatenachsen verwendet. Auf einer Kugel gibt es jedoch keine Geraden; daher müssen wir im gekrümmten Raum auch gekrümmte Achsen verwenden. Im Zusammenhang mit dem allgemeinen Relativitätsprinzip erweitern wir daher unsere Vorstellungen von Bezugssystemen. Im Rahmen der allgemeinen Relativitätstheorie lassen wir auch

Bezugssysteme mit gekrümmten Achsen zu. Abb. 10.12 zeigt, wie gekrümmte Achsen auf einer Kugel verwendet werden können. Dieses Bezugssystem verwendet Linien wie die gewöhnlichen Längen- und Breitengrade. Die Naturgesetze sollten nicht davon abhängen, mit welcher Methode wir Punkte in Raum und Zeit kennzeichnen.

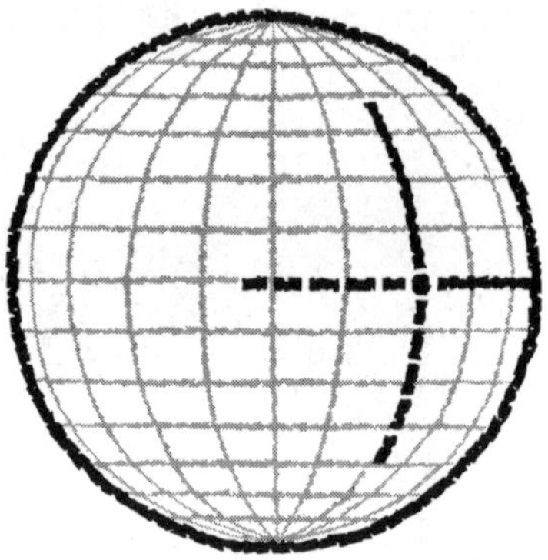

Abb. 10.21

Nehmen wir an, wir seien Lebewesen auf einer kugelförmigen Oberfläche (wie der Erde). Woher wissen wir, daß sie kugelförmig ist, ohne daß wir die gesamte Oberfläche auf einmal sehen können? Um diese Frage zu beantworten, zeichnen wir zwei große Kreise, einen auf eine kugelförmige Fläche und den anderen auf eine Ebene (Abb. 10.22). Wir messen den Umfang und den Durchmesser jedes dieser beiden Kreise. Wenn wir den Umfang des Kreises in der Ebene durch seinen Durchmesser dividieren, erhalten wir eine konstante Zahl, die gewöhnlich durch den griechischen Buchstaben π bezeichnet wird und ungefähr gleich 3,14 ist. Wenn wir dasselbe Verfahren auf der Kugel durchführen, erhalten wir ein anderes Resultat. Der „wirkliche" Durchmesser kann nicht festgestellt werden, weil er nicht auf der Oberfläche liegt, daher müssen wir den gekrümmten „Durchmesser" messen, wie es in der Abbildung angegeben ist. Bei gleichem Umfang haben wir einen anderen „Durchmesser" und erhalten daher bei der Division ein anderes Ergebnis. Die Tatsache, daß wir eine andere Zahl als π erhalten, beweist, daß die Oberfläche gekrümmt ist. Dasselbe Prinzip läßt sich auf Kreise im Raum anwenden. (Es ist natürlich möglich, daß ein Raum in einem Gebiet eben und in einem anderen gekrümmt ist.)

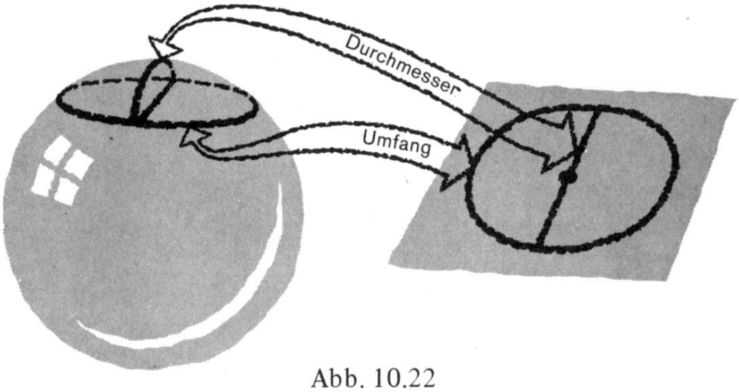

Abb. 10.22

Diese Methode ist zwar nicht genau genug, um die Raumkrümmung in unserer Umgebung zu bestimmen, erlaubt uns aber die Diskussion eines Gedankenexperimentes, das einen weiteren Grund dafür angibt, weshalb in einer allgemeinen Relativitätstheorie gekrümmte Räume eine Rolle spielen sollten. Nehmen wir an, daß ein Mann auf der rotierenden Scheibe (Abb. 10.23) den Umfang und den Durchmesser der Scheibe messen will. Wenn wir seine Arbeit von einem ruhenden Bezugssystem aus prüfen, werden wir für den Durchmesser dasselbe Ergebnis erhalten wie er, aber nicht für den Umfang. Wenn er den Umfang mißt, liegt sein Maßstab parallel zur Bewegungsrichtung und wird daher durch die Lorentz-Kontraktion verkürzt. Wenn der Raum von unserem Bezugssystem aus gesehen nicht gekrümmt ist, werden wir die Zahl π erhalten, wenn wir den Umfang durch den Durchmesser teilen. Wegen der Verkürzung seines Maßstabs wird er jedoch nicht die Zahl π erhalten und daher wird er schließen, daß von seinem Bezugssystem aus gesehen der Raum gekrümmt ist.

Diese Darstellung ist natürlich nur geeignet zu zeigen, daß wir bei der Behandlung rotierender Bezugssysteme gekrümmte Räume erwarten können; sie soll keine strenge Analyse der rotierenden Scheibe sein. Wir müssen vorsichtig sein, wenn wir die Ergebnisse der speziellen Relativitätstheorie auf beschleunigte Bezugssysteme übertragen. Aber unsere Behandlung legt wieder den Gedanken nahe, daß wir in der allgemeinen Relativitätstheorie, die beschleunigte Bezugssysteme *einschließt*, gekrümmte Räume erwarten können.

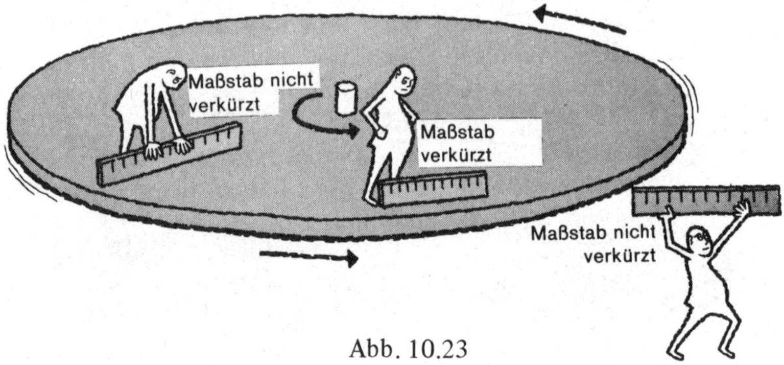

Abb. 10.23

Viele Leute stehen bei der Idee des gekrümmten Raumes vor einem Rätsel; sie können sich einen gekrümmten Raum nur schwer vorstellen. Wir auch. Aber uns geht es hier nicht um die Vorstellung eines solchen Raumes, sondern um seine Eigenschaften. Wenn wir einen realen Kreis messen und feststellen, daß das Verhältnis des Umfangs zum Durchmesser den bekannten Wert π ergibt, dann schließen wir, daß der Raum eben ist und daß die gewöhnliche euklidische „Schul"-Geometrie gilt. Kommt jedoch ein anderer Wert als π heraus, dann haben wir zwei Möglichkeiten. Entweder können wir sagen, der Raum sei gekrümmt, denn er verhält sich so, wie wir es von einem gekrümmten Raum erwarten. Oder wir könnten die Situation dadurch retten, daß wir sagen, unsere Meßinstrumente seien falsch geworden. Wenn aber alle unsere Meßinstrumente in genau derselben Weise falsch werden, dann könnten wir es als einfacher ansehen, die Krümmung des Raumes anzunehmen. Beispielsweise könnten wir uns auf den Standpunkt stellen, die Erde sei flach. Wenn zwei Flugzeuge genau nach Norden fliegen, werden sie sich bei der Annäherung an den Nordpol immer näher kommen. Um das zu erklären, könnten wir annehmen, daß bei unserer Reise nach Norden unsere Meßinstrumente beeinflußt worden seien, so daß sie diese „Täuschung" ergeben. Es ist aber viel einfacher anzunehmen, daß die Erde gekrümmt ist. Wir können natürlich fast *jede* Theorie retten, wenn wir genug Zusatzannahmen und -erklärungen akzeptieren. Wir können darauf bestehen, daß die Natur alles tut, was unser Herz begehrt, wenn wir nur genug unbeobachtbare Mechanismen postulieren, um zu erklären, warum sie offensichtlich etwas völlig anderes tut. Als Physiker sollten wir aber versuchen, die Geometrie zu akzeptieren, die uns unsere physikalischen Beobachtungen nahelegen.

Einstein's allgemeine Relativitätstheorie

Wie wir gesehen haben, muß eine allgemeine Relativitätstheorie zwei Haupt-Prinzipien einschließen.

1. *Das (allgemeine) Relativitätsprinzip.* Die Gesetze der Physik sollen in allen Bezugssystemen die gleiche Form haben, unabhängig davon, ob die Bezugssysteme beschleunigt sind oder nicht und ob die Achsen gerade oder gekrümmt sind.

2. *Das Prinzip der Äquivalenz.* Es gibt keinen lokal meßbaren Unterschied zwischen den Wirkungen eines Gravitationsfeldes und den Wirkungen, die aus der Beschleunigung des Bezugssystems entstehen.

Das Äquivalenzprinzip macht deutlich, daß die allgemeine Relativitätstheorie eine Gravitationstheorie ist. Sie führt, wie wir erwarten, zu einem gekrümmten Raum und zu einer gekrümmten Raum-Zeit. Gravitationswirkungen entstehen durch die Krümmung des Raumes und der Raum-Zeit. In Gebieten kleiner Krümmung und kleiner Gravitationsfelder gilt erwartungsgemäß näherungsweise die spezielle Relativitätstheorie Einsteins anstelle der Newtonschen Physik.

Albert Einstein hat als erster eine erfolgreiche allgemeine Relativitätstheorie formuliert, die zu den Konsequenzen führte, die wir diskutiert haben. Zehn Jahre nach seiner ersten Veröffentlichung über die spezielle Relativitätstheorie veröffentlichte er seine erste Arbeit über die allgemeine Relativitätstheorie. In dieser Theorie sind sowohl der Raum als auch die Raum-Zeit gekrümmt, insbesondere in der Nähe von Körpern mit großer Masse, wodurch Gravitationswirkungen entstehen. In großer Entfernung von den Massen kann die Raum-Zeit flach oder weiterhin gekrümmt sein.

Experimentelle Beweise für die allgemeine Relativitätstheorie

Ist die allgemeine Relativitätstheorie wirklich richtig? Es gibt Hinweise, daß sie bezüglich der Voraussage bestimmter sehr kleiner

Effekte der Newtonschen Theorie überlegen ist. Logischerweise ist die allgemeine Relativitätstheorie der Newtonschen Gravitationstheorie überlegen, da sie im Gegensatz zu dieser die spezielle Relativitätstheorie einschließt. Nichtsdestoweniger muß zugegeben werden, daß die allgemeine Relativitätstheorie noch nicht angemessen geprüft worden ist. Die bis heute durchgeführten Experimente prüfen die Theorie nicht vollständig, und die Effekte, die sie bestätigen, sind klein und schwer nachweisbar.

Die allgemeine Relativitätstheorie sagt voraus, daß das Licht abgelenkt wird, wenn es einen schweren Körper, z.B. die Sonne, passiert. Man kann sich vorstellen, daß diese Ablenkung durch zwei Effekte zustande kommt: Erstens eine Ablenkung durch den Fall des Lichts in Richtung der Sonne, die sowohl nach der Einsteinschen als auch nach der Newtonschen Theorie erklärt werden kann und zweitens eine zusätzliche, gleichgerichtete Ablenkung als Folge der Raumkrümmung, die von der Newtonschen Theorie nicht erklärt werden kann. (Die erste Ablenkung kann man sich im Rahmen der Newtonschen Theorie als Gravitations-Anziehung der Sonne auf die Masse-Energie in den Lichtwellen vorstellen.) So weit wir sagen können, wird die tatsächliche Ablenkung des Sternenlichts beim Vorbeigehen an der Sonne durch die neue Theorie besser beschrieben als durch die Newtonsche. Die Ablenkung kann als eine Verschiebung der Sternposition während einer totalen Sonnenfinsternis beobachtet werden (Abb. 10.24).

Merkur kommt auf seine Bahn der Sonne näher als irgendein anderer Planet. Seine Bahn weicht so stark von einem Kreis ab, daß wir den Punkt der größten Annäherung (Perihel) bestimmen können. Wenn

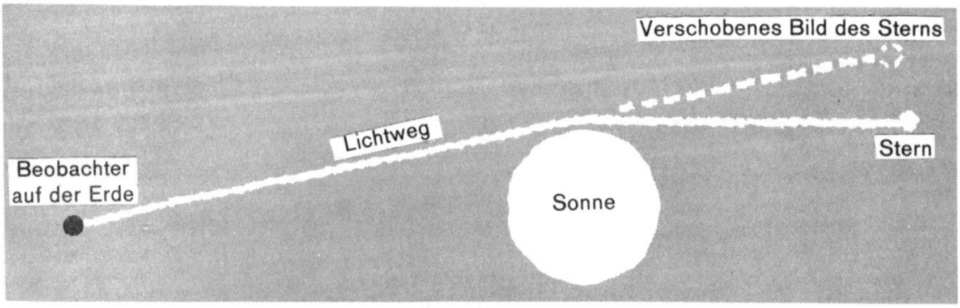

Abb. 10.24

wir alle Kräfte von der Sonne und den anderen Planeten auf Merkur berücksichtigen, können wir fast alle im Lauf der Zeit auftretenden Änderungen in der Lage des Perihels erklären. Es bleibt ein ungeklärter Rest der Periheldrehung von 43 Bogensekunden pro Jahrhundert. Dieser sehr kleine Rest läßt sich nach der Newtonschen Theorie nicht erklären, wohl aber durch die Einsteinsche Theorie. Kürzlich entdeckte jedoch R. H. Dicke eine Abplattung der Sonne. Die Tatsache, daß die Sonne keine vollkommene Kugel ist, könnte ungefähr vier Sekunden der Periheldrehung erklären und vielleicht eine Überprüfung der allgemeinen Relativitätstheorie erfordern.

Nach der allgemeinen Relativitätstheorie sollte eine Uhr im Gravitationsfeld einer großen Masse nachgehen, wenn sie von einem Punkt in großer Entfernung von der Masse beobachtet wird. Das bedeutet, daß das Licht, das von Sternen und von der Sonne emittiert wird, uns als Licht geringerer Frequenz erscheinen sollte; es sollte also röter aussehen als das Licht, das von Atomen der gleichen Art im Laboratorium emittiert wird. Dieser Effekt scheint im Sonnenlicht beobachtbar zu sein. Er ist beobachtbar in den „Weißen Zwergen" (sehr kleinen, dichten und heißen Sternen). Wir nennen diesen Effekt die *Gravitations-Rotverschiebung*. Die Rotverschiebung anderer Sterne kann durch den Doppler-Effekt ebenso erklärt werden wie durch die allgemeine Relativitätstheorie, so daß es immer noch zweifelhaft ist, ob, abgesehen von den Weißen Zwergen, wirklich die Gravitations-Rotverschiebung des Lichtes beobachtet wird.

Kürzlich ist es durch sehr genaue Methoden möglich geworden, die Frequenzveränderung zu messen, die das Licht erfährt, wenn es im Erdfeld fällt. Dieser Effekt testet dasselbe Prinzip wie die Gravitations-Rotverschiebung. Licht wird an der Spitze eines Turmes emittiert und am Fuße des Turmes nachgewiesen, wo die Frequenzverschiebung beobachtet wird. Die Frequenzverschiebung entspricht dem nach der allgemeinen Relativitätstheorie erwarteten Wert. Die Resultate dieses Experiments und die Gravitations-Rotverschiebung werden von der allgemeinen Relativitätstheorie vorausgesagt und sind daher mit ihr in Einklang; sie stellen jedoch keinen strengen Test der Theorie dar, weil sie auch ohne sie erklärt werden können und mit anderen Gravitationstheorien in Einklang sind. Wir können sagen, daß die allgemeine Relativitätstheorie richtig ist, so weit wir es wissen, aber strengere Tests wären sehr willkommen.

Das Machsche Prinzip

Um eine sehr interessante, ungelöste Frage zu untersuchen, die sich auf die allgemeine Relativitätstheorie bezieht, stellen wir uns einen Wassereimer vor (Abb. 10.25). In Abb. 10.25a ist der Eimer in Ruhe und die Oberfläche des Wassers ist eben. In Abb. 10.25b dreht sich der Eimer um seine Achse und das Wasser wird an den Rand hinausgezogen. Dieser Effekt entsteht durch dieselbe Art des scheinbar nach außen gerichteten Zuges, der auf einen Gegenstand auf einer rotierenden Scheibe ausgeübt wird. Die Tatsache, daß die Oberfläche des Wassers im rotierenden Eimer nicht flach ist, führte Newton zu dem Schluß, daß der Eimer (und das Wasser in ihm) wirklich rotiert und nicht in Ruhe ist. Er glaubte daher, daß die beschleunigte Bewegung eine *absolute* Bewegung sei, nicht nur eine Bewegung relativ zu einem anderen Gegenstand. Ernst Mach (1838–1916) zog einen anderen Schluß, indem er darauf hinwies, daß der rotierende Eimer sich in bezug auf die Sterne bewegt, der ruhende nicht. Wenn es möglich wäre, den Eimer „ruhen" zu lassen und die Sterne sowie das übrige Universum herum zu bewegen, dann, so glaubte er, würde die Oberfläche des Wassers wiederum gekrümmt sein. Für ihn war es die Relativbewegung des rotierenden Eimers, die zählt, nicht die angenommene absolute Bewegung.

Wenn die Sterne bei ihrer hypothetischen Bewegung um den Eimer mit Kräften auf das Wasser wirken sollten, dann müßten sie außer der Gravitation noch irgendwelche anderen Kräfte ausüben. Solche

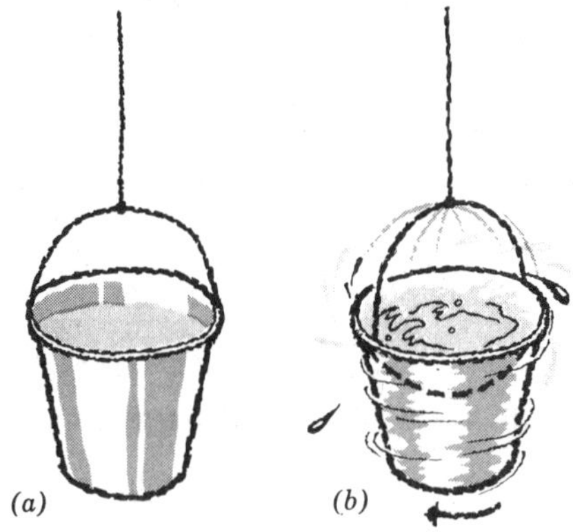

Abb. 10.25

zusätzlichen Kräfte müßten von ihrer Bewegung herrühren. Nun wissen wir, daß elektrische Ladungen tatsächlich zusätzliche Kräfte untereinander erzeugen, wenn sie in relativer Bewegung sind – die magnetischen Kräfte. Falls bewegte Massen ähnliche Kräfte der richtigen Richtung und Größe zwischen sich erzeugten, dann könnte sich Machs Gedanke als richtig erweisen. Es gibt zwar nach der allgemeinen Relativitätstheorie einen zusätzlichen Gravitationseffekt zwischen Massen, die sich in Bewegung befinden, es ist jedoch unbekannt, ob diese Kraft den vorausgesagten Machschen Effekt bewirken würde oder nicht. Daher wissen wir bisher noch nicht, ob die allgemeine Relativitätstheorie mit der Machschen Vorstellung übereinstimmt oder nicht. Die allgemeine Relativitätstheorie ist wirklich so kompliziert, daß es oft schwer zu übersehen ist, welche Konsequenzen aus ihr folgen.

Ein anderer Aspekt des von Mach betrachteten Problems wird durch den Aufzug in Abb. 10.14 (Seite 481) nahegelegt. Nehmen wir an, daß der Mann im Aufzug aus dem Fenster sieht. Dann könnte er feststellen, daß der Aufzug von außen geschoben wird. Wäre er aber ein entschiedener Relativist, könnte er immer noch darauf bestehen, in Ruhe zu sein. Aber er müßte dann eine andere Kraft finden, die der nach unten auf den Aufzug wirkenden Kraft das Gleichgewicht halten könnte. Dann könnte er meinen, der Aufzug sei im Gleichgewicht. Wie wir gesehen haben, erlaubt ihm die allgemeine Relativitätstheorie, eine Kraft ähnlich der Gravitation zu erfinden, die den Aufzug entgegen der nach unten wirkenden Kraft schiebt. Das ist dieselbe erfundene Gravitationskraft, die den scheinbaren Fall losgelassener Gegenstände im Aufzug erklärt. In der allgemeinen Relativitätstheorie entsteht die Gravitationskraft durch den Wechsel des Bezugssystems und es wird nicht notwendigerweise eine andere Ursache oder Quelle der Gravitation angegeben. Wenn der Mann im Aufzug aber zu den Sternen hinaus sieht, scheinen sie für ihn am Aufzug vorbei beschleunigt zu werden. Vielleicht – so könnte er denken – erzeugen die beschleunigten Sterne eine Kraft auf den Aufzug. Vielleicht bewirken sie die „Gravitations"-Kraft, die er braucht. Zur Zeit ist unbekannt, ob dieser Effekt wirklich auftritt oder nicht. Falls sich diese angenommenen Effekte der bewegten Sterne als Realität erweisen sollten, dann würden sie erklären, weshalb ein solcher Unterschied zwischen beschleunigten und gleichförmig bewegten Bezugssystemen besteht. In diesem Fall wären die beschleunigten Bezugssysteme nicht in einer absoluten Beschleunigung, sondern sie wären nur beschleunigt im bezug auf die mittlere Bewegung der Sterne. Das wäre eine vollkommene Rechtfertigung des Prinzips der Relativität der Bewegung.

In beiden Beispielen dieses Abschnitts haben wir angenommen, daß die „Scheinkräfte", die in beschleunigten Bezugssystemen auftreten, der Bewegung anderer Objekte zugeschrieben werden können und daher nicht als scheinbar, sondern als real angesehen werden können – mindestens als ebenso real wie die Gravitationskräfte, die der Lage anderer Objekte zugeschrieben werden können. Diese Annahme wird oft als Machsches Prinzip bezeichnet, weil sie eine Verallgemeinerung des Machschen Standpunkts ist. Das Machsche Prinzip wird manchmal als eins der Grund-Postulate der allgemeinen Relativitätstheorie angesehen, gemeinsam mit dem allgemeinen Relativitätsprinzip und dem Äquivalenzprinzip.

Aufgaben und Lösungen

In diesem Kapitel befassen wir uns mit der Anwendung der folgenden Gleichungen:

$$E = mc^2 \tag{6}$$

$$t = \frac{t_0}{\sqrt{1 - v^2/c^2}} \tag{7}$$

$$L = L_0 \sqrt{1 - v^2/c^2} \tag{8}$$

$$m = \frac{m_0}{\sqrt{1 - v^2/c^2}} \tag{9}$$

Beispiel 1

Eine Kugel mit einer Masse von 10 kg bewegt sich mit einer Geschwindigkeit von 1000 m/s. Wieviel Masse hat die kinetische Energie?

Lösung: Schritt 1. Diese Aufgabe fragt nach dem Betrag der Masse, die mit einem bestimmten Betrag der Energie verbunden ist, also ist die richtige Formel

$$E = mc^2$$

Schritt 2. Die bekannten und unbekannten Größen sind:

$E = ?$

$m = ?$ (Beachten Sie, daß dies nicht die Masse der Kugel ist)

$c = 3 \cdot 10^8$ m/s

Schritt 2a. Mit diesen Angaben können wir die Frage noch nicht beantworten, suchen Sie weitere Gleichungen oder Informationen. Da die Geschwindigkeit klein gegen die Lichtgeschwindigkeit ist, können wir die alte Formel für die kinetische Energie anwenden:

$$E = Mv^2/2$$

Darin bedeuten

$M = 10$ kg (die Masse der Kugel)

$v = 1000$ m/s

Somit wird

$$E = 1/2 \times 10 \times (1000)^2 \text{ kg m}^2/\text{s}^2 = 5 \times 10^6 \text{ kg m}^2/\text{s}^2$$

Schritt 3. Setzen Sie die Größen der Schritte 2 und 2a in die Gleichung $E = mc^2$ ein und lösen Sie auf:

$$5 \times 10^6 \text{ kg m}^2/\text{s}^2 = m(3 \times 10^8)^2 \text{ m}^2/\text{s}^2$$

$$5 \times 10^6 \text{ kg} = m \times 9 \times 10^{16}$$

$$m = 5/9 \times 10^6/10^{16} \text{ kg} = 5{,}6 \times 10^{-10} \text{ kg}$$

Dieses Ergebnis zeigt, daß der bei einer Geschwindigkeit von 1000 m/s auftretende Massenzuwachs außerordentlich gering ist. (Hätte dieses Ergebnis auch mittels der Gleichung 9 erhalten werden können?)

Beispiel 2

Wie schnell muß sich ein Maßstab in seiner Längsrichtung bewegen, damit er einem ruhenden Beobachter auf die Hälfte verkürzt erscheint?

Lösung: Wir verwenden die Gleichung für die Lorentz-Kontraktion

$$L = L_0 \sqrt{1 - \frac{v^2}{c^2}}$$

Schritt 2. Die bekannten und unbekannten Größen sind:

L_0 = eigene Länge des Stabes im Ruhezustand

$L = L_0/2$ = verkürzte Länge, die vom ruhenden System aus beobachtet wird

$c = 3 \times 10^8$ m/s

$v = ?$

Schritt 3. Setzen Sie ein und lösen Sie auf.

$$L_0/2 = L_0 \sqrt{1 - \frac{v^2}{c^2}}$$

$$1/2 = \sqrt{1 - \frac{v^2}{c^2}}$$

Quadrieren Sie beide Seiten:

$$1/4 = 1 - \frac{v^2}{c^2}$$

$$\frac{v^2}{c^2} = 1 - 1/4 = 3/4$$

$$\frac{v}{c} = \sqrt{3/4}$$

$$v = 0{,}87\,c = 0{,}87 \times 3 \times 10^8\,\mathrm{m/s}$$

$$v = 2{,}6 \times 10^8\,\mathrm{m/s}$$

Beachten Sie, daß der Maßstab fast Lichtgeschwindigkeit hat, wenn er eine so starke Kontraktion zeigt.

Beispiel 3

Betrachten Sie ein Objekt mit der in Beispiel 2 ermittelten Geschwindigkeit. Wie groß sind die Gesamtmasse und die kinetische Energie im Verhältnis zur Ruhemasse?

Lösung: Schritt 1. Wir verwenden die folgenden Gleichungen:

$$E = mc^2$$

$$m = \frac{m_0}{\sqrt{1 - v^2/c^2}}$$

Schritt 2. Wir stellen die bekannten und unbekannten Informationen zusammen

$$c = 3 \cdot 10^8\,\mathrm{m/s}$$

$$v = c\,\frac{\sqrt{3}}{2}$$

$m_0 = m_0$ „bekannt“

$m \ = ?$

$E \ = ?$

Bei Aufgaben über relativistische Effekte ist es oft zweckmäßig, v durch c auszudrücken. Wir betrachten m_0 als bekannt, weil wir diese Größe in der Antwort verwenden dürfen.

Schritt 3. Setzen Sie ein und lösen Sie auf:

$$m = \frac{m_0}{\sqrt{1 - v^2/c^2}} = \frac{m_0}{\sqrt{1 - 3/4\, c^2/c^2}} = \frac{m_0}{\sqrt{1 - 3/4}}$$

$$m = \frac{m_0}{\sqrt{1/4}} = 2m_0$$

Die Gesamtmasse ist also doppelt so groß wie die Ruhemasse. Das bedeutet, daß die infolge der Geschwindigkeit zusätzlich auftretende Masse gleich der Ruhemasse ist. Diese zusätzliche Masse, die hier gleich m_0 ist, muß die kinetische Energie darstellen. Um zu ermitteln, wieviel Energie die Masse m_0 repräsentiert, müssen wir die Gleichung $E = mc^2$ anwenden. Also ist diese kinetische Energie gleich $m_0 c^2$.

Beispiel 4

Leiten Sie die Gleichung 1 für die Zeitdehnung ab.

Lösung: Abb. 10.26 zeigt die bewegte Lichtuhr in drei aufeinander folgenden Positionen. Die Diagonale stellt den Weg des Lichtpulses

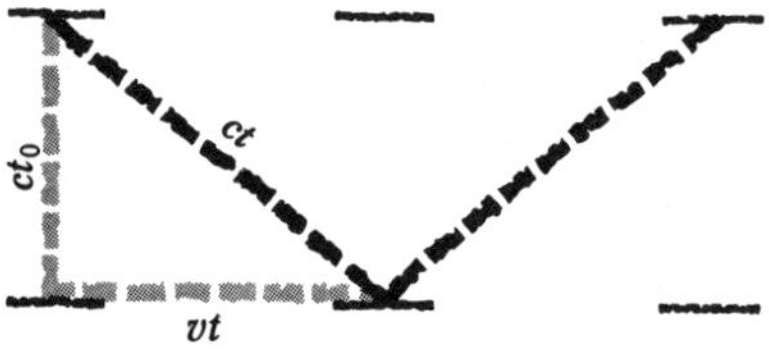

Abb. 10.26

dar, der vom oberen Spiegel ausgeht, sich zum unteren Spiegel bewegt und dann zum oberen Spiegel zurückkehrt. Wir haben in der Zeichnung die Entfernungen ct_0, ct und vt angegeben. Jede dieser Entfernungen ergibt sich aus der Tatsache, daß die von einem gleichförmig bewegten Objekt zurückgelegte Entfernung gleich der Geschwindigkeit mal der Zeit ist.

Die Zeit t ist die im „ruhenden" Bezugssystem gemessene Zeit, die der Lichtpuls für die Reise zwischen den bewegten Spiegeln braucht. Da sich der Puls mit der Geschwindigkeit c bewegt, legt er in dieser Zeit die Entfernung ct zurück.

Gleichzeitig bewegt sich die Uhr mit der Geschwindigkeit v nach rechts. Daher legt sie die Entfernung vt zurück, während der Puls die Strecke ct durchmißt.

Der Abstand der Spiegel ist in beiden Systemen gleich, weil die Bewegung horizontal und nicht vertikal erfolgt. Das Symbol t_0 stellt die Zeit für die Bewegung des Pulses von einem Spiegel zum anderen dar, die in einem mit der Lichtuhr verbundenen Bezugssystem gemessen wird. Auch in diesem Bezugssystem bewegt sich das Licht mit der Geschwindigkeit c und daher ist der Abstand der Spiegel gleich ct_0.

In dem rechtwinkligen Dreieck der Abb. 10.26 ist ct die Länge der Hypotenuse, während ct_0 und vt die Katheten bilden. Daher wenden wir den Satz des Pythagoras an und erhalten:

$$c^2t^2 = c^2t_0^2 + v^2t^2$$

$$c^2t^2 - v^2t^2 = c^2t_0^2$$

$$t^2(1 - v^2/c^2) = t_0^2$$

$$t^2 = \frac{t_0^2}{(1 - v^2/c^2)}$$

$$t = \frac{t_0}{\sqrt{1 - v^2/c^2}}$$

Zusammenfassung

I. Grundlegende Gesetze und Prinzipien

A. Einsteins zwei Postulate für die spezielle Relativitätstheorie

1. Das spezielle Relativitätsprinzip
2. Die Konstanz der Lichtgeschwindigkeit, unabhängig vom Bezugssystem

B. Prinzipien der allgemeinen Relativitätstheorie

1. Das allgemeine Relativitätsprinzip
2. Das Äquivalenzprinzip
3. Das Machsche Prinzip

II. Konsequenzen und Beweise der Relativität

A. Die spezielle Theorie

1. Konsequenzen
   a. Zeitdilatation
   b. Lorentz-Kontraktion
   c. Zunahme der Masse mit der Geschwindigkeit
   d. $E = mc^2$
   e. Die Lichtgeschwindigkeit als Grenzgeschwindigkeit
   f. Die vierte Dimension
   g. Das Problem der Gleichzeitigkeit
2. Beweise
   a. Das Michelson-Morley-Experiment
   b. Negativer Beweis durch die Aberration des Sternenlichtes und durch die Doppelsterne
   c. Die Lebensdauer bewegter Myonen
   d. Die Änderung der Elektronenmasse in einem Zyklotron
   e. Die Atombombe und ähnliche Vorgänge

B. Die allgemeine Theorie

1. Konsequenzen
   a. Der gekrümmte Raum
   b. Eine neue Theorie der Gravitation
2. Beweise
   a. Ablenkung des Sternenlichtes in der Nähe der Sonne
   b. Periheldrehung des Merkur
   c. Gravitations-Rotverschiebung
   d. Fall des Lichtes

Fragen

1. Würde die Masse des Systems Erde-Mond größer oder kleiner sein, wenn der Mond und die Erde näher zusammengezogen würden?
2. Wiegen zwei Murmeln mehr oder weniger, wenn sie einen großen Abstand haben als wenn sie dicht zusammen sind?
3. Ist ein heißer Pfannkuchen schwerer als ein kalter? Erwarten Sie, daß Sie die Gewichtsdifferenz messen können?
4. Ein hartnäckiger Vertreter der Ansicht, die Erde sei flach, behauptet, die Erde sei unbeweglich, und führt als Beweis das Resultat des Michelson-Morley-Experiments an. Wie könnte er argumentieren und wie würden Sie antworten?
5. Warum wurde die Vorstellung des Äthers eingeführt und warum wurde sie fallen gelassen?
6. Angenommen, die Lichtgeschwindigkeit betrüge 100 Kilometer pro Stunde,
   a) Könnten Sie dann eine Strecke von 500 Kilometern in weniger als 5 Stunden fahren? Erklären Sie Ihre Antwort.
   b) Könnten Sie die Lorentz-Kontraktion zu Hilfe nehmen? Erklären Sie Ihre Antwort.
   c) Wären die Auswirkungen von Autounfällen bei vergleichbaren Geschwindigkeiten schwerer oder weniger schwer als heute?
   d) Wäre es noch praktisch, Zeitsignale über das Radio zu senden?

e) Wäre das Radar veraltet?

f) Wäre es notwendig, Geschwindigkeitsgrenzen zu haben? Falls die Höchstgeschwindigkeit nahe bei 100 km/h läge, wie sollte dann nach Ihrer Meinung die Polizei die Geschwindigkeit messen?

7. Ein Maßstab mit einer Ruhelänge von einem Meter fliegt durch das Laboratorium und wird durch die Lorentz-Kontraktion so verkürzt, daß er 10 % seiner Länge verliert und befindet sich so in einem Kasten, der eine Länge von weniger als einem Meter hat. Betrachten wir diesen Vorgang jedoch in einem Bezugssystem, in dem der Maßstab ruht, dann hat der Maßstab seine richtige Länge und der Kasten ist infolge der Lorentzkontraktion sogar noch kürzer. Also scheint es in diesem Bezugssystem, der Maßstab sei in einem Kasten eingesperrt, der kürzer ist als er selbst. Wie ist das möglich? (Abb. 10.27)

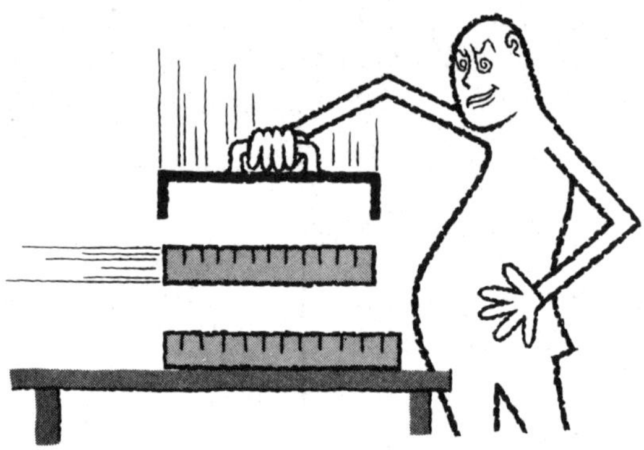

Abb. 10.27

8. Ein bestimmter Stern ist 1000 Lichtjahre entfernt. Könnte ein Mensch lange genug leben, um gemäß den Gesetzen der Physik eine Reise dorthin zu machen? (Ein Lichtjahr ist die Strecke, die das Licht in einem Jahr zurücklegt.)

9. Ein Teenager behauptet, die Mutter einer grauhaarigen alten Dame zu sein. Ist das physikalisch möglich? Erklären Sie Ihre Antwort.

10. Welcher der folgenden Vorgänge vermehrt die Masse eines materiellen Körpers und welcher vermindert sie: Sieden, Gefrieren, Sonnenlicht auf das Objekt scheinen lassen, das Objekt in Bewegung setzen, in zwei Teile schneiden, dehnen, zur Ruhe bringen, abkühlen, expandieren, Zusammenpressen, tordieren, in Rotation versetzen?
11. Vergleichen Sie die Ergebnisse des „Bootsrennens" und des Michelson-Morley-„Lichtrennens". Welcher Wettstreiter gewinnt das Rennen und warum?
12. Ein Jäger steht in einem offenen Wagen und feuert sein Gewehr in Fahrtrichtung ab. Fliegt die Kugel dann schneller als wenn er am Boden stehend gefeuert hätte? Erklären Sie Ihre Antwort.
13. Ein Jäger steht in einem offenen Wagen und richtet einen kräftigen Scheinwerfer in Fahrtrichtung. Bewegt sich das Licht schneller über das Gelände als wenn er mit dem Scheinwerfer auf dem Boden gestanden hätte? Erklären Sie Ihre Antwort.
14. Erklären Sie die Wirkungsweise einer Lichtuhr in Ruhe und in Bewegung.
15. Könnte die Zeitdilatation ohne Lorentz-Kontraktion auftreten? Erklären Sie Ihre Antwort.
16. Was wurde in dem Myonen-Experiment gemessen, und wie unterstützt dessen Ergebnis die von der speziellen Relativitätstheorie vorausgesagte Zeitdilatation?
17. Was ist der Unterschied zwischen der Ruhemasse und der gewöhnlichen Masse?
18. Warum wurde angenommen, daß ein „Ätherwind" an der Erde vorbeiwehen müßte?
19. Was hat die Aberration des Sternlichts mit der Relativitätstheorie zu tun?
20. Was haben Doppelsterne mit der Relativitätstheorie zu tun?
21. Warum können wir in unserem Gedankenexperiment anstelle einer gewöhnlichen Uhr eine Lichtuhr verwenden? Warum sollte diese spezielle Uhrenart dieselben Resultate ergeben wie jede andere Uhr? Warum ist dieses Gedankenexperiment aussagekräftig – braucht man nicht ein wirklich durchgeführtes Experiment, um etwas zu beweisen?

22. Wir sind an Raum und Zeit interessiert, warum sprechen wir stattdessen von Maßstäben und Uhren?
23. Wie können wir erreichen, daß sich eine Rakete schneller als das Licht bewegt?
24. Wie können wir die Resultate des Myonen-Experiments als gültig ansehen, obwohl in den beiden Teilen des Experiments nicht dieselben Myonen verwendet werden?
25. Erklären Sie die Bedeutung der Aussage: „Die Zeit ist eine Eigenschaft der Uhren".
26. Wir lassen ständig eine Kraft auf ein Objekt wirken; warum bewegt es sich schließlich nicht schneller als das Licht?
27. Warum werden wir nicht durch den Ätherwind von der Erde fortgeweht? (Geben Sie außer der Tatsache, daß es keinen Äther gibt, noch einen weiteren Grund an.)
28. Warum glaubten viele Wissenschaftler an den Äther? Warum nahm Einstein seine beiden Postulate an?
29. Warum ist es schwierig, die Massenveränderung zu messen, die sich aus den gewöhnlichen Änderungen in der Energie des Objektes ergeben?
30. Was geschah als Ergebnis der Relativitätstheorie mit den Erhaltungssätzen?
31. Was ist Raum? Was ist Zeit?
32. Ist das Feld materiell?
33. Was ist die vierte Dimension?
34. Die Lichtgeschwindigkeit wird oft als Grenzgeschwindigkeit bezeichnet. Was begrenzt sie?
35. Warum ist der Raum dreidimensional?
36. Warum wird die Zeit als vierte Dimension bezeichnet?
37. Was ist die Raum-Zeit?
38. Warum ergeben sich Probleme aus der Definition, daß die Lichtgeschwindigkeit in zwei relativ zueinander bewegten Bezugssystemen jeweils in beiden Richtungen gleich ist?
39. Was hat das Äquivalenzprinzip mit der Gleichheit der trägen und schweren Masse zu tun?

40. Sagt das Äquivalenzprinzip, daß ein Gravitationsfeld dasselbe ist wie das Resultat einer Beschleunigung?
41. Wie können Sie entscheiden, ob der Raum gekrümmt ist oder nicht?
42. Wie würden Sie der Behauptung begegnen, die Erde sei flach?
43. Gibt es so etwas wie Gravitation? Gibt es so etwas wie eine Gravitationskraft?
44. Woraus schließen wir, daß die allgemeine Relativitätstheorie richtig ist?
45. Drücken Sie das Machsche Prinzip in Ihren eigenen Worten aus.
46. Was ist eine geodätische Linie?

Aufgaben

1. Welche Länge scheint ein Meterstab zu haben, der sich in Längsrichtung mit 3/5 der Lichtgeschwindigkeit bewegt?
2. Wieviel langsamer geht eine Uhr, wenn sie sich mit 4/5 der Lichtgeschwindigkeit bewegt?
3. Um wieviel erhöht sich die Masse eines Körpers, wenn er sich mit 1/13 der Lichtgeschwindigkeit bewegt?
4. Wieviel Energie entspricht einem Kilogramm Masse?
5. Ein Ball hat eine Masse von einem Kilogramm. Angenommen, Sie können eine Kraft von 1 Newton ausüben, wie weit müssen Sie den Ball stoßen, bis er die doppelte Masse hat?
6. Ein Elektron hat eine Masse von 9×10^{-31} Kilogramm. Wie schnell müßte es sich bewegen, damit es die Masse der Erde hätte? (Die Masse der Erde ist 6×10^{24} Kilogramm.)
7. Zwei Körper mit einer Masse von je einem Kilogramm bewegen sich direkt aufeinander zu. Sie treffen sich und haften zusammen. Im Zeitpunkt des Zusammenstoßes bewegten sie sich mit jeweils 3/5 der Lichtgeschwindigkeit. Welches ist die Ruhemasse der schließlich vereinigten Masse?

8. Wir geben einer der in Aufgabe 7 genannten Massen die doppelte Energie, die sie in jener Aufgabe hatte, und lassen sie auf die andere treffen, die sich jetzt in Ruhe befindet; ist dann die Ruheenergie der vereinigten Masse dieselbe wie zuvor? Warum oder warum nicht?
9. Ein Teilchen hat die doppelte Ruhemasse wie ein anderes. Hat es auch noch die doppelte Masse wie das andere Teilchen, wenn sich beide mit 9/10 der Lichtgeschwindigkeit bewegen?

Schwierigere Fragen und Aufgaben

1. Zeigen Sie, daß das Boot, das quer zum Strom fährt, das Rennen gewinnt.
2. In einem System tritt ein Ereignis A vor einem Ereignis B ein. Zeigen Sie, daß in einem anderen System die Reihenfolge umgekehrt sein kann.
3. Zeigen Sie, daß die Ergebnisse von Aufgabe 2 nicht erlauben, daß die Ursache nach der Wirkung auftritt.
4. Geben Sie eine Oberfläche an, auf der das Verhältnis des Kreisumfangs zum Durchmesser größer als π ist.
5. Wir haben gesagt, daß der Raum eine Eigenschaft unserer Maßstäbe ist. Andererseits wissen wir, daß die Wärme zu einer Ausdehnung der Maßstäbe führt. Warum erwägen wir dann nicht, daß die Wärme den Raum kontrahiert?
6. Ein Körper bewegt sich mit 9/10 der Lichtgeschwindigkeit. Wie schnell bewegt er sich, wenn seine Energie verdoppelt wird?
7. Versuchen Sie ein möglichst gutes Argument dafür zu finden, daß die Gravitation eine Scheinkraft ist. Warum ist es schwieriger, dieselbe Behauptung für die elektromagnetische Kraft aufzustellen?
8. Angenommen, die träge und schwere Masse wären nicht gleich, sondern die schwere Masse wäre doppelt so groß wie die träge; würde dies das Äquivalenzprinzip zerstören? Erklären Sie Ihre Antwort.

9. Warum wurde der Begriff der absoluten Gleichzeitigkeit fallen gelassen?
10. Welche Schwierigkeit tritt auf, wenn man versucht, die Einweg-Geschwindigkeit des Lichtes zu messen?
11. Wie viele Dimensionen (Bestimmungsstücke) sind erforderlich, um die folgenden Größen bzw. Kombinationen von Größen zu beschreiben: a) Temperatur, b) Die Richtung eines Pfeiles, c) Die Richtung und Lage eines Pfeiles im Raum, d) Den Bewegungszustand eines Teilchens, e) Den Bewegungszustand zweier Teilchen, f) Den Bewegungszustand zweier Teilchen, die durch eine feste Stange verbunden sind, g) Die Lage und die Bewegung eines einzelnen Teilchens.
12. In zwei Systemen, die sich gleichförmig geradlinig gegeneinander bewegen, werden die Uhren so gestellt, wie es die Einsteinsche Theorie erfordert. Zeigen Sie, daß zwei Ereignisse, die in einem System gleichzeitig sind, in dem anderen nicht gleichzeitig zu sein brauchen.
13. Wir a) definieren oder b) nehmen an, daß die Einweg-Geschwindigkeit des Lichtes im Vakuum gleich der Zweiweg-Geschwindigkeit ist. Welches Wort ist richtig und warum? Warum ist das andere Wort nicht richtig?
14. Sind die Astronauten auf der Umlaufbahn wirklich gewichtslos? Betrachten Sie die Theorien von Newton und Einstein. Welche entspricht nach Ihrer Ansicht dem Anschein besser?
15. In jedem von zwei Bezugssystemen, die sich relativ zueinander bewegen, scheint eine Uhr nachzugehen, wenn man sie von dem anderen Bezugssystem aus betrachtet. Also könnte jede der beiden Uhren langsamer zu laufen scheinen als die andere. Können Sie dieses scheinbare Paradoxon lösen?
16. In jedem von zwei Bezugssystemen, die sich relativ zueinander bewegen, scheint ein Maßstab verkürzt zu sein, wenn man ihn von dem anderen Bezugssystem aus betrachtet. Also könnte jeder der beiden Maßstäbe kürzer zu sein scheinen als der andere. Ist das möglich? Erklären Sie Ihre Antwort.
17. Wie können wir sicher sein, daß die Lichtgeschwindigkeit in einem bewegten System wirklich dieselbe ist wie in einem ruhenden System, obwohl doch die Uhren und Maßstäbe, die wir zur

Messung verwenden, von der Zeitdilatation und der Lorentz-Kontraktion beeinflußt sein können?

18. Wir haben die Zeit am Verhalten der Uhren diskutiert. Andererseits geht eine Pendeluhr auch nach, wenn man sie in einen Honigtopf stellt. Bedeutet das, daß die Zeit im Honig langsamer vergeht? Erklären Sie Ihre Antwort.

19. Eine Lichtquelle emittiert einen Lichtpuls. Zeigen Sie, daß die Quelle im Mittelpunkt des Lichtpulses bleibt, wenn sie in einem Bezugssystem beobachtet wird, das sich mit der Quelle bewegt, jedoch nicht, wenn sie von anderen Bezugssystemen aus beobachtet wird (Abb. 10.28).

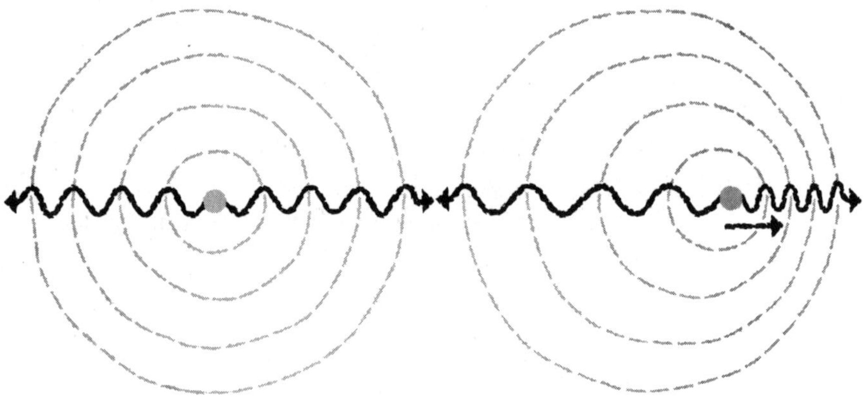

(a) (b)

Abb. 10.28

20. Erklärt die Newtonsche Theorie die Ablenkung des Sternlichts, das an der Sonne vorbeigeht? Warum brauchen wir Einsteins Theorie?

21. Warum stellen wir uns den dreidimensionalen Raum als gekrümmt vor, obwohl wir uns keine andere räumliche Dimension vorstellen können, in der er gekrümmt sein könnte?

Elftes Kapitel

Quantenphysik

. . . Es gab eine Zeit, in der die Zeitungen schrieben, daß nur zwölf Männer die Relativitätstheorie verstünden. Es könnte eine Zeit gegeben haben, in der nur ein Mann sie verstand, weil er der einzige war, der sie begriff, bevor er seine Arbeit schrieb. Aber nachdem die Leute die Arbeit gelesen hatten, verstanden viele die Relativitätstheorie in der einen oder anderen Weise, sicherlich mehr als zwölf. Andererseits meine ich, ich kann mit Sicherheit sagen, daß niemand die Quantenmechanik versteht. Nehmen Sie also diese Vorlesung nicht zu ernst, weil Sie meinen, Sie müßten wirklich modellmäßig verstehen, was ich beschreiben werde, sondern entspannen Sie sich und genießen Sie es. Ich werde Ihnen erzählen, wie sich die Natur verhält. Wenn Sie einfach akzeptieren, daß sie sich vielleicht so verhält, dann werden sie sie entzückend und hinreißend finden. Sagen Sie nicht immer zu sich selbst, wenn Sie es vermeiden können: „Aber wie kann das so sein"? denn dann geraten Sie in eine Sackgasse, aus der noch niemand einen Ausweg gefunden hat. Niemand weiß, wie es so sein kann. (Richard P. Feynman. The Character of Physikal Law, Cambridge: Massachusetts Institute of Technology Press, 1967, S. 129)

Lichtteilchen

Die Plancksche Konstante

Im Jahre 1900 verwendete Max Planck (1858–1947) einen revolutionären Kunstgriff, um ein schwieriges Problem zu lösen, das elektromagnetische Wellen betraf. Das Problem hatte mit der Energie zu tun, die in den Wellen enthalten ist, die man im abgeschlossenen Hohlraum eines materiellen Objekts bei einer gegebenen Temperatur findet (Abb. 11.1). Da das Objekt innere Energie hat, schwingen seine Moleküle hin und her, führen also beschleunigte Bewegungen aus. Geladene Teilchen in den Molekülen werden auch beschleunigt und erzeugen elektromagnetische Wellen. Also gibt es in einem Hohlraum (mit einer kleinen Öffnung für die Beobachtung) elektromagnetische

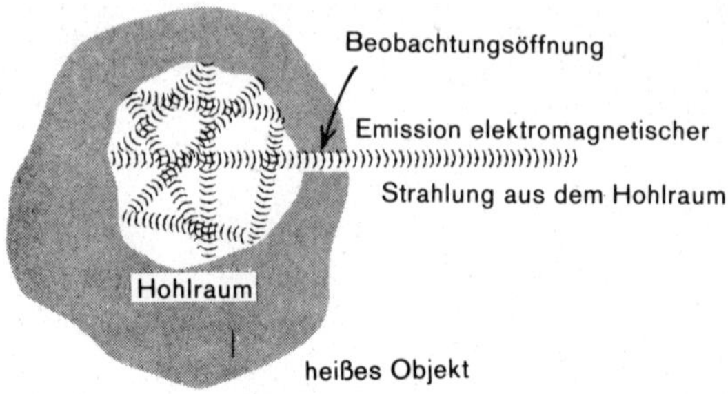

Abb. 11.1

Wellen, die von den Wänden des Hohlraums absorbiert, reflektiert und emittiert werden. Der Versuch, den Energieinhalt dieser Wellen nach den bekannten Gesetzen der Physik theoretisch zu berechnen, blieb ohne Erfolg – es stellte sich immer wieder heraus, daß die Wellen einen unendlich großen Energiebetrag enthalten sollten, was natürlich unmöglich war. Dies war eine theoretische Katastrophe.

Planck vermied die Katastrophe durch die Annahme, daß die Wellen nur in diskreten „Bündeln" von Energie emittiert werden könnten. Je höher die Frequenz, desto mehr Energie war in dem emittierten Bündel. Nach seinen Berechnungen wurde hierdurch die Emission bei hohen Frequenzen erschwert, und zwar so stark erschwert, daß man keinen unendlich hohen Energiebetrag der Wellen mehr erhielt. Diese Annahme rettete die Situation und Planck konnte eine realistische Formel für die Hohlraumstrahlung ableiten.

Für uns ist nicht das Problem der Hohlraumstrahlung selbst wichtig, (wir haben es nur kurz und unvollständig diskutiert) sondern die Tatsache, daß seine Lösung Planck zur „Entdeckung" des diskreten Aspekts des elektromagnetischen Feldes führte. Planck stellte fest, daß jedes der Bündel oder Pakete der ausgesandten Wellen eine Energie hatte, die gegeben ist durch die Formel

$$E = hf \qquad (1)$$

(Diese Gleichung wird gewöhnlich in der Form $E = h\nu$ geschrieben; siehe Anmerkung auf Seite 406)

E ist die Energie des Bündels und f ist die Frequenz der emittierten Welle. Die Konstante h, die als Plancksche Konstante bezeichnet wird, hat einen Wert von 6,63 10^{-34} Js. Diese neue Naturkonstante sollte in der Physik ebenso wichtig werden wie die Konstante *c*, die Vakuumlichtgeschwindigkeit. Heute nennen wir ein solches Bündel ein *Lichtquant* oder *Photon*. Das Photon ist ein sehr wichtiges Elementarteilchen.

Der Photoelektrische Effekt

Einstein verwendete die Plancksche Konstante in seiner Erklärung des photoelektrischen Effekts. Beim photoelektrischen Effekt werden von der Oberfläche eines Materials, z.B. eines Metalls, Elektronen emittiert, wenn Licht auf diese Oberfläche fällt. Wenn ein Lichtstrahl auf eine Metalloberfläche trifft, wird die Energie auf einige der Elektronen in dem Metall übertragen, so daß sie herausfliegen (Abb. 11.2). Nun, Lichtwellen sind Wellen des elektromagnetischen Feldes. Wie wir gesehen haben, können diese Wellen Elektronen und andere geladene Teilchen anregen. Daher ist es ganz verständlich, daß diese Wellen die Elektronen in einer Metalloberfläche so stark anregen können, daß sie heraus geworfen werden.

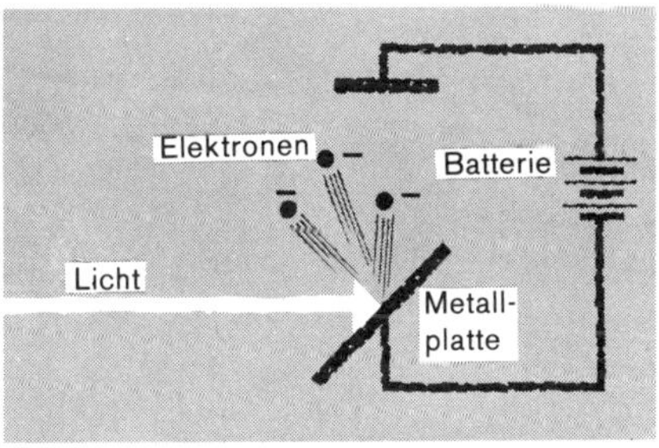

Abb. 11.2

P. Lenard (1867–1947) entdeckte jedoch in der Art und Weise, wie die Elektronen heraus geworfen werden, zwei Punkte, die nach den bekannten Gesetzen der Physik ganz unverständlich waren. Zunächst wollen wir Licht einer einzigen Farbe auf die Metalloberfläche schicken und die Geschwindigkeit der Elektronen messen, die aus der Oberfläche heraus kommen. Dann wollen wir das Licht heller machen, ohne seine Farbe zu ändern. Daher ist auch die Frequenz des Lichtes immer noch dieselbe, wenn wir auch erwarten können, daß die Amplitude seiner Wellen größer geworden ist. Durch dieses hellere Licht werden mehr Elektronen aus der Metalloberfläche ausgelöst. Die maximale Geschwindigkeit, mit der die Elektronen aus der Metalloberfläche ausgelöst werden, ändert sich jedoch nicht. Dieses Ergebnis ist sehr überraschend, denn wir würden erwarten, daß die energiereichere Welle (höherer Amplitude) den Elektronen einen stärkeren Stoß geben würde. Als Analogie betrachten wir in Abb. 11.3 den Vogel auf der Wäscheleine. Der Vogel könnte sich wahrscheinlich bei einer Welle mit kleiner Amplitude halten, ohne von der Leine geworfen zu werden. Die starke Welle würde ihn jedoch mit Gewalt hinunterwerfen. Offensichtlich haben jedoch elektromagnetische Wellen auf Elektronen nicht diese Wirkung. Die Amplitude der Welle beeinflußt anscheinend nicht die Geschwindigkeit, mit der die Elektronen die Oberfläche verlassen.

Wenn wir nun die Farbe des Lichtes ändern, so daß Wellen mit höherer Frequenz auf das Metall treffen, dann *erhöht* sich die maximale Geschwindigkeit, mit der die Elektronen das Metall verlassen. Je

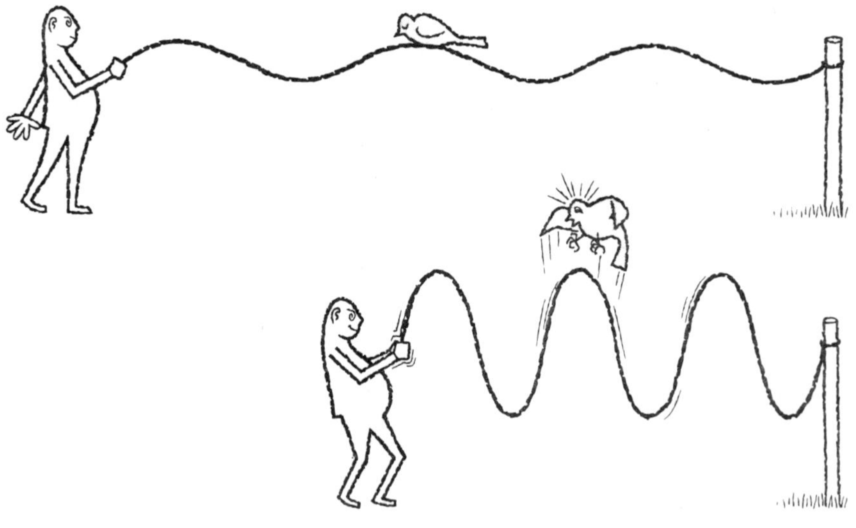

Abb. 11.3

höher die Frequenz ist, desto größer wird diese Geschwindigkeit. Unterhalb einer bestimmten Frequenz haben die Elektronen nicht genug Energie, um das Metall überhaupt verlassen zu können.

Die bekannten Gesetze des elektromagnetischen Feldes reichten nicht aus, um eine überzeugende Erklärung dieser zwei experimentell festgestellten Tatsachen zu liefern. In einer seiner drei berühmten Arbeiten aus dem Jahre 1905 schlug Einstein vor, daß die Lichtwellen von den Elektronen in Energiebündeln absorbiert würden. Der Energiebetrag in dem Bündel (oder Photon) sollte von der Frequenz gemäß der Planckschen Formel $E = hf$ abhängen. Ein Elektron bekommt entweder das ganze Photon oder gar nichts. Wenn das Photon zu wenig Energie hat, erhält das Elektron nicht genug Energie, um sich von der Metalloberfläche zu befreien. Wenn jedoch die Frequenz über einem Minimalwert liegt, dann hat das Elektron genug Energie, um aus dem Metall herauszugelangen und behält noch etwas Energie als kinetische Energie.

Die Erhöhung der Lichthelligkeit erhöhte die Energie der Photonen nicht, sondern liefert nur mehr Photonen. Daher erhöht sie nicht die Maximalenergie, mit der die Elektronen emittiert werden. Sie erhöht jedoch die *Zahl* der Elektronen, weil mehr Photonen auf das Metall treffen. Wenn andererseits die Frequenz des Lichtes erhöht wird, dann wird die Energie jedes einzelnen Photons größer. Die energiereicheren Photonen übertragen mehr Energie auf die Elektronen, so daß sie mit einer höheren Maximalenergie ausgesandt werden.

Wir benutzen den Ausdruck *Maximalenergie*, weil einige Elektronen bei ihrem Weg aus dem Metall durch Stöße mit Atomen oder auf andere Weise mehr Energie verlieren als andere und daher mit weniger Energie als dem Maximalwert austreten. Sie können aber nicht mit mehr Energie als dem Maximalwert hinausgelangen. Wenn ein Elektron mit der maximalen kinetischen Energie ausgesandt wird, ergibt sich die Energie des Photons nach der Gleichung

$$hf = mv^2/2 \text{ (Maximum)} + W \tag{2}$$

W bezeichnet die *Austrittsarbeit* der Metalloberfläche und ist gleich der Mindestenergie, die ein Elektron haben muß, um sich von der Metalloberfläche zu lösen. Spätere Arbeiten zeigten, daß diese Einsteinsche Gleichung den photoelektrischen Effekt exakt beschreibt.

Der Compton-Effekt

Ein weiteres Experiment, das von Arthur H. Compton (1892–1962) mit Röntgenstrahlen durchgeführt wurde, bestätigte die Existenz der Photonen. Röntgenstrahlen sind hochenergetische elektromagnetische Wellen, deren Energie viel größer als die der gewöhnlichen Lichtwellen ist. Ihre Wellenlängen liegen im Bereich von 10^{-8} bis 10^{-11} m (die Größe eines Atoms beträgt ungefähr 10^{-10} m). Einer der Effekte, die beim Auftreffen von Röntgenstrahlen auf Materie entstehen, ist der sog. Compton-Effekt (Abb. 11.4). Ein Strahl von Röntgenstrahlen gleicher Frequenz (und Wellenlänge) wird auf eine Materialprobe gerichtet. Die Röntgenstrahlen treten mit den einzelnen Elektronen des Materials in Wechselwirkung und werden gestreut. Die Frequenz der gestreuten Wellen ist nicht gleich der Frequenz der ursprünglichen Wellen, sondern hängt von der Streurichtung ab.

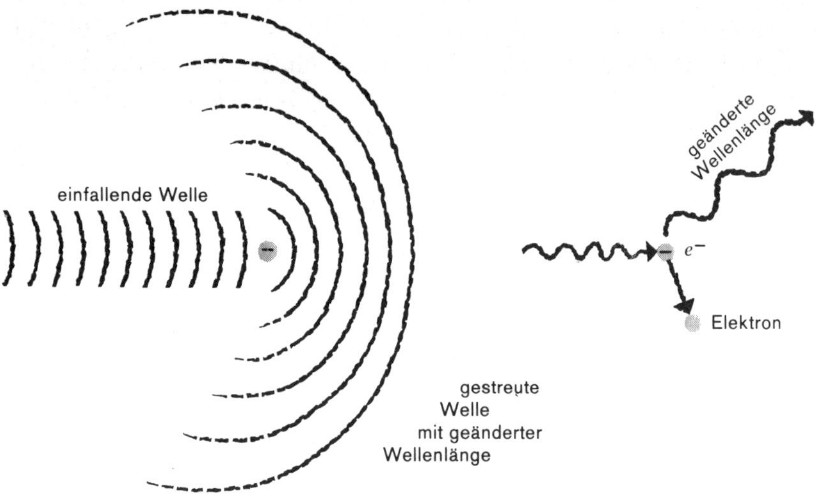

Abb. 11.4

Compton stellte fest, daß er den richtigen Wert für die Frequenz der gestreuten Wellen voraussagen konnte, wenn er die Röntgenstrahlen nicht als Wellen, sondern als einen Strahl von Teilchen (Photonen) betrachtete. Er stellte sich die Wechselwirkung der Welle mit den Elektronen als einen Stoß zweier Teilchen, des Photons und des Elektrons, vor. Er konnte die Energie der in eine beliebige Richtung gestreuten Photonen berechnen, indem er die Gesetze der Energie- und Impulserhaltung auf diesen Stoß anwandte. Aus dieser Energie fand er die Frequenz der Welle gemäß der Planckschen Gleichung $E = hf$.

Um diese Methode anzuwenden, benutzte Compton die Plancksche Gleichung auch zur Berechnung der Energie der Photonen im einfallenden Strahl. Der Impuls dieser Photonen konnte nach den Gesetzen der Elektrizität und des Magnetismus gefunden werden. Man erhält den Betrag des Impulses einer elektromagnetischen Welle, indem man die in der Welle enthaltene Energie durch die Lichtgeschwindigkeit dividiert (siehe Beispiel 4 auf Seite 558).

Nach diesen Beziehungen konnte Compton den Photonen sowohl eine Energie als auch einen Impuls zuordnen und die Wechselwirkung zwischen den Wellen und den Elektronen so behandeln, als sei es ein gewöhnlicher Stoß zwischen zwei Teilchen, dem Photon und dem Elektron. Der Erfolg dieser Rechnung lieferte eine weitere Unterstützung für die Vorstellung, daß sich die elektromagnetischen Wellen oft so verhalten, als bestünden sie aus den Teilchen, die wir Photonen nennen.

Wellen des Feldes als Teilchen : Photonen

Die beschriebenen Experimente bewiesen die Tatsache, daß elektromagnetische Wellen wie das Licht einen Teilchen-Aspekt besitzen. Die Wellen verhalten sich in vielen Fällen so, als ob sie Teilchen (Photonen) mit definierten Energie- und Impulswerten seien. Dennoch verhält sich das Licht bei solchen Erscheinungen wie Beugung und Interferenz zweifellos wie eine Welle. Es gab also ein Problem, das Problem der Wellen-Teilchen Dualität. Das Wesen des Lichtes (und des Feldes) hatte diese zwei experimentell bewiesenen (doch scheinbar widersprüchlichen) Züge.

Materiewellen

Das Bohrsche Atommodell

Ein Atom besteht aus einem sehr kleinen, positiv geladenen Kern, der von einer Elektronenhülle umgeben ist. (Die Entdeckung und der Aufbau des Kerns werden in Kapitel 12 diskutiert werden.) Das Atom wird durch die elektrischen Anziehungskräfte zwischen dem Kern und den Elektronen zusammen gehalten. Diese Tatsache schuf zwei Probleme bezüglich der Struktur des Atoms, die gelöst werden mußten.

Erstens sollten die elektrischen Kräfte zwischen dem Kern und den Elektronen das Atom zusammenstürzen lassen. Die elektrischen Kräfte würden die Elektronen direkt auf den Kern ziehen, wenn sich die Elektronen nicht bewegten. Es gibt aber viele experimentelle Beweise dafür, *daß* sie sich bewegen. Die magnetischen Eigenschaften werden durch die bewegten Ladungen in der Materie erklärt und es gibt auch direktere experimentelle Beweise. Man stellt sich das Atom also als einen Kern mit umlaufenden Elektronen vor (Abb. 11.5). Ein umlaufendes Elektron ist jedoch ein beschleunigtes Elektron, und ein beschleunigtes Elektron sollte nach den Gesetzen der Elektrodynamik elektromagnetische Wellen ausstrahlen. Wenn es Wellen aussendet, sollte es Energie verlieren und auf einer Spiralbahn in den Kern

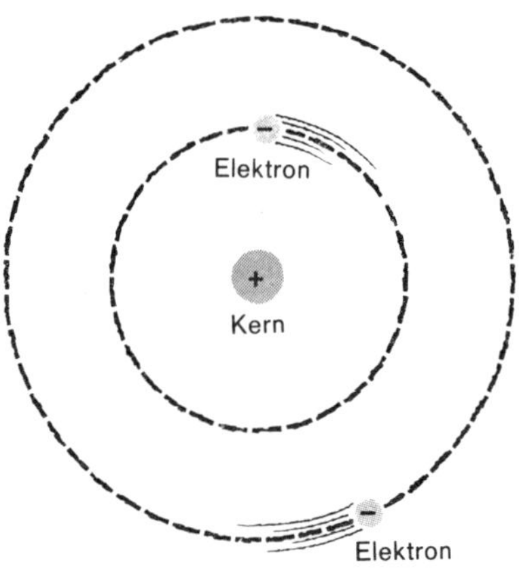

Abb. 11.5

stürzen, so daß das Atom zusammenbräche. Atome brechen aber nicht zusammen. Sie scheinen sehr stabile Strukturen zu sein.

Wenn Atome auf Grund verschiedenartiger Störungen wirklich strahlen, dann haben die von ihnen ausgesandten Wellen bestimmte definierte Frequenzen. Jede Atomart hat ihre eigenen wohlbestimmten Frequenzen. Abb. 11.6 zeigt ein Beispiel der Frequenzen, die von einer Atomart ausgesandt werden. Jede Linie stellt eine definierte Frequenz des emittierten Lichtes dar. Man kann die Atomarten, sei es Wasserstoff, Helium, Sauerstoff usw. identifizieren durch die charakteristische Strahlung, die sie aussenden. Die Frequenzen müssen mit der Struktur des Atoms zusammenhängen, denn sie sind für Atome einer Art immer dieselben, für Atome verschiedener Arten jedoch verschieden. Wie kann man diese Struktur entdecken und die Entstehung dieser Frequenzen erklären?

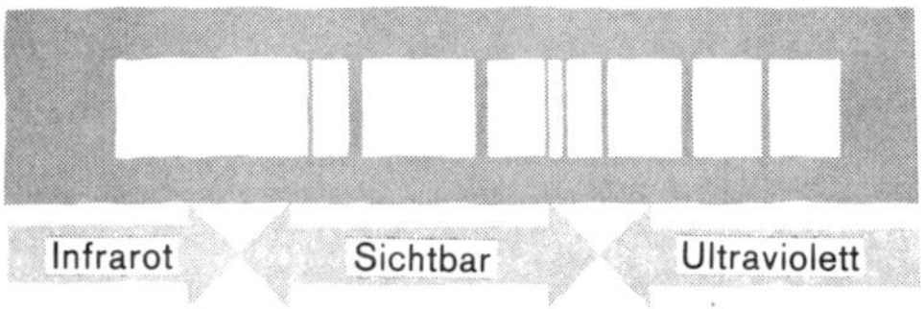

Abb. 11.6 Das Emissionsspektrum der Quecksilberatome. Dieses Spektrum entsteht, wenn das von glühendem Quecksilbergas ausgehende Licht durch ein Beugungsgitter tritt und auf eine Photoplatte trifft (siehe Kapitel 9, Seite 431).

Niels Bohr (1885–1962), ein dänischer Physiker, griff dieses Problem an, indem er eine Theorie konstruierte, die die Gesetze der Physik modifizierte. Nach dieser Theorie sollten die Elektronen im Atom keine elektromagnetischen Wellen aussenden, solange sie in bestimmten definierten Bahnen bleiben (Abb. 11.7). Jede Bahn entspricht einer bestimmten Energie, die das Atom haben könnte. Damit sich ein Elektron auf eine höhere, weiter vom Kern entfernte Bahn bewegen könnte, müßte dem Atom Energie zugeführt werden. Wenn ein Elektron von einer Bahn auf eine tiefer gelegene Bahn hinunterfiele, sollte das Atom Energie emittieren, vielleicht als Photon.

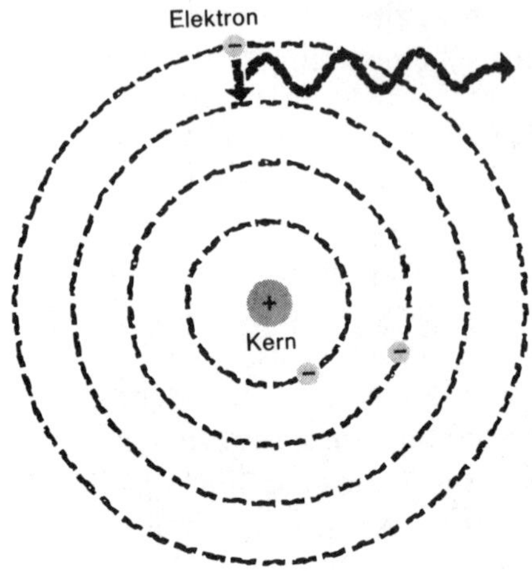

Abb. 11.7 Wenn ein Elektron auf eine Bahn mit geringerer Enegie fällt, wird ein Photon emittiert.

Wir können jetzt verstehen, weshalb ein Atom bestimmte Lichtfrequenzen emittiert. Wenn ein Elektron von einem Niveau auf ein tieferes fällt, muß Energie frei werden. Dies kann in Form eines Photons geschehen, das gerade die Energie enthält, die von dem Atom abgegeben werden muß. Welche Energie kann dieses Photon haben? Nur diejenige, die das Atom verlor, als das Elektron auf die tiefere Bahn fiel. Nach dieser Theorie wird jedes emittierte Photon von einem Elektron erzeugt, das von einer Bahn auf eine andere fällt. Jedes Atom emittiert daher Photonen, die den Energie-Differenzen zwischen zwei seiner eigenen charakteristischen Bahnen entsprechen. Daher können die emittierten Photonen nur bestimmte Energien haben. Da die Energie eines Photons seine Frequenz definiert, können diese Photonen auch nur bestimmte Frequenzen haben. Dies erklärt, weshalb jede Atomart charakteristische Frequenzen emittiert.

Hat das Atom eine Energie E_1, wenn sich das Elektron in einer (höheren) Bahn befindet und eine Energie E_2, nachdem das Elektron auf eine tiefere Bahn gefallen ist, dann muß die Energie des emittierten Photons gleich der Energiedifferenz $E_1 - E_2$ sein. Daher können wir die Frequenz des Photons finden, indem wir $E_1 - E_2$ als Energie in die Gleichung $E = hf$ einsetzen.

$$E_1 - E_2 = hf \tag{3}$$

Da für eine gegebene Atomart nur bestimmte charakteristische Bahnen existieren, können auf der linken Seite der Gl. 3 auch nur bestimmte Energien auftreten. Deshalb gibt es für jede Atomart nur bestimmte charakteristische Frequenzen, die auf der rechten Seite erscheinen können.

Das in Abb. 11.8 gezeichnete Gebäude vermittelt eine grobe Analogie zu diesen Elektronen und ihren Energien. Die verschiedenen Elektronen wohnen in den verschiedenen Stockwerken, aber sie können nicht zwischen den Stockwerken leben. Die Stockwerke stellen die erlaubten Energien dar. Es ist Energie erforderlich, um ein Elektron von einem Stockwerk in ein höheres zu heben. Mit genügend hoher Energie kann man ein Elektron völlig aus dem Gebäude herauswerfen und es in den Raum schicken. Das erste Stockwerk liegt direkt auf dem Erdboden und stellt im Atom die Bahn mit der geringsten möglichen Energie dar.

Warum fallen nicht alle Elektronen des Atoms auf die tiefste Bahn hinunter? Das würde der Situation entsprechen, daß in einem Gebäude alle Leute im Erdgeschoß wohnen. Die Erklärung wird durch das sogenannte Ausschließungsprinzip (Pauli-Prinzip) gegeben, das von

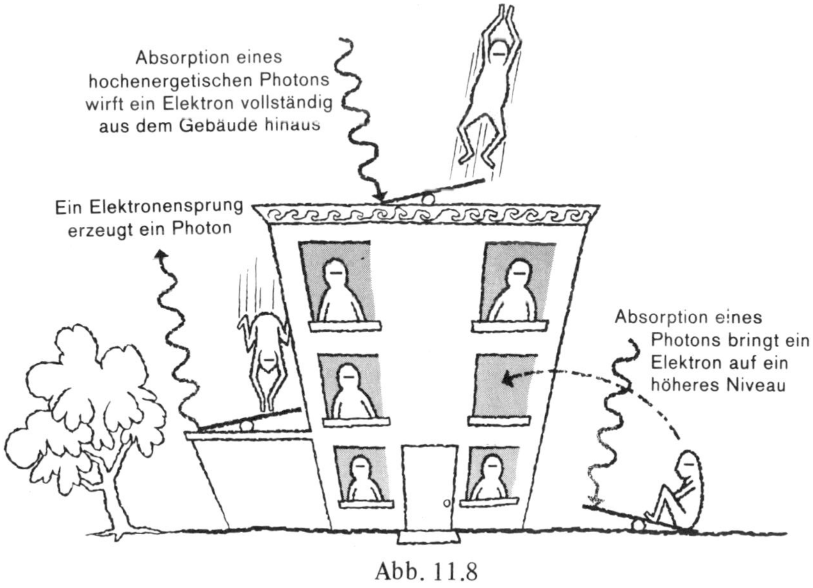

Abb. 11.8

Wolfgang Pauli (1900–1958) entdeckt wurde. Dieses Prinzip sagt aus, daß niemals zwei Elektronen in genau demselben Zustand sein können. Die Bahn bestimmt den Zustand eines Elektrons noch nicht vollständig, trägt aber dazu bei, den Zustand festzulegen. In jeder Bahn kann es nur eine bestimmte Zahl von Elektronen geben. Wenn eine Bahn gefüllt ist, nimmt sie keine weiteren Elektronen mehr auf, solange sie nicht einige der anderen abgeben kann.

Wir haben gesehen, daß ein Elektron, das von einer Bahn auf eine andere fällt, das Atom veranlassen kann, ein Photon zu emittieren, dessen Energie gleich der Energiedifferenz der beiden Bahnen ist. Wenn ein Photon ein Atom trifft, kann auch das Umgekehrte geschehen. Ein Photon kann genug Energie haben, um ein Elektron vollständig aus dem Atom zu entfernen.

Ein besonders interessanter Prozess tritt auf, wenn die Photonenenergie genau der Energiedifferenz zwischen zwei Bahnen entspricht. Wenn es ein Elektron in der unteren dieser beiden Bahnen gibt, jedoch keins in der oberen, kann das Atom das Photon absorbieren, wodurch das Elektron auf die höhere Bahn springt (Abb. 11.9a). Durch die Absorption verschwindet natürlich das Photon, ebenso wie es entsteht, wenn es emittiert wird.

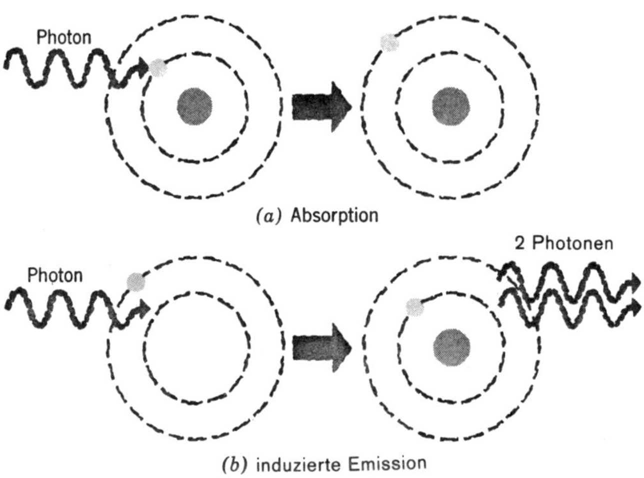

Abb. 11.9

Gibt es andererseits schon ein Elektron in der oberen Bahn und keins in der unteren, dann kann die Anwesenheit des Photons tatsächlich die Emission eines weiteren Photons derselben Energie anregen, wenn das Elektron auf die tiefere Bahn fällt. Dieser Prozess heißt *angeregte (induzierte) Emission von Strahlung*. (Abb. 11.9b). Daher kann ein Photon mit der richtigen Energie Absorption oder Emission bewirken, je nach dem Zustand der Atome, auf die es trifft.

Die Bohrsche Atomtheorie war hervorragend geeignet, die von Wasserstoffatomen emittierten Frequenzen zu erklären, bei anderen Atomen jedoch weniger erfolgreich.

De Broglie Wellen

Im Jahre 1924 diskutierte Louis de Broglie die Möglichkeit, daß Materieteilchen, wie Elektronen und Protonen eine Wellennatur hätten. Die Wellenlänge λ ist gleich der Planckschen Konstanten h dividiert durch den Betrag des Impulses des Teilchens:

$$\lambda = \frac{h}{p} = \frac{h}{\text{Impuls}} \tag{4}$$

(Dieselbe Gleichung gilt für Photonen). Nach Gl. 4 ist die Wellenlänge umso kleiner, je größer der Impuls ist. Im Prinzip läßt sich die Gleichung nicht nur auf kleine Teilchen anwenden, sondern auch auf Fußbälle und Planeten. Die Konstante h ist jedoch so klein verglichen mit dem Impuls dieser Objekte bei normalen Geschwindigkeiten, daß die Wellenlängen zu klein sind, um gemessen werden zu können. Wir bemerken, daß die Konstante h hier wieder, ebenso wie in der Planckschen Gleichung mit der Wellen-Teilchen Dualität zusammenhängt, diesmal mit der Wellen-Teilchen Dualität der Materie.

Viele Wissenschaftler haben mit Strahlen von Elektronen und anderen Teilchen Beugungs- und Interferenzerscheinungen hervorgerufen. Die aus diesen Interferenzfiguren ermittelten Wellenlängen stimmen mit den nach Gl. 4 berechneten Werten überein. Abb. 11.10 zeigt die Figur, die von einem Elektronenstrahl durch Beugung und Interferenz erzeugt wurde, nachdem er durch einen Kristall hindurchgegangen

Abb. 11.10

war. Die Figur ist durch die Einwirkung eines Magnetfeldes verzerrt. Diese Verzerrung beweist, daß es geladene Teilchen sind, die gebeugt werden, nicht Licht oder eine andere elektromagnetische Welle.

Neben diesem experimentellen Erfolg trägt die neue Konzeption auch zur Erklärung der Bohrschen Bahnen bei. Wenn man die Wellenlänge der Elektronen auf den Bohrschen Bahnen ausrechnet, dann stellt man fest, daß sie genau auf den Kreisumfang der Bahnen passen (Abb. 11.11). Die Bohrschen Bahnen sind also genau die Bahnen, auf

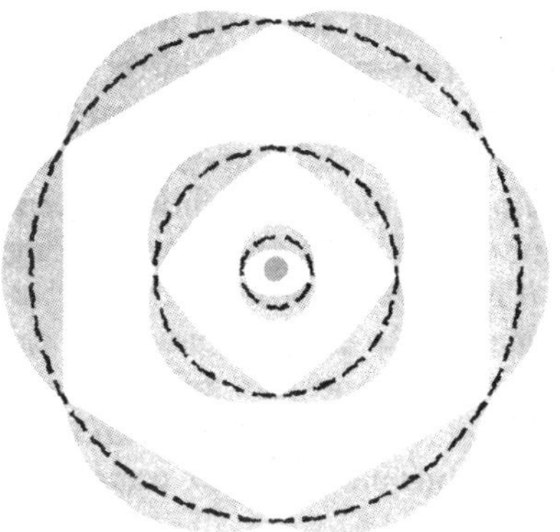

Abb. 11.11

denen eine Elektronenwelle eine stehende Welle ergeben würde, ganz ähnlich den stehenden Wellen auf den Saiten in Abb. 9.15 (Seite 417).

Jedoch kann man nicht erwarten, daß eine Welle nur auf einem engen kreisförmigen Weg um den Zentralkern läuft, ohne sich auch auf den übrigen Raum auszubreiten. Daher waren die Bohrschen Bahnen Näherungslösungen. Was gebraucht wurde, war eine mathematische Behandlung des Elektron als einer raumerfüllenden Welle, nicht nur als Welle entlang einer gekrümmten Linie. Diese Behandlung wurde im Jahre 1926 von Erwin Schrödinger (1887–1961) durchgeführt, der die Gleichung entwickelte, die diese Wellen beschreibt. So wurden die Bohrschen Bahnen ersetzt durch „Orbitale", d.h. Zustände, in denen sich die Elektronenwellen auf verschiedene Weise um den Kern herum ausbreiten können (Abb. 11.12). Die Schrödinger-Theorie

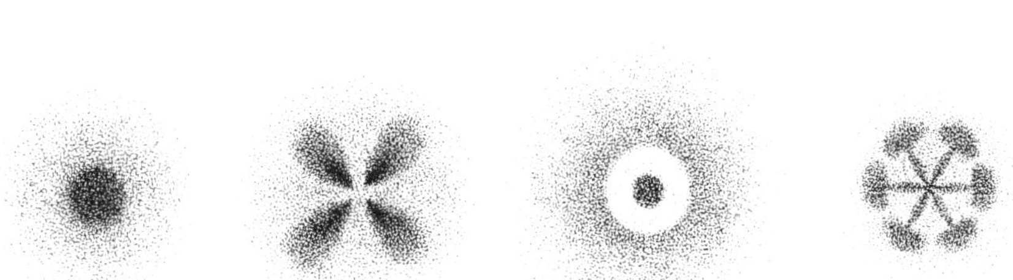

Abb. 11.12

sagte auch andere Zustände oder „Orbitale" voraus, die in der Bohrschen Theorie nicht enthalten waren. (Eine andere Atomtheorie, die im Jahre 1925 von Werner Heisenberg formuliert wurde, war mit der Schrödinger-Theorie äquivalent, jedoch weit abstrakter.) Die ursprünglichen de Broglie-Wellen entlang den Bohrschen Bahnen ähneln den stehenden Wellen auf einer Saite, die wir in Kapitel 9 diskutiert haben. Der Raum ist jedoch keine Saite, er gleicht mehr der Platte, die wir in Kapitel 9 (siehe Abb. 9.17, Seite 420) gezeigt haben. Die realistischeren Schrödinger-Wellen ähneln daher mehr den stehenden Wellen auf einer Platte. Aber selbst die Wellen auf der Platte sind auf die Platte, d.h. eine Ebene beschränkt, während sich die Schrödinger-Wellen auf den dreidimensionalen Raum erstrecken.

Es bestehen wichtige Unterschiede zwischen diesen, von de Broglie und Schrödinger eingeführten Wellen und den Wellen auf einer Saite oder Platte, die wir in Kapitel 9 diskutiert haben. Wellen *in* der Materie entstehen durch die gemeinsame Bewegung vieler Teilchen. Beispielsweise rühren Wasserwellen von der kollektiven Bewegung vieler Wassermoleküle her. Das gleiche gilt für die Moleküle in der Saite, Platte, usw. Die de Broglie-Wellen werden, so weit wir wissen, *nicht* auf diese Weise gebildet. Ein *einzelnes* Teilchen hat selbst eine de Broglie-Welle, die mit ihm verbunden ist. Die Wellen *der* Materie gehören offenbar zum Wesen der Materie als solcher und können sich auf das Verhalten eines einzelnen Teilchens beziehen.

Das Materie-Feld

Durch die genannten Entdeckungen stellten Materie und Licht dasselbe Problem dar. Sowohl Materieteilchen (wie Elektronen) als auch die Wellen des elektromagnetischen Feldes (wie Licht) zeigen Wellen- *und* Teilcheneigenschaften. Es gab also ein Problem der Wellen-Teilchen Dualität sowohl bezüglich der Teilchen als auch bezüglich der elektromagnetischen Wellen. Es schien nicht möglich zu entscheiden, welches die fundamentalere Realität sei, das Teilchen oder die Wellen (oder Feld). Sollte man sich ein den Raum erfüllendes Feld vorstellen, in dem sich Wellen ausbreiten, oder lokalisierte Teilchen, die sich durch den Raum bewegen? Wir haben schon gesehen, (Kap. 10, Seite 468), daß sowohl Teilchen als auch Wellen Masse und Energie haben können. Tatsächlich kann man wegen der Welleneigenschaften der Materieteilchen von einem *Materiefeld* sprechen, in dem Materiewellen existieren. Hat man es andererseits mit dem Feld zu tun, muß das Feld zu Teilchen zusammengeballt oder *quantisiert* gedacht werden, um bestimmte Erscheinungen erklären zu können.

Die Bedeutung der Quantenphysik

Der unbeobachtete Zustand

Wir wollen nun versuchen, das Problem der Wellen-Teilchen Dualität zu behandeln. Wir haben für die Materie und das Licht zwei offensichtlich notwendige aber scheinbar widersprüchliche Modelle – das Teilchen- und das Wellenmodell.

In Abb. 11.13 ist das Zweispaltinterferenz-Experiment skizziert, das wir in Kapitel 9 beschrieben haben. In diesem Experiment wollen wir statt des Lichts Elektronen verwenden, obwohl die wesentlichen Ergebnisse für Licht dieselben sein würden. Links von den Spalten haben wir eine Elektronenquelle. Wir wollen annehmen, daß alle Elektronen in dem Strahl dieser Quelle dieselbe Geschwindigkeit haben und in dieselbe Richtung fliegen. Rechts von dem Schirm steht in einiger Entfernung ein photographischer Film. Wenn ein Elektron diesen Film trifft, schwärzt er ein winziges Gebiet und markiert so den Auftreffpunkt.

Das Ergebnis des Experiments ist das übliche Bild einer Zweispaltinterferenz auf dem Film. Das bedeutet, daß die Elektronen irgendwie als Welle durch die Spalte gegangen sein müssen. Durch sorgfältige Untersuchung des Films bemerken wir, daß die Interferenzfigur auf dem Film aus der Schwärzung einer großen Zahl individueller Körner oder geschwärzter Flecken besteht. Einzelne Elektronen treffen den Film an einzelnen Stellen und bewirken so die Schwärzung einzelner Körner. Die Elektronen müssen den Film also als Teilchen, nicht als Wellen getroffen haben.

Dies legt einen Ausweg aus dem Wellen-Teilchen Dilemma nahe, der sich leider als unkorrekt erweist. Vielleicht ist das Wellenverhalten

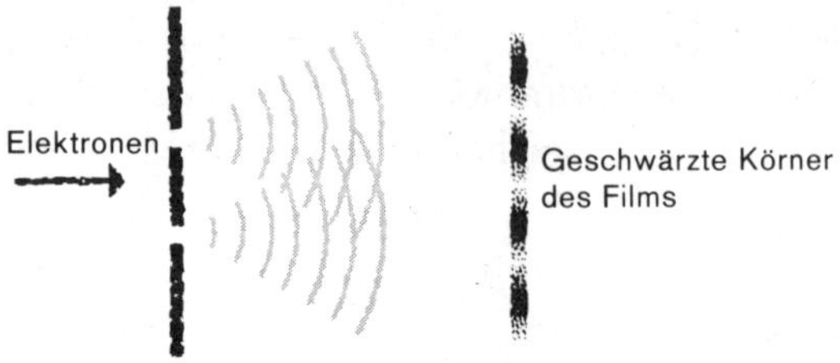

(*a*) Beide Spalte offen

(*b*) Ein Spalt offen

(*c*) Beide Spalte offen, aber mit einem Detektor an dem einen oder dem anderen Spalt, der die Elektronen beim Durchgang durch den Spalt nachweist.

Abb. 11.13

nicht charakteristisch für einzelne Elektronen, sondern nur für Gruppen von Elektronen. Vielleicht ist das Wellenverhalten ein kooperatives Verhalten, das von der Wechselwirkung zwischen den Elektronen herrührt, wenn sie durch die Spalte treten. Schließlich beobachtet man das Wellenverhalten in dem Interferenzbild, das nur entstehen kann, wenn viele Elektronen auf den Film treffen. Es stellt sich jedoch heraus, daß diese Idee unser Problem *nicht* löst. Das können wir sehen, wenn wir die Intensität des Elektronenstrahls, der die Spalte trifft, so weit vermindern, daß es nur noch eine sehr geringe Wahrscheinlichkeit dafür gibt, daß mehr als ein Elektron gleichzeitig durch die Apparatur fliegt. Also geht die überwiegende Mehrzahl der Elektronen alleine durch den Apparat. Wir müssen zwar lange warten, bis die Beugungsfigur Korn für Korn entstanden ist, aber wenn wir sie haben, sehen wir dasselbe Bild der Zweispalt-Interferenz wie zuvor. Irgendwie beeinflußt die Welleneigenschaft das Verhalten jedes einzelnen Elektrons.

Wenn jedes Elektron an der Entstehung des Interferenzbildes beteiligt ist, muß es von beiden Spalten beeinflußt werden. Man kann sich schwer vorstellen, daß ein Elektron durch beide Spalte geht. Wir können aber beweisen, daß beide Spalte erforderlich sind, um die Interferenzfigur zu erhalten. Wenn wir einen Spalt schließen, zwingen wir die Elektronen, nur durch den anderen Spalt zu gehen. Als Ergebnis erhalten wir aber nicht die Zweispalt- sondern die Einspalt-Beugungsfigur. Durch die Änderung des Experiments haben wir ein anderes Resultat erhalten (Abb. 11.13b).

Geht das Elektron durch einen Spalt oder durch beide? Wir könnten uns das folgende Experiment ausdenken, um zu versuchen, die Frage zu beantworten. Wir stellen in der Nähe jedes Spaltes ein Gerät auf, das ein Signal gibt, wenn ein Elektron durch diesen Spalt geht. Durch diese Signale stellen wir fest, daß jedes Elektron wirklich nur durch einen Spalt geht. Wenn wir uns aber auf dem Film das Bild ansehen, das die beobachteten Elektronen erzeugt haben, stellen wir fest, daß wir *keine Zweispalt-Interferenzfigur* mehr haben. Stattdessen haben wir zwei Einspalt-Interferenzfiguren, eine von jedem Spalt (Abb. 11.13c). Durch die Änderung des Experiments haben wir wieder ein anderes Resultat erhalten.

Wenn wir eine Messung ausführen, um festzustellen, wo sich das Teilchen bewegt, finden wir, daß es durch den einen oder den anderen Spalt geht, niemals durch beide. Dann erhalten wir aber keine Zweispalt-Interferenzfigur. Daher können wir die Frage, die uns interessiert, nicht beantworten: Durch welchen Spalt geht das Teilchen, wenn wir die Zweispalt-Interferenzfigur erhalten? Wir wollen wissen, wo das Teilchen ist, wenn wir es nicht beobachten, denn wenn wir es beobachten, ändern wir das Experiment und erhalten ein anderes Ergebnis. Wir können diese unglückliche Situation so zusammenfassen:

a) Wenn wir nicht experimentell feststellen, durch welchen Spalt das Elektron geht, müssen wir annehmen, daß es durch beide Spalte geht, weil wir eine Zweispalt-Interferenzfigur erhalten.

b) Wenn wir experimentell *feststellen*, durch welchen Spalt das Elektron geht, finden wir, daß es nur durch einen Spalt geht und wir erhalten eine Einspalt-Interferenzfigur.

In vielen anderen Situationen stellt sich das Problem auf gleiche Weise. Nehmen wir an, daß wir einen bestimmten physikalischen Prozess beobachten wollen. Wir führen an dem betreffenden System alle Messungen aus, die wir ausführen können, ohne den Prozess, den wir verstehen wollen, zu verändern. Im allgemeinen werden unsere Messungen nicht alle Zustände des Systems oder den exakten Ablauf des Prozesses ermitteln können. In solchen Fällen müssen wir uns vorstellen, daß das System in gewissem Umfang alle möglichen unbeobachteten Zustände gleichzeitig besitzt. Wir müssen uns vorstellen, daß der Vorgang in allen möglichen Arten gleichzeitig abläuft.

Daher können wir in unserem Zweispaltexperiment nicht sagen, daß das Elektron durch den einen oder anderen Spalt geht, solange wir dies nicht in einem Experiment oder durch eine Messung festgestellt haben. Außerdem gibt es keine Möglichkeit festzustellen, durch welchen Spalt es geht, ohne das Interferenzbild zu stören, das wir untersuchen. Also müssen wir uns vorstellen, daß sich das Elektron teilweise in allen möglichen Zuständen gleichzeitig befindet, d.h. durch beide Spalte geht.

Wenn wir *bestimmen*, durch welchen Spalt das Elektron geht, ändern wir tatsächlich den Vorgang, den wir untersuchen. Daher gibt uns offenbar diese Messung Information über eine Situation, die nicht dieselbe ist wie die, die vor der Messung existierte. Die Messung mischt sich in den Prozess ein.

Die Kopenhagener Deutung der Quantenphysik

Die Schlüsse, zu denen wir hier gelangen werden, stellen die heute übliche Interpretation der Quantenphysik dar. Diese Interpretation wurde von Max Born (1881–   ) vorgeschlagen und von Bohr und anderen in Kopenhagen akzeptiert. Einige Wissenschaftler, insbesondere Einstein, Schrödinger und de Broglie sind mit dieser Betrachtungsweise nicht so glücklich. Die sogenannte Kopenhagener Deutung scheint aber mit allen Tatsachen übereinzustimmen und soweit wir wissen, erfordern die Experimente bis jetzt keine andere Deutung.

Im Zweispalt-Experiment fanden wir, daß wir nicht von einer definierten Position des Elektrons sprechen konnten, solange wir keine Messung durchführten, um sie festzustellen. Wenn wir diese Messung nicht machten, dann müssen wir uns vorstellen, daß das Elektron alle möglichen Wege durchläuft oder sich in allen möglichen Orten und Zuständen befindet, die mit den Messungen verträglich sind, die wir gemacht *haben*. Im Zweispalt-Experiment gibt es zwei mögliche Wege durch den Schirm. Ein Weg führt durch den ersten Spalt, der andere durch den zweiten. Da wir durch Öffnen beider Spalte dem Elektron ermöglicht haben, durch beide Spalte zu gehen, müssen wir uns vorstellen, daß es wirklich durch beide geht. Bei diesem Durchgang müssen wir es uns jedoch als Welle vorstellen. Die Wellen beider Spalte interferieren und erzeugen eine Interferenzfigur. Diese Figur kann jedoch nicht beobachtet werden, wenn man nur ein Elektron verwendet. Ein einzelnes Elektron läßt auf dem Schirm einfach einen einzelnen Fleck entstehen. Die Figur sagt uns aber, wo es mit Wahrscheinlichkeit auftritt, und dies führt uns zu der konventionellen Deutung der Quantenphysik.

Die Wellen werden als Wahrscheinlichkeitswellen betrachtet. Genauer gesagt, gibt uns die Intensität der Welle in einem Punkt des Raumes die Wahrscheinlichkeit, ein Teilchen an diesem Punkt anzutreffen. Im Zweispalt-Experiment müssen die Wellen durch die Spalte kommen. Dann interferieren die Wellen und erzeugen eine Interferenzfigur im Raum. Die Intensität der Welle gibt in jedem Punkt des Raumes die Wahrscheinlichkeit, ein Elektron dort anzutreffen, wenn eine Messung gemacht wird. Schließlich kommt die Welle auf den photographischen Film. Es ist sehr unwahrscheinlich, daß ein Elektron durch den Film geht, ohne ihn zu schwärzen. Die Einschaltung des Films stellt eine Messung dar; sie bewirkt, daß durch einen Effekt, den wir beobachten können, Information erzeugt wird. So zeigt die Elektronenwelle ihr Teilchenverhalten, indem sie uns Information im Teilchenbild gibt. Alles, was wir aus der Welle herauslesen können, ist die Wahrscheinlichkeit, das Teilchen an einem Punkt des Films anzutreffen. Die Wahrscheinlichkeit ist hoch, wo die Interferenzfigur ein Maximum hat; sie ist gering, wo die Interferenzfigur ein Minimum hat. Abgesehen von dieser Wahrscheinlichkeitsaussage ist das Resultat völlig unbestimmt. Das Elektron pflanzt sich als Welle fort und wird als Teilchen beobachtet. Die Welle gibt die Wahrscheinlichkeit an, das Teilchen zu finden.

Angenommen, wir verwenden nur ein kleines Stückchen Film, das nur einen Teil der Interferenzfigur ausfüllt (Abb. 11.14). Angenommen, das Elektron trifft den Film und wird als ein diskretes Teilchen beobachtet. Was geschieht mit dem Rest des kontinuierlichen Wellenfeldes, das den Film nie berührte? Es verschwindet sofort. Wenn wir wissen, daß das Elektron den Film getroffen hat, dann ist die Wahrscheinlichkeit, daß es anderswo sein könnte, gleich Null. Die Wellen sind Wahrscheinlichkeitswellen; wenn die Wahrscheinlichkeit Null ist, müssen sie auch Null sein. Wenn das Teilchen beobachtet worden ist, muß die Welle verschwinden. Wir beginnen wieder mit einer neuen Welle, die die Information, die durch die Beobachtung des Teilchens gewonnen wurde, in sich einschließt.

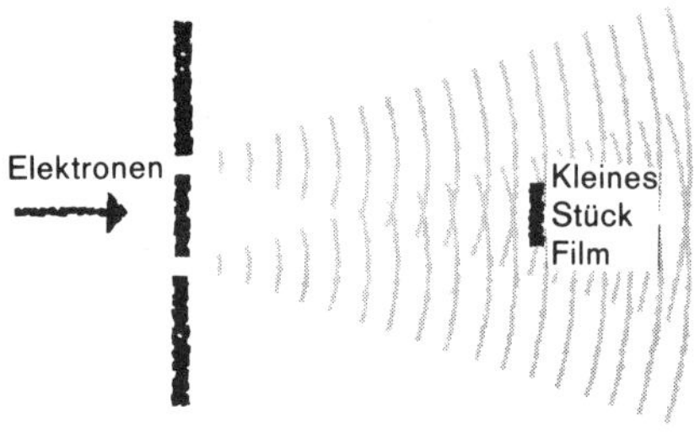

Abb. 11.14

Die Unschärferelation

Wie wir in Kapitel 4 betont haben, ist nach der Newtonschen Physik der Zustand eines Systems zu einer Zeit durch seinen Zustand zu einer anderen Zeit vollständig bestimmt. Wenn man die Lage und die Geschwindigkeit aller Teilchen eines Systems und die Kräfte zwischen ihnen kennen würde, könnte man die Bewegungsgesetze anwenden, um das zukünftige Verhalten des Systems exakt vorauszubestimmen oder auch seine Vergangenheit zu berechnen. Selbst wenn man die Lagen und die Geschwindigkeiten nicht wüßte, so existierten sie doch im Prinzip und würden so selbst das zukünftige Verhalten des Systems bestimmen. Es gibt natürlich Grenzen unserer Kenntnis über die Lage und Geschwindigkeit eines Teilchens – die unvermeidlichen experimentellen Messfehler. Es gab aber keinen Grund zu der Annahme, diese Fehler könnten durch die Verbesserung unserer Messinstrumente nicht beliebig klein gemacht werden. Die Maxwellschen Gesetze des elektromagnetischen Feldes zeigten die gleiche Präzision in der Beschreibung des Feldes und der Vorausberechnung seines Verhaltens.

Die Prinzipien der Quantenphysik sind diesem früheren Standpunkt direkt entgegengesetzt. Nach der Quantenphysik kann man *nicht* sowohl die Lage als auch den Impuls (und damit die Geschwindigkeit) eines materiellen Teilchens exakt kennen. Daher können die Vorausberechnungen nur mit einem bestimmten, beschränkten Grad der Genauigkeit durchgeführt werden. Diese Grenzen entstehen nicht durch irgendeinen Messfehler, sondern durch die Gesetze der Quantenmechanik selbst. Wir haben diese Gesetze nicht in ihrer mathematischen Form angegeben, wir möchten aber diese Konsequenz diskutieren. Sie wird als *Unschärferelation* bezeichnet und wurde zuerst von Werner Heisenberg angegeben.

Nach der Unschärferelation ist es theoretisch möglich, die Lage oder den Impuls eines Teilchens exakt zu kennen, aber wir können nicht beide zugleich exakt kennen. Je mehr wir über das eine wissen, desto weniger können wir über das andere wissen. Es sind keine Ausnahmen von diesem Prinzip gefunden worden. Für große, gewöhnliche Objekte ist der Betrag der Unsicherheit relativ klein und unbedeutend. Wir können genügend Information erhalten, um die Bewegung der Planeten für Tausende von Jahren exakt vorauszuberechnen. Für Elektronen gibt es jedoch Bedingungen, in denen wir keine Voraussage machen können, die auch nur für einige Sekunden genau sind.

Als Beispiel der Unschärferelation wollen wir den Versuch beschreiben, ein Teilchen in einen genau definierten Zustand zu bringen. Angenommen, wir wollen einen schmalen Strahl von Elektronen herstellen, die sich in einer genau definierten Richtung bewegen.
Abb. 11.15 veranschaulicht unseren Versuch, einen solchen Strahl

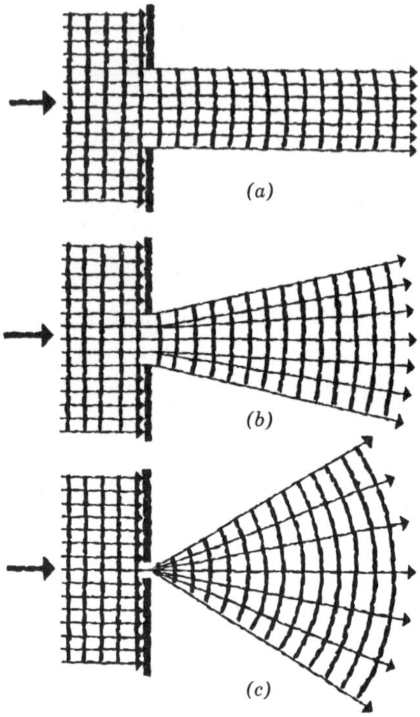

Abb. 11.15

herzustellen. Wir erhalten zunächst einen Strahl von Elektronen, die sich alle in dieselbe Richtung bewegen, und versuchen dann, den Strahl einzuengen, indem wir ihn durch einen Spalt laufen lassen. Diese Methode geht bis zu einem gewissen Punkt gut, aber wir stellen fest, daß wir bei weiterer Einengung des Spalts den Strahl tatsächlich breiter machen. Die Wellennatur der Elektronen verursacht ihre Beugung. Wir wissen schon, was wir bei einem Einspalt-Beugungsbild erwarten. Je enger der Spalt, desto breiter die Beugungsfigur (siehe Abb. 9.8, Seite 410). Wenn der Spalt eingeengt und damit die Position der hindurchgehenden Elektronen immer genauer festgelegt wird, wird die Richtung ihrer Impulse immer unsicherer. Der Versuch, durch Einengung des Spaltes mehr Information über die Lage der Teilchen zu erhalten, führt zu einer Verminderung der Information über ihre Impulse.

Soweit heute bekannt ist, betrifft die Unschärferelation alle physikalischen Vorgänge. Daher ist nach diesem Prinzip eine exakte Voraussage physikalisch unmöglich. Einigen Physikern ist bei dieser Unsicherheit nicht wohl. In einem Brief an Max Born drückte Einstein dies so aus:

Du glaubst an den würfelnden Gott und ich an eine volle Gesetzlichkeit in einer Welt von etwas objektiv Seiendem, das ich auf wild spekulativem Wege zu erhaschen suche (Albert Einstein, Hedwig und Max Born „Briefwechsel" Nymphenburger Verlagshandlung 1969, S. 204).

Einige Physiker versuchen, die Erscheinungen der Quantenphysik durch die Annahme einer tiefergehenden Realität zu erklären, die nicht einem Unschärfeprinzip unterliegt. Bis jetzt gibt es keine experimentelle Begründung für eine solche Annahme.

Die Unschärferelation und die Energie

Die Unschärferelation bezieht sich auch auf Zeit und Energie und begrenzt so den Umfang der Information, den wir über diese beiden Größen haben können. Je besser wir die Energie eines Objektes oder eines Systems von Objekten kennen, desto weniger wissen wir über den exakten Zeitpunkt, zu dem es diese Energie hatte. Wenn andererseits ein Teilchen oder ein System nur kurze Zeit in einem bestimmten Zustand verweilt, dann ist seine Energie in diesem Zustand unsicher. Je kürzer die Zeitspanne ist, in der der Zustand besteht, desto unsicherer ist die Energie. Besteht der Zustand nur für einen Zeitpunkt, so daß er eine exakte Zeitangabe definiert, dann ist die Energie völlig unbestimmt. Wenn andererseits der Zustand während einer sehr langen Zeitdauer besteht, dann kann die Energie mit sehr großer Genauigkeit bekannt sein.

Nach der Unschärferelation muß also ein Zustand definierter Energie eine lange Zeit andauern; je länger er besteht, desto genauer können wir seine Energie kennen. Aus gutem Grund interessieren wir uns für die Zustände eines Systems, die lange Zeit unverändert existieren können. Sie spielen eine Rolle für die lang andauernden Strukturen, die im Universum beobachtet werden. Wir haben schon die Struktur des Atoms im Bild seiner Energiezustände diskutiert. Die Bahnen der Bohrschen Atomtheorie oder die stehenden Wellen der genaueren Theorie entsprechen Zuständen definierter Energie des Atoms. Wenn wir die lang andauernden Strukturen irgendeines Systems diskutieren, sei es des Atoms, des Moleküls oder des Kerns, dann sind wir an seinen Zuständen mit definierter Energie interessiert.

Meistens entsprechen Zustände mit definierter Energie nicht Zuständen mit definierter Lage und definiertem Impuls. Beispielsweise entspricht die stehende Welle definierter Energie im Atom nicht einem Zustand mit definierter Lage oder definiertem Impuls des Elektrons. Die Lage des Elektrons ist unsicher, weil es irgendwo in seiner stehenden Welle sein kann.

Die Information und die Plancksche Konstante

Der Betrag der Unsicherheit der Lage und des Impulses eines Objekts ist mit der Planckschen Konstante h verbunden:

$$(\text{Unsicherheit der Lage}) \times (\text{Unsicherheit des Impulses}) \geqslant h \qquad (5)$$

Die Unsicherheiten der Energie und der Zeit sind durch die gleiche Beziehung verbunden:

$$(\text{Unsicherheit der Zeit}) \times (\text{Unsicherheit der Energie}) \geqslant h \qquad (6)$$

(Das Zeichen $\geqslant$ bedeutet *größer oder gleich*). Somit ist das Produkt der beiden Unsicherheiten in jeder dieser Gleichungen größer oder gleich h. Dies erklärt, weshalb die Unschärferelation uns bei Messungen im großen Maßstab nicht stört. Die Unsicherheit der Lage und des Impulses eines Gegenstandes von der Größe einer Billardkugel ist vernachlässigbar klein im Vergleich zu der Größe und dem Impuls, den die Kugel unter normalen Umständen hat. Handelt es sich aber um kleine Größen wie Elektronen, dann ist die Plancksche Konstante relativ groß, und daher kann die Unsicherheit sehr wichtig sein.

Wegen ihrer Rolle in der Unschärferelation bestimmt die Plancksche Konstante den in einer physikalischen Situation zu Verfügung stehenden Betrag an Information. Daher bestimmt sie die maximale Genauigkeit, mit der Voraussagen der Zukunft auf der Grundlage dieser Information getroffen werden können.

Die Nullpunktsenergie eines Oszillators

Die Unschärferelation gibt uns eine Erklärung dafür, weshalb die Moleküle und andere kleine Teilchen in materiellen Objekten selbst am absoluten Nullpunkt der Temperatur nicht ihre gesamte Energie verlieren oder ihre Bewegung einstellen. Betrachten wir einen Oszillator, z.B. die Schaukel in Abb. 11.16. Kann die Schaukel einen Ener-

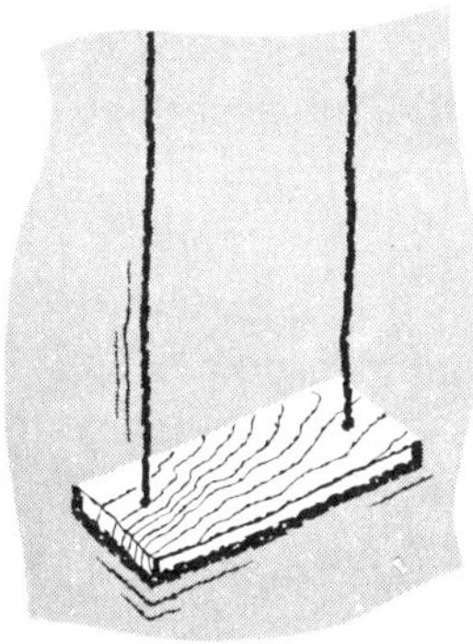

Abb. 11.16

giezustand einnehmen, in dem sie sich bewegungslos am tiefsten Punkt ihrer Bahn befindet? Wenn die Schaukel an diesem Punkt bleibt, dann ist ihre Lage exakt bekannt. Nach der Unschärferelation muß daher ihr Impuls völlig unsicher sein. Nach den Prinzipien der Quantenmechanik müssen wir uns vorstellen, daß sich in einem Zustand die Schaukel zumindest teilweise in allen möglichen Impulszuständen befindet. Die meisten dieser Zustände sind aber Zustände der Bewegung, und daher darf die Schaukel nicht als völlig bewegungslos angesehen werden. Deshalb wird die Schaukel selbst im Zustand geringster Energie ein klein wenig schwingen.

Obwohl die Nullpunktsenergie für Objekte von der Größe einer Schaukel unerheblich ist, ist sie wichtig für die schwingenden Moleküle, Atome und Elektronen in materiellen Objekten. Wegen dieser Nullpunktsenergie erhalten sie selbst am absoluten Nullpunkt eine Schwingung aufrecht.

Das gefangene Elektron

Durch die Anwendung der Unschärferelation können wir erklären, weshalb ein Elektron der Eingrenzung auf ein beliebig kleines Volumen Widerstand entgegensetzt. Angenommen, wir versuchten, ein Elektron in einer bestimmten Lage einzufangen und es bewegungslos festzuhalten. Wenn wir das können, dann kennen wir die Lage des Elektrons genau und seinen Impuls auch, denn ein wirklich bewegungsloses Elektron hat einen Impuls, der exakt gleich Null ist. Abb. 11.17 zeigt die Vorrichtung, mit der wir dieses Kunststück fertig bringen wollen. In dem Zylinder befindet sich ein Elektron. Der Kolben wird langsam hinein geschoben, so daß er das dem Elektron zur Verfügung stehende Volumen vermindert. Je weniger Raum das Elektron einnehmen kann, desto mehr Information haben wir über seine Lage. Nach der Unschärferelation dürfen wir jedoch umso weniger Information über den Impuls haben, je mehr Information wir über die Lage besitzen. Wenn wir das dem Elektron zur Verfügung stehende Volumen immer weiter verkleinern, wird der Impuls immer mehr unsicher. Je unsicherer der Impuls des Elektrons ist, desto größer ist die Wahrscheinlichkeit, daß er sehr hoch ist. Wie wir gesehen haben, müssen wir berücksichtigen, daß das Elektron teilweise in allen ihm möglichen Zuständen ist, und daher müssen wir die Wirkung dieser Zustände mit hohem Impuls berücksichtigen. Diese Wirkung ist in Abb. 11.17 zu erkennen. Das Ergebnis ist ein Bombardement des Kolbens durch das Elektron, woraus sich ein rücktreibender

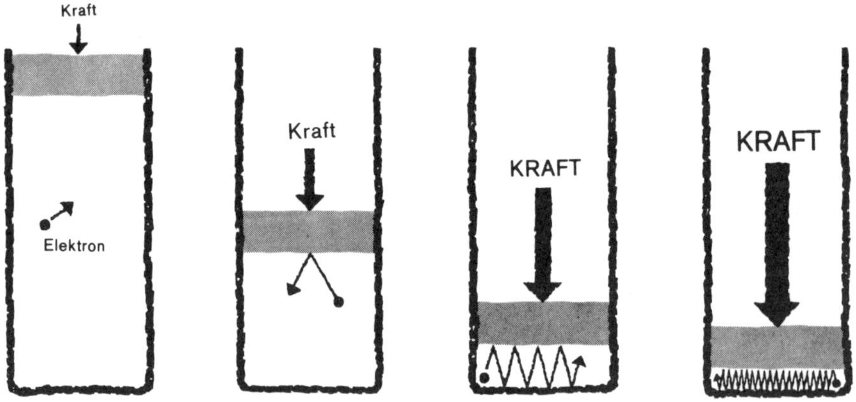

Abb. 11.17

Druck auf den Kolben ergibt. Je weiter sich der Kolben bewegt, desto genauer kennen wir die Lage des Elektrons, da es sich in einem immer kleineren Volumen befinden muß. Also wird der Impuls immer unsicherer, und die Auswahl hoher Impulse wird für das Elektron immer größer. Je größer der Impuls ist, desto größer wird der Druck, der sich der Bewegung des Kolbens entgegenstellt, weil das Elektron ihn immer stärker und öfter trifft. Wenn der Kolben das Elektron schließlich in einem Punkt einfangen könnte, würde die Unsicherheit des Impulses über alle Grenzen steigen und es gäbe eine unendlich große rücktreibende Kraft auf den Kolben. Wie stark auch der Kolben gestoßen werden mag, die entgegengerichtete Kraft wird ihn schließlich zum Stillstand bringen.

Natürlich können wir den beschriebenen Effekt nicht beobachten, indem wir einfach einen gewöhnlichen Kolben und Zylinder verwenden. Dasselbe Prinzip hilft uns jedoch, näherungsweise die Größe eines Atoms zu berechnen. Wie wir gesehen haben, wurde vor der Entdeckung der Quantenphysik angenommen, daß das um den Kern laufende Elektron strahlen, Energie verlieren und schließlich in den Kern stürzen müßte. Das Elektron ohne kinetische Energie, also auch ohne Impuls direkt am Kern zu finden, würde aber der Unschärferelation widersprechen, wie unsere Beispiele gezeigt haben. Es muß also einen Zustand geringster Energie geben, unter den das Elektron nicht fallen kann. Also muß der Zustand tiefster Energie ein Zustand sein, in dem das Elektron sich noch mit einem gewissen Impuls um den Kern bewegt und daher auch eine gewisse Energie besitzt. Dieser Zustand entspricht natürlich der tiefsten „Bahn" oder stehenden Welle, in der das Elektron im Atom existieren kann (siehe Beispiel 5, Seite 558).

Eine Veranschaulichung der Unschärferelation

Um klarzustellen, wie die Unschärferelationen aus den Erscheinungen der Quantenphysik folgt, wollen wir ein Gedankenexperiment darlegen, mit dem wir die Lage und den Impuls eines Elektrons präzise zu messen versuchen. Abb. 11.18a zeigt die Apparatur, die wir verwenden wollen. Ein einzelnes Photon mit bekannter Frequenz (und Wellenlänge) verläßt die Lichtquelle, prallt gegen ein Elektron, geht

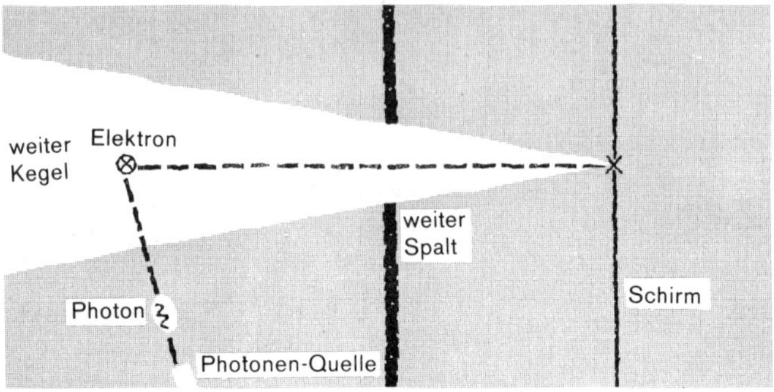

(a)

Abb. 11.18 a

durch den Spalt und trifft auf den Schirm. Auf dem Schirm können wir uns eine Photoplatte vorstellen, die den Punkt registriert, an dem das Photon auftrifft. Von einem praktischen Standpunkt aus betrachtet, wäre es natürlich zu viel erwartet, daß gerade dieses einzelne Photon unser einzelnes Elektron treffen und dann auch noch durch den Spalt gehen sollte. Aber immerhin *könnte* es geschehen, und wir versuchen, den günstigsten Fall anzunehmen.

Um unser Problem zu vereinfachen, wollen wir annehmen, daß wir zu Beginn den Impuls des Photons kennen. Das Photon stört aber das Elektron durch den Stoß und bewirkt, daß das Elektron infolge des Rückstoßes einen geänderten Impuls besitzt. Da wir die Frequenz und die Wellenlänge des Photons kennen, kennen wir auch seine Energie und die Größe seines Impulses. (siehe Gl. 1 u. 4.). Daher können wir, wenn wir die Richtung des Photons vor und nach dem Stoß mit dem Elektron kennen, mit den Gesetzen der Energie- und Impulserhaltung die Größe und Richtung des Rückstoß-Impulses des Elektrons berechnen. Diese zwei Richtungen des Photons sowie der Punkt, an dem das Elektron den Schirm trifft, ergeben zusammen die Information über den Ort des Elektrons. Wir nehmen an, daß wir die Richtung kennen, in der wir das Photon emittiert haben und daß wir leicht den Ort bestimmen können, an dem es den Schirm trifft. Um die Lage und den Impuls des Elektrons exakt bestimmen zu können, müssen wir noch die Richtung des Photons nach dem Stoß mit dem Elektron kennen.

Der Spalt hat den Zweck, uns die Richtung des ankommenden Photons anzugeben. In Abb. 11.18a haben wir den Spalt offensichtlich zu breit gemacht. Wir wissen die Richtung des Photons nicht sehr genau, weil das Photon den Punkt auf dem Schirm aus jeder Richtung innerhalb des weißen Kegels erreicht haben könnte. Also ist die Richtung seines Impulses sehr unsicher und ebenso unsicher ist dann auch der Rückstoß-Impuls des Elektrons. Aus demselben Grunde kennen wir auch die Lage des Elektrons nicht genau, weil wir nicht wissen, aus welcher Richtung das Elektron auf den Schirm auftraf.

Demnach scheint eine Möglichkeit zur Erhöhung der Meßgenauigkeit darin zu bestehen, den Spalt enger zu machen, wie wir es in Abb. 11.18b getan haben. Wenn der Spalt enger gemacht wird, erkennen wir jedoch einen wichtigen Faktor, den wir in Abb. 11.18a vernachlässigt haben – wegen der Wellennatur des Lichtes wird nämlich das durch den Spalt gehende Photon gebeugt. Je schmaler der Spalt ist, desto größer wird die Beugungsfigur. Daher ist es zwar möglich, daß das Photon auf geradem Weg von dem Elektron bis zum Schirm gelangt; es ist aber wahrscheinlicher, daß es beim Durchgang durch den Spalt seine Richtung ändert. Je größer die Beugungsfigur ist, desto größer ist die wahrscheinliche Richtungsänderung. Von einem bestimmten Punkt an vermindert daher die Verringerung der Spaltbreite unsere Information über das Elektron, anstatt sie zu erhöhen.

Wir können noch eine weitere Änderung unseres Experiments vornehmen, um die Größe der Beugungsfigur zu vermindern und so die

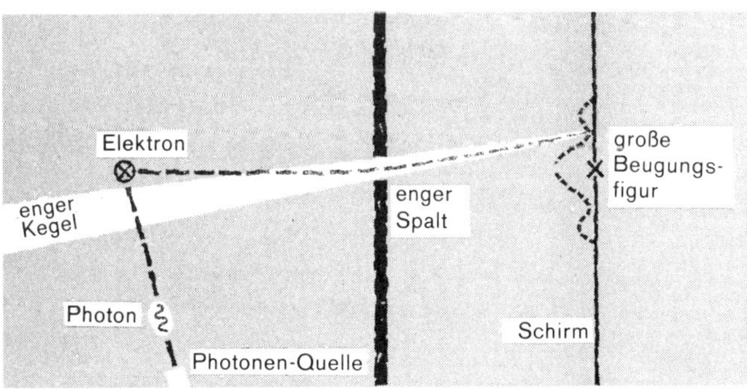

(b)

Abb. 11.18b

Genauigkeit des Experiments zu erhöhen. Wir können die Größe der Beugungsfigur vermindern, ohne die Spaltbreite zu erhöhen, wenn wir wie in Abb. 11.18c Photonen mit kürzerer Wellenlänge verwenden. In der Tat können wir – wie eng auch der Spalt sein mag – die Beugungsfigur so klein machen, wie wir wollen, wenn wir Photonen genügend kurzer Wellenlänge verwenden. Daher können wir die Lage des Elektrons mit großer Genauigkeit feststellen. Wie klein auch die Wellenlänge des Photons sein mag, gibt es immer noch eine gewisse Ungenauigkeit im Bezug auf seine endgültige Richtung; aber wir können diese Unsicherheit theoretisch so klein halten wie wir wollen, indem wir die Wellenlänge und die Spaltbreite entsprechend wählen.

Dieses Verfahren widerspricht nicht der Unschärferelation, weil wir immer noch unsere Information über den Impuls des Elektrons nach dem Stoß betrachten müssen. Um die Größe der Beugungsfigur zu vermindern, mußten wir die Wellenlänge des Photons vermindern. Diese Verringerung der Wellenlänge bedeutet eine Zunahme des Photonenimpulses (Gl. 4). Natürlich bedeutet eine Verringerung der Wellenlänge auch eine Erhöhung der Frequenz und damit auch der Energie des Photons (Gl. 1). Daher stört das Photon das Elektron beim Stoß stark, und das Elektron erhält bei der in Abb. 11.18c gezeigten Situation einen viel größeren Rückstoß-Impuls als bei den in Abb. 11.18a oder 11.18b gezeigten Fällen.

Je mehr wir versuchen, die Größe der Beugungsfigur durch die Verminderung der Wellenlänge des Photons zu verringern, desto größer

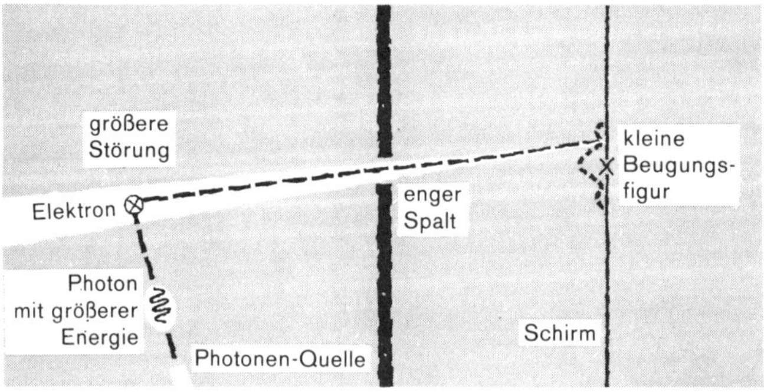

(c)

Abb. 11.18c

ist der Impuls des Photons und daher auch die Störung des Elektrons durch den Stoß. Diese Störung bewirkt eine starke Änderung des Elektronen-Impulses. Je kürzer die Wellenlänge des Photons, desto größer ist diese Änderung. Daher können wir durch die Verkleinerung der Beugungsfigur zwar die Lage des Elektrons genauer bestimmen, müssen dafür aber eine größere Störung des Impulses in Kauf nehmen.

Um dieses Beispiel genau zu erklären, müssen wir einige Bemerkungen über die Störung des Elektronen-Impulses hinzufügen. Das Wesentliche ist nicht, daß das bei unserer Messung verwendete Photon den Impuls des Elektron stört, sondern daß wir das Ausmaß dieser Störung nicht genau bestimmen können. Wenn wir die Beugungsfigur verkleinern, verbessern wir unsere Kenntnis der Richtung des einfallenden Photons und damit auch unsere Kenntnis der Richtung des Impulses des gestoßenen Elektrons sowie unsere Kenntnis über den Ort des Elektrons. Obwohl wir die Richtung des Impulses genauer kennen, wird die Unsicherheit des Impulses letztlich nicht vermindert, weil die Größe des Impulses so stark gestiegen ist. Dieser Effekt ist in Abb. 11.19 dargestellt. Obwohl die Richtung des größeren Pfeils genauer bekannt ist, ist die Lage des Endpunktes tatsächlich weniger sicher als die des kleinen Pfeils. Wenn wir Photonen immer kleinerer Wellenlänge verwenden, um die Lage des Elektrons genauer zu messen, müssen wir den Impuls (und die Energie) des Photons unbegrenzt steigern, wodurch unsere Kenntnis des Elektronen-Impulses immer weniger sicher wird. So werden wir tatsächlich daran gehindert, die Lage und den Impuls des Elektrons gleichzeitig zu bestimmen.

In unseren Veranschaulichungen der Unschärferelation durch die Abbildungen 11.15 und 11.18 hatten wir es mit dem Impuls und der Lage in den Richtungen „oben“ und „unten“ zu tun, weil wir einen horizontalen Spalt verwendet haben. Um die Lage und den Impuls in anderen Richtungen zu messen, könnten wir ein kleines Loch statt eines Spaltes verwenden, oder wir könnten mehr als ein Gerät verwenden, so daß wir das Elektron mit verschieden orientierten Spalten

Abb. 11.19

von verschiedenen Lagen aus beobachten könnten. Die Unschärfe-relation konstatiert nur die Unmöglichkeit, gleichzeitig die Lage und den Impuls in derselben Richtung zu messen. Sie würde uns nicht daran hindern, die Lage in der Horizontalrichtung und den Impuls in der Vertikalrichtung gleichzeitig zu messen. Wir könnten aber nicht die Lage in der Vertikalrichtung und den vertikal gerichteten Impuls gleichzeitig messen, wie wir es im letzten Beispiel versucht haben.

Die Unschärferelation beruht nicht nur auf der Tatsache, daß wir ein System stören müssen, um es zu messen. Es war schon lange bekannt, daß eine Wechselwirkung mit einem System stattfinden muß, wenn man durch eine Messung oder Beobachtung Information über das System erhalten will. Es gab jedoch keinen Grund zu der Annahme, daß man (zumindest theoretisch) diese Wechselwirkung nicht beliebig genau bestimmen könnte. Die Quantennatur der Materie und des elektromagnetischen Feldes d.h. ihr Wellen-Teilchen Aspekt liefert jedoch einen solchen Grund. Es war die durch die Gl. 1 und 4 ausgedrückte Beziehung zwischen dem Wellen- und Teilchenaspekt des Lichtes, die unseren Versuch vereitelte, genaue und vollständige Information über das Elektron zu erhalten.

Gäbe es nicht die Prinzipien, die in diesen beiden Gleichungen zum Ausdruck kommen, würde uns nichts daran hindern, Licht geringer Intensität und hoher Frequenz (kurzer Wellenlänge) zu verwenden, um eine sehr kleine Beugungsfigur zu erhalten, ohne das Elektron sehr stark zu stören. Hätten wir z.B. in Abb. 11.18c ein halbes kurzwelliges Photon verwenden können, dann wäre die Beugungsfigur, die von der Wellenlänge abhängt, immer noch klein, und das „halbe Photon“ hätte das Elektron nur halb so stark gestört.

Die Unschärferelation entsteht aus diesen unlösbaren Verflechtungen zwischen dem Impuls (oder der Energie) des Photons, das die Störung verursacht, und der Wellenlänge (der Frequenz) der Welle, die die Größe des Beugungsbildes und damit unsere Information bestimmt. Wir haben uns in diesem Beispiel auf das Photon konzentriert, aber wir könnten, ohne etwas am Ergebnis zu ändern, auch andere Teilchen nehmen, weil auch sie eine Wellen- und eine Teilchennatur haben.

Alle Experimente, die ersonnen wurden, um die Unschärferelation zu überlisten, sind fehlgeschlagen. Die Unschärferelation kann aus den

Postulaten der mathematischen Theorie der Quantenphysik, die wir hier nicht dargestellt haben, abgeleitet werden.

Messungen in der Quantenphysik und die Symmetrie der Zeitumkehr

Ein letzter Versuch, die Unschärferelation zu überlisten, führt uns zu einer Diskussion der Beziehungen zwischen den Messungen in der Quantenphysik und der Richtung des Zeitablaufs. Wir haben schon erwähnt, daß es theoretisch möglich ist, die Lage eines Teilchens exakt zu messen, wenn man eine völlige Unsicherheit bezüglich des Impulses zuläßt. Nehmen wir also an, daß wir die Bahn eines Teilchens verfolgen wollen und dabei seine Lage zu zwei verschiedenen Zeiten exakt messen (Abb. 11.20). Da wir die Zeit zwischen den Messungen und den Abstand zwischen den genauen Positionen des Teilchens kennen, sollten wir den Impuls des Teilchens zwischen den Messungen berechnen können. Verletzt dies die Unschärferelation? Nein.

Die Unschärferelation bezieht sich nicht auf Informationen, die sich nur auf die Vergangenheit erstrecken, es bezieht sich vielmehr auf die Information über die Gegenwart, die dazu verwendet werden könnte, die Zukunft vorauszuberechnen. Die Information über den Impuls des Teilchens zwischen den beiden Positionsmessungen kann nicht dazu dienen, die Zukunft vorauszuberechnen, weil sie nichts über den gegenwärtigen Impuls des Teilchens aussagt; mit größter Wahrscheinlichkeit hat sich der Impuls durch die zweite Messung geändert. Eine

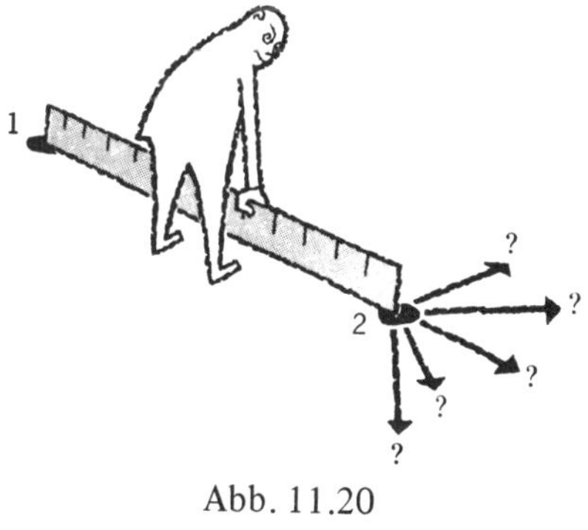

Abb. 11.20

genaue Messung der Lage eines Teilchens macht den Impuls völlig unsicher, gleichgültig, wie sicher oder unsicher er vor der Messung gewesen sein möge. Die Unschärferelation erlaubt uns genauere Kenntnis der uns unzugänglichen (und relativ nutzlosen) Vergangenheit als der Gegenwart.

Die Tatsache, daß die Unschärferelation uns eine genauere Kenntnis der Vergangenheit erlaubt, dieselbe Kenntnis der Gegenwart und Zukunft aber verweigert, könnte uns auf den ersten Blick als Verletzung des Prinzips der Zeitumkehr-Symmetrie erscheinen. Mit Hilfe der Abb. 11.21 können wir zeigen, daß es tatsächlich nicht so ist. Hier macht unser Beobachter *A* eine Reihe präziser Messungen der Lage eines Teilchens. Nachdem er eine bestimmte Positionsmessung gemacht hat, kann er den Impuls des Teilchens berechnen, den es zwischen dieser Position und der vorher gemessenen gehabt haben muß. Der gegenwärtige Impuls und natürlich auch die Ergebnisse zukünftiger Messungen sind ihm unbekannt.

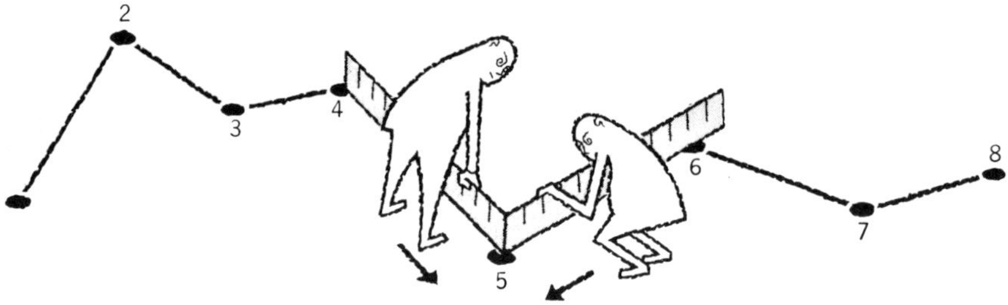

Abb. 11.21

Ein imaginärer Beobachter *B*, der sich in der Zeit rückwärts bewegt und dieselbe Folge von Messungen in umgekehrter Reihenfolge durchführt, würde vor genau demselben Problem stehen. Da er nur die Messungen kennt, die er in seiner Vergangenheit (unserer Zukunft) durchgeführt hat, könnte er den Impuls berechnen, den das Teilchen zwischen jenen gemessenen Lagen hatte, aber er könnte nicht den Impuls des Teilchens in seiner Gegenwart kennen. Ebensowenig würde er natürlich die Messungen in seiner Zukunft (unserer Vergangenheit) kennen. Selbstverständlich lägen die Dinge ganz anders, wenn er Zugang zu unseren Ergebnissen hätte. (Der Zugang zu Ergebnissen der Zukunft würde in jedem Fall einen großen Unterschied bedeuten, gleichgültig, ob die Quantenphysik richtig ist oder nicht.) Jedoch würden, so weit wir wissen, die Gesetze der Quantenphysik für ihn genau so gelten wie für uns und ihn daher vor dieselben Probleme stellen.

Die philosophische Haltung der modernen Physik

Der Erfolg der Relativitätstheorie und der Quantenphysik führte dazu, daß viele der grundlegenden Ideen der Wissenschaft in Frage gestellt wurden und sich unter den Physikern eine neue philosophische Haltung verbreitete. Viele Physiker wurden sehr skeptisch gegenüber Größen, die nicht beobachtet werden konnten oder keine beobachtbaren Wirkungen hervorriefen. Diese Haltung ist charakteristisch für die Philosophie des *Positivismus*. Ein früher positivistischer Physiker-Philosoph, der nicht einmal an die Existenz der Atome glaubte, weil sie unbeobachtbar waren, war Ernst Mach. Ein späterer Physiker, der einen positivistischen Standpunkt einnahm, war P. W. Bridgman, der seine Philosophie *Operationalismus* nannte. Nach dieser philosophischen Richtung sollte eine physikalische Größe durch die zur ihrer Messung erforderlichen physikalischen Operationen definiert werden. Obwohl es unter den Anhängern dieser Philosophie manche Meinungsverschiedenheiten gibt, zieht sie viele Physiker mehr oder weniger an. Sie hatte eine große Bedeutung für die Entwicklung der Relativitäts- und Quantentheorie. Vielleicht sollte der Positivismus in gewisser Hinsicht nicht als Philosophie sondern als „Antiphilosophie" betrachtet werden. Viele seiner Anhänger betrachten die herkömmliche Philosophie etwas verächtlich. Es wird berichtet, einer der prominenten Theoretiker der Quantenphysik habe eine bestimmte Idee kommentiert mit den Worten: „Das ist Philosophie, also Unsinn".

Albert Einstein war von Machs kritischer Behandlung der Geschichte der Physik sehr beeindruckt. Trotz der Tatsache, daß Mach Einsteins Theorie nicht akzeptierte, hatte er wahrscheinlich einen Einfluß auf Einsteins Arbeit. Eins der Ergebnisse der Relativitätstheorie bestand darin, den Äther loszuwerden, da er nicht beobachtet werden konnte und anscheinend keine beobachtbare Wirkung hatte. Ebenso betrachtet Einstein in seinen Untersuchungen über Raum und Zeit diese nicht als absolute, abstrakte Größen, sondern einfach als etwas, das mit Uhren, Maßstäben gemessen wird – d.h. er konzentrierte sich auf die Instrumente und ihre Operationen.

In der Quantenphysik haben wir die Idee verlassen, daß ein Teilchen sich in einem bestimmten Zustand befinden müsse, wenn wir keine Beobachtung dieses Zustandes durchführen. Der tatsächliche Zustand eines solchen Teilchens mag nicht nur unbekannt, sondern in einem gewissen Sinne nicht-existent sein. Dies erscheint als eine extreme Anwendung des positivistischen Prinzips, sie ist aber in der heutigen Physik weit verbreitet. Diese Meinung resultiert aus der Tatsache, daß wir einem solchen Teilchen keinen eindeutigen und definierten Zustand zuordnen können. Die einzige Bedeutung eines unbeobachteten Teilchens besteht in der Wirkung, die es haben könnte, wenn es schließlich beobachtet wird. Wichtig ist also die später zu erwartende, beobachtbare Wirkung, nicht ein hypothetischer gegenwärtiger Zustand.

Wir haben früher den Standpunkt vertreten, daß der Zweck der Wissenschaft darin bestehe, Voraussagen zu treffen. Diese Ansicht stimmt mit den positivistischen Ideen überein und ist Ausdruck einer heute in der Physik weitverbreiteten Haltung. Theorien, angenommene Teilchen, Felder, Gesetze usw. sind nur abstrakte Modelle, die uns ermöglichen, von bekannten gegenwärtigen Zuständen auszugehen und spätere Beobachtungen vorauszusagen. Demnach bilden die Beobachtungen die Realität, die Theorie verbindet nur die vorliegenden Beobachtungen mit den zukünftigen Beobachtungen. Natürlich können diese Voraussagen wegen der Unschärferelation nicht mit absoluter Genauigkeit gemacht werden, wir können nur die Wahrscheinlichkeit für das Eintreffen des erwarteten Ereignisses angeben. (Manchmal ist die Wahrscheinlichkeit so hoch, daß sie für alle praktischen Zwecke der Gewißheit entspricht.) Die Aufgabe der Wissenschaft ist es, die Wahrscheinlichkeit zukünftiger Ereignisse so vollständig wie möglich zu berechnen.

Von diesem Standpunkt aus gesehen, sind die Relativitäts- und Quantentheorie außerordentlich erfolgreiche Theorien; für den gewaltigen Bereich der Erscheinungen, die sie behandeln, sind sie die erfolgreichsten Theorien, die bekannt sind. Natürlich müssen sie wie jede neue Theorie in den Fällen, in denen die älteren Theorien korrekt waren, dieselben Ergebnisse liefern wie diese. Wird die Relativitätstheorie auf gewöhnliche Objekte angewandt, die sich mit

Geschwindigkeiten bewegen, die klein gegen die Lichtgeschwindigkeit sind, dann ergibt sie dieselben Resultate wie die Newtonschen Gesetze. Die Quantentheorie führt in den Fällen, in denen zahlreiche Elektronen und Photonen im Spiel sind, zu denselben Ergebnissen wie die Maxwellsche Theorie der Elektrodynamik. Sie führt auch in vielen Fällen zu denselben Resultaten wie die Newtonschen Gesetze, wenn h als sehr klein und die Wellennatur der Materie als unwichtig betrachtet werden können. Die Relativitäts- und Quantentheorie können in vielen Fällen die Ergebnisse der Experimente mit großer Genauigkeit voraussagen. Gegenwärtig werden sie von keiner anderen Theorie, die zugleich so umfassend und einfach wäre, übertroffen. Wenn wir jedoch von der Geschichte der wissenschaftlichen Theorien ausgehen, können wir kaum erwarten, daß sie das letzte Wort sind.

Der Laser: Eine Anwendung der Quantenphysik

Eine interessante Anwendung der Quantenphysik ist das Gerät, das gewöhnlich als Laser bezeichnet wird (Abkürzung der englischen Wörter „light amplification by the stimulated emission of radiation" = Lichtverstärkung durch die induzierte Emission von Strahlung). Der Laser erzeugt einen sehr intensiven Lichtstrahl.

Um die Wirkungsweise eines Lasertyps zu erklären, erinnern wir uns daran, daß sich die Elektronen in einem Atom nur in Zuständen mit definierter Energie aufhalten können. Diese Zustände entsprechen den früher beschriebenen „Bahnen" oder stehenden Wellen. Wenn ein Elektron zu einer „Bahn" höherer Energie springen soll, muß es genau den richtigen Energiebetrag aufnehmen. Nachdem dies geschehen ist, kann das Atom spontan ein Licht-Photon aussenden, wenn das Elektron wieder auf eine „Bahn" mit geringerer Energie zurückfällt.

Betrachten wir ein Atom mit mindestens drei erlaubten Elektronen-„Bahnen". (Abb. 11.22). Meistens wird das Elektron, das wir betrachten, in der untersten dieser drei „Bahnen" zu finden sein, während die beiden anderen „Bahnen" leer sind. Nehmen wir an,

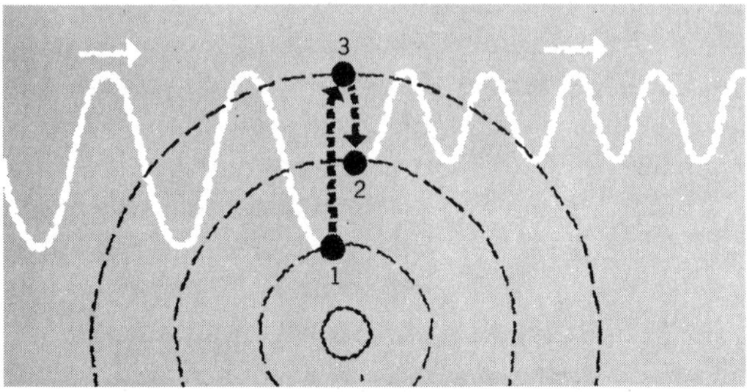

Abb. 11.22

daß wir dieses Atom mit Licht bestrahlen, dessen Photonen gerade die richtige Energie haben, um das Elektron aus der ersten in die dritte „Bahn" springen zu lassen. Nehmen wir weiter an, daß das Elektron, das sich jetzt in der dritten „Bahn" befindet, sofort in die zweite „Bahn" fällt. Wir können hier nicht alle Faktoren diskutieren, die die Elektronen-Übergänge beeinflussen, aber wir wollen im folgenden annehmen, daß der Fall von der dritten „Bahn" in die zweite viel wahrscheinlicher ist als der Fall von der zweiten „Bahn" hinunter auf die erste. Wenn das Licht dauernd auf eine Gruppe dieser Atome scheint, werden die Elektronen ständig auf die dritte „Bahn" gehoben und auf die zweite fallen. In dieser zweiten „Bahn" werden sie aber mehr oder weniger stecken bleiben. Die Elektronen fallen viel schneller von der dritten in die zweite als von der zweiten in die erste. Daher haben unter diesen Umständen die meisten Atome Elektronen in der zweiten „Bahn".

Wenn eine Möglichkeit gefunden werden könnte, alle Elektronen gleichzeitig in die erste „Bahn" zurückfallen zu lassen, dann würde durch die emittierten Photonen ein sehr intensiver Lichtstrahl entstehen. Wir haben schon darauf hingewiesen, daß ein Elektron in einer höheren „Bahn" angeregt werden kann, so daß es in eine tiefere Bahn fällt und dabei ein Photon emittiert. Diese Anregung (Stimulierung) wird durch ein anderes Photon mit derselben Energie bewirkt, das von außen auf das Atom trifft (Abb. 11.9b). Wenn wir lange genug warten, wird in einem der Atome ein Elektron aus der zweiten „Bahn" spontan in die erste zurückfallen. Dies ist ein unwahrscheinliches Ereignis, aber es muß einmal vorkommen, wenn genügend

Atome vorhanden sind. Dieses Photon kann dann in anderen Atomen den gleichen Elektronensprung anregen. Damit haben wir zwei Photonen, von denen jedes einen Elektronensprung in anderen Atomen auslösen kann und so fort, bis alle Atome gestrahlt haben (Abb. 11.23). Dies erklärt die Wirkungsweise des Lasers bis auf einen Punkt.

Sie bemerken in Abb. 11.23 zwei Spiegel, die an jedem Ende des Laser-Materials angebracht sind. Wenn ein Photon in der Richtung eines Spiegels emittiert wird, kann es wie das Licht in einer Lichtuhr hin und her laufen. Wird das Photon in einer anderen Richtung emittiert, so daß es nicht auf einen der Spiegel trifft, kann es die Apparatur verlassen, bevor es viele Atome zur Strahlung anregt. Dagegen verbleibt das zwischen den Spiegeln hin und her laufende Photon eine Zeitlang zwischen den Spiegeln, so daß es ständig die Emission neuer Photonen anregt (induziert). Diese emittierten Photonen haben dieselbe Richtung wie das Photon, das ihre Emission induzierte. Daher bauen die zwischen den Spiegeln hin und her laufenden Photonen in beiden Richtungen einen sehr intensiven Strahl auf. Wenn einer der Spiegel nur teilweise reflektierend ist, gelangt ein Teil des Strahls hindurch und kann außerhalb der Apparatur verwendet werden. Der andere Teil des Strahls wird zurück reflektiert und regt weitere Atome zur Emission an.

Aufgaben und Lösungen

In diesem Kapitel behandeln wir Aufgaben im Zusammenhang mit den Bahnen im Atom und den beiden Gleichungen

$$E = hf$$

sowie

$$\lambda = \frac{h}{p}$$

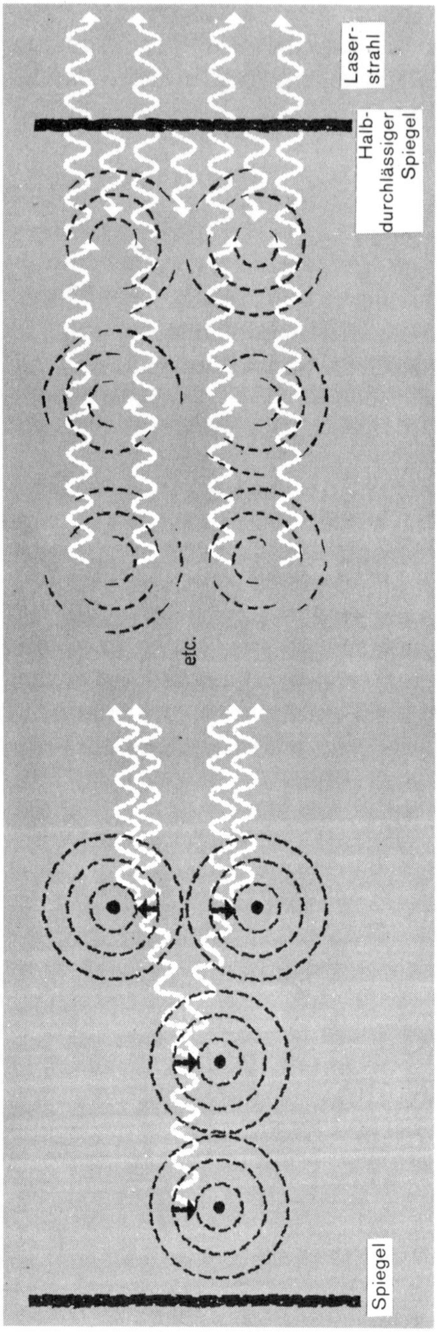

Abb. 11.23

Soweit es die hier vorliegenden Aufgaben betrifft, bezieht sich die erste Gleichung nur auf Photonen. Die zweite Gleichung bezieht sich auf alle Teilchen und Gegenstände.

Beispiel 1

Ein Elektron geht von einer atomaren Bahn zu einer anderen über. Hierdurch wird ein Photon mit einer Frequenz von $1,5 \cdot 10^{15}$ Schwingungen pro Sekunde emittiert. Wie groß ist die Energiedifferenz zwischen den „Bahnen"?

Lösung: Schritt 1. Verwenden Sie die Formel für das Photon

$$E = hf$$

Schritt 2. Stellen Sie die bekannten und unbekannten Größen zusammen:

$$E = ?$$

$$h = 6{,}625 \cdot 10^{-34}\ \mathrm{J\,s}$$

$$f = 1{,}5 \cdot 10^{15}\ \text{Schwingungen pro Sekunde}$$

(Für den Begriff „Schwingung pro Sekunde" wird die Einheit „Hertz" mit dem Kurzzeichen Hz verwendet.)

Schritt 3. Setzen Sie ein und lösen Sie nach der unbekannten Größe auf:

$$E = hf = 6{,}625 \cdot 10^{-34} \cdot 1{,}5 \cdot 10^{15}\ \frac{\mathrm{J\,s}}{\mathrm{s}}$$

$$E = 9{,}94 \cdot 10^{-19}\ \mathrm{J} \approx 10^{-18}\ \mathrm{J}$$

Beispiel 2

Wie groß ist die Wellenlänge eines Protons, das sich mit einer Geschwindigkeit von 1000 m/s bewegt?

Lösung: Schritt 1. Verwenden Sie die Gleichung für die Wellenlänge eines Teilchens:

$$\lambda = \frac{h}{p} = \frac{h}{mv}$$

Schritt 2. Stellen Sie die bekannten und die unbekannten Größen zusammen:

$$h = 6{,}625 \cdot 10^{-34}\ \text{J s}$$

$$m = 1{,}67 \cdot 10^{-27}\ \text{kg}$$

$$v = 1000\ \text{m/s}$$

$$\lambda = ?$$

Schritt 3. Setzen Sie ein und lösen Sie nach der unbekannten Größe auf:

$$\lambda = \frac{6{,}625 \cdot 10^{-34}\ \text{J s}}{1{,}67 \cdot 10^{-27} \cdot 10^{3}\ \text{kg m/s}} = 3{,}96 \cdot 10^{-10}\ \text{J s}^2/\text{kg m}$$

Andererseits gilt

$$\text{J} = \text{kg m}^2/\text{s}^2$$

Damit wird

$$\lambda = 3{,}96 \cdot 10^{-10}\ \text{kg m}^2\ \text{s}^2/\text{kg m s}^2$$

$$\lambda = 3{,}96 \cdot 10^{-10}\ \text{m}$$

Wir können für die Masse m die Ruhemasse einsetzen, weil v sehr viel kleiner als c ist.

Beispiel 3

Wie groß ist die Wellenlänge eines Photons mit einer Energie von $16 \cdot 10^{-19}$ J?

Lösung: Schritt 1. Wählen Sie die Gleichungen. Wir kennen die Beziehung

$$E = hf$$

Diese Gleichung verwendet jedoch die Frequenz. Daher brauchen wir auch noch die Beziehung zwischen der Frequenz und Wellenlänge:

$$c = f \cdot \lambda$$

d.h.

$$f = \frac{c}{\lambda}$$

Wir könnten jetzt eine Liste der bekannten und unbekannten Größen aufstellen, um sie in diese beiden Gleichungen einzusetzen. Es ist aber ebenso einfach, eine Gleichung jetzt zu eliminieren, indem wir in der Planckschen Gleichung die Größe f durch c/λ ersetzen

$$E = hf = \frac{hc}{\lambda}$$

Wenn wir beide Seiten mit λ/E multiplizieren, erhalten wir

$$\lambda = \frac{hc}{E}$$

Schritt 2. Stellen Sie die bekannten und unbekannten Größen zusammen:

$$h = 6{,}625 \cdot 10^{-34}\ \mathrm{J\,s}$$

$$c = 3 \cdot 10^{8}\ \mathrm{m/s}$$

$$E = 16 \cdot 10^{-19}\ \mathrm{J}$$

$$\lambda = ?$$

Schritt 3. Setzen Sie ein und lösen Sie nach der unbekannten Größe auf:

$$\lambda = \frac{6{,}625 \cdot 10^{-34} \cdot 3 \cdot 10^{8}}{16 \cdot 10^{-19}} \frac{\text{J s m}}{\text{J s}}$$

$$\lambda = \frac{6{,}625 \cdot 10^{-34} \cdot 3 \cdot 10^{8}}{10 \cdot 1{,}6 \cdot 10^{-19}} \frac{\text{J m}}{\text{J}}$$

$$\lambda = \frac{6{,}625 \cdot 3}{10 \cdot 1{,}6 \cdot 10^{7}} \text{ m} = 1{,}24 \cdot 10^{-7} \text{ m}$$

Beispiel 4

Nach der Theorie der Elektrizität und des Magnetismus (Elektrodynamik) gibt die Gleichung $E = cp$ die Beziehung zwischen dem Betrag der Energie und dem Betrag des Impulses in einem Zug elektromagnetischer Wellen an. Leiten Sie mit Hilfe dieser Gleichung und der Planckschen Gleichung $E = hf$ die de Broglie Gleichung (Gleichung 4) für Photonen ab.

Lösung: Da die Beziehung $E = cp$ gilt, ersetzen wir einfach E durch cp in der Gleichung

$$E = hf$$

$$cp = hf$$

$$p = hf/c$$

Andererseits ist $c = f\lambda$; wir ersetzen in der letzten Gleichung c durch $f\lambda$

$$p = hf/f\lambda = h/\lambda$$

$$p = h/\lambda$$

Beispiel 5

Schätzen Sie mit Hilfe der Unschärferelation den Radius der kleinsten „Bahn“ des Elektrons im Wasserstoffatom ab.

Lösung: Die Atome des gewöhnlichen Wasserstoffs bestehen aus einem Proton und einem Elektron. Wir nehmen eine kreisförmige Bahn an und setzen die elektrische Anziehungskraft, die das Proton auf das Elektron ausübt, gleich der Zentripetalkraft, die erforderlich ist, um das Elektron auf seiner Bahn zu halten. Die elektrische Kraft bzw. die Zentripetalkraft sind:

$$F = K_e \frac{q_1 q_2}{r^2}$$

$$F = \frac{m v^2}{r}$$

Also gilt

$$\frac{mv^2}{r} = K_e \frac{q_1 q_2}{r^2}$$

In dieser Gleichung bedeuten $q_1 = q_2 = e$ den Betrag der Ladung des Elektrons und des Protons; r den Abstand zwischen dem Proton und dem Elektron in der ersten Bohrschen Bahn; $m = m_e$ die Masse des Elektrons und v die Geschwindigkeit des Elektrons auf seiner Bahn. Also erhalten wir

$$\frac{m_e v^2}{r} = K_e \frac{e^2}{r^2}$$

Nach Multiplikation mit $m_e r$ erhalten wir

$$(m_e v)^2 = \frac{K_e m_e e^2}{r}$$

Die Größe $m_e v = \sqrt{\dfrac{K_e m_e e^2}{r}}$ ist einfach der Betrag des Impulses des Elektrons. Dies ist aber auch eine vernünftige Abschätzung für die Unschärfe des Impulses, weil sich beim Umlauf des Elektrons um das Proton die Richtung des Impulses ständig ändert. Im Bezug auf eine

Richtung in der Bahnebene ändert sich der Impuls des Flektrons zwischen den Werten plus $m_e v$ und minus $m_e v$. Also gilt:

$$\text{Unschärfe des Impulses} = m_e v = \sqrt{\frac{K_e m_e e^2}{r}}$$

Für die Unschärfe des Ortes nehmen wir den Durchmesser der Bahn, also den doppelten Radius an. Hierbei wird angenommen, daß die tatsächlich vorhandene stehende Welle sich etwa zur Hälfte innerhalb und außerhalb der Bahn befindet:

$$\text{Unschärfe des Ortes} = 2r$$

Nach der Gleichung der Unschärferelation muß das Produkt dieser beiden Unschärfen mindestens gleich h sein:

$$\text{Unschärfe der Lage} \times \text{Unschärfe des Impulses} = h$$

$$2r\sqrt{\frac{K_e m_e e^2}{r}} = h$$

Durch Quadrieren beider Seiten erhalten wir

$$4r^2 \frac{K_e m_e e^2}{r} = h^2$$

Die Auflösung nach r liefert

$$r\, 4\, K_e m_e e^2 = h^2$$

$$r = \frac{h^2}{4\, K_e m_e e^2}$$

Dieser Wert ist natürlich nur eine grobe Abschätzung. Der von Bohr verwendete Wert war

$$r = \frac{h^2}{4\,\pi^2\, K_e m_e e^2}$$

Zusammenfassung

I. Grundlegende Gesetze und Prinzipien

A. Wellen-Teilchen Dualität sowohl für die Materie als auch für die elektromagnetische Strahlung

1. Teilchennatur der elektromagnetischen Strahlung, $E = hf$ experimentell nachgewiesen durch:

a. Hohlraumstrahlung

b. Photoelektrischer Effekt

c. Compton-Effekt

(Die Gleichung wird gewöhnlich in der Form $E = h\nu$ geschrieben; siehe Anmerkung auf Seite 406)

II. Naturkonstanten

A. Plancksche Konstante: $h = 6{,}63 \cdot 10^{-34}$ J s.

III. Teilchen

A. Das Atom

1. Bestandteile: positiver Kern und Elektronenwolke

2. Struktur: das Bohrsche Atommodell: Elektronenbahnen

3. Struktur: Schrödinger-Wellen: dreidimensionale Elektronenwellen

2. Wellennatur materieller Teilchen, $\lambda = h/p$, experimentell nachgewiesen durch

a. Elektronenbeugung

b. Bohrsche Bahnen als stehende Wellen

B. Ausschließungsprinzip (Pauli-Prinzip)

C. Der unbeobachtete Zustand

D. Die Unschärferelation und ihre Konsequenzen

IV. Anwendungen

A. Der Laser

V. Methoden und Philosophie der Physik

A. Kopenhagener Deutung der Quantenphysik: Wahrscheinlichkeitswellen

B. Operationalismus und andere positivistische Einflüsse der Physik und auf die Physik

Fragen

1. Schildern Sie den auf Seite 515 angegebenen Versuch über den photoelektrischen Effekt. Was wurde gemessen? Welches Ergebnis war erwartet worden? Welches Ergebnis wurde beobachtet? Wie erklärte Einstein dieses Resultat?
2. Warum stellen wir uns das Licht als Welle vor?
3. Warum stellen wir uns das Licht als Teilchen vor?
4. Warum stellen wir uns ein Elektron als Teilchen vor?
5. Warum stellen wir uns ein Elektron als Welle vor?
6. Welches ist der Unterschied zwischen einem Elektron und einem Photon?
7. Warum wurde angenommen, die Stabilität des Atoms widerspräche den Gesetzen der Elektrizität und des Magnetismus (Elektrodynamik)?
8. Wie wurde das Problem, das sich aus der Stabilität des Atoms ergibt, gelöst?
9. Warum hat das Licht, das von einem Atom ausgesandt wird, bestimmte, definierte Frequenzen?
10. Verletzt die Tatsache, daß ein Atom ein Licht-Photon aussenden kann, das Gesetz der Energieerhaltung? Erklären Sie Ihre Antwort.
11. Worin besteht die Bedeutung der Planckschen Konstante?

12. Was wissen wir wegen des Ungenauigkeits-Prinzips (der Unschärferelation) ungenau?

13. Was besagt die Kopenhagener Deutung der Quantenphysik? Warum ist diese Deutung wichtig?

14. Warum dürfen wir uns beim Zweispalt-Interferenzversuch nicht vorstellen, daß das Elektron einfach nur durch einen Spalt geht? Was geschieht, wenn wir entdecken, daß das Elektron nur durch einen Spalt geht oder wenn wir es dazu zwingen?

15. Warum stellen wir uns vor, daß die Wellen, auf die sich Gl. 4 bezieht, mit einem einzelnen Teilchen verbunden sind und nicht mit einer ganzen Gruppe von Teilchen, wie es bei Schall- und Wasserwellen der Fall ist?

16. Auf welche Weise bewirkt die induzierte (stimulierte) Emission das Funktionieren eines Lasers?

17. Kommentieren Sie die folgende Behauptung: „Es kann keinen freien Willen geben, denn wenn ich die Lage und die Geschwindigkeit aller Teilchen und die Kräfte zwischen ihnen kenne, dann kenne ich jedes zukünftige Ereignis".

18. Was ist ein Elektron, wenn es nicht beobachtet wird?

19. Wenn sich die Materie in Form von Wellen bewegt, warum scheinen dann Gegenstände wie Billardkugeln einen definierten Weg und eine definierte Richtung zu haben, so daß sie nicht als Welle, sondern als Teilchen erscheinen?

20. Wenn die Unschärferelation gilt, warum scheint dann ein Gegenstand wie ein Fußball eine definierte und beobachtbare Position sowie eine definierte und beobachtbare Geschwindigkeit zu haben, ein Elektron jedoch nicht?

21. Können Sie das Auftreten der Austrittsarbeit W in der Gl. 2 erklären?

22. Beschreiben Sie die Wandlungen unseres Verständnisses vom „Feld".

23. In welcher Hinsicht sind die Schwingungen einer Feder, einer Metallplatte und der Elektronenwellen im Atom einander ähnlich? Worin bestehen die Unterschiede?

24. In welcher Hinsicht schafft die Quantenphysik ein einheitliches Verständnis für die Grundlagen der Physik? In welcher Hinsicht zerstört sie eine Einheit unseres Verständnisses?
25. Können Sie einen physikalischen Grund dafür angeben, weshalb sich der beobachtete Zustand eines Systems von dem unbeobachteten Zustand unterscheiden könnte?
26. Warum wäre eine sehr große Kraft erforderlich, um ein Elektron auf einen sehr kleinen Raum einzuengen?
27. Warum hat das Licht, das von einem Laser ausgestrahlt wird, eine andere Frequenz als das Licht, mit dem wir das Material beleuchteten, um den Laser zum Funktionieren zu bringen?

Aufgaben

1. Bei einem bestimmten Atom beträgt der Energie-Unterschied zwischen zwei Bahnniveaus $3 \cdot 10^{-18}$ J. Welche Photonen-Frequenz ist erforderlich, um den Übergang des Atoms vom tieferen zum höheren Niveau hervorzurufen?
2. Wie groß ist die Wellenlänge eines Balles mit einer Masse von 0,5 kg, der sich mit einer Geschwindigkeit von 50 m/s bewegt?
3. Welches wäre die Formel für die Wellenlänge als Funktion der Geschwindigkeit, wenn sich das Teilchen so schnell bewegt, daß relativistische Effekte wichtig werden?
4. Berechnen Sie die Energien der Photonen, die von folgenden Systemen ausgesandt werden:
   a) Ein Rundfunksender (Mittelwelle) mit einer Frequenz von $1110 \cdot 10^3$ Hz.
   b) Die vorwiegende Strahlung des Kupfers im sichtbaren Bereich: Wellenlänge $3247 \cdot 10^{-10}$ m.
   c) Die vorwiegende Strahlung des Kupfers im Röntgengebiet: Wellenlänge $1{,}54 \cdot 10^{-10}$ m.
5. Licht mit einer Frequenz von $1{,}2 \cdot 10^{17}$ Hz fällt auf ein Metall, dessen Austrittsarbeit $5 \cdot 10^{-18}$ J beträgt. Welche Energie können die von dieser Metalloberfläche emittierten Photoelektronen höchstens haben?

6. Aus einer Metalloberfläche mit einer Austrittsarbeit von $1{,}0 \cdot 10^{-17}$ J sollen Photoelektronen ausgelöst werden. Welche Frequenz muß das Licht mindestens haben?

Schwierigere Fragen und Aufgaben

1. Der im 18. Jahrhundert lebende Philosoph George Berkeley behauptete, ein Objekt existiere nur dadurch, daß es von jemand wahrgenommen werden kann. Wie könnte die Quantenphysik, dargestellt am Beispiel des Zweispalt-Experiments oder auf andere Weise, verwendet werden, um diese Aussage zu stützen, zu widerlegen oder zu modifizieren?
2. Die Formel $E = hf$ wird manchmal dazu verwendet zu zeigen, daß wir umso mehr Energie aufwenden müssen, je genauer wir etwas wissen wollen. Wie könnte diese Art der Argumentation weitergeführt werden? Es läuft darauf hinaus, daß Information durch die Aufwendung von Energie erkauft wird. Wie klein ist nach diesem Prinzip die Länge, die man messen könnte, wenn die Ruheenergie der ganzen Erde vollständig für diese Messung zur Verfügung stünde?
3. Manche Leute sagen, wir hatten nicht auf die Quantenphysik zu warten brauchen, um die exakte Voraussagbarkeit aus der Physik zu eliminieren, denn es habe ja schon immer experimentelle Meßfehler gegeben. Welches ist der Unterschied zwischen dieser Art der Unsicherheit und jener, die durch die Unschärferelation zum Ausdruck kommt?
4. Eine 100 W Lampe strahlt pro Sekunde 100 J ab. Nehmen Sie an, alle diese Energie sei Licht mit einer Wellenlänge von $3000 \cdot 10^{-10}$ m. Welcher Druck wirkt auf ein Stück Papier, das in einem Abstand von 1 m senkrecht vom Licht getroffen wird?
5. Warum muß die Ruhemasse des Photons Null sein?
6. Zeigen Sie, daß die Geschwindigkeit der Materiewellen größer als die Lichtgeschwindigkeit ist, wenn für solche Wellen die Gl. 1 und 4 gelten. (Diese Erscheinung erklärt sich durch den Unterschied zwischen den Phasen- und Gruppengeschwindigkeiten. Abb. 11.24 zeigt eine *Wellengruppe*. Der individuelle

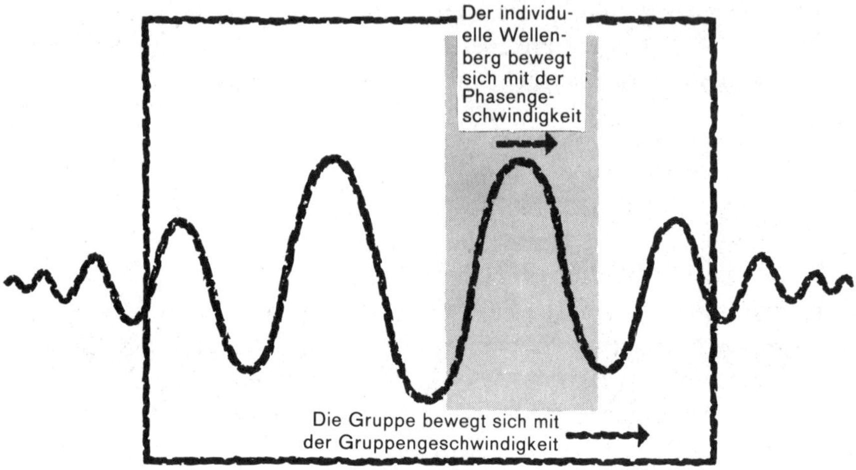

Abb. 11.24

Wellenberg bewegt sich mit der *Phasengeschwindigkeit*, während sich die Gruppe als Ganzes mit der sogenannten *Gruppengeschwindigkeit* bewegt. Die Phasengeschwindigkeit braucht nicht gleich der Gruppengeschwindigkeit zu sein. Für die Lichtausbreitung im Vakuum sind beide Geschwindigkeiten gleich. Bei Materiewellen ist die Phasengeschwindigkeit größer als die Lichtgeschwindigkeit. Die Gruppengeschwindigkeit ist jedoch gleich der Geschwindigkeit des materiellen Teilchens, die kleiner als die Lichtgeschwindigkeit ist. Die Gruppengeschwindigkeit von Photonen oder anderen Teilchen ist die Geschwindigkeit, mit der Information oder Energie übertragen werden kann; sie ist niemals größer als die Geschwindigkeit des Lichtes im Vakuum.)

7. Kupferatome, von denen Elektronen entfernt worden sind, können Strahlungen aussenden, deren Energien sich sehr stark unterscheiden (siehe die Teile b und c der Aufgabe 4 auf Seite 564). Wie erklären Sie diese Tatsache? Was schließen Sie hieraus über die „Bahnen" des Atoms?

8. Ermitteln Sie den Radius der ersten Bohrschen Bahn für ein Atom mit Z positiven Ladungen des Kerns, indem Sie das Bohrsche Atommodell und die de Broglie Wellen verwenden.

Zwölftes Kapitel

Die Kernkräfte

In diesem Kapitel wollen wir zwei weitere fundamentale Wechselwirkungen diskutieren – die sogenannten *schwachen* und *starken* Wechselwirkungen. Die starke Wechselwirkung bewirkt die stärksten Kräfte zwischen Teilchen, die bisher bekannt sind. Die schwache Wechselwirkung ist schwächer als die elektromagnetische und die starke Wechselwirkung, aber sie ist stärker als die Gravitationswechselwirkung. Diese beiden Wechselwirkungen vervollständigen die Liste der fundamentalen Wechselwirkungen, die gegenwärtig in der Physik bekannt sind.

Radioaktivität

Im Jahre 1896 entdeckte der französische Physiker A. Henri Becquerel die Erscheinung der Radioaktivität. Radioaktivität ist die Emission hochenergetischer Teilchen (Wellen) aus bestimmten Substanzen. Es wird berichtet, daß Becquerel einige Proben des Minerals Pechblende zufällig in dieselbe Schublade legte wie einige verpackte, unbelichtete Photoplatten. Die Radioaktivität der Pechblende schwärzte die Platten. Becquerel untersuchte diese Erscheinung (ebenso wie andere Forscher z.B. Pierre und Marie Curie sowie Ernest Rutherford). Es erwies sich, daß die Teilchen, die die Platte geschwärzt hatten, von bestimmten Atomarten stammten, die in der Pechblende enthalten waren. Die Forschungen ergaben, daß auch viele andere Atome in Formen existieren konnten, die ähnliche Arten von Strahlen aussenden. Solche Atome werden als radioaktiv bezeichnet. Einige Beispiele sind Atome der Metalle Radium, Uran und Thorium.

Es wurden drei Arten von Strahlen beobachtet, die sogenannten α, β und γ-Teilchen. Die β-Teilchen erwiesen sich als hochenergetische Elektronen, die γ-Teilchen als Photonen, sehr ähnlich dem Licht, aber mit viel kürzerer Wellenlänge und viel größerem Durchdringungsvermögen. Wie man feststellte, waren die α-Teilchen Heliumatome, die zwei Elektronen verloren hatten – sie waren genau das, was wir heute als die Kerne der Heliumatome bezeichnen.

Wahrscheinlichkeit

Durch die Entdeckung der Radioaktivität wurde eine neue Art von Vorgängen in die Physik eingeführt – Vorgänge, in denen offenbar nicht ein präzise voraussehbares, mechanisches Verhalten, sondern die Wahrscheinlichkeit eine Rolle spielt. Der Zeitpunkt, zu dem ein Teilchen von einem radioaktiven Atom ausgesandt wird, kann nicht exakt vorausberechnet werden, man kann nur die Wahrscheinlichkeit der Emission angeben. Im letzten Kapitel sahen wir, wie dieser Wahrscheinlichkeitsbegriff in die Quantenphysik eingefügt wurde.

Wenn ein Atom Teilchen emittiert, geht in seinem Kern eine Veränderung vor. Diese Veränderung des Kerns heißt *Zerfall* oder *Umwandlung*. Dieser Begriff wird benutzt, gleichgültig, ob die Veränderung des Kerns relativ geringfügig oder so groß ist, daß der Kern zerbricht. Bei der α- und β-Emission ändert sich der Kern so, daß das Atom in eine andere Atomart verwandelt wird – in ein Atom eines anderen chemischen Elements. Die große Energie der ausgesandten Teilchen stammt aus dem Kern, obwohl führende Wissenschaftler, unter ihnen Lord Kelvin, es einst schwierig fanden, diese Tatsache zu akzeptieren.

Es scheint keinen Weg zu geben, um vorauszusagen, wann ein bestimmter Kern sich durch die Emission eines Teilchens umwandeln wird. Ein Kern kann sich sofort umwandeln, während ein anderer, der ihm offensichtlich völlig gleicht, hundert Jahre damit warten kann, oder auch eine Million Jahre. Wenn wir eine Ansammlung identischer Kerne haben, z.B. eine Probe aus reinem Radium, wissen wir, wie viele *im Mittel* in einem gegebenen Zeitraum zerfallen werden. Im Falle des Radiums wissen wir, daß die Hälfte von ihnen sich innerhalb von 1600 Jahren umwandeln wird, aber wir wissen nicht, welche Hälfte, und gegenwärtig gibt es keinen Grund zu der Annahme, daß wir es jemals sagen könnten. Wenn wir 1600 Jahre warten, wird die Hälfte der Kerne umgewandelt sein. Wenn wir weitere 1600 Jahre warten, wird sich die Hälfte des Restes umgewandelt haben, so daß noch ein Viertel der ursprünglich vorhandenen Kerne unverändert geblieben ist. Wenn wir nochmals 1600 Jahre warten, wird sich wieder die Hälfte des Restes umwandeln (Abb. 12.1). Daher können wir für eine große Probe solcher Atome die sogenannte *Halbwertszeit* bestimmen. Die Halbwertszeit ist die Zeitspanne, in der die Hälfte der Kerne zerfallen sein wird. Jede Kernart, die radioaktiv zerfallen kann, hat eine definierte Halbwertszeit. Diese Halbwertszeiten können von Milliarden Jahren bis zu einer Milliardstel Sekunde variieren – es gibt keine bekannten Grenzen dafür, wie lang oder wie kurz Halbwertszeiten sein können. Durch normale Kräfte und chemische Veränderungen, denen die Atome unterworfen sein können, scheint sich die Zerfallsgeschwindigkeit, also auch die Halbwertszeit nicht merklich zu ändern. Die Zerfallsgeschwindigkeit kann jedoch geändert werden durch Stöße mit radioaktiven Teilchen, kosmischen Strahlen und hochenergetischen Teilchen aus dem Zyklotron und anderen Teilchenbeschleunigern.

Man darf nicht vergessen, daß sich die Halbwertszeit auf das mittlere Verhalten bezieht. Wir können sie verwenden, um das Verhalten großer Gruppen von Atomen vorauszusagen. Wenn wir jedoch nur ein Atom haben, können wir zwar vermuten, wie lange es unverändert bleiben wird, aber wir können es nicht exakt voraussagen.

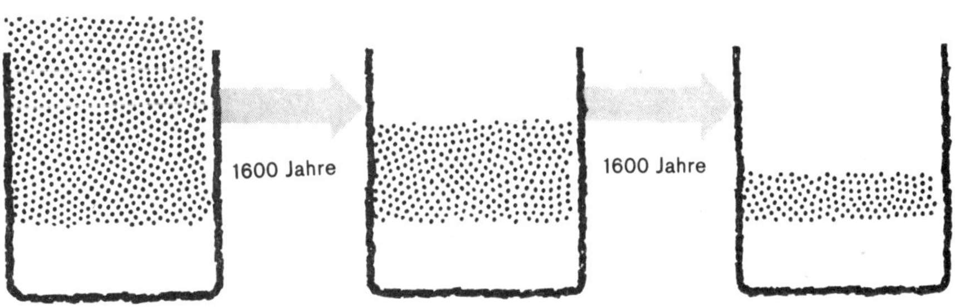

Abb. 12.1 Die Halbwertszeit des Radiums. Die zerfallenen Atome haben sich in Atome anderer Art verwandelt; sie haben nicht aufgehört zu existieren.

Die Entdeckung des Kerns

Nach Rutherfords Vorschlag ließen seine Assistenten einen Strahl hochenergetischer α-Teilchen auf eine sehr dünne Goldfolie fallen (Abb. 12.2). Die große Mehrheit dieser Teilchen ging ohne starke Ablenkung durch die Folie hindurch, aber einige von ihnen wurden um große Winkel abgelenkt, einige von ihnen flogen direkt zurück. Dies überraschte Rutherford.

Es war wirklich das unglaublichste Ereignis, das mir in meinem Leben begegnet ist. Es war fast so unglaublich, als wenn Sie eine 15-Zoll Granate auf ein Stück Seidenpapier feuerten, und die Granate käme zurück und träfe Sie.

Dieses Resultat bedeutete, daß der größte Teil des Querschnitts des Zielmaterials leer oder von leichten Teilchen wie Elektronen erfüllt sein mußte. Um die α-Teilchen um große Winkel abzulenken, müssen jedoch schwerere Teilchen vorhanden sein. (Um z.B. eine 15-Zoll Granate von einem Stück Seidenpapier abprallen zu lassen, muß irgendein sehr massiver Gegenstand in das Seidenpapier eingebettet sein.) Nach Rutherford mußte dieses schwere Teilchen klein und stark geladen sein. Hiermit war der Atomkern entdeckt. Das Atom besteht aus einem überraschend kleinen, positiv geladenen Teilchen (etwa 10^{-15} m im Durchmesser), der fast die ganze Masse des Atoms

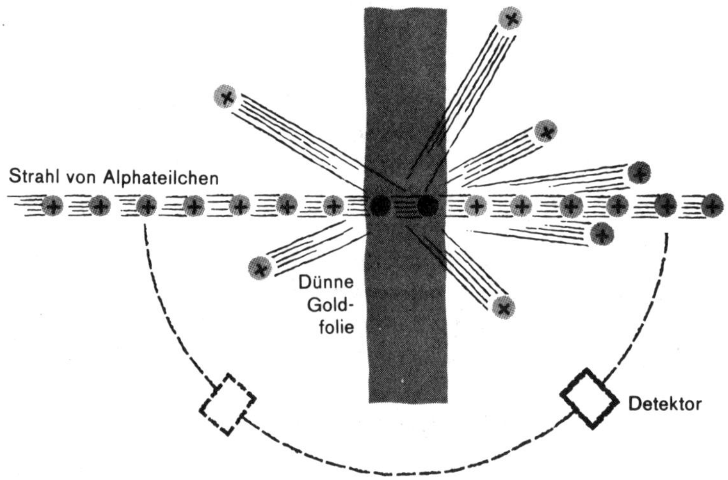

Abb. 12.2

enthält. Darum herum befinden sich die Elektronen bis zu einer Entfernung von rund 10^{-10} m. Die α, β und γ-Teilchen stammen aus den Kernen verschiedener Atomsorten.

Die meisten Kerne haben, verglichen mit ihrer Masse, weniger Ladung als sie hätten, wenn sie nur Protonen enthielten. Also muß noch eine weitere Teilchenart im Kern enthalten sein. Dieses Elementarteilchen, das *Neutron*, wurde von J. Chadwick im Jahre 1932 identifiziert. Das Neutron, das keine Gesamtladung hat, hat eine Ruhemasse m_n von $1{,}67470 \cdot 10^{-27}$ kg; das ist etwas mehr als die Masse des Protons. Protonen und Neutronen werden *Nukleonen* genannt, weil sie gemeinsam den Atomkern aufbauen. (Das Wort ist vom lateinischen Wort nucleus = Kern abgeleitet. Anm. d. Übers.)

Teilchendetektoren

Wenn α oder β-Teilchen durch ein Gas hindurchfliegen, treten diese hochenergetischen Teilchen mit den Molekülen des Gases in Wechselwirkung. Da diese Teilchen elektrisch geladen sind, können sie mit den Elektronen in der Elektronenwolke außerhalb des Atomkerns wechselwirken. Sie können diese Elektronen stoßen und von den Atomen losreißen. Auf diese Weise läßt das Teilchen, das durch das Gas hindurchläuft, entlang seines Weges Atome mit fehlenden Elektronen zurück und natürlich auch die freien Elektronen, die aus den Atomen herausgeschlagen wurden. Atome, die ein oder mehrere Elektronen verloren oder hinzugewonnen haben, heißen *Ionen* und der Vorgang der Ionenerzeugung wird *Ionisierung* genannt. Die weiter unten diskutierten und auch andere hier nicht beschriebene Arten von Detektoren verwenden diese Ionen, um die Teilchen nachzuweisen, die sie erzeugt haben.

Der Geiger-Zähler. Abb. 12.3 zeigt die Wirkungsweise eines Geiger-Zählers. Der Draht im Zentrum des gasgefüllten Zylinders ist positiv, die Wand des Zylinders negativ geladen. Die Ladungen des Drahtes und der Wand sind so groß, daß in dem Zylinder ein sehr starkes elektrisches Feld herrscht. Wenn ein Teilchen durch den Zylinder fliegt und dabei Ionen und freie Elektronen erzeugt, setzt das Feld diese Ionen und freien Elektronen in Bewegung. Insbesondere werden die Elektronen so stark zu dem positiv geladenen Draht hingezogen, daß

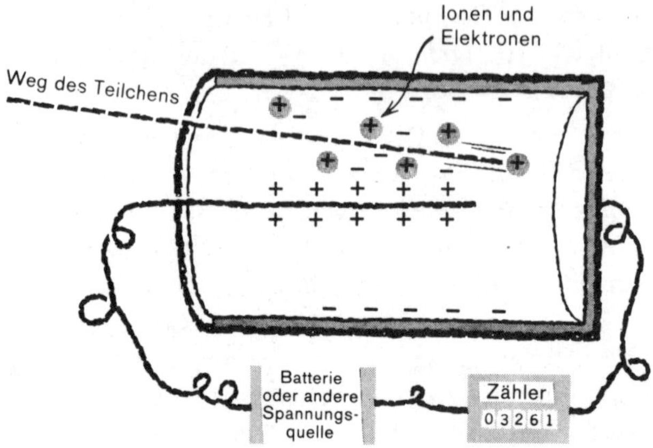

Abb. 12.3

sie Gasatome stoßen und dabei andere Elektronen herausschlagen. So bildet sich eine Lawine von Elektronen, die im Geiger-Zähler einen nachweisbaren Stromstoß erzeugt, wenn sie den Draht erreicht. Jedesmal, wenn ein Teilchen durch den Zylinder fliegt, wird ein Stromstoß beobachtet. Daher ist der Geiger-Zähler in der Lage, die Teilchen zu zählen, die durch ihn hindurchtreten.

Die Nebelkammer. Die Nebelkammer ist mit einem Gas (üblicherweise Luft) gefüllt, das Wassermoleküle enthält. Wenn ein solches Gas abgekühlt wird, hat das Wasser das Bestreben zu kondensieren und bildet Wolken kleiner Wassertröpfchen. Dies ist der Vorgang, der sich bei der Wolkenbildung in der Atmosphäre abspielt. Die warme Luft, die verdampftes Wasser enthält, dehnt sich beim Aufsteigen in der Atmosphäre aus und kühlt sich dabei ab. Wenn sie sich unter eine bestimmte Temperatur abkühlt, bilden die Wassermoleküle Tropfen und es entsteht eine Wolke. Um eine Wolke zu bilden, müssen die Wassermoleküle jedoch zu winzigen Tropfen zusammentreten. Es ist für diese Tropfen schwierig, sich zu bilden, wenn es nicht etwas Staub gibt, an dem sie kondensieren können. Die Tropfen können auch an Ionen kondensieren. Wenn eine Wolke in sauberer Luft entsteht, bilden sich die Tropfen zuerst an den Ionen, die in der Luft vorhanden sind. Wenn ein bewegtes Teilchen entlang seiner Bahn Ionen zurückgelassen hat, wird diese Bahn sichtbar durch die winzigen Tröpfchen, die an jedem der Ionen kondensieren. Jedes Ion wird sichtbar durch den Tropfen, der sich an ihm bildet.

Wir kühlen das Gas in der Nebelkammer ab, indem wir es plötzlich expandieren (Abb. 12.4). Wenn es sich abkühlt, bilden sich Tröpfchen an den Ionen, die von jedem Teilchen hervorgerufen worden sind, das gerade durch die Kammer flog. Diese Tröpfchen liegen längs der Bahn des Teilchens. Die Abb. 12.4b ist eine Photographie der Teilchen Bahnen in einer Nebelkammer.

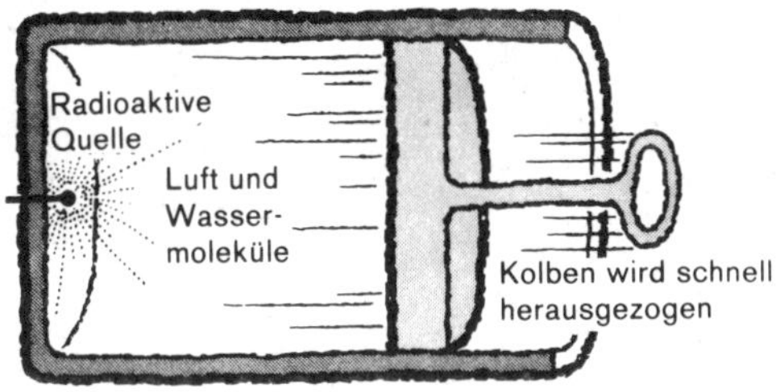

(a)

Abb. 12.4a

Die Kernstruktur

Wir haben darauf hingewiesen, daß die Kerne der verschiedenen Atome aus zwei Arten von Elementarteilchen bestehen, den Neutronen und den Protonen. Die Gesamtzahl der Protonen im Kern bestimmt die Gesamtladung des Kerns (wir erinnern uns, daß das Neutron keine Gesamtladung hat). Die Elektronen in der Wolke außerhalb des Kerns werden im Atom zusammengehalten, weil sie von den positiv geladenen Protonen im Kern angezogen werden. In einem elektrisch neutralen Atom gibt es genausoviel Elektronen in der Wolke (Elektronenhülle) außerhalb des Kerns wie Protonen im Kern.

Die Zahl der Protonen innerhalb des Kerns heißt *Ordnungszahl* des betreffenden Atoms oder Kerns. Alle Atome desselben chemischen Elements haben dieselbe Ordnungszahl, tatsächlich ist es diese Ordnungszahl, die das chemische Element bestimmt. Daher hat Wasserstoff, das einfachste Element, die Ordnungszahl eins. Die

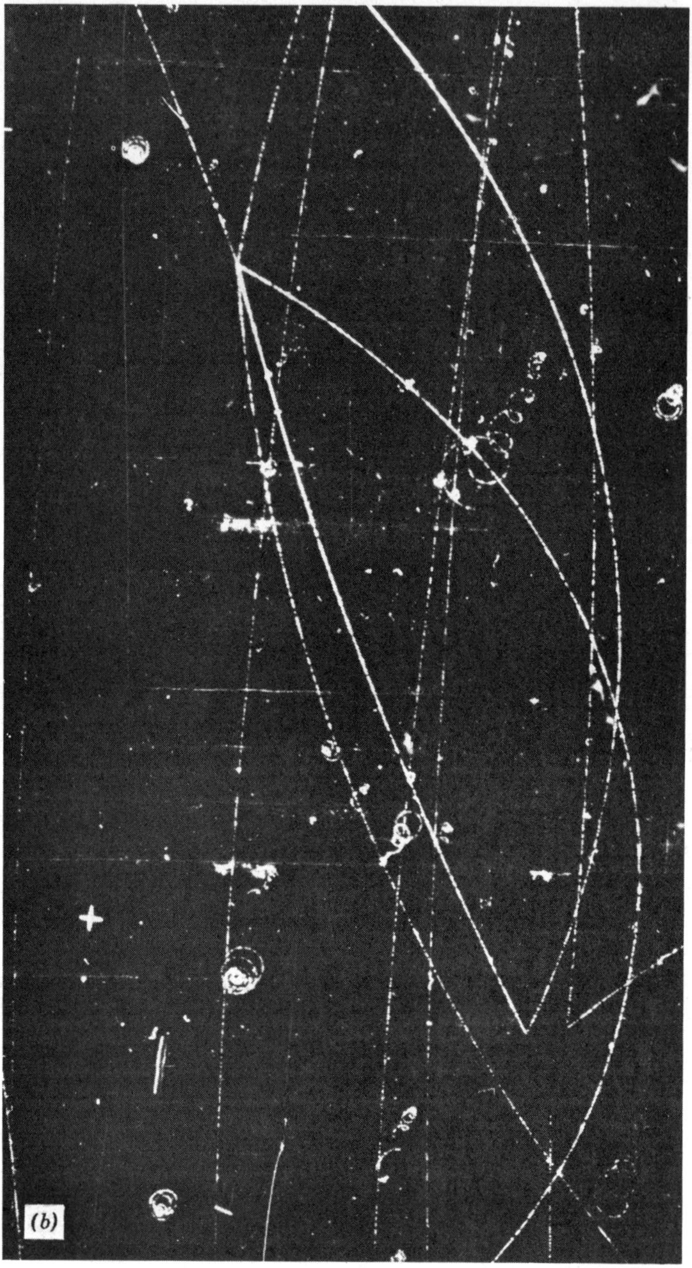

Abb. 12.4b

gewöhnliche Form des Wasserstoffs hat ein Proton (und kein Neutron) im Kern und ein Elektron in der Hülle. Die gewöhnliche Form des Heliums, mit der Ordnungszahl zwei, hat als Kern ein α-Teilchen, das aus zwei Protonen und zwei Neutronen besteht.

Die *Massenzahl* ist die Summe der Zahl der Protonen und der Zahl der Neutronen im Kern. Da das Neutron und das Proton fast dieselbe Masse haben, ist diese Zahl in sehr guter Näherung proportional zur Masse des Kerns. Die Masse des Kerns ist in sehr guter Näherung gleich der Gesamtmasse des Atoms, weil die Elektronen sehr viel weniger Masse haben als die Nukleonen. Die gewöhnliche Form des Wasserstoffs hat eine Massenzahl, die gleich der Ordnungszahl ist, nämlich eins, weil sie nur ein Nukleon im Kern hat (Abb. 12.5a). Die gewöhnliche Form des Heliums hat eine Massenzahl von vier, weil sie zwei Protonen und zwei Neutronen im Kern hat (Abb. 12.5d). Für alle bekannten Atome mit Ausnahme der gewöhnlichen Form des Wasserstoffs ist die Massenzahl größer als die Ordnungszahl.

Wir haben die gewöhnliche Form des Wasserstoffs diskutiert, dessen Kern aus einem Proton besteht. Es gibt zwei weitere Formen des Wasserstoffs. Eine von ihnen, die als *Deuterium* bezeichnet wird, hat einen Kern, der aus einem Proton und einem Neutron besteht (Abb. 12.5b). Also hat es die Massenzahl zwei und ist ungefähr doppelt so schwer wie die gewöhnliche Form des Wasserstoffs. Es ist aber immer noch dasselbe chemische Element Wasserstoff, weil es immer noch dieselbe Zahl von Protonen im Kern hat. Die dritte Form des Wasserstoffs, die als *Tritium* bezeichnet wird, hat ein Proton und zwei Neutronen im Kern (Abb. 12.5c). Alle Kerne, die dieselbe Zahl von Protonen, aber verschiedene Zahlen von Neutronen haben, werden *Isotope* voneinander genannt. Wie wir gesehen haben, hat Wasserstoff mindestens drei Isotope. Die meisten Elemente haben mehrere Isotope.

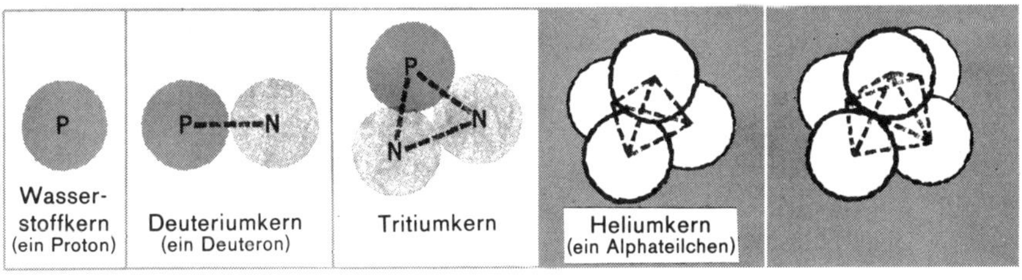

(a) *(b)* *(c)* *(d)* *(e)*

Abb. 12.5

Die starke Wechselwirkung

Ein Merkmal der starken Wechselwirkung besteht darin, daß sie nur zwischen bestimmten Arten von Teilchen wirksam wird. Wir haben zwei der Elementarteilchen betrachtet, die starke Wechselwirkung ausüben oder ihr unterliegen – das Neutron und das Proton. Die Kräfte der starken Wechselwirkung halten die Nukleonen im Kern zusammen.

Ein weiteres Merkmal der starken Wechselwirkung ist ihre wirklich außerordentliche Stärke. Es erfordert gewaltige Energie, um etwas auseinanderzubrechen, das durch starke Wechselwirkung zusammengehalten wird. Diese Energie ist so groß, daß sie eine beträchtliche Masse darstellt. Beispielsweise ist die Masse des α-Teilchens rund 3/4 % geringer als die Summe der Masse von zwei Protonen und zwei Neutronen. Man könnte daher erwarten, bei Umwandlungen, an denen die starke Wechselwirkung beteiligt ist, sehr viel Energie zu gewinnen oder zu verlieren. Die Atom- und Wasserstoffbombe sind Beweise dafür, daß dies tatsächlich geschieht.

Ein drittes Merkmal der starken Wechselwirkung ist die sehr kurze Reichweite der durch sie entstehenden Kräfte. Sie wirkt am stärksten bei nuklearen Entfernungen – weniger als etwa 10^{-15} m, also ungefähr dem „Radius" des Nukleons. Daher ist sie am stärksten, wenn sie zwischen benachbarten Nukleonen auftritt und sie ist wesentlich weniger wirksam, wenn die Nukleonen durch eine Entfernung getrennt sind, die größer als der Radius eines Nukleons ist. Wenn die Nukleonen eng zusammen sind, ist die starke Wechselwirkung etwa hundertmal stärker als die elektromagnetische Wechselwirkung. Daher können wir die elektromagnetischen Kräfte zwischen benachbarten Nukleonen oft vernachlässigen. Die starken Kräfte zwischen Protonen und Protonen, Protonen und Neutronen, sowie Neutronen und Neutronen sind alle ungefähr gleich groß. Auf große Entfernungen ist die elektromagnetische Kraft stärker als die Kraft der starken Wechselwirkung, weil die starke Wechselwirkung mit zunehmender Entfernung schneller abfällt als die elektromagnetische Wechselwirkung.

Zur Zeit ist das exakte Gesetz der starken Wechselwirkung unbekannt.

Nukleare Bindungsenergien

Die starke und die elektromagnetische Wechselwirkung erklären gemeinsam die wesentlichen Züge der nuklearen Bindungsenergie. Die Bindungsenergie (vgl. Kapitel 6, Seite 288) ist die Energie, die zugeführt werden muß, um Teilchen zu trennen, die durch eine Kraft zusammengehalten werden. Die Nukleonen, die einen Kern aufbauen, haben, wenn sie zu einem Kern vereinigt sind, weniger Masse, als wenn sie getrennt sind. Da den Teilchen Energie zugeführt werden muß, um sie zu trennen, muß auch Masse zugeführt werden, denn Energie hat Masse. Also haben die Nukleonen mehr Masse, wenn sie getrennt sind, als wenn sie zusammen den Kern bilden.

Wir betrachten hier die gesamte Bindungsenergie des Kerns dividiert durch die Gesamtzahl seiner Teilchen – d.h. die Bindungsenergie pro Teilchen. Die Bindungsenergie zweier Nukleonen ist ungefähr $3{,}6 \cdot 10^{-13}$ Joule, entsprechend einer Bindungsmasse von $4 \cdot 10^{-30}$ kg. Wir wollen diese Masse B nennen.

Abb. 12.5b zeigt ein Proton und ein Neutron, die zu einem *Deuteron* zusammengetreten sind, dem Kern der zweiten Form des Wasserstoffs, Deuterium. Wegen der Bindungsenergie ist die Masse dieses Teilchens geringer als die Summe der Massen des Protons und des Neutrons, wenn sie getrennt sind. Der Massenverlust (Massendefekt) durch diese Bindungsenergie ist ungefähr B. Der Massendefekt je Teilchen ist dann $B/2$, da das Deuteron aus zwei Teilchen besteht.

Abb. 12.5c zeigt ein Proton und zwei Neutronen, die sich zu einem Tritiumkern verbunden haben, dem dritten Isotop des Wasserstoffs. Hier sind nun drei Teilchen, die sich alle anziehen, so daß sie fest gebunden sind. Also gibt es drei „Bindungen“, die durch die gestrichelten Linien in Abb. 12.5c dargestellt sind, weil jedes Teilchen in engem Kontakt mit jedem anderen steht. Also erwarten wir einen Massendefekt von ungefähr $3B$. Weil es drei Teilchen gibt, ist der Massendefekt je Teilchen $3B/3$ oder B. In diesem Fall ist die Bindungsmasse je Teilchen größer als im letzten Fall.

Betrachten wir jetzt den Fall von vier Teilchen, die nach Abb. 12.5d in Form einer Pyramide angeordnet sind. (Diese Art von Pyramide mit vier Ecken heißt Tetraeder). Jetzt gibt es sechs Bindungen und vier Teilchen; daher erwarten wir einen Massendefekt von ungefähr $6B$, also einen Massendefekt von $3B/2$ pro Teilchen. Also hat der

Massendefekt je Teilchen wieder zugenommen (diese Betrachtung des α-Teilchens ist sehr stark vereinfacht).

Man könnte denken, dies könne immer so weitergehen, so daß der Zustand geringster Energie je Teilchen erreicht wäre, wenn alle Protonen und Neutronen der Welt zu einem einzigen riesigen Kern zusammengepackt wären. Jedoch müssen noch zwei weitere Effekte berücksichtigt werden. Einer von diesen begrenzt den Massendefekt je Teilchen und der andere vermindert ihn sogar.

Um den Einfluß zu erkennen, der den Massendefekt je Teilchen begrenzt, betrachten wir den Kern mit fünf Teilchen (Abb. 12.5e). Es gibt keine Möglichkeit, diese Teilchen im dreidimensionalen Raum so anzuordnen, daß jedes Teilchen alle anderen berührt. Zwar kann in einer Anordnung aus vier Teilchen jedes Teilchen jedes andere berühren, bei fünf jedoch nicht. Das fünfte Teilchen muß von einigen Teilchen weiter entfernt sein als von anderen. Dies ist sehr wichtig, weil die starke Wechselwirkung nur eine kurze Reichweite hat. Wir wollen annehmen, daß sie nur wirkt, wenn die Teilchen sich „berühren", obwohl das natürlich nicht ganz korrekt ist. Nach Abb. 12.5e gibt es bei fünf Teilchen neun Bindungen, wenn die Teilchen einander berühren. Der Massendefekt je Teilchen ist jetzt $9B/5$. Das ist noch mehr als im letzten Fall, aber die Größe des Zuwachses nimmt ab.

Was ist der maximale Massendefekt je Teilchen? Betrachten wir ein Teilchen in der Mitte eines großen Kernes. Selbst in der dichtest möglichen Packung kann es nicht mehr als zwölf Nachbarn haben, die es berühren. (Versuchen Sie es mit einem Stapel Apfelsinen – probieren Sie aus, wieviele Apfelsinen eine einzelne berühren können). Dies bedeutet 12 Bindungen, von denen jede mit einem anderen Nukleon geteilt wird. Also hat jedes Teilchen sechs Bindungen für sich selbst. Daher beträgt der Massendefekt je Teilchen für ein Nukleon in der Mitte des Kerns $6B$. Ein Teilchen auf der Oberfläche des Kerns hat weniger Nachbarn, daher ist der Massendefekt je Teilchen geringer. Nach dieser Analyse kann der Massendefekt je Teilchen nicht größer werden als $6B$.

Große Kerne enthalten mehr Protonen. Wegen ihrer elektrischen Ladung stoßen sich die Protonen gegenseitig ab und arbeiten so der Anziehungskraft der starken Wechselwirkung entgegen. Die elektrische Kraft ist viel schwächer als die starke Kraft, aber sie wirkt auf große Entfernungen. Daher ist jedes Proton durch die starke Kraft an seine nächsten Nachbarn gebunden, wird aber von jedem anderen Proton des Kerns abgestoßen. Trotz der höheren Stärke der starken Kraft gibt es eine maximale Zahl von Protonen, die in einem stabilen Kern untergebracht werden können. Die Protonen wirken durch ihre Ladung der starken Kraft entgegen; für große Kerne nimmt der Massendefekt je Teilchen tatsächlich etwas ab, weil die Massenzahl eines Kerns stärker zunimmt als seine Größe. Daher gibt es eine Kerngröße, für die der Massenverlust je Teilchen am größten ist. Die vereinfachte Argumentation, die wir hier gegeben haben, führt zu einer Darstellung wie in Abb. 12.6a. Die tatsächliche Kurve ist in Abb. 12.6b dargestellt. Der Unterschied beider Kurven rührt von mehreren Effekten her, die hier nicht diskutiert wurden.

Die Freisetzung der Kernenergie

Ein Blick auf Abb. 12.6b zeigt uns, wie Kernenergie freigesetzt werden kann. Die größte Bindungsenergie je Teilchen tritt bei den Kernen auf, die wie der Eisenkern etwa 56 Nukleonen enthalten. Die Kurve hat ein Maximum, das der größten Bindungsenergie je Teilchen entspricht. Das bedeutet, daß wir auf zwei Arten der Kernumwandlung Energie erhalten können.

1. Wenn wir die leichten Kerne auf der linken Seite der Kurve verschmelzen, entstehen aus ihnen die schwereren Kerne, die auf der Kurve weiter rechts liegen. Also wird die Bindungsenergie je Teilchen zunehmen. Das bedeutet, daß die Teilchen stärker aneinander gebunden sind als zuvor, und daß daher Energie frei wird. Dieser Prozess heißt Verschmelzung (Fusion). Eine solche Fusion tritt in der Sonne und bei der Explosion einer Wasserstoffbombe auf.

2. Wenn wir die schweren Kerne weit rechts auf der Kurve in ungefähr gleiche Teile spalten, dann sind die Bruchstücke leichtere Kerne, die etwa in der Mitte der Kurve liegen. Auch hier würde wieder die Bindungsenergie je Teilchen zunehmen, wenn auch nicht so stark wie bei der Fusion, wie man aus der Kurve sieht. Auch hier würde also Energie frei werden, aber nicht so viel wie beim Fusionsprozess. Dieser Prozess, der als Kernspaltung (Fission) bezeichnet wird, tritt bei der Explosion „gewöhnlicher“ Atombomben und in vielen Kern-

reaktionen auf. Sowohl bei der Spaltung als auch bei der Verschmelzung entstehen neue Kerne, und ein Teil der Ruhemasse der ursprünglichen Kerne wird in Form anderer Energien freigesetzt.

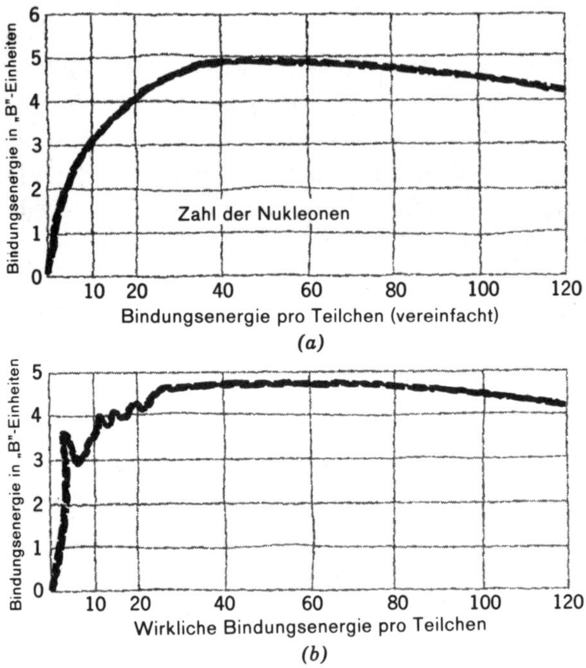

Abb. 12.6

Kernspaltung: die Atombombe

In einer Art der Atombombe werden Kerne der Ordnungszahl 92 und der Massenzahl 235 verwendet – das wohlbekannte Uran-235. Dieses Element erscheint ganz rechts auf der Kurve der Abb. 12.6b und ist daher ein Anwärter für den Spaltungsprozess. Wenn der Uran-235 Kern zerbricht, wird in der Tat Energie frei. Jedes Uran-235 Atom hat eine gewisse Wahrscheinlichkeit, von selbst zu zerbrechen, aber wir wollen die Kerne so anregen, daß viele von ihnen gleichzeitig zerbrechen. Der Spaltprozess kann angeregt werden, indem man Uran-235 mit langsamen Neutronen bestrahlt. Diese Neutronen haben keine Gesamtladung und werden daher im Gegensatz zu Protonen nicht vom Kern abgestoßen. Sie fallen leicht in den Kern hinein und werden an die anderen Nukleonen gebunden. Die beim Einfang des Neutrons freiwerdende Bindungsenergie erscheint als kinetische Energie der Neutronen und der anderen Teilchen im Kern. Diese erhöhte Energie bewirkt das Zerbrechen des Kerns, wobei nicht nur Energie, sondern auch 2 oder 3 weitere Neutronen frei werden. Diese Neutronen können nun dazu dienen, noch mehr Uran-235 Kerne zu zerbrechen. Also erhält der Prozess sich selbst. Leider sind aber die freiwerdenden Neutronen nicht langsame, sondern hochenergetische, schnelle Neutronen. Bevor sie leicht von den anderen Uran-235 Kernen eingefangen werden können, müssen sie auf geringere kinetische Energie abgebremst werden. Die schnellen Neutronen werden durch wiederholte Stöße mit den Uranatomen abgebremst, bis sie langsam genug sind, um vom Kern eingefangen zu werden. Wenn jedoch das Stück Uran-235 zu klein ist, werden die meisten der erzeugten Neutronen das Material verlassen, bevor sie abgebremst sind, so daß sich die Reaktion nicht entwickeln kann. Wenn aber die Masse des Materials eine bestimmte kritische Größe überschreitet, werden die Neutronen eines Spaltprozesses so abgebremst, daß sie zwei oder mehr weitere Spaltprozesse hervorrufen können. Dann

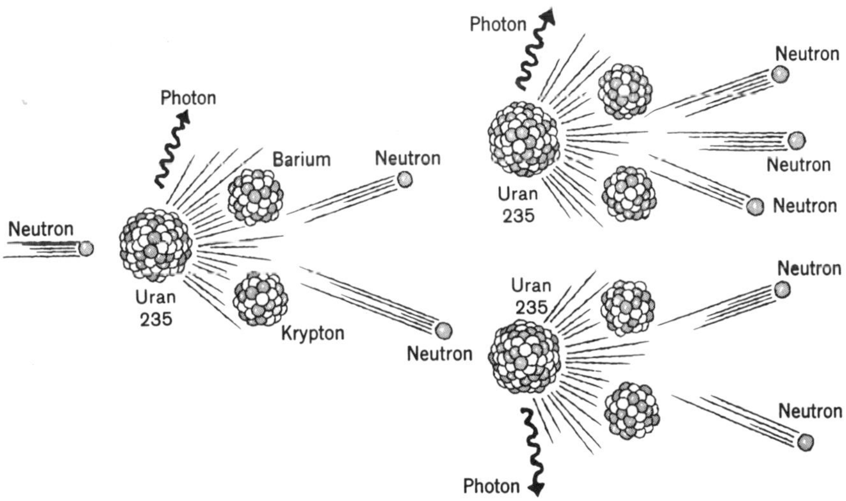

Abb. 12.7 Kettenreaktion

haben wir eine Kettenreaktion – im Mittel regt jede Spaltung mehr als eine neue Spaltung an, so daß sich die Reaktion schnell zu einer Explosion entwickelt (Abb. 12.7). Hierdurch entsteht eine Atombombenexplosion (Abb. 12.8). Um eine Bombe zu zünden, müssen zwei Stücke aus Uran-235, die unterhalb der kritischen Größe liegen, schnell zusammengebracht werden, um daraus ein Stück mit überkritischer Größe zu machen.

Abb. 12.8

Kernspaltung: Der Kernreaktor

Wenn wir keine Bombe wollen, sondern die Energie der Kernspaltung auf kontrollierte Weise für weniger zerstörerische Zwecke verwenden wollen, brauchen wir einen Kernreaktor. Abb. 12.9 ist eine Skizze eines Reaktortyps. Der „Brennstoff" dieses Reaktors ist nicht reines Uran-235, sondern Uran, das etwa 20 % Uran-235 enthält. Der Rest dieses Uran-Brennstoffs besteht zum größten Teil aus einem anderen Uranisotop mit der Massenzahl 238, dem Uran-238. Das Uran-238 absorbiert die meisten der schnellen Neutronen, die durch die Spaltung des Uran-235 erzeugt wurden, bevor diese Neutronen stark genug abgebremst worden sind, um von den anderen Uran-235 Atomen eingefangen werden zu können. Um diesen Effekt zu vermindern, um also genug langsame Neutronen für die Spaltung zu haben, werden die Uranstäbe durch einen *Moderator*, z.B. Graphitstäbe, getrennt. Der Moderator bremst die aus einem Uranstab austretenden Neutronen, ohne zu viele von ihnen zu absorbieren. Dann haben diese Neutronen die richtige Geschwindigkeit, um eine Spaltung zu bewirken, wenn sie wieder in einen Uranstab eintreten.

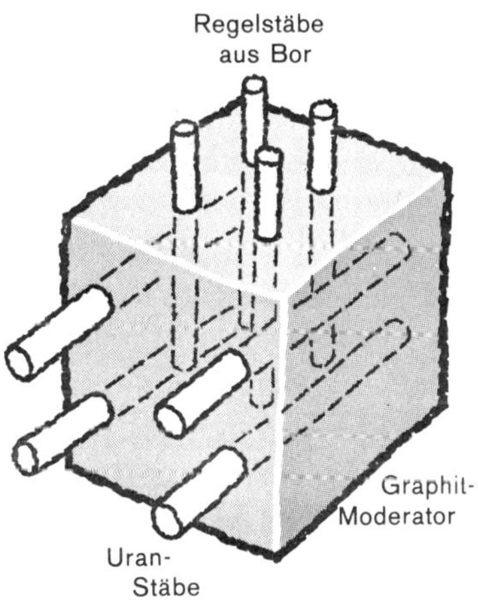

Abb. 12.9

Um sicher zu sein, daß es nicht zu viele langsame Neutronen gibt, die eine unkontrollierte Kettenreaktion auslösen könnten, werden in den Reaktor Regelstäbe eingebaut. Sie bestehen aus einem Neutronen absorbierenden Material wie Bor oder Kadmium. Je tiefer die Regelstäbe eingeführt werden, desto mehr Neutronen absorbieren sie; sie bieten daher die Möglichkeit, den Prozess zu regeln.

Fusion (Verschmelzung)

Das Problem, eine praktisch nutzbare Verschmelzungsreaktion zu erhalten, in der leichte Kerne zu schweren zusammentreten, ist schwieriger als das entsprechende Problem bei der Spaltung. In der Wasserstoffbombenexplosion verschmelzen Deuteronen, wodurch z.B. Tritiumkerne und α-Teilchen entstehen. Die Deuteronen sind aber positiv geladen und stoßen daher einander ab. Sie müssen eine beträchtliche kinetische Energie haben, damit sie beim Stoß so nahe zusammenkommen, daß die starke Wechselwirkung die elektrische Abstoßung überwindet. Sie haben diese hohe kinetische Energie, wenn sie sich auf hoher Temperatur befinden.

Diese Temperaturen treten in Sternen wie der Sonne auf. Wahrscheinlich stammt die Energie der Sonne zum größten Teil aus Verschmelzungsprozessen. Diese hohen Temperaturen werden auch in der Wasserstoffbombe erreicht, indem man eine gewöhnliche Spaltungsbombe verwendet, um die für die Fusion erforderliche Anfangsenergie zu erzeugen. Die kontrollierte Freisetzung der Energie stellt jedoch ein ungeheures technisches Problem dar, weil die zur Aufrechterhaltung des Prozesses notwendige Temperatur das Material jedes Behälters zerstört. Bei so hohen Temperaturen sind aber fast alle Atome ionisiert und daher elektrisch geladen. Eine solche Ansammlung von zum größten Teil ionisierten Teilchen wird als *Plasma* bezeichnet. Im Zyklotron (siehe Kapitel 8, Seite 386) wird ein Magnetfeld verwendet, um die geladenen Teilchen daran zu hindern, das Instrument zu früh zu verlassen. Mit komplizierteren Arten magnetischer Felder läßt sich auch ein Plasma für sehr kurze Zeit zusammenhalten. Es gibt eine gewisse Möglichkeit, daß ein Plasma lange genug zusammengehalten werden könnte, um eine kontrollierte Fusionsreaktion zu erlauben. Die Erforschung dieses Problems ist noch im Gang.

Antimaterie

Die Entdeckung der Antimaterie

Im Jahre 1930 gab der amerikanische Physiker C. D. Anderson die Entdeckung eines neuen Teilchens bekannt – des positiven Elektrons, das auch als *Positron* bezeichnet wird. Dieses Teilchen hat dieselbe Masse wie das Elektron, aber keine negative, sondern eine positive Ladung. Die Ladung hat genau dieselbe Größe wie die des Elektrons, aber entgegengesetztes Vorzeichen. Abgesehen von diesem Unterschied der Ladungen scheint sich ein Positron wie ein Elektron zu verhalten. Durch ein Magnetfeld werden die Bahnen der Elektronen in der Nebelkammer gekrümmt. Die Bahnen der Positronen werden auch gekrümmt, aber in entgegengesetzter Richtung. (Abb. 12.10).

Heute wird angenommen, daß es zu jedem Teilchen ein Antiteilchen gibt, das dieselbe Masse wie das Teilchen, aber entgegengesetzte Ladung hat. Die meisten dieser Antiteilchen sind entdeckt worden. So gibt es das Antiproton, das dieselbe Masse wie das Proton, aber negative Ladung hat. Es gibt auch ein Antineutron, das dieselbe Masse wie das Neutron hat. Da das Neutron keine Gesamtladung hat, hat das Antineutron auch keine Gesamtladung, aber es unterscheidet sich von dem Neutron in Eigenschaften, die wir noch nicht diskutiert haben. Das Antiphoton ist selbst ein Photon, daher sagen wir, daß

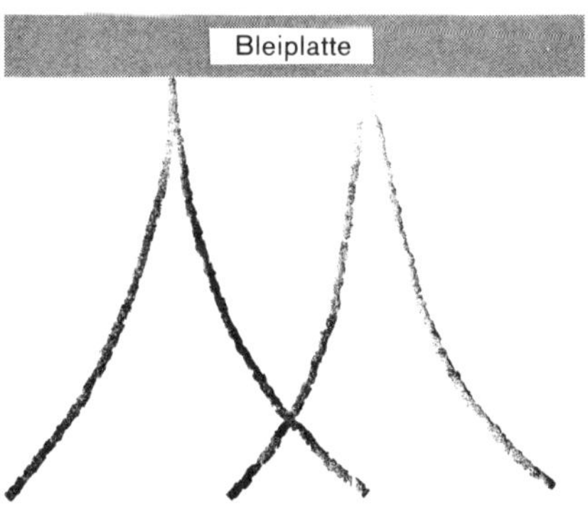

Elektron-Positron Paare

(a)

Abb. 12.10a

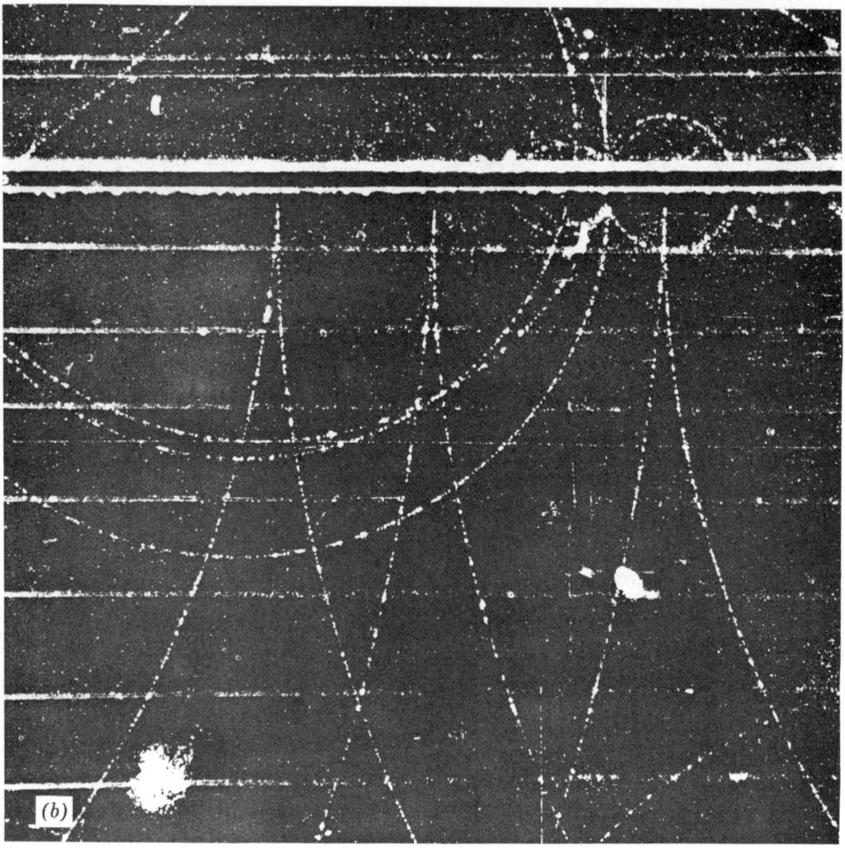

Abb. 12.10b

das Photon sein eigenes Antiteilchen ist. Es gibt auch ein Antimyon, wie man erwarten kann, weil das Myon sich abgesehen von seiner größeren Masse wie ein Elektron verhält. Es gibt Antiatome, die aus Antiprotonen, Antineutronen und Positronen bestehen statt aus Protonen, Neutronen und Elektronen. Wir können sogar über ein aus Antimaterie bestehendes Antiuniversum spekulieren. Vielleicht bestehen einige der Galaxien, die wir durch die Teleskope beobachten, in Wirklichkeit aus Antimaterie statt aus Materie. Vielleicht ist es ein Zufall, daß wir selbst aus Materie und nicht aus Antimaterie bestehen.

Die Vernichtung von Materie (Annihilation)

Wenn ein Teilchen und ein Antiteilchen zusammentreffen, können sie einander vernichten, d.h. sie können beide verschwinden, wobei sie zwei oder mehr Photonen und vielleicht auch andere Teilchen zurücklassen (Abb. 12.11). Die zurückbleibenden Photonen sorgen dafür, daß Energie und Impuls erhalten bleiben; sie haben die Energie und den Impuls, die vorher in den Teilchen enthalten waren, die vernichtet wurden. Wenn in unserem Teil des Universums Antimaterie erzeugt wird, findet sie schnell gewöhnliche Materie und wird vernichtet. In gleicher Weise werden in Prozessen mit genügender Energie paarweise Teilchen und Antiteilchen gebildet. Dieser Vorgang wird *Paarbildung* genannt. Damit dieser Vorgang ablaufen kann, muß natürlich mindestens so viel Energie zur Verfügung stehen, daß daraus die Ruhemasse des Teilchenpaares gebildet werden kann.

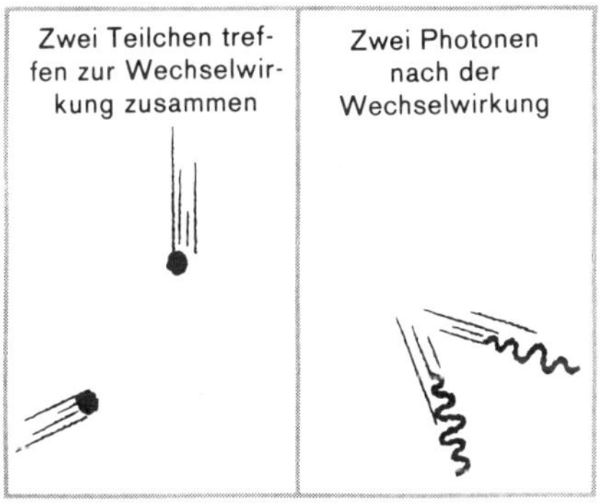

(a) *(b)*

Abb. 12.11

Die Vernichtung der Materie ist ein ausgezeichnetes Beispiel für die Umwandlung der Ruhemasse in andere Formen der Masse-Energie. Wenn ein Elektron und ein Positron einander vernichten, und dabei Photonen bilden, verschwindet ihre Ruhemasse völlig, da die Photonen keine Ruhemasse haben. Die Ruhemasse des Elektrons und des Positrons wird vollständig in die kinetische Energie (Masse) der Photonen umgewandelt.

Teilchen-Antiteilchen Symmetrie

Die Existenz der Antimaterie scheint eine weitere Symmetrie in die physikalische Welt einzuführen. Zu jeder möglichen Konfiguration der Materie könnten wir eine andere erhalten, indem wir alle Teilchen in Antiteilchen überführen. Dies legt den Gedanken nahe, daß die Gesetze der Physik unverändert bleiben sollten, wenn wir alle Teilchen in Antiteilchen verwandeln – daß jeder in der physikalischen Welt mögliche Prozess auch noch möglich sein sollte, wenn die Teilchen Antiteilchen wären. Dieses Symmetrieprinzip gilt für einen großen Bereich von Erscheinungen, aber ist nicht allgemein gültig, wie wir später sehen werden.

Die schwache Wechselwirkung

Das Neutrino

Wenn das Neutron von anderen Teilchen getrennt wird, ist es instabil. Es emittiert zwei Teilchen und wandelt sich nach folgendem Prozess in ein Proton um:

$$n \to p^+ + e^- + \bar{\nu}_e \qquad (1)$$

Diese „Gleichung“ beschreibt eine Teilchenreaktion. Die beiden Seiten der Gleichung sind durch einen Pfeil getrennt. Links von dem Pfeil stehen die Teilchen, die die Reaktion beginnen, in diesem Fall nur das Neutron n. Rechts stehen die Teilchen, die in der Reaktion gebildet werden oder aus ihr hervorgehen. In diesem Fall sind es das Proton p^+, das Elektron e^- und ein neues Teilchen $\bar{\nu}_e$, das Antineutrino. Das Antineutrino ist das Antiteilchen eines weiteren neuen Teilchens, des Neutrinos, das durch das Zeichen ν_e dargestellt wird. (Wir stellen oft ein Antiteilchen dar, indem wir einen Querstrich über das Symbol des Teilchens setzen.)

Das Neutrino und das Antineutrino sind Teilchen, die keine Ladung und keine Ruhemasse haben. Diese Teilchen fliegen offenbar mit

Lichtgeschwindigkeit. Sie sind sehr schwer nachzuweisen, denn sie können in fester Materie eine Strecke zurücklegen, die einem Zehntel des Milchstraßendurchmessers entspricht, bevor sie absorbiert werden.

„Gleichung“ 1 beschreibt nicht nur den Zerfall eines isolierten Neutrons, sondern auch das Schicksal des Neutrons im Kern bei dem gewöhnlichen radioaktiven Prozess der β-Emission. Das emittierte β-Teilchen ist das Elektron, das auf der rechten Seite der Reaktion erscheint. Das Neutron verwandelt sich in ein Proton, indem es ein Elektron emittiert. Dieser Vorgang ändert die Ordnungszahl des Kerns, aber nicht seine Massenzahl. Als dieser Prozess zuerst untersucht wurde, schienen Energie und Impuls nicht erhalten zu sein, weil Neutrinos und Antineutrinos nicht bekannt waren. Tatsächlich wurde die Existenz dieser Teilchen zuerst postuliert, um den scheinbaren Verlust von Energie und Impuls beim Vorgang der β-Emission zu erklären. Später ist der Nachweis der Neutrinos in einigen sehr schwierigen Experimenten gelungen.

Die in „Gleichung“ 1 beschriebene Reaktion beinhaltet eine Art der Wechselwirkung, die wir noch nicht diskutiert haben. Die Kräfte dieser Wechselwirkung sind verantwortlich für die Emission des Elektrons und des Antineutrinos bei der Umwandlung des Neutrons in ein Proton. Diese Wechselwirkung wird als schwache Wechselwirkung bezeichnet, weil ihre Kräfte schwächer als die der starken und der elektromagnetischen Wechselwirkung sind (sie sind jedoch stärker als die Gravitationskräfte).

In manchen Kernen kann eine andere Art der β-Emission auftreten, bei der sich ein Proton in ein Neutron verwandelt und ein Positron (dargestellt durch das Symbol e^+) und ein Neutrino emittiert:

$$p^+ \rightarrow n + e^+ + \nu_e \qquad (2)$$

Auch diese Reaktion beinhaltet schwache Wechselwirkung. Sie kann nicht ablaufen, wenn das Proton allein, getrennt von anderen Teilchen auftritt, weil die Ruhemasse des Protons kleiner als die des Neutrons ist. Falls eine solche Reaktion spontan abliefe, würde sie das Gesetz der Erhaltung der Masse-Energie verletzen. In bestimmten Kernen kann jedoch der Unterschied zwischen der Bindungsenergie des Neutrons und der des Protons groß genug sein, um die zur Umwandlung des Protons in ein Neutron erforderliche Energie freizusetzen.

Ein stabiler Kern – d.h. ein Kern, der nicht spontan durch irgendeinen Prozess zerfällt, ist durch eine bestimmte Zahl von Neutronen und eine bestimmte Zahl von Protonen charakterisiert. Für einen stabilen Kern existiert bei gegebener Massenzahl nur eine bestimmte Zahl von Möglichkeiten für die Zahl der Neutronen und Protonen. (Es kommt vor, daß es nur eine oder auch gar keine Möglichkeit gibt.) Wenn es zu viele Neutronen gibt, tritt die β-Emission der Elektronen auf, wodurch sich Neutronen in Protonen umwandeln. Falls es andererseits zu viele Protonen gibt, tritt β-Emission von Positronen auf, wodurch sich die Protonen in Neutronen umwandeln. Die Stabilitäten und Instabilitäten ergeben sich aus den kleinen Unterschieden der Bindungsenergien der Neutronen und Protonen in den verschiedenen Kernen. Stabile Kerne, insbesondere die leichteren, haben gewöhnlich etwa ebenso viele Neutronen wie Protonen. Der einzige Kern, der kein Neutron enthält, ist der des gewöhnlichen Wasserstoffisotops, der aus einem einzelnen Proton besteht. Die schwereren Kerne, z.B. Uran haben bis zu 62 % mehr Neutronen als Protonen. Die von den geladenen Protonen herrührenden starken elektrischen Abstoßungskräfte tendieren in großen Kernen dazu, den Kern zu sprengen und begrenzen so die mögliche Größe eines stabilen Kerns. Da das Neutron keine Gesamtladung besitzt, können in diesen großen Kernen mehr Neutronen enthalten sein, ohne diesen zerstörenden Effekt zu bewirken. Es gibt keine stabilen Kerne, die mehr als 83 Protonen oder insgesamt mehr als 209 Nukleonen enthalten.

Die Elektronen- und Myonen-Familienzahlen

Das Symbol für das Antineutrino in Gl. 1 hat ein „*e*" als Index. Dieser Index wird verwendet, um das Neutrino und das Antineutrino, die mit dem Elektron verbunden sind (das sogenannte Elektronen-Neutrino und das Elektronen-Antineutrino) zu unterscheiden von einem anderen Neutrino und Antineutrino, die mit dem Myon verbunden sind (das sogenannte Myonen-Neutrino und das Myonen-Antineutrino). Es gibt also zwei Arten von Neutrinos und Antineutrinos. Das Myonen-Neutrino wird manchmal als Neutretto bezeichnet.

Wir bekommen neue Erhaltungssätze, indem wir jedem Mitglied bestimmter Gruppen von Teilchen „Familienzahlen“ zuordnen. Eine solche Gruppe umfaßt das Elektron, das Positron, das Elektronen-Neutrino und das Elektronen-Antineutrino. Dem Elektron und dem Elektronen-Neutrino werden die Elektronen-Familienzahl eins zugeordnet. Das Positron und das Elektronen-Antineutrino erhalten die Elektronen-Familienzahl minus eins. Alle anderen Teilchen erhalten die Elektronen-Familienzahl null. Die Elektronen-Familienzahl einer Ansammlung von Teilchen ist die Summe der Elektronen-Familienzahlen der Teilchen dieser Ansammlung. Die Elektronen-Familienzahl bleibt in allen Reaktionen der Teilchen erhalten. Z.B. ist sie in der durch Gl. 1 beschriebenen Reaktion konstant. Auf der rechten Seite dieser Reaktion haben wir ein Elektron (Elektronen-Familienzahl eins) und ein Elektronen-Antineutrino (Elektronen-Familienzahl minus eins). Daher ist die gesamte Elektronen-Familienzahl auf der rechten Seite null. Auf der linken Seite haben wir nur ein Neutron, das die Elektronen-Familienzahl null hat. Also ändert sich die Elektronen-Familienzahl in der Reaktion nicht. Die Elektronen-Familienzahl bleibt in allen physikalischen Prozessen erhalten.

Die Myonen-Familienzahl wird in derselben Weise wie die Elektronen-Familienzahl zugeordnet, abgesehen davon, daß die Gruppe andere Mitglieder hat. Dem negativen Myon und dem Myonen-Neutrino ordnen wir die Myonen-Familienzahl eins zu, dem positiven Myon und dem Myonen-Antineutrino die Myonen-Familienzahl minus eins. Alle anderen Teilchen erhalten die Myonen-Familienzahl null. Auch die Myonen-Familienzahl bleibt erhalten. Als ein Beispiel dieser Gesetze betrachten wir den Vorgang, durch den sich das Myon in ein Elektron und andere Teilchen umwandelt. Dies ist eine weitere Reaktion, bei der die schwache Wechselwirkung auftritt.

$$\mu^- \to e^- + \bar{\nu}_e + \nu_\mu \qquad (3)$$

In dieser Reaktion wird das negative Myon durch das Symbol μ^- dargestellt. Sein Antiteilchen, das positive Myon, würde durch das Zeichen μ^+ charakterisiert. In dieser Reaktion bleiben die Elektronen- und die Myonen-Familienzahlen jeweils einzeln erhalten. Links ist die Myonen-Familienzahl gleich eins. Rechts ist sie auch eins, weil das Myonen-Neutrino (ν_μ) auftritt. Links ist die Elektronen-Familienzahl null, da weder ein Elektron noch ein Elektronen-Neutrino erscheint. Rechts gibt es ein Elektron (Elektronen-Familienzahl eins) und ein Elektronen-Antineutrino (Elektronen-Familienzahl minus eins). Also ist die gesamte Elektronen-Familienzahl rechts und links gleich null. Es sind keine Ausnahmen von diesen beiden Erhaltungssätzen bekannt.

Verletzung der Spiegelsymmetrie und der Teilchen-Antiteilchen-Symmetrie

Prozesse, in denen die schwache Wechselwirkung auftritt, befolgen nicht notwendigerweise das Prinzip der Spiegelsymmetrie, das in Kapitel 1 (Seite 38) diskutiert wurde. Das bedeutet, daß man Prozesse wie z. B. den β-Zerfall kennt, die im Spiegel betrachtet Prozesse ergeben, die *nicht* auftreten. Ein berühmtes Beispiel ist die β-Emission des Kobalt-60. (Der Kobalt-60 Kern hat eine Ordnungszahl von 27 und eine Massenzahl von 60.) Abb. 12.12 zeigt, wie der rotierende (d.h. mit Spin behaftete) Kern beim β-Zerfall ein Elektron emittiert. Das Elektron kommt in der entgegengesetzten Richtung heraus wie das Antineutrino, aber die Richtungen haben immer dieselbe Beziehung zum Spin des Kerns. Betrachtet man, wie in der Figur angegeben, das Spiegelbild, dann sieht der Vorgang anders aus. Das Spiegelbild ist nicht dasselbe wie der ursprüngliche Vorgang, ebenso wie das Spiegelbild einer rechten Hand wie eine linke Hand aussieht und nicht wie eine andere rechte Hand. Das wäre alles in Ordnung, mit Ausnahme der Tatsache, daß der im Spiegel beobachtete Prozeß in der Natur nicht beobachtet wird – in Wirklichkeit kommen die Teilchen so heraus wie in dem Diagramm und nicht so

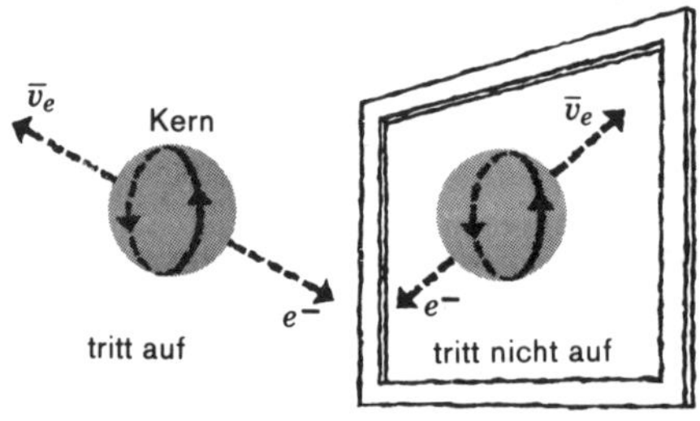

Abb. 12.12

wie in dem Spiegel gezeichnet. Würde echte Spiegelsymmetrie gelten, müßte jedoch der gespiegelte Vorgang mit derselben Wahrscheinlichkeit auftreten wie der nichtgespiegelte.

Die schwachen Wechselwirkungen verletzen auch das Prinzip der Teilchen-Antiteilchen-Symmetrie. Jedoch gehorchen die schwachen Wechselwirkungen einem kombinierten Symmetrieprinzip. Wenn wir den in Abb. 12.12 dargestellten Vorgang nicht nur spiegeln, sondern auch alle Teilchen durch ihre Antiteilchen ersetzen, erhalten wir wieder einen möglichen Prozeß. Soweit bekannt ist, befolgen Reaktionen mit schwacher Wechselwirkung immer dieses kombinierte Symmetrieprinzip der Spiegelung mit gleichzeitiger Vertauschung der Teilchen und Antiteilchen. Als dieses Versagen der Spiegelsymmetrie bei schwachen Wechselwirkungen im Jahre 1956 entdeckt wurde, bedeutete es für die Wissenschaftler eine große Überraschung. Welche Symmetrieprinzipien für die schwachen Wechselwirkungen wirklich gelten, ist noch Gegenstand der Untersuchung. (Bei der schwachen Wechselwirkung sind die Symmetrien der Spiegelung sowie die Teilchen-Antiteilchen-Symmetrie jeweils einzeln verletzt, die *kombinierte* Symmetrie der Vertauschung eines Teilchens mit seinem Antiteilchen bei gleichzeitiger Spiegelung jedoch gewahrt. C. N. Yang, der gemeinsam mit T. D. Lee für die Voraussage dieses Verhaltens den Nobelpreis erhielt, veranschaulicht diese höhere Symmetrie in seinem Buch „Elementarteilchen – Von der Entdeckung des Elektrons bis zum Sturz der Parität" an Hand des Reiterbildes von M. C. Escher (inneres Umschlagbild): Die dunklen Reiter reiten nach rechts, die hellen nach links. Betrachtet man das Bild im Spiegel, entsteht durch die Umkehr der Bewegungsrichtung ein neues Bild, das sich vom Original unterscheidet. Vertauscht man jedoch zusätzlich die hellen und die dunklen Farben, dann ist das Spiegelbild wieder gleich dem Original. Anm. d. Übers.)

Weitere Behandlung der starken Wechselwirkung

Erhaltung der Baryonen-Familienzahl

Das Proton hat in sich selbst genug Ruhemasse, um sich in viele Elektronen und Positronen zu verwandeln. Warum tut es das nicht? Wir wissen es nicht, aber wir können ein Prinzip erfinden, um dieses Verhalten zu beschreiben. Neutronen und Protonen sind schwere Teilchen (wir werden später noch weitere schwere Teilchen diskutieren). Schwere Teilchen werden *Baryonen* genannt. Man ordnet den Protonen und den Neutronen die Baryonen-Familienzahl (oder einfach Baryonenzahl) eins und ihren Antiteilchen die Baryonenzahl minus eins zu. Alle anderen Teilchen, die wir bis jetzt diskutiert haben, erhalten die Baryonenzahl null. Die Baryonenzahl bleibt bei allen physikalischen Vorgängen erhalten. Dieser Erhaltungssatz erklärt, weshalb das freie Proton stabil ist – es gibt kein anderes schweres Teilchen, das weniger Ruhemasse hat. Das Proton kann sich nicht in leichtere Teilchen umwandeln, weil die Baryonenzahl erhalten bleiben muß. Ebenso kann sich ein Nukleon im Kern nicht völlig in leichtere Teilchen sondern nur in andere schwere Teilchen verwandeln, so daß der schwere Kern erhalten bleibt.

Alpha-Emission

Da die Kerne positiv geladen sind, stoßen sie andere positiv geladene Teilchen ab. Wird, wie in Rutherfords Experiment (Seite 570) ein positiv geladenes α-Teilchen auf den Kern geschossen, dann wird es durch diese elektrische Abstoßung abgelenkt. Wenn ein α-Teilchen genügend Energie hat, kann es diese Abstoßung überwinden und den Kern erreichen.

Die elektrische Abstoßung wirkt wie eine Barriere, die die α-Teilchen vom Kern fernhält. Diese Barriere ist in Abb. 12.13 schematisch dargestellt. An jedem Punkt stellt die Höhe der Barriere die Energie dar, die ein α-Teilchen besitzen muß, um diesen Punkt zu erreichen. (Die Höhe der Barriere ist die potentielle Energie, die ein α-Teilchen an diesem Punkt haben würde. Die potentielle Energie entsteht durch zwei Kräfte, die Anziehungskraft der starken Wechselwirkung und die elektrische Abstoßungskraft.) Der Gipfel der Barriere ist der Punkt, an dem die Anziehung durch die starke Wechselwirkung den gleichen Betrag hat wie die elektrische Abstoßung. An Punkten, die dem Kern näher liegen als der Gipfel der Barriere, überwiegt die Anziehung die elektrische Abstoßung. An Punkten außerhalb des Gipfels überwiegt die elektrische Abstoßung.

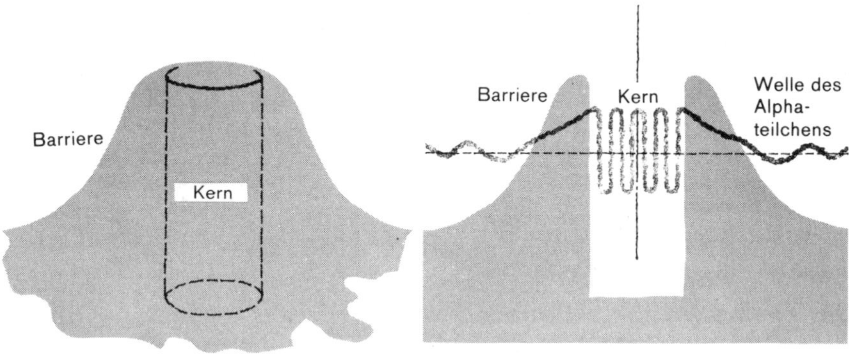

(a) (b)

Abb. 12.13

Beim radioaktiven Vorgang der α-Emission werden die α-Teilchen nicht auf den Kern geschossen, sondern sie kommen aus ihm heraus. Man würde annehmen, daß solche α-Teilchen, um hinaus zu gelangen, mindestens so viel Energie haben müßten, wie dem Gipfel des Berges entspricht. Jedoch werden aus Kernen oft α-Teilchen emittiert, die nicht so viel Energie haben. Dabei wandeln sich die Kerne um. Das Teilchen kommt irgendwie durch die Barriere, obwohl es scheinbar nicht genug Energie dazu hat. Dies ist ein Beispiel für den „Tunneleffekt", der für Materieteilchen nach der Quantentheorie, nicht jedoch nach der früheren Newtonschen Physik möglich ist.

Nach der Newtonschen Physik ist der Gipfel der Barriere für das α-Teilchen unzugänglich, wenn das Teilchen nicht genug Energie hat, um ihn zu erreichen. Es hat jedoch genug Energie, um die Gebiete außerhalb der Barriere zu betreten, wenn das Teilchen nur einen Weg finden könnte, um über die Barriere zu gelangen. Nach den Gesetzen der Quantenphysik kann ein Teilchen durch eine Energiebarriere zwischen zwei Gebieten „hindurchtunneln". Dies ist möglich, wenn das Teilchen so viel Energie hat, daß es beide Gebiete mit Ausnahme der Barriere erreichen kann. Je höher und breiter die Barriere ist, desto geringer ist die Wahrscheinlichkeit des Tunnelns. Wenn die Barriere unendlich hoch oder unendlich breit ist, wird das Tunneln unmöglich.

Wenn wir das Teilchen als Welle darstellen, können wir uns den Vorgang des Tunnelns durch Abb. 12.13b veranschaulichen. Das α-Teilchen wird innerhalb des Kerns durch eine stehende Welle repräsentiert. Eine solche stehende Welle kann man sich vorstellen als eine

Summe von Wellen, die sich in verschiedenen Richtungen bewegen und von der Barriere reflektiert werden. An der Barriere hat die Welle jedoch keinen Knoten, sondern sie dringt mit abnehmender Amplitude in die Barriere ein. Wenn diese abnehmende Welle die Außenseite der Barriere erreicht, hat sie immer noch eine kleine Amplitude, die dann das Teilchen außerhalb der Barriere darstellt. (Diese Diskussion ist natürlich kein Beweis für den Tunneleffekt, sondern nur eine Illustration seines Ablaufs.)

Wir können auch mit Hilfe der Unschärferelation, die Zeit und Energie verknüpft, erklären, weshalb es einigen α-Teilchen gelingt, die Barriere zu durchdringen und hinaus zu gelangen. Über lange Zeit betrachtet, entspricht die Energie des α-Teilchens einem bestimmten, genau definierten Energiezustand im Kern. Während einer sehr kurzen Zeitspanne kann jedoch ihre Energie sehr unbestimmt sein. Diese für kurze Zeit auftretende Unbestimmtheit erlaubt ihnen, höhere Energien zu haben, und mit dieser höheren Energie können sie in die Barriere eintreten. Die Breite der Barriere, die sie durchtunneln können, hängt davon ab, wie schnell sie sich in der kurzen Zeit bewegen, in der ihnen die Unschärferelation die höhere Energie erlaubt.

Anwendungen: Radioaktive Zeitbestimmung

Lord Kelvin hatte die Zeit berechnet, die die Erde gebraucht haben mußte, um sich auf ihre gegenwärtige Temperatur abzukühlen und hatte daraus das Alter der Erde auf nicht mehr als 20 bis 40 Millionen Jahre geschätzt. Diese Zeitspanne stellte eine Schwierigkeit für Darwin und andere Verfechter der Evolutionstheorie dar, denn sie schien nicht lang genug für die Entwicklungsprozesse. Dieser scheinbare Konflikt der Evolutionstheorie mit den Gesetzen der Physik behinderte die Annahme und Fortbildung der Theorie mehr als fünfzig Jahre lang.

In einem Vortrag vor der Royal Institution wies Rutherford darauf hin, daß die Radioaktivität in der Erde eine Wärmequelle darstelle und daher Kelvins Argument nicht länger gültig sei.

Ich kam in den Raum, der halb dunkel war, und bemerkte sofort Lord Kelvin unter den Zuhörern. Mir wurde klar, daß ich im letzten Teil meiner Rede, der vom Alter der Erde handelte, in Schwierigkeiten kommen mußte, weil meine Ansichten seinen widersprachen. Zu meiner Erleichterung fiel Kelvin in Schlaf, als ich aber zu dem wichtigen Punkt kam, sah ich, daß der alte Knabe sich aufrichtete, ein Auge öffnete und mir einen unheilvollen Blick zuwarf. Dann kam mir eine plötzliche Eingebung und ich sagte, Lord Kelvin habe das Alter der Erde begrenzt, *vorausgesetzt, daß keine neue Wärmequelle entdeckt würde.* Diese prophetische Äußerung bezieht sich auf das, was wir heute abend betrachten, das Radium! Und siehe da, der alte Junge strahlte mich an.

Es dauerte jedoch noch ein paar Jahre, bis Kelvin das Radium als ein neues chemisches Element akzeptierte.

Die Entdeckung der Radioaktivität machte nicht nur Kelvins Argument hinfällig, sondern gab auch die Mittel, sinnvolle Schätzungen des Alters der Erde sowie bestimmter Strukturen und Schichten in ihr durchzuführen. Diese Methoden beruhen auf der Tatsache, daß die Geschwindigkeit des radioaktiven Zerfalls durch normale Änderungen der Temperatur und des Druckes sowie durch normale chemische Prozesse nicht merklich beeinflußt wird. Daher können wir feststellen, wie lange eine Probe in ihrem gegenwärtigen Zustand existiert hat, wenn wir messen oder abschätzen können, welcher Teil des radioaktiven Materials in der Probe bereits zerfallen ist. Dazu müssen wir natürlich die Halbwertszeit des radioaktiven Materials kennen. Wir wollen hier zwei dieser Methoden der radioaktiven Zeitbestimmung diskutieren – die Spaltspurmethode und die Radiokohlenstoffmethode.

Datierung durch Spaltspuren

Uran-238 zerfällt mit einer Halbwertszeit von 10^{16} Jahren durch natürliche Spaltung. Wenn die Spaltung auftritt, erhalten die großen Bruchstücke des Kerns eine beträchtliche kinetische Energie. Findet die Spaltung in einem glasigen Material statt, dann rufen diese Bruchstücke Spuren hervor, die mit einem Mikroskop beobachtet werden können, wenn die glatte Oberfläche der Probe geätzt wird (Abb. 12.14).

Wird das Material auf eine hohe Temperatur gebracht (geglüht), dann verschwinden die ursprünglich vorhandenen Spuren. Die in der Natur

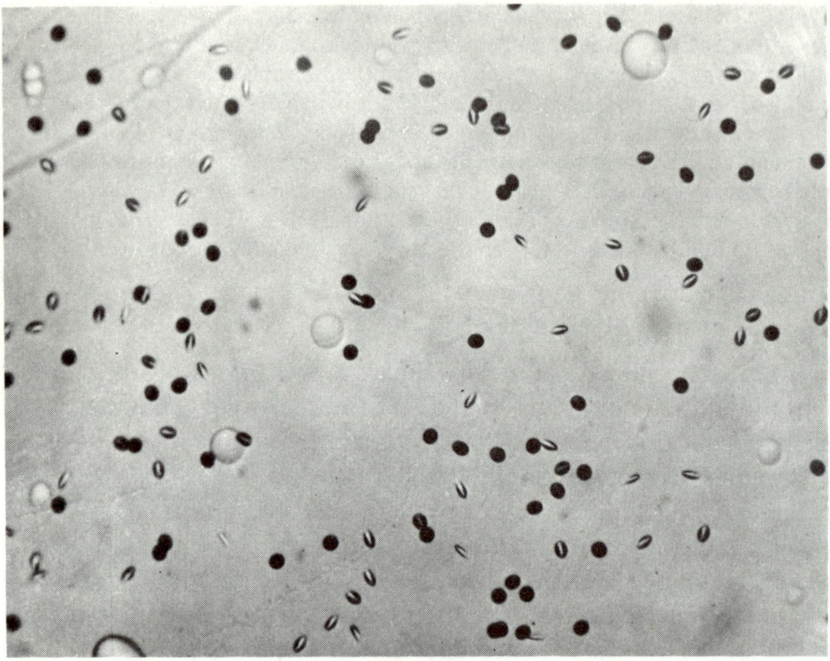

Abb. 12.14

vorkommenden glasigen Substanzen, wie z.B. vulkanische Gläser, enthalten manchmal geringe Anteile von Uran. Wenn unter diesen Uranatomen Spaltprozesse auftreten, hinterlassen die Bruchstücke Spuren. Wenn man diese Spuren zählt, kann man feststellen, wie viele Uranatome sich gespalten haben, seitdem das Glas zum letzten Mal geglüht wurde.

Die Zahl der übriggebliebenen Uran-238 Atome kann man ermitteln, indem man das Material mit langsamen Neutronen bestrahlt. Diese langsamen Neutronen bewirken die Spaltung der Uran-235 Kerne. Die Spaltprodukte dieses Prozesses werden gezählt, woraus sich die Zahl der Uran-235 Atome in der Probe ergibt. Wenn zusätzlich das Verhältnis von Uran-238 zu Uran-235 bekannt ist, kann die Zahl der verbliebenen Uran-238 Atome berechnet werden. Da man die Zahl der Uran-238 Atome kennt, die sich gespalten haben, kann man berechnen, wie lange dieser Prozeß in der Probe abgelaufen ist, seit sie zum letzten Mal geglüht wurde. Je nach dem Urangehalt der Probe kann die Spaltspurmethode verwendet werden, um glasige Objekte mit einem Alter von 30 bis zu einer Milliarde Jahren zu datieren. Bei der Anwendung dieser Methode müssen verschiedene Vorsichtsmaßnahmen beachtet werden. Beispielsweise muß man sicher sein, daß es nicht noch andere Arten von Kernen in der Probe gibt, die durch die Neutronenbestrahlung gespalten werden. Außerdem bezieht sich das auf diese Weise festgestellte Alter auf die Zeit, zu der das Material letztmalig geglüht wurde (z.B. bei einem Vulkanausbruch); die Probe selbst kann schon lange vor dieser Glühung existiert haben.

Natürlich gibt es bei allen Methoden der radioaktiven Altersbestimmung Fehlermöglichkeiten durch Kontaminierung (Verunreinigung), Diffusion von Material in die Probe hinein oder aus ihr heraus, Strahlung von außen usw. Die Experten auf diesem Gebiet weisen jedoch auf die gute Übereinstimmung der nach verschiedenen Methoden erhaltenen Werte hin. Hierdurch erklärt sich das Vertrauen, das den Resultaten entgegengebracht wird.

Radiokohlenstoff-Datierung

Kohlenstoff-14 entsteht in der hohen Atmosphäre aus Stickstoff-14, wenn dieser von Neutronen getroffen wird. Die Neutronen selbst werden durch die kosmische Strahlung erzeugt. Der Kohlenstoff-14 entsteht durch die Reaktion

$$^{14}\mathrm{N} + n \rightarrow {}^{14}\mathrm{C} + p^{+} \tag{4}$$

(^{14}N und ^{14}C stellen Stickstoff-14 bzw. Kohlenstoff-14 dar. Stickstoff-14 hat die Massenzahl 14 und Ordnungszahl 7. Kohlenstoff-14 hat die Massenzahl 14 und die Ordnungszahl 6).

Der so gebildete Kohlenstoff-14 mischt sich mit dem gewöhnlichen Kohlenstoff in der Luft und im Wasser und wird so von den lebenden Organismen aufgenommen. Kohlenstoff-14 ist radioaktiv und zerfällt mit einer Halbwertszeit von 5730 Jahren gemäß der Reaktion

$$^{14}\mathrm{C} \rightarrow {}^{14}\mathrm{N} + e^{-} + \bar{\nu}_e \tag{5}$$

Als Gesamtergebnis dieses Prozesses gibt es in der Luft und im Wasser einen bestimmten Gehalt an Kohlenstoff-14. Wenn die Erzeugungs- und Zerfallsraten gleich bleiben, dann nimmt die Menge des Kohlenstoff-14 in der Luft und im Wasser einen konstanten Wert an und behält diesen bei.

Die lebenden Pflanzen und Tiere nehmen mit ihrem normalen Stoffwechsel Kohlenstoff-14 aus der Luft und aus dem Wasser auf. Wenn eine Pflanze oder ein Tier stirbt, verbraucht es keinen Kohlenstoff mehr. Der Kohlenstoff-14, den es schon aufgenommen hat, zerfällt jedoch weiter. Im Lauf der Zeit gibt es daher in den Überresten des Organismus immer weniger Kohlenstoff-14. Daher können wir aus dem verbliebenen Rest von Kohlenstoff-14 berechnen, seit welcher Zeit die Pflanze bzw. das Tier tot ist. Beispielsweise kann man auf diese Weise Holz datieren. Wegen seiner relativ kurzen Halbwertszeit ist Kohlenstoff-14 besonders geeignet, um relativ junge Objekte bis zu einem Alter von 30000 Jahren zu datieren.

Die Anwendung der Methode erfordert die Kenntnis des Kohlenstoff-14-Gehalts der Umgebung zu der Zeit, als der Organismus starb. Gewöhnlich nimmt man an, daß dieser Anteil etwa konstant blieb bis zum Jahre 1850, als die industriellen Prozesse der Atmosphäre große Mengen von Kohlenstoff zuführten. (Dabei handelt es sich um den Kohlenstoff der fossilen Brennstoffe, der nur noch wenig Kohlenstoff-14 enthält. Anm. d. Übers.) Neuere Messungen haben jedoch ergeben, daß die Erzeugungsrate des Kohlenstoff-14 seine Zerfallsrate übersteigt, und daß daher gegenwärtig der Gehalt an Kohlenstoff-14 zunimmt. Aus Messungen an den Jahresringen der Bäume kann man schließen, daß der Gehalt der Luft und des Wassers an Kohlenstoff-14 im Lauf der Zeit geschwankt hat.

Aufgaben und Lösungen

In diesem Kapitel interessieren wir uns für Probleme der Radioaktivität und der Anwendung alter und neuer Erhaltungssätze. Im Beispiel 3 führen wir den Gebrauch der atomaren Masseneinheit ein.

Beispiel 1

Eine radioaktive Probe enthält eine bestimmte Art von Kernen, so daß sie im Mittel 60 β-Teilchen pro Sekunde emittiert. Der Emissionsprozeß hat eine Halbwertszeit von 30 Tagen. Nach welcher Zeit wird diese Probe im Mittel nur noch 7,5 β-Teilchen pro Sekunde emittieren?

Lösung: Die Zahl der pro Sekunde emittierten β-Teilchen ist ein Maß dafür, wieviel radioaktives Material in der Probe enthalten ist. (Wir nehmen an, daß es sich in diesem Prozeß nicht in ein anderes Material umwandelt, das eine vergleichbare oder größere Aktivität hat.)

Alle 30 Tage verringert sich die Menge des radioaktiven Materials auf die Hälfte. Also halbiert sich alle 30 Tage auch die Zahl der pro Sekunde emittierten Teilchen. Wir brauchen also nur zu fragen, wie oft wir 60 halbieren müssen, um 7,5 zu erhalten:

$$60 \times 1/2 \times 1/2 \times 1/2 = 7{,}5$$

Das Ergebnis wäre also gleich drei Halbwertszeiten oder 90 Tage.

Beispiel 2

Welches Teilchen fehlt in der folgenden Reaktion?

$$\mu^+ \rightarrow e^+ + \nu_e + ? \qquad (6)$$

Lösung: Wir wissen, daß in der Reaktion sowohl die Ladung als auch die Familienzahlen erhalten bleiben müssen. Wir stellen fest, daß die Ladung bereits erhalten ist. Also muß das fehlende Teilchen elektrisch neutral sein. Als nächstes prüfen wir die verschiedenen Familienzahlen. Wir stellen fest, daß wir auf der linken Seite die Myonen-Familienzahl -1 haben, auf der rechten Seite ist jedoch bis jetzt null. Da wir kein geladenes Teilchen nehmen können, müssen wir ein neutrales Teilchen mit der Myonen-Familienzahl -1 verwenden. Die einzige Möglichkeit ist das Myonen-Antineutrino:

$$\mu^+ \rightarrow e^+ + \nu_e + \bar{\nu}_\mu \qquad (6)$$

Beispiel 3

Die atomare Masseneinheit (u) ist ungefähr (aber nicht exakt) die Masse des Protons und des Neutrons.

$$1\text{ u} = 1 \text{ atomare Masseneinheit} = 1{,}66 \cdot 10^{-27}\text{ kg}$$

Das u ist so definiert, daß das Sauerstoffisotop mit der Massenzahl 16 eine Masse von 16 u hat. In dieser Einheit sind die Massen des Protons, des Neutrons und des Deuterons:

$$m_p = \text{Masse des Protons} = 1{,}007593\text{ u}$$
$$m_n = \text{Masse des Neutrons} = 1{,}008983\text{ u}$$
$$m_d = \text{Masse des Deuterons} = 2{,}01420\text{ u}$$

Wie groß ist die Bindungsenergie des Deuterons? Wieviel Energie wird frei, wenn ein kg Deuteronen aus Neutronen und Protonen gebildet wird?

Lösung: Wir schreiben die Gleichung für die Erhaltung der Masse-Energie bei der Bildung des Deuterons:

$$m_p + m_n = m_d + m_B$$

(m_B ist die Bindungsmasse des Deuterons.)

Also ist

$$m_B = m_p + m_n - m_d$$

$$m_p = 1{,}007593$$
$$m_n = 1{,}008983$$

$$m_B = \begin{cases} m_p + m_n = 2{,}016576 \\ -m_d = -2{,}01420 \end{cases}$$

$$m_B = 0{,}002376$$

$$m_B = 2{,}38 \cdot 10^{-3}\text{ u}$$
$$= 2{,}38 \cdot 10^{-3}\,(1{,}66 \cdot 10^{-27}\text{ kg})$$
$$m_B = 3{,}95 \cdot 10^{-30}\text{ kg}$$

Wir rechnen dies folgendermaßen in Joule um

$$E_B = m_B\, c^2$$
$$c = 3 \cdot 10^8 \text{ m/s}$$
$$E_B = 3{,}95 \cdot 10^{-30} \cdot (3)^2 \cdot 10^{16} \text{ kg m}^2/\text{s}^2$$
$$= 3{,}56 \cdot 10^{-13} \text{ J}$$

Dies erscheint nicht als eine hohe Energie. Wir wollen nun aber berechnen, wieviel Energie frei wird, wenn ein Kilogramm Deuteronen gebildet wird.

Von einem Deuteron erhalten wir $3{,}56 \cdot 10^{-13}$ J. Ein Deuteron hat eine Masse von ungefähr 2 u.

$$2 \text{ u} = 2 \cdot 1{,}66 \cdot 10^{-27} \text{ kg}$$
$$= 3{,}32 \cdot 10^{-27} \text{ kg}$$

Also hat ein Deuteron eine Masse von $3{,}32 \cdot 10^{-27}$ kg. Somit ist die Zahl der Deuteronen pro Kilogramm

$$1 \text{ kg}/3{,}32 \cdot 10^{-27} \text{ kg} = 3{,}01 \cdot 10^{26}$$

Wenn jedes Deuteron $3{,}56 \cdot 10^{-13}$ J freisetzt, dann ergeben $3{,}01 \cdot 10^{26}$ Deuteronen

$$3{,}01 \cdot 10^{26} \cdot 3{,}56 \cdot 10^{-13} = 1{,}1 \cdot 10^{14} \text{ J}$$

Zusammenfassung

I. Grundlegende Gesetze und Prinzipien

A. Elementare Wechselwirkungen

1. Die starke Wechselwirkung – sie bewirkt starke Kräfte mit kurzer Reichweite zwischen Nukleonen (und einigen anderen Teilchen). Das exakte Kraftgesetz ist unbekannt.

2. Die schwache Wechselwirkung – sie ist verantwortlich für die β-Emission und einige andere Reaktionen.

B. Erhaltungssätze

1. Elektronen-Familienzahl
2. Myonen-Familienzahl
3. Baryonen-Familienzahl

C. Symmetrieprinzipien

1. Teilchen-Antiteilchen Symmetrie
2. Kombinierte Teilchen-Antiteilchen Symmetrie und Spiegelungssymmetrie
3. Nichterfüllung der Teilchen-Antiteilchen Symmetrie und Spiegelungssymmetrie bei schwachen Wechselwirkungen

II. Teilchen

A. Elementarteilchen

1. Das Neutron: sehr ähnlich dem Proton, aber ohne Gesamtladung
2. Antiteilchen; Erzeugung und Vernichtung von Teilchen
3. Elektronen-Neutrino und -Antineutrino
4. Myonen-Neutrino und -Antineutrino

B. Der Kern

1. Radioaktivität
   a. α-Emission – das α-Teilchen ist ein Heliumkern
   b. β-Emission – das β-Teilchen ist ein positives oder negatives Elektron
   c. γ-Emission – das γ-Teilchen ist ein hochenergetisches Photon
   d. Halbwertszeit und Wahrscheinlichkeit

2. Kernstruktur
   a. Ordnungszahl
   b. Massenzahl
   c. Isotope; das Deuteron und Deuterium
   d. nukleare Bindungsenergien
3. Kernspaltung
4. Kernfusion

III. Anwendungen und Instrumente

A. Instrumente

1. Geiger-Zähler
2. Nebelkammer

B. Anwendungen

1. Radioaktive Altersbestimmung
   a. Spaltspurdatierung
   b. Kohlenstoff-14 Datierung
2. Nukleare Sprengstoffe unter Verwendung der Spaltung und der Fusion; Kernreaktor

Fragen

1. Was sind die elementaren Kräfte oder Wechselwirkungen der Natur?
2. Unter welchen Umständen treten die elementaren Kräfte und Wechselwirkungen auf? Welche Strukturen halten sie zusammen?
3. Was ist Radioaktivität?
4. Welches war die Überraschung bei dem Experiment, in dem α-Teilchen auf eine Goldfolie geschossen wurden? Welche Schlüsse wurden daraus gezogen und warum?
5. Was bedeutet der Ausdruck „Halbwertszeit"?

6. Wie unterscheidet sich der radioaktive Zerfall von den Vorgängen, die durch Newtons Bewegungsgesetze beschrieben werden?
7. Aus welchen Teilchen besteht ein Atom? Wie sind sie angeordnet?
8. Warum glauben Sie, daß die Ladung des Elektrons genau den gleichen Betrag hat wie die Ladung des Protons?
9. Welches sind die Haupteigenschaften des Protons und des Neutrons?
10. Was ist Ionisierung?
11. Erklären Sie die Wirkungsweise eines Geiger-Zählers.
12. Erklären Sie die Wirkungsweise einer Nebelkammer.
13. Zu welchem Zweck werden Geiger-Zähler und Nebelkammer verwendet?
14. Was sind Isotope?
15. Ein Proton ist ein Wasserstoffkern. Das Deuteron auch. Erklären Sie den Unterschied.
16. Definieren Sie die Massenzahl und die Ordnungszahl und geben Sie den Unterschied zwischen beiden Begriffen an.
17. Was ist ein Nukleon?
18. Warum ist das Proton stabil?
19. Erklären Sie das Wesentliche an der Kurve in Abb. 12.6a.
20. Was hat die Bindungsenergie pro Teilchen mit der Energie zu tun, die in den Atombomben und Wasserstoffbomben frei wird?
21. Was sind die charakteristischen Eigenschaften eines Antiteilchens?
22. Warum wäre es für Materie und Antimaterie schwierig, in engem Kontakt zu existieren?
23. Welcher Unterschied besteht zwischen der Nebelkammer-Bahn eines Elektrons und der eines Positrons? Erklären Sie den Unterschied.
24. Können Elektronen erzeugt oder zerstört werden? Erklären Sie die Antwort.

25. Kann Materie erzeugt oder zerstört werden? Erklären Sie die Antwort.
26. Warum wurde das Neutrino eingeführt?
27. Wieviele Arten von Neutrinos gibt es?
28. Nennen Sie Beispiele von Reaktionen zwischen Teilchen, die theoretisch stattfinden könnten, wenn die Elektronen- und Myonen-Familienzahlen nicht erhalten blieben.
29. Was bestimmt, ob ein Teilchen in andere Teilchen zerfallen kann oder nicht?
30. Ist die Spiegelsymmetrie wirklich erfüllt? Erklären Sie die Antwort. Welches andere Symmetrieprinzip gilt nicht?
31. Beschreiben Sie die verschiedenen Familienzahl-Erhaltungssätze.
32. Nennen Sie einige Vorgänge, die nach der Quantenphysik, nicht aber nach der Newtonschen Physik möglich sind. Nennen Sie einige Prozesse, die nach der Newtonschen Physik möglich, nach der Quantenphysik jedoch unmöglich sind.
33. Was hatten die neuen Entdeckungen der Kernphysik mit unserer Kenntnis vom Alter der Erde zu tun?
34. Wie konnte man Ihrer Meinung nach feststellen, daß α-Teilchen positiv, β-Teilchen negativ, und γ-Teilchen gar nicht geladen sind?
35. Eine Teilchenspur in einer Nebelkammer scheint sehr gerade zu sein. Woher wissen Sie, daß die von den Tröpfchen angezeigte Spur im „mikroskopischen" Maßstab betrachtet nicht gerade ist?
36. Warum kühlt sich das Gas in der Nebelkammer ab, wenn es zur Expansion gezwungen wird?
37. Bei der Vernichtung eines Elektrons mit einem Positron verschwinden zwei geladene Teilchen. Es entstehen ungeladene Photonen. Warum verletzt dies nicht den Erhaltungssatz der Ladung?
38. Warum glauben wir an Neutrinos?
39. Warum kann man leichter Neutronen als Protonen in einen Kern schießen?

40. Die Ruhemasse des α-Teilchens ist kleiner als die Summe der Ruhemassen der zwei Protonen und Neutronen, aus denen es besteht. Erklären Sie, wie dies möglich ist.

41. Warum kann man sowohl Kernspaltung als auch Kernfusion zur Energiegewinnung verwenden, obwohl es entgegengesetzte Prozesse sind?

42. Manchmal läßt sich ein Deuteron aufbrechen, indem man es in einen Kern schießt. Das Proton wird von dem Deuteron abgestreift. Warum?

43. Vervollständigen Sie die folgenden Reaktionen. (Der kleine griechische Buchstabe γ stellt ein Photon dar.)
    a) $\bar{n} + p^+ \rightarrow e^+ + ?$
    b) $\gamma + e^- \rightarrow \gamma + ?$
    c) $p^+ + e^- \rightarrow \nu_e + ?$
    d) $p^+ + \bar{\nu}_\mu \rightarrow ? + ?$

Aufgaben

1. Eine bestimmte Probe eines chemischen Elements emittiert 114 α-Teilchen pro Sekunde. Acht Stunden später emittiert es nur noch 9 α-Teilchen pro Sekunde. Wie groß ist die Halbwertszeit dieses Materials?

2. Werden hochenergetische Elektronen in Materie verlangsamt oder zum Stillstand gebracht, dann entstehen hochenergetische Photonen (Röntgenstrahlen). Die Elektronen treffen mit der Geschwindigkeit v auf die Metallplatte in einer Röntgenröhre; wie hoch ist die Maximalfrequenz der Röntgenstrahlen? Warum haben nicht alle Röntgenstrahlen dieselbe Frequenz, obwohl sich alle Elektronen mit derselben Geschwindigkeit bewegten? (Die Elektronen bewegen sich mit einer Geschwindigkeit, die nicht klein gegen die Lichtgeschwindigkeit ist.)

3. Ein bestimmtes Platinisotop emittiert β-Strahlen und hat eine Halbwertszeit von einer halben Stunde. Nach welcher Zeit ist nur noch 1/32 der ursprünglichen Platinmenge übrig?

4. Ein ruhendes Elektron und ein ruhendes Positron vernichten sich gegenseitig. Es entstehen zwei γ-Teilchen mit derselben Energie. Wie groß ist die Frequenz der beiden Photonen?

5. Wie groß ist beim Zerfall des Neutrons

$$n \rightarrow p^+ + e^- + \bar{\nu}_e$$

die maximale kinetische Energie des Elektrons? Wie groß ist der maximale Impuls des Elektrons?

6. Wieviel Energie wird beim β-Zerfall des ^{14}C durch Umwandlung der Ruhemasse frei?

^{14}C	Masse = 14,00762 u
^{14}N	Masse = 14,00764 u
Elektron	Masse = 0,000545 u

Die Massen der Atome schließen den Kern und die Atomelektronen ein.

7. Wieviel Energie würde frei werden, wenn zwei Neutronen und ein Proton zusammen einen Tritium-Kern bilden würden? (Das Tritiumatom hat eine Masse von 3,001686 u).

8. Wieviel Energie würde frei werden, wenn vier Wasserstoffatome sich zu einem α-Teilchen verbinden würden, wobei natürlich einige Elektronen frei werden?

9. Ein Thorium-229 Kern verwandelt sich in einen Radium-225 Kern, indem er ein α-Teilchen emittiert. Welche Maximalenergie erwarten Sie für das α-Teilchen?

	Ordnungszahl	Masse	
Radium	88	225,0931	einschließlich
Thorium	90	229,1022	der Atom-
Alpha	2	4,00218	Elektronen

10. Nehmen Sie an, ein Teilchen habe eine Masse von 45 u, ein anderes Teilchen eine Masse von 79 u, die Bindungsmasse betrage 20 u. Wie groß ist die Masse eines zusammengesetzten Teilchens, das aus den beiden erstgenannten Teilchen gebildet wurde?

Schwierigere Fragen und Aufgaben

1. Man könnte argumentieren, daß auf Grund der Unschärferelation die Energie eines Elektrons, das auf ein Gebiet von der Größe des Atomkerns beschränkt worden ist, so groß sein müßte, daß es davonfliegen müßte. Erklären Sie diesen Gedankengang.

2. Wenn ein Kern ein Teilchen emittiert, dann hat das Teilchen im allgemeinen nicht so viel Energie wie erforderlich ist, um es wieder in den Kern zurückzubringen. Warum nicht?

3. Wegen der in Frage 2 behandelten Erscheinung kann das emittierte Photon von dem gleichartigen Kern auf der rechten Seite der Abb. 12.5 nicht absorbiert werden, weil es nicht genug Energie hat. Diese Schwierigkeit läßt sich beheben, wenn der rechte Kern in die Richtung des ankommenden Photons bewegt wird. Warum?

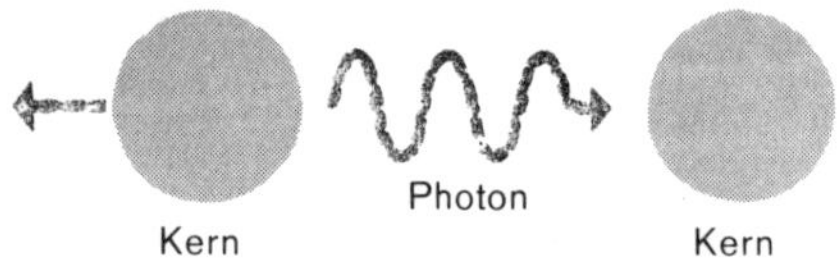

Abb. 12.15

4. In mancher Hinsicht verhält sich ein Kern wie ein Flüssigkeitstropfen. Welchen Schluß kann man hieraus auf die Kräfte zwischen den Molekülen in einer Flüssigkeit ziehen?

5. Die Teilchen-Reaktion

$$\mu^+ \to \pi^+ + \bar{\nu}_\mu$$

kann nicht stattfinden, wenn sich das Myon in Ruhe befindet, weil die Ruhemasse des ersten Teilchens auf der rechten Seite, des sogenannten Pions, größer als die des Myons ist. Wir können versuchen, dem Myon zusätzliche Masse zu geben, indem wir seine kinetische Energie erhöhen. Auf diese Weise bekommen wir genug Masse, aber der Prozeß findet dennoch nicht statt. Warum nicht?

6. Warum kann die folgende Reaktion nicht auftreten?

$$e^+ + e^- \rightarrow \gamma$$

7. Warum müssen die beiden Photonen, die bei der Vernichtung eines ruhenden Elektrons und eines ruhenden Positrons entstehen, die gleiche Energie haben?

Dreizehntes Kapitel

Das moderne Weltbild der Physik

In diesem Kapitel wollen wir das Weltbild der modernen Physik diskutieren. Die neuen Erkenntnisse, die die moderne Physik beigetragen hat, beziehen sich hauptsächlich auf unsere Vorstellungen von dem sehr Kleinen und dem sehr Großen. Wir beginnen mit dem sehr Kleinen.

Der Mikrokosmos

Welches ist der Beitrag der modernen Physik zu dem Versuch der antiken Philosophen, alles Wahrnehmbare auf die Materie und ihre Bewegung, auf die Atome und das Leere zurückzuführen? Nach unserer heutigen Kenntnis bestehen die Materie und das Licht aus Elementarteilchen, die nach vier grundlegenden Gesetzen miteinander in Wechselwirkung treten.

Die Elementarteilchen oder Felder

In der Tabelle 13.1 sind einige der Elementarteilchen aufgeführt, die bis jetzt entdeckt worden sind. Zu jedem dieser Elementarteilchen gibt es ein Antiteilchen. Das Photon ist sein eigenes Antiteilchen (d.h. Teilchen und Antiteilchen sind gleich); dasselbe gilt für das Graviton und das ungeladene Pion. Die anderen Antiteilchen unterscheiden sich von ihren zugehörigen Teilchen. Es gibt einige kürzlich entdeckte Teilchen, die wir nicht in die Tabelle aufgenommen haben.

Tabelle 15.1 Einige Eigenschaften einiger Elementarteilchen

Teilchen: Familie	Teilchen	Symbol	Ruhe-masse[2])	Spin	Ladung	Antiteilchen[1])	Strangeness	Familienzahl: Elektronen-	Familienzahl: Myonen-	Familienzahl: Baryonen-	Mittlere Lebensdauer in s
	Photon	γ	0	1	0	γ selbst[3])		0	0	0	stabil
	Graviton	g	0	2	0	g selbst		0	0	0	stabil
Elektron	Elektron	e^-	1	1/2	-1	e^+ Positron		1	0	0	stabil
	Elektronen-Neutrino	ν_e	0	1/2	0	$\bar{\nu}_e$ Elektronen-Antineutrino		1	0	0	stabil
Myon	Myon	μ^-	206.77	1/2	-1	μ^+ Positives Myon		0	1	0	2.20×10^{-6}
	Myonen-Neutrino	ν_μ	0	1/2	0	$\bar{\nu}_\mu$ Myonen-Antineutrino		0	1	0	stabil
Mesonen	Pionen	π^+	273.2	0	+1	π^-	0	0	0	0	2.55×10^{-8}
		π^0	264.2	0	0	π^0 selbst	0	0	0	0	1.8×10^{-16}
		π^-	273.2	0	-1	π^+	0	0	0	0	2.55×10^{-8}
	Kaonen	K^+	966.3	0	+1	K^-	1	0	0	0	1.23×10^{-8}
		K^0	974.6	0	0	K^0 Anti K^0 (ungeladen)	1	0	0	0	4)
		K^-	966.3	0	-1	K^+	-1	0	0	0	1.23×10^{-8}
Baryonen	Proton	p^+	1836.12	1/2	+1	p^- Antiproton	0	0	0	1	stabil
	Neutron	n	1838.65	1/2	0	$\bar{n}$ Antineutron (ungeladen)	0	0	0	1	1.013×10^3
	Lambda	Λ^0	2182.8	1/2	0	$\bar{\Lambda}^0$ Anti Λ^0	-1	0	0	1	2.62×10^{-10}
	Sigma	Σ^+	2327.6	1/2	+1	$\bar{\Sigma}^+$ Anti Σ^+	-1	0	0	1	7.9×10^{-11}
		Σ^0	2333.5	1/2	0	$\bar{\Sigma}^0$ Anti Σ^0 (ungeladen)	-1	0	0	1	10^{-20}
		Σ^-	2342.6	1/2	-1	$\bar{\Sigma}^-$ Anti Σ^-	-1	0	0	1	1.6×10^{-10}
	Xi	Ξ^-	2584.7	1/2	-1	$\bar{\Xi}^-$ Anti Ξ^-	-2	0	0	1	1.7×10^{-10}
		Ξ^0	2572	1/2	0	$\bar{\Xi}^0$ Anti Ξ^0	-2	0	0	1	3×10^{-10}

1) Ein Antiteilchen hat die gleiche Ruhemasse, die gleiche mittlere Lebensdauer und den gleichen Spin, jedoch die entgegengesetzte Ladung, Strangeness und Familienzahl wie das entsprechende Teilchen.

2) Die Ruhemasse ist in Einheiten der Elektronen-Ruhemasse angegeben.

3) Das heißt, daß das Teilchen mit seinem Antiteilchen identisch ist.

Es scheint so viele Elementarteilchen zu geben, daß sie nicht alle elementar sein können. Es besteht die Hoffnung, daß eines Tages ein tieferes Verständnis gewonnen werden könnte, durch das wir die Zahl der Teilchen vermindern könnten, die wir als wirklich elementar ansehen. Beispielsweise könnte sich herausstellen, daß einige Teilchen nur verschiedene Zustände desselben Teilchens oder Kombinationen anderer Teilchen sind.

Teilchenfamilien. Die Elementarteilchen sind in Familien gruppiert. Die erste in der Tabelle genannte Familie enthält nur ein Mitglied, das Photon, das keine Ruhemasse hat. Das zweite Teilchen, das Graviton, kann auch in eine eigene Familie eingeordnet werden. Das Graviton ist noch niemals beobachtet worden, aber man nimmt an, daß es in gleicher Weise mit den bis jetzt ebenfalls noch nicht entdeckten Gravitationswellen verbunden ist wie das Photon mit den elektromagnetischen Wellen.

Die beiden nächsten Familien wurden schon diskutiert – die Elektronen- und Myonenfamilien, die das jeweils charakteristische Neutrino einschließen. Wir haben gesehen, daß jede dieser Familien eine Familienzahl hat, die bei Wechselwirkungen erhalten bleibt. Da es für Photonen keine erhaltene Familienzahl gibt, können sie ohne Rücksicht auf einen solchen Erhaltungssatz erzeugt oder vernichtet werden; die anderen Erhaltungssätze müssen natürlich gewahrt bleiben.

Die nächste Familie in der Liste, die Mesonenfamilie, hat ebenfalls keine Familienzahl. Sie besteht aus zwei Gruppen, den π- und K-Mesonen. Die Baryonenfamilie umfaßt die schweren Teilchen wie die Protonen, Neutronen und andere. Wir haben schon gesehen, daß bei Teilchen-Reaktionen die Baryonenfamilienzahl erhalten bleibt.

Wir sprechen von diesen Teilchen als Elementarteilchen, wir müssen uns aber daran erinnern, daß sie auch Wellen-Eigenschaften zeigen. Daher können wir ebenso gut von Elementarwellen oder Elementarfeldern sprechen.

Jedes Elementarteilchen hat bestimmte charakteristische Eigenschaften. Jedes Teilchen hat eine definierte Ruhemasse und Ladung sowie einen definierten Spin. Wie die Tabelle zeigt, sind die Massen der verschiedenen Teilchen sehr unterschiedlich. Bis heute haben wir noch keine Erklärung für diese großen Unterschiede der Massen. Wenn jedoch ein Teilchen eine Ladung hat, dann ist der Betrag der Ladung gleich der Ladung des Elektrons. Je nach der Art des Teilchens kann die Ladung positiv oder negativ sein. Die Ladung des Antiteilchens ist der des Teilchens entgegengesetzt. Wenn wir die Ladung des Protons eins nennen, dann ist die Ladung des Elektrons gleich minus eins. Die Ladungen der Elementarteilchen sind gleich eins, minus eins oder null. Die Tabelle 13.1 gibt die Ladungen in diesen Einheiten an.

Der *Spin* des Teilchens ist eine merkwürdige Eigenschaft. Wir können natürlich nicht direkt sehen, daß ein Teilchen sich dreht (das englische Wort „to spin" bedeutet „drehen" vgl. das deutsche Wort „Spinnrad". Anm. d. Übers.). Einige Teilchen verhalten sich jedoch wie winzige Magnete. Wir haben gesehen, daß Magnete durch Kreisströme gebildet werden können. Ein geladenes Teilchen würde einen solchen Kreisstrom darstellen, wenn es sich drehte. Nicht nur geladene Teilchen wirken als winzige Magnete, sondern auch die Neutronen. Das Neutron hat zwar keine Gesamtladung, man kann sich aber vorstellen, daß es entgegengesetzte Ladungen in einer solchen Verteilung enthält, daß sie bei der Bewegung magnetische Effekte hervorrufen.

Ein Teilchen, das sich dreht, muß auch einen Drehimpuls haben. In der Tat müssen wir diesen Spin-Drehimpuls berücksichtigen, um bei Wechselwirkungen dem Erhaltungssatz des Drehimpulses zu genügen.

Ein Teilchen kann nur ganz bestimmte Beträge des Spin-Drehimpulses im bezug auf eine gegebene Achse haben. Das Photon hat einen Spin, den wir als Einheit wählen wollen; wir sagen, daß es den Spin eins hat. Das Elektron hat den Spin 1/2. Die Beträge der Drehimpulse, die diesen Spins entsprechen, sind sehr klein von der Größenordnung der Planckschen Konstanten. Die meisten Elementarteilchen haben den Spin null, eins oder ein halb. Wir können die Teilchen nach ihren Spins einteilen. Wenn ein Teilchen einen Spin von null, eins, zwei oder einer anderen ganzen Zahl hat, wird es als *Boson* bezeichnet. Wenn es einen Spin von 1/2, 3/2, 5/2 usw. hat, heißt es *Fermion*. Daher gehören das Photon, das Graviton und alle Mesonen zu den Bosonen. Das Elektron, das Myon, die Neutrinos und alle Baryonen sind Fermionen. (Die Namensgebung erfolgt nach den Physikern Bose und Fermi, die die Statistik der Teilchen untersuchten, die den Gesetzen der Quantenphysik unterliegen. Anm. d. Übers.)

Teilchen-Identität und Austausch-Symmetrie. Alle Elektronen sind wie alle anderen Elektronen. Alle Positronen sind wie alle anderen Positronen. Alle Photonen sind wie alle anderen Photonen. Das bedeutet nicht, daß sie alle dieselbe Energie, denselben Impuls oder die gleiche Frequenz hätten, sondern daß sie bezüglich ihrer inneren Eigenschaften gleich sind – sie haben die gleiche Ruhemasse, den gleichen Spin und die gleiche Ladung. In der Tat können wir sagen, daß alle Elementarteilchen der gleichen Art nicht nur gleich sondern identisch sind. Diese Tatsache hat einige merkwürdige Konsequenzen.

Wenn zwei Teilchen wirklich identisch sind, dann können sie, soweit wir wissen, beispielsweise ihre Plätze tauschen, ohne daß sich irgendetwas ändert. Somit können wir ein neues Symmetrieprinzip definieren.

Die Gesetze der Physik ändern sich nicht, wenn identische Teilchen untereinander ausgetauscht werden.

Wenn wirklich ein Elektron seine Identität mit einem anderen tauschen würde, dann hätten wir keine Möglichkeit, dies festzustellen. Wir können an einem Elementarteilchen keinen Stempel oder eine andere Markierung anbringen, um es zu identifizieren. Wir *können* eine Billardkugel oder ein anderes großes Objekt markieren, um es von anderen gleichartigen Objekten zu unterscheiden, aber dieses Verfahren funktioniert bei Elementarteilchen nicht. Üblicherweise brauchen wir zwei Billardkugeln auch gar nicht zu markieren, um sie zu unterscheiden. Wir können sie mit unseren Augen verfolgen und jede auf ihrem eigenen Weg beobachten. Wie wir durch die Abb. 13.1

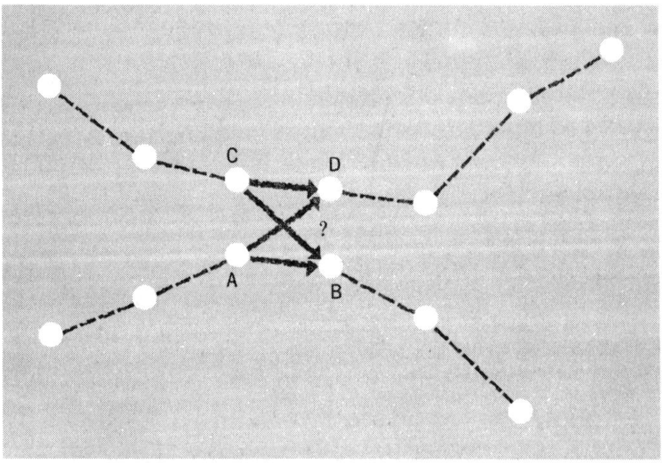

Abb. 13.1

erkennen, ist dieses einfache Verfahren bei Elektronen (oder anderen Elementarteilchen) jedoch nicht anwendbar.

Wir versuchen, den Weg zweier Elektronen zu verfolgen, indem wir von Zeit zu Zeit ihre Positionen messen. In der Abbildung stellen die Kreise die Positionen dar, in denen ein Elektron beobachtet wurde. Wir können das Elektron nicht während der ganzen Zeit „sehen", sondern wir können nur von Zeit zu Zeit Messungen seiner Position durchführen. Wenn wir die Position eines Elektrons gemessen haben, dann können wir aber nicht mehr wissen, welches Elektron wir beobachten. Wir können beispielsweise nicht sagen, ob das Elektron, das wir ursprünglich im Punkt A beobachteten, danach zum Punkt B oder D ging. Das Elektron trägt keine Markierung, mit der man es von anderen Elektronen unterscheiden könnte. Wenn wir wüßten, welchen Impuls das Elektron hatte, als es den Punkt A verließ, dann wüßten wir, ob es sich zum Punkt B oder D bewegte. Nach der Unschärferelation haben wir jedoch durch die Messung der Position A eine Unschärfe des Impulses eingeführt, so daß wir nicht wissen können, wohin das Teilchen gehen wird. Wir können den Weg eines Teilchens nicht mit Sicherheit verfolgen, weil die Unschärferelation besteht und weil wir keine Möglichkeit haben, ein Elektron zu markieren.

Die Elementarteilchen sind auf eine ganz andere Weise identisch als zwei Billardkugeln oder zwei Münzen identisch sein können. Um den Unterschied zwischen diesen beiden Arten der Identität zu zeigen, wollen wir ein Beispiel mit zwei identischen Münzen diskutieren. Wir wollen diese beiden Münzen zunächst als gewöhnliche Münzen betrachten. Danach wollen wir annehmen, daß die Münzen Bosonen darstellten. Schließlich wollen wir annehmen, die Münzen stellten Fermionen dar.

Wenn die Münzen geworfen werden, können sie auf verschiedene Weise fallen. Für jede einzelne Münze gibt es zwei Möglichkeiten: Sie kann mit gleicher Wahrscheinlichkeit den Adler oder die Zahl zeigen. Das Münzenpaar kann daher in vier gleich wahrscheinlichen Zuständen auftreten:

	Erste Münze	Zweite Münze
Erster Zustand	Adler	Adler
Zweiter Zustand	Adler	Zahl

Dritter Zustand	Zahl	Adler
Vierter Zustand	Zahl	Zahl

Diese Tabelle enthält alle Fälle (Zustände), die bei zwei Münzen möglich sind. Wir sehen, daß es vier Möglichkeiten gibt. Wir können die Tabelle kurz folgendermaßen schreiben, wobei A Adler und Z Zahl bedeutet.

A	A
A	Z
Z	A
Z	Z

Die Bedeutung der Tabelle besteht darin, die Wahrscheinlichkeit dafür zu ermitteln, daß die Münzen in einer bestimmten Weise fallen werden. Wir könnten nach der Wahrscheinlichkeit fragen, daß beide Münzen den Adler zeigen. Da dieser Fall einer von vier gleich wahrscheinlichen Fällen ist, besteht eine Wahrscheinlichkeit von eins zu vier dafür, daß er eintritt; es besteht eine Chance von eins zu vier, daß beide Münzen den Adler zeigen. Wir können auch nach der Wahrscheinlichkeit dafür fragen, daß beide Münzen verschiedene Zustände haben – d.h. daß entweder die erste Münze den Adler und die zweite die Zahl oder die erste die Zahl und die zweite den Adler zeigen werden. Diese Bedingung ist in zwei der vier möglichen Fälle erfüllt, so daß die Wahrscheinlichkeit zwei zu vier oder ein halb ist. Wenn wir gleichzeitig zwei Münzen werfen, dann erwarten wir, daß sie in der Hälfte der Fälle verschieden landen werden. Die Richtigkeit dieser Wahrscheinlichkeitsbetrachtung kann man experimentell bestätigen, indem man zwei gewöhnliche Münzen sehr oft wirft.

Nehmen wir jetzt an, daß die beiden Münzen zwei identische Bosonen darstellen, und daß „Adler" und „Zahl" zwei verschiedene Zustände oder Bedingungen seien, in denen die Teilchen existieren können. Unter diesen Umständen gibt es nur drei mögliche Fälle für die beiden „Münzen".

A	A
A	Z
Z	Z

Sie können fragen, was mit dem Fall ZA geschehen ist. Weil die „Münzen" identisch sind, ist der Fall ZA *derselbe Fall* wie AZ. Also sind für identische „Münzen" diese beiden Fälle nicht nur gleich oder ähnlich, sondern sie sind *identische Zustände*. Es gibt nicht einmal prinzipiell eine Möglichkeit, zwischen ihnen zu unterscheiden, sondern sie werden als ein und derselbe Zustand betrachtet. Das bedeutet, daß es anstelle von vier jetzt nur noch drei mögliche Zustände gibt. Wenn man jetzt nach der Wahrscheinlichkeit fragt, daß eine Münze den Adler und die andere die Zahl zeigt, so wäre das Ergebnis ein Drittel statt zuvor ein Halb. Dies gilt, weil nur eine der drei Möglichkeiten die Teilchen in verschiedenen Zuständen zeigt. Die Tatsache, daß die Teilchen oder „Münzen" identisch sind, *vermindert* die Zahl der möglichen Zustände. Tatsächlich zeigen Bosonen in Experimenten diese Verminderung der Zahl möglicher Zustände.

Jetzt wollen wir annehmen, die Münzen stellten Fermionen dar, und daß „Adler" und „Zahl" zwei verschiedene Zustände charakterisierten, in denen Fermionen existieren können. Beispielsweise mögen die Münzen Elektronen darstellen. Wir wissen schon, daß für Elektronen das Ausschließungsprinzip (Pauli-Prinzip) gilt; tatsächlich gilt es für alle identischen Fermionen. Das Ausschließungsprinzip besagt, daß zwei identische Fermionen niemals in genau denselben Zuständen existieren können. Falls also unsere Münzen Fermionen darstellen, gibt es (in diesem Beispiel) nur einen möglichen Zustand:

A Z

Jetzt ist die Wahrscheinlichkeit für diesen Zustand exakt gleich eins, weil es der einzige mögliche Zustand ist. Experimente mit Fermionen bestätigen diese Verminderung der Zahl möglicher Zustände.

Wir haben dieses Beispiel angegeben, um im Prinzip zu zeigen, was die Identität für Elementarteilchen bedeutet und wie sie sich von unseren gewöhnlichen Begriffen von Identität unterscheidet. Diese Reduzierung der Zahl möglicher Zustände ist nur eine der Auswirkungen des Teilchenaustausches auf die Quantenphysik. Bei Prozessen, in denen zwei oder mehr mögliche Teilchen auftreten, müssen wir den möglichen Austausch dieser Teilchen berücksichtigen, um das richtige Ergebnis zu erhalten. Diese Situation veranlaßte Erwin Schrödinger zu der Bemerkung: „Das Elementarteilchen ist kein Individuum". Alle anderen Elementarteilchen gleicher Art sind mit ihm identisch.

Elementare Wechselwirkungen

Die Elementarteilchen treten auf vier verschiedene Arten in Wechselwirkung. Soweit bisher bekannt ist, sind dies die einzigen Wechselwirkungen, die auftreten können. Daher ist es möglich, daß alle physikalischen Erscheinungen durch eine Anzahl von Elementarteilchen erklärt werden können, die aufeinander vier verschiedene Wechselwirkungen ausüben. Wir wollen diese Wechselwirkungen in der Reihenfolge ihrer Stärke diskutieren und mit der schwächsten beginnen.

Die Gravitations-Wechselwirkung. Die Gravitations-Wechselwirkung ist so schwach, daß wir sie nach heutiger Kenntnis in allen Experimenten vernachlässigen können, an denen Elementarteilchen nur in geringer Anzahl beteiligt sind. Alle Teilchen, die eine Masse haben, üben Gravitations-Wechselwirkungen aufeinander aus. Die Massen müssen aber sehr groß sein, damit die Kräfte Bedeutung erlangen. Diese Wechselwirkung hat eine sehr große Reichweite und ist sehr schwach. Daher wirkt sie zwischen großen Massen auf große Entfernungen und hält das Sonnensystem, das Milchstraßensystem und nach heutiger Kenntnis alle weit ausgedehnten Systeme des Universums zusammen. Die Gravitations-Wechselwirkung tritt zwischen entfernten, massiven Objekten wahrscheinlich dadurch auf, daß kleine Teilchen-Wellen, die sogenannten Gravitonen, von einem Objekt zum anderen übertragen werden. Diese Teilchen haben Energie und Impuls, und sie verursachen den Einfluß, den jeder Körper auf den anderen ausübt. Daher können wir uns die Gravitations-Wechselwirkung im Teilchenbild vorstellen anstelle der Feldbeschreibung, die wir vorher verwendet haben. Wie wir schon erwähnt haben, sind bisher weder Gravitonen noch Gravitationswellen beobachtet worden. Wir wissen nicht, wie das Gesetz der Gravitations-Wechselwirkung zwischen Elementarteilchen aussieht. Das Gesetz der Gravitationskraft, das wir in früheren Kapiteln diskutiert haben, bezieht sich auf relativ große Massen und wahrscheinlich auf große Zahlen von Gravitonen. In diesem Gravitationsgesetz sind die Ideen der Quantenphysik nicht berücksichtigt.

Die schwache Wechselwirkung. Die schwache Wechselwirkung ist die Wechselwirkung, die für den β-Zerfall verantwortlich ist, und sie kann bei Reaktionen mit allen in Tabelle I (13.1) aufgeführten Teilchen auftreten, wobei das Graviton wahrscheinlich ausgenommen ist. Bei der schwachen Wechselwirkung sind oft die verschiedenen Arten der Neutrinos beteiligt. Mit einer Theorie, die der der elektromagnetischen Wechselwirkung ähnlich ist, konnte schon ein großer Fortschritt im Verständnis der schwachen Wechselwirkung erzielt werden, aber es bleibt noch viel zu tun. Wir haben gesehen, daß die schwache Wechselwirkung weder das Prinzip der Spiegelsymmetrie noch das Prinzip der Teilchen-Antiteilchen-Symmetrie wahrt. Sie wahrt jedoch das kombinierte Symmetrieprinzip, also die Spiegelung bei gleichzeitiger Vertauschung von Teilchen und Antiteilchen. (Siehe jedoch weiter unten.)

Wir können diesen beiden Symmetrien das Prinzip der Zeitumkehr-Symmetrie hinzufügen und so eine dreifache Symmetrie erhalten. Wir können einen Vorgang spiegeln, alle Teilchen in Antiteilchen vertauschen und umgekehrt sowie den Vorgang mit umgekehrtem Zeitablauf betrachten. Wenn wir dies tun, haben wir ein kombiniertes Symmetrieprinzip, das für alle Wechselwirkungen zu gelten scheint.

Es gibt jedoch einige neuere Entwicklungen auf dem Gebiet der Symmetrieprinzipien, die diese Aussage wieder in Zweifel ziehen. Die kombinierte Spiegelungs- und Teilchen-Antiteilchen-Symmetrie wird offenbar verletzt bei einer Reaktion, an der K^0-Mesonen beteiligt sind. Dies hat die Möglichkeit eröffnet, daß dieses kombinierte Symmetrieprinzip für schwache Wechselwirkungen oder vielleicht auch für einige andere Wechselwirkungen nicht gilt. Falls die dreifache kombinierte Symmetrie gilt, die kombinierte Spiegelungs- und Teilchen-Antiteilchen-Symmetrie jedoch nicht, dann wäre auch die Zeitumkehr-Symmetrie verletzt.

Die elektromagnetische Wechselwirkung. Die elektromagnetische Wechselwirkung stellt eine Kraft großer Reichweite dar, die mit der Entfernung in gleicher Weise wie die Gravitation abfällt. Die elektromagnetische Wechselwirkung ist viel stärker als die Gravitations- und die schwache Wechselwirkung. Sie ist rund 10^{10} mal stärker als die schwache Wechselwirkung. Die relativen Stärken der elektromagnetischen und der Gravitations-Wechselwirkung sind so, daß die elektrische Abstoßung zwischen zwei Protonen etwa 10^{36} mal stärker ist als ihre Anziehung durch die Gravitation. Die große Stärke der elektromagnetische Wechselwirkung wird jedoch nicht immer erkannt, weil starke Ungleichverteilungen der Ladungen in unserer Umgebung nur selten auftreten. (Selbst an einem Blitz ist nur ein sehr geringer Prozentsatz der geladenen Teilchen der Luft und des Wassers beteiligt, die eine Wolke bilden.) Die elektromagnetische Wechselwirkung ist stark genug, um die positiven und negativen Ladungen zusammen zu halten, so daß die meiste Materie in unserer Umgebung fast völlig elektrisch neutral ist.

Die elektromagnetische Wechselwirkung tritt in Reaktionen auf, an denen alle in Tabelle 13.1 angegebenen Teilchen beteiligt sein können mit Ausnahme der Neutrinos, Antineutrinos und Gravitonen. Sie ist für die Anziehungskräfte zwischen dem Kern und den Elektronen eines Atoms verantwortlich, und sie bewirkt die Kräfte zwischen den Molekülen in Festkörpern, Flüssigkeiten und Gasen.

Wie in Kapitel 8 gesagt, beinhaltet die elektromagnetische Wechselwirkung das elektromagnetische Feld, wobei elektromagnetische Wellen wie das Licht von einer Ladung zur anderen ausgestrahlt werden. Wir können die Wechselwirkung also auch vom Teilchen-Standpunkt aus betrachten. Das Photon ist das Teilchen, das das elektromagnetische Feld darstellt. Die elektromagnetische Wechselwirkung tritt auf, wenn Teilchen untereinander Photonen austauschen. Die Photonen übertragen Energie und Impuls von einem Teilchen auf das andere und bewirken so, daß jedes Teilchen seine Bewegung ändert.

Von allen Wechselwirkungen versteht man die elektromagnetische am besten. Mit den Gesetzen dieser Wechselwirkung können wir sehr genaue Voraussagen über das Verhalten der Elementarteilchen machen. Wir wollen jetzt einige Resultate der modernen Theorie dieser Wechselwirkung diskutieren.

Die Gleichung, die Schrödinger für die Quantenphysik entwickelte (Kapitel 11, Seite 527) war sehr erfolgreich, aber sie berücksichtigte weder die spezielle Relativitätstheorie noch die Erzeugung und Vernichtung von Teilchen. Im Jahre 1925 gab P. A. M. Dirac eine Gleichung an, die diese Probleme, insbesondere für Photonen und Elektronen erfolgreich behandelte. Die Gleichung sollte Elektronen beschreiben, aber sie sagte voraus, daß Elektronen mit negativer Masse und negativer kinetischer Energie existieren könnten. Elektronen haben aber offenbar positive Massen und positive kinetische Energien. Andererseits konnte die Gleichung nicht ohne weiteres von der Hand gewiesen werden, denn sie erklärte einige beobachtete

Eigenschaften des Wasserstoffatoms mit großer Genauigkeit. Also lohnte es sich offenbar, die Gleichung ernst zu nehmen und herauszufinden, was sie besagte.

Das Problem der Elektronen mit negativer Masse und negativer Energie bestand darin, daß gewöhnliche Elektronen Energie abgeben können, indem sie Photonen aussenden, so wie Elektronen in den Bohrschen Bahnen auf tiefere Bahnen fallen können. Im Bohrschen Atom gibt es jedoch eine tiefste Bahn, und ein Elektron, das dort angelangt ist, kann nicht noch tiefer fallen. Falls jedoch Elektronen eine negative kinetische Energie haben könnten, gäbe es gar keine Grenze mehr für das Fallen ihrer Energie. Dann würden schließlich alle Elektronen so lange Energie verlieren, bis sie alle in Zuständen negativer Energie wären.

Diese theoretische Katastrophe kann jedoch vermieden werden, wenn wir annehmen, es gäbe eine unendliche Zahl von Elektronen, die alle diese Zustände negativer Energie besetzen. Dann würde das Ausschließungsprinzip verhindern, daß irgendein anderes Elektron in dieselben Zustände fiele. Dieser unendliche See von Elektronen mit negativer Energie ist nicht direkt beobachtbar.

Was passiert, wenn eins dieser Elektronen mit negativer Energie irgendwie in einen Zustand mit positiver Energie hinaufgestoßen wird und es als normales Elektron erscheint? Dies läßt einen unbesetzten Zustand negativer Energie, ein „Loch" im See der Elektronen negativer Elektronen zurück. Also wird dieser unbesetzte Zustand, das Loch, sich bewegen wie eine Luftblase in einem See. Wenn wir das Verhalten dieser „Blase" berechnen, stellen wir fest, daß sie sich wie ein Positron verhält. Wir können den Vorgang also folgendermaßen beschreiben: Ein Elektron erscheint plötzlich, wobei es einen Zustand negativer Energie zurückläßt. Gleichzeitig erscheint ein „Loch" oder eine „Blase", die sich wie ein Positron verhält. Wir haben daher eine Paarbildung vor uns. Wenn das Elektron wieder in den See eintritt, verschwinden gemeinsam das Elektron und das Loch. Wir haben also eine Elektron-Positron Annihilation (Vernichtung). Die Diracsche Theorie beschreibt also sowohl die Erzeugung als auch die Vernichtung von Teilchen.

Um die Wechselwirkung der Photonen und Elektronen zu diskutieren, wollen wir ein Diagramm verwenden, das von dem amerikanischen Physiker R. P. Feynman angegeben wurde, das sogenannte Feynman-

Diagramm. Die Abbildung 13.2a zeigt ein Diagramm, das den Zusammenstoß zwischen einem Elektron und einem Photon darstellt. Die Teilchen sind gezeichnet, wie sie sich nähern, zusammenstoßen und sich wieder entfernen. (In dem Diagramm ist die Zeit nach oben zunehmend aufgetragen.) Das Diagramm zeigt einen Aspekt des Stoßes, der über unsere normale Erwartung hinausgeht. Das Photon stößt das Elektron nicht einfach weg, sondern wird von ihm absorbiert. Nach einer sehr kurzen Zeit wird von dem Elektron ein anderes Photon emittiert. Daher endet die Wellenlinie, die das Photon darstellt, wenn sie die das Elektron symbolisierende Linie trifft. Die Linie des Elektrons endet nicht an diesem Punkt. Später erscheint eine andere Photonenlinie und führt von der Elektronenlinie weg. Es zeigt sich, daß wir den Prozeß auf diese Weise betrachten müssen, um ein richtiges Ergebnis zu erhalten. In Wirklichkeit würde ein Beobachter natürlich nicht diesen stufenweisen Prozeß sehen. Er würde ein Photon und ein Elektron in ein Gebiet schicken und dann ein Elektron und ein

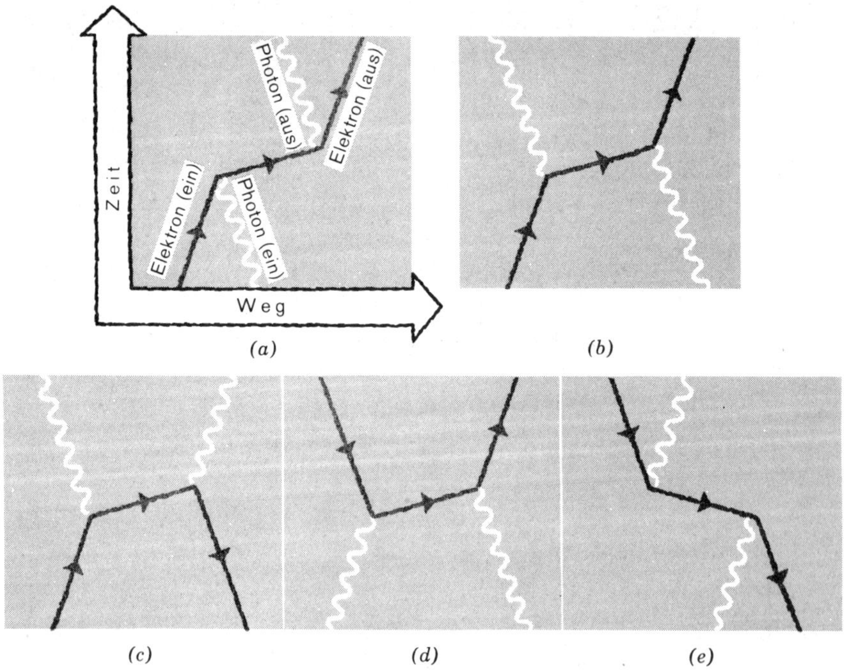

Abb. 13.2

Photon aus diesem Gebiet herauskommen sehen. Daher könnte, soweit es der Beobachter feststellen kann, das Elektron das zweite Photon schon emittiert haben, bevor es überhaupt das erste absorbierte. Dieser Vorgang ist in Abb. 13.2b dargestellt. Also muß man tatsächlich zwei Diagramme betrachten. Es gibt keine Möglichkeit zu entscheiden, welches Diagramm den wirklichen Vorgang darstellt.

Wie wir in unserer Diskussion der Quantenphysik gelernt haben, müssen wir immer dann, wenn wir zwei Wege eines Prozeßablaufs nicht unterscheiden können, berücksichtigen, daß der Prozeß in gewissem Maße auf beiden Wegen gleichzeitig stattfinden könnte. (Dieser Fall ist sehr ähnlich der in Kapitel 11 beschriebenen Situation, in der wir nicht sagen konnten, durch welchen Spalt das Elektron ging. Um das richtige Resultat zu erhalten, mußten wir berücksichtigen, daß das Elektron in gewissem Sinne durch beide Spalte ging. Hier müssen wir berücksichtigen, daß beide in den Diagrammen dargestellte Ereignisabläufe zum Endergebnis beitragen.)

Tatsächlich gibt es außer diesen beiden Diagrammen noch weitere Diagramme, die berücksichtigt werden sollten, aber sie sind weniger wichtig, und wir wollen sie daher jetzt ignorieren. Es sollte jedoch festgehalten werden, daß wir hier zwar nur Diagramme diskutieren, daß damit aber eine mathematische Theorie verbunden ist, die Berechnungen ermöglicht.

Wir wollen Abb. 13.2a noch ein wenig verändern. Wir bewegen die Linie des einlaufenden Photons bis sie wie die eines auslaufenden Photons aussieht. Wir drehen die Linie des auslaufenden Elektrons herum, bis der Pfeil rückwärts in die Vergangenheit zeigt. Dann erhalten wir das Diagramm 13.2c. Das sieht zunächst wie ein unmöglicher Vorgang aus. Wir haben ein bewegtes Elektron, das zunächst ein Photon und später noch ein weiteres emittiert. Bei der Emission des zweiten Photons erhält es einen solchen Rückstoß, daß es sich *in der Zeit rückwärts* bewegt.

Es stellt sich jedoch heraus, daß dieser Vorgang nicht so „unmöglich" ist, wie er auf den ersten Blick erscheint. Mathematisch betrachtet, erscheint das Elektron, das in der Zeit rückwärts läuft, wie ein Positron, das sich in der Zeit vorwärts bewegt. In Wirklichkeit haben wir also den Vorgang, daß ein Elektron und ein Positron vernichtet werden und zwei Photonen hinterlassen, die Energie und Impuls erhalten. Wenn wir die mathematische Rechnung durchführen, stellen wir fest, daß diese Deutung des Positrons als eines in der Zeit rückwärts laufenden Elektrons die richtigen Resultate der Elektron-Positron-Vernichtung ergibt. Soweit wir wissen, ist also das Positron tatsächlich ein in der Zeit rückwärts laufendes Elektron. Unserem einfachen, naiven Wahrnehmungsvermögen erscheint es als Positron. Diese Theorie setzt jedoch nicht unsere Begriffe von Ursache und Wirkung außer Kraft, denn das in der Zeit rückwärts laufende Elektron kann keine Nachricht übertragen. Die Theorie hilft uns, die Ergebnisse zukünftiger Experimente vorauszusagen.

Wir können das Diagramm noch mehr herumdrehen. So erhalten wir in den folgenden Teilen der Abb. 13.2 Diagramme für Paarbildung (Abb. 13.2d) und die Wechselwirkung eines Photons mit einem Positron (Abb. 13.2e). In Abb. 13.3 sehen wir das Diagramm eines Elektrons, das in der Zeit mehrfach vorwärts und rückwärts läuft.

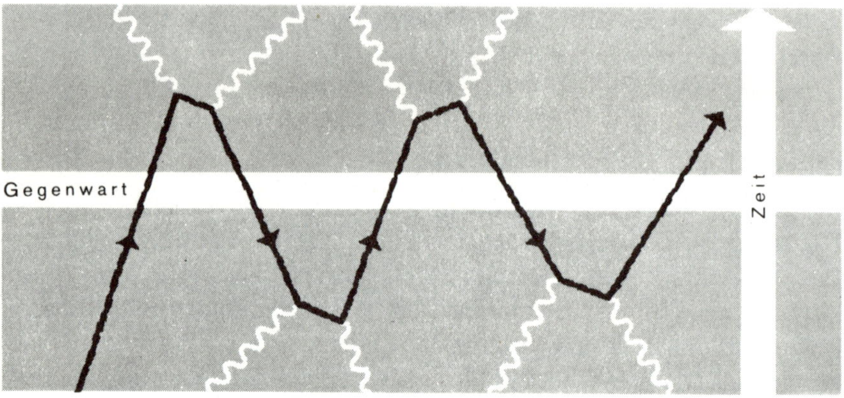

Abb. 13.3

Das erste Diagramm der Abb. 13.4 zeigt ein Elektron, das ein Photon emittiert und es später wieder absorbiert. Wir könnten fragen, ob ein solcher Vorgang möglich ist oder nicht. Daß ein Elektron aus sich selbst heraus ein Photon emittiert und trotzdem ein gewöhnliches Elektron bleibt, stellt eine Verletzung des Energieerhaltungssatzes dar. Es besteht jedoch die Möglichkeit, daß dieser Vorgang kurzzeitig stattfindet, selbst wenn der Energieerhaltungssatz zeitweise „verletzt" ist. Man kann diese Möglichkeit mit Hilfe der Unschärferelation

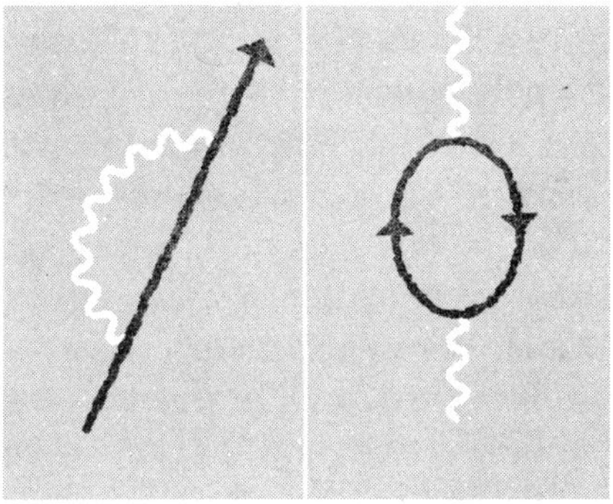

(a) (b)

Abb. 13.4

zeigen, die sich auf Energie und Zeit bezieht (Kapitel 11, Seite 537–538).

Wir können die Unschärferelation auf das in Abb. 13.4a dargestellte Ereignis anwenden. Wenn das Zeitintervall zwischen der Emission und der Absorption kurz genug ist, kann ein energiereiches Photon existieren, obwohl es seine Energie aus dem Nichts erhalten zu haben scheint. Während der kurzen Zeit, in der das Photon existiert, ist die Energie des aus Elektron und Photon bestehenden Systems sehr ungewiß. Das bedeutet, daß während dieser kurzen Zeit das System auf Grund der Unschärferelation Energien haben darf, die sich von der Energie unterscheiden, die das Elektron während langer Zeit hat. In der Quantenphysik müssen wir die Effekte dieser möglichen Energie berücksichtigen, und einer dieser Effekte ist die mögliche Existenz eines kurzlebigen Photons. Je kürzer die Zeit ist, während der das Photon existiert, desto mehr Energie kann es im Mittel besitzen. Je länger es existiert, desto weniger Energie kann es besitzen. Solche Photonen werden *virtuelle* Photonen genannt, weil sie nicht direkt beobachtbar sind. Wenn sie von demselben Teilchen absorbiert werden, das sie emittiert hat, verursachen sie keine Wechselwirkung mit irgendeinem anderen Teilchen.

Die Konzeption der virtuellen Photonen legt den Gedanken nahe, daß das elektromagnetische Feld um ein Elektron (und andere geladene Teilchen) aus einem Schwarm virtueller Photonen besteht, die ständig emittiert und absorbiert werden. Virtuelle Photonen, die lange Zeit existieren, können sich weit von dem Teilchen, das sie emittiert hat, entfernen. Die meisten dieser Photonen haben jedoch eine relativ geringe Energie, weil langlebige Photonen nach der Unschärferelation im Mittel nur eine geringe Energie haben dürfen. In der Nähe des Elektrons können wir mehr kurzlebige, hochenergetische Photonen haben. Zwei geladene Teilchen können miteinander wechselwirken, indem das eine die virtuellen Photonen des anderen absorbiert. Sind sie weit voneinander entfernt, erhalten sie nur die niederenergetischen Photonen des Elektrons, so daß die Wechselwirkung gering ist. In geringerer Entfernung „tauschen" sie wahrscheinlich die hochenergetischen Photonen aus, die näher bei dem emittierenden Teilchen verblieben sind, und die Wechselwirkung wird stärker. Also ist das elektromagnetische Feld in der Nähe eines Teilchens, wo sich die hochenergetischen Photonen befinden, stark und fällt mit der Entfernung ab. Abb. 13.5 zeigt ein virtuelles Photon beim Übergang zwischen zwei wechselwirkenden Elektronen.

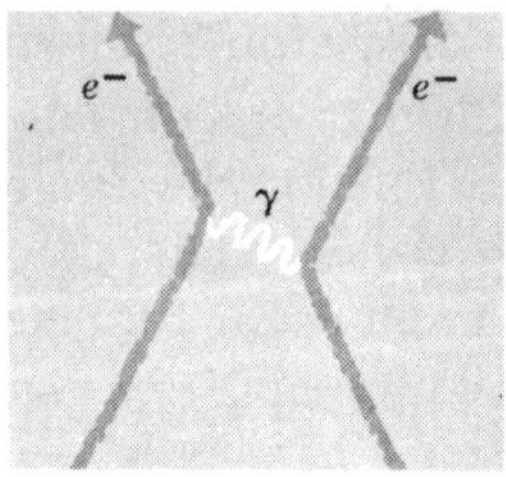

Abb. 13.5

Auch andere Teilchen können in virtuellen Zuständen vorkommen. Abb. 13.4b zeigt ein virtuelles Elektron-Positron-Paar. Ein Photon erzeugt plötzlich ein Teilchen-Paar, das nur für kurze Zeit existiert, bevor es rekombiniert, um wieder das „Original"-Photon zu ergeben. Auch hier kann wieder der Energieerhaltungssatz teilweise verletzt werden, wenn die Teilchen nur kurze Zeit bestehen, weil die Energie selbst ungenau bestimmt ist. Bei den normalerweise existierenden Elektronen und Photonen sollten ständig alle möglichen virtuellen Prozesse vorkommen. Wir haben einige der für das Elektron möglichen Prozesse in Abb. 13.6 gezeichnet. Unter Einschluß aller virtuellen Prozesse wird das Elektron als *bekleidetes* Elektron bezeichnet,

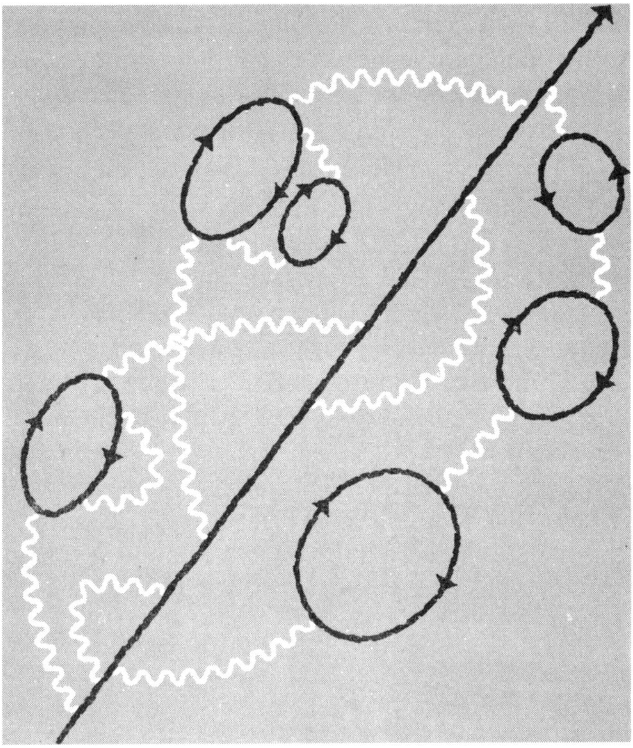

Abb. 13.6

während das theoretische Elektron ohne diese Prozesse als *nacktes* Elektron bezeichnet wird.

Reale Elektronen sind natürlich bekleidet. Daher muß die mathematische Theorie des Elektrons und seiner Wechselwirkungen die virtuellen Teilchen in Rechnung stellen. Diese Forderung verursachte große Probleme, weil sich einige berechnete Resultate als unendlich herausstellten. Um diese Fehler zu korrigieren und die richtigen Resultate zu erhalten, wurde ein systematischer mathematischer Trick entwickelt. Die korrigierte Theorie ist zwar vom ästhetischen Standpunkt gesehen nicht sehr befriedigend, gibt aber erstaunlich genaue Resultate. Diese Theorie der elektromagnetischen Wechselwirkung ist bis heute die erfolgreichste Theorie, die die Konzeptionen der Quantenphysik mit denen der speziellen Relativitätstheorie verbindet.

Wendet man diese Theorie auf Situationen an, in denen große Ladungen sowie viele Elektronen und Photonen auftreten, dann erhält man eine außerordentlich gute Annäherung an die bekannten Gesetze der Elektrizität und des Magnetismus, die in Kapitel 8 diskutiert wurden.

Nichtsdestoweniger erfordert diese Technik tatsächlich eine unendliche Zahl von Diagrammen. Beispielsweise gibt es für die Wechselwirkung eines Elektrons und eines Photons mehr Diagramme als nur die beiden ersten der Abb. 13.2. Dieser Prozess beinhaltet z.B. auch die Diagramme der Abb. 13.7. In diesem Diagramm treten ein Photon und ein Elektron ein, und ein Elektron und ein Photon laufen heraus. Sie entsprechen den Wechselwirkungsmöglichkeiten, die zwischen einem Elektron und einem Photon auftreten können, und sie müssen daher berücksichtigt werden, wenn wir die Effekte dieser Wechselwirkung berechnen wollen. Glücklicherweise sind, mathematisch betrachtet, diese komplizierteren Diagramme weniger wichtig; im allgemeinen ist ein Diagramm umso weniger wichtig, je komplizierter es ist. Daher hat sich herausgestellt, daß wir schon mit den beiden ersten Diagrammen der Abb. 13.2 ein genaues Ergebnis erhalten können.

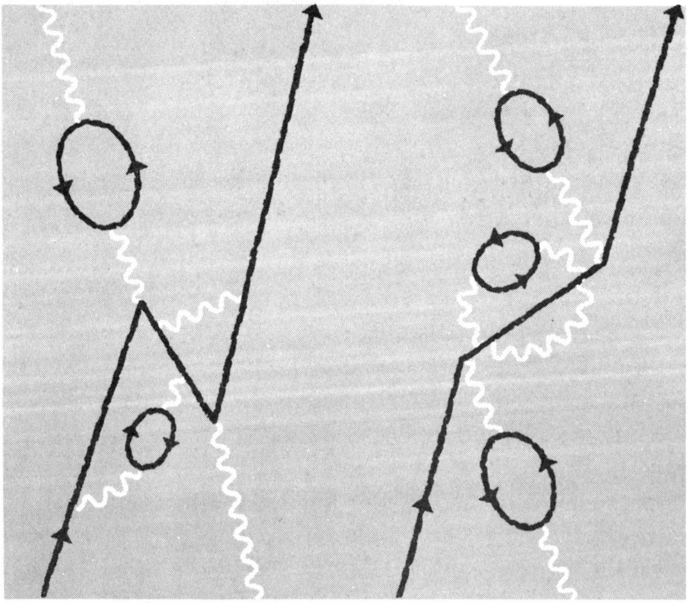

Abb. 13.7

Kompliziertere Diagramme werden für kleinere Korrekturen gebraucht.

Wenn wir dieses Rechenverfahren mit ähnlichen Diagrammen auf die starke Wechselwirkung anwenden wollen, ergibt sich jedoch, daß die komplizierten Diagramme wichtiger sind als die einfachen. Daher versagt diese Diagramm-Methode bei den starken Wechselwirkungen.

Die starke Wechselwirkung. Die starke Wechselwirkung ist für die stärksten Kräfte zwischen Teilchen verantwortlich, die bisher bekannt sind. Im Kern ist die starke Wechselwirkung zwischen benachbarten Nukleonen etwa hundert mal stärker als die elektrische Abstoßung zwischen Protonen in derselben Entfernung. Die starke Wechselwirkung ist für das Zusammenhalten des Kerns verantwortlich und hat eine sehr kurze Reichweite. Der starken Wechselwirkung unterliegen die Mesonen und die Baryonen (siehe Tabelle 13.1).

Die starke Wechselwirkung ist noch nicht völlig verstanden. Wir kennen nicht die Wechselwirkungsgesetze, die uns erlauben würden, die Resultate der Experimente zu berechnen, in denen Teilchen der starken Wechselwirkung unterliegen. Verschiedene Techniken sind angewendet worden, um diesen Nachteil zu überwinden und die starke Wechselwirkung so gut wie möglich zu erklären. Eine solche Technik besteht darin, die Erhaltungssätze und Symmetrieprinzipien anzuwenden, um zu zeigen, welches Verhalten erlaubt ist und welches nicht. Die starke Wechselwirkung wahrt mehr Erhaltungssätze und Symmetrieprinzipien als die elektromagnetische und die schwache Wechselwirkung – tatsächlich wahrt sie, soweit wir bis heute wissen, alle Erhaltungssätze und Symmetrieprinzipien, die in diesem Buch diskutiert worden sind.

Bei der Untersuchung der Reaktionen, die starke Wechselwirkung einschließen, bemerkte man, daß einige Reaktionen niemals auftreten. Es schien keinen Grund zu geben, weshalb diese Reaktionen nicht auftreten sollten, denn es war kein Erhaltungssatz und kein Symmetrieprinzip bekannt, das sie verboten hätte. Um zu erklären, weshalb diese Reaktionen nicht auftraten, wurde eine neue Größe eingeführt, die als *Seltsamkeit (Strangeness)* bezeichnet wurde. Jedem Baryon und jedem Meson wird eine bestimmte Größe der Strangeness zugeordnet. (siehe Tabelle 13.1) Die Strangeness des Antiteilchens ist der negative Wert der Strangeness des entsprechenden Teilchens. Die nichtbeobachteten Reaktionen hätten die Erhaltung der Strangeness verletzt. Soweit bisher bekannt ist, bleibt die Strangeness bei starken und elektromagnetischen Wechselwirkungen erhalten. Bei schwacher Wechselwirkung braucht jedoch die Strangeness nicht erhalten zu bleiben.

Die starke Wechselwirkung zwischen den Nukleonen, die den Kern zusammenhält, kann als Austausch von Pionen zwischen den Nukleonen erklärt werden. Wir haben schon früher in diesem Kapitel erklärt, daß man sich ein Elektron von einer Wolke virtueller Photonen umgeben vorstellen kann, und daß die Elektronen durch die Absorption virtueller Photonen wechselwirken können. Das Nukleon, sei es ein Neutron oder ein Proton, kann man sich mit einer Wolke virtueller Pionen umgeben vorstellen. Nach der Tabelle 13.1 können Pionen positiv, negativ oder ungeladen sein. In Abb. 13.8 sehen wir verschiedene Möglichkeiten in Diagrammen dargestellt. Wird ein geladenes Pion ausgetauscht, dann verwandelt sich das beteiligte Proton in ein Neutron und entsprechend umgekehrt. Wird ein ungeladenes Pion ausgetauscht, tritt diese Umwandlung der Nukleonen nicht auf. In jedem Fall findet jedoch eine starke Wechselwirkung statt.

Die Tatsache, daß Pionen eine Ruhemasse haben, erklärt, weshalb diese Kernkräfte eine so kurze Reichweite haben. Bei der Diskussion der virtuellen Photonen wurde gesagt, daß die virtuellen Teilchen in größerer Entfernung vom Elektron im Mittel die kleinere Energie haben. Um so weit weg zu kommen, müssen sie relativ lange leben und das Unschärfeprinzip erlaubt ihnen nicht viel Energie. Bei dem Pion wird ein Teil dieser Energie als Ruhemasse gebunden und ist

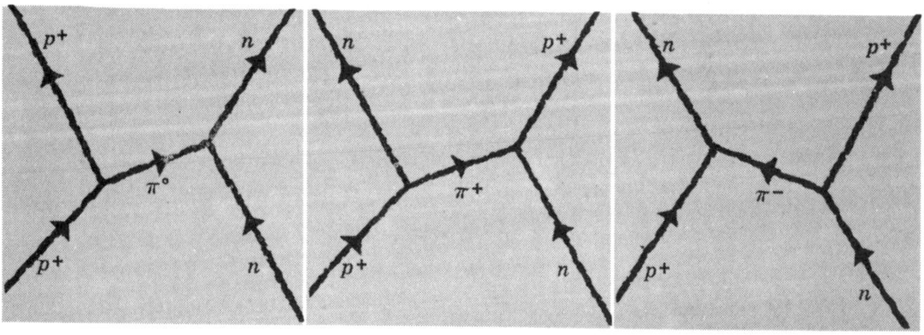

Abb. 13.8

daher nicht als kinetische Energie verfügbar, um seine Geschwindigkeit zu erhöhen. Außerdem kann die Geschwindigkeit eines Pions sowieso nicht so groß wie die eines Photons sein. Also kann sich in einer gegebenen Zeit das Pion nicht so weit von dem Nukleon entfernen, das es emittiert hat. Die große Mehrzahl der virtuellen Pionen ist daher auf einen kleinen Raum in der Nähe des Nukleons beschränkt (siehe Beispiel 1, Seite 665).

Da es viele stark wechselwirkende Teilchen gibt (mehr als in Tabelle 13.1 aufgeführt), sind verschiedene Methoden zu ihrer Klassifizierung vorgeschlagen worden, damit man sie nur als verschiedene Zustände einiger *wirklich* elementarer Teilchen zu betrachten brauchte. Dies steht natürlich im Einklang mit der langen Tradition der Physik, die nach den einfachsten, elementarsten Bausteinen der Materie sucht. Die Materie besteht aus Molekülen, die Moleküle aus Atomen, die Atome aus Elektronen und dem Kern, der Kern aus Protonen und Neutronen. Wo endet diese Zerlegung? Es ist jedoch auch ein anderer Gesichtspunkt vorgeschlagen worden, der alle stark wechselwirkenden Teilchen auf dieselbe Ebene stellt. Dabei wird argumentiert, daß diese Teilchen ebenso gut aus ihresgleichen als aus noch fundamentaleren Teilchen aufgebaut sein könnten. Dieser Gesichtspunkt beruht teilweise auf der Tatsache, daß die starke Wechselwirkung zu hohen Bindungsenergien fähig ist.

Betrachten wir als einfachstes Beispiel das Deuteron. Wie wir gesehen haben, ist die Bindungsenergie des Deuterons relativ hoch, aber sie ist dennoch nur ein kleiner Bruchteil der kombinierten Masse des Protons und des Neutrons. Folglich ist die Gesamtmasse des Deuterons nur ein klein wenig kleiner als die Summe der Masse des Protons und des Neutrons. Also erkennen wir leicht, daß es aus diesen beiden Nukleonen besteht. Stellen wir uns aber einmal vor, die Bindungsenergie sei etwa ebenso groß wie die Masse eines der Nukleonen. Dann wäre das zusammengesetzte Teilchen nicht so einfach als Kombination zweier Teilchen zu erkennen. Tatsächlich würde es als ein anderes Teilchen erscheinen, das etwa dieselbe Masse wie ein Nukleon besitzt. Wir würden vielleicht nicht wissen, daß es in Wirklichkeit eine Kombination zweier Nukleonen ist. Die zwei Nukleonen würden reagieren, um das zusammengesetzte Teilchen zu ergeben, aber die zusätzliche, von der Bindungsenergie gelieferte Energie müßte in Form eines oder mehrerer Teilchen abgegeben werden. Wie könnten wir wissen, welches von all den entstehenden Teilchen wirklich das zusammengesetzte Teilchen ist, und welches von den Teilchen nur die überschüssige Energie abführt? Der Vorgang würde als eine Teilchenreaktion und nicht als eine Teilchenkombination erscheinen. Selbst wenn wir die ursprünglichen Nukleonen durch Aufbrechen der Kombination zurückerhalten könnten, müßten wir die Bindungsenergie in Form eines anderen Teilchens zuführen. Wie könnten wir wissen, welches Teilchen wirklich aufbrach? Die Masse-Energie kann verschiedene Formen annehmen. Vielleicht sind die stark wechselwirkenden Teilchen einfach verschiedene Formen der Masse-Energie. Dann wäre keins von ihnen fundamentaler als andere in dem Sinne, daß es der einzige Baustein sei, aus dem andere gemacht sind.

Naturkonstanten

Die grundlegenden Naturkonstanten bestimmen den Maßstab oder die Größe der verschiedenen Erscheinungen. Wir haben schon gesehen, daß die Vakuumlichtgeschwindigkeit c die maximale Geschwindigkeit der Informationsübertragung und die minimale Verzögerung zwischen Ursache und Wirkung darstellt. Die Konstante h bestimmt die Unsicherheit unserer Kenntnis und der Voraussagbarkeit von Ereignissen. Durch diese Konstante sind Wellenlängen und Frequenzen der Wellen mit der Energie und dem Impuls der Teilchen verbunden. Sie bestimmt die Wellenlänge des Photons für eine gegebene Energie und ist mitbestimmend für die Größe des Atoms. Die Elementarladung e und die Masse der Elementarteilchen bestimmen das Ausmaß der Teilchennatur der Ladung und der Materie. Die Größe und die Dichte der verschiedenen Strukturen im Universum werden durch die Stärken der fundamentalen Wechselwirkungen bestimmt. Diese Stärken werden durch bestimmte Naturkonstanten gegeben, z.B. die Gravitationskonstante G und die elektromagnetische Konstante K_e.

Eine Theorie, die Beziehungen zwischen diesen Naturkonstanten herstellen und so die Zahl der wirklich fundamentalen Konstanten vermindern würde, wäre hoch willkommen. Einige Anstrengungen in dieser Richtung sind unternommen worden.

SIC Physik: Tabus*

Die drei Buchstaben SIC bedeuten Symmetrie, Invarianz und Erhaltung (Engl. Conservation). Wir haben schon erwähnt, daß wir nicht alle exakten Wechselwirkungs-Gesetze der Elementarteilchen kennen. Wir können aber auch ohne diese exakten Gesetze viel vom Verhalten der Elementarteilchen verstehen, wenn wir die Erhaltungssätze und Symmetrieprinzipien anwenden. Daraus entwickelt sich das Bild von Teilchen, die allen möglichen Arten der Reaktionen und Umwandlungen unterliegen. Die Masse-Energie wird in Form von Teilchen und kinetischer Energie ständig von einer Teilchenart in die andere umgewandelt, einmal ist sie gebunden in der Ruhemasse von Teilchen, ein andermal erscheint sie als Photon oder Neutrino, die überhaupt keine Ruhemasse besitzen. Dieses zutiefst chaotische Verhalten geschieht unter voller Ausschöpfung der Unschärferelation. In diesem Chaos wirken die Erhaltungssätze und Symmetrieprinzipien begrenzend und regulierend. Auf Grund dieser Prinzipien sind einige vorstellbare Reaktionen und Prozesse verboten. Wir haben schon gesehen, daß der Zerfall des Protons durch den Erhaltungssatz der Baryonenzahl verboten ist. Der Zerfall des Elektrons in leichtere Teilchen ist durch den Erhaltungssatz der Ladung verboten (alle Teilchen, die weniger Masse als das Elektron haben, sind ungeladen). In der Tat: wann immer wir finden, daß eine Reaktion oder ein Prozeß nicht auftritt, glauben wir, daß ein Erhaltungssatz oder ein Symmetrieprinzip gilt, die sie verbieten. Wie wir gesehen haben, wurde auf diese Weise der Erhaltungssatz der Strangeness gefunden.

Viele der Erhaltungssätze und Symmetrieprinzipien sind miteinander verbunden. Tatsächlich möchte man sagen, daß jeder Erhaltungssatz einem Symmetrieprinzip äquivalent ist und umgekehrt. Leider ist das nicht ganz richtig. Wir kennen keinen Erhaltungssatz, der der Zeitumkehrsymmetrie entspricht. Es gilt aber für viele Prinzipien. Beispielsweise folgt nach unserem gegenwärtigen Verständnis der physikalischen Gesetze der Energie-Erhaltungssatz aus der Tatsache der Zeitsymmetrie. Der Impulserhaltungssatz folgt aus der Symmetrie der Lage. Der Drehimpulserhaltungssatz folgt aus der Richtungssym-

* (Die kombinierte Symmetrie der Zeitumkehr, Ladungsumkehr und Spiegelung wird nach den englischen Wörtern Time, Charge und Parity meist mit TCP bezeichnet. Anm. d. Übers.)

metrie. Wir können hier keine Begründung für die Verbindung zwischen den Erhaltungssätzen und Symmetrien geben. Wir können aber den Grund für eine solche Verbindung am Beispiel des Energieerhaltungssatzes und der Zeitsymmetrie plausibel machen.

Wie wir uns erinnern, besagt das Prinzip der Zeitsymmetrie, daß die Gesetze der Physik nicht davon abhängen, wann wir unsere Messungen durchführen. Das heißt, es soll möglich sein, die Gesetze der Physik so zu formulieren, daß sie von Minute zu Minute, von Jahr zu Jahr unverändert bleiben. Um zu sehen, was andernfalls geschehen würde, betrachten wir als Beispiel das reibungsfrei schwingende Pendel. Jede folgende Schwingung braucht die gleiche Zeit. Nehmen wir an, wir würden uns willkürlich entschließen, die Art der Zeitmessung zu ändern. Wir können schließlich die Zeit auf beliebige Weise messen, solange wir bereit sind, die Konsequenzen zu tragen. Wir wollen uns also darauf einigen, daß definitionsgemäß jede folgende Schwingung des Pendels doppelt so lange dauert wie die vorangegangene. Dies führt niemals zu einem inneren Widerspruch, denn es gibt keine Möglichkeit, eine vergangene Schwingung wiederaufleben zu lassen, um sie mit einer gegenwärtigen oder zukünftigen Schwingung zu vergleichen. Die Vergangenheit ist uns verschlossen, und es gibt keine direkte Möglichkeit, eine vergangene Stunde oder Sekunde zurückzubringen, um sie mit einer gegenwärtigen Stunde oder Sekunde zu vergleichen. Wenn wir die Zeit in dieser Weise messen, müssen wir jedoch zu dem Schluß kommen, daß das Pendel an Geschwindigkeit verliert. Wenn das Pendel für die gleiche Strecke die doppelte Zeit braucht, muß es sich langsamer bewegen. Also ist im Tiefpunkt des Pendels die Geschwindigkeit bei jeder folgenden Schwingung geringer geworden. Also ist auch die kinetische Energie ($mv^2/2$) bei jeder folgenden Schwingung geringer geworden. Daher wäre die Energie in der uns bekannten Form nicht erhalten geblieben. Dies wäre jedoch noch nicht die einzige Änderung. Die physikalischen Gesetze, die sich auf das Pendel beziehen, würden sich im Lauf der Zeit auch ändern, weil dieselben Anfangsbedingungen am Beginn jeder Schwingung systematisch verschiedene Resultate für die Bewegung des Pendels bei der folgenden Schwingung ergeben würden. Unsere Neudefinition der Zeitmessung würde sowohl die Zeitsymmetrie als auch die Energieerhaltung beseitigen.

Als zweites Beispiel betrachten wir ein Objekt, das sich kräftefrei bewegt. Nach dem ersten Bewegungsgesetz sollte sich das Objekt mit konstanter Geschwindigkeit auf einer Geraden bewegen. Falls wir jedoch willkürlich die Methode unserer Zeitmessung änderten, brauchte dieses Gesetz nicht mehr zu gelten. Wir könnten vereinbaren, die Zeit so zu messen, daß das Teilchen in jeder folgenden Sekunde die doppelte Strecke zurücklegt. (Man könnte uns vorwerfen, wir ließen jede Sekunde doppelt so lange dauern wie die vorangegangene – aber es steht uns frei, nach Belieben diese Zeitdefinition zu wählen und sie ist ebenso präzise und gültig wie irgendeine andere Zeitdefinition.) Wenn wir das tun, stellen wir fest, daß die kinetische Energie des Teilchens nicht erhalten bleibt, weil es sich immer schneller bewegt. Die Gesetze der Physik sind auch geändert worden, weil das erste Bewegungsgesetz nicht mehr gilt. Stellen wir uns vor, was geschieht, wenn das Teilchen irgendwo auftrifft. Die Beule, die es verursacht, ist eine physikalische Realität und hängt nicht von unserer Zeitdefinition ab. Mit fortschreitender Zeit bewegt sich das Teilchen nach unserer Zeitdefinition immer schneller. Das bedeutet, daß das physikalische Gesetz, das die Deformation beim Aufschlag als Funktion der Geschwindigkeit beschreibt, geändert werden muß; die größer erscheinende Geschwindigkeit würde keine größere Beule verursachen. Durch unseren Wechsel in der Zeitdefinition haben wir also wieder sowohl die Zeitsymmetrie als auch die Energieerhaltung gestört.

An diesen Beispielen sehen wir, daß die Gültigkeit der Zeitsymmetrie physikalischer Gesetze zumindest teilweise eine Folge der Methode ist, mit der wir die Zeit messen. Daher können wir uns frei entschließen, die Zeit so zu messen, daß die Zeitsymmetrie gilt. Danach könnte es so scheinen, als sei dieses Symmetrieprinzip lediglich die Folge unseres Entschlusses, eine bestimmte Methode der Zeitmessung zu wählen. So einfach sind die Dinge aber nicht. Eine Zeitdefinition, die ein Gesetz die Zeitsymmetrie wahren läßt, könnte bewirken, daß ein anderes Gesetz sie verletzt. Daher erscheint es kaum trivial, daß es eine Methode der Zeitmessung gibt, die bewirkt, daß *alle* Gesetze die Zeitsymmetrie erfüllen. Außerdem ist es bemerkenswert, daß die Langzeit-Erhaltung einer Größe, der Energie, gleichbedeutend mit der Tatsache ist, daß alle Gesetze die Zeitsymmetrie wahren.

Das Raum-Zeit Kontinuum

Am Anfang dieses Buches erwähnten wir den Unterschied zwischen kontinuierlichen und diskreten Größen. Die Materie zeigt sowohl diskrete als auch kontinuierliche Aspekte. Die Diskretheit erscheint im Teilchenaspekt, wenn wir die Information durch den Nachweis oder die Messung eines Teilchens gewinnen. Der Kontinuitätsaspekt erscheint in den Wahrscheinlichkeitswellen. In diesem Buch haben wir Raum und Zeit als kontinuierliche Größen behandelt. Es fällt schwer, sich vorzustellen, sie seien aus Teilchen aufgebaut. Nichtsdestoweniger haben einige Forscher darauf hingewiesen, daß wir keineswegs direkte, experimentelle Beweise für die *unendliche* Teilbarkeit des Raumes und der Zeit besitzen. Wie klein auch die Entfernungen und Zeitintervalle sind, die wir experimentell messen, es könnte in einem Raum-Zeit Kontinuum theoretisch immer noch kleinere Entfernungen und Zeitintervalle geben. Daher kann der Begriff einer wirklich kontinuierlichen Raum-Zeit mit unseren Experimenten nicht vollständig geprüft werden und sollte daher nach Ansicht einiger Wissenschaftler abgelehnt werden. Lange Zeit haben die Forscher über eine mögliche Elementardistanz, eine kürzestmögliche Entfernung nachgedacht, die für den Raum dieselbe Bedeutung haben würde wie die Konstante e, die kleinstmögliche Ladung, für die elektrische Ladung. Bis jetzt ist jedoch die Existenz dieser minimalen Distanz ein Gegenstand der Spekulation geblieben.

Leben, Geist, Information; Chemie

Wir diskutierten soeben das Bild des Physikers von dem sehr Kleinen – den Elementarteilchen. Im nächsten Abschnitt wollen wir das Bild des Physikers von dem sehr Großen – dem astronomischen Universum – darstellen. Zwischen diesen beiden Extremen liegt die Welt der „normal großen" Objekte. Für „gewöhnliche" Größen und „gewöhnliche" Geschwindigkeiten gelten die „alten" Gesetze von Newton und Maxwell immer noch sehr genau. Aber auch die Lebewesen fallen in diesen Bereich der „normal großen" Objekte. Viele Wissenschaftler glauben, daß wir schließlich das Wesen des Lebens und Geistes als Erscheinungsformen bewegter Materie verstehen werden – d.h. mit Hilfe der Wechselwirkungsgesetze der Elementarteilchen. Sie nehmen an, daß die Lebensprozesse lediglich sehr komplizierte Fälle von Prozessen sind, die nach den bekannten Gesetzen der Physik ablaufen. Andererseits haben mehrere hervorragende Wissenschaftler wie Schrödinger und Eugen Wigner die Erwartung geäußert, daß wir mit fortschreitender Kenntnis des Lebensprozesses auf fundamental neue Gesetze stoßen würden. In diesem Abschnitt wollen wir kurz eine Möglichkeit darstellen, den Lebensvorgang heute durch Teilchen zu beschreiben, die den Gesetzen der Physik unterliegen. Wir erinnern den Leser daran, daß die Körper der lebenden Pflanzen und Tiere (mit einigen Ausnahmen wie Viren) aus Zellen bestehen, die man im Mikroskop beobachten kann. Wir wollen zunächst das Zusammentreten der Atome zu Molekülen und danach einige Vorgänge diskutieren, bei denen in der lebenden Zelle Moleküle von Bedeutung sind.

Atome kombinieren zu Molekülen: Chemie

Eine der grundlegenden Tatsachen, die von jeder Theorie der Molekülbildung erklärt werden muß, ist die Tatsache, daß die Atome in genau definierten Verhältnissen zusammentreten, um genau definierte Moleküle zu bilden. Diese Erscheinung ist bei kleineren Molekülen besonders auffällig. Beispielsweise kombiniert ein Sauerstoffatom mit genau zwei Wasserstoffatomen, um ein Wassermolekül zu bilden. Die chemischen Eigenschaften reinen Wassers sind durch die Tatsache bestimmt, daß sich ein Sauerstoffatom mit genau zwei Wasserstoffatomen verbindet – nicht mehr und nicht weniger. Wenn sich die Atome in irgendeiner beliebigen Weise verbinden könnten, würde es nicht notwendigerweise zu diesen genau fixierten Eigenschaften chemisch reiner Substanzen kommen. Es gibt noch eine andere Substanz, die aus Wasserstoff und Sauerstoff gebildet werden kann. Wenn sich zwei Sauerstoffatome mit zwei Wasserstoffatomen verbinden, bildet sich ein Molekül Wasserstoffperoxid. Diese Verbindung hat andere Eigenschaften als Wasser und ist ziemlich instabil. Sie zerfällt leicht in ein Wassermolekül und ein freies Sauerstoffatom, das zum Bleichen verwendet werden kann. Die stabilen Moleküle enthalten also nicht alle Kombinationen, die man sich vorstellen kann, sondern nur ganz bestimmte.

Nach der Unschärferelation können die Lage und der Impuls eines Teilchens oder Systems nicht gleichzeitig exakt bekannt sein. Wir können uns fragen, weshalb man ein Molekül und sogar ein Atom in bestimmten Zuständen betrachten kann, wenn eine dieser Größen, die Lage oder der Impuls unbekannt oder unscharf sind. Es gibt aber auch, wie wir früher diskutiert haben, eine Unschärferelation zwischen der Zeit und der Energie. Wir können die Energie eines Systems als sehr genau definiert ansehen, wenn das System lange Zeit existiert. Wenn wir also an ein System denken, das während sehr langer Zeit besteht, dürfen wir uns das System in definierten Energiezuständen vorstellen. Wir haben schon von den Atomen so gesprochen – die Bohrschen „Bahnen" entsprechen definierten Energiezuständen des Atoms. Wenn die Elektronen eines Atoms in definierten Bahnen sind, befindet sich das Atom in einem definierten Energiezustand. Tatsächlich ist, wie wir in Kapitel 11 betont haben, das Modell der Bohrschen Bahnen zu einfach, um das Atom genau zu beschreiben. Man sollte sich stattdessen jede Bahn als eine räumlich stehende Welle vorstellen – eine stehende Welle um den Mittelpunkt des Atoms. Die genaue Lage und der genaue Impuls des durch diese Welle dargestellten Elektrons sind unbestimmt, aber das ganze Atom befindet sich in einem Zustand definierter Energie.

Wir wollen jetzt ein einfaches Molekül betrachten – das Wasserstoffmolekül, das aus zwei Wasserstoffatomen besteht. Jedes Atom des gewöhnlichen Wasserstoffisotops besteht aus einem Proton (dem Kern) und einem Elektron. Im Wasserstoffmolekül sind die beiden Protonen viel zu weit voneinander entfernt, als daß die starke Wechselwirkung sie gegen die Wirkung der elektrischen Abstoßung zusammenhalten könnte. Aber ein Elektron zwischen diesen zwei Protonen

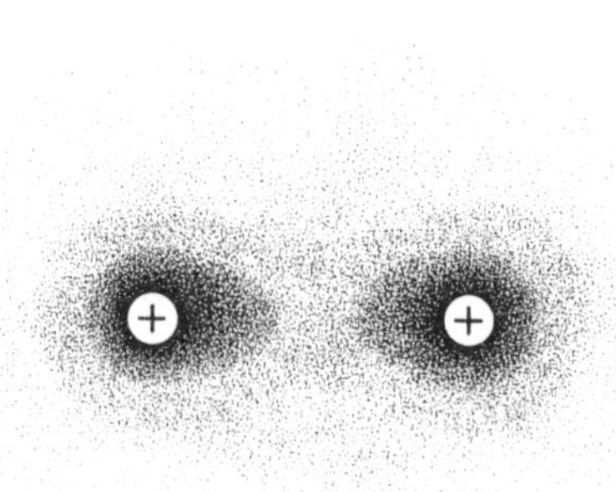

Abb. 13.9

kann beide Protonen zu sich heranziehen und so als ein elektrisches Bindemittel zwischen ihnen wirken. Die Elektronenwolke ist zwischen den beiden Kernen konzentriert, so daß das Elektron sich mit größerer Wahrscheinlichkeit zwischen den Protonen als an anderen Orten aufhält (Abb. 13.9). Diese elektrische Anziehung hält die Protonen zusammen. Sie können sich jedoch nicht zu nahe kommen, weil sie dann von ihrer elektrischen Abstoßung auseinandergetrieben werden. Also werden die zwei Protonen in einem bestimmten Abstand gehalten (oder sie schwingen in bestimmten Energiezuständen um diese Lage hin und her). Das so weit beschriebene Molekül hat zwei Protonen und nur ein Elektron. Daher ist es elektrisch geladen. Wir bezeichnen diese Struktur als Wasserstoffmolekül-Ion.

Wir brauchen noch ein Elektron, um das neutrale Wasserstoffmolekül zu bilden. Wir könnten denken, daß wegen des Ausschließungsprinzips kein zweites Elektron in derselben stehenden Welle wie das erste sein könnte. Aber die Elektronen haben einen Spin und daher können zwei Elektronen in derselben stehenden Welle sein, wenn ihre Spins unterschiedliche Richtungen haben. Die Gesetze der Quantenphysik bestimmen, wie viele unterschiedliche Zustände es für den Spin eines Teilchens gibt. Ohne diese Frage hier tiefer zu erörtern, wollen wir nur sagen, daß es für den Spin des Elektrons, ebenso wie für jedes andere Teilchen mit Spin 1/2 zwei verschiedene Zustände gibt. Das bedeutet, daß es nicht mehr als zwei Elektronen in jeder stehenden Welle geben kann. Das elektrisch neutrale Wasserstoffmolekül besteht aus zwei Protonen mit einem Paar von Elektronen (in einer stehenden Welle), die als Bindung zwischen ihnen wirken. Gäbe es ein drittes Elektron, könnte es wegen des Ausschließungsprinzips nicht dieselbe stehende Welle haben wie die beiden ersten Elektronen. Ein drittes Elektron müßte in derselben stehenden Welle denselben Spinzustand haben wie eines der beiden anderen Elektronen, da es nur zwei mögliche Spinzustände gibt. Daher wäre es in genau demselben Zustand wie eins der beiden anderen Elektronen und dies ist nach dem Ausschließungsprinzip unmöglich. Daher wirkt ein Elektronenpaar als natürliche elektrische Bindung, die die Atome im Molekül zusammenhält.

Wir drücken diese Tatsache oft dadurch aus, daß wir sagen, Atome könnten gebunden werden, indem sie Elektronenpaare unter sich aufteilen. Man stellt sich oft vor, daß eins der Elektronen des Paares von einem Atom kommt und das andere von dem anderen Atom; es gibt aber auch Fälle, in denen beide Elektronen des Paares von demselben Atom stammen können. Mit Ausnahme des Wasserstoffs haben elektrisch neutrale Atome mehr als ein Elektron. Wegen des Ausschließungsprinzips können nicht mehr als zwei der Elektronen in dem Zustand bzw. der stehenden Welle mit der niedrigsten Energie sein. Tatsächlich können sich nicht mehr als zwei Elektronen gleichzeitig in derselben stehenden Welle mit der niedrigsten Energie befinden. Daher müssen im allgemeinen einige der Elektronen in „äußeren Bahnen" oder Zuständen höherer Energie als andere Elektronen sein. Es sind gewöhnlich diese äußeren Elektronen in den äußeren Bahnen, die an der Elektronenpaar-Bindung zwischen den Atomen eines Moleküls beteiligt sind.

Außer der Elektronenpaarung gibt es noch eine andere Art der Bindung zwischen Atomen und Gruppen von Atomen in Molekülen. Manchmal übernimmt ein Atom ein Elektron von einem anderen Atom, so daß es eine negative Gesamtladung erhält und das andere Atom mit einer positiven Ladung zurückläßt. Die beiden Atome werden so zu entgegengesetzt geladenen Ionen und halten durch die elektrische Anziehung zwischen ihren entgegengesetzten Ladungen zusammen. Es gibt auch verschiedene Zwischenformen der Bindung, in denen ein Elektron teilweise von einem Atom zu einem anderen übertragen wird.

Die exakte Theorie der Energiezustände des Atoms und die Beziehung dieser Zustände zu den Elektronen, die die Bindung bewirken können, ist äußerst kompliziert. Sie hängt im Grunde mit der Richtungssymmetrie des Raumes zusammen, aber wir können diese Frage hier nicht weiter verfolgen. Wir betonen, daß es wegen der Wellennatur des Elektrons definierte Energiezustände des Atoms gibt, in denen sich die Elektronen auf definierten Bahnen bzw. stehenden Wellen aufhalten. Wegen des Ausschließungsprinzips sind die Elektronen im allgemeinen nicht in derselben Bahn; einige von ihnen sind in äußeren Bahnen und können Paare mit anderen Elektronen bilden, um Atome aneinander zu binden. Im allgemeinen stehen nur diese äußeren Elektronen für die Bindung mit einem anderen Atom zur Verfügung. Weil es nur eine begrenzte Zahl von Elektronen für die Bindung gibt, gibt es auch nur eine begrenzte Zahl von Möglichkeiten der Bindung zu Molekülen. Also können nur ganz bestimmte Moleküle gebildet werden. Der Betrag der Bindungsenergie bestimmt die Stabilität dieser Moleküle.

Manchmal können dieselben Arten von Atomen in verschiedener Weise angeordnet werden, so daß sie verschiedene Arten stabiler Moleküle bilden. Gewöhnlich unterscheiden sich diese Anordnungen hinsichtlich ihrer Energie. Selbst wenn die Energiedifferenz nicht hoch ist, kann eine beträchtliche Energie erforderlich sein, um die eine Anordnung in die andere umzuwandeln. Die Situation läßt sich mit dem in Abb. 13.10 dargestellten Problem vergleichen. Obwohl die Baumstämme in der Stadt *A* dieselbe potentielle Gravitationsenergie haben wie in der Stadt *B*, erfordert es dennoch eine beträchtliche zusätzliche Energie, um eine Ladung über den Berg von einer Stadt zur anderen zu bringen. Gleicherweise kann es eine beträchtliche zusätzliche Energie kosten, eine Atomanordnung in einem Molekül in eine andere zu überführen oder das Molekül aufzubrechen. Dieser Bedarf zusätzlicher Energie schützt das Molekül davor, durch das ständige Bombardement anderer Moleküle aufgebrochen oder umgewandelt zu werden.

Abb. 13.10

Die Tatsache, daß Atome die Moleküle in bestimmten Anordnungen bilden, und daß es einer beträchtlichen zusätzlichen Energie bedarf, eine stabile Anordnung in eine andere umzuwandeln, erklärt die Stabilität der Moleküle. Wir können dies mit zwei weiteren Beispielen illustrieren. Betrachten wir den Pfeilwerfer in Abb. 13.11a. Er versucht, mit dem Pfeil das Zentrum der Scheibe zu treffen. Jedes kleine Zittern der Hand oder des Auges läßt den Pfeil das Zentrum verfehlen. Wenn er hundert Pfeile wirft, werden sie sich um das Zentrum gruppieren, aber nur sehr wenige werden dicht am Zentrum sein. Wird andererseits ein Trichter angebracht, dann werden viel mehr Treffer erzielt (Abb. 13.11b). Im mittleren Gebiet der Scheibe gibt es nun nur einen möglichen Zustand. Wenn der Pfeil irgendwo im Mittelbereich trifft, wird er von dem Trichter ins Zentrum geleitet. Der Pfeil wird nur bei relativ großen Störungen, die ihn den Trichter gänzlich verfehlen lassen, nicht ins Zentrum gelangen.

(a) (b)

Abb. 13.11

Abb. 13.12 gibt ein zweites Beispiel. Die Murmeln in der Eierkiste bleiben in ihren Vertiefungen, auch wenn die Kiste geschüttelt wird. Die Murmeln rollen in ihren Vertiefungen hin und her, aber sie werden sich nicht von einer Vertiefung zur anderen oder aus der Kiste hinaus bewegen, solange sie nicht besonders heftig geschüttelt wird. Es muß ein bestimmter Energiebetrag zugeführt werden, um eine Murmel so hoch zu heben, daß sie die Barriere zwischen den Zellen überschreitet. Ebenso bleibt in einem Molekül eine bestimmte Anordnung erhalten, bis einem oder mehreren Atomen so viel Energie zugeführt wird, daß sie die Energiebarrieren der gegebenen Anordnung überschreiten, so daß diese zerfällt oder in eine andere Anordnung übergeht. Also bleibt die Anordnung erhalten oder sie wird auf

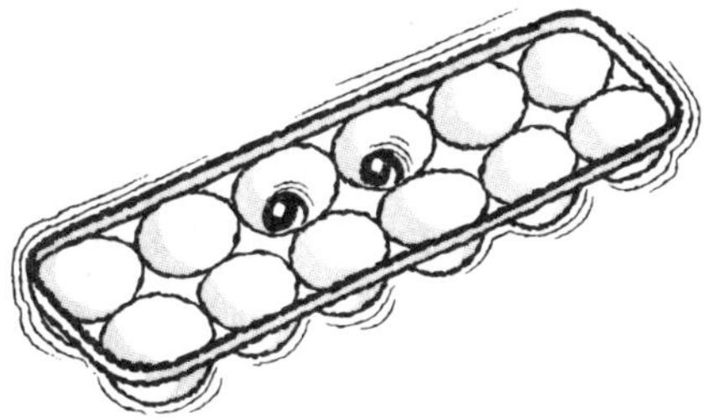

Abb. 13.12

eine Weise geändert, die eine von mehreren bestimmten Möglichkeiten darstellt.

Die Energie zur Veränderung eines Moleküls kann auf verschiedene Weise zugeführt werden. Das Molekül kann von den anderen Molekülen infolge ihrer ungeordneten Bewegung sehr heftig getroffen werden. Daher steigt die Wahrscheinlichkeit einer Molekülumwandlung, wenn eine Ansammlung von Molekülen erwärmt wird, weil dadurch ihre kinetische Energie zunimmt. Manche Molekülumwandlungen können durch die Photonen des Lichts hervorgerufen werden, z.B. bei der Belichtung eines photographischen Films. Ebenso können α, β und γ-Teilchen sowie auch Röntgenstrahlen und kosmische Strahlen Molekülumwandlungen bewirken.

Struktur: DNA und RNA

Wollte man ein menschliches Wesen künstlich erschaffen – angenommen, daß das möglich wäre, so würde man sehr viel Information benötigen. Man würde nicht nur Information brauchen, um die gesamte menschliche Gestalt und Anatomie zu beschreiben, sondern auch, um die Struktur und Wirkungsweise aller Zellen festzulegen, einschließlich der Moleküle und molekularen Prozesse, die in ihnen ablaufen. Dennoch wissen wir, daß sich der menschliche Körper aus der Vereinigung der mikroskopisch kleinen Ei- und Samenzelle entwickelt. In diesen Zellen muß genug Information gespeichert sein, um den Aufbau und das Leben des gesamten menschlichen Körpers zu bestimmen.

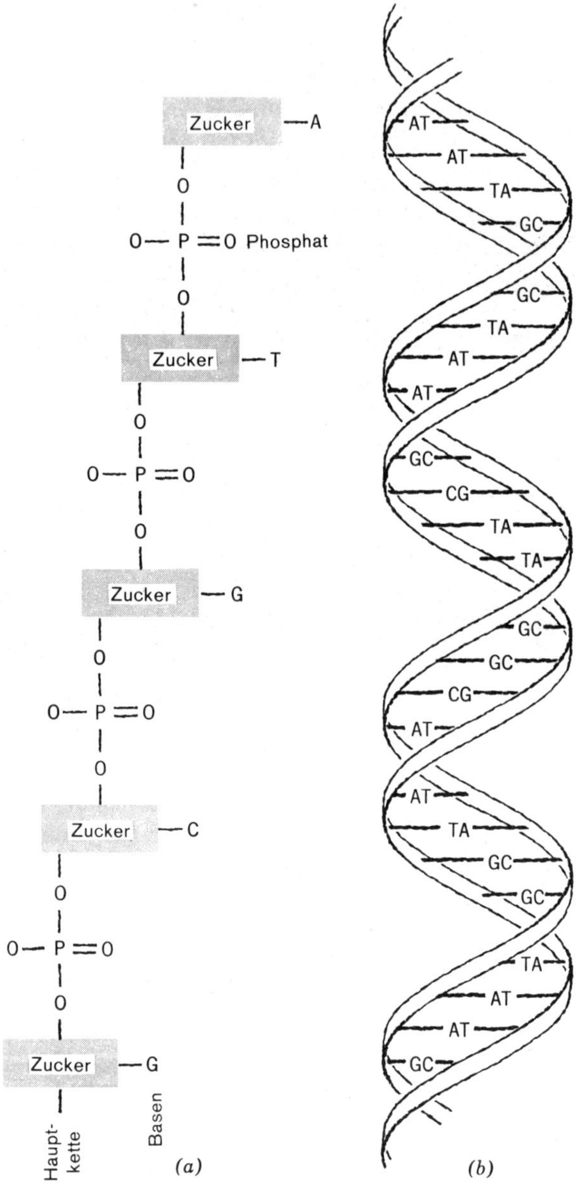

Zucker
A
O
O— P =O Phosphat
O
Zucker
T
O
O— P =O
O
Zucker
G
O
O— P =O
O
Zucker
C
O
O— P =O
O
Zucker
G
Haupt-kette
Basen
(a)
AT
AT
TA
GC
GC
TA
AT
AT
GC
CG
TA
TA
GC
GC
CG
AT
AT
TA
GC
GC
TA
AT
AT
GC
(b)

Abb. 13.13

Heute nehmen wir an, daß der größte Teil dieser Information in länglichen Molekülen der Desoxyribonukleinsäure enthalten ist – der berühmten DNA. Diese Moleküle können bis zu einem Millimeter lang sein. Sie können ein Molekulargewicht von $2 \cdot 10^9$ erreichen, d.h. ihre Masse ist etwa gleich der von $2 \cdot 10^9$ Protonen. Sie können sich um sich selbst winden und Schleifen bilden. Abb. 13.13 zeigt die Struktur einer dieser DNA Ketten. Sie besteht aus Molekülen einer Zuckerart, die von Phosphatgruppen zusammengehalten werden (eine Phosphatgruppe besteht aus Phosphor- und Sauerstoffatomen). An jeder Zuckergruppe hängt eine andere Atomgruppe, die als Base bezeichnet wird (dies ist *nicht* die Art von Base, die in der Chemie behandelt wird, wenn man von Basen und Säuren spricht). Es gibt vier Hauptarten von Basen: Adenin, Cytosin, Thymin und Guanin, die durch die Buchstaben A, C, T, und G gekennzeichnet werden. Die Anordnung dieser Basen längs der DNA bestimmt die „Botschaft“ oder Information, die in dem DNA Molekül enthalten ist. Die Information ist in der Reihenfolge dieser Basen enthalten, ebenso wie die Information eines Satzes in der Reihenfolge der Buchstaben und Wörter enthalten ist. In Wirklichkeit ist die Situation noch komplizierter als bei einem Satz; das DNA Molekül muß nicht nur die Information speichern, sondern diese auch in der Zelle physisch wirksam werden lassen, um die Wirkungsweise der Zelle zu steuern und schließlich die Entwicklung der befruchteten Eizelle zum erwachsenen Organismus zu regeln. Das DNA Molekül muß auch in der Lage sein, bei der Zellteilung ein weiteres DNA Molekül zu erzeugen, das ihm gleicht, damit jede neu entstehende Zelle ihre DNA hat, die die Entwicklung der Zelle mit der richtigen Information bewirkt. Bei ihrer Steuerung der lebenden Zelle wird die DNA durch verschiedene Arten ähnlicher, aber weniger stabiler Moleküle unterstützt, die Ribonukleinsäure oder RNA genannt werden. RNA besteht auch aus Ketten von Zucker und Phosphat sowie Basen, die mit den Zuckermolekülen verbunden sind.

Man kann fragen, wie so viel Information in einer so kleinen Struktur wie der DNA sicher gespeichert werden kann. Diese Information muß über Jahrhunderte erhalten bleiben, damit der Nachfahr den Eltern über Generationen hinweg ähnelt. Wir haben hier weder die plötzliche Entladung eines Geiger-Zählers noch den Fleck auf einem photographischen Film, der vom Menschen beobachtet werden kann. Vielmehr ist hier die Information enthalten in der stabilen Struktur stehender Wellen der Atome, die zu Molekülen verbunden sind. Wir haben schon gesagt, warum unter den richtigen Bedingungen die Moleküle sehr stabile räumliche Gebilde sein und daher zur Informationsspeicherung dienen können. Es gibt noch eine weitere Eigenschaft der DNA, die ihre Stabilität erhöht. Im Ruhezustand ist sie zu einer Doppelhelix gewunden, wie es Abb. 13.13b zeigt. Die Helix (Schraube) wird aus zwei Ketten von DNA gebildet, die umeinander geschlungen sind, so daß die Basen in der Mitte liegen. Auf diese Weise wird die in der Reihenfolge der Basen enthaltene „Botschaft" geschützt.

Man beachte, daß die Reihenfolge der Basen nicht in jeder Kette der Helix dieselbe ist – jede Base paart sich immer mit einer anderen Base. Es treten immer dieselben Basen in Paaren zusammen auf, solange kein „Irrtum" vorkommt. Daher kann jede der beiden Ketten der Helix bestimmt werden, wenn die andere bekannt ist. Die Entdeckung der Doppelhelix-Struktur der DNA ist ein Ergebnis der Arbeiten von F. Crick und J. D. Watson.

Mutation

Manchmal zeigt eine Pflanze oder ein Tier Eigenschaften, die noch bei keinem Vorfahren verzeichnet wurden. Eine solche Veränderung wird als Mutation bezeichnet. Wenn die Eigenschaft von den Nachkommen des Individuums, das die Mutation zeigte, vererbt wird, dann ist eine Änderung in der Information eingetreten, die die Anlage der Pflanze oder des Tieres bestimmt. Wir vermuten, daß eine Änderung der DNA des Individuums stattgefunden hat. Vielleicht wurde bei der Verdopplung an einem bestimmten Punkt der Kette eine falsche Base eingefügt. Vielleicht trat eine Störung auf, als die DNA von hochenergetischen Photonen oder Elementarteilchen getroffen wurde. Es gibt viele Hinweise darauf, daß Mutationen auf Änderung der DNA zurückzuführen sind.

Vermutlich kann jede Änderung der molekularen Struktur der DNA-Basen Mutationen hervorrufen. Daher erwarten wir, daß Mutationen ständig in allen Generationen einer gegebenen Pflanzen- oder Tierart vorkommen. Zweifellos sind die meisten dieser Mutationen „schädlich". Nach der heutigen Theorie der natürlichen Auslese würden diese „schädlichen" Mutationen den Organismus in eine nachteilige Situation bringen. Ein solcher Organismus würde weniger Aussicht haben, zu überleben und sich fortzupflanzen. Dagegen würden die selteneren „nützlichen" Mutationen dem Individuum helfen, zu überleben und sich fortzupflanzen. Diese Mutationen würden daher in der Population immer häufiger werden und so das Wesen der Art verändern. Daher erklärt die DNA sowohl die Stabilität der in der Natur vorkommenden Arten als auch die Mutationen, die für die Entwicklung durch natürliche Auslese erforderlich sind.

Gedächtnis

Die Tatsache, daß ein menschliches Wesen oder ein Tier Gedächtnis hat, legt die Vermutung nahe, daß es eine Art von Informationsspeichersystem im Körper, wahrscheinlich dem Gehirn, geben muß. Die exakte Art und Lokalisierung dieser Speicherung stellt schon seit langer Zeit Rätsel dar, die bis heute ungelöst sind. Das Problem wird noch kompliziert durch die Tatsache, daß es verschiedene Arten von Gedächtnissen zu geben scheint. Offensichtlich sind die Vorgänge der Kurzzeit-Erinnerung andere als die des Langzeit-Gedächtnisses.

Die elektrische Aktivität des Gehirns ist seit Jahren bekannt. Die Nervensignale sind mit elektrischen Impulsen verbunden, die längs der Nervenfasern laufen. Das Gehirn zeigt auch elektrische Aktivität in den sogenannten Gehirnwellen, deren Eigenschaften vom Zustand des Tieres abhängen – Schlaf, Erregung usw. Das ausgedehnte Netzwerk der Nervenfasern im Gehirn läßt das Gehirn als ein kompliziertes elektrisches System erscheinen, in dem die Information dadurch gespeichert wird, daß der Widerstand bestimmter Verbindungen für den Durchgang elektrischer Impulse gegenüber dem der anderen Verbindungen vermindert wird. Es gibt Hinweise darauf, daß bei der Informationsspeicherung ausgedehnte Gebiete des Gehirns zusammenarbeiten. Bestimmte Gebiete scheinen für die Verarbeitung der Information bestimmt zu sein, denn eine elektrische Reizung dieser Gebiete scheint Erinnerungen wachzurufen. Das Modell des Gehirns als eines elektrischen Computers ergibt sich natürlich aus solchen Überlegungen.

Durch die Entdeckung der Funktion der DNA und RNA in der lebenden Zelle wurde jedoch noch eine weitere Idee hinzugefügt. Diese großen Moleküle speichern und übertragen Information in der Zelle. Das Gedächtnis ist im wesentlichen ein Vorgang der Informationsübertragung und -speicherung. Könnten nicht DNA und RNA an der Speicherung, der Übertragung und der Verarbeitung der Information im Gehirn beteiligt sein? Jüngste Forschungsergebnisse deuten stark darauf hin, daß RNA im Gehirn ein sehr wichtiger Faktor des Gedächtnisses und des Lernprozesses ist. Es wird berichtet, Behandlung mit RNA vermindere den Gedächtnisverlust älterer Leute. Es ist festgestellt worden, daß bei Versuchstieren der Lernprozeß von Änderungen der RNA begleitet wird. RNA ist wichtig bei der Bildung bestimmter großer Moleküle (Proteine) in der lebenden Zelle. Wenn diese Aktivität im Gehirn durch Behandlung mit Antibiotika wie Puromycin gestört wird, werden auch bestimmte Gedächtnisprozesse gestört. Verschiedene Forscher haben berichtet, das Lernverhalten einer Gruppe von Versuchstieren lasse sich auf eine andere übertragen, wenn RNA von den Tieren der einen Gruppe auf die andere übertragen werden. Daher wird angenommen, daß RNA bei Gedächtnis- und Lernprozessen eine wichtige Rolle spielt, aber ihre genaue Funktion bei diesen Vorgängen ist noch unbekannt.

In diesem Abschnitt haben wir den Wert physikalischer und chemischer Begriffe für das Studium der Biologie illustriert. Es gibt natürlich viele Gebiete der Biologie, in denen derartige Begriffe von Nutzen sind. Der lebende Organismus erhält und verwendet Energie. Da die Vorgänge in lebenden Zellen irreversibel sind, verursachen sie auch eine Zunahme der Unordnung oder Entropie. Der Organismus nimmt als Nahrung Substanzen mit einem bestimmten Grad molekularer Ordnung auf und scheidet sie als Abfall in einem Zustand geringerer Ordnung aus, um die erzeugte Unordnung loszuwerden. Solche Tatsachen unterstreichen die Bedeutung physikalischer Prinzipien für die Lebensvorgänge.

Der Makrokosmos

Das Bild des Universums, das wir am Ende von Kapitel 4 skizzierten, ist in seinen Hauptzügen auch heute noch korrekt: Satelliten bewegen sich um die Planeten, die Planeten rotieren um ihre Achsen und bewegen sich um die Sonne, die Sonne bewegt sich auf ihrer Bahn um das Zentrum des Milchstraßensystems (Galaxis) und die Galaxis bewegt sich wie zahllose andere Galaxien durch den Raum. Neue Beobachtungen, die außerhalb der Erdatmosphäre durch Satelliten und raketengetragene Instrumente gewonnen wurden, sowie neue Techniken wie die Radioastronomie haben unser Wissen von der sich im Weltall bewegenden Materie erweitert. Ein Großteil dieser Kenntnisse betrifft die Elementarteilchen. Es sind die Licht- und Materieteilchen, die durch den Raum zu uns kommen, die uns die Information über das Universum vermitteln.

Teilchen im Raum

Der Sonnenwind. Im Jahre 1744 wurde beobachtet, daß die etwas furchteinflößenden, aber schönen Spiele des Nordlichts von Ablenkungen der Kompaßnadeln begleitet wurden. (Die Störungen des erdmagnetischen Feldes werden als magnetische Stürme bezeichnet.) Es wurde festgestellt, daß diese Stürme oft zwei oder drei Tage nach dem Erscheinen von Sonnenflecken auftraten. Man nahm an, daß Ströme ionisierten Gases von der Sonne ausgingen und sich in die nahezu leeren Bereiche des interplanetaren Raumes ausbreiteten. Zuweilen würde die Erde durch einen solchen Gasstrom hindurchgehen. Das erdmagnetische Feld würde die Teilchen des Gases zu den Polen hin ablenken und die Teilchen würden dort in die Erdatmosphäre einfallen und dabei die Moleküle ionisieren und „anregen". Das Leuchten tritt auf, wenn die Elektronen in den angeregten Molekülen zu den Bahnen mit niedrigerer Energie zurückkehren. Gleichzeitig entstehen in der Atmosphäre elektrische Ströme, die um die Erde laufen und so die magnetischen Störungen verursachen, die an der Oberfläche beobachtet werden. Diese Ideen wurden nicht sogleich akzeptiert; nicht nur weil die Beobachtungsdaten spärlich waren, sondern auch weil sich sehr berühmte Physiker gegen die vorgeschlagene Erklärung aussprachen. Zum Beispiel sagte Lord Kelvin: „Die angenommene Verbindung zwischen magnetischen Stürmen und Sonnenflecken ist unrealistisch, und die scheinbare Übereinstimmung zwischen den Perioden ist eine rein zufällige Koinzidenz".

In den Jahren nach 1950 wurde vermutet, daß vereinzelte Ströme geladenen Gases oder Plasmas nicht alle beobachteten Erscheinungen erklären könnten und daß ein mehr kontinuierliches Gas im gesamten interplanetaren Raum existieren könnte. Beispielsweise würde der Lichtdruck allein nicht alle Eigenschaften der Kometenschweife erklären können (diese Schweife weisen immer von der Sonne fort, wie immer sich auch der Komet bewegen möge). Außerdem gibt es fast jeden Abend einige Ablenkungen der Kompaßnadeln und einige Nordlichterscheinungen. Das ist schwer zu erklären, wenn es nur wenige und weit auseinanderliegende Gasströme gibt. Im Jahre 1958

Abb. 13.14

schlug E. N. Parker ein Modell vor, daß einen ständigen Sonnenwind voraussagte, der mit hoher Geschwindigkeit von der leuchtenden äußeren Atmosphäre der Sonne (Korona) ausströmt (Abb. 13.14). Beobachtungen der Raumschiffe in den frühen sechziger Jahren führten zur allgemeinen Annahme der Vorstellung, daß von der Sonne ständig ein Strom von Hochgeschwindigkeitsplasma ausgeht (Abb. 13.15). Die Forscher haben festgestellt, daß sich die Protonen, α-Teilchen und Elektronen mit Geschwindigkeiten von $3 \cdot 10^5$ bis mehr als $8 \cdot 10^5$ m/s von der Sonne fortbewegen. Die Zahl der Teilchen in diesem Plasma variiert ungefähr von 10 bis 200 Teilchen pro Kubikzentimeter. Außerdem gibt es ein schwaches aber wichtiges Magnetfeld, das sich mit dem Sonnenwind nach außen bewegt.

Daraus ergibt sich das Bild, daß der interplanetare Raum nicht nur von Licht (und anderen elektromagnetischen Wellen) erfüllt ist,

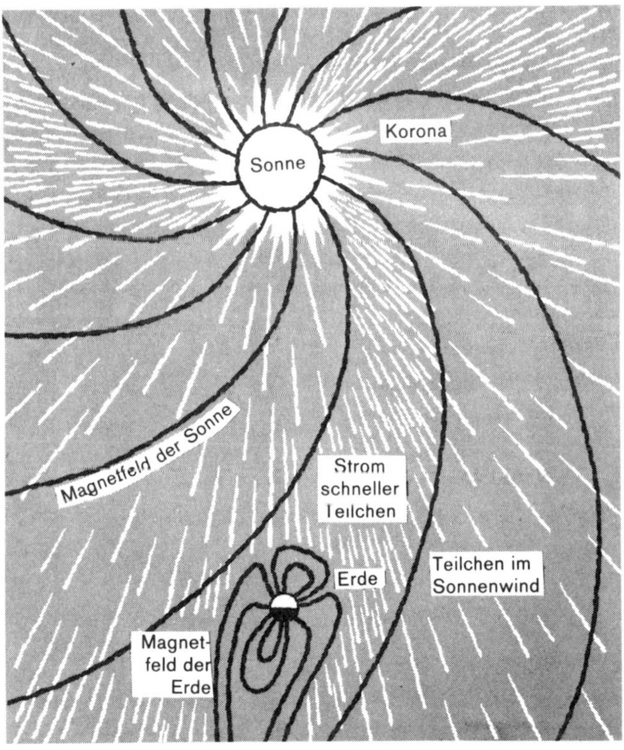

Abb. 13.15

sondern in dem schnell expandierenden äußeren Teil der Sonnenatmosphäre, die sich weit über die Erdbahn hinaus erstreckt, auch Materieteilchen enthält. In dem allgemeinen Fluß des Sonnenwindes sind Ströme von Teilchen mit höherer Geschwindigkeit eingebettet. Diese Ströme im Sonnenwind sind durch große Änderungen der Dichte und des magnetischen Feldes gekennzeichnet. Einige dieser Ströme sind ziemlich langlebig und überdauern Monate. Durch die Rotation der Sonne rotiert der Strom selbst auch und kann wieder und wieder beobachtet werden, wenn er ein Raumschiff überstreicht. Häufig ändert sich jedoch die Verteilung des „Windes" sehr schnell, so daß sich die Ströme in komplizierter Weise bilden und auflösen.

Das Magnetfeld der Erde stellt ein Hindernis für den Sonnenwind dar. Tatsächlich zeigen die Beobachtungen von Raumschiffen, daß der Sonnenwind durch das Magnetfeld der Erde von weiten Bereichen ihrer Umgebung ausgeschlossen wird (Abb. 13.16). Dabei verzerrt der Sonnenwind das erdmagnetische Feld. Während in der Nähe der Erdoberfläche das Feld dem eines Stabmagneten ähnelt, wird der äußere Teil des Erdfeldes von der Sonne weg in einen langgestreckten

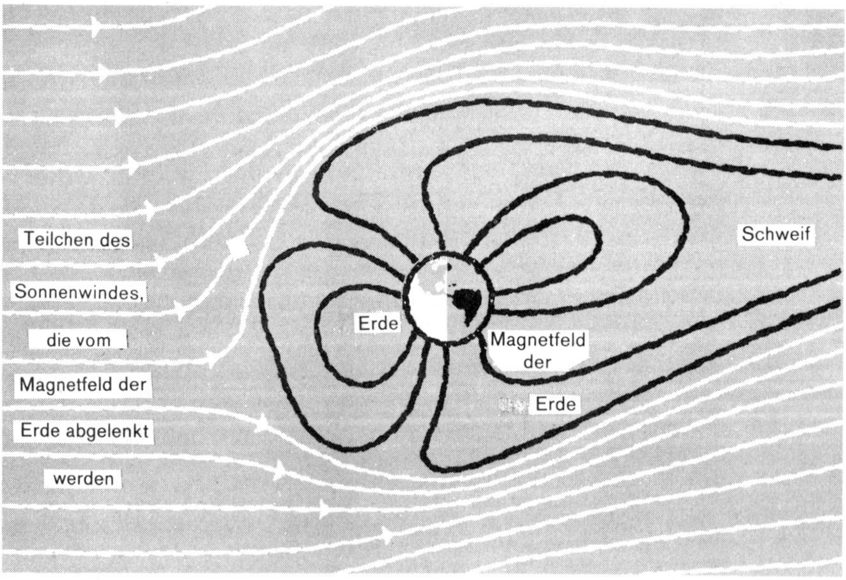

Abb. 13.16 Die Teilchen des Sonnenwindes werden vom Magnetfeld der Erde abgelenkt.

Bereich zurückgedrängt. Man nimmt jetzt an, daß dieser magnetische „Schweif“ der Erde die notwendige Bedingung dafür darstellt, daß die Energie des Sonnenwindes in die auf der Erde beobachteten Effekte umgewandelt werden kann. Viele Forscher nehmen jetzt an, daß die Nord (und Süd-) Lichter und magnetischen Stürme von Teilchen des Sonnenwindes verursacht werden, die in den Schweif eintreten und sich der Erde von der Rückseite nähern. Kürzlich sind Zusammenhänge zwischen magnetischen Stürmen und Schwankungen des mit dem Sonnenwind verbundenen Magnetfeldes gefunden worden. Der Mechanismus, der die Nord- und Südlichter sowie die magnetischen Stürme hervorruft, ist noch nicht genau bekannt.

Intergalaktische Teilchen. Ebenso wie die interplanetare Region enthält auch der interstellare Bereich Teilchen. Tatsächlich ist im Raum etwa ebensoviel Materie in Form von Staub und Gas verbreitet wie in den Sternen konzentriert. Staub und Gas im Raum sollten die Wellen des hindurchtretenden blauen Lichtes stärker streuen als die des roten. Dies würde eine „Rötung“ des durch Staub und Gas hindurchtretenden Lichtes bewirken. Eine solche Rötung wird wirklich beobachtet.

Abb. 13.17

Im Licht, das durch dieses Gas und diesen Staub zur Erde gelangt, sind bestimmte Frequenzen ausgelöscht oder geschwächt (Abb. 13.17). Diese Frequenzen wurden von den Atomen im Raum absorbiert. Die Energie der Photonen dieses Lichtes hebt ein Elektron auf eine höhere Bahn, wenn das Photon absorbiert wird. Daher sind die fehlenden Frequenzen des Lichtes charakteristisch für die Art der Atome im Raum, so daß wir feststellen können, welche

Atome sich dort befinden. Häufig werden die Linien des Kalziums, Kaliums, Eisens und Natriums beobachtet (Wasserstoff kommt in viel größeren Mengen als andere Elemente vor, wird aber auf andere Weise nachgewiesen). Wenn das Licht durch eine Gaswolke hindurchgeht, die sich relativ zur Lichtquelle bewegt, bewirkt der Doppler-Effekt eine kleine Änderung der absorbierten Frequenz. In einer solchen Situation erscheinen die dunklen Linien der Abb. 13.17 in einer etwas verschobenen Lage. Aus dieser Verschiebung kann die Geschwindigkeit der Staubwolke ermittelt werden. Wenn das Licht durch zwei Wolken hindurchgeht, die sich mit verschiedener Geschwindigkeit bewegen, ist die Verschiebung für jede Wolke verschieden. Die Linien erscheinen dann verdoppelt oder zumindest verbreitert. Auf diese Weise sind bis zu sieben Gaswolken auf einmal entdeckt worden.

Kosmische Strahlen. Außer den schon erwähnten Teilchen gibt es sehr hochenergetische Partikel, sogenannte *kosmische Strahlen*, die sich durch den Raum bewegen. Kosmische Strahlen bestehen aus Atomkernen, meist Protonen, aber auch vielen α-Teilchen und schweren Kernen. Einige dieser Teilchen haben mehr kinetische Energie als irgendwelche anderen Elementarteilchen, die bisher entdeckt oder in Teilchenbeschleunigern gewonnen wurden. Wenn diese Kerne auf Kerne in der Erdatmosphäre treffen, treten Teilchenumwandlungen und -erzeugungen auf, wodurch ein Schauer von hochenergetischen Teilchen entsteht. Wegen der extrem hohen kinetischen Energie der Teilchen in der kosmischen Strahlung werden bei diesen Umwandlungen andere Teilchen mit sehr hoher Ruhemasse erzeugt. In der Tat wurden viele der Elementarteilchen in Experimenten mit der kosmischen Strahlung entdeckt.

Wir haben gesehen, daß das erdmagnetische Feld die Erde von dem Sonnenwind abschirmt. Das Erdfeld hilft auch, die Erde von kosmischen Strahlen abzuschirmen. Geladene Teilchen werden abgelenkt, wenn sie sich in einem Magnetfeld bewegen. Je höher die Energie dieser Teilchen ist, desto weniger wirksam ist diese Abschirmung. Auch die Atmosphäre hilft, die Erde abzuschirmen, indem sie einen Teil der kosmischen Strahlung absorbiert. Diese Absorption ist sehr wichtig für den Schutz des Lebens vor der hochenergetischen Strahlung.

Einige kosmische Strahlen kommen von der Sonne, aber diese Strahlen sind unbedeutend und selten verglichen mit den energiereicheren und häufigeren Strahlen aus dem fernen Weltraum. Die Strahlen scheinen in fast gleicher Zahl aus allen Richtungen des Raumes zu kommen. Niemand weiß, woher sie kommen, aber mehrere Möglichkeiten sind diskutiert worden. Eine Möglichkeit ist, daß sie in den elektrischen und magnetischen Feldern beschleunigt werden, die von explodierenden Sternen verursacht werden – die jeweils als eine Art Zyklotron am Himmel wirken könnten. Eine andere Möglichkeit ist, daß die Teilchen durch die Wechselwirkung mit den magnetischen Feldern beschleunigt werden, die mit bewegten Gaswolken verbunden sind.

Objekte im Raum

Die Erforschung des Sonnensystems. Die große Ära der Erforschung der Landoberfläche der Erde scheint beendet zu sein. Praktisch ist die gesamte Erdoberfläche erforscht, untersucht und kartographiert. Die direkte Erforschung des Sonnensystems hat jedoch seit der Einführung der ferngelenkten und bemannten Raumschiffe gerade erst begonnen. Wir brauchen hier nur zu erwähnen, daß Menschen in Bahnen um die Erde und den Mond gebracht worden sind, daß Raumschiffe zum Mars und zur Venus, sogar auf die Venus geflogen sind und daß Raumschiffe auf dem Mond landeten (Abb. 13.18 bis 13.22).

Die Wissenschaftler haben Photographien von der verborgenen Seite des Mondes erhalten, der Seite, die der Erde immer abgewandt ist (Abb. 13.18). Durch Instrumente in den Raumschiffen und andere neue Methoden konnte viel Information gewonnen werden. Die Forscher haben entdeckt, daß Mars und Venus, wenn überhaupt, dann nur sehr schwache Magnetfelder haben können.

Die Mars-Photographie (z.B. Abb. 13.22) zeigt Krater, die denen des Mondes sehr ähnlich sind. Nach diesen Resultaten erscheint die Erde einzigartig in ihrer Fähigkeit, Leben der uns bekannten Form zu ermöglichen. Zum Beispiel scheint die Atmosphäre des Mars nach Raumschiffbeobachtungen noch dünner zu sein als früher geschätzt wurde. Wir nehmen jetzt an, daß der Atmosphärendruck auf der Marsoberfläche etwa 0,5 % des Atmosphärendrucks auf der Erdoberfläche beträgt.

Abb. 13.18 Bild von der Rückseite des Mondes, das von Lunar Orbiter II aufgenommen wurde. Besonders bemerkenswert ist der große Mondkrater, dessen Boden fast völlig mit schwarzem Material bedeckt ist.

Seltsame Objekte im Raum. Im Jahre 1929 bemerkte der Astronom Edwin Hubble, daß die Frequenzen charakteristischer Spektrallinien im Licht entfernter Galaxien zum Roten verschoben waren. Das heißt, die Frequenzen waren niedriger, als wenn sie von einer irdischen Lichtquelle gekommen wären. Wenn diese Rotverschiebung durch den Doppler-Effekt verursacht wird, dann bewegen sich diese Galaxien von uns fort. Es zeigt sich, daß die Rotverschiebung für weiter entfernte Galaxien größer wird. Die Galaxien scheinen sich also um so schneller von uns zu entfernen, je weiter sie von uns entfernt sind. Also scheint das ganze Universum zu expandieren. Das führt natürlich zu dem Schluß, das Universum sei von einer großen Explosion ausgegangen – der sogenannten *Urknall*-Theorie.

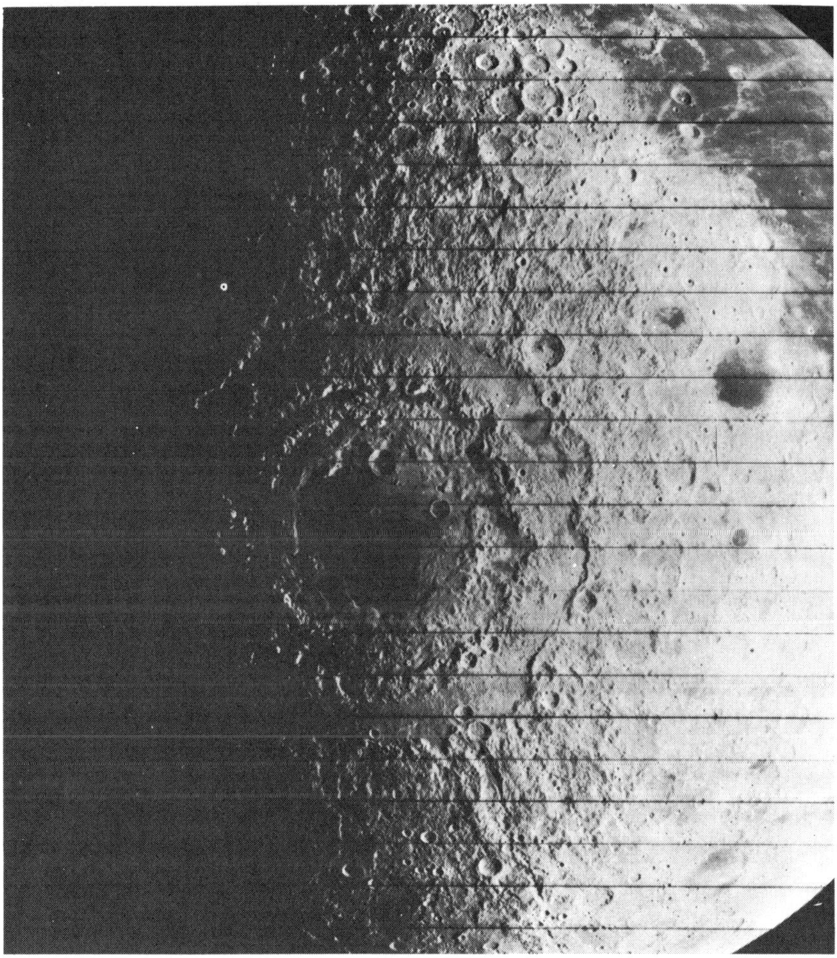

Abb. 13.19 Eine Aufnahme des Lunar Orbiter IV zeigt, daß die Berge des Cordilleren Gebirges auf dem Mond einen riesigen Ring mit einem Durchmesser von 1000 km bilden. Innerhalb dieses Ringes befinden sich kleinere Ringe, so daß der Eindruck eines gigantischen Ochsenauges entsteht.

Abb. 13.20 Der Mondkrater Kopernikus, aufgenommen von Lunar Orbiter II. Die Berge erheben sich bis zu 330 m über den Boden des Kraters. Horizontale Ausdehnung: 27 km. Entfernung vom Vordergrund bis zum Horizont: rund 240 km.

Die Tatsache, daß alle Galaxien sich von uns zu entfernen scheinen, bedeutet nicht notwendigerweise, daß wir uns in dem Zentrum befinden, in dem die Explosion begann. Wir würden denselben Effekt von jeder Galaxis aus sehen, nicht nur von unserer eigenen. Stellen wir uns einen expandierenden Ballon vor (Abb. 12.23). Wenn jeder Punkt auf der Ballonhülle eine Galaxis oder einen Haufen verbundener Galaxien darstellt, haben wir ein nützliches Modell des expandierenden Universums. Gleichgültig, wo wir stehen, würden wir immer beobachten, daß sich alle anderen Punkte von uns fortbewegen.

In jüngster Zeit haben die Forscher außer den Lichtteleskopen weitere Methoden entwickelt, um Sterne und Galaxien zu beobachten. Röntgenstrahlen, die von der Sonne, bestimmten Sternen und anderen Objekten am Himmel ausgesandt werden, können die Atmosphäre der Erde nicht durchdringen, sie können aber mit raketengetragenen Instrumenten entdeckt werden. Es sind Objekte gefunden worden, die weit mehr Energie in Form von Röntgenstrahlen als in Form sichtbaren Lichtes aussenden. Eine Quelle von Röntgenstrahlen

Abb. 13.21 Lunar Orbiter I photographierte die Erde, als diese bis auf einen sichelförmigen Teil im Dunklen lag. Für einen Beobachter auf dem Mond durchläuft die Erde ebenso Phasen wie der Mond für einen irdischen Beobachter. In beiden Fällen entstehen die Phasen dadurch, daß während eines Umlaufs des Mondes um die Erde der Mond und die Erde verschiedene Stellungen im Bezug auf die Sonne einnehmen.

ist z.B. der Krebs-Nebel, der als Überrest eines explodierten Sterns angesehen wird.

Elektromagnetische Wellen mit Wellenlängen, die größer als die des Lichtes sind, können auch die Erdatmosphäre durchdringen. Radioteleskope, das sind riesige, sorgfältig gestaltete Antennen, wurden verwendet, um den Himmel nach Quellen der Radiowellen abzusuchen. Das Zentrum unserer eigenen Galaxis ist eine solche Quelle. Eine andere ist die Sonne. Man nimmt an, daß andere Quellen explodierende Galaxien sind.

Einige der interessantesten Radioquellen sind die sogenannten Quasare. Sie sind Radioquellen, die mit sichtbaren Sternen identifiziert werden konnten. Sie haben sehr seltsame Eigenschaften. Sie

Abb. 13.22 Eine Marsaufnahme von Mariner IV. Man beachte die Ähnlichkeit der hier gezeigten Krater mit denen des Mondes.

haben erstaunlich große Rotverschiebungen, die Fluchtgeschwindigkeiten bis zu 80 % der Lichtgeschwindigkeit entsprechen. Nach der Theorie des expandierenden Universums müßten Objekte mit dieser Geschwindigkeit zu den entferntesten Objekten gehören, die je beobachtet wurden. Wenn sie aber so weit entfernt sind, müßten sie heller als eine Billion Sonnen sein, um in der beobachteten Helligkeit zu erscheinen. Die Helligkeit des Lichtes dieser Objekte kann sich in wenigen Jahren um bis zu 50 % ändern. Diese Änderung wäre unwahrscheinlich für eine Galaxis, die aus vielen im Raum weit verteilten Sternen besteht. Wenn Quasare in Wirklichkeit nicht so weit entfernt sind, dann brauchten sie nicht so hell zu sein. Dann wäre jedoch ihre starke Rotverschiebung ohne eine andere Bewegung schwer zu erklären. Daher werden diese Objekte noch als sehr geheimnisvoll betrachtet.

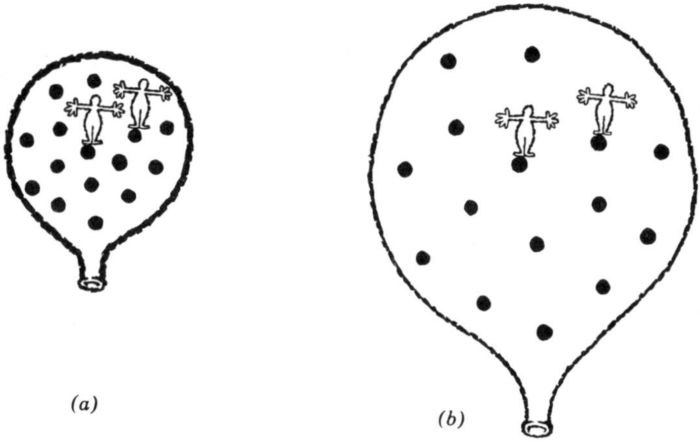

(a) (b)

Abb. 13.23

Die Philosophie und Methodologie der Wissenschaft

Wir haben in diesem Buch mehrfach Methoden und Philosophien erwähnt, aber wir haben nicht versucht, eine bestimmte Philosophie und Methode als *die* Philosophie oder *die* wissenschaftliche Methode zu identifizieren. Stattdessen haben wir versucht, spezielle philosophische Haltungen und Methoden, die einen Einfluß in der Wissenschaft haben oder gehabt haben, zu illustrieren und ihren Nutzen in speziellen Fällen darzustellen. Viele Wissenschaftler nehmen einen pragmatischen Standpunkt ein und betrachten jede Methode, die richtige Ergebnisse liefert, als richtig.

Es gibt jedoch manche Dinge, die man vielleicht dem Weltbild der meisten Wissenschaftler zuordnen könnte, zumindest, soweit es ihre wissenschaftliche Arbeit betrifft. Dazu gehört der Versuch, physikalische Erscheinungen durch das Bild bewegter Materie zu erklären. Wir haben die erstaunlichen Begriffe gesehen, zu denen dieser Versuch geführt hat. Sowohl Materie als auch Bewegung erwiesen sich als ziemlich verschieden von dem, was frühere, naivere Philosophien erwarteten. Es wäre wahrscheinlich noch naiver, wenn wir nicht annehmen würden, daß unser gegenwärtiges Verständnis der bewegten Materie durch neue Entwicklungen nicht drastisch geändert werden könnte.

Ein anderer Wesenszug, der zum Weltbild der meisten Physiker bezüglich ihrer wissenschaftlichen Arbeit gehört, ist die Betonung des Experiments und der Beobachtung, nicht der Überlegung allein. Überlegung und Logik sind in der Wissenschaft sehr wichtig. Jedoch, wie logisch eine Theorie auch sein mag, sie muß sich doch immer der Prüfung durch das Experiment unterwerfen, wenn sie als gültig oder wahr angesehen werden soll. Wir haben gesehen, wie Theorien und Konzeptionen verworfen oder modifiziert wurden, wenn sie die Resultate nicht korrekt voraussagen konnten. Wissenschaftstheoretiker haben diese grundlegende Haltung diskutiert und auf viele Arten ausgedrückt, um zu einem zufriedenstellenden Begriff der wissenschaftlichen Wahrheit zu gelangen.

Die Notwendigkeit der Übereinstimmung mit dem Experiment legt möglichen wissenschaftlichen Theorien starke Beschränkungen auf. Ein Künstler, der auf eine flache Oberfläche malt, ein Bildhauer, der mit Lehm oder Stein arbeitet, unterliegt natürlich auch der Beschränkung seines Mediums. Er unterliegt den Schranken, die ihm durch die Eigenschaften der Farbe und der Leinwand, des Meißels und des Steins auferlegt sind, und seine Werke müssen unter Berücksichtigung dieser Beschränkung gewürdigt werden. Jemand, der die Kunst der reinen Mathematik pflegt, unterliegt noch stärkeren Einschränkungen – logische Geschlossenheit und Widerspruchsfreiheit werden gefordert. Der Naturwissenschaftler arbeitet unter der Forderung, daß seine Theorie wahr sein muß, – das heißt, sie muß mit den Experimenten übereinstimmen. Im praktischen Sinne sollte sie so einfach wie möglich (also so bequem wie möglich) sein, um den gegebenen Zweck zu erfüllen. In der reinen Wissenschaft sollte sie so einfach wie möglich sein und dennoch mit den Experimenten übereinstimmen. Das Ideal ist, Theorien zu finden, die einfach und umfassend sind und sich in Übereinstimmung befinden mit allen korrekt durchgeführten Experimenten der Vergangenheit, Gegenwart und Zukunft. Überflüssig zu sagen, daß wir dieses Ideal noch nicht erreicht haben.

Trotz der Eleganz mancher Theorien und des Gedankenreichtums, der zu ihrer Aufstellung erforderlich war, erscheinen sie oft grob und unangemessen, wenn wir bedenken, was wir noch nicht verstehen. Betrachten wir jedoch, was mit unserem heutigen Wissen erreicht werden kann, und wie dieses Wissen unsere Technologie und Kultur beeinflußt, dann scheint unsere wissenschaftliche Information von großer Bedeutung zu sein. Selbst die geringen wissenschaftlichen Kenntnisse, die wir jetzt haben, haben unsere Gesellschaft stark verändert.

Aufgaben und Lösungen

Wir bringen hier ein Beispiel, an dem man erkennen kann, wie sich mit Hilfe der Unschärferelation die Reichweite einer Wechselwirkung abschätzen läßt.

Beispiel 1

Schätzen Sie die Reichweite der starken Wechselwirkung ab, die von einem Nukleon ausgeübt wird, indem Sie die Unschärferelation zwischen Zeit und Energie sowie die Masse des Pions verwenden.

Lösung. Die Unschärferelation, die Zeit und Energie verbindet, lautet

$$(\text{Unschärfe der Zeit}) \times (\text{Unschärfe der Energie}) \geqslant h \qquad (1)$$

Bei dieser Aufgabe interessieren wir uns für die kleinste mögliche Unschärfe – die Unschärfe, die wir auch durch weitere Messungen nicht beseitigen können. Wir müssen überlegen, welche Effekte durch die Bedingungen dieser minimalen Unschärfe erlaubt werden. Man erhält die minimale Unschärfe aus der Gl. 1, indem man statt es Zeichens $\geqslant$ (größer oder gleich) das Gleichheitszeichen einsetzt:

$$(\text{Unschärfe der Zeit}) \times (\text{Unschärfe der Energie}) = h \qquad (2)$$

Die starke Kraft, die von einem Nukleon ausgeübt wird, ist das Ergebnis der Emission virtueller Pionen. Die Gesamtzeit t, die zwischen der Emission dieser virtuellen Pionen und ihrer anschließenden Absorption vergeht, entspricht der Unschärfe der Zeit, die durch Gl. 2 erlaubt wird. Ihre Energie entspricht der Unschärfe der Energie, die durch Gl. 2 erlaubt wird. Die Gesamtenergie des Pions ist seine Masse m multipliziert mit c^2, dem Quadrat der Lichtgeschwindigkeit. Daher haben wir

$$t\,(mc^2) = h \tag{3}$$

oder

$$t = \frac{h}{mc^2} \tag{4}$$

Die Reichweite der Kraft ist die maximale Entfernung, die das Pion während dieser Zeit t zurücklegen kann. Wenn das Pion die Geschwindigkeit v hat, dann ist diese Entfernung

$$r = vt = \frac{hv}{mc^2} \tag{5}$$

Die höchste Geschwindigkeit, die das Pion haben kann, ist die Lichtgeschwindigkeit c. Also kann der Zähler auf der rechten Seite der Gl. 5 nicht größer als hc sein. Die minimale Masse, die das Pion haben muß, ist seine Ruhemasse m_0. Also kann der Nenner des Bruches auf der rechten Seite der Gl. 5 nicht kleiner sein als $m_0 c^2$, und der Bruch selbst kann nicht größer sein als

$$r = h/m_0 c \tag{6}$$

Da das Unschärfeprinzip auf diese Weise nur eine Abschätzung gibt, ist diese Entfernung nicht die „maximale“ Reichweite der starken Kraft. Die starke Kraft hat auch außerhalb dieser Entfernung noch beträchtliche Wirkungen. Die Entfernung $h/m_0 c$ ist aber eine gute

Abschätzung dieser Reichweite, wie wir aus der numerischen Berechnung ihres Wertes erkennen. Wir verwenden die Ruhemasse eines der Pionen:

$$m_0 = \text{Ruhemasse des neutralen Pions} = 264{,}2 \times m_e$$
$$m_e = \text{Ruhemasse des Elektrons} = 9{,}1 \times 10^{-31} \text{ Kilogramm} \qquad (7)$$
$$h = 6{,}63 \times 10^{-34} \text{ Joule Sekunde}$$
$$c = 3{,}0 \times 10^{8} \text{ Meter/Sekunde}$$

$$r = h/m_0 c = \frac{6{,}63 \times 10^{-34}}{264{,}2 \times 9{,}1 \times 10^{-31} \times 3{,}0 \times 10^{8}} \text{ Meter} \qquad (8)$$
$$= 0{,}93 \times 10^{-15} \text{ Meter}$$

Dies ist ungefähr der Wert, der in Kapitel 12 als der „Radius" eines Nukleons angegeben wurde.

Zusammenfassung

I. Grundlegende Gesetze und Prinzipien

A. Teilchen-Identität; Die Unterscheidung zwischen Fermionen und Bosonen.

B. Symmetrie beim Austausch identischer Teilchen

C. Erhaltung der Strangeness

D. Die Beziehung zwischen Symmetrieprinzipien und Erhaltungssätzen

II. Elementarteilchen

A. Die Pionen (bezüglich der anderen siehe Tabelle 13.1, Seite 613)

III. Naturkonstanten

A. Massen der Elementarteilchen (siehe Tabelle 13.1, Seite 613)

IV. Elementare Wechselwirkungen

A. Elektromagnetisch

1. Das Photon als Träger der elektromagnetischen Wechselwirkung
2. Diskussion der relativistischen Theorie, einschließlich der Feynman-Diagramme, „rückwärtslaufender Zeit" usw.

B. Die Pionen: Träger der starken Wechselwirkung

V. Anwendungen

A. Virtuelle Teilchen; das Unschärfeprinzip

B. Verbindung von Atomen zu Molekülen

C. Stabilität, insbesondere von Molekülen

D. Vererbung, Mutation, Gedächtnis: DNA und RNA

E. Teilchen im Raum: Der Sonnenwind und die kosmischen Strahlen

F. Dunkle Linien im Spektrum

G. Das expandierende Universum

H. Röntgenstrahlen und Radioastronomie: Quasare

Fragen

1. Wie bestimmen die verschiedenen Naturkonstanten den Maßstab der Welt?
2. Was ist Strangeness?

3. Suchen Sie in der Tabelle 13.1 einige charakteristische Merkmale, mit denen man zwischen den verschiedenen Familien der Teilchen unterscheiden kann.
4. Welche verschiedenen Beträge des Spins können die Elementarteilchen haben und welche wichtige Unterscheidung ergibt sich daraus?
5. Was sind Fermionen und Bosonen? Warum unterscheiden wir zwischen ihnen?
6. Welche Eigenschaften kann ein Teilchen haben?
7. Was ist ein virtuelles Teilchen?
8. Warum würde die Verletzung der doppelten Symmetrie, die bei der schwachen Wechselwirkung erwähnt wurde, unter Einhaltung der dreifachen Symmetrie bedeuten, daß die Zeitumkehr nicht gelten würde?
9. Warum würde die Einhaltung der doppelten Symmetrie, die bei der schwachen Wechselwirkung erwähnt wurde, unter Verletzung der Spiegelsymmetrie bedeuten, daß die Teilchen-Antiteilchen Symmetrie auch nicht gelten würde?
10. Was ist die „Löcher"-Theorie?
11. Wie weit können wir die Idee ernst nehmen, ein Positron sei ein Elektron, das in der Zeit rückwärts läuft?
12. Wie trägt das Ausschließungsprinzip zur Erklärung der Löchertheorie bei?
13. Was wissen Sie über Feynman-Diagramme?
14. Warum muß man Abb. 13.2b ebenso wie Abb. 13.2a beachten?
15. Man könnte behaupten, ein Feynman-Diagramm repräsentiere eine Wechselwirkung zwischen Photonen und Elektronen, die unabhängig von der Richtung des Zeitablaufs sei. Kennen Sie eine Tatsache, die diesen Standpunkt stützt?
16. Warum haben die virtuellen Photonen, die zu dem elektrischen Feld des Elektrons in größerer Entfernung beitragen, im Mittel weniger Energie als diejenigen, die näher bei dem Elektron sind?
17. Wie lautet das Unschärfeprinzip, das Zeit und Energie verbindet?

18. Wie Abb. 13.4a zeigt, wird ein Photon sehr schnell von einem Elektron emittiert und absorbiert. Welche Abänderung der Erhaltungssätze ist in diesem Prozeß erlaubt und aus welchem Grunde?

19. Nennen Sie die fundamentalen Wechselwirkungen und beschreiben Sie Systeme, die von ihnen zusammengehalten werden sowie Reaktionen, die auf Grund der Wechselwirkungen stattfinden.

20. Welche Wechselwirkung wahrt die größte Zahl von Symmetrieprinzipien und Erhaltungssätzen?

21. Vorausgesetzt, daß die starke Wechselwirkung durch den Austausch virtueller Pionen entsteht, erklären Sie, weshalb diese Kraft eine so kurze Reichweite hat.

22. Angenommen, wir haben drei Zustände und zwei Elektronen. Wieviel verschiedene Kombinationen von Zuständen sind möglich?

23. Angenommen, wir haben drei Zustände und zwei Photonen. Wieviel verschiedene Kombinationen von Zuständen sind möglich?

24. Angenommen, wir haben drei Zustände und zwei Münzen. Wieviel verschiedene Kombinationen von Zuständen sind möglich?

25. Was meinen wir, wenn wir sagen, daß alle Elektronen gleich sind? Wie unterscheidet sich ihre Identität von der Gleichheit zweier Münzen?

26. Was meinte Schrödinger damit, als er sagte, ein Elementarteilchen sei kein Individuum?

27. Würden Sie erwarten, daß der Einfluß eines virtuellen Photons mit einer Wellenlänge von $3000 \cdot 10^{-10}$ m im elektrischen Feld des Elektrons eine Reichweite von mehr oder weniger als $1000 \cdot 10^{-10}$ m hat? Erklären Sie Ihre Antwort.

28. Was ist SIC Physik?

29. Was bestimmt, wie groß alle Dinge sind?

30. Wie ist die Materie im Raum verteilt, so weit Sie wissen?

31. Welches ist möglicherweise die Bedeutung der Tatsache, daß das Licht weit entfernter Galaxien röter ist, als es normalerweise erwartet wird?

32. Was ist der Sonnenwind?

33. Könnten wir trotz des Unschärfeprinzips die Energie eines Systems in einer bestimmten Situation exakt kennen?

34. Was würde das Zustandekommen folgender Reaktionen verhindern? (Wegen der Bedeutung der Symbole siehe Tabelle 13.1.)

$$e^- + \mu^+ \rightarrow \nu_\mu + \nu_e$$
$$\Sigma^0 \rightarrow p^- + \pi^+$$
$$\Sigma^+ + \Sigma^- \rightarrow K^+ + p^- + \gamma + \gamma$$
$$p^+ + K^+ \rightarrow n + e^+ + \bar{\nu}_e + \pi^+$$
$$p^+ + \Sigma^0 \rightarrow \pi^+ + \pi^- + K^0 + n$$
$$\Lambda^0 \rightarrow p^+ + \Sigma^-$$

35. Wie treten Atome zu Molekülen zusammen?

36. Formulieren Sie zwei mögliche Haltungen zur Frage der Beziehung des Lebens zu den Gesetzen der Physik.

37. Wie kann ein Elektron zwei Protonen zusammenhalten?

38. Warum zeigen chemisch reine Substanzen definierte Eigenschaften?

39. Warum hindert das Unschärfeprinzip ein kleines System nicht daran, in einem definierten Zustand zu existieren? Was charakterisiert den Zustand?

40. Diskutieren Sie für Atome die folgenden Begriffe: Bahnen, stehende Wellen, Energiezustände.

41. Unterscheiden Sie zwischen dem Wasserstoffmolekül-Ion und dem Wasserstoffmolekül.

42. Warum bewirkt ein Elektronenpaar die Bindung zweier Atome und nicht ein Elektronen-Trio?

43. Warum fallen nicht alle Elektronen eines Vielelektronen-Atoms auf die tiefste Bahn?

44. Warum gibt es für die Atome bestimmte Möglichkeiten, Moleküle zu bilden, andere Möglichkeiten jedoch nicht?
45. Warum ist manchmal ein relativ hoher Energiebetrag erforderlich, um den Zustand eines Systems zu ändern, obwohl sich der erste und der zweite Zustand des Systems energetisch nur wenig unterscheiden? Wie erhöht diese Tatsache die Stabilität des Systems?
46. Was kann bewirken, daß ein Molekül aufbricht oder seine Atome umordnet?
47. Warum bewirkt die Erwärmung einer Lösung, daß eine darin stattfindende Reaktion schneller abläuft?
48. Wie wird Information in der lebenden Zelle gespeichert?
49. Wie kann die in der lebenden Zelle gespeicherte Information von Generation zu Generation bewahrt bleiben?
50. Woher wissen wir, daß nicht die gesamte in der lebenden Zelle gespeicherte Information ohne Änderung von einer Generation zur anderen übertragen wird?
51. Rechtfertigen Sie den Satz „Der Sohn sieht aus wie der Vater".
52. Warum schlüpfen aus Vogeleiern keine Schlangen aus?
53. Ein Wissenschaftler hat gesagt, die Information des Lebens sei in Worten mit vier Buchstaben geschrieben. Erklären Sie diesen Satz.
54. Was hat der Ausdruck „Doppelhelix" mit dem Leben zu tun?
55. Was hat die DNA mit der Evolution zu tun?
56. Was hat die Physik mit der Natur des Geistes zu tun?
57. Welche Gründe führen zu der Annahme, die RNA könnte etwas mit dem Gedächtnis zu tun haben?
58. Beschreiben Sie die magnetischen Felder der Erde und der Sonne.
59. Was ist der Schweif der Erde?
60. Erklären Sie, wie das Spektrum des von weit entfernten Objekten kommenden Lichtes folgende Erscheinungen zeigen kann
    a) Dunkle Linien auf einem hellen Band
    b) Helle Linien auf einem schwächeren hellen Band

c) Helle Linien allein

d) Ein helles Band ohne irgendwelche Linien

e) Dunkle Linien, die in Doppellinien aufgespalten sind, auf einem hellen Band

f) Helle Linien, die in Doppellinien aufgespalten sind

g) Dunkle Linien, die in Gruppen von drei Linien aufgespalten sind, auf einem hellen Band

61. Was sind kosmische Strahlen?

62. Wie entstehen kosmische Strahlen?

63. Angenommen, ein Stern entstehe dadurch, daß Staubteilchen im Raum durch ihre Gravitationskraft zusammengezogen würden. Warum würde der Stern heiß werden?

64. Warum würde ein expandierendes Universum von jeder Galaxis aus zu expandieren scheinen, gerade so, als ob die Galaxis im Zentrum der Expansion stünde?

65. Welchen Nutzen haben künstliche Satelliten?

66. Welchen Beschränkungen unterliegt die astronomische Forschung auf der Erde?

67. Was ist ein Quasar?

68. Was wurde durch die Radioastronomie entdeckt?

69. Welche Arten philosophischer Probleme und Haltungen sind für die Wissenschaftler als Wissenschaftler wichtig und warum?

70. Welche Ähnlichkeiten und welche Unterschiede gibt es zwischen wissenschaftlichen und künstlerischen Bestrebungen?

71. Warum sollte ein Praktiker an der Wissenschaft interessiert sein?

72. Würde der Tunneleffekt unsere Diskussion der Eierkiste in Abb. 13.12 ändern?

73. Weshalb würden Sie annehmen, daß die starke Wechselwirkung bei sehr geringen Entfernungen zu einer abstoßenden Kraft führt?

Schwierigere Fragen und Aufgaben

1. Hat es irgendeine praktische Konsequenz, daß der Kern eines Atoms sehr viel mehr Masse hat als die Elektronen?

2. Abb. 13.24 stellt eine mögliche Wechselwirkung zwischen einem Elektron und einem Positron als Diagramm dar. Zeichnen Sie ein weiteres Diagramm für dieselbe Wechselwirkung, das auch nur ein Photon verwendet.

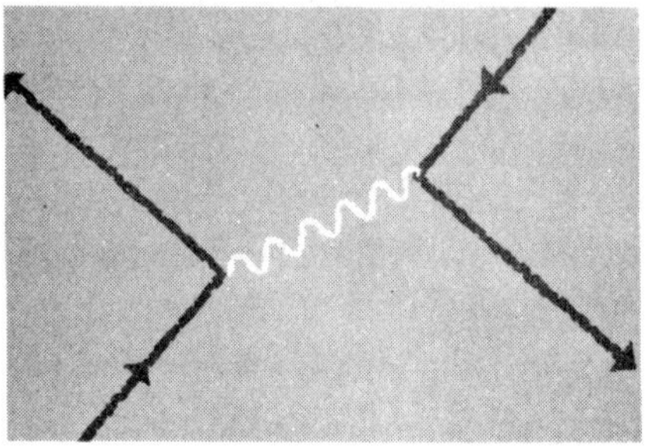

Abb. 13.24

3. Rechtfertigen Sie das Unschärfeprinzip, das Energie und Zeit verbindet, durch die Wellennatur eines Teilchens. (Verwenden Sie die Formel $E = hf$ und stellen Sie fest, was geschieht, wenn eine Welle nur für kurze Zeit existiert.)
4. Was würden Sie tun, wenn Sie den Auftrag hätten, einen neuen Erhaltungssatz zu entdecken oder einen alten abzulösen?
5. Welches wäre die Ruhemasse eines Deuterons, wenn die Bindungsmasse gleich der Masse des Neutrons wäre? Wie, wenn sie gleich der Summe der Massen des Protons und des Neutrons wäre? Wie, wenn sie größer als die Summe der Massen des Protons und des Neutrons wäre?
6. Welche Beziehungen existieren zwischen Erhaltungssätzen und Symmetrieprinzipien?
7. Warum ist es unmöglich, die kontinuierliche Natur des Raumes experimentell zu beweisen?
8. Was ist die wissenschaftliche Methode?
9. Was ist Physik?
10. Welches sind die Grenzen der Wissenschaft, falls es überhaupt welche gibt?

11. Welche Probleme in der Physik harren noch ihrer Lösung? Welches Problem würden Sie bearbeiten, wenn Sie ein Physiker wären?

12. Nehmen Sie an, daß A, B, C, D, und E Teilchen darstellen. Finden Sie eine Erhaltungsgröße, falls nur die folgenden Reaktionen möglich sind:

$$A \to B + C + D$$
$$A + B \to D + D + \gamma + \gamma$$
$$A + C \to \gamma + \gamma$$
$$A + D \to C + \gamma + \gamma$$

13. Schätzen Sie den Energiebetrag, den man zur Verfügung haben müßte, um eine Strecke von 10^{-45} Metern zu messen. Welcher Masse würde dies entsprechen?

14. Ist es möglich, daß ein Elektron allein ein Photon emittiert oder absorbiert? Erklären Sie Ihre Antwort. Ist es möglich, daß ein Elektron allein ein Photon emittiert oder absorbiert und dann ein anderes emittiert, wie in Abb. 13.2a?

15. Angenommen, daß die folgende Reaktion auftritt:

$$\mu^- \to e^- + \bar{\nu}_e + \nu_\mu$$

Erklären Sie, warum die folgende Reaktion auch möglich sein sollte:

$$e^- + \bar{\nu}_e + \bar{\nu}_\mu \to \mu^-$$

Warum würde die zweite Reaktion in der Praxis schwierig zu erhalten sein?

16. Das Licht, das von einem Atom infolge des Elektronensprungs von einer Bahn zur anderen emittiert wird, kann eine etwas andere Frequenz haben als das Licht, das von einem anderen Atom der gleichen Art und den gleichen Bahnen emittiert wird. Erklären Sie diese Tatsache.

17. Warum sind alle Menschen etwa 1,80 Meter groß?

18. Gibt es irgendeine Möglichkeit, daß die Erde die Umlaufs- oder Rotationsgeschwindigkeit des Mondes beeinflussen könnte oder umgekehrt?

Vierzehntes Kapitel

Anhang

Einheitensysteme

	Meter–Kilogramm–Sekunde[1]	Zentimeter–Gramm–Sekunde
Länge	Meter	Zentimeter = 10^{-2} Meter
Zeit	Sekunde	Sekunde
Masse	Kilogramm	Gramm = 10^{-3} Kilogramm
Ladung	Coulomb	Statcoulomb = = $3{,}34 \cdot 10^{-10}$ Coulomb
Kraft	Newton = $\frac{\text{Kilogramm Meter}}{\text{Sekunde}^2}$	dyn = 10^{-5} Newton
Energie	Joule = $\frac{\text{Kilogramm Meter}^2}{\text{Sekunde}^2}$	erg = 10^{-7} Joule

(Der deutsche Leser findet die Definition der Einheiten und Hinweise für ihren Gebrauch bei Haeder und Gärtner „Die gesetzlichen Einheiten in der Technik".

Es sei ferner auf den unterschiedlichen Druck der Zeichen für physikalische Größen und Einheiten hingewiesen. Die Zeichen für physikalische Größen werden *kursiv*, für Einheiten gerade gedruckt. So bedeuten m: Masse, m: Meter, s: Weg, s: Sekunde. Vektoren werden durch Fettdruck gekennzeichnet z. B. der Vektor der Kraft **F**. Anm. d. Übers.)

[1] In diesem Buch wird das Meter–Kilogramm–Sekunde System benutzt
1 Meile = 1609 m, 1 Inch = 2,54 cm, 1 Fuß = 30,48 cm

Einige mathematische Begriffe

In diesem Anhang wollen wir mehrere mathematische Themen behandeln. Einige von ihnen (über die signifikanten Ziffern, die mathematische Schreibweise und die Proportionalität) sind für die einfachen Abschnitte dieses Buches wesentlich. Die anderen sind nur für die schwierigeren Aufgaben erforderlich.

A Signifikante Zahlen

Die Größen, die wir aus wissenschaftlichen Experimenten erhalten, können nicht als absolut genau angesehen werden. Beispielsweise gibt es bei jeder Entfernungsmessung eine gewisse Fehlergrenze. Wenn mehrere Leute beauftragt werden, ein und dieselbe Strecke so genau zu messen, wie es ihre Maßstäbe zulassen, dann werden sie wahrscheinlich etwas unterschiedliche Ergebnisse erhalten. Selbst wenn dieselbe Person dieselbe Strecke dreimal mit demselben Maßstab messen soll, wird sie wahrscheinlich drei etwas verschiedene Resultate ermitteln. Wenn jemand beispielsweise eine Strecke von ungefähr einem Meter messen soll, dann wäre es nicht sehr überraschend, wenn seine Resultate um einem Millimeter differierten. Durch größere Sorgfalt und bessere Instrumente könnte die Unsicherheit vermindert werden, aber es würde immer noch einen „experimentellen Meßfehler" geben. Ebenso treten kleine Fehler auf, wenn mehrere Leute mit Hilfe von Stoppuhren die Zeit eines Hundertmeterlaufes feststellen sollen. Jeder wird einen etwas anderen Wert erhalten. Bei der wissenschaftlichen Arbeit pflegen wir gewöhnlich den Mittelwert der etwas unterschiedlichen Meßwerte zu bilden, solange es keinen triftigen Grund gibt, einen oder mehrere der Werte als besonders gut oder schlecht anzusehen.

Nehmen wir einmal an, daß drei verschiedene Personen die Zeit messen, die ein Läufer für die Hundertmeter-Distanz braucht, und dabei folgende Ergebnisse erhalten:

Erster Zeitnehmer	12,891 s
Zweiter Zeitnehmer	12,872 s
Dritter Zeitnehmer	12,923 s

Vorausgesetzt, daß die Zeitnehmer zuverlässig sind, gibt es keinen vernünftigen Grund, eines dieser etwas unterschiedlichen Resultate vor den anderen zu bevorzugen. Die Unterschiede sind auf den experimentellen Fehler zurückzuführen. Wir könnten den besten Wert für die Zeit erhalten, indem wir diese drei Werte mitteln. Auf diese Weise erhalten wir 12,891 s. Aber wie gut ist dieser Wert? Die Angabe 12,89 erscheint signifikant (wesentlich, gültig, zuverlässig), wenn wir die Abweichungen von den drei anderen Ergebnissen betrachten. Die 1 am Ende würde jedoch fast völlig bedeutungslos erscheinen. Der experimentelle Fehler – oder wie man auch sagen könnte, die Differenz zwischen zwei beliebigen Meßwerten – ist sehr viel größer als der Betrag, der durch die 1 am Ende der Zahl 12,891 dargestellt wird. Daher kann diese 1 nicht als eine signifikante Zahl betrachtet werden. Wir würden sagen, daß die Größe 12,891 auf vier Stellen genau ist. Die zwölf, die acht und die neun sind wesentlich, die eins nicht. Aus diesem Grund würden wir die Größe mit 12,89 s und nicht als 12,891 s angeben.

Wenn wir in diesem Buch Größen mitteilen, geben wir gewöhnlich nur signifikante Stellen an. Beispielsweise würde man bei der Größe 6,87 m annehmen, daß sie auf drei Stellen genau ist. Die Größe 2,2 s wäre auf zwei Stellen genau. Die Größe 2,20 s hätte jedoch drei signifikante Stellen. Wenn wir 2,20 s schreiben, dann meinen wir damit, daß wir genug Information besitzen, um die 0 in der dritten Stelle zu rechtfertigen. Wenn wir 2,2 s schreiben, dann meinen wir entweder, daß wir nicht genug Information besitzen, um eine dritte Stelle anzugeben, oder daß wir uns aus irgendeinem Grund nicht dafür interessieren, welche Zahl an dieser Stelle steht.

Wenn wir Zahlen multiplizieren oder dividieren, dann kann das Ergebnis unserer Berechnungen nicht genauer sein als die Zahlen, von denen wir ausgingen. Das bedeutet, daß die Antworten ebenso viel signifikante Stellen haben wie die diejenige in die Rechnung eingehende Größe, die die geringste Zahl signifikanter Stellen hat. Nehmen wir beispielsweise an, wir müßten die folgende Rechnung ausführen:

$$\frac{6{,}1 \times 9{,}26 \times 3{,}14159}{2{,}77 \times 0{,}188 \times 4{,}00}$$

Die richtige Antwort ist 85 und nicht 85,1908. Die Größe mit den wenigsten signifikanten Stellen ist die Zahl 6,1, die nur zwei signifikante Stellen hat. Daher kann auch die Antwort nur zwei signifikante Stellen haben.

Die Anwendung signifikanter Stellen bei der Addition und Subtraktion wird an Beispielen klar. Nehmen wir an, daß wir die folgende Addition auszuführen hätten. Wir haben oberhalb des Additionsstriches nur signifikante Stellen angegeben, unter dem Strich jedoch alle Zahlen angeführt.

$$\begin{array}{r} 807{,}25 \\ 22{,}1 \\ 3{,}304 \\ \hline 832{,}654 \end{array}$$

Wir finden die Zahl der signifikanten Stellen des Ergebnisses nach der folgenden Regel.

Wir sehen auf die rechte Seite jeder Zahl, die addiert (oder subtrahiert) werden soll. Einige der Zahlen erstrecken sich weiter nach rechts als andere. Die Zahl, die die *wenigsten* Stellen nach dem Komma hat, ist für die letzte signifikante Stelle im Ergebnis maßgebend. Die letzte signifikante Stelle des Ergebnisses befindet sich direkt unter der letzten signifikanten Stelle der Zahl, die sich am wenigsten nach rechts erstreckt. Beispielsweise ist in der oben angegebenen Addition die Zahl 22,1 die Zahl, die die wenigsten Stellen nach dem Komma hat. Die letzte signifikante Stelle dieser Zahl ist 1. Die letzte signifikante Zahl im Ergebnis ist die 6, die sich direkt unter der 1 befindet. Daher sind im Ergebnis die 5 und die 4 keine signifikanten Ziffern mehr.

Beachten Sie, daß die letzte signifikante Ziffer des Ergebnisses sich am Fuße einer Zahlenreihe befindet, die eine signifikante Ziffer von jeder der zu addierenden Zahlen enthält. Daher steht über ihr eine vollständige Reihe signifikanter Ziffern. Bei einer Addition oder Subtraktion liegt die letzte signifikante Ziffer des Ergebnisses unter der am weitesten rechts stehenden derartigen Zahlenreihe.

Wir schreiben das Ergebnis der obigen Addition als 832,7 und nicht als 832,6, weil das vollständige Ergebnis von 832,654 näher an 832,7 liegt. Wenn bei einer Berechnung die erste nichtsignifikante

Ziffer fünf oder größer als fünf ist, dann erhöhen wir den Wert der letzten signifikanten Ziffer um eins. Ist die letzte nichtsignifikante Ziffer kleiner als fünf, dann lassen wir die letzte signifikante Stelle unverändert. Diesen Vorgang nennt man „Abrunden".

Zwei weitere Beispiele sollen das Vorgehen in etwas verschiedenen Fällen veranschaulichen. Nehmen wir zunächst an, daß wir die Zahlen $2{,}3 \times 10^3$, $1{,}390 \times 10^4$ und $3{,}30 \times 10^2$ addieren wollen. Wir können die Summe folgendermaßen ermitteln:

$$\begin{array}{r} 2300 \\ 13900 \\ 330 \\ \hline 16530 \end{array}$$

Die letzte Zahlenreihe, die vollständig aus signifikanten Ziffern besteht, liegt oberhalb der 5 in der Summe. Also ist die 5 die letzte signifikante Ziffer des Ergebnisses und die Summe sollte als $1{,}65 \times 10^4$ angegeben werden.

Als weiteres Beispiel wollen wir die Summe der Zahlen 37,3, 2,1 und $5{,}2 \times 10^{-2}$ berechnen:

$$\begin{array}{r} 37{,}3 \\ 2{,}1 \\ 0{,}052 \\ \hline 39{,}452 \end{array}$$

In diesem Fall gibt es keine vollständig aus signifikanten Ziffern bestehende Zahlenreihe. Die in der Zahl 0,052 links von der 5 stehenden Nullen können aber keinen Fehler der Summe bewirken. Also ist die 4 die letzte signifikante Ziffer des Ergebnisses. Durch Abrundung erhalten wir 39,5. Bei der Subtraktion wird das gleiche Verfahren angewandt wie bei der Addition.

B Die wissenschaftliche Schreibweise der Zahlen

In der Wissenschaft haben wir es oft mit Zahlen zu tun, die sehr groß oder sehr klein sind. Beispielsweise beträgt die mittlere Entfernung der Erde von der Sonne

149 680 000 000 Meter

Nur die ersten fünf dieser zwölf Stellen sind signifikant, weil nur diese ersten fünf genau bekannt sind. In der Atomphysik ist eine andere Größe wichtig, nämlich die mittlere Entfernung zwischen den Teilchen in einem Wasserstoffatom:

0,000 000 000 052 917 2 Meter

Nur die letzten sechs dieser Ziffern sind signifikant. (Die davor stehenden Nullen tragen nicht zur Genauigkeit dieser Längenangabe bei und werden nicht als signifikante Ziffern gezählt.)
Jede dieser genannten Größen läßt sich in einer kompakteren und bequemeren Form darstellen, ohne das man so viele Nullen zu verwenden braucht.

Die Methode, sehr große und sehr kleine Zahlen kompakt und bequem darzustellen, beruht auf der Anwendung von Zehnerpotenzen. Wir wollen den Gebrauch dieser Zehnerpotenzen durch einige Beispiele erklären. Die Zahl „zehn hoch zwei" ist einfach zehn multipliziert mit sich selbst:

$$\text{zehn hoch zwei} = 10 \times 10 = 10^2 = 100$$

Die Zahl „zehn hoch drei" ist 10^2 multipliziert mit 10

$$\text{zehn hoch drei} = 10 \times 10 \times 10 = 10^3 = 1000$$

Ebenso ist

$$\text{zehn hoch vier} = 10 \times 10 \times 10 \times 10 = 10\,000 = 10^4$$

und

$$\text{zehn hoch sieben} = 10 \times 10 \times 10 \times 10 \times 10 \times 10 \times 10 = 10\,000\,000 = 10^7$$

Wir bemerken, daß die Zahl 7, die rechts oben (als Exponent) an die 10 angeschrieben worden ist, mit der Zahl der Nullen rechts von der 1 in der Zahl 10 000 000 übereinstimmt. Diese Beziehung gilt für positive Exponenten (Potenzen). Beispielsweise ist 10^4 gleich 10 000, das ist eine 1 mit vier Nullen. Entsprechend dieser allgemeinen Regel ist 10^1 gleich 10 und 10^0 gleich 1.

$$10^1 = 10$$
$$10^0 = 1$$

Wir können ein ähnliches Verfahren anwenden, um Zahlen wie 0,01, 0,0001 usw. auszudrücken. Hierzu müssen wir definieren, was wir unter einer negativen Potenz von 10 verstehen. Wird die Zahl 10 zu einer negativen Potenz erhoben, dann ist das einfach eins geteilt durch 10 hoch derselben positiven Potenz. In anderen Worten:

$$0{,}1 = 1/10 = 1/10^1 = 10^{-1}$$
$$0{,}01 = 1/100 = 1/10^2 = 10^{-2}$$
$$0{,}001 = 1/1000 = 1/10^3 = 10^{-3}$$
$$0{,}0001 = 1/10000 = 1/10^4 = 10^{-4}$$
. . . .
$$0{,}0000001 = 1/10000000 = 1/10^7 = 10^{-7}$$

Die Zahl „zehn hoch minus sieben" ist einfach gleich 1 durch zehn hoch plus sieben. Sie stellt die Zahl dar, die in der siebenten Stelle nach dem Komma eine 1 hat, der also sechs Nullen rechts vom Komma vorausgehen.

Auf diese Weise können wir Zahlen in kompakter Form darstellen. Wir wollen mit der folgenden Gleichung beginnen:

$$12 = 1{,}2 \times 10$$

Das ist sehr einfach, und wir können fortfahren mit

$$120 = 1{,}2 \times 100 = 1{,}2 \times 10^2$$
$$1200 = 1{,}2 \times 1000 = 1{,}2 \times 10^3$$

oder, um auch größere Zahlen zu verwenden

$$1\,200\,000 = 1{,}2 \times 1\,000\,000 = 1{,}2 \times 10^6$$
$$42\,300\,000 = 4{,}23 \times 10\,000\,000 = 4{,}23 \times 10^7$$

Bei sehr kleinen Zahlen können wir in ähnlicher Weise vorgehen:

$$0{,}12 = 1{,}2 \times 0{,}1 = 1{,}2 \times 1/10 = 1{,}2 \times 1/10^1 = 1{,}2 \times 10^{-1}$$
$$0{,}012 = 1{,}2 \times 0{,}01 = 1{,}2 \times 1/100 = 1{,}2 \times 1/10^2 = 1{,}2 \times 10^{-2}$$

oder bei noch kleineren Zahlen

$$0{,}000\,000\,12 = 1{,}2 \times 0{,}000\,000\,1 = 1{,}2 \times 10^{-7}$$
$$0{,}000\,000\,000\,375 = 3{,}75 \times 0{,}000\,000\,000\,1 = 3{,}75 \times 10^{-10}$$

Auf diese Weise können wir jede Zahl darstellen durch eine Zahl, die nur eine Ziffer links vom Komma hat und mit einer bestimmten Potenz von zehn multipliziert ist. Wenn die ursprüngliche Zahl kleiner als eins ist, dann ist der Exponent der zehn negativ. Andernfalls ist der Exponent der zehn Null oder positiv. Die Zahl eins selbst kann als

$$1 = 1 \times 10^0$$

dargestellt werden.

Diese Schreibweise der Zahlen ist sehr bequem, weil sie die signifikanten Ziffern hervorhebt. Beispielsweise könnten wir nicht sicher wissen, wie genau eine Zahl bekannt ist, wenn sie als

3 703 000

angegeben wird. Wenn sie jedoch als

$$3{,}7030 \times 10^6$$

geschrieben wird, dann ist es klar, daß diese Zahl fünf signifikante Stellen hat. Hier steht am Ende eine Null, weil sie signifikant ist, und nicht wie im vorigen Fall, weil sie zur Darstellung der Zahl selbst erforderlich ist.

Um Zehnerpotenzen bei Rechnungen verwenden zu können, muß man wissen, wie man mit ihnen multipliziert und dividiert. Es gelten folgende Grundregeln:

$$10^m \times 10^n = 10^{m+n} \tag{1}$$

$$\frac{10^m}{10^n} = 10^{m-n} \tag{2}$$

$$\frac{1}{10^n} = 10^{-n} \tag{3}$$

In diesen Gleichungen sind n und m zwei Zahlen, die entweder positiv oder negativ sein können. Die Gl. 1.3 gelten nicht nur für das Rechnen mit Zehnerpotenzen, sondern für die Potenzen jeder Zahl, die von Null verschieden ist.

Beispiel 1

Berechnen Sie das Verhältnis zwischen der Entfernung Erde–Sonne und der Entfernung der Teilchen im Wasserstoffatom.

Lösung: Das Verhältnis, das wir berechnen wollen, ist

$$\frac{149\,680\,000\,000 \text{ m}}{0{,}000\,000\,000\,052\,917\,2 \text{ m}}$$

Zunächst drücken wir diese Zahlen als Zehnerpotenzen aus:

$$\frac{1{,}4968 \times 10^{11} \text{ m}}{5{,}29172 \times 10^{-11} \text{ m}} = \frac{1{,}4968}{5{,}29172} \times \frac{10^{11}}{10^{-11}}$$

Jetzt führen wir die Division der beiden Zahlen aus, wobei wir fünf signifikante Ziffern behalten, weil die Zahl mit den wenigsten signifikanten Ziffern fünf hatte.

$$0{,}28286 \times \frac{10^{11}}{10^{-11}}$$

Nun müssen wir den Exponenten berechnen, indem wir die Gl. 1.3 anwenden:

$$\frac{10^{11}}{10^{-11}} = 10^{11-(-11)} = 10^{22}$$

Also ist das gesuchte Verhältnis

$$0{,}28286 \times 10^{22}$$

Das ist gleich

$$2{,}8286 \times 10^{21}$$

Beispiel 2

Führen Sie folgende Rechung durch:

$$\frac{2{,}1 \times 10^{13} \times 653}{0{,}0000372169 \times 53}$$

Lösung: Wir drücken zunächst jede Zahl als Zehnerpotenz aus:

$$\frac{2{,}1 \times 10^{13} \times 6{,}53 \times 10^{2}}{3{,}72169 \times 10^{-5} \times 5{,}3 \times 10}$$

$$= \frac{2{,}1 \times 6{,}53}{3{,}72169 \times 5{,}3} \times \frac{10^{13} \times 10^{2}}{10^{-5} \times 10}$$

Wenn wir die zahlenmäßige Berechnung durchführen, erhalten wir ein Ergebnis mit zwei signifikanten Stellen:

$$0{,}70 \times \frac{10^{13} \times 10^{2}}{10^{-5} \times 10}$$

Durch Ausrechnen der Zehnerpotenzen erhalten wir

$$0{,}70 \times \frac{10^{15}}{10^{-4}}$$

$$= 0{,}70 \times 10^{15-(-4)} = 0{,}70 \times 10^{19} = 7{,}0 \times 10^{18}$$

C Die Proportionalität

Der Begriff der Proportionalität ist in der Physik wichtig, weil viele physikalische Gesetze aussagen, daß bestimmte Größen proportional zu bestimmten anderen Größen sind. Beispielsweise kann das Verhalten eines Objekts, das sich mit konstanter Geschwindigkeit in einer gegebenen Richtung bewegt, durch eine einfache Proportionalität ausgedrückt werden. Wenn sich ein Objekt mit einer Geschwindigkeit von drei Meter in der Sekunde bewegt, dann wird es in einer Sekunde drei Meter zurücklegen, in zwei Sekunden sechs Meter, in drei Sekunden neun Meter usw. Somit können wir eine Tabelle dieser Werte aufstellen (Tabelle A.1).

Tabelle A.1

Entfernung (in Meter)	Zeit (in Sekunden)
0	0
3	1
6	2
9	3
12	4
15	5
18	6
21	7
24	8
usw.	usw.

Die während eines Zeitintervalls zurückgelegte Entfernung kann ermittelt werden, wenn das Zeitintervall bekannt ist. Daher sind die Entfernung und die Zeit miteinander verbunden. Wird die Zeit verdoppelt, wird auch die Entfernung verdoppelt. Wird die Zeit verdreifacht, wird auch die Entfernung verdreifacht. Wird die Zeit mit vier multipliziert, wird auch die Entfernung mit vier multipliziert. Dieses Verhalten ist charakteristisch für eine *Proportionalität.* Wenn sich zwei Größen so ändern, daß, wenn die eine verdoppelt (oder verdreifacht usw.) wird, auch die andere den doppelten (oder dreifachen usw.) Wert annimmt, dann werden diese Größen als *proportional* (verhältnisgleich) zueinander bezeichnet. Also ist für ein Objekt, das sich mit konstanter Geschwindigkeit in eine gegebene Richtung bewegt, die zurückgelegte Entfernung proportional zur Zeit. Als weiteres Beispiel ist die Zahl der Stunden in einem Zeitintervall proportional zur Zahl der Minuten in demselben Zeitintervall. Wenn wir uns entschließen, dreimal so viel Stunden wie gewöhnlich am Strand zuzubringen, dann verbringen wir auch dreimal so viel Minuten.

Es gibt zwei Möglichkeiten, den Begriff der Proportionalität präzise in einer Gleichung auszudrücken. Nehmen wir zunächst an, daß es zwei Größen (x und y) gibt, die verschiedene Werte haben können. Wenn x und y proportional zueinander sind, dann können wir diese Beziehung durch folgende Gleichung ausdrücken:

$$y = kx \tag{4}$$

Der Buchstabe k stellt eine konstante Größe dar – eine Größe, die unverändert bleibt, gleichgültig, welchen Wert die Größen x und y haben. Betrachten wir beispielsweise wieder das Objekt, das sich mit einer Geschwindigkeit von drei Meter pro Sekunde bewegt, dann können wir schreiben

$$s = kt \tag{5}$$

In diesem Fall stellt s die zurückgelegte Strecke dar, t die Zeit und k die Proportionalitätskonstante. In dieser Gleichung ist k einfach die konstante Geschwindigkeit v. Also können wir auch schreiben

$$s = vt \tag{6}$$

In dem gewählten Beispiel ist die Geschwindigkeit v gleich 3 m/s. Wir können daher schreiben

$$s = (3 \text{ Meter/Sekunde}) \cdot t \tag{7}$$

Wenn wir jetzt für t einen Wert von 2 s einsetzen, erhalten wir für s einen Wert von 6 m. Setzen wir für t 3 s ein, erhalten wir für s 9 m. Dies gibt uns zwei Zeilen der Tabelle A.1. Die anderen Zeilen erhalten wir auf die gleiche Weise. Also stellt die Gleichung dieselbe Proportionalitätsbeziehung dar wie die Tabelle, jedoch in einer vollständigeren, kompakteren und bequemeren Form. Diese Art der Proportionalität wird als *direkte Proportionalität* bezeichnet, um sie von anderen Proportionalitätsbeziehungen zu unterscheiden. Wenn das Wort Proportionalität ohne weitere Bezeichnung verwendet wird, bezieht es sich auf die direkte Proportionalität, also den Typ der durch Gl. 4 ausgedrückten Beziehung.

Es gibt noch eine weitere Möglichkeit, diese direkte Proportionalität in einer Gleichung zum Ausdruck zu bringen. Betrachten wir zwei Wertepaare von x und y, die einander zugeordnet sind. Wir wollen an den Buchstaben x und y die Indizes 1 und 2 anbringen, um diese Werte zu kennzeichnen. Wir können die Proportionalitätsbeziehung zwischen diesen Größen folgendermaßen angeben:

$$y_1 = kx_1 \tag{8}$$

$$y_2 = kx_2 \tag{9}$$

Dividieren wir die Seiten der Gl. 8 durch die entsprechenden Seiten der Gl. 9, dann erhalten wir

$$\frac{y_1}{y_2} = \frac{kx_1}{kx_2}$$

Das k kürzt sich heraus, und es ergibt sich

$$\frac{y_1}{y_2} = \frac{x_1}{x_2} \tag{10}$$

Diese Gleichung ist eine weitere Möglichkeit, die direkte Proportionalität darzustellen.

Eine Proportionalität kann auch graphisch dargestellt werden. Die Abbildung A.1 ist eine zeichnerische Darstellung der Zahlen aus der Tabelle A.1. Wir haben auf der horizontalen Achse gleiche Abschnitte markiert, die gleiche Zeitintervalle darstellen. Ebenso haben wir auf der vertikalen Achse gleiche Abschnitte markiert, die gleiche von

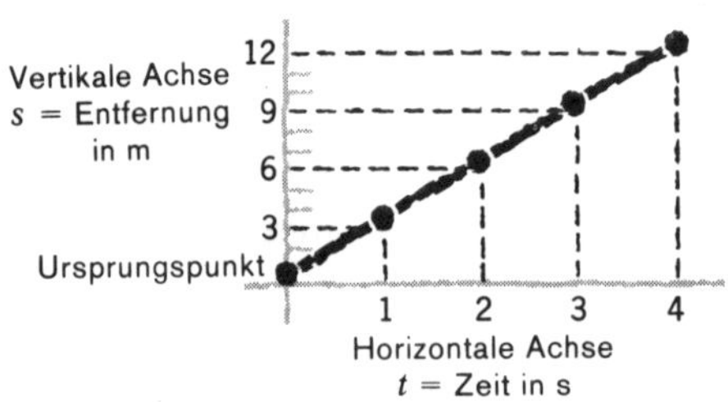

Abb. A.1

dem Objekt zurückgelegte Entfernungen bedeuten. Der Punkt, in dem sich die beiden Achsen schneiden, wird als Ursprungspunkt bezeichnet. Die ersten fünf Werte der Tabelle A.1 sind in der Zeichnung durch einen Punkt hervorgehoben. Der Abstand eines Punktes von der vertikalen Achse stellt eine Zeit dar, die einer Zeile der Tabelle A.1 entnommen wurde. Der Abstand desselben Punktes von der horizontalen Achse stellt eine zurückgelegte Entfernung dar, die derselben Zeile der Tabelle entnommen wurde. Das Wesentliche an dieser Darstellung ist, daß alle Punkte auf einer Geraden liegen, die durch den Ursprungspunkt geht. Das ist charakteristisch für eine direkte Proportionalität. Jede direkte Proportionalität kann zeichnerisch als eine durch den Ursprungspunkt gehende Gerade dargestellt werden, und jede derartige Zeichnung ist die graphische Darstellung einer direkten Proportionalität. Wenn zwei Größen so miteinander verbunden sind, daß ihre graphische Darstellung eine Gerade durch den Ursprungspunkt ergibt, dann sind die beiden Größen proportional zueinander. Die Konstante k in der Gl. 4 bestimmt den Anstieg der Geraden. Dies erkennt man leicht aus der Abb. A.2, die zwei verschiedene graphische Darstellungen der Gl. 1 für zwei verschiedene Werte von k zeigt. Je größer k ist, desto steiler verläuft die Gerade.

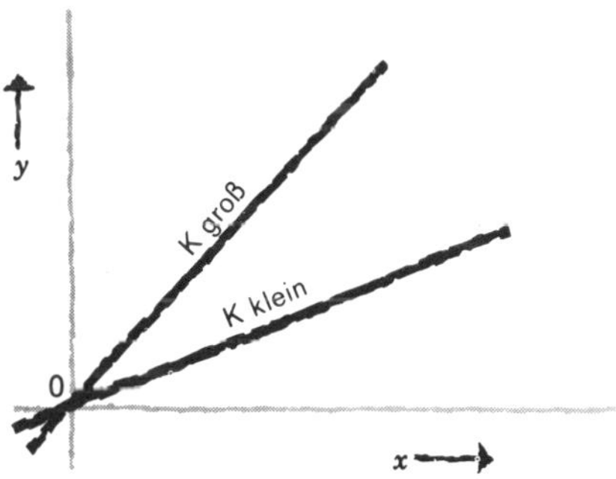

Abb. A.2

Wenn zwei Größen einander direkt proportional sind, dann müssen beide Größen entweder gemeinsam zunehmen oder gemeinsam abnehmen. Bei einer anderen Art der Proportionalität, die als *inverse Proportionalität* bezeichnet wird, nimmt eine Größe zu, wenn die andere abnimmt. Nehmen wir beispielsweise an, daß wir zu einer Zuckerlösung Wasser hinzufügen. Je mehr Wasser wir hinzufügen, desto schwächer wird die Lösung. In der Tat ist die Konzentration (die Stärke) der Lösung umgekehrt proportional zu der Menge des in ihr enthaltenen Wassers. (Sie ist direkt proportional zu der Menge des in ihr enthaltenen Zuckers.)

Es gibt zwei Möglichkeiten, eine inverse (umgekehrte) Proportionalität mathematisch auszudrücken. Für die Größen x und y sind dies

$$y = k/x \qquad (11)$$

$$\frac{y_1}{y_2} = \frac{x_2}{x_1} \qquad (12)$$

Beachten Sie, daß bei der inversen Proportionalität (Gl. 11) das x im Nenner erscheint, bei der direkten Proportionalität (Gl. 4) jedoch nicht. Beachten Sie auch, daß Gl. 12 sich von Gl. 10 dadurch unterscheidet, daß eine Seite der Gleichung umgekehrt worden ist. Die graphische Darstellung der durch Gl. 11 ausgedrückten inversen Proportionalität wird durch Abb. A.3 wiedergegeben. Die Zeichnung zeigt, daß y abnimmt, wenn x zunimmt.

Wir wollen hier kurz noch zwei weitere Arten der Proportionalität betrachten, weil sie bei physikalischen Anwendungen auftreten. Wir stellen oft fest, daß eine Größe proportional zum Quadrat einer anderen Größe ist. Diese Beziehung wird durch folgende Gleichungen wiedergegeben:

$$y = kx^2 \qquad (13)$$

$$\frac{y_1}{y_2} = \frac{x_1^2}{x_2^2} \qquad (14)$$

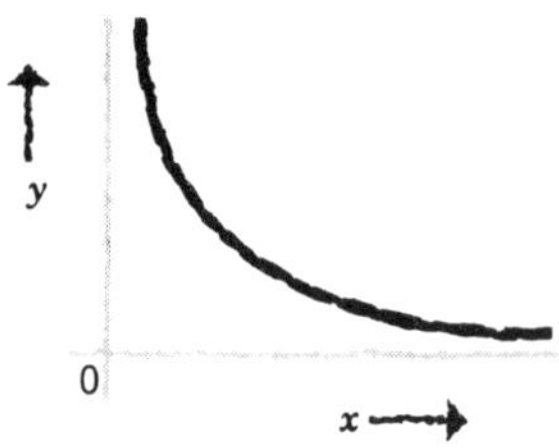

Abb. A.3

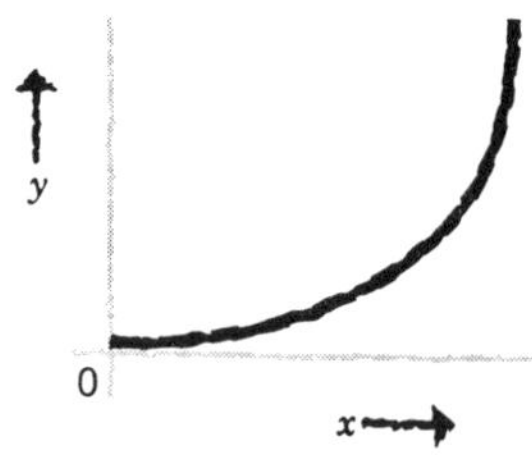

Abb. A.4

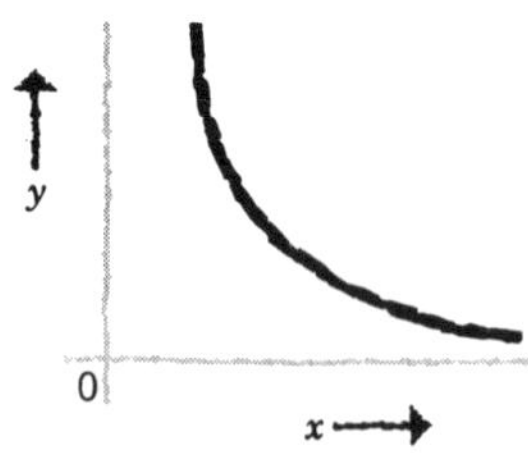

Abb. A.5

Diese Beziehung ist der direkten Proportionalität ähnlich, jedoch tritt jetzt die Größe x als Quadrat auf. Wir sagen, daß y proportional zum Quadrat der Größe x ist. Die Größe y nimmt zu, wenn die Größe x zunimmt, aber die Zunahme erfolgt in einem ständig steigenden Maße. Ein Beispiel für eine graphische Darstellung einer solchen Beziehung ist in Abb. A.4 wiedergegeben. (Vergleichen Sie diese Zeichnung mit der Zeichnung für den Fall einer direkten Proportionalität, Abb. A.1)

Eine weitere Art der Proportionalität besteht darin, daß eine Größe y umgekehrt proportional zum Quadrat einer anderen Größe x ist. Die Gleichungen für diese Beziehung lauten folgendermaßen:

$$y = k/x^2 \tag{15}$$

$$\frac{y_1}{y_2} = \frac{x_2^2}{x_1^2} \tag{16}$$

Diese Beziehung ähnelt der inversen Proportionalität, abgesehen davon, daß x immer quadriert auftritt. Ein Beispiel der graphischen Darstellung einer solchen Beziehung ist in Abb. A.5 wiedergegeben. (Vergleichen Sie Abb. A.5 mit der Zeichnung im Fall der inversen Proportionalität, Abb. A.3.)

D Der Satz des Pythagoras

Der Satz des Pythagoras, ein sehr berühmtes und wichtiges Gesetz der Geometrie, dient zur Lösung von Problemen, die *rechtwinklige Dreiecke* betreffen. Rechtwinklige Dreiecke sind Dreiecke, bei denen zwei Seiten senkrecht aufeinander stehen. Diese beiden Seiten schließen also einen rechten Winkel miteinander ein.

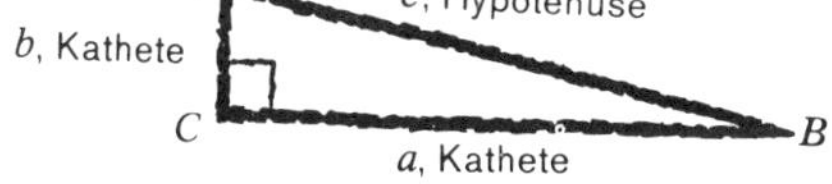

Abb. A.6

Die Buchstaben in Abb. A.6 stellen die Seitenlängen und die Winkel eines rechtwinkligen Dreiecks dar. Die dem rechten Winkel gegenüberliegende Seite heißt Hypotenuse; ihre Länge wird durch den kleinen Buchstaben c gekennzeichnet. Die Seiten, die den rechten Winkel bilden, werden als Katheten bezeichnet, und ihre Längen werden durch die kleinen Buchstaben a und b gekennzeichnet. Mit diesen Symbolen kann der Satz des Pythagoras folgendermaßen ausgesprochen werden:

$$a^2 + b^2 = c^2 \tag{17}$$

Der Satz besagt also, daß das Quadrat über der Hypotenuse gleich der Summe der Quadrate über den Katheten ist. Wenn wir zwei Seiten eines rechtwinkligen Dreiecks kennen, können wir die dritte mit Hilfe der Gl. 17 ermitteln. Beachten Sie, daß diese Gleichung nur für *rechtwinklige* Dreiecke gilt, und daß c die Länge der Hypotenuse, nicht einer Kathete, sein muß.

Wir wollen hier zwei besonders einfache rechtwinklige Dreiecke beschreiben. Das erste ist ein rechtwinkliges Dreieck, dessen Katheten gleiche Länge haben (Abb. A.7). Das bedeutet, daß die beiden Winkel bei A und B auch untereinander gleich sein müssen – sie betragen 45 Grad. Es gibt eine einfache Beziehung zwischen der Länge der Hypotenuse eines solchen Dreiecks und der Länge seiner Katheten. Nach dem Satz des Pythagoras können wir diese Beziehung leicht finden. Wir bezeichnen die Länge der Hypotenuse mit c und die Länge der Katheten mit a. (Da die Katheten gleich lang sind, gilt $a = b$.) Nach dem Satz des Pythagoras ist

$$a^2 + a^2 = c^2 \tag{18}$$

$$2a^2 = c^2 \tag{19}$$

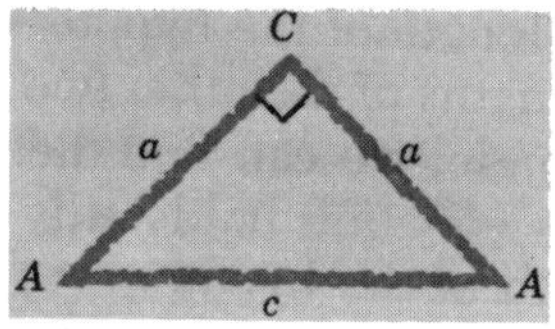

Abb. A.7

Wenn wir auf beiden Seiten der Gl. 19 die Wurzel ziehen, erhalten wir

$$a\sqrt{2} = c \tag{20}$$

Diese Beziehung zwischen der Kathete und der Hypotenuse kann verwendet werden, um eine von ihnen zu berechnen, wenn die andere bekannt ist. Sie gilt für alle rechtwinkligen Dreiecke, die einen Winkel von 45 Grad enthalten, und zwar unabhängig von der Größe des Dreiecks. Also können wir diese Beziehung auf alle rechtwinkligen Dreiecke anwenden, die zwei Katheten gleicher Länge haben.

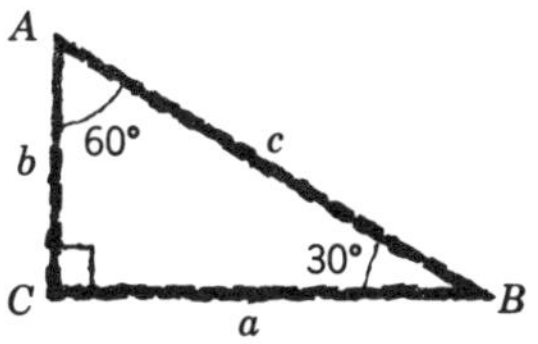

Abb. A.8

Abb. A.8 zeigt ein weiteres sehr nützliches Dreieck, das sogenannte rechtwinklige 30 Grad Dreieck. Ein Winkel beträgt 30 Grad, der andere 60 Grad. (Der rechte Winkel ist gleich 90 Grad.) Die Hypotenuse ist genau doppelt so lang wie die kürzere Kathete (Abb. A.8). Wenn wir die Länge der kurzen Kathete mit a bezeichnen, dann hat die Hypotenuse die Länge $2a$. Um die Länge der Seite b zu finden, wenden wir den Satz des Pythagoras folgendermaßen an:

$$a^2 + b^2 = (2a)^2 \tag{21}$$

$$a^2 + b^2 = 4a^2 \tag{22}$$

$$b^2 = 3a^2 \tag{23}$$

Wenn wir auf beiden Seiten die Wurzel ziehen, erhalten wir:

$$b = a\sqrt{3} \tag{24}$$

Diese Beziehung gilt für jedes rechtwinklige Dreieck, das einen Winkel von 30 Grad enthält, und zwar unabhängig von der Größe des Dreiecks.

E Ähnliche Dreiecke

Die Beziehungen, die zwischen den Seiten ähnlicher Dreiecke bestehen, sind auch für die Lösung physikalischer Probleme nützlich. Die grundlegende Beziehung kann folgendermaßen ausgesprochen werden: Wenn die Winkel eines Dreiecks gleich den entsprechenden Winkeln eines anderen Dreiecks sind, dann sind die Seiten des einen Dreiecks proportional zu den entsprechenden Seiten des anderen Dreiecks. Auch das Umgekehrte gilt: Wenn die entsprechenden Seiten einander proportional sind, dann sind die entsprechenden Winkel gleich. Diese Tatsachen werden durch Abb. A.9 illustriert,

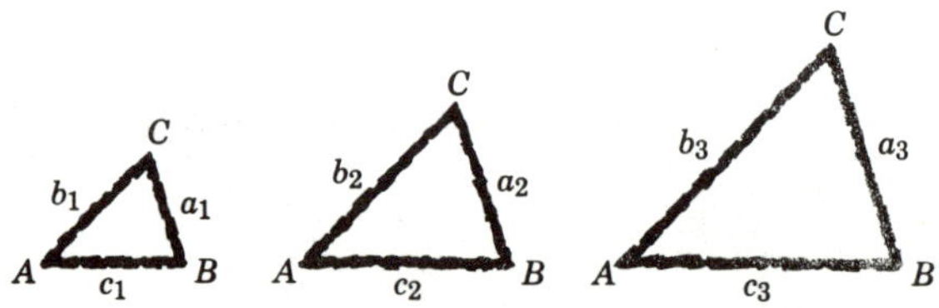

Abb. A.9

die drei Dreiecke zeigt, die untereinander ähnlich sind. Wir haben dieselben Buchstaben A, B und C verwendet, um die Spitzen dieser drei Dreiecke zu kennzeichnen, weil die Winkel an diesen Punkten gleich sind. Also sind alle Winkel an den mit A bezeichneten Spitzen gleich usw. Wir haben die diesen Spitzen gegenüberliegenden Seiten mit den kleinen Buchstaben a_1, a_2, a_3 usw. gekennzeichnet, die sich auf die jeweiligen Dreiecke beziehen. Diese Seiten sind nicht gleich, jedoch gemäß den folgenden Gleichungen einander proportional:

$$\frac{a_1}{a_2} = \frac{b_1}{b_2} = \frac{c_1}{c_2} \qquad (25)$$

$$\frac{a_1}{a_3} = \frac{b_1}{b_3} = \frac{c_1}{c_3} \qquad (26)$$

$$\frac{a_2}{a_3} = \frac{b_2}{b_3} = \frac{c_2}{c_3} \qquad (27)$$

Die mathematische Ableitung der Formeln der speziellen Relativitätstheorie

In diesem Anhang wollen wir die Gleichungen ableiten, die die Beschreibung eines Ereignisses in einem Bezugssystem mit der Beschreibung eines Ereignisses in einem anderen Bezugssystem verbinden, wenn sich das zweite Bezugssystem mit konstanter Geschwindigkeit relativ zu dem ersten bewegt. Diese Gleichungen werden zusammengefaßt als Lorentz-Transformation bezeichnet, weil sie zuerst von H. A. Lorentz angegeben wurden. Wir werden noch weitere Beziehungen ableiten, die in der speziellen Relativitätstheorie auftreten.

Wir wollen die beiden Postulate Einsteins (siehe Kapitel 10, Seite 455) und einige Symmetrieprinzipien annehmen. Um den mit steigender Geschwindigkeit eintretenden Massenzuwachs zu erhalten, wollen wir auch die Erhaltung des Impulses voraussetzen.

Ein Ereignis läßt sich charakterisieren durch drei Informationen, die seine Lokalisierung im Raum festlegen und eine Information, die den Zeitpunkt angibt. Wir wollen die Position eines Punktes

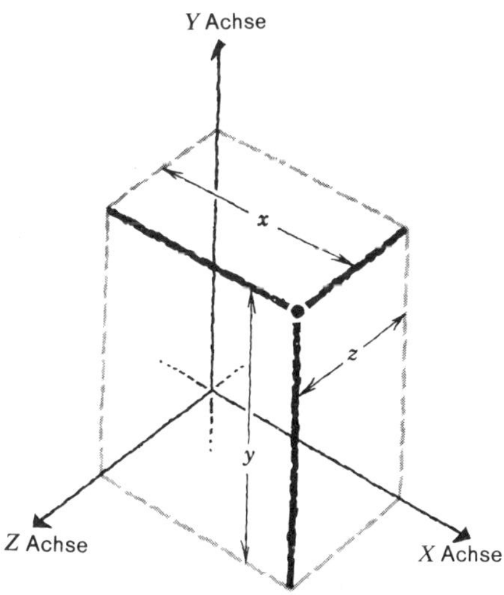

Abb. A.10

im Raum durch die drei Buchstaben x, y und z beschreiben, die die Distanzen des Punktes längs der X, Y und Z Achse angeben, wie es in Abb. A.10 dargestellt ist. Der Einfachheit halber wollen wir die beiden in Abb. A.11 gezeichneten Bezugssysteme verwenden, die sich relativ zueinander bewegen. Das System S wird als ungestrichenes Bezugssystem bezeichnet, und die ungestrichenen Buchstaben x, y und z lokalisieren die Punkte in ihm. Das System S' wird als gestrichenes Bezugssystem bezeichnet und die Punkte in ihm werden durch die gestrichenen Buchstaben x', y' und z' lokalisiert. Die Buchstaben t und t' stellen die Zeitpunkte des Ereignisses dar, das in den Systemen S bzw. S' beobachtet wird.

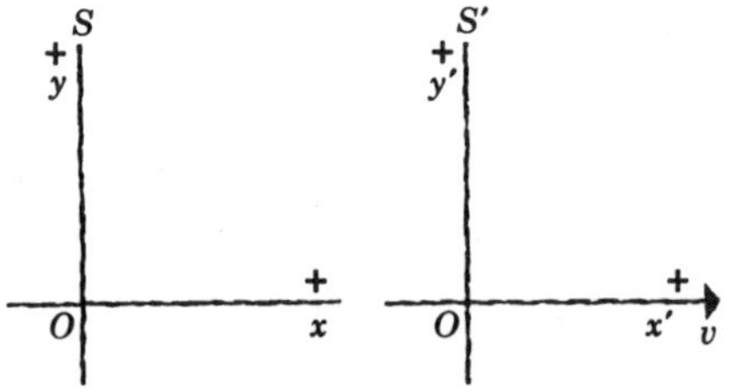

Abb. A.11

Das gestrichene System bewegt sich längs der x-Achse des ungestrichenen Systems mit der Geschwindigkeit v nach rechts. Wenn die Zeiten t und t' gemeinsam gleich Null sind, haben beide Bezugssysteme einen gemeinsamen Ursprungspunkt, so daß ihre Achsen genau zusammenfallen. Im Lauf der Zeit bewegt sich das gestrichene System nach rechts. Die Z und Z' Achsen verlaufen senkrecht zur Papierebene auf den Leser zu.

Vom System S aus gesehen bewegt sich das S' System mit der Geschwindigkeit v nach rechts. Das bedeutet, daß sich das System S vom System S' aus gesehen mit der Geschwindigkeit v (d. h. einer Geschwindigkeit v nach links) in die entgegengesetzte Richtung bewegt. Wenn das nicht der Fall wäre, dann gäbe es einen Unterschied der beiden Raumrichtungen, der eins unser Symmetrieprinzipien verletzen würde.

Es wird nützlich sein, ein neues Symbol, den griechischen Buchstaben γ folgendermaßen zu definieren:

$$\gamma = \frac{1}{\sqrt{1 - v^2/c^2}} \tag{1}$$

Im Kapitel 10 erhielten wir die Zeitdilatation aus der Analyse des Verhaltens einer Lichtuhr (siehe Beispiel 4, Seite 502). Wir erhielten die Lorentz-Kontraktion aus der Zeitdilatation und der Tatsache, daß die Relativgeschwindigkeit zweier Bezugssysteme von beiden Bezugssystemen aus gesehen gleich groß sein muß (siehe Kapitel 10, Seite 464). Also haben wir schon die folgenden Formeln abgeleitet:

$$T' = \gamma T \tag{2}$$

$$L = \gamma L' \tag{3}$$

(Beachten Sie, daß wir die gestrichenen und ungestrichenen Größen in den Gl. 2 und 3 so verwendet haben, daß die Uhr und der Maßstab in dem ungestrichenen System in Ruhe sind.)

Die Lorentz-Transformation

Nehmen wir an, daß wir ein Ereignis haben, das von unseren beiden Bezugssystemen aus beobachtet wird. Es wird im System S durch die Angaben x, y, z und t, im System S' durch die Angaben x', y', z' und t' definiert. Wir wollen die Gleichungen finden, die diese beiden Mengen von Größen miteinander verbinden.

Zunächst stellen wir fest, daß die Entfernungen senkrecht zur Richtung der Relativbewegung von beiden Bezugssystemen aus gesehen gleich groß sind. Wir können sehen, daß das so sein muß, indem wir betrachten, was andernfalls geschehen würde. In Abb. A.12 sehen

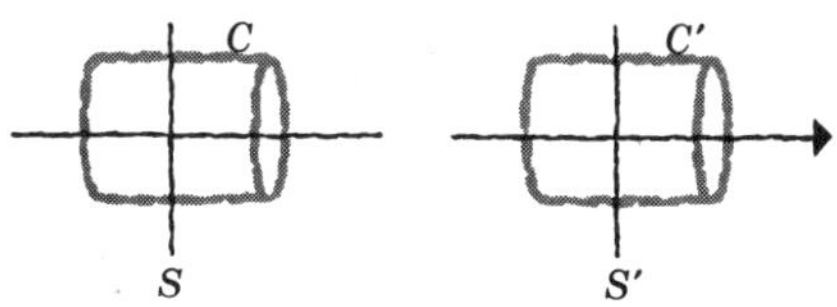

Abb. A.12

wir zwei Zylinder, von denen jeweils einer in einem Bezugssystem ruht. Werden die Radien der Zylinder jeweils in ihrem eigenen Bezugssystem gemessen, so ergeben sich die gleichen Werte. Nehmen wir an, daß der Radius eines der Zylinder von dem anderen Bezugssystem aus gesehen kontrahiert erschiene, dann würde einer der Zylinder scheinbar durch den anderen hindurchgehen, wenn die beiden Bezugssysteme aneinander vorbeilaufen. Wir wollen annehmen, daß vom System S aus gesehen der Zylinder C' durch den Zylinder C hindurchgeht. Was beobachten wir vom System S' aus? Wenn wir ebenfalls sehen, daß der Zylinder C' durch den Zylinder C hindurchgeht, dann können wir längs der X Achse beider Bezugssysteme eine spezielle Raumrichtung definieren – ein Zylinder, der aus einer Richtung kommt, paßt über einen Zylinder, der aus der anderen Richtung kommt. Diese Unterscheidung würde eines unserer Symmetrieprinzipien verletzen. Wenn wir andererseits vom System S' aus beobachten würden, daß der Zylinder C in den Zylinder C' paßt, während vom System S aus das Gegenteil beobachtet wird, dann hätten wir eine physikalische Unmöglichkeit. Nehmen wir beispielsweise an, der Zylinder C sei massiv, der Zylinder C' sei hohl. Dann wäre das Ereignis von einem System aus gesehen durchaus möglich, von dem anderen System aus gesehen jedoch unmöglich. Also muß die Annahme, daß ein Zylinder über den anderen hinweg gleitet, falsch sein. Also bleibt uns nur ein Schluß – die Radien der Zylinder sind von beiden Systemen aus gesehen gleich groß. Also bleiben Strecken senkrecht zur X Achse unverändert, und es gilt

$$y = y' \tag{4}$$

$$z = z' \tag{5}$$

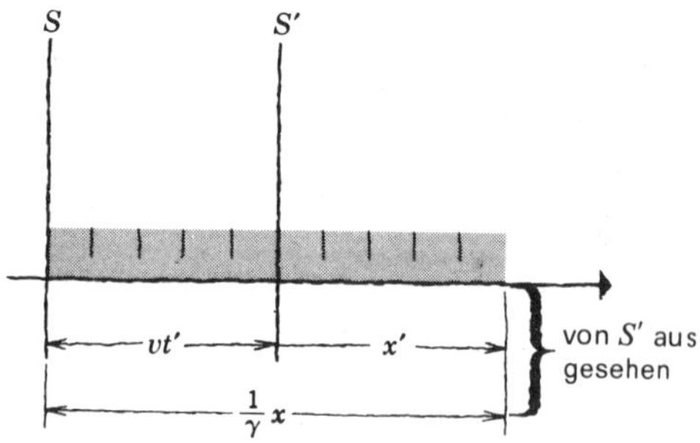

Abb. A.13

Jetzt bringen wir einen Maßstab in das ungestrichene System, der längs der X Achse vom Ursprungspunkt bis zu einem Punkt reicht, der die Entfernung x vom Ursprungspunkt hat (Abb. A.13). Ein Beobachter im System S' berührt zu einem Zeitpunkt t' das rechte Ende dieses Stabes, wodurch er ein Ereignis definiert. Wegen der Lorentz-Kontraktion denkt der Beobachter im System S', die Länge des Maßstabes sei $\frac{1}{\gamma}x$. Er denkt auch, die Entfernung der beiden Ursprungspunkte der Bezugssysteme sei nach der Zeit t' gleich vt'. Zur Zeit t' befindet sich das Ende des Maßstabes an einem Punkt, den wir im System S' mit x' bezeichnen wollen.

Aus der Abb. A.13 erkennen wir, daß folgende Beziehungen gelten müssen:

$$x' + vt' = \frac{1}{\gamma}x \qquad (6)$$

$$x = \gamma\,(x' + vt') \qquad (7)$$

Jetzt wollen wir dasselbe Schema in dem gestrichenen System versuchen. Wir bringen einen Maßstab in das gestrichene System, so daß er sich längs der X' Achse vom Ursprungspunkt bis zu einer Entfernung x' erstreckt (Abb. A.14). Dann denkt der Beobachter im System S, seine Länge sei $\frac{1}{\gamma}x'$ und

$$\frac{1}{\gamma}x' + vt = x \qquad (8)$$

$$x' = \gamma\,(x - vt) \qquad (9)$$

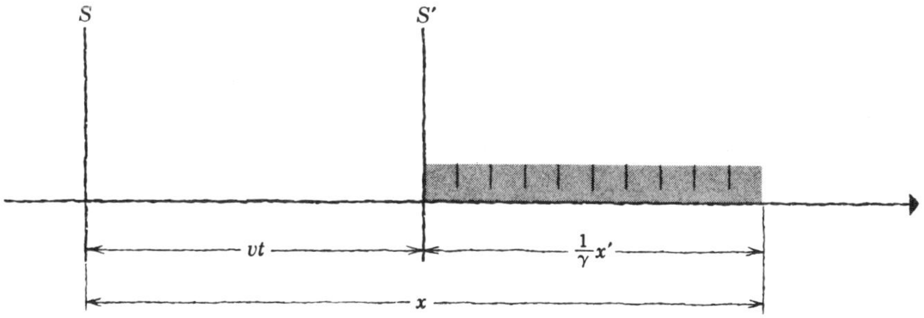

Abb. A.14

Somit haben wir zwei Gleichungen gefunden:

$$x = \gamma\,(x' + v\,t') \tag{10}$$

$$x' = \gamma\,(x - v\,t) \tag{11}$$

Wir können zwei weitere Beziehungen erhalten, indem wir zuerst x und dann x' rechnerisch aus den Gl. 10 und 11 eliminieren:

$$x' = \gamma\,(x - v\,t)$$

$$x' = \gamma x - \gamma v t$$

$$x = \gamma x' + \gamma v t'$$

$$\frac{1}{\gamma} x' = x - v t$$

$$\frac{1}{\gamma} x' + x = \gamma x' + x + \gamma v t' - v t$$

$$v t = \gamma v t' + \gamma x' - \frac{1}{\gamma} x'$$

$$= \gamma\,(v t' + [1 - \frac{1}{\gamma^2}]\, x')$$

$$v t = \gamma\,(v t' + (1 - 1 + \frac{v^2}{c^2})\, x')$$

$$t = \gamma\,(t' + \frac{v}{c^2} x') \tag{12}$$

In gleicher Weise ergibt sich

$$\frac{1}{\gamma} x = x' + v t'$$

$$x' = \gamma x - \gamma v t$$

$$\frac{1}{\gamma} x = v t' + \gamma x - \gamma v t$$

$$v t' = \gamma v t + (-\gamma + \frac{1}{\gamma})\, x$$

$$t' = \gamma \left(t + \frac{1}{v}\left[-1 + \frac{1}{\gamma^2}\right] x\right)$$

$$t' = \gamma \left(t - \frac{v}{c^2} x\right) \qquad (13)$$

Diese Gleichungen beschreiben die gesuchten Zusammenhänge folgendermaßen:

$$\begin{aligned} x' &= \gamma (x - vt) \\ y' &= y \\ z' &= z \\ t' &= \gamma \left(t - \frac{v}{c^2} x\right) \end{aligned} \qquad \text{oder} \qquad \begin{aligned} x &= \gamma (x' + vt') \\ y &= y' \\ z &= z' \\ t &= \gamma \left(t' + \frac{v}{c^2} x'\right) \end{aligned} \qquad (14)$$

Diese Gleichungen setzen die Ereignisse in einem System in Beziehung zu den Ereignissen in dem anderen System.

Die Transformation der Geschwindigkeiten

Mit den soeben abgeleiteten Gleichungen können wir Fragen beantworten, die sich auf die Entfernung und die Zeit in den beiden Systemen beziehen. Nehmen wir an, daß sich ein gegebenes Objekt in dem gestrichenen System S' mit einer Geschwindigkeit u' nach rechts bewegt (Abb. A.15). Wir möchten die Geschwindigkeit u dieses Objektes in dem ungestrichenen System S wissen. Die Geschwindigkeit u' stellt in dem gestrichenen System eine Entfernung s' dar, die

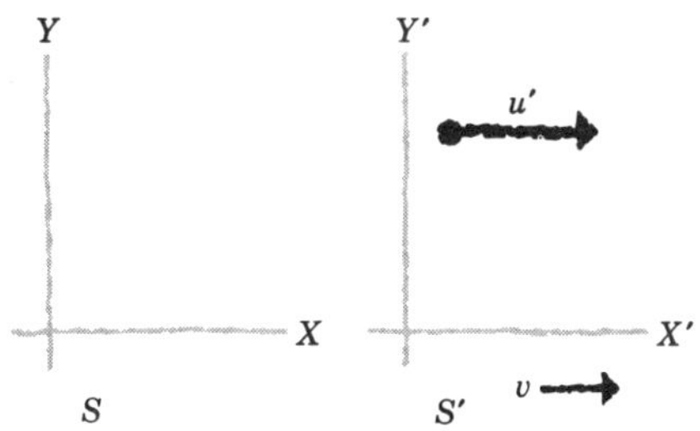

Abb. A.15

durch die Zeit t' zu teilen ist. Nehmen wir an, daß das Objekt die y Achse verließ, als die beiden Systeme zur Zeit $t = t' = 0$ zusammenfielen, und daß es zum Zeitpunkt t' im gestrichenen System bis zu einem Punkt x' fortgeschritten ist. Dann gilt

$$u' = \frac{x'}{t'} \tag{15}$$

Die Geschwindigkeit u im ungestrichenen System muß auch die Entfernung dividiert durch die Zeit sein, also ist

$$u = \frac{x}{t} = \frac{\gamma\,(x' + v t')}{\gamma\,(t' + \frac{v}{c^2}\,x')} = \frac{(\frac{x'}{t'} + v)}{(1 + \frac{v}{c^2}\,\frac{x'}{t'})} \tag{16}$$

$$u = \frac{u' + v}{1 + \frac{u'v}{c^2}} \tag{17}$$

Wir bemerken, daß u nicht gleich $u' + v$ ist. Wenn u' gleich der Lichtgeschwindigkeit c ist, dann wird

$$u = \frac{c + v}{1 + \frac{cv}{c^2}} = \frac{c + v}{\frac{1}{c}\,(c + v)} = c \tag{18}$$

Wir finden, daß die Geschwindigkeit auch im ungestrichenen Bezugssystem gleich c ist.

Die Formel für die Zunahme der Masse mit der Geschwindigkeit

Wir nehmen an, daß wir ein Objekt mit der Masse m_0 haben, das in jedem Bezugssystem im Ursprungspunkt ruht; d. h. jedes Objekt wird in seinem eigenen Bezugssystem gemessen, und es wird festgestellt, daß es die Masse m_0 hat. Wenn die Massen aneinander vorbeilaufen, tritt eine Wechselwirkung zwischen ihnen auf. Diese

Wechselwirkung kann dadurch entstehen, daß eine Saite oder eine Feder kurzzeitig eine Bindungskraft zwischen ihnen ausübt, sie kann auch durch den Austausch identischer Teilchen zwischen ihnen zustande kommen (vgl. Seite 632). Jede Masse wird hierdurch einen Impuls und daher auch eine Geschwindigkeit erhalten. Der Einfachheit halber wollen wir annehmen, daß das Objekt, das ursprünglich im ungestrichenen System ruhte, eine resultierende Geschwindigkeit längs der Y Achse nach oben erhält. Dann ergibt sich, daß die Geschwindigkeit der anderen Masse in dem gestrichenen System längs der Y' Achse nach unten gerichtet ist. Die Beträge der beiden Geschwindigkeiten sind entgegengesetzt gleich.

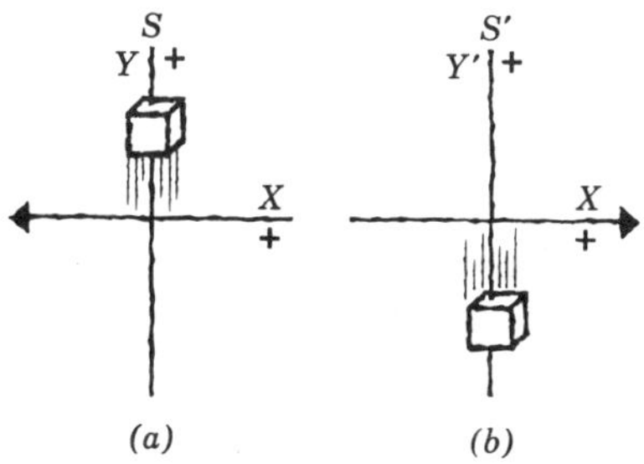

Abb. A.16

Die Richtigkeit dieser Überlegung können wir mit Hilfe eines dritten Bezugssystems beweisen, in dem sich beide Massen mit ursprünglich gleichen Geschwindigkeiten einander nähern (Abb. A.16). Wir haben die Achsen dieses dritten Bezugssystems nicht eingezeichnet, sondern stellen die beiden anderen Bezugssysteme S und S' mit entgegengesetzten Bewegungsrichtungen dar. Vor der Wechselwirkung ist der Gesamtimpuls der beiden Objekte gleich Null, weil sie sich mit gleichen Geschwindigkeiten einander nähern. Also muß der Gesamtimpuls auch nach der Wechselwirkung gleich Null sein. Also müssen die Impulse der beiden Objekte nach der Wechselwirkung gleiche Beträge und entgegengesetzte Richtungen haben. Dies muß auch für die Komponenten der Impulse im Bezug auf jede Achse gelten. Da wir wissen, daß sich das Objekt im System S längs der Y Achse nach oben bewegt, muß sich das Objekt im System S' von unserem dritten System aus gesehen mit einer gleich großen Geschwindigkeit längs der Y' Achse nach unten bewegen. Jetzt wollen wir uns das Objekt, das sich längs der Y Achse bewegt, vom System S aus ansehen. Das Objekt, das sich längs der Y' Achse bewegt, wollen wir vom System S' aus beobachten. Wir gehen also zu den beiden Bezugssystemen S und S' über. Wegen der Symmetrie der Situation muß jedes Objekt von seinem Bezugssystem aus gesehen die gleiche neue Geschwindigkeit s besitzen.

Betrachten wir die Dinge jetzt im System S. Der Beobachter im System S schreibt das Gesetz der Impulserhaltung (bezüglich der y-Komponente):

$$m_0 s = mu \tag{19}$$

Die Symbole m_0 und s stellen die Masse und die Geschwindigkeit des Objektes dar, das sich längs der Y Achse bewegt, und die Buchstaben m und u bedeuten die Masse und die y-Komponente der Geschwindigkeit des anderen Objektes, wie es vom System S aus gesehen erscheint. Für den Beobachter im System S ergibt sich die Geschwindigkeit u aus der Strecke y, die während der Zeit t seit der Wechselwirkung längs der Y' Achse zurückgelegt worden ist. Also ist

$$m_0 s = my/t \tag{20}$$

Der Beobachter im System S' erhält jedoch für eine dieser Größen einen anderen Wert. Nach Gl. 14 gilt

$$\begin{aligned} y &= y' \\ t &= \gamma\,(t' + vx'/c^2) = \gamma t', \text{ weil entlang der } Y' \text{ Achse} \\ &\qquad x' = 0 \text{ ist} \end{aligned} \tag{22}$$

Also haben wir

$$m_0 s = my/t = my'/\gamma t' = \frac{1}{\gamma} ms \tag{23}$$

Der letzte Schritt folgt aus der Tatsache, daß y'/t' die vom System S' aus beobachtete Geschwindigkeit des Objektes bei seiner Bewegung längs der Y' Achse ist, und daher ist y'/t' auch gleich s. Wenn wir beide Seiten durch s dividieren, erhalten wir

$$m_0 = \frac{1}{\gamma} m \tag{24}$$

$$m = \gamma m_0 = \frac{m_0}{\sqrt{1 - \frac{v^2}{c^2}}} \tag{25}$$

Wir haben die Masse des Objektes, das sich vom System aus gesehen längs der Y Achse bewegt, mit m_0 bezeichnet. Das ist eigentlich nicht die Ruhemasse, da sich ja das Objekt tatsächlich bewegt. Unsere Schlußweise hing jedoch in keiner Weise von der Geschwindigkeit s ab, daher können wir für s einen beliebig kleinen Wert einsetzen. Im Grenzfall gibt uns Gl. 25 die Beziehung an, die die Masse eines bewegten Objektes mit seiner Ruhemasse verbindet.

Die relativistische Energie

Der Ausdruck für die Masse, Gl. 25, hat eine interessante Beziehung zur Energie. Aus der Gl. 25 erhalten wir

$$m\sqrt{1 - \frac{v^2}{c^2}} = m_0 \tag{26}$$

$$m^2 \left(1 - \frac{v^2}{c^2}\right) = m_0^2$$

$$m^2 \left(1 - \frac{v^2}{c^2}\right)\left(1 + \frac{v^2}{c^2}\right) = m_0^2 \left(1 + \frac{v^2}{c^2}\right) \tag{27}$$

$$m^2 \left(1 - \frac{v^4}{c^4}\right) = m_0^2 \left(1 + \frac{v^2}{c^2}\right)$$

Wir wollen annehmen, daß die Geschwindigkeit v sehr viel kleiner als die Lichtgeschwindigkeit c ist. Dann ist der Wert von v^2/c^2 klein und von v^4/c^4 sehr klein. Daher können wir solche Terme folgendermaßen hinzufügen oder weglassen und dennoch annähernd korrekte Gleichungen erhalten

$$m^2 \approx m_0^2 \left(1 + \frac{v^2}{c^2} + \frac{1}{4}\frac{v^4}{c^4}\right) \tag{28}$$

$$m^2 \approx m_0^2 \left(1 + \frac{v^2}{2c^2}\right)^2 \tag{29}$$

$$m \approx m_0 \left(1 + \frac{v^2}{2c^2}\right) = m_0 + \frac{1}{c^2}\,\frac{1}{2}\,m_0\, v^2 \tag{30}$$

oder

$$mc^2 = m_0\, c^2 + m_0\, v^2/2 \tag{31}$$

oder

$$mc^2 - m_0 c^2 = m_0 v^2/2 = \text{kinetische Energie} \tag{32}$$

Dieses Ergebnis führt zu folgenden Schlüssen:

1. $mc^2 - m_0 c^2$ stellt auch dann die kinetische Energie dar, wenn v/c groß ist. Dann gibt also die Formel $mv^2/2$ die kinetische Energie nicht mehr richtig wieder.

2. Der Ausdruck $m_0 c^2$ stellt auch selbst eine Form der Energie dar. Anders ausgedrückt: Vielleicht gibt es Prozesse, in denen diese Größe, die als Ruheenergie bezeichnet wird, sich ändern und dadurch mehr kinetische Energie freisetzen kann.

Die Experimente beweisen, daß beide Möglichkeiten verwirklicht werden können. Daher können wir allgemein sagen

$$E = mc^2 = \text{Gesamtenergie} \tag{33}$$

$$mc^2 - m_0 c^2 = \text{kinetische Energie} \tag{34}$$

Wir wollen hier die Erhaltungsgrößen des Impulses und der Energie zusammenstellen, die in der speziellen Relativitätstheorie auftreten.

$$p_x = mv_x = \frac{m_0 v_x}{\sqrt{1 - v^2/c^2}} = m_0 \gamma v_x \tag{35}$$

$$p_y = mv_y = m_0 \gamma v_y \tag{36}$$

$$p_z = mv_z = m_0 \gamma v_z \tag{37}$$

$$E = mc^2 = m_0 \gamma c^2 \tag{38}$$

Die Ausdrücke v_x, v_y und v_z stellen die drei Komponenten der Geschwindigkeit dar; p_x, p_y und p_z bezeichnen die drei Komponenten des Impulses und E die Energie eines Objektes. Eine interessante Beziehung zwischen diesen Größen ergibt sich durch den Ausdruck

$$E^2 - p^2 c^2 = m_0^2 c^4 \tag{39}$$

$$p^2 = p_x^2 + p_y^2 + p_z^2 \tag{40}$$

Darin ist p^2 einfach das Quadrat des Betrages des Impulsvektors. Die Gleichung 39 läßt sich einfach beweisen, indem man die Werte für die Energie und die Komponenten des Impulses, die sich aus den Gl. 35 bis 38 und 40 ergeben, in Gl. 39 einsetzt.

In der Relativitätstheorie sind die Energie und der Impuls sehr eng miteinander verbunden. In der Tat können wir definieren

$$p_t = \frac{E}{c} \tag{41}$$

Somit erhalten wir vier Komponenten des Impulses, wobei uns die Energie die Komponente in der „Richtung der Zeit" darstellt. Auf diese Weise erweitert sich der dreidimensionale Impulsvektor zu einem vierdimensionalen Vektor mit vier Komponenten. Der Erhaltungssatz des dreidimensionalen Impulsvektors und der Erhaltungssatz der skalaren Energie werden auf diese Weise zu einem Erhaltungssatz für den vierdimensionalen Impuls-Energie-Vektor zusammengefaßt. Wegen der Masse-Energie-Äquivalenz ist hierin auch die Erhaltung der Masse eingeschlossen. Ferner können wir aus den vier Informationen, die erforderlich sind, um ein Ereignis zu definieren, nämlich den Größen x, y, z und t (genauer gesagt ct) einen weiteren Vierervektor bilden. Die Anwendung dieser vierdimensionalen Vektoren hat den modernen Physikern ermöglicht, die spezielle Relativitätstheorie in eine sehr kompakte mathematische Form zu bringen.

Das Raum-Zeit-Kontinuum

Die hier diskutierten Fragen werden manchmal zur Mathematik gerechnet; von unserem Standpunkt aus betrachtet gehören sie zu den Grundlagen der Physik. Ein reiner Mathematiker würde uns vielleicht zustimmen, wenn wir der Mathematik die Aufgabe übertragen, formale Strukturen zu entwickeln, die sich auf die von uns zu diskutierenden Begriffe beziehen. Wenn auch unsere Diskussion einer chronologischen Ordnung folgt, so interessieren wir uns doch mehr für die logische als die geschichtliche Entwicklung und erheben keinen Anspruch auf historische Genauigkeit; es ist wirklich oft schwierig, das tatsächliche Geschehen in der Antike zu rekonstruieren. Weil ein großer Teil dieses Materials spekulativ ist, haben wir nicht versucht, die Diskussion so präzise zu gestalten, wie es wünschenswert sein könnte.

A Die Hoffnung der Pythagoräer

Pythagoras lebte im sechsten vorchristlichen Jahrhundert und studierte wahrscheinlich in Ägypten und Babylon. Seine Philosophie wird oft als eine Kombination der Mathematik mit mystischen Lehren bezeichnet. Seine geheimnisvolle „Bruderschaft" war sowohl ein religiöser Orden als auch eine Gesellschaft von Wissenschaftlern. Die Lehre des Pythagoras: „Alle Dinge sind Zahlen" wurde von den Beziehungen in der musikalischen Harmonie gestützt, deren Entdeckung ihm zugeschrieben wird. Wir haben im Kapitel 9 gesehen, daß die Wellenlängen der Schwingungen einer gespannten Saite in einfacher Weise zahlenmäßig miteinander verbunden sind. Pythagoras könnte diese einfache Beziehung durch das Studium gespannter Saiten entdeckt haben. Unter „Zahlen" verstand er die positiven ganzen Zahlen und ihre Verhältnisse. Pythagoras und seiner Bruderschaft wurden viele mystisch erscheinende Zahlenspiele zugeschrieben; für die Pythagoräer waren alle Dinge im Himmel und auf Erden Zahlen.

Ein scheinbarer Triumph dieses Standpunktes war der Lehrsatz der Geometrie, der seinen Namen trägt: Der Satz des Pythagoras. Möglicherweise hat er als erster einen Beweis dieses Satzes entdeckt. Dieser Satz, mit dem wir uns im Anhang II D beschäftigen, besagt, daß die Summe der Quadrate über den Katheten eines rechtwinkligen Dreiecks gleich dem Quadrat über der Hypotenuse ist. Bezeichnen wir die Katheten mit a und b, die Hypotenuse mit c, dann können wir den Satz des Pythagoras folgendermaßen schreiben:

$$a^2 + b^2 = c^2 \qquad (1)$$

Dieser Lehrsatz schien eine tiefgehende Beziehung zwischen den Zahlen und dem Raum aufzudecken und somit den pythagoräischen Standpunkt zu stützen. Tatsächlich kann er jedoch verwendet werden, um gerade diese Ansicht zu widerlegen.

Wählen wir ein rechtwinkliges Dreieck mit gleichen Katheten, dann ergibt der Satz des Pythagoras

$$a^2 + a^2 = c^2 \qquad (2)$$

oder

$$2a^2 = c^2 \qquad (3)$$

(Die Buchstaben a und c stellen Längen dar, die in denselben Einheiten gemessen werden.) Das genügt, um die philosophische Lehre des Pythagoras zu zerstören. Nach dieser philosophischen Lehre muß sich alles durch ganze Zahlen oder durch das Verhältnis ganzer Zahlen, d.h. durch einfache Brüche darstellen lassen. Tatsächlich können wir, wenn wir eine genügend kleine Längeneinheit wählen, die Brüche unberücksichtigt lassen und a und c als ganze Zahlen betrachten. Das würde bedeuten, daß die Hypotenuse und eine Kathete des Dreiecks kommensurabel sind – daß sie beide exakt als ganzzahlige Vielfache derselben kleinen Längeneinheit dargestellt werden können. Wir können aber leicht zeigen, daß das unmöglich ist. Die Zahl auf der linken Seite der Gl. 3 ist gerade, da sie durch 2 teilbar ist. Also muß die Zahl auf der rechten Seite auch gerade sein, da sie gleich der Zahl auf der linken Seite ist. Wenn aber c^2 durch 2 teilbar ist, dann ist auch c selbst durch 2 teilbar. Das bedeutet, daß c^2 zweimal durch 2 teilbar ist. Wenn aber c^2 zweimal durch 2 teilbar ist, dann muß die gleichgroße Zahl $2a^2$ auch zweimal durch 2 teilbar sein. Also muß a^2 einmal durch 2 teilbar sein. Aber dieselbe Schlußweise wie bei c^2 ergibt, daß, wenn a^2 einmal durch 2 teilbar ist, es auch zweimal durch 2 teilbar sein muß. Wenn aber a^2 zweimal durch 2 teilbar ist, dann ist $2a^2$ dreimal durch 2 teilbar. Der entscheidende Punkt all dieses Dividierens ist, daß die linke Seite der Gl. 3 einmal mehr ohne Rest durch 2 teilbar sein muß als die rechte Seite. Das ist unmöglich, weil beide Seiten der Gleichung gleich sind – sie stellen dieselbe Zahl dar.

So zerbrach die Hoffnung der Pythagoräer. Es wird erzählt, daß sie versuchten, diese Katastrophe zu verheimlichen. Die beiden Seiten dieses rechtwinkligen Dreiecks können nicht durch dieselbe Längeneinheit gemessen werden, wenn wir beide Längen als ganze Zahlen ausdrücken wollen. Dieses Resultat ist offenbar ein Beweis gegen die diskrete Natur des Raumes. Angenommen, es gäbe irgendeine Elementarlänge, dann würden alle anderen Längen ganzzahlige Vielfache dieser Elementarlänge sein. Wir haben bei der elektrischen Ladung schon eine ähnliche Situation gesehen. Die elektrische Ladung tritt in kleinen Klumpen auf, die gleich der Ladung des Elektrons sind. Jede größere Ladung kann im Prinzip als ganzzahliges Vielfaches dieser Elementarladung ausgedrückt werden. Nach der angegebenen Schlußfolgerung läßt sich dieses Vorgehen bei Längen jedoch nicht anwenden. In dem genannten Beispiel können nicht beide Längen a und c als ganzzahliges Vielfaches einer bestimmten Elementarlänge dargestellt werden. Wir könnten natürlich die „selbstverständlichen" Annahmen der gewöhnlichen euklidischen Geometrie auf denen der Beweis des pythagoreischen Satzes beruht, verwerfen oder wir könnten die Existenz präziser Längen überhaupt verwerfen, aber das wollen wir jetzt nicht tun. Dann wäre die diskrete Natur des Raumes widerlegt, weil sie zu einem Widerspruch führt. Längen und Zahlen sind also verschiedene Arten von Größen. Die moderne Mathematik „löst" dieses Problem durch die Begriffe des Grenzwertes und der unendlichen Reihen. Das Ergebnis ist dann, daß man jede Länge durch eine Zahl darstellen kann, wenn man diese neue Menge von Zahlen verwendet.

B Ein Paradoxon des Zeno

Das Fiasko der Pythagoräer war ein Teil dessen, was Fraenkel und Bar-Hillel als die erste der drei „Krisen" in der Mathematik bezeichnet haben. Ein weiterer Teil derselben Krise betrifft das Paradoxon des Zeno (495–435 v. Chr.). Wir wissen nicht genau, was Zeno mit seinen berühmten Paradoxien meinte, die auch heute noch diskutiert werden. Deshalb wollen wir (indem wir mehr oder weniger Lord Russell folgen) beschreiben, was er gemeint haben *könnte*.

Das erste Paradoxon bezieht sich auf den in Abb. A.17 dargestellten Läufer. Bevor der Läufer die gesamte Strecke zurücklegen kann, muß

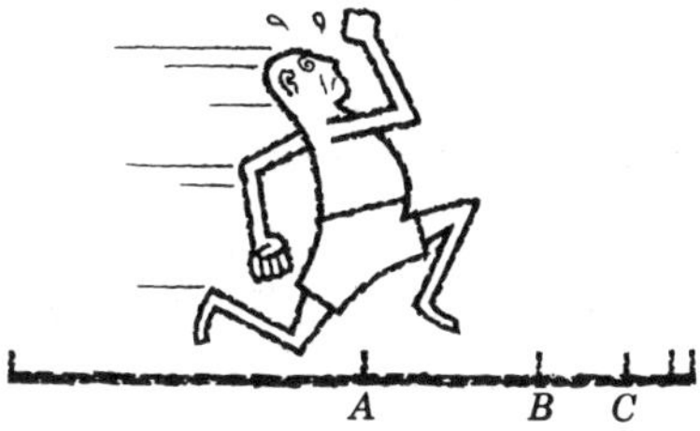

Abb. A.17

er zunächst einmal die halbe Strecke zurücklegen. Nehmen wir an, daß er wirklich die Hälfte der Strecke durchmessen hat und sich nun am Punkt A (Abb. A.17) befindet. Dann muß er, um die restliche Hälfte zurückzulegen, zunächst die Hälfte dieser restlichen Hälfte zurücklegen. Nehmen wir an, daß er dies tut und so zum Punkt B gelangt. Dann muß er, um die restliche Strecke zurücklegen zu können, zunächst die Hälfte dieser Strecke durchmessen und gelangt so zum Punkt C. Aber wir können ständig die verbleibende Strecke in Hälften zerlegen und so ad infinitum fortfahren. Um ans Ende der Strecke zu gelangen, muß der Läufer eine unendliche Anzahl von Hälften von Hälften von Hälften usw. zurücklegen. Da er eine unendliche Zahl von Strecken durchmessen muß, kann er nie ans Ende gelangen. Seine gesamte Laufstrecke ist in eine unendliche Zahl kleinerer Laufstrecken aufgeteilt worden. Jede dieser Laufstrecken muß eine gewisse Zeit in Anspruch nehmen, also muß, nach diesem Paradoxon, die gesamte Laufzeit unendlich lang sein.

Es ist natürlich richtig, daß die einzelnen Laufstrecken immer kürzer werden, wenn sich der Läufer dem Ziel nähert. Aber wir haben schon gesehen, daß die Existenz der rechtwinkligen Dreiecke und der gewöhnlichen Geometrie uns dazu zwang, eine unbegrenzte Teilbarkeit des Raumes anzunehmen. Daher können wir immer weiter Hälften von Hälften bilden. Andererseits muß diese unendliche Zahl ständig abnehmender Strecken in ihrer Summe die gesamte Laufstrecke ergeben. Somit kann, weil der Raum unendlich fein teilbar ist, die Summe dieser unendlich vielen Strecken eine endliche Strecke ergeben. Wenn auch die Zeit ebenso unendlich fein teilbar ist wie der Raum, dann könnten diese kleinen Läufe über ständig abnehmende Strecken ständig abnehmende Zeitdauern haben. Dann könnte die Summe dieser unendlich vielen Zeitdauern in ihrer Summe eine endliche Zeitdauer ergeben und so das Paradoxon lösen.

Wir wissen natürlich, daß es den Läufern möglich ist, Rennen zu beenden, und daher entschließen wir uns, die Zeitdauern als ebenso unendlich fein teilbar zu betrachten wie den Raum. Somit erhalten wir ein Raum-Zeit-Kontinuum. Zumindest erscheint die naive Theorie eines diskreten Raumes und einer diskreten Zeit als unbefriedigend. Daher wollen wir, statt weitere Paradoxien des Zeno zu betrachten, uns Newtons Zeit zuwenden.

C Die Momentangeschwindigkeit: Die Differentialrechnung

Die vorangegangene Diskussion führte uns zu der Annahme einer kontinuierlichen Natur des Raumes und der Zeit. Wir stellen uns nicht eine endliche Zahl von Zeitpunkten in einer Zeitdauer vor und auch nicht eine endliche Zahl kleiner Entfernungen in jeder Strecke, vielmehr denken wir bei einer gegebenen Zeitdauer an eine unendliche Zahl von Zeitpunkten oder an Punkte auf einer Linie. Auf diese Weise ist, selbst bei kurzen Entfernungen und kurzen Zeitdauern, die Unendlichkeit in die Mathematik eingetreten. Es ist kein Wunder, daß sie seitdem stets Schwierigkeiten bereitet hat.

Alle Paradoxien des Zeno können mit Bezug auf die gleichförmige Bewegung diskutiert werden. Ist jedoch die Bewegung nicht gleichförmig, treten weitere Schwierigkeiten auf. Betrachten wir nun Probleme, die bei der Diskussion der newtonschen Physik auftreten können. Wir haben gesehen, wie Galilei beim Studium der gleichförmig beschleunigten Bewegung aus der Geschwindigkeits-Zeit-Gleichung $v = at$ die Entfernungs-Zeit-Gleichung $s = at^2/2$ erhielt. Es gibt einen allgemeineren Weg, diese Gleichungen auseinander abzuleiten.

Wenn sich ein Objekt mit der konstanten Geschwindigkeit v längs einer Bahn bewegt, dann sind die Entfernung s und die Zeit t durch die folgende Beziehung verbunden:

$$s = vt \tag{4}$$

Die graphische Darstellung dieser Gleichung ist in Abb. A.18 gezeichnet. Die Steigung dieser Kurve gibt die Geschwindigkeit an:

$$\text{Steigung der Kurve} \quad v = s/t \tag{5}$$

Wir erkennen leicht, daß die Steigung die Geschwindigkeit darstellt, denn die Steigung ist einfach die Zunahme der Kurve in vertikaler Richtung, gemessen in Einheiten der Entfernung, dividiert durch die horizontale Strecke, über der die Zunahme erfolgt, gemessen in Einheiten der Zeit.

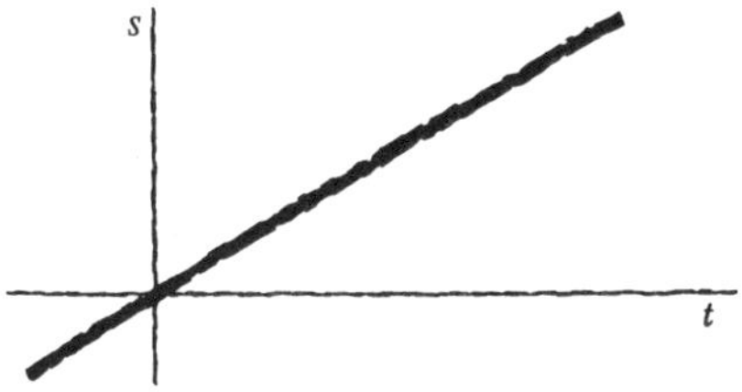

Abb. A.18

Nehmen wir aber einmal an, daß die Geschwindigkeit nicht unveränderlich ist. Dann erhalten wir beispielsweise die in Abb. A.19 gezeichnete graphische Darstellung. Wie sollen wir die Geschwindigkeit eines Objektes zu einer bestimmten Zeit ermitteln, wenn sich die Geschwindigkeit von einem Zeitpunkt zum anderen ändert? Für ein kleines Zeitintervall können wir eine *mittlere Geschwindigkeit* feststellen. Wir nehmen einfach die während eines Zeitintervalls zurückgelegte Entfernung und dividieren sie durch die Dauer dieses Zeitintervalls. In Abb. A.19 haben wir ein kleines Zeitintervall zwischen t_1 und t_2 eingezeichnet. Wenn wir die während dieses Zeitintervalls zurückgelegte Entfernung durch dieses Zeitintervall dividieren, erhalten wir die

$$\text{mittlere Geschwindigkeit} = \frac{s_2 - s_1}{t_2 - t_1} \tag{6}$$

Wir erhalten also eine mittlere Geschwindigkeit, indem wir eine kleine Änderung der Entfernung (d.h. eine kleine Wegstrecke) durch eine kleine Änderung der Zeit (d.h. ein kleines Zeitintervall) dividieren. Üblicherweise stellen wir Änderungen einer Größe durch den griechischen Buchstaben Δ dar. So ist beispielsweise

$$s_2 - s_1 = \Delta s \tag{7}$$

$$t_2 - t_1 = \Delta t \tag{8}$$

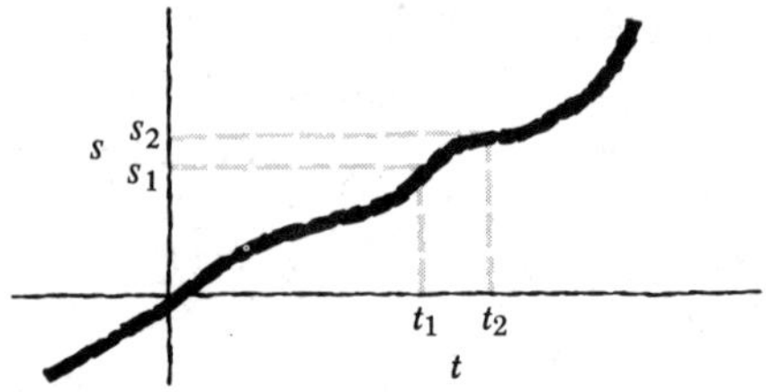

Abb. A.19

Daher kann man für die mittlere Geschwindigkeit schreiben:

$$\text{mittlere Geschwindigkeit} = \frac{\Delta s}{\Delta t} \tag{9}$$

Wir wollen die mittlere Geschwindigkeit für ein einfaches Beispiel finden. Wir beginnen mit der Gleichung $s = at^2/2$, die graphisch in Abb. A.20 dargestellt ist. In diesem Falle ist

$$s_1 = at_1^2/2 \tag{10}$$

$$s_2 = at_2^2/2 \tag{11}$$

Daher können wir die mittlere Geschwindigkeit folgendermaßen schreiben:

$$\text{mittlere Geschwindigkeit} = \frac{\Delta s}{\Delta t} = \frac{s_2 - s_1}{t_2 - t_1} = \frac{at_2^2/2 - at_1^2/2}{t_2 - t_1}$$

$$= \frac{a}{2}\,\frac{(t_2^2 - t_1^2)}{t_2 - t_1} \tag{12}$$

Die mittlere Geschwindigkeit erscheint jedoch sehr ungenau. Wir möchten lieber die exakte Geschwindigkeit zu einem bestimmten Zeitpunkt, beispielsweise t_2 definieren. Wir wollen diese Geschwindigkeit als *Momentangeschwindigkeit* definieren. Wir könnten versuchen, sie dadurch zu definieren, daß wir einfach in der

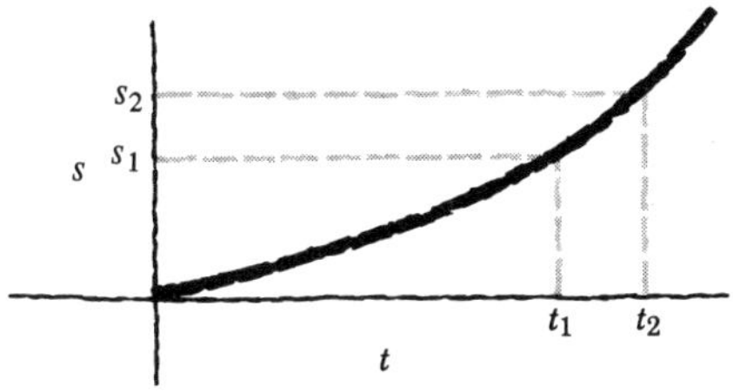

Abb. A.20

Gleichung 12 t_1 gleich t_2 setzen. Wenn wir das tun, tritt jedoch die folgende Katastrophe ein:

$$\text{mittlere Geschwindigkeit} = \frac{\frac{1}{2}a\,(t_2^2 - t_1^2)}{(t_2 - t_1)} = \frac{0}{0} \tag{13}$$

Der Ausdruck 0/0 hat keinen Sinn. Die Rechnung allein hilft uns hier nicht weiter, daher müssen wir eine neue Form der Mathematik anwenden. Um die Situation zu retten, definieren wir den mathematischen Begriff des Grenzwertes. Wir bemerken, daß die Katastrophe nur dann eintritt, wenn t_1 exakt gleich t_2 ist. Daher erlauben wir dem Wert von t_1, sich dem Wert von t_2 zu nähern, jedoch nicht, ihm gleich zu sein. Wir lassen also t_1 immer näher an t_2 herangehen und fragen, ob dabei die durch Gl. 13 ausgedrückte mittlere Geschwindigkeit sich ebenfalls immer mehr einem bestimmten Wert nähert. So lange t_1 nicht exakt gleich t_2 ist, ist die folgende Rechnung zulässig:

$$\text{mittlere Geschwindigkeit} = \frac{\frac{1}{2}a\,(t_2^2 - t_1^2)}{t_2 - t_1}$$

$$= \frac{\frac{1}{2}\,(a)\,(t_2 - t_1)\,(t_2 + t_1)}{(t_2 - t_1)}$$

$$= \frac{1}{2}a\,(t_2 + t_1) \tag{14}$$

Jetzt fragen wir nach dem Wert, dem sich die letztgenannte Größe nähert, wenn t_1 nach t_2 geht. Dieser Wert, der als Grenzwert bezeichnet wird, gibt uns die Momentangeschwindigkeit. Da die ärgerlichen Größen aus der Gleichung entfernt worden sind, können wir den Grenzwert jetzt durch die folgende Rechnung ganz einfach finden:

$$v = \text{Momentangeschwindigkeit} = \text{Grenzwert von } \frac{1}{2} a\,(t_2 + t_1)\,, \quad \text{wenn } t_1 \text{ nach } t_2 \text{ geht}$$

$$v = \frac{1}{2} a\,(t_2 + t_2)$$

$$= at_2 \tag{15}$$

Dies gibt uns die Formel für die Geschwindigkeits-Zeit-Beziehung. Wir lassen den Index an t_2 fort und erhalten

$$v = at \tag{16}$$

Die Bildung dieses Grenzwertes kann nur dann exakt sein, wenn Raum und Zeit unendlich fein teilbar sind, so daß wir dem Zeitpunkt t_2 beliebig nahe kommen können. Zur Erleichterung der Schreibweise definieren wir das Symbol ds/dt folgendermaßen:

$$\frac{ds}{dt} = \text{Grenzwert von } \frac{\Delta s}{\Delta t}\,, \text{ wenn } t_1 \text{ nach } t_2 \text{ geht} \tag{17}$$

Dies ist der Momentanwert der zeitlichen Änderung der Entfernung. Es ist natürlich die momentane Geschwindigkeit, die gewöhnlich einfach als Geschwindigkeit bezeichnet wird:

$$v = \frac{ds}{dt} \tag{18}$$

In gleicher Weise können wir die momentane Beschleunigung definieren, da sie die zeitliche Änderung der momentanen Geschwindigkeit ist:

$$a = \frac{dv}{dt} \tag{19}$$

Wenn wir wieder die graphische Darstellung der Entfernung und der Zeit betrachten (Abb. A.21), dann bemerken wir, daß die Größe $(s_2 - s_1)/(t_2 - t_1)$ die Steigung der in die Zeichnung eingetragenen Geraden ist. Wenn wir t_1 nach t_2 gehen lassen, dann wird diese Gerade zur Tangente an die Kurve bei t_2. Die Momentangeschwindigkeit wird somit durch die Steigung der Tangente an das Weg-Zeit-Diagramm gegeben. In gleicher Weise wird die momentane Beschleunigung durch die Steigung der Tangente an das Geschwindigkeits-Zeit-Diagramm dargestellt. Daher können wir aus dem Weg-Zeit-Diagramm sowohl das Geschwindigkeits-Zeit-Diagramm als auch das Beschleunigungs-Zeit-Diagramm erhalten, indem wir entweder mathematisch Grenzwerte bilden oder Tangenten an Kurven zeichnen.

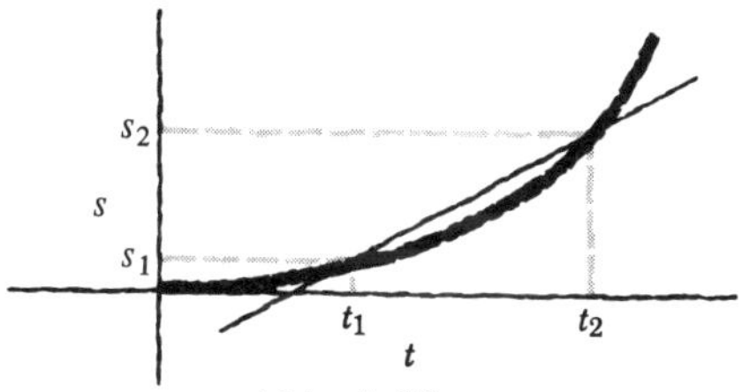

Abb. A.21

D Die Integralrechnung

Die vorangegangene Darstellung, die einige Gedanken der Differentialrechnung erläutert, ermöglicht, die zeitliche Änderung einer Größe zu ermitteln, wenn die Größe selbst als Funktion der Zeit bekannt ist. Es gibt ein anderes Rechenverfahren, mit dem man die gesamte Änderung einer Größe finden kann, wenn die Geschwindigkeit ihrer Änderung bekannt ist. Dieses Verfahren ist natürlich die genaue Umkehrung des Prozesses, den wir soeben beschrieben haben. Wir können uns ein Bild davon machen, indem wir von der Geschwindigkeits-Zeit-Gleichung für die gleichförmig beschleunigte Bewegung ausgehen und daraus die Weg-Zeit-Gleichung ableiten.

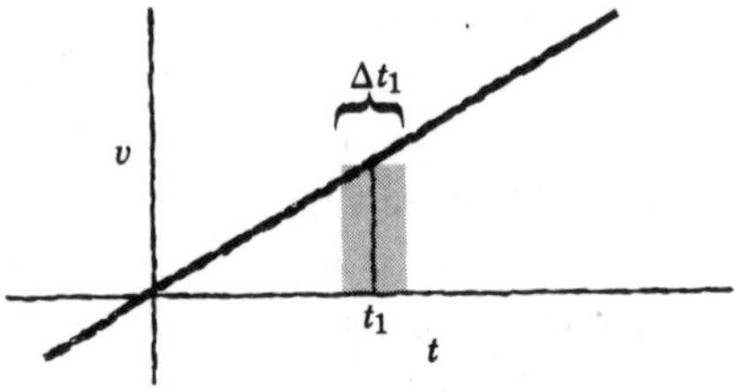

Abb. A.22

Die Geschwindigkeits-Zeit-Gleichung ist

$$v = at \tag{20}$$

Diese Gleichung ist in Abb. A.22 graphisch dargestellt. Betrachten wir ein kleines Zeitintervall zur Zeit t_1, wie es in der Abbildung angegeben ist. In diesem kleinen Zeitintervall ändert sich die Geschwindigkeit nicht sehr stark. Daher können wir die Beziehung der gleichförmigen Bewegung anwenden, um angenähert die Strecke zu finden, die das Objekt während der kurzen Zeitspanne $\Delta\ t_1$ zurücklegt. Diese kleine Strecke $\Delta\ s_1$ ist

$$\Delta\ s_1 \approx v_1 \cdot \Delta\ t_1 \tag{21}$$

Dies ist aber gerade die Fläche des kleinen Rechtecks in Abb. A.22. Die Größe v_1 stellt (in den bei der Zeichnung verwendeten Einheiten) die Höhe des Rechtecks, die Größe $\Delta\ t_1$ die Grundfläche des Rechtecks dar. Wir können nun auf der horizontalen Achse zwischen dem Ursprung und der Endzeitpunkt weitere Rechtecke aufbauen (Abb. A.23). Dann ist die insgesamt zurückgelegte Strecke annähernd

$$s = \Delta\ s_1 + \Delta\ s_2 + \Delta\ s_3 + \Delta\ s_4 + \text{usw.} \tag{22}$$

$$\approx v_1\ \Delta\ t_1 + v_2\ \Delta\ t_2 + v_3\ \Delta\ t_3 + v_4\ \Delta\ t_4 + \text{usw.} \tag{23}$$

Nichts hindert uns, immer schmalere Rechtecke in immer größerer Zahl zu verwenden. Je schmaler das Rechteck ist, desto weniger ändert sich die Geschwindigkeit in dem entsprechenden kleinen Zeitintervall und desto mehr nähert sich die Summe in Gl. 23 dem wirk-

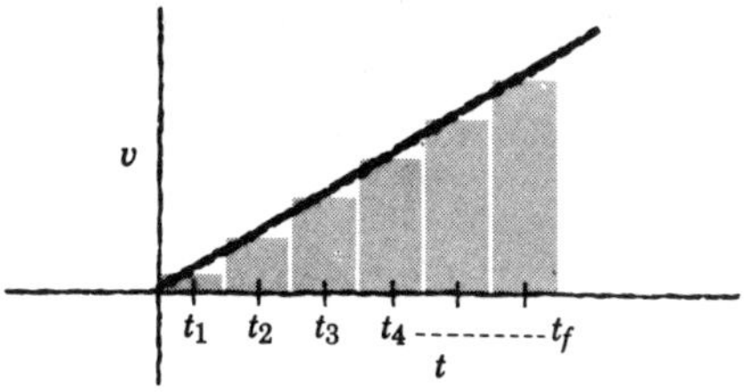

Abb. A.23

lich zurückgelegten Weg. Wenn die Breite der Rechtecke gegen Null geht, ist die Summe im Grenzwert exakt gleich der zurückgelegten Entfernung. Gleichzeitig nähert sich die Summe der Rechteckflächen immer mehr der Fläche unter der Kurve. Die insgesamt zurückgelegte Entfernung ist daher einfach die Fläche unter der Kurve des Geschwindigkeit-Zeit-Diagramms. Wir definieren ein neues Symbol, um diese Fläche darzustellen:

$$\int_{t_1}^{t_2} v\,dt = \text{Fläche unter der } v, t - \text{Kurve zwischen } t = t_1 \text{ und } t = t_2 \quad (24)$$

In diesem Fall interessieren wir uns für den Weg, der in der Zeitspanne von $t = 0$ bis $t = t_f$ zurückgelegt wird. Die gesamte Fläche unter der Kurve zwischen diesen beiden Zeiten ist die Fläche eines Dreiecks. Diese Fläche können wir ganz leicht ermitteln – es ist die halbe Grundfläche des Dreiecks multipliziert mit seiner Höhe (Abb. A.24).

$$s = \int_0^{t_f} v\,dt = \frac{1}{2}\,t_f\,a\,t_f = \frac{1}{2}\,at_f^2 \quad (25)$$

$$s = \frac{1}{2}\,at_f^2 \quad (26)$$

Wir haben jetzt das Umgekehrte des gewünschten Prozesses durchgeführt. Beachten Sie, daß dieser Prozeß den Weg ergibt, der zwischen zwei Zeiten zurückgelegt wird. Tatsächlich ist es die Differenz der Abstände des Objekts vom Ursprungspunkt des Bezugssystems zu

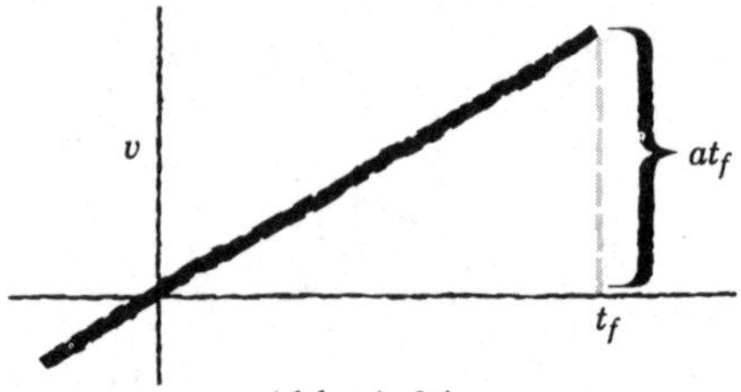

Abb. A.24

diesen beiden Zeitpunkten. (Bei der Addition der Flächen wird jede Fläche unter der horizontalen Achse als negativ gerechnet, so daß sie von der positiven Fläche abgezogen werden muß.) In gleicher Weise ermitteln wir aus der Beschleunigungs-Zeit-Kurve die Geschwindigkeit:

$$\text{Änderung der Geschwindigkeit zwischen } t_1 \text{ und } t_2 = \int_{t_1}^{t_2} a\,dt \qquad (27)$$

Das Verfahren, das wir soeben geschildert haben, verwendet einige Begriffe der Integralrechnung. Die Differential- und Integralrechnung geben uns das mathematische Werkzeug, das wir zur Behandlung veränderlicher Geschwindigkeiten und Beschleunigungen brauchen. Nach Newtons Gesetzen ändert sich die Geschwindigkeit eines Gegenstandes, wenn eine Kraft angreift. Also sind diese Rechenverfahren sehr wichtig für die Anwendung der newtonschen Bewegungsgesetze und praktisch aller physikalischen Gesetze, die seit Newtons Zeit entdeckt worden sind.

E Fragen im Zusammenhang mit dem Kontinuum

In der Zeit, in der der Grenzwertprozeß dieses Rechenverfahrens entwickelt wurde, sah man den scheinbaren Bruch ds/dt tatsächlich als das Verhältnis zweier unendlich kleiner Größen an und bezeichnete es als die „Fluxion“ von s. Der Philosoph Bischof Berkeley, der sich über einige antireligiöse Mathematiker ärgerte, wies mit Recht auf bestimmte logische Trugschlüsse und Unklarheiten in der Theorie dieses Kalküls hin. Er bezeichnete die Fluxionen als die „Geister der verstorbenen Größen“ und sagte: „Jeder, der ein zweites oder drittes Fluxion verdauen kann, sollte auch im Bezug auf die Theologie nicht überempfindlich sein“.

Dieser Streit und die Versuche seiner Lösung stellen die zweite der früher erwähnten Krisen der Mathematik dar. D'Alembert gab seinem Vertrauen in die neue Mathematik Ausdruck mit dem Rat, man solle fortfahren, sie zu benutzen, dann würde der Glaube folgen. Eine strengere Analyse des Begriffes des Grenzwertes und der Ableitung beseitigte viele der Einwände, die erhoben worden waren. Gegenwärtig schließt jedoch die Begründung dieser Analyse die Anwendung unendlicher Mengen ein, die ihre eigenen Probleme haben. Bestimmte Paradoxien der Mengenlehre stellen auch diesen Versuch einer logischen Erfassung des Kontinuums in Frage. (Auf diese Weise entstand die dritte Krise der Mathematik.) Wird aber der Begriff des Kontinuums abgelehnt, dann stehen wir wieder vor dem Paradox des Zeno und müssen auch den Satz des Pythagoras von neuem untersuchen.

Wir haben hier den Begriff des Grenzwertes verwendet, um die Momentangeschwindigkeit zu definieren. Wir haben uns an den Gedanken der Momentangeschwindigkeiten gewöhnt, weil sie scheinbar von unseren Geschwindigkeitsmessern angezeigt werden. In Wirklichkeit zeigen die Geschwindigkeitsmesser während der Fahrt ständig einen Mittelwert der Geschwindigkeit an. Der Begriff der Momentangeschwindigkeit ist tatsächlich komplizierter als er zunächst erscheint. Wir haben gezeigt, daß ihre präzise Definition die Begriffe des kontinuierlichen Raumes und der kontinuierlichen Zeit ebenso einschließt wie die mindestens prinzipielle Möglichkeit präziser Messungen.

F Die gegenwärtige Ansicht über das Kontinuum

Von Zeit zu Zeit stellen Physiker die Frage nach der Gültigkeit des Raum-Zeit-Kontinuums, und zwar nicht wegen der mathematischen oder logischen Schwierigkeiten, sondern weil ein Kontinuum an sich seiner Natur nach unbeobachtbar ist. Wie kann man eine beliebig kleine Länge messen? Um ein sehr kleines Gebiet zu untersuchen, müßte man Licht mit einer sehr kurzen Wellenlänge verwenden. Eine solche kurze Wellenlänge bedeutet eine hohe Frequenz und daher auch eine sehr hohe Energie. Je kleiner das Gebiet ist, desto größer ist die Energie, die erforderlich ist, um es zu sehen. Auch wenn wir alle Energie der Welt verwenden, bleibt doch immer noch eine kleine Länge, die nicht meßbar ist. Manche Physiker schließen sich der modernen Auffassung an, prinzipiell unbeobachtbare Dinge abzulehnen, und möchten auf diese Weise das Raum-Zeit-Kontinuum loswerden. Andere Physiker meinen, man solle das Raum-Zeit-Kontinuum beibehalten, solange es sich als nützlich erweist und nicht zu falschen Ergebnissen führt. Gegenwärtig besteht über dieses Kontinuum die Auffassung, daß es in der Physik und Mathematik sehr nützlich ist. Es ist jedoch zutiefst in einige Probleme und Paradoxien der Mathematik verwickelt und in der Physik prinzipiell unbeobachtbar. Wie es durch einen diskreten Raum und eine diskrete Zeit ersetzt werden könnte, ist unbekannt.

Zusammenstellung der zitierten deutschen Literatur

Albert Einstein und Leopold Infeld: „Die Evolution der Physik", Hamburg: Rowohlt 1956

Albert Einstein, Hedwig und Max Born: „Briefwechsel", Nymphenburger Verlagshandlung 1969

Galileo Galilei: „Nachricht von neuen Sternen, Dialog über die Weltsysteme (Auswahl), Vermessung der Hölle Dantes, Marginalien zu Tasso" (Herausgegeben von Hans Blumenberg), Frankfurt am Main: Insel Verlag 1965

Walter Haeder und Ernst Gärtner: „Die gesetzlichen Einheiten in der Technik", Berlin–Köln–Frankfurt (Main): Beuth-Vertrieb 1970

Arthur Koestler: „Die Nachtwandler", Bern und Stuttgart: Alfred Scherz Verlag 1959

Isaac Newton: „Mathematische Prinzipien der Naturlehre" (Herausgegeben von J. Ph. Wolfers), Darmstadt: Wissenschaftliche Buchgesellschaft 1963

Isaac Newton: „Optik", Leipzig: Verlag von Wilhelm Engelmann 1898 (Ostwald's Klassiker Nr. 97)

Hans Joachim Störig: „Kleine Weltgeschichte der Wissenschaft", Stuttgart: Kohlhammer 1957

Otto Struve: „Astronomie", Berlin: de Gruyter 1967

Chen Ning Yang: „Elementarteilchen – Von der Entdeckung des Elektrons bis zum Sturz der Parität", Berlin – New York: de Gruyter 1972

Register

Aberration des Sternlichts 29, 453
abgeleitete Größen 8–10
Ablenkung des Sternenlichts 494
absolute Bewegung 25, 181
absolute Temperatur siehe Kelvin-Temperatur Skala
absoluter Nullpunkt 320, 539
Achse 19, 95, 470
ähnliche Dreiecke 695
Äquivalenzprinzip 483, 493
Äther 2, 442, 449ff
Affenjagd-Experiment 237
Aktion-Reaktion 115
Allgemeine Relativitätstheorie 479ff
Allgemeines Relativitätsprinzip 479, 493
Alpha-Emission 568, 594
Alpha-Teilchen 568, 577–578, 595
Ampere 359, 364–366
Amplitude 407, 412, 516
Anderson, C. D. 585
Annihilation 587, 623–626
Antielektron siehe Positron
Antimaterie 585, 612–615
Antimyon 586, 613
Antineutrino 588–592, 613
Antineutron 586, 613
Antiphoton 585, 613
Antiteilchen, siehe Antimaterie
Apertur 437
Aphel 239
Arbeit 283–287, 301, 467
Archimedes 1, 218
Aristarch 42
Aristoteles 1, 12, 39
Astronomie 39–46, 149–155, 650–663
Atmosphärendruck 213
Atom 314–315, 379, 520–528, 537, 540–541, 551–553, 555, 558–561, 639, 655
atomare Masseneinheit 602
Atombombe 580–582
Atomenergie siehe Kernenergie
Auftrieb 215–219, 248
Auftrieb des Tragflügels 221
Ausschließungsprinzip (Pauli-Prinzip) 523–524, 641
Austausch-Symmetrie 615–617
Austrittsarbeit 517
Autorität 49–52

Babylonier 51, 184
Bahnberechnung 257
Bahndrehimpuls 160–161
Barometer 213, 264–268
Baryon 593, 613
Baryonen-Familienzahl 593, 613–614
Becquerel A. H. 567
Bellarmine St. 46
Berkeley, G. 182, 565, 721
Bernoulli, D. 219
Bernoulli-Effekt 219–221
Beschleunigung 72, 81, 90–93, 202
–, Zentripetal 149–151, 187, 239–241
–, konstante 224–238, 250–262
–, Gravitations- 145, 184, 226, 232–241
–, momentane 718
Bessel, F. W. 30
Betazerfall 568, 588–590, 592, 599
Betrag (eines Vektors) 83–84
Beugung 409–410, 426, 428–434 436–437
Beugungsgitter 431
Bewegung 21, 202, 222ff
–, der Erde 28, 35, 40, 48
–, Kometen- 239
–, Planeten- 40
siehe auch absolute Bewegung, Bewegungsgesetze, gleichförmige Bewegung, Kreisbewegung, Relativbewegung, Wurfbewegung

Bewegungsgesetz
–, Erstes 11–12, 156, 456, 481, 485, 489, Kapitel 1
–, Zweites 81, 90, 98–106, 121–122, 156, 469, 480–486, Kapitel 2
–, Drittes 114ff, 156, Kapitel 3
Bezugssysteme 18–22, 57–64, 95, 455, 479, 489–493
Bibel 48
Bindungsenergie 288, 520–525, 577–584, 632–634, 641
Blitzableiter 373
Bohr, N. 521, 532
Bohrsche Bahnen 522, 551, 555, 640
Bohrsches Atommodell 520–525, 640
Born, M. 532, 537
Boson 615
Bradley, J. 29
Brahe, T. 42–43, 46–47
Brechung 408
Bridgman, P. W. 549
Brown, R. 324
Brownsche Bewegung 324, 454
c (Lichtgeschwindigkeit) 427–428, 634, Kapitel 10

Calvin, J. 46
Carnot, S. 340
Carnot-Prozeß 340–346
Cavendish-Waage 141
Celsius-Skala 320 siehe auch 345
Chadwick, J. 571
Chemie 638–645
chemische Elemente 315, 568, 375
Christina, Großherzogin 48
Compton, A. H. 518
Compton-Effekt 518–519
Coulomb 356–359
Coulomb, A. 356
Crick, F. 648
Curie, P. und M. 567

Darwin, C. 171, 173
de Broglie, L. 525, 533
de Broglie-Wellen 525–528
Deduktion 178
Determinismus 168ff, 534ff
Deuterium 575
Deuteron 575, 602–603, 633
Dichte 210, 249
Dicke, R. H. 495
Differentialrechnung 713–718
Diffusion 323
Dirac, P. A. M. 622
diskrete Größen 6–8, 637–638, 709–713, 722–723
DNA 645–650
Doppelhelix 648
Doppelspalt-Experiment 428, 531
Doppelsterne 453
Doppler-Effekt 423–425, 656, 658
Drehimpuls 157–167, 191, 615
–, Bahn 160, 380
–, Spin 160, 380, 613 (Tabelle), 615, 641
Drehmoment 161
Dreiecke 692, 695, 710
Druck 210–211, 246, 317
–, Atmosphären- 213
–, bewegter Flüssigkeiten 219–221

e (Elementarladung) 370, 634
Eigenfrequenz 418–419 siehe auch stehende Wellen
einfache Maschinen 291–292
Einheiten 3ff, 52, 676
Einheit und Einfachheit der Natur 176
Einstein, A. 23, 153, 324, 454–456, 493–495, 515, 533, 537, 549
Ein-Weg-Geschwindigkeit des Lichts 477–478
Einzelspalt-Experiment 432–434, 531
elastischer Stoß 293
elektrische Arbeit, Leistung 364–366
elektrische Kraft 357, 366–368
elektrische Ladung 355–357
elektrische potentielle Energie 363–364
elektrischer Generator 392
elektrischer Strom 358–359, 364–366, 376–393
elektrisches Feld 361–364, 393–394 siehe auch elektromagnetisches Feld
Elektrizität 353, Kapitel 8
Elektromagnet 381–382

elektromagnetische Wechselwirkung 393–394, 621ff siehe auch Elektrizität, elektromagnetisches Feld
elektromagnetische Wellen 440–442, 449, 519, 622
elektromagnetisches Feld 393, 440–442, 449, 468, 519, 621ff
Elektromotor 384–385
Elektron 355, 369, 613, 623ff
Elektronen-Familie 590–592, 614
Elektronenmikroskop 437
Elektroskop 367–368
Elementare Wechselwirkungen 620ff
Elementarteilchen 355, 593, 612ff
Ellipse 42–43
$E = mc^2$ 467, 498–500
Energie 274ff, 467, 537, Kapitel 6
–, Bindungs- 288–289
–, Erhaltung siehe Erhaltungssatz
–, elektromagnetischer Wellen 441
–, freie 334–335
–, innere 281–283, 300, 317, 333
–, kinetische 276, 301, 318
–, negative 622
–, nukleare 577ff
–, potentielle 275, 363
–, relativistische 706
–, der Ruhemasse 467, 707
–, Nullpunkts- 320, 539
Energie-Umwandlung 283
Energiezustände 521ff, 537–538, 551–553, 596, 626ff
Entfernung 4, 84–86
Entropie 324–343, 650
Epizykel 40–42
Erhaltungsgröße 279, 635
Erhaltungssatz
–, des Drehimpulses 160, 163–166
–, der Ladung 356, 366–368
–, der Energie 274–283, 289–291, 293–301, 327
–, der Familienzahl 590–592, 593–594, 601
–, der Masse 77–78
–, der Masse-Energie 468, 587, 602
–, des Impulses 119–131
–, der Strangeness 631–632
Erster Hauptsatz der Thermodynamik 327
Evolution 173–175, 648–649
expandierendes Universum 659–663
experimenteller Fehler 677

Fallbeschleunigung 145ff, 226ff
Faraday, M. 362, 390
Farbe 431
Familien-Zahlen 590, 613
–, Baryonen- 593–594
–, Elektronen 590–592
–, Myonen- 590–592
Feld 359, 442, 612
–, elektrisches 361–364, 440–441
–, elektromagnetisches 393–394, 441, 621ff
–, Gravitations- 359–361
–, magnetisches 374ff
–, Materie- 529
Feldlinien 359–362, 376ff
Fermion 615
Fernrohr 44
Fernsehen 384
Festkörper 315
Feynman, R. P. 513, 623
Feynman-Diagramm 623ff
Fläche 9, 211
fliegender Ring 400
Flüssigkeit 210–221, 315–316
Fluxion 721–722
Foucault, J. L. 29
Foucault-Pendel 28–29
Franklin, B. 352, 373
freie Energie 334–335
freier Fall 229ff, 252ff, 485
Frequenz 405, 412, 416, 513ff
–, Eigen- 418ff
Fusion 584

G (Gravitationskonstante) 140–141, 634
Galaxis 152, 660
Galilei, G. 1, 11, 12, 16, 18, 22, 26, 46–52, 147, 229, 272, 427
Gamma-Teilchen 568
Gas 315–317
Gedankenexperiment 17
Gedächtnis 649
Geiger-Zähler 571–572
Geist 638ff
gekrümmter Raum 486–493
geodätische Linie 487ff

Geräusch 415
Geschwindigkeit 10, 21, 72
–, Gruppen- 566
–, mittlere 714
–, momentane 713
–, Transformation siehe Transformation der Geschwindigkeiten
Gesetz der Entropiezunahme 324–339
Gewicht 142–144, 193
Gewichtslosigkeit 154, 485
Gilbert, Sir W. 352
gleichförmige Bewegung 22–28, Kapitel 1, siehe auch Bewegungsgesetz, Erstes
Gleichgewicht 92, 206–210
Gleichgewicht, dynamisches 92
gleichzeitige Ereignisse 474–479
Gravitation 138ff, 482ff, 620
Gravitationsfeld 359–361, 620
Gravitations-Rotverschiebung 495
Graviton 613–614, 620
Grenzgeschwindigkeit 469
Grenzwert 716–717
Grimaldi, F. M. 425, 434
Größen 3
–, abgeleitete 4, 8
–, skalare 4, 83
–, Vektor- 4, 83
Großkreis 486–489
Grundgröße 4, 74, 355
Gruppengeschwindigkeit 566

h (Plancksche Konstante) 514, 525, 538, 560, 634
Halbwertszeit 569, 600–601
Hebel 291
Hebelarm 162
Heisenberg, W. 528, 535
Helium 315, 323, 568, 575
Hohlraumstrahlung 514
Hovercraft 16
Hubble, E. 658
Hume, D. 180
Huygens, C. 425
Hypotenuse 692–694, 709–711
Hypothese 179ff

identische Teilchen 615ff
Impuls 118–131, 467, 525, 535 siehe auch Drehimpuls, Erhaltungssatz

Induktionsgesetz 390–393
induktive Schlußweise 179–180
induzierte elektrische Ströme 390ff
–, Richtung der – 393
induzierte Emission 524–525, 551
induzierte Magnetisierung 380
Influenz 366
Information 251, 335ff, 469, 638, 645ff
Informationsspeicherung in DNA 645ff
Innere Energie 282, 300–301, 317, 333
Integralrechnung 718–721
Interferenz 410–413, 428, 434
–, Auslöschung 412
–, der Elektronen 529–532
–, Doppelspalt- 428–432, 529–532
–, Einspalt- 432–434, 531–532
–, Verstärkung 411, 430
Interferometer 434–435, 452
Intergalaktische Teilchen 655–657
Interplanetarer Raum 653
Invarianz 25, 31ff, 635–637
Ion, Ionisierung 571, 651
Isolator 358
Isotope 575

Jefferson, T. 172
Joule 277
Joule, J. P. 277
Jupiter 44

K_e (Maßsystemkonstante) 357–358, 634
Kelvin, Lord 173, 343, 449, 568, 596–597, 651
Kelvin-Temperatur-Skala 345
Kepler, J. 2, 42–43
Keplersche Gesetze 44–45, 168, 189–191
Kern 570ff
Kernenergie 577–584
–, Freisetzung der 579–584
Kernreaktor 583–584
Kernspaltung 580–584
Kettenreaktion 581
Keynes, J. M. 183
Kilogramm 75
kinetische Energie 276, 301–302, 317, 707
kinetische Theorie 314–324

Knoten (einer Schwingung) 417–421
kombinierte Symmetrie 593, 621
Kometen-Bahnen 238–239
–, Schweife 652
konstante Beschleunigung 224–241, 251–262
Kontinuum 6–8, 637–638, 708–723 siehe auch Raum-Zeit
Kopenhagener Deutung der Quantenphysik 532–537
Kopernikanisches System 40–46
Kopernikus 40
Korona 652–653
kosmische Strahlen 460, 656
Kräftepaar (Aktion-Reaktion) 115–118
Kraft 78–83, 114
–, elektrische 357, 363
–, Gravitations- 139ff, 184ff 238–241, 483ff
–, in Flüssigkeiten 210ff, 246ff
–, magnetische 374ff
–, resultierende 90–93
–, Schein- 484, 498
–, Zentripetal- 150ff, 186ff, 239–241, 384
Kraftstoß 308
Kreisbewegung 149ff siehe auch Zentripetalkraft
kritische Größe 581–582
Krümmungsradius 240

Ladung 355–358, 369–374, 613–615
–, influenzierte 366–368
–, bewegte 382–384
–, negative 355
–, positive 355
LaPlace, P. S. 170
Lawrence, E. O. 386
Leben 173–175, 638ff
Lee, T. D. 593
Leibnitz, G. W. von 183
Leistung 287–288
Leiter 358, 371–373
Lenard, P. 515
Licht
–, Teilchenaspekt 513ff
–, Wellenaspekt 425–426, 428ff siehe auch Interferenz und Beugung
Lichtgeschwindigkeit c 427–428, 456, 469, 634, Kapitel 10
Lichtjahr 69
Lichtquant siehe Photon
Lichtuhr 458
Locke, J. 171
Logik (Schlußweise) deduktiv und induktiv 177–178
longitudinale Welle 407, 413
Lorentz, H. A. 454, 696
Lorentz-Kontraktion 464–466, 500–501, 698
Lorentz-Transformation 696ff
Luther, M. 46

Mach, E. 496, 549
Machsches Prinzip 496–498
Magnet 374–382
Magnetfeld 376–390
–, Richtung des 387
Magnetpol 376–380, 383, 388
magnetische Kraft 374, 382–390
–, Richtung der 387
magnetische Stürme 651, 655
magnetischer Schweif der Erde 654–655
Magnetisierung 380
Makrokosmos 650ff
Mars 41–43, 657, 662
Maschinen 291–292
Masse
–, schwere 145
–, träge 74, 81, 142–149, 466–469, 493, 614
Masse-Energie 467–469, 634, 708
Massendefekt 577–579
Massenzahl 575
Massenzunahme 466, 498, 501
Maßsystemkonstanten 357–358
Materie 2, 8, siehe auch Masse
Materie-Feld 528–529
Materiewellen 520, 525
mathematische Begriffe 677ff
Maxwell, J. C. 173, 353, 362, 440
Mechanistische Philosophie 173–174
Medium 404, 442
Merkur 153, 494
Mesonen-Familie 613–614
Messung 4–6, 532–534, 547
Meter 5

Methodologie der Wissenschaft 663–665, siehe auch 16–18, 39ff, 155–157, 167–182, 229–232, 454–455, 476, 493, 532ff, 549, 637, 721–723
Michelson, A. A. 434, 450
Michelson-Morley Experiment 451–453
Mikrokosmos 612ff
Mikroskop, Auflösungsvermögen 436–437
Millikan, R. A. 369
–, Öltröpfchen-Experiment 369–370
Minkowski, H. 473
mittlere Geschwindigkeit 227, 714
Modell 18, 156–157, 173
–, newtonsches 155–157
–, Planeten- 151–153
Moderator 583
moderne Physik 549
Molekül 314–315, 639ff
Molekülumwandlung 643–645
Molyneux, S. 29
momentane Beschleunigung 717
momentane Geschwindigkeit 713, 717
Mond 152, 658–661
Montesquieu 171
Morley, E. W. 450
Motor 385–386
Mutation 648–649
Myon 460–462, 464, 613–614
Myon-Familie 590–592, 613–614
Myon-Neutrino 590–592, 613–614
natürliche Auslese 173, 648–649
Naturkonstanten 140–141, 634
Naturwissenschaft 1–3, 663–665 siehe auch Methodologie der Wissenschaft
Nebelkammer 572, 585
negative kinetische Energie 623
negative Ladung 355, 613
Neptun 152–153
Neutrino 588–590, 613, 620–621
Neutron 571, 573, 588, 613
Newton 79, 82, 101
Newton, I. 2, 11, 72, 138–139, 151, 154, 167ff, 182, 208, 426
Newtonsche Synthese 168
Newtonsches Modell 155–157, 167ff
Nordlicht 651, 655
Nukleon 571
Nullpunktsenergie 320, 539

Oberschwingung 418–421
Objekte im Raum 657–663
Öltröpfchenexperiment 369
Oersted, H. C. 377
Ohmsches Gesetz 364–366
Operationalismus 549
Ordnung 331
Ordnungszahl 573
Osiander 42
Oszillator 404, 419, 539

Paarbildung 587, 623–628
Papst Urban VIII 47
Paradoxon des Zeno 711–713
Parallaxe 30–31, 46
Pascal, B. 211
Pauli, W. 524
Pendel 6, 67, 272–274
–, Foucault- 28–29
Perihel 239
–, des Merkur 494–495
Perpetuum mobile, erster Art 289–291
–, zweiter Art 333–334
Pferdestärke (PS) 288
Philosophie der experimentellen Wissenschaft 167ff, 663
–, der Naturforschung 176
–, deterministische 169
–, mechanistische 169, 174
–, positivistische 549
siehe auch Methodologie der Wissenschaft
Philosophische Haltung der modernen Physik 549–551, 663–665 siehe auch Methodologie der Wissenschaft
Photoelektrischer Effekt 515–517
Photon 515–525, 558, 612–613, 621ff
Pi (Kreiszahl) 490
Pion 612–613, 632, 665–667
Planck, M. 513
Plancksche Konstante *h* 513, 525, 538, 634
Planetenmodell 151–153, 651
Plasma 584, 652
Plato 1

Pluto 153
Polarisation 437–440
positive Ladung 355
Positivismus 549
Positron 585, 613, 623, 625
potentielle Energie
–, im elektrischen Feld 361–364
–, im Schwerefeld 275–276
Proportionalität 222–223
–, direkte 686–690
–, inverse 690–692
Proton 355, 575, 577–579, 613
Pseudovektor 166–167
Ptolomäus 39
ptolomäisches System 39, 45
Pythagoras, Pythagoräer 1, 47, 692, 709–711
–, Satz des 692–694

Quasar 661–663

Radar-Wellen 440
radioaktive Zeitbestimmung 596–600
radioaktiver Zerfall 568
Radioaktivität 567–568, 589, 595–596
Radiokohlenstoff-Datierung 599–600
Radioteleskop 661
Radiowellen 440
Raum-Zeit 473, 637–638 siehe auch Kontinuum
Raum-Zeit Kontinuum 8, 637–638, 708ff
Rechte-Hand-Regel 387–389
rechter Winkel, rechtwinkliges Dreieck 692
Reflexion 408
Regeln zur Erforschung der Natur (Newton) 176
Regelstab 583
Reibung 12–13, 15–18
Relativbewegung 61–64 siehe auch Relativität
relativistische Energie 706–708 siehe auch 466–469
Relativität 449ff
–, allgemeines -prinzip 479, 493
–, allgemeine -theorie 479, 493
–, spezielles -prinzip 18, 23, 235, 455
–, spezielle -theorie 449, 454ff, 696ff
Resonanz 423
Resultierende (von Vektoren) 87–93, 102
resultierende Kraft 90–92, 202ff, 241
Revolution 171–172
RNA 645, 650
Robespierre de, M. 171
Roemer, O. 427
Röntgenstrahlen 440, 518, 660
Rossi, B. 460
Rotation 157ff
Rotverschiebung, Doppler- 658
–, Gravitations- 495
Rückschlag-Unfall 13
Ruhemasse, Ruheenergie 466–469, 499–502, 613–614, 707
Russell, B. 711
Rutherford, E. 567, 570, 594, 596

Sarsi 51
Satellit 154, 485, 651
Schallwellen 413ff
Schaukel 422, 539
Scheinkraft 484–485, 498
schiefe Ebene 16–18, 229–232
Schmelzen 320–322
Schrödinger, E. 527, 533, 639
Schrödingersche Theorie 527, 622
schwache Wechselwirkung 567, 588 592, 620
Schwebung 416
schwere Masse 145, 483
Schwimmen 218
Schwingungen einer Metallplatte 420–421, 528
Sekunde 6
SIC Physik 635
Sicherung 366
Sieden 320–322
signifikante Zahlen 677–680
Sinken 217–218
skalare Größen 4, 83
Sonne 39ff, 152, 494, 579, 651ff
Sonnenflecke 651
Sonnensystem, Erforschung des 651ff siehe auch 39ff, 151ff, 650ff
Sonnenwind 651–654
Spaltspurdatierung 597–599
Spektrum 432, 655–656
spezielle Relativitätstheorie 449–479, 696–708

spezielles Relativitätsprinzip 18–28, 235, 454ff
Spiegelsymmetrie 38, 592–593, 620–621
Spiegelung 166
Spin siehe Drehimpuls
stabile Kerne 590
Standard 5
starke Wechselwirkung 567, 576, 594, 631, 665
stehende Wellen 416, 527
Sternlicht, Aberration 29, 453
–, Ablenkung 494
–, Parallaxe 30
stetige Größen 6–8, 637–638, 713, 722
Stoß 129, 293
Strangeness 613, 631
Stroboskop 229
Strom 358–359, 364–366, 382–386
Stromschleife 377–380, 385, 387–388
Symmetrieprinzip 31, 635
–, Austausch- 615
–, der Lage 34, 56
–, der Richtung 35, 56, 473, 635–637, 697, 699, 705
–, der Zeit 36
–, der Zeitumkehr 37, 325ff, 547, 621
–, dreifacher Symmetrie 621
–, kombiniertes 593, 621
–, Spiegelungs- 38, 166, 592, 621
–, Teilchen-Antiteilchen 588, 592, 621
Symmetrieoperation 32
Symmetrie 31, 635 siehe auch Symmetrieprinzipien
Superposition 402

Teilchendetektoren 571–573
Teilchennatur des Lichts 513ff
Teilchen im Raum 651–657
Teilchen-Antiteilchen-Symmetrie 588, 592–593, 620–621
Teilchen-Familien 590, 613–615
Teilchen-Identität 615–619
Temperatur 317, 338, 345
–, absoluter Nullpunkt 320, 539
Theologie, Konflikt mit der 46–49
Thermodynamik 327, Kapitel 7
Thomas von Aquin 39
Tonhöhe 415, 422, 424
Transformation der Geschwindigkeiten 702, siehe auch 61–62, 457
Transversalwellen 407, 437–438, 442
Tritium 575, 577
Tunneleffekt 595, 673
Tychonisches System 42, 47

Uhr, Zeitdilatation 458–464, 476–479
Ultraviolette Wellen 440
Umrechnung von Einheiten 52–54
unbeobachteter Zustand 529ff
Universum 650ff
Unordnung 327–329 siehe auch Entropie
Unschärferelation 534, 537–547, 558, 596, 617, 627, 632, 639, 665, siche auch Wahrscheinlichkeit
Uran 580–583, 597–598
Urknalltheorie 659
Ursache und Wirkung 167–175, 469, 534–537
Ursprungspunkt eines Bezugssystems 19, 690

Van de Graaff Generator 373–375
Vektor Addition 87, 102, 205
–, Gleichung 98
–, Größen 4, 83
–, Komponenten 95, 106
–, Multiplikation 94
–, negativer 93
–, Pseudo- 166
–, Subtraktion 93
Venus 44, 657
Verdampfen 320–322
Verschiebung 84–86
Vierte Dimension 469ff, 708
Virtuelle Teilchen, Paare 628
–, Photonen 627
–, Pionen 632
Volt 364–366
Volumen 10
Voraussage 156, 169, 173, 534–537
Vulkan 153

Wärmefluß 283–284, 319
Wärmetod 334–335
Wahrheit 2, 170
Wahrscheinlichkeit 175, 329–333, 568–569
siehe auch Unschärferelation
Wahrscheinlichkeitswellen 534
Wasserstoff 315, 575, 577, 639ff
Wasserstoffbombe 584
Watson, J. D. 648
Watt 288, 365
Watt, J. 288
Wechselwirkung 113, 620
–, elektromagnetische 393–394, 621ff Kapitel 8
–, Gravitations- 138–149, 180–181, 206, 620
–, schwache 567, 588–593, 620–621
–, starke 567, 576ff, 593–594, 631–634, 665–667
Weg-Zeit-Beziehung 222–241, 250–262
Wellen 403, Kapitel 9
–, elektromagnetische 440
–, Feder- 403
–, Geschwindigkeit 566
–, Gruppe 566
–, longitudinale 407
–, Materie- 520
–, Radar- 440
–, Schall- 413
–, stehende 416
–, transversale 407, 437
–, ultraviolette 440
–, Wahrscheinlichkeits- 533
–, Wasser- 403, 408
–, Zug 404
Wellen-Teilchen-Dualität 519, 528, 546, 614
Wellenlänge 405, 436–437
Weltmaschine 169, 173–175
Weltsystem 149–157, 167, Kapitel 13
Wiegen 143–144
Wigner, E. 639
Wilson, W. 171
Wirkungsgrad 344
Wurfbewegung 234–238, 254–262

Yang, C. N. 593
Young, T. 426

Zehnerpotenzen 680–686
Zeit 6, 471, 696
Zeitdauer 6, 636
Zeitdilatation 458, 502, 696
zeitlich nicht umkehrbare Prozesse 325, 337, siehe auch Entropie, Zeitumkehrsymmetrie
zeitlich umkehrbare Prozesse 325, 342, siehe auch Entropie, Zeitumkehrsymmetrie
Zeitpfeil 349
Zeitsymmetrie 36, 636
Zeitumkehrsymmetrie 37, 547, 621, siehe auch 325ff
Zeno 711
Zentripetalkraft 150–155, 186–191, 239–241, 384
Zwei-Weg-Lichtgeschwindigkeit 478
Zweiter Hauptsatz der Thermodynamik 327
Zwillingsparadoxon 462
Zyklotron 386–387